한번에 합격하기 유기농업기능사 필기+실기

저자쌤의 필승 합격전략

strategy 01 농업과목은 암기 과목이 아니다!

농업 관련 공부를 처음 하는 대부분의 사람들이 저지르는 실수는 무조건 암기하려는 것이다. 하지만 수없이 많은 품목과 조건들을 모두 암기한다는 것은 거의 불가능에 가깝다. 따라서 모든 것을 외우려다 지치고 결국 농업 과목은 "어렵다"라는 결론에 도달하게 된다. 하지만 이 모든 것은 출발이 잘못되었기 때문이다. 농업 과목은 암기 과목이 아니다.

재배라는 것은 결국 작물의 생장 과정 속에서 인간의 인위적인 행위가 동반되어야 한다. 식물의 생활환경을 이해하고 그 과정들 속에서 인간이 식물에게 해 주어야 할 것들을 정리하면 공부의 양이 줄어들 수 있다. 암기가 아닌 생활환경을 먼저 이해하고 마지막에 부분적인 것들을 암기하는 공부 방법을 선택하자.

strategy 02 1차 세 과목과 2차는 별도의 과목이 아니다!

1차 세 과목 재배, 토양, 유기농업과 2차 과목들은 별도의 과목이 아니다. 다만, 편의상 구분되어 있을 뿐 과목별 구분 없이 곳곳에서 출제가 되고 있다. 재배의 내용이 토양이나 유기농업 또는 2차에서 다시 출제되는 것을 볼 수 있다. 따라서 과목별로 따로 공부하는 것은 시간의 낭비를 가져온다. 다만 세 과목의 규정 관련의 내용만은 예외이니 별도의 공부를 필요로 하고, 나머지는 2차까지 통으로 학습하는 것이 효율적이다.

strategy 03 기출은 바이블이다!!

기사, 산업기사, 기능사와 같은 기술 자격은 문제은행 방식으로 출제된다. 따라서 기존의 과년도 기출을 반복해서 푸는 것이 합격의 지름길이다. 간혹 이론을 전혀 공부하지 않고, 기출만을 외우는 전략을 가져가는 수험생도 있다. 하지만, 기출만 달달 외우는 방법은 한계에 봉착한다. 이론을 어느 정도 이해해야 기출이 변형되어 나와도 응용력이 생긴다. 따라서 기출을 중심으로 시험 대비를 하되, 이론에 대한 이해도를 어느 정도는 가지고 가야 한다.

합격 플래너 활용 Tip.

01. Choice

자격증은 투자한 만큼 그 결과를 얻을 수 있습니다. 시험대비를 위해 여유 있는 시간을 확보해 제대로 공부하여 시험합격은 물론 고득점을 노리는 수험생들은 **Plan 1. 25일 꼼꼼코스**를, 폭넓고 깊은 학습은 불가능해도 집중해서 공부해 한번에 시험합격을 원하시는 수험생들은 **Plan 2. 12일 속성코스**를 권합니다.

저자쌤은 학습플랜 중 충분한 학습기간을 가지고 제대로 시험대비를 할 수 있는 **Plan 1**을 강력히 추천합니다!!!

02. Plus

Plan 1~2 중 나에게 맞는 학습플랜이 없거나 나만의 학습 패턴을 중요시하는 수험생은 **나만의 합격코스를 활용**하여 나의 시험 준비 기간에 잘~ 맞는 학습계획을 세워보세요!

03. Unique

Plan 3. 나만의 합격코스에는 계획에 따라 3회독까지 학습체크를 할 수 있는 공란과, 처음 1회독 시 학습한 날짜를 기입할 수 있는 공간을 따로 두었습니다!

※ "합격플래너"를 활용해 계획적으로 시험대비를 하여 필기시험에 합격하신 수험생분께는 「문화상품권(2만원)」을 보내드립니다(단, 선착순(10명)이며, 온라인서점에 플래너 활용사진을 포함한 도서리뷰 or 합격후기를 올려주신 후 인증사진을 보내주신 분에 한합니다). (☎ 문의 : 031-950-6371)

한번에 합격하기 합격플래너

유기농업기능사

필기+실기

		Plan1 25일 꼼꼼코스!	Plan2 12일 속성코스!
PART 1. 작물재배	Chapter 1. 재배의 기원과 현황	☐ DAY 1	☐ DAY 1
	Chapter 2. 재배환경	☐ DAY 2	
	Chapter 3. 재배기술	☐ DAY 3	☐ DAY 2
	Chapter 4. 각종 재해	☐ DAY 4	
	Chapter 5. 적중예상문제	☐ DAY 5	☐ DAY 3
PART 2. 토양관리	Chapter 1. 토양생성	☐ DAY 6	☐ DAY 4
	Chapter 2. 토양의 성질	☐ DAY 7	
	Chapter 3. 토양생물과 토양 침식 및 토양오염	☐ DAY 8	☐ DAY 5
	Chapter 4. 적중예상문제	☐ DAY 9	
PART 3. 유기농업일반	Chapter 1. 유기농업의 의의	☐ DAY 10	☐ DAY 6
	Chapter 2. 품종과 육종	☐ DAY 11	
	Chapter 3. 유기원예	☐ DAY 12	☐ DAY 7
	Chapter 4. 유기농 수도작	☐ DAY 13	
	Chapter 5. 유기축산	☐ DAY 14	☐ DAY 8
	Chapter 6. 적중예상문제	☐ DAY 15	
PART 4. 필기 기출문제	2014년 과년도 기출문제	☐ DAY 16	☐ DAY 9
	2015년 과년도 기출문제	☐ DAY 17	
	2016년 과년도 기출문제	☐ DAY 18	☐ DAY 10
PART 5. 필기 빈출문제	필기시험에 자주 출제되는 문제	☐ DAY 19	
필기 이론+기출 복습	PART 1~3. 이론 복습	☐ DAY 20	☐ DAY 11
	PART 4~5. 기출 복습	☐ DAY 21	
필기 CBT 대비 모의고사	제1~3회 CBT 온라인 모의고사	☐ DAY 22	
PART 6. 실기 필수이론 및 예제	실기 필수이론 및 예제	☐ DAY 23 ☐ DAY 24	☐ DAY 12
PART 7. 실기 최신 기출문제	필답형 기출문제	☐ DAY 25	

한번에 합격하기 합격플래너

유기농업기능사

필기+실기

Plan3

나만의 합격코스

			1회독	2회독	3회독	MEMO
PART 1. 작물재배	Chapter 1. 재배의 기원과 현황	월 일	☐	☐	☐	
	Chapter 2. 재배환경	월 일	☐	☐	☐	
	Chapter 3. 재배기술	월 일	☐	☐	☐	
	Chapter 4. 각종 재해	월 일	☐	☐	☐	
	Chapter 5. 적중예상문제	월 일	☐	☐	☐	
PART 2. 토양관리	Chapter 1. 토양생성	월 일	☐	☐	☐	
	Chapter 2. 토양의 성질	월 일	☐	☐	☐	
	Chapter 3. 토양생물과 토양 침식 및 토양오염	월 일	☐	☐	☐	
	Chapter 4. 적중예상문제	월 일	☐	☐	☐	
PART 3. 유기농업일반	Chapter 1. 유기농업의 의의	월 일	☐	☐	☐	
	Chapter 2. 품종과 육종	월 일	☐	☐	☐	
	Chapter 3. 유기원예	월 일	☐	☐	☐	
	Chapter 4. 유기농 수도작	월 일	☐	☐	☐	
	Chapter 5. 유기축산	월 일	☐	☐	☐	
	Chapter 6. 적중예상문제	월 일	☐	☐	☐	
PART 4. 필기 기출문제	2014년 과년도 기출문제	월 일	☐	☐	☐	
	2015년 과년도 기출문제	월 일	☐	☐	☐	
	2016년 과년도 기출문제	월 일	☐	☐	☐	
PART 5. 필기 빈출문제	필기시험에 자주 출제되는 문제	월 일	☐	☐	☐	
필기 이론+기출 복습	PART 1~3. 이론 복습	월 일	☐	☐	☐	
	PART 4~5. 기출 복습	월 일	☐	☐	☐	
필기 CBT 대비 모의고사	제1~3회 CBT 온라인 모의고사	월 일	☐	☐	☐	
PART 6. 실기 필수이론 및 예제	실기 필수이론 및 예제	월 일	☐	☐	☐	
PART 7. 실기 최신 기출문제	필답형 기출문제	월 일	☐	☐	☐	

절취선

한번에
합격하기

한번에 합격하는 유기농업기능사

필기 + 실기

이영복 지음

BM (주)도서출판 성안당

■ 도서 A/S 안내

성안당에서 발행하는 모든 도서는 저자와 출판사, 그리고 독자가 함께 만들어 나갑니다.

좋은 책을 펴내기 위해 많은 노력을 기울이고 있습니다. 혹시라도 내용상의 오류나 오탈자 등이 발견되면 **"좋은 책은 나라의 보배"**로서 우리 모두가 함께 만들어 간다는 마음으로 연락주시기 바랍니다. 수정 보완하여 더 나은 책이 되도록 최선을 다하겠습니다.

성안당은 늘 독자 여러분들의 소중한 의견을 기다리고 있습니다. 좋은 의견을 보내주시는 분께는 성안당 쇼핑몰의 포인트(3,000포인트)를 적립해 드립니다.

잘못 만들어진 책이나 부록 등이 파손된 경우에는 교환해 드립니다.

본서 기획자 e-mail : coh@cyber.co.kr(최옥현)
홈페이지 : http://www.cyber.co.kr
전화 : 031) 950-6300

머리말

과학기술의 발달은 현대 사회의 도시화, 산업화를 주도하며 인간에게 경제적 풍요와 각종 편의성을 제공하였으나, 무분별한 개발에 의해 인간 생존의 기반이 되는 자연이 파괴되면서 지금껏 보지 못했던 수 많은 자연재해들이 발생하게 되고, 농업환경이 악화되는 결과를 초래하였다. 이에 자연과 공존하는 사회, 바른 먹거리에 대한 사회적 요구가 증대되면서 농업에서는 환경친화형 농업이 대두되고 있다.

횐경친화형 농업의 대표적인 유기농업의 필요성이 갈수록 커지면서, 이에 따른 현장 생산자의 관심과 소비자의 요구에 부응할 수 있는 자격이 유기농업과 관련된 자격들이다.

누구나 한 번쯤은 복잡한 도시를 떠나 자연과 함께하는 삶을 꿈꾸게 되는데, 이때 제일 먼저 떠오르는 것이 환경친화적인 농업이다. 이에 유기농업에 대한 관심은 갈수록 뜨거워지고 있는 실정이지만, 미지의 동경하는 세계 정도로만 생각하던 것들을 막상 실행에 옮기기에는 또 다른 장벽이 가로막는 것도 사실이다. 유기농업기능사는 이러한 장벽을 제거하는 첫 걸음이라 할 수 있을 것이다.

본서는 다년간의 기출문제를 분석하여 시험에 알맞도록 편집하여 처음 농업을 접하는 독자들도 쉽게 접근하여 자격증을 취득할 수 있도록 도움이 되고자 출간하였다.

저자의 경험을 비추어 볼 때 비전공자로 시작한 농학 공부가 재미있어 학부와 대학원을 다니면서

"왜, 농학이 쉽지 않을까?" 하는 많은 생각을 하였다.

그에 대한 대답이 단편적인 암기 중심으로 공부했음을 느끼면서 비전공일 때의 궁금함, 학부 때의 궁금함, 대학원에서의 궁금함이 조금씩 변해감을 바탕으로 다양한 수험생들에게 조금 더 쉽게 다가갈 수 있는 교재를 만들기 위해 노력하였고, 이 한 권의 책이 여러분들의 시험 준비에 도움이 되어 준다면 더한 보람이 없을 것이다.

본서가 나오기까지 온갖 정성과 심혈을 기울여 주신 성안당 이종춘 회장님을 비롯한 임직원 여러분께 진심으로 고마움을 표한다.

저자

자격 안내

1 자격 기본정보

- 자격명 : 유기농업기능사(Craftsman Organic Agriculture)
- 관련부처 : 농림축산식품부
- 시행기관 : 한국산업인력공단

(1) 자격 개요

최근 환경오염과 함께 유기농업의 중요성 및 수요는 증대되고 있으며, 과거 저부가가치의 농작물에서 고부가가치가 가능한 농작물로 전환할 필요성이 대두되고 이러한 고부가가치 작물생산의 한 방안으로 최근 유기농업에 대한 관심 및 수요가 증가되는 추세에 있다.
유기농업이란 화학비료, 유기합성농약(농약, 생장조절제, 제초제 등), 가축사료첨가제 등 일체의 합성화학물질을 사용하지 않고 유기물과 자연광석 미생물 등 자연적인 자재만을 사용하는 농법을 말한다. 이러한 유기농업은 단순히 자연보호 및 농가소득 증대라는 소극적 중요성을 떠나, 세계무역기구(WTO)의 무역 자유화 정책에 대응하여 자국 농업을 보호하는 수단이 되며, 아울러 국민의 보건복지 증진이라는 의미에서도 매우 중요하다. 이러한 유기농업의 중요성 때문에 전문 유기농업 인력을 육성 · 공급할 수 있는 자격 신설이 필요하게 되었다.

(2) 수행 직무

유기농업 분야의 입지 선정, 작목 선정, 경영여건 분석, 환경 분석 등을 기획하고, 윤작 체계 및 자재의 선정, 토양 비옥도 및 병해충 방지, 시비 방법 선정, 사료 확보 등 생산, 축사 설계, 축사분뇨 처리 업무와 유기농산물 원료의 가공, 포장, 유통 직무 수행 등을 수행한다.

(3) 진로 및 전망

주로 유기농업 관련 단체, 유기농업 가공 회사, 유기농산물 유통회사, 시 · 도 · 군 지자체의 환경농업 담당 공무원, 유기농업 및 유기식품 연구기관의 연구원, 국제유기식품 품질인증기관의 인증책임자 및 조사원(Inspector), 소비자 단체, 환경보호 단체, 사회 단체 등 NGO의 직원으로 진출할 수 있다. 또한 농협, 시 · 도 · 군 지자체, 농촌진흥청 등의 환경 농업 담당 공무원으로 진출할 수도 있다.

(4) 유기농업기능사 연도별 검정현황 및 합격률

연 도	필 기			실 기		
	응시	합격	합격률	응시	합격	합격률
2023	5,617명	3,056명	54.41%	3,647명	3,094명	84.84%
2022	4,507명	2,514명	55.8%	3,068명	1,075명	35%
2021	5,491명	3,299명	60.1%	3,338명	2,676명	80.2%
2020	4,163명	2,627명	63.1%	2,516명	2,474명	98.3%
2019	5,268명	3,080명	58.5%	3,086명	2,986명	96.8%
2018	4,228명	2,486명	58.8%	2,399명	2,293명	95.6%
2017	2,321명	1,443명	62.2%	1,472명	1,354명	92%

2 유기농업기능사 자격증 관계도

유기농업기능사 ➡ 유기농업산업기사 ➡ 유기농업기사

(1) 유기농업기능사

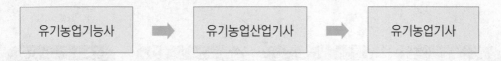

유기농업기능사 시험은 유기농업에 대한 기초를 다루며 산업기사, 기사 시험 응시에 도움을 준다. 기능사의 자격을 취득한 후 동일직무 분야에서 1년 이상 실무에 종사한 자는 산업기사 시험의 응시자격이 되고, 3년 이상 종사한 경우 기사 시험의 응시자격이 주어진다.

(2) 유기농업산업기사

산업기사는 기능사보다 한층 수준 높은 숙련기능과 기초이론지식을 가지고 기술 분야의 업무에 종사하는 자격이다. 산업기사의 자격을 취득한 후 동일직무 분야에서 1년 이상 실무에 종사한 자는 기사 시험의 응시자격이 주어진다.

(3) 유기농업기사

기사는 산업기사보다 한층 수준 높은 숙련기능과 기초이론지식을 가지고 기술 분야의 업무에 종사하는 자격이다. 유기농업기사에게 고도의 전문지식 습득 및 서비스 정신, 일에 대한 정열은 필수적이다.

검정형 시험 안내

검정형 시험은 이전부터 시행하여 오던 필기시험과 실기시험으로 나누어진 시험 형태입니다.

1 검정형 자격시험 일반사항

(1) 시험일정

연간 총 4회의 시험을 실시한다.

(2) 시험과정 안내

① 원서접수 확인 및 수험표 출력기간은 접수 당일부터 시험 시행일까지이며, 이외 기간에는 조회가 불가하다. ※ 출력장애 등을 대비하여 사전에 출력 보관할 것

② 원서접수는 온라인(인터넷, 모바일앱)에서만 가능하다.

③ 스마트폰, 태블릿 PC 사용자는 모바일앱 프로그램을 설치한 후 접수 및 취소/환불 서비스를 이용한다.

STEP 01 필기시험 원서접수

- Q-net(q-net.or.kr) 사이트 회원가입 후 접수 가능
- 반명함 사진 등록 필요 (6개월 이내 촬영본, 3.5cm×4.5cm)
- 유기농업기능사 필기시험 수수료 14,500원

STEP 02 필기시험 응시

- 입실시간 미준수 시 시험 응시 불가 (시험 시작 20분 전까지 입실)
- 수험표, 신분증, 필기구 지참 (공학용 계산기 지참 시 반드시 포맷)

STEP 03 필기시험 합격자 확인

- CBT 시험 종료 후 즉시 합격여부 확인 가능
- Q-net 사이트에 게시된 공고로 확인 가능

STEP 04 실기시험 원서접수

- Q-net 사이트에서 접수
- 실기시험 시험일자 및 시험장은 접수 시 수험자 본인이 선택 (먼저 접수하는 수험자가 선택의 폭이 넓음)
- 유기농업기능사 실기시험 수수료 17,200원

(3) 검정방법

① 필기시험(객관식)과 실기시험(필답형)을 치르게 되며, 필기시험에 합격한 자에 한하여 실기시험을 응시할 기회가 주어진다.

② 필기시험에 합격한 자에 대하여는 필기시험 합격자 발표일로부터 2년간 필기시험을 면제한다.

(4) 합격기준

필기와 실기 모두 100점을 만점으로 하여 60점 이상을 합격으로 본다.

① 필기 : 객관식 100점 만점으로 하여 전과목 평균 60점 이상을 합격으로 본다.

② 실기 : 필답형 100점 만점(20문제 내외)으로 하여 60점 이상을 합격으로 본다.

STEP 05

실기시험 응시

- 수험표, 신분증, 필기구, 공학용 계산기, 종목별 수험자 준비물 지참
(공학용 계산기는 허용된 종류에 한하여 사용 가능하며, 수험자 지참 준비물은 실기시험 접수기간에 확인 가능)

STEP 06

실기시험 합격자 확인

- 문자메시지, SNS 메신저를 통해 합격 통보
(합격자만 통보)
- Q-net 사이트 및 ARS (1666-0100)를 통해서 확인 가능

STEP 07

자격증 교부 신청

- Q-net 사이트에서 신청 가능
- 상장형 자격증, 수첩형 자격증 형식 신청 가능

STEP 08

자격증 수령

- 상장형 자격증은 합격자 발표 당일부터 인터넷으로 발급 가능
(직접 출력하여 사용)
- 수첩형 자격증은 인터넷 신청 후 우편 수령만 가능

2 출제기준

- 직무/중직무 분야 : 농림어업/농업
- 자격종목 : 유기농업기능사
- 직무내용 : 유기농축 산업 분야에 대한 윤작체계, 자재선정, 토양특성, 병해충관리, 가축사육 및 질병, 인증관리 등 관련 업무를 수행하는 직무이다.
- 적용기간 : 2025.1.1~2027.12.31

(1) 필기 출제기준

주요항목	세부항목	세세항목
1. 유기재배 준비	(1) 유기농업 환경 분석	① 유기농업의 정의와 목적 ② 유기농산물의 생산, 저장, 유통, 판매 현황
	(2) 생산계획 수립	① 유기재배 입지 선택 및 재배 방법 ② 생육 특성과 기상 특성 ③ 오염원 파악 및 관리 ④ 유기농업 전환기 계획 ⑤ 종자 관리
	(3) 생산체계 수립	① 작부체계 수립 ② 재배 환경 관리 ③ 품종의 개념 및 유지 방법 ④ 육종 방법
	(4) 영농일지	① 영농일지 필수 기록 항목 ② 기록 보존 기간
2. 유기재배 토양관리	(1) 토양의 특성	① 토양의 물리적 성질 ② 토양의 화학적 성질 ③ 토양의 생물학적 성질
	(2) 토양 검정	① 분석용 토양시료 채취 및 분석 ② 토양 특성 평가 ③ 토양 검정 시스템 활용
	(3) 퇴비 제조	① 퇴비 원료 선택 ② 퇴비 제조 ③ 퇴비 품질 평가 ④ 퇴비 보관 및 관리
	(4) 토양 관리	① 토양 양분, 비옥도 및 수분 관리 ② 토양 생물의 종류, 특성, 기능 및 활용
	(5) 토양 보전관리	① 토양 침식의 원인 및 대책 ② 토양 오염의 원인 및 대책
3. 유기생육관리	(1) 비배 관리	① 밑거름 선택 및 사용법 ② 웃거름 선택 및 사용법
	(2) 생육단계별 관리	① 수분 관리 ② 정지 및 적과 ③ 파종 · 육묘 및 이식 ④ 재식 밀도 관리

〈필기시험 안내사항〉

- 필기 검정방법 : 객관식
- 문항 수 : 60문제
- 필기 시험시간 : 1시간
- 필기 과목명 : 유기작물재배, 토양관리, 유기농업 일반

주요항목	세부항목	세세항목
	(3) 재배 환경 관리	① 대기조성 관리 ② 온도관리 ③ 광 관리 ④ 춘화처리, 일장효과 등 상적발육 관리 ⑤ 유기재배 시설 관리
	(4) 생육진단 처방	① 작물별, 생육단계별 생육상태 진단 ② 양분 결핍에 따른 처방 ③ 생육환경의 변화, 기상재해 대응
4. 유기재배 잡초관리	(1) 잡초 관리	① 잡초 특성 ② 잡초방제 방법 및 기술
5. 유기재배 병충해관리	(1) 병충해 관리	① 경종적 방법 ② 병충해 예방의 기계적, 물리적, 생물학적 방법 ③ 병충해 증상 및 진단 ④ 병충해 방제의 기계적, 물리적, 생물학적 방법
6. 유기재배 수확관리	(1) 수확 및 저장	① 수확시기 결정 ② 저장 방법 및 환경 관리 ③ 허용물질 종류 및 특성
	(2) 판매 관리	① 유기농산물 선별 포장 ② 인증 기준 및 표시 ③ 적정 유통 경로
7. 유기재배 농자재 제조 관리	(1) 유기농업 허용물질 관리	① 토양 양분관리 허용물질 선택 및 활용 ② 병해충관리 허용물질 선택 및 활용 ③ 유기농업자재 종류 및 특징
	(2) 제조 및 이용 방법	① 제조 시 사용 가능 조건 및 이용방법
8. 유기축산	(1) 유기축산 일반	① 우리나라 유기축산 현황 ② 사육방법과 사육환경
	(2) 유기축산의 사료생산 및 급여	① 유기축산사료의 조성, 종류 및 특징 ② 유기축산사료의 배합, 조리, 가공방법 ③ 유기축산사료의 급여
	(3) 유기축산의 질병예방 및 관리	① 가축 위생 ② 가축전염병 등 질병예방 및 관리
	(4) 유기축산의 사육시설	① 사육시설, 부속설비, 기구 등의 관리
	(5) 유기축산 품질 인증 관리	① 유기축산물 출하 관리 ② 유기축산 인증기준 및 표시 ③ 적정 유통 경로

(2) 실기 출제기준

• 수행준거

1. 유기농업을 시작하기 위하여 제반 환경을 분석하고, 유기재배를 위한 생산계획을 수립하여 지역 여건에 맞는 윤작체계를 결정할 수 있다.
2. 유기재배에 적합한 토양을 조성하기 위하여 토양 검정, 퇴비 제조, 토양 관리 등을 수행할 수 있다.
3. 재배작물에 맞게 밑거름을 주고 생육단계별로 관리하며 생육진단에 따라 처방할 수 있다.
4. 화학 제초제를 사용하지 않고 생태적 원리에 따라 다양한 방법으로 잡초를 관리할 수 있다.
5. 유기농산물을 수확 관리할 수 있다.
6. 유기재배 허용 농자재를 제조 관리 할 수 있다.
7. 발생 가능한 병충해를 사전 예방하고, 발병한 병충해에 대해 적절한 진단과 방제를 수행할 수 있다.
8. 유기축산에 적합한 사료 급여, 질병, 인증관리를 할 수 있다.

주요항목	세부항목	세세항목
1. 유기재배 준비	(1) 유기농업 환경 분석하기	① 유기농업의 정의와 목적, 원칙, 생산기준 등 대해 조사·분석할 수 있다. ② 유기농업이 인간의 건강, 환경, 생물 다양성, 농업 생산의 지속성 등에 미치는 영향을 조사·분석할 수 있다. ③ 유기재배 농산물에 대한 소비자의 요구와 인식 등을 조사·분석할 수 있다. ④ 유기농산물의 생산, 판매, 저장, 유통 현황에 대해 조사·분석할 수 있다.
	(2) 생산계획 수립하기	① 지역의 기후, 토양, 수질 등의 입지 조건을 조사·분석하여 유기재배에 유리한 입지를 선택할 수 있다. ② 유기농산물 시장, 지역 특성, 경지 규모 등을 고려하여 적합한 재배작목과 재배방법을 결정할 수 있다. ③ 유기농산물의 생육 특성과 재배지역의 기상특성을 고려하여 생산계획을 수립할 수 있다. ④ 농장 주변의 오염원을 파악하고, 오염을 차단하기 위한 완충지대 설정, 보호시설 설치 등의 조치를 취할 수 있다. ⑤ 유기재배를 시작하고자 하는 경우에는 유기농업 전환기 계획을 수립·이행할 수 있다.
	(3) 작부체계 수립하기	① 유기농산물 재배 지역의 여건을 고려하여 토양 비옥도 증진과 병해충을 경감시킬 수 있는 작부체계를 수립할 수 있다. ② 유기재배 토양의 기지현상으로 인한 연작피해를 줄일 수 있는 작부체계를 수립할 수 있다. ③ 지역의 유기농산물 생산 조직과 연계하여 효율적인 생산이 가능한 작부체계를 수립할 수 있다.
2. 유기재배 토양관리	(1) 토양 검정하기	① 토양 샘플 채취 기준에 따라 분석용 토양시료를 채취할 수 있다. ② 채취한 토양시료를 소정의 절차에 따라 토양 분석기관에 분석을 의뢰할 수 있다. ③ 비료 사용 처방서, 논토양 유기자재 처방서 내용을 분석할 수 있다.

〈실기시험 안내사항〉

- 실기 검정방법 : 필답형
- 실기 시험시간 : 2시간
- 실기 과목명 : 유기농산물 재배실무

주요항목	세부항목	세세항목
	(2) 퇴비 선택하기	① 유기재배지 토양의 적정 유기물 함량을 유지하는데 적합한 퇴비를 제조할 수 있다. ② 유기농업자재정보를 조회하여 토양 검정 결과에 적합한 퇴비를 선택할 수 있다. ③ 가축분뇨를 원료로 하는 퇴비·액비 성분 결과서를 분석할 수 있다. ④ 제조된 퇴비를 성분의 변화없이 보관 관리할 수 있다.
	(3) 토양 관리하기	① 토양검정결과에 따라 적정량의 객토 또는 퇴비량을 결정하여 투입할 수 있다. ② 두과작물, 녹비작물, 심근성작물 재배 등을 통해 토양의 양분을 관리할 수 있다. ③ 토양 비옥도 관리를 위하여 지역내 유기물을 찾아 활용할 수 있다, ④ 토양 미생물의 종류, 특성, 기능 및 활용 방법을 파악하여 이용할 수 있다.
3. 유기재배 생육관리	(1) 거름 주기	① 유기재배에서 사용 가능한 거름을 선택할 수 있다. ② 작물별 양분 소요량에 따라 거름 줄 양을 결정할 수 있다. ③ 작물 파종 · 정식 과정에서 토양 상태에 따라 거름을 시용할 수 있다.
	(2) 생육단계별 관리하기	① 작물의 생육단계별로 유기재배에 적합한 물 관리를 할 수 있다 ② 작물에 따라 유기재배에 적합한 입모율 관리를 할 수 있다. ③ 작물에 따라 유기재배에 적합한 정식 간격을 조절할 수 있다. ④ 작물에 따라 유기재배에 적합하게 유인 정지하고, 착과를 조절할 수 있다.
	(3) 생육진단 처방하기	① 작물별, 생육단계별로 생육상태를 진단할 수 있다. ② 작물의 생육진단 상태에 따라 양분 결핍·과잉에 따른 처방을 할 수 있다. ③ 생육환경의 변화, 기상재해에 대해 대응 계획을 수립하고 이행할 수 있다.
4. 유기재배 잡초관리	(1) 잡초 조사하기	① 농업생태계 건강성 유지를 위해 식생을 조사할 수 있다. ② 논에 발생 하는 주요 잡초의 특성을 이해하고, 구분할 수 있다. ③ 밭에 발생 하는 주요 잡초의 특성을 이해하고, 구분할 수 있다.

주요항목	세부항목	세세항목
	(2) 논잡초 관리하기	① 논에 유입되는 잡초 종자를 최소화할 수 있다 ② 가을갈이를 하고 모내기전 써레질을 2회 이상 시행할 수 있다. ③ 모내기 후 심수관리할 수 있다. ④ 오리, 우렁이 등을 활용하여 잡초관리할 수 있다.
	(3) 밭잡초 관리하기	① 유기재배지의 잡초 발생 경향을 파악하여 예방조치를 취할 수 있다. ② 발생된 잡초를 효과적으로 제어할 수 있는 경종적, 물리적 방법을 찾아 적용할 수 있다. ③ 피복식물과 피복재료를 활용하여 잡초 발생을 줄일 수 있다.
5. 유기재배 수확관리	(1) 수확하기	① 작목에 따라 유기농산물에 적합한 수확시기를 결정할 수 있다. ② 유기농산물 수확에 전용 수확 도구를 사용 관리할 수 있다. ③ 품목의 특성에 따라 적절한 위생조치 및 오염방지 대책을 수립하고 이행할 수 있다. ④ 완충 지대에서 수확하는 농산물은 구분하여 별도로 수확할 수 있다. ⑤ 수확과정에서 관행 및 타 인증 농산물과의 혼입 방지 대책을 수립하고 이행할 수 있다.
	(2) 저장하기	① 수확한 유기농산물을 일반 농산물과 구분하여 저장 관리할 수 있다. ② 일반 농산물과의 혼입 방지를 위해 표시하여 구분 관리할 수 있다. ③ 수확한 유기농산물을 품목별 적정 온도에서 저장 관리할 수 있다. ④ 유기농산물의 품질 유지를 위하여 허용물질을 사용할 수 있다.
	(3) 판매 관리하기	① 유기농산물 특성에 따라 농산물을 선별할 수 있다. ② 유기농산물 유통 형태 및 포장 방법별로 인증품 표시 기준에 맞는 인증표시를 할 수 있다. ③ 유기농산물 유통경로 및 현황을 고려하여 계약 재배, 직거래, 전자상거래 등 적정 거래 방법을 선택하여 판매할 수 있다. ④ 품목별 생산량, 출하량, 출하처 등에 대한 내용을 기록 관리할 수 있다.
6. 유기재배 농자재 제조	(1) 유기농업 자재 활용하기	① 유기농업 허용 물질 및 자재를 파악할 수 있다. ② 공시된 유기농업 자재의 특성을 분석하여 용도와 조건에 맞는 자재를 선택 구매할 수 있다. ③ 유기농업 허용 물질 및 자재를 사용 방법에 따라 활용하고, 관리할 수 있다.
	(2) 토양 양분관리 자재 제조하기	① 유기재배 토양 양분관리 자재에 적합한 원료를 선택할 수 있다. ② 주변의 농업 부산물 발생 실태를 파악하여 유기농업에 사용 가능한 농자재 제조 원료를 확보할 수 있다. ③ 토양 상태, 원료의 특성에 따라 원료를 선택하여 자재를 제조할 수 있다. ④ 제조된 토양 양분관리 자재의 특성에 따라 안전하게 구분 관리할 수 있다.

주요항목	세부항목	세세항목
7. 유기재배 병해관리	(1) 병해 예방하기	① 병해에 강한 작물과 품종을 선택하여 병해를 예방할 수 있다. ② 윤작 · 혼작 · 간작 및 공생식물의 재배 등 경종적 방법을 통하여 병해를 예방할 수 있다. ③ 온습도 관리 등 재배환경 관리를 통해 병해를 예방할 수 있다. ④ 차단막 등을 통해 감염경로를 사전에 차단하여 병해를 예방할 수 있다. ⑤ 기계적, 물리적, 생물학적, 경종적 방법 등을 통해 병해를 예방할 수 있다.
	(2) 병해 진단하기	① 발생한 병해의 증상을 관찰하고, 재배 이력에 따라 병해를 진단할 수 있다. ② 재배 환경의 지속적인 모니터링을 통해 병해를 조기진단할 수 있다. ③ 작물의 병해 정도 또는 작물의 상태를 전문가와 공유함으로써 보다 정확한 병해를 진단할 수 있다.
	(3) 병해 방제하기	① 병해 발생 작물체의 조기 제거로 병해를 방제할 수 있다. ② 기계적, 물리적, 생물학적, 경종적 방법으로 병해 방제를 실시할 수 있다. ③ 유기농업 관련 법령에서 정한 허용물질을 활용하여 병해를 방제할 수 있다. ④ 유기농업 관련 법령에 따라 목록 공시된 자재를 그 용도 및 조건 · 방법으로 활용하여 병해를 방제할 수 있다.
8. 유기재배 충해관리	(1) 충해 예방하기	① 재배 작목에 주로 발생하는 해충의 종류, 발생 시기, 발생에 적합한 환경 등을 사전 조사하여 충해에 대비할 수 있다. ② 충해에 강한 작물과 품종을 선택하여 충해를 예방할 수 있다. ③ 윤작 · 혼작 · 간작 및 공생식물의 재배 등을 통하여 충해를 예방할 수 있다. ④ 서식지 제거, 기피식물 재배 등을 통해 충의 발생을 사전에 차단하여 충해를 예방할 수 있다. ⑤ 기계적, 물리적, 생물학적, 경종적 방법 등을 통해 충해를 예방할 수 있다.
	(2) 충해 진단하기	① 해충을 발견한 시점에서 재배 이력을 분석하여 충해의 종류를 진단할 수 있다. ② 재배 환경의 모니터링을 통해 해충 발생을 조기에 진단할 수 있다. ③ 작물의 충해 정도 또는 해충 발생 시기 등을 전문가와 공유함으로써 보다 정확한 충해를 진단할 수 있다.
	(3) 해충 방제하기	① 해충 발견 시 해충의 생태적 특성을 고려한 작물체의 조기 제거로 해충을 방제할 수 있다. ② 해충의 천적을 방사하여 해충을 방제할 수 있다. ③ 기계적, 물리적, 생물학적, 경종적 방법으로 해충 방제를 실시할 수 있다. ④ 유기농업 관련 법령에서 정한 허용물질을 활용하여 해충을 방제할 수 있다. ⑤ 유기농업 관련 법령에 따라 목록 공시된 자재를 그 용도 및 조건 · 방법으로 활용하여 해충을 방제할 수 있다.
9. 유기 축산	(1) 유기축산 이해하기	① 유기축산 기준을 이해하고 유기사료 선택 및 급여 방법을 제시할 수 있다.

3 CBT 안내

(1) CBT란?

CBT란 Computer Based Test의 약자로, 컴퓨터 기반 시험을 의미한다. 정보기기운용기능사, 정보처리기능사, 굴삭기운전기능사, 지게차운전기능사, 제과기능사, 제빵기능사, 한식조리기능사, 양식조리기능사, 일식조리기능사, 중식조리기능사, 미용사(일반), 미용사(피부) 등 12종목은 이미 오래 전부터 CBT 시험을 시행하고 있으며, 유기농업기능사는 2017년 1회 시험부터 CBT 시험이 시행되었다.

CBT 필기시험은 컴퓨터로 보는 만큼 수험자가 답안을 제출함과 동시에 합격여부를 확인할 수 있다.

(2) CBT 시험 과정

한국산업인력공단에서 운영하는 홈페이지 **큐넷(Q-net)**에서는 누구나 쉽게 CBT 시험을 볼 수 있도록 실제 자격시험 환경과 동일하게 구성한 **가상 웹 체험 서비스를 제공**하고 있다.

가상 웹 체험 서비스를 통해 CBT 시험을 연습하는 과정은 다음과 같다.

① 시험시작 전 신분 확인 절차

- 수험자가 자신에게 배정된 좌석에 앉아 있으면 신분 확인 절차가 진행된다.

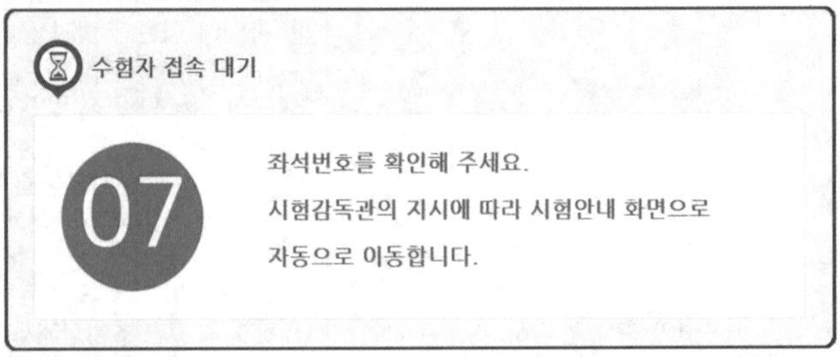

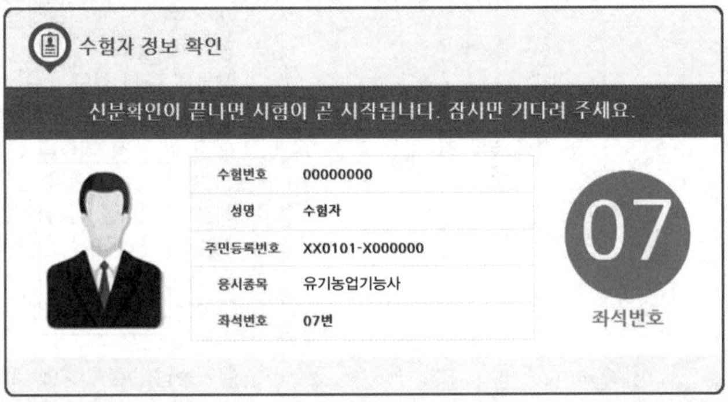

• 신분 확인이 끝난 후 시험시작 전 CBT 시험안내가 진행된다.

안내사항 > 유의사항 > 메뉴 설명 > 문제풀이 연습 > 시험준비 완료

② 시험 [안내사항]을 확인한다.

- 시험은 총 5문제로 구성되어 있으며, 5분간 진행된다.
  자격종목별로 시험문제 수와 시험시간은 다를 수 있다.
  ※ 유기농업기능사 필기 - 60문제/1시간
- 시험 도중 수험자 PC 장애 발생 시 손을 들어 시험감독관에게 알리면 긴급장애조치 또는 자리이동을 할 수 있다.
- 시험이 끝나면 합격여부를 바로 확인할 수 있다.

③ 시험 [유의사항]을 확인한다.
시험 중 금지되는 행위 및 저작권 보호에 관한 유의사항이 제시된다.

④ 문제풀이 [메뉴 설명]을 확인한다.
문제풀이 기능 설명을 유의해서 읽고 기능을 숙지해야 한다.

⑤ 자격검정 CBT [문제풀이 연습]을 진행한다.
실제 시험과 동일한 방식의 문제풀이 연습을 통해 CBT 시험을 준비한다.

- CBT 시험 문제 화면의 기본 글자크기는 150%이다. 글자가 크거나 작을 경우 크기를 변경할 수 있다.
- 화면배치는 '1단 배치'가 기본 설정이다. 더 많은 문제를 볼 수 있는 '2단 배치'와 '한 문제씩 보기' 설정이 가능하다.

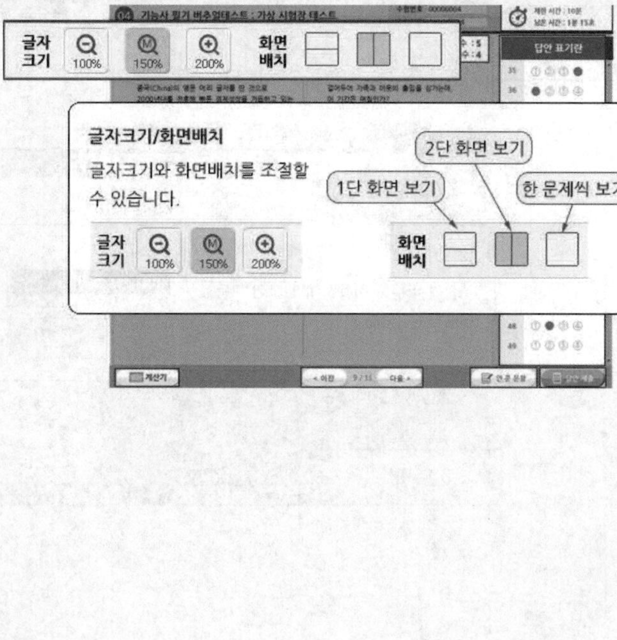

- 답안은 문제의 보기번호를 클릭하거나 답안표기 칸의 번호를 클릭하여 입력할 수 있다.
- 입력된 답안은 문제화면 또는 답안표기 칸의 보기번호를 클릭하여 변경할 수 있다.

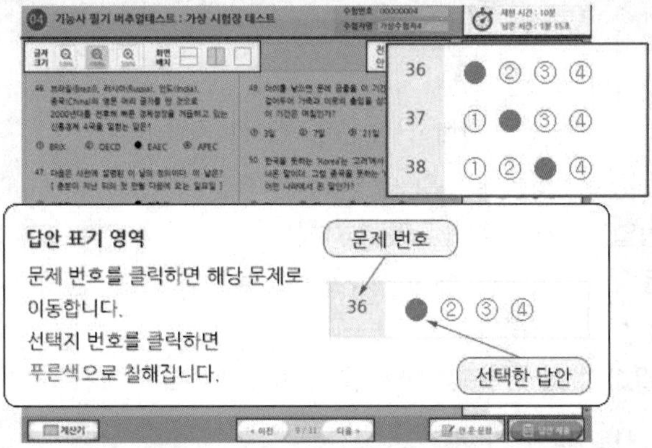

- 페이지 이동은 '페이지 이동' 버튼 또는 답안표기 칸의 문제번호를 클릭하여 이동할 수 있다.

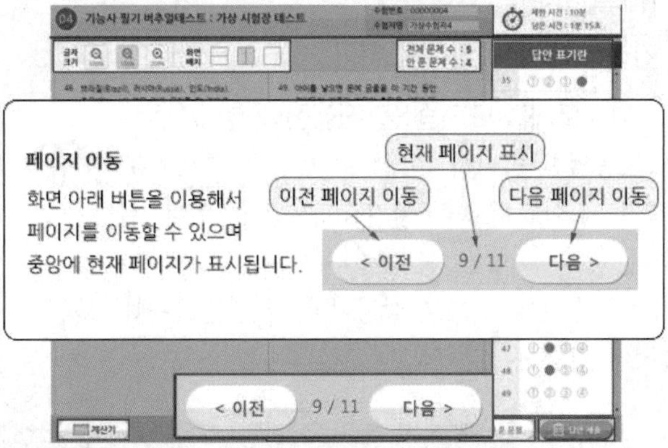

- 응시종목에 계산문제가 있을 경우 좌측 하단의 계산기 기능을 이용할 수 있다.

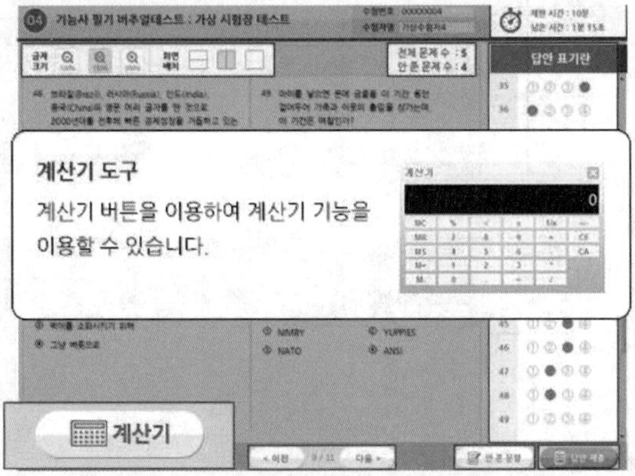

• 안 푼 문제 확인은 답안 표기란 좌측에 안 푼 문제 수를 확인하거나 답안 표기란 하단 '안 푼 문제' 버튼을 클릭하여 확인할 수 있다. 안 푼 문제번호 보기 팝업창에 안 푼 문제번호가 표시된다. 번호를 클릭하면 해당 문제로 이동한다.

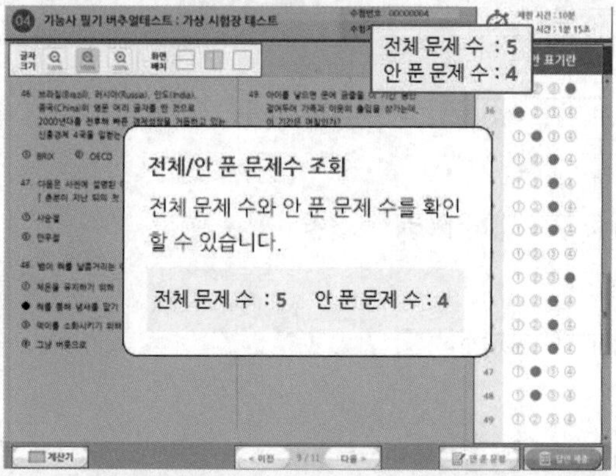

• 시험문제를 다 푼 후 답안 제출을 하거나 시험시간이 모두 경과되었을 경우 시험이 종료되며, 시험결과를 바로 확인할 수 있다.

• '답안 제출' 버튼을 클릭하면 답안 제출 승인 알림창이 나온다. 시험을 마치려면 '예'를, 시험을 계속 진행하려면 '아니오'를 클릭하면 된다. 답안 제출은 실수 방지를 위해 두 번의 확인 과정을 거친다. 이상이 없으면 '예' 버튼을 한 번 더 클릭한다.

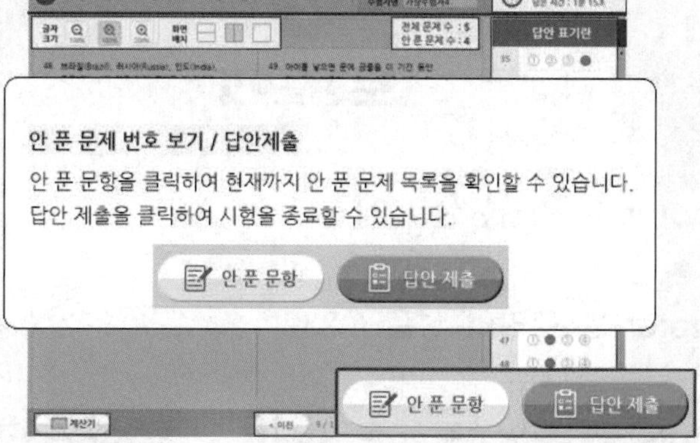

⑥ [시험준비 완료]를 한다.

시험 안내사항 및 문제풀이 연습까지 모두 마친 수험자는 '시험준비 완료' 버튼을 클릭한 후 잠시 대기한다.

⑦ 연습한 대로 CBT 시험을 시행한다.

⑧ 답안 제출 및 합격여부를 확인한다.

차례

제 1 편
작물재배

제 2 편
토양관리

제 3 편

유기농업일반

※ 유기농업기능사는 2017년 제1회 시험부터 CBT(Computer Based Test)로 시행되고 있습니다. CBT는 문제은행에서 무작위로 추출되어 치러지므로 개인별 문제가 상이하여 기출문제 복원이 무의미하며, 신유형 문제가 출제되기도 하나 대부분의 문제는 이전의 기출문제에서 그대로 또는 조금 변형되어 출제됩니다.

제 4 편

필기 기출문제

제 5 편

필기시험에 자주 출제되는 문제

제 6 편

실기 필수이론 및 예제

제 7 편

실기 최신 기출문제

현실이라는 땅에 두 발을 딛고

이상인 하늘의 별을 향해 두 손을 뻗어

착실히 올라가야 한다.

- 반기문 -

꿈꾸는 사람은 행복합니다.
그러나 꿈만 좇다 보면 자칫 불행해집니다. 가시밭에 넘어지고 웅덩이에 빠져 허우적거릴 뿐, 꿈을 현실화할 수 없기 때문이죠.
꿈을 이루기 위해서는, 냉엄한 현실을 바탕으로 한 치밀한 전략, 그리고 뜨거운 열정이라는 두 발이 필요합니다. 그러지 못하면 넘어지기 십상이지요.
우선 그 두 발로 현실을 딛고, 하늘의 별을 따기 위해 한 계단 한 계단 올라가 보십시오. 그러면 어느 순간 여러분도 모르게 하늘의 별이 여러분의 손에 쥐어져 있을 것입니다.

PART 1

핵심이론 & 적중예상문제

작물재배

Chapter 1 재배의 기원과 현황

저자샘의 이론학습 Tip

- 야생상태의 식물과 인위적 보살핌을 받는 식물의 차이를 인식해야 한다.
- 식물의 원산지와 작물의 분류에 대해 숙지해야 한다.

Section 01 작물재배 및 재배식물의 기원과 발달

1 재배와 작물의 정의

(1) 농업과 재배의 정의

① **농업** : 인간이 일정한 목적에 따라 체계적, 영리적으로 토지를 이용하는 생산활동을 의미하며, 경종과 양축의 유기적 생명체를 이용한 경제적 영리를 목적으로 하는 인간활동의 총칭을 의미한다.

② **재배** : 인간이 농지를 이용하여 작물을 기르고 수확하는 경제적 행위를 재배라 한다.

(2) 재배식물

① 기원은 매우 오래되었으며, 야생종에서 점차 순화된 것들이 대부분이다.

② 야생식물을 기르는 일에서 농경은 시작되었으며, 그중 이용성과 경제성이 높은 식물을 재배식물이라 하며 또 농업상 작물이라 한다.

③ 인간은 이러한 식물을 이용목적에 맞게 개량, 보호해 왔으며 그 결과 식물은 인간이 원하는 부분만 발달하고 불필요로 하는 부분은 퇴화되었다.

④ 재배식물들은 야생의 원형과는 다르게 특수한 부분만 매우 발달하여 원형과 비교하면 기형식물이라 할 수 있다.

(3) 재배의 특질

① 생산적 특질

㉠ 생산에 있어 토지가 중요한 수단이다.

㉡ 지력은 농업생산의 기본 요소이며, 수확체감의 법칙, 토지의 분산 상태, 토지 소유제도 등이 영향을 미치고 있다.

㉢ 농업은 생명체를 대상으로 하므로 자연환경의 제약을 받아 자본회전이 늦고, 생산조절이 곤란하고 노동 수요의 불균형, 분업의 곤란함 등 여러 문제가 있다.

② 유통적 특질

㉠ 농산물은 수요에 대한 공급 적응성이 적어 가격변동이 심하다.

㉡ 농산물은 변질 위험이 크고 생산의 소규모, 분산적이어서 거래에 있어 중간상의 역할이 크다.

㉢ 농산물은 가격에 비해 중량과 부피가 커서 수송비 등 물류비가 많이 드는 경향이 있다.

③ 소비적 특질

㉠ 농산물은 공산품에 비해 수요의 탄력성이 적고 다양하지 못하다.

㉡ 생활수준의 향상에 따른 수요의 증가가 공산품과 같이 현저하지 않다.

(4) 작물의 정의

식물 중 인간의 목적에 따라 이용성, 경제성이 높아 재배대상이 되는 식물이며 경작식물 또는 재배식물이라고도 한다.

(5) 작물의 특질

① 일반식물에 비해 작물은 이용성 및 경제성이 높아야 한다.

② 작물은 인간의 이용목적에 맞게 특수부분이 매우 발달한 일종의 기형식물이다.

③ 작물은 야생식물에 비해 생존 경쟁에 약하므로 인위적 관리가 수반되어야 한다.

(6) 작물의 재배이론

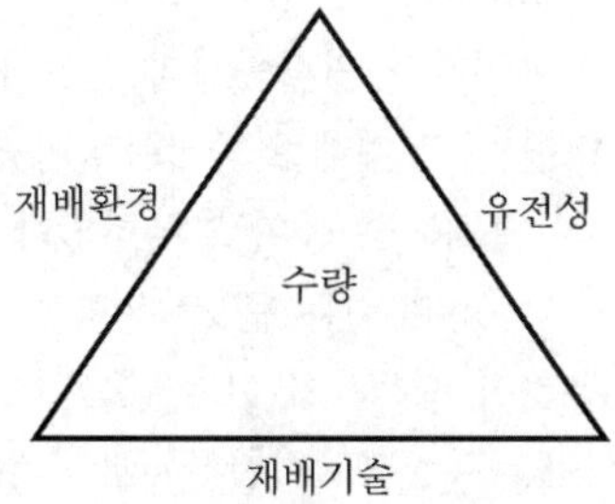

작물수량의 삼각형

① 작물생산량은 작물의 재배환경, 재배기술, 유전성이 좌우한다.

② 재배환경, 재배기술, 유전성의 세 변으로 구성된 삼각형 면적으로 표시되며, 최대 수량의 생산은 좋은 환경과 유전성이 우수한 품종, 적절한 재배기술이 필요하다.

③ 작물수량의 삼각형에서 삼각형의 면적은 생산량을 의미하며 면적의 증가는 세 변이 고르고 균형 있게 발달하여야 면적이 증가하며, 삼각형의 두 변이 잘 발달하였더라도 한 변이 발달하지 못하면 면적은 작아지게 되며 여기에 최소율의 법칙이 적용된다.

참고 최소율의 법칙

식물의 생산량은 생육에 필요한 최소한의 원소 또는 양분에 의하여 결정된다는 법칙. 어떤 원소가 최소량 이하인 경우 다른 원소가 아무리 많이 주어져도 생육할 수 없고, 원소 또는 양분 가운데 가장 소량으로 존재하는 것이 식물의 생육을 좌우한다.

2 재배의 기원과 현황

(1) 재배의 기원

1) 원시농업

① 원시축산의 시작 : 인구의 증가로 인한 식량의 필요량은 증가하나 수렵 가능한 동물은 감소함에 따라 야생 동물 및 조류를 길들여 사육하면서 시작되었다.

② 원시농경의 발생 : 증가하는 인구에 따라 식량의 안정적 공급을 위해 식물 중 이용가치가 높은 식물을 근처에 옮겨 심거나 씨를 뿌려 가꾸는 방법을 알면서 시작되었다.

2) 농경의 발생시기

① 어업과 목축업의 발생 : 1만 2천년~2만년 전 중석기시대에 시작된 것으로 추정되고 있다.

② 농경의 발생 : 1만년~1만 5천년 전 신석기시대로 추정하고 있다.

(2) 발상지

① 큰 강 유역설 : 캉돌(De Candolle)은 주기적으로 강의 범람으로 토지가 비옥해지는 큰 강의 유역이 농사짓기에 유리하여 원시농경의 발상지였을 것으로 추정하였다. 실제 중국의 황하나 양자강 유역이 벼의 재배로 중국문명이 발생하였으며, 인더스강 유역의 인도문명, 나일강 유역의 이집트문명 등이 발생하였다.

② 산간부설 : 바빌로프(N. T. Vavilov)는 큰 강 유역은 범람으로 인해 농업이 근본적 파멸 우려가 있으므로 최초 농경이 정착하기 어려웠을 것으로 보고 기후가 온화한 산간부 중 관개수를 쉽게 얻을 수 있는 곳을 최초 발상지로 추정하였으며, 마야문명, 잉카문명 등과 같은 산간부를 원시농경의 발상지로 보았다.

③ 해안지대설 : 데트웰러(P. Dettweiler)는 온화한 기후와 토지가 비옥하며 토양수분도 넉넉한 해안지대를 원시 농경의 발상지로 추정하였다.

(3) 재배형식

1) 소경(疎耕)

① 약탈농업에 가까운 원시적 재배형식이다.

② 파종 후 관리 등을 별로 하지 않고 수확하며 농지가 척박해지면 이동하며 재배하는 형식이다.

2) 식경(殖耕)

① 식민지 또는 미개지에서의 기업적 농업형태이다.

② 넓은 토지에 한 작물만을 경작하는 농업형태로 주로 커피, 고무나무, 담배, 차, 사탕수수 등이 대상작물들이다.

3) 곡경(穀耕)

① 넓은 면적에서 곡류 위주로 재배하는 형식이다.

② 기계화를 통한 대규모 곡물을 생산하는 재배형태이다.

4) 포경(圃耕)

① 사료작물과 식량작물을 서로 균형 있게 재배하는 형식이다.

② 사료작물로 콩과작물의 경작 및 가축의 분뇨 등에 의한 지력 유지가 가능하다.

5) 원경(園耕)

① 원예적 농업으로 가장 집약적 재배형식이다.

② 보온육묘, 보온재배, 관개, 시비 등이 발달되어 있는 형태이다.

③ 도시근교에 발달한 근교농업으로 원예작물의 재배형태이다.

3 재배식물의 기원과 분화

(1) 작물의 기원

① 오늘날 재배되고 있는 작물들은 그 기원이 야생종으로부터 순화·발달되어 재배식물로 된 것이 대부분이며, 그 작물의 야생·원형식물을 그 작물의 야생종이라 한다.

② 야생종으로부터 재배종으로 발달해 온 과정을 식물적 기원이라 한다.

③ 작물에는 야생형이 남아있는 것, 야생형이 불분명한 것, 발달 경로가 복잡한 작물도 있다.

(2) 작물의 분화

1) 분화의 의의

① **분화** : 식물이 원래의 것으로부터 여러 갈래로 갈라지는 현상

② **진화** : 분화의 결과 점차 높은 단계로 발달하는 현상

2) 분화과정

유전적 변이 → 도태 → 적응 → 순화 → 고립

① **유전적 변이** : 분화 과정의 첫 단계로 자연교잡, 돌연변이에 의해 새로운 유전형이 생기는 것

② **도태와 적응**

㉠ 도태 : 유전적 변이로 생긴 새로운 유전형 중 환경 또는 생존경쟁에서 견디지 못하고 사멸하는 것

㉡ 적응 : 새로운 유전형이 환경에 견뎌내는 것

③ **순화**

㉠ 어떤 생태환경 및 조건에 오래 생육하면서 더 잘 적응하는 것

㉡ 야생의 식물이 오랜 시간 특정 환경에 적응 및 선발을 가져오는 동안 그 환경에 적응하여 특성이 변화되는 것

④ **고립**

㉠ 분화의 마지막 과정은 성립된 적응형이 유전적으로 안정상태를 유지하는 것으로 이러한 유지는 적응형 상호간 유전적 교섭이 발생하지 않아야 하는데, 이를 격절 또는 고립이라 한다.

㉡ 지리적 격절 : 지리적으로 서로 떨어져 있어 유전적 교섭이 일어나지 않는 것
㉢ 생리적 격절 : 생리적 차이, 즉 개화 시기의 차, 교잡 불능 등으로 유전적 교섭이 방지되는 것으로 동일 장소에서 생장하여도 교섭이 방지된다.
㉣ 인위적 격절 : 유전적 순수성 유지를 위하여 인위적으로 다른 유전형과의 교섭을 방지하는 것

(3) 작물의 원산지

1) 원산지

① **원산지** : 어떤 작물이 최초로 발상하였던 지역을 원산지라 한다.
② **지리적 기원** : 원산지로부터 타 지역으로 전파되는 과정을 의미한다.

2) 바빌로프(N. I. Vavilov, 1926, 1951)

① 지리적 미분법으로 식물종과 다양성 및 지리적 분포를 연구하였다.
② 유전자중심설 제안
㉠ 재배식물의 기원지를 1차중심지와 2차중심지로 구분하였다.
㉡ 1차중심지는 우성형질이 많이 나타난다.
㉢ 2차중심지에서는 열성형질과 그 지역의 특징적 우성형질이 나타난다.
㉣ 우성유전자 분포 중심지를 원산지로 추정하는 학설로 '우성유전자중심설'이라고도 한다.
③ 주요 작물 재배기원 중심지(8개 지역)

지역	주요작물
중국	6조보리, 조, 메밀, 콩, 팥, 마, 인삼, 배나무, 복숭아, 쑥갓 등
인도, 동남아시아	벼, 참깨, 사탕수수, 왕골, 오이, 박, 가지, 생강 등
중앙아시아	귀리, 기장, 삼, 당근, 양파 등
코카서스, 중동	1립계와 2립계의 밀, 보리, 귀리, 알팔파, 사과, 배, 양앵두 등
지중해 연안	완두, 유채, 사탕무, 양귀비, 상추 등
중앙아프리카	진주조, 수수, 수박, 참외 등
멕시코, 중앙아메리카	옥수수, 고구마, 두류, 후추, 육지면, 카카오, 호박 등
남아메리카	감자, 담배, 땅콩 등

3) 캉돌(De Candolle, 1883)

① 작물의 야생종 분포를 탐구하고 고고학, 사학, 언어학 등에 표기되어 있는 사실, 사적, 전설, 구전 등을 참고하여 작물의 발상지, 재배연대, 내력 등을 밝혀 「재배식물의 기원」을 저술하였다.
② 작물의 원산지를 구세계 199종, 신세계 45종, 아프리카 2종, 일본 2종으로 주장하였다.

Section 02 작물의 종류와 분류

1 작물의 종류

(1) 작물의 특성

① 대부분 야생식물과는 매우 다른 특성을 보이는데, 이는 인위적으로 육성해 온 특수식물이기 때문이다.

② 인간에게 불필요 또는 해가 되는 형질은 점점 퇴화되고 인간의 요구 부분만 이상적으로 발달한 일종의 기형식물이라 할 수 있다.

③ 주요 작물일수록 재배 역사가 길고 그 원종은 대부분 이미 오래전 상실되었다.

(2) 종류

① **재배작물의 수** : 세계적으로 재배되고 있는 작물의 종류는 약 2,200여 종으로 알려져 있다.

② **식량작물의 종류와 수**

㉠ 화곡류 : 54종

㉡ 두류 : 52종

㉢ 기타 곡류 : 13종

㉣ 서류 : 42종

㉤ 기타 : 8종

㉥ 계 : 169종

③ **재배식물 중 경제작물** : 약 80여 종이며 인류 곡물소비의 75%는 3대 작물인 벼, 밀, 옥수수가 차지하고 있다.

2 작물의 분류

(1) 식물학적 분류

1) 식물의 분류 체계

① 식물기관의 형태 또는 구조의 유사점에 기초를 둔다.

② 분류군의 계급은 최상위 계급인 계에서 시작하여 최하위 계급인 종으로 분류하며, 다음과 같이 계 → 문 → 강 → 목 → 과 → 속 → 종으로 구분한다.

참고 식물계의 주요 분류군

무관속(하등식물)	포자	은화	선태식물		솔이끼, 우산이끼, 뿔이끼
유관속(고등식물)			양치식물		솔잎난, 석송, 속새, 고사리류
	종자		나자식물		소나무, 주목, 향나무, 은행나무
		현화	피자식물	단자엽식물	옥수수, 마늘, 난, 잔디
				쌍자엽식물	토마토, 사과, 무궁화

2) 학명

① 속명과 종명 두 개의 단어로 하나의 종을 나타내고 여기에 명명자의 이름을 붙인다.
② **속명** : 라틴어 명사로 첫 글자는 반드시 대문자로 표시한다.
③ **종명** : 특수한 고유명사 등을 제외하고는 원칙적으로 소문자의 라틴어를 사용한다.
④ 종 이하는 아종, 변종, 품종으로 표시된다.

(2) 용도에 따른 분류

1) 식용작물

① 곡숙류
  ㉠ 화곡류
    ⓐ 쌀 : 수도, 육도 등
    ⓑ 맥류 : 보리, 밀, 귀리, 호밀 등
    ⓒ 잡곡 : 조, 옥수수, 수수, 기장, 피, 메밀, 율무 등
  ㉡ 두류 : 콩, 팥, 녹두, 강낭콩, 완두, 땅콩 등
② **서류** : 감자, 고구마 등

2) 공예작물

① **유료작물** : 참깨, 들깨, 아주까리, 유채, 해바라기, 콩, 땅콩 등
② **섬유작물** : 목화, 삼, 모시풀, 아마, 왕골, 수세미, 닥나무 등
③ **전분작물** : 옥수수, 감자, 고구마 등
④ **당료작물** : 사탕수수, 사탕무, 단수수, 스테비아 등
⑤ **약용작물** : 제충국, 인삼, 박하, 호프 등
⑥ **기호작물** : 차, 담배 등

3) 사료작물

① **화본과** : 옥수수, 귀리, 티머시, 오처드그라스, 라이그라스 등
② **두과** : 알팔파, 화이트클로버, 자운영 등
③ **기타** : 순무, 비트, 해바라기, 돼지감자 등

4) 녹비작물(비료작물)

① **화본과** : 귀리, 호밀 등
② **콩과(두과)** : 자운영, 베치 등

5) 원예작물

① 과수
  ㉠ 인과류 : 배, 사과, 비파 등
  ㉡ 핵과류 : 복숭아, 자두, 살구, 앵두 등
  ㉢ 장과류 : 포도, 딸기, 무화과 등
  ㉣ 각과류(견과류) : 밤, 호두 등
  ㉤ 준인과류 : 감, 귤 등

② 채소

㉠ 과채류 : 오이, 호박, 참외, 수박, 토마토, 가지, 딸기 등

㉡ 협채류 : 완두, 강낭콩, 동부 등

㉢ 근채류

ⓐ 직근류 : 무, 당근, 우엉, 토란, 연근 등

ⓑ 괴근(경)류 : 고구마, 감자, 토란, 마, 생강 등

㉣ 경엽채류 : 배추, 양배추, 갓, 상추, 셀러리, 미나리, 아스파라거스, 양파, 마늘 등

③ 화훼류 및 관상식물

㉠ 초본류 : 국화, 코스모스, 난초, 달리아 등

㉡ 목본류 : 동백, 고무나무, 철쭉 등

(3) 생태적인 분류

1) 생존연한에 의한 분류

① **1년생 작물** : 봄에 파종하여 당해연도에 성숙, 고사하는 작물

예 벼, 대두, 옥수수, 수수, 조 등

② **월년생 작물** : 가을에 파종하여 다음 해에 성숙, 고사하는 작물

예 가을밀, 가을보리 등

③ **2년생 작물** : 봄에 파종하여 다음 해에 성숙, 고사하는 작물

예 무, 사탕무, 당근 등

④ **다년생 작물(영년생 작물)** : 대부분 목본류와 같이 생존연한이 긴 작물

예 아스파라거스, 목초류, 호프 등

2) 생육계절에 의한 분류

① **하작물** : 봄에 파종하여 여름철에 생육하는 1년생 작물

예 대두, 옥수수 등

② **동작물** : 가을에 파종하여 가을, 겨울, 봄을 중심으로 생육하는 월년생 작물

예 가을보리, 가을밀 등

3) 온도반응에 의한 분류

① **저온작물** : 비교적 저온에서 생육이 잘 되는 작물

예 맥류, 감자 등

② **고온작물** : 고온조건에서 생육이 잘 되는 작물

예 벼, 콩, 옥수수, 수수 등

③ **열대작물** : 고무나무, 카사바 등

④ **한지형 목초(북방형 목초)** : 서늘한 기후에서 생육이 좋고, 추위에 강하며, 더위에 약해 여름철 고온에서 하고현상을 나타내는 목초

예 티머시, 알팔파 등

⑤ **난지형 목초(남방형 목초)** : 고온에서 생육이 좋고, 추위에 약하며, 더위에 강한 목초

예 버뮤다그래스, 매듭풀 등

4) 생육형에 의한 분류

① **주형 작물** : 식물체가 각각의 포기를 형성하는 작물
예 벼, 맥류 등

② **포복형 작물** : 줄기가 땅을 기어서 지표를 덮는 작물
예 고구마, 호박 등

5) 저항성에 의한 분류

① **내산성 작물** : 산성토양에 강한 작물
예 벼, 감자, 호밀, 귀리, 아마, 땅콩 등

② **내건성 작물** : 한발에 강한 작물
예 수수, 조, 기장 등

③ **내습성 작물** : 토양 과습에 강한 작물
예 밭벼, 골풀 등

④ **내염성 작물** : 염분이 많은 토양에서 강한 작물
예 사탕무, 목화, 수수, 유채 등

⑤ **내풍성 작물** : 바람에 강한 작물
예 고구마 등

(4) 재배 및 이용에 의한 분류

1) 작부방식에 관련된 분류

① **논작물과 밭작물**

② **전작물과 후작물** : 전후작 또는 간작 시 먼저 심는 작물을 전작물, 뒤에 심는 작물을 후작물이라 한다.

③ **중경작물** : 작물의 생육 중 반드시 중경을 해 주어야 되는 작물로서 잡초가 많이 경감되는 특징이 있다. 예 옥수수, 수수 등

④ **휴한작물**

㉠ 경지를 휴작하는 대신 재배하는 작물

㉡ 지력의 유지를 목적으로 작부체계를 세워 윤작하는 작물
예 비트, 클로버, 알팔파 등

⑤ **윤작작물** : 중경작물 또는 휴한작물은 대부분 윤작체계에 도입되어 잡초방제나 지력유지에 좋은 작물로 선택될 수 있다.

⑥ **대파작물** : 재해로 주작물의 수확이 어려울 때 대신 파종하는 작물

⑦ **구황작물** : 기후의 불순으로 인한 흉년에도 비교적 안전한 수확을 얻을 수 있어 흉년에 크게 도움이 되는 작물
예 조, 수수, 기장, 메밀, 고구마, 감자 등

⑧ **흡비작물** : 뿌리가 깊어 다른 작물이 흡수하지 못하는 비료분도 잘 흡수하여 유실될 비료분을 잘 포착, 흡수, 이용 효과를 갖는 작물
예 알팔파, 스위트클로버, 화본과 목초 등

2) 토양보호와 관련된 분류

① **피복작물** : 주작물의 휴한기에 토양을 피복하여 토양을 보전하고 관리하는데 이용하는 작물

② **토양보호작물** : 피복작물과 같이 토양침식 방지로 토양보호의 효과가 큰 작물

③ **토양조성작물** : 콩과목초 또는 녹비작물과 같이 토양보호와 지력 증진의 효과를 가진 작물

3) 경영면과 관련된 분류

① **동반작물** : 하나의 작물이 다른 작물에 어떤 이익을 주는 조합식물

② **자급작물** : 농가에서 자급을 위하여 재배하는 작물로 벼, 보리 등이 있다.

③ **환금작물** : 판매를 목적으로 재배하는 작물로 담배, 아마, 차 등이 해당된다.

④ **경제작물** : 환금작물 중 특히 수익성이 높은 작물

4) 용도에 따른 사료작물의 분류

① **청예작물(풋베기작물)** : 사료작물을 풋베기하여 주로 생초로 먹이는 작물

② **건초작물** : 풋베기 해서 건초용으로 많이 이용되는 작물

예 티머시, 알팔파 등

③ **사일리지작물** : 좀 늦게 풋베기 하여 사일리지 제조에 많이 이용되는 작물

예 옥수수, 수수, 풋베기콩 등

④ **종실사료작물** : 사료작물을 재배할 때 풋베기 하지 않고 성숙 후 수확해 종실을 사료로 이용하는 작물

예 맥류나 옥수수 등

Chapter 2 재배환경

저자쌤의 이론학습 Tip

- 식물의 생육에 적합한 환경조건을 이해한다.
- 조건의 과부족시 발생할 수 있는 생육반응에 대해 알고, 그에 대한 대책에 대하여 숙지한다.

Section 01 토양환경

※ 본 장은 PART 2 토양관리 참조

Section 02 수분환경

1 물의 생리작용

(1) 생리작용

1) 작물의 수분

① 생체의 70% 이상은 수분으로 원형질에 약 75% 이상, 다즙식물은 70~80%, 다육식물은 85~95%, 목질부에는 50%의 수분이 함유되어 있다.

② 건조한 종자라도 10% 이상 수분을 함유하고 있다.

③ 잎의 수분함량 감소로 인해 기공의 폐쇄가 시작되며 이는 수분의 소비를 억제하며, 이산화탄소의 흡수가 억제되면서 광합성도 억제된다.

2) 작물생육에 있어 수분의 기본역할

① 원형질의 생활 상태를 유지한다.

② 식물체 구성물질의 성분이다.

③ 식물체에 필요한 물질의 흡수 용매가 된다.

④ 세포 긴장상태를 유지시켜 식물의 체제유지를 가능하게 한다.

⑤ 필요물질의 합성 · 분해의 매개체가 된다.

⑥ 식물의 체내 물질분포를 고르게 하는 매개체가 된다.

(2) 수분퍼텐셜

① 수분의 이동을 어떤 상태의 물이 지니는 화학퍼텐셜을 이용하여 설명하고자 도입된 개념으로, 토양 - 식물 - 대기로 이어지는 연속계에서 물의 화학퍼텐셜을 서술하고 수분이동을 설명하는데 사용할 수 있다.

② 물의 퍼텐셜에너지는 높은 곳에서 낮은 곳으로 이동한다.

③ 물의 이동

㉠ 삼투압 : 낮은 삼투압 → 높은 삼투압

㉡ 수분퍼텐셜 : 높은 수분퍼텐셜 → 낮은 수분퍼텐셜

(3) 흡수의 기구

1) 삼투압

① **삼투** : 식물세포의 원형질막은 인지질로 된 반투막이며, 외액이 세포액보다 농도가 낮은 때는 외액의 수분농도가 세포액보다 높은 결과가 되므로 외액의 수분이 반투성인 원형질막을 통하여 세포 속으로 확산해 들어가는 것

② **삼투압** : 내 · 외액의 농도차에 의해서 삼투를 일으키는 압력

2) 팽압

① 삼투에 의해서 세포 내의 수분이 늘면 세포의 크기를 증대시키려는 압력

② 식물의 체제유지를 가능하게 한다.

3) 막압

팽압에 의해 늘어난 세포막이 탄력성에 의해서 다시 안으로 수축하려는 압력

4) 흡수압

삼투압은 세포 내로 수분이 들어가려는 압력이고, 막압은 세포 밖으로 수분을 배출하는 압력으로 볼 수 있으므로 실제의 흡수는 삼투압과 막압의 차이에 의해서 이루어지며, 이것을 흡수압 또는 확산압차(DPD ; Diffusion Pressure Deficit)라고 한다.

5) 토양의 수분보유력 및 삼투압을 합친 것을 SMS(Soil Moisture Stress) 또는 DPD라고 하는데, 토양으로부터의 작물뿌리의 흡수는 DPD와 SMS의 차이에 의해서 이루어진다.

6) 확산압차구배(DPDD ; Diffusion Pressure Deficit Difference)

작물 조직 내의 세포 사이에도 DPD에 서로 차이가 있어 이것을 DPDD라고 하는데, 세포 사이의 수분이동은 이에 따라 이루어진다.

7) 수동적 흡수

도관 내의 부압에 의한 흡수를 수동적 흡수라 말하며, ATP의 소모 없이 이루어지는 흡수이다.

8) 능동적 흡수

세포의 삼투압에 기인하는 흡수를 말하며, ATP의 소모가 동반된다.

2 작물의 요수량

(1) 요수량

① 요수량

㉠ 작물이 건물 1g을 생산하는 데 소비된 수분량을 의미한다.

㉡ 요수량은 일정 기간 내의 수분소비량과 건물축적량을 측정하여 산출하는데, 작물의 수분경제의 척도를 나타내는 것이고, 수분의 절대소비량을 표시하는 것은 아니다.
㉢ 대체로 요수량이 작은 작물이 건조한 토양과 한발에 저항성이 강하다.

② **증산계수** : 건물 1g을 생산하는 데 소비된 증산량을 증산계수라고도 하는데, 요수량과 증산계수는 동의어로 사용되고 있다.

③ **증산능률** : 일정량의 수분을 증산하여 축적된 건물량을 말하며, 요수량과 반대되는 개념이다.

(2) 요수량의 요인

1) 작물의 종류

① 수수, 옥수수, 기장 등은 작고 호박, 알팔파, 클로버 등은 크다.

② 일반적으로 요수량이 작은 작물일수록 내한성(耐旱性)이 크나 옥수수, 알팔파 등에서는 상반되는 경우도 있다.

2) 생육단계

건물생산의 속도가 낮은 생육 초기에 요수량이 크다.

3) 환경

광 부족, 많은 바람, 공중 습도의 저하, 저온과 고온, 토양수분의 과다 및 과소, 척박한 토양 등의 환경은 소비된 수분량에 비해 건물축적을 더욱 적게 하여 요수량을 크게 한다.

3 공기 중 수분과 강수

(1) 공기습도

① 공기습도가 높으면 증산량이 작고 뿌리의 수분흡수력이 감소해 물질의 흡수 및 순환이 줄어든다.

② 포화상태의 공기습도 중에서는 기공이 거의 닫힌 상태가 되어 광합성의 쇠퇴로 건물생산량이 줄어든다.

③ 일반적으로 공기습도가 높으면 표피가 연약해지고 도장하여 낙과와 도복의 원인이 된다.

④ 공기습도의 과습은 개화수정에 장해가 되기 쉽다.

⑤ 공기습도의 과습은 증산이 감소, 병균 발달의 조장 및 식물체의 기계적 조직이 약해져서 병해와 도복을 유발한다.

⑥ 과습은 탈곡 및 건조작업도 곤란하다.

⑦ 동화양분의 전류는 공기가 다소 건조할 때 촉진된다.

⑧ 과도한 건조는 불필요한 증산을 크게 하여 한해(旱害)를 유발한다.

(2) 이슬

건조가 심한 지역에서는 이슬이 수분공급 효과도 있으나 대체로 이슬은 기공의 폐쇄로 증산, 광합성의 감퇴와 작물을 연약하게 하여 병원균의 침입을 조장한다.

(3) 안개

① 안개는 일광의 차단으로 지온을 낮게 하며, 공기를 과습하게 하여 작물에 해롭다.

② 바닷가 안개가 심한 지역에는 해풍이 불어오는 방향에 잎이 잘 나부끼어 안개를 잘 해치는 효과가 큰 오리나무, 참나무, 전나무 등과 낙엽송으로 방풍림을 설치한다.

(4) 강우

① 적당한 강우는 작물의 생육에 기본요인이 된다.

② 강우의 부족은 가뭄을, 과다는 습해와 수해를 유발한다.

③ 계속되는 강우는 일조의 부족, 공중습도의 과습, 토양과습, 온도저하 등으로 작물의 생육에 해롭다.

(5) 우박

① 작물을 심하게 손상시키며 대체로 국지적으로 발생한다.

② 우박 피해는 생리적, 병리적 장해를 수반한다.

③ 우박 후에는 약제의 살포로 병해 예방과 비배관리로 작물의 건실한 생육을 유도해야 한다.

(6) 눈

1) 장점

① 눈은 월동 중 토양에 수분을 공급하여 월동작물의 건조해를 경감시킨다.

② 풍식을 경감한다.

③ 동해를 방지한다.

2) 단점

① 과다한 눈은 작물에 기계적 상처를 입힌다.

② 광의 차단으로 생리적 장해 유발 원인이 되기도 한다.

③ 눈은 눈사태와 습해의 원인이 되기도 한다.

④ 봄의 늦은 눈은 봄철 목야지의 목초 생육을 더디게 한다.

⑤ 맥류에서는 병해의 발생을 유발하기도 한다.

4 관개

(1) 관개의 효과

1) 밭에서의 효과

① 작물에 생리적으로 필요한 수분의 공급으로 한해 방지, 생육조장, 수량 및 품질 등이 향상된다.

② 작물 선택, 다비재배의 가능, 파종 · 시비의 적기 작업, 효율적 실시 등으로 재배수준이 향상된다.

③ 혹서기에는 지온상승의 억제와 냉온기의 보온효과가 있으며 여름철 관개로 북방형 목초의 하고현상을 경감시킬 수 있다.

④ 관개수에 의해 미량원소가 보급되며, 가용성 알루미늄이 감퇴된다. 또한 비료이용 효율이 증대된다.
⑤ 건조 또는 바람이 많은 지대에서 관개하면 풍식을 방지할 수 있다.
⑥ 혹한기 살수결빙법 등으로 동상해 방지를 할 수 있다.

2) 논에서의 효과

① 생리적으로 필요한 수분을 공급한다.
② 온도 조절작용은 물 못자리초기, 본답의 냉온기에 관개에 의하여 보온이 되며, 혹서기에 과도한 지온상승을 억제한다.
③ 벼농사 기간 중 관개수에 섞여 천연양분이 공급된다.
④ 관개수에 의해 염분 및 유해물질을 제거한다.
⑤ 잡초의 발생이 적어지고, 제초작업이 쉬워진다.
⑥ 해충의 만연이 적어지고 토양선충이나 토양전염의 병원균이 소멸, 경감된다.
⑦ 이앙, 중경, 제초 등의 작업이 용이해진다.
⑧ 벼 생육 조절과 개선도 할 수 있다.

(2) 수도의 용수량

1) 용수량

벼 재배기간 중 관개에 소요되는 수분의 총량을 용수량이라 한다.

2) 용수량의 계산

용수량=(엽면증발량+수면증발량+지하침투량)-유효우량

① **엽면증발량** : 같은 기간 증발계증발량의 1.2배 정도이다.
② **수면증발량** : 증발계증발량과 거의 비슷하다.
③ **지하침투량** : 토성에 따라 크게 다르며, 평균 536mm 정도이다.
④ **유효우량** : 관개수에 추가되는 우량이며, 강우량의 75% 정도이다.

(3) 관개의 방법

1) 지표관개 : 지표면에 물을 흘려 대는 방법

① **전면관개** : 지표면 전면에 물을 대는 관개법
② **휴간관개** : 이랑을 세우고, 이랑 사이에 물을 대는 관개법

2) 살수관개 : 공중으로부터 물을 뿌려 관개하는 방법

① **다공관관개** : 파이프에 직접 작은 구멍을 여러 개 내어 살수하여 관개하는 방법
② **스프링클러관개** : 주로 노지재배에서 스프링클러를 이용하여 관개하는 방법
③ **미스트관개** : 물에 높은 압력을 가하여 공중습도를 유지하는 것으로 고급 화초나 난 등에 이용하는 관개방법
④ **점적관개** : 토양전염병의 방지를 위한 가장 좋은 관개방법 중 하나이다.

3) **지하관개** : 지하로부터 수분을 공급하는 방법

① **개거법** : 개방된 수로를 통하여 물을 대어 이것을 침투시켜 모관 상승에 의해 관수하는 방법으로, 지하수위가 낮지 않은 사질토 지대에 이용된다.

② **암거법** : 지하에 토관, 목관, 플라스틱관 등을 배치하고 간극을 통해 스며 오르게 하는 방법

③ **압입법** : 뿌리가 깊은 과수 등에 기계적으로 압입하는 방법

5 배수

(1) 배수효과

① 습해나 수해를 방지한다.

② 토양의 성질을 개선하여 작물의 생육을 조장한다.

③ 1모작답을 2 · 3모작답으로 사용할 수 있어 경지이용도를 높인다.

④ 농작업을 용이하게 하고, 기계화를 촉진한다.

(2) 배수방법

① **객토법** : 객토하여 토성의 개량 또는 지반을 높여 자연적으로 배수하는 방법

② **기계배수** : 인력, 축력, 풍력, 기계력 등을 이용해서 배수하는 방법

③ **개거배수** : 포장 내 알맞은 간격으로 도랑을 치고 포장 둘레에도 도랑을 쳐서 지상수 및 지하수를 배수하는 방법

④ **암거배수** : 지하에 배수시설을 하여 배수하는 방법

6 습해

(1) 습해의 의의

① 토양 과습상태의 지속으로 토양 산소가 부족할 때 뿌리가 상하고 심하면 지상부의 황화, 위조 · 고사하는 것을 습해라 한다.

② 저습한 논의 답리작 맥류나 침수지대의 채소 등에서 흔히 볼 수 있다.

③ 담수하에서 재배되는 벼에서도 토양산소가 몹시 부족하여 나타나는 여러 가지의 장해도 일종의 습해로 볼 수 있다.

(2) 습해의 발생

① 토양 과습으로 토양산소가 부족하여 나타나는 직접 피해로 뿌리의 호흡장해가 생긴다.

② 호흡장해는 뿌리의 양분 흡수를 저해한다.

③ 유해 물질을 생성한다.

④ 유기물함량이 높은 토양은 환원상태가 심해 습해가 더욱 심하다.

⑤ 습해발생 시 토양전염병 발생 및 전파도 많아진다.

⑥ 생육 초기보다도 생육 성기에 특히 습해를 받기 쉽다.

(3) 작물의 내습성

1) 의의

다습한 토양에 대한 작물의 적응성

2) 내습성 관여 요인

① **경엽으로부터 뿌리로 산소를 공급하는 능력**

㉠ 벼의 경우 잎, 줄기, 뿌리에 통기계통의 발달로 지상부에서 뿌리로 산소를 공급할 수 있어 담수조건에서도 생육을 잘하며, 뿌리의 피층세포가 직렬로 되어 있어 사열(斜列)로 되어 있는 것보다 세포간극이 커서 뿌리에 산소를 공급하는 능력이 우수하며 내습성이 강하다.

㉡ 생육 초기 맥류와 같이 잎이 지하에 착생하고 있는 것은 뿌리로부터 산소공급 능력이 크다.

② **뿌리조직의 목화**

㉠ 뿌리조직이 목화한 것은 환원상태나 뿌리의 산소결핍에 견디는 능력과 관계가 크다.

㉡ 벼와 골풀은 보통의 상태에서도 뿌리의 외피가 심하게 목화한다.

㉢ 외피 및 뿌리털에 목화가 생기는 맥류는 내습성이 강하고 목화가 생기기 힘든 파의 경우는 내습성이 약하다.

③ **뿌리의 발달습성**

㉠ 습해 시 부정근의 발생력이 큰 것은 내습성이 강하다.

㉡ 근계가 얕게 발달하면 내습성이 강하다.

④ **환원성 유해물질에 대한 저항성** : 뿌리가 황화수소, 아산화철 등에 대한 저항성이 큰 작물은 내습성이 강하다.

⑤ **채소작물의 내습성** : 양상추 > 양배추 > 토마토 > 가지 > 오이

⑥ **과수의 내습성** : 올리브 > 포도 > 밀감 > 감, 배 > 무화과, 밤, 복숭아

(4) 습해대책

① **배수** : 습해의 기본대책이다.

② **정지** : 밭에서는 휴립휴파, 논에서는 휴립재배, 경사지에서는 등고선재배 등을 한다.

③ **시비** : 미숙유기물과 황산근비료의 시용을 피하고, 표층시비로 뿌리를 지표면 가까이 유도하고, 뿌리의 흡수장해 시 엽면시비를 한다.

④ **토양개량** : 세토의 객토, 부식 · 석회 · 토양개량제 등을 시용하여 입단조성으로 공극량을 증대시킨다.

⑤ **과산화석회(CaO_2)의 시용** : 종자에 과산화석회를 분의해 파종, 토양에 혼입하면 산소가 방출되므로 습지에서 발아 및 생육이 조장된다.

7 수해

(1) 수해의 발생

1) 의의

① 많은 비로 인해 발생되는 피해를 수해라고 한다.

② 수해는 단기간의 호우로 흔히 발생하며, 우리나라에서는 7~8월 우기에 국지적 수해가 발생한다.

2) 2~3일 연속강우량에 따른 수해의 발생정도

① 100~150mm : 저습지의 국부적 수해 발생

② 200~250mm : 하천, 호수 부근의 상당한 지역의 수해 발생

③ 300~350mm : 광범한 지역에 큰 수해 발생

3) 수해의 형태

① 토양 붕괴로 산사태, 토양침식 등이 유발된다.

② 유토에 의한 전답의 파괴 및 매몰이 발생한다.

③ 유수에 의한 작물의 도복과 손상 및 표토가 유실된다.

④ 침수에 의해서 흙앙금이 생기고, 생리적인 피해로 생육이 저해된다.

⑤ 침수에 의해 저항성이 약해지고, 병원균의 전파로 병충해 발생이 증가한다.

4) 관수해의 생리

① 작물이 완전히 물에 잠기게 되는 침수를 관수라고 하며, 그 피해를 관수해라고 한다.

② 산소의 부족으로 무기호흡을 하게 된다.

③ 산소호흡에 비해 무기호흡은 동일한 에너지를 얻는데 호흡기질의 소모량이 많아 무기호흡이 오래 계속되면 당분, 전분 등 호흡기질이 소진되어 마침내 기아상태에 이르게 된다.

④ 관수 중의 벼 잎은 급히 도장하여 이상 신장을 유발하기도 한다.

⑤ 관수로 인한 급격한 산소 부족은 여러 가지 대사작용을 저해, 관수상태에서는 병균의 전파침입이 조장되고 작물의 병해충에 대한 저항성이 약해져서 병충해의 발생이 심해진다.

(2) 수해 발생과 조건

1) 작물의 종류와 품종

① **침수에 강한 밭작물** : 화본과 목초, 피, 수수, 옥수수, 땅콩 등

② **침수에 약한 밭작물** : 콩과작물, 채소, 감자, 고구마, 메밀 등

③ **생육단계** : 벼는 분얼 초기에는 침수에 강하고, 수잉기~출수개화기에는 극히 약하다.

2) 침수해의 요인

① **수온** : 높은 수온은 호흡기질의 소모가 많아져 관수해가 크다.

② **수질**

㉠ 탁한 물은 깨끗한 물보다, 고여 있는 물은 흐르는 물보다 수온이 높고 용존산소가 적어 피해가 크다.

㉡ 청고 : 수온이 높은 정체탁수로 인한 관수해로, 단백질 분해가 거의 일어나지 못해 벼가 죽을 때 푸른색이 되어 죽는 현상

㉢ 적고 : 흐르는 맑은 물에 의한 관수해로, 단백질 분해가 생기며 갈색으로 변해 죽는 현상

3) 재배적 요인

질소비료를 과다 시용 또는 추비를 많이 하면 체내 탄수화물의 감소와 호흡작용이 왕성해져 내병성과 관수저항성이 약해져 피해가 커진다.

(3) 수해 대책

1) 사전 대책

① 치산을 잘해 산림을 녹화하고, 하천의 보수로 치수를 잘하는 것이 수해의 기본대책이다.

② 경사지는 피복작물의 재배 또는 피복으로 토양유실을 방지한다.

③ 배수시설을 강화한다.

④ 수해 상습지에서는 작물의 종류나 품종의 선택에 유의한다.

⑤ 파종기, 이식기를 조절해서 수해를 회피, 경감시키며 질소 과다시용을 피한다.

2) 침수 중 대책

① 배수에 노력하여 관수기간을 짧게 한다.

② 물이 빠질 때 잎의 흙앙금을 씻어준다.

③ 키가 큰 작물은 서로 결속하여 유수에 의한 도복을 방지한다.

3) 퇴수 후 대책

① 산소가 많은 새 물로 환수하여 새 뿌리의 발생을 촉진하도록 한다.

② 김을 매어 토양 통기를 좋게 한다.

③ 표토의 유실이 많을 때에는 새 뿌리의 발생 후에 추비를 주도록 한다.

④ 침수 후에는 병충해의 발생이 많아지므로 그 방제를 철저히 한다.

⑤ 피해가 격심할 때에는 추파, 보식, 개식, 대파 등을 고려한다.

8 한해(旱害)

(1) 한해의 생리

① 토양의 건조는 식물의 체내 수분함량을 감소시켜 위조상태로 만들고 더욱 감소하게 되면 고사한다. 이렇게 수분의 부족으로 작물에 발생하는 장애를 한해라고 한다.

② 작물의 체내 수분 부족은 강우와 관개의 부족으로 발생하지만, 수분이 충분하여도 근계 발달이 불량하여 시들게 되는 경우도 있다.

(2) 한해의 발생

① 세포 내 수분의 감소는 수분이 제한인자가 되어 광합성의 감퇴와 양분흡수, 물질전류 등 여러 생리작용도 저해된다.

② 효소작용의 교란으로 광합성이 감퇴되고 이화작용이 우세하여 단백질, 당분이 소모되어 피해를 받는다.
③ 건조에 의해 세포가 탈수될 때 원형질은 세포막에서 이탈되지 못한 상태로 수축하므로 기계적 견인력을 받아서 파괴된다.
④ 탈수된 세포가 갑자기 수분을 흡수할 때에도 세포막이 원형질과 이탈되지 않은 상태로 먼저 팽창하므로 원형질은 역시 기계적인 견인력을 받아서 파괴되는 일이 있다.
⑤ 세포로부터 심한 탈수는 원형질이 회복될 수 없는 응집을 초래하여 작물의 위조 · 고사를 일으킨다.

(3) 작물의 내건성(내한성)

1) 내건성

작물이 건조에 견디는 성질을 의미하며 여러 요인에 의해서 지배된다.

2) 내건성이 강한 작물의 특성

① 체내 수분의 손실이 적다.
② 수분의 흡수능력이 크다.
③ 체내의 수분보유력이 크다.
④ 수분함량이 낮은 상태에서 생리기능이 높다.

3) 형태적 특성

① 표면적과 체적의 비가 작고 왜소하며 잎이 작다.
② 뿌리가 깊고 지상부에 비하여 근군의 발달이 좋다.
③ 잎조직이 치밀하고 잎맥과 울타리 조직의 발달 및 표피에 각피가 잘 발달하고, 기공이 작고 많다.
④ 저수능력이 크고, 다육화의 경향이 있다.
⑤ 기동세포가 발달하여 탈수되면 잎이 말려서 표면적이 축소된다.

4) 세포적 특성

① 세포가 작아 수분이 적어져도 원형질 변형이 적다.
② 세포 중 원형질 또는 저장양분이 차지하는 비율이 높아 수분보유력이 강하다.
③ 원형질의 점성이 높고 세포액의 삼투압이 높아서 수분보유력이 강하다.
④ 탈수 시 원형질 응집이 덜하다.
⑤ 원형질막의 수분, 요소, 글리세린 등에 대한 투과성이 크다.

5) 물질대사적 특성

① 건조 시는 증산이 억제되고, 급수 시는 수분 흡수기능이 크다.
② 건조 시 호흡이 낮아지는 정도가 크고, 광합성 감퇴 정도가 낮다.
③ 건조 시 단백질, 당분의 소실이 늦다.

(4) 생육단계 및 재배조건과 한해

① 작물의 내건성은 생육단계에 따라서 다르며, 생식 · 생장기에 가장 약하다.

② **벼의 한해 정도** : 감수분얼기 > 출수개화기와 유숙기 > 분얼기
③ 퇴비, 인산, 칼륨의 결핍, 질소의 과다는 한해를 조장한다.
④ 퇴비가 적으면 토양 보수력 저하로 한해가 심하다.
⑤ 휴립휴파는 평휴나 휴립구파보다 한발에 약하기 쉽다.

(5) 한해 대책

1) 관개

근본적인 한해 대책으로 충분히 관수를 한다.

2) 내건성 작물 및 품종의 선택

3) 토양수분의 보유력 증대와 증발억제

① 토양입단의 조성
② **드라이파밍** : 휴간기에 비가 올 때 땅을 갈아서 빗물을 지하에 잘 저장하고, 재배 기간에는 토양을 잘 진압하여 지하수의 모관상승을 조장해 한발 적응성을 높이는 농법이다.
③ 피복과 중경제초
④ **증발억제제의 살포** : OED 유액을 지면이나 엽면에 뿌리면 증발 · 증산이 억제된다.

4) 밭에서의 재배 대책

① 뿌림골을 낮게 한다(휴립구파).
② 뿌림골을 좁히거나 재식밀도를 성기게 한다.
③ 질소의 다용을 피하고 퇴비, 인산, 칼리를 증시한다.
④ 봄철의 맥류재배 포장이 건조할 때 답압한다.

5) 논에서의 재배 대책

① 중북부의 천수답지대에서는 건답직파를 한다.
② 남부의 천수답지대에서는 만식적응재배를 하며 밭못자리모, 박파모는 만식적응성에 강하다.
③ 이앙기가 늦을 시 모솎음, 못자리가식, 본답가식, 저묘 등으로 과숙을 회피한다.
④ 모내기가 한계 이상으로 지연될 경우에는 조, 메밀, 기장, 채소 등을 대파한다.

9 수질오염

(1) 의의

① 공장, 도시오수, 광산폐수 등의 배출로 하천, 호수, 지하수, 해양의 수질이 오염되어 인간이나 동물, 식물이 피해를 입는 것을 의미한다.
② 수질오염 물질은 각종 유기물, 시안화합물, 중금속류, 농약, 강산성 또는 강알칼리성 폐수 등이 있으며 소량의 유기물의 유입은 수생미생물의 영양으로 이용된다.
③ 수중 용존산소가 충분한 경우 호기성균의 산화작용으로 이산화탄소와 물로 분해되어 수질오염이 발생하지 않는 자정작용이 일어난다.

④ 다량의 유기물이 유입된 경우 수생미생물이 활발하게 증식하여 수중 용존산소가 다량 소모되어 산소 공급이 그에 수반되지 못하고 결국 산소부족 상태가 된다.

(2) 수질오염원

1) 도시오수

① 질소 및 유기물

㉠ 주택단지 또는 도시 근교의 논에 질소함량이 높은 폐수가 관개되면 벼에 과번무, 도복, 등숙불량, 병충해 등 질소과잉장해가 나타난다.

㉡ 유기물 함량이 높은 오수의 관개는 혐기조건에서는 메탄, 유기산, 알코올류 등 중간대사물이 생성되며 이 분해과정에서 토양 E_h가 낮아진다.

㉢ 황화수소는 유기산과 함께 벼 뿌리에 영향을 주며 심한 경우 근부현상을 일으키고 칼리, 인산, 규산, 질소의 흡수가 저해되어 수량이 감소된다.

② **부유물질** : 논에 부유물질의 유입, 침전은 어린 식물에게 기계적 피해를, 토양은 표면 차단으로 투수성이 낮아지며, 침전된 유기물의 분해로 생성된 유해물질의 장해 등으로 벼의 생육이 부진해지며 쭉정이가 많아진다.

③ **세제** : 합성세제의 주성분 ABS(Alkyl Benzene Sulfonate)가 20ppm 이상 되는 농도에서는 뿌리의 노화현상이 빠르게 일어난다.

④ 도시오수 피해대책

㉠ 오염되지 않은 물과 충분히 혼합 희석하여 이용하거나 그렇지 못한 경우 물 걸러대기로 토양의 이상환원을 방지한다.

㉡ 저항성 작물 및 품종을 선택재배한다.

㉢ 질소질비료를 줄이고 석회, 규산질비료의 시용으로 벼를 건강하게 한다.

2) 공장폐수

① 산과 알칼리

㉠ 논에 산성물질의 유입은 벼 줄기와 잎의 황변, 토양 중 유해중금속의 용출로 피해가 발생한다.

㉡ 강알칼리의 유입은 뿌리의 고사, 약알칼리의 경우 토양 중 미량원소의 불용화로 양분의 결핍증상이 나타난다.

② 중금속

㉠ 관개수에 중금속이 다량 함유하게 되면 식물의 발근과 지상부 생육이 저해되고 심하면 중금속 특유의 피해증상이 발생한다.

㉡ 중금속이 축적된 농산물의 섭취는 인축에도 심각한 피해가 발생한다.

③ 유류

㉠ 기름의 유입은 물 표면에 기름이 부유하며 식물체 줄기와 잎에 흡착하여 접촉부위가 적갈색으로 고사되는 경우가 있다.

㉡ 공기와 물 표면의 접촉이 차단되어 물의 용존산소가 부족하게 되고 벼는 근부현상을 일으키고 심하면 고사한다.

(3) 수질등급

1) 수질등급의 구분

생물화학적 산소요구량(BOD), 화학적 산소요구량(COD), 용존산소량(DO), 대장균수, pH 등을 고려하여 수질의 등급을 구분한다.

2) 용존산소량(DO)

① 물에 녹아 있는 산소량을 나타낸 것으로 수온이 높아지면 용존산소량은 낮아진다.
② 용존산소량이 낮아지면 BOD, COD가 높아지게 된다.

3) 생물화학적 산소요구량(BOD)

① 수중의 오탁유기물이 호기성균에 의하여 생물화학적으로 산화분해되어 무기성 산화물과 가스체로 안정화하는 과정에 소모되는 총산소량을 ppm 또는 mg/L의 단위로 표시하는 것이다.
② 물이 오염되는 유기물량의 정도를 나타내는 지표로 사용된다.
③ 하천 유기물 오염은 BOD의 측정으로 알 수 있으며, BOD가 높으면 오염도가 크다.

4) 화학적 산소요구량(COD)

오수 중에 있는 전체 유기물이 산화물로 화학적으로 산화되는 데 필요한 산소량을 측정하여, 이로부터 산출한 오탁유기물의 양을 ppm으로 나타낸 것이다.

Section 03 대기환경

1 대기조성과 작물

(1) 대기조성

대기의 조성비는 대체로 일정비율을 유지하며 질소 약 79%, 산소 약 21%, 이산화탄소 0.03% 및 기타 수증기, 먼지, 연기, 미생물, 각종 가스 등으로 구성되어 있다.

(2) 대기와 작물

① 작물은 대기 중 이산화탄소를 광합성의 재료로 한다.
② 작물은 대기 중 산소를 이용하여 호흡작용이 이루어진다.
③ 질소고정균에 의해 대기 중 질소가 고정된다.
④ 대기 중 아황산가스 등 유해성분은 작물에 직접적 유해작용을 한다.
⑤ 토양산소의 부족은 토양 내 환원성 유해물질 생성의 원인이 된다.
⑥ 토양산소의 변화는 비료성분 변화와 관련이 있어 작물 생육에 영향을 미친다.
⑦ 바람은 작물의 생육에 여러 영향을 미친다.

2 대기 중 산소와 질소

(1) 산소

① 식물의 호흡과 광합성이 균형을 이루면 대기 중 산소와 이산화탄소의 균형이 유지된다.

② 대기 중의 산소농도는 약 21% 정도이다.

③ 대기 중 산소농도의 감소는 호흡속도를 감소시키며 5~10% 이하에 이르면 호흡은 크게 감소한다.

④ 산소 농도의 증가는 일시적으로는 작물의 호흡을 증가시키지만, 90%에 이르면 호흡은 급속히 감퇴하고 100%에서는 식물이 고사한다.

(2) 질소

① **유리질소의 고정** : 근류균, 아조토박터 등은 두과작물의 뿌리에 공생하며 공기 중에 함유되어 있는 질소가스를 고정한다.

② **천연양분 공급** : 대기 중에는 소량의 화합물 형태의 질소가 존재하며, 강우에 의해 암모니아, 질산, 아질산 등이 토양 중에 공급되어 작물의 양분이 된다.

③ **인공합성** : 공중질소는 공중방전이나 비료공업 등에 의해서 화학비료로 고정되어 이용되기도 한다.

3 이산화탄소

(1) 호흡작용

① 대기 중 이산화탄소 농도는 호흡에 관여하는데 높아지면 호흡속도는 감소한다.

② 5%의 이산화탄소 농도에서 발아종자의 호흡은 억제된다.

③ 사과는 10~20% 농도의 이산화탄소에서 호흡이 즉시 정지되며, 어린과실일수록 영향이 크다.

(2) 광합성

① 이산화탄소의 농도가 낮아지면 광합성 속도가 낮아진다.

② 일반 대기 중 이산화탄소의 농도 0.03%보다 높으면 식물의 광합성은 증대된다.

③ 이산화탄소 포화점

㉠ 광합성은 이산화탄소 농도가 증가함에 따라 증가하나 일정농도 이상에서는 더 이상 증가하지 않는데, 이 한계점을 의미한다.

㉡ 작물의 이산화탄소 포화점은 대기 중 농도의 약 7~10배(0.21~0.3%)가 된다.

④ 작물의 이산화탄소 보상점은 대기 중 농도의 $\frac{1}{10} \sim \frac{1}{3}$ 정도이다.

(3) 탄산시비

① 광합성에서 이산화탄소의 포화점은 대기 중 농도보다 훨씬 높으며, 이산화탄소의 농도가 높아지면 광포화점도 높아져 작물의 생육을 조장할 수 있다.

② 인위적으로 이산화탄소 농도를 높여 주는 것을 탄산시비라 한다.

③ 일반 포장에서 이산화탄소의 공급은 쉬운 일이 아니나 퇴비나 녹비의 시용으로 부패 시 발생하는 것도 시용효과로 볼 수 있다.

④ 이산화탄소가 특정 농도 이상으로 증가하면 더 이상 광합성은 증가하지 않고 오히려 감소하며 이산화탄소와 함께 광도를 높여주는 것이 바람직하다.

⑤ 시설 내 이산화탄소의 농도는 대기보다 낮지만 인위적으로 이산화탄소 환경을 조절할 수 있기에 실용적으로 탄산시비를 이용할 수 있다.

⑥ 탄산시비의 효과

㉠ 시설 내 탄산시비는 생육의 촉진으로 수량증대와 품질을 향상시킨다.

㉡ 열매채소에서 수량증대가 두드러지며 잎채소와 뿌리채소에서도 상당한 효과가 있다.

㉢ 절화에서도 품질향상과 절화수명 연장의 효과가 있다.

㉣ 육묘 중 탄산시비는 모종의 소질 향상과 정식 후에도 시용 효과가 계속 유지된다.

(4) 이산화탄소의 농도에 영향을 주는 요인

1) 계절

① 여름철에는 왕성한 광합성으로 이산화탄소의 농도가 낮아지고 가을철 다시 높아진다.

② 지표면 근처는 여름철 토양유기물의 분해와 뿌리의 호흡에 의해 오히려 농도가 높아진다.

2) 지표면과의 거리

지표면으로부터 멀어지면 이산화탄소가 무거워 가라앉기 때문에 농도가 낮아진다.

3) 식생

① 식생이 무성하면 뿌리의 왕성한 호흡과 바람을 막아 지표면에 가까운 층은 농도가 높다.

② 식생이 무성하면 지표와 떨어진 층은 잎의 왕성한 광합성에 의해 농도가 낮아진다.

4) 바람

바람은 대기 중 이산화탄소 농도 불균형을 완화시킨다.

5) 미숙유기물 시용

미숙퇴비, 낙엽, 구비, 녹비의 시용은 이산화탄소를 발생하여 탄산시비의 효과를 기대할 수 있다.

4 대기오염

(1) 주요 유해물질

1) 아황산가스

① 가장 대표적인 유해가스로 중유, 연탄 등이 연소될 때 발생하며 발생량이 많고 독성도 강하다.

② **피해 증상** : 광합성 속도가 저하되고, 줄기와 잎의 퇴색 및 황화가 나타난다.

③ **대책** : 칼륨과 규산질 비료의 시비

2) 플루오린화수소(HF)

① 알루미늄의 정련, 인산비료 제조, 요업 및 제철 시 철광석으로부터 배출되며, 피해 지역은 한정되어 있으나 독성이 강하여 낮은 농도에서도 피해가 나타난다.

② **피해 증상** : 잎의 끝, 가장자리가 백변한다.

3) 질소산화물(NO_2)

① 화학공업, 금속 정련, 자동차 엔진, 석유 보일러 등에서 배출된다.

② **피해 증상** : 엽맥 사이 백색 내지 황백색의 작은 괴사부위가 형성된다.

4) 오존

① 이산화질소가 자외선에 의해 원소산소로 분해되고 이 원소산소가 산소가스와 결합되어 생성된다.

② 어린잎보다는 성엽에서 피해가 크게 나타나며, 잎이 황백화~적색화하며 암갈색 정상 반점이 나타나거나 대형 괴사가 발생한다.

5) PAN

① 탄화수소, 오존, 이산화질소의 화합으로 생성된다.

② **피해 증상** : 성엽보다는 어린잎에서 피해가 크게 발생하며 초기 잎의 뒷면이 은백색이 되고 심하면 갈색이 되며 나중에 표면에도 증상이 나타난다.

6) 산성비

① 대기 중 이산화탄소가 빗물에 녹아 pH 5.6을 유지하는데 대기에 SO_2, NO_2, Cl_2 등이 많으면 빗물이 pH 5.6 보다 낮아지는데 이를 산성비라 한다.

② 산성비에 의한 피해는 식물의 종류, 기상환경에 따라 다르게 나타난다.

(2) 대기오염에 의한 피해에 미치는 요인

① 질소의 과다시용은 식물체가 연약해져 대기오염에도 약하게 되고 규산, 칼륨, 칼슘 등의 충분한 시용은 피해를 경감시킨다.

② 대기오염물질은 기공을 통해 식물체 내로 이행하므로 기공이 크게 열리면 피해가 크게 발생하므로 광합성이 왕성한 시간과 조건에서 피해가 크게 나타날 수 있다.

5 바람

(1) 연풍

1) 연풍의 뜻

풍속이 4~6km/h 이하의 바람을 의미한다.

2) 연풍의 효과

① 증산을 조장하고 양분의 흡수를 증대시킨다.

② 잎을 흔들어 그늘진 잎에 광을 조사하여 광합성을 증대시킨다.

③ 이산화탄소의 농도 저하를 경감시켜 광합성을 원활하게 한다.

④ 풍매화의 수정과 결실을 조장한다.
⑤ 여름철 기온 및 지온을 낮추는 효과를 가져온다.
⑥ 봄, 가을 서리를 막아준다.
⑦ 수확물의 건조를 촉진한다.

3) 연풍의 해로운 점

① 연풍이라 하더라도 경우에 따라 생육에 해로울 수 있다.
② 잡초의 씨 또는 균을 전파시킨다.
③ 건조 시기에 더욱 건조상태를 조장한다.
④ 저온의 바람은 작물의 냉해를 유발하기도 한다.

(2) 풍해

1) 풍해의 영향

풍속 4~6km/h 이상의 강풍과 태풍은 피해를 주며 풍속이 크고 공중습도가 낮을 때 심해진다.

2) 직접적인 기계적 장해

① 작물의 절손, 열상, 낙과, 도복, 탈립 등을 초래하며, 이러한 기계적 장해로 인해 2차적으로 병해, 부패 등이 발생하기 쉽다.
② 벼에서는 출수 3~4일에 풍해의 피해가 가장 심하다.
③ 도복을 초래하는 경우 출수 15일 이내 것이 가장 피해가 심하다.
④ 출수 30일 이후 것은 피해가 경미하다.

3) 직접적인 생리적 장해

① 호흡의 증대
② 광합성 감퇴
③ 작물체의 건조
④ 작물의 체온 저하
⑤ 염풍의 피해

4) 풍해대책

① **풍세의 약화** : 방풍림, 방풍울타리 설치
② **풍식대책**
㉠ 방풍림, 방풍울타리 등을 조성한다.
㉡ 피복식물을 재배한다.
㉢ 관개하여 토양을 젖어있게 한다.
㉣ 이랑을 풍향과 직각으로 한다.
㉤ 겨울에 건조하고 바람이 센 지역은 높이 베기로 그루터기를 이용해 풍력을 약화시키며 지표에 잔재물을 그대로 둔다.

③ 재배적 대책

㉠ 내풍성 작물의 선택

㉡ 내도복성 품종 선택

㉢ 작기의 이동

㉣ 담수

㉤ 배토, 지주 및 결속

㉥ 생육의 건실화

㉦ 낙과방지제 살포

④ 사후대책

㉠ 쓰러진 것은 일으켜 세우거나 바로 수확한다.

㉡ 태풍 후 병의 발생이 많아지므로 약제살포를 한다.

㉢ 낙엽에는 병이 든 것이 많으므로 제거한다.

Section 04 온도환경

1 온도에 따른 대사작용

(1) 대사반응

① 작물의 생리대사는 온도의 영향을 받는다.

② 작물은 생육 적온이 있고 적온까지는 온도 상승에 따라 생리대사가 빠르게 증가하나, 적온 이상의 고온에서는 온도의 상승에 따라 반응속도가 줄어든다.

③ 온도계수

㉠ 온도 10℃ 상승에 따른 이화학적 반응 또는 생리작용의 증가배수를 온도계수 또는 Q_{10}이라 한다.

㉡ 생물학적 반응속도는 온도 10℃ 상승에 2~3배 상승한다. 온도 10℃ 간격에 대한 온도상수를 Q_{10}이라 부르는데, Q_{10}은 높은 온도에서의 생리작용율을 10℃ 낮은 온도에서의 생리작용율로 나눈 값으로 $Q_{10} = \frac{R_2}{R_1}$라 한다.

㉢ Q_{10}은 다른 온도에서 알고 있는 값에서 어떤 온도에서의 생리작용율을 계산하는 데 이용되는 것이다. 보통 Q_{10}은 온도에 따라 다르게 변화하며 높은 온도일수록 낮은 온도보다 Q_{10} 값이 적게 나타난다.

(2) 온도에 따른 광합성과 호흡

1) 온도와 광합성

① 광합성은 이산화탄소의 농도, 광, 수분, 온도 등 여러 환경적 요인의 영향을 받지만 온도는 특히 큰 영향을 미친다.

② 광합성 속도는 온도의 상승과 함께 증가하나 오히려 적온보다 높아지면 광합성량은 감소한다.

2) 온도와 호흡

① 온도 상승은 작물의 호흡속도를 빠르게 한다.

② 일반적으로 Q_{10}은 30℃ 정도까지는 2~3, 32~35℃ 정도에 이르면 감소하며, 50℃ 부근에서 호흡은 정지한다.

③ 적온을 넘는 고온은 체내 효소계의 파괴로 호흡속도가 오히려 감소한다.

(3) 양분의 흡수 및 이행

① 온도의 상승은 세포의 투과성 및 용질의 확산 속도가 빨라져 양분의 흡수 및 이행이 증가한다.

② 적온 이상의 온도는 호흡에 필요한 산소의 공급량이 적어져 정상적 호흡을 못해 탄수화물의 소모가 많아지면서 양분의 흡수가 감퇴된다.

(4) 온도와 증산

① 증산은 작물로부터 물을 발산하는 중요한 기작 중 하나이다.

② 증산은 작물의 체온 조절과 물질의 전류에 있어 중요한 역할을 한다.

③ 온도의 상승은 작물의 증산량을 증가시키고 온도에 따른 작물의 체온 유지의 역할을 한다.

2 유효온도

(1) 주요온도

① **유효온도** : 작물 생육이 가능한 범위의 온도

② **최저기온** : 작물 생육이 가능한 가장 낮은 온도

③ **최고온도** : 작물 생육이 가능한 가장 높은 온도

④ **최적온도** : 작물 생육이 가장 왕성한 온도

〈여름작물과 겨울작물의 주요온도〉

(단위 : ℃)

구분	최저온도	최적온도	최고온도
여름작물	10~15	30~35	40~50
겨울작물	1~5	15~25	30~40

(2) 적산온도

1) 적산온도

① 작물의 발아로부터 등숙까지 일평균 기온 0℃ 이상의 기온을 총 합산한 온도이다.

② 적산온도는 작물이 정상적인 생육을 하려면 일정한 총 온도량이 필요하다는 개념에서 생겼다.

2) 주요작물의 적산온도

① 여름작물

㉠ 벼 : 3,500~4,500℃

㉡ 담배 : 3,200~3,600℃

㉢ 메밀 : 1,000~1,200℃

㉣ 조 : 1,800~3,000℃

② 겨울작물 중 추파맥류 : 1,700~2,300℃

③ 봄작물

㉠ 아마 : 1,600~1,850℃

㉡ 봄보리 : 1,600~1,900℃

3) 유효적산온도

생육가능한 온도, 즉 10℃ 이상의 일평균기온의 합계

3 변온과 작물의 생육

(1) 주간과 야간의 기온차(DIF ; Difference between day and night temperatures)

① 야간의 온도가 높거나 낮아지면 무기성분의 흡수가 감퇴된다.

② 야간의 온도가 적온에 비해 높거나 낮으면 뿌리의 호기적 물질대사의 억제로 무기성분의 흡수가 감퇴된다.

③ 변온은 당분이나 전분의 전류에 중요한 역할을 하는데 야간의 온도가 낮아지는 것은 탄수화물 축적에 유리한 영향을 준다.

④ 화훼산업 및 채소의 육묘사업에서는 주간과 야간의 기온차를 이용하여 원예작물의 초장 및 절간장을 조절하기도 한다.

⑤ 자연조건에서는 항상 '+' 값을 가지며 식물공장 등에서는 이를 조절할 수 있다.

(2) 변온과 작물의 생장

1) 벼

① 밤의 저온은 분얼최성기까지는 신장을 억제하나 분얼은 증대시킨다.

② 분얼기의 초장은 25~35℃ 변온에서 최대, 유효분얼수는 15~35℃ 변온에서 증대된다.

2) 고구마

괴근형성은 항온보다는 20~29℃ 변온에서 현저히 촉진된다.

3) 감자

야간 온도가 10~14℃로 저하되는 변온에서 괴경의 발달이 촉진된다.

(3) 변온과 개화

맥류에서 특히 밤의 기온이 높아서 변온이 작은 것이 출수, 개화를 촉진한다고 하나 일반적으로 일교차가 커서 밤의 기온이 비교적 낮은 것이 동화물질의 축적을 조장하여 개화를 촉진하며 화기도 커진다고 한다.

(4) 변온과 결실

① 대체로 변온은 작물의 결실에 효과적이다.

② 주야간의 온도차가 커지면 벼의 등숙이 빠르며 야간의 저온은 청미를 적게 한다.

4 고온장해

(1) 열해(熱害)

1) 의의

① 작물은 생육최고온도 이상의 온도에서 생리적 장해가 초래되고 한계온도 이상에서는 고사하게 되는데, 이렇게 기온이 지나치게 높아 입는 피해를 열해 또는 고온해라 한다.

② **열사** : 일반적으로 1시간 정도의 짧은 시간동안 받는 열해로 고사하는 것

③ **열사점(=열사온도)** : 열사를 일으키는 온도

④ 최적 온도가 낮은 북방형 목초나 각종 채소를 하우스 재배할 시 흔히 열해가 문제되며, 묘포에서 어린 묘목이 여름나기에서도 열사의 위험성이 있다.

2) 열해의 기구

① 유기물이 과잉소모된다.

② **질소대사의 이상** : 고온은 단백질의 합성을 저해하여 암모니아의 축적이 많아지므로 유해물질로 작용한다.

③ **철분의 침전** : 고온에 의한 물질대사의 저해는 철분의 침전으로 황백화 현상이 일어난다.

④ 증산이 과다하게 증가한다.

3) 열사의 원인

① **원형질 단백의 응고** : 지나친 고온은 원형질 단백의 열응고가 유발되어 열사의 직접적인 원인으로 여겨진다.

② **원형질막의 액화** : 고온에 의해 원형질막이 액화되면 기능의 상실로 세포 생리작용이 붕괴되어 사멸하게 된다.

③ **전분의 점괴화** : 고온에 의한 전분의 점괴화는 엽록체의 응고, 탈색으로 그 기능을 상실한다.

④ 팽압에 의한 원형질의 기계적 피해가 발생한다.

⑤ 유독물질이 생성된다.

4) 열해 대책

① 내열성 작물을 선택한다.

② 혹서기 위험을 피해 재배시기를 조절한다.

③ 관개를 통해 지온을 낮춘다.

④ 피음 및 피복을 한다.

⑤ 시설재배에서는 환기의 조절로 지나친 고온을 회피한다.

⑥ 과도한 밀식과 질소과용 등을 피한다.

5) 작물의 내열성

① 내건성이 큰 작물이 내열성도 크다.

② 세포 내 결합수가 많고 유리수가 적으면 내열성이 커진다.

③ 세포의 점성, 염류농도, 단백질 함량, 당분 함량, 유지 함량 등이 증가하면 내열성은 커진다.

④ 작물의 연령이 많아지면 내열성은 커진다.

⑤ 기관별로는 주피와 완성엽이 내열성이 크고, 눈과 어린잎이 그 다음이며 미성엽과 중심주가 가장 약하다.

⑥ 고온, 건조, 다조 환경에서 오래 생육한 작물은 경화되어 내열성이 크다.

(2) 목초의 하고현상

1) 의의

내한성이 커 잘 월동하는 다년생 한지형 목초가 여름철 생장의 쇠퇴 또는 정지하고, 심하면 고사하여 목초생산량이 감소되는 현상

2) 원인

① **고온** : 한지형 목초는 생육온도가 낮아 18~24℃에서 생육이 감퇴되고, 24℃ 이상에서는 생육이 정지상태에 이른다.

② **건조** : 한지형 목초는 대체로 요수량이 커서 여름철 고온뿐 아니라 건조도 하고현상의 큰 원인이다.

③ **장일** : 월동 목초는 대부분 장일식물로 초여름 장일 조건은 생식생장으로 전환되어 하고현상이 조장된다.

④ 병충해

⑤ 잡초

3) 대책

① **스프링플러시의 억제**

㉠ 북방형 목초는 봄철 생육이 왕성하여 이때에 목초의 생산량이 집중되는데, 이것을 스프링플러시라고 한다.

㉡ 스프링플러시의 경향이 심할수록 하고현상도 조장되므로 봄철 일찍부터 약한 채초를 하거나 방목하여 스프링플러시를 완화시켜야 한다.

② **관개** : 고온건조기에 관개로 지온 저하와 수분 공급으로 하고현상을 경감시킨다.

③ **초종의 선택** : 환경에 따라 하고현상이 경미한 초종을 선택하여 재배한다.

④ **혼파** : 하고현상이 적거나 없는 남방형 목초의 혼파로 하고현상에 의한 목초 생산량의 감소를 줄일 수 있다.

⑤ 방목과 채초의 조절

(3) 일소(日燒, sun scald)

1) 의의

① 여름철 직사광선에 노출된 원줄기나 원가지의 수피 조직, 과실, 잎에 발생하는 고온장해

② 겨울철 밤에 동결되었던 조직이 낮에 직사광선에 의하여 나무의 온도가 급격하게 변함에 따라 원줄기나 원가지의 남쪽 수피 부위에 피해를 주는 현상도 포함하기도 한다.

2) 발생

① 건조하기 쉬운 모래땅, 토심이 얕은 건조한 경사지, 지하수위가 높아 뿌리가 깊게 뻗지 못하는 곳에서 주로 발생한다.

② 배상형이 개심자연형보다 발생이 심하다.

③ 원가지의 분지 각도가 넓을수록 발생이 심하여 수세가 약한 나무나 노목, 직경 5cm 이상인 굵은 가지에서 발생이 많다.

④ 과실에 봉지를 씌웠다가 착색 촉진을 위해 벗겼을 때 강한 햇빛에 의한 일소가 발생하기 쉽다.

⑤ 동향이나 남향의 과수원보다 서향의 과수원에서 더 심하게 발생한다.

3) 대책

① 나무를 튼튼하게 키워야 한다.

② 전정 시 굵은 가지에 햇빛이 직접 닿지 않도록 잔가지를 붙여서 해가림이 되도록 한다.

③ 백도제나 수성페인트를 도포해 직사광선을 피한다.

④ 너무 건조하여 지온이 상승하지 않도록 부초를 하거나 관수를 한다.

5 저온장해

(1) 냉해

1) 의의

① 식물체 조직 내에 결빙이 생기지 않는 범위의 저온에 의해 받는 피해

② 여름작물에 있어 고온이 필요한 여름철에 비교적 낮은 냉온을 장기간 지속적으로 받아 피해를 받는 것도 냉해라고 한다.

2) 냉해의 구분

① 지연형 냉해

㉠ 생육 초기부터 출수기에 걸쳐 오랜 시간 냉온 또는 일조부족으로 생육의 지연, 출수 지연으로 등숙기에 낮은 온도에 처함으로 등숙의 불량으로 결국 수량에까지 영향을 미치는 유형의 냉해이다.

㉡ 질소, 인산, 칼리, 규산, 마그네슘 등 양분의 흡수가 저해되고, 물질동화 및 전류가 저해되며 질소동화의 저해로 암모니아 축적이 많아지며, 호흡의 감소로 원형질유동이 감퇴 또는 정지되어 모든 대사기능이 저해된다.

② 장해형 냉해

㉠ 유수형성기부터 개화기 사이, 특히 생식세포의 감수분열기에 냉온의 영향을 받아 생식기관이 정상적으로 형성되지 못하거나 또는 꽃가루의 방출 및 수정에 장해를 일으켜 결국 불임현상이 초래되는 유형의 냉해이다.

㉡ 타페트 세포의 이상비대는 장해형 냉해의 좋은 예이며, 품종이나 작물의 냉해 저항성의 기준이 되기도 한다.

③ **병해형 냉해**

㉠ 벼의 경우 냉온에서는 규산의 흡수가 줄어들므로 조직의 규질화가 충분히 형성되지 못하여 도열병균의 침입에 대한 저항성이 저하된다.

㉡ 광합성의 저하로 체내 당함량이 저하되고, 질소대사 이상을 초래하여 체내에 유리아미노산이나 암모니아가 축적되어 병의 발생을 더욱 조장하는 유형의 냉해이다.

④ **혼합형 냉해** : 장기간의 저온에 의하여 지연형 냉해, 장해형 냉해 및 병해형 냉해 등이 혼합된 형태로 나타나는 현상으로 수량감소에 가장 치명적이다.

3) 냉해의 기구

① 냉해 초기 증상은 세포막의 손상을 수반한다.

② 저온장해를 받은 조직은 원형질막의 침투성 증가로 전해질의 침출과 엽록체와 미토콘드리아의 막도 해를 입게 된다.

③ 저온에 민감한 작물은 장해가 일어나는 온도에서 갑작스럽게 반투막의 성질이 변하는데, 저온에 강한 작물은 그러한 갑작스런 변화가 일어나지 않는다.

④ 삼투막은 어떤 한계온도에서 상대적으로 유동형이 고형으로 변하게 되어 선택적 투과성에 이상을 초래한다.

4) 냉온에 의한 작물의 생육 장해

① 광합성 능력 저하

② 양분, 수분의 흡수장해

③ 양분의 전류 및 축적 장해

④ 단백질 합성 및 효소 활력의 저하

⑤ 꽃밥 및 화분의 세포 이상

5) 냉해 대책

① **내냉성 품종의 선택** : 냉해에 강한 저항성 품종 또는 냉해 회피성 품종(조생종) 선택

② **입지조건의 개선**

㉠ 방풍림을 설치한다.

㉡ 객토, 밑다짐 등으로 누수답을 개량한다.

㉢ 암거배수 등으로 습답을 개량한다.

㉣ 지력 배양으로 건실한 생육을 꾀한다.

③ 보온육묘로 못자리 냉해의 방지와 생육기간을 앞당겨 등숙기 냉해를 회피한다.

④ **재배방법의 개선**

㉠ 조기재배 · 조식재배로 출수 · 성숙을 앞당긴다.

㉡ 인산 · 칼리 · 규산 · 마그네슘 등을 충분한 시용한다.

⑤ **냉온기의 담수** : 냉해 위험의 냉온기에 수온 19~20℃ 이상의 물을 15~20cm 깊이로 깊게 담수하면 냉해가 경감, 방지된다.

⑥ 수온 상승책 강구
- ㉠ 수온이 20℃ 이하일 때에는 물이 넓고 얕게 고이는 온수 저류지를 설치한다.
- ㉡ 수로를 넓게 하여 물이 얕고 넓게 흐르게 하며, 낙차공이 많은 온조수로를 설치한다.
- ㉢ 물이 파이프 등을 통과하도록 하여 관개수온을 높인다.
- ㉣ OED(증발억제제, 수온상승제)를 10a당 5kg 정도씩 3일 간격으로 논에 살포하여 수면증발을 억제하면 수온이 1~2℃ 상승한다.

(2) 한해(寒害)

1) 동해(凍害)의 발생

① 작물 조직 내 결빙에 의해 받는 피해이며 월동작물은 흔히 동해를 입는다.

② **세포 외 결빙** : 식물체 조직 내 결빙은 즙액 농도가 낮은 세포간극에 먼저 결빙이 생기는데, 이와 같이 세포간극에 결빙이 생기는 것

③ **세포 내 결빙** : 결빙이 더욱 진전되면서 세포 내 원형질, 세포액이 얼게 되는 것

④ 세포 외 결빙은 세포 내 수분의 세포 밖 이동으로 세포 내 염류농도는 높아지고 수분 부족으로 원형질단백이 응고하여 세포는 죽게 된다.

⑤ 세포 외 결빙 시 온도의 상승으로 결빙이 급격히 융해되면 원형질이 물리적으로 파괴되어 세포는 죽게 된다.

2) 작물의 동사점

① **동사점** : 작물의 동결로 단시간 내에 동사하는 온도

② 작물의 동사점은 그 작물이 동결에 견디는 정도를 표시한다.

③ 동사점은 작물의 종류와 품종에 따라 차이를 보이며 동일 작물이라도 발육상태, 생육단계, 부위 등에 따라 다르다.

④ 작물이나 조직의 동사는 저온의 직접적인 영향이 아닌 조직 내에 결빙으로 유발된다.

3) 작물의 내동성

① 생리적 요인
- ㉠ 세포 내 자유수 함량이 많으면 세포 내 결빙이 생기기 쉬워 내동성이 저하된다.
- ㉡ 세포액의 삼투압이 높으면 빙점이 낮아지고, 세포 내 결빙이 적어지며 세포 외 결빙 시 탈수저항성이 커져 원형질이 기계적 변형을 적게 받아 내동성이 증대한다.
- ㉢ 전분함량이 낮고 가용성 당의 함량이 높으면 세포의 삼투압이 커지고 원형질단백의 변성이 적어 내동성이 증가한다.
- ㉣ 원형질의 물 투과성이 크면 원형질 변형이 적어 내동성이 커진다.
- ㉤ 원형질의 점도가 낮고 연도가 크면 결빙에 의한 탈수와 융해 시 세포가 물을 다시 흡수할 때 원형질의 변형이 적으므로 내동성이 크다.
- ㉥ 지유와 수분의 공존은 빙점강하도가 커져 내동성이 증대된다.
- ㉦ 칼슘이온(Ca^{2+})은 세포 내 결빙의 억제력이 크고 마그네슘이온(Mg^{2+})도 억제작용이 있다.

ⓞ 원형질단백에 디설파이드기(-SS기)보다 설파하이드릴기(-SH기)가 많으면 기계적 견인력에 분리되기 쉬워 원형질의 파괴가 적고 내동성이 증대한다.

② 맥류에서의 형태와 내동성

㉠ 초형이 포복성인 것이 직립성인 것보다 내동성이 크다.

㉡ 관부가 깊어 생장점이 땅속 깊이 있는 것이 내동성이 크다.

㉢ 엽색이 진한 것이 내동성이 크다.

③ 발육단계와 내동성

㉠ 작물은 생식생장기가 영양생장기에 비해 내동성이 극히 약하다.

㉡ 가을밀의 경우 2~4엽기의 영양체는 -17℃에서도 동사하지 않고 견디나, 수잉기 생식기관은 -1.3~1.8℃에서도 동해를 받는다.

④ 내동성의 계절적 변화

㉠ 월동하는 겨울작물의 내동성은 기온의 저하에 따라 차차 증대하고, 다시 높아지면 점점 감소된다.

㉡ 경화 : 월동작물이 5℃ 이하의 저온에 계속 처하게 되면 내동성이 커지는 것

㉢ 경화상실 : 경화된 것을 다시 높은 온도에 처리하면 원래상태로 되돌아오는 것

㉣ 휴면상태일 때 내동성이 크다.

4) 작물의 한해대책

① 일반대책

㉠ 내동성 작물과 품종의 선택

㉡ 입지조건의 개선 : 방풍시설로 찬바람의 내습 경감, 토질의 개선으로 서리 발생 억제, 배수

㉢ 보온재배

㉣ 이랑을 세워 뿌림골을 깊게 함.

㉤ 적기 파종과 파종량을 늘려줌.

㉥ 서리 시 적절한 답압

② 응급대책

㉠ 관개법 : 저녁 관개는 물의 열을 토양에 보급하고 낮에 더워진 지중열을 받아올리며 수증기가 지열의 발산을 막아서 동상해를 방지할 수 있다.

㉡ 송풍법 : 동상해가 발생하는 밤의 지면 부근 온도 분포는 온도역전 현상으로 지면에 가까울수록 온도가 낮은데 송풍기 등으로 기온역전 현상을 파괴하면 작물 부근의 온도를 높여서 상해를 방지할 수가 있다.

㉢ 피복법 : 이엉, 거적, 플라스틱필름 등으로 작물체를 직접 피복하면 작물체로부터의 방열을 방지한다.

㉣ 연소법 : 연료를 태워 그 열을 작물에 보내는 적극적인 방법이다.

㉤ 살수빙결법 : 작물체의 표면에 물을 뿌려주는 방법이다.

③ 사후대책

㉠ 속효성 비료의 추비 및 엽면시비로 생육을 촉진시킨다.

㉡ 병충해를 철저히 방제한다.

㉢ 동상해 후에는 낙화하기 쉬우므로 적화시기를 늦춘다.

㉣ 피해가 심한 경우 대파를 강구한다.

Section 05 광환경

1 광(光)과 식물의 생장

(1) 광과 식물의 기본생리 작용

1) 광합성

① 녹색식물은 광에너지를 받아 엽록소를 형성하고 광에너지의 존재하에 이산화탄소와 물을 이용하여 유기물의 형성과 산소를 방출하는 작용을 하는데, 이를 광합성이라 한다.

② **제1과정(명반응)** : 광화학적 과정으로 광합성색소에 의해 광에너지를 획득하는 과정에서 물의 광분해가 진행되며, 이때 발생하는 에너지를 이용하여 NADP(nicotinamide adenine dinucleotide phosphate)를 $NADPH_2$로 환원하고, 광인산화에 의해 ADP를 ATP로 변화시킨다.

③ **제2과정(암반응)** : 이산화탄소를 고정, 환원하는 과정으로 이산화탄소를 고정하고 제1과정에서 생성된 $NADPH_2$와 ATP를 이용하여 탄수화물을 만든다.

④ 두 과정에 의해 광합성 반응이 완료된다.

$$6CO_2 + 12H_2O \xrightarrow{\text{광에너지}} C_6H_{12}O_6 + 6O_2$$

⑤ **광합성 효율과 빛** : 광합성에는 675nm를 중심으로 한 650~700nm의 적색 부분과 450nm를 중심으로 한 400~500nm의 청색광 부분이 가장 유효하고 녹색, 황색, 주황색 파장의 광은 대부분 투과, 반사되어 비효과적이다.

⑥ **C_3식물, C_4식물, CAM식물의 광합성 특징 비교**

㉠ 고등식물에 있어 광합성 제2과정에서 CO_2가 환원되는 물질에 따라 C_3식물, C_4식물, CAM식물로 구분한다.

㉡ C_3식물

ⓐ 이산화탄소를 공기에서 직접 얻어 캘빈회로에 이용하는 식물로 최초 합성되는 유기물이 3탄소화합물이다.

ⓑ 벼, 밀, 콩, 귀리 등이 해당된다.

ⓒ 날씨가 덥고 건조한 경우 C_3식물은 수분의 손실을 줄이기 위해 기공을 닫아 광합성률이 감소되어 생산이 줄어든다.

ⓓ 기공을 닫으면 이산화탄소의 흡수와 산소의 방출이 억제되어 이산화탄소는 점점 낮아지고 산소는 쌓이게 되면 탄소고정효소 루비스코(Rubisco)가 이산화탄소 대신 산소와 결합하면서 3탄소화합물 대신 2탄소화합물을 생성하였다가 이산화탄소와 물로 분해하며 산소고정으로 시작되는 과정을 광호흡(photorespiration)이라고 한다. 광호흡은 당이 합성되지 않고 ATP를 생성하지 않는 소비적 과정이다.

㉢ C_4식물

ⓐ C_3식물과 달리 수분을 보존하고 광호흡을 억제하는 적응기구를 가지고 있다.

ⓑ 날씨가 덥고 건조한 경우 기공을 닫아 수분을 보존하며, 탄소를 4탄소화합물로 고정시키는 효소를 가지고 있어 기공이 대부분 닫혀있어도 광합성을 계속할 수 있다.

ⓒ 옥수수, 수수, 사탕수수, 기장, 버뮤다그라스, 명아주 등이 이에 해당한다.

ⓓ 이산화탄소 보상점이 낮고 이산화탄소 포화점이 높아 광합성 효율이 매우 높은 특징이 있다.

㉣ CAM식물

ⓐ 밤에만 기공을 열어 이산화탄소를 받아들이면서 수분을 보존하고 이산화탄소가 잎에 들어오면 C_4식물과 같이 4탄소화합물로 고정하여 저축하였다가 낮에 캘빈회로로 방출하여 낮에 이산화탄소를 받아들이지 않더라도 광합성을 계속할 수 있다.

ⓑ 선인장, 파인애플, 솔잎국화 등의 대부분 다육식물이 이에 해당한다.

2) 호흡

① 광은 광합성에 의해 호흡기질을 생성하여 호흡을 증대시킨다.

② 벼, 담배 등 C_3식물은 광에 의해 직접적으로 호흡이 촉진되는 광호흡의 존재가 인정되고 있다.

3) 증산작용

① 광의 조사는 온도의 상승으로 증산이 조장된다.

② 광합성에 의해 동화물질이 축적되면 공변세포의 삼투압이 높아져 흡수가 조장되며 기공을 열어 증산을 조장한다.

특성	C_3 식물	C_4 식물	CAM 식물
CO_2 고정계	캘빈회로	C_4회로+캘빈회로	C_4회로+캘빈회로
잎조직 구조	엽육세포로 분화하거나, 내용이 같은 엽록유세포에 엽록체가 많이 포함되어 광합성이 이곳에서 이루어지며, 유관속초세포는 별로 발달하지 않고 발달해도 엽록체를 거의 포함하지 않음	유관속초세포가 매우 발달하여 다량의 엽록체를 포함하고, 다량의 엽록체 포함한 유관속초세포가 방사상으로 배열되어 이른바 크렌즈 구조를 보이는 것이 특징임	엽육세포는 해면상이고 균일하게 매우 발달하여 엽록체도 균일하게 분포. 유관속초세포는 발달하지 않고, 두꺼운 잎조직의 안쪽에는 저수조직을 가지는 것도 특징임
최대 광합성 능력 (mg CO_2/cm^2/시간)	15~40	35~80	1~4
CO_2 보상점(ppm)	30~70	0~10	0~5(암중)
21% O_2에 의한 광합성억제	있음	없음	있음
광호흡	있음	유관속초세포	정오 후 측정 가능
광포화점	최대일사의 1/4 ~ 1/2	최대일사 이상 강광조건에서 높은 광합성률	부정
광합성 적정온도(℃)	13~30	30~47	≃35
내건성	약	강	매우 강함
광합성 산물 전류속도	느림	빠름	-
최대 건물 생장률 (g/m^2/일)	19.5±1.9	30.3±13.8	-
건물 생산량 (ton/ha/년)	22±3.3	38±16.9	낮고 변화가 심함
증산율(H_2O/g 건물량 증가)	450~950 (다습조건에 적응)	250~350 (고온에 적응)	18~125 (매우 적음)
CO_2 첨가에 의한 건물생산 촉진효과	큼	작음 (하나의 CO_2 분자를 고정하기 위하여 더 많은 에너지가 필요함)	-
작물	벼, 보리, 밀, 콩, 귀리, 담배 등	옥수수, 수수, 수단그라스, 사탕수수, 기장, 진주조, 버뮤다그라스, 명아주 등	선인장, 솔잎국화, 파인애플 등

(2) 굴광과 그 밖의 작용

1) 굴광성

① 식물의 한쪽에 광이 조사되면 광이 조사된 쪽으로 식물체가 구부러지는 현상을 굴광현상이라 한다.

② 광이 조사된 쪽은 옥신의 농도가 낮아지고 반대쪽은 옥신의 농도가 높아지면서 옥신의 농도가 높은 쪽의 생장속도가 빨라져 생기는 현상이다.

③ 줄기나 초엽 등 지상부에서는 광의 방향으로 구부러지는 향광성을 나타내며, 뿌리는 반대로 배광성을 나타낸다.

④ 400~500nm, 특히 440~480nm의 청색광이 가장 유효하다.

2) 착색

① 광이 없을 경우 엽록소 형성이 저해되고 담황색 색소인 에티올린(etiolin)이 형성되어 황백화 현상을 일으킨다.

② 엽록소 형성에는 450nm 중심으로 430~470nm의 청색광과 650nm를 중심으로 620~670nm의 적색광이 효과적이다.

③ 사과, 포도, 딸기 등의 착색은 안토시아닌 색소의 생성에 의하며 비교적 저온에 의해 생성이 조장되며 자외선이나 자색광파장에서 생성이 촉진되며 광 조사가 좋을 때 착색이 좋아진다.

3) 신장과 개화

① 신장

㉠ 자외선과 같은 단파장의 광은 신장을 억제한다.

㉡ 광 부족, 자외선 투과가 적은 환경은 웃자라기 쉽다.

② 개화

㉠ 광의 조사가 좋은 경우 광합성의 조장으로 탄수화물 축적이 많아져 C/N율이 높아져서 화성이 촉진된다.

㉡ 일장은 개화에 큰 영향을 끼친다.

㉢ 개화 시각에서 대부분 광이 있을 때 개화하나, 수수와 같이 광이 없을 때 개화하는 것도 있다.

(3) 광질(光質, light quality)

1) 의의

파장별로 구분되는 광선의 종류로 태양광의 경우 자외선, 가시광선, 적외선으로 분류되며 작물의 생육에는 가시광선이 중요하다.

2) 가시광선

① **적색광** : 광합성, 광주기성, 광발아성 종자의 발아를 주도한다.

② **청색광** : 카로티노이드계 색소의 생성을 촉진한다.

3) 근적외선

식물의 신장을 촉진하며 적색광과 근적외선의 비(R/Fr ratio)가 작으면 절간신장이 촉진되어 초장이 커진다.

4) 자외선

신장을 억제하며, 엽육을 두껍게 하고, 안토시아닌계 색소의 발현을 촉진한다.

5) 피토크롬(phytochrome)

색소단백질로 적색광을 흡수하면 활성형인 Pfr형으로 전환되고 근적외광을 흡수하면 불활성형인 Pr형으로 변하는 가역적 반응을 통해 종자발아 및 줄기의 분지, 신장 등에 영향을 미친다.

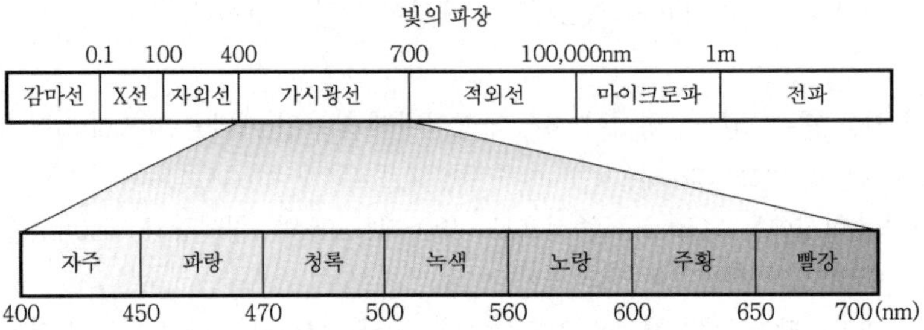

▎전자기파와 가시광선의 스펙트럼▎

2 광보상점과 광포화점

(1) 광도와 광합성

1) 광보상점

① 작물은 대기의 이산화탄소를 흡수하여 유기물을 합성하며 호흡을 통해 유기물을 소모하며 이산화탄소를 방출한다.

② **진정광합성** : 호흡을 무시한 절대적 광합성

③ **외견상광합성** : 호흡으로 소모된 유기물을 제외한 광합성

④ **보상점** : 광합성은 어느 한계까지 광이 강할수록 속도는 증대되는데, 광합성 때 흡수한 이산화탄소량과 호흡할 때 방출한 이산화탄소의 양이 같을 때의 빛의 세기

2) 광포화점

빛의 세기가 보상점을 지나 증가하면서 광합성속도도 증가하나, 어느 한계 이후에는 빛의 세기가 더 증가하여도 광합성량이 더 이상 증가하지 않는 빛의 세기

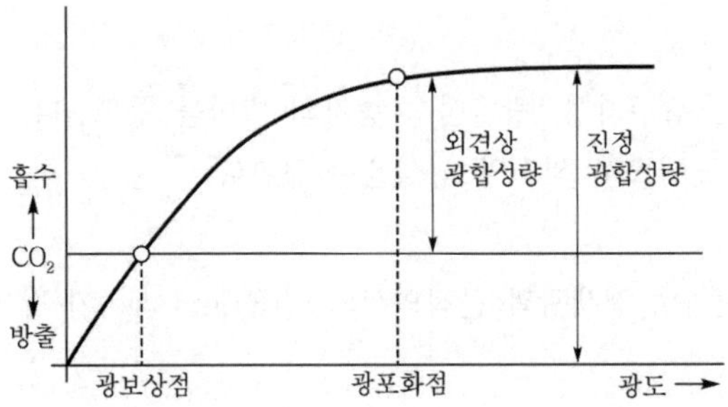

3) 광보상점과 내음성

① 작물의 생육은 광보상점 이상의 광을 받아야 지속적 생육이 가능하므로 보상점이 낮은 작물은 상대적으로 낮은 광도에서도 생육할 수 있는 힘, 즉 내음성이 강하다.

② **음생식물** : 내음성이 강한 식물은 음지에서 잘 자라나 양지에서 오히려 해를 받는데 이런 식물을 음생식물이라 한다.

③ **양생식물** : 보상점이 높아 광조사가 좋은 환경에서 양호한 생육을 할 수 있는 식물

4) 고립상태에서의 광포화점

① 고립상태란 작물의 거의 모든 잎이 직사광선을 받을 수 있도록 되어 있는 상태로, 포장에서 생육 초기에 여러 개체의 잎들이 서로 중첩되기 전의 상태이며 어느 정도 생장하게 되면 고립상태는 존재하지 않는다.

② 고립상태 작물의 광포화점은 경우에 따라 측정치의 변화가 있지만, 양생식물이라도 전체 조사광량보다 낮으며 각 식물의 여름날 정오의 광량에 대한 비율을 표시하면 아래 표와 같다.

③ 대체로 일반작물의 광포화점은 조사광량의 30~60% 범위 내에 있으나 온도와 이산화탄소 농도에 따라 변한다.

④ 고립상태에서 온도와 이산화탄소가 제한조건이 아닌 경우 C_4식물은 최대조사광량에서도 광포화점이 나타나지 않으며, 이때 광합성률은 C_3식물의 2배에 달한다.

〈고립상태일 때 작물의 광포화점〉

(단위 : %, 조사광량에 대한 비율)

작물	광포화점
음생식물	10 정도
구약나물	25 정도
콩	20~23
감자, 담배, 강낭콩, 해바라기, 보리, 귀리	30 정도
벼, 목화	40~50
밀, 알팔파	50 정도
고구마, 사탕무, 무, 사과나무	40~60
옥수수	80~100

(2) 포장상태에서의 광합성

1) 군락의 광포화점

① **군락상태** : 포장에서 식물이 자라 잎이 서로 포개져 많은 잎들이 직사광선을 받지 못하고 그늘에 있는 상태를 군락상태라 하며, 포장의 작물은 군락상태를 형성하고 면적당 수량은 면적당 광합성량에 따라 달라지므로 군락의 광합성이 수량을 지배한다.

② 벼의 경우 잎에 투사된 광은 10% 정도만 투과한다. 따라서 군락이 우거져 그늘에 있는 잎이 많아지면 포화광을 받지 못하는 잎이 많아지고 이들이 충분한 광을 받기 위해서는 더 강한 광이 군락에 투사되어야 하므로 군락의 광포화점은 높아진다.

③ 군락의 광포화점은 군락의 형성도가 높을수록 높아진다.

④ 벼의 생육단계별 군락 형성상태에 따라 광의 조도와 군락과 광합성의 관계는 고립상태에 가까운 생육 초기에는 낮은 조도에서도 광포화를 이루나, 군락이 무성한 출수기 전후에는 전광에 가까운 높은 조도에도 광포화를 보이지 않는 것과 같이 군락이 무성한 시기일수록 더 강한 일사가 필요하다.

2) 포장동화능력

① **의의** : 포장군락의 단위면적당 광합성능력으로 수량을 직접 지배한다.

② **포장동화능력의 표시**

포장동화능력(P) = 총엽면적(A) × 수광능률(f) × 평균동화능력(P_0)

③ **수광능률**

㉠ 군락의 잎이 광을 얼마나 효율적으로 받아 광합성에 이용하는가의 표시로, 총엽면적과 군락의 수광상태에 따라 지배된다.

㉡ 수광능률의 향상은 총엽면적을 적당한 한도로의 조절과 군락 내부로 광투사를 위해 수광상태를 개선해야 한다.

④ **평균동화능력**

㉠ 잎의 단위면적당 동화능력을 의미하며, 단위동화능력을 총엽면적에 대해 평균한 것으로 단위동화능력과 같은 의미로 많이 사용된다.

㉡ 시비, 물관리 등을 잘하여 영양상태를 좋게 하였을 때 높아진다.

3) 최적엽면적

① **건물생산량과 광합성의 관계**

㉠ 건물의 생산은 진정광합성과 호흡량의 차이인 외견상광합성량이 결정된다.

㉡ 군락의 발달은 군락 내 엽면적의 증가로 진정광합성량이 증가한다.

㉢ 군락 내 엽면적 증가는 광포화점 이하의 광을 받는 잎이 증가하면서 엽면적이 일정 이상 커지면 엽면적 증가와 비례하여 진정광합성량은 증가하지 않으면서 호흡은 엽면적 증가와 더불어 직선적으로 증대하므로 건물 생산량은 어느 한도까지는 군락 내 엽면적 증가에 따라 같이 증가하나 그 이상의 엽면적 증가는 오히려 건물생산량이 감소한다.

② **최대엽면적** : 군락 상태에서 건물생산량이 최대일 때 엽면적

③ **엽면적지수** : 군락의 엽면적을 토지면적에 대한 배수치로 표시하는 것

④ **최적엽면적지수** : 엽면적이 최적엽면적일 경우의 엽면적지수

⑤ 군락의 최적엽면적은 생육시기와 일사량, 수광상태 등에 따라 달라진다.

⑥ 최적엽면적지수를 크게 하면 군락의 건물생산능력을 크게 하므로 수량을 증대시킬 수 있다.

(3) 군락의 수광태세

1) 의의

① 군락의 최대엽면적지수는 군락의 수광태세가 좋을 때 커진다.

② 동일 엽면적이라면 수광태세가 좋을 때 군락의 수광능률은 높아진다.

③ 수광태세의 개선은 광에너지의 이용도를 높일 수 있으며 우수한 초형의 품종 육성, 재배법의 개선으로 군락의 잎 구성을 좋게 해야 한다.

2) 벼의 초형

① 잎이 너무 두껍지 않고 약간 좁으며 상위엽이 직립한다.

② 키가 너무 크거나 작지 않다.

③ 분얼은 개산형으로 포기 내 광의 투입이 좋아야 한다.

④ 각 잎이 공간적으로 되도록 균일하게 분포해야 한다.

3) 옥수수의 초형

① 상위엽은 직립하고 아래로 갈수록 약간씩 기울어 하위엽은 수평이 된다.

② 숫이삭이 작고 잎혀가 없다.

③ 암이삭은 1개인 것보다 2개인 것이 밀식에 더 적응한다.

4) 콩의 초형

① 키가 크고 도복이 안 되며 가지를 적게 치고 가지가 짧다.

② 꼬투리가 원줄기에 많이 달리고 밑까지 착생한다.

③ 잎자루가 짧고 일어선다.

④ 잎이 작고 가늘다.

5) 재배법에 의한 수광태세의 개선

① 벼의 경우 규산과 칼리의 충분한 시용은 잎이 직립하고 무효분얼기에 질소를 적게 주면 상위엽이 직립한다.

② 벼, 콩의 경우 밀식 시 줄 사이를 넓히고 포기 사이를 좁히는 것이 파상군락을 형성하게 하여 군락 하부로 광투사를 좋게 한다.

③ 맥류는 광파재배보다 드릴파재배를 하는 것이 잎이 조기에 포장 전면을 덮어 수광태세가 좋아지고 지면 증발도 적어진다.

④ 어느 작물이나 재식밀도와 비배관리를 적절하게 해야 한다.

(4) 생육단계와 일사

1) 일조부족의 영향 : 작물의 생육단계에 따라 다르다.

2) 벼의 생육단계별 일조부족의 영향

① 최고분얼기(출수 전 30일)를 전후한 1개월 사이 일조부족은 유효경수 및 유효경비율이 저하되어 이삭수의 감수를 초래한다.

② 감수분열 성기(출수 전 12일) 일조부족은 갓 분화, 생성된 영화가 생장이 정지되고 퇴화하여 이삭당 영화수가 크게 감소한다.

③ 유숙기 전후 1개월 사이 일조부족은 동화산물 감소와 배유로의 전류, 축적을 감퇴시켜 배유 발육을 저해하여 등숙률을 감소시킨다.
④ 감수분열기 차광은 영화 크기를 작게 한다.
⑤ 유숙기 차광은 배유의 충진을 불량하게 하여 정조 천립중을 크게 감소시킨다.
⑥ 일사부족이 수량에 끼치는 영향은 유숙기가 가장 크고 다음이 감수분열기이다.
⑦ 분얼성기 일사부족은 수량에 크게 영향을 주지 않는다.

3 일사와 재배

(1) 작물의 광입지에 따른 작물의 선택

① 작물이 받는 일사는 입지에 따라 달라지며 수광량의 차이는 작물 기초대사 및 건물의 생산 등에 영향을 미친다.
② 작물의 재배에 일사가 고려되어야 한다.

(2) 작휴와 파종

1) 이랑의 방향

① 경사지는 등고선 경작이 유리하나 평지는 수광량을 고려해 이랑의 방향을 정해야 한다.
② 남북방향이 동서방향보다 수량의 증가를 보인다.
③ 겨울작물이 아직 크게 자라지 않았을 때는 동서이랑이 수광량이 많고 북서풍도 막을 수 있다.

2) 파종의 위치

강한 일사를 요구하지 않는 감자는 동서이랑도 무난하며 촉성 재배 시 동서이랑의 골에 파종하되 골 북쪽으로 붙여서 파종하면 많은 일사를 받을 수 있다.

Section 06 상적발육과 환경

1 상적발육

(1) 생육의 개념

1) 생장

① 여러 가지 잎, 줄기, 뿌리 같은 영양기관이 양적으로 증대하는 것을 말한다.
② 영양생장을 의미하며 시간의 경과에 따른 변화이다.

2) 발육

① 아생, 화성, 개화, 성숙 등과 같은 작물의 단계적 과정을 거치면서 체내 질적 재조정 작용을 한다.
② 생식생장이며 질적변화이다.

3) 상적발육

① 작물이 순차적으로 여러 발육상을 거쳐 발육이 완성되는 현상

② 상적발육의 가장 중요한 전환점은 개화 전 영양생장을 거쳐 화성을 이루고 계속 체내 질적 변화를 계속하는 생식생장으로의 전환으로, 화성이라 표현하기도 한다.

③ 화성의 유도에는 특수환경, 특히 일정한 온도와 일장이 관여한다.

(2) 상적발육설

① 리센코(Lysenko, 1932)에 의해서 제창되었다.

② 작물의 생장과 발육은 같은 현상이 아니며 생장은 여러 기관의 양적 증가를 의미하지만, 발육은 체내의 순차적인 질적 재조정작용을 의미한다.

③ 1년생 종자식물의 발육상은 개개의 단계에 의해 성립된다.

④ 개개의 발육단계는 서로 접속해 성립되어 있으며, 이전의 발육상을 경과하지 못하면 다음의 발육상으로 이행할 수 없다.

⑤ 하나의 식물체에서 개개의 발육상 경과는 서로 다른 특정 환경조건이 필요하다.

(3) 화성의 유인

1) 화성유도의 주요 요인

① 내적 요인

㉠ C/N율로 대표되는 동화생산물의 양적 관계

㉡ 옥신과 지베렐린 등 식물호르몬의 체내 수준 관계

② 외적 요인 : 일장, 온도

2) C/N율설

① C/N율 : 식물 체내의 탄수화물과 질소의 비율(탄질률)을 의미한다.

② C/N율설 : C/N율이 식물의 생육, 화성, 결실을 지배하는 기본 요인이 된다는 견해

③ 크라우스와 크레이빌의 연구 결과(토마토)

㉠ 수분과 질소를 포함한 광물질 양분이 풍부해도 탄수화물 생성이 불충분하면 생장이 미약하고 화성 및 결실도 불량하다.

㉡ 탄수화물 생성이 풍부하고 수분과 광물질 양분, 특히 질소가 풍부하면 생육은 왕성하나 화성 및 결실이 불량하다.

㉢ 수분과 질소의 공급이 약간 적어 탄수화물의 생성이 조장되어 탄수화물이 풍부해지면 화성 및 결실이 양호하게 되지만, 생육은 감퇴한다.

㉣ 탄수화물의 증대를 저해하지 않고 수분과 질소의 공급이 더욱 감소되면 생육이 더욱 감퇴하고 화아는 형성되나 결실하지 못하고 더욱 심해지면 화아도 형성되지 않는다.

㉤ 작물의 개화, 결실에 C/N율설이 적용되는 경우가 많다.

2 춘화처리(veranlization)

(1) 춘화처리의 뜻

1) 온도유도

생육 중 일정한 시기에 일정 온도에 처하게 하여 개화 및 출수를 유도하는 것

2) 춘화처리

① 개화 유도를 위해 생육 중 일정한 시기에 일정한 온도로 처리하는 것

② 춘화처리가 필요한 식물에서는 저온처리 하지 않으면 개화의 지연 또는 영양기에 머물게 된다.

③ 저온처리 자극의 감응부위는 생장점이다.

(2) 춘화처리의 구분

1) 처리온도에 따른 구분

① **저온춘화** : 월년생 작물은 비교적 저온인 1~10℃의 처리가 유효하다.

② **고온춘화** : 단일 식물은 비교적 고온인 10~30℃의 처리가 유효하다.

③ 일반적으로 저온춘화가 고온춘화에 비해 효과가 좋고, 춘화처리라 하면 보통은 저온춘화를 의미한다.

2) 처리시기에 따른 구분

① 종자춘화형 식물

㉠ 최아종자에 처리하는 것

㉡ 추파맥류, 완두, 잠두, 봄무 등

② 녹식물춘화형 식물

㉠ 식물이 일정한 크기에 달한 녹체기에 처리하는 작물

㉡ 양배추, 히요스 등

③ **비춘화처리형** : 춘화처리의 효과가 인정되지 않는 작물

3) 그 밖의 구분

① **단일춘화** : 추파맥류는 종자춘화형 식물로 최아종자를 저온처리하면 봄에 파종해도 좌지현상이 방지되고, 정상적으로 출수하는데 저온처리가 없어도 본잎 1매 정도 녹체기에 약 한달 동안의 단일처리를 하되 명기에 적외선이 많은 광을 조명하면 춘화처리를 한 것과 같은 효과가 발생하는데, 이를 단일춘화라고 한다.

② **화학적춘화** : 지베렐린 같은 화학물질을 처리해도 춘화처리와 같은 효과를 나타내는 경우도 많은데, 이것을 화학적춘화라고 한다.

(3) 춘화처리에 관여하는 조건

1) 최아

① 춘화처리에 필요한 수분의 흡수율은 작물에 따라 각각 다르다.

② 수온은 12℃가 알맞다.

③ 종자춘화 시 종자근의 시원체인 백체가 나타나기 시작할 무렵까지 최아하여 처리한다.
④ 최아종자의 춘화처리는 처리기간이 길어지면 부패 또는 유근의 도장 우려가 있다.

2) 처리 온도와 기간

① 처리온도 및 기간은 유전성에 따라 서로 다르다.
② 일반적으로 겨울작물은 저온, 여름작물은 고온이 효과적이다.

3) 산소

춘화처리 중 산소의 공급은 절대적으로 필요하며 산소의 부족은 호흡을 불량하게 하며, 춘화처리 효과가 지연(저온)되거나 발생하지 못한다(고온).

4) 광선

① 저온춘화는 광선의 유무에 관계가 없다.
② 고온춘화는 처리 중 암흑상태가 필요하다.
③ 일반적으로 온도유지와 건조방지를 위해 암중 보관한다.

5) 건조

춘화처리 중과 처리 후라도 고온·건조는 저온처리 효과를 경감시키거나 소멸시키므로 고온·건조를 피해야 한다.

(4) 춘화처리의 농업적 이용

① **수량 증대** : 추파 맥류의 춘화처리 후 춘파로 춘파형 재배지대에서도 추파형 맥류의 재배가 가능하다.
② **채종** : 월동 작물을 저온처리 후 봄에 심어도 출수, 개화하므로 채종에 이용될 수 있다.
③ **촉성재배** : 딸기의 화아분화에는 저온이 필요하기 때문에 겨울 출하를 위한 촉성재배 시 딸기묘를 여름철에 저온으로 화아분화를 유도해야 한다.
④ **육종상의 이용** : 춘화처리로 세대단축에 이용한다.
⑤ **종 또는 품종의 감정** : 라이그래스류의 종 또는 품종은 3~4주일 동안 춘화처리를 한 다음 종자의 발아율에 의해서 구별된다고 한다.

3 일장효과

(1) 일장효과의 뜻

1) 일장효과(광주기효과)

① 일장이 식물의 개화와 화아분화 및 여러 발육에 영향을 미치는 현상이다.
② 식물의 화아분화와 개화에 가장 영향을 크게 주는 것은 일조시간의 변화이다.
③ 개화는 광의 강도뿐 아니라 광이 조사되는 기간의 길이, 즉 일장이 중요하다.

2) 장일과 단일

① **장일** : 1일 24시간 중 명기의 길이가 암기보다 길 때로 명기의 길이가 12~14시간 이상인 것
② **단일** : 명기가 암기보다 짧을 때로 명기의 길이가 12~14시간 보다 짧은 것

3) 일장과 화성유도

① **유도일장** : 식물의 화성을 유도할 수 있는 일장

② **비유도일장** : 화성을 유도할 수 없는 일장

③ **한계일장** : 유도일장과 비유도일장의 경계가 되는 일장

④ **최적일장** : 화성을 가장 빨리 유도하는 일장

(2) 작물의 일장형

1) 장일식물

① 보통 16~18시간의 장일상태에서 화성이 유도 · 촉진되는 식물로, 단일상태는 개화를 저해한다.

② 최적일장 및 유도일장 주체는 장일 측, 한계일장은 단일 측에 있다.

예 추파맥류, 시금치, 양파, 상추, 아마, 아주까리 등

2) 단일식물

① 보통 8~10시간의 단일상태에서 화성이 유도 · 촉진되며 장일상태는 이를 저해한다.

② 최적일장 및 유도일장의 주체는 단일 측, 한계일장은 장일 측에 있다.

예 국화, 콩, 담배, 들깨, 조, 기장, 피, 옥수수, 아마, 호박, 오이, 늦벼, 나팔꽃 등

3) 중성식물

일정한 한계일장이 없이 넓은 범위의 일장에서 개화하는 식물로, 화성이 일장에 영향을 받지 않는다고 할 수도 있다.

예 강낭콩, 가지, 토마토, 당근, 셀러리 등

4) 정일식물

① 중간식물이라고도 하며 특정 좁은 범위의 일장에서만 화성이 유도되며, 2개의 한계일장이 있다.

② 사탕수수의 F-106이란 품종은 12시간에서 12시간 45분의 일장에서만 개화한다.

5) 장단일식물

① 처음엔 장일, 후에 단일이 되면 화성이 유도되나, 일정한 일장에만 두면 개화하지 못한다.

② 낮이 짧아지는 늦여름과 가을에 개화한다.

예 야래향, 칼랑코에속 등

6) 단장일식물

① 처음엔 단일, 후에 장일이 되면 화성이 유도되나, 일정한 일장에서는 개화하지 못한다.

② 낮이 길어지는 초봄에 개화한다.

예 토끼풀, 초롱꽃 등

〈식물의 일장감응에 따른 분류 9형〉

일장형	종래의 일장형	최적일장		대표작물
		꽃눈분화	개화	
SL	단일식물	단일	장일	앵초, 시네라리아, 딸기
SS	단일식물	단일	단일	코스모스, 나팔꽃, 콩(만생종)
SI	단일식물	단일	중성	벼(만생종)
LL	장일식물	장일	장일	시금치, 봄보리
LS	-	장일	단일	피소스테기아(physostegia : 꽃범의 꼬리)
LI	장일식물	장일	중성	사탕무
IL	장일식물	중성	장일	밀(춘파형)
IS	단일식물	중성	단일	국화
II	중성식물	중성	중성	벼(조생종), 메밀, 토마토, 고추

(3) 일장효과에 영향을 미치는 조건

1) 발육단계

어린 식물은 일장에 감응하지 않고 어느 정도 발육한 후에 감응하며, 발육단계가 더욱 진전하게 되면 점차 감수성이 없어진다.

2) 처리일수

도꼬마리나 나팔꽃처럼 민감한 단일식물은 극히 단기간의 1회 처리에도 감응하여 개화한다.

3) 온도의 영향

① 일장효과의 발현에는 어느 정도 한계온도의 영향을 받는다.

② 가을국화의 경우 10~15℃ 이하에서는 일장과 관계없이 개화하며, 장일성인 사리풀의 경우 저온에서 단일조건이라도 개화한다.

4) 광의 강도

명기가 약광이라도 일장효과가 나타나며 대체로 광도가 증가할수록 효과가 크다.

5) 광질

① 유효한 광의 파장은 장일식물이나 단일식물이나 같다.

② 효과는 600~660nm의 적색광이 가장 크고, 다음이 자색광인 380nm 부근, 480nm 부근의 청색광이 가장 효과가 적다.

6) 질소의 시용

① 질소의 부족 시 장일식물은 개화가 촉진된다.

② 단일식물의 경우 질소의 요구도가 커서 질소가 풍부해야 생장속도가 빨라 단일효과가 더욱 잘 나타난다고 한다.

7) 연속암기와 야간조파

① 장일식물은 24시간 주기가 아니더라도 명기의 길이가 암기보다 상대적으로 길면 개화가 촉진되나 단일식물은 일정시간 이상의 연속암기가 절대로 필요하다.

② 암기가 극히 중요하므로 장야식물 또는 암장기식물이라하고, 장일식물을 단야식물 또는 단야기식물이라 하기도 한다.

③ 단일식물의 연속암기 중 광의 조사는 연속암기를 분단하여 암기의 합계가 명기보다 길어도 단일효과가 발생하지 않는다. 이것을 야간조파 또는 광중단이라고 한다.

④ 야간조파에 가장 효과가 큰 광은 600~660nm의 적색광이다.

(4) 일장효과의 기구

1) 감응부위

감응부위는 성숙한 잎이며, 어린잎은 거의 감응하지 않는다.

2) 자극의 전단

일장처리에 의한 자극은 잎에서 정단분열조직으로 이동되며 모든 방향으로 전달된다.

3) 일장효과의 물질적 본체

호르몬성 물질로 플로리겐 또는 개화호르몬이라 불린다.

4) 화학물질과 일장효과

① **옥신 처리** : 장일식물은 화성이 촉진되는 경향, 단일식물은 화성이 억제되는 경향이 있다.

② **지베렐린 처리** : 저온, 장일의 대치적 효과가 커서 1년생 히요스 등은 지베렐린의 공급으로 단일에서도 개화한다.

(5) 개화 이외의 일장효과

1) 성의 표현

① 모시풀은 자웅동주식물인데, 일장에 따라 성의 표현이 달라진다.

㉠ 14시간 이상의 일장에서는 모두 웅성

㉡ 8시간 이하의 일장에서는 모두 자성

② 오이, 호박 등은 단일 하에서 암꽃이 많아지고, 장일 하에서 수꽃이 많아진다.

③ 자웅이주식물인 삼(대마)은 단일에서는 수그루→암그루(♂ → ♀) 및 암그루→수그루(♀→♂)의 성전환이 이루어진다.

2) 영양생장

① 단일식물이 장일에 놓일 때 영양생장이 계속되어 줄기가 길어져 거대형이 된다.

② 장일식물이 단일 하에 놓이면 추대현상이 이루어지지 않아 줄기가 신장하지 못하고 지표면에 잎만 출엽하는 근출엽형이 된다.

3) 저장기관의 발육

① 고구마 덩이뿌리, 봄무, 파의 비대근, 감자나 돼지감자의 덩이줄기, 달리아의 알뿌리 등은 단일조건에서 발육이 조장된다.

② 양파나 마늘의 비늘줄기는 장일에서 발육이 조장된다.

4) 결협 및 등숙

단일식물인 콩이나 땅콩은 단일조건에서 결협, 등숙이 촉진된다.

5) 수목의 휴면

수종에 관계없이 15~21℃에서는 일장 여하에 관계없이 휴면하나 21~27℃에서 장일(16시간)은 생장을 지속시키고, 단일(8시간)은 휴면을 유도하는 경향이 있다.

(6) 일장효과의 농업적 이용

1) 수량 증대

오처드그래스, 라디노클로버 등의 북방형 목초는 장일식물이나 가을철 단일기에 일몰부터 20시경까지 보광으로 장일조건의 조성 또는 심야에 1~1.5시간의 야간조파로 연속 암기의 분단으로 단일조건의 파괴는 장일효과의 발생으로 절간신장을 하여 산초량이 70~80% 증대한다.

2) 꽃의 개화기 조절

① 일장처리에 의해 개화기를 변동시켜 원하는 시기에 개화시킬 수 있다.

② 단일성 국화의 경우 단일처리로 촉성재배, 장일처리로 억제재배하여 연중 개화시킬 수 있는데, 이것을 주년재배라 한다.

③ 인위 개화, 개화기의 조절, 세대단축이 가능하다.

3) 육종상의 이용

① **인위 개화** : 고구마를 나팔꽃에 접목하고 8~10시간 단일처리를 하면 인위적으로 개화가 유도되어 교배육종이 가능해진다.

② **개화기 조절** : 개화기가 다른 두 품종의 교배 시 일장처리로 개화기가 서로 맞도록 조절한다.

③ **육종연한의 단축** : 온실재배와 일장처리로 여름작물의 겨울 재배로 육종연한이 단축될 수 있다.

4) 성전환의 이용

4 품종의 기상생태형

(1) 기상생태형의 구성

1) 기본영양생장성

① 작물의 출수 및 개화에 알맞은 온도와 일장에서도 일정의 기본영양생장이 덜 되면 출수, 개화에 이르지 못하는 성질

② 기본영양생장 기간의 길고 짧음에 따라 기본영양생장이 크다(B)와 작다(b)로 표시한다.

2) 감온성

① 온도에 의해서 출수 및 개화가 촉진되는 성질

② 감온성이 크다(T)와 작다(t)로 표시한다.

3) 감광성

① 일장에 의해 출수 및 개화가 촉진되는 성질

② 감광성이 크다(L)와 작다(l)로 한다.

(2) 기상생태형의 분류

① **기본영양생장형(Blt형)** : 기본영양생장성이 크고, 감광성과 감온성은 작아서 생육기간이 주로 기본영양생장성에 지배되는 것

② **감광형(bLt형)** : 기본영양생장성과 감온성이 작고, 감광성이 커서 생육기간이 주로 감광성에 지배되는 것

③ **감온형(blT형)** : 기본영양생장성과 감광성이 작고, 감온성이 커서 생육기간이 주로 감온성에 지배되는 것

④ **blt형** : 세 가지 성질이 모두 작아서 어떤 환경에서도 생육기간이 짧은 것

(3) 기상생태형 지리적 분포

1) 저위도 지대

① 저위도 지대는 연중 고온, 단일 조건으로 감온성이나 감광성이 큰 것은 출수가 빨라져서 생육기간이 짧고 수량이 적다.

② 감온성과 감광성이 작고 기본영양생장성이 큰 Blt형은 연중 고온 단일인 환경에서도 생육기간이 길어서 다수성이 되므로 주로 이런 품종이 분포한다.

2) 중위도 지대

① 우리나라와 같은 중위도 지대는 서리가 늦으므로 어느 정도 늦은 출수도 안전하게 성숙할 수 있고, 또 이런 품종들이 다수성이므로 주로 이런 품종들이 분포한다.

② 위도가 높은 곳에서는 blT형이, 남쪽은 bLt형이 재배된다.

③ Blt형은 생육기간이 길어 안전한 성숙이 어렵다.

3) 고위도 지대

기본영양생장성과 감광성은 작고 감온성이 커서 일찍 감응하여 출수, 개화하여 서리 전 성숙할 수 있는 감온형인 blT형이 재배된다.

(4) 우리나라 주요 작물의 기상생태형

작물		감온형(blT형)	중간형	감광형(bLt형)
벼	명칭	조생종	중생종	만생종
	분포	북부	중북부	중남부
콩	명칭	올콩	중간형	그루콩
	분포	북부	중북부	중남부

조	명칭	봄조	중간형	그루조
	분포	서북부, 중부산간지		중부의 평야, 남부
메밀	명칭	여름메밀	중간형	가을메밀
	분포	서북부, 중부산간지		중부의 평야, 남부

(5) 기상생태형과 재배적 특성

1) 조만성

파종과 이앙을 일찍할 때 blt형과 감온형은 조생종이 되고, 기본영양생장형과 감광형은 만생종이 된다.

2) 묘대일수감응도

① 의의 : 손모내기에서 못자리기간을 길게 할 때 모가 노숙하고 이앙 후 생육에 난조가 생기는 정도로 벼가 못자리 때 이미 생식생장의 단계로 접어들어 생기는 것이다.

② 못자리기간이 길어져 못자리 때 영양결핍과 고온기에 이르게 되면 감온형은 쉽게 생식생장의 경향을 보이나 감광형과 기본영양생장형은 좀처럼 생식생장의 경향을 보이지 않으므로 묘대일수감응도는 감온형이 높고, 감광형과 기본영양생장형이 낮다.

③ 수리안전답이 대부분을 차지하고 기계이앙을 하는 상자육묘에서는 문제가 되지 않는다고 본다.

3) 작기이동과 출수

① 만파만식이 조파조식보다 출수가 지연되는 정도는 기본영양생장형과 감온형이 크고 감광형이 작다.

② 기본영양생장형과 감온형은 대체로 일정한 유효적산온도를 채워야 출수하므로 조파조식보다 만파만식에서 출수가 크게 지연된다.

③ 감광형은 단일기에 감응하고 한계일장에 민감하므로 조파조식이나 만파만식에 대체로 일정한 단일기에 출수하므로 이앙이 이르거나 늦음에 출수기의 차이가 크지 않다.

4) 만식적응성

① 의의 : 이앙이 늦을 때 적응하는 특성

② 기본영양생장형 : 만식은 출수가 너무 지연되어 성숙이 불안정해진다.

③ 감온형 : 못자리기간이 길어지면 생육에 난조가 온다.

④ 감광형 : 만식을 해도 출수의 지연도가 적고 묘대일수감응도가 낮아 만식적응성이 크다.

5) 조식적응성

① 감온형과 blt형 : 조기수확을 목적으로 할 때 알맞다.

② 기본영양생장형 : 수량이 많은 만생종 중 냉해 회피 등을 위해 출수, 성숙을 앞당기려 할 때 알맞다.

③ 감광형 : 출수, 성숙을 앞당기지 않고 파종, 이앙을 앞당겨 생육기간의 연장으로 증수를 목적으로 할 때 알맞다.

Chapter 3 재배기술

저자쌤의 이론학습 Tip

- 재배란 식물의 생활환경 속에서 인위적인 인간의 간섭임을 인식하고, 작물의 생육시기별 작물의 상태에 따른 적용기술을 생각해 본다.
- 자연상태가 아닌 인위적 상태에서 생육하는 작물에 필요한 환경을 가장 적절하게 조절할 수 있는 방법을 숙지해야 한다.

Section 01 작부체계

1 작부체계

(1) 의의

작부체계(作付體系)란 일정한 토지에서 몇 종류 작물의 순차적인 재배 또는 조합 · 배열의 방식을 의미한다.

(2) 중요성

① 지력의 유지와 증강

② 병충해 발생의 억제

③ 잡초 발생 감소

④ 토지이용도 제고

⑤ 노동의 효율적 배분과 잉여노동의 활용

⑥ 생산성 향상 및 안정화

⑦ 수익성 향상 및 안정화

(3) 작부체계의 변천과 발달

1) 대전법

① 인구가 적고 이용할 수 있는 토지가 넓어 조방농업이 주를 이루던 시대에 개간한 토지에서 몇 해 동안 작물을 연속해서 재배하고, 그 후 생산력이 떨어지면 다른 토지를 개간하여 작물을 재배하는 경작법이다.

② 가장 원시적 작부방법이며 화전이 대표적인 방법이다.

2) 주곡식 대전법

인류가 정착 생활을 하며 초지와 경지를 분리하여 경지에 주곡을 중심으로 재배하는 작부방식이다.

3) 휴한농법

지력 감퇴 방지를 위해 농지의 일부를 몇 해에 한 번씩 작물을 심지 않고 휴한하는 작부방식이다.

4) 윤작

① 의의 : 몇 가지 작물을 돌려짓는 작부방식이다.

② **순삼포식농법** : 경지를 3등분하여 2/3에 곡물을 재배하고 1/3은 휴한하는 것을 순차적으로 교차하는 작부방식이다.

③ **개량삼포식농법** : 순삼포식농법과 같이 1/3은 휴한하나 거기에 클로버, 알팔파, 베치 등 두과작물의 재배로 지력의 증진을 도모하는 작부방식이다.

④ **노포크식윤작법** : 영국 노포크(Norfolk) 지방의 윤작체계로 순무, 보리, 클로버, 밀의 4년 사이클의 윤작방식이다.

5) 자유식

시장상황, 가격변동에 따라 작물을 수시로 바꾸는 재배방식이다.

6) 답전윤환

지력의 증진 등을 목적으로 논작물과 밭작물을 몇 해씩 교대하는 재배방식이다.

2 연작과 기지현상

(1) 연작과 기지

① 동일 포장에 동일 작물을 계속해서 재배하는 것을 연작(連作, 이어짓기)이라 하고, 연작의 결과 작물의 생육이 뚜렷하게 나빠지는 것을 기지(忌地, soil sickness)라고 한다.

② 수익성과 수요량이 크고 기지현상이 별로 없는 작물은 연작하는 것이 보통이나 기지현상이 있더라도 특별히 수익성이 높은 작물의 경우는 대책을 세우고 연작을 하는 일이 있다.

(2) 작물의 종류와 기지

1) 작물의 기지 정도

① 연작의 해가 적은 것 : 벼, 맥류, 조, 옥수수, 수수, 삼, 담배, 고구마, 무, 순무, 당근, 양파, 호박, 연, 미나리, 딸기, 양배추 등

② 1년 휴작 작물 : 파, 쪽파, 생강, 콩, 시금치 등

③ 2년 휴작 작물 : 오이, 감자, 땅콩, 잠두 등

④ 3년 휴작 작물 : 참외, 쑥갓, 강낭콩, 토란 등

⑤ 5~7년 휴작 작물 : 수박, 토마토, 가지, 고추, 완두, 사탕무, 레드클로버 등

⑥ 10년 이상 휴작 작물 : 인삼, 아마 등

2) 과수의 기지 정도

① 기지가 문제 되는 과수 : 복숭아, 무화과, 감귤류, 앵두 등

② 기지가 나타나는 정도의 과수 : 감나무 등

③ 기지가 문제되지 않는 과수 : 사과, 포도, 자두, 살구 등

(3) 기지의 원인

1) 토양 비료분의 소모

① 연작은 비료성분의 일방적 수탈이 이루어지기 쉽다.

② 토란, 알팔파 등은 석회의 흡수가 많아 토양 중 석회 결핍이 나타나기 쉽다.

③ 다비성인 옥수수는 연작으로 유기물과 질소가 결핍된다.

④ 심근성 또는 천근성 작물의 다년 연작은 토층의 양분만 집중적으로 수탈된다.

2) 토양염류집적

최근 시설재배 등이 증가함에 따라 시설 내 다비연작으로 작토층에 집적되는 염류의 과잉으로 작물 생육을 저해하는 경우가 많이 발견되고 있다.

3) 토양물리성 악화

① 화곡류와 같은 천근성 작물을 연작하면 작토의 하층이 굳어지면서 다음 재배작물의 생육이 억제된다.

② 심근성작물의 연작은 작토의 하층까지 물리성이 악화된다.

③ 석회 등의 성분 수탈이 집중되면 토양반응이 악화될 위험도 있다.

4) 토양전염병의 만연

① 연작은 특정미생물의 번성으로 작물별로 특정병의 발생이 우려되기도 한다.

② 아마와 목화(잘록병), 가지와 토마토(풋마름병), 사탕무(뿌리썩음병 및 갈반병), 강낭콩(탄저병), 인삼(뿌리썩음병), 수박(덩굴쪼김병) 등이 그 예이다.

5) 토양선충의 번성으로 인한 피해

① 연작은 토양선충의 서식밀도가 증가하면서 직접피해를 주기도 하며 2차적으로 병균의 침입이 조장되어 병해가 다발할 수 있다.

② 밭벼, 두류, 감자, 인삼, 사탕무, 무, 제충국, 우엉, 가지, 호박, 감귤류, 복숭아, 무화과 등의 작물에서는 연작에 의한 선충의 피해가 크게 인정되고 있다.

6) 유독물질의 축적

① 작물의 유체 또는 생체에서 나오는 물질이 동종이나 유연종 작물의 생육에 피해를 주는 타감작용(allelopathy)의 유발로 기지현상이 발생한다.

② 유독물질에 의한 기지현상은 유독물질의 분해 또는 유실로 없어진다.

7) 잡초의 번성

잡초 번성이 쉬운 작물의 연작은 잡초의 번성을 초래하며 동일작물의 연작 시 특정 잡초의 번성이 우려된다.

(4) 기지의 대책

1) **윤작** : 가장 효과적인 대책이다.

2) 담수

담수처리는 밭상태에서 번성한 선충, 토양미생물을 감소시키고 유독물질의 용탈로 연작장해를 경감시킬 수 있다.

3) 저항성 품종의 재배 및 저장성 대목을 이용한 접목

① 기지현상에 대한 저항성이 강한 품종을 선택한다.

② 저항성 대목을 이용한 접목으로 기지현상을 경감·방지할 수 있으며 멜론, 수박, 가지, 포도 등에서는 실용적으로 이용되고 있다.

4) 객토 및 환토

① 새로운 흙을 이용한 객토는 기지현상을 경감시킨다.

② 시설재배의 경우 배양토를 바꾸어 기지현상을 경감시킬 수 있다.

5) 합리적 시비

동일작물의 연작으로 일방적으로 많이 수탈되는 성분을 비료로 충분히 공급하며 심경을 하고 퇴비를 많이 시비하여 지력을 배양하면 기지현상을 경감시킬 수 있다.

6) 유독물질의 제거

유독물질의 축적이 기지의 원인인 경우 관개 또는 약제를 이용해 기지현상을 경감시킬 수 있다.

7) 토양소독

병충해가 기지현상의 주요 원인인 경우 살선충제 또는 살균제 등 농약을 이용하여 소독하며, 가열소독, 증기소독을 하기도 한다.

3 윤작(輪作, crop rotation)

동일 포장에서 동일 작물을 이어짓기 하지 않고 몇 가지 작물을 특정한 순서대로 규칙적으로 반복하여 재배하는 것을 윤작이라 한다.

(1) 윤작 시 작물의 선택

① 지역 사정에 따라 주작물은 다양하게 변화한다.

② 지력유지를 목적으로 콩과작물 또는 녹비작물이 포함된다.

③ 식량작물과 사료작물이 병행되고 있다.

④ 토지이용도를 목적으로 하작물과 동작물이 결합되어 있다.

⑤ 잡초 경감을 목적으로 중경작물, 피복작물이 포함되어 있다.

⑥ 토양보호를 목적으로 피복작물이 포함되어 있다.

⑦ 이용성과 수익성이 높은 작물을 선택한다.

⑧ 작물의 재배순서를 기지현상을 회피하도록 배치한다.

(2) 윤작의 효과

1) 지력의 유지 증강

① **질소고정** : 콩과작물의 재배는 공중질소를 고정한다.

② **잔비량 증가** : 다비작물의 재배는 잔비량이 많아진다.

③ **토양구조의 개선** : 근채류, 알팔파 등 뿌리가 깊게 발달하는 작물의 재배는 토양의 입단형성을 조장하여 토양 구조를 좋게 한다.

④ 토양유기물 증대 : 녹비작물의 재배는 토양유기물을 증대시키고 목초류 또한 잔비량이 많다.

⑤ 구비(廏肥) 생산량의 증대 : 사료작물 재배의 증가는 구비 생산량 증대로 지력증강에 도움이 된다.

2) 토양보호

윤작에 피복작물을 포함하면 토양침식의 방지로 토양을 보호한다.

3) 기지의 회피

윤작은 기지현상을 회피하며 화본과 목초의 재배는 토양선충을 경감시킨다.

4) 병충해 경감

① 연작 시 특히 많이 발생하는 병충해는 윤작으로 경감시킬 수 있다.

② 토양전염 병원균의 경우 윤작의 효과가 크다.

③ 연작으로 선충피해를 받기 쉬운 콩과 및 채소류 등은 윤작으로 피해를 줄일 수 있다.

5) 잡초의 경감

중경작물, 피복작물의 재배는 잡초의 번성을 억제한다.

6) 수량의 증대

윤작은 기지의 회피, 지력 증강, 병충해와 잡초의 경감 등으로 수량이 증대된다.

7) 토지이용도 향상

하작물과 동작물의 결합 또는 곡실작물과 청예작물의 경합은 토지이용도를 높일 수 있다.

8) 노력분배의 합리화

여러 작물들을 고르게 재배하면 계절적 노력의 집중화를 경감하고 노력의 분배를 조정하여 합리화가 가능하다.

9) 농업경영의 안정성 증대

여러 작물의 재배는 자연재해나 시장변동에 따른 피해의 분산 또는 경감으로 농업경영의 안정성이 증대된다.

4 답전윤환(畓田輪換) 재배

(1) 뜻과 방법

포장을 담수한 논 상태와 배수한 밭 상태로 몇 해씩 돌려가며 재배하는 방식을 답전윤환이라 한다. 답전윤환은 벼를 재배하지 않는 기간만 맥류나 감자를 재배하는 답리작(畓裏作) 또는 답전작(畓前作)과는 다르며, 최소 논 기간과 밭 기간을 각각 2~3년으로 하는 것이 알맞다.

(2) 답전윤환이 윤작의 효과에 미치는 영향

① 포장을 논 상태와 밭 상태로 사용하는 답전윤환은 윤작의 효과를 커지게 한다.

② 토양의 물리적 성질 : 산화상태의 토양은 입단의 형성, 통기성, 투수성, 가수성이 양호해지며 환원상태 토양에서는 입단의 분산, 통기성과 투수성이 적어지며 가수성이 커진다.

③ **토양의 화학적 성질** : 산화상태의 토양에서는 유기물의 소모가 크고 양분 유실이 적고 pH가 저하되며 환원상태가 되면 유기물 소모가 적고 양분의 집적이 많아지며 토양의 철과 알루미늄 등에 부착된 인산을 유효화하는 장점이 있다.

④ **토양의 생물적 성질** : 환원상태가 되는 담수조건에서는 토양의 병충해, 선충과 잡초의 발생이 감소한다.

(3) 답전윤환의 효과

① **지력증진** : 밭 상태 동안은 논 상태에 비하여 토양 입단화와 건토효과가 나타나며 미량요소의 용탈이 적어지고 환원성 유해물질의 생성이 억제되고, 콩과 목초와 채소는 토양을 비옥하게 하여 지력이 증진된다.

② **기지의 회피** : 답전윤환은 토성을 달라지게 하며 병원균과 선충을 경감시키고 작물의 종류도 달라져 기지현상이 회피된다.

③ **잡초의 감소** : 담수와 배수상태가 서로 교체되면서 잡초의 발생은 적어진다.

④ **벼 수량의 증가** : 밭 상태로 클로버 등을 2~3년 재배 후 벼를 재배하면 수량이 첫해에 상당히 증가하며 질소의 시용량도 크게 절약할 수 있다.

⑤ **노력의 절감** : 잡초의 발생량이 줄고 병충해 발생이 억제되면서 노력이 절감된다.

(4) 답전윤환의 한계

① 수익성에 있어 벼를 능가하는 작물의 성립이 문제된다.

② 2모작 체계에 비하여 답전윤환의 이점이 발견되어야 한다.

5 혼파(混播, mixed needing)

(1) 의의

두 종류 이상 작물의 종자를 함께 섞어서 파종하는 방식을 의미하며 사료작물의 재배시 화본과 종자와 콩과 종자를 섞어 파종하여 목야지를 조성하는 방법으로 널리 이용된다. 예로 클로버+티머시, 베치+이탈리안라이그라스, 레드클로버+클로버의 혼파를 들 수 있다.

(2) 장점

① **가축 영양상의 이점** : 탄수화물이 주성분인 화본과 목초와 단백질을 풍부하게 함유하고 있는 콩과목초가 섞이면 영양분이 균형된 사료의 생산이 가능해진다.

② **공간의 효율적 이용** : 상번초와 하번초의 혼파 또는 심근성과 천근성작물의 혼파는 광과 수분 및 영양분을 입체적으로 더 잘 활용할 수 있다.

③ **비료성분의 효율적 이용** : 화본과와 콩과, 심근성과 천근성은 흡수하는 성분의 질과 양 및 토양의 흡수층의 차이가 있어 토양의 비료성분을 더 효율적으로 이용할 수 있다.

④ **질소비료의 절약** : 콩과작물의 공중질소 고정으로 고정된 질소를 화본과도 이용하므로 질소비료가 절약된다.

⑤ **잡초의 경감** : 오처드그라스와 같은 직립형 목초지에는 잡초 발생이 쉬운데 클로버가 혼파되어 공간을 메우면 잡초의 발생이 줄어든다.

⑥ **생산 안정성 증대** : 여러 종류의 목초를 함께 재배하면 불량환경이나 각종 병충해에 대한 안정성이 증대된다.

⑦ **목초 생산의 평준화** : 여러 종류의 목초가 함께 생육하면 생육형태가 각기 다르므로 혼파 목초지의 산초량(産草量)은 시기적으로 표준화된다.

⑧ **건초 및 사일리지 제조상 이점** : 수분함량이 많은 콩과목초는 건초 제조가 불편한데 화본과 목초가 섞이면 건초 제조가 용이해진다.

(3) 단점

① 작물의 종류가 제한적이고 파종작업이 힘들다.

② 목초별로 생장이 달라 시비, 병충해 방제, 수확 등의 작업이 불편하다.

③ 채종이 곤란하다.

④ 수확기가 불일치하면 수확이 제한을 받는다.

6 혼작(混作, 섞어짓기 ; companion cropping)

(1) 의의 및 방법

① 생육기간이 거의 같은 두 종류 이상의 작물을 동시에 같은 포장에서 섞어 재배하는 것을 혼작이라 한다.

② 작물 사이에 주작물과 부작물이 뚜렷하게 구분되는 경우도 있으나 명확하지 않은 경우가 많다.

③ 혼작하는 작물들의 여러 생태적 특성으로 따로 재배하는 것보다 혼작의 합계 수량이 많아야 의미가 있다.

④ 혼작물의 선택은 키, 비료의 흡수, 건조나 그늘에 견디는 정도 등을 고려하여 작물 상호간 피해가 없는 것이 좋다.

(2) 조혼작(條混作)

① 여름작물을 작휴의 줄에 따라 다른 작물을 일렬로 점파 또는 조파하는 방법이다.

② 서북부지방의 조+콩, 팥+녹두의 혼작이 이에 해당한다.

(3) 점혼작(點混作)

① 본작물 내의 중간 군데군데 다른 작물을 한 포기 또는 두 포기씩 점파하는 방법이다.

② 콩+수수 또는 옥수수, 고구마+콩이 이에 해당한다.

(4) 난혼작(亂混作)

① 군데군데 혼작물을 주 단위로 재식하는 방법으로 그 위치가 정해져 있지 않다.

② 콩+수수 또는 조, 목화+참깨 또는 들깨, 조+기장 또는 수수, 오이+아주까리, 기장+콩, 팥+메밀 등이 이에 해당한다.

7 간작(間作, 사이짓기 ; intercropping)

(1) 의의

① 한 종류의 작물이 생육하고 있는 사이에 한정된 기간 동안 다른 작물을 재배하는 것을 간작이라 하며, 생육시기가 다른 작물을 일정기간 같은 포장에 생육시키는 것으로 수확 시기가 서로 다른 것이 보통이다.

② 이미 생육하고 있는 것을 주작물 또는 상작이라 하고, 나중에 재배하는 작물을 간작물 또는 하작이라 한다.

③ 주목적은 주작물에 큰 피해 없이 간작물을 재배, 생산하는 데 있다.

④ 주작물은 키가 작아야 통풍, 통광이 좋고 빨리 성숙한 품종이 빨리 수확하여 간작물을 빨리 독립시킬 수 있어 좋다.

⑤ 주작물 파종 시 이랑 사이를 넓게 하는 것이 간작물의 생육에 유리하다.

(2) 장점

① 단작보다 토지 이용율이 높다.

② 노력의 분배 조절이 용이하다.

③ 주작물과 간작물의 적절한 조합으로 비료의 경제적 이용이 가능하고 녹비에 의한 지력 상승을 꾀할 수 있다.

④ 주작물은 간작물에 대하여 불리한 기상조건과 병충해에 대하여 보호 역할을 한다.

⑤ 간작물이 조파 조식되어야 하는 경우 이것을 가능하게 하여 수량이 증대된다.

(3) 단점

① 간작물로 인하여 작업이 복잡하다.

② 기계화가 곤란하다.

③ 후작의 생육 장해가 발생할 수 있다.

④ 토양 수분 부족으로 발아가 나빠질 수 있다.

⑤ 후작물로 인하여 토양 비료 부족이 발생할 수 있다.

8 기타 방식

(1) 교호작(交互作, 엇갈아짓기 ; alternate cropping)

① 일정 이랑씩 두 작물 이상의 작물을 교호로 배열하여 재배하는 방식을 교호작이라 한다.

② 작물들의 생육시기가 거의 같고 작물별 시비, 관리작업이 가능하며 주작과 부작의 구별이 뚜렷하지 않다.

③ 교호작의 규모가 큰 것을 대상재배(帶狀栽培, strip cropping)라 한다.

(2) 주위작(周圍作, 둘레짓기 ; border cropping)

① 포장의 주위에 포장 내 작물과는 다른 작물을 재배하는 것을 주위작이라 하며 혼파의 일종이라 할 수 있다.

② 주목적은 포장 주위의 공간을 생산에 이용하는 것이다.

Section 02 종묘와 육묘

1 종묘

(1) 종묘의 뜻

① 작물 재배에 있어 번식의 기본단위로 사용되는 것을 의미하며 종자, 영양체, 모 등이 포함되며 이러한 작물번식의 시발점이 되는 것을 종물이라 한다.

② 종물 중 종자는 유성생식의 결과 수정에 의해 배주가 발육한 것을 식물학상 종자(seed)라 하며, 종자를 그대로 파종하기도 하지만 묘를 길러서 재식하기도 하는데 묘도 작물번식에서 기본단위로 볼 수 있어 종물과 묘를 총칭하여 종묘라 한다.

(2) 종자의 분류

수정으로 배주(밑씨)가 발육한 것을 식물학상 종자라 하며 아포믹시스(apomixis, 무수정생식, 무수정종자형성)에 의해 형성된 종자도 식물학상 종자로 취급하며 체세포배를 이용한 인공종자도 종자로 분류한다.

1) 형태에 의한 분류

① **식물학상 종자** : 두류, 유채, 담배, 아마, 목화, 참깨, 배추, 무, 토마토, 오이, 수박, 고추, 양파 등

② **식물학상 과실**

㉠ 과실이 나출된 것 : 밀, 쌀보리, 옥수수, 메밀, 호프, 삼, 차조기, 박하, 제충국, 상추, 우엉, 쑥갓, 미나리, 근대, 시금치, 비트 등

㉡ 과실이 영(穎)에 쌓여 있는 것 : 벼, 겉보리, 귀리 등

㉢ 과실이 내과피에 쌓여 있는 것 : 복숭아, 자두, 앵두 등

③ **포자** : 버섯, 고사리 등

④ **영양기관** : 감자, 고구마 등

2) 배유의 유무에 의한 분류

① **배유종자** : 벼, 보리, 옥수수 등 화본과 종자와 피마자, 양파 등

② **무배유종자** : 콩, 완두, 팥 등 두과 종자와 상추, 오이 등

3) 저장물질에 의한 분류

① **전분종자** : 벼, 맥류, 잡곡류 등 화곡류

② **지방종자** : 참깨, 들깨 등 유료종자

(3) 종묘로 이용되는 영양기관의 분류

1) 눈

포도나무, 마, 꽃의 아삽 등

2) 잎

산세베리아, 베고니아 등

3) 줄기

① 지상경 또는 지조 : 사탕수수, 포도나무, 사과나무, 귤나무, 모시풀 등
② 근경(땅속줄기) : 생강, 연, 박하, 호프 등
③ 괴경(덩이줄기) : 감자, 토란, 돼지감자 등
④ 구경(알줄기) : 글라디올러스 등
⑤ 인경(비늘줄기) : 나리, 마늘 등
⑥ 흡지 : 박하, 모시풀 등

4) 뿌리

① 지근 : 부추, 고사리, 닥나무 등
② 괴근(덩이뿌리) : 고구마, 마, 달리아 등

(4) 모의 분류

식물학적으로 포본묘, 목본묘로 구분되고 육성법에 따라서는 실생묘, 삽목묘, 접목묘, 취목묘 등으로 구분된다.

2 종자의 생성과 구조

(1) 종자의 생성

종자의 생성은 화분과 배낭 속에 들어있는 자웅 양핵이 접합되는 수정이 이루어져야 한다.

1) 화분

약벽의 화분모세포 분열에 의하여 생기며 2회 분열하여 4개의 화분이 생기며 화분 내에는 1개의 생식세포와 1개의 화분관세포가 들어있다.

2) 배낭

① 배주의 배낭모세포의 분열로 생성되며 2회 분열하여 4개의 세포가 형성되나 3개는 퇴화되고 1개가 배낭을 형성하며 배낭 내 핵은 둘로 나누어져서 1개는 주공쪽으로 1개는 반대쪽으로 이동하여 각 2회의 분열로 4개의 핵이 되어 양쪽 1개의 핵이 중심으로 이동하여 극핵을 만든다.
② 주공 가까이의 3개의 핵 중 1개를 난세포, 2개를 조세포라 하며 반대쪽 3개의 세포를 반족세포라 한다.

3) 중복수정

① 주두에 화분이 붙으면 발아하여 화분관을 내어 화주내를 통과하여 자방의 배주에 이르면 주공을 통해 안으로 들어가 선단이 파열하여 내용물을 배낭 내에 방출한다.
② 화분 내 성핵은 분열하여 2개의 웅핵이 되고 제1웅핵(n)과 난핵(n)이 접하여 배($2n$)가 되고, 제2웅핵(n)은 극핵($2n$)과 결합하여 배유($3n$)가 되는데 이렇게 2곳에서 수정하는 것을 중복수정이라 한다.
③ 수정 후 배와 배유는 분열로 발육하게 되고 점차 수분이 감소하고 주피는 종피가 되며 모체에서 독립하는데, 이를 종자라 한다.

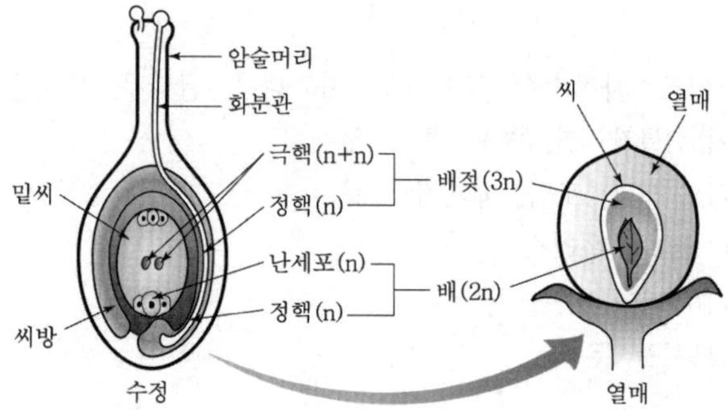

▌수정과 중복수정▐

(2) 종자의 구조

1) 단자엽식물(외떡잎식물)

① 외층은 과피로 둘러싸여 있고 그 안에 배와 배유 두 부분으로 형성되며 배와 배유 사이에는 흡수층이 있다. 배유에 영양분을 다량 저장하고 있으며, 이를 배유종자라 한다.

② 배에는 잎, 생장점, 줄기, 뿌리의 어린 조직이 모두 갖추어져 있다.

③ 배유에는 양분이 저장되어 있어 종자 발아 등에 이용된다.

2) 쌍자엽식물(쌍떡잎식물)

① 배유조직이 퇴화되어 양분이 떡잎에 저장되며 이렇게 배유가 거의 없거나 퇴화되어 위축된 종자를 무배유종자라 한다.

② 배와 떡잎, 종피로 구성되어 있다.

③ 콩 종자의 배는 유아, 배축, 유근으로 형성되어 있으며 잎, 생장점, 줄기, 뿌리의 어린 조직이 갖추어져 있다.

3 종자의 품질

(1) 외적 조건

1) 순도

① 전체 종자에 대한 정립종자(순수종자)의 중량비를 순도라 하며 순도가 높을수록 종자의 품질은 향상된다.

② 불순물에는 이형종자, 잡초종자, 협잡물(돌, 흙, 모래, 잎, 줄기 등) 등이 있다.

2) 종자의 크기와 중량

① 종자는 크고 무거운 것이 충실하고 발아, 생육에 좋다.

② 종자의 크기는 1,000립중 또는 100립중으로 표시하며 종자의 무게(충실도)는 비중 또는 1L(g)중으로 나타낸다.

3) 색택과 냄새

① 품종고유의 신선한 냄새와 색택을 가진 종자가 건전하고 충실해 발아, 생육이 좋다.

② 수확기 일기불순, 수확시기, 저장 중 불량환경, 병해 등에 의해 영향을 받는다.

4) 수분 함량

종자의 수분 함량은 낮을수록 저장력이 우수하며 발아력의 유지기간이 길어지고 변질 및 부패의 우려가 적어진다.

5) 건전도

오염, 변색, 변질이 없고 기계적 손상이 없는 종자가 우량하다.

(2) 내적조건

1) 유전성

우량품종에 속하고 이형종자 혼입이 없어야 하며 유전적으로 순수해야 한다.

2) 발아력

① 발아율이 높고 발아가 빠르며 균일하고 초기신장성이 좋은 것이 우량종자이다.

② 순활종자(진가, 용가)는 종자 순도와 발아율에 의해 결정된다.

$$순활종자 = \frac{발아율 \times 순도}{100}$$

3) 병충해

종자전염 병충원이 없어야 하며 종자소독으로도 방제할 수 없는 바이러스병의 종자는 품질을 크게 떨어뜨린다.

(3) 종자검사

1) 종자검사항목

① **순도분석** : 순수종자 외의 이종종자와 이물의 내용을 확인할 때 실시하는 검사항목이다.

② **이종종자입수 검사** : 특정 종의 종자 또는 특정 이종종자의 숫자를 파악하는 검사로 해초, 기피종자의 유무를 판단한다.

③ **발아검사** : 종자의 발아력을 검사하며 종자의 수확에서 판매까지 품질 비교 및 결정의 가장 중요한 검사항목이다.

④ **수분검사** : 종자가 갖는 수분 함량은 종자의 저장 중 품질에 가장 큰 영향을 끼치는 요인이다.

⑤ **천립중검사** : 정립종자에 대하여 계립기 등을 이용해 천립중을 측정한다.

⑥ **종자건전도검사** : 식물방역, 종자보증, 작물평가, 농약처리에 있어 주요 수단이 된다.

⑦ **품종검증** : 주로 종자나 유묘, 식물체 외관상 형태적 차이로 구별하나, 구별이 어려운 경우 종자를 재배하여 수확할 때까지 특성을 조사하는 전생육검사를 통하여 평가하고 보조방법으로 생화학적 및 분자생물학적 검정방법을 이용한다.

2) 형태적 특성에 의한 검사

① **종자의 특성조사** : 종자의 크기, 너비, 비중, 배의 크기, 종피색, 합점(주심, 주피, 주병이 서로 붙어 생긴 조직)의 모양, 영(穎)의 특성, 까락의 장단, 모용(毛茸) 유무 등에 대한 조사이다.

② **유묘 특성조사** : 잎의 색, 형태, 잎의 하부 배축의 색, 엽맥 형태, 절간 길이, 모용, 엽신의 무게 등에 대한 조사이다.

③ **전생육검사** : 종자를 파종하여 수확까지 작물의 생장, 발육 특성을 관찰하여 꽃의 색깔, 결실종자의 특성, 모용, 엽설(잎혀) 등을 조사하는 것이다.

④ **생화학적 검정**

㉠ 자외선형광검정 : 자외선 아래에서 형광 물질을 가진 종자 및 유묘를 검사한다.

㉡ 페놀검사 : 벼, 밀, 블루그래스 등은 페놀(phenol)에 대한 영의 착색반응을 이용하여 품종을 비교할 수 있다.

㉢ 염색체수 조사 : 뿌리 끝 세포 염색체수의 조사로 2배체, 4배체를 구분할 수 있다.

3) 영상분석법

종자 특성을 카메라와 컴퓨터를 이용해 영상화 한 후 자료를 전산화하고 프로그램을 이용하여 분석하는 기술이다.

4) 분자생물학적 검정

전기영동법, 핵산증폭지문법 등의 방법으로 단백질 조성의 분석 또는 단백질을 만드는 DNA를 추적하여 품종을 구별할 수 있다.

(4) 종자보증

1) 종류

국가 또는 종자관리사가 정해진 기준에 따라 종자 품질을 보증하는 것으로 국가보증과 자체보증이 있다.

2) 방법

① 작물 고유 특성이 가장 잘 나타나는 생육기에 1회 이상의 포장검사를 받는다.

② 합격한 포장에 대하여 종자의 규격, 순도, 발아, 수분 등의 종자검사를 한다.

③ 작물별 포장검사, 종자검사의 기준, 방법은 종자관리요강에서 정하고 있다.

3) 보증표시

종자검사를 필한 보증종자는 분류번호, 종명, 품종명, 소집단번호, 발아율, 이품종률, 유효기간, 수량, 포장일자 등 보증표시를 하여 판매한다.

4 채종재배

(1) 종자의 선택 및 처리

채종재배 시 종자는 원원종포 또는 원종포 등에서 생산된 믿을 수 있는 종자로 선종 및 종자소독 등 필요한 처리 후 파종한다.

(2) 재배지 선정

1) 기상조건과 토양

① **기온** : 가장 중요한 조건은 기상이며, 그중 기온이다.

② **강우** : 개화부터 등숙기까지 강우는 종자의 수량 및 품질에 크게 영향을 미치며 이 시기 강우량이 적은 곳이 알맞다. 강우량이 너무 많거나 다습은 수분장해로 임실률이 떨어지고 수발아를 일으키기도 한다.

③ **일장** : 화아의 형성과 추대에 크게 영향을 미친다.

④ **토양** : 배수가 좋은 양토가 알맞고 토양 병해충 발생빈도가 낮아야 하며 연작장해가 있는 작물의 경우 윤작지를 선택하는 것이 좋다.

2) 환경

① **지역** : 품종에 따라 알맞은 지역이 있으며 콩의 경우 평야지보다는 중산간지대의 비옥한 곳이 생리적으로 더 충실한 종자가 생산되고, 감자의 경우는 평야지 재배는 진딧물 발생이 많아 바이러스에 감염되기 쉬우므로 바이러스를 매개하는 진딧물이 적은 고랭지가 씨감자의 생산에 알맞다.

② **포장** : 한 지역에서 단일품종을 집중적으로 재배하는 것이 혼종의 방지가 가능하고 재배기술을 종합적으로 이용하기 편하며 탈곡이나 조제 시 기계적 혼입을 방지할 수 있다.

(3) 채종포의 관리

1) 격리 및 파종

① **포장의 격리** : 타가수정작물 종자의 생산에서 포장은 일반포장과 반드시 격리되어야 하며 최소격리거리는 작물 종류, 종자 생산단계, 포장의 크기, 화분의 전파방법에 따라 다르다.

② 파종

㉠ 적기 파종이 온도 및 토양수분이 발아에 알맞기 때문에 유리하다.

㉡ 파종 전 살균제 또는 살충제를 미리 살포하고 휴면 종자는 휴면타파 처리를 한다.

③ 휴폭(이랑너비)과 주간

㉠ 작물에 알맞게 파종간격을 빛의 투과와 공기의 흐름이 잘 되도록 정한다.

㉡ 일반적으로 종자용 작물은 조파를 하며 이는 이형주의 제거, 포장검사에 용이하다.

2) 정지 및 착과조절

① 착과위치, 착과수는 채종량과 종자의 품위에 영향을 미치므로 우량종자 생산을 위해 적심, 적과, 정지를 하는 것이 좋다.

② 개화기간이 길고 착과위치에 따라 숙도가 다른 작물은 적심이 필요하다.

3) 관개와 시비

① **관개** : 작물의 생육과정 중 수분이 충분해야 생육이 왕성하고 많은 수량을 낼 수 있으며 특히 생식생장기의 수분장해는 종자를 생산할 수 있는 잠재능력을 감소시킨다.

② 시비

㉠ 알맞은 양의 양분의 공급은 작물의 생육과 밀접한 관련이 있으며 채종재배시는 개화, 결실을 위해 비배관리가 중요하다.

㉡ 채종재배는 영양체의 수확에 비해 재배기간이 길어 그만큼 시비량이 많아야 한다.

㉢ 작물에 따라 특정 양분을 필요로 하며 무, 배추, 양배추, 셀러리 등은 붕소의 요구도가 높고 콩 종자의 칼슘함량은 발아율과 상관관계가 있다.

4) 이형주의 제거와 수분 및 제초

① **이형주 제거** : 종자생산에 있어 이형주의 제거는 순도가 높은 종자의 채종을 위해 반드시 필요하다.

② **수분** : 암술머리에 화분이 옮겨지는 수분과 수분 후 수정은 자연적 과정이며 수분에 있어 곤충 등의 도움은 종자생산에 크게 도움이 된다.

③ **제초** : 종자 생산을 위한 포장에는 방제하기 어려운 다년생 잡초가 없어야 하며 잡초는 화학적 방제법, 생태적 방제법 등을 종합적으로 활용하여 방제한다.

5) 병충해 방제

종자전염병은 생육과 종자생산을 크게 저해하며 종자의 색과 모양을 나쁘게 하기 때문에 저장 중 또는 파종 전 종자소독을 하는 것이 필요하다.

6) 수확 및 탈곡

① 채종재배에 있어 적기수확은 매우 중요하다.

② 조기수확은 채종량이 감소하고 활력이 떨어지며 적기보다 너무 늦은 수확은 탈립, 도복 및 수확과 탈곡 시 기계적 손상이 발생할 수 있다.

③ 화곡류의 채종적기는 황숙기, 십자화과 채소는 갈숙기가 채종적기이다.

④ 수확 후 일정 기간 후숙은 종자의 성숙도가 비슷해져 발아율, 발아속도, 종자수명이 좋아진다.

⑤ 탈곡, 조제 시는 이형립과 협잡물의 혼입이 없어야 하며 탈곡 시 기계적 손상이 없어야 한다.

5 종자의 수명과 저장

(1) 종자의 수명

종자가 발아력을 보유하고 있는 기간을 종자의 수명이라 한다.

1) 저장 중 발아력 상실 원인

① 종자가 저장 중 발아력을 상실하는 것은 종자의 원형질을 구성하는 단백질의 응고에 기인한다.

② 종자를 장기저장하는 경우 저장 중 호흡에 의한 저장물질의 소모가 이루어지지만 장기저장으로 발아력을 상실한 종자에도 상당량의 저장 물질이 남아 있는 것으로 보아 양분의 소모만으로 발아력을 상실한다는 것은 충분한 이유가 되지 못한다.

2) 종자 수명에 미치는 조건

① 종자의 수명은 작물의 종류나 품종에 따라 다르고 채종지 환경, 숙도, 수분함량, 수확 및 조제방법, 저장조건 등에 따라 영향을 받는다.

② 저장종자의 수명에는 수분함량, 온도, 산소 등이 영향을 미친다.

㉠ 수분함량이 많은 종자를 고온에 저장하게 되면 호흡속도의 상승을 조장해 수명이 단축된다.

㉡ 산소의 제거는 무기호흡으로 유해물질이 생성되어 발아를 억제하나 과도한 농도의 산소는 호흡을 조장하여 종자의 수명이 단축된다.

㉢ 종자를 충분히 건조하고 흡습을 방지하며 저온과 산소의 억제 조건에 저장하면 종자의 수명이 연장된다.

3) 종자의 수명

종자를 실온 저장하는 경우 2년 이내 발아력을 상실하는 단명종자와 2~5년 활력을 유지할 수 있는 상명종자, 5년 이상 활력을 유지할 수 있는 장명종자로 구분한다.

〈작물별 종자의 수명〉

구분	단명종자(1~2년)	상명종자(3~5년)	장명종자(5년 이상)
농작물류	콩, 땅콩, 목화, 옥수수, 해바라기, 메밀, 기장	벼, 밀, 보리, 완두, 페스큐, 귀리, 유채, 켄터키블루그래스, 목화	클로버, 알팔파, 사탕무, 베치
채소류	강낭콩, 상추, 파, 양파, 고추, 당근	배추, 양배추, 방울다다기양배추, 꽃양배추, 멜론, 시금치, 무, 호박, 우엉	비트, 토마토, 가지, 수박
화훼류	베고니아, 팬지, 스타티스, 일일초, 콜레옵시스	알리섬, 카네이션, 시클라멘, 색비름, 피튜니아, 공작초	접시꽃, 나팔꽃, 스토크, 백일홍, 데이지

(2) 종자의 저장

① 저장 중 종자의 수명은 종자의 수분함량, 저장온도, 저장습도, 통기상태 등에 영향을 받으며 가능한 한 저장양분의 소모와 변질이 적어야 하고 병충해나 쥐 등의 피해를 받지 않아야 한다.

② 저장 전 종자를 충분히 건조시키고 저장 중 건조와 저온상태의 유지, 온도 및 습도의 변화가 적어야 한다.

③ 벼와 보리 같은 곡류의 수분함량은 13% 이하로 건조시켜 저장하면 안전하다.

④ **건조저장** : 건조상태로 종자를 저장하면 생리적 휴면이 끝난 종자라도 휴면상태가 유지되어 수명 연장으로 발아력이 감퇴되지 않고 조절제로 생석회, 염화칼슘, 짚재 등이 이용된다.

⑤ **저온저장** : 저온상태로 종자를 저장하는 것은 수명을 연장시킨다. 감자의 경우 3℃로 저장하면 수년간 발아가 억제되고 발아력도 유지하는 것으로 알려져 있다.

⑥ **밀폐저장** : 건조 종자를 용기에 넣고 밀폐시켜 저장하는 방법으로 소량 저장할 때 적당하다.

⑦ **토중저장** : 종자의 과숙억제, 여름 고온과 겨울 저온을 피하기 위한 저장법이다.

6 종자의 퇴화

(1) 종자퇴화의 뜻

작물재배 시 어떤 품종을 계속 재배하면 생산력이 우수하던 종자가 생산량이 감퇴하는 것을 종자의 퇴화라 한다.

(2) 원인과 대책

1) 유전적 퇴화

작물이 세대의 경과에 따라 자연교잡, 새로운 유전자형의 분리, 돌연변이, 이형종자의 기계적 혼입 등에 의해 종자가 유전적 순수성이 깨져 퇴화된다.

① 자연교잡

㉠ 격리재배로 방지할 수 있으며 다른 품종과 격리거리는 옥수수 400~500m 이상, 십자화과류 100m 이상, 호밀 250~300m 이상, 참깨 및 들깨 500m 이상으로 유지하는 것이 좋다.

㉡ 주요작물의 자연교잡률(%) : 벼-0.2~1.0, 보리-0.0~0.15, 밀-0.3~0.6, 조-0.2~0.6, 귀리와 콩-0.05~1.4, 아마-0.6~1.0, 가지-0.2~1.2, 수수-5.0

② 이형종자의 기계적 혼입

㉠ 원인인 퇴비, 낙수(落穗) 또는 수확, 탈곡, 보관 시 이형종자의 혼입을 방지한다.

㉡ 이미 혼입된 경우 이형주 식별이 용이한 출수, 성숙기에 이형주를 철저히 도태시키고 조, 수수, 옥수수 등에서는 순정한 이삭만 골라 채종하기도 한다.

③ 주보존이 가능한 작물의 경우 기본식물을 주보존하여 이것에서 받은 종자를 증식, 보급하면 세대경과에 따른 유전적 퇴화를 방지할 수 있다.

④ 순정 종자를 장기간 저장하고 해마다 이 종자를 증식해서 농가에 보급하면 세대 경과에 따른 유전적 퇴화를 방지할 수 있다.

2) 생리적 퇴화

① 생산 환경 또는 재배조건이 불량한 포장에서 채종된 종자나 저장조건이 불량한 종자는 유전적으로 변화가 없을지라도 생리적으로 퇴화하여 종자의 생산력이 저하되는 경우가 있는데, 이를 생리적 퇴화라 한다.

② 감자의 경우 평지에서 채종하면 고랭지에서 채종하는 것에 비해 퇴화가 심하다. 고랭지에 비해 평지에서는 생육기간이 짧고 온도가 높아 씨감자가 충실하지 못하고 여름의 저장기간이 길고 온도가 높아 저장 중 저장양분의 소모도 커 생리적으로 불량하며 바이러스병의 발생도 많아 평지에서 생산된 씨감자는 생리적, 병리적으로 퇴화하게 되므로 고랭지에서 채종해야 하며 평지에서 씨감자의 재배는 가을재배로 퇴화를 경감시킬 수 있다.

③ 재배 조건의 불량으로도 종자가 생리적 퇴화가 되므로 재배시기 조절, 비배관리 개선, 착과수 제한, 종자의 선별 등을 통해 퇴화를 방지할 수 있다.

3) 병리적 퇴화

① 종자 전염 병해, 특히 종자소독으로도 방제가 불가능한 바이러스병 등의 만연은 종자를 병리적으로 퇴화되게 한다.

② 병리적 퇴화는 무병지 채종, 이병주 제거, 병해 방제, 약제소독, 종자 검정 등 여러 대책이 필요하다.

4) 저장종자의 퇴화

① 저장 중인 종자의 발아력 상실의 주 원인은 원형질단백의 응고이며 효소의 활력저하, 저장양분의 소모도 중요한 요인이다.

② 유해물질 축적, 발아 유도기구 분해, 리보솜 분리 저해, 효소분해 및 불활성, 가수분해효소의 형성과 활성, 지질 산화, 균의 침입, 기능상 구조변화 등도 종자 퇴화에 영향을 준다.

③ 퇴화 종자는 호흡 감소, 유리지방산 증가, 발아율 저하, 성장 및 발육 저하, 저항성 감소, 출현율 감소, 비정상묘의 증가, 효소활력 저하, 종자 침출물 증가, 저장력 감소, 발아 균일성 감소, 수량의 감소 등의 증상이 나타난다.

7 종자처리

(1) 선종

① 의미 : 크고 충실하여 발아와 생육이 좋은 종자를 가려내는 것을 선종이라 한다.

② 육안에 의한 선별 : 콩 종자 등을 상위에 펴놓고 육안으로 굵고 건실한 종자를 고르는 것이다.

③ 용적에 의한 선별 : 맥류 종자 등을 체로 쳐서 작은 알을 가려 제거하는 방법이다.

④ 중량에 의한 선별 : 키, 풍구, 선풍기 등을 이용하여 가벼운 알을 제거하는 방법이다.

⑤ 비중에 의한 선별

㉠ 화곡류 등의 종자는 비중이 큰 것이 대체로 굵고 충실한 점을 이용하여 알맞은 비중의 용액에 종자를 담그고 가라앉는 충실한 종자만 가려내는 비중선이 널리 이용되고 있다.

㉡ 소금물을 비중액으로 이용하는 염수선이 주로 이용되고 있으며 황산암모니아, 염화칼리, 간수, 재 등이 일부 이용되기도 한다.

〈비중선에 사용되는 용액의 비중〉

작물	비중
메벼 유망종	1.10
메벼 무망종	1.13
찰벼 및 밭벼	1.08
겉보리	1.13
쌀보리, 밀, 호밀	1.22

⑥ **색택에 의한 선별** : 선별기를 이용하여 시든 종자, 퇴화 종자, 변색 종자를 가려낸다.

⑦ **기타 방법에 의한 선별** : 이 외 외부조직이나 액체친화성, 전기적 성질 등에 의한 물리적 특성에 차이를 두고 선별하는 방법 등이 있다.

(2) 종자소독

종자전염성 병균 또는 선충을 없애기 위해 종자에 물리적, 화학적 처리를 하는 것을 종자소독이라 하고 종자 외부 부착균에 대하여는 일반적으로 화학적 소독을 하고 내부 부착균은 물리적 소독을 한다. 그러나 바이러스에 대해서는 현재 종자소독으로 방제할 수 없다.

1) 화학적 소독

① **침지소독** : 농약 수용액에 종자를 일정시간 담가서 소독하는 방법이다.

② **분의소독** : 분제 농약을 종자에 그대로 묻게 하여 소독하는 방법이다.

2) 물리적 소독

① 냉수온탕침법

㉠ 맥류 겉깜부기병 소독법으로 널리 알려진 방법이다.

㉡ 맥류 겉깜부기병 : 종자를 6~8시간 냉수에 담갔다가 45~50℃의 온탕에 2분 정도 담근 후 곧 다시 겉보리는 53℃, 밀은 54℃의 온탕에 5분간 담갔다 냉수에 식힌 후 그대로 또는 말려서 파종한다.

㉢ 쌀보리는 냉수에 담근 후 50℃ 온탕에 5분간 담그고 냉수에 식힌다.

㉣ 벼의 선충심고병 : 벼 종자를 냉수에 24시간 침지 후 45℃ 온탕에 2분 정도 담그고 다시 52℃의 온탕에 10분간 담갔다가 냉수에 식힌다.

② 온탕침법

㉠ 맥류 겉깜부기병에 대한 소독방법으로 보리는 물의 온도를 43℃, 밀은 45℃에서 8~10시간 정도 담근다.

㉡ 고구마 검은무늬병은 45℃ 물에 30~40분 정도 담가 소독한다.

㉢ 벼모는 하부 1/3의 하단부를 15분간 담가 소독한다.

③ 건열처리

㉠ 곡류는 온탕침법을 많이 사용하나 채소 종자는 건열처리가 더 일반화된 방법이다.

㉡ 종자에 부착된 병균 및 바이러스를 제거하기 위한 처리로 60~80℃에서 1~7일간 처리한다.

㉢ 박과, 가지과, 십자화과 등 주로 종피가 두꺼운 종자에 많이 사용되며 종자의 함수량이 높은 경우 피해가 있으므로 건조로 함수량을 낮게하며 점차 온도를 높여 처리해야 한다.

3) 기피제 처리

종자 출아과정에서 조류, 서류 등에 의한 피해를 방지하기 위하여 종자에 화학약제를 처리하여 파종하는 방식이다.

(3) 침종

① 파종 전 종자를 일정 기간 동안 물에 담가 발아에 필요한 수분을 흡수시키는 것을 침종이라 한다.

② 벼, 가지, 시금치, 수목의 종자 등에 실시한다.

③ 종자를 침종하면 발아가 빠르고 균일하며 발아기간 중 피해를 줄일 수 있다.

④ 수질 및 수온에 따라 침종 시간은 달라지며 연수보다는 경수가, 수온이 낮을수록 시간이 더 길어지는 경향이 있다.

⑤ 침종 시 수온은 낮지 않은 것이 좋고 산소가 많은 물이 좋으므로 자주 갈아주는 것이 좋다. 수온이 낮은 물에 오래 침종하면 저장양분이 유실되고 산소 부족에 의해 강낭콩, 완두, 콩, 목화, 수수 등에서는 발아장해가 유발된다.

Section 03 종자의 발아와 휴면

1 종자의 발아

(1) 의의

① **발아** : 종자에서 유아와 유근이 출현하는 것을 발아라 한다.

② **출아** : 종자 파종 시 발아한 새싹이 지상으로 출현하는 것을 출아라 한다.

③ **맹아** : 목본식물의 지상부 눈이 벌어져 새싹이 움트거나 씨감자 등에서 지하부 새싹이 지상으로 자라는 현상이나 새싹 자체를 맹아라 한다.

④ **최아** : 발아와 생육을 촉진할 목적으로 종자의 싹을 약간 틔워서 파종하는 것을 최아라 한다.

(2) 발아조건

1) 수분

① 모든 종자는 일정량의 수분을 흡수해야만 발아한다.

② 발아에 필요한 수분의 함량은 종자 무게의 벼-23%, 밀-30%, 쌀보리-50%, 콩-100% 정도이며 토양이 건조하면 습한 경우에 비해 발아할 때 종자의 함수량이 적다.

2) 온도

① 온도와 발아의 관계는 발아 최저온도, 최적온도, 최고온도가 있으며 이는 작물 종류와 품종에 따라 다르다.

② 최저온도 0~10℃, 최적온도 20~30℃, 최고온도 35~50℃ 범위에 있고 고온작물에 비해 저온작물은 발아온도가 낮다.

③ 최적온도일 때 발아율이 높고 발아속도가 빠르며 지나친 고온은 발아하지 못하고 휴면상태가 되며 나중에 열사하게 된다.

④ 담배, 박하, 셀러리, 오처드그라스 등의 종자는 변온상태에서 발아가 촉진된다.

3) 산소

① 종자가 발아 중에는 많은 산소를 요구하며 산소가 충분히 공급되면 발아가 순조롭지만, 볍씨와 같이 산소가 없는 경우에도 무기호흡으로 발아에 필요한 에너지를 얻는 경우도 있다.

② 발아에 있어 종자의 산소 요구도는 작물의 종류와 발아 시 온도조건 등에 따라 달라지며 수중 발아 상태를 보고 산소요구도를 파악할 수 있다.

③ 수중에서의 종자 발아 난이도

㉠ 수중 발아를 못하는 종자 : 밀, 귀리, 메밀, 콩, 무, 양배추, 고추, 가지, 파, 알팔파, 옥수수, 수수, 호박, 율무 등

㉡ 수중 발아 시 발아 감퇴 종자 : 담배, 토마토, 카네이션, 화이트클로버, 브롬그라스 등

㉢ 수중 발아가 잘되는 종자 : 벼, 상추, 당근, 셀러리, 피튜니아, 티머시, 캐나다블루그라스 등

4) 광

① 대부분 종자에 있어 광은 발아와 무관하지만 광에 의해 발아가 조장되거나 억제되는 것도 있다.

② 호광성종자(광발아종자)

㉠ 광에 의해 발아가 조장되며 암조건에서 발아하지 않거나 발아가 몹시 불량한 종자

㉡ 담배, 상추, 우엉, 차조기, 금어초, 베고니아, 피튜니아, 뽕나무, 버뮤다그래스 등

③ 혐광성종자(암발아종자)

㉠ 광에 의하여 발아가 저해되고 암조건에서 발아가 잘 되는 종자

㉡ 호박, 토마토, 가지, 오이, 파, 나리과 식물 등

④ 광무관종자

㉠ 광이 발아에 관계가 없는 종자

㉡ 벼, 보리, 옥수수 등 화곡류와 대부분 콩과작물 등

⑤ 화본과 목초 종자나 잡초 종자는 대부분 호광성종자이며 땅속에 묻히게 되면 산소와 광 부족으로 휴면하다가 지표 가까이 올라오면 산소와 광에 의해 발아하게 된다.

⑥ 적색광, 근적색광 전환계가 호광성종자의 발아에 영향을 미치며 광발아성은 후숙과 발아시 온도에 따라서도 달라진다.

⑦ 광감수성은 화학물질에 의해서도 달라지는데 지베렐린 처리는 호광성종자의 암중발아를 유도하며, 약산 처리로 호광성이 혐광성으로 바뀌는 경우도 있다.

(3) 발아의 기구

1) 발아과정

① 발아과정 : 수분의 흡수 → 저장양분 분해효소 생성 및 활성화 → 저장양분의 분해, 전류 및 재합성 → 배의 생장개시 → 과피 파열 → 유묘 출현

② 종자는 적당한 수분, 온도, 산소, 광에 생장기능의 발현으로 생장점이 종자 외부에 나타나는데 배의 유근 또는 유아가 종자 밖으로 출현하면서 발아하게 된다.

③ 유근과 유아의 출현순서는 수분의 다수에 따라 다르게 나타나지만 일반적으로 유근이 먼저 나온다.

2) 수분의 흡수

① 종자가 수분을 흡수하면 물은 세포를 팽창시키고 종자 전체의 부피가 커지며 종피가 파열되면서 물과 가스의 흡수가 가속화되어 배의 생장점이 나타나기 시작한다.

② **수분 흡수에 관계되는 주요 요인** : 종자의 화학적 조성, 종피의 투수성, 물의 이용성, 용액의 농도, 온도 등이 관여한다.

③ **수분 흡수의 단계**

㉠ 제1단계 : 종자가 매트릭퍼텐셜(고상의 수분 견인력)로 인해 수분흡수가 왕성하게 일어나는 시기

㉡ 제2단계 : 수분의 흡수가 정체되고 효소들이 활성화되면서 발아에 필요한 물질대사가 왕성하게 일어나는 시기

㉢ 제3단계 : 유근, 유아가 종피를 뚫고 출현하면서 수분의 흡수가 다시 왕성해지는 시기

3) 저장양분의 분해효소 생성 및 활성화

① 종자가 어느 정도 수분을 흡수하면(수분흡수 제2단계) 종자 내 여러 가수분해 효소들이 활성화되면서 탄수화물, 지방, 단백질 등 저장양분이 분해, 전류, 재합성의 화학반응이 진행되고 발아에 필요한 에너지를 생성하게 된다.

② 종자는 발아할 때 호흡이 왕성해지고 에너지 소비량이 커지는데 발아할 때 호흡은 건조종자에 비해 100배에 달한다.

4) 저장양분의 분해, 전류 및 재합성

① 종자의 배유와 떡잎에 저장되었던 전분이 가수분해되어 배와 생장점으로 이동하여 호흡의 기질로 사용되는 한편 셀룰로오스, 비환원당, 전분 등으로 합성된다.

② 단백질과 지방은 가수분해되어 유식물로 이동 후 구성물질로 재합성되고 일부는 호흡의 기질로 쓰인다.

5) 배의 생장 개시

효소의 활성으로 새로운 물질이 합성되고 세포분열이 일어나 상배축과 하배축, 유근과 같은 기관의 크기가 커진다.

6) 종피의 파열과 유묘의 출현

종자가 물을 흡수하여 팽창하고 세포분열로 조직이 커지면서 생기는 내부압력에 의해 종피가 파열되고 유근이나 유아가 출현한다.

7) 이유기와 독립생장기의 전환

유식물 초기에는 배유나 떡잎의 저장 양분에 의해 생육하지만 시간이 지나면서 저장양분은 소진되고 광합성 등 동화작용에 의해 양분을 합성하여 생육하는 독립영양 시기로 전환되는데, 이를 이유기라 한다.

(4) 발아와 생육촉진처리

1) 최아

① 발아, 생육 촉진을 목적으로 종자의 싹을 약간 틔워 파종하는 최아는 벼의 조기육묘, 한랭지의 벼농사, 맥류 만파재배, 땅콩의 생육촉진 등에 이용된다.

② **벼 종자** : 침종을 포함해 10℃에서 약 10일, 20℃에서 약 5일, 30℃에서 약 3일의 기간이 소요되며 발아적산온도는 100℃, 어린싹이 1~2mm 출현할 때가 알맞다.

2) 프라이밍

파종 전 종자에 수분을 가해 발아에 필요한 생리적 준비를 갖게 하여 발아 속도와 균일성을 높이려는 것이다.

3) 종자의 경화

종자의 발아시 불량환경에서도 출아율을 높이기 위한 처리로 파종 전 종자에 수분의 흡수와 건조 과정을 반복적으로 처리함으로써 초기 발아과정 중 흡수를 조장하는 것을 경화라 한다.

4) 저온, 고온처리

발아촉진을 위하여 수분을 흡수한 종자를 5~10℃의 저온에 7~10일 처리하거나 벼 종자의 경우 50℃로 예열 후 물 또는 질산칼륨(KNO_3)에 24시간 침지하기도 한다.

5) 박피제거

강산이나 강알칼리성 용액, MaOCl, $CaOCl_2$에 종자를 담가 종피의 일부를 녹여 경실의 종피를 약화시켜 휴면의 타파나 발아를 촉진시키는 방법이다.

6) 발아촉진물질

GA_3, 티오우레아(티오요소, thiourea), KNO_3, DNP, H_3S, NaN_3 등이 발아촉진물질로 알려져 있다.

(5) 발아력 검정

1) 발아조사

① **발아율(PG)** : 파종된 총 종자 수에 대한 발아종자 수의 비율(%)이다.

② **발아세(GE)** : 치상 후 정해진 기간 내의 발아율을 의미하며 맥주보리 발아세는 20℃ 항온에서 96시간 내에 발아종자 수의 비율을 의미한다.

③ **발아시** : 파종된 종자 중에서 최초로 1개체가 발아된 날

④ **발아기** : 파종된 종자의 약 40%가 발아된 날

⑤ **발아전** : 파종된 종자의 대부분(80% 이상)이 발아한 날

⑥ **발아일수** : 파종부터 발아기까지의 일수

⑦ **발아기간** : 발아 시부터 발아 전까지의 기간

⑧ **평균발아일수(MGT)** : 발아된 모든 종자의 발아일수의 평균

$$MGT = \frac{\Sigma(tini)}{N}$$

여기서, ti : 파종부터 경과일수, ni : 그날그날의 발아종자수, N : 총 발아종자수

⑨ **발아속도(GR)** : 종자를 파종한 후 경과일수에 따라 발아되는 속도

$$GR = \Sigma(\frac{ni}{ti})$$

여기서, ti : 파종부터 경과일수, ni : 그날그날의 발아종자수

⑩ **평균발아속도(MDG)** : 발아한 총 종자의 평균적인 발아속도

$$MDG = \frac{N}{T}$$

여기서, N : 총 발아종자수, T : 총 조사일수

⑪ **발아속도지수(PI)** : 발아율과 발아속도를 동시에 고려하여 발아속도를 지수로 표시한 것

$$PI = \Sigma\{(T - ti + 1)ni\}$$

여기서, T : 총 조사일수, ti : 파종부터 경과일수, ni : 그날그날의 발아종자수

2) 발아시험에 의한 발아력 검정

① 발아시험기 또는 샬레에 여지, 탈지면, 세사를 깐 후 적당한 수분을 공급하고 그 위에 종자를 놓고 발아시킨다.

② 발아력은 발아율과 발아세를 조사하여 검정한다.

③ **발아율** : 총공시종자수에 대한 발아종자수의 백분율로 표시하며 발아율이 높은 종자가 좋은 종자라 할 수 있다.

④ **발아세** : 발아시험 시작부터 일정 기간을 정하여 그 기간 내 발아한 종자를 총공시종자수에 대한 비율로 표시한 것이다.

⑤ 종자 순도를 조사하고 발아율을 알면 종자의 가치를 총체적으로 표시하는 용가를 계산할 수 있다.

$$\text{종자의 순도} = \frac{\text{순정 종자중량}}{\text{종자 총중량}} \times 100\%$$

$$\text{종자의 용가} = \frac{P \times G}{100}$$

여기서, P : 순도, G : 발아율

(6) 종자발아력 간이검정법

① **테트라졸륨법** : TTC(2,3,5-triphenyltetrazolium chloride)용액을 화본과 0.5%, 두과 1%로 처리하면 배, 유아의 단면이 적색으로 염색되는 것이 발아력이 강하다.

② **구아이아콜법** : 종자를 파쇄하여 1%의 구아이아콜 수용액 한 방울을 가하고 다시 1.5% 과산화수소액 한 방울을 가하면 오래된 종자는 색반응이 나타나지 않고 신선종자는 자색으로 착색된다.

③ **전기전도율 검사법** : 기계를 사용하여 종자의 개별적 전기전도율을 측정하는 방법으로 세력이 낮거나 퇴화된 종자를 물에 담그면 세포 내 물질이 침출되어 나오는데 이들이 지닌 전하를 전기전도계로 측정한 값으로 발아력을 측정하는 방법이다. 완두, 콩 등에서 많이 이용되며 전기전도도가 높으면 활력이 낮은 것이다.

2 종자의 휴면

(1) 휴면의 뜻과 형태

① 성숙한 종자에 수분, 온도, 산소 등 발아에 적당한 환경조건을 주어도 일정기간 동안 발아하지 않는 현상을 휴면이라 한다.

② **자발적 휴면** : 발아능력이 있는 성숙한 종자가 환경조건이 발아에 알맞더라도 내적요인에 의해 휴면하는 것으로 본질적 휴면이다.

③ **타발적 휴면** : 종자의 외적 조건이 발아에 부적당해서 유발되는 휴면을 의미한다.

(2) 휴면의 원인

1) 경실

종피가 단단하여 수분의 투과를 저해하기 때문에 발아하지 않는 종자를 경실이라 하며 종자에 따라 종피의 투수성이 다르기 때문에 몇 년에 걸쳐 조금씩 발아하는 것이 보통이다.

2) 발아억제물질

① 콩과, 화본과 목초, 연, 고구마 등 많은 종류의 휴면에 일종의 발아억제물질이 관련되어 있다고 알려져 있다.

② 벼 종자의 경우 영에 있는 발아억제물질이 휴면의 원인이며, 종자를 물에 잘 씻거나 과피를 제거하면 발아된다.

③ 옥신은 측아의 발육을 억제하고 ABA(abscisic acid)는 사과, 자두, 단풍나무에서 겨울철 눈의 휴면을 유도하는 작용을 한다.

3) 배의 미숙

① 미나리아재비, 장미과 식물, 인삼, 은행 등은 종자가 모주에서 이탈할 때 배가 미숙상태로 발아하지 못한다.

② 미숙 상태의 종자가 수주일 또는 수개월 경과하면서 배가 완전히 발육하고 필요한 생리적 변화를 완성해 발아할 수 있는데, 이를 후숙이라 한다.

4) 종피의 기계적 저항

종자에 산소나 수분이 흡수되어 배가 팽대할 때 종피의 기계적 저항으로 배의 팽대가 억제되어 종자가 함수상태로 휴면하는 것으로 잡초종자에서 흔히 나타난다.

5) 종피의 불투기성

귀리, 보리 등의 종자는 종피의 불투기성으로 인하여 산소 흡수가 저해되고 이산화탄소가 축적되어 발아하지 못하고 휴면한다.

6) 종피의 불투수성

고구마, 연, 오크라, 콩과작물, 화본과 목초 등 경실종자 휴면의 주 원인이 종피의 불투수성이다.

7) 배휴면

형태적으로는 종자가 완전히 발달하였으나 발아에 필요한 외적조건이 충족되어도 발아하지 않는 경우로, 이는 배 자체의 생리적 원인에 의해 발생하는 휴면으로 생리적휴면이라고도 한다.

3 휴면타파와 발아촉진

(1) 경실종자의 발아촉진법

경실종자란 종피의 불투수성으로 장기간 휴면하는 종자로 주로 소립의 두과목초 종자로 클로버류, 자운영, 베치, 아카시아, 강낭콩, 싸리 등과 고구마, 연, 오크라 등이 이에 속한다.

1) 종피파상법

경실종자의 종피에 상처를 내는 방법으로 자운영, 콩과의 소립종자 등은 종자의 25~35%의 모래를 혼합하여 20~30분 절구에 찧어서 종피에 가벼운 상처를 내어 파종하면 발아가 조장되며 고구마는 배의 반대편에 손톱깎이 등으로 상처를 내어 파종한다.

2) 진한 황산처리

① 진한 황산에 경실종자를 넣고 일정 시간 교반하여 종피를 침식시키는 방법으로 처리 후 물에 씻어 파종하면 발아가 조장된다.

② **처리시간** : 고구마－1시간, 감자 종자－20분, 레드클로버－15분, 화이트클로버－30분, 연－5시간, 목화－5분, 오크라－4시간 등이다.

3) 온도처리

① **저온처리** : 알팔파 종자를 -190℃ 액체공기에 2~3분 침지 후 파종하면 발아가 조장된다.

② **고온처리** : 알팔파 종자를 80℃ 건열에 1~2시간 또는 알팔파, 레드클로버 등은 105℃에 4분 처리한다.

③ **습열처리** : 라디노클로버는 40℃ 온탕에 5시간 또는 50℃ 온탕에 1시간 처리한다.

④ **변온처리** : 자운영 종자는 17~30℃와 20~40℃의 변온처리를 한다.

4) 진탕처리

스위트클로버는 종자를 플라스크에 넣고 초당 3회 비율로 10분간 진탕처리한다.

5) 질산처리

버팔로크라스 종자는 0.5% 질산용액에 24시간 침지하고 5℃에 6주간 냉각시켜 파종하면 발아가 조장된다.

6) 기타

알코올, 이산화탄소, 펙티나아제 처리 등도 유효하다.

(2) 화곡류 및 감자의 발아촉진법

① **벼 종자** : 40℃에서 3주간 또는 50℃에서 4~5일 보존으로 발아억제물질이 불활성화되어 휴면이 완전히 타파된다.

② **맥류 종자** : 0.5~1% 과산화수소액(H_2O_2)에 24시간 침지 후 5~10℃의 저온에 젖은 상태로 수일간 보관하면 휴면이 타파된다.

③ **감자** : 절단 후 2ppm 정도 지베렐린 수용액에 30~60분 침지하여 파종하는 방법이 가장 간편하고 효과적인 방법이다.

(3) 목초 종자의 발아촉진법

① **질산염류액 처리** : 화본과 목초 종자는 0.2% 질산칼륨, 0.2% 질산알루미늄, 0.2% 질산망간, 0.1% 질산암모늄, 0.1% 질산소다, 0.1% 질산마그네슘 수용액에 처리하면 발아가 조장된다.

② **지베렐린 처리** : 브롬그라스, 휘트그라스, 화이트클로버 등의 목초 종자는 100ppm, 차조기는 100~500ppm 지베렐린 수용액에 처리하면 휴면이 타파되고 발아가 촉진된다.

(4) 발아촉진물질의 처리

1) 지베렐린 처리

① 각종 종자의 휴면타파, 발아촉진에 효과가 크다.

② 감자-2ppm, 목초-100ppm, 약용인삼-25~100ppm 등이 효과적이다.

③ 호광성 종자인 양상추, 담배 등은 10~300ppm의 지베렐린 수용액 처리는 발아를 촉진하며 적색광 대체효과가 있다.

2) 에스렐 처리

에틸렌 대신 에스렐을 이용하여 양상추-100ppm, 땅콩-3ppm, 딸기종자-5,000ppm 등에서 수용액 처리로 발아가 촉진된다.

3) 질산염 처리

화본과 목초에서 발아를 촉진하며 벼 종자에도 유효하다.

4) 시토키닌(cytokinin) 처리

호광성 종자인 양상추에 처리하면 적색광 대체효과가 있어 발아를 촉진하며 땅콩의 발아촉진에도 이용된다.

4 휴면연장과 발아억제

(1) 온도조절

발아를 억제하며 동결되지 않는 온도에 저장하며 감자 0~4℃, 양파 1℃ 내외로 저장하면 발아를 억제할 수 있다.

(2) 약제처리

1) 감자

① 수확하기 4~6주 전에 1,000~2,000ppm의 MH-30 수용액을 경엽에 살포한다.

② 수확 후 저장 당시 TCNB(tetrachloro-nitrobenzene) 6% 분제를 감자 180L 당 450g 비율로 분의해서 저장한다.

③ 도마톤, 노나놀, 벨비탄 K, 클로르 IPC 등의 처리도 발아를 억제한다.

2) 양파

① 수확 15일 전 3,000ppm MH 수용액을 잎에 살포한다.

② 수확 당일 MH 0.25%액에 하반부를 48시간 침지한다.

(3) 방사선 조사

감자, 양파, 당근, 밤 등은 감마(γ)선을 조사하면 발아가 억제된다.

Section 04 영양번식과 육묘

1 영양번식

(1) 영양번식의 의의와 장점

1) 영양번식의 의의

① 영양기관을 번식에 직접 이용하는 것을 영양번식이라 한다.

② 감자의 괴경, 고구마의 괴근과 같이 모체에서 자연적으로 생성, 분리된 영양기관을 이용하는 자연영양번식법과 포도, 사과, 장미 등과 같이 영양체의 재생, 분생 기능을 이용하여 인공적으로 영양체를 분할해 번식시키는 인공영양번식법이 있다.

2) 영양번식의 장점

① 보통재배로 채종이 곤란해 종자번식이 어려운 작물에 이용된다(고구마, 감자, 마늘 등).

② 우량한 유전질을 쉽게 영속적으로 유지시킬 수 있다(고구마, 감자, 과수 등).

③ 종자번식보다 생육이 왕성해 조기 수확이 가능하며 수량도 증가한다(감자, 모시풀, 과수, 화훼 등).

④ 암수 어느 한쪽만 재배할 때 이용된다(호프는 영양번식으로 암그루만 재배가 가능하다).

⑤ 접목은 수세의 조절, 풍토 적응성 증대, 병충해저항성, 결과 촉진, 품질 향상, 수세 회복 등을 기대할 수 있다.

(2) 인공영양번식

1) 분주(포기나누기)

① 모주에서 발생한 흡지를 뿌리가 달린 채 분리하여 번식시키는 방법이다.

② 시기는 화아분화, 개화시기에 따라 결정되며 춘기분주(3월 하순~4월), 하기분주(6월~7월),

추기분주(9월 상순~9월 하순)로 구분한다.

③ 닥나무, 머위, 아스파라거스, 토당귀, 박하, 모시풀, 작약, 석류, 나무딸기 등에 이용된다.

2) 삽목(꺾꽂이)

① 모체에서 분리해 낸 영양체의 일부를 알맞은 곳에 심어 뿌리가 내리도록 하여 독립개체로 번식시키는 방법이다. 발근이 용이한 작물과 그렇지 않은 작물이 구분되며 삽수, 삽상의 조건에 따라 다르므로 삽수의 선택, 삽상의 조건이 알맞아야 성공한다. 발근 촉진을 위한 발근촉진호르몬과 그 외 처리를 한다.

② 삽목에 이용되는 부위에 따라 엽삽, 근삽, 지삽 등으로 구분된다.

㉠ 엽삽 : 베고니아, 펠라고늄 등에 이용된다.

㉡ 근삽 : 사과, 자두, 앵두, 감 등에 이용된다.

㉢ 지삽 : 포도, 무화과 등에 이용된다.

③ 지삽에서 가지 이용에 따라 녹지삽, 경지삽, 신초삽, 일아삽(=단아삽)으로 구분한다.

㉠ 녹지삽 : 다년생 초본녹지를 삽목하는 것으로 카네이션, 페라고늄, 콜리우스, 피튜니아 등에 이용된다.

㉡ 경지삽(숙지삽) : 묵은 가지를 이용해 삽목하는 것으로 포도, 무화과 등에 이용된다.

㉢ 신초삽(반경지삽) : 1년 미만의 새 가지를 이용하여 삽목하는 것으로 인과류, 핵과류, 감귤류 등에 이용된다.

㉣ 일아삽(단아삽) : 포도에서 눈을 하나만 가진 줄기를 이용하여 삽목하는 방법이다.

3) 취목(휘묻이)

① 식물의 가지, 줄기의 조직이 외부환경 영향에 의해 부정근이 발생하는 성질을 이용하여 식물의 가지를 모체에서 분리하지 않고 흙에 묻는 등 조건을 만들어 발근시킨 후 잘라내어 독립적으로 번식시키는 방법이다.

② **성토법**

㉠ 모체의 기부에 새로운 측지가 나오게 한 후 측지의 끝이 보일 정도로 흙을 덮어 발근 후 자라서 번식시키는 방법이다.

㉡ 사과, 자두, 양앵두, 뽕나무 등이 이용된다.

③ **휘묻이법** : 가지를 휘어 일부를 흙에 묻는 방법이다.

㉠ 보통법 : 가지 일부를 흙속에 묻는 방법이다.

㉡ 선취법 : 가지의 선단부를 휘어서 묻는 방법으로 나무딸기에 이용된다.

㉢ 파상취목법 : 긴 가지를 파상으로 휘어 지곡부마다 흙을 덮어 하나의 가지에서 여러 개의 개체를 발생시키는 방법으로 포도 등에 이용된다.

㉣ 당목취법 : 가지를 수평으로 묻고 각 마디에서 발생하는 새 가지를 발생시켜 하나의 가지에서 여러 개의 개체를 발생시키는 방법으로 포도, 자두, 양앵두 등에 이용된다.

④ **고취법**

㉠ 줄기나 가지를 땅 속에 묻을 수 없을 때 높은 곳에서 발근시켜 취목하는 방법이다.

㉡ 발근시키고자 하는 부분에 미리 절상, 환상박피 등을 하면 효과적이다.

4) 접목

① 의의

㉠ 두 가지 식물의 영양체를 형성층이 서로 유착되도록 접합으로써 생리작용이 원활하게 교류되어 독립개체를 형성하도록 하는 것을 접목이라 한다.

㉡ 접수 : 접목 시 정부가 되는 부분

㉢ 대목 : 접목 시 기부가 되는 부분

㉣ 활착 : 접목 후 접합되어 생리작용의 교류가 원만하게 이루어지는 것

㉤ 접목친화 : 접목 후 활착이 잘되고 발육과 결실이 좋은 것

② 접목변이 : 접목으로 접수와 대목의 상호 작용으로 형태적, 생리적, 생태적 변이를 나타내는 것을 접목변이라 한다.

③ 접목의 장점

㉠ 결과촉진 : 실생묘 이용에 비해 접목묘의 이용은 결과에 소요되는 연수가 단축된다.

㉡ 수세조절

ⓐ 왜성대목 이용 : 서양배를 마르멜로 대목에 또는 사과를 파라다이스 대목에 접목하면 현저히 왜화하여 결과연령이 단축되고 관리가 편하다.

ⓑ 강화대목 이용 : 살구를 일본종 자두 대목에 또는 앵두를 복숭아 대목에 접목하면 지상부 생육이 왕성해지고 수령도 현저히 길어진다.

㉢ 풍토적응성 증대

ⓐ 고욤 대목에 감을 접목하면 내한성이 증대된다.

ⓑ 개복숭아 대목에 복숭아 또는 자두를 접목하면 알칼리 토양에 대한 적응성이 높아진다.

ⓒ 중국콩배 대목에 배를 접목하면 건조 토양에 대한 적응성이 높아진다.

㉣ 병충해저항성 증대

㉤ 결과향상 : 온주밀감의 경우 유자 대목 보다 탱자나무 대목이 과피가 매끄럽고 착색, 감미가 좋고 성숙도 빠르다.

㉥ 수세회복 및 품종갱신

ⓐ 감이 탄저병으로 지면 부분이 상했을 때 환부를 깎아 내고 소독한 후 건전부에 교접하면 수세가 회복된다.

ⓑ 탱자나무 대목의 온주밀감이 노쇠했을 경우 유자 뿌리를 접목하면 수세가 회복된다.

ⓒ 고접은 노목의 품종갱신이 가능하다.

ⓓ 모본의 특성을 지닌 묘목을 대량으로 생산할 수 있다.

④ 접목 방법

㉠ 포장에 대목이 있는 채로 접목하는 거접과 대목을 파내서 하는 양접이 있다.

㉡ 접목 시기에 따라 : 춘접, 하접, 추접

㉢ 대목 위치에 따라 : 고접, 목접, 근두접, 근접

㉣ 접수에 따라 : 아접, 지접

ⓜ 지접에서 접목 방법에 따라 : 피하접, 할접, 복접, 합접, 설접, 절접 등

ⓑ 접목 방식에 따른 분류

ⓐ 쌍접 : 뿌리를 갖는 두 식물을 접촉시켜 활착시키는 방법이다.

ⓑ 삽목접 : 뿌리가 없는 두 식물을 가지끼리 접목하는 방법이다.

ⓒ 교접 : 동일 식물의 줄기와 뿌리 중간에 가지나 뿌리를 삽입하여 상하 조직을 연결시키는 방법이다.

ⓓ 이중접 : 접목친화성이 낮은 두 식물(A, B)을 접목해야 하는 경우 두 식물에 대한 친화성이 높은 다른 식물(C)을 두 식물 사이에 접하는 접목 방법(A/C/B)으로 이중접목이라고도 하며, 이때 사이에 들어가는 식물(C)을 중간대목이라 한다.

ⓔ 설접(혀접) : 굵기가 비슷한 접수와 대목을 각각 비스듬하게 혀모양으로 잘라 서로 결합시키는 접목방법이다.

ⓕ 할접(짜개접) : 굵은 대목과 가는 소목을 접목할 때 대목 중간을 쪼개 그 사이에 접수를 넣는 접목방법이다.

ⓖ 지접(가지접) : 휴면기 저장했던 수목을 이용하여 3월 중순에서 5월 상순에 접목하는 방법으로 절접, 할접, 설접, 삽목접 등이 있으며 주로 절접을 한다.

ⓗ 아접(눈접) : 8월 상순부터 9월 상순경까지 하며 그해 자란 수목의 가지에서 1개의 눈을 채취하여 대목에 접목하는 방법이다.

5) 박과채소류 접목

① **장점**

㉠ 토양전염성 병의 발생을 억제한다.(수박, 오이, 참외의 덩굴쪼김병)

㉡ 불량환경에 대한 내성이 증대된다.

㉢ 흡비력이 증대된다.

㉣ 과습에 잘 견딘다.

㉤ 과실의 품질이 우수해진다.

② **단점**

㉠ 질소의 과다흡수 우려가 있다.

㉡ 기형과 발생이 많아진다.

㉢ 당도가 떨어진다.

㉣ 흰가루병에 약하다.

6) 인공영양번식에서 발근 및 활착 촉진 처리

① **황화** : 새로운 가지 일부를 일광의 차단으로 엽록소 형성을 억제하여 황화시키면 이 부분에서 발근이 촉진된다.

② **생장호르몬 처리** : 삽목 시 IBA, NAA, IAA 등 옥신류의 처리는 발근이 촉진된다.

③ **자당액 침지** : 포도 단아삽 시 6% 자당액에 60시간 침지하면 발근이 크게 조장되었다고 한다.

④ **과망간산칼륨($KMnO_4$)액 처리** : 0.1~1.0% $KMnO_4$ 용액에 삽수의 기부를 24시간 정도 침지하면 소독의 효과와 함께 발근을 조장한다고 한다.

⑤ **환상박피** : 취목 시 발근시킬 부위에 환상박피, 절상, 연곡 등의 처리를 하면 탄수화물의 축적과 상처호르몬이 생성되어 발근이 촉진된다.

⑥ **증산경감제 처리** : 접목 시 대목 절단면에 라놀린(lanolin)을 바르면 증산이 경감되어 활착이 좋아지며 호두나무의 경우 접목 후 대목과 접수에 석회를 바르면 증산이 경감되어 활착이 좋아진다.

7) 조직배양

① 의의

㉠ 조직배양 : 식물의 일부인 세포, 조직, 기관 등을 무균상태에서 배양하여 완전한 식물체로 재분화시키는 것을 조직배양이라 한다.

㉡ 전체형성능 : 한 번 분화한 식물세포가 정상적인 식물체로 재분화할 수 있는 것을 의미한다.

㉢ 조직배양은 삽목이나 접목에 비하여 짧은 시간에 대량증식이 가능하며 생장점 증식으로 무병종묘의 육성이 가능하다.

㉣ 배지 : 배양조직의 영양요구도에 따라 조성은 달라지며 보통 MS(Murashige-Skoog)배지를 기본배지로 배양재료에 맞게 배지를 만든다.

② 세포 및 조직배양의 이용

㉠ 세포 증식, 기관 분화, 조직의 생장 등 식물 발생과 형태형성, 발육과정과 이에 관여하는 영양물질, 비타민, 호르몬의 역할, 환경조건 등에 대한 기본적 연구가 가능해진다.

㉡ 번식이 곤란한 관상식물의 대량육성이 가능하다(난 등).

㉢ 세포돌연변이를 분리해서 이용할 수 있다.

㉣ 바이러스나 그 밖의 병에 걸리지 않은 새로운 개체의 생산이 가능하다(감자, 딸기, 마늘, 카네이션, 구근류 등).

㉤ 사탕수수의 자당, 약용식물의 알칼로이드, 화곡류의 전분, 수목의 리그닌, 비타민 등의 특수물질이 세포나 조직의 배양에 의한 생합성에 의해서 공업적 생산이 가능하다.

㉥ 농약에 대한 독성, 방사능 감수성을 세포나 조직배양물을 이용해서 간편하게 검정할 수 있다.

③ 배배양의 이용

㉠ 나리, 목화, 벼 등 정상적으로 발아, 생육하지 못하는 잡종종자는 배배양을 통해 잡종식물을 육성할 수 있다.

㉡ 나리, 장미, 복숭아 등은 결과연령을 단축하여 육종연한을 단축시킬 수 있다.

㉢ 양앵두 등은 자식배가 퇴화하기 전에 분리배양하여 새로운 개체를 육성할 수 있다.

④ 약배양의 이용

㉠ 화분의 소포자로부터 배가 생성되는 4분자기 이후 2핵기 사이에 꽃밥을 배지에서 인공적 배양으로 반수체를 얻고 염색체를 배가시키면 유전적으로 순수한 2배체식

물(동형접합체)을 얻을 수 있어 육종연한을 단축할 수 있다.

㉡ 벼, 감자, 담배, 십자화과 등의 자가불화합성인 식물에서 새로운 개체를 분리, 육종할 수 있다.

⑤ 병적조직배양의 이용

㉠ 병해충과 숙주의 관계를 기초적으로 연구할 수 있다.

㉡ 종양조직에서 이상생장의 기구를 규명할 수 있다.

㉢ 바이러스, 선충 등에 관한 기초정보를 얻을 수 있다.

2 육묘

(1) 육묘의 필요성

① **직파가 매우 불리한 경우** : 딸기, 고구마, 과수 등은 직파하면 매우 불리하므로 육묘이식이 경제적인 재배법이다.

② **증수** : 벼, 콩, 맥류, 과채류 등은 직파보다 육묘이식이 생육을 조장하여 증수한다.

③ **조기수확** : 과채류 등은 조기에 육묘해서 이식하면 수확기가 빨라져 유리하다.

④ **토지이용도 증대** : 벼의 육묘이식은 벼와 맥류 또는 벼와 감자 등의 1년 2작이 가능하며 채소도 육묘이식은 토지이용도를 높일 수 있다.

⑤ **재해의 방지** : 직파재배에 비해 육묘이식은 집약관리가 가능하므로 병충해, 한해, 냉해 등을 방지하기 쉽고 벼에서는 도복의 경감, 감자의 가을재배에서는 고온에 의한 장해가 경감된다.

⑥ **용수의 절약** : 벼 재배에서는 못자리 기간 동안 본답의 용수가 절약된다.

⑦ **노력의 절감** : 직파로 처음부터 넓은 본포에서 관리하는 것에 비해 중경제초 등에 소요되는 노력이 절감된다.

⑧ **추대방지** : 봄결구배추를 보온육묘 후 이식하면 직파 시 포장에서 냉온의 시기에 저온감응으로 추대하고 결구하지 못하는 현상을 방지할 수 있다.

⑨ **종자의 절약** : 직파하는 경우보다 종자량이 훨씬 적게 들어 종자가 비싼 경우 유리하다.

(2) 묘상의 종류

1) 의의

묘를 육성하는 장소를 묘상이라 하며, 벼의 경우를 특히 못자리라 하고 수목은 묘포라 한다.

2) 지면고정에 따른 분류

① **저설상(지상)** : 지면을 파서 설치하는 묘상으로 보온의 효과가 크므로 저온기 육묘에 이용되며 배수가 좋은 곳에 설치된다.

② **평상** : 지면과 같은 높이로 만드는 묘상

③ **고설상(양상)** : 지면보다 높게 만든 묘상으로 온도와 무관한 경우, 배수가 나쁜 곳이나 비가 많이 오는 시기에 설치한다.

3) 보온양식에 따른 분류

① **냉상** : 인공으로 열을 공급하지 않고 태양열만 유효하게 이용하는 방법이다.

② **노지상** : 자연 포장상태로 설치하는 묘상이다.

③ **온상** : 열원을 이용하고 태양열도 유효하게 이용하는 방법으로 열원에 따라 양열온상, 전열온상 등으로 구분한다.

4) 못자리의 종류

① **물못자리** : 초기부터 물을 대고 육묘하는 방식이다.

㉠ 장점

ⓐ 관개에 의해 초기 냉온을 보호한다.

ⓑ 모가 균일하게 비교적 빨리 자란다.

ⓒ 잡초, 병충해, 설치류, 조류 등의 피해가 적다.

㉡ 단점

ⓐ 모가 연약하고 발근력이 약하다.

ⓑ 모가 빨리 노숙하게 된다.

② **밭못자리**

㉠ 못자리 기간 관개하지 않고 밭상태의 토양조건에서 육묘하는 방식이다.

㉡ 장점 : 모가 단단해 노쇠가 더디고 발근력도 강하여 만식재배, 다수확 재배에 알맞다.

㉢ 단점 : 도열병과 잡초 발생이 많고 설치류와 조류의 피해가 우려된다.

③ **절충못자리** : 물못자리와 밭못자리를 절충한 방식이다.

④ **보온절충못자리**

㉠ 초기 폴리에틸렌필름 등으로 피복하여 보온하고 물은 통로에만 대주다가 7~14일이 되어 제2본엽이 반정도 자랐을 때 보온자재를 벗기고 못자리 전면에 담수하여 물못자리로 바꾸는 방식이다.

㉡ 물못자리에 비해 10~12일 조파하여 약 15일 정도 조기 이앙할 수 있고 모도 안전하게 자라는 이점 등으로 우리나라에 가장 널리 보급되어 있는 방식이다.

⑤ **보온밭못자리** : 육묘기간 중 물을 대지 않는 밭상태로 육묘하되 폴리에틸렌필름으로 터널식 프레임을 만들어 그 속에서 육묘하는 방식이다.

⑥ **상자육묘** : 기계이앙을 위한 상자육묘는 파종 후 8~10일에 모내기를 하는 유묘, 파종 후 20일 경에 모내기를 하는 치묘, 파종 후 30일 경에 모내기를 하는 중묘가 있다.

(3) 묘상의 설치장소

① 본포에서 멀지 않은 가까운 곳이 좋다.

② 집에서 멀지 않아 관리가 편리한 곳이 좋다.

③ 관개용수의 수원이 가까워 관개수를 얻기 쉬운 곳이 좋다.

④ 저온기 육묘는 양지바르고 따뜻한 곳이 좋고 방풍이 되어 강한 바람을 막아주는 곳이 좋다.

⑤ 배수가 잘되고 오수와 냉수가 침입하지 않는 곳이 좋다.

⑥ 인축, 동물, 병충 등의 피해가 없는 곳이 좋다.
⑦ 지력이 너무 비옥하거나 척박하지 않은 곳이 좋다.

(4) 묘상의 구조와 설비

1) 노지상

지력이 양호한 곳을 골라 파종상을 만들고 파종한다. 모판은 배수, 통기, 관리 등 여러 면을 참작해서 보통 너비 1.2m 정도 양상으로 하는 경우가 많고 파종상에 비닐 또는 폴리에틸렌 필름으로 덮으면 보온묘판이 된다.

2) 온상

구덩이를 파고 그 둘레에 온상틀을 설치한 다음 발열 또는 가열장치를 한 후 그 위에 상토를 넣고 온상창과 피복물을 덮어서 보온한다.

① 온상구덩이
㉠ 너비는 관리의 편의상 1.2m, 길이 3.6m 또는 7.2m로 하는 것을 기준으로 한다.
㉡ 깊이는 발열재료 또는 장치에 따라 조정하며 발열의 균일성을 위해 중앙부를 얕게 판다.

② 온상틀
㉠ 콘크리트, 판자, 벽돌 등으로 만들 경우 견고하나 비용이 많이 든다.
㉡ 볏짚으로 둘러치면 비용이 적고 보온도 양호하나 당년에만 쓸 수 있다.

③ 열원
㉠ 열원으로는 전열, 온돌, 스팀, 온수 등이 이용되기도 하나 양열재료를 밟아 넣어 발열시키는 경우가 많다.
㉡ 양열재료의 종류
ⓐ 주재료는 탄수화물이 풍부한 볏짚, 보릿짚, 건초, 두엄 등이 이용된다.
ⓑ 보조재료 또는 촉진재료로는 질소분이 많은 쌀겨, 깻묵, 계분, 뒷거름, 요소, 황산암모늄 등이 이용된다.
ⓒ 지속재료는 부패가 더딘 낙엽 등이 이용된다.
㉢ 양열재료 사용 시 유의점
ⓐ 양열재료에서 생성되는 열은 호기성균, 효모와 같은 미생물의 활동에 의해 각종 탄수화물과 섬유소가 분해되면서 발생하는 열로 이에 관여하는 미생물은 영양원으로 질소를 소비하며 탄수화물을 분해하므로 재료에 질소가 부족하면 적당량의 질소를 첨가해 주어야 한다.
ⓑ 발열은 균일하게 장시간 지속되어야 하는데 양열재료는 충분량으로 고루 섞고 수분과 산소가 알맞아야 한다. 밟아 넣을 때 여러 층으로 나누어 밟아 재료가 고루 잘 섞이고 잘 밟혀야 하며 물의 분량과 정도를 알맞게 해야 한다.
ⓒ 물이 과다하고 단단히 밟으면 열이 잘 나지 않고 물이 적고, 허술하게 밟으면 발열이 빠르고 왕성하나 지속되지 못한다.

㉣ 발열재료의 C/N율은 20~30 정도일 때 발열상태가 양호하다.

㉤ 수분함량은 전체의 60~70% 정도로 발열재료의 건물 중 1.5~2.5배 정도가 발열이 양호하다.

〈각종 양열재료의 C/N율〉

재료	탄소(%)	질소(%)	C/N율
보리짚	47.0	0.65	72
밀짚	46.5	0.65	72
볏짚	45.0	0.74	61
낙엽	49.0	2.00	25
쌀겨	37.0	1.70	22
자운영	44.0	2.70	16
알팔파	40.0	3.00	13
면실박	16.0	5.00	3.2
콩깻묵	17.0	7.00	2.4

④ **상토** : 배수가 잘되고, 보수가 좋으며, 비료성분이 넉넉하고, 병충원이 없어야 좋으며 퇴비와 흙을 섞어 쌓았다가 잘 섞은 후 체로 쳐서 사용한다.

㉠ 관행상토(숙성상토) : 퇴비와 흙을 섞어 쌓아 충분히 숙성된 것

㉡ 속성상토 : 단시일에 대량으로 만든 상토로 유기물과 흙을 5 : 5 또는 3 : 7의 비율로 하고 화학비료와 석회를 적당량 배합하여 만든 것

㉡ 플러그육묘상토(공정육묘상토) : 속성상토로 피트모스, 버미큘라이트, 펄라이트 등을 혼합하여 사용한다.

⑤ 온상창

㉠ 비닐 또는 폴리에틸렌필름이 가볍고 질기며 투광성이 좋아 많이 사용된다.

㉡ 유리는 무겁고 파손이 쉽고, 유지는 투광이 나쁘고 파손이 쉽다.

⑥ **피복물** : 온상창 위를 덮어 보온하는 피복물로 거적, 이엉, 가마니 등이 쓰이고 보온효과도 크다.

3) 냉상

① 구조와 설비가 온상과 거의 같으나 구덩이는 깊지 않게 하고 양열재료 대신 단열재료를 넣는다.

② 단열재료는 상토의 열이 흩어져 달아나지 않게 짚, 왕겨 등을 상토 밑 10cm 정도 넣는다.

(5) 기계이앙용 상자육묘

1) 육묘상자

규격은 가로, 세로, 높이 60cm×30cm×3cm이고 필요 상자수는 파종량과 본답의 재식밀도 등에 따라 다르며 대체로 본답 10a당 어린모는 15개, 중모는 30~35개이다.

2) 상토

부식의 함량이 알맞고 배수가 양호하면서도 적당한 보수력을 가지고 있으며 병원균이 없고 pH 4.5~5.5 정도가 알맞고 양은 복토할 것까지 합하여 상자당 4.5L 정도 필요하다.

3) 비료

기비를 상토에 고루 섞어주는데 어린모는 상자당 질소, 인, 칼륨을 각 1~2g, 중모는 질소 1~2g, 인 4~5g, 칼륨 3~4g을 준다.

4) 파종

파종량은 상자당 마른종자로 어린모 200~220g, 중모 100~130g 정도로 한다.

5) 육묘관리

육묘관리는 출아기, 녹화기, 경화기로 구분하여 한다.

① **출아기** : 출아에 알맞은 30~32℃로 온도를 유지한다.

② **녹화기** : 어린싹이 1cm 정도 자랐을 때 시작하고 낮 25℃, 밤 20℃ 정도의 온도를 유지하며 2,000~3,500lux 약광을 쬐며 갑작스러운 강광은 백화묘가 발생한다.

③ **경화기** : 처음 8일은 낮 20℃, 밤 15℃ 정도가 알맞고 그 후 20일간은 낮 15~20℃, 밤 10~15℃가 알맞다. 경화기에는 모의 생육에 지장이 없는 한 될 수 있으면 자연상태로 관리한다.

(6) 채소류 공정육묘의 장점

① 단위면적 당 모의 대량생산이 가능하다.

② 전 과정의 기계화로 관리비와 인건비 등 생산비가 절감된다.

③ 기계정식이 용이하고 정식 시 인건비를 줄일 수 있다.

④ 모의 소질 개선이 용이하다.

⑤ 운반과 취급이 용이하다.

⑥ 규모화가 가능해 기업화 및 상업화가 가능하다.

⑦ 육묘기간이 단축되고 주문 생산이 용이해 연중 생산횟수를 늘릴 수 있다.

(7) 묘상의 관리

① **파종** : 작물에 따라 적기에 알맞은 방법으로 파종하며 경우에 따라 복토 후 볏짚을 얇게 깔아 표면 건조를 막는다.

② **시비** : 기비를 충분히 주고 추비는 물에 엷게 타서 여러 번 나누어 시비한다.

③ **온도** : 지나친 고온 또는 저온이 되지 않게 유지하는데 노력해야 한다.

④ **관수** : 생육 성기는 건조하기 쉬우므로 관수를 충분히 해야 한다.

⑤ **제초 및 솎기** : 잡초의 발생 시 제초를 하며 알맞은 생육간격의 유지를 위해 적당한 솎기를 한다.
⑥ **병충해 방제** : 상토 소독과 농약의 살포로 병충해를 방제한다.
⑦ **경화** : 이식기가 가까워지면 직사광선과 외부 냉온에 서서히 경화시켜 정식하는 것이 좋다.

Section 05 재배관리

1 정지(整地)

(1) 의의

① 토양의 이화학적 및 기계적 성질을 작물의 생육에 적당한 상태로 개선할 목적으로 파종 또는 이식 전에 하는 작업을 의미한다.
② 파종 또는 이식 전 경기, 쇄토, 작휴, 진압 같은 작업이 포함된다.

(2) 경기

1) 의의

토양을 갈아 일으켜 큰 흙덩이를 대강 부스러뜨리는 작업을 의미한다.

2) 경기의 효과

① **토양물리성 개선** : 토양을 연하게 하여 파종과 이식작업을 쉽게 하고 투수성과 투기성을 좋게 하여 근군 발달을 좋게 한다.
② **토양화학적 성질 개선** : 토양 투기성이 좋아져 토양 중 유기물의 분해가 왕성하여 유효태 비료성분이 증가한다.
③ **잡초발생의 억제** : 잡초의 종자나 어린 잡초가 땅속에 묻히게 되어 발아와 생육이 억제된다.
④ **해충의 경감** : 토양 속 숨은 해충의 유충이나 번데기를 표층으로 노출시켜 죽게 한다.

3) 경기 시기

경기는 작물의 파종 또는 이식에 앞서 하는 것이 보통이지만 동기휴한하는 일모작답이나 추파맥류 등의 포장은 경우에 따라 가을갈이 또는 봄갈이를 하기도 한다.

① 가을갈이
㉠ 습하고 차지며 유기물 함량이 많은 토양에는 가을갈이가 좋다.
㉡ 장점
ⓐ 유기물의 분해가 촉진된다.
ⓑ 토양의 통기가 조장된다.
ⓒ 충해를 경감시킨다.
ⓓ 토양을 부드럽게 해 준다.

② 봄갈이

㉠ 사질 토양이며 겨울 강우가 많아 풍식이나 수식이 조장되는 곳은 가을갈이보다 봄갈이가 좋다.

㉡ 가을갈이는 월동 중 비료성분의 용탈과 유실의 조장으로 불리한 경우도 있어 봄갈이가 유리하다.

4) 경기의 깊이

① 재배작물의 종류와 재배법, 토양의 성질, 토층구조, 기상조건, 시비량에 따라 결정된다.

② 근군의 발달이 적은 작물은 천경해도 좋으나 대부분 작물은 생육과 수량을 고려하여 심경하는 것이 유리하다.

③ 쟁기의 경우 9~12cm 정도의 천경이 되나 트랙터를 이용하는 경우 20cm 이상의 심경이 가능하다.

④ 심경 시 유의사항

㉠ 심경은 넓은 범위의 수분과 양분을 이용할 수 있어 지상부 생육이 좋고 한해(旱害) 및 병충해 저항력 등이 증가하여 건전한 발육을 조장한다.

㉡ 일시에 심경하는 경우 당년에는 심토가 많이 올라와 작토와 섞여 작물 생육에 불리할 수 있으므로 유기물을 많이 시비하여야 한다.

㉢ 생육기간이 짧은 산간지 또는 만식재배 시에는 심경에 의한 후기 생육이 지연되어 성숙이 늦어져 등숙이 불량할 수 있으므로 과도한 심경은 피해야 한다.

㉣ 심경은 한 번에 하지 않고 매년 서서히 심경을 늘리고 유기질 비료를 증시하여 비옥한 작토로 점차 깊이 만드는 것이 좋다.

㉤ 누수가 심한 사력답에서 심경은 양분의 용탈이 심해지므로 심경을 피하는 것이 좋다.

(3) 건토효과

① 흙을 충분히 건조시켰을 때 유기물의 분해로 작물에 대한 비료분의 공급이 증대되는 현상을 건토효과라 한다.

② 밭보다는 논에서 효과가 더 크다.

③ 겨울과 봄에 강우가 적은 지역은 추경에 의한 건토효과가 크나, 봄철 강우가 많은 지역은 겨울동안 건토효과로 생긴 암모니아가 강우로 유실되므로 춘경이 유리하다.

④ 건토효과가 클수록 지력 소모가 심하고 논에서는 도열병의 발생을 촉진할 수 있다.

⑤ 추경으로 건토효과를 보려면 유기물 시용을 늘려야 한다.

(4) 쇄토

① 경운한 토양의 큰 흙덩어리를 알맞게 분쇄하는 것을 쇄토라 한다.

② 알맞은 쇄토는 파종 및 이식작업이 쉽고 발아 및 생육이 좋아진다.

③ 논에서는 경운 후 물을 대서 토양을 연하게 한 다음 시비를 하고 써레로 흙덩어리를 곱게 부수는 것을 써레질이라 한다. 이는 흙덩어리가 부서지고 논바닥이 평평해지며 전층시비의 효과가 있다.

(5) 작휴법

1) 평휴법

① 이랑을 평평하게 하여 이랑과 고랑의 높이가 같게 하는 방식이다.

② 건조해와 습해가 동시에 완화된다.

③ 밭벼 및 채소 등의 재배에 실시된다.

2) 휴립법

① 이랑을 세우고 고랑은 낮게 하는 방식이다.

② 휴립구파법

㉠ 이랑을 세우고 낮은 골에 파종하는 방법이다.

㉡ 중북부지방에서 맥류재배 시 한해와 동해 방지를 목적으로 한다.

㉢ 감자의 발아촉진과 배토가 용이하도록 한다.

③ 휴립휴파법

㉠ 이랑을 세우고 이랑에 파종하는 방식이다.

㉡ 토양의 배수 및 통기가 좋아진다.

3) 성휴법

① 이랑을 보통보다 넓고 크게 만드는 방법이다.

② 중부지방의 맥후작 콩 재배에서 실시된다.

③ 파종이 편리하고 생육초기 건조해와 장마철 습해를 막을 수 있다.

2 파종

(1) 의의

① 종자를 흙 속에 뿌리는 것을 파종이라 한다.

② 파종의 실제 시기는 작물의 종류 및 품종, 재배지역, 작부체계, 토양조건, 출하기 등에 따라 결정된다.

(2) 파종기

① 파종 시기는 종자의 발아와 발아 후 생장 및 성숙과정이 원만하게 이루어질 수 있는 기간을 고려해야 한다.

② 파종된 종자의 발아에 필요한 기온이 발아최저온도 이상이어야 하며 토양 수분도 필요 수준 이상이어야 하며 작물의 종류 및 품종에 따른 감온성과 감광성 등 여러 요인을 고려해야 한다.

1) 작물의 종류 및 품종

① 일반적으로 월동작물은 가을에, 여름작물은 봄에 파종한다.

② 월동작물에서도 내한성이 강한 호밀의 경우 만파적응하지만 내한성이 약한 쌀보리의 경우는 만파적응하지 못한다.

③ 여름작물에서도 춘파맥류와 같이 낮은 온도에 견디는 경우는 초봄 파종하나 옥수수와 같이 생육온도가 높은 작물은 늦봄에 파종한다.

④ 벼에서는 감광형 품종은 만파만식에 적응하지만 기본영양생장형과 감온형 품종은 조파 조식이 안전하다.

⑤ 추파맥류에서 추파성정도가 높은 품종은 조파하는 것이 좋으나, 추파성정도가 낮은 품종은 만파하는 것이 좋다.

2) 기후

① 동일 품종이라도 재배지의 기후에 따라 파종기가 달라야 한다.

② 감자의 경우 평지에서는 이른 봄 파종하지만 고랭지는 늦봄에 파종한다.

③ 맥주보리 골든멜론 품종은 제주도는 추파하지만 중부지방에서는 월동을 못하므로 춘파한다.

3) 작부체계

① 벼 재배에 있어 단일작의 경우는 가능한 일찍 심는 것이 좋아 5월 상순 ~ 6월 상순에 이앙하나 맥후작의 경우 6월 중순~7월 상순에 이앙한다.

② 콩 또는 고구마 등은 단작인 경우 5월에 심지만, 맥후작의 경우는 6월 하순경에 심게 된다.

4) 토양조건

① 토양이 건조하면 파종 후 발아가 불량하므로 적당한 토양수분 상태가 되었을 때 파종하며 과습한 경우는 정지, 파종작업이 곤란하므로 파종이 지연된다.

② 벼의 천수답 이앙시기는 강우가 절대적으로 지배한다.

5) 출하기

시장 상황을 반영하여 출하기를 고려하여 파종하는 경우가 많으며 이는 채소나 화훼류의 촉성재배, 억제재배가 해당된다.

6) 재해의 회피

① 벼는 냉해, 풍해의 회피를 위해 조식조파한다.

② 해충 피해 회피를 목적으로 파종기를 조절하기도 한다.

③ 명나병 회피를 위해 조의 경우 만파를 하는 경우도 있으며 가을채소의 경우 발아기에 해충이 많이 발생하는 지역에서는 파종시기를 늦춘다.

④ 하천부지에 위치한 포장에서 채소류의 재배는 수해의 회피를 목적으로 홍수기 이후 파종한다.

⑤ 봄채소는 조파하면 한해(旱害)가 경감된다.

7) 노동력 사정

노동력의 문제로 파종기가 늦어지는 경우도 많으며 적기파종을 위해 기계화 생력화가 필요하다.

(3) 파종양식

1) 산파(흩어뿌림)

① 포장 전면에 종자를 흩어뿌리는 방법이다.

② 장점은 노력이 적게 든다.

③ 단점으로는 종자의 소요량이 많고 생육기간 중 통풍과 수광상태가 나쁘며 도복하기 쉽고 중경제초, 병충해방제와 그 외 비배관리 작업이 불편하다.

④ 잡곡을 늦게 파종할 때와 맥류에서 파종 노력을 줄이기 위한 경우 등에 적용된다.

⑤ 목초, 자운영 등의 파종에 주로 적용하며 수량도 많다.

2) 조파(골뿌림)

① 뿌림골을 만들고 종자를 줄지어 뿌리는 방법이다.

② 종자의 필요량은 산파보다 적게 들고 골 사이가 비어 수분과 양분의 공급이 좋고 통풍 및 수광도 좋으며 작물의 관리작업도 편리해 생장이 고르고 수량과 품질도 좋다.

③ 맥류와 같이 개체별 차지하는 공간이 넓지 않은 작물에 적용된다.

3) 점파(점뿌림)

① 일정 간격을 두고 하나 또는 수개의 종자를 띄엄띄엄 파종하는 방법이다.

② 종자의 필요량이 적고 생육 중 통풍 및 수광이 좋고 개체 간 간격이 조정되어 생육이 좋다.

③ 파종에 시간과 노력이 많이 든다.

④ 일반적으로 콩과, 감자 등 개체가 면적을 많이 차지하는 작물에 적용한다.

4) 적파

① 점파와 비슷한 방법으로 점파 시 한 곳에 여러 개의 종자를 파종하는 방법이다.

② 조파 및 산파에 비하여 파종노력이 많이 드나 수분, 비료, 통풍, 수광 등의 조건이 좋아 생육이 양호하고 비배관리 작업도 편리하다.

③ 목초, 맥류 등과 같이 개체가 평면으로 좁게 차지하는 작물을 집약적 재배에 적용하며 벼의 모내기의 경우도 결과적으로는 적파와 비슷하다고 볼 수 있으며 결구배추를 직파하는 때에도 적파의 방법을 이용한다.

5) 화훼류의 파종방법

① 화훼류의 파종은 이식성, 종자의 크기, 파종량에 따라 달리한다.

② **상파** : 이식을 해도 좋은 품종에 이용하며 배수가 잘 되는 곳에 파종상을 설치하고 종자 크기에 따라 점파, 산파, 조파를 한다.

③ **상자파 및 분파** : 종자가 소량이거나 귀중하고 비싼 종자, 미세종자와 같이 집약적 관리가 필요한 경우에 이용하는 방법이다.

④ **직파** : 재배량이 많거나 직근성으로 이식 시 뿌리의 피해가 우려되는 경우 적합한 방법으로 최근 직근성 초화류도 지피포트를 이용하여 이식할 수 있도록 육묘하고 있다.

(4) 파종량 결정

1) 파종량

종자별 파종량은 정식할 모수, 발아율, 성묘율(육묘율) 등에 의하여 산출하며 보통 소요묘수의 2~3배의 종자가 필요하다.

2) 파종량이 적을 경우

① 수량이 적어진다.
② 잡초발생량이 증가한다.
③ 토양의 수분 및 비료분의 이용도가 낮아진다.
④ 성숙이 늦어지고 품질저하 우려가 있다.

3) 파종량이 많을 경우

① 과번무로 수광상태가 나빠진다.
② 식물체가 연약해져 도복, 병충해, 한해(旱害)가 조장되며 수량 및 품질이 저하된다.
③ 일반적으로 파종량이 많을수록 단위면적당 수량은 어느 정도 증가하지만 일정 한계를 넘으면 수량은 오히려 줄어든다.

4) 파종량 결정시 고려 조건

① **작물의 종류** : 작물 종류에 따라 재식밀도 및 종자의 크기가 다르므로 작물 종류에 따라 파종량은 지배된다.
② **종자의 크기** : 동일 작물에서도 품종에 따라 종자의 크기가 다르기 때문에 파종량 역시 달라지며 생육이 왕성한 품종은 파종량을 줄이고 그렇지 않은 경우 파종량을 늘린다.
③ **파종기** : 파종시기가 늦어지면 대체로 작물의 개체 발육도가 작아지므로 파종량을 늘리는 것이 좋다.
④ **재배지역** : 한랭지는 대체로 발아율이 낮고 개체 발육도가 낮으므로 파종량을 늘린다.
⑤ **재배방식** : 맥류의 경우 조파에 비해 산파의 경우 파종량을 늘리고 콩, 조 등은 맥후작에서 단작 보다 파종량을 늘린다. 청예용, 녹비용 재배는 채종재배에 비해 파종량을 늘린다.
⑥ **토양 및 시비** : 토양이 척박하고 시비량이 적으면 파종량을 다소 늘리는 것이 유리하고 토양이 비옥하고 시비량이 충분한 경우도 다수확을 위해 파종량을 늘리는 것이 유리하다.
⑦ **종자의 조건** : 병충해 종자의 혼입, 경실이 많이 포함된 경우, 쭉정이 및 협잡물이 많은 종자, 발아력이 감퇴된 경우 등은 파종량을 늘려야 한다.

(5) 파종절차

정지 후 파종 절차는 작물의 종류 및 파종양식에 따라 다르다.

작조 → 시비 → 간토 → 파종 → 복토 → 진압 → 관수

1) 작조(골타기)

종자를 뿌릴 골을 만드는 것을 작조라 하며 점파의 경우 작조 대신 구덩이를 만들고 산파 및 부정지파는 작조하지 않는다.

2) 시비

파종할 골 및 포장 전면에 비료를 뿌린다.

3) 간토(비료 섞기)

시비 후 그 위에 흙을 덮어 종자가 비료에 직접 닿지 않도록 하는 작업이다.

4) 파종

종자를 직접 토양에 뿌리는 작업이다.

5) 복토

① 파종한 종자 위에 흙을 덮어주는 작업이다.

② 복토는 종자의 발아에 필요한 수분의 보존, 조수에 의한 해, 파종 종자의 이동을 막을 수 있다.

③ 복토 깊이는 종자의 크기, 발아습성, 토양의 조건, 기후 등에 따라 달라진다.

㉠ 볍씨를 물못자리에 파종하는 경우 복토를 하지 않는다.

㉡ 소립 종자는 얕게, 대립 종자는 깊게 하며 보통 종자 크기의 2~3배 정도 복토한다.

㉢ 혐광성종자는 깊게 하고, 광발아종자는 얕게 복토하거나 하지 않는다.

㉣ 점질토는 얕게 하고, 경토는 깊게 복토한다.

㉤ 토양이 습윤한 경우 얕게 하고, 건조한 경우는 깊게 복토한다.

㉥ 저온 또는 고온에서는 깊게 하고, 적온에서는 얕게 복토한다.

6) 진압

① 발아를 조장할 목적으로 파종 후 복토하기 전 또는 후에 종자 위에 가압하는 작업이다.

② 진압은 토양을 긴밀하게 하고 파종된 종자가 토양에 밀착되어 모관수가 상승하여 종자가 흡수하는데 알맞게 되어 발아가 조장된다.

③ 경사지 또는 바람이 센 곳은 우식 및 풍식을 경감하는 효과가 있다.

7) 관수

① 토양의 건조방지를 위해 복토 후 관수한다.

② 파종상을 이용해 미세종자를 파종하는 경우 저면관수하는 것이 좋다.

③ 저온기 온실에서 파종하는 경우 수온을 높여 관수하는 것이 좋다.

3 이식(옮겨심기)

(1) 가식 및 정식

1) 의의

① 묘상 또는 못자리에서 키운 모를 본포로 옮겨 심거나 작물이 현재 자라는 곳에서 장소를 옮겨 심는 일을 이식이라 한다.

② **정식** : 수확까지 재배할 장소, 즉 본포로 옮겨 심는 것을 정식이라 한다.

③ **가식** : 정식까지 잠시 이식해 두는 것을 가식이라 한다.

④ **이앙** : 벼의 이식을 이앙이라 한다.

2) 이식의 효과

① **생육의 촉진 및 수량증대** : 이식은 온상에서 보온육묘를 전제하는 경우가 많으므로 이는 생육기간의 연장으로 작물의 발육이 크게 조장되어 증수를 기대할 수 있고, 초기 생육 촉진으로 수확을 빠르게 하여 경제적으로 유리하다.

② **토지이용도 제고** : 본포에 전작물이 있는 경우 묘상 등에서 모의 양성으로 전작물 수확 또는 전작물 사이에 정식함으로 경영을 집약화 할 수 있다.

③ **숙기단축** : 채소의 이식은 경엽의 도장을 억제하고 생육을 양호하게 하여 숙기가 빠르고 상추, 양배추 등의 결구를 촉진한다.

④ **활착증진** : 육묘 중 가식은 단근으로 새로운 세근이 밀생하여 근군을 충실하게 하므로 정식 시 활착을 빠르게 하는 효과가 있다.

3) 이식의 단점

① 무, 당근, 우엉 등 직근을 가진 작물은 어릴 때 이식으로 뿌리가 손상되면 그 후 근계 발육에 나쁜 영향을 미친다.

② 수박, 참외, 결구배추, 목화 등은 뿌리의 절단이 매우 해롭다. 이식을 해야 하는 경우 분파하여 육묘하고 뿌리의 절단을 피해야 한다.

③ 벼의 경우 대체적으로 이앙재배를 하지만 한랭지에서 이앙은 착근까지 시일을 많이 필요로 하므로 생육이 늦어지고 임실이 불량해지므로 파종을 빨리하거나 직파재배가 유리한 경우가 많다.

4) 가식의 효과

① **묘상 절약** : 작은 면적에 파종하고 자라는 대로 가식하면 처음부터 큰 면적의 묘상이 필요하지 않다.

② **활착증진** : 가식은 단근으로 새로운 세근이 밀생하여 근군을 충실하게 하므로 정식 시 활착을 빠르게 하는 효과가 있다.

③ **재해의 방지** : 천수답에서 한발로 모내기가 많이 늦어진 경우 무논에 일시 가식하였다가 비가 온 후 이앙하면 한해(旱害)를 방지할 수 있으며, 채소 등은 포장조건으로 이식이 늦어질 때 가식해 두면 도장, 노화를 방지할 수 있다.

(2) 이식 시기

① 이식 시기는 작물 종류, 토양 및 기상조건, 육묘사정에 따라 다르다.

② 과수, 수목 등 다년생 목본식물은 싹이 움트기 전 이른 봄 춘식하거나 가을 낙엽이 진 뒤 추식하는 것이 활착이 잘 된다.

③ 일반작물 또는 채소는 육묘의 진행상태, 즉 모의 크기와 파종기 결정요건과 같은 조건들에 의해 지배된다.

④ 작물 종류에 따라 이식에 알맞은 모의 발육도가 있다.

㉠ 너무 어린모나 노숙한 모의 이식은 식상이 심하거나 생육이 고르지 못하여 정상적 생육을 못하는 경우가 많다.

㉡ 일반적으로 벼의 이앙 중 손이앙은 40일모(성묘), 기계이앙은 30~35일모(중묘, 엽 3.5~4.5매)가 좋다.

㉢ 토마토나 가지는 첫 꽃이 개화되었을 정도의 모가 좋다.

⑤ 토양수분은 넉넉하고 바람 없이 흐린 날 이식하면 활착에 유리하다.

⑥ 지온은 발근에 알맞은 온도로 서리나 한해(寒害)의 우려가 없는 시기에 이식하는 것이 안전하다.

⑦ 가을에 보리를 이식하는 경우 월동 전 뿌리가 완전히 활착할 수 있는 기간을 두고 그 이전에 이식하는 것이 안전하다.

(3) 이식 양식

① **조식** : 골에 줄을 지어 이식하는 방법으로 파, 맥류 등에서 실시된다.

② **점식** : 포기를 일정 간격을 두고 띄어서 이식하는 방법으로 콩, 수수, 조 등에서 실시된다.

③ **혈식** : 포기 사이를 많이 띄어서 구덩이를 파고 이식하는 방법으로 과수, 수목, 화목 등과 양배추, 토마토, 오이, 수박 등의 채소류 등에서 실시된다.

④ **난식** : 일정한 질서가 따로 없이 점점이 이식하는 방법으로 콩밭에 들깨나 조 등을 이식하는 경우 등에서 실시한다.

(4) 이식 방법

1) 이식 간격

1차적으로 작물의 생육습성에 따라 결정된다.

2) 이식을 위한 묘의 준비

① 이식 시 단근 및 손상을 최소화하기 위해 관수를 충분히 해 상토가 흠뻑 젖은 다음 모를 뜬다.

② 묘상 내 몇 차례 가식으로 근군을 작은 범위 내에서 밀생시켜 이식하는 것이 안전하며 특히 본포에 정식하기 며칠 전 가식하여 신근이 다소 발생하려는 시기가 정식에 좋다.

③ 온상육묘 모는 비교적 연약하므로 이식 전 경화시키면 식물체 내 즙액의 농도가 증가하고 저온 및 건조 등 자연환경에 저항성이 증대되어 흡수력이 좋아지고 착근이 빨라진다.

④ 큰 나무와 같이 식물체가 크거나 활착이 힘든 것은 뿌리돌림을 하여 세근을 밀생시켜두고 가지를 친다.

⑤ 이식으로 단근이나 식상 등으로 뿌리의 수분흡수는 저해되나 증산작용은 동일해 균형을 유지하지 못하고 시들고 활착이 나빠지는 현상을 방지하기 위해 지상부의 가지나 잎의 일부를 전정하기도 한다.

⑥ 증산억제제인 OED유액을 1~3%로 하여 모를 담근 후 이식하면 효과가 크다.

3) 본포준비

정지를 알맞게 하고, 퇴비나 금비를 기비로 사용하는 경우 흙과 잘 섞어야 하며 미숙퇴비는 뿌리와 접촉되지 않도록 주의하고 호박, 수박 등은 북을 만들기도 한다.

4) 이식

① 이식 깊이는 묘상에 묻혔던 깊이로 하나 건조지는 깊게, 습지에는 얕게 한다.
② 표토는 속으로, 심토는 겉으로 덮는다.
③ 벼는 쓰러지지 않을 정도로 얕게 심어야 활착이 좋고 분얼의 확보가 용이하다.
④ 감자, 수수, 담배 등은 얕게 심고 생장함에 따라 배토한다.
⑤ 과수의 접목묘는 접착부가 지면보다 위에 나오도록 한다.

5) 이식 후 관리

① 잘 진압하고 관수를 충분히 한다.
② 건조한 경우 피복하여 지면증발을 억제함으로 건조를 예방한다.
③ 쓰러질 우려가 있는 경우 지주를 세운다.

4 시비 관리

(1) 비료의 뜻

1) 비료

① 부식이나 필요한 무기원소를 포함하는 물질로 작물 생육을 위해 토양 또는 작물체에 인공적으로 공급하는 물질을 비료라 한다.
② **비료의 3요소** : 질소(N), 인산(P_2O_5), 칼리(K_2O)를 비료의 3요소라 한다.
③ **직접 비료** : 비료의 3요소는 토양 중 가장 결핍하기 쉬우며 이 3요소 중 어느 하나의 성분만이라도 함유되어 있으면 이를 직접 비료라 한다.
④ **간접 비료** : 석회의 경우 토양 중 함유량이 많아 작물생육에 석회 결핍이 나타나는 경우는 거의 없으나 석회의 시용은 토양의 이화학적 성질의 개선으로 식물생육에 유리해지는 경향이 있는데 이와 같이 간접적으로 작물생육을 돕는 비료를 의미한다.

2) 시비

작물체에 비료를 주는 것을 시비라 한다.

(2) 비료의 분류

1) 비효 및 성분에 따른 분류

① 3요소 비료
㉠ 질소질 비료 : 황산암모늄(유안), 요소, 질산암모늄(초안), 석회질소, 염화암모늄 등
㉡ 인산질 비료 : 과인산석회(과석), 중과인산석회(중과석), 용성인비 등
㉢ 칼리질 비료 : 염화칼륨, 황산칼륨 등
㉣ 복합 비료 : 화성비료(17-21-17, 22-22-11), 산림용 복비, 연초용 복비 등
㉤ 유기질 비료

② 기타 화학비료
㉠ 석회질 비료 : 생석회, 소석회, 탄산석회 등
㉡ 규산질 비료 : 규산고토석회, 규석회 등

ⓒ 마그네슘(고토)질 비료 : 황산마그네슘, 수산화마그네슘, 탄산마그네슘, 고토석회, 고토고인산 등
ⓔ 붕소질 비료 : 붕사 등
ⓜ 망간질 비료 : 황산망간 등
ⓑ 기타 : 세균성 비료, 토양개량제, 호르몬제 등

2) 비효 지속성에 따른 분류

① 속효성 비료 : 요소, 황산암모니아, 과석, 염화칼리 등
② 완효성 비료 : 깻묵, METAP 등
③ 지효성 비료 : 퇴비, 구비 등

〈주요 비료의 주성분〉

(단위 : %)

비료의 종류	질소	인산	칼륨	칼슘
요소	46	-	-	-
질산암모늄	33	-	-	-
염화암모늄	25	-	-	-
황산암모늄	21	-	-	-
석회질소	21	-	-	60
중과인산석회	-	44	-	-
과인산석회	-	20	-	-
용성인비	-	18~19	-	-
인산암모늄	11	48	-	-
염화칼륨	-	-	60	-
황산칼륨	-	-	48~50	-
생석회	-	-	-	80
소석회	-	-	-	60
탄산석회	-	-	-	45~50
퇴비	0.5	0.26	0.5	-
콩깻묵	6.5	1.4	2.07	-
짚재	-	2.0	4~5	2.0
풋베기콩	0.58	0.08	0.73	-

3) 화학반응에 따른 분류

① 화학적 반응에 따른 분류

화학적 반응이란 수용액에 직접적 반응을 의미한다.

ⓐ 화학적 산성 비료 : 과인산석회, 중과인산석회 등
ⓑ 화학적 중성 비료 : 황산암모늄(유안), 염화암모늄, 요소, 질산암모늄(초안), 황산칼륨, 염화칼륨, 콩깻묵 등
ⓒ 화학적 염기성 비료 : 석회질소, 용성인비, 나뭇재 등

② 생리적 반응에 따른 분류

시비 후 토양 중 뿌리의 흡수작용 또는 미생물의 작용을 받은 뒤 나타나는 반응을 생리적 반응이라 한다.

㉠ 생리적 산성 비료 : 황산암모늄(유안), 염화암모늄, 황산칼륨, 염화칼륨 등
㉡ 생리적 중성 비료 : 질산암모늄, 요소, 과인산석회, 중과인산석회, 석회질소 등
㉢ 생리적 염기성 비료 : 석회질소, 용성인비, 나뭇재, 칠레초석, 퇴비, 구비 등

4) 급원에 따른 분류

① **무기질 비료** : 요소, 황산암모늄, 과석, 염화칼륨 등
② **유기질 비료**
㉠ 식물성 비료 : 깻묵, 퇴비, 구비 등
㉡ 동물성 비료 : 골분, 계분, 어분 등

(3) 시비 원리

① **최소양분율** : 여러 종류의 양분은 작물생육에 필수적이지만 실제 재배에 모든 양분이 동시에 작물 생육을 제한하는 것은 아니며 양분 중 필요량에 대한 공급이 가장 적은 양분에 의해 생육이 저해되는데 이 양분을 최소양분이라 하고, 최소양분의 공급량에 의해 작물 수량이 지배된다는 것을 최소양분율이라 한다.
② **제한인자설** : 작물 생육에 관여하는 수분, 광, 온도, 공기, 양분 등 모든 인자 중에서 가장 요구조건을 충족하지 못하는 인자에 의해 작물 생육이 지배된다는 것을 최소율 또는 제한인자라 한다.
③ **수량점감의 법칙(=보수체감의 법칙)** : 비료의 시용량에 따라 일정 한계까지는 수량이 크게 증가하지만 어느 한계 이상으로 시비량이 많아지면 수량의 증가량은 점점 작아지고 마침내 시비량이 증가해도 수량은 증가하지 않는 상태에 도달한다는 것을 수량점감의 법칙이라 한다.

(4) 유효성분의 형태와 특성

1) 질소

① **질산태질소(NO_3^-–N)**
㉠ 질산암모늄(NH_4NO_3), 칠레초석($NaNO_3$), 질산칼륨(KNO_3), 질산칼슘($Ca(NO_3)_2$) 등이 있다.
㉡ 물에 잘 녹고 속효성이며 밭작물 추비에 알맞다.
㉢ 음이온으로 토양에 흡착되지 않고 유실되기 쉽다.
㉣ 논에서는 용탈에 의한 유실과 탈질현상이 심해서 질산태질소 비료의 시용은 불리하다.
② **암모니아태질소(NH_4^+–N)**
㉠ 황산암모늄($(NH_4)_2SO_4$), 염화암모늄(NH_4Cl), 질산암모늄(NH_4NO_3), 인산암모늄($(NH_4)_2HPO_4$), 부숙인분뇨, 완숙퇴비 등이 있다.
㉡ 물에 잘 녹고 속효성이나 질산태질소보다는 속효성이 아니다.
㉢ 양이온으로 토양에 잘 흡착되어 유실이 잘 되지 않고 논의 환원층에 시비하면 비효가 오래간다.

㉣ 밭토양에서는 속히 질산태로 변하여 작물에 흡수된다.

㉤ 유기물이 함유되지 않은 암모니아태질소의 연용은 지력소모를 가져오며 암모니아 흡수 후 남는 산근으로 토양을 산성화시킨다.

㉥ 황산암모늄은 질소의 3배에 해당되는 황산을 함유하고 있어 농업상 불리하므로 유기물의 병용으로 해를 덜어야 한다.

③ 요소($(NH_4)_2CO$)

㉠ 물에 잘 녹고 이온이 아니기 때문에 토양에 잘 흡착되지 않아 시용 직후 유실우려가 있다.

㉡ 토양미생물의 작용으로 속히 탄산암모늄($(NH_4)_2CO_3$)을 거쳐 암모니아태로 되어 토양에 흡착이 잘되며 질소효과는 암모니아태질소와 비슷하다.

㉢ 인산성분 : 인산암모늄(48%), 중과인산석회(46%), 용성인비(21%), 과인산석회(15%)

④ 시안아미드(cyanamide, CH_2N_2)태질소

㉠ 석회질소가 이에 속하며 물에 작 녹으나 작물에 해롭다.

㉡ 토양 중 화학변화로 탄산암모늄으로 되는데 1주일 정도 소요되므로 작물 파종 2주일 전 정도 시용할 필요가 있다.

㉢ 환원상태에서는 디시안디아미드(dicyandiamide, $C_2H_4N_4$)로 되어 유독하고 분해가 힘들므로 밭상태로 시용하도록 한다.

⑤ 단백태질소

㉠ 깻묵, 어비, 골분, 녹비, 쌀겨 등이 이에 속하며 토양 중에서 미생물에 의해 암모니아태 또는 질산태로 된 후 작물에 흡수, 이용된다.

㉡ 지효성으로 논과 밭 모두 알맞아 효과가 크다.

2) 인산

① 인산질비료는 함유된 인산의 용제에 대한 용해성에 따라 수용성, 가용성, 구용성, 불용성으로 구분하며 사용상으로 유기질 인산비료와 무기질 인산비료로 구분한다.

② 과인산석회(과석), 중과인산석회(중과석)

㉠ 대부분 수용성이며 속효성으로 작물에 흡수가 잘 된다.

㉡ 산성 토양에서는 철, 알루미늄과 반응하여 불용화되고 토양에 고정되어 흡수율이 극히 낮아진다.

㉢ 토양 고정을 경감해야 시비 효율이 높아지므로 토양반응의 조정 및 혼합사용, 입상비료 등이 유효하다.

③ 용성인비

㉠ 구용성 인산을 함유하며 작물에 빠르게 흡수되지 못하므로 과인산석회 등과 병용하는 것이 좋다.

㉡ 토양 중 고정이 적고 규산, 석회, 마그네슘 등을 함유하는 염기성 비료로 산성토양 개량의 효과도 있다.

3) 칼리

① 무기태칼리와 유기태칼리로 구분할 수 있으며 거의 수용성이고 비효가 빠르다.

② 유기태칼리는 쌀겨, 녹비, 퇴비 등에 많이 함유되어 있고 지방산과 결합된 칼리는 수용성이고 속효성이나 단백질과 결합된 칼리는 물에 난용성으로 지효성이다.

4) 칼슘

① 직접적으로는 다량 요구되는 필수원소이며 간접적으로는 토양의 물리적, 화학적 성질을 개선하고 일반적으로 토양에 가장 많이 함유되어 있다.

② 비료에 함유되어 있는 칼슘은 산화칼슘(CaO), 탄산칼슘($CaCO_3$), 수산화칼슘($Ca(OH)_2$), 황산칼슘($CaSO_4$) 등의 형태로 가장 많이 이용되는 석회질 비료는 수산화칼슘이다.

③ 부산물로 얻어지는 부산소석회, 규회석, 용성인비, 규산질 비료 등에도 칼슘이 많이 함유되어 있다.

(5) 작물의 종류와 시비

작물은 종류에 따라 필요로 하는 비료의 종류 및 양, 시기가 다르며 흡수상태도 다르므로 시비할 때 이에 따라 종류와 시비량 및 시비법 등을 고려해야 한다.

1) 종자를 수확하는 작물

① **영양생장기** : 질소질 비료는 경엽의 발육, 영양물질의 형성에 중요하므로 부족함이 없도록 해야 한다.

② **생식생장기** : 질소질 비료가 많을 때 생식기관의 발육과 성숙이 불량하므로 질소를 차차 줄이고 개화와 결실에 효과가 큰 인산과 칼리의 시비를 늘려야 한다.

2) 과실을 수확하는 작물

일반적으로 결과기에는 인산, 칼리가 충분해야 과실 발육과 품질향상에 유리하며 적당한 질소비료도 지속시켜야 한다.

3) 잎을 수확하는 작물

수확기까지 질소질비료를 충분히 계속 유지시켜야 한다.

4) 뿌리나 지하경을 수확하는 재배

고구마, 감자와 같은 작물의 경우 양분이 많이 저장되도록 동화에 관련된 기관이 충분히 발달된 초기는 질소를 많이 주어 생장을 촉진해야 하나 양분이 저장되기 시작되면 질소를 줄이고 탄수화물의 이동 및 저장에 관여하는 칼리도 충분히 시용해야 한다.

5) 꽃을 수확하는 작물

꽃을 수확하는 작물은 꽃망울이 생길 때 질소의 효과가 잘 나타나도록 하면 착화와 발육이 좋아진다.

6) 작물별 3요소 흡수비율(질소 : 인 : 칼륨)

① 콩 5 : 1 : 1.5

② 벼 5 : 2 : 4

③ 맥류 5 : 2 : 3
④ 옥수수 4 : 2 : 3
⑤ 고구마 4 : 1.5 : 5
⑥ 감자 3 : 1 : 4

(6) 시비방법 및 비료의 배합

1) 시비방법

① 평면적으로 본 분류
㉠ 전면시비 : 논이나 과수원에서 여름철 속효성비료의 시용은 전면시비를 한다.
㉡ 부분시비
ⓐ 시비구를 파고 비료를 시비하는 방법이다.
ⓑ 조파나 점파 시 작조 옆에 골을 파고 시비하는 방식과 과수의 경우 주위에 방사상 또는 윤상의 골을 파고 시비하는 방식, 구덩이를 파고 시비한 후 작물이나 수목을 심는 방법이 있다.

② 입체적으로 본 분류
㉠ 표층시비 : 토양의 표면에 시비하는 방법으로 작물 생육기간 중 포장에 사용되는 방법이다.
㉡ 심층시비 : 작토 속에 시비하는 방법으로 논에서 암모니아태질소를 시용하는 경우 유용하다.
㉢ 전층시비 : 비료를 작토 전 층에 고루 혼합되도록 시비하는 방법이다.

2) 비료의 배합

한 종류를 단독으로 시용하기도 하나 작업의 편의상 여러 종류의 비료를 배합하여 시용하기도 하는데 배합 시 다음의 사항을 주의해야 한다.
① 비료성분이 소모되지 않도록 해야 한다.
② 비료의 성분이 불용성이 되지 않도록 해야 한다.
③ 습기를 흡수하지 않도록 해야 한다.

(7) 엽면시비

1) 의의

① 식물체는 뿌리뿐만 아니라 잎에서도 비료 성분을 흡수할 수 있는데 이를 이용하여 작물체에 직접 시비하는 것을 의미한다.
② 잎의 비료 성분의 흡수는 표면보다는 이면에서 더 잘 흡수되는데 이는 잎의 표면표피는 이면표피보다 큐티클 층이 더 발달되어 물질의 투과가 용이하지 않고 이면은 살포액이 더 잘 부착되기 때문이다.
③ 엽면 흡수의 속도 및 분량은 작물종류, 생육상태, 살포액의 종류와 농도 및 살포방법, 기상조건 등에 따라 달라진다.

2) 엽면시비의 실용성

① **작물에 미량요소의 결핍증이 나타났을 경우** : 결핍증을 나타나게 하는 요소를 토양에 시비하는 것보다 엽면에 시비하는 것이 효과가 빠르고 시용량도 적어 경제적이다.

② **작물의 초세를 급속히 회복시켜야 할 경우** : 작물이 각종 해를 받아 생육이 쇠퇴한 경우 엽면시비는 토양시비보다 빨리 흡수되어 시용의 효과가 매우 크다.

③ **토양시비로는 뿌리 흡수가 곤란한 경우** : 뿌리가 해를 받아 뿌리에서의 흡수가 곤란한 경우 엽면시비에 의해 생육이 좋아지고 신근이 발생하여 피해가 어느 정도 회복된다.

④ **토양시비가 곤란한 경우** : 참외, 수박 등과 같이 덩굴이 지상에 포복 만연하여 추비가 곤란한 경우, 과수원의 초생재배로 인해 토양시비가 곤란한 경우, 플라스틱필름 등으로 표토를 멀칭하여 토양에 직접적인 시비가 곤란한 경우 등에는 엽면시비는 시용효과가 높다.

⑤ **특수한 목적이 있을 경우**

㉠ 엽면시비는 품질 향상을 목적으로 실시하는 경우도 많다.

㉡ 채소류의 엽면시비는 엽색을 좋게 하고, 영양가를 높인다.

㉢ 보리, 채소, 화초 등에서는 하엽의 고사를 막는 효과가 있다.

㉣ 청예사료작물에서는 단백질함량을 증가시키는 효과가 있다.

㉤ 뽕나무 또는 차나무의 경우 엽면시비는 찻잎의 품질을 향상시킨다.

3) 엽면시비 시 흡수에 영향을 미치는 요인

① 잎의 표면보다는 이면이 흡수가 더 잘된다.

② 잎의 호흡작용이 왕성할 때 흡수가 더 잘되므로 가지 또는 정부에 가까운 잎에서 흡수율이 높고 노엽보다는 성엽이, 밤보다는 낮에 흡수가 더 잘된다.

③ 살포액의 pH는 미산성이 흡수가 잘된다.

④ 살포액에 전착제를 가용하면 흡수가 조장된다.

⑤ 작물에 피해가 나타나지 않는 범위 내에서 농도가 높을 때 흡수가 빠르다.

⑥ 석회의 시용은 흡수를 억제하고 고농도 살포의 해를 경감한다.

⑦ 작물의 생리작용이 왕성한 기상조건에서 흡수가 빠르다.

(8) 시비량과 시비시기

1) 시비량

① 시비량은 작물의 종류 및 품종, 지력의 정도, 기후, 재배양식 등에 따라 결정한다.

② 시비량의 결정은 수량과 품질의 향상, 비료의 가격 등을 고려해 경제적으로 유리해야 한다.

③ 시비량의 계산

㉠ 시비량 계산

$$\text{시비량} = \frac{\text{비료요소의 흡수량} - \text{천연공급량}}{\text{비료요소의 흡수율}}$$

㉡ 비료 중의 성분량 계산

$$성분량 = 비료량 \times \frac{보증성분량(\%)}{100}$$

㉢ 비료의 중량계산

$$비료의\ 중량 = 비료량 \times \frac{100}{보증성분량(\%)}$$

2) 시비시기

① **기비(基肥, 밑거름 : basal dressing, basal fertilization)** : 파종 또는 이식 시 주는 비료이다.

② **추비(追肥, 덧거름 : additional fertilizer, top dressing)** : 작물의 생육 중간에 추가로 주는 비료이다.

③ 시비 시기와 횟수는 작물종류, 비료종류, 토양과 기상조건, 재배양식 등에 따라 달라지며 일반적 원리는 다음과 같다.

㉠ 지효성 또는 완효성 비료, 인산, 칼리, 석회 등의 비료는 일반적으로 기비로 준다.

㉡ 속효성 질소비료는 생육기간이 극히 짧은 작물을 제외하고는 대체로 추비와 기비로 나누어 시비한다.

㉢ 생육기간이 길고 시비량이 많은 작물은 기비량을 줄이고 추비량을 많게 하고 추비 횟수도 늘린다.

㉣ 속효성 비료일지라도 평지 감자재배와 같이 생육기간이 짧은 경우 주로 기비로 시비하고 맥류와 벼와 같이 생육기간이 긴 경우 나누어 시비한다.

㉤ 조식재배로 생육기간이 길어진 경우 또는 다비재배의 경우 기비 비율을 줄이고 추비 비율을 높이고 횟수도 늘린다.

㉥ 누수답과 같이 비료분의 용탈이 심한 경우 추비 중심의 분시를 한다.

㉦ 잎을 수확하는 엽채류와 같은 작물은 늦게까지 질소비료를 추비로 주어도 좋으나 종실을 수확하는 작물의 경우 마지막 시비시기에 주의해야 한다.

㉧ 비료의 유실이 쉬운 누수답, 사력답, 온난지 등에서는 추비량과 횟수를 늘린다.

5 재배 관리

(1) 보식과 솎기

1) 보식

① **보파** : 발아가 불량한 곳에 추가로 보충적으로 파종하는 것이다.

② **보식** : 이식 후 고사로 결주가 생긴 곳에 추가로 보충적으로 이식하는 것이다.

③ 보파 또는 보식은 되도록 일찍 실시해야 생육의 지연이 덜된다.

2) 솎기

① 발아 후 밀생한 곳의 일부 개체를 제거해 주는 작업이다.

② 솎기는 적기에 실시하여야 하며 일반적 첫 김매기와 같이 실시하며 늦으면 개체 간 경쟁이 심해져 생육이 억제된다.
③ 솎기는 한 번에 끝내지 말고 생육 상황에 따라 수회에 걸쳐 실시한다.
④ 솎기의 효과
㉠ 개체의 생육공간을 확보함으로써 균일한 생육을 유도할 수 있다.
㉡ 불량환경에서 파종 시 솎기를 전제로 파종량을 늘리면 발아가 불량하더라도 빈 곳이 생기지 않는다.
㉢ 파종 시 파종량을 늘리고 나중에 솎기를 하면 불량 개체를 제거하고 우량한 개체만 재배할 수 있다.
㉣ 개체 간 양분, 수분, 광 등에 대한 경합을 조절하여 건전한 생육이 가능하다.

(2) 중경

1) 의의

생육하는 도중에 경작지의 표면을 호미나 중경기로 긁어 부드럽게 하는 토양 관리작업을 중경이라 하며, 김매기는 중경과 제초를 겸한 작업이다.

2) 장점

① **발아조장** : 파종 후 강우로 표층에 굳은 피막이 생겼을 때 중경은 피막을 파괴해 발아가 조장된다.
② **토양의 통기성 조장** : 중경으로 토양통기가 조장되어 뿌리 생장과 활동이 왕성해지고 미생물의 활동이 원활해져 유기물의 분해가 촉진되며 토양 중 유해한 환원성 물질의 생성 억제 및 유해가스의 발산이 빨라진다.
③ **토양 수분의 증발 억제** : 중경으로 인한 천경의 효과는 표토가 부서지면서 토양의 모세관도 절단해 토양수분 증발을 억제하여 한해(旱害)를 경감시킬 수 있다.
④ **비효증진** : 논에 요소, 황산암모늄 등을 추비하고 중경을 하면 비료가 환원층에 섞여 비효가 증진된다.
⑤ **잡초방제** : 김매기는 중경과 제초를 겸한 작업으로 잡초제거에 효과가 있다.

3) 단점

① **단근의 피해** : 중경은 뿌리의 일부에 손상을 입히게 되는데 어린 작물은 뿌리의 재생력이 왕성해 생육 저해가 덜하나 생식생장기에 단근은 피해가 크다.
② **토양 침식의 조장** : 표토가 건조하고 바람이 심한 곳의 중경은 풍식이 조장된다.
③ **동, 상해의 조장** : 중경은 토양 중 지열이 지표까지 상승하는 것을 경감하여 어린 식물이 서리나 냉온에 피해가 조장된다.

(3) 멀칭(바닥덮기)

1) 의의

작물의 재배 토양의 표면에 피복하는 것으로 피복재는 비닐, 플라스틱, 짚, 건초 등이 있다.

2) 멀칭의 효과

① **토양 건조방지** : 멀칭은 토양 중 모관수의 유통을 단절시키고 멀칭 내 공기습도가 높아져 토양의 표토의 증발을 억제하여 토양 건조를 방지하여 한해(旱害)를 경감시킨다.

② **지온의 조절**

㉠ 여름철 멀칭은 열의 복사가 억제되어 토양의 과도한 온도상승을 억제한다.

㉡ 겨울철 멀칭은 지온을 상승시켜 작물의 월동을 돕고 서리 피해를 막을 수 있다.

㉢ 봄철 저온기 투명필름멀칭은 지온을 상승시켜 이른 봄 촉성재배 등에 이용된다.

③ **토양보호** : 멀칭은 풍식 또는 수식 등에 의한 토양의 침식을 경감 또는 방지할 수 있다.

④ **잡초발생의 억제**

㉠ 잡초 종자는 호광성 종자가 많아 흑색필름멀칭을 하면 잡초종자의 발아를 억제하고 발아하더라도 생장이 억제된다.

㉡ 흑색필름멀칭은 이미 발생한 잡초라도 광을 제한하여 잡초의 생육을 억제한다.

⑤ **과실의 품질향상** : 과채류 포장에 멀칭은 과실이 청결하고 신선해진다.

3) 필름의 종류와 멀칭의 효과

① **투명필름** : 지온상승의 효과가 크고 잡초억제의 효과는 적다.

② **흑색필름** : 지온상승의 효과가 적고 잡초억제의 효과가 크고 지온이 높을 때는 지온을 낮추어 준다.

③ **녹색필름** : 녹색광과 적외광의 투과는 잘되나 청색광, 적색광을 강하게 흡수하여 지온상승과 잡초억제 효과가 모두 크다.

(4) 배토, 토입, 답압

1) 배토(북주기)

① 의의

㉠ 작물이 생육하고 있는 중에 이랑 사이 또는 포기 사이의 흙을 그루 밑으로 긁어모아 주는 것이다.

㉡ 시기는 보통 최후 중경제초를 겸하여 한 번 정도 한다.

㉢ 파와 같이 연백화를 목적으로 하는 경우와 같이 여러 차례에 걸쳐 하는 경우도 있다.

② 배토의 효과

㉠ 옥수수, 수수, 맥류 등의 경우는 바람에 쓰러지는 것(도복)이 경감된다.

㉡ 담배, 두류 등에서는 신근이 발생되어 생육을 조장한다.

㉢ 감자 괴경의 발육을 조장하고 괴경이 광에 노출되어 녹화되는 것을 방지할 수 있다.

㉣ 당근 수부의 착색을 방지한다.

㉤ 파, 셀러리 등의 연백화를 목적으로 한다.

㉥ 벼와 밭벼 등에서는 마지막 김매기를 하는 유효분얼종지기의 배토는 무효분얼의 발생이 억제되어 증수효과가 있다.

㉦ 토란은 분구억제와 비대생장을 촉진한다.

㉧ 배토는 과습기 배수의 효과와 잡초도 방제된다.

2) 토입(흙넣기)

① 의의 : 맥류재배에 있어 골 사이 흙을 곱게 부수어 자라는 골 속에 넣어주는 작업을 말한다.

② 토입의 효과

㉠ 월동 전 : 복토를 보강할 목적으로 하는 약간의 토입으로 월동이 좋아진다.

㉡ 해빙기 : 1cm 정도 얕게 토입하면 분얼이 촉진되고 건조해를 경감한다.

㉢ 유효분얼종지기 : 2~3cm로 토입하면 무효분얼이 억제되고 후에 도복이 경감되는데 토입의 효과가 가장 큰 시기이다.

㉣ 수잉기 : 3~6cm로 토입하면 도복이 방지하는 효과가 있고 건조할 때는 뿌리가 마르게 되어 오히려 해가 될 수 있으므로 주의해야 한다.

3) 답압(밟아주기)

① 의의 : 가을보리 재배에서 생육초기~유수형성기 전까지 보리밭을 밟아주는 작업을 답압이라 한다.

② 답압의 효과

㉠ 서릿발이 많이 발생하는 곳에서의 답압은 뿌리를 땅에 고착시켜 동사를 방지하는 효과가 있다.

㉡ 도장, 과도한 생장을 억제한다.

㉢ 건생적 생육으로 한해(旱害)가 경감된다.

㉣ 분얼을 조장하며 유효경수가 증가하고 출수가 고르게 된다.

㉤ 토양이 건조할 때 답압은 토양비산을 경감시킨다.

(5) 생육형태의 조정

1) 정지(整枝)

과수 등을 자연적 생육형태가 아닌 인공적으로 변형시켜 목적하는 생육형태로 유도하는 것을 정지라 한다.

① 입목형 정지

㉠ 주간형(원추형)

ⓐ 수형이 원추상태가 되도록 하는 정지방법이다.

ⓑ 주지수가 많고 주간과 결합이 강하다는 장점이 있으나 수고가 높아 관리가 불편하다.

ⓒ 풍해를 심하게 받을 수 있고 아래쪽 가지는 광부족으로 발육이 불량해지기 쉽다.

ⓓ 과실의 품질이 불량해지기 쉽다.

ⓔ 왜성사과나무, 양앵두 등에 적용된다.

㉡ 배상형(개심형)

ⓐ 주간을 일찍 잘라 짧은 주간에 3~4개의 주지를 발달시켜 수형이 술잔모양으로 되게 하는 정지법이다.

ⓑ 장점은 관리가 편하고 수관 내 통풍과 통광이 좋다.

ⓒ 단점은 주지의 부담이 커서 가지가 늘어지기 쉽고 결과수가 적어진다.

ⓓ 배, 복숭아, 자두 등에 적용된다.

㉢ 변칙주간형(지연개심형)

ⓐ 주간형과 배상형의 장점을 취할 목적으로 초기에는 수년간 주간형으로 재배하다 후에 주간의 선단을 잘라 주지가 바깥쪽으로 벌어지도록 하는 정지법이다.

ⓑ 주간형의 단점인 높은 수고와 수관 내 광부족을 개선한 수형이다.

ⓒ 사과, 감, 밤, 서양배 등에 적용한다.

㉣ 개심자연형

ⓐ 배상형의 단점을 개선한 수형으로 짧은 주간에 2~4개의 주지를 배치하되 주지 간 15cm 정도 간격을 두어 바퀴살가지가 되는 것을 피하고 주지는 곧게 키우되 비스듬하게 사립시켜 결과부를 배상형에 비해 입체적으로 구성한다.

ⓑ 수관 내부가 완전히 열려있어 투광률이 좋고, 과실의 품질이 좋으며, 수고가 낮아 관리가 편하다.

② 울타리형 정지

㉠ 포도나무의 정지법으로 흔히 사용되는 방법이다.

㉡ 가지를 2단 정도 길게 직선으로 친 철사 등에 유인하여 결속하는 정지방법이다.

㉢ 장점은 시설비가 적게 들어가고 관리가 편하다.

㉣ 단점은 나무의 수명이 짧아지고 수량이 적다.

㉤ 관상용 배나무, 자두나무 등에서도 쓰인다.

③ 덕형 정지

㉠ 공중 1.8m 정도 높이에 가로, 세로 철선 등을 치고 결과부를 평면으로 만들어주는 수형이다.

㉡ 포도나무, 키위, 배나무 등에 적용한다.

㉢ 장점은 수량이 많고 과실의 품질도 좋아지며 수명도 길어진다.

㉣ 단점은 시설비가 많이 들어가고 관리가 불편하다.

㉤ 배나무에서는 풍해를 막을 목적으로 적용하기도 한다.

㉥ 정지, 전정, 수세조절 등이 잘 안되었을 때 가지가 혼잡해져 과실의 품질저하나 병해충의 발생증가 등 문제점도 있다.

2) 전정

① 의의 : 정지를 위한 가지의 절단, 생육과 결과의 조절 등을 위한 과수 등의 가지를 잘라주는 것을 전정이라 한다.

② 전정의 효과

㉠ 목적하는 수형을 만든다.

㉡ 병충해 피해 가지, 노쇠한 가지, 죽은 가지 등을 제거하고 새로운 가지로 갱신하여 결과를 좋게 한다.

㉢ 통풍과 수광을 좋게 하여 품질 좋은 과실이 열리게 한다.

㉣ 결과부위의 상승을 억제하고 공간을 효율적으로 이용할 수 있게 한다.

㉤ 보호 및 관리가 편리하게 한다.

ⓑ 결과지의 알맞은 절단으로 결과를 조절하여 해거리를 예방하고 적과 노력을 줄일 수 있다.

③ 전정 방법

㉠ 갱신전정 : 오래된 가지를 새로운 가지로 갱신을 목적으로 하는 전정이다.
㉡ 솎음전정 : 밀생한 가지를 솎기 위한 목적으로 하는 전정이다.
㉢ 보호전정 : 죽은 가지, 병충해 가지 등의 제거를 목적으로 하는 전정이다.
㉣ 절단전정 : 가지를 중간에서 절단하는 전정법으로 남은 가지의 장단에 따라 장전정법, 단전정법으로 구분한다.
㉤ 전정 시기에 따라 휴면기 전정은 동계전정, 생장기 전정은 하계전정으로 구분한다.

④ 전정 시 주의 사항

㉠ 작은 가지를 전정할 때는 예리한 전정가위를 사용해야 하며 그렇지 않은 경우 유합이 늦어지고 불량해진다.
㉡ 전정 시 가장 위에 남는 눈의 반대쪽으로 비스듬히 자른다.
㉢ 전정 시 전정가위로 한 번에 자르지 않고 여러 번 움직여 자르면 절단면이 고르지 못하고 유합이 늦어진다.
㉣ 전정 시 절단면이 넓으면 도포제를 발라 상처부위를 보호하고 빨리 재생시켜야 한다.

⑤ 과수의 결과 습성

㉠ 1년생 가지에 결실하는 과수 : 포도, 감, 밤, 무화과, 호두 등
㉡ 2년생 가지에 결실하는 과수 : 복숭아, 자두, 살구, 매실, 양앵두 등
㉢ 3년생 가지에 결실하는 과수 : 사과, 배 등

3) 그 밖의 생육형태 조정법

① 적심(순지르기)

㉠ 주경 또는 주지의 순을 질러 그 생장을 억제시키고 측지 발생을 많게 하여 개화, 착과, 착립을 조장하는 작업이다.
㉡ 과수, 과채류, 두류, 목화 등에서 실시된다.
㉢ 담배의 경우 꽃이 진 뒤 순을 지르면 잎의 성숙이 촉진된다.

② 적아(눈따기)

㉠ 눈이 트려 할 때 불필요한 눈을 따주는 작업이다.
㉡ 포도, 토마토, 담배 등에서 실시된다.

③ 환상박피

㉠ 줄기 또는 가지의 껍질을 3~6cm 정도 둥글게 벗겨내는 작업이다.
㉡ 화아분화의 촉진 및 과실의 발육과 성숙이 촉진된다.

④ 적엽(잎따기)

㉠ 통풍과 투광을 조장하기 위해 하부의 낡은 잎을 따는 작업이다.
㉡ 토마토, 가지 등에서 실시된다.

⑤ **절상** : 눈 또는 가지 바로 위에 가로로 깊은 칼금을 넣어 그 눈이나 가지의 발육을 조장하는 작업이다.

⑥ **언곡(휘기)** : 가지를 수평이나 그 보다 더 아래로 휘어서 가지의 생장을 억제시키고 정부우세성을 이동시켜 기부에 가지가 발생하도록 하는 작업이다.

⑦ **제얼**

㉠ 감자재배의 경우 1포기에 여러 개의 싹이 나올 때 그 가운데 충실한 것을 몇 개 남기고 나머지를 제거하는 작업이다.

㉡ 토란, 옥수수의 재배에도 이용된다.

⑧ **화훼의 형태 조정**

㉠ 노지 장미재배의 경우 겨울철 전정을 하고 낡은 가지, 내향지, 불필요한 잔가지 등을 절단하고 건강한 새가지가 균형적으로 광을 잘 받을 수 있도록 한다.

㉡ 카네이션 재배의 경우 적심을 한다.

㉢ 국화와 카네이션 재배의 경우 정화를 크게 하기 위해 곁꽃봉오리를 따주는 적뢰를 실시한다.

㉣ 국화 재배의 경우 재배방식과 관계없이 적심하여 3~4개의 곁가지를 내게 한다.

㉤ 화목의 묘목 또는 알뿌리 생산의 경우 번식기관의 생장을 돕기 위해 적화를 한다.

(6) 결실의 조절

1) 적화 및 적과

① 과수 등에 있어 개화수가 너무 많을 경우 꽃눈이나 꽃을 솎아서 따주는 작업을 적화라 하고, 착과수가 너무 많을 경우 유과를 솎아 따주는 작업을 적과라 한다.

② 손으로 직접 작업하기도 하지만 근래 식물생장조절제를 많이 이용한다.

③ **적화제** : 꽃봉오리 또는 꽃의 화기에 장해를 주는 약제로 DNOC(sodium 4,6-dinitro-ortho-cresylate), 석회황합제, 질산암모늄(NH_4NO_3), 요소, 계면활성제 등이 알려져 있다.

④ **적과제** : NAA, 카르바릴(carbaryl), MEP, 에세폰(ethephon), ABA, 에틸클로제트(ethylchlozate), 벤질아데닌(BA) 등이 있으며 대표적으로 사과의 카르바릴과 감귤의 NAA가 널리 쓰인다.

⑤ **효과**

㉠ 착색, 크기, 맛 등 과실의 품질을 향상시킨다.

㉡ 해거리 방지 효과가 있다.

㉢ 감자의 경우 화방이 형성되었을 때 이를 따주면 덩이줄기의 발육이 조장된다.

2) 수분의 매개

① 수분의 매개가 필요한 경우

㉠ 수분을 매개할 곤충이 부족할 경우 : 흐리고 비오는 날이 계속되거나, 농약 살포가 심한 경우 및 온실 등에서 재배할 경우는 수분 매개곤충이 부족할 수가 있다.

㉡ 작물 자체의 화분이 부적당하거나 부족한 경우
ⓐ 잡종강세를 이용하는 옥수수 등의 채종에 있어서는 다른 개체의 꽃가루가 수분되도록 해야 한다.
ⓑ 3배체의 씨 없는 수박의 재배에 있어서 2배체의 정상 꽃가루를 수분해야 과실이 잘 비대한다.
ⓒ 과수는 자체 꽃가루가 많이 부족하므로 다른 품종의 꽃가루가 공급되어야 한다.
㉢ 다른 꽃가루의 수분이 결과에 더 좋을 경우
ⓐ 감의 부유와 같은 품종은 꽃가루가 없어도 완전한 단위결과를 하지만 다른 꽃가루를 수분하면 낙과가 경감되고 품질이 향상된다.
ⓑ 과수에서는 자체의 꽃가루로 정상 과실을 생산하는 경우라도 다른 꽃가루로 수분되는 것이 더 좋은 결과를 초래하는 경우도 있다.

② 수분 매개의 방법
㉠ 인공수분 : 과채류 등에서 손으로 인공수분하는 경우도 있고 사과나무 등 과수에서는 꽃가루를 대량으로 수집하여 살포기구를 이용하기도 한다.
㉡ 곤충의 방사 : 과수원, 채소밭 근처에 꿀벌을 사육하거나 온실 등에서 꿀벌을 방사하여 수분을 매개한다.
㉢ 수분수의 혼식
ⓐ 과수의 경우 꽃가루의 공급을 위해 다른 품종을 혼식하는 것을 수분수라 한다.
ⓑ 수분수 선택의 조건은 주품종과 친화성이 있어야 하고 개화기가 주품종과 같거나 조금 빨라야 하며, 건전한 꽃가루의 생산이 많고 과실의 품질도 우량해야 한다.

3) 단위결과 유도

① 씨 없는 과실은 상품가치를 높일 수 있어 포도, 수박 등의 경우 단위결과를 유도함으로써 씨 없는 과실을 생산하고 있다.
② 씨 없는 수박은 3배체나 상호전좌를 이용하고 씨 없는 포도는 지베렐린 처리로 단위결과를 유도한다.
③ 토마토, 가지 등도 착과제 처리로 씨 없는 과실을 생산할 수 있다.

4) 낙과

① 낙과의 종류
㉠ 기계적 낙과 : 낙과의 원인이 태풍, 강풍, 병충해 등에 의해 발생하는 낙과이다.
㉡ 생리적 낙과 : 생리적 원인에 의해 이층이 발달하여 발생하는 낙과이다.
㉢ 시기에 따라 조기낙과(6월 낙과), 후기낙과(수확 전 낙과)로 구분한다.

② 생리적 낙과의 원인
㉠ 수정이 이루어지지 않아 발생한다.
㉡ 수정이 된 것이라도 발육 중 불량환경, 수분 및 비료분의 부족, 수광태세 불량으로 인한 영양부족은 낙과를 조장한다.
㉢ 유과기 저온에 의한 동해로 낙과가 발생한다.

③ 낙과방지
㉠ 수분매조
㉡ 동해예방
㉢ 합리적 시비
㉣ 건조 및 과습의 방지
㉤ 수광태세 향상
㉥ 방풍시설
㉦ 병해충 방제
㉧ 생장조절제 살포 : 옥신 등의 생장조절제의 살포는 이층형성을 억제하여 낙과 예방의 효과가 크다.

④ 해거리(격년결과) 방지
㉠ 전정과 조기적과를 실시한다.
㉡ 시비 및 토양관리를 적절하게 한다.
㉢ 건조의 방지 및 병충해를 예방한다.

5) 복대(봉지씌우기)

① 사과, 배, 복숭아 등의 과수재배에 있어 적과 후 과실에 봉지를 씌우는 것을 복대라 한다.

② 복대의 장점
㉠ 검은무늬병, 심식나방, 흡즙성나방, 탄저병 등의 병충해가 방제된다.
㉡ 외관이 좋아진다.
㉢ 사과 등에서는 열과가 방지된다.
㉣ 농약이 직접 과실에 부착되지 않아 상품성이 좋아진다.

③ 복대의 단점
㉠ 수확기까지 복대를 하는 경우 과실의 착색이 불량해질 수 있어 수확 전 적당한 시기에 제대해야 한다.
㉡ 복대에 노력이 많이 들어 근래 복대 대신 농약의 살포를 합리적으로 하여 병충해에 적극적 방제하는 무대재배를 하는 경우가 많다.
㉢ 가공용 과실의 경우 비타민C 함량이 낮아지므로 무대재배를 하는 것이 좋다.

6) 성숙의 촉진

① 산물의 조기출하는 상품가치를 높이므로 작물의 성숙을 촉진하는 재배법이 실시된다.

② 과수, 채소 등의 촉성재배나 에스렐, 지베렐린 등의 생장조절제를 이용하는 방법을 사용하고 있다.

7) 성숙의 지연

① 작물의 숙기를 지연시켜 출하시기를 조절할 수 있다.

② 포도 델라웨어 품종의 경우 아미토신 처리로, 캠벨얼리의 경우는 에세폰 처리로 숙기를 지연시킬 수 있다.

(7) 재해의 방제

1) 작물재해의 종류

① 수분장해

㉠ 한해(旱害) : 수분부족으로 발생하는 작물의 피해

㉡ 습해 : 토양의 과습상태가 지속되어 뿌리의 산소부족으로 발생하는 피해

㉢ 수해

ⓐ 수해 : 작물이 장시간 물에 잠기면서 발생하는 피해

ⓑ 침수 : 작물이 완전히 물속에 잠기지는 않았으나 정상수보다 많을 때 발생하는 피해

ⓒ 관수 : 작물이 완전히 물속에 잠기는 침수 피해

② 온도장해

㉠ 냉해

ⓐ 냉해 : 생육적온보다 낮은 온도에서 작물에 발생하는 피해

ⓑ 상해 : 서리로 인해 작물에 발생하는 피해

ⓒ 한해 : 월동 중 추위로 인해 작물에 발생하는 피해

ⓓ 동해 : 작물 조직 내 결빙으로 발생하는 피해

㉡ 열해 : 온도가 생육적온보다 높아서 작물에 발생하는 피해

③ 광스트레스

㉠ 솔라리제이션(solarization)

ⓐ 의의 : 그늘에서 자란 작물이 강광에 노출되어 잎이 타 죽는 현상

ⓑ 원인 : 엽록소의 광산화

ⓒ 강광에 적응하게 되면 식물은 카로티노이드가 산화하면서 산화된 엽록체를 환원시켜 기능을 회복할 수 있다.

㉡ 백화묘

ⓐ 봄에 벼의 육묘 시 발아 후 약광에서 녹화시키지 않고 바로 직사광선에 노출시키면 엽록소가 파괴되어 발생하는 장해

ⓑ 약광에서 서서히 녹화시키거나 강광에서도 온도가 높으면 카로티노이드가 엽록소를 보호하여 피해를 받지 않는다.

ⓒ 엽록소가 일단 형성되면 높은 온도보다 낮은 온도에 더 안정된다.

④ 대기오염

㉠ CO_2, SO_2, NO_2, Cl_2, F_2, O_3 등이 대기오염의 주원인이다.

㉡ 온실효과 : CO_2, SO_2, NO_2, Cl_2, F_2, O_3 등이 지구에서 대기로 방출되는 에너지를 차단하여 발생하며 기온의 상승 등 생태계의 변화를 초래한다.

⑤ 풍해 : 주로 바람에 의한 도복피해가 발생한다.

2) 도복

① 의의

㉠ 화곡류, 두류 등이 등숙기에 들어 비바람에 의해서 쓰러지는 것

㉡ 도복은 질소의 다비증수재배의 경우에 심하다.

㉢ 도복에 가장 약한 시기는 키가 크고 대가 약하며 상부가 무겁게 된 때이다.

② 도복의 유발조건

㉠ 유전(품종)적 조건 : 키가 작고 대가 튼튼한 품종일수록 도복에 강하다.

㉡ 재배조건

ⓐ 대를 약하게 하는 재배조건은 도복을 조장한다.

ⓑ 밀식, 질소다용, 칼리부족, 규산부족 등은 도복을 유발한다.

ⓒ 질소 내비성 품종은 내도복성이 강하다.

㉢ 병충해

㉣ 환경조건

ⓐ 도복의 위험기 태풍으로 인한 강우 및 강한 바람은 도복을 유발한다.

ⓑ 맥류 등숙기 한발은 뿌리가 고사하여 그 뒤의 풍우에 의한 도복을 조장한다.

③ 도복의 피해

㉠ 수량감소

㉡ 품질저하

㉢ 수확작업의 불편

㉣ 간작물에 대한 피해

④ 도복대책

㉠ 품종의 선택 : 키가 작고 대가 튼튼한 품종의 선택은 도복방지에 가장 효과적이다.

㉡ 시비 : 질소 편중시비를 피하고 칼리, 인산, 규산, 석회 등을 충분히 시용한다.

㉢ 파종, 이식 및 재식밀도

ⓐ 재식밀도가 과도하면 도복이 유발될 우려가 크기 때문에 재식밀도를 적절하게 조절해야 한다.

ⓑ 맥류는 복토를 다소 깊게 하면 도복이 경감된다.

㉣ 관리 : 벼의 마지막 김매기 때 배토와 맥류의 답압, 토입, 진압 및 결속 등은 도복을 경감시키는 데 효과적이다.

㉤ 병충해 방제

㉥ 생장조절제의 이용 : 벼에서 유효분얼종지기에 2.4-D, PCP 등의 생장조절제 처리는 도복을 경감시킨다.

㉦ 도복 후의 대책 : 도복 후 지주를 세우거나 결속은 지면, 수면에 접촉을 줄여 변질, 부패가 경감된다.

3) 수발아(穗發芽)

① 의의

㉠ 성숙기에 가까운 맥류가 장기간 비를 맞아서 젖은 상태로 있거나, 우기에 도복해서 이삭이 젖은 땅에 오래 접촉해 있게 되었을 때 수확 전의 이삭에서 싹이 트는 것

㉡ 수발아는 성숙기에 비가 오는 날이 계속되면 종자가 수분을 흡수한 상태로 낮은 온도에 오래 처하게 되면서 휴면이 일찍 타파되어 발아하는 것이다.

② 수발아 대책

㉠ 품종의 선택

㉡ 조기 수확

㉢ 도복의 방지

㉣ 발아억제제의 살포

(8) 생력재배

1) 의의

농업에 있어 노동이 차지하는 비율이 과반이 넘을 정도로 비중이 높은데, 이러한 노동을 절약하기 위한 재배를 생력재배라 한다.

2) 생력재배의 효과

① 농업노력비의 절감으로 생산비를 줄일 수 있다.

② 단위면적당 수량을 증대시킨다.

③ 농업경영구조를 개선할 수 있다.

3) 작물재배의 생력화를 위한 제반 조건

① 생력화가 가능하도록 농지 정리가 되어야 한다.

② 기계화 및 제초제를 이용한 제초를 위하여 넓은 면적의 공동관리에 의한 집단재배가 기계의 효율상 합리적이다.

③ 제초제를 사용한 제초의 생력화를 도모해 기계화 재배를 가능하게 해야 한다.

④ 기계화에 알맞고 제초제 피해가 적은 품종을 선택하고 인력재배 방법을 개선하는 등 재배체계를 확립해야 한다.

(9) 작물의 내적균형

1) 내적균형의 의의

작물의 생리적, 형태적 어떤 균형 또는 비율은 작물생육의 특정한 방향을 표시하는 좋은 지표가 되므로 재배적으로 중요하다. 그 지표로 C/N율(C/N ratio), T/R율(Top/Root ratio), G-D균형(growth differentiation balance) 등이 있다.

2) C/N율

① 의의

㉠ 작물 체내의 탄수화물(C)과 질소(N)의 비율

㉡ 작물의 생육과 화성 및 결실 등이 발육을 지배하는 요인이라는 견해

② 피셔(Fisher, 1905, 1916)는 C/N율이 높을 경우 화성의 유도, C/N율이 낮을 경우 영양생장이 계속된다고 하였다.

③ 수분 및 질소의 공급이 약간 쇠퇴하고 탄수화물 생성의 조장으로 탄수화물이 풍부해지면 화성과 결실은 양호하나 생육은 감퇴한다.

3) C/N율설의 적용

① C/N율설의 적용은 여러 작물에서 생육과 화성, 결실의 관계를 설명할 수 있다.

② 과수재배에 있어 환상박피(環狀剝皮, girdling), 각절(刻截)로 개화, 결실을 촉진할 수 있다.

③ 고구마순을 나팔꽃의 대목으로 접목하면 화아 형성 및 개화가 가능하다.

4) T/R율

① 작물의 지하부 생장량에 대한 지상부 생장량의 비율을 T/R율이라 하며, T/R율의 변동은 작물의 생육상태 변동을 표시하는 지표가 될 수 있다.

② T/R율과 작물의 관계

㉠ 감자나 고구마 등은 파종이나 이식이 늦어지면 지하부 중량 감소가 지상부 중량 감소보다 커서 T/R율이 커진다.

㉡ 질소의 다량 시비는 지상부는 질소 집적이 많아지고 단백질 합성이 왕성해지고 탄수화물의 잉여는 적어져 지하부 전류가 감소하게 되므로 상대적으로 지하부 생장이 억제되어 T/R율이 커진다.

㉢ 일사가 적어지면 체내에 탄수화물의 축적이 감소하여 지상부보다 지하부의 생장이 더욱 저하되어 T/R율이 커진다.

㉣ 토양함수량의 감소는 지상부 생장이 지하부 생장에 비해 저해되므로 T/R율은 감소한다.

㉤ 토양 통기 불량은 뿌리의 호기호흡이 저해되어 지하부의 생장이 지상부 생장보다 더욱 감퇴되어 T/R율이 커진다.

5) G-D균형

식물의 생육 또는 성숙을 생장(生長, growth, G)과 분화(分化, differentiation, D) 두 측면에서 보면 생장과 성숙의 균형이 식물의 생육과 성숙을 지배하므로 G-D균형은 식물의 생육을 지배하는 요인이 된다는 것이다.

(10) 식물호르몬의 종류와 특징

1) 의의

① 식물체 내 어떤 조직 또는 기관에서 형성되어 체내를 이행하며 조직이나 기관에 미량으로도 형태적, 생리적 특수 변화를 일으키는 화학물질이 존재하는데 이를 식물호르몬이라 한다.

② 식물호르몬에는 생장호르몬(옥신류), 도장호르몬(지베렐린), 세포분열호르몬(시토키닌), 개화호르몬(플로리겐) 등이 있다.

③ 식물의 생장 및 발육에 있어 미량으로도 큰 영향을 미치는 인공적으로 합성된 호르몬의 화학물질을 총칭하여 식물생장조절제(plant growth regulator)라고 한다.

④ 식물생장조절제의 종류

구분		종류
옥신류	천연	IAA, IAN, PAA
	합성	NAA, IBA, 2,4-D, 2,4,5-T, PCPA, MCPA, BNOA
지베렐린	천연	GA_2, GA_3, GA_{4+7}, GA_{55}
시토키닌류	천연	IPA, 제아틴(zeatin)
	합성	BA, 키네틴(kinetin)
에틸렌	천연	C_2H_4
	합성	에세폰(ethephon)
생장억제제	천연	ABA, 페놀
	합성	CCC, B-9, Phosphon-D, AMO-1618, MH-30

2) 옥신류(Auxin)

① 옥신의 생성과 작용

㉠ 생성 : 줄기나 뿌리의 선단에서 합성되어 체내의 아래로 극성 이동을 한다.

㉡ 주로 세포의 신장촉진 작용을 함으로써 조직이나 기관의 생장을 조장하나 한계 농도 이상에서는 생장을 억제하는 현상을 보인다.

㉢ 굴광현상은 광의 반대쪽에 옥신의 농도가 높아져 줄기에서는 그 부분의 생장이 촉진되는 향광성을 보이나 뿌리에서는 도리어 생장이 억제되는 배광성을 보인다.

㉣ 정아에서 생성된 옥신은 정아의 생장은 촉진하나 아래로 확산하여 측아의 발달을 억제하는데, 이를 정아우세현상이라고 한다.

3) 주요 합성 옥신류

① 인돌산 그룹(indole acid) : IPAC, indole propionic acid

② 나프탈렌산 그룹(naphthalene acid) : NAA(naphthaleneacetic acid), β-naphthoxyacetic acid

③ 클로로페녹시산 그룹(chlorophenoxy acid) : 2,4-D(dichlorophenoxyacetic acid), 2,4,5-T(2,4,5-trichlorophenoxyacetic acid), MCPA(2-methyl-4-chlorophenoxyacetic acid)

④ 벤조익산 그룹(benzoic acid) : dicamba, 2,3,6-trichlorobenzoic acid

⑤ 피콜리닉산(picolinic acid) 유도체 : picloram

4) 옥신의 재배적 이용

① 발근 촉진 : 삽목 또는 취목 등 영양번식의 경우 발근을 촉진시키기 위해 사용한다.

② 접목 시 활착 촉진 : 접수의 절단면 또는 대목과 접수의 접합부에 IAA 라놀린연고를 바르면 유상조직의 형성이 촉진되어 활착이 촉진된다.

③ **개화 촉진** : 파인애플에 NAA, B-IBA, 2,4-D 등 수용액을 살포하면 화아분화가 촉진된다.

④ **낙과 방지** : 사과의 경우 자연낙화 직전 NAA, 2,4-D 등의 수용액을 처리하면 과경의 이층형성 억제로 낙과를 방지할 수 있다.

⑤ **가지의 굴곡 유도** : 관상수목 등의 경우 가지를 구부리려는 반대쪽에 IAA 라놀린연고를 바르면 옥신농도가 높아져 원하는 방향으로 굴곡을 유도할 수 있다.

⑥ **적화 및 적과** : 사과, 온주밀감, 감 등은 만개 후 NAA 처리를 하면 꽃이 떨어져 적화 또는 적과의 효과를 볼 수 있다.

⑦ **과실의 비대와 성숙 촉진**

㉠ 강낭콩의 경우 PCA 2ppm 용액 또는 분말의 살포는 꼬투리의 비대현상을 볼 수 있다.

㉡ 토마토의 경우 개화기에 토마토톤 50배액 또는 2,4-D 10ppm 처리를 하면 과실 비대가 촉진과 함께 조기 수확을 해도 수량이 크게 증가한다.

㉢ 사과, 복숭아, 자두, 살구 등의 경우 2,4,5-T 100ppm액을 성숙 1~2개월 전 살포하면 과일 성숙이 촉진된다.

⑧ **단위결과**

㉠ 토마토, 무화과 등의 경우 개화기에 PCA나 BNOA 25~50ppm액을 살포하면 단위결과가 유도된다.

㉡ 오이, 호박 등의 경우 2,4-D 0.1% 용액의 살포로 단위결과가 유도된다.

⑨ **증수효과** : 고구마 싹을 NAA 1ppm 용액에 6시간 정도 침지하거나 감자 종자를 IAA 20ppm 용액이나 헤테로옥신 62.5ppm 용액에 24시간 정도 침지 후 이식 또는 파종하면 증수되며 그 외에도 옥신 용액에 여러 작물의 종자를 침지하면 소기의 증수효과를 볼 수 있다.

⑩ **제초제로 이용**

㉠ 옥신류는 세포의 신장생장을 촉진하나 식물에 따라 상편생장을 유도해 선택형 제초제로 이용되고 있다.

㉡ 페녹시아세트산(phenoxyacetic acid) 유사물질인 2,4-D, 2,4,5-T, MCPA가 대표적 예로 2,4-D는 최초의 제초제로 개발되어 현재까지 선택성 제초제로 사용되고 있다.

5) 지베렐린(gibberellin)

① **생리작용**

㉠ 식물체내에서 생합성 되어 뿌리, 줄기, 잎, 종자 등 모든 기관에 이행되며 특히 미숙종자에 많이 함유되어 있다.

㉡ 극성이 없어 일정한 방향성이 없으며 식물 어떤 곳에 처리하여도 모든 부위에서 반응이 나타난다.

② **지베렐린의 재배적 이용**

㉠ 발아 촉진 : 종자의 휴면타파로 발아가 촉진되고 호광성 종자 발아 촉진 효과가 있다.

㉡ 화성의 유도 및 촉진
- 저온, 장일에 의해 추대되고 개화하는 월년생 작물에 지베렐린 처리는 저온, 장일을 대체하여 화성을 유도하고 개화를 촉진하는 효과가 있다.
- 배추, 양배추, 무, 당근, 상추 등은 저온처리 대신 지베렐린 처리하면 추대, 개화한다.
- 팬지, 프리지아, 피튜니아 등 여러 화훼에 지베렐린 처리하면 개화 촉진의 효과가 있다.
- 추파맥류의 경우 6엽기 정도부터 지베렐린 100ppm 수용액을 몇 차례 처리하면 저온처리가 불충분해도 출수한다.

③ 경엽의 신장 촉진

㉠ 특히 왜성식물에 있어 경엽 신장을 촉진하는 효과가 현저하다.

㉡ 기후가 냉한 생육 초기 목초에 지베렐린 처리를 하면 초기 생장량이 증가한다.

④ **단위결과 유도** : 포도 거봉품종은 만화기 전 14일 및 10일경 2회 처리하면 무핵과가 형성되고 성숙도 크게 촉진된다.

⑤ **수량 증대** : 가을씨감자, 채소, 목초, 섬유작물 등에서 효과적이다.

⑥ **성분 변화** : 뽕나무에 지베렐린 처리는 단백질을 증가시킨다.

6) 시토키닌(Cytokinin)

① 의의

㉠ 뿌리에서 형성되어 물관을 통해 지상부 다른 기관으로 전류된다.

㉡ 어린 잎, 뿌리 끝, 어린 종자와 과실에 많은 양이 존재한다.

㉢ 세포분열을 촉진하며 옥신과 함께 존재해야 효력을 발휘할 수 있어 조직배양 시 두 호르몬을 혼용하여 사용한다.

② 시토키닌의 작용

㉠ 내한성을 증대시킨다.

㉡ 발아를 촉진한다.

㉢ 잎의 생장을 촉진한다.

㉣ 호흡을 억제한다.

㉤ 엽록소 및 단백질의 분해를 억제한다.

㉥ 잎의 노화를 방지한다.

㉦ 저장 중 신선도 증진 효과가 있다.

㉧ 포도의 경우 착과를 증가시킨다.

㉨ 사과의 경우 모양과 크기를 향상시킨다.

7) ABA(Abscisic acid)

① 의의

㉠ 색소체 존재 부위에서 합성될 수 있다.

㉡ 식물체가 스트레스를 받는 상태, 예를 들면 건조, 무기양분 부족, 침수상태에서 증

가하기에 식물의 저항성과 관련 있는 것으로 추정된다.

㉢ 생장억제 물질로 생장촉진 호르몬과 상호작용으로 식물생육을 조절한다.

② 아브시스산의 작용

㉠ 잎의 노화 및 낙엽을 촉진한다.

㉡ 휴면을 유도한다.

㉢ 종자의 휴면을 연장하여 발아를 억제한다.

㉣ 단일식물을 장일조건에서 화성을 유도하는 효과가 있다.

㉤ ABA 증가로 기공이 닫혀 위조저항성이 증진된다.

㉥ 목본식물의 경우 내한성이 증진된다.

8) 에틸렌(ethylene)

① 의의

㉠ 과실 성숙의 촉진 등에 관여하는 식물생장조절 물질이다.

㉡ 환경스트레스와 옥신은 에틸렌 합성을 촉진시킨다.

㉢ 에틸렌을 발생시키는 에세폰 또는 에스렐(2-chloroethylphos-phonic acid)이라 불리는 물질을 개발하여 사용하고 있다.

② 에틸렌의 작용

㉠ 발아를 촉진시킨다.

㉡ 정아우세현상을 타파하여 곁눈의 발생을 조장한다.

㉢ 꽃눈이 많아지는 효과가 있다.

㉣ 성표현 조절 : 오이, 호박 등 박과 채소의 암꽃 착생수를 증대시킨다.

㉤ 잎의 노화를 가속화시킨다.

㉥ 적과의 효과가 있다.

㉦ 많은 작물에서 과실의 성숙을 촉진시키는 효과가 있다.

㉧ 탈엽 및 건조제로 효과가 있다.

Chapter 4 각종 재해

저자쌤의 이론학습 Tip

- 작물의 재해를 일으키는 원인이 무엇인지 파악해야 한다.
- 작물생육에 부적당한 환경에서 작물의 반응과 그에 대한 대책을 중심으로 내용을 파악해야 한다.

Section 01 생물환경

1 작물을 둘러싸고 있는 생물

(1) 경지에 서식하는 생물

① 경지는 초원, 삼림과는 크게 다른 인위적 환경이다.

② 경지는 자연계와 같은 다양성을 갖지 못하고 목적하는 작물만 집중적으로 재배되는 단순성을 가진다.

(2) 경지에서 유익한 생물과 유해한 생물

1) 유익한 생물

① **조류** : 경지에서 과실이나 곡물에 해를 끼치기도 하지만, 작물 해충을 잡아먹어 천적으로의 역할도 크다.

② **천적**

㉠ 해충을 포식하거나 해충에 기생하는 생물을 천적이라 한다.

㉡ 경지에서는 육식성 소동물이 서식하며 해충의 이상번식을 방지하는 역할을 한다.

③ **화분매개곤충** : 꽃가루를 매개로 하여 농작물의 결실에 도움을 주는 유용한 곤충류를 말한다.

④ **토양미생물** : 토양 속에서 서식하면서 유기물을 분해하는 미생물로 세균, 방선균, 사상균, 효모, 원생동물 등 많은 미생물이 서식하고 있다.

2) 유해한 생물

① 작물 생육을 저해하는 생물을 의미하며 병을 일으키는 병원성미생물과 바이러스, 작물에 해를 끼치는 해충과 해조수, 잡초 등 여러 생물이 있다.

② 유해생물의 이상번식은 작물에 큰 피해를 입히므로 이들의 방지를 위해 직접적 방제, 윤작, 재배방법에 따른 회피, 천적의 도입 등의 처리를 하고 있다.

Section 02 병해

1 작물의 병해

(1) 병해의 종류와 발병원인

1) 병해

작물의 정상적 대사활동이 어떤 원인으로 장해를 받아 작물 본래의 기능을 상실하여 잎이 시들고 생육이 정지되는 등 이상증상을 나타내는 것을 병해라 한다.

2) 병해의 종류

① **전염성 병해** : 사상균, 세균, 바이러스 등의 병원체에 의한 병해로 주변으로 확대해 가는 전염성을 가지고 있다.

② **비전염성 병해** : 부적합 토양, 기상, 환경오염물질, 약해 등이 원인으로 주변 확산이 없다.

3) 발병의 원인

① **주인** : 병해를 일으키는 병원체

② **유인** : 발병을 유발하는 환경조건

③ **소인** : 병에 걸리기 쉬운 성질

④ **벼 도열병의 발생조건의 예**

㉠ 주인 : 도열병균의 분생포자가 많이 발생하였다.

㉡ 유인 : 장시간 강우와 일조의 부족, 저온과 질소의 과다시비, 밀식, 만식 등

㉢ 소인 : 도열병에 걸리기 쉬운 성질의 품종의 재배

⑤ 위와 같이 작물의 병해는 하나의 원인만으로 발생하는 것은 아니며 2개, 3개 이상의 원인이 겹쳐져 발생한다.

(2) 사상균에 의한 병해

1) 사상균의 특징

① 사상균에 의한 병해가 작물의 병해 중 가장 많다.

② 곰팡이 또는 균류라 하며 분류학상으로는 식물에 속하나 엽록소를 갖지 않아 영양을 다른 것에서 취해서 생활한다.

③ **부생균** : 죽은 식물의 사체에서 영양을 취하는 사상균

④ **기생균** : 살아있는 작물에 침입하여 영양을 취하는 사상균

㉠ 절대기생균

ⓐ 살아있는 식물에서만 영양을 취한다.

ⓑ 녹병균, 뿌리혹병균 등

㉡ 조건적 부생균

ⓐ 살아있는 식물체에 기생하지만 조건에 따라서는 죽은 식물에도 부생적으로 생활한다.

ⓑ 도열병균, 역병균, 깨씨무늬병 등 대다수의 병원균이 속한다.

㉢ 조건적 기생균

ⓐ 부생적 생활을 하나 작물의 생육이 약해졌을 때 기생하는 균

ⓑ 입고병균, 잎집무늬마름병균 등

2) 사상균병의 종류

① 전염방식에 따라 공기전염성 병해와 토양전염성 병해로 구분한다.

② 공기전염성 병해

㉠ 병원균이 물, 바람, 종자, 곤충 등에 의해 전염되는 병해

㉡ 벼의 도열병과 잎집무늬마름병, 감자의 역병, 맥류의 깜부기병, 사과의 적성병 등

③ 토양전염성 병해

㉠ 병원균이 토양에 있어 작물의 뿌리 또는 줄기 밑부분으로 침입하여 발생하는 병해

㉡ 벼의 입고병, 배추의 뿌리혹병, 오이나 토마토의 역병 등

㉢ 연작장해의 주요 원인 중 하나이다.

3) 사상균병의 전염방법

① **종자전염** : 벼 도열병, 맥류 깜부기병, 고구마 흑반병 등

② **풍매전염** : 벼 도열병, 맥류의 녹병, 배의 적성병 등

③ **수매전염** : 벼 황화위축병, 감자 역병 등

④ **충매전염** : 오이 탄저병, 배의 적성병 등

⑤ **토양전염** : 토마토 입고병, 가지의 위축병, 배추 뿌리혹병 등

4) 발병

① 사상균은 작물 조직 내에 침입하면 영양을 흡수하면서 발육, 만연한다.

② **발병** : 사상균의 발육, 만연으로 증상을 나타내는 것

③ **병징** : 발병으로 인해 작물에 나타나는 병적 변화로, 병명의 판단에 중요한 단서이다.

(3) 세균에 의한 병해

1) 세균의 특징

① 하나하나가 독립된 작은 단세포의 미생물이다.

② 모양으로 간상, 구상, 나선상, 사상 등으로 나누며 작물의 병해는 대부분 간상의 세균이 일으킨다.

2) 세균병의 분류(침입 장소에 따라)

① 유조직병

㉠ 작물의 유조직으로 세균이 침입하여 반점, 엽고, 변부, 썩음 등의 병징을 나타낸다.

㉡ 벼 흰빛잎마름병, 오이의 반점세균병, 양배추 검은썩음병, 채소의 연부병 등

② 도관병

㉠ 작물의 도관으로 세균이 침입, 증식하여 주변 조직의 파괴와 도관을 막아 물의 상승억제로 위조현상을 보인다.

㉡ 토마토와 가지의 청고병, 담배 입고병, 백합의 입고병 등

③ 증생병

㉠ 세균이 방출한 호르몬의 작용으로 세포가 커져 조직의 일부가 이상비대 증상을 나타낸다.

㉡ 배, 감, 포도, 사과, 당근 등의 근두암종병

3) 세균병의 전염

① 세균은 광과 건조에 약하여 피해작물의 조직 또는 토양 등 수분이 많은 곳에 생활한다.

② 전염은 빗물, 관개수 등 물과 흙이 혼합하여 운반되거나 또는 종묘나 곤충에 의해 전염된다.

③ 사상균과는 달리 작물 표피를 뚫고 침입할 수 있는 기관이 없어 상처나 기공, 수공, 밀선 등 자연개구부와 보호층이 발달하지 않은 근관 등으로 침입한다.

(4) 바이러스에 의한 병해

1) 바이러스의 특징

① 바이러스 병은 거의 모든 작물에서 발생한다.

② 병원체는 식물바이러스라 한다.

③ 본체는 DNA 또는 RNA의 핵산이며 단백질 껍질을 갖는다.

④ 모양은 간상, 사상, 구상 등 여러 모양이다.

⑤ 바이러스의 특징

㉠ 일반 광학현미경으로 보이지 않을 만큼 크기가 작다.

㉡ 특정 식물에 감염하여 병해를 일으키는 성질이 있다.

㉢ 인공배양되지 않는다.

㉣ 오로지 세포 내에서만 증식한다.

2) 바이러스 병의 종류

① **위축병** : 벼, 맥류, 담배, 콩 등

② **위황병** : 백합 등

③ **모자이크병** : 감자, 토마토, 오이, 튤립, 수선 등

④ **괴저모자이크병** : 담배, 토마토 등

⑤ **잎말림병** : 감자 등

3) 바이러스 병의 전염

① 진딧물, 멸구, 매미충, 등과 선충 및 곰팡이 등을 매개로 한 것이 많다.

② 작물간의 접촉, 종묘, 토양, 접목 등에 의해서도 전염된다.

③ 표피에 생긴 상처의 즙액에 의한 전염이 된다.

④ 꽃가루에 의한 전염이 발생하는 경우도 있다.

2 병해의 방제

(1) 예방과 방제

1) 병해의 예방

① 저항성 품종 또는 대목을 선정한다.
② 건강한 생육으로 저항력을 증진한다.
③ 재배환경의 조절로 병원균 활동을 억제한다.
④ 종자 및 토양 소독과 윤작 등으로 병원균의 밀도를 낮춘다.

2) 방제

① 작물에 병의 발병 시 가능한 빨리 구제하여야 한다.
② 병해는 예방이 최선의 방법으로 발병 후에는 이미 늦은 경우가 많다.
③ 발병 전 정기적으로 예방제의 살포가 필요하다.
④ 발병 후에는 치료제를 살포하는데 치료제의 연용은 병원균에 내성이 생기기 쉬워 사용횟수를 가능한 줄여야 한다.

Section 03 해충과 방제

1 해충

(1) 해충의 종류

① 대부분 곤충이 많으며 그 외 진드기류, 선충류, 갑각류, 복족류 등과 소형 무척추동물도 있다.
② 입의 모양에 따라 흡즙성과 저작성 해충으로 분류한다.

(2) 피해

① 가해 : 작물에 직접적인 상처 또는 장해를 주어 쇠약하게 하는 피해
② 피해 : 해충의 가해에 의한 작물의 증상
③ 해충의 가해 양식
㉠ 식해 : 이화명나방, 혹명나방, 멸강나방, 벼잎벌레, 줄기굴파리, 벼물바구미 등
㉡ 흡즙해(즙액흡수) : 멸구, 애멸구, 진딧물, 진드기, 방귀벌레, 깍지진디, 패각충 등
㉢ 산란, 상해 : 포도뿌리진딧물, 진드기, 선충류 등
㉣ 벌레혹 형성 : 끝동매미충, 잎벌, 콩잎굴파리 등
㉤ 기타(중독물질) : 벼줄기굴파리, 벼심고선충 등

2 방제

(1) 해충의 방제

1) 의의

① 병해와 달리 해충의 방제는 발생 후에도 약제살포로 방제가 가능하다.
② 약제의 다량사용은 천적류의 피해, 환경오염, 해충의 내성, 잔류독성 등 부정적 면도 많다.
③ 해충의 방제는 예방과 방제를 조합한 종합적 방제가 필요하다.
④ 해충의 방제목표와 주요 방제방법
㉠ 예방
ⓐ 방제목표 : 해충의 발생 억제, 해충의 가해 회피
ⓑ 주요 방제방법 : 윤작과 휴한, 저항성품종의 선택, 천적의 이용, 재배시기의 이동, 차단, 전등조명에 의한 기피
㉡ 방제
ⓐ 방제목표 : 발생한 해충을 살충
ⓑ 주요 방제방법 : 살충제 살포, 유살 및 포살, 대항식물의 이용, 천적의 이용, 불임웅 이용

2) 천적

① 천적의 분류
㉠ 천적 : 특정 곤충의 포식 또는 기생이나 침입하여 병을 일으키는 생물을 그 곤충의 천적이라 한다.
㉡ 밀폐공간에서 작물을 재배하는 시설원예에서는 천적의 이용이 유리하고 유기원예에서는 중요한 해충의 구제방법으로 이용된다.
㉢ 이용 천적은 기생성, 포식성, 병원성 천적으로 구분할 수 있다.
㉣ 천적의 분류와 종류
ⓐ 기생성 천적 : 기생벌, 기생파리, 선충 등
ⓑ 포식성 천적 : 무당벌레, 포식성 응애, 풀잠자리, 포식성 노린재류 등
ⓒ 병원성 천적 : 세균, 바이러스, 원생동물 등
② 천적의 종류와 대상 해충

대상해충	도입 대상 천적(적합한 환경)	이용작물
점박이응애	칠레이리응애(저온)	딸기, 오이, 화훼 등
	긴이리응애(고온)	수박, 오이, 참외, 화훼 등
	캘리포니아커스이리응애(고온)	수박, 오이, 참외, 화훼 등
	팔리시스이리응애(야외)	사과, 배, 감귤 등
온실가루이	온실가루이좀벌(저온)	토마토, 오이, 화훼 등
	Eromcerus eremicus(고온)	토마토, 오이, 멜론 등
진딧물	콜레마니진딧벌	엽채류, 과채류 등

대상해충	도입 대상 천적(적합한 환경)	이용작물
총채벌레	애꽃노린재류(큰 총채벌레 포식)	과채류, 엽채류, 화훼 등
	오이이리응애(작은 총채벌레 포식)	과채류, 엽채류, 화훼 등
나방류 잎굴파리	명충알벌	고추, 피망 등
	굴파리좀벌(큰 잎굴파리유충)	토마토, 오이, 화훼 등
	Dacunas sibirica(작은 유충)	토마토, 오이, 화훼 등

③ 천적의 이용방법

㉠ 작물 생육환경에 따라 천적을 적당히 선택해야 한다.

㉡ 천적 이용 효과를 높이기 위해 가능하면 무병 종묘를 이용하고 외부 해충의 침입을 막아준다.

㉢ 천적 활동에 알맞은 환경 조성과 가급적 조기에 투입한다.

④ 유지식물(banker plant)

㉠ 천적 증식과 유지에 이용되는 식물

㉡ 유연관계가 먼 작물들은 해충 종류도 서로 달라 주작물의 해충으로는 작용하지 않으면서 천적의 증식을 위한 먹이로 이용된다.

㉢ 딸기의 뱅커플랜트

ⓐ 단자엽식물인 보리가 이용된다.

ⓑ 보리에는 초식자인 보리두갈래진딧물과 그 천적인 콜레마니진딧벌이 동시에 증식한다.

ⓒ 보리에 증식한 진딧벌은 딸기에 발생하는 진딧물을 공격한다.

㉣ 뱅커플랜트 이용은 해충 발생 전에 준비한다.

㉤ 뱅커플랜트 천적 발생시기와 주작물의 해충 발생시기를 일치시켜야 한다.

㉥ 기주곤충의 추가 접종이 필요하다.

⑤ 천적 이용 시 문제점

㉠ 모든 해충의 구제는 불가능하다.

㉡ 천적의 관리 및 이용에 기술적 어려움과 경제적 측면도 고려하여야 한다.

㉢ 대상 해충이 제한적이다.

㉣ 해충밀도가 지나치게 높으면 방제효과가 떨어진다.

㉤ 천적도 환경영향을 크게 받으므로 방제효과가 환경에 따라 달라진다.

㉥ 농약과 같이 즉시효과가 나타나지 않는다.

3) 가해의 회피

① 발생 시기와 가해 시기를 피해 재배 시기의 이동 등으로 회피할 수 있다.

② 차단, 유인, 포살, 조명 등도 이용한다.

4) 재배적(경종적) 방제

① 윤작 : 토양전염병 감소

② **중간기주 식물의 제거** : 배나무 적성병의 경우 향나무 제거로 방제
③ **적기 파종** : 고온기에 발생하는 배추무름병 방제
④ **적당량의 시비** : 질소과다로 발생하는 오이 만할병 방제
⑤ **생장점 배양** : 무병주 생산에 이용

5) 물리적(기계적) 방제

① 낙엽의 소각
② **태양에 의한 토양 가열** : 뿌리혹선충 살균
③ 과수의 봉지씌우기
④ 나방, 유충의 유인 포살
⑤ 밭토양의 담수
⑥ 건열 처리

6) 생물학적 방제법

① 천적을 이용한 해충 방제
② 천적을 이용할 때 효과를 높이려면 무병, 무충종묘를 사용
③ 나방류는 천적이 드물어 페르몬 트랩을 이용(페르몬은 화학적으로 불안정하여 쉽게 분해하므로 유효기간이 짧음)

7) 화학적 방제법

① 보르도용액, 유황훈증, 살충비누, 오일류, 농약 등을 살포해서 방제하는 방법
② 예방효과는 적지만 효과가 단시간에 확실히 나타난다.
③ 재배방법에도 제약이 없다.
④ **약제사용 시 주의점**
㉠ 해충 또는 작물에 알맞은 약제의 선택
㉡ 포장환경과 작물의 생육에 맞는 제형의 선택
㉢ 농도 및 살포량을 정확하게 지킬 것
㉣ 살포 적기에 사용할 것
㉤ 동일 약제를 연용하지 말고 성분이 다른 약제를 조합할 것
㉥ 천적에 해를 주지 말아야 하며 선택성이 있는 농약을 사용할 것

8) 법적방제

식물검역을 실시하여 병균이나 해충의 국내 침입과 전파를 막는 방법

(2) 농약

1) 농약의 분류

① **살균제** : 보호살균제(보르도액), 직접살균제(디포라탄), 종자소독제(지오람수화제), 토양살균제(클로리피크린)
② **살충제** : 소화중독제, 접촉제, 훈증제, 침투성살충제, 기피제, 불임제, 유인제, 보조제

2) 농약의 주요구비 조건

① 살균, 살충력이 강한 것
② 작물 및 인축에 해가 없는 것
③ 사용법이 간편할 것
④ 저장 중 변질되지 않을 것
⑤ 다른 약제와 혼용할 수 있는 것
⑥ 다량 생산할 수 있는 것

3) 농약의 안전한 살포방법

① 모자, 마스크, 방수복을 착용하고 살포한다.
② 바람을 등지고 살포한다.
③ 바람이 강한 날에는 살포하지 않는다.
④ 기온이 높을 때는 서늘한 저녁 무렵에 살포한다.

(3) 병충해종합관리(IPM ; Integrated Pest Management)

1) 의의

① 경제적, 환경적, 사회적 가치를 고려하여 종합적이고 지속가능한 병충해 관리 전략
② Integrated(종합적) : 병충해 문제 해결을 위해 생물학적, 물리적, 화학적, 작물학적, 유전학적 조절방법을 종합적으로 사용하는 것을 의미한다.
③ Pest(병충해) : 수익성 및 상품성 있는 산물의 생산에 위협이 되는 모든 종류의 잡초, 질병, 곤충을 의미한다.
④ Management(관리) : 경제적 손실을 유발하는 병충해를 사전적으로 방지하는 과정을 의미한다.
⑤ IPM은 병충해의 전멸이 목표가 아닌 일정 수준의 병충해의 존재와 피해에서도 수익성 있고 상품성 있는 생산이 가능하도록 하는데 그 목적이 있다.

2) 농약사용 절감을 위한 병충해종합방제

① 병충해 발생을 억제할 수 있는 재배기술의 실천
② 물리적 방제기술의 실천
③ 천적 또는 페르몬 등 생물학적 방제법의 도입
④ 농약은 최후 수단으로 꼭 필요한 경우에만 사용

Section 04 잡초와 방제

1 잡초

(1) 잡초와 피해

1) 잡초

① 재배 포장 내에 발생하는 작물 이외의 식물

② 광의의 잡초는 포장뿐만 아니라 포장주변, 도로, 제방 등에서 발생하는 식물까지 포함한다.

③ 작물 사이에 자연적으로 발생하여 직·간접으로 작물의 수량이나 품질을 저하시키는 식물을 잡초라고 한다.

2) 피해

① 양수분의 수탈을 가져온다.

② 광의 차단을 가져온다.

③ 환경을 악화시킨다.

④ 병충해의 번식을 조장한다.

⑤ **유해물질의 분비** : 유해 물질의 분비로 작물 생육을 억제하는 상호대립 억제작용(타감작용 ; allelopathy)이 있다.

⑥ 품질의 저하를 가져온다.

⑦ 가축에의 피해를 가져온다.

⑧ 미관의 손상이 발생한다.

⑨ 수로 또는 저수지 등에 만연은 물의 관리 작업을 어렵게 한다.

3) 잡초의 유용성

① 지면 피복으로 토양침식을 억제한다.

② 토양에 유기물의 제공원이 될 수 있다.

③ 구황작물로 이용될 수 있는 것들이 많다.

④ 야생동물, 조류 및 미생물의 먹이와 서식처로 이용되어 환경에 기여한다.

⑤ 유전자원으로 이용된다.

⑥ 과수원 등에서 초생재배식물로 이용될 수 있다.

⑦ 약용성분 및 기타 유용한 천연물질의 추출원이 된다.

⑧ 가축의 사료로서 가치가 있다.

⑨ 환경오염 지역에서 오염물질을 제거한다.

⑩ 자연경관을 아름답게 하는 조경재료로 사용될 수 있다.

4) 잡초의 주요 특성

① 원하지 않는 장소에 발생한다.

② 자연 야생상태에서도 잘 번식한다.

③ 번식력이 왕성하며, 큰 집단을 형성한다.
④ 근절하기 힘들며, 작물, 동물, 인간에게 피해를 준다.
⑤ 이용가치가 적다.
⑥ 미관을 손상시킨다.

(2) 잡초의 종류와 생태

1) 잡초의 종류

① 생활사에 따라 1년생, 2년생 및 다년생으로 구분한다.
㉠ 1년생 잡초 : 생활주기가 1년 이내인 잡초
㉡ 2년생 잡초 : 생활주기가 1~2년인 잡초
㉢ 다년생 잡초 : 2년 이상 생존하며 종자로 번식하기도 하지만, 영양번식을 하는 경우가 많다.

② 우리나라의 잡초

구분			잡초
논잡초	1년생	화본과	강피, 물피, 돌피, 둑새풀
		방동사니과	참방동사니, 알방동사니, 바람하늘지기, 바늘골
		광엽잡초	물달개비, 물옥잠, 여뀌, 자귀풀, 가막사리
	다년생	화본과	나도겨풀
		방동사니과	너도방동사니, 올방개, 올챙이고랭이, 매자기
		광엽잡초	가래, 벗풀, 올미, 개구리밥, 미나리
밭잡초	1년생	화본과	바랭이, 강아지풀, 돌피, 둑새풀(2년생)
		방동사니과	참방동사니, 금방동사니
		광엽잡초	개비름, 명아주, 여뀌, 쇠비름, 냉이(2년생), 망초(2년생), 개망초(2년생)
	다년생	화본과	참새피, 띠
		방동사니과	향부자
		광엽잡초	쑥, 씀바귀, 민들레, 쇠뜨기. 토끼풀, 메꽃

2) 잡초의 생태

① 종자 생산량이 많고 소립으로 발아가 빠르고 초기의 생장속도가 빠르다.
② 대개 C_4형 광합성으로 광합성 효율이 높고 생장이 빨라서 경합적 측면에서 많은 장점을 갖고 있다.
③ 불량환경에 적응력이 높고 한발 및 과습의 조건에서도 잘 견딘다.

2 방제

(1) 잡초의 방제

1) 잡초의 예방

① 윤작
② 방목
③ 소각 및 소토
④ 경운
⑤ 퇴비를 잘 부숙시켜 퇴비 중의 잡초종자의 경감
⑥ 종자 선별
⑦ 피복
⑧ 답전윤환
⑨ 담수 및 써레질

2) 잡초의 방제

① 물리적(기계적) 방제
㉠ 물리적 힘을 이용하여 잡초를 제거하는 방법
㉡ 방법으로는 수취, 화염제초, 베기, 경운, 중경 등이 있다.

② 경종적(생태적) 방제
㉠ 잡초와 작물의 생리, 생태적 특성을 이용하여 잡초의 경합력을 저하시키고 작물의 경합력을 높이는 방법을 이용한다.
㉡ 방법으로는 재배시기의 조절, 윤작, 시비의 조절 등이 있다.

③ 생물학적 방제
㉠ 생태계 파괴 없이 보존할 수 있는 방법
㉡ 곤충, 소동물, 어패류 등을 이용하여 방제하는 방법이다.

④ 화학적 방제
㉠ 장점
ⓐ 사용폭이 넓고 효과가 커서 비교적 완전한 제초가 가능하다.
ⓑ 사용이 간편하고, 효과가 상당 기간 지속적이며, 경비를 절감할 수 있다.
㉡ 단점
ⓐ 인축과 작물에 약해(藥害) 발생 염려가 있다.
ⓑ 지식과 훈련 및 교육이 필요하다.

⑤ 종합적 방제(IWP, Integrated Weed Management)
㉠ 잡초 방제를 위해 2종 이상의 방제법을 혼합하여 사용하는 것
㉡ 불리한 환경으로 인한 경제적 손실이 최소화되도록 유해생물의 군락을 유지시키는 데 목적이 있다.
㉢ 완전 제거가 아닌 경제적 손실이 없는 한도 내에서 가장 이상적인 방제를 요구하는 방법이다.

3) 제초제

① 제초제의 구비조건

㉠ 제초효과가 커야 한다.

㉡ 인축 및 공해 등에 대한 안전도가 높아야 한다.

㉢ 사용이 편리해야 한다.

㉣ 조건의 차이에 있어서 효과가 안전해야 한다.

㉤ 가격이 적절해야 한다.

㉥ 약해가 적어야 한다.

㉦ 처리에 있어 안전성이 있어야 한다.

㉧ 노력절감을 위해 다른 약제와 혼용이 가능해야 한다.

② 제초제 사용상의 유의점

㉠ 선택과 사용 시기, 사용농도를 적절히 한다.

㉡ 파종 후 처리 시는 복토를 다소 깊고 균일하게 한다.

㉢ 인축에 유해한 것은 특히 취급에 주의한다.

㉣ 제초제의 연용에 의한 토양조건이나 잡초 군락의 변화에 유의해야 한다.

㉤ 농약, 비료 등과의 혼용을 고려해야 한다.

㉥ 제초제에 대한 저항성 품종의 육성이 고려되어야 한다.

③ 제초제의 선택성

㉠ 생태적 선택성 : 작물과 잡초 간의 생육시기(연령)가 서로 다른 차이와 공간적 차이에 의해 잡초만을 방제하는 방법

㉡ 형태적 선택성 : 식물체의 생장점이 밖으로 노출되어 있는지의 여부에 따라 나타나는 선택성의 차이에 의해 잡초를 방제하는 방법

㉢ 생리적 선택성 : 제초제의 화학적 성분이 식물체내에 흡수 · 이행되는 정도의 차이에 따라 잡초를 방제하는 방법

㉣ 생화학적 선택성 : 작물과 잡초가 제초제에 대한 감수성이 다른 차이를 이용한 방제 방법

④ 제초제 상호작용(Tammes의 농약 상호작용의 효과 관련 정의)

㉠ 상승작용 : 두 종류의 제초제를 혼합 처리할 때의 반응이 각각 제초제를 단독 처리할 때 반응을 합계한 것보다 크게 나타나는 경우이다.

㉡ 상가작용 : 두 종류의 제초제를 혼합 처리할 때의 반응이 각각 제초제를 단독 처리할 때 반응을 합계한 것과 같게 나타나는 경우이다.

㉢ 독립작용(독립효과) : 두 종류의 제초제를 혼합 처리할 때의 반응이 각각 제초제를 단독 처리할 때 반응이 큰 쪽과 같은 효과를 나타나는 경우이다.

㉣ 증강효과 : 단독 처리할 때는 무반응이나 제초제와 혼합 처리 시 효과가 나타나는 것이다.

㉤ 길항작용(길항적 반응) : 두 종류의 물질을 혼합 처리 시의 반응이 단독 처리 시의 큰 쪽 반응보다 작게 나타나는 것이다.

성공하려면
당신이 무슨 일을 하고 있는지를 알아야 하며,
하고 있는 그 일을 좋아해야 하며,
하는 그 일을 믿어야 한다.

-윌 로저스(Will Rogers)-

☆

때론 지치고 힘들지만 언제나 가슴에 큰 꿈을 안고 삽시다.
노력은 배반하지 않습니다.^^

Chapter 5

적중예상문제

저자쌤의 문제풀이 Tip

기술자격증 시험은 문제은행식 출제로 반복되는 문제들이므로 되도록 모든 문제를 풀어보고 숙지하여야 한다.

Chapter 01 재배의 기원과 현황

01 재배 식물을 기형 식물이라고 하는 이유는?

① 재배 식물은 계속 재배하기 때문에 퇴화하는 것이다.

② 원산지가 달라서 환경에 맞지 않기 때문이다.

③ 재배 식물은 인류가 작물의 일부만 개량하였기 때문이다.

④ 재배 식물이 관리 부족으로 제대로 자라지 않았기 때문이다.

해설 재배 식물의 경제성을 높이려면 이용 부위의 단위 수량이 높아야 하므로 자연히 특수 부분만이 발달하여 대부분이 기형 식물을 이룬다.

02 세계의 작물 중 재배 비율이 가장 높은 것은?

① 식용 작물 ② 채소 작물
③ 사료 작물 ④ 조미료 작물

해설 ① 40%, ② 15%, ③ 15%, ④ 8%이다.

03 다음 설명 중에서 틀린 것은?

① 농업 기술의 발달로 세계의 식량은 충분히 생산될 전망이다.

② 작물 재배는 국토 관리, 물과 공기의 정화 기능을 한다.

③ 재배는 식물의 생육과 번식을 보호하고 관리하는 일이다.

④ 작물 재배는 경우에 따라 환경오염의 원인이 될 수 있다.

해설 최근에는 토지, 기상 등의 환경적인 문제와 기술 발달의 한계 등으로 식량 문제가 점점 커지고 있다.

04 작물수량을 최대로 올리기 위한 주요한 요인으로 나열된 것은?

① 품종, 비료, 재배기술

② 유전성, 환경조건, 재배기술

③ 품종, 기상조건, 종자

④ 유전성, 비료, 종자

해설 작물의 재배이론
- 작물생산량은 재배작물의 유전성, 재배환경, 재배기술이 좌우한다.
- 재배환경, 재배기술, 유전성의 세 변으로 구성된 삼각형 면적으로 표시되며 최대 수량의 생산은 좋은 환경과 유전성이 우수한 품종, 적절한 재배기술이 필요하다.
- 작물수량 삼각형에서 삼각형의 면적은 생산량을 의미하며 면적의 증가는 유전성, 재배환경, 재배기술의 세 변이 고르고 균형 있게 발달하여야 면적이 증가하며, 삼각형의 두 변이 잘 발달하였더라도 한 변이 발달하지 못하면 면적은 작아지게 되며 여기에도 최소율의 법칙이 적용된다.

05 작물 수량을 증가시키는 3대 조건이 아닌 것은?

① 유전성이 좋은 품종 선택

② 알맞은 재배환경

③ 적합한 재배기술

④ 상품성이 우수한 작물 선택

해설 작물생산량은 재배작물의 유전성, 재배환경, 재배기술이 좌우한다.

06 작물 수량의 이론에 적합하지 않은 것은?

① 유전성 ② 인력
③ 재배기술 ④ 환경조건

해설 작물 수량은 유전성, 환경조건, 재배기술을 3요소로 하는 삼각형으로 표시할 수 있다.

1.③ 2.① 3.① 4.② 5.④ 6.②

07 세계 3대 식용작물이 아닌 것은?

① 벼 ② 밀
③ 옥수수 ④ 감자

해설 세계 3대 식용작물은 벼, 밀, 옥수수이다.

08 다음 중 삼한시대에 재배된 오곡에 포함되지 않는 작물은?

① 수수 ② 보리
③ 기장 ④ 피

해설 **삼한시대에 재배된 오곡**
보리, 기장, 참깨, 피, 콩

09 작물의 재배적 특징으로 옳지 않은 것은?

① 토지를 이용함에 있어 수확체감의 법칙이 적용된다.
② 자연환경의 영향으로 생산물량 확보가 자유롭지 못하다.
③ 소비면에서 농산물은 공산물에 비하여 수요탄력성과 공급탄력성이 크다.
④ 노동의 수요가 연중 균일하지 못하다.

해설 농산물은 공산품에 비하여 수요와 공급이 비탄력적이어서 생산에 따른 가격변동이 크다.

10 농업의 발상지라고 볼 수 없는 곳은?

① 큰 강의 유역 ② 각 대륙의 내륙부
③ 산간부 ④ 해안지대

해설 **농업의 발상지**
- 큰 강 유역설 : De Candolle(1884)은 주기적으로 강의 범람으로 토지가 비옥해지는 큰 강의 유역이 농사짓기에 유리하여 원시 농경의 발상지였을 것으로 추정하였다. 실제 중국의 황하나 양자강 유역이 벼의 재배로 중국문명이 발생하였으며, 인더스강 유역의 인도문명, 나일강 유역의 이집트문명 등이 발생하였다.
- 산간부설 : N.T. Vavilov(1926)는 큰 강 유역은 범람으로 인해 농업이 근본적 파멸 우려가 있으므로 최초 농경이 정착하기 어려웠을 것으로 보고, 기후가 온화한 산간부 중 관개수를 쉽게 얻을 수 있는 곳을 최초 발상지로 추정하였으며, 마야문명, 잉카문명 등과 같은 산간부를 원시 농경의 발상지로 보았다.
- 해안지대설 : P. Dettweiler(1914)는 온화한 기후와 토지가 비옥하며 토양수분도 넉넉한 해안지대를 원시 농경의 발상지로 추정하였다.

11 기원지로서 원산지를 파악하는데 근간이 되고 있는 학설은 유전자중심설이다. Vavilov의 작물의 기원지에 해당하지 않는 곳은?

① 지중해 연안
② 인도 · 동남아시아
③ 남부 아프리카
④ 코카서스 · 중동

해설 **바빌로프의 주요 작물 재배기원 중심지**

지역	주요작물
중국	6조보리, 조, 메밀, 콩, 팥, 마, 인삼, 배나무, 복숭아 등
인도, 동남아시아	벼, 참깨, 사탕수수, 왕골, 오이, 박, 가지, 생강 등
중앙아시아	귀리, 기장, 삼, 당근, 양파 등
코카서스, 중동	1립계와 2립계의 밀, 보리, 귀리, 알팔파, 사과, 배, 양앵두 등
지중해 연안	완두, 유채, 사탕무, 양귀비 등
중앙아프리카	진주조, 수수, 수박, 참외 등
멕시코, 중앙아메리카	옥수수, 고구마, 두류, 후추, 육지면, 카카오 등
남아메리카	감자, 담배, 땅콩 등

12 작물의 원산지를 연결한 것 중 잘못된 것은?

① 벼 – 일본
② 밀 – 중앙아시아
③ 콩 – 중국 북부 일대
④ 옥수수 – 남미 안데스

해설 벼 – 인도(또는 중국)

13 작물의 분화 과정에서 생리적 고립이 의미하는 것은?

① 모든 환경에 순화되는 것
② 환경에 적응력이 강하게 발달하는 것
③ 상호간 지리적으로 격리되어 유전적 교섭이 방지되는 것
④ 생리적 원인에 의해서 유전 교섭이 방지되는 것

해설 **생리적 고립**
개화기의 차이, 교잡 불임 등의 생리적 원인에 의해서 같은 장소에 있어서도 상호간에 유전적 교섭이 방지되는 고립

7.④ 8.① 9.③ 10.② 11.③ 12.① 13.④

14 다음 중 공예작물이 아닌 것은?

① 참깨
② 목화
③ 팥
④ 인삼

해설 팥은 식용작물 중 두류에 속한다.

15 작물의 분류에서 특용작물 중 섬유작물로 알맞지 않은 것은?

① 목화, 삼
② 아마, 왕골
③ 모시풀, 호프
④ 어저귀, 수세미

해설 **공예(특용)작물**
- 유료작물 : 참깨, 들깨, 아주까리, 유채, 해바라기, 콩, 땅콩 등
- 섬유작물 : 목화, 삼, 모시풀, 아마, 왕골, 수세미, 닥나무, 어저귀 등
- 전분작물 : 옥수수, 감자, 고구마 등
- 당료작물 : 사탕수수, 사탕무, 단수수, 스테비아 등
- 약용작물 : 제충국, 인삼, 박하, 호프 등
- 기호작물 : 차, 담배 등

16 과실을 이용하는 열매채소가 아닌 것은?

① 토마토
② 딸기
③ 수박
④ 당근

해설 당근은 근채류 중 직근류에 해당한다.

17 인과류에 속하는 과수는?

① 비파
② 살구
③ 호두
④ 귤

해설 **과수의 형태적 분류**
- 인과류 : 배, 사과, 비파 등
- 핵과류 : 복숭아, 자두, 살구, 앵두 등
- 장과류 : 포도, 딸기, 무화과 등
- 각과류(견과류) : 밤, 호두 등
- 준인과류 : 감, 귤 등

18 재배식물을 여름작물과 겨울작물로 분류하였다면 이는 어느 생태적 특성에 의한 분류인가?

① 작물의 생존연한
② 작물의 생육시기
③ 작물의 생육적온
④ 작물의 생육형태

해설 **생육계절에 의한 분류**
- 하작물
  - ㉠ 봄에 파종하여 여름철에 생육하는 1년생 작물
  - ㉡ 대두, 옥수수 등
- 동작물
  - ㉠ 가을에 파종하여 가을, 겨울, 봄을 중심해서 생육하는 월년생 작물
  - ㉡ 가을보리, 가을밀 등

19 경영면에 따른 작물의 분류는?

① 조생종 ② 도입품종
③ 환금작물 ④ 장간종

해설 작물을 경영면에 따라 환금작물, 자급작물, 경제작물 등으로 분류한다. 환금작물은 시장에 내다 팔기 위해 재배하는 상품작물을 말한다.

20 식물과 화기구조상의 특징을 짝지은 것으로 잘못된 것은?

① 무 : 자웅이주
② 호박 : 자웅이화
③ 아스파라거스 : 자웅이주
④ 수박 : 자웅이화

해설 **화기구조상의 특징**
- 자웅동주 채소 : 무, 배추, 양배추, 양파 등
- 자웅이화 채소 : 오이, 호박, 참외, 수박 등
- 자웅이주 채소 : 시금치, 아스파라거스 등

21 자웅이주(암수 딴그루)인 과수는?

① 사과 ② 복숭아
③ 참다래 ④ 배

해설 **자웅동주**
- 암수 동일 개체에 있는 것
- 배, 무, 양배추, 양파, 수박, 오이, 밤 등

자웅이주
- 암수 서로 다른 개체에 있는 것
- 은행, 참다래, 시금치, 아스파라거스 등

14.③ 15.③ 16.④ 17.① 18.② 19.③ 20.① 21.③

22 다음 중 위과에 해당하는 것은?

① 딸기 ② 복숭아
③ 감귤 ④ 포도

해설 꽃의 발육 부분에 따른 분류
- 진과
  ㉠ 씨방이 발육하여 과육이 된다.
  ㉡ 포도, 복숭아, 단감, 감귤 등
- 위과
  ㉠ 씨방과 그 외의 화탁이 발육하여 과육이 된다.
  ㉡ 사과, 배, 딸기, 오이, 무화과 등

23 다음 중 홍수 방지에 가장 효과적인 농업의 형태는?

① 채소 재배 ② 논벼 재배
③ 과수 재배 ④ 시설 원예

해설 작물 재배의 유익한점
- 국토를 보존 관리해준다.
- 홍수를 방지하고, 수자원을 보존해준다.
- 물과 공기를 정화해준다.

24 우리나라의 농경지 면적은 전 국토의 약 몇 % 인가?

① 약 15% ② 약 17%
③ 약 19% ④ 약 25%

해설 우리나라 전체 국토의 면적은 약 1000ha이며, 그중 농경지 면적은 약 17%이다.

Chapter 02 재배환경

01 작물 생육에 대한 수분의 기본적 역할이라고 볼 수 없는 것은?

① 식물체 증산에 이용되는 수분은 극히 일부분에 불과하다.
② 원형질의 생활상태를 유지한다.
③ 필요 물질을 흡수할 때 용매가 된다.
④ 필요 물질의 합성 · 분해의 매개체가 된다.

해설 작물생육에 있어 수분의 기본역할
- 원형질의 생활 상태를 유지한다.
- 식물체 구성물질의 성분이다.
- 식물체에 필요한 물질의 흡수 용매가 된다.
- 세포 긴장상태를 유지시켜 식물의 체제유지를 가능하게 한다.
- 필요물질의 합성 · 분해의 매개체가 된다.
- 식물의 체내 물질분포를 고르게 하는 매개체가 된다.

02 작물 생육에서 수분의 역할에 대한 설명으로 틀린 것은?

① 물질의 이동에 관여
② 원형질 분리 현상
③ 세포의 긴장 상태 유지
④ 식물체 구성 물질의 성분

해설 수분의 역할
원형질의 생활 상태를 유지하고, 식물체 구성 물질의 성분이 된다. 필요물질 흡수의 용매가 되고, 식물체내의 물질분포를 고르게 하며, 세포의 긴장 상태를 유지한다.

03 다음 작물에서 요수량이 가장 적은 작물은?

① 수수 ② 메밀
③ 밀 ④ 보리

해설 작물의 종류에 따른 요수량
- 수수, 옥수수, 기장 등은 작고 호박, 알팔파, 클로버 등은 크다.
- 일반적으로 요수량이 작은 작물일수록 내한성(耐旱性)이 크나, 옥수수, 알팔파 등에서는 상반되는 경우도 있다.

04 세포 안에 물의 함량이 증가할 때 세포의 크기를 증대시키는 압력은?

① 삼투압 ② 팽압
③ 막압 ④ 확산압

해설 삼투에 의해서 세포의 물이 증가하면 세포의 크기를 증대시키려는 압력이 생기는데, 이를 팽압이라고 한다.

05 벼 모내기부터 낙수까지 ㎡당 엽면증산량이 480mm, 수면증발량이 400mm, 지하침투량이 500mm이고 유효강우량이 375mm일 때, 10a에 필요한 용수량은?

① 약 500kL ② 약 1,000kL
③ 약 1,500kL ④ 약 2,000kL

해설 용수량=(엽면증발량+수면증발량+지하침투량)−유효강우량=(480+400+500)−375=1,005mm
10a=1,000m^2이므로 1,005×1,000=1,005,000L=1,005kL

22.① 23.② 24.② / 1.① 2.② 3.① 4.② 5.②

06 작물의 수분 부족 장해가 아닌 것은?

① 무기양분이 결핍된다.
② 증산작용이 약해진다.
③ ABA양이 감소된다.
④ 광합성능이 떨어진다.

해설 ABA의 양이 증가하면서 위조저항성이 생긴다.

07 점적관개에 대한 설명으로 옳은 것은?

① 미생물을 물에 타서 주는 방법
② 작은 호스 구멍으로 소량씩 물을 주는 방법
③ 싹을 틔우기 위해 물을 뿌려주는 방법
④ 스프링클러 등으로 물을 뿌려주는 방법

해설 점적관개는 미세한 구멍이 있는 호스를 땅에 깔거나 묻고 한 방울씩(소량) 물을 서서히 공급하는 방법으로, 시간이 오래 걸리지만 가장 이상적인 관수 방법이다.

08 지하에 물의 통로를 만들어 지중의 과잉수를 배제하여 지하수위를 적당한 위치로 유지하는 배수 방법을 무엇이라 하는가?

① 암거 배수　② 명거 배수
③ 기계 배수　④ 객토

해설 암거 배수는 지하에 배수 시설을 하여 배수하는 방법이다.

09 작물이 습해를 일으키는 직접적인 원인은?

① 토양미생물 활동
② 유수에 의한 작물의 도복
③ 과습 상태에서의 토양 산소 부족
④ 지온의 상승

해설 토양이 과습상태가 되면 산소가 부족하게 되어 뿌리가 상하고 심하면 부패하여 지상부가 황화하고 결국 위조 고사하게 된다.

10 작물의 습해 대책으로 틀린 것은?

① 습답에서는 휴립 재배를 한다.
② 저습지에서는 미숙 유기물을 다량 사용하여 입단을 조성한다.
③ 내습성인 작물과 품종을 선택한다.
④ 배수는 습해의 기본대책이다.

해설 미숙 유기물과 황산근 비료의 시용을 피하고, 표층시비를 하여 뿌리를 지표면 가까이 유도한다.

11 다음 중 배수 불량으로 토양환원작용이 심한 토양에서 유기산과 황화수소의 발생 및 양분흡수 방해가 주요 원인이 되어 발생하는 벼의 영양장해 현상은?

① 노화 현상
② 적고 현상
③ 누수 현상
④ 시들음 현상

해설 엽록소의 변화 및 파괴로 인해 벼가 적갈색으로 변해서 죽는 적고 현상이 발생한다.

12 수해에 관여하는 요인으로 옳지 않은 것은?

① 생육단계에 따라 분얼 초기에는 침수에 약하고, 수잉기~출수기에 강하다.
② 수온이 높으면 물속의 산소가 적어져 피해가 크다.
③ 질소비료를 많이 주면 호흡작용이 왕성하여 관수해가 커진다.
④ 4~6일의 관수는 피해를 크게 한다.

해설 벼는 분얼 초기에는 침수에 강하고, 수잉기~출수개화기에는 극히 약하다.

13 수해의 사전대책으로 틀린 것은?

① 경사지와 경작지의 토양을 보호한다.
② 질소 과용을 피한다.
③ 작물의 종류나 품종의 선택에 유의한다.
④ 경지정리를 가급적 피한다.

해설 경지정리를 잘하여 배수가 잘되게 해야 한다.

14 벼에서 관수해에 가장 민감한 시기는?

① 유수형성기　② 수잉기
③ 유효분얼기　④ 이앙기

해설 태풍이나 폭우로 논밭이 침수되어 농작물이 물속에 잠겨 발생하는 피해를 만수해라고 한다. 만수해에 따른 생육시기별 피해는 감수분열기(수잉기)에 가장 예민하다.

6.③ 7.② 8.① 9.③ 10.② 11.② 12.① 13.④ 14.②

15 작물의 관수해에 대한 설명 중 잘못된 것은?

① 관수해의 정도는 작물의 종류와 품종 간의 차이가 크다.
② 관수해의 정도는 생육단계에 따라 차이가 인정된다.
③ 관수해의 정도는 수온이 높을수록 크다.
④ 관수해의 정도는 수질과는 관계없다.

해설 정체하고 흐린 물보다 맑고 흐르는 물이 용존 산소가 많고 수온이 낮으므로 관수해의 피해가 덜하다.

16 작물 재배 시 배수의 효과가 아닌 것은?

① 습해와 수해를 방지한다.
② 잡초의 생육을 억제한다.
③ 토양의 성질을 개선하여 작물의 생육을 촉진한다.
④ 농작업을 용이하게 하고 기계화를 촉진한다.

해설 **배수효과**
- 습해나 수해를 방지한다.
- 토양의 성질을 개선하여 작물의 생육을 조장한다.
- 1모작답을 2 · 3모작답으로 사용할 수 있어 경지이용도를 높인다.
- 농작업을 용이하게 하고, 기계화를 촉진한다.

17 밭에서 한해를 줄일 수 있는 재배적 방법으로 옳지 않은 것은?

① 뿌림골을 높게 한다.
② 재식밀도를 성기게 한다.
③ 질소의 시비량을 줄인다.
④ 내건성 품종을 재배한다.

해설 **밭에서의 재배 대책**
- 뿌림골을 낮게 한다(휴립구파).
- 뿌림골을 좁히거나 재식밀도를 성기게 한다.
- 질소의 다용을 피하고 퇴비, 인산, 칼리를 증시한다.
- 봄철의 맥류재배 포장이 건조할 때 답압한다.

18 다음 중 내건성이 큰 작물의 특성으로 옳지 않은 것은?

① 수분함량이 낮은 상태에서 생리기능이 높다.
② 체내 수분의 손실이 적다.
③ 증산작용이 활발하다.
④ 체내의 수분보유력이 크다.

해설 **내건성이 강한 작물의 특성**
- 체내 수분의 손실이 적다.
- 수분의 흡수능력이 크다.
- 체내의 수분보유력이 크다.
- 수분함량이 낮은 상태에서 생리기능이 높다.

19 다음 중 내건성이 큰 작물의 형태적 특성으로 옳지 않은 것은?

① 뿌리가 깊고 지하부에 비해 지상부의 발달이 좋다.
② 기동세포가 발달하여 탈수되면 잎이 말려서 표면적이 축소된다.
③ 표면적과 체적의 비가 작고 왜소하며 잎이 작다.
④ 기공이 작고 많다.

해설 **작물의 내건성(내한성) : 형태적 특성**
- 표면적과 체적의 비가 작고 왜소하며 잎이 작다.
- 뿌리가 깊고 지상부에 비하여 근군의 발달이 좋다.
- 잎조직이 치밀하고 잎맥과 울타리 조직의 발달 및 표피에 각피가 잘 발달하고, 기공이 작고 많다.
- 저수능력이 크고, 다육화의 경향이 있다.
- 기동세포가 발달하여 탈수되면 잎이 말려서 표면적이 축소된다.

20 내건성이 큰 작물의 세포적 특성으로 옳지 않은 것은?

① 원형질막의 수분, 요소, 글리세린 등에 대한 투과성이 크다.
② 원형질의 점성이 높고 세포액의 삼투압이 높아서 수분보유력이 강하다.
③ 세포 중 원형질 또는 저장양분이 차지하는 비율이 높아 수분보유력이 강하다.
④ 세포가 작아 수분이 적어져도 원형질 변형이 크다.

해설 **작물의 내건성(내한성) : 세포적 특성**
- 세포가 작아 수분이 적어져도 원형질 변형이 적다.
- 세포 중 원형질 또는 저장양분이 차지하는 비율이 높아 수분보유력이 강하다.
- 원형질의 점성이 높고 세포액의 삼투압이 높아서 수분보유력이 강하다.
- 탈수 시 원형질 응집이 덜하다.
- 원형질막의 수분, 요소, 글리세린 등에 대한 투과성이 크다.

15.④ 16.② 17.① 18.③ 19.① 20.④

21 다음 중 수해 발생 시 퇴수 후 대책으로 보기 어려운 것은?

① 환수는 되도록 피해서 토양의 수분을 줄인다.
② 침수 후에는 병충해의 발생이 많아지므로 그 방제를 철저히 한다.
③ 표토의 유실이 많을 때에는 새 뿌리의 발생 후에 추비를 주도록 한다.
④ 김을 매어 토양 통기를 좋게 한다.

해설 **퇴수 후 대책**
- 산소가 많은 새 물로 환수하여 새 뿌리의 발생을 촉진하도록 한다.
- 김을 매어 토양 통기를 좋게 한다.
- 표토의 유실이 많을 때에는 새 뿌리의 발생 후에 추비를 주도록 한다.
- 침수 후에는 병충해의 발생이 많아지므로 그 방제를 철저히 한다.
- 피해가 격심할 때에는 추파, 보식, 개식, 대파 등을 고려한다.

22 내습성이 가장 큰 작물은?

① 가지 ② 오이
③ 토마토 ④ 양상추

해설 **채소작물의 내습성**
양상추 > 양배추 > 토마토 > 가지 > 오이

23 밭에서 관개의 효과로 보기 어려운 것은?

① 작물 선택, 다비재배의 가능, 파종 · 시비의 적기 작업, 효율적 실시 등으로 재배수준이 향상된다.
② 관개수에 의해 미량원소가 보급되며, 가용성 알루미늄이 감퇴된다.
③ 혹한기 살수결빙법 등으로 동상해가 유발될 수 있다.
④ 건조 또는 바람이 많은 지대에서 관개하면 풍식을 방지할 수 있다.

해설 **밭에서 관개의 효과**
- 작물에 생리적으로 필요한 수분의 공급으로 한해 방지, 생육조장, 수량 및 품질 등이 향상된다.
- 작물 선택, 다비재배의 가능, 파종 · 시비의 적기 작업, 효율적 실시 등으로 재배수준이 향상된다.
- 혹서기에는 지온상승의 억제와 냉온기의 보온효과가 있으며 여름철 관개로 북방형 목초의 하고현상을 경감시킬 수 있다.
- 관개수에 의해 미량원소가 보급되며, 가용성 알루미늄이 감퇴된다. 또한 비료이용 효율이 증대된다.
- 건조 또는 바람이 많은 지대에서 관개하면 풍식을 방지할 수 있다.
- 혹한기 살수결빙법 등으로 동상해 방지를 할 수 있다.

24 다음 관개법 중 물을 가장 절약할 수 있는 관개법은?

① 점적관개
② 전면관개
③ 스프링클러관개
④ 휴간관개

해설 점적관개는 물의 절약과 토양전염병을 예방할 수 있다.

25 습해에 대한 설명 중 옳지 않은 것은?

① 토양 과습으로 토양산소가 부족하여 나타나는 직접 피해로 뿌리의 호흡장해가 생긴다.
② 유기물함량이 높은 토양은 산화상태가 심해 습해가 더욱 심하다.
③ 습해발생 시 토양전염병 발생 및 전파도 많아진다.
④ 생육 초기보다도 생육 성기에 특히 습해를 받기 쉽다.

해설 **습해의 발생**
- 토양 과습으로 토양산소가 부족하여 나타나는 직접 피해로 뿌리의 호흡장해가 생긴다.
- 호흡장해는 뿌리의 양분 흡수를 저해한다.
- 유기물함량이 높은 토양은 환원상태가 심해 습해가 더욱 심하다.
- 습해발생 시 토양전염병 발생 및 전파도 많아진다.
- 생육 초기보다도 생육 성기에 특히 습해를 받기 쉽다.

26 습해가 가장 심할 수 있는 조건은?

① 수온이 높고 깨끗한 물
② 수온이 낮고 깨끗한 물
③ 수온이 높고 탁한 물
④ 수온이 낮고 탁한 물

해설 탁한 물은 깨끗한 물보다, 고여 있는 물은 흐르는 물보다 수온이 높고 용존산소가 적어 피해가 크다.

21.① 22.④ 23.③ 24.① 25.② 26.③

27 강물이나 바닷물의 부영양화를 일으키는 원인 물질로 가장 거리가 먼 것은?

① 질소 ② 인산
③ 칼륨 ④ 염소

해설 부영양화는 '영양물질이 풍부하게 공급되었다' 라는 뜻으로 강이나 호수, 바다에 생활하수나 가축분뇨 등으로 질소나 인 같은 영양염류가 풍부해진 것을 의미한다. 부영양화가 진행되면 식물성 플랑크톤이 대량 발생하게 되어 녹조현상이 일어나게 된다.

28 공기의 조성 성분들에 대한 설명으로 옳지 않은 것은?

① 대기 중 가장 많은 것은 질소이다.
② 대기 중 이산화탄소는 3% 존재한다.
③ 대기 중 산소는 21% 존재한다.
④ 공기의 주성분은 질소, 산소, 이산화탄소이다.

해설 대기의 조성비는 대체로 일정비율을 유지하며 질소가 약 79%, 산소 약 21%, 이산화탄소 0.03% 및 기타 수증기, 먼지, 연기, 미생물, 각종 가스 등으로 구성되어 있다.

29 작물의 호흡에 관한 설명으로 틀린 것은?

① 호흡은 산소를 소모하고 이산화탄소를 방출하는 화학작용이다.
② 호흡은 유기물을 태우는 일종의 연소작용이다.
③ 호흡을 통해 발생하는 열(에너지)은 생물이 살아가는 힘이다.
④ 호흡은 탄소동화작용이다.

해설 광합성은 탄소동화작용, 호흡은 탄소이화작용이다.

30 산소가 부족한 깊은 물 속에서 볍씨는 어떤 생장을 하는가?

① 어린뿌리가 초엽보다 먼저 나오고, 제1엽이 신장한다.
② 초엽만 길게 자라고 뿌리와 제1엽이 자라지 않는다.
③ 뿌리와 제1엽이 먼저 자란다.
④ 정상적으로 뿌리가 먼저 나오고, 제1엽이 나오며 초엽이 나온다.

해설 볍씨는 산소가 전혀 없는 조건에서도 발아율이 80% 정도는 된다. 그러나 산소가 부족한 물 속에서는 초엽만이 이상 신장하고 씨뿌리는 거의 자라지 않는다. 볍씨가 깊은 물속에서 발아할 때는 초엽이 길게 자라 물 위로 나와 산소를 흡수함으로써 뿌리와 본엽의 생장이 시작된다.

31 대기의 질소를 고정시켜 지력을 증진시키는 작물은?

① 화곡류 ② 두류
③ 근채류 ④ 과채류

해설 근류균, 아조터박터 등은 두과작물의 뿌리에 공생하며 공기 중에 함유되어 있는 질소가스를 고정한다.

32 다음 중 대기조성과 작물에 대한 설명으로 옳지 않은 것은?

① 대기중 질소(N_2)가 가장 많은 함량을 차지한다.
② 대기 중 질소는 콩과 작물의 근류균에 의해 고정되기도 한다.
③ 대기 중의 이산화탄소 농도는 작물이 광합성을 수행하기에 충분한 과포화 상태이다.
④ 산소농도가 극히 낮아지거나 90% 이상이 되면 작물의 호흡에 지장이 생긴다.

해설 **이산화탄소 포화점**
- 광합성은 이산화탄소 농도가 증가함에 따라 증가하나 일정농도 이상에서는 더 이상 증가하지 않는데 이 한계점을 의미한다.
- 작물의 이산화탄소 포화점은 대기 농도의 7~10배(0.21~0.3%)가 된다.

33 식물의 광합성에 필요한 요소 중 이산화탄소의 대기 중 함량은?

① 약 0.03%
② 약 0.3%
③ 약 3%
④ 약 30%

해설 대기의 조성비는 대체로 일정비율을 유지하는데 질소가 약 79%, 산소 약 21%, 이산화탄소 0.03% 및 기타 수증기, 먼지, 연기, 미생물, 여러 가지 가스 등으로 구성되어 있다.

27.④ 28.② 29.④ 30.② 31.② 32.③ 33.①

34 CO_2를 제일 많이 흡수하는 장소는?

① 뿌리
② 줄기
③ 잎 표면
④ 잎의 뒷면

해설 CO_2는 잎 뒷면의 기공을 통하여 흡수한다.

35 작물의 이산화탄소 포화점이란?

① 광합성에 의한 유기물의 생성속도가 더 이상 증가하지 않을 때의 CO_2 농도
② 광합성에 의한 유기물의 생성속도가 최대한 빠르게 진행될 때의 CO_2 농도
③ 광합성에 의한 유기물의 생성속도와 호흡에 의한 유기물의 소모 속도가 같을 때의 CO_2 농도
④ 광합성에 의한 유기물의 생성속도가 호흡에 의한 유기물의 소모 속도보다 클 때의 CO_2 농도

해설 광합성은 이산화탄소 농도가 증가함에 따라 증가하나 일정농도 이상에서는 더 이상 증가하지 않는데, 이 한계점을 이산화탄소 포화점이라 한다.

36 대기 중의 이산화탄소와 작물의 생리작용에 대한 설명으로 틀린 것은?

① 이산화탄소의 농도와 온도가 높아질수록 동화량은 증가한다.
② 광합성 속도에는 이산화탄소 농도뿐만 아니라 광의 강도도 관계한다.
③ 광합성은 온도, 광도, 이산화탄소의 농도가 증가함에 따라 계속 증대한다.
④ 광합성에 의한 유기물의 생성 속도와 호흡에 의한 유기물의 소모 속도가 같아지는 이산화탄소 농도를 이산화탄소 보상점이라 한다.

해설 광합성은 온도, 광도, 이산화탄소의 농도가 증가함에 따라 증가하나 일정 한계에 다다르면 더 이상 증가하지 않는다.

37 토마토를 재배하는 온실에 탄산가스를 주입하는 목적은?

① 호흡을 억제하기 위하여
② 광합성을 촉진하기 위하여
③ 착색을 촉진하기 위하여
④ 수분을 도와주기 위하여

해설 탄산시비
- 광합성에서 이산화탄소의 포화점은 대기 중 농도보다 훨씬 높으며 이산화탄소의 농도가 높아지면 광포화점도 높아져 작물의 생육을 조장할 수 있다.
- 인위적으로 이산화탄소 농도를 높여 주는 것을 탄산시비라 한다.
- 일반 포장에서 이산화탄소의 공급은 쉬운 일이 아니나 퇴비나 녹비의 시용으로 부패 시 발생하는 것도 시용효과로 볼 수 있다.
- 이산화탄소가 특정 농도 이상으로 증가하면 더 이상 광합성은 증가하지 않고 오히려 감소하며 이산화탄소와 함께 광도를 높여주는 것이 바람직하다.
- 시설 내 이산화탄소의 농도는 대기보다 낮지만 인위적으로 이산화탄소 환경을 조절할 수 있기에 실용적으로 탄산시비를 이용할 수 있다.

38 광합성과 관련된 CO_2 농도를 설명한 것 중 잘못된 것은?

① 대기 중의 CO_2 농도는 0.03%이다.
② 광합성이 활발할 때 잎 주위의 CO_2 농도는 대기 중의 농도보다 조금 높다.
③ CO_2 농도를 높여주면 광합성을 어느 정도까지는 증가시킬 수 있다.
④ 작물의 이산화탄소 보상점은 대기 중의 농도의 1/10~1/3 정도이다.

해설 광합성이 활발할 때 잎 주위의 CO_2 농도는 대기 중의 농도보다 낮아서 광합성 제한인자가 된다.

39 하루 중 작물의 광합성이 가장 활발하게 이루어지는 시간은?

① 아침 해 뜬 직후 ② 오전 11시경
③ 오후 3시경 ④ 저녁 해지기 직전

해설 광합성 작용은 보통 해가 뜨면서부터 시작되어 정오경 최고조에 달하고 그 뒤 점차로 떨어진다.

34.④ 35.① 36.③ 37.② 38.② 39.②

40 식물의 낮잠현상이 일어나는 환경요인은?

① 공기환경 ② 온도환경
③ 수분환경 ④ 광환경

해설 **낮잠현상(midday slump)**
탄산가스 농도가 감소되어 한낮에 시설 내의 농도가 대기 중 농도의 절반에 가까운 150ppm 이하가 되면 광합성작용이 저하되는 현상

41 풍속 4~6km/h 이하인 연풍에 대한 설명으로 거리가 먼 것은?

① 병균이나 잡초종자를 전파한다.
② 연풍이라도 온도가 낮은 냉풍은 냉해를 유발한다.
③ 증산작용을 촉진한다.
④ 풍매화의 수분을 방해한다.

해설 **연풍의 효과**
- 증산을 조장하고 양분의 흡수 증대
- 잎을 흔들어 그늘진 잎에 광을 조사하여 광합성 증대
- 이산화탄소의 농도 저하를 경감시켜 광합성 조장
- 풍매화의 화분 매개
- 여름철 기온 및 지온을 낮추는 효과
- 봄, 가을 서리 방지
- 수확물의 건조 촉진

42 바람에 의한 피해(풍해)의 종류 중 생리적 장해 양상이 아닌 것은?

① 기계적 상해로 호흡 증가로 체내 양분의 소모가 증대하고 상처가 건조하면 광산화 반응에 의해 고사한다.
② 벼의 경우 수분과 수정이 저하되어 불임립이 감소한다.
③ 풍속이 강하고 공기가 건조하면 증산량이 커져 식물체가 건조하며 벼의 경우 백수현상이 나타난다.
④ 냉풍은 작물의 체온을 저하시키고 심하면 냉해를 유발한다.

해설 **강풍에 의한 직접적인 생리적 장해**
- 호흡의 증대
- 광합성 감퇴
- 작물체의 건조
- 작물의 체온 저하
- 염풍의 피해

43 다음 중 강풍이 작물에 미치는 영향으로 옳지 않은 것은?

① 상처로 인한 호흡률 증가
② 매개곤충의 활동저하로 인한 수정률 감소
③ 기공폐쇄로 인한 광합성률 감소
④ 병원균 감소로 인한 병해충 피해 약화

해설 **강풍에 의한 풍해**
- 절손, 낙과, 도복, 탈립 등 기계적 장해와 2차적으로 병해, 부패 등을 가져오기 쉽다.
- 바람에 의한 기계적 장해는 작물의 호흡량 증가로 체내 양분 소모가 증대된다.
- 강풍에 의해 잎이 강하게 동요되면서 광조사가 감퇴된다.
- 풍속이 강하면 기공이 폐쇄되면서 이산화탄소의 흡수량이 줄어든다.
- 건조한 강풍은 작물체의 증산량을 비정상적으로 증대시켜 건조해를 유발할 수 있다.
- 강풍은 식물체의 열을 빼앗아 체온을 저하시킨다.

44 작물의 풍해와 관련이 없는 내용은?

① 풍속 4~6Km/hr 이상의 강풍에 의해 일어난다.
② 풍속이 강하고 공기가 건조하면 증산이 커져서 식물체가 건조한다.
③ 풍해는 풍속이 크고 공기습도가 높을 때에 심하다.
④ 과수에서는 절손, 열상, 낙과 등을 유발한다.

해설 풍해는 풍속이 크고 공기습도가 낮을 때에 심하다.

45 과수원의 태풍피해 대책으로 옳지 않은 것은?

① 방풍림으로 교목과 관목의 혼합 식재가 효과적이다.
② 방풍림은 바람의 방향과 직각 방향으로 심는다.
③ 과수원 내의 빈 공간 확보는 태풍피해를 경감시켜 준다.
④ 왜화도가 높은 대목은 지주 결속으로 피해를 줄여준다.

해설 과수원 내 빈 공간은 바람의 통로가 되어 태풍피해가 증가할 수 있다.

40.① 41.④ 42.② 43.④ 44.③ 45.③

46 공중습도가 높았을 때 발생할 수 있는 경우가 아닌 것은?

① 공기습도의 과습은 개화수정에 장해가 되기 쉽다.
② 일반적으로 공기습도가 높으면 표피가 연약해지고 도장하여 낙과와 도복의 원인이 된다.
③ 공기습도가 높으면 증산량이 작고 뿌리의 수분흡수력이 감소해 물질의 흡수 및 순환이 줄어든다.
④ 포화상태의 공기습도 중에서는 광합성량이 증가한다.

해설 포화상태의 공기습도 중에서는 기공이 거의 닫힌 상태가 되어 광합성의 쇠퇴로 건물 생산량이 줄어든다.

47 작물에 해를 주는 공해 물질이 아닌 것은?

① 아황산
② 이산화탄소
③ 플루오르화수소
④ 오존

해설 대기 중에 이산화탄소가 많아지면 광합성이 증대하여 작물의 생장이 촉진된다.

48 오존에 강한 작물은?

① 피튜니아 ② 시금치
③ 감자 ④ 양배추

해설 오존은 잎의 호흡을 촉진시켜 영양 부족으로 식물을 말라 죽게 한다. 살구나무, 은행나무, 양배추, 후추, 튤립, 팬지 등은 오존에 대한 내성이 강하다.

49 다음 중 작물의 생육과 관련된 3대 주요 온도가 아닌 것은?

① 최저온도 ② 평균온도
③ 최적온도 ④ 최고온도

해설 **주요 온도**
- 최저온도 : 작물 생육이 가능한 가장 낮은 온도
- 최고온도 : 작물 생육이 가능한 가장 높은 온도
- 최적온도 : 작물 생육이 가장 왕성한 온도

50 싹이 터서 수확할 때까지 평균 기온이 0℃ 이상인 날의 일평균 기온을 합산한 것을 무엇이라고 하는가?

① 적산온도 ② 최고온도
③ 최저온도 ④ 최적온도

해설 적산온도는 작물의 싹트기에서 수확할 때까지 평균 기온이 0℃ 이상인 날의 일평균 기온을 합산한 것이다. 작물의 기후의존도, 특히 온도 환경에 대한 요구도를 나타내는 잣대로 이용된다.

51 작물의 적산온도에 대한 설명으로 맞는 것은?

① 작물 생육 기간 중의 일일 최고기온을 총합한 것
② 작물 생육 기간 중의 일일 최저기온을 총합한 것
③ 작물 생육 기간 중의 최적온도를 생육 일수로 곱한 것
④ 작물 생육 기간 중의 0℃ 이상의 일일 평균기온을 총합한 것

해설 **적산온도**
적산온도는 작물의 싹트기에서 수확할 때까지 평균 기온이 0℃ 이상인 날의 일평균 기온을 합산한 것이다.

52 다음 중 적산온도가 가장 높은 작물은?

① 감자 ② 메밀
③ 벼 ④ 담배

해설 ① 감자 : 1,300~3,000℃
② 메밀 : 1,000~1,200℃
③ 벼 : 3,500~4,500℃
④ 담배 : 3,200~3,600℃

53 같은 품종인데도 생산지에 따라 수확시기가 다른 까닭은?

① 수분량이 다르기 때문이다.
② 시비가 다르기 때문이다.
③ 일조량이 다르기 때문이다.
④ 적산온도가 다르기 때문이다.

해설 모든 식물은 파종부터 결실까지 최소한의 적산온도를 필요로 한다. 날씨가 더운 아열대 지방은 적산온도가 높기 때문에 벼농사에서 이모작이나 삼모작이 가능하다.

46.④ 47.② 48.④ 49.② 50.① 51.④ 52.③ 53.④

54 다음 과실비대에 영향을 끼치는 요인 중 온도와 관련한 설명으로 바른 것은?

① 기온은 개화 후 일정기간 동안은 과실의 초기생장속도에 크게 영향을 미치지 않지만 성숙기에는 크게 영향을 미친다.
② 생장적온에 달할 때까지 온도가 높아짐에 따라 과실의 생장속도도 점차 빨라지나 생장적온을 넘은 이후부터는 과실의 생장속도는 더욱 빨라지는 경향이 있다.
③ 사과의 경우, 세포분열이 왕성한 주간에 가온을 하면 세포수가 증가하게 된다.
④ 야간에 가온을 하면 과실의 세포비대가 오히려 저하되는 경향을 나타낸다.

해설 온도의 상승은 호흡과 광합성량을 증가시켜 생장속도를 빠르게 하지만, 적온을 넘어 고온이 되면 오히려 생육은 감퇴된다.

55 사과 모양과 온도와의 관계를 설명한 것이다. (　　)에 들어갈 내용을 순서대로 나열한 것은?

생육 초기에는 (　)생장이, 그 후에는 (　)생장이 왕성하므로 따뜻한 지방에서는 후기 생장이 충분히 이루어져 과실이 대체로 (　　)모양이 된다.

① 종축, 횡축, 편원형
② 종축, 횡축, 장원형
③ 횡축, 종축, 편원형
④ 횡축, 종축, 장원형

해설 생육 초기에는 종축생장이, 그 후에는 횡축생장이 왕성하므로 따뜻한 지방에서는 후기 생장이 충분히 이루어져 과실이 대체로 편원형모양이 된다.

56 증산작용에 영향을 주는 요인이 아닌 것은?

① 뿌리의 모세관　② 상대습도
③ 온도　④ 바람

해설 증산에 영향을 주는 환경요인
빛의 세기, 상대습도, 온도, 바람

57 재배환경 중 온도에 대한 옳은 설명은?

① 작물생육이 가능한 범위의 온도를 유효온도라고 한다.
② 작물의 생육단계 중 생식생장기간 동안에 소요되는 총 온도량을 적산온도라고 한다.
③ 온도가 1℃ 상승하는데 따르는 이화학적 반응이나 생리작용의 증가배수를 온도계수라고 한다.
④ 일변화는 작물의 결실을 저해한다.

해설 ② 적산온도 : 작물의 발아로부터 등숙까지 일평균 기온 0℃ 이상의 기온을 총 합산한 온도이다.
③ 온도계수 : 온도 10℃ 상승에 따른 이화학적 반응 또는 생리작용의 증가배수를 온도계수 또는 Q_{10}이라 한다.
④ 대체로 변온(일변화)은 작물의 결실에 효과적이다.

58 기온의 일변화가 작물 생육에 미치는 영향으로 거리가 먼 것은?

① 낮 기온이 높으면 광합성이 촉진된다.
② 밤 기온이 낮을 때 작물의 호흡소모가 적다.
③ 변온이 어느 정도 클 때 동화 물질의 축적이 많아진다.
④ 밤의 기온이 높아서 변온이 작을 때 대체로 생장이 느려진다.

해설 밤의 기온이 높아서 변온이 작을 때 대체로 생장은 빨라진다.

59 낮과 밤의 온도차이가 원예식물의 생육에 미치는 영향을 가장 잘 설명한 것은?

① 광합성 산물의 녹말의 체내축적과 저장기관으로의 이동에 영향을 준다.
② 낮의 고온은 광합성을 억제하고 밤의 저온은 호흡을 촉진한다.
③ 식물은 밤과 낮의 온도차가 적어야 광합성 작용이 활발해진다.
④ 밤과 낮의 온도차이는 식물의 생육에 아무런 영향을 주지 않는다.

해설 변온은 동화물질의 합리적인 이용과 식물의 건전한 생육을 유도한다.

54.③ 55.① 56.① 57.① 58.④ 59.①

60 온도가 작물생육에 미치는 영향으로 옳지 않은 것은?

① 작물의 유기물축적이 최대가 되는 온도는 호흡이 최고가 되는 온도보다 낮다.
② 벼는 평야지가 산간지보다 변온이 커서 등숙이 좋은 경향이 있다.
③ 고구마는 29℃의 항온보다 20~29℃ 변온에서 덩이뿌리의 발달이 촉진된다.
④ 맥류는 밤의 기온이 높아서 변온이 작은 것이 출수 및 개화가 촉진된다.

해설 평야지에 비하여 산간지가 변온이 크다.

61 다음 ( ) 안에 들어갈 내용을 순서대로 옳게 나열한 것은?

> 식물의 생육이 가능한 온도를 ( )(이)라고 한다. 배추, 양배추, 상추는 ( )채소로 분류되고, ( )는 종자 때부터 저온에 감응하여 화아분화가 되며, ( )는 고온에 의해 화아분화가 이루어진다.

① 생육적온, 호온성, 배추, 상추
② 유효온도, 호냉성, 배추, 상추
③ 생육적온, 호냉성, 상추, 양배추
④ 유효온도, 호온성, 상추, 배추

해설 **식물 생육의 주요온도**
- 유효온도 : 작물 생육 가능 범위의 온도
- 최저온도 : 작물 생육이 가능한 가장 낮은 온도
- 최고온도 : 작물 생육이 가능한 가장 높은 온도
- 최적온도 : 작물 생육이 가장 왕성한 온도
- 적산온도 : 작물의 발아부터 등숙기까지 일평균 기온 0℃ 이상의 기온을 총합산한 온도

온도적응성에 따른 분류
- 호온성 채소 : 가지, 고추, 오이, 토마토, 수박, 참외 등
- 호냉성 채소 : 양파, 마늘, 딸기, 무, 배추, 파 상추 등

62 원예작물 생육 조절 방법으로 DIF란?

① 주간과 야간의 기온 차이
② 낮과 밤의 길이 차이
③ 생육 최고와 최저 온도 차이
④ 두 지점의 수분 포텐셜 차이

해설 화훼산업 및 채소의 육묘산업에서는 주간과 야간의 기온차(difference between day and night temperatures : DIF)를 이용하여 원예작물의 초장 및 절간장(마디길이)을 조절하기도 한다.

63 열해(고온장해)의 원인을 잘못 설명한 것은?

① 유기물의 과잉 소모
② 암모니아 축적
③ 철분의 침전
④ 증산 감퇴

해설 열해의 원인은 철분의 침전, 암모니아 축적, 증산 과다이다. 고온에서는 뿌리의 수분 흡수보다 증산량이 급격히 증가하여 위조 또는 한해를 초래한다.

64 과도한 고온으로 인한 작물의 피해를 최소화하는 대책으로 적절치 않은 것은?

① 내열성이 강한 작물을 선택한다.
② 관수로 땅의 온도를 낮춘다.
③ 질소비료를 많이 사용한다.
④ 작물을 많이 심지 않는다.

해설 밀식, 질소 과용 등을 피해야 한다. 고온에 질소비료를 과다 시용하면 식물체 내에 가용성 질소함량의 증가로 인하여 생장이 지나치게 왕성해지고 이에 따라 식물체의 조직이 연약해져 병균의 침입을 쉽게 받거나 식물이 쉽게 말라 죽을 수 있다.

65 과도한 고온으로 인해 작물의 생육이 저해되는 주요 원인이 아닌 것은?

① 호흡량 증대로 인한 유기물 소모가 많아진다.
② 단백질 합성 저해에 따른 식물체 내의 암모니아가 감소한다.
③ 수분의 흡수보다 과도한 증산에 의해 식물체가 건조해진다.
④ 식물체 내 철분의 침전이 일어난다.

해설 고온은 단백질의 합성을 저해하여 암모니아의 축적이 많아지므로 유해물질로 작용한다.

60.② 61.② 62.① 63.④ 64.③ 65.②

66 다음 중 원예 작물에서 흔히 일어나는 고온해는?

① 추대억제
② 입의 반점
③ 결구 불량
④ 세포벽 파괴

해설 **고온해**
종자의 발아불량, 결구 불량, 착화 및 착색 불량, 조기추대, 수량 및 품질저하

67 북방형 목초의 하고 원인이 아닌 것은?

① 고온 ② 건조
③ 단일 ④ 병충해

해설 **목초의 하고현상(夏枯現象)**
내한성이 커 잘 월동하는 다년생 한지형목초가 여름철 생장의 쇠퇴 또는 정지하고, 심하면 고사하여 목초생산량이 감소되는 현상

68 과수의 일소 현상에 관한 설명으로 옳지 않은 것은?

① 강한 햇빛에 의한 데임 현상이다.
② 토양 수분이 부족하면 발생이 많다.
③ 남서향의 과원에서 발생이 많다.
④ 모래토양보다 점질토양 과원에서 발생이 많다.

해설 **일소**
- 건조하기 쉬운 모래땅, 토심이 얕은 건조한 경사지, 지하수위가 높아 뿌리가 깊게 뻗지 못하는 곳에서 주로 발생한다.
- 배상형이 개심자연형 보다 발생이 심하다.
- 원가지의 분지 각도가 넓을수록 발생이 심하여 수세가 약한 나무나 노목, 직경 5cm 이상인 굵은 가지에서 발생이 많다.
- 과실에 봉지를 씌웠다가 착색 촉진을 위해 벗겼을 때 강한 햇빛에 의한 일소가 발생하기 쉽다.
- 동향이나 남향의 과수원보다 서향의 과수원에서 더 심하게 발생한다.

69 벼의 생육에서 기온이 내려가면 가장 예민하게 영향을 받는 것은?

① PO_4 ② NH_4
③ SO_4 ④ Ca

해설 양분흡수는 $PO_4 > NH_4 > SO_4 > K > Mg > Ca$의 순으로 저해된다.

70 냉해의 종류가 아닌 것은?

① 지연형 냉해 ② 장해형 냉해
③ 한해형 냉해 ④ 병해형 냉해

해설 **냉해의 종류**
냉해에는 지연형, 장해형, 병해형, 혼합형 냉해가 있다.

71 벼 냉해에 대한 설명으로 옳은 것은?

① 냉온의 영향으로 인한 수량감소는 생육시기와 상관없이 같다.
② 냉온에 의해 출수가 지연되어 등숙기에 저온장해를 받는 것이 지연형 냉해이다.
③ 장해형 냉해는 영양생장기와 생식생장기의 중요한 순간에 일시적 저온으로 냉해를 받는 것이다.
④ 수잉기는 저온에 매우 약한 시기로 냉해 기상 시에는 관개를 얕게 해준다.

해설 **지연형 냉해**
- 생육 초기부터 출수기에 걸쳐 오랜 시간 냉온 또는 일조 부족으로 생육의 지연, 출수 지연으로 등숙기에 낮은 온도에 처함으로 등숙의 불량으로 결국 수량에까지 영향을 미치는 유형의 냉해이다.
- 질소, 인산, 칼리, 규산, 마그네슘 등 양분의 흡수가 저해되고, 물질 동화 및 전류가 저해되며, 질소동화의 저해로 암모니아 축적이 많아지며, 호흡의 감소로 원형질 유동이 감퇴 또는 정지되어 모든 대사기능이 저해된다.

72 작물의 내동성에 대한 생리적인 요인으로 옳은 것은?

① 원형질의 수분투과성이 크면 내동성을 감소시킨다.
② 원형질의 친수성 콜로이드가 많으면 내동성이 감소한다.
③ 전분함량이 많으면 내동성이 증대된다.
④ 원형질 단백질에 -SH기가 많은 것은 -SS기가 많은 것보다 내동성이 높다.

해설 ① 원형질의 수분투과성이 크면 내동성을 증가시킨다.
② 원형질의 친수성 콜로이드가 많으면 내동성이 증가한다.
③ 전분함량이 많으면 내동성이 감소된다.

66.③ 67.③ 68.④ 69.① 70.③ 71.② 72.④

73 작물의 동상해 대책으로서 칼륨비료를 중시하는 이유로 가장 적합한 것은?

① 뿌리와 줄기 등 조직을 강화시키기 위해
② 작물체 내의 당 함량을 낮추기 위해
③ 세포액의 농도를 증가시키기 위해
④ 저온에서는 칼륨의 흡수율이 낮으므로 보완하기 위해

해설 칼륨 비료는 세포액의 농도를 증가시켜 세포내의 결빙을 억제한다.

74 작물의 내동성에 관여하는 요인에 대한 설명으로 틀린 것은?

① 세포의 수분함량이 많으면 내동성이 저하한다.
② 전분함량이 많으면 내동성이 증가한다.
③ 세포액의 삼투압이 높아지면 내동성이 증가한다.
④ 당함량이 높으면 내동성이 증가한다.

해설 전분함량이 많으면 내동성이 저하된다.

75 냉해에 대한 설명으로 틀린 것은?

① 식물체의 조직 내 결빙이 생기지 않을 범위의 저온에 의하여 식물이나 식물의 기관이 피해 받는 현상을 냉온장해라 한다.
② 냉해에는 지연형 냉해와 장해형 냉해가 있다.
③ 영양생장기의 냉온이나 일조 부족의 피해로 나타나는 냉해는 장해형 냉해이다.
④ 냉온에 의해서 작물의 생육에 장해가 생기는 생리적 원인은 증산과잉, 호흡과다, 이상호흡, 단백질의 과잉분해 등이 있다.

해설 냉온이나 일조 부족의 피해로 나타나는 냉해는 지연형 냉해이다.

76 다음 중 맥류 동상해 방지의 재배적 대책으로 바른 것은?

① 질소질 비료를 증시한다.
② 이랑을 세워 종자는 이랑에 뿌린다.
③ 적기 파종을 하고 한지에서는 파종량을 줄인다.
④ 칼륨 비료를 증시하고 퇴비를 종자 위에 준다.

해설 재배적 대책
- 보온 재료를 이용하여 보온 재배한다.
- 이랑을 세워 뿌림골을 깊게 한다.
- 적기 파종을 하고 한지에서는 파종량을 늘린다.
- 인산, 칼륨 비료를 증시하고 퇴비를 종자 위에 사용한다.
- 답압을 한다.

77 냉해에 대한 설명으로 옳은 것은?

① 기온이 0℃ 이하로 하강하여 생기는 작물의 해
② 여름작물에서 볼 수 있는 것으로 기온의 저하로 생육의 장해를 받는 것
③ 이른 봄에 기온이 한랭하여 생육이 지연되는 것
④ 초가을에 기온이 낮아 작물 생육이 지연되는 것

해설 여름작물의 생육 적온보다 낮은 온도로 인한 피해를 냉해라고 한다.

78 장해형 냉해란 어느 시기의 저온에 의한 요인인가?

① 착근기
② 분얼기
③ 유수분화기
④ 감수분열기

해설 장해형 냉해는 유수 형성기~개화기, 특히 감수분열기 저온으로 불임이 되는 현상을 의미한다.

79 저온해의 작물 생리를 잘못 설명한 것은?

① 양분흡수의 촉진
② 증산작용의 이상
③ 암모니아 축적
④ 질소동화 저해

해설 저온해
양분흡수가 저해되고 동화물질의 전류가 저해되며 질소동화가 저해되는 암모니아 축적이 많아지고 호흡이 감퇴되어 모든 대사기능이 저해된다.

73.③ 74.② 75.③ 76.④ 77.② 78.④ 79.①

80 다음 중 가시광선이면서 광합성에 효과적인 파장 범위는?

① 100~400nm
② 400~700nm
③ 700~1,000nm
④ 1,000~1,300nm

해설 400nm 이하의 짧은 파장을 자외선(UV)이라 하고, 400~700nm의 파장을 가시광선, 700nm 이상의 파장을 적외선이라고 한다.

81 광합성이 일어나는 장소는?

① 엽록체
② 미토콘드리아
③ 공변세포
④ 뿌리의 생장점

해설 광합성은 작물의 잎에 있는 세포의 엽록체에서 일어나고 호흡작용은 작물의 잎을 비롯하여 뿌리, 줄기 등 전체에 분포하고 있는 세포의 미토콘드리아에서 일어난다.

82 식물에 의한 광합성 작용에서 암반응이란 어느 것인가?

① CO_2의 환원 작용
② 광인산화 작용
③ 에너지의 전환 과정
④ 광호흡 작용

해설 암반응
명반응에서 생산된 에너지를 이용하여 기공에서 흡수한 CO_2를 포도당으로 환원시키는 과정이다.

83 다음 중 광합성 작용에 영향을 미치는 요인이 아닌 것은?

① 광의 강도 ② 온도
③ CO_2의 농도 ④ 질소의 농도

해설 광합성에 영향을 미치는 요인은 빛의 세기, 온도, CO_2의 농도이다.

84 밀폐된 공간에서 여러 작물이 함께 자라고 있다. 시간이 지난 다음 이산화탄소가 부족하여 작물 사이에 이산화탄소를 서로 이용하기 위한 경쟁이 일어날 때 가장 늦게까지 사는 작물은?

① 옥수수 ② 콩
③ 벼 ④ 밀

해설 옥수수, 수수 같은 C_4작물들은 일반적으로 대기 중의 낮은 이산화탄소 농도와 높은 온도에서 광합성 능력이 높다.

85 광합성 작용에 가장 효과적인 광은?

① 백색광
② 황색광
③ 적색광
④ 녹색광

해설 광합성에는 675nm를 중심으로 한 650~700nm의 적색부분과 450nm를 중심으로 한 400~500nm의 청색광 부분이 가장 유효하고 녹색, 황색, 주황색 파장의 광은 대부분 투과, 반사되어 비효과적이다.

86 작물 외관의 착색에 관한 설명으로 옳지 않은 것은?

① 작물 재배 시 광이 없을 때에는 에티올린(etiolin)이라는 담황색 색소가 형성되어 황백화 현상을 일으킨다.
② 엽채류에서는 적색광과 청색광에서 엽록소의 형성이 가장 효과적이다.
③ 작물 재배 시 광이 부족하면 엽록소의 형성이 저해된다.
④ 과일의 안토시안은 비교적 고온에서 생성이 조장되며 볕이 잘 쬘 때에 착색이 좋아진다.

해설 안토시안의 생성은 비교적 저온에서 촉진되고 자외선이나 자색광 파장에서 촉진되며 볕이 잘 쬘 때 착색이 좋아진다.

87 작물의 엽록소형성, 굴광현상, 일장효과 및 야간조파에 가장 효과적인 광으로 짝지어진 것은?

	엽록소형성	굴광현상	일장효과	야간조파
①	자색광	적색광	녹색광	청색광
②	적색광	청색광	적색광	적색광
③	황색광	청색광	황색광	청색광
④	적색광	적색광	자색광	적색광

해설 굴광성은 400~500nm, 특히 440~480nm의 청색광이 가장 유효하다. 일장효과에 가장 효과적인 빛은 적색광이다.

80.② 81.① 82.① 83.④ 84.① 85.③ 86.④ 87.②

88 식물의 굴광현상에 대한 설명으로 옳은 것은?

① 굴광현상은 440~480nm의 청색광이 가장 유효하다.
② 초엽(鞘葉)에서는 배광성을 나타낸다.
③ 덩굴손의 감는 운동은 굴광성으로 설명할 수 있다.
④ 줄기와 뿌리 모두 배광성을 나타낸다.

해설 **굴광성**
- 식물의 한 쪽에 광이 조사되면 광이 조사된 쪽으로 식물체가 구부러지는 현상을 굴광현상이라 한다.
- 광이 조사된 쪽은 옥신의 농도가 낮아지고 반대쪽은 옥신의 농도가 높아지면서 옥신의 농도가 높은 쪽의 생장속도가 빨라져 생기는 현상이다.
- 줄기나 초엽 등 지상부에서는 광의 방향으로 구부러지는 향광성을 나타내며, 뿌리는 반대로 배광성을 나타낸다.
- 400~500nm, 특히 440~480nm의 청색광이 가장 유효하다.

89 광(光)과 착색에 대한 설명으로 옳지 않은 것은?

① 엽록소 형성에는 청색광역과 적색광역이 효과적이다.
② 광량이 부족하면 엽록소 형성이 저하된다.
③ 안토시안의 형성은 적외선이나 적색광에서 촉진된다.
④ 사과와 포도는 볕을 잘 쬘 때 안토시안의 생성이 촉진되어 착색이 좋아진다.

해설 사과, 포도, 딸기 등의 착색은 안토시아닌 색소의 생성에 의하며 비교적 저온에 의해 생성이 조장되며 자외선이나 자색광파장에서 생성이 촉진되며 광 조사가 좋을 때 착색이 좋아진다.

90 식물생육에 미치는 자외선의 영향을 바르게 설명한 것은?

① 식물의 키를 작게 한다.
② 광합성을 촉진한다.
③ 식물의 체온을 유지시킨다.
④ 특별한 작용이 없다.

해설 자외선은 생육을 억제하여 식물의 키를 작게 한다.

91 양지식물을 반음지에서 재배할 때 나타나는 현상으로 옳지 않은 것은?

① 잎이 넓어지고 두께가 얇아진다.
② 뿌리가 길게 신장하고, 뿌리털이 많아진다.
③ 줄기가 가늘어지고 마디 사이는 길어진다.
④ 꽃의 크기가 작아지고, 꽃수가 감소한다.

해설 **낮은 광도에서 식물의 생장**
- 광합성을 억제한다.
- 줄기는 가늘어지고 마디 사이는 길어진다.
- 잎이 넓어지나 엽육이 얇아진다.
- 책상조직의 부피가 작아지고 엽록소가 감소한다.
- 결구가 늦어진다.
- 근계발달이 불량해진다.
- 인경비대와 꽃눈의 발달, 착색, 착과, 과실비대가 불량해진다.

92 광합성에서 조사광량이 높아도 광합성 속도가 증대하지 않게 된 것을 뜻하는 것은?

① 광포화 ② 보상점
③ 진정광합성 ④ 외견상광합성

해설 빛의 세기가 보상점을 지나 증가하면서 광합성속도도 증가하나 어느 한계 이후 빛의 세기가 더 증가하여도 광합성량이 더 이상 증가하지 않는 빛의 세기를 광포화점이라고 한다.

93 야간 조파에 가장 효과적인 광의 파장의 범위로 적합한 것은?

① 300~380nm ② 400~480nm
③ 500~580nm ④ 600~680nm

해설 야간 조파에서 가장 효과가 큰 파장은 600~680nm의 적색광이다.

94 광합성이 일어날 때 나타나는 현상으로 올바른 것은?

① O_2를 얻는 과정이다.
② 포도당을 사용한다.
③ CO_2를 내놓게 된다.
④ 에너지를 방출한다.

해설 광합성은 태양 에너지를 에너지원으로 CO_2와 H_2O를 재료로 포도당을 생산하고, 그 부산물로 O_2를 얻는 과정이다.

88.① 89.③ 90.① 91.② 92.① 93.④ 94.①

95 고립상태에서 온도와 CO_2 농도가 제한조건이 아닐 때 광포화점이 가장 높은 작물은?

① 옥수수 ② 콩
③ 벼 ④ 감자

해설 고립상태에서 온도와 이산화탄소가 제한조건이 아닌 경우 C_4식물은 최대조사광량에서도 광포화점이 나타나지 않으며 이때 광합성률은 C_3식물의 2배에 달한다.
C_4식물 : 옥수수, 수수, 수단그라스, 사탕수수, 기장, 진주조, 버뮤다그라스, 명아주 등

96 다음 중 광포화점이 높은 작물은?

① 상추 ② 토마토
③ 호박 ④ 완두

해설 수박, 토마토, 가지 등 과채류는 광포화점이 높고, 상추, 배추, 완두, 호박 등 엽채류는 광포화점이 낮다.

97 광과 작물생리작용에 관한 설명으로 옳지 않은 것은?

① 식물의 광합성에 주로 이용되는 파장역은 300~400nm이다.
② 광합성 속도는 광의 세기 이외에 온도, CO_2, 풍속에도 영향을 받는다.
③ 광의 세기가 증가함에 따라 작물의 광합성 속도는 광포화점까지 증가한다.
④ 녹색광(500~600nm)은 투과 또는 반사하여 이용률이 낮다.

해설 광합성에는 675nm를 중심으로 한 650~700nm의 적색 부분과 450nm를 중심으로 한 400~500nm의 청색광 부분이 가장 유효하다.

98 작물 군락의 수광태세를 개선하는 방법으로 틀린 것은?

① 질소비료를 많이 주어 엽면적을 늘리고, 수평엽을 형성하게 한다.
② 규산, 칼륨을 충분히 주어 수작업을 형성하게 한다.
③ 줄 사이를 넓히고 포기사이를 좁혀 파상군락을 형성하게 한다.
④ 맥류는 드릴파재배를 하여 잎이 조기에 포장 전면을 덮게 한다.

해설 재배법에 의한 수광태세의 개선
- 벼의 경우 규산과 칼리의 충분한 시용은 잎이 직립하고 무효분얼기에 질소를 적게 주면 상위엽이 직립한다.
- 벼, 콩의 경우 밀식 시 줄 사이를 넓히고 포기 사이를 좁히는 것이 파상군락을 형성하게 하여 군락 하부로 광투사를 좋게 한다.
- 맥류는 광파재배보다 드릴파재배를 하는 것이 잎이 조기에 포장 전면을 덮어 수광태세가 좋아지고 지면 증발도 적어진다.
- 어느 작물이나 재식밀도와 비배관리를 적절하게 해야 한다.

99 수광태세가 가장 불량한 벼의 초형은?

① 키가 너무 크거나 작지 않다.
② 상위엽이 늘어져 있다.
③ 분얼이 조금 개산형이다.
④ 각 잎이 공간적으로 되도록 균일하게 분포한다.

해설 벼의 초형
- 잎이 너무 두껍지 않고 약간 좁으며 상위엽이 직립한다.
- 키가 너무 크거나 작지 않다.
- 분얼은 개산형으로 포기 내 광의 투입이 좋아야 한다.
- 각 잎이 공간적으로 되도록 균일하게 분포해야 한다.

100 마늘의 휴면 경과 후 인경 비대를 촉진하는 환경 조건은?

① 저온, 단일 ② 저온, 장일
③ 고온, 단일 ④ 고온, 장일

해설
- 단일조건 : 감자괴경 형성, 오이 암꽃 착생 촉진
- 장일조건 : 마늘과 양파의 인경 비대 촉진, 오이 수꽃 착생 촉진
- 마늘의 인경 비대는 고온, 장일조건에서 촉진된다.

101 다음 ( )에 들어갈 내용은?

> 백다다기 오이를 재배하는 하우스농가에서 암꽃의 수를 증가시키고자, 재배환경을 (㉠) 및 (㉡)조건으로 관리하여 수확량이 많아졌다.

① ㉠ 고온, ㉡ 단일
② ㉠ 저온, ㉡ 장일
③ ㉠ 저온, ㉡ 단일
④ ㉠ 고온, ㉡ 장일

해설 박과채소의 암꽃 증가 조건 : 저온, 단일, 에틸렌 처리

95.① 96.② 97.① 98.① 99.② 100.④ 101.③

102 솔라리제이션(solarization)이 발생되는 주된 원인은?

① 엽록소의 광산화
② 카로티노이드의 산화
③ 카로티노이드의 생성촉진
④ 슈퍼옥시드의 감소

해설 **솔라리제이션(solarization)**
- 의의 : 그늘에서 자란 작물이 강광에 노출되어 잎이 타 죽는 현상
- 원인 : 엽록소의 광산화
- 강광에 적응하게 되면 식물은 카로티노이드가 산화하면서 산화된 엽록체를 환원시켜 기능을 회복할 수 있다.

103 다음 설명 중 옳지 않은 것은?

① 생장은 양적 증가로 영양생장을 의미한다.
② 발육은 질적 재조정으로 생식생장을 의미한다.
③ 생장과 발육은 각각 독립적으로 연관성을 갖지 않는다.
④ 생장과 발육의 전환점은 화아분화이다.

해설 **생육**
- 생장과 발육을 합하여 생육이라고 부르는데 생육의 의미로 생장, 발육, 생육, 성장 등을 혼용하는 경우도 많다.
- 생장과 발육은 구분은 가능하나 서로 독립적인 것이 아니고 밀접한 상관관계를 가지며 이루어지고 있다.

104 작물의 생육은 생장과 발육으로 구별되는데 다음 중 발육에 해당되는 것은?

① 뿌리가 신장한다.
② 잎이 커진다.
③ 화아가 형성된다.
④ 줄기가 비대한다.

해설 **생장**
- 여러 가지 잎, 줄기, 뿌리 같은 영양기관이 양적으로 증대하는 것
- 영양생장을 의미하며 시간의 경과에 따른 변화이다.

발육
- 아생(芽生), 화성(化成), 개화(開化), 성숙(成熟) 등과 같은 작물의 단계적 과정을 거치면서 나타나는 체내 질적 재조정작용
- 생식생장이며 질적변화이다.

105 고구마의 개화 유도 및 촉진을 위한 방법으로 옳지 않은 것은?

① 재배적 조치를 취하여 C/N율을 낮춘다.
② 9~10시간 단일처리를 한다.
③ 나팔꽃의 대목에 고구마 순을 접목한다.
④ 고구마 덩굴의 기부에 절상을 내거나 환상박피를 한다.

해설 낮은 C/N율은 화성 및 결실이 불량하다.

106 춘화처리에 대한 설명으로 잘못된 것은?

① 주로 생육 초기에 온도 처리를 하여 개화를 촉진한다.
② 저온 처리의 감응점은 생장점이다.
③ 최아 종자의 시기에 버널리제이션을 하는 것을 종자 버널리제이션이라고 한다.
④ 처리 중에 종자가 건조하면 버널리제이션 효과가 촉진된다.

해설 처리 중에 종자가 건조하면 버널리제이션 효과가 감퇴된다.

107 버널리제이션(춘화처리)의 감응 부위는?

① 뿌리 ② 생장점
③ 잎 ④ 줄기

해설 식물체의 일장효과 감응하는 부위는 생장점이다.

108 다음 중 녹체버널리제이션 처리 효과가 가장 큰 식물은?

① 추파맥류 ② 완두
③ 양배추 ④ 봄무

해설 식물이 일정한 크기에 달한 녹체기에 버널리제이션을 하는 것을 녹체버널리제이션이라 한다. 양배추, 히요스 등에 하는 것이 효과가 가장 크다.

109 상추의 화아분화 및 추대를 일으키는 데 영향이 가장 큰 환경조건은?

① 장일 ② 단일
③ 고온 ④ 저온

해설 무, 배추, 당근, 양파 등은 저온에 의해, 상추는 고온에 의해 화아분화 및 추대가 유기된다.

102.① 103.③ 104.③ 105.① 106.④ 107.② 108.③ 109.③

110 버널리제이션 처리로 설명이 잘못된 것은?

① 산소 공급이 절대로 필요하다.
② 고온처리의 경우 반드시 암흑이 필요하다.
③ 처리종자는 병균에 침범되기 쉬우므로 종자를 소독하는 것이 좋다.
④ 처리온도는 일반적으로 겨울작물은 고온이 효과적이고, 여름작물은 저온이 효과적이다.

해설 처리온도는 일반적으로 여름작물은 고온이 효과적이고, 겨울작물은 저온이 효과적이다.

111 다음 중 ( )의 내용을 순서대로 옳게 나열한 것은?

> 저온에 의하여 꽃눈형성이 유기되는 것을 ( )라 말하며, 당근·양배추 등은 ( )으로 식물체가 일정한 크기에 도달해야만 저온에 감응하여 화아분화가 이루어진다.

① 춘화, 종자춘화형
② 이춘화, 종자춘화형
③ 춘화, 녹식물춘화형
④ 이춘화, 녹식물춘화형

해설 **처리온도에 따른 구분**
- 저온춘화 : 월년생 작물은 비교적 저온인 1~10℃의 처리가 유효하다.
- 고온춘화 : 단일 식물은 비교적 고온인 10~30℃의 처리가 유효하다.
- 일반적으로 저온춘화가 고온춘화에 비해 효과가 결정적이며 춘화처리라 하면 보통은 저온춘화를 의미한다.

처리시기에 따른 구분
- 종자춘화형식물
  ㉠ 최아종자에 처리하는 것
  ㉡ 추파맥류, 완두, 잠두, 봄무, 무, 배추 등
- 녹식물춘화형식물
  ㉠ 식물이 일정한 크기에 달한 녹체기에 처리하는 작물
  ㉡ 양배추, 히요스, 파, 양파, 당근, 우엉, 셀러리 등

112 양배추에 저온처리를 하면 추대한다. 저온처리 대신에 사용할 수 있는 물질은?

① 피토크롬　② 지베렐린
③ 시토키닌　④ 아브시스산

해설 식물 가운데 일부는 개화를 시키기 위해 생육의 일정단계 저온처리를 한다. 이것을 춘화처리라고 하는데 이런 처리를 하면 체내에 지베렐린이라는 식물호르몬이 생성되어 꽃대가 길게 자라면서 개화한다. 따라서 저온처리대신 지베렐린을 직접 처리해 주면 춘화처리 효과가 나타난다.

113 일조시간의 변동에 따라 식물의 꽃눈 형성과 개화에 큰 영향을 미치는 현상은?

① 춘화처리　② 일장효과
③ 광합성　④ 상적발육

해설 낮과 밤의 길이가 꽃눈의 분화에 영향을 주는 것을 일장효과라고 하며, 일장효과에 따라서 장일식물, 단일식물, 중성식물 등으로 나뉜다.

114 일장처리에 감응하는 부분은?

① 어린잎　② 성숙한 잎
③ 줄기　④ 뿌리

해설 어린잎은 거의 일장에 감응하지 않으며, 충분히 성숙한 잎이 잘 감응한다.

115 일장효과에 영향을 미치는 조건 중 틀린 것은?

① 온도의 영향　② 발육단계
③ 처리일수　④ 칼슘 사용의 영향

해설 장일식물은 질소가 많지 않아야 영양 생장이 억제되어 장일 효과가 더욱 잘 나타나고, 단일식물은 질소의 요구도가 커서 질소가 넉넉해야 생육이 빠르고 단일효과도 더욱 잘 나타난다.

116 일장반응에 대한 설명으로 옳지 않은 것은?

① 하루 24시간을 주기로 밤낮의 길이가 식물의 개화반응에 미치는 효과를 일장반응이라 한다.
② 한계일장이 긴 식물은 겨울에 꽃을 피우기도 한다.
③ 잎은 일장에 감응하여 개화유도물질을 생성한다.
④ 식물은 한계일장을 기준으로 크게 장일식물, 중성식물, 단일식물로 구분한다.

해설 한계일장이 긴 식물은 장일식물에 해당한다.

110.④ 111.③ 112.② 113.② 114.② 115.④ 116.②

117 일장효과에 영향을 끼치는 조건이다. 설명 중 잘못된 것은?

① 본 잎이 나온 뒤 어느 정도 발육 후 감응한다.

② 처리 횟수를 많이 할수록 꽃눈이 빨리 생기고 꽃눈의 수도 많아진다.

③ 온도는 특히 암기(밤)의 온도에 크게 영향을 받는다.

④ 명암의 주기에서 상대적으로 명기가 암기보다 길면 효과가 나타난다.

해설 명암의 주기에서 상대적으로 명기가 암기보다 길면 장일효과가 나타난다.

118 일장효과에 가장 효과적인 빛은?

① 적색광 ② 자색광
③ 청색광 ④ 백색광

해설 적색광이 효과가 가장 크고 그다음 청색광이며, 자색광은 가장 효과가 적다.

119 장일성 식물이 아닌 것은?

① 시금치 ② 양파
③ 감자 ④ 콩

해설 **장일식물**
- 보통 16~18시간의 장일상태에서 화성이 유도, 촉진되는 식물로, 단일상태는 개화를 저해한다.
- 최적일장 및 유도일장 주체는 장일측, 한계일장은 단일측에 있다.
- 추파맥류, 시금치, 양파, 상추, 아마, 아주까리, 감자 등

120 다음 중 단일식물이 아닌 것은?

① 벼 ② 콩
③ 국화 ④ 시금치

해설 **단일식물**
- 보통 8~10시간의 단일상태에서 화성이 유도, 촉진되며 장일상태는 이를 저해한다.
- 최적일장 및 유도일장의 주체는 단일측, 한계일장은 장일측에 있다.
- 국화, 콩, 담배, 들깨, 조, 기장, 피, 옥수수, 아마, 호박, 오이, 늦벼, 나팔꽃 등

121 일정한 한계일장이 없고 대단히 넓은 범위의 일장조건에서 개화하는 식물은?

① 중성식물 ② 장일식물
③ 단일식물 ④ 정일성식물

해설 **중성식물**
- 일정한 한계일장이 없이 넓은 범위의 일장에서 개화하는 식물로 화성이 일장에 영향을 받지 않는다고 할 수도 있다.
- 강낭콩, 가지, 토마토, 당근, 셀러리 등

122 원예식물의 일장반응에서 중성식물의 특징은?

① 한계일장이 없다.

② 한계일장이 12시간이다.

③ 한계일장이 길다.

④ 한계일장이 짧다.

해설 한계일장을 기준으로 단일성 식물은 그보다 짧은 일장조건에서, 장일성 식물은 그보다 긴 일장조건에서 개화한다. 중성식물은 한계일장이 없으며, 따라서 일장과 관계없이 개화한다. 가지, 토마토, 고추는 대표적인 중성식물이다.

123 다음 중 식물의 일장감응에 따른 분류 9형 중 옳은 것은?

① II식물 : 고추, 메밀, 토마토

② LL식물 : 앵초, 시네라리아, 딸기

③ SS식물 : 시금치, 봄보리

④ SL식물 : 코스모스, 나팔꽃, 콩(만생종)

해설 식물의 일장감응에 따른 분류 9형

일장형	종래의 일장형	최적일장		대표작물
		꽃눈 분화	개화	
SL	단일식물	단일	장일	앵초, 시네라리아, 딸기
SS	단일식물	단일	단일	코스모스, 나팔꽃, 콩(만생종)
SI	단일식물	단일	중성	벼(만생종)
LL	장일식물	장일	장일	시금치, 봄보리
LS	–	장일	단일	피소스테기아(physostegia : 꽃범의 꼬리)
LI	장일식물	장일	중성	사탕무
IL	장일식물	중성	장일	밀(춘파형)
IS	단일식물	중성	단일	국화
II	중성식물	중성	중성	벼(조생종), 메밀, 토마토, 고추

117.④ 118.① 119.④ 120.④ 121.① 122.① 123.①

124 도로건설로 야간 조명이 늘어나는 지역에서 개화 지연에 대한 대책이 필요한 화훼작물은?

① 국화, 시클라멘
② 장미, 페튜니아
③ 금어초, 제라늄
④ 칼랑코에, 포인세티아

해설
- 단일식물 : 국화, 칼랑코에, 포인세티아
- 장일식물 : 페튜니아, 금어초
- 중성식물 : 시클라멘, 장미, 제라늄

125 10월에 개화하는 추국을 8월에 출하하려 한다. 처리 방법으로 옳은 것은?

① 야간에 암기를 중단한다.
② 야간에 광을 조사한다.
③ 일몰 전 광을 차단하는 차광재배를 한다.
④ 장일처리를 한다.

해설 단일성 국화의 경우 단일처리로 촉성재배, 장일처리로 억제재배하여 연중 개화시킬 수 있는데, 이것을 주년재배라 한다.

126 기상생태형과 작물의 재배적 특성에 대한 설명으로 틀린 것은?

① 파종과 모내기를 일찍하면 감온형은 조생종이 되고 감광형은 만생종이 된다.
② 감광형은 못자리기간 동안 영양이 결핍되고 고온기에 이르면 쉽게 생식생장기로 전환된다.
③ 만파이식할 때 출수기 지연은 기본영양생장형과 감온형이 크다.
④ 조기수확을 목적으로 조파조식을 할 때 감온형이 알맞다.

해설 못자리기간이 길어져 못자리 때 영양결핍과 고온기에 이르게 되면 감온형은 쉽게 생식생장의 경향을 보이나 감광형과 기본영양생장형은 좀처럼 생식생장의 경향을 보이지 않으므로 묘대일수감응도는 감온형이 높고, 감광형과 기본영양생장형이 낮다.

127 다음 중 작물이 출수·개화에 알맞은 온도와 일장조건에 놓이더라도 일정기간은 기본영양생장을 하여야 출수·개화하는 것은?

① 감온성　② 감광성
③ 기본영양생장성　④ 기상생태형

해설 모든 유식물이 생식생장으로 전환하려면 가장 우선적으로 기본영양생장성을 충분히 갖추어야 한다.

Chapter 03 재배기술

01 작부체계의 이점이라고 볼 수 없는 것은?

① 병충해 및 잡초발생의 경감
② 농업노동의 효율적 분산 곤란
③ 지력의 유지 증강
④ 경지 이용도의 제고

해설 작부체계의 이점
- 지력의 유지와 증강
- 병충해 발생의 억제
- 잡초 발생 감소
- 토지이용도 제고
- 노동의 효율적 배분과 잉여노동의 활용
- 생산성 향상 및 안정화
- 수익성 향상 및 안정화

02 다음 중 작부체계의 효과가 아닌 것은?

① 경지 이용도 제고
② 기지현상 증대
③ 농업노동 효율적 배분
④ 종합적인 수익성 향상

해설 밭작물을 이어짓기(연작)하는 경우에 작물의 생육이 뚜렷하게 나빠지는 것을 기지현상이라고 한다. 이어짓기를 하지 않고 2~3년을 주기로 해마다 작물을 바꿔 재배하면 기지현상을 막을 수 있다.

03 경작지 전체를 3등분하여 매년 1/3씩 경작지를 휴한하는 작부 방식은?

① 3포식 농법
② 이동 경작 농법
③ 자유 경작 농법
④ 4포식 농법

해설 삼포식 농법은 경작지의 2/3에는 추파 또는 춘파의 곡류를 심고 1/3은 휴한하는 농법으로, 지력회복이 목적이다.

124.④　125.③　126.②　127.③ / 1.②　2.②　3.①

04 작부체계별 특성에 대한 설명으로 틀린 것은?

① 단작은 많은 수량을 낼 수 있다.
② 윤작은 경지의 이용 효율을 높일 수 있다.
③ 혼작은 병해충방제와 기계화 작업에 효과적이다.
④ 단작은 재배나 관리작업이 간단하고 기계화 작업이 가능하다.

해설 병해충방제에 효과적인 것은 윤작이며, 기계화, 작업에 효과적인 것은 단작이다.

05 다음 중 답리작으로 보리가 밀보다 많이 재배되는 이유는?

① 보리가 밀보다 산성토양에 강하기 때문
② 보리가 밀보다 추위에 강하기 때문
③ 보리가 밀보다 거름 흡수력이 강하기 때문
④ 보리가 밀보다 생육 기간이 짧기 때문

해설 보리는 수확기가 밀보다 15일 정도 빠르므로 답리작 재배에서 벼의 이앙을 빨리 할 수 있어 작부 체계상 유리하다.

06 기지현상의 원인이라고 볼 수 없는 것은?

① CEC의 증대
② 토양 중 염류집적
③ 양분의 소모
④ 토양선충의 피해

해설 연작으로 양이온치환용량(CEC)은 감소하게 된다.

07 작물의 기지현상의 원인이 아닌 것은?

① 토양 비료분의 소모
② 토양 중의 염류집적
③ 토양 물리성의 악화
④ 잡초의 제거

해설 기지의 원인
토양 비료분의 소모, 토양 중의 염류집적, 토양 물리성의 악화, 잡초의 번성, 유독물질의 축적, 토양 선충의 피해, 토양전염의 병해

08 기지현상의 대책으로 옳지 않은 것은?

① 토양 소독　② 연작
③ 담수　④ 새 흙으로 객토

해설 동일 포장에 동일 작물을 계속해서 재배하는 것을 연작(連作, 이어짓기)이라 하고 연작의 결과 작물의 생육이 뚜렷하게 나빠지는 것을 기지(忌地, soil sickness)라고 한다.

09 기지의 근본적인 대책이 되는 것은?

① 윤작　② 담수
③ 환토　④ 결핍 성분의 보급

해설 연작을 할 때에는 작물의 생육이 뚜렷하게 나빠지는 일이 있는데, 이를 기지라고 한다. 윤작(돌려짓기)을 하면 기지현상을 경감할 수 있다.

10 연작장해를 해소하기 위한 가장 친환경적인 영농방법은?

① 토양소독
② 유독물질의 제거
③ 돌려짓기
④ 시비를 토한 지력 배양

해설 연작장해를 해소하기 위한 방법으로는 윤작, 담수, 토양소독, 객토 및 환토, 접목, 지력배양 등이 있으며, 이 중 친환경적 방법은 윤작이다.

11 기지의 해결책으로 가장 거리가 먼 것은?

① 수박을 재배한 후 땅콩 또는 콩을 재배한다.
② 산야토를 넣은 후 부숙된 나뭇잎을 넣어준다.
③ 하우스재배는 다비재배를 실시한다.
④ 인삼을 재배한 후 물을 가득 채운다.

해설 최근 시설재배 등이 증가함에 따라 시설 내 다비연작으로 작토층에 집적되는 염류의 과잉으로 작물 생육을 저해하는 경우가 많이 발견되고 있다.

12 연작장해에 대한 설명으로 틀린 것은?

① 특정 작물이 선호하는 양분의 수탈이 이루어진다.
② 작물의 생장이 지연된다.
③ 수도작은 연작장해가 크게 일어난다.
④ 수확량이 감소한다.

해설 수도작은 연작장해를 감소시켜 기지현상이 나타나지 않는다.

4.③ 5.④ 6.① 7.④ 8.② 9.① 10.③ 11.③ 12.③

13 다음 중 기지(忌地)현상에 관한 설명으로 옳지 않은 것은?

① 밀과 보리는 기지현상이 적어서 연작의 해가 적다.
② 감귤류와 복숭아나무는 기지가 문제되지 않으므로 휴작이 필요하지 않다.
③ 기지현상이 있어도 수익성이 높은 작물은 기지대책을 세우고 연작한다.
④ 수익성과 수요량이 크고 기지현상이 적은 작물은 연작을 하는 것이 보통이다.

해설 **과수의 기지 정도**
- 기지가 문제되는 과수 : 복숭아, 무화과, 감귤류, 앵두 등
- 기지가 나타나는 정도의 과수 : 감나무 등
- 기지가 문제되지 않는 과수 : 사과, 포도, 자두, 살구 등

14 연작해가 가장 심하게 나타나는 작물은?

① 참외　② 콩
③ 오이　④ 수박

해설 **작물의 기지 정도**
- 연작의 해가 적은 것 : 벼, 맥류, 조, 옥수수, 수수, 삼, 담배, 고구마, 무, 순무, 당근, 양파, 호박, 연, 미나리, 딸기, 양배추 등
- 1년 휴작 작물 : 파, 쪽파, 생강, 콩, 시금치 등
- 2년 휴작 작물 : 오이, 감자, 땅콩, 잠두 등
- 3년 휴작 작물 : 참외, 쑥갓, 강낭콩, 토란 등
- 5~7년 휴작 작물 : 수박, 토마토, 가지, 고추, 완두, 사탕무, 레드클로버 등
- 10년 이상 휴작 작물 : 인삼, 아마 등

15 다음 중 연작의 피해로 인한 휴작기간이 가장 긴 식물은?

① 인삼　② 시금치
③ 감자　④ 옥수수

해설 10년 이상 휴작 작물 : 인삼, 아마 등

16 윤작의 효과가 아닌 것은?

① 지력의 유지, 증강
② 토양구조 개선
③ 병해충 경감
④ 잡초의 번성

해설 윤작 시 중경작물, 피복작물의 재배는 잡초의 번성을 억제한다.

17 윤작의 효과로 거리가 먼 것은?

① 자연재해나 시장변동의 위험을 분산시킨다.
② 지력을 유지하고 증진시킨다.
③ 토지이용률을 높인다.
④ 풍수해를 예방한다.

해설 **윤작의 효과**
- 지력의 유지 증강
- 토양보호
- 기지의 회피
- 병충해 경감
- 잡초의 경감
- 수량의 증대
- 토지이용도 향상
- 노력분배의 합리화
- 농업경영의 안정성 증대

18 윤작의 직접적인 효과와 거리가 가장 먼 것은?

① 토양구조 개선 효과
② 수질 보호 효과
③ 기지 회피 효과
④ 수량증대 효과

해설 윤작은 지력의 유지를 증강시켜 토양구조를 좋게 한다. 또한 토양보호, 기지 회피, 병충해 경감, 수량증대, 토지이용도 향상 등의 효과를 얻을 수 있다.

19 토양비옥도를 유지 및 증진하기 위한 윤작대책으로 실효성이 가장 낮은 것은?

① 콩과 작물 재배를 통해 질소원을 공급한다.
② 근채류, 알팔파 등의 재배로 토양의 입단형성을 유도한다.
③ 피복작물 재배로 표층토의 유실을 막는다.
④ 채소작물 재배로 토양선충 피해를 경감한다.

해설 **윤작의 지력 유지 증강 효과**
- 질소고정 : 콩과작물의 재배는 공중질소를 고정한다.
- 잔비량 증가 : 다비작물의 재배는 잔비량이 많아진다.
- 토양구조의 개선 : 근채류, 알팔파 등 뿌리가 깊게 발달하는 작물의 재배는 토양의 입단형성을 조장하여 토양구조를 좋게 한다.
- 토양유기물 증대 : 녹비작물의 재배는 토양유기물을 증대시키고 목초류 또한 잔비량이 많다.
- 구비(廐肥) 생산량의 증대 : 사료 작물 재배의 증가는 구비 생산량 증대로 지력증강에 도움이 된다.

13.② 14.④ 15.① 16.④ 17.④ 18.② 19.④

20 논상태와 밭상태로 몇 해씩 돌려가면서 작물을 재배하는 방식의 작부체계를 무엇이라 하는가?

① 교호작 ② 답전윤환
③ 간작 ④ 윤작

해설 **답전윤환(畓田輪換)재배**
포장을 담수한 논 상태와 배수한 밭 상태로 몇 해씩 돌려가며 재배하는 방식을 답전윤환이라 한다. 답전윤환은 벼를 재배하지 않는 기간만 맥류나 감자를 재배하는 답리작(畓裏作) 또는 답전작(畓前作)과는 다르며 최소 논 기간과 밭 기간을 각각 2~3년으로 하는 것이 알맞다.

21 답전윤환 체계로 논을 밭으로 이용할 때 유기물이 분해되어 무기태질소가 증가하는 현상은?

① 산화작용 ② 환원작용
③ 건토효과 ④ 윤작효과

해설 밭 상태 동안은 논 상태에 비하여 토양 입단화와 건토효과가 나타나며 미량요소의 용탈이 적어지고 환원성 유해물질의 생성이 억제되고 콩과 목초와 채소는 토양을 비옥하게 하여 지력이 증진된다.

22 혼작의 예가 아닌 것은?

① 콩+옥수수 ② 목화+들깨
③ 콩+수수 ④ 보리+콩

해설 보리, 콩은 간작이다. 혼작(섞어짓기)은 생육기가 거의 같은 두 종류 이상의 작물을 동시에 같은 포장에 섞어 재배하는 것이다.

23 참외밭의 둘레에 옥수수를 심는 경우 작부체계는 어느 것인가?

① 간작 ② 혼작
③ 교호작 ④ 주위작

해설 **주위작(周圍作, 둘레짓기 ; border cropping)**
포장의 주위에 포장 내 작물과는 다른 작물을 재배하는 것을 주위작이라하며 혼파의 일종이라 할 수 있다.

24 생육기간이 비슷한 작물들을 교호로 재배하는 방식으로 콩 2이랑에 옥수수 1이랑을 재배하는 작부체계는?

① 혼자 ② 교호작
③ 간작 ④ 주위작

해설 **교호작(交互作, 엇갈아짓기 ; alternate cropping)**
- 일정 이랑씩 두 작물 이상의 작물을 교호로 배열하여 재배하는 방식을 교호작이라 한다.
- 작물들의 생육시기가 거의 같고 작물별 시비, 관리작업이 가능하며 주작과 부작의 구별이 뚜렷하지 않다.

25 교호작의 대표적 작물은?

① 옥수수와 콩
② 감자와 고구마
③ 콩과 수수
④ 콩과 목화

해설 **교호작(엇갈아짓기)**
콩의 두 이랑에 옥수수 한 이랑씩처럼 생육 기간이 비슷한 작물들을 서로 건너서 교호로 재배하는 방식

26 무배유 종자는 어느 것인가?

① 벼 ② 콩
③ 옥수수 ④ 밀

해설 **무배유 종자**
저장양분이 자엽에 저장되어 있고 배는 유아 배유 유근의 세 부분으로 형성되어 있어서 밀의 배처럼 잎 생장점 줄기 뿌리의 어린 조직이 구비되어 있다.(배추과, 박과, 콩과 식물)

27 배유의 유무에 의한 종자의 분류 중 배유종자에 속하지 않는 것은?

① 옥수수 ② 상추
③ 피마자 ④ 보리

해설
- 배유종자 : 벼, 보리, 옥수수 등 화본과 종자와 피마자, 양파 등
- 무배유종자 : 콩, 완두, 팥 등 두과 종자와 상추, 오이 등

28 다음 중 식물학상 종자가 농업상 씨앗으로 이용되는 것은?

① 유채 ② 상추
③ 쑥갓 ④ 복숭아

해설 **식물학상 종자 이용**
콩, 팥, 완두, 녹두 등 콩과작물, 유채, 담배, 아마, 목화, 참깨 등

20.② 21.③ 22.④ 23.④ 24.② 25.① 26.② 27.② 28.①

29 종자의 형태와 구조에 관한 설명 중 옳은 것은?

① 옥수수는 무배유 종자이다.
② 강낭콩은 배, 배유, 떡잎으로 구성되어 있다.
③ 배유에는 잎, 생장점, 줄기, 뿌리의 어린 조직이 구비되어 있다.
④ 콩은 저장양분이 떡잎에 있다.

해설 ① 옥수수는 배유 종자이다.
② 강낭콩은 배와 떡잎, 종피로 구성되어 있다.
③ 배유에는 잎, 생장점, 줄기, 뿌리의 어린 조직이 모두 갖추어져 있다.

30 괴경을 이용하여 번식하는 작물은?

① 고추 ② 감자
③ 고구마 ④ 마늘

해설 줄기(莖, stem)
- 지상경(地上莖) 또는 지조(枝條) : 사탕수수, 포도나무, 사과나무, 귤나무, 모시풀 등
- 근경(根莖, 땅속줄기 : rhizome) : 생강, 연, 박하, 호프 등
- 괴경(塊莖, 덩이줄기 : tuber) : 감자, 토란, 돼지감자 등
- 구경(球莖, 알줄기 : corm) : 글라디올러스 등
- 인경(鱗莖, 비늘줄기 : bulb) : 나리, 마늘 등
- 흡지(吸枝, sucker) : 박하, 모시풀 등

31 종묘로 이용되는 영양기관과 해당 작물이 바르게 짝지어진 것은?

① 땅속줄기(Rhizome) : 생강, 연
② 덩이줄기(Tuber) : 백합, 글라디올러스
③ 덩이뿌리(Tuber Root) : 감자, 토란
④ 알줄기(Corm) : 달리아, 마

해설 근경(根莖, 땅속줄기)
생강, 연, 박하, 호프 등

32 다음 중 종자번식의 장점으로 볼 수 없는 것은?

① 번식 방법이 쉽고 다수의 묘를 생산할 수 있다.
② 품종개량의 목적으로 우량종의 개발이 가능하다.
③ 번식 가능 기간이 길고 방법이 용이하다.
④ 종자의 수송이 용이하며 원거리 이동시 안전하고 용이하다.

해설 종자번식의 장점
- 번식의 방법이 쉽고 다수의 묘를 생산할 수 있다.
- 품종 개량의 목적으로 우량종의 개발이 가능하다.
- 종자의 수송이 용이하며 원거리 이동이 안전, 용이하다.

33 작물의 생식에 대한 설명으로 옳지 않은 것은?

① 아포믹시스는 무수정종자형성이라고 하며, 부정배형성, 복상포자생식, 위수정생식 등이 이에 속한다.
② 속씨식물 수술의 화분은 발아하여 1개의 화분관세포와 2개의 정세포를 가지며, 암술의 배낭에는 난세포 1개, 조세포 1개, 반족세포 3개, 극핵 3개가 있다.
③ 무성생식에는 영양생식도 포함되는데, 고구마와 거베라는 뿌리로 영양번식을 하는 작물이다.
④ 벼, 콩, 담배는 자식성 작물이고, 시금치, 딸기, 양파는 타식성 작물이다.

해설 화분
- 수술의 약(葯)에서 화분모세포 1개가 감수분열로 4개의 반수체 소포자가 형성된다.
- 화분세포는 두 번의 체세포분열이 일어나 화분으로 성숙한다.
- 화분은 1개의 화분관세포와 2개의 정세포가 있고 화분관세포는 화분관으로 신장하여 정세포를 배낭까지 운반한다.

배낭
- 암술 자방 속의 배주 안에서 배낭모세포 1개가 4개의 반수체 대포자를 만들며 3개는 퇴화하고 1개만 남아 세 번의 체세포분열로 배낭으로 성숙한다.
- 배낭에서 주공 쪽에는 난세포 1개와 조세포 2개가 있고, 반대쪽에 반족세포가 3개, 중앙에 극핵 2개가 있다. 그 중 조세포와 반족세포는 후에 퇴화하며 주공은 화분관이 배낭으로 침투하는 통로이다.

34 피자식물이 가지는 중복수정에서 염색체의 조성은?

① 배 n, 배유 n
② 배 n, 배유 $2n$
③ 배 $2n$, 배유 $3n$
④ 배 $2n$, 배유 $2n$

해설 원예식물은 2회에 걸쳐 수정이 이루어지며, 이것을 중복수정이라고 한다.

29.④ 30.② 31.① 32.③ 33.② 34.③

35 종자형성에 대한 설명으로 옳지 않은 것은?

① 종피와 열매껍질은 모체의 조직이므로 배와 종피는 유전적 조성이 동일하다.
② 배유에 우성유전자의 표현형이 나타나는 것을 크세니아라 한다.
③ 바나나, 감귤류와 같이 종자의 생산없이 열매를 맺는 현상을 단위결과라 한다.
④ 식물호르몬을 이용하여 인위적으로 단위결과를 유발하기도 한다.

해설 종피와 과피는 모체의 조직으로 종자에서 배와 종피는 유전적 조성이 다르다.

36 종자번식에서 자연교잡률이 4% 이하인 자식성 작물에 속하는 것은?

① 토마토
② 양파
③ 매리골드
④ 베고니아

해설
- 자가수정 작물 : 완두, 강낭콩, 잠두, 가지, 토마토, 상추 등
- 타가수정 작물 : 배추, 무, 박과채소, 시금치, 아스파라거스 등
- 자가+타가수정 작물 : 고추, 양파, 당근, 딸기 등

37 자동적 단위결과 작물로 나열된 것은?

① 체리, 키위
② 바나나, 배
③ 감, 무화과
④ 복숭아, 블루베리

해설 **단위결과 작물**
파인애플, 바나나, 오이, 호박, 포도, 오렌지, 그레이프프루트, 감, 무화과 등

38 어떤 종자표본의 발아율이 80%이고 순도가 90%일 경우, 종자의 진가(용가)는?

① 90　② 85
③ 80　④ 72

해설 **종자의 진가(용가)**
=[발아율(%)×순도(%)]÷100
=80×90÷100=72

39 우수한 종자를 생산하는 채종재배에서 종자의 퇴화를 방지하기 위한 대책으로 틀린 것은?

① 감자는 평야지대 보다 고랭지에서 씨감자를 생산한다.
② 채종포에 사용되는 종자는 원종포에서 생산된 신용 있는 우수한 종자이어야 한다.
③ 질소비료를 과용하지 말아야 한다.
④ 종자의 오염을 막기 위해 병충해 방지를 하지 않는다.

해설 병충해로 인한 병리적 퇴화가 발생한다.

40 화곡류의 채종 적기는?

① 백숙기　② 갈숙기
③ 녹숙기　④ 황숙기

해설 화곡류의 채종 적기는 황숙기, 십자화과 채소는 갈숙기가 채종 적기이다.

41 종자용 벼를 탈곡할 때 가장 적합한 분당 회전 속도는?

① 50회　② 200회
③ 400회　④ 800회

해설 종자용 벼의 탈곡은 탈곡기의 회전속도가 너무 빠르면 종자의 물리적 손상이 발생하므로 너무 빠르지 않은 것이 좋다. 탈곡 시 적합한 분당 회전 속도는 400~450회이다.

42 종자의 수명을 연장할 수 있는 저장방법으로 가장 좋은 조건은?

① 고온, 다습　② 고온, 저습
③ 저온, 저습　④ 저온, 다습

해설 수분함량이 높은 종자를 고온, 다습의 환경 속에 저장하면 수명이 짧아지고, 건조한 종자를 저온, 저습, 밀폐된 상태로 저장하면 수명이 매우 연장된다.

43 다음 중 종자가 저장 중에 발아력이 상실되는 주된 원인은?

① 원형질 단백의 응고　② 저장양분의 소모
③ 유독물질의 생성　④ 저장 중의 질식

해설 발아력을 상실하는 주된 원인은 원형질 단백의 응고, 효소의 활력 저하나 저장양분의 소모도 이에 관련한다.

35.① 36.① 37.③ 38.④ 39.④ 40.④ 41.③ 42.③ 43.①

44 다음 중 일반적 조건에서 발아연한이 가장 긴 것은?

① 토마토　② 옥수수
③ 고추　④ 양파

해설 작물별 종자의 수명

구분	단명종자 (1~2년)	상명종자 (3~5년)	장명종자 (5년 이상)
농작물류	콩, 땅콩, 목화, 옥수수, 해바라기, 메밀, 기장	벼, 밀, 보리, 완두, 페스큐, 귀리, 유채, 켄터키블루그래스, 목화	클로버, 알팔파, 사탕무, 베치
채소류	강낭콩, 상추, 파, 양파, 고추, 당근	배추, 양배추, 방울다다기양배추, 꽃양배추, 멜론, 시금치, 무, 호박, 우엉	비트, 토마토, 가지, 수박
화훼류	베고니아, 팬지, 스타티스, 일일초, 콜레옵시스	알리섬, 카네이션, 시클라멘, 색비름, 피튜니아, 공작초	접시꽃, 나팔꽃, 스토크, 백일홍, 데이지

45 품종의 퇴화원인을 3가지로 분류할 때 해당되지 않는 것은?

① 유전적 퇴화
② 생리적 퇴화
③ 병리적 퇴화
④ 영양적 퇴화

해설 종자 퇴화의 원인은 크게 유전적 퇴화, 생리적 퇴화, 병리적 퇴화로 구분할 수 있다.

46 생산력이 우수하던 품종이 재배 연수를 경과하는 동안에 생산력 및 품질이 저하되는 것을 품종의 퇴화라 하는데, 다음 중 유전적 퇴화의 원인이라 할 수 없는 것은?

① 자연교잡
② 이형종자 혼입
③ 자연돌연변이
④ 영양번식

해설 유전적 퇴화
작물이 세대의 경과에 따라 자연교잡, 새로운 유전자형의 분리, 돌연변이, 이형종자의 기계적 혼입 등에 의해 종자가 유전적 순수성이 깨져 퇴화된다.

47 볍씨를 소독하기 위해 물에 녹이는 물질은?

① 당밀　② 소금
③ 식초　④ 기름

해설 소금물을 비중액으로 이용하는 염수선은 선종과 함께 종자의 소독효과를 기대할 수 있다.

48 물리적 종자소독법이 아닌 것은?

① 냉수온탕침법　② 건열처리
③ 온탕침법　④ 분의소독법

해설 화학적 소독법
- 침지소독 : 농약 수용액에 종자를 일정시간 담가서 소독하는 방법이다.
- 분의소독 : 분제 농약을 종자에 그대로 묻게 하여 소독하는 방법이다.

49 벼 종자 소독 시 냉수온탕침법을 실시할 때 가장 알맞은 물의 온도는?

① 약 30℃ 정도
② 약 35℃ 정도
③ 약 43℃ 정도
④ 약 52℃ 정도

해설 냉수온탕침법
벼의 선충심고병은 벼 종자를 냉수에 24시간 침지 후 45℃ 온탕에 2분 정도 담그고 다시 52℃의 온탕에 10분간 담갔다가 냉수에 식힌다.

50 종자의 발아조건 3가지는?

① 온도, 수분, 산소
② 수분, 비료, 빛
③ 토양, 온도, 빛
④ 온도, 미생물, 수분

해설 수분, 온도, 산소는 모든 종자에 공통적으로 필요하지만 광은 필요 유무에 따라 호광성, 혐광성, 광무관 종자로 구분한다.

44.① 45.④ 46.④ 47.② 48.④ 49.④ 50.①

51 유기 벼 종자의 발아에 필수조건이 아닌 것은?

① 산소 ② 온도
③ 광선 ④ 수분

해설 광은 필요 유무에 따라 호광성, 혐광성, 광무관 종자로 구분한다.

52 호광성(광발아)종자로만 짝지어진 것은?

ㄱ. 벼	ㄴ. 담배
ㄷ. 토마토	ㄹ. 수박
ㅁ. 상추	ㅂ. 가지
ㅅ. 셀러리	ㅇ. 양파

① ㄱ, ㄷ, ㅇ ② ㄴ, ㅁ, ㅅ
③ ㄷ, ㄹ, ㅅ ④ ㅁ, ㅂ, ㅇ

해설 **호광성종자(광발아종자)**
- 광에 의해 발아가 조장되며 암조건에서 발아하지 않거나 발아가 몹시 불량한 종자
- 담배, 상추, 우엉, 차조기, 금어초, 베고니아, 피튜니아, 뽕나무, 버뮤다그래스 등

53 혐광성 종자의 작물로 올바른 것은?

① 벼, 옥수수
② 토마토, 가지
③ 베고니아, 잡초
④ 담배, 상추

해설 **혐광성종자(암발아종자)**
- 광에 의하여 발아가 저해되고 암조건에서 발아가 잘 되는 종자
- 호박, 토마토, 가지, 오이, 파, 나리과 식물 등

54 상추 종자의 광발아성을 지배하는 물질로 알려진 것은?

① 버날린 ② 플로리겐
③ 피토크롬 ④ 라텍스

해설 상추는 광발아성 종자로 광조건에 발아가 촉진된다. 특히 고온조건에서는 광선이 발아를 촉진하는 효과가 잘 나타난다. 이때 관여하는 물질은 피토크롬이라고 하는 광수용 색소단백질이다. 광조건에서 이 물질이 활성상태로 구조적으로 변하면서 광자극을 유도하는 것으로 알려져 있다.

55 물속에서는 발아하지 못하는 종자는?

① 상추 ② 가지
③ 당근 ④ 셀러리

해설 **수중에서의 종자 발아 난이도**
- 수중 발아를 못하는 종자 : 밀, 귀리, 메밀, 콩, 무, 양배추, 고추, 가지, 파, 알팔파, 옥수수, 수수, 호박, 율무 등
- 수중 발아 시 발아 감퇴 종자 : 담배, 토마토, 카네이션, 화이트클로버, 브롬그라스 등
- 수중 발아가 잘되는 종자 : 벼, 상추, 당근, 셀러리, 피튜니아, 티머시, 캐나다블루그라스 등

56 종자 발아과정 중 수분흡수에 관계되는 요인 중 가장 거리가 먼 것은?

① 종피의 투수성 ② 용액의 농도
③ 수온 ④ 종피의 투기성

해설 수분 흡수에 관계되는 주요 요인 : 종자의 화학적 조성, 종피의 투수성, 물의 이용성, 용액의 농도, 온도 등이 관여한다.

57 다음 발아과정의 순서가 옳은 것은?

① 수분의 흡수 → 배의 생장개시 → 저장양분 분해효소 생성 및 활성화 → 저장양분의 분해, 전류 및 재합성 → 과피 파열 → 유묘 출현
② 수분의 흡수 → 저장양분 분해효소 생성 및 활성화 → 배의 생장개시 → 저장양분의 분해, 전류 및 재합성 → 과피 파열 → 유묘 출현
③ 수분의 흡수 → 저장양분 분해효소 생성 및 활성화 → 저장양분의 분해, 전류 및 재합성 → 배의 생장개시 → 과피 파열 → 유묘 출현
④ 수분의 흡수 → 저장양분 분해효소 생성 및 활성화 → 저장양분의 분해, 전류 및 재합성 → 과피 파열 → 배의 생장개시 → 유묘 출현

해설 **발아과정**
수분의 흡수 → 저장양분 분해효소 생성 및 활성화 → 저장양분의 분해, 전류 및 재합성 → 배의 생장개시 → 과피 파열 → 유묘 출현

51.③ 52.② 53.② 54.③ 55.② 56.④ 57.③

58 종자에 프라이밍 처리를 하는 목적은?

① 휴면타파 ② 종자소독
③ 발아력증진 ④ 기계파종

해설 종자에 수분을 흡수시키면 배가 활동을 개시한다. 그래서 종자는 파종전에 물에 침지했다고 파종하거나 때로는 일정한 크기로 싹을 티워 파종한다. 그러나 이 경우는 즉시 파종하지 않으면 안된다. 수분대신에 고장용액을 이용하여 발아력을 증진하는 기술이 프라이밍 기술이다. 특수한 용액에 침지하여 종자의 발아상태를 일정한 수준까지 유도한 다음 종자를 저장하면 이용할 수 있는 종자의 전처리 기술이다.

59 종자의 발아에 관한 설명으로 틀린 것은?

① 발아시는 파종된 종자 종에서 최초 1개체가 발아한 날이다.
② 발아기는 전체 종자수의 약 40%가 발아한 날이다.
③ 발아전은 종자의 대부분(80% 이상)이 발아한 날이다.
④ 발아일수는 파종기부터 발아 전까지의 일수이다.

해설 발아일수는 파종기부터 발아기까지의 일수이다.

60 재배포장에 파종된 종자의 발아기를 옳게 정의한 것은?

① 약 40%가 발아한 날
② 발아한 것이 처음 나타난 날
③ 80% 이상이 발아한 날
④ 100% 발아가 완료된 날

해설 **발아조사**

- 발아율(PG, Percent Germination) : 파종된 총 종자 수에 대한 발아종자 수의 비율(%)이다.
- 발아세(GE, Germination Energy) : 치상 후 정해진 기간 내의 발아율을 의미하며 맥주보리 발아세는 20℃ 항온에서 96시간 내에 발아종자 수의 비율을 의미한다.
- 발아시 : 파종된 종자 중에서 최초로 1개체가 발아된 날
- 발아기 : 파종된 종자의 약 40%가 발아된 날
- 발아전 : 파종된 종자의 대부분(80% 이상)이 발아한 날
- 발아일수 : 파종부터 발아기까지의 일수
- 발아기간 : 발아시부터 발아 전까지의 기간
- 평균발아일수(MGT, Mean Germination Time) : 발아된 모든 종자의 발아일수의 평균

61 다음 조건 중 발아력이 가장 낮게 평가되는 경우는?

① TTC용액을 처리하였더니 배의 단면이 적색으로 착색되었다.
② 전기전도도를 측정하였더니 전기전도도가 높게 나타났다.
③ 구아야콜 처리를 하였더니 자색으로 착색되었다.
④ TTC용액을 처리하였더니 유아의 단면이 적색으로 착색되었다.

해설 **전기전도율 검사법**
기계를 사용하여 종자의 개별적 전기전도율을 측정하는 방법으로 세력이 낮거나 퇴화된 종자를 물에 담그면 세포 내 물질이 침출되어 나오는데 이들이 지닌 전하를 전기전도계로 측정한 값으로 발아력을 측정하는 방법이다. 완두, 콩 등에서 많이 이용되며 전기전도도가 높으면 활력이 낮은 것이다.

62 성숙 직후의 종자는 온도, 수분과 같은 환경조건이 발아에 적합하여도 일정 기간 발아하지 않는 특성을 지니고 있는데 이를 무엇이라 하는가?

① 휴면 ② 발아
③ 정지 ④ 파종

해설 휴면은 생육의 일시적인 정지상태라고 볼 수 있다.

63 종자 휴면의 원인이 아닌 것은?

① 종피의 기계적 저항
② 종피의 산소 흡수 저하
③ 배의 미숙
④ 후숙

해설 배의 미숙으로 인한 휴면은 후숙으로 타파된다.

64 종자의 휴면 원인이 아닌 것은?

① 경실
② 종피의 불투기성
③ 종피의 기계적 저항
④ 배의 후숙

해설 미나리아제비, 장미과 식물 등에서는 종자가 모주를 이탈할 때 배가 미숙상태에서 발아를 하지 못한다. 수주일 또는 수개월 경과하면 배가 완전히 발육하고, 또 필요한 생리적 변화를 완성하여 발아할 수 있게 되는데, 이 과정을 후숙이라고 한다.

58.③ 59.④ 60.① 61.② 62.① 63.④ 64.④

65 배 휴면을 하는 종자의 휴면타파에 흔히 사용하는 방법은?

① 종피 파상법 ② 층적법
③ 종피 제거법 ④ 진탕법

해설 배 자체가 휴면하는 종자의 후숙을 인위적으로 촉진시키는 방법을 층적법이라고 한다. 층적법은 습한 모래나 이끼를 종자와 엇바꾸어 쌓아 올려 저온에 두는 방법이다.

66 다음 A농가가 실시한 휴면타파 처리는?

> 경기도에 있는 A농가에서는 작년에 콩의 발아율이 낮아 생산량 감소로 경제적 손실을 보았다. 금년에 콩 종자의 발아율을 높이기 위해 휴면타파 처리를 하여 손실을 만회할 수 있었다.

① 훈증 처리 ② 콜히친 처리
③ 토마토톤 처리 ④ 종피파상 처리

해설 **종피파상법**
경실종자의 종피에 상처를 내는 방법으로 자운영, 콩과의 소립종자 등은 종자의 25~35%의 모래를 혼합하여 20~30분 절구에 찧어서 종피에 가벼운 상처를 내어 파종하면 발아가 조장되며 고구마는 배의 반대편에 손톱깎이 등으로 상처를 내어 파종한다.

67 낙엽과수의 휴면에 대한 설명으로 바르지 못한 것은?

① 대부분 8월 중에 자발휴면에 들어간다.
② 자발휴면이 타파되면 환경이 나빠도 발아한다.
③ 과수에 따라 다르지만 발아하기까지 상당한 저온을 요구한다.
④ 과수의 부위에 따라 휴면시기가 다를 수 있다.

해설 자발휴면이 끝나고 환경이 불량하면 다시 타발휴면을 하게 된다.

68 호광성 종자의 휴면을 타파하여 발아촉진을 하고자 할 때 사용되는 것은?

① MH-30 ② 감마선
③ 에틸렌 ④ 지베렐린

해설 양배추, 담배 등의 호광성 종자 및 가지 용담의 종자는 지베렐린 수용액에 담근 후 파종하면 발아가 촉진된다.

69 종자의 발아억제물질은?

① 지베렐린 ② ABA
③ 시토키닌 ④ 에틸렌

해설 **아브시스산(ABA)의 작용**
- 잎의 노화 및 낙엽을 촉진한다.
- 휴면을 유도한다.
- 종자의 휴면을 연장하여 발아를 억제한다.
- 단일식물을 장일조건에서 화성을 유도하는 효과가 있다.
- ABA 증가로 기공이 닫혀 위조저항성이 증진된다.
- 목본식물의 경우 내한성이 증진된다.

70 종자번식과 비교할 때 영양번식의 장점이 아닌 것은?

① 모본의 유전적인 형질이 그대로 유지된다.
② 화목류의 경우 개화까지의 기간을 단축할 수 있다.
③ 번식재료의 원거리 수송과 장기저장이 용이하다.
④ 불임성이나 단위결과성 화훼류를 번식할 수 있다.

해설 **영양번식의 장점**
- 모체와 유전적으로 동일한 개체를 얻을 수 있다.
- 보통재배로 채종이 어려워 종자번식이 어려울 때 이용된다.(고구마, 마늘 등)
- 우량한 유전형질을 쉽게 영속적으로 유지시킬 수 있다.(과수, 감자 등)
- 종자번식에 비해 생육이 왕성하여 짧은 기간에 수확이 가능하며 수량도 증가한다.(감자, 모시풀, 꽃, 과수 등)
- 암수의 어느 한쪽 그루만을 재배할 때 이용된다.(호프는 영양번식을 통하여 수량이 많은 암그루만을 재배할 수 있음)
- 접목은 수세의 조절, 풍토 적응성 증대, 병충해 저항성 증대, 결과 촉진, 품질 향상, 수세 회복 등을 기대할 수 있다.

71 영양번식의 장점과 관계가 깊은 사항은?

① 번식이 쉽고 비용이 싸다.
② 일시에 대량 번식시킬 수 있다.
③ 어버이 형질이 전해진다.
④ 발육이 왕성하고 수명이 길다.

해설 영양번식의 장점은 어버이의 유전형질을 그대로 이어받고 개화 및 결과의 연령을 단축시킬 수 있으며, 종자 번식이 어려운 것을 번식시킬 수 있다.

65.② 66.④ 67.② 68.④ 69.② 70.③ 71.③

72 다음 작물의 번식에 대한 설명 중 틀린 것은?

① 영양번식은 식물체의 잎, 줄기, 뿌리 등의 영양체를 분리하여 독립된 개체를 만드는 방법으로 특성이 똑같은 품종을 손쉽게 생산할 수 있다.
② 꺾꽂이는 식물체의 일부를 잘라 모래나 질석, 펄라이트 등에 꽂아 뿌리를 내리게 하여 새로운 식물체를 만드는 방법이다.
③ 접붙이기는 두 식물의 장점을 동시에 얻고자 할 때 번식에 이용되는데 친화성이 있는 대목과 접순의 형성층을 맞추어 양분 및 수분이 이동할 수 있도록 해야 한다.
④ 묻어떼기는 꺾꽂이나 접붙이기가 잘 되는 나무류의 번식에 주로 이용한다.

해설 **묻어떼기**
어미나무의 줄기나 가지를 그대로 뿌리를 내리게 한 다음 분리시켜 번식시키는 방법으로 꺾꽂이나 접붙이기가 잘 안되는 나무류의 번식에 주로 이용한다.

73 작물의 취목번식 방법 중에서 가지의 선단부를 휘어서 묻는 방법은?

① 선취법 ② 성토법
③ 당목취법 ④ 고취법

해설 ② 성토법 : 포기 밑에 가지를 많이 낸 후 성토하여 발근시키는 취목법
③ 당목취법 : 가지를 수평으로 묻어 한가지에의 여러 마디에서 발근시키는 취목법
④ 고취법 : 휘묻이에서 가지를 지면까지 내리지 못할 때 가지를 그대로 두고 가지에 흙이나 물이끼를 싸매어 발근시켜 새로운 개체를 만드는 방법

74 삽목 시 발근촉진제로 이용할 수 있는 생장조절제는?

① NAA(옥신류)
② GA(지베렐린류)
③ ABA(아브시스산)
④ BA(시토키닌류)

해설 옥신의 중요한 생리적 기능 가운데 하나가 발근촉진이다. 따라서 삽목 시에 옥신을 처리하여 발근을 촉진해 준다. 주로 사용하는 옥신은 NAA이며 이를 주체로 만든 생장조절제로 루톤이라는 것이 있다.

75 인공 영양번식에서 발근 및 활착효과를 기대하기 어려운 것은?

① 엽록소형성 억제 처리
② 설탕액에 침지
③ ABA 처리
④ 환상박피나 절상처리

해설 **인공 영양번식에서 발근 및 활착 촉진 방법**
- 일광차단하여 엽록소 형성 억제
- 환상박피나 절상처리
- 설탕액 침지
- 증산경감제 처리

76 접목의 적기가 바르게 설명된 것은?

① 봄에는 나무의 눈이 싹튼 후 2~3주일 뒤에 한다.
② 대목은 수액이 정지된 상태에서 한다.
③ 접수는 휴면상태일 때 채집한다.
④ 여름접은 6월에서 7월 사이에 실시한다.

해설 ① 봄에는 나무의 눈이 싹트기 2~3주일 전에 한다.
② 대목은 수액이 움직이기 시작하고 접수는 아직 휴면인 상태가 적기이다.
④ 여름철은 8월 상순에서 9월 상순 사이에 한다.

77 사과의 성목원에서 수분수를 필요로 할 때 가장 빨리 대처할 수 있는 경제적인 방법은?

① 노목을 심는다.
② 유목을 심는다.
③ 수분수를 고접한다.
④ 개화 초기의 나무를 중간중간 식재한다.

해설 수분수 품종을 고접하면 2~3년 이내에 개화가 가능하다.

78 접목 활착률을 높이려고 할 때 제일 먼저 고려해야 할 사항은?

① 접목시기와 온도
② 접수와 대목의 굵기
③ 접목방법
④ 접수와 대목의 친화성

해설 **접목 친화성**
접수와 대목이 접합된 다음 생리작용의 교류가 원만하게 이루어져서 발육과 결실이 좋은 것을 말한다.

72.④ 73.① 74.① 75.③ 76.③ 77.③ 78.④

79 채소류 접목에 대한 설명 중 옳지 않은 것은?

① 채소류의 접목은 불량 환경에 견디는 힘을 증가시킬 수 있다.
② 박과채소류에서 접목을 이용할 경우 기형과의 출현이 줄어들고 당도는 높아진다.
③ 수박은 연작에 의한 덩굴쪼김병 방제 목적으로 박이나 호박을 대목으로 이용한다.
④ 채소류의 접목 시 호접과 삽접을 이용할 수 있다.

해설 장점
- 토양전염성 병의 발생을 억제한다.(수박, 오이, 참외의 덩굴쪼김병)
- 불량환경에 대한 내성이 증대된다.
- 흡비력이 증대된다.
- 과습에 잘 견딘다.
- 과실의 품질이 우수해진다.

단점
- 질소의 과다흡수 우려가 있다.
- 기형과 발생이 많아진다.
- 당도가 떨어진다.
- 흰가루병에 약하다.

80 다음에서 설명하는 번식방법은?

ㄱ. 번식하고자 하는 모수의 가지를 잘라 다른 나무 대목에 붙여 번식하는 방법
ㄴ. 영양기관인 잎, 줄기, 뿌리를 모체로부터 분리하여 상토에 꽂아 번식하는 방법

① ㄱ : 삽목, ㄴ : 접목
② ㄱ : 취목, ㄴ : 삽목
③ ㄱ : 접목, ㄴ : 분주
④ ㄱ : 접목, ㄴ : 삽목

해설
- 삽목(꺾꽂이) : 모체에서 분리해 낸 영양체의 일부를 알맞은 곳에 심어 뿌리가 내리도록 하여 독립개체로 번식시키는 방법이다. 발근이 용이한 작물과 그렇지 않은 작물이 구분되며 삽수, 삽상의 조건에 따라 다르므로 삽수의 선택, 삽상의 조건이 알맞아야 성공한다.
- 취목(휘묻이) : 식물의 가지, 줄기의 조직이 외부환경 영향에 의해 부정근이 발생하는 성질을 이용하여 식물의 가지를 모체에서 분리하지 않고 흙에 묻는 등 조건을 만들어 발근시킨 후 잘라내어 독립적으로 번식시키는 방법이다.
- 접목 : 두 가지 식물의 영양체를 형성층이 서로 유착되도록 접합으로써 생리작용이 원활하게 교류되어 독립개체를 형성하도록 하는 것을 접목이라 한다.

81 조직배양을 이용할 수 있는 것은 식물의 어떤 능력 때문인가?

① 세포분화능력 ② 기관분화능력
③ 탈분화능력 ④ 전체형성능력

해설 전체형성능력(totipotency)
하나의 기관이나 조직 또는 세포하나로 완전한 식물체로 발달할 수 있는 능력이다.

82 채소 재배에서 직파와 비교할 때 육묘의 목적으로 옳지 않은 것은?

① 수확량을 높일 수 있다.
② 본밭의 토지 이용률을 증가시킬 수 있다.
③ 생육이 균일하고 종자 소요량이 증가한다.
④ 조기 수확이 가능하다.

해설 육묘의 필요성
- 직파가 불리한 경우
- 직파에 비해 육묘 이식은 생육조절로 증수
- 조기수확
- 토지의 이용도 증대
- 재해방지
- 용수의 절약
- 노력의 절감
- 추대방지
- 종자 절약

83 작물의 플러그묘 생산에 관한 옳은 설명을 모두 고른 것은?

ㄱ. 좁은 면적에서 대량육묘가 가능하다.
ㄴ. 최적의 생육조건으로 다양한 규격묘 생산이 가능하다.
ㄷ. 노동집약적이며 관리가 용이하다.
ㄹ. 정밀기술이 요구된다.

① ㄱ, ㄴ, ㄷ ② ㄱ, ㄴ, ㄹ
③ ㄱ, ㄷ, ㄹ ④ ㄴ, ㄷ, ㄹ

해설 공정육묘의 장점
- 단위면적 당 모의 대량생산이 가능하다.
- 전 과정의 기계화로 관리비와 인건비 등 생산비가 절감된다.
- 기계정식이 용이하고 정식 시 인건비를 줄일 수 있다.
- 모의 소질 개선이 용이하다.
- 운반과 취급이 용이하다.
- 규모화가 가능해 기업화 및 상업화가 가능하다.
- 육묘기간이 단축되고 주문 생산이 용이해 연중 생산횟수를 늘릴 수 있다.

79.② 80.④ 81.④ 82.③ 83.②

84 유기물의 분해에 관여하는 생물체의 탄질률(C/N율)은 일반적으로 얼마인가?

① 100 : 1
② 65 : 1
③ 18 : 1
④ 8 : 1

해설 유기물 분해에 관여하는 세균의 탄질률을 일반적으로 탄소가 약 8에 질소가 약 1 정도의 비율이다.

85 묘상의 설치장소의 구비요건이 아닌 것은?

① 본포에서 가능한 떨어질 것
② 관개용수의 수원에서 가까울 것
③ 저온기의 육묘는 서북한풍이 막힐 것
④ 온상은 배수가 잘 될 것

해설 묘상의 설치장소 구비요건
- 본포에서 멀지 않아야 한다.
- 집에서 멀지 않아야 한다.
- 관개용수를 얻기가 편해야 한다.
- 서북한풍이 막혀야 한다.
- 배수가 잘 되거나, 오염수, 냉수가 침입하지 않아야 한다.
- 동물, 병충의 피해가 없어야 한다.

86 유기물의 C/N율이 큰 것에서 작은 것 순으로 옳게 표시된 것은?

① 발효우분 > 미숙퇴비 > 볏짚 > 톱밥
② 톱밥 > 볏짚 > 미숙퇴비 > 발효우분
③ 톱밥 > 미숙퇴비 > 볏짚 > 발효우분
④ 발효우분 > 볏짚 > 톱밥 > 미숙퇴비

해설 각종 양열재료의 C/N율

재료	탄소(%)	질소(%)	C/N율
보리짚	47.0	0.65	72
밀짚	46.5	0.65	72
볏짚	45.0	0.74	61
낙엽	49.0	2.00	25
쌀겨	37.0	1.70	22
자운영	44.0	2.70	16
알팔파	40.0	3.00	13
면실박	16.0	5.00	3.2
콩깻묵	17.0	7.00	2.4

87 일반적으로 발효퇴비를 만드는 과정에서 탄질비(C/N율)로 가장 적합한 것은?

① 1 이하
② 5~10
③ 20~30
④ 50 이상

해설 발열재료의 C/N율은 20~30 정도일 때 발열상태가 양호하다.

88 일반적인 육묘재배의 목적으로 거리가 먼 것은?

① 조기 수확
② 집약 관리
③ 추대 촉진
④ 종자 절약

해설 육묘재배를 하면 추대를 방지할 수 있다.

89 다음 중 육묘의 필요성이 아닌 것은?

① 직파가 불리한 경우
② 중수 재배를 위해
③ 조기 수확을 위해
④ 노력이 많이 들지만 종자의 절약을 위해

해설 직파해서 처음부터 넓은 본포에서 관리하는 것보다 중경, 제초 등에 소요되는 노력이 절감된다.

90 묘의 경화방법으로 잘못된 것은?

① 일장을 늘린다.
② 온도를 낮춘다.
③ 직사광선을 쪼인다.
④ 관수량을 줄인다.

해설 모종의 경화
포장에 정식하기 전에 외부 환경에 견딜 수 있도록 모종을 굳히는 것으로, 관수량을 줄이고 온도를 낮추어 서서히 직사광선을 받게 한다.

91 경운의 특징에 대한 설명으로 틀린 것은?

① 토양미생물의 활동이 증대되어 작물 뿌리 발달이 왕성하다.
② 종자를 파종하거나 싹을 키워 모종을 심을 때 작업이 쉽다.
③ 잡초와 해충의 발생을 억제한다.
④ 땅을 깊이 갈면 땅속 깊숙이 물이 들어가 수분손실이 심하다.

84.④ 85.① 86.② 87.③ 88.③ 89.④ 90.① 91.④

해설 경운의 특징
- 토양을 연하게 하여 파종과 이식작업을 쉽게 하고 투수성과 투기성을 좋게 하여 근군 발달을 좋게 한다.
- 토양 투기성이 좋아져 토양 중 유기물의 분해가 왕성하여 유효태 비료성분이 증가한다.
- 잡초의 종자나 어린 잡초가 땅속에 묻히게 되어 발아와 생육이 억제된다.
- 토양 속 숨은 해충의 유충이나 번데기를 표층으로 노출시켜 죽게 한다.

92 경운의 효과가 아닌 것은?

① 토양의 물리성 개선
② 토양 유실 감소
③ 토양의 수분 유지
④ 잡초의 발생 유지

해설 경운은 잡초의 종자 또는 잡초를 땅 속에 묻히게 하여 발생을 억제한다.

93 농경지의 경운방법에 대한 설명으로 옳은 것은?

① 유기물 함량이 많은 농경지는 추경을 하는 것이 유리하다.
② 겨울에 강수량이 많고 사질인 농경지는 추경을 하는 것이 유리하다.
③ 일반적으로 식토나 식양토에서는 얕게 갈고, 습답에서는 깊게 갈아야 좋다.
④ 벼의 만식재배지에서의 심경은 초기생육을 촉진시킨다.

해설 가을갈이 : 습하고 차지며 유기물 함량이 많은 토양에는 가을갈이가 좋다.
봄갈이 : 사질 토양이며 겨울 강우가 많아 풍식이나 수식이 조장되는 곳은 가을갈이보다 봄갈이가 좋다.

94 과수재배에서 심경(깊이갈이)하기에 가장 적당한 시기는?

① 낙엽기 ② 월동기
③ 신초생장기 ④ 개화기

해설 과수의 심경은 낙엽이 지는 가을이 적당하다.

95 땅을 갈지 않고 재배하는 것을 일컫는 말은?

① 최소 경운 ② 무경운
③ 경운 ④ 최대 경운

해설 표면 가까이의 땅을 가는 것을 최소 경운이라 하며, 갈지 않은 것을 무경운이라고 한다.

96 작휴법에 대한 설명으로 옳지 않은 것은?

① 평휴법은 이랑을 고랑보다 높게 하는 방식으로 동해와 병해가 동시에 완화된다.
② 휴립구파법은 이랑을 세우고 낮은 골에 파종하는 방식으로 감자에서는 발아를 촉진하고 배토가 용이하도록 하기 위한 것이다.
③ 휴립휴파법은 이랑을 세우고 이랑에 파종하는 방식으로 배수와 토양 통기가 좋아진다.
④ 성휴법은 이랑을 보통보다 넓고 크게 만드는 방법으로 맥류 답리작재배의 경우 파종노력을 점감할 수 있다.

해설 평휴법(平畦法)
- 이랑을 평평하게 하여 이랑과 고랑의 높이가 같게 하는 방식이다.
- 건조해와 습해가 동시에 완화된다.
- 밭벼 및 채소 등의 재배에 실시된다.

97 작휴법 중 성휴법에 관한 설명으로 옳은 것은?

① 이랑을 세우고 낮은 고랑에 파종하는 방식
② 이랑을 보통보다 넓고 크게 만드는 방식
③ 이랑을 세우고 이랑 위에 파종하는 방식
④ 이랑을 평평하게 하여 이랑과 고랑의 높이가 같게 하는 방식

해설 이랑만들기 종류
- 평휴법
  - ㉠ 이랑을 평평하게 만들고 이랑과 고랑의 높이가 같게 하는 방식
  - ㉡ 건조해와 습해가 완화된다.
  - ㉢ 밭벼, 채소에 이용된다.
- 휴립법
  - ㉠ 이랑을 세우고 고랑을 낮게 만드는 방식
  - ㉡ 휴립구파법 : 이랑을 세우고 낮은 골에 파종하는 방식
  - ㉢ 휴립휴파법 : 이랑을 세우고 이랑에 파종하는 방식
  - ㉣ 습답, 간척지에서 하는 벼의 이랑재배 등
- 성휴법
  - ㉠ 이랑을 보통보다 넓고 크게 만드는 방식
  - ㉡ 중부지방의 맥후작 콩의 재배에 이용

92.④ 93.① 94.① 95.② 96.① 97.②

98 작물의 파종과 관련된 설명으로 옳은 것은?

① 선종이란 파종 전 우량한 종자를 가려내는 것을 말한다.
② 추파맥류의 경우 추파성 정도가 낮은 품종은 조파를 한다.
③ 감온성이 높고 감광성이 둔한 하두형 콩은 늦은 봄에 파종한다.
④ 파종량이 많을 경우 잡초발생이 많아지고, 토양수분과 비료 이용도가 낮아져 성숙이 늦어진다.

해설 **선종**
파종 전 크고 무거운 우량종자를 가려내는 것으로 벼에서는 염수선이 주로 이용된다.

99 씨를 뿌릴 때 종자가 직접 화학비료와 접촉하는 것을 방지하기 위하여 실시하는 것은?

① 복토 ② 간토
③ 진압 ④ 토입

해설 **간토**
종자가 직접 화학비료와 접촉하게 되면 발아가 저해되므로 비료를 뿌린 다음 약간의 흙을 넣는 것을 말한다.

100 혼파에 관한 설명 중 옳지 않은 것은?

① 가축 영양상의 이점이 많다.
② 공간을 효율적으로 이용할 수 있다.
③ 잡초를 경감시킬 수 있다.
④ 시비, 병충해 방제 등의 관리가 용이하다.

해설 혼파의 단점으로는 파종작업이 힘들고, 목초별로 생장이 다르므로 시비, 병충해 방제, 수확 등의 관리가 불편하다는 점을 들 수 있다.

101 다음 중 작물의 파종량에 관한 설명으로 옳지 않은 것은?

① 파종시기가 늦을수록 파종량이 많이 든다.
② 직파재배는 이식재배보다 파종량이 많이 든다.
③ 콩, 조 등은 맥후작보다 단작에서 파종량이 많이 든다.
④ 맥류는 남부지방보다 중부지방에서 파종량이 많이 든다.

해설 **파종량 결정 시 고려 조건**
- 작물의 종류 : 작물 종류에 따라 재실밀도 및 종자의 크기가 다르므로 작물 종류에 따라 파종량은 지배된다.
- 종자의 크기 : 동일 작물에서도 품종에 따라 종자의 크기가 다르기 때문에 파종량 역시 달라지며 생육이 왕성한 품종은 파종량을 줄이고 그렇지 않은 경우 파종량을 늘린다.
- 파종기 : 파종시기가 늦어지면 대체로 작물의 개체 발육도가 작아지므로 파종량을 늘리는 것이 좋다.
- 재배지역 : 한랭지는 대체로 발아율이 낮고 개체 발육도가 낮으므로 파종량을 늘린다.
- 재배방식 : 맥류의 경우 조파에 비해 산파의 경우 파종량을 늘리고 콩, 조 등은 맥후작에서 단작 보다 파종량을 늘린다. 청예용, 녹비용 재배는 채종재배에 비해 파종량을 늘린다.
- 토양 및 시비 : 토양이 척박하고 시비량이 적으면 파종량을 다소 늘리는 것이 유리하고 토양이 비옥하고 시비량이 충분한 경우도 다수확을 위해 파종량을 늘리는 것이 유리하다.
- 종자의 조건 : 병충해 종자의 혼입, 경실이 많이 포함된 경우, 쭉정이 및 협잡물이 많은 종자, 발아력이 감퇴된 경우 등은 파종량을 늘려야 한다.

102 파종 후 복토방법을 잘못 설명한 것은?

① 미세종자는 얕게 복토한다.
② 대립종자는 깊게 복토한다.
③ 점질토양은 얕게 복토한다.
④ 호광성 종자는 깊게 복토한다.

해설 **복토방법**
- 종자의 대소, 발아습성, 토양조건, 기후 등을 고려하여 결정한다.
- 미세종자는 가급적 얕게 복토하거나 파종 후 가볍게 눌러주고, 복토를 하지 않는 경우도 있다.
- 대립조자는 깊게 복토하는 것이 좋다.
- 호광성 종자, 점질토양, 적온 파종 시 얕게 복토하고 혐광성 종자, 사질토양, 저온 또는 고온 파종 시 다소 깊게 복토한다.

103 10a의 밭에 종자를 파종하고자 한다. 일반적으로 파종량이 가장 많은 작물은?

① 오이 ② 팥
③ 맥류 ④ 당근

해설 **10a 당 파종량(L)**
맥류(10~20), 팥(5~7), 당근(0.8), 오이(육묘 : 0.2, 직파 : 0.3)

98.① 99.② 100.④ 101.③ 102.④ 103.③

104 작물의 이식 시기로 옳지 않은 것은?
① 과수는 이른 봄이나 낙엽이 진 뒤의 가을이 좋다.
② 일조가 많은 날에 실시하는 것이 좋다.
③ 묘대일수감응도가 적은 품종을 선택하여 육묘한다.
④ 벼 도열병이 많이 발생하는 지대는 조식한다.

해설 이식 시기
- 이식 시기는 작물 종류, 토양 및 기상조건, 육묘사정에 따라 다르다.
- 과수, 수목 등 다년생 목본식물은 싹이 움트기 전 이른 봄 춘식하거나 가을 낙엽이 진 뒤 추식하는 것이 활착이 잘 된다.
- 일반작물 또는 채소는 육묘의 진행상태, 즉 모의 크기와 파종기 결정요건과 같은 조건들에 의해 지배된다.
- 토양수분은 넉넉하고 바람 없이 흐린 날 이식하면 활착에 유리하다.
- 지온은 발근에 알맞은 온도로 서리나 한해(寒害)의 우려가 없는 시기에 이식하는 것이 안전하다.
- 가을에 보리를 이식하는 경우 월동 전 뿌리가 완전히 활착할 수 있는 기간을 두고 그 이전에 이식하는 것이 안전하다.

105 비료의 4요소는?
① 질소, 인산, 칼륨, 부식
② 탄소, 수소, 질소, 산소
③ 수분, 공기, 인산, 질소
④ 칼슘, 칼륨, 인산, 질소

해설
- **비료의 3요소** : 질소, 인산, 칼륨
- **비료의 4요소** : 질소, 인산, 칼륨, 칼슘

106 질소의 화학적 형태 가운데 토양입자에 가장 잘 흡착되는 것은?
① 암모늄태 ② 질산태
③ 유기태 ④ 요소태

해설 암모늄태는 양이온이므로 토양에 부착하는 힘이 강하여 비료의 효과가 오래 지속된다.

107 벼가 질소를 가장 많이 요구하는 시기는?
① 유수 형성기 ~ 출수기
② 분얼 초 ~ 분얼 완료
③ 출수기 이후
④ 분얼 초 ~ 유수 형성기

해설 질소는 유수 형성기부터 출수기에 가장 많이 요구한다.

108 토양에 흡수 · 고정되어 유효성이 적은 인산질 비료의 이용을 높이는 방법으로 거리가 먼 것은 어느 것인가?
① 유기물 시용으로 토양 내 부식함량을 높인다.
② 토양과 인산질 비료와의 접촉면이 많아지게 한다.
③ 작물 뿌리가 많이 분포하는 곳에 시용한다.
④ 기온이 낮은 지역에서는 보통 시용량보다 2~3배 많이 시용한다.

해설 산성 토양에서는 철, 알루미늄과 반응하여 불용화되고, 토양에 고정되어 흡수율이 극히 낮아진다.

109 다음 중 석회의 시용효과로 맞지 않는 것은?
① 유해이온의 활성을 감소시킨다.
② 시용효과는 속효성이고 장기간 지속된다.
③ 토양의 화학성을 좋게 한다.
④ 인산의 비효를 증진시킨다.

해설 석회의 중요한 생리작용으로는 세포막을 구조와 기능을 잘 유지시켜 주는 것과 세포의 중간막의 성분인 펙틴과 결합하여 조직의 구조를 안정하게 하고, 일부 유기산과 결합하여 염을 형성함으로써 산을 중화하는 효과 등이 잘 알려져 있다.

110 규산에 대한 설명으로 틀린 것은?
① 벼, 보리 등 외떡잎식물에서 많이 흡수되며, 엽신에 침적되어 규질화세포를 형성한다.
② 규질화 된 잎은 도열병균이 침입하기 어려우며, 각피증산이 촉진된다.
③ 규소가 잎에 축적되면 잎을 직립하게 하여 수광태세가 좋아지고 도복을 방지한다.
④ 규소가 물관에 축적되면 증산이 심할 때 받은 압력에 견디게 해준다.

해설 규산이 뿌리에 흡수되면 잎이나 줄기의 표피세포에 침적되어 세포를 규질화시킴으로써 식물체가 튼튼하게 되어 내병충성을 증대시킨다. 또한 규질화된 벼 잎새는 각피 증산을 감소시켜 수분의 손실을 억제하고 균사의 침입을 막는 작용을 한다.

104.② 105.④ 106.① 107.① 108.② 109.② 110.②

111 요소가 토양 속에서 미생물에 의해 가수분해되어 변하는 것은?

① 질산암모늄 ② 탄산암모늄
③ 황산암모늄 ④ 염화암모늄

해설 아미드태질소의 대표적인 것이 요소인데, 토양 중에서 우레아제 효소에 의해 분해되고 탄산암모늄으로 변화되어 식물에 흡수된다.

112 벼의 생육기간 중에 시비되는 질소질 비료 중에서 식미에 가장 큰 영향을 미치는 것은?

① 밑거름 ② 알거름
③ 분얼비 ④ 이삭거름

해설
- 수비(穗肥, 이삭거름) : 유수형성기와 수잉기에 이삭을 풍족하게 하기 위한 거름, 유수형성기에 시비는 출수 전 20~25일 경에 한다.
- 실비(實肥, 씨알거름 : 수잉기 이후 약간의 질소를 시비하여 씨알을 충실하게 하기 위하여 시비하는 거름이다.

113 논에 요소비료 15.0kg을 주었다. 이 논에 들어간 질소의 유효성분 함유량은 몇 kg인가?(단, 요소비료의 질소성분은 46%이다)

① 약 3kg ② 약 6.9kg
③ 약 8.3kg ④ 약 9.0kg

해설

$$\text{성분량} = \text{비료량} \times \frac{\text{보증성분량}(\%)}{100}$$
$$= 15.0 \times 46 \div 100 = 6.9\text{kg}$$

114 10a의 논에 16kg의 칼륨을 시용하려면 황산칼륨(칼륨함량 45%)으로 약 몇 kg을 시용하여야 하는가?

① 16kg ② 36kg
③ 57kg ④ 102kg

해설

$$\text{비료의 중량} = \text{비료량} \times \frac{100}{\text{보증성분량}(\%)}$$
$$= 16 \times 100 \div 45 = 35.5\text{kg}$$

115 현미 155kg을 생산할 때 질소의 흡수량은 약 3.50kg이며, 천연공급량은 4.5kg, 흡수율은 0.50이라고 가정하면 현미 465kg을 생산의 목표로 할 경우 시비량은?

① 8kg ② 10kg
③ 12kg ④ 14kg

해설
- 목표생산량 : 465/155=3배
- 시비량 : (흡수율×3배 – 천연공급량)/흡수율
=(3.50×3 – 4.50)/0.50=12kg

116 다음의 설명에 대하여 틀린 것은?

① 씨뿌림 또는 이식 전에 주는 비료를 덧거름이라 하고, 작물이 자라는 도중에 주는 비료를 밑거름이라 한다.
② 황산암모늄과 석회를 섞어 주면 질소가 휘발되어 손실된다.
③ 황산칼륨은 화학적으로는 중성비료이지만 생리적으로는 산성비료이다.
④ 토양 중에 물이 너무 많으면 산소가 부족하여 작물의 생장이 억제된다.

해설 파종 또는 이식 전에 주는 비료를 밑거름(가비)이라 하고, 작물이 자라는 도중에 주는 비료를 덧거름(추비)이라 한다.

117 동상해 풍수해 병충해 등으로 작물의 급속한 영양회복이 필요할 경우 사용하는 시비 방법은?

① 표층시비법
② 심층시비법
③ 엽면시비법
④ 전층시비법

해설 엽면시비는 작물의 뿌리가 정상적인 흡수 능력을 발휘하지 못할 때, 병충해 또는 침수해 등의 피해를 당했을 때, 이식한 수 활착이 좋지 못할 때 등 응급한 경우에 시용한다.

118 다음 중 쌀겨, 깻묵 등이 함유되어 있는 인산은?

① 수용성 인산
② 구용성 인산
③ 불용성 인산
④ 유기태 인산

해설 유기태 인산
미생물에 무기태 인산으로 변화 후 식물에 이용한다.

119 엽면시비에 쓰이는 질소 형태는?

① 유기태 ② 질산태
③ 요소태 ④ 유리태

해설 엽면시비에는 요소태인 요소비료가 가장 많이 쓰이고 있다.

111.② 112.② 113.② 114.② 115.③ 116.① 117.③ 118.④ 119.③

120 다음 중 질산태질소에 속하지 않는 것은?

① 질산칼륨 ② 질산암모늄
③ 황산칼륨 ④ 질산칼슘

해설 질산태질소에는 질산칼륨, 질산암모늄, 질산칼슘 등이 있다.

121 엽면시비가 효과적인 경우가 아닌 것은?

① 작물의 필요량이 적은 무기양분을 시용할 경우
② 토양조건이 나빠 무기양분의 흡수가 어려운 경우
③ 시비를 원하지 않는 작물과 같이 재배할 경우
④ 부족한 무기양분을 서서히 회복시킬 경우

해설 **엽면시비의 실용성**

- 작물에 미량요소의 결핍증이 나타났을 경우 : 결핍증을 나타나게 하는 요소를 토양에 시비하는 것보다 엽면에 시비하는 것이 효과가 빠르고 시용량도 적어 경제적이다.
- 작물의 초세를 급속히 회복시켜야 할 경우 : 작물이 각종 해를 받아 생육이 쇠퇴한 경우 엽면시비는 토양시비보다 빨리 흡수되어 시용의 효과가 매우 크다.
- 토양시비로는 뿌리 흡수가 곤란한 경우 : 뿌리가 해를 받아 뿌리에서의 흡수가 곤란한 경우 엽면시비에 의해 생육이 좋아지고 신근이 발생하여 피해가 어느 정도 회복된다.
- 토양시비가 곤란한 경우 : 참외, 수박 등과 같이 덩굴이 지상에 포복 만연하여 추비가 곤란한 경우, 과수원의 초생재배로 인해 토양시비가 곤란한 경우, 플라스틱필름 등으로 표토를 멀칭하여 토양에 직접적인 시비가 곤란한 경우 등에는 엽면시비는 시용효과가 높다.
- 특수한 목적이 있을 경우

122 다음 중 과수의 엽면시비에 관한 설명으로 옳지 않은 것은?

① 뿌리가 병충해 또는 침수 피해를 받았을 때 실시할 수 있다.
② 비료의 흡수율을 높이기 위해 전착제를 첨가하여 살포한다.
③ 잎의 윗면보다는 아랫면에 살포하여 흡수율을 높게 한다.
④ 고온기에는 살포농도를 높여 흡수율을 높게 한다.

해설 **엽면시비의 시기**

- 멀칭재배와 같이 토양시비가 곤란한 경우
- 뿌리의 흡수력이 저하된 경우
- 특정 무기양분의 결핍 증상이 예견될 경우
- 작물의 초세를 급격히 회복시킬 필요가 있는 경우

엽면시비의 이점

- 토양에서 흡수하기 어려운 미량원소의 공급이 용이하다.
- 토양시비로는 효과가 늦은 지효성 비료의 시비에 적당하다.
- 뿌리의 기능이 나빠져 흡수가 어려운 경우에 좋다.
- 토양시비 보다 속효성이므로 영양공급을 조절할 수 있다.
- 정확한 시비시기에 사용할 수 있다.
- 농약과 혼용이 가능하다.

123 다음 중 솎기의 효과가 아닌 것은?

① 개체의 생육공간을 넓혀 준다.
② 종자를 넉넉히 뿌려 빈 곳을 없게 할 수 있다.
③ 파종량을 줄일 수 있다.
④ 싹이 튼 수 개체의 밀도가 높은 곳의 일부개체를 제거하는 것이다.

해설 **솎기**
발아 후 밀생한 곳의 일부 개체를 제거해 주는 것을 말하며 솎기를 전체로 할 때에는 파종량을 늘려야 한다.

124 중경의 효과가 아닌 것은?

① 발아 조장
② 수분 증발 촉진
③ 토양 통기의 조장
④ 잡초 제거

해설 **토양수분의 증발 경감**
중경을 해서 표토가 부서지면 토양의 모세관도 절단되므로 토양수분의 증발이 경감되어 한해, 발해를 덜 수 있다.

125 볏짚, 보릿짚, 풀, 왕겨 등으로 표양 표면을 덮어주는 방법을 멀칭법이라고 하는데, 멀칭의 이점이 아닌 것은?

① 토양침식 방지
② 뿌리의 과다 호흡
③ 지온 조절
④ 토양 수분 조절

120.③ 121.④ 122.④ 123.③ 124.② 125.②

해설 멀칭의 효과
- 토양 건조방지 : 멀칭은 토양 중 모관수의 유통을 단절시키고 멀칭 내 공기습도가 높아져 토양의 표토의 증발을 억제하여 토양 건조를 방지하여 한해(旱害)를 경감시킨다.
- 지온의 조절
  ㉠ 여름철 멀칭은 열의 복사가 억제되어 토양의 과도한 온도상승을 억제한다.
  ㉡ 겨울철 멀칭은 지온을 상승시켜 작물의 월동을 돕고 서리 피해를 막을 수 있다.
  ㉢ 봄철 저온기 투명필름멀칭은 지온을 상승시켜 이른 봄 촉성재배 등에 이용된다.
- 토양보호 : 멀칭은 풍식 또는 수식 등에 의한 토양의 침식을 경감 또는 방지할 수 있다.
- 잡초발생의 억제
  ㉠ 잡초 종자는 호광성 종자가 많아 흑색필름멀칭을 하면 잡초종자의 발아를 억제하고 발아하더라도 생장이 억제된다.
  ㉡ 흑색필름멀칭은 이미 발생한 잡초라도 광을 제한하여 잡초의 생육을 억제한다.
- 과실의 품질향상 : 과채류 포장에 멀칭은 과실이 청결하고 신선해진다.

126 토양 피복(Mulching)의 목적이 아닌 것은?

① 토양 내 수분 유지
② 병해충 발생 방지
③ 미생물 활동 촉진
④ 온도 유지

해설 멀칭을 하는 목적
지온의 조절, 토양의 건조 예방, 토양의 유실 방지, 비료성분의 유실 방지, 잡초 발생 억제 효과

127 다음 중 멀칭을 하는 목적이 아닌 것은?

① 지온 조절
② 토양수분 유지
③ 해충 방제
④ 토양 유실 방지

해설 멀칭으로 해충을 방제할 수는 없다.

128 다음 작물 중 일반적인 배토를 실시하지 않는 것은?

① 파　　② 토란
③ 감자　　④ 상추

해설 배토의 효과
- 옥수수, 수수, 맥류 등의 경우는 바람에 쓰러지는 것(도복)이 경감된다.
- 담배, 두류 등에서는 신근이 발생되어 생육을 조장한다.
- 감자 괴경의 발육을 조장하고 괴경이 광에 노출되어 녹화되는 것을 방지할 수 있다.
- 당근 수부의 착색을 방지한다.
- 파, 셀러리 등의 연백화를 목적으로 한다.
- 벼와 밭벼 등에서는 마지막 김매기를 하는 유효분얼종지기의 배토는 무효분얼의 발생이 억제되어 증수효과가 있다.
- 토란은 분구억제와 비대생장을 촉진한다.
- 배토는 과습기 배수의 효과와 잡초도 방제된다.

129 북주기의 효과가 아닌 것은?

① 새 뿌리의 발생을 촉진한다.
② 헛가지 발생을 억제한다.
③ 쓰러짐을 줄인다.
④ 키를 크게 한다.

해설 북주기(배토)를 하면 새 뿌리의 발생을 조장하고, 헛가지의 발생을 억제하며, 쓰러짐을 줄이는 등의 효과가 있다.

130 보리 답압 효과로 볼 수 없는 것은?

① 뿌리를 땅에 고착시켜 동사를 막는다.
② 건생적 생육을 한다.
③ 분얼을 조장하고 출수를 고르게 한다.
④ 생육이 왕성할 때는 밟아주면 도복이 촉진된다.

해설 맥류에서 답압 배토 토입을 하면 도복이 경감된다.

131 전정 순서가 맞게 연결된 것은?

① 가위질 – 유인 – 구상 – 톱질
② 톱질 – 가위질 – 유인 – 구상
③ 유인 – 구상 – 톱질 – 가위질
④ 구상 – 유인 – 톱질 – 가위질

해설 전정방법
- 나무의 모양에 맞추어 어떻게 전정할 것인지 구상
- 나무 주위를 둘러보아 공간이 있을 경우 가지의 유인을 먼저하고 불필요한 큰 가지를 톱질
- 병이나 벌레의 피해를 입어 이용가치가 없는 것을 찾아 자르고 그 자리를 다른 가지로 채울 것

126.② 127.③ 128.④ 129.④ 130.④ 131.④

132 다음 중 과수의 가지(枝)에 관한 설명으로 옳지 않은 것은?

① 곁가지 : 열매가지 또는 열매어미가지가 붙어 있어 결실 부위의 중심을 이루는 가지
② 덧가지 : 새 가지의 곁눈이 그 해에 자라서 된 가지
③ 흡지 : 지하부에서 발생한 가지
④ 자람가지 : 과실이 직접 달리거나 달릴 가지

해설 **자람가지(영양지)**
과수의 건강한 생육을 돕기 위한 가지, 잎과 가지가 발생하는 가지로, 열매를 맺진 않는다.

133 과수의 전정방법에 대한 설명으로 옳은 것은?

① 단초전정은 주로 포도나무에서 이루어지는데 결과모지를 전정할 때 남기는 마디수는 대개 4~6개이다.
② 갱신전정은 정부우세 현상으로 결과모지가 원줄기로부터 멀어져 착과되는 과실의 품질이 불량할 때 이용하는 전정방법이다.
③ 세부전정은 생장이 느리고 연약한 가지, 품질이 불량한 과실을 착생시키는 가지를 제거하는 방법이다.
④ 큰 가지전정은 생장이 느리고 외부에 가지가 과다하게 밀생하며 가지가 오래되어 생산이 감소할 때 제거하는 방법이다.

해설 **전정방법**
- 갱신전정 : 오래된 가지를 새로운 가지로 갱신을 목적으로 하는 전정이다.
- 솎음전정 : 밀생한 가지를 솎기 위한 목적으로 하는 전정이다.
- 보호전정 : 죽은 가지, 병충해 가지 등의 제거를 목적으로 하는 전정이다.
- 절단전정 : 가지를 중간에서 절단하는 전정법으로 남은 가지의 장단에 따라 장전정법, 단정정법으로 구분한다.
- 전정 시기에 따라 휴면기 전정은 동계전정, 생장기 전정은 하계전정으로 구분한다.

134 결과 습성과 과수가 바르게 연결된 것은?

① 1년생 가지에서 결실 – 감, 복숭아, 사과
② 2년생 가지에서 결실 – 자두, 양앵두, 매실
③ 3년생 가지에서 결실 – 밤, 포도, 감귤
④ 4년생 가지에서 결실 – 비파, 살구, 호두

해설 **과수의 결과 습성**
- 1년생 가지에 결실하는 과수 : 포도, 감, 밤, 무화과, 호두 등
- 2년생 가지에 결실하는 과수 : 복숭아, 자두, 살구, 매실, 양앵두 등
- 3년생 가지에 결실하는 과수 : 사과, 배 등

135 작물이나 과수의 순지르기 효과가 아닌 것은?

① 생장을 억제시킨다.
② 곁가지의 발생을 많게 한다.
③ 개화나 착과수를 적게 한다.
④ 목화나 두류에서도 효과가 있다.

해설 **적심(순지르기)**
- 주경 또는 주지의 순을 질러 그 생장을 억제시키고 측지 발생을 많게 하여 개화, 착과, 착립을 조장하는 작업이다.
- 과수, 과채류, 두류, 목화 등에서 실시된다.
- 담배의 경우 꽃이 진 뒤 순을 지르면 잎의 성숙이 촉진된다.

136 사과나 배에서 수분수의 재식비율은 대개 몇 %가 적당한가?

① 25%
② 40%
③ 60%
④ 80%

해설 수분수의 재식비율은 주품종 75~80%에 수분수 품종 20~25%가 알맞다.

137 다음 중 낙과의 원인이 아닌 것은?

① 수정이 되지 않았을 경우
② 배의 발육이 중지되었을 경우
③ 생식기관들의 발육이 불완전한 경우
④ 생장조절제를 살포하였을 경우

해설 **생리적 낙과의 원인**
- 수정이 이루어지지 않아 발생한다.
- 수정이 된 것이라도 발육 중 불량환경, 수분 및 비료분의 부족, 수광태세 불량으로 인한 영양부족은 낙과를 조장한다.
- 유과기 저온에 의한 동해로 낙과가 발생한다.

132.④ 133.② 134.② 135.③ 136.① 137.④

138 과실에 봉지씌우기를 하는 목적과 가장 거리가 먼 것은?

① 당도 증가
② 과실의 외관보호
③ 농약오염 방지
④ 병해충으로부터 과실보호

해설 **봉지씌우기 장점**
- 검은무늬병, 심식나방, 흡즙성나방, 탄저병 등의 병충해가 방제된다.
- 외관이 좋아진다.
- 사과 등에서는 열과가 방지된다.
- 농약이 직접 과실에 부착되지 않아 상품성이 좋아진다.

139 도복 유발요인으로 거리가 먼 것은?

① 밀식 ② 품종
③ 병충해 ④ 배수

해설 배수는 수해가 발생한 경우 도복을 방지할 수 있는 대책이다.

140 도복 방재대책과 가장 거리가 먼 것은?

① 키가 작고 대가 튼튼한 품종을 재배한다.
② 서로 지지가 되도록 밀식한다.
③ 칼륨질 비료를 시용한다.
④ 규산질 비료를 시용한다.

해설 **도복예방의 재배조건**
- 대를 약하게 하는 재배조건은 도복을 조장한다.
- 밀식, 질소다용, 칼리부족, 규산부족 등은 도복을 유발한다.
- 질소 내비성 품종은 내도복성이 강하다.

141 다음 중 도복 대책으로 알맞지 않은 것은?

① 배토 ② 밀식
③ 병해충 방지 ④ 생장 조절제 이용

해설 재식 밀도가 과도하게 높으면 대가 약해져서 도복이 유발될 우려가 크기 때문에 재식 밀도를 적절하게 조절해야 한다. 맥류에서는 복토를 깊게 하는 것이 도복이 경감된다.

142 작물의 도복을 방지하기 위한 방법이 아닌 것은?

① 칼륨질 비료의 절감
② 내도복성 품종의 선택
③ 배토 및 답압
④ 밀식재배 지양

해설 **도복대책**
- 품종의 선택 : 키가 작고 대가 튼튼한 품종의 선택은 도복방지에 가장 효과적이다.
- 시비 : 질소 편중시비를 피하고 칼리, 인산, 규산, 석회 등을 충분히 시용한다.
- 파종, 이식 및 재식밀도 : 재식밀도가 과도하면 도복이 유발될 우려가 크기 때문에 재식밀도를 적절하게 조절해야 한다.
- 관리 : 벼의 마지막 김매기 때 배토와 맥류의 답압, 토입, 진압 및 결속 등은 도복을 경감시키는 데 효과적이다.
- 병충해 방제
- 생장조절제의 이용 : 벼에서 유효분얼종지기에 2,4-D, PCP 등의 생장조절제 처리는 도복을 경감시킨다.

143 도복의 피해가 아닌 것은?

① 수량감소
② 품질손상
③ 수확작업의 간편
④ 간작물에 대한 피해

해설 **도복의 피해**
- 수량감소
- 품질저하
- 수확작업의 불편
- 간작물에 대한 피해

144 도복을 방지하기 위한 방법이 아닌 것은?

① 키가 작고 대가 실한 품종을 선택한다.
② 칼륨, 인산, 석회를 충분히 시용한다.
③ 벼에서 마지막 논김을 맬 때 배토를 한다.
④ 출수 직후에 규소를 엽면살포한다.

해설 규소, 칼륨 등은 평소 충분히 시비하고 출수 직후 실리콘을 엽면살포하면 도복을 예방할 수 있다.

145 벼의 도복과 관련성이 높은 병해는?

① 도열병
② 흰잎마름병
③ 잎집무늬마름병
④ 깨씨무늬마름병

해설 벼의 잎집무늬마름병의 발생이 심하거나 가을멸구의 발생이 많으면 대가 약해져 도복이 심해진다.

138.① 139.④ 140.② 141.② 142.① 143.③ 144.④ 145.③

146 벼 등 화곡류가 등숙기에 비, 바람에 의해서 쓰러지는 것을 도복이라고 한다. 도복에 대한 설명으로 틀린 것은?

① 키가 작은 품종일수록 도복이 심하다.
② 밀식, 질소 다용, 규산 부족 등은 도복을 조장한다.
③ 벼 재배 시 벼멸구, 문고병이 많이 발생되면 도복이 심하다.
④ 벼는 마지막 논김을 맬 때 배토를 하면 도복이 경감된다.

해설 키가 크고 대가 약한 품종일수록 도복이 심하며, 키가 작은 품종은 대체로 도복이 적다.

147 관수 피해로 성숙기에 가까운 맥류가 장기간 비를 맞아 젖은 상태로 있거나, 이삭이 젖은 땅에 오래 접촉해 있을 때 발생되는 피해는?

① 기계적 상처
② 도복
③ 수발아
④ 백수현상

해설 수발아(穗發芽)
- 성숙기에 가까운 맥류가 장기간 비를 맞아서 젖은 상태로 있거나, 우기에 도복해서 이삭이 젖은 땅에 오래 접촉해 있게 되었을 때 수확 전의 이삭에서 싹이 트는 것
- 수발아는 성숙기에 비가 오는 날이 계속되면 종자가 수분을 흡수한 상태로 낮은 온도에 오래 처하게 되면서 휴면이 일찍 타파되어 발아하는 것으로 생각된다.

148 작물재배에서 생력기계화 재배의 효과로 보기 어려운 것은?

① 농업 노동 투하 시간의 절감
② 작부체계의 개선
③ 제초제 이용에 따른 유기 재배면적의 확대
④ 단위 수량의 증대

해설 생력 재배는 재배과정에서 노동력을 절감하여 인건비를 낮춤으로써 생산성을 높이는 것으로, 농기계의 이용, 자동화 시설, 제초제의 이용, 재배 경영방법의 개선 등을 통해 이루어진다.

Chapter 04 각종 재해

01 식물병의 3대 요인이 아닌 것은?

① 병원체 ② 식물체
③ 발병 환경 ④ 곤충

해설 식물병의 3대 요인
병원체, 식물체, 발병 환경

02 질소비료를 과용하면 여러 가지 병의 발병을 촉진한다. 질소비료 과용이 발병에 미치는 역할은?

① 병원(病原) ② 원인(原因)
③ 주인(主因) ④ 유인(誘因)

해설
- 병원 : 식물에 병을 일으키는 생물적 · 비생물적 모든 요인
- 주인 : 식물병에 직접적으로 관여하는 것
- 유인 : 주인의 활동을 도와 발병을 촉진시키는 환경요인

03 식물의 미소식물군 중 독립영양생물에 속하는 것은?

① 녹조류 ② 곰팡이
③ 효모 ④ 방선균

해설
- 독립영양생물(자급영양생물) : 녹조류, 규조류
- 타급영양생물(종속영양생물) : 사상균, 방선균
- 독립 · 타급영양생물 : 세균, 남조류

04 다음 중 비전염성인 병은?

① 선충에 의한 병
② 영양결핍에 의한 병
③ 세균에 의한 병
④ 바이러스에 의한 병

해설
- 비전염성 병 : 토양, 기상조건, 농기구, 영양결핍, 수송, 저장 등에 의한 병
- 전염성 병 : 식물(세균, 진균, 점균), 동물(곤충, 선충, 응애), 바이러스, 마이코플라즈마 등에 의한 병

05 매개충에 의해 매개되는 것은?

① 도열병 ② 오갈병
③ 흰가루병 ④ 모잘록병

해설 오갈병은 매미충(끝동매미충, 번개매미충)이 매개하는 바이러스병이다.

146.① 147.③ 148.③ / 1.④ 2.④ 3.① 4.② 5.②

06 다음 중 식물병 중 세균에 의해 발병하는 병이 아닌 것은?

① 벼흰잎마름병
② 감자무름병
③ 콩불마름병
④ 고구마무름병

해설 감자무름병은 세균에 의해 발병하지만, 고구마무름병은 진균에 의해 발병한다.

07 다음 중 병의 발생과 병원균에 대한 설명으로 틀린 것은?

① 병원균에 대하여 품종 간 반응이 다르다.
② 진딧물 같은 해충은 병 발생의 요인이 된다.
③ 환경요인에 의하여 병이 발생되는 일은 거의 없다.
④ 병원균은 분화한다.

해설 **비전염성 병**
토양, 기상조건, 농기구 ,영양결핍, 수송, 저장 등에 의한 병
전염성 병
식물(세균, 진균, 점균), 동물(곤충, 선충, 응애), 바이러스, 마이코플라즈마 등에 의한 병

08 물에 의해 전반되는 식물 병원체가 아닌 것은?

① 세균
② 난균
③ 곰팡이
④ 바이러스

해설 전반은 병원체가 기주로 옮겨지는 것으로, 바이러스는 주로 접목, 종자, 토양, 매개곤충 등에 의해 전반된다.

09 바이러스병의 진단에 흔히 이용되는 식물을 무엇이라고 하는가?

① 지표식물
② 표적식물
③ 진단식물
④ 실험식물

해설 **지표식물**
어떤 병에 대하여 고도로 감수성이거나 특이한 병징을 나타내는 식물

10 병해충 방제방법의 일반적 분류에 해당하지 않는 것은?

① 법적 방제법
② 유전공학적 방제법
③ 생물학적 방제법
④ 화학적 방제법

해설 **병해충 방제방법의 일반적 분류**
법적 방제법, 경종적 방제법, 물리적 방제법, 화학적 방제법, 생물학적 방제법, 종합적 방제법 등으로 분류한다.

11 유기재배 시 활용할 수 있는 병해충방제방법 중 생물학적 방제법으로 분류되지 않는 것은?

① 천적곤충의 이용
② 유용미생물 이용
③ 길항미생물 이용
④ 내병성 품종 이용

해설 내병성 품종을 이용하는 방법은 경종적 방제법에 해당한다.

12 작물의 병해충 방제법 중 경종적 방제에 관한 설명으로 옳은 것은?

① 적극적인 방제기술이다.
② 윤작과 무병종묘재배가 포함된다.
③ 친환경농업에는 적용되지 않는다.
④ 병이 발생한 후에 더욱 효과적인 방제기술이다.

해설 **경종적 방제방법**
윤작 또는 답전윤환, 무병종묘 이용, 파종기의 조절, 내병성 대목의 접목, 중간 기주식물의 제거, 토양물리성 개선, 생장점 배양 등이 있다. ①, ④는 화학적 방제법에 대한 설명이며, ③ 친환경농업에서 많이 적용하고 있다.

13 진딧물 피해를 입고 있는 고추밭에 꽃등애를 이용하여 방제하는 방법은?

① 경종적 방제법
② 물리적 방제법
③ 화학적 방제법
④ 생물학적 방제법

해설 천적을 이용하는 방법은 생물학적 방제법에 해당된다.

6.④ 7.③ 8.④ 9.① 10.② 11.④ 12.② 13.④

14 해충에 의한 피해를 감소시키기 위한 생물적 방제법은?

① 천적곤충 이용 ② 토양 가열
③ 유황 훈증 ④ 작부체계 개선

해설 ② 토양 가열 : 물리적 방제법
③ 유황 훈증 : 화학적 방재법
④ 작부체계 개선 : 경종적 방제법

15 생물학적 방제법에 속하는 것은?

① 윤작
② 병원미생물 이용
③ 온도처리
④ 소토 및 유살

해설 ① 윤작 : 경종적 방제법
③ 온도처리 : 물리적 방제법
④ 소토 및 유살 : 물리적 방제법

16 사과 과수원에 설치한 페로몬트랩의 용도는?

① 해충포살 ② 까치퇴치
③ 나비유인 ④ 들쥐포획

해설 페로몬은 특정 곤충이 분비하는 방향성 물질이다. 이 가운데 특히 성페로몬은 암컷, 또는 수컷이 분비하는 방향성 물질로 짝짓기를 위해 상대방 곤충을 유인하는 물질이다. 이러한 물질을 인위적으로 개발하여 함정장치를 만들어 특정 성의 곤충을 유인하여 잡아 죽이는 일종의 해충방제 수단이 페르몬트랩이다.

17 포식성 천적은?

① 기생벌 ② 바이러스
③ 풀잠자리 ④ 선충

해설 **천적의 분류와 종류**
- 기생성 천적 : 기생벌, 기생파리, 선충 등
- 포식성 천적 : 무당벌레, 포식성 응애, 풀잠자리, 포식성 노린재류 등
- 병원성 천적 : 세균, 바이러스, 원생동물 등

18 작물에 발생되는 병의 방제방법에 대한 설명으로 옳은 것은?

① 병원체의 종류에 따라 방제방법이 다르다.
② 곰팡이에 의한 병은 화학적 방제가 곤란하다.
③ 바이러스에 의한 병은 화학적 방제가 비교적 쉽다.
④ 식물병은 생물학적 방법으로는 방제가 곤란하다.

해설 대표적인 병원체로는 곰팡이, 세균, 파이토플라스마, 바이러스 등이 있으며 이들은 각기 생리 · 생태가 다르므로 방제방법을 달리해야 한다.

19 병충해 방제방법 중 경종적 방제법으로 옳은 것은?

① 벼의 경우 보온육묘한다.
② 풀잠자리를 사육하여 진딧물을 방제한다.
③ 이병된 개체는 소각한다.
④ 맥류 깜부기병을 방제하기 위해 냉수온탕침법을 실시한다.

해설 ② 생물학적 방제법
③ 물리적 방제법
④ 물리적 방제법

20 다음은 유기농업의 병해충 제어법 중 경종적 방제법이다. 내용이 틀린 것은?

① 품종의 선택 : 병충해 저항성이 높은 품종을 선택하여 재배하는 것이 중요하다.
② 윤작 : 해충의 밀도를 크게 낮추어 토양전염병을 경감시킬 수 있다.
③ 시비법 개선 : 최적비시는 작물체의 건강성을 향상시켜 병충해에 대한 저항성을 높인다.
④ 생육기의 조절 : 밀의 수확기를 늦추면 녹병의 피해가 적어진다.

해설 밀의 수확기를 늦추면 녹병의 피해가 많아진다.

21 유기재배 시 작물의 병해충 제어법으로 가장 적합하지 않은 것은?

① 화학적 토양 소독법
② 토양 소토법
③ 생물적 방제법
④ 경종적 재배법

해설 유기재배에서는 화학적인 방법은 사용할 수 없다.

14.① 15.② 16.① 17.③ 18.① 19.① 20.④ 21.①

22 다음 중 잡초의 해가 아닌 것은?

① 토양의 침식 ② 품질의 저하
③ 유독물질 분비 ④ 병해충의 서식지

해설 잡초는 작물과 토양 내의 양분과 수분, 공간 및 빛의 이용 등에서 경쟁을 일으키고, 작물의 생육 환경을 불량하게 만들어 수량을 감소시키지만 바람, 비, 물에 의한 토양침식을 막아준다.

23 우리나라 맥류재배 포장에서 나타나는 광엽월년생 잡초가 아닌 것은?

① 바랭이 ② 벼룩나물
③ 냉이 ④ 갈퀴넝쿨

해설

구분			잡초
논잡초	1년생	화본과	강피, 물피, 돌피, 둑새풀
		방동사니과	참방동사니, 알방동사니, 바람하늘지기, 바늘골
		광엽잡초	물달개비, 물옥잠, 여뀌, 자귀풀, 가막사리
	다년생	화본과	나도겨풀
		방동사니과	너도방동사니, 올방개, 올챙이고랭이, 매자기
		광엽잡초	가래, 벗풀, 올미, 개구리밥, 미나리
밭잡초	1년생	화본과	바랭이, 강아지풀, 돌피, 둑새풀(2년생)
		방동사니과	참방동사니, 금방동사니
		광엽잡초	개비름, 명아주, 여뀌, 쇠비름, 냉이(2년생), 망초(2년생), 개망초(2년생)
	다년생	화본과	참새피, 띠
		방동사니과	향부자
		광엽잡초	쑥, 씀바귀, 민들레, 쇠뜨기, 토끼풀, 메꽃

24 유기농산물을 생산하는데 있어 올바른 잡초제어법에 해당하지 않는 것은?

① 멀칭을 한다.
② 손으로 잡초를 뽑는다.
③ 화학제초제를 사용한다.
④ 적절한 윤작을 통하여 잡초 생장을 억제한다.

해설 유기재배에서는 화학적인 방법은 사용할 수 없다.

25 잡초의 생태적 방제법에 대한 설명으로 거리가 먼 것은?

① 육묘이식재배를 하면 유묘가 잡초보다 빨리 선점하여 잡초와의 경합에서 유리하다.
② 과수원의 경우 피복작물을 재배하면 잡초 발생을 억제시킨다.
③ 논의 경우 일시적으로 낙수하면 수생잡초를 방제하는 효과를 볼 수 있다.
④ 잡목림지나 잔디밭에는 열처리를 하여 잡초를 방제하는 것이 효과적이다.

해설 피복식물의 재배에서는 잡초방제법으로 열처리를 사용하기가 어렵다.

26 다음 중 비선택성 제초제에 대해 옳게 설명한 것은?

① 모든 작물에 뿌릴 수 있다.
② 일반 농가에서는 쓰이지 않는다.
③ 잡초의 씨앗까지 죽일 수 있다.
④ 작물에 뿌리면 피해가 난다.

해설 **비선택성 제초제**
작물을 포함하여 모든 식물을 죽일 수 있는 약제

27 제초제 사용 시 주의할 점이 아닌 것은 어느 것인가?

① 약을 뿌릴 때에는 반드시 마스크와 장갑을 착용해야 한다.
② 파종 후 처리의 경우에는 복토를 다소 얕게 한다.
③ 제초제의 사용 시기 및 사용농도를 적절히 해야 한다.
④ 토양 처리제는 토양수분이 적절한 조건에서 뿌려야 한다.

해설 파종 후 제초제 처리는 복토를 다소 깊고 균일하게 해야 한다.

22.① 23.① 24.③ 25.④ 26.④ 27.②

28 농약이 갖추어야 할 조건으로 틀린 것은?

① 효력이 정확하여야 한다.
② 작물에 대한 약해가 없어야 한다.
③ 사람과 가축에 대한 독성이 적어야 한다.
④ 토양에 축적되어 약효가 지속되어야 한다.

해설 **농약의 구비조건**
- 소량으로 약효가 확실할 것
- 인축 및 어류 등의 생태계에 안전할 것
- 농작물에 안전하고 약해가 없을 것
- 가격이 저렴하고, 주성분의 안전성이 있을 것
- 대량생산이 가능하고, 사용이 간편할 것
- 다른 약제와 혼용이 가능할 것
- 천적 및 유해곤충에 대해 독성이 낮을 것
- 물리적 성질이 양호할 것
- 농촌진흥청에 등록되어 있을 것

29 사과 과원에서 병충해종합관리(IPM)에 해당되지 않는 것은?

① 응애류 천적 제거
② 성페로몬 이용
③ 초생재배 실시
④ 생물농약 활용

해설 **병충해종합관리(IPM)**
- 경제적, 환경적, 사회적 가치를 고려하여 종합적이고 지속가능한 병충해 관리 전략이다.
- Integrated(종합적) : 병충해 문제 해결을 위해 생물학적, 물리적, 화학적, 작물학적, 유전학적 조절방법을 종합적으로 사용하는 것을 의미한다.
- Pest(병충해) : 수익성 및 상품성 있는 산물의 생산에 위협이 되는 모든 종류의 잡초, 질병, 곤충을 의미한다.
- Management(관리) : 경제적 손실을 유발하는 병충해를 사전적으로 방지하는 과정을 의미한다.
- IPM은 병충해의 전멸이 목표가 아닌 일정 수준의 병충해의 존재와 피해에서도 수익성 있고 상품성 있는 생산이 가능하도록 하는데 그 목적이 있다.

28.④ 29.①

길을 가다가 돌이 나타나면
약자는 그것을 걸림돌이라고 말하고,
강자는 그것을 디딤돌이라고 말한다.

-토마스 칼라일(Thomas Carlyle)-

☆

같은 돌이지만 바라보는 시각에 따라 그리고 마음가짐에 따라
걸림돌이 되기도 하고 디딤돌이 되기도 합니다.
자기에게 주어진 상황을 활용할 줄 아는 자만이
성공의 문에 도달할 수 있습니다. ^^

PART 2

핵심이론 & 적중예상문제

토양관리

Craftsman Organic Agriculture

유 / 기 / 농 / 업 / 기 / 능 / 사

Chapter 1 토양생성

저자쌤의 이론학습 Tip

- 토양의 기능에 대해 잘 알고 있어야 한다.
- 토양의 생성원리를 이해하고, 분류에 대하여 숙지해야 한다.

Section 01 토양의 정의와 기능

1 토양의 정의

① 지각을 구성하는 암석이 물리화학적, 생물학적 또는 풍화 작용으로 붕괴되고 분화된 풍화산물, 즉 모재가 오랜 세월을 경과하는 동안 기후, 식생, 지형, 지하구조 및 인위적 영향 등 여러 토양생성인자의 영향을 받아 발달하는 변화는 동적 자연체이다.

② 암석의 풍화산물과 유기물이 혼입되어 기후와 생물 등의 작용을 받아 발달 · 변화되며, 그 변화는 환경조건과 평형을 이루기 위하여 항상 계속되고 토양단면의 형태를 이루려는 동적 자연체이다.

③ 지구표면을 덮고 있는 엷은 층으로 적당량의 공기와 수분을 함유하고 있어 물리적으로는 식물을 지지하고, 화학적으로는 식물 생육에 필요한 양분의 일부를 공급하는 식물 생육의 장소가 되는 곳이다.

④ 토양에는 식물의 생육에 필요한 양분, 물, 공기, 미생물 등이 함유되어 있으며 양분이 많은 표면의 흙을 표토라 한다.

⑤ 토양은 용액이나 현탁액이 그 내부를 이동할 수 있는 다공성 물질이며, 용액이나 현탁액 중의 분자나 입자를 선택적으로 흡착할 수 있는 흡착성을 갖는 물질이다.

2 토양의 기능

① 재생 가능한 에너지와 가공하지 않은 재료의 제공 등 생물질을 생산한다.

② 저장과 정화

㉠ 저수기능 : 지하수 보존, 홍수조절

㉡ 오염된 물의 정수기능

㉢ 토양오염물질의 정화기능

③ 동 · 식물의 생존을 위한 공간과 물질 및 생물을 제공한다.

④ 높은 완충성으로 자연의 급속한 환경 변화에 저항한다.

Section 02 토양의 생성과 발달

1 토양생성에 중요한 암석

(1) 모재와 토양

1) 모암

① 지각표면에서 발견되는 주요 모암은 생성원인에 따라 화성암, 퇴적암, 변성암으로 분류된다.

② 구성은 화성암과 변성암이 95%, 퇴적암 5% 정도이다.

③ **화성암** : 지각 내부에서 마그마가 굳어 이루어진 암석

④ **퇴적암** : 퇴적된 풍화물이 굳어 이루어진 암석

⑤ **변성암** : 열과 압력의 영향을 받아 새로운 성질로 변한 암석

2) 모재(1차 광물)

조암광물이 장기간에 걸쳐 기상과 생물 등의 영향을 받아 조직의 변화와 기계적 붕괴로 미세한 입자가 되고 화학적 분해로 그 본질이 변하게 되는데, 이 같은 작용으로 생성된 물질이 토양의 모재가 된다.

3) 토양(2차 광물)

1차 광물이 유기물의 생화학적 작용으로 생성되며 토양 무기성분은 모두 1차 광물로부터 생성되었으며, 그 조성은 모암과 비슷하다.

(2) 생성원인에 따른 분류

1) 화성암

① 굳어진 깊이에 따른 화성암의 분류

㉠ 심성암 : 마그마가 땅속 깊은 곳에서 식어서 굳어진 화성암으로 화산암보다 입자의 크기가 크다.

㉡ 반심성암 : 비교적 얕은 곳에서 굳어진 화성암

㉢ 화산암 : 지표에서 굳어진 화성암으로 심성암보다 입자의 크기가 작다.

② 규산(SiO_2)의 함량에 따른 화성암의 분류

생성위치 \ 규산함량	산성암 (65~75%)	중성암 (55~65%)	염기성암 (40~55%)
심성암	화강암	섬록암	반려암
반심성암	석영반암	섬록반암	휘록암
화산암	유문암	안산암	현무암

③ 화성암에 함유된 광물의 크기와 조성에 따른 분류

㉠ 6대 조암광물 : 석영, 장석, 운모, 각섬석, 휘석, 감람석

㉡ 풍화순서 : 장석 > 운모 > 휘석 > 각섬석 > 석영의 순으로 풍화된다.

ⓒ 장석, 운모는 풍화되어 주로 점토분을 만든다.
ⓔ 산성에서 염기성으로 진행됨에 따라 각섬석, 휘석, 흑운모 등의 유색광물의 함량이 증가한다.
ⓜ 염기성에 가까울수록 암석의 색은 어두운 회백색으로부터 암흑색으로 변한다.
ⓑ 염기성에 가까울수록 철, 마그네슘, 칼슘 등의 함량이 증가한다.
ⓢ 염기성에 가까울수록 규소, 나트륨, 칼륨 등의 함량은 감소한다.

④ 염기성에 가까울수록(어두운 색의 암석) 쉽게 풍화한다.
⑤ 우리나라 제주도 토양의 모암인 현무암은 화산암으로 반려암, 휘록암과 같은 성분으로 되어 있으며, 규소함량이 많고 산소함량은 적은 세립질의 치밀한 염기성암이다. 따라서 어두운 색(암색)을 띤다.

2) 퇴적암

① 퇴적암은 침전암 또는 수성암이라고도 하며 여러 종류의 암석이 풍화 및 침식되어 자갈 · 모래 · 진흙 등이 되고, 이들이 퇴적되어 형성된 암석으로 생성형식에 따라 기계적 · 화학적 · 유기적 퇴적암으로 분류된다.
② 퇴적 위치에 따른 분류
ⓐ 수성암 : 바다, 호수 등 물 밑에 퇴적되어 형성된 암석
ⓑ 기성암 : 대기 밑에 퇴적되어 형성된 암석
③ 퇴적암의 광물은 매우 다양하며 구성하는 물질 중 가장 많은 것은 자갈, 모래, 미사, 점토 등이다.
ⓐ 사암 : 화강암의 풍화로 생겨난 석영이 해저에 퇴적되어 생성된 암석이다.
ⓑ 혈암 : 점토가 재결합하여 응고되어 생성된 암석을 말한다.
ⓒ 유기적 퇴적암 : 동식물의 유체로부터 생성된 것을 말한다.
ⓔ 주된 광물은 석영, 장석, 운모, 석회석, 점토광물 등이다.
ⓜ 화성암과 변성암에 들어 있는 거의 모든 광물이 함유되어 있다.
④ 화학적 퇴적암은 다른 암석의 풍화물이 퇴적하여 규산, 점토철, 석회질 등 응결제에 의해 굳어진 것 또는 탄산석회, 탄산마그네슘 등 물속에서 침전되어 생성된 것을 말한다.

3) 변성암

① 변성암은 화성암이나 퇴적암 등이 매우 높은 압력과 고온 조건에서 변성작용을 받아 새로운 구조와 조직의 암석으로 변성된 것이다.
② 변성과정 중 화학적 조성의 변화는 거의 없으나 입자의 배향성, 입자의 성장 및 광물의 전환 등이 일어난다.
③ 변성암 중 그 분포가 가장 넓은 것은 편마암이다.
④ 화강암은 일반적으로 편마암이나 편암으로 변성된다.
⑤ 퇴적암의 사암은 규암으로 변성된다.
⑥ 혈암은 점판암으로 변성된다.
⑦ 석회암은 대리석으로 변성된다.

(3) 풍화 작용

1) 풍화 작용의 개념

① 풍화 작용은 암석이 물리적 또는 화학적으로 변해가는 일련의 과정을 말한다.
② 풍화 작용 과정에서 화학적으로 분해되어 일부 가용성 성분을 방출하기도 한다.
③ 풍화 작용에서 부분적인 변성이나 화학적 변화를 받아 새로운 2차 광물을 합성하기도 한다.

2) 기계적(물리적) 풍화

① 의의
㉠ 화학적 풍화에 앞서서 일어나며 화학적 변화 없는 풍화로 기계적 파쇄로 형태적으로 작아지는 것으로 온도, 물, 얼음, 바람 등에 의한 풍화를 기계적 풍화라고 한다.
㉡ 암석의 파쇄는 광물의 경도가 작을수록, 광물체 사이의 결합이 약할수록, 광물의 벽개성(cleavability : 쪼개지기 쉬운 성질)이 좋을수록 빠르고 쉬우며, 광물의 종류에 따라 차이를 보인다.

② 온도와 열
㉠ 온도의 변화, 특히 급격하고 변이 폭이 큰 온도변화는 암석의 팽창과 수축을 달리하여 암석의 붕괴에 매우 큰 영향을 끼친다.
㉡ 온도에 의한 변화작용은 광물의 색, 팽창계수의 차, 광물 입경의 차 등에 따라 다르게 나타난다.
㉢ 온도변화에 의한 직접적인 파괴보다 더 강력한 것은 동결파괴이다.

③ 물 : 빗물은 모래와 자갈을 운반하고 부유물질이 함유된 강물은 강력한 삭마력으로 암석을 깎는다.

④ 얼음
㉠ 빙식 작용은 모재운반과 퇴적을 일으키고, 삭마를 일으켜 풍화 작용과 퇴적 작용을 가속화한다.
㉡ 빙식 작용에는 빙하 주변이나 바닥에서는 동결에 의한 파쇄 작용과 빙하의 이동에 의한 연마 작용이 있다.

⑤ 바람 : 풍화산물을 이동시키면서 암석에 대한 삭마력을 발휘한다.

⑥ 생물 : 식물의 뿌리가 자람에 따라 근압에 의해 암석을 파괴하는 경우가 있다.

3) 화학적 풍화

① 의의
㉠ 본질까지 변화되는 주원인은 물과 공기이며 이산화탄소와 유기산은 용매로 작용하며 입자의 크기가 작아질수록 화학반응의 속도는 빨라진다.
㉡ 화학적 풍화는 암석과 광물 표면에서 일어나므로 작용면적이 클수록 효과적이다.
㉢ 화학적 풍화의 인자는 물, 산소, 이산화탄소, 유기산 등이 있으며 그중 가장 중요한 것은 물이다.

㉣ 물은 용매로 작용하거나 이용성 화합물의 가수분해를 일으키며, 무기 및 유기산류와 온도의 상승에 의해 더욱 촉진된다.

㉤ 화학적 풍화는 암석과 광물의 용해도와 조직, 조성 등을 변화시키며 가수분해 작용, 수화 작용, 탄산화 작용, 산화 작용, 환원 작용 등이 있다.

② **가수분해** : 화학적 풍화에서 가장 중요한 요인으로 가수분해로 장석, 운모 등 광범위한 광물들의 풍화 작용을 일으킨다.

$$\underset{\text{장석}}{KASi_3O_8} + \underset{\text{물}}{H_2O} \longrightarrow \underset{\text{규반산}}{HASi_3O_8} + \underset{\text{수산화칼륨}}{KOH}$$

③ **용해 작용**

㉠ 본질적으로는 화학반응은 아니나 광물 또는 구성성분이나 이온이 용출되어 모재가 변하는 것이다.

㉡ 탄산염의 용해도는 순수한 물에서는 매우 낮으나, 물에 염류나 탄산가스가 녹아 있으며 염의 형태가 변화하여 잘 녹는다.

④ **수화 작용**

㉠ 물분자가 광물 격자 사이에 끼어들어가 팽창시키며 물리적 풍화를 조장한다.

㉡ 수화 작용을 일으킨 광물이 고온 건조한 상태에서 탈수 작용을 받으며 풍화가 가속된다.

㉢ 수화 작용으로 적철광은 쉽게 갈철광으로 변한다.

$$\underset{\text{적철광}}{2Fe_2O_3} + \underset{\text{물}}{3H_2O} \longrightarrow \underset{\text{갈철광}}{2Fe_2O_3 \cdot 3H_2O}$$

⑤ **탄산화 작용** : 이산화탄소가 물에 용해되어 탄산이 되고 방해석과 반응하여 화학용액이 되는 작용을 탄산화 작용이라고 하며, 광물질의 붕괴와 분해는 삼투수의 수소이온의 존재하에서 가속화된다.

$$\underset{\text{이산화탄소}}{CO_2} + \underset{\text{물}}{H_2O} \rightarrow \underset{\text{탄산}}{H_2CO_3} \rightarrow \underset{\text{수소이온}}{H^+} + \underset{\text{탄산이온}}{HCO_3^-}$$

⑥ **산화 작용** : 일반적으로 조암광물은 환원조건에서 형성되었기 때문에 공기와 접촉하면 산소에 의해 쉽게 산화된다. 특히 철을 함유하고 있는 암석은 철성분이 쉽게 산화되어 풍화가 가속화된다.

$$\underset{\text{산화1철}}{4FeO} + \underset{\text{산소}}{O_2} \rightarrow \underset{\text{산화2철(적철광)}}{2Fe_2O_3}$$

⑦ **환원 작용**

㉠ 공기의 유통이 좋지 않은 논, 저습지, 침수지에서 산소부족으로 환원 작용이 일어나기 쉽다.

㉡ Fe, Mn의 산화물이 환원되어 환원형이 되며, Fe수산화물이나 황산염도 환원되어 환원형이 된다.

4) 생물적 풍화

① **의의** : 동물에 의한 기계적 풍화와 토양미생물에 의한 풍화 및 식물 뿌리에 의한 화학적 풍화로 구분할 수 있다.

② **동물에 의한 풍화** : 개미는 땅 속 깊이 있는 모재를 표토로 옮겨 풍화를 촉진시킨다.

③ **토양미생물에 의한 풍화** : 미생물에 의해 유기물이 분해되면서 유기산이 방출되어 풍화 작용을 일으킨다.

④ **식물에 의한 풍화**

㉠ 식물의 유기적 작용은 암석의 물리적, 화학적 풍화를 가속화시킨다.

㉡ 식물 뿌리는 기계적인 풍화 작용을 일으키며 호흡 작용으로 방출된 CO_2가 물에 녹아 생성되는 탄산이온에 의해 암석 광물의 분해를 촉진한다.

5) 풍화 작용에 관여하는 요인

① **기후** : 충분한 시간이 주어질 경우 풍화 작용의 종류나 속도에 가장 큰 영향을 미치며, 습윤열대 지방이 풍화속도가 가장 빠르다.

② **광물의 물리적 성질** : 광물의 입자의 크기, 경도

③ **화학적 특성**

㉠ 암석을 구성하는 광물성분에 따라 풍화 작용에 견디는 정도가 다르다.

㉡ Na, K 등 알칼리금속이나 Ca, Mg 등 알칼리토금속 이온들은 쉽게 가용화된다. 따라서 알루미늄, 규소, 철보다 토양에 남을 수 있는 가능성이 작다.

④ **암석의 풍화 저항성**

㉠ 석영 > 백운모, 정장석(K장석) > 사장석(Na와 Ca장석) > 흑운모, 각섬석, 휘석 > 감람석 > 백운석, 방해석 > 석고

㉡ 백운모는 Fe^{2+}이 적어 백색이며 풍화가 어렵다.

㉢ 방해석과 석고는 이산화탄소로 포화된 물에 쉽게 용해된다.

㉣ 감람석과 흑운모는 Fe^{2+}이 많아 유색이고 쉽게 풍화된다.

(4) 풍화산물의 이동과 퇴적

암석의 풍화 작용으로 생성된 모재가 모암이 있던 자리나 그 부근에 퇴적된 정적토와 자연현상에 의해 이동하여 퇴적된 운적토가 있으나 이는 일종의 퇴적물로 아직 토양이라 할 수 없다.

1) 정적토

① 암석이 풍화 작용을 받은 자리에 그대로 남아 퇴적되어 생성 발달한 토양으로 암석 조각이 많고 하층일수록 미분해 물질이 많은 것이 특징이며, 잔적토와 유기물이 제자리에서 퇴적된 이탄토가 있다.

② 풍화 작용을 받게 되는 기간이 운적토에 비해 길다.

③ **잔적토** : 정적토의 대부분을 차지하며 암석의 풍화산물 중 가용성인 것들은 용탈되고 남아 있는 것이 제자리에 퇴적된 것으로 우리나라 산지의 토양이 해당된다.

④ **이탄토** : 습지, 얕은 호수에서 식물의 유체가 암석의 풍화산물과 섞여 이루어졌으며 산소가 부족한 환원상태에서 유기물이 분해되지 않고 장기간에 걸쳐 쌓여 많은 이탄이 만들어지는데, 이런 곳을 이탄지라 한다.

2) 운적토

① **붕적토**

㉠ 암석편이 높은 곳에서 중력에 의해 낮은 곳으로 이적된 것이다.

㉡ 동결작용은 붕적에 큰 역할을 하며, 절벽 밑의 사퇴나 암석쇄편, 그 외 이와 비슷한 모재가 생성된다.

㉢ 붕적물에서 발달한 토양의 모재는 대개 굵고 거친 암석질이며 화학적보다 물리적 풍화를 더 많이 받은 것이며, 그 분포는 일부 지역에 한정하는 경우가 많다.

㉣ 산사태나 눈사태 등 중력에 의해 운반되어 퇴적한 것으로 돌, 자갈 등이 함유되어 있으며 물리적, 이화학적 특성이 농업에 부적합하다.

② **선상퇴토** : 큰 비로 인해 경사가 심한 산간 골짜기에서 평지나 하천으로 밀려온 모래, 자갈, 암석조각의 퇴적물로, 대개 경사가 완만하고 부채꼴(선상)로 전개된 충적선상토와 경사가 급한 추상퇴토가 있다.

③ **수적토**

㉠ 물에 의해 운반되어 퇴적된 모재로 하성축적토, 해성토, 호성토, 빙하토가 있다.

㉡ 하성충적토 : 강물에 의해 운적된 모재로 홍함지, 삼각주, 하안단구가 있다.

ⓐ 홍함지 : 하천의 홍수에 의하여 거듭 범람되어 퇴적, 생성된 토양으로 1회 범람으로 수직단면의 층리를 형성하고 이런 층리의 집합체로 된 충적층은 하천의 양면에 잘 발달되었으며 비옥도가 크고 우리나라 논토양의 대부분이 이에 해당한다.

ⓑ 삼각주 : 하천 하류에 바다와 접하는 어귀에서 유속이 감소되고 운반된 퇴사가 퇴적되고 점토와 그 외 교질물이 바닷물의 전해질과 전기적 중성이 되어 응고·침전되어 만들어진 삼각형의 침적지로 면적이 넓고 범람을 막을 수 있는 배수가 잘 되는 곳으로 농업적으로 유용한 토양이다.

ⓒ 하안단구 : 홍함지가 수식에 의해 계단상으로 깎여 된 토양으로 홍함지보다 상류에 분포하며 입자가 거칠고 커 지력은 홍함지나 삼각주보다 낮으나 유기물과 무기양분이 풍부해 경작지로 이용된다.

㉢ 해성토 : 바닷물에 의해 해안에 운반되어 퇴적한 것이다.

㉣ 호성토 : 호수물결에 의해 호수 밑바닥에 퇴적한 것이다.

㉤ 빙하토 : 빙하의 이동에 따라 다른 곳에 운반 퇴적한 것이다.

④ **풍적토**

㉠ 바람에 의해 운반되어 퇴적된 것으로 풍적토라 하며, 사구, 황토, 산성토가 있다.

㉡ 사구 : 모래만 있는 곳에서 생성된 것이다.

㉢ 화산회토 : 화산폭발로 인하여 규산질이 많은 화산회가 바람에 이동하여 퇴적한 것
㉣ 뢰스(loess) : 바람에 의해 운반되어 퇴적된 황갈색이나 담황색의 미세한 모래와 점토를 가리키며, 석영, 장석, 운모, 각섬석, 휘석 등 각종 1차 광물이 섞여 있다. 뢰스의 퇴적이 침식되면 수직의 벽면을 형성하여 계곡이나 단애를 이룬다.

2 토양의 생성과 발달

(1) 토양의 생성인자

토양의 생성에 주된 인자는 기후, 식생, 모재, 지형, 시간이며, 기후와 식생의 영향을 받아 생성된 토양을 성대성 토양, 지형, 모재, 시간 등의 영향을 받아 생성된 토양을 간대성 토양이라 한다.

1) 기후

① 기온, 강수량은 화학적 및 물리적 반응속도에 가장 큰 영향을 준다.
㉠ 기온, 강수량은 토양단면 발달에 직접적인 영향을 준다.
㉡ 온도와 강수량에 따라 자연식생의 종류를 결정하게 된다.
㉢ 토양의 수분상태는 생체의 생산량과 토양유기물의 함량을 좌우하게 된다.
㉣ 물은 점토나 유기물 등의 토양교질물 또는 가용성 성분의 토양 내에 수평 또는 수직이동을 가능하게 한다. 따라서 용탈층과 집적층의 분화에 기여한다.

② 건조지대
㉠ 생물의 활동이 제약되고 토양 화학적 반응이 미약하다.
㉡ 토양교질물의 하향이동이 거의 일어나지 않는다.

③ 습윤지대
㉠ 식생이 왕성하여 토양의 유기물함량이 많고 화학적 반응이 잘 일어난다.
㉡ 토양교질물의 하향이동이 용이하여 용탈층과 집적층의 층위분화가 잘 이루어진다.

④ 툰드라지대
㉠ 온도가 낮아 생체 생산량이 적지만 토양의 유기물은 많다.
㉡ 그러한 이유는 미생물의 활동이 극히 미약하여 유기물이 집적되는 양보다 분해되는 양이 매우 적기 때문이다.

2) 식생

① 토양미생물은 유기물의 분해와 양분의 순환, 구조의 안전성 등에 절대적인 역할을 한다.
② 식물은 토양의 침식을 방지하고 토양에 유기물을 공급할 뿐만 아니라 토양의 수분환경을 좋게 하여 미생물의 활동을 왕성하게 함으로써 토양발달을 촉진시킨다.
③ 자연식생에 함유된 무기성분은 토양발달의 성격을 결정짓는 데 큰 역할을 한다.
④ 침엽수림 지역은 토양산도가 높고 염기의 용탈도 심하다. 침엽수는 칼슘, 마그네슘, 칼륨과 같은 염기의 함량이 낮기 때문이다.
⑤ 동물, 곤충 등은 식생이나 토양미생물보다 토양생성 작용에 영향이 적다.

3) 모재

① 토양의 재료를 말하는 것으로 모래, 자갈, 점토 등을 말한다.
② 토양의 단면 특성을 결정하는 기본적인 인자가 된다.
③ 토양의 생성은 모재의 생성과 동시 진행되거나 모재가 이동, 퇴적되어 토양 발달이 시작되는 경우로 구분된다.
④ 토양 모재가 토양 발달과 특성에 끼치는 영향은 토성, 광물조성, 층위 분화 등 광범위하다.
⑤ 암석류는 모재의 급원으로 암석의 풍화물이 모재가 되어 본래 자리에서 또는 퇴적된 자리에서 토양으로 발달하게 된다.
⑥ 모암의 화학적, 광물학적 조성은 토양의 발달 속도에 영향을 미친다.
⑦ 자연식생의 종류에 영향을 준다.
⑧ **일라이트** : 칼륨을 많이 함유하고 있는 운모로부터 풍화 작용에 의하여 형성된 토양
⑨ **몽모리나이트** : 칼슘이나 마그네슘 등 염기의 함량이 높은 모재에서 형성된 토양
⑩ **모재의 종류와 토양의 특징**
㉠ 잔적층 모재
ⓐ 생성과정 : 모암이 풍화되어 원래의 위치에서 생성된다.
ⓑ 토양의 특징 : 암석 중 광물의 종류와 풍화 정도에 따라 토색, 토성, 단면이 다르다.
ⓒ 분포지역 : 산악지, 구릉지
㉡ 붕적층 모재
ⓐ 생성과정 : 중력에 의한 운반과 퇴적
ⓑ 토양의 특징 : 중력에 의해 운반, 퇴적되기 이전의 토양 특성에 따라 토성, 광물질의 종류가 다르다.
ⓒ 분포지역 : 산록(산기슭), 경사지
㉢ 충적층 모재
ⓐ 생성과정 : 물에 의한 운반과 퇴적
ⓑ 토양의 특징 : 지역, 지형에 따라 토성, 광물질의 종류가 다르다.
ⓒ 분포지역 : 선상지, 하성평탄지, 하해혼성평탄지
㉣ 화산회 모재
ⓐ 생성과정 : 화산분출
ⓑ 토양의 특징 : 화산분출 시 환경과 화학적 조성에 따라 다르다.
ⓒ 분포지역 : 용암류 토지, 분석구
㉤ 유기질 모재
ⓐ 생성과정 : 식물잔재의 집적
ⓑ 토양의 특징 : 환경에 따라 다르다.
ⓒ 분포지역 : 이탄, 흑니탄

4) 지형

① 토양생성 작용에 있어서 기후의 영향을 촉진 또는 지연시킨다.

② 강우를 흡수하는 양과 토양의 침식량을 결정해 준다.

③ 경사도가 높을수록 토양 유실량이 많고 유기물의 함량이 적다.

④ **토양 카테나** : 동일한 기후조건에서 비슷한 모재를 가지고 발달한 토양이 지형과 배수의 차이에 의해 토양의 성질이 달라지는 것을 말한다.

5) 시간

① 풍화 작용의 시간은 토양생성 작용에 중요한 영향을 준다.

② 토층의 분화에 소요되는 시간은 다른 생성인자의 강도에 따라 달라질 수 있다.

③ 토층의 분화와 발달은 모든 토양 생성인자들의 종합된 결과에 의하여 얻어진다.

④ **성숙토양** : 토양의 생성 작용을 충분히 받은 토양으로 독특한 단면형태를 보인다.

⑤ **미성숙토양** : 토양생싱 초기단계의 토양으로 토층분화가 미약하다.

6) 인력

① 인간의 토지 이용 방식에 따라 토양의 발달과 특징에 영향을 미치게 된다.

② 인간은 여러 목적으로 토지를 이용하는데 그로 인해 침식, 이동, 배수, 염기 축적, 유기물과 양분의 고갈 및 집적 등 여러 변화가 발생할 수 있다.

③ 인간에 의해 바다를 메운 간척지의 조성, 댐의 건설로 인한 토양의 형태와 특성의 변화가 발생한다.

④ 합리적 객토, 석회의 시용, 많은 유기물의 공급 등으로 작물 재배에 알맞은 상태로 토양을 만드는 것은 인력으로 토양을 개량하는 것이다.

(2) 토양의 생성 작용

토양의 생성 작용은 풍화 작용에 의해 암석이 토양모재가 된 후 또 다른 풍화 작용과 함께 용탈, 집적, 분해, 합성, 산화, 환원 등을 통해 토양의 형태적 특징인 층위분화를 이루는 작용으로 종류에는 포드졸화 작용, 라테라이트화 작용, 회색화 작용, 석회화 작용, 염류화 작용, 부식 및 이탄집적 작용 등이 있다.

바위(모암) $\xrightarrow{\text{풍화 작용}}$ 풍화생성물(토양모재) $\xrightarrow[\text{토양생성 작용}]{\text{풍화 작용}}$ 토양

1) 포드졸화 작용(podzolization)

① **의의** : 포드졸화 작용은 한랭습윤 침엽수림 지대에서 토양의 무기성분이 산성 부식질의 영향으로 용탈되어 표토로부터 하층토로 이동하여 집적되는 생성 작용을 말한다.

② **특징**

㉠ 포드졸화가 진행되면 무기성분은 물론 철이나 알루미늄까지도 거의 용탈되어 안정된 석영과 규산이 토양단면을 이룬다.

㉡ 침엽수의 낙엽에는 염기함량이 매우 낮기 때문에 토양 산성화를 가중시키고 양이온의 용탈이 심하다.

③ 포드졸 토양의 특징

㉠ 표층은 규산이 풍부한 표백층(A2)이다.

㉡ 표백층 하부에는 알루미늄, 철, 부식 집적층(B2)이 형성된다.

㉢ 특수한 환경에서는 열대 · 아열대 지역에서도 포드졸화가 진행되는 경우가 있다.

2) 라테라이트화 작용(laterization)

① 고온다습한 아열대나 열대 지방에서 일어나는 토양생성 작용을 말하며, 이 지역 토양생성 작용은 규산이 용탈되고 표토에는 Fe_2O_3(삼산화철-갈철광석)와 Al_2O_3(산화알루미늄)가 집적되는 작용을 말한다.

② 특징

㉠ 고온다습한 열대 · 아열대지역은 식물이 매우 잘 자라고 미생물의 활동이 매우 활발하고 부식질의 분해가 매우 빠르다.

㉡ 따라서 가수분해가 심하고 토양 중의 알칼리금속과 알칼리토금속류는 계속 공급되며, 따라서 토양은 중성이나 염기성 반응조건으로 분해된다.

㉢ 규산은 가용성으로 되어 용탈된다.

㉣ 철, 알루미늄 등의 수산화물 또는 산화물은 토양 중에 남아 집적된다.

③ 라테라이트 토양의 특징

㉠ 양이온 교환용량과 점토의 활성이 낮다.

㉡ 1차 광물과 가용성 물질의 함량이 적다.

㉢ SiO_2 함량이 낮다.

㉣ 산화철이 집적되어 있어 토양색깔은 적색을 띤다.

3) 회색화 작용(gleyzation)

① 토양이 심한 환원 작용을 받아 철이나 망간이 환원상태로 변하고, 유기물의 혐기적 분해로 토층이 청회색 · 담청색으로 변화하는 작용을 회색화 작용이라고 한다.

② 회색화 작용 토양의 특징

㉠ 지하수위가 높은 저습지 또는 배수가 극히 불량한 토양에서 일어난다.

㉡ 토양 속에 머물고 있는 물로 인해 산소공급이 불충분하여 환원상태로 되어 Fe^{3+}(3가철)이 Fe^{2+}(2가철)로 된다.

㉢ 토층은 담청색~녹청색 또는 청회색을 띠는 토층분화 작용이 일어난다.

㉣ 논과 같이 인위적으로 담수상태를 만들어 준 곳에서의 표층 바로 아래는 환원층이 되고 심층은 산화층으로 분화된다.

4) 석회화 작용(calcification)

① 중위도의 건조지역 또는 반건조 기후지역에서 진행되는 토양생성 작용으로 물이 주로 심토에서 표토로 거꾸로 상향 이동하는 지역에서 일어나는 토양생성 작용을 말한다.

② 특징

㉠ 우기에 염화물이나 황화물 등이 용탈된다.

㉡ 규산염의 가수분해로 떨어져 나온 칼슘과 마그네슘은 탄산염으로 되어 토양 전체에 집적된다.

㉢ 전해질에 의해 겔(gel) 상태로 토양에 포화되어 있는 칼슘이 응고된다.

③ 석회화 작용 토양의 특징

㉠ 석회로 포화된 중성부식과 무기질 토양으로 매우 비옥하다.

㉡ 대표적인 토양은 반건조 기후지역의 초원에 분포하는 체르노젬이다.

5) 염류화 작용(salinization)

① 의의 : 건조지대에서 모세관을 따라 심토로부터 올라온 수분은 토양표면에서 증발하게 되며, 이때 물에 용존해 있던 가용성염류가 표토에 집적하게 되는 것

② 염류화 작용의 토양의 종류 : 알칼리백토, 알칼리흑토

6) 이탄집적 작용(peat accumulation)

① 의의 : 습지 또는 물속에서는 유기물의 분해가 늦어 부식이 집적되는 현상

② 이탄토 : 이탄집적 작용으로 습지나 얕은 호수에 식물 유체가 쌓여 생성된 토양

③ 특징

㉠ 식물의 생장으로 생성된 생체는 유체로 토양에 환원된다.

㉡ 유체로 토양환원된 후 미생물 작용으로 분해되면서 무기화된다.

(3) 토양단면

1) 의의

토양이 수직적으로 분화된 층위를 말한다.

2) 형성 요인

① 토양단면이란 수평방향으로는 성질이 비슷하고 수직방향으로는 성질을 달리하는 층이 형성된 것을 말한다.

② 토양은 지각의 표층에서 암석의 풍화 작용을 모재로 하여 기후, 지형, 생물 등에 의해 시간의 경과와 더불어 변해간다.

③ 토양표면은 기후의 영향을 크게 받아 층위의 분화가 활발히 일어난다.

④ 토양표면에 유기물이 집적되면 층위분화가 활발해진다.

3) 토양의 분화

① 강우량이 많은 지역은 물이 하향이동하게 되면서 토양표면의 수용성 성분이 용탈된다.

② 강우량이 많은 지역에서 용탈이 일어나는 층 아래에는 표층으로부터 용탈된 성분의 일부가 집적되는 층이 형성된다.

③ 강우량이 많은 지역은 수평방향으로는 성질이 비슷하고, 수직방향으로는 성질을 달리하는 층으로 분화된다.

4) 토양학적 토층의 분류

① 지면을 수직으로 파 내려간 다음 단면을 조사해 보면, 토양의 빛깔과 알갱이의 크기를 달리하는 몇 개의 층으로 구분되는 것을 볼 수 있다. 이들 토양의 층을 토층 또는 층위(horizon)라 하며, 토양의 단면이 몇 개의 층으로 나누어지는 것을 토층의 분화라 한다.

② **토층의 구분** : 토층은 O층, A층, B층, C층, R층의 5개 층으로 크게 구분한다.

O1	유기물층		유기물의 원형을 육안으로 식별할 수 있는 유기물 층
O2			유기물의 원형을 육안으로 식별할 수 없는 유기물 층
A1	용탈층	성토층	부식화된 유기물과 광물질이 섞여 있는 암흑색의 층
A2			규산염 점토와 철, 알루미늄 등의 산화물이 용탈된 담색층(용탈층)
A3			A층에서 B층으로 이행하는 층위이나 A층의 특성을 좀 더 지니고 있는 층
B1	집적층		A층에서 B층으로 이행하는 층위이며 B층에 가까운 층
B2			규산염 점토와 철, 알루미늄 등의 산화물 및 유기물의 일부가 집적되는 층(집적층)
B3			C층으로 이행하는 층위로서 C층보다 B층의 특성에 가까운 층
C	모재층		토양생성 작용을 거의 받지 않은 모재층으로 칼슘, 마그네슘 등의 탄산염이 교착상태로 쌓여 있거나 위에서 녹아 내려온 물질이 엉켜서 쌓인 층
R	모암층		C층 밑에 있는 풍화되지 않는 바위층(단단한 모암)

5) 경지의 토층 구분

① 경지에서는 흔히 다음 3가지로 토양을 분류한다.

㉠ 작토(作土, surface soil)

ⓐ 계속 경운되는 층위로 경토라 부르며 작물의 뿌리가 주로 발달하는 층위로 작물의 생육과 가장 밀접한 관계가 있다.

ⓑ 부식이 많고 흙이 검으며 입단의 형성이 좋다.

㉡ 서상(鋤床) : 작토층 바로 아래 층위로, 작토보다 부식이 적다.

㉢ 심토(心土, sub soil) : 서상층 밑의 하층으로 하층토라 부르며, 일반적으로 부식이 극히 적고 구조가 치밀하다.

② 경지의 토층과 작물생육

㉠ 경지의 토층은 작물의 생육과 밀접한 관계가 있으며, 특히 작토의 질적, 양적 문제는 작물 뿌리의 발달과 생리 작용에 크게 영향을 미친다.

㉡ 작토층은 가급적 깊은 것이 좋으므로 심경으로 작토층을 깊게 하는 것이 좋다.

㉢ 질적으로는 양토를 중심으로 사양토 내지 식양토로 유기물과 유효성분이 풍부한 것이 좋다.

㉣ 심토가 너무 치밀하면 투수성과 투기성이 불량해져 지온이 낮아지고 뿌리가 깊게 뻗지 못해 생육이 나빠진다.

㉤ 논에서 심토가 과도하게 치밀하면 투수가 몹시 불량해져 토양공기의 부족으로 유기물 분해의 억제, 유해가스의 발생과 경우에 따라 지온이 낮아져 벼의 생육이 나빠지므로 지하배수를 적당히 꾀하여야 한다.

㉥ 작물 재배의 토성의 범위는 넓으나 많은 수량과 좋은 품질의 생산물을 안정적으로 생산하려면 알맞은 토성의 선택이 중요하며 토성에 따라 배수를 달리해야 한다.

3 토양의 분류

(1) 토양의 신, 구 분류

1) 구 분류(생성론적 분류)

① **분류단위** : 목 – 아목 – 대토양군 – 속 – 통 – 구 – 상

② **생성론적 분류에서 중요한 3개 단위** : 목, 대토양군, 통

③ **목** : 5대 토양 생성인자인 기후, 식생, 모재, 지형, 시간의 영향을 받는 정도에 따라 성대토양, 간대토양, 무대토양으로 나눈다.

④ **대토양군** : 염류의 종류 및 함량, 토양반응, 반층의 존재여부에 따라 구분한다.

목	토양단면의 특징	작용인자	주요 대토양군
성대토양	기후와 식생의 영향이 뚜렷	한랭, 습윤, 침엽수	포드졸
		한랭, 반습윤, 초본	체르노젬(윤색토)
		온난, 습윤, 침엽수, 낙엽수	적황색토
		고온, 습윤, 활엽수	라토졸
간대토양	지형과 모재의 영향이 뚜렷	건조 지대에서 배수 불량	퇴화 염류토
		지대가 낮고 배수 불량	회색토
		석회 함량이 많은 모래	갈색 산림토
무대토양	토양단면에 특징이 아직 없는 어린 토양	풍화에 대한 저항성이 크고 침식 또는 퇴적이 빠르며 풍화 기간이 짧음	암쇄토, 퇴적토, 충적토

⑤ **토양통** : 토양분류의 기본 단위이다.

㉠ 토양분류에서 가장 기본이 되는 토양분류 단위이다.

㉡ 표토를 제외한 심토의 특성이 유사한 페돈을 모아 하나의 토양통으로 구성한다.

㉢ 토양통은 동일한 모재에서 유래하였고, 토층의 순서 및 발달 정도, 배수상태, 단면의 토성, 토색 등이 비슷한 개별토양의 집합체이다.

㉣ 표토의 토성은 서로 다를 수도 있다. 따라서 토양통은 지질적 요소(모재, 퇴적양식, 수분수지 등)와 토양생성적 요소(토층의 발달 정도, 토양생성 작용, 유기물집적 정도 등)가 유사한 것을 말한다.

㉤ 토양통은 그 토양이 제일 먼저 발견된 지역의 지명, 산, 강의 이름 등을 따서 붙인다.

㉥ 우리나라의 토양은 378개의 토양통으로 분류되고 있다.

⑥ **페돈(Pedon)** : 토양분류 시 특정 토양의 특성을 나타내는 최소의 시료채취 단위(최소용적의 단위체)이다.

⑦ **토양구, 토양상** : 토양의 분류 단위가 아닌 토양의 관리 단위이다.

2) 신 분류(형태론적 분류)

① **분류단위** : 목 – 아목 – 대군 – 아군 – 속 – 통

② **목** : 분류의 최고차적 단위로 10개목이 있다.

③ **아목** : 토양의 수분상태와 기후, 식생의 영향에 따라 47개의 아목으로 분류한다.

④ **아군** : 식물의 생장과 공학적인 목적에 따른 분류이다.

⑤ **통** : 분류의 기본 단위이다.

⑥ **신분류체계에 의한 형태론적 토양분류**

㉠ 옥시졸(Oxisol)

ⓐ 풍화와 용탈이 매우 심하게 일어나는 고온다습한 열대기후 지역에서 발달한다.

ⓑ Al과 Fe의 산화물이 풍부하고 1 : 1형 점토의 함량도 많은 적색의 열대토양이다.

ⓒ 양분의 보유량이 적어 비옥도가 낮으며, 우리나라에는 존재하지 않는다.

㉡ 스포도졸(Spodosol)

ⓐ 용탈이 용이한 사질 모재 조건과 냉온대의 습윤 기후조건에서 발달한다.

ⓑ 낙엽이 분해되며 산의 생성이 많고 염기의 공급이 부족한 침엽수림 지대에서 잘 나타난다. 우리나라에는 존재하지 않는다.

㉢ 안디졸(Andisol)

ⓐ 화산재를 모재로 발달한 토양으로 유기물함량이 매우 높고 어두운 색을 띤다.

ⓑ 유기물은 알루미늄과 결합하여 분해 저항성 알루미늄–부식 복합체를 형성하여 매우 빠르게 토양이 생성된다.

ⓒ 우리나라 제주도와 철원지역에서 발견되며, 우리나라 토양의 1.3%를 차지한다.

㉣ 아리디졸(Aridisol)

ⓐ 건조지방의 토양으로 생성층위가 있고 대개 모든 층위가 건조하고 습한 기간이 90일 이내이다.

ⓑ 사막형 식물들이 식생을 이루며 식물의 생장이 충분하지 못해 유기물이 축적되지 못하고 토양은 밝은 색을 띤다.

ⓒ 건조기후에서는 암석의 풍화가 매우 느려 주로 운적모재에서 생성된다.

ⓓ 토양발달 과정에서 물의 작용이 매우 제한적으로 풍화산물의 하방 이동이 많지 않다.

ⓒ 우리나라에는 존재하지 않는다.

㉤ 알피졸(Alfisol)

ⓐ 온난습윤한 열대 또는 아열대기후에서 생성된다.

ⓑ 표층에서 용탈된 점토가 B층에 집적되는 특징을 가지고 있으며 염기포화도가 35% 이상이다.

ⓒ 우리나라 토양의 2.9%를 차지한다.

㉥ 몰리졸(Mollisol)

ⓐ 주로 반건, 반습의 초원에서 생성된다.

ⓑ 표층에 유기물이 많이 축적되어 있고, Ca가 풍부한 토양으로 매우 비옥하다.

ⓒ 우리나라 토양의 0.1%가 분포되어 있다.

㉦ 엔티졸(Entisol)

ⓐ 토양발달과정이 거의 진행되지 않은 토양으로, 기후조건에 관계없이 풍화에 대한 저항성이 매우 강한 모재로 된 토양이나 최근 형성된 모재의 토양에서 나타날 수 있다.

ⓑ 계속적인 침식으로 현저한 토층의 발달이 어려운 경사지형에서도 나타날 수 있다.

ⓒ 인위적 퇴비 시용으로 암갈색 표층이 나타날 수 있으나 모재의 퇴적상태와 다른 특징적인 층위의 발달은 거의 없다.

ⓒ 우리나라 토양의 13.7%를 차지한다.

㉧ 인셉티졸(Inceptisol)

ⓐ 온대 또는 열대습윤 기후조건에서 발달한다.

ⓑ 토층의 분화가 중간 정도인 토양이다.

ⓒ 우리나라 토양의 69.2%를 차지한다.

㉨ 버티졸(Vertisol)

ⓐ 건습이 교호되는 아열대 또는 열대기후에서 생성된다.

ⓑ 팽창형 점토광물을 가진 토양으로 수분상태에 따라 팽창과 수축이 매우 심하게 일어나며 건조 조건에서 수축이 일어나면 넓고 깊은 틈새가 생기고 이 틈새를 통하여 표층 토양이 하층으로 유입될 수 있다.

ⓒ 계절적으로 건기가 있어야 토양의 수축에 따른 틈새가 발달하는데 우리나라에는 존재하지 않는다.

㉩ 울티졸(Ultisol)

ⓐ 온난습윤한 열대 또는 아열대 지역에서 알피졸보다 더 강한 풍화 및 용달 작용이 일어나는 조건에서 발달한다.

ⓑ 우리나라 토양의 4.2%가 분포되어 있다.

㉪ 히스토졸(Histosol)

ⓐ 부분적으로 또는 심하게 분해된 수생식물의 잔재가 얕은 연못이나 습지에서 퇴적되어 형성된 토양을 포함한 유기질 토양이다.

ⓑ 우리나라에서는 0.004%가 분포되어 거의 없는 것과 같다.

㉫ 젤리졸(Gelisol)

ⓐ 연중 대부분 기간 냉온과 동결조건에서 토양생성이 매우 느리게 진행되어 단면발달이 거의 없는 토양으로 영구동결층이 존재한다.

ⓑ 대부분 북극지역에 분포하며 우리나라에는 존재하지 않는 토양이다.

Chapter 2 토양의 성질

저자쌤의 이론학습 Tip

- 토양의 구조, 온도, 색깔 등 물리적 성질과 토양교질, 토양반응 등 화학적 성질을 알아야 한다.
- 토양 상태에 따른 식물생육의 변화양상을 중심으로 내용을 숙지해야 한다.

Section 01 토양의 물리적 성질

1 지력

(1) 의의

① 토양은 재배작물의 수량을 지배한다.

② 토양의 물리적, 화학적, 생물학적인 모든 성질이 작물의 생산력을 지배하며 이를 지력이라고 한다.

③ 주로 물리적 및 화학적 지력조건을 토양비옥도라 하기도 한다.

(2) 토성

① 양토를 중심으로 사양토 내지 식양토가 수분, 공기 및 비료성분의 종합적 조건에 알맞다.

② 사토는 수분 및 비료성분이 부족하고, 식토는 공기가 부족하다.

(3) 토양구조

입단구조와 단립구조로 구분하며, 입단구조가 조성되면 될수록 토양의 수분과 공기상태가 좋아진다.

(4) 토층

작토가 깊고 양분의 함량이 충분하며 심토까지 투수성 및 투기성이 알맞아야 한다.

(5) 토양반응

① 중성 내지 약산성이 알맞다.

② 강산성 또는 알칼리성이면 작물생육이 저해된다.

(6) 유기물 및 무기성분

① 대체로 토양 중의 유기물함량이 증가할수록 지력이 높아지나, 습답에서 유기물함량이 많은 것은 도리어 해가 될 수 있다.

② 무기성분이 풍부하고 균형 있게 포함되어 있어야 지력이 높다.

③ 비료의 3요소인 질소, 인산, 칼륨은 함량이 높아야 하며 일부 성분의 과다 또는 결핍은 생육을 저해한다.

(7) 토양 수분과 토양공기

① 토양 수분의 부족은 한해를 유발하며, 과다는 습해나 수해가 유발된다.

② 토양공기는 토양 수분과 관계가 깊으며 토양 중의 공기가 적거나 또는 산소의 부족, 이산화탄소 등 유해가스의 과다는 작물뿌리의 생장과 기능을 저해한다.

(8) 토양미생물

① 유용 미생물의 번식에 좋은 상태에 있는 것이 유리하다.

② 병충해를 유발하는 미생물이 적어야 한다.

(9) 유해물질

유해물질들에 의한 토양의 오염은 작물 생육을 저해하고, 심하면 생육이 불가능하게 된다.

2 토양의 기계적 조성

(1) 토양의 3상

1) 토양의 3상 구성

① 토양은 여러 토양입자로 구성되어 있고 이들 입자 사이에는 공극이 존재하며 이 공극에는 공기 또는 액체가 존재한다.

② 토양의 3상

㉠ 고상 : 유기물, 무기물인 흙

㉡ 기상 : 토양 공기

㉢ 액상 : 토양 수분

2) 토양의 3상과 작물의 생육

① 고상 : 기상 : 액상의 비율이 50% : 25% : 25%로 구성된 토양이 보수, 보비력과 통기성이 좋아 이상적이다.

② 토양 3상의 비율은 토양 종류에 따라 다르고 같은 토양 내에서도 토층에 따라 차이가 크다.

③ 기상과 액상의 비율은 기상조건 특히 강우에 따라 크게 변동한다.

④ 고상은 유기물과 무기물로 이루어져 있으며 일반적으로 고상의 비율은 입자가 작고 유기물함량이 많아질수록 낮아진다.

⑤ 작물은 고상에 의해 기계적 지지를 받고, 액상에서 양분과 수분을 흡수하며 기상에서 산소와 이산화탄소를 흡수한다.

⑥ 액상의 비율이 높으면 통기가 불량하고 뿌리의 발육이 저해된다.

⑦ 기상의 비율이 높으면 수분부족으로 위조, 고사한다.

(2) 토양입자의 분류

1) 토양은 크고 작은 여러 입자에 의해서 구성되어 있으며 토양입자를 입경(粒徑)에 따라 구분한다.

〈토양 입경에 따른 토양입자의 분류법〉

토양입자의 구분			입경(mm)	
			미국농무성법	국제토양학회법
자갈			2.00 이상	2.00 이상
세토	모래	매우 거친 모래	2.00~1.00	-
		거친 모래	1.00~0.50	2.00~0.20
		보통 모래	0.50~0.25	-
		고운 모래	0.25~0.10	0.20~0.02
		매우 고운 모래	0.10~0.05	-
	미사		0.05~0.002	0.02~0.002
	점토		0.002 이하	0.002 이하

2) 자갈

① 암석의 풍화로 맨 먼저 생긴 여러 모양의 굵은 입자이다.

② 화학적, 교질적 작용이 없고 비료분, 수분의 보유력도 빈약하다.

③ 투기성, 투수성은 좋게 한다.

3) 모래

① 석영을 많이 함유한 암석이 부서져 생긴 것으로 입경에 따라 거친 모래, 보통 모래, 고운 모래로 세분된다.

② 거친 모래는 자갈과 비슷한 특성을 가지나, 고운 모래는 물이나 양분을 다소 흡착하고 투기성 및 투수성을 좋게 하며, 토양을 부드럽게 한다.

4) 점토

① 토양 중의 가장 미세한 입자이며, 화학적 · 교질적 작용을 하며 물과 양분을 흡착하는 힘이 크고 투기 · 투수를 저해한다.

② 점토나 부식은 입자가 미세하고, 입경이 $1\mu m$ 이하이며, 특히 $0.1\mu m$ 이하의 입자는 교질로 되어 있다.

③ 교질입자는 보통 음이온(-)을 띠고 있어 양이온을 흡착한다.

④ 토양 중에 교질입자가 많아지면 치환성 양이온을 흡착하는 힘이 강해진다.

⑤ **양이온치환용량**(CEC ; Cation Exchange Capacity) 또는 **염기치환용량**(BEC ; Base Exchange Capacity) : 토양 100g이 보유하는 치환성 양이온의 총량을 mg당량(me)으로 표시한 것이다.

㉠ 토양 중 고운 점토와 부식이 증가하면 CEC도 증대된다.

㉡ CEC가 증대하면 NH_4^+, K^+, Ca^{++}, Mg^{++} 등의 비료성분을 흡착 및 보유하는 힘이 커져서 비료를 많이 주어도 일시적 과잉흡수가 억제된다.

㉢ 비료성분의 용탈이 적어서 비효가 늦게까지 지속된다.

㉣ 토양의 완충능이 커지게 된다.

5) 토성

① 토양입자의 입경에 따라 나눈 토양의 종류로 모래와 점토의 구성비로 토양을 구분하는 것이다.

② 식물의 생육에 중요한 여러 이화학적 성질을 결정하는 기본 요인이다.

③ 입경 2mm 이하의 입자로 된 토양을 세토라고 하며, 세토 중의 점토함량에 따라서 토성을 분류한 것은 다음과 같다.

〈토성의 분류법〉

토성의 명칭	세토(입경 2mm 이하) 중 점토함량(%)
사토(sand)	12.5 이하
사양토(sandy loam)	12.5~25.0
양토(loam)	25.0~37.5
식양토(clay loam)	37.5~50.0
식토(clay)	50.0 이상

④ 점토함량과 함께 미사, 세사, 조사의 함량까지 고려하여 토성을 더욱 세분하기도 한다.

㉠ 사토 : 척박하고, 한해를 입기 쉬우며, 토양 침식이 심하여 점토의 객토, 유기물을 증시하여 토성을 개량할 필요가 있다.

㉡ 식토 : 통기 및 통수의 불량과 유기질의 분해가 더뎌 습해나 유해물질에 의한 피해를 받기 쉬우며 점착력이 강하고, 건조하면 굳어져서 경작이 곤란하므로 미사, 부식을 많이 주어서 토성을 개량할 필요가 있다.

⑤ 토성의 결정방법

㉠ 촉감에 의한 방법

ⓐ 사토 : 대부분 거친 입자이며 입자의 하나하나를 눈으로 식별가능하다. 손에 쥐었을 경우 건조하면 푸슬푸슬하며 습할 때면 어느 정도 모양을 갖추나 손을 펴면 곧 부스러진다.

ⓑ 사양토 : 사토보다 미사, 점토가 많고 어느 정도 응집력이 있으며 모래는 눈으로 식별가능하며 손으로 쥐었을 경우 건조하면 모양을 갖추나 손을 펴면 곧 부스러진다. 습할 때도 모양을 갖추며 조심히 손을 펴면 부스러지지 않는다.

ⓒ 양토 : 모래, 미사, 점토가 거의 같은 양이 있고 응집력도 있다. 손에 쥐었을 때 건조하면 모양을 갖추나 손을 조심히 펴면 부스러지지 않는다. 습할 때도 모양을 갖추며 손을 펴도 부스러지지 않는다. 쥐었다 펴면 지문이 희미하게 남는다(미사질 양토의 경우 반 이상이 미사이며 모래도 매우 가늘다.

ⓓ 식양토 : 건조하면 굳은 흙덩이가 되고 손가락으로 만졌을 경우 고운 느낌이며 습할 때는 차진기가 있다. 양손으로 흙을 비비면 가는 막대기 모양(가락 ; ribbon)으로 되나 자체 중량에 의하여 쉽게 꺾인다. 쥐었다 펴면 표면에 지문이 남는다.

ⓔ 식토 : 건조하면 굳은 흙덩이가 된다. 양손으로 비비면 길고 가는 막대기 모양이 된다. 습할 때는 매우 찰지며 손에서 흙이 잘 떨어지지 않는다.

㉡ 기계적 분석법 : 토양시료를 모래, 미사, 점토의 함량을 정확하게 분석하여 토성명을 결정하는 것이다.

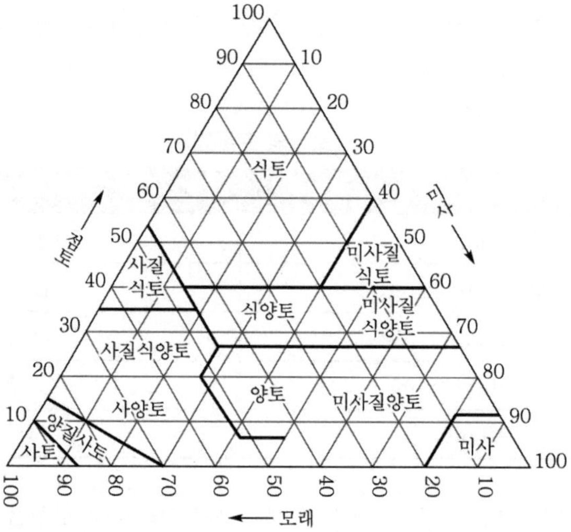

▌토양 구분 삼각도표▐

⑥ 토성과 작물의 생육

㉠ 사질토양은 점토함량이 낮고 사토함량이 많아 투수성과 통기성은 좋으나 보수력과 보비력이 낮다. 식질토양은 점토의 함량이 많아 보수력과 보비력은 크지만, 통기성과 투수성이 나쁘다.

㉡ 토성에 따른 채소의 생육반응

ⓐ 사질토양

a. 조숙, 노화촉진, 조기추대

b. 저항성 약화

c. 지근발생 억제

d. 바람들이 촉진

e. 외관 양호, 대형과, 육질 및 과육 허술, 저장력 감소, 수송성 불량

f. 마늘, 양파 : 박막외피

g. 우엉 : 향기 저하

h. 딸기 : 착과수 감소

ⓑ 점질토양

a. 만숙, 노화 억제, 만추대

b. 저항성 증진

c. 지근발생 촉진

d. 바람들이 억제

e. 외관 불량, 소형과, 육질 양호, 과육 치밀, 저장력 우수, 수송성 양호
f. 마늘, 양파 : 후막외피
g. 우엉 : 향기 양호
h. 딸기 : 착과수 증가

㉢ 토성에 따른 과수의 생육반응
ⓐ 사질토양
a. 측근발생 억제
b. 착색 및 성숙 촉진
c. 조기결실
d. 경제수령 단축
ⓑ 점질토양
a. 잎의 과번무
b. 화아분화 억제
c. 소과 및 품질 저하
d. 결실 지연

〈작물 종류와 재배에 적합한 토성〉

(○ : 재배적지, △ : 재배 가능지)

작물	사토	사양토	양토	식양토	식토
감자	○	○	○	○	△
콩, 팥	○	○	○	○	○
녹두, 고구마	○	○	○	○	
근채류	○	○	○	△	
땅콩	○	○	△	△	
오이, 양파	○	○	○		
호밀	△	○	○	○	△
귀리	△	△	○	○	△
조	△	○	○	○	△
참깨, 들깨	△	○	○	△	△
보리		○	○		
수수, 옥수수, 메밀		○	○	○	
목화, 삼, 완두		○	○	△	
아마, 담배, 피, 모시풀		○	○		
강낭콩		△	○	○	
알팔파, 티머시			○	○	○
밀				○	○

3 토양의 구조

(1) 토양구조

토성이 같아도 토양의 물리적 성질이 다른 것은 알갱이들의 결합 · 배열 방식, 즉 구조가 다르다. 토양의 구조는 홑알(단립)구조, 이상구조, 입단(떼알)구조, 판상구조, 괴상구조, 주상구조 등의 형태로 존재한다.

1) 단립구조

① 비교적 큰 토양입자가 서로 결합되어 있지 않고 독립적으로 단일상태로 집합되어 이루어진 구조이다.

② 해안의 사구지에서 볼 수 있다.

③ 대공극이 많고 소공극이 적어 토양통기와 투수성은 좋으나 보수, 보비력은 낮다.

2) 이상구조

① 미세한 토양입자가 무구조, 단일상태로 집합된 구조로 건조하면 각 입자가 서로 결합하여 부정형 흙덩이를 이루는 것이 단일구조와는 차이를 보인다.

② 부식함량이 적고 과식한 식질토양이 많이 보이며 소공극은 많고 대공극은 적어 토양통기가 불량하다.

3) 입단구조

① 단일입자가 결합하여 2차 입자가 되고 다시 3차, 4차 등으로 집합해서 입단을 구성하고 있는 구조이다.

② 입단을 가볍게 누르면 몇 개의 작은 입단으로 부스러지고, 이것을 다시 누르면 다시 작은 입단으로 부스러진다.

③ 유기물과 석회가 많은 표토층에서 많이 나타난다.

④ 대공극과 소공극이 모두 많아 통기와 투수성이 양호하며 보수력과 보비력이 높아 작물 생육에 알맞다.

4) 입상구조

① 토양 입자가 대체로 작은 구상체를 이루어 형성하지만 인접한 접합체와 밀접되어 있지 않은 구조이다.

② 공극형성은 비교적 좋지 않다.

③ 주로 유기물이 많은 건조한 곳에서 생성되며, 작토 및 표토에서 많이 분포한다.

5) 판상구조

① 판모양의 구조 단위가 가로 방향으로 배열된 수평배열의 토괴로 구성된 구조이다.

② 투수성이 불량하고, 산림토양이나 논토양의 하층토에서 흔히 발견된다.

6) 괴상구조

① 입상구조보다 대체로 큰 편으로 다면체이고 가로와 세로의 크기가 거의 같다.

② 점토가 많은 B층에서 흔히 볼 수 있다.

③ 비교적 둥글며 밭토양과 산림의 하층토에 많이 분포하는 토양구조이다.

7) 주상구조

① 외관이 각주상, 원주상으로 가로와 세로의 크기가 크게 다르다.

② 우리나라 해성토의 심토에서 발견되며 중점질 토양 또는 알칼리 토양의 심토에서 흔히 볼 수 있다.

(2) 입단구조의 형성과 파괴

1) 입단의 형성

① 입단구조가 이루어지려면 알갱이들이 일차적으로 서로 가까워져야 하고 다음으로 알갱이들을 단단하게 결합시키는 접착제와 같은 물질이 있어야 한다. 이런 물질을 결합제라고 한다.

② 입단구조를 형성하는 주요 인자

㉠ 유기물과 석회의 시용 : 유기물이 미생물에 의해 분해되면서 미생물이 분비하는 점질물질이 토양입자를 결합시키며 석회는 유기물의 분해 촉진과 칼슘이온 등이 토양입자를 결합시키는 작용을 한다.

㉡ 콩과 작물의 재배 : 콩과 작물은 잔뿌리가 많고 석회분이 풍부해 입단형성에 유리하다.

㉢ 토양이 지렁이의 체내를 통하여 배설되면 내수성 입단구조가 발달한다.

㉣ 토양의 피복 : 유기물의 공급 및 표토의 건조, 토양유실의 방지로 입단 형성과 유지에 유리하다.

㉤ 토양개량제의 시용 : 인공적으로 합성된 고분자 화합물인 아크리소일(acrisoil), 크릴륨(krilium) 등의 작용도 있다.

③ 유기 및 무기 교질물의 입단형성 효과는 미생물의 점성물질 > 산화철 > 유기물 > 점토의 순이다.

2) 입단구조의 중요성

① 작은 입자로 되어 있는 단립구조의 토양은 입자 사이에 생기는 공극도 작기 때문에 공기의 유통이나 물의 이동이 느리며 건조하면 땅 갈기가 힘이 든다.

② 입단구조는 소공극과 대공극이 모두 많아 소공극은 모세관력에 의해 수분을 보유하는 힘이 크고 대공극은 과잉된 수분을 배출한다.

3) 입단구조의 장점

① 배수가 잘 된다.

② 공기가 잘 통한다.

③ 풍화되지 않는다.

④ 물에 의한 침식이 줄어든다.

⑤ 땅이 부드러워져 땅 갈이가 쉬워진다.

⑥ 물을 알맞게 간직할 수 있는 좋은 토양이 된다.

⑦ 입단의 크기가 너무 커지면 물을 간직할 수 없고 공극의 크기도 커지게 되므로, 어린 식물은 가뭄의 피해를 입을 수 있다.

⑧ 토양 입단 알갱이의 지름은 1~2mm 범위의 것이 알맞으며 많이 생길수록 좋다.

4) 입단구조를 파괴하는 요인

① 토양이 너무 마르거나 젖어 있을 때 갈기를 하는 것은 입단을 파괴시킬 우려가 있으므로 피해야 한다.

② 나트륨 이온(Na^+)은 알갱이들이 엉기는 것을 방해하므로, 이것이 많이 들어 있는 물질이 토양에 들어가면 토양의 물리적 성질을 약화시키게 된다.

③ 입단의 팽창과 수축의 반복은 입단을 파괴한다.

④ 강한 비와 바람은 입단을 파괴한다.

5) 토양의 밀도와 공극량

토양의 입자 또는 입단 사이에 생기는 공간을 공극이라 하는데, 공극량이 많을수록 토양은 가벼워진다. 공극의 양과 크기는 토성 또는 토양의 구조에 따라 다르다.

① **고운 토성** : 토양에 있는 공극량은 많다고 해도 그 크기는 작다.

② **거친 토성** : 알갱이 사이 또는 떼알 사이의 공극량은 적을 수도 있으나 그들의 크기는 큰 것이다. 토양에 있을 수 있는 물이나 공기의 양은 공극의 양에 의해서 결정되지만, 물의 이동이나 공기의 유통은 공극의 양보다는 공극의 크기에 의해서 지배된다.

③ **토양의 밀도** : 토양의 질량을 그가 차지하는 부피로 나눈 값으로 일정한 부피 속에 들어 있는 토양의 무게(정확히 말하면 질량)를 나타내는 것으로, 토양이 무겁고 가벼운 정도를 나타내는 말이다.

㉠ 진밀도(입자 밀도)

ⓐ 토양 알갱이가 차지하는 부피만으로 구하는 밀도를 토양의 알갱이 밀도 또는 진밀도라 한다.

$$\text{입자(알갱이) 밀도} = \frac{\text{건조한 토양의 질량(무게)}}{\text{토양 알갱이가 차지하는 부피(토양입자의 부피)}}$$

ⓑ 토양의 평균 입자 밀도 : 2.65mg/m^3

㉡ 가밀도(전용적 밀도)

ⓐ 알갱이가 차지하는 부피뿐만 아니라 알갱이 사이의 공극까지 합친 부피로 구하는 밀도를 토양의 부피 밀도 또는 가밀도라 한다.

ⓑ 같은 토양이라도 떼알이 발달되어 있는 정도에 따라 공극량이 달라지므로 부피 밀도는 일정한 것이 아니다.

$$\text{가밀도} = \frac{\text{건조한 토양의 질량(무게)}}{\text{토양 알갱이가 차지하는 부피} + \text{토양공극}}$$

④ **토양의 공극량** : 토양의 공극률은 다음 식으로 계산된다.

$$공극률(\%) = \left(1 - \frac{용적비중}{입자비중}\right)$$

토성	용적밀도(mg/m³)	공극량(%)
사토	1.6	40
사양토	1.5	43
양토	1.4	47
식양토	1.2	55
식토	1.1	58

⑤ **고상률** : 토양 중 고상이 차지하는 비율

$$고상률(\%) = \left(\frac{용적비중}{입자비중}\right) \times 100$$

⑥ **토양 공극의 크기**

㉠ 대공극(통기공극) : 공기의 유통과 수분의 이동을 좋게 한다.

㉡ 소공극(모세공극) : 공기의 유통과 수분의 이동을 제한한다.

4 토양 수분

(1) 토양 수분함량의 표시법

건토에 대한 수분 중량비로 표시하며 토양의 최대수분함량이 표시된다.

1) 토양 수분장력

① **수주의 높이로 표시** : 수주의 높이가 높을수록 흡착력이 강하다.

② 수주높이의 대수(PF)로 표시한다.

③ **대기압의 표시** : 기압으로 나타내는 방법

수주의 높이 H(cm)	수주높이의 대수 PF(=log H)	대기압(bar)
1	0	0.001
10	1	0.01
1,000	3	1
10,000,000	7	10,000

2) 토양 수분장력의 변화

① 토양 수분장력과 토양 수분함유량은 함수관계가 있으며 수분이 많으면 수분장력은 작아지고 수분이 적으면 수분장력이 커지는 관계에 있다.

② 수분함유량이 같아도 토성에 따라 수분장력은 달라진다.

(2) 토양의 수분항수

1) 의의

토양 수분의 함유상태는 연속적인 변화를 보이나, 토양수의 운동성, 토양의 물리성, 작물의 생육과 비교적 뚜렷한 관계를 가진 특정한 수분 함유상태들이 있는데, 이를 토양의 수분항수라 한다.

2) 주요 토양 수분항수

① 최대용수량
- ㉠ PF=0
- ㉡ 토양의 모든 공극에 물이 모두 찬 포화 상태를 의미하며 포화용수량이라고도 한다.

② 포장용수량(FC)
- ㉠ PF=2.5~2.7
- ㉡ 포화상태 토양에서 중력수를 완전히 배제하고 모세관력에 의해서만 지니고 있는 수분함량을 말하며, 최소용수량이라고도 한다.
- ㉢ 포장용수량 이상은 중력수로 토양의 통기 저해로 작물생육이 불리하다.
- ㉣ 수분당량(ME) : 젖은 토양에 중력의 1,000배의 원심력을 작용 후 잔류하는 수분상태로 포장용수량과 거의 일치한다.

③ 초기위조점
- ㉠ PF=3.9
- ㉡ 생육이 정지하고 하엽이 시들기 시작하는 수분상태

④ 영구위조점(PWP)
- ㉠ PF=4.2
- ㉡ 위조된 식물을 포화습도의 공기에 24시간 방치하여도 회복되지 않는 수분의 함량
- ㉢ 위조계수 : 영구위조점에서의 토양함수율로 토양건조중에 대한 수분의 중량비를 말한다.

⑤ 흡수계수
- ㉠ PF=4.5
- ㉡ 상대습도 98%(25℃) 공기 중에서 건조토양이 흡수하는 수분상태로 흡습수만 남은 수분상태이다.
- ㉢ 작물에는 이용될 수 없다.

⑥ 풍건 및 건토상태
- ㉠ 풍건상태 : PF≒6
- ㉡ 건토상태 : 105~110℃에서 항량에 도달되도록 건조한 토양으로 PF≒7이다.

(3) 토양 수분의 형태

1) 결합수

① PF=7.0 이상

② 화합수 또는 결정수라 하며 토양을 105℃로 가열해도 분리시킬 수 없는 점토광물의 구성 요소로의 수분이다.

③ 작물이 흡수, 이용할 수 없다.

2) 흡습수

① PF=4.2~7

② 토양을 105℃로 가열 시 분리 가능하며 토양 표면에 피막상으로 흡착되어 있는 수분이다.

③ 작물에 흡수, 이용되지 못한다.

3) 모관수

① PF=2.7~4.2

② 표면장력으로 토양공극 내 중력에 저항하여 유지되는 수분을 의미하며, 모관현상에 의하여 지하수가 모관공극을 따라 상승하여 공급되는 수분으로 작물에 가장 유용하게 이용된다.

4) 중력수

① PF=2.7 이하

② 중력에 의해 비모관공극을 통해 흘러내리는 수분을 의미하며 근권 이하로 내려간 수분은 작물이 직접 이용하지 못한다.

5) 지하수

① 지하에 정체되어 모관수의 근원이 되는 수분을 의미한다.

② 지하수위가 낮은 경우 토양이 건조하기 쉽고, 높은 경우는 과습하기 쉽다.

(4) 유효수분

1) 유효수분

① 식물이 토양의 수분을 흡수하여 이용할 수 있는 수분으로 포장용수량과 영구위조점 사이의 수분이다.

② 식물 생육에 가장 알맞은 최대 함수량은 최대용수량의 60~80%이다.

③ 점토함량이 많을수록 유효수분의 범위가 넓어지므로 사토에서는 유효수분 범위가 좁고, 식토에서는 범위가 넓다.

④ 일반 노지식물은 모관수를 활용하지만 시설원예 식물은 모관수와 중력수를 활용한다.

2) 수분의 역할

① 광합성과 각종 화학반응의 원료가 된다.

② 용매와 물질의 운반매체로 식물에 필요한 영양소들을 용해하여 작물이 흡수 이용할 수 있도록 한다.

③ 각종 효소의 활성을 증대시켜 촉매작용을 촉진한다.

④ 식물의 체형을 유지시킨다. 수분이 흡수되어 세포의 팽압이 커지기 때문에 세포가 팽팽하게 되어 식물체가 유지된다.

⑤ 증산작용으로 체온의 상승이 억제되어 체온을 조절시킨다.

3) 관수

① 관수의 시기는 보통 유효수분의 50~85%가 소모되었을 때(PF 2.0~2.5)이다.

② 관수 방법

㉠ 지표관수 : 지표면에 물을 흘러 보내어 공급한다.

㉡ 지하관수 : 땅 속에 작은 구멍이 있는 송수관을 묻어서 공급한다.

㉢ 살수(스프링클러)관수 : 노즐을 설치하여 물을 뿌리는 방법이다.

㉣ 점적관수 : 물을 천천히 조금씩 흘러나오게 하여 필요부위에 집중적으로 관수(관개 방법 중 가장 발전된 방법)한다.

㉤ 저면관수 : 배수구멍을 물에 잠기게 하여 물이 위로 스며 올라가게 하는 방법으로 토양에 의한 오염, 토양병해를 방지하고 미세종자, 파종상자와 양액재배, 분화재배에 이용한다.

(5) 수분퍼텐셜(water potential)

1) 개념

① 수분의 이동을 어떤 상태의 물이 지니는 화학퍼텐셜을 이용하여 설명하고자 도입된 개념으로 토양-식물-대기로 이어지는 연속계에서 물의 화학퍼텐셜을 서술하고 수분이동을 설명하는 데 사용할 수 있다.

② 물의 퍼텐셜에너지는 높은 곳에서 낮은 곳으로 이동한다.

③ 물의 이동은 다음과 같다.

㉠ 삼투압 : 낮은 삼투압 → 높은 삼투압

㉡ 수분퍼텐셜 : 높은 수분퍼텐셜 → 낮은 수분퍼텐셜

④ 수분퍼텐셜은 한 조건에서 용액 중 물의 화학퍼텐셜(μ_w)과 대기압 하의 같은 온도에서의 순수한 물의 화학퍼텐셜(μ^{0_w})의 차이를 물의 부분몰부피(V_w)로 나눈 값

$$\psi_w = \frac{\mu_w - \mu^{0_w}}{V_w}$$

⑤ 어떤 물질의 화학퍼텐셜은 상대적 값으로 주어진 상태에서 한 물질의 퍼텐셜과 표준상태에서 같은 물질의 퍼텐셜의 차이로 나타내며, 수분퍼텐셜도 그 절대량을 특정할 수 없어 어떤 기준점을 설정하여 이를 중심으로 값을 정하는데 1기압 등온조건의 기준상태에서 순수한 물의 수분퍼텐셜을 0으로 간주한다. 따라서 용액의 수분퍼텐셜은 항상 0보다 낮은 음(−)의 값을 가진다.

2) 수분퍼텐셜의 구성

수분퍼텐셜(ψ_w)=삼투퍼텐셜(ψ_s)+압력퍼텐셜(ψ_p)+매트릭퍼텐셜(ψ_m)

① 삼투압퍼텐셜(ψ_s)

㉠ 용질 농도에 따라 영향을 받는 물의 퍼텐셜이다.

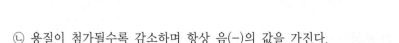

㉡ 용질이 첨가될수록 감소하며 항상 음(-)의 값을 가진다.

② 압력퍼텐셜(ψ_p)

㉠ 식물세포 내 벽압이나 팽압의 결과로 생기는 정수압에 따른 퍼텐셜에너지이다.

㉡ 식물세포에서는 일반적으로 양(+)의 값을 가진다.

③ 매트릭퍼텐셜(ψ_m)

㉠ 교질물질과 식물세포의 표면에 대한 물의 흡착친화력에 의해 나타나는 퍼텐셜에너지이다.

㉡ 항상 음(-)의 값을 가진다.

㉢ 토양의 수분퍼텐셜의 결정에 매우 중요하다.

④ 식물체 내의 수분퍼텐셜

㉠ 식물체 내에서의 수분퍼텐셜에서는 매트릭퍼텐셜의 영향이 거의 미치지 않고 삼투퍼텐셜과 압력퍼텐셜이 좌우하므로 $\psi_w = \psi_s + \psi_p$로 표시할 수 있다.

㉡ 세포 부피와 압력퍼텐셜의 변화에 따라 삼투퍼텐셜과 수분퍼텐셜이 변화한다.

㉢ 압력퍼텐셜과 삼투퍼텐셜이 같아지면 세포의 수분퍼텐셜은 0이 되므로 팽만상태가 된다.($\psi_s = \psi_p$)

㉣ 수분퍼텐셜과 삼투퍼텐셜이 같아지면 압력퍼텐셜은 0이 되므로 원형질분리가 일어난다.($\psi_w = \psi_s$)

㉤ 수분퍼텐셜은 토양이 가장 높고, 대기가 가장 낮으며 식물체 내에서 중간 값이 나타나므로 수분의 이동은 토양 → 식물체 → 대기로 이어진다.

5 토양공기

(1) 토양의 용기량

① **토양용기량** : 토양 중에서 공기 용적은 전 공극용적에서 토양 수분의 용적을 뺀 것으로 토양 중 공기가 차지하는 공극량을 말한다.

② 토양공기의 용적은 전 공극용적에서 토양 수분의 용적을 뺀 것이다.
(토양공기용적 = 전 공극용적 - 토양 수분용적)

③ 최소용기량은 토양 내 수분의 함량이 최대용수량에 달할 때이다.
(최소용기량 = 최대용수량)

④ 최대용기량은 풍건상태의 용기량이다.

⑤ 최적용기량

㉠ 토양의 용기량이 증가하면 초기에는 작물 생육이 조장되나 어느 한계를 넘으면 도리어 생육이 저해된다.

㉡ 작물의 최적용기량은 10~25%이다.

(2) 토양공기의 조성

① 토양 중 공기의 조성은 대기에 비하여 이산화탄소의 농도가 몇 배나 높고, 산소의 농도는 훨씬 낮다.

② 토양 속으로 깊이 들어갈수록 이산화탄소의 농도는 점차 높아지고 산소의 농도가 감소하여 약 150cm 이하로 깊어지면 이산화탄소의 농도가 산소의 농도보다 오히려 높아진다.

③ 토양 내에서 유기물의 분해 및 뿌리나 미생물의 호흡에 의해 산소는 소모되고 이산화탄소는 배출되는데, 대기와의 가스교환이 더뎌 산소가 적어지고 이산화탄소가 많아진다.

(3) 토양공기의 지배요인

① **토성** : 일반적으로 사질인 토양은 대공극이 많아 토양의 용기량이 증가하고 토양용기량 증가는 산소의 농도를 높인다.

② **토양구조** : 식질토양에서 입단이 형성되면 비모관공극이 증대하여 용기량이 증대한다.

③ **경운** : 심경은 토양의 깊은 곳까지 용기량이 증대한다.

④ **토양 수분** : 토양 내 수분의 증가는 토양용기량이 적어지고, 산소의 농도가 낮아지며 이산화탄소의 농도는 높아진다.

⑤ **유기물** : 미숙유기물의 시용은 산소의 농도가 훨씬 낮아지고 이산화탄소의 농도는 현저히 증대하지만, 부숙유기물을 시용하면 토양의 가스교환이 좋아져 이산화탄소의 농도가 높아지지 않는다.

⑥ **식생** : 토양은 뿌리호흡에 의해 이산화탄소의 농도가 맨땅보다 현저히 높아진다.

(4) 토양공기와 작물생육

① 토양용기량과 작물의 생육은 밀접한 관계가 있다. 토양용기량이 어느 한도 이상으로 증대하면 토양함수량이 과도하게 감소하여 작물생육에 불리한 경우도 있지만, 일반적으로 토양용기량이 증대하면 산소가 많아지고, 이산화탄소가 적어지는 것이 작물생육에는 이롭다.

② 토양 중 이산화탄소의 농도가 높아지면 수소이온을 생성하여 토양이 산성화되고 수분과 무기염류의 흡수가 저해되어 작물에 부정적 영향을 미친다.

③ **무기염류의 저해정도** : $K > N > P > Ca > Mg$ 순을 보인다.

④ 토양 중 산소의 부족은 뿌리 호흡의 저해 및 여러 가지 생리 작용이 저해될 뿐만 아니라 환원성 유해물질이 생성되어 뿌리가 상하게 되며 유용한 호기성 토양미생물의 활동이 저해되어 유효태 식물양분이 감소한다.

(5) 토양공기의 조장

1) 토양처리

① **배수** : 토양 내 수분의 배출은 토양 용기량을 늘린다.

② **토양입단 조성** : 유기물, 석회, 토양개량제 등을 시용한다.

③ 심경

④ **객토** : 식질토성을 개량 및 습지의 지반을 높인다.

2) 재배적 조건

① 답전윤환재배를 한다.
② 답리작, 답전작을 한다.
③ 중습답에서는 휴립재배를 한다.
④ 습전에서는 휴립휴파를 한다.
⑤ 중경을 한다.
⑥ 파종 시 미숙퇴비 및 구비를 종자 위에 두껍게 덮지 않는다.

6 토양온도

(1) 토양에서 온도의 역할

① 식물, 미생물 및 토양생물의 생육과 활동을 촉진한다.
② 종자의 발아에 영향을 끼친다.
③ 토양 수분의 이동과 토양공기를 확산한다.
④ 무기양분의 화학적 형태를 변화시킨다.
⑤ 토양형을 결정하는 기상조건이다.

(2) 토양온도의 결정요인

① 토양이 흡수하는 열의 양
㉠ 토양 구성물의 비열, 열전도도, 표토의 색, 피복물의 상태, 열을 받는 방향과 경사도 등에 따라 달라진다.
㉡ 토양온도를 결정하는 외적요인은 일사량, 기온, 풍속, 토양피복 등이 있다.
㉢ 토양온도를 결정하는 내적요인은 토양의 비열, 열전도도 등이다.
㉣ 지표에서의 물의 증발과 열의 직접적인 방사 등에 따라 달라진다.
㉤ 비열 : 토양의 열적 성질을 나타내기 위해 사용하며 물과 토양의 단위량(1g)의 온도를 1℃ 높이는데 필요한 열량이다.

② 토양온도에 변화를 일으키는데 필요한 열 에너지
㉠ 대부분 태양 복사 에너지에서 얻어지며 토양에 도달한 태양 에너지는 그 일부분이 대기로 반사되어 되돌아가며 나머지 부분이 토양 표면에 흡수되어 토양열이 된다.
㉡ 토양열의 주된 원천은 태양열이다.
㉢ 표토 근처에서 일어나는 변화에 소요되는 에너지이다.

(3) 토양온도의 변화

① 토양온도는 하루 중 시간에 따라, 계절과 위치에 따라 특징있는 변화를 보인다.
② 온도의 변화는 토양 표면이 가장 크며, 깊어질수록 변화가 작아지며 약 3m 이하에서는 거의 변화를 보이지 않고 일정하다.
③ 15cm 이하에서는 온도의 일변화는 거의 없다.

④ 북반구에서는 남향이나 동남향의 경사면 토양은 평탄지나 북향면에 비해 아침에 빨리 더워지며 평균 온도가 높은 것이 일반적이다.

⑤ 평균 토양온도는 고도가 높아지면 낮아지므로 고산지대의 식생은 저온성이다.

⑥ 겨울철 눈은 열이 절연제로 작용하여 토양에 눈이 덮이면 토양온도의 하강을 늦춰 동결의 깊이를 줄여주고, 눈이 녹으며 토양 수분함량이 증가하는 봄에는 지온의 상습을 더디게 하여 토양온도의 변화를 줄여준다.

7 토양의 색

토양의 색은 토양 생성과정과 연관이 있어 토양을 분류하는데 중요한 기준이 된다.

(1) 토양색을 결정하는 요인

1) 토양유기물

① 부식의 함량이 많으면 짙은 밤색 또는 검은색을 띤다.

② 형성 요인 : 부식의 기간 및 함량

2) 산화철

① 성분 : Fe^{3+}

② 토양의 색 : 적색, 주황색, 노란색

③ 형성 요인 : 불포화 수분 상태

3) 환원철

① 성분 : Fe^{2+}

② 토양의 색 : 회청색, 밝은 녹색

③ 형성 요인 : 포화 수분 상태

4) 염류

① 성분 : 석회, 석고

② 토양의 색 : 흰색, 회색

③ 형성 요인 : 반건조 지역

5) 화산회

① 성분 : 화산재

② 토양의 색 : 회색, 검은색

③ 형성 요인 : 화산폭발

(2) 토양색의 표시

① 표시법 : 물체의 색을 나타내는 3가지 속성, 색상(Hue : H), 명도(Value : V), 채도(Chroma : C)의 조합으로 나타낸다.

㉠ 색상 : 주파장 또는 빛의 색에 해당하는 것으로 숫자 5는 각 색상의 대표적인 것으로 5Y, 5R 등으로 나타낸다.

ⓛ 명도 : 색상의 선명도를 나타내며 검은색을 0, 백색을 10으로 하였으며, 부식의 함량과 관계가 깊다.

ⓒ 채도 : 광의 주파장의 상대적 순도 또는 강도로 무채색은 0, 백색광은 20으로 나타낸다.

② **먼셀 명명법** : 먼셀 토색첩은 색의 3가지 속성을 적용하여 색상(H), 명도(V)/채도(C)의 순서로 표기한다.

③ 먼셀 토색첩에서 각 쪽은 색상, Y축은 명도, X축은 채도를 나타낸다.

8 무기양분과 작물

(1) 개요

① 토양 내에는 각종 무기성분이 함유되어 있어 작물생육의 영양원이 되고 있다.

② 토양 무기성분

㉠ 토양 무기성분은 광물성분을 의미한다.

ⓛ 1차 광물 : 암석에서 분리된 광물이다.

ⓒ 2차 광물 : 1차 광물의 풍화 생성으로 재합성된 광물로 구분한다.

(2) 필수원소

① 필수원소의 종류(16종)

㉠ 다량원소(9종) : 탄소(C), 산소(O), 수소(H), 질소(N), 인(P), 칼륨(K), 칼슘(Ca), 마그네슘(Mg), 황(S)

ⓛ 미량원소(7종) : 철(Fe), 망간(Mn), 구리(Cu), 아연(Zn), 붕소(B), 몰리브덴(Mo), 염소(Cl)

② 규소(Si), 알루미늄(Al), 나트륨(Na), 요오드(I), 코발트(Co) 등은 필수원소는 아니지만 식물체 내에서 검출되며, 특히 규소는 벼 등의 화본과 식물에서 중요한 생리적 역할을 한다.

③ 자연함량의 부족으로 인공적 보급의 필요성이 있는 성분을 비료요소라 한다.

㉠ 비료의 3요소 : N, P, K

ⓛ 비료의 4요소 : N, P, K, Ca

ⓒ 비료의 5요소 : N, P, K, Ca, 부식

(3) 필수원소의 생리 작용

1) 탄소, 산소, 수소

① 식물체의 90~98%를 차지한다.

② 엽록소의 구성원소이다.

③ 광합성에 의한 여러 가지 유기물의 구성재료가 된다.

2) 질소(N)

① 질소는 질산태(NO_3^-)와 암모니아태(NH_4^+)로 식물체에 흡수, 체내에서 유기물로 동화된다.

② 단백질의 중요한 구성성분으로, 원형질은 그 건물의 40~50%가 질소화합물이며 효소, 엽록소도 질소화합물이다.

③ **결핍** : 노엽의 단백질이 분해되어 생장이 왕성한 부분으로 질소분이 이동함에 따라 하위엽에서 황백화현상이 일어나고 화곡류의 분얼이 저해된다.

④ **과다** : 작물체는 수분함량이 높아지고 세포벽이 얇아지며 연해져서 한발, 저온, 기계적 상해, 해충 및 병해에 대한 각종 저항성이 저하된다.

3) 인(P)

① 인산이온($H_2PO_4^-$, HPO_4^{2-})의 형태로 식물체에 흡수되며 세포의 분열, 광합성, 호흡작용, 녹말과 당분의 합성분해, 질소동화 등에 관여한다.

② 세포핵, 분열조직, 효소, ATP 등의 구성성분으로 어린 조직, 종자에 많이 함유되어 있다.

③ 토양 pH에 따른 인산의 형태 : 강산성(H_3PO_4) → 약산성($H_2PO_4^-$) → 알칼리성(PO_4^{3-}) → HPO_4^{2-}

④ **결핍** : 뿌리 발육 저해, 어린잎이 암녹색이 되고, 둘레에 오점이 생기며, 심하면 황화하고 결실이 저해된다.

4) 칼륨(K)

① 칼륨은 이동성이 매우 크며 잎, 생장점, 뿌리의 선단 등 분열조직에 많이 함유되어 있으며, 여러 가지 물질대사의 촉매적 작용을 한다.

② 광합성, 탄수화물 및 단백질 형성, 세포 내의 수분공급과 증산에 의한 수분상실의 제어 등의 역할을 하며 효소반응의 활성제로서 중요한 작용을 한다.

③ 칼륨은 탄소동화작용을 촉진하므로 일조가 부족한 때에 효과가 크다.

④ 단백질 합성에 필요하므로 칼륨 흡수량과 질소 흡수량의 비율은 거의 같은 것이 좋다.

⑤ **결핍** : 생장점이 말라죽고, 줄기가 약해지고, 잎의 끝이나 둘레의 황화, 하위엽의 조기낙엽 현상을 보여 결실이 저해된다.

5) 칼슘(Ca)

① 세포막 중간막의 주성분이며, 잎에 많이 존재한다.

② 체내에서는 이동률이 매우 낮다.

③ 분열조직의 생장, 뿌리 끝의 발육과 작용에 불가결하며 결핍되면 뿌리나 눈의 생장점이 붉게 변하여 죽게 된다.

④ 토양 중 석회의 과다는 마그네슘, 철, 아연, 코발트, 붕소 등 흡수가 저해되는 길항 작용이 나타난다.

6) 황(S)

① 원형질과 식물체의 구성물질 성분이며 효소 생성과 여러 특수기능에 관여한다.

② **결핍** : 엽록소의 형성이 억제, 콩과작물에서는 근류균의 질소고정능력이 저하, 세포분열이 억제되기도 한다.

③ 체내 이동성이 낮으며, 결핍증세는 새 조직에서부터 나타난다.

7) 마그네슘(Mg)

① 엽록체 구성원소로 잎에서 함량이 높다.

② 체내 이동성이 비교적 높아서 부족하면 늙은 조직으로부터 새 조직으로 이동한다.

③ 결핍

㉠ 황백화현상, 줄기나 뿌리의 생장점 발육이 저해된다.

㉡ 체내의 비단백태질소가 증가하고, 탄수화물이 감소되며, 종자의 성숙이 저해된다.

㉢ 석회가 부족한 산성토양이나 사질토양, 칼륨이나 염화나트륨이 지나치게 많은 토양 및 석회를 과다하게 시용했을 때에 결핍현상이 나타나기 쉽다.

8) 철(Fe)

① 철은 엽록소 구성성분은 아니나 엽록소 합성과 밀접한 관련이 있다.

② 결핍 : 항상 어린잎에서 황백화현상이 나타나며 마그네슘과 함께 엽록소의 형성을 감소시킨다.

③ pH가 높거나 토양 중에 인산 및 칼슘의 농도가 높으면 흡수가 크게 저해된다.

④ 니켈, 코발트, 크롬, 아연, 몰리브덴, 망간 등의 과잉은 철의 흡수를 저해한다.

9) 망간(Mn)

① 여러 효소의 활성을 높여서 광합성 물질의 합성과 분해, 호흡 작용 등에 관여한다.

② 결핍 : 엽맥에서 먼 부분(엽맥 사이)이 황색으로 되며 화곡류에서는 세로로 줄무늬가 생긴다.

③ 생리 작용이 왕성한 곳에 많이 함유되어 있고, 체내 이동성이 낮으며 결핍증은 새 잎부터 나타난다.

④ 토양의 과습 또는 강한 알칼리성이 되거나 철분의 과다는 망간의 결핍을 초래한다.

10) 붕소(B)

① 촉매 또는 반응조절물질로 작용하며, 석회결핍의 영향을 경감시킨다.

② 생장점 부근에 함유량이 높고 이동성이 낮아 결핍증상은 생장점 또는 저장기관에 나타나기 쉽다.

③ 결핍

㉠ 분열조직의 괴사(necrosis)를 일으키는 일이 많다.

㉡ 채종재배 시 수정·결실이 나빠진다.

㉢ 콩과 작물의 근류형성 및 질소고정이 저해된다.

④ 석회의 과잉과 토양의 산성화는 붕소결핍의 주 원인이며 산야의 신개간지에서 나타나기 쉽다.

11) 아연(Zn)

① 효소의 촉매 또는 반응조절물질로서 작용한다.

② 결핍되면 황백화, 괴사, 조기낙엽 등을 초래한다.

12) 구리(Cu)

① 산화효소의 구성원소로 작용한다.

② 엽록체 안에 비교적 많이 함유되어 있으며 엽록체의 복합단백 구성성분으로 광합성에 관여한다.

③ **결핍** : 단백질 합성이 저해되며 잎 끝에 황백화현상이 나타나고 고사한다.

④ 철 및 아연과 길항관계에 있다.

13) 몰리브덴(Mo)

① 질산환원효소의 구성성분이며, 질소대사에 필요하다.

② **결핍**

㉠ 잎의 황백화현상이 나타난다.

㉡ 모자이크병에 가까운 증세가 나타난다.

㉢ 콩과 작물의 질소고정력이 떨어진다.

14) 염소(Cl)

① 광합성 작용과 물의 광분해에 촉매 작용을 한다.

② 세포의 삼투압을 높이며 식물조직 수화 작용의 증진, 아밀로오스(amylose) 활성증진, 세포즙액의 pH 조절 기능을 한다.

③ 결핍되면 어린잎이 황백화되고, 전 식물체의 위조현상이 나타난다.

(4) 비필수원소와 생리 작용

1) 규소(Si)

① 규소는 모든 작물에 필수원소는 아니나, 화본과 식물에서는 필수적이다.

② 화본과 작물의 가용성 규산화 유기물의 시용은 생육과 수량에 효과가 있으며 벼는 특히 규산 요구도가 높으며 시용효과가 높다.

③ 해충과 도열병 등에 내성이 증대되며 경엽의 직립화로 수광상태가 좋아져 광합성에 유리하고 뿌리의 활력이 증대된다.

2) 코발트(Co)

① 콩과 작물의 근류균의 활동에 코발트가 필요한 것으로 여겨지고 있다.

② 비타민 B_{12}의 구성성분이다.

3) 나트륨(Na)

필수원소는 아니나 셀러리, 사탕무, 순무, 목화, 크림슨클로버 등에서는 시용효과가 인정되고 있다.

4) 알루미늄(Al)

① 토양 중 규산과 함께 점토광물의 주체를 이룬다.

② 산성토양에서는 토양의 알루미나가 활성화되어 식물에 유해하다.

③ 뿌리의 신장을 저해, 맥류의 잎에서는 엽맥 사이의 황화, 토마토 및 당근 등에서는 지상부에 인산결핍증과 비슷한 증세를 나타낸다.

④ 알루미늄의 과잉은 칼슘, 마그네슘, 질산의 흡수 및 인의 체내이동이 저해된다.

9 토양유기물과 작물

(1) 유기물

동물, 식물의 사체가 분해되어 암갈색, 흑색을 띤 부식물

(2) 토양유기물의 기능

1) 암석의 분해 촉진(흙)

유기물이 분해되며 생성되는 유기산은 암석의 분해를 촉진시킨다.

2) 양분의 공급(N, P, K, Ca, Mg)

3) 대기 중의 이산화탄소 공급

유기물이 분해되며 방출되는 이산화탄소는 작물 주변 대기 중의 이산화탄소 농도를 높여 광합성을 조장한다.

4) 생장촉진 물질 생성

유기물이 분해되며 호르몬, 비타민, 핵산물질 등 생장촉진물질을 생성한다.

5) 입단의 형성

① 유기물이 분해되면서 생기는 부식콜로이드와 조대유기물은 토양 입단의 형성을 조장하여 토양의 물리성을 개선한다.

② 부식콜로이드는 무기양분을 흡착하는 힘이 강하고, 입단의 형성과 부식콜로이드에 의하여 토양의 통기성, 투수성, 보수력, 보비력이 커진다.

6) 토양의 완충능력 증대

부식콜로이드는 토양반응의 급격한 변동을 억제하는 완충능력을 증대시키며 알루미늄의 독성을 중화하는 작용을 한다.

7) 미생물 번식 조장

① 유기물은 미생물의 영양원으로 미생물의 번식을 조장한다.

② 유기물의 분해속도는 리그닌 함량이 많을수록 느리며 단백질, 녹말, 셀룰로오스, 헤미셀룰로오스 등은 비교적 분해가 빠르다.

③ 미생물에 의한 유기물의 분해속도 : 당류 > 헤미셀룰로오스 > 셀룰로오스 > 리그닌

8) 토양 보호

① 유기물의 토양피복으로 토양 침식이 방지된다.

② 유기물 시용으로 토양의 입단이 형성되면 빗물의 지하 침투율이 증가하여 토양 침식이 경감된다.

9) 지온 상승

부식은 토양색을 어둡게 하여 지온을 상승시킨다.

(3) 부식함량과 작물 생육

① 토양 부식의 함량이 증가하는 것은 지력의 증대를 의미하는 것으로 일반적으로 작물 생육에 유리하다.

② 부식의 과다는 부식산에 의해 토양 산도가 낮아지고 점토의 함량이 부족해 불리한 경우가 발생할 수도 있다.

(4) 유기물의 공급

① 주요 공급원은 토비, 구비, 녹비 등이다.
② 우리나라는 아직 구비 생산량은 적고, 콩과 작물을 포함한 윤작 방식이 발달하지 못하여 전작 녹비가 거의 없다.
③ 우리나라 토양의 부식함량은 약 2.5%로 낮은 편이다.

10 토양의 화학적 조성

(1) 토양의 화학적 조성

① 지각을 구성하는 원소는 약 90종이고, 무게기준으로 지각의 98% 이상이 8개의 원소로 이루어져 있으며, 그중 산소와 규소가 약 75%를 차지한다.
② 토양에서 가장 흔한 화학적 성분은 규산(SiO_2)과 알루미나(Al_2O_3)와 산화철로 80%를 차지하며, 토양의 골격을 이루는 중요한 성분이다.
③ 토양에 있는 무기성분 중에서 식물의 생육과 관계가 가장 깊고, 또한 식물이 다량으로 요구하는 것은 질소, 인산, 칼리이다.

(2) 토양광물

1) 1차 광물

① 1차 광물이란 암석이 기계적, 화학적, 생물학적 작용으로 붕괴 또는 분해되었을 때 변화가 없는 광물을 말한다.
② **1차 광물의 화학성분** : SiO_2, Al_2O_3, K_2O, Na_2O, FeO_3, CaO, MgO 등
③ 토양광물은 주로 Si, Al, Fe 등을 함유하고 있다.

2) 2차 광물(점토광물)

① 1차 광물이 풍화되어 토양이 발달되는 도중에 재합성된 광물로 점토광물 등이 있다.
② 점토는 대부분 2차 광물로 구성되어 있고 점토광물과 2차 광물은 동의어로 사용된다.
③ 점토입자 중에서도 크기가 2~0.2㎛인 굵은 점토입자에는 2차 광물과 함께 석영, 장석 등 1차 광물도 섞여 있다.
④ 점토의 특성
㉠ 점토는 2차 광물이며 광물조성이 다양하다.
㉡ 교질적 특성과 함께 표면전하를 갖는다.
㉢ 화학적 특성을 결정하는데 있어 중요하다.

3) 결정질규산염 점토광물

① 결정질규산염 점토광물은 규산 4면체와 알루미나 8면체 2개의 구조로 구성되어 있다.
② 이들이 서로 결합하여 마치 생물체의 세포와 같은 하나의 구조단위가 형성된다.
③ 이들이 결합하는 방식과 구조단위 사이에 작용하는 힘의 종류에 따라 카올리나이트군, 가수할로이사이트, 나크라이트, 딕카이트로 분류된다.

(3) 점토광물의 음전하 생성

1) 동형치환

① 동형치환은 원래 양이온 대신 크기가 비슷한 다른 양이온이 치환되어 들어간다.

② Al^{3+} 8면체에서 Al^{3+}가 Mg^{2+}로 치환되며 음전하가 증가한다.

③ 동형치환에 의해 생성된 전하는 영구적음전하이다.

④ 양이온교환반응을 증가시킨다.

⑤ 광물 생성 단계에서 사면체와 팔면체의 정상적인 중심이 된다.

⑥ 규소사면체에서 Si^{4+} 대신 Al^{3+}의 치환이 일어날 수 있다.

⑦ 원래 양이온보다 양전하가 많은 이온이 치환되게 되면 순 양전하를 갖게 된다.

⑧ 2 : 1 격자형 광물(montmorillonite, vermiculite, illite) 이나 2 : 2 격자형 광물(chlorite) 에서만 일어난다.

⑨ 1 : 1 격자형 광물(kaolinite, hallyosite)에서는 일어나지 않는다.

2) 변두리 전하

① kaolinite(카올리나이트=고령토)에 나타난다.

② 1 : 1 격자형 광물에도 음전하가 존재하는 이유가 된다.

③ 점토광물의 변두리에서만 생성되며 변두리 전하라고 한다.

④ 점토광물을 분쇄하여 그 분말도를 크게 할수록 음전하의 생성량이 많아진다.

(4) 양이온치환용량

1) 양이온치환용량의 뜻

① 토양이나 교질물 100g이 보유하는 치환성 양이온의 총량을 mg당량으로 나타낸 것

② 단위 : me/100g이 이용되어 왔으나 국제단위체계(SI unit)에서는 당량 대신 전하의 몰 수 (mol_c)를 사용하여 mol_c/kg을 이용한다.

2) 염기포화도가 낮아지면 산성이 된다.

3) 비가 많이 내리는 지역에서 염기가 용탈되어 염기포화도가 낮은 토양일수록 상대적 함량이 증가하는 양이온은 H^+이다.

4) 토양이나 교질물 100g이 보유하고 있는 음전하의 수와 같다.

5) pH가 높으면 잠시적 전하의 생성으로 양이온치환용량이 커진다.

6) 양이온은 pH가 증가할수록 흡착능력이 증가한다.

7) 음이온은 pH가 낮아지면 흡착이 증가한다.

8) **양이온의 흡착세기 순서** : $H^+ > Al(OH) > Ca^{2+} > Mg^{2+} > NH_4^+ = K^+ > Na^+ > Li$

9) **음이온의 흡착세기 순서** : $SiO_4^{4-} > Po_4^{3-} > SO_4^{2-} > NO_3^- \sim Cl^-$

10) **양이온 교환능력이 클 경우** : 유기물함량이 높고, 점토함량이 높을 때

11) 염기포화도=교환성 염기의 총량−(Al, H) / 양이온 교환용량×100

12) **주요 광물의 양이온치환용량**

① 부식 : 100~300

② 버미큘라이트 : 80~150

③ 몬모릴로나이트 : 60~100

④ 클로라이트 : 30

⑤ 카올리나이트 : 3~27

⑥ 일라이트 : 21

(5) 점토광물의 일반적 구조

1) 점토는 판상격자를 가지고 규산판과 알루미나판을 가지고 있다.

2) **1 : 1 점토광물 → 카올리나이트**

① 카올리나이트 : 규산사면체층(규면 4면체)과 알루미나 8면체층이 1 : 1로 결합되어 있다. 판이 각각 1개이다.

② 카올리나이트를 2층형 광물이라고도 한다.

3) **2 : 1 점토광물 → 몬모릴로나이트, 일라이트**

몬모릴로나이트, 일라이트 : 알루미나 8면체가 규면 4면체 사이에 낀 광물이다.

4) **2 : 1 : 1 점토광물 → 클로라이트**

클로라이트 2 : 1 점토광물에 Mg 8면체가 낀 광물이다.

5) **비정질 점토광물 → 알로페인 할로사이트**

알로페인 할로사이트는 화산분출 시 나온 광물이다.

(6) 영구전하와 가변전하

① 영구전하 : 동형치환으로 영구음전하이다.

② 가변전하 : 광물표면에서 수소이온의 해리와 결합

③ 가변전하 특성을 갖는 광물 : Goethite

(7) 주요점토광물의 구조와 성질

1) **카올리나이트(Kaolinite)**

① 대표적인 1 : 1 격자형 광물이다.

② 우리나라 토양 중 점토광물의 대부분을 차지한다.

③ 온난 · 습윤한 기후의 배수가 양호한 지역에서 염기 물질이 신속히 용탈될 때 많이 생성된다.

④ 음전하량은 동형치환이 없기 때문에 변두리 전하의 지배를 받는다.

⑤ 규산질 점토광물에 속한다.

2) **몬모릴로나이트(Montmorillonite)군=스멕타이트군**

① 2 : 1 격자형이며 팽창형이다.

② 각 결정단위의 표면에도 흡착 위치가 존재하므로 양이온 교환용량이 매우 크다.

③ 결정단위 사이의 결합은 반데르발스 힘으로 약하다.
④ 수분이 층 사이로 쉽게 출입할 수 있어 쉽게 수축 · 팽창한다.
⑤ 토양용액 중 나트륨이온이 많은 환경에서 몬모릴로나이트가 젖으면 건조 시의 부피보다 3~10배로 팽창한다.
⑥ 산성백토 또는 벤토나이트 등은 몬모릴로나이트가 주가 된다.
⑦ 염화암모늄 같은 강산염의 NH_4^+이온을 첨가 시 토양의 단위 치환용량에 대한 NH_4^+흡착량이 가장 크다.
⑧ 규산 4면체 중의 규소가 Al^{3+} 또는 인산과 치환된다.
⑨ 알루미늄 8면체 중의 Al^{3+}이 Mg^{2+}, Fe^{2+}, Zn^{2+}, Ni^{+}, Li^{+} 등과 치환 작용이 일어난다.

3) 일라이트(Illite)

일반구조는 montmorillonite와 같지만 규산 4면체 중의 몇 개의 규소가 Al^{3+}에 의해 동형 치환된 결과 생긴 음전하의 부족량만큼 K^+에 의해 충족되어 있는 것이 특징이다.

4) 클로라이트(2 : 1 : 1 점토광물)

2 : 1형 결정단위 층 사이에 Mg-8면체층이 끼어 있는 광물이다.

5) 알로팬(비정질 점토광물)

① 대표적인 비정질 점토광물이다.
② 규산과 알루미나의 가수산화물로 구성된다.
③ 구조 내에 Si-O-Al의 결합을 갖지만 부정형 점토광물이다.
④ 화산재로부터 생성된 토양에 존재하는 점토광물로서 우리나라의 경우 제주도 토양에서 주로 볼 수 있다.
⑤ 부식을 흡착하는 힘이 강하다.
⑥ 인산 고정력이 있으므로 인산질 비료의 시비가 요구되는 토양이다.

6) 가수산화물

① 고온다습한 열대 또는 아열대 지역에서는 풍화의 속도가 빠르다.
② 고온다습한 지역에서는 비가 많이 내리기 때문에 광물의 분해와 가용성 성분의 용탈이 쉽게 일어난다.
③ 규산질 점토광물까지도 분해되어 규산이 용탈되고 용해도가 낮은 산화철(Fe_2O_3) 또는 산화알루미늄(Al_2O_3) 등 2.3산화물의 수산화물 $Fe(OH)_3$, $Al(OH)_3$이 남게 된다.
④ 산화철 또는 그의 수화물로 인해서 토양의 색은 적색 내지 황색을 띤다.
⑤ 수축과 팽창을 하지 않고 점착성이 없어서 규산염 점토광물과는 달리 점토함량이 많아도 수분의 흡수가 적다.

11 토양반응과 작물

(1) 토양반응이란 토양의 산성, 중성, 염기성 정도를 말하며 토양용액 중 수소이온농도(H^+)와 수산이온농도(OH^-)의 비율에 의해 결정되며 pH로 표시한다.

(2) pH

① $pH = -\log[H^+]$

② pH가 7보다 작으면 산성이라 하고, 그 값이 작아질수록 산성이 강해진다.

③ pH가 7보다 크면 알칼리성이라 하고, 그 값이 커질수록 알칼리성이 강해진다.

④ pH가 7이면 중성이라 한다.

(3) 토양반응과 작물의 생육

① pH에 따라 토양 중 작물양분의 유효도는 크게 달라지며 중성 내지 약산성에서 가장 높다.

② 강산성에서의 작물생육

㉠ 인, 칼슘, 마그네슘, 붕소, 몰리브덴 등의 가급도가 떨어져 작물의 생육에 불리하다.

㉡ 암모니아가 식물체 내에 축적되고 동화되지 못해 해롭다.

③ 강알칼리성에서의 작물생육

㉠ 붕소, 철, 망간 등의 용해도 감소로 작물의 생육에 불리하다.

㉡ 강염기가 증가하여 생육을 저해한다.

④ 산성토양에 대한 작물의 적응성

㉠ 극히 강한 것 : 벼, 밭벼, 귀리, 토란, 아마, 기장, 땅콩, 감자, 수박 등

㉡ 강한 것 : 메밀, 옥수수, 목화, 당근, 오이, 호박, 토마토, 밀, 조, 고구마, 담배 등

㉢ 약간 강한 것 : 유채, 파, 무 등

㉣ 약한 것 : 보리, 클로버, 양배추, 근대, 가지, 삼, 겨자, 고추, 완두, 상추 등

㉤ 가장 약한 것 : 알팔파, 콩, 자운영, 시금치, 사탕무, 셀러리, 부추, 양파 등

⑤ 사탕무, 수수, 유채, 양배추, 목화, 보리, 버뮤다그라스 등은 알칼리성토양에 적응력이 높지만, pH 8 이상의 강알칼리성에 알맞은 작물은 거의 없다.

⑥ 토양반응에 대한 과수의 적응성

㉠ 산성토양 : 밤나무, 비파, 복숭아나무 등

㉡ 약산성토양 : 배나무, 사과나무, 감나무, 감귤나무 등

㉢ 중성 및 약칼리성토양 : 무화과나무, 포도나무 등

(4) 산성토양의 종류

1) 활산성과 잠산성

① **활산성** : 토양용액에 들어 있는 H^+에 기인하는 산성을 활산성이라 하며 식물에 직접 해를 끼친다.

② **잠산성(치환산성)** : 토양교질물에 흡착된 H^+과 Al이온에 기인하는 산성을 말한다.

③ **가수산성** : 아세트산칼슘[Ca-acetate, $(CH_3COO)_2Ca$]과 같은 약산염의 용액으로 침출한 액에 용출된 수소이온에 기인된 산성을 말한다.

④ 양토나 식토는 사토에 비해 잠산성이 높아 pH가 같더라도 중화에 더 많은 석회를 필요로 한다.

2) 산성토양 원인

① 포화교질과 미포화교질

㉠ 포화교질 : 토양콜로이드가 Ca^{2+}, Mg^{2+}, K^+, Na^+ 등으로 포화된 것

㉡ 미포화교질 : H^+도 함께 흡착하고 있는 것

㉢ 미포화교질이 많으면 중성염이 가해질 때 H^+가 생성되어 산성을 나타낸다.
$[colloid]H^+ + KCl \Leftrightarrow [colloid]K^+ + HCl(H^+ + Cl^-)$

㉣ 토양 중 Ca^{2+}, Mg^{2+}, K^+ 등의 치환성 염기가 용탈되어 미포화교질이 늘어나는 것이 토양산성화의 가장 보편적인 원인이다.

② 토양유기물의 분해 시 생기는 이산화탄소나 공기 중 이산화탄소는 빗물이나 관개수 등에 용해되어 탄산을 생성하는데 치환성 염기는 탄산에 의해 용탈되므로 강우나 관개로 토양은 산성화되어가며 유기물의 분해 시 생기는 여러 유기산이 토양염기의 용탈을 촉진한다.

③ 토양 중 탄산 유기산은 그 자체로 산성화 원인이며 부엽토는 부식산 때문에 산성이 강해지는 경우가 많다.

④ 토양 중 질소, 황이 산화되면 질산, 황산이 되어 토양이 산성화되며 염기의 용탈을 촉진한다. 토양염기가 감소하면 토양광물 중 Al^{3+}이 용출되고 물과 만나면 다량의 H^+를 생성한다.

$$Al^{3+} + 3H_2O = Al(OH)_3 + 3H^+$$

⑤ 산성비료, 즉 황산암모니아, 과인산석회, 염화칼륨, 황산칼륨, 인분뇨, 녹비 등의 연용은 토양을 산성화시킨다.

⑥ 화학공장에서 배출되는 산성물질, 제련소 등에서 배출되는 아황산가스 등도 토양 산성화의 원인이 된다.

3) 산성토양의 해

① 과다한 수소이온(H^+)이 작물의 뿌리에 해를 준다.

② 알루미늄이온(Al^{+3}), 망간이온(Mn^{+2})이 용출되어 작물에 해를 준다.

③ 인(P), 칼슘(Ca), 마그네슘(Mg), 몰리브덴(Mo), 붕소(B) 등의 필수원소가 결핍된다.

④ 석회가 부족하고 미생물의 활동이 저해되어 유기물의 분해가 나빠져 토양의 입단형성이 저해된다.

⑤ 질소고정균 등의 유용미생물의 활동이 저해된다.

4) 산성토양의 개량과 재배대책

① 근본적 개량 대책은 석회와 유기물을 넉넉히 시비하여 토양반응과 구조를 개선하는 것이다.

② 석회만 시비하여도 토양반응은 조정되지만 유기물과 함께 시비하는 것이 석회의 지중 침투성을 높여 석회의 중화효과를 더 깊은 토층까지 미치게 한다.

③ 유기물의 시용은 토양구조의 개선, 부족한 미량원소의 공급, 완충능 증대로 알루미늄이온 등의 독성이 경감된다.

④ 개량에 필요한 석회의 양은 토양 pH, 토양 종류에 따라 다르며 pH가 동일하더라도 점토나 부식의 함량이 많은 토양은 석회의 시용량을 늘려야 한다.

⑤ 내산성 작물을 심는 것이 안전하며 산성비료의 시용을 피해야 한다.

⑥ 용성인비는 산성토양에서도 유효태인 수용성 인산을 함유하며 마그네슘의 함유량도 많아 효과가 크다.

(5) 알칼리토양

1) 생성

① 알칼리 및 알칼리토 금속 이온은 토양용액의 OH^- 농도를 높여 알칼리성을 나타낸다.

② 해안지대의 신간척지 또는 바닷물의 침입지대는 알칼리토양이 된다.

③ 강우가 적은 건조지대에서는 규산염광물의 가수분해에 의해서 방출되는 강염기에 의해 알칼리성 토양이 된다.

2) 염류토양

① 염류토양은 대부분 염화물, 황산염, 질산염 등 가용성 염류가 비교적 많다.

② 토양의 pH는 대개 8.5 이하이고, 교환성 Na 비율은 15% 이하이다.

③ 표면에 백색의 염류피층이 형성되고, 곳에 따라서는 염류의 맥이 발견되기도 하여 백색알칼리토양이라 부르기도 한다.

④ 염류토양은 대개 교질물이 고도로 응고된 구조를 이루게 된다.

3) 나트륨성 알칼리토양

① 염류토양보다 가용성 염류의 농도는 높지 않으나 교환성 Na 비율은 15%를 넘으며 pH 8.5~10이다.

② Na이 교질물로부터 해리되어 소량의 탄산나트륨을 형성하며 유기물은 분산되어 입자 표면에 분포되어 어두운 색을 띠므로 흑색 알칼리토라고 한다.

③ 교질이 분산되어 있어 경운이 어렵고 투수가 매우 느리며 장기간 후에는 분산된 점토가 아래로 이동하여 프리즘상이나 주상 구조의 치밀한 층위가 형성되고 표면에는 비교적 거친 토성층이 남게 된다.

④ 나트륨성 알칼리토양의 용액에는 Ca, Mg이 적고 Na이 많으며 음이온으로는 SO_4^{2-}, Cl^-, HCO_3^-, 소량의 CO_3^{2-}이 들어 있다.

4) 염류나트륨성 알칼리토양

① 가용성 염류의 농도가 높으며, 교환성 Na이 15%를 넘는다.

② 염류토양을 개량하려면 배수를 좋게 하는 것이 가장 중요하다.

12 논토양과 밭토양

(1) 논토양과 밭토양의 차이점

1) 양분의 존재 형태

〈밭토양과 논토양에서의 원소의 존재 형태〉

원소	밭토양(산화상태)	논토양(환원상태)
탄소(C)	CO_2	메탄(CH_4), 유기산물
질소(N)	질산염(NO_3^-)	질소(N_2), 암모니아(NH_4^+)
망간(Mn)	Mn^{4+}, Mn^{3+}	Mn^{2+}
철(Fe)	Fe^{3+}	Fe^{2+}
황(S)	황산(SO_4^{2-})	황화수소(H_2S), S
인(P)	인산(H_2PO_4), 인산알루미늄($AlPO_4$)	인산이수소철($Fe(H_2PO_4)_2$), 인산이수소칼슘($Ca(H_2PO_4)_2$)
산화환원전위(E_h)	높다	낮다

2) 토양의 색깔

① 논토양 : 청회색 또는 회색

② 밭토양 : 황갈색, 적갈색

3) 산화물과 환원물의 존재

① 논토양 : 환원물(N_2, H_2S, S)이 존재

② 밭토양 : 산화물(NO_3^-, SO_4^{2-})이 존재

4) 양분의 유실과 천연공급

① 논토양 : 관개수에 의한 양분의 천연공급량이 많다.

② 밭토양 : 강우에 의한 양분의 유실이 많다.

5) 토양 pH

논토양은 담수로 인하여 낮과 밤 및 담수기간과 낙수기간에 따라 차이가 있으나 밭토양은 그렇지 않다.

6) 산화환원전위도

① 산화환원반응

㉠ 산화환원반응은 산소와 수소의 결합 또는 분리에 의해 정의되거나, 전자의 이동에 의해 정의된다.

㉡ 산화는 산소와 결합하거나 수소나 전자를 내어주는 경우이며, 환원은 그 반대되는 현상이다.

ⓒ 산화환원반응은 상호 작용에 의해 형성되어 일정 물질이 산화되면 반응식에서 다른 물질은 환원이 일어나며 대부분 가역반응이다.

ⓓ 산화환원반응은 수소 분자가 이온화하여 두 개의 수소이온으로 변하는 표준 수소 전극반응의 산화환원전위를 기준(E_h=0V)으로 상대적인 크기로 나타내며 E_h값이 양(+)의 값이면 산화환경을, 음(−)의 값이면 환원환경을 의미한다.

② 산화환원전위

㉠ 산화환원전위(E_h) : 논토양의 산화와 환원 정도를 나타내는 기호이다.

㉡ E_h 값은 밀리볼트(mV) 또는 볼트(V)로 나타낸다.

㉢ E_h는 pH와 직선적 관계로 수소 이온 농도가 증가하여 pH가 낮아지면 토양의 E_h는 상승하고, pH가 상승하면 토양의 E_h는 낮아져 환원상태가 된다.

㉣ 토양의 E_h는 토양 pH, 유기물, 무기물, 배수조건, 온도와 식물의 종류에 따라 변화한다.

㉤ 다량의 분해성 유기물이 있는 환경에서는 유기물에 의해 E_h가 변하며, 무기물이 유기물로부터 전자를 얻어 환원되면서 E_h도 변할 수 있다.

㉥ 통기성과 배수조건이 불량한 토양은 산화 능력이 떨어져 E_h가 낮아지고 금속황화물과 젖산과 같은 저급 지방산이 형성되기도 한다.

㉦ E_h 값은 환원이 심한 여름에 작아지고 산화가 심한 가을부터 봄까지 커진다.

(2) 논토양의 일반적인 특성

1) 논토양의 특징

① 논토양의 환원과 토층분화

㉠ 논에서 갈색의 산화층과 회색(청회색)의 환원층으로 분화되는 것을 논토양의 토층분화라고 한다.

㉡ 산화층은 수mm에서 1~2cm이고, 작토층은 환원되며 이때 활동하는 미생물은 혐기성 미생물이다.

㉢ 작토 밑의 심토는 산화상태로 남는다.

② 산화환원전위와 pH

㉠ 산화환원전위 경계는 0.3volt이며, 논토양은 0.3volt 정도로 청회색을 띤다.

㉡ 미숙한 유기물을 많이 시용하거나 미생물이 왕성한 토양은 산소 소비가 많아서 E_h 값이 0.0 이하가 된다.

㉢ 산화환원전위는 토양이 산화될수록 높아지고, 환원될수록 떨어진다.

③ 양분의 유효화 : 산화 상태의 철이나 망간은 수도에 대한 이용률은 낮지만 환원되면 용해도가 증가하여 양분으로 흡수된다.

㉠ 논이 물에 잠겨 있으면 유기물이 축적되는 경향이 있으며, 물이 빠지면 유기태질소가 분해되어 질소는 흡수되기 쉬운 형태로 변한다.

㉡ 물 속에서 환원 상태가 발달하면 토양에 있던 인산이 흡수되기 쉬운 상태로 된다.

④ 논토양에서의 탈질 현상

㉠ 비료로 사용한 암모니아 또는 토양 유기물이 분해하여 생긴 암모니아

ⓐ 환원 상태의 논토양에서 암모늄태(NH_4^+)로 안정하게 존재한다.

ⓑ 논토양의 산화층에서 암모늄태질소도 질산화 작용에 의하여 질산태질소(NO_3^-)로 산화된다.

㉡ 음이온인 NO_3^-는 환원층으로 이행되고, 여기서 질산환원균에 의하여 환원되므로 탈질 현상이 일어나 질소가 손실된다.

㉢ 질소질 비료를 논에 시용할 때에는 탈질 현상을 막기 위하여, 될 수 있는 대로 환원층에 들어가도록 전층 시비(심층 시비), 환원층 시비를 하는 것이 비료의 이용률을 높이는 시비법이 된다.

⑤ **관개수에 의한 양분 공급** : 논에 관개되는 물에는 여러 가지 종류의 양분이 녹아 있다. 관개수에 함유된 양분의 농도는 낮다 해도, 많은 양의 물이 공급되므로 관개수에 의하여 토양은 적지 않은 양분을 공급받게 된다.

2) 바람직한 논토양의 성질

① **작토** : 작물의 뿌리가 자유롭게 뻗어 양분을 흡수하는 곳이다.

② **유효 토심** : 뿌리가 작토 밑으로 더 뻗어 나갈 수 있는 깊이이다.

③ **투수성** : 논토양에서 투수성은 매우 중요한 성질 중의 하나이다.

④ **토성** : 모래의 함량과 점토의 함량에 따라 토성을 나타낸다.

(3) 논토양의 개량

1) 저위생산논

충분한 시비와 노력으로도 벼의 수확량이 얼마 되지 않는 논으로 유형으로는 노후화 토양, 누수 토양, 물빠짐이 나쁜 질흙이 그 대부분을 차지한다.

2) 노후화 논과 그 개량

① **노후화 논** : 논의 작토층으로부터 철이 용탈됨과 동시에 여러 가지 염기도 함께 용탈 제거되어 생산력이 몹시 떨어진 논을 노후화 논이라 한다. 물빠짐이 지나친 사질의 토양은 노후화 논으로 되기 쉽다.

② **추락 현상** : 노후화 논의 벼는 초기에는 건전하게 보이지만, 벼가 자람에 따라 깨씨무늬병의 발생이 많아지고 점차로 아랫잎이 죽으며, 가을 성숙기에 이르러서는 윗잎까지도 죽어 버려서 벼의 수확량이 감소하는 경우가 있는데, 이를 추락 현상이라 한다.

③ 추락의 과정

㉠ 물에 잠겨 있는 논에서, 황 화합물은 온도가 높은 여름에 환원되어 식물에 유독한 황화수소(H_2S)가 된다. 만일, 이때 작토층에 충분한 양의 활성철이 있으면, 황화수소는 황화철(FeS)로 침전되므로 황화수소의 유해한 작용은 나타나지 않는다.

㉡ 노후화 논은 작토층으로부터 활성철이 용탈되어 있기 때문에 황화수소를 불용성의 황화철로 침전시킬 수 없어 추락 현상이 발생하는 것이다.

④ 추락답의 개량
㉠ 객토하여 철을 공급해준다.
㉡ 미량요소를 공급한다.
㉢ 심경을 하여 토층 밑으로 침전된 양분을 반전시켜 준다.
㉣ 황산기 비료$(NH_4)_2SO_4$나 $K_2(SO_4)$ 등을 시용하지 않아야 한다.

3) 누수답과 그 개량

① **누수답** : 작토의 깊이가 얕고, 밑에는 자갈이나 모래층이 있어 물빠짐이 심하며, 보수력이 약한 논을 누수 논이라 한다.
② **누수답의 특징**
㉠ 지온상승이 느리다.
㉡ 작토의 깊이가 얕다.
㉢ 물빠짐이 심하고 보수력이 약하다.
㉣ 점토분이 적고 토성도 좋지 않다.
㉤ 양분의 용탈이 심하여 쉽게 노후화 토양으로 된다.
③ **누수답의 개량** : 객토 및 유기물을 시용하고, 바닥 토층을 밑다듬질 한다.

4) 식질 논과 그 개량

① **식질 토양의 특징**
㉠ 통기성이 불량해진다.
㉡ 유기물이 집적된다.
㉢ 단단한 점토의 반층 때문에 뿌리가 잘 뻗지 못한다.
㉣ 배수불량으로 유해물질 농도가 높아져 뿌리의 활력이 감소한다.
② **식질 토양의 개량** : 가을갈이를 하고, 유기물을 시용하여 토양의 구조를 떼알로 하여 불량한 성질을 개량하도록 한다.

(4) 밭토양 개량

1) 밭토양의 특징

① 경사지에 많이 분포되어 있다.
② 양분의 천연 공급량은 낮다.
③ 연작 장해가 많다.
④ 양분이 용탈되기 쉽다.

2) 바람직한 밭토양

① 보수성이 좋으면서도 배수성이 좋아야 한다.
② 밭토양에서 나타나기 쉬운 산성이 되지 않고, 인산과 미량 원소의 결핍 등의 문제가 없는 토양이 바람직한 토양이다.
③ **작토와 유효 토심의 깊이** : 작토는 20cm 이상, 유효 토심은 50cm 이상인 것이 바람직하다. 또, 유효 토심의 토양 경도는 너무 높지 않아야 한다.

④ **공극의 양과 크기** : 토양의 공극량은 전체 부피의 반으로서, 그 공극에는 물과 공기가 반씩 들어 있는 것이 좋다.

⑤ **토양의 산도** : 밭 작물은 대체로 미산성 내지 중성의 반응을 좋아한다.

3) 밭토양의 개량

① 돌려짓기

㉠ 콩과 식물 또는 심근성 식물 : 돌려짓기하는 것은 토양의 지력을 향상시킬 뿐만 아니라 토양의 물리성도 개량하는 효과가 있다.

㉡ 목초 : 몇 년 재배하여 돌려짓기를 하면, 토양의 유기물함량을 높이는 데도 효과가 매우 크다.

② **산성의 개량** : 용탈에 의해서뿐만 아니라 채소를 재배하는 밭은 다비에 의해서도 산성으로 되기 쉽고, 또 양분의 불균형 및 미량 원소의 결핍이 일어나기 쉽다.

㉠ 석회 시용 : 산성을 중화하고 부족된 양분을 공급한다.

㉡ 퇴비 시용 : 미량 원소를 공급한다는 면에서 매우 효과적이다.

③ **유기물 시용** : 계속적인 시용이 중요하다.

④ 깊이갈이

㉠ 목적 : 깊이갈이는 뿌리의 생활 범위를 넓혀 주고 생육환경을 개선하는 목적으로 하는 것이다. 우리나라 갈이흙의 깊이는 10cm 정도로 얕은 편이었으나, 동력농기계가 사용되면서부터 차차 그 깊이가 깊어지고 있다.

㉡ 작토의 깊이 : 작토의 깊이는 작물의 종류에 따라서 다르지만, 일반적으로는 20~25cm이다. 그리고 유효 토심은 50cm 이상인 것이 바람직하다.

㉢ 심토파쇄 또는 토층개량을 한다.

㉣ 각종 농기계에 의한 경운 깊이는 종류에 따라 다르다.

13 개간지, 간척지 토양

(1) 개간지 토양

1) 특성

① 대체로 산성이다.

② 부식과 점토가 적다.

③ 토양구조가 불량하며 인산 등 비료 성분도 적어 토양의 비옥도가 낮다.

④ 경사진 곳이 많아 토양 보호에 유의해야 한다.

2) 개량방법

① 토양면에서 개간 초기에는 밭벼, 고구마, 메밀, 호밀, 조, 고추, 참깨 등을 재배하는 것이 유리하다.

② 기상면에서는 고온작물, 중간작물, 저온작물 중 알맞은 것을 선택하여 재배한다.

(2) 간척지 토양

1) 특성

① **염분의 해작용** : 토양 중 염분이 과다하면 물리적으로 토양 용액의 삼투압이 높아져 벼 뿌리의 수분 흡수가 저해되고 화학적으로는 특수 이온을 이상 흡수하여 영양과 대사를 저해한다.

② **황화물의 해작용** : 해면 하에 다량 집적되어 있던 황화물이 간척 후 산화되면서 황산이 되어 토양이 강산성이 된다.

③ **토양 물리성의 불량** : 점토가 과다하고 나트륨 이온이 많아 토양의 투수성, 통기성이 매우 불량하다.

2) 개량방법

① 관배수 시설로 염분, 황산의 제거 및 이상 환원상태의 발달을 방지한다.

② 석회를 시용하여 산성을 중화하고 염분의 용탈을 쉽게 한다.

③ 석고, 토양 개량제, 생짚 등을 시용하여 토양의 물리성을 개량한다.

④ 제염법으로 담수법, 명거법, 여과법, 객토 등이 있는데 노력, 경비, 지세를 고려하여 합리적 방법을 선택한다.

3) 내염재배

① 의의 : 염분이 많은 간척지 토양에 적응하는 재배법

② 내염성이 강한 품종을 선택한다.

〈작물의 내염성 정도〉

	밭작물	과수
강	사탕무, 유채, 양배추, 목화	
중	알팔파, 토마토, 수수, 보리, 벼, 밀, 호밀, 아스파라거스, 시금치, 양파, 호박	무화과, 포도, 올리브
약	완두, 셀러리, 고구마, 감자, 가지, 녹두	배, 살구, 복숭아, 귤, 사과

③ 조기재배 및 휴립재배한다.

④ 논에 물을 말리지 않고 자주 환수한다.

⑤ 석회, 규산석회, 규회석 등을 충분히 시비한다.

⑥ 비료는 여러 차례 나누어 시비하고 시비량은 많게 한다.

14 시설재배 토양

(1) 시설재배 토양의 문제점

① 염류농도가 높다(염류가 집적되어 있다).

㉠ 시설재배 토양은 염류집적이 문제가 된다.

㉡ 시설재배지의 토양이 노지 토양보다 염류집적이 되는 이유는 시설에 의해 강우가 차단되어 염류의 자연용탈이 일어나지 못하기 때문이다.

② 토양공극률이 낮다(통기성이 불량하다).

③ 특정성분의 양분이 결핍되기 쉽다.

④ 토양전염성 병해충의 발생이 높다.

(2) 염류집적의 개념

토양의 양이온교환능력(CEC)을 초과해서 각종의 성분이 토양에 흡착하지 못하여 토양용액 중에 녹아 있거나 염으로 표층에 모여 있는 상태를 말한다.

(3) 염류집적 진단방법

① 관찰에 의한 진단

② 전기전도도계 이용

③ 토양진단실 이용

④ 토양 검정기(A-PEN)

⑤ 가스 검출(네슬러 시약의 GR시약)

(4) 염류장해

① 염류의 농도가 지나치게 높아지면 수분과 양분결핍을 초래한다.

② 암모늄이온(NH_4^+)과 마그네슘이온(Mg_2^+)은 칼슘의 흡수에 크게 영향을 준다.

③ 염류장해에 대한 저항성은 작물에 따라 다르다.

④ 사토가 심하고 점토 또는 부식의 함량이 많으면 장해가 덜하다.

(5) 염류장해 해소 대책

① **담수처리** : 담수를 하여 염류를 녹여낸 후 표면에서 흘러나가도록 한다.

② **답전윤환** : 논상태와 밭상태를 2~3년 주기로 돌려가며 사용한다.

③ **심경(환토)** : 심경을 하여 심토를 위로 올리고 표토를 밑으로 가도록 하면서 토양을 반전시킨다.

④ 심근성(흡비성) 작물을 재배한다.

⑤ 녹비작물을 재배한다.

⑥ 객토를 한다.

토양생물과 토양 침식 및 토양오염

저자쌤의 이론학습 Tip

- 토양에 공존하는 토양생물들과 작물의 생육과의 관계에 대해 이해한다.
- 토양유실의 원인에 대한 대처 방법과 토양오염에 따른 작물의 생육반응을 이해한다.

Section 01 토양생물과 토양미생물

1 토양생물

(1) 토양생물의 종류

1) 소동물

① 지렁이, 선충류, 유충 등

② 지렁이의 특징

㉠ 작물생육에 적합한 토양조건의 지표로 볼 수 있다.

㉡ 토양에서 에너지원을 얻으며 배설물이 토양의 입단화에 영향을 준다.

㉢ 미분해된 유기물의 시용은 개체수를 증가시킨다.

㉣ 유기물의 분해와 통기성을 증가시키며 토양을 부드럽게 하여 식물 뿌리 발육을 좋게 한다.

③ 선충류

㉠ 토양소동물 중 가장 많은 수로 존재한다.

㉡ 탐침을 식물 세포에 밀어넣어 세포 내용물을 소화시키는 효소를 분비한 후 탐침을 통해 양분을 섭취하여 식물의 생장과 저항력을 약화시킨다.

㉢ 탐침에 의한 상처는 다른 병원체의 침입경로가 된다.

㉣ 주로 뿌리를 침해하여 숙주 식물은 수분 부족, 양분 결핍으로 정상적 생육이 저해된다.

㉤ 방제는 윤작, 저항성 품종의 육종, 토양 소독 등의 방법을 이용한다.

2) 원생동물

편모충류, 섬모충류, 의족충류 등

3) 조류

① 녹조류, 남조류 등

② 조류는 광합성 작용과 질소고정으로 논의 지력을 향상시킨다.

4) 사상균(곰팡이, 진균)

① 담자균, 자낭균 등

② 산성, 중성, 알칼리성 어디에서나 생육하며 습기에도 강하다.

③ 단위면적당 생물체량이 가장 많은 토양미생물이다.

5) 방사상균(방선균)

유기물이 적어지면 많아지고 감자의 더뎅이병을 유발한다.

6) 세균

원핵생물인 세균은 생명체로 가장 원시적인 형태이다.

2 토양미생물

(1) 토양미생물의 종류

1) 세균(박테리아)

① 세균의 특징

㉠ 토양미생물 중 가장 많은 비중을 차지한다.

㉡ 단세포생물이다.

㉢ 세포분열에 의해 번식한다.

㉣ 다양한 능력을 가지고 있어 농업생태계에 중요한 역할을 한다.

② 주요 토양세균

㉠ 아르트로박터 > 슈도모나스 > 바실루스 > 아크로모박터 > 클로스트리듐 > 미크로코쿠스 > 플라보박테륨

㉡ 세균은 활동과 번식에 필요한 에너지의 공급방식에 따라 자급영양세균과 타급영양세균으로 구분한다. 자급영양세균은 무기물을 산화하여 에너지를 얻고 CO_2를 환원하여 에너지(탄소원)를 얻고 타급영양세균은 유기물을 산화하여 영양과 에너지를 얻는다.

③ 자급영양세균

㉠ 토양에서 무기물을 산화하여 에너지를 얻으며 질소, 황, 철, 수소 등의 무기화합물을 산화시키기 때문에 농업적으로 중요하다.

㉡ 니트로소모나스 : 암모늄을 아질산으로 산화시킨다.

㉢ 니트로박터 : 아질산을 질산으로 산화시킨다.

㉣ 수소박테리아 : 수소를 산화시킨다.

㉤ 티오바실루스 : 황을 산화시킨다.

④ 타급영양세균

㉠ 유기물을 분해하여 에너지를 얻는다.

㉡ 질소고정균, 암모늄화균, 셀룰로오스분해균 등이 있다.

㉢ 단독질소고정균은 기주식물이 필요 없고 토양 중에 단독생활을 한다.

㉣ 단독질소고정균(단서질소고정균=비공생질소고정균)의 종류
- 호기성 : Azotobacter, Mycobacterium, Thiobacillus
- 혐기성 : Clostridium, Klebsiella, Desulfovibrio, Desulfotomaculum

㉤ 클로스트리듐 : 배수가 불량한 산성토양에 많다.

㉥ 아조토박터 : 배수가 양호한 중성토양에 많다.

㉦ 공생질소고정균 : 근류균은 콩과 식물의 뿌리에 혹을 만들어 대기 중 질소가스를 고정하여 식물에 공급하고 대신 필요한 양분을 공급받는다.

㉧ 토양세균 수의 표시
- CFU(Colony-forming unit ; 집락형성 단위)
- 세균의 밀도 측정 단위로 cfu/100cm^{2}는 100cm^{2}당 얼마만큼의 세포 또는 균주가 있는지를 나타낸다.

2) 진균(곰팡이, 사상균, Fungi)

① 단세포인 효모로부터 다세포인 곰팡이와 버섯에 이르기까지 크기, 모양, 기능이 매우 다양하다.

② 진균은 엽록소가 없어서 에너지와 탄소를 유기화합물로부터 얻어야 하는 타급영양균으로 죽거나 살아있는 식물, 동물과 공생한다.

③ 토양 중에서 세균이나 방선균보다 수는 적지만, 무게로는 토양미생물 중에 가장 큰 비율을 차지한다.

④ 진균은 토양산도에 폭넓게 적응하는 내산성 미생물로 pH 2.0~3.0에서도 활동할 수 있으며, 다른 미생물이 살 수 없는 강산성토양에서도 유기물을 분해한다.

⑤ CO_2와 암모니아(NH_4^+)의 동화율이 높아서 유기물에서 부식되는 양을 높임으로써 부패생성률이 높다.

3) 방선균

① 단세포로 되어 있는 것은 세균과 같고 균사를 뻗는 점에서는 사상균과 같아서 세균과 진균의 중간에 위치하는 미생물이다.

② 토양 중에서 세균 다음으로 수가 많다.

③ 유기물이 분해되는 초기에는 세균과 진균이 많으나 후기에 가서 셀룰로오스, 헤미셀룰로오스 및 케라틴과 같은 난분해물만 남게 되면 방선균이 분해한다.

④ 물에 녹지 않는 물질을 분비하여 토양의 내수성 입단을 형성하는데 기여한다.

⑤ 방선균은 미숙유기물이 많고 습기가 높으며 통기가 잘 되는 토양에서 잘 자라고, 건조한 때도 세균과 사상균보다는 잘 자란다.

⑥ pH는 6.0~7.5 사이가 알맞으며 pH 5.0 이하에서는 활동을 중지한다.

⑦ 토양에서 흙냄새가 나는 것은 방선균의 일종인 악티노미세테스 오도리포가 내는 냄새이다.

⑧ 방선균은 감자의 더뎅이병이나 고구마의 잘록병의 원인균이다.

4) 균근

① 사상균의 가장 고등생물인 담자균이 식물의 뿌리에 붙어서 공생관계를 맺어 균근이라는 특수한 형태를 이룬다.

② 식물뿌리와 공생관계를 형성하는 균으로 뿌리로부터 뻗어 나온 균근은 토양 중에서 이동성이 낮은 인산, 아연, 철, 몰리브덴과 같은 성분을 흡수하여 뿌리 역할을 해준다.

③ 균근의 종류

㉠ 외생균근 : 균사가 뿌리의 목피세포 사이를 침입하여 펙틴이나 탄수화물을 섭취하며 소나무, 자작나무, 너도밤나무, 버드나무에서 형성되고, 균이 감염된 뿌리의 표면적이 증가한다.

㉡ 내외생균근

ⓐ 균근 내부에 균사상을 형성하고 균사가 뿌리의 내부조직에까지 침입한다.

ⓑ 너도밤나무, 참피나무, 대전나무 등에서 형성된다.

㉢ 내생균근

ⓐ 뿌리의 피층세포 내부까지 침입하여 분지하는데, 뿌리의 중앙에는 들어가지 않는다.

ⓑ 토양으로부터의 양분을 기주식물에 공급하며 일반 밭작물의 채소에 공생하여 생육을 이롭게 한다.

④ 균근의 기능

㉠ 한발에 대한 저항성을 증가한다.

㉡ 인산의 흡수를 증가한다.

㉢ 토양입단화를 촉진한다.

5) 조류

① 단세포, 다세포 등 크기, 구조, 형태가 다양하다.

② 물에 있는 조류보다는 크기나 구조가 단순하다.

③ 식물과 동물의 중간적인 성질을 가지고 있다.

④ 토양 중에서는 세균과 공존하고 세균에 유기물을 공급한다.

⑤ 토양에서의 유기물의 생성, 질소의 고정, 양분의 동화, 산소의 공급, 질소균과의 공생을 한다.

⑥ 탄소동화 작용을 한다.

⑦ 담수토양에서 수도(벼)의 뿌리에 필요한 산소를 공급하기도 한다.

(2) 토양미생물의 생육조건

1) 온도

① 미생물의 생육에 적절한 온도는 27~28℃이다.

② 온도가 내려가면 미생물의 수가 감소하고 0℃ 부근에서는 활동을 정지한다.

2) 수분

① 토양이 건조하면 미생물이 활동을 정지하거나 휴면 또는 사멸하며, 가장 활동이 적절한 수분함량은 최대용수량의 60% 정도일 때이다.

② 담수된 논의 표층에서는 호기성세균이 활동한다.

3) 유기물

① 미생물의 활동에 필요한 영양원이다.
② 토양에 유기물을 가하면 미생물의 수가 급격히 늘고 유기물함량은 감소한다.

4) 토양의 깊이

토양이 깊어지면 유기물과 공기가 결핍되어 미생물의 수가 줄어든다.

5) 토양의 반응

① 세균과 방선균의 활동은 토양반응이 중성~약알칼리성일 때 왕성하다.
② 방선균은 pH 5.0에서는 그 활동을 거의 중지한다.
③ 황세균과 clostridium은 산성에서도 생육한다.
④ 황세균 : 황을 산화하여 식물에 유용한 황산염을 만들며 땅속 깊은 퇴적물에서는 황산을 발생시켜 광산금속을 녹이며 콘크리트와 강철도 부식시킨다. 일반적인 세균과는 달리 강산에서 생육한다.
⑤ 사상균은 산성에 강하여 낮은 pH에서도 활동한다.

(3) 토양미생물의 역할

1) 유기물의 분해

① 유기물을 분해하여 무기화 작용으로 유리되는 양분을 식물이 흡수할 수 있게 한다.
② **무기화 작용** : 유기태 질소화합물을 무기태로 변환하는 것으로 첫 단계가 amide 물질로부터 암모니아를 생성하는 암모니아화 작용이다.
③ 점성의 분해중간물은 토양입단의 안정성을 높여준다.
④ 유기물이 분해되며 생기는 유기 · 무기산(질산, 황산, 탄산)은 석회석과 같은 암석이나 인산, 철, 망간 같은 양분의 유효도를 높여준다.

2) 유리질소(遊離窒素)의 고정

① 대기 중에 가장 풍부한 질소는 유리상태로 고등식물이 직접 이용할 수 없으며 반드시 암모니아 같은 화합 형태가 되어야 양분이 될 수 있는데, 이 과정을 분자질소의 고정 작용이라 하고 자연계의 물질순환, 식물에 대한 질소 공급, 토양 비옥도 향상을 위해 매우 중요하다.
② 근류균은 콩과 식물과 공생하면서 유리질소를 고정하며, azotobacter, azotomonas 등은 호기상태에서, clostridium 등은 혐기상태에서 단독으로 유리질소를 고정한다.
③ 질소고정균의 구분
   ㉠ 공생균 : 콩과 식물에 공생하는 근류균(rhizobium), 벼과 식물에 공생하는 스피릴룸 리포페룸(spirillum lipoferum)이 있다.
   ㉡ 비공생균 : 아나바이나속(—屬 anabaena)과 염주말속(nostoc)을 포함하여 아조토박터속(azotobacter), 베이예링키아속(beijerinckia), 클로스트리디움속(clostridium) 등이 있다.

3) 질산화 작용

암모니아이온(NH_4^+)이 아질산(NO_2^-)과 질산(NO_3^-)으로 산화되는 과정으로 암모니아(MH_4^+)를 질산으로 변하게 하여 작물에 이롭게 한다.

4) 무기물의 산화

5) 가용성 무기성분의 동화로 유실을 적게 한다.

6) 균사 등의 점질물질에 의해서 토양의 입단을 형성한다.

7) 미생물 간의 길항 작용에 의해서 유해 작용을 경감한다.

8) 호르몬성의 생장촉진물질을 분비한다.

9) **근권 형성**

식물 뿌리는 많은 유기물을 분비하거나 근관과 잔뿌리가 탈락하여 새로운 유기물이 되어 다른 생물의 먹이가 되어 뿌리 근처에 강력한 생물학적 활동 영역 근권을 형성하여 뿌리의 양분흡수 촉진, 뿌리 신장생장의 억제, 뿌리 효소활성을 높인다.

10) **균근 형성**

① 뿌리에 사상균 등이 착생하여 공생으로 내생균근이 특수형태 형성으로 식물은 물과 양분의 흡수가 용이해지고 뿌리 유효표면이 증가하며 내염성, 내건성, 내병성 등이 강해진다.

② 토양양분의 유효화로 담자균류, 자낭균 등의 외생균근이 왕성해지면 병원균의 침입을 막게 되는데 이는 균사가 펙틴질, 탄수화물을 섭취하여 뿌리 외부에 연속적으로 자라면서 하나의 피복을 이루면서 뿌리를 완전히 둘러싸기 때문이다.

(4) 토양미생물의 해작용

① 토양 유래 식물 병을 일으키는 미생물이 많다.

② 탈질 작용을 일으킨다. 탈질세균에 의해 NO_3^- → NO_2^- → N_2O, N_2로 된다.

③ 황산염을 환원하여 황화수소 등의 유해한 환원성 물질을 생성한다. Desulfovibrio, Desulfotomaculum 등의 혐기성세균은 SO_4를 환원하여 H_2S가 되게 한다.

④ 미숙유기물을 시비했을 때 질소 기아현상처럼 작물과 미생물 간에 양분쟁탈이 일어난다.

Section 02 토양 침식

1 수식

(1) 원인

① 강한 강우는 표토의 비산이 많고 유거수가 일시에 많아져 표토가 유실된다.

② 토양의 분산성과 지표 유수의 양 및 속도에 따라 영향을 받는다.

(2) 수식의 유형

① **우격(입단파괴) 침식** : 빗방울이 지표를 타격함으로써 입단이 파괴되는 침식이다.

② **면상 침식** : 침식 초기 유형으로 지표가 비교적 고른 경우 유거수가 지표면을 고르게 흐르면서 토양 전면이 엷게 유실되는 침식이다.

③ **우곡(세류상) 침식** : 침식 중기 유형으로 토양 표면에 잔도랑이 불규칙하게 생기면서 토양이 유실되는 침식이다.

④ **구상(계곡) 침식** : 침식이 가장 심할 때 생기는 유형으로 도랑이 커지면서 심토까지 심하게 깎이는 침식이다.

(3) 우량과 우식

① **우량** : 건조지방에서 점판암 표면에 장기간에 걸쳐 빗방울이 떨어지면서 생기는 자국
② **우식** : 경사지 표층 토양이 빗물에 씻겨 비교적 엉성한 모래와 자갈만 남는 침식

(4) 수식의 종류

① **우격 침식** : 빗방울이 지표면을 타격하므로써 입단이 파괴되고 토립이 분산하는 입단파괴 침식이다.
② **표면 침식(비옥도 침식)** : 분산된 토립이 삼투수와 함께 이동하여 미세 공극을 메우면 토양의 투수력이 경감되어 토양으로 스며들지 못한 물은 분산된 토양콜로이드와 함께 지표면을 얇게 깎아 흐르며 나타나는 침식이다.
③ **평면 침식** : 빗물이 지표면에서 어느 한 곳으로 몰리지 않고 전면에 고르게 씻어 흐르며 표토를 깎아내는 것을 평면 침식이라 한다.
④ **우곡 침식** : 지표면에 내린 빗물은 지형에 따라 깊은 곳으로 모여 흐르게 되고 작은 도랑을 만들게 되는데, 이와 같이 빗물이 모여 작은 골짜기를 만들면서 토양을 침식하는 것을 의미하며 우곡은 강우시에만 물이 흐르는 골짜기가 된다.
⑤ **계곡 침식** : 상부 지역에서 유수의 양이 늘어 큰 도랑이 될 만큼 침식이 대단히 심해지고 때로는 지형을 변화시키는 경우가 있는데, 이를 계곡 침식이라 한다.
⑥ **유수 침식** : 골짜기의 물이 모여 강을 이루고, 이들 물이 흐르는 동안 자갈이나 바위 조각을 운반하여 암석을 깎아내고 부스러뜨리는 작용을 하게 되는데, 이와 같이 흐르는 물에 의한 삭마 작용을 유수 침식이라 한다.
⑦ **빙식 작용** : 빙하가 미끄러져 이동하는 동안 그 밑에 있는 물질이 서로 마찰 · 분쇄되며, 빙하 이동의 압력으로 인하여 삭마 · 분쇄되는데, 이와 같이 빙하에 의한 삭마 작용을 빙식 작용이라 한다.

(5) 수식에 영향을 미치는 요인

토양유실 예측 공식 $A = R \times K \times LS \times C \times P$
R : 강우인자, K : 토양의 수식성인자, LS : 경사인자, C : 작부인자, P : 토양관리인자

① 수식의 정도는 강우 속도와 강우량, 경사도와 경사장, 토양 성질, 지표면의 피복상태에 따라 다르게 나타난다. 즉, 기상, 지형, 토양, 식생, 인위적 작용 등이 종합적으로 작용한다.
② 기상
㉠ 토양 침식에 가장 크게 영향을 미치는 요인으로 강우 속도와 강우량이 영향을 미친다.
㉡ 총 강우량이 많고 강우 속도가 빠를수록 침식은 크게 나타난다.
㉢ 강우에 의한 침식은 단시간의 폭우가 장시간 약한 비에 비해 토양 침식이 더 크다.
③ 지형
㉠ 경사도와 경사장이 영향을 미친다.
㉡ 경사도가 크면 유거수의 속도가 빨라져 침식량이 많아진다.

㉢ 경사장이 길면 유거수의 가속도로 침식량이 많아진다.

㉣ 토양 침식량은 유거수의 양이 많을수록 커지며, 유속이 2배가 되면 운반력은 유속의 5제곱에 비례하여 32배가 되고 침식량은 4배가 된다.

④ 토양의 성질

㉠ 토양 침식에 영향을 미치는 토양의 성질은 빗물에 대한 토양의 투수성과 강우나 유거수에 분산되는 성질이다.

㉡ 토양의 투수성은 토양에 수분함량이 적을수록, 유기물함량이 많을수록, 입단이 클수록, 점토 및 교질의 함량이 적어 대공극이 많을수록, 가소성이 작을수록, 팽윤도가 작을수록 커져 유거수를 줄일 수 있어 침식량은 작아진다.

㉢ 토양의 분산에 대한 저항성은 내수성입단을 형성하고 있는 토양이나 식물 뿌리가 많은 토양에서 커진다.

⑤ 식생과 토양 피복

㉠ 지표면이 식물에 의해 피복되어 있으면 입단의 파괴와 토립의 분산을 막고 급작스런 유거수량의 증가와 유거수의 속도를 완화하여 수식을 경감시킨다.

㉡ 강우차단효과는 작물의 종류, 재식밀도, 비의 강도 등에 따라 다르게 나타나나 항상 지표가 피복되어 있는 목초지 토양의 유실량이 가장 작다.

㉢ 표토를 생짚, 건초, 플라스틱필름 등의 인공피복물로 피복하면 수식을 방지한다.

(6) 수식의 대책

① 기본 대책은 삼림 조성과 자연 초지의 개량이며, 경사지, 구릉지 토양은 유거수 속도 조절을 위한 경작법을 실시하여야 한다.

② 조림 : 기본적 수식 대책은 치산치수로 이를 위한 산림의 조성과 자연초지의 개량은 수식을 경감시킬 수 있다.

③ 표토의 피복

㉠ 연중 나지 기간의 단축은 수식 대책으로 매우 중요하며 우리나라의 경우 7~8월에 강우가 집중하므로 이 기간 특히 지표면을 잘 피복하여야 한다.

㉡ 경지의 수식 방지방법으로는 부초법, 인공피복법, 내식성 작물의 선택과 작부체계 개선 등을 들 수 있다.

㉢ 경사도 5° 이하에서는 등고선 재배법으로 토양 보전이 가능하나 15° 이상의 경사지에서는 단구를 구축하고 계단식 경작법을 적용한다.

㉣ 경사지 토양 유실을 줄이기 위한 재배법으로는 등고선 재배, 초생대 재배, 부초 재배, 계단식 재배 등이 있다.

④ 입단의 조성

㉠ 토양의 투수성과 보수력 증대와 내수성 입단 구조로 안정성있는 토양으로 발달시킨다.

㉡ 유기물의 시용과 석회질 물질의 시용, 입단 생성제의 토양개량제의 시용으로 입단을 촉진한다.

2 풍식

(1) 원인

토양이 가볍고 건조할 때 강풍에 의해 발생한다.

(2) 풍식 지대

건조 또는 반건조 지역의 평원에서 발생하기 쉬우나 온대습윤 기후에서도 발생하는 경우도 있으며, 온대습윤 지역에서의 풍식은 심하게 나타나지 않는다.

(3) 풍식에 영향을 미치는 요인

① **풍속** : 풍식 정도에 직접적 영향을 주는 인자이며, 갑자기 불어오는 강풍이나 돌풍은 토립의 비산을 증가시켜 토양 침식을 크게 한다.

② **토양의 성질** : 토양구조가 잘 발달하여 안정적이면 강풍에 의한 입단의 파괴와 토립의 비산이 감소한다. 토양의 건조가 심하거나 수분함량이 적으면 풍식 정도가 커진다.

③ **입자의 크기** : 풍식을 가장 잘 받는 입자는 약 0.1mm로 이보다 크거나 작으면 풍식은 감소한다.

④ **토양 피복상태** : 지표면의 피복도가 큰 작물이 생육하거나 인공 피복물 또는 부초에 의해 피복되어 있으면 풍식이 경감된다.

⑤ **인위적 작용** : 풍향과 같은 방향으로 작휴하면 풍식이 커진다. 거친 경운은 토양이 건조되어 토양 침식이 커진다.

(4) 토립의 이동

① **약동** : 토양입자들이 지표면을 따라 튀면서 날아오르는 것으로 조건에 따라 차이는 있지만, 전체 이동의 50~76%를 차지한다.

② **포행** : 바람에 날리기에 무거운 큰 입자들은 입자들의 충격에 의해 튀어 굴러서 이동하는 것으로, 전체 입자 이동의 2~25%를 차지한다.

③ **부유** : 세사보다 작은 먼지들이 보통 지표면에 평행한 상태로 수 미터 이내 높이로 날아 이동하나 그 일부는 공중 높이 날아올라 멀리 이동하게 되는데 일반적으로 전체 이동량의 약 15%를 넘지 않으며 특수한 경우에도 40%를 넘지 않는다.

(5) 풍식의 대책

① 방풍림, 방풍울타리 등을 조성한다.

② 피복식물을 재배한다.

③ 이랑을 풍향과 직각으로 한다.

④ 관개하여 토양을 젖어 있게 한다.

⑤ 물을 가두어 담수상태로 한다.

⑥ 겨울에 건조하고 바람이 센 지역은 높이베기로 그루터기를 이용해 풍력을 약화시키며 지표에 잔재물을 그대로 둔다.

Section 03 토양오염

1 중금속오염

(1) 토양오염의 개념

1) 정의

인간의 활동으로 만들어지는 여러 가지 물질이 토양에 들어감으로써 그 성분이 변화되어 환경 구성 요소로서의 토양 기능에 악영향을 미치는 것

2) 오염원의 분류

① 점오염원 : 지하저장탱크, 유기폐기물처리장, 일반폐기물처리장, 지표저류시설, 정화조, 부적절한 관정 등

② 비점오염원 : 농약과 비료, 산성비 등

(2) 오염 경로

1) 비료의 과다 시용에 의한 염류집적

① 작물을 재배하면서 증산을 위해 사용하는 화학비료의 투여량 중 작물에 이용되지 못하고 상당량의 비료 성분이 토양 중에 남게 된다.

② 토양에 잔류한 비료 성분은 빗물에 의해 지하로 스며든 후 확산되지 못하고 경지에 계속 축적될 경우 염류집적 현상이 일어난다.

2) 유류의 의한 토양오염

① 유류저장탱크, 주유소 등의 저장시설의 노후로 파이프 연결 부위나 저장탱크 틈새로 기름이 새어 나와 토양을 오염시킨다.

② 새어 나온 기름은 토양 중 기공을 막아 토양생태계를 마비시킨다.

3) 유통물질에 의한 토양오염

화학공장과 같은 유해물질을 생산 저장하는 공장, 공단의 경우 유해화학물질의 누출에 의해 토양이 오염될 수 있다.

4) 광산폐기물에 의한 토양오염

폐광산에서 유출되는 광석과 광석 잔재물에 남아있는 각종 유해 중금속들이 토양오염을 유발할 수 있다.

5) 폐기물에 의한 오염

산업의 발달에 따라 배출되는 많은 폐기물과 유독물질이 토양오염의 주요 요인으로 작용한다.

6) 대기와 수질오염물질에 의한 토양오염

배출된 대기오염물질이 공기 중에 떠돌다 빗물에 의해 땅속으로 스며들게 되는 경우로 공장이나 공단 주변이 특히 심하다.

(3) 중금속과 작물의 재배

① 금속광산 폐수 등이 농경지에 들어가면 대부분 토양에 축적된다.

② 식물의 중금속의 흡수는 지나친 경우 세포가 사멸한다.

③ 소량의 경우 호흡 작용이 저해된다.

④ 중금속 피해 감소를 위해서는 토양 중 유해 중금속을 불용화시켜야 한다.

⑤ 유해 중금속의 불용화 정도 : 황화물 < 수산화물 < 인산염 순으로 크다.

(4) 중금속의 해작용

① 인체에 미치는 해작용

수은(Hg)	• 미나마타병의 원인물질이다. • 중추신경계통에 장애를 준다. • 언어장애, 지각장애 등
납(Pb)	• 다발성 신경염, 뇌, 신경장애 등 신경계통에 마비를 일으킨다.
카드뮴(Cd)	• 이타이이타이병의 원인물질이다. • 골연화증, 빈혈증, 고혈압, 식욕부진, 위장장애 등을 일으킨다.
크롬(Cr)	• 피부염, 피부궤양을 일으킨다. • 코, 폐, 위장에 점막을 생성하고 폐암을 유발한다.
비소(As)	• 피부점막, 호흡기로 흡입되어 국소 및 전신마비, 피부염, 색소 침착 등을 일으킨다.
구리(Cu)	• 만성중독 시 간경변을 유발한다. • 특히 식물성 플랑크톤에 독성이 강하다.
알루미늄(Al)	• 투석치매, 파킨슨치매와 관련이 있다. • 알츠하이머병의 유발인자로 의심되고 있다.

② 식물에 미치는 해작용

수은(Hg)	• 알킬수은화합물이 가장 유독하다. • 금속수은은 토양 내에서 불활성 상태로 존재하기 때문에 작물에 의해 흡수되지 않으며 강우에 의해 지표로부터 용해되어 유출되기도 어렵다. • Hg^{2+}이 메탄박테리아에 의하여 메틸수은으로 되며 물에 가용성이 되고, 먹이연쇄를 통하여 동물에 흡수, 축적될 수 있다.
니켈(Ni)	• 식물의 생육에 독성이 큰 물질로 알려져 있다. • 니켈은 인산 및 철과 같은 원소와 경합하여 체내대사를 방해한다. • 모래를 제외한 일반적인 토양에 장기적으로 흡착되어 소량만 침출된다. • Zn보다 독성이 강하지만 Ca^{2+}이 공존하는 경우 Ni의 독성을 감소시키게 된다.
카드뮴(Cd)	• 모래를 제외한 토양에 장기간 흡착되어 소량이 침출된다. • 침출 정도는 Co, Ni 보다 크며, 농작물 자체에 미치는 영향은 알려진바 없으나 먹이사슬을 통해 사람에게 영향을 주는 가장 위험한 금속이다. • 환원상태에서는 용해도가 낮은 황화합물 형태로 존재한다.
크롬(Cr)	• 토양내에서는 $Cr-Cr^{3+}$으로 거의 불용성으로 존재한다. • Cr^{3+}보다 Cr^{6+}이 작물생육에 더 많은 장해를 초래한다.

비소(As)	• As^{5+}보다 As^{3+}이 독성이 강하다. • 밭토양보다는 논토양에서 피해가 크다.
구리(Cu)	• 구리를 다량 함유한 토양은 철(Fe) 결핍을 초래한다. • 녹색부분의 백화현상을 유발한다. • 구리는 아연(Zn)과 길항적으로 작용한다. • 구리(Cu)는 몰리브덴(Mo)의 흡수를 억제한다. • Mo이 다량일 때는 Cu의 결핍을 초래한다. • 토양유기물과는 킬레이트결합을 하여 난용화된다.

(5) 식물의 중금속 억제 방법

① 담수재배 및 환원물질의 시용
② 석회질 비료의 시용
③ 유기물 시용
④ 인산물질의 시용으로 인산화물 불용화
⑤ **점토광물의 시용으로 흡착에 의한 불용화** : 지오라이트, 벤토나이트 등
⑥ 경운, 객토 및 쇄토
⑦ 중금속 흡수 식물의 재배

2 잔류농약

① 농작물, 물, 토양에 잔류하는 유독농약이 잔류하거나 농약 성분이 화학적으로 변화하여 생성된 물질이 잔류하는 경우와 작물 속 등에 잔류하여 식품으로 섭취하는 경우 사람, 가축의 체내로 이행한다.
② 유기염소계농약(BHC, DDT 등)은 잔류성이 길어 오염문제가 발생하며 유기인계농약(파라치온 등)은 잔류성이 비교적 짧다.

3 염류집적의 대책

(1) 염류집적

① 염류집적은 토양 수분이 적고 산성토양일수록 심하다.
② 염류의 농도가 높으면 삼투압에 의한 양분의 흡수가 이루어지지 못한다.
③ 유근의 세포가 저해 받아 지상부 생육장해와 심한 경우 고사한다.

(2) 대책

① 유기물의 시용
② 담수처리
③ 객토 및 심경
④ 피복물의 제거
⑤ **흡비작물 이용** : 옥수수, 수수, 호밀, 수단그라스 등

Chapter 4

적중예상문제

저자쌤의 문제풀이 Tip

기술자격증 시험은 문제은행식 출제로 반복되는 문제들이므로 되도록 모든 문제를 풀어보고 숙지하여야 한다.

Chapter 01 토양생성

01 토양에 대한 설명으로 틀린 것은?

① 토양은 광물입자인 무기물과 동식물의 유체인 유기물, 그리고 물과 공기로 구성되어 있다.
② 토양의 삼상은 고상, 액상, 기상이다.
③ 토양 공극의 공기의 양은 물의 양에 비례한다.
④ 토양공기는 지상의 대기보다 산소는 적고 이산화탄소는 많다.

해설 기상과 액상은 반비례관계를 보인다.

02 토양의 기능이 아닌 것은?

① 동식물에게 삶의 터전을 제공한다.
② 작물 생산재배지로서 작물을 지지하거나 양분을 공급한다.
③ 오염물질 등의 폐기물과 물을 여과한다.
④ 독성이 강한 중금속 성분을 작물에 공급한다.

해설 **토양의 기능**

- 재생 가능한 에너지와 가공하지 않은 재료의 제공 등 생물질을 생산한다.
- 저장과 정화
  - ㉠ 저수기능 : 지하수보존, 홍수조절
  - ㉡ 오염된 물의 정수기능
  - ㉢ 토양 오염물질의 정화
- 동 · 식물의 생존을 위한 공간과 물질 및 생물을 제공한다.
- 높은 완충성으로 자연의 급속한 환경 변화에 저항한다.

03 토양의 기능이 아닌 것은?

① 생물질의 생산
② 오염물질의 축적
③ 생물학적 서식지 제공
④ 자연 환경 변화에 대한 완충작용

해설 오염물질의 정화 기능을 한다.

04 화성암을 산성, 중성, 염기성으로 나누는 기준은 무엇인가?

① CaS ② SiO_2
③ $CaCO_3$ ④ $MgCO_3$

해설 **규산(SiO_2)의 함량에 따른 화성암의 분류**

규산함량 / 생성위치	산성암 65~75%	중성암 55~65%	염기성암 40~55%
심성암	화강암	섬록암	반려암
반심성암	석영반암	섬록반암	휘록암
화산암	유문암	안산암	현무암

05 규산함량이 가장 높은 화성암은?

① 섬록암 ② 현무암
③ 화강암 ④ 반려암

해설 **규산함량에 따른 분류**

- 산성암 : 화강암, 유문암(65~75%)
- 중성암 : 섬록암(55~65%)
- 염기성암 : 반려암, 현무암(40~55%)

06 화성암으로 옳은 것은?

① 사암 ② 안산암
③ 혈암 ④ 석회암

해설 ①, ③, ④는 퇴적암에 해당된다.

1.③ 2.④ 3.② 4.② 5.③ 6.②

07 우리나라의 주요광물인 화강암의 생성위치와 규산함량이 바르게 짝지어진 것은?
① 생성위치 – 심성암, 규산함량 – 65% 이상
② 생성위치 – 심성암, 규산함량 – 55% 이하
③ 생성위치 – 반심성암, 규산함량 – 65% 이상
④ 생성위치 – 반심성암, 규산함량 – 55% 이하

해설 화강암은 생성위치로는 심성암, 규산함량 65% 이상의 산성암에 해당된다.

08 화성암에 가장 많이 들어 있는 1차 광물은?
① 석영 ② 장석
③ 각섬석 ④ 휘석

해설 장석 > 각섬석 · 휘석 > 석영 > 운모의 순이다.

09 다음 광물 중 풍화되기 가장 어려운 것은?
① 흑운모 ② 휘석
③ 석영 ④ 석고

해설 풍화에 강한 것은 석영, 자철광 점토광물 등이고, 풍화에 약한 것은 석고, 백운석 등이다.

10 화강암이 변성되어 형성된 암석은?
① 편마암
② 결정편암
③ 규암
④ 대리석

해설 **변성암**
- 화강암 → 편마암
- 현무암 → 결정편암
- 혈암 → 점판암 → 천매암
- 석회암 → 대리석
- 사암 → 규암

11 토양에 주로 많이 들어 있는 화학적 성분은?
① Si ② Al
③ Fe ④ Ca

해설 **토양의 화학 조성(많은 양 순서)**
O > Si > Al > Fe = C = Ca > K > Na > Mg > Ti

12 물에 의해 일어나는 기계적 풍화 작용에 속하지 않는 것은?
① 침식작용 ② 운반작용
③ 퇴적작용 ④ 합성작용

해설 합성은 화학적 작용에 해당된다.

13 다음에서 설명하는 모암은?

- 우리나라 제주도 토양을 구성하는 모암이다.
- 어두운 색을 띠며 치밀한 세립질의 염기성암으로 산화철이 많이 포함되어 있다.
- 풍화되어 토양으로 전환되면 황적색의 중점식토로 되고, 장석은 석회질로 전환된다.

① 화강암 ② 석회암
③ 현무암 ④ 석영조면암

해설 현무암은 사장석, 휘석으로 구성되어 있으며 산화철이 풍부한 황적색의 중점식토가 많다.

14 암석의 변성 작용을 일으키는 중요한 힘은?
① 수분과 지압 ② 지열과 풍압
③ 지압과 지열 ④ 수분과 빛

해설 화성암과 퇴적암이 지열과 지압에 의하여 성질과 조직이 크게 변하여 변성암으로 변하는데, 이를 변성 작용이라 한다.

15 암석의 화학적인 풍화 작용을 유발하는 현상이 아닌 것은?
① 산화 작용 ② 가수분해 작용
③ 수축팽창 작용 ④ 탄산화 작용

해설 수축과 팽창 작용은 물리적 풍화 작용을 유발한다.

16 물리적 풍화 작용에 속하는 것은?
① 가수분해 작용
② 탄산화 작용
③ 빙식 작용
④ 수화 작용

해설 ①, ②, ④는 화학적 풍화 작용이다.

7.① 8.② 9.③ 10.① 11.① 12.④ 13.③ 14.③ 15.③ 16.③

17 석회암지대의 천연동굴은 사람이 많이 드나들면 호흡 때문에 훼손이 심화될 수 있다. 천연동굴의 훼손과 가장 관계 깊은 풍화 작용은?

① 가수분해(hydrolysis)
② 산화 작용(oxidation)
③ 탄산화 작용(carbonation)
④ 수화 작용(hydration)

해설 **탄산화 작용**
이산화탄소가 물에 용해되어 탄산이 되고 방해석과 반응하여 화학용액이 되는 작용을 탄산화 작용이라고 하며, 광물질의 붕괴와 분해는 삼투수의 수소이온의 존재 하에서 가속화된다.

$$CO_2 + H_2O \rightarrow H_2CO_3 \rightarrow H^+ + HCO_3^-$$

이산화탄소 물 탄산 수소이온 탄산이온

18 다음 중 풍화물의 성질이 다른 것은?

① 홍암 평지 ② 사구
③ 하성충적토 ④ 삼각주

해설 사구는 풍적토이다.

19 토양이 자연의 힘으로 다른 곳으로 이동하여 생성된 토양 중 중력의 힘에 의해 이동하여 생긴 토양은?

① 정적토 ② 붕적토
③ 빙하토 ④ 풍적토

해설 **붕적토**
암석편이 높은 곳에서 중력에 의해 낮은 곳으로 이적된 것이다.

20 우리나라 논토양의 퇴적양식은 어떤 것이 많은가?

① 충적토
② 붕적토
③ 잔적토
④ 풍적토

해설 충적토는 토양의 생성 작용에 의하여 크게 변화하지 않는 하천의 충적층과 관련된 토양으로서 범람원, 삼각주, 선상지에서 주로 나타난다. 우리나라 논토양의 대부분을 차지하며 토양단면은 층상을 이루고 있다.

21 ( ) 안에 알맞은 내용은?

하천의 유수에 의하여 형성된 것으로, 지형에 따라 생성양식이 달라 홍함평지, 삼각주 등에서 주로 나타나는 것은 ( )이다.

① 잔적토
② 붕적토
③ 충적토
④ 풍적토

해설 **충적토**
토양이 다른 곳으로 옮겨져 쌓인 흙으로 무엇에 의해 옮겨졌느냐에 따라 수적토, 빙하토, 풍적도, 화산회토 등으로 구분한다.

22 다음 중 운적토의 특징이 아닌 것은?

① 토층이 깊다.
② 토양 입자가 둥글다.
③ 부식이 많아 흙색이 검다.
④ 평야를 이루며 농경지로 알맞다.

해설 정적토의 특징에 해당한다.

23 유기물이 가장 많이 퇴적되어 생성된 토양은?

① 이탄토
② 붕적토
③ 선상퇴토
④ 하성충적토

해설 지하 1m 이하의 얕은 곳에 미분해된 이탄층은 지표부분에서는 분해가 진척되어 토양화된 것이다. 보통 표토에서도 50% 이상의 유기물 함유율을 나타내어 농업생산력은 낮다.

24 우리나라 산지토양은 어느 것에 속하는가?

① 잔적토
② 충적토
③ 풍적토
④ 하성토

해설 우리나라 산지토양은 암석이 풍화하여 우리나라의 기후와 식생에 맞게 발달한 잔적토로 이루어져 있다.

17.③ 18.② 19.② 20.① 21.③ 22.③ 23.① 24.①

25 다음 중 생물적 풍화 작용에 해당하는 설명으로 옳은 것은?

① 암석광물은 공기 중의 산소에 의해 산화되어 풍화 작용이 진행된다.
② 미생물은 황화물을 산화하여 황산을 생성하고 이는 암석의 분해를 촉진한다.
③ 산화철은 수화 작용을 받으면 침철광이 된다.
④ 정장석이 가수분해 작용을 받으면 점토가 된다.

해설 ①, ③, ④는 화학적 풍화 작용에 해당된다.

26 토양생성에 관여하는 인자 중 가장 광범위하게 영향을 미치는 인자는?

① 기후 ② 지형
③ 식생 ④ 모재

해설 토양 발달에 대해 가장 영향력이 큰 것은 강우량과 온도 및 공기의 상대습도 등의 기후적 요인이다.

27 토양생성에 가장 큰 영향을 미치는 토양생성인자로서 특히 성대성 토양의 생성에 영향을 미치는 인자는?

① 모재 ② 기후
③ 지형 ④ 지하구조

해설
- 성대성 토양 : 기후와 식생의 영향을 받아 생성된 토양
- 간대성 토양 : 지형, 모재, 시간 등의 영향을 받아 생성된 토양

28 염류 토양생성에 특히 크게 작용하는 요인은?

① 생물적 작용 ② 시간
③ 식생 ④ 기후

해설 건조한 기후 지역이나 배수가 좋지 못한 토양에서 그 상부층위의 염류 농도는 높아진다.

29 토양단면상에서 확연한 용탈층을 나타나게 하는 토양생성 작용은?

① 회색화 작용 ② 라토졸화 작용
③ 석회화 작용 ④ 포드졸화 작용

해설 포드졸은 냉온대로부터 온대의 습윤한 기후에서 침엽수 또는 침엽-활엽 혼림지에 생성되기 쉬운 토양으로 상부층의 Fe, Al이 유기물과 결합하여 하층으로 이동하므로 용탈층과 집적층을 갖게 된다.

30 토양생성의 주요 원인과 관련이 없는 것은?

① 모재의 종류와 성질
② 기온과 강우량
③ 생물의 종류
④ 그 지역의 지형

해설 **토양생성의 주요 요인**
모재의 종류와 성질, 기후(기온과 강우량), 자연적 식생, 그 지역의 지형, 모재가 토양생성을 받는 시간

31 다음 중 포드졸 토양의 화학적 조성과 관련이 없는 내용은?

① 용탈층 ② 탈규산화
③ 집적층 ④ 표백층

해설 포드졸 토양의 용탈층에는 안정된 석영과 비정질의 규산이 남아서 백색의 표백층을 형성한다.

32 논 작토층이 환원되어 하층부에 적갈색의 집적층이 생기는 현상을 가진 논을 칭하는 용어는?

① 글레이화 ② 라테라이트화
③ 특이산성화 ④ 포드졸화

해설 포드졸화는 한랭습윤 침엽수림(소나무, 전나무 등) 지대에서 토양의 무기성분이 산성 부식질의 영향으로 용탈되어 표토로부터 하층토로 이동하여 집적되는 것을 말한다.

33 물에 잠겨있는 논토양은 산소가 부족하여 토양 내 Fe, Mn, S가 환원상태로 되므로 토양층은 청회색, 청색을 띠게 되는데 이러한 과정을 무엇이라 하는가?

① 포드졸화 과정 ② 라토졸화 작용
③ 글레이화 작용 ④ 염류화 작용

해설 지하 수위가 높은 저지대나 배수가 좋지 못한 토양 그리고 물에 잠겨있는 논토양은 산소가 부족하여 토양 내의 철, 망간 및 황은 환원 상태로 되므로 토양층은 청회색, 청색 또는 녹색을 띠는데, 이것을 글레이화 작용이라 한다.

25.② 26.① 27.② 28.④ 29.④ 30.③ 31.② 32.④ 33.③

34 다음 중 토양의 생성 및 발달에 대한 설명으로 틀린 것은?

① 한랭습윤한 침엽수림지대에서는 포드졸 토양이 발달한다.
② 고온다습한 열대 활엽수림지대에서는 레토졸 토양이 발달한다.
③ 경사지는 침식이 심하므로 토양의 발달이 매우 느리다.
④ 배수가 불량한 저지대는 황적색의 산화토양이 발달한다.

해설 배수가 불량한 저지대는 토양 수분의 과습으로 환원상태가 되므로 환원토양이 발달한다.

35 한랭습윤지역에 생성된 포드졸 토양의 설명으로 옳은 것은?

① 용탈층에는 규산이 남고, 집적층에는 Fe 및 Al이 집적된다.
② 용탈층에는 Fe 및 Al이 남고, 집적층에는 염기가 집적된다.
③ 용탈층에는 염기가 남고, 집적층에는 규산이 집적된다.
④ 용탈층에는 염기가 남고, 집적층에는 Fe 및 Al이 집적된다.

해설 **포드졸 토양의 특징**

- 표층에는 규산이 풍부한 표백층(A2)이다.
- 표백층 하부에는 알루미늄, 철, 부식 집적층(B2)이 형성된다.
- 특수한 환경에서는 열대 · 아열대 지역에서도 포드졸화가 진행되는 경우가 있다.

36 토양 층위를 지표부터 지하 순으로 옳게 나열한 것은?

① R층 → A층 → B층 → C층 → O층
② O층 → A층 → B층 → C층 → R층
③ R층 → C층 → B층 → A층 → O층
④ O층 → C층 → B층 → A층 → R층

해설 **토층의 구분**
토층은 O층, A층, B층, C층, R층의 5개 층으로 크게 구분한다.

37 토양생성학적 층위명에 대한 일반적 설명으로 틀린 것은?

① O층에는 O1, O2층이 있다.
② A층에는 A1, A2, A3층이 있다.
③ B층에는 B1, B2, B3층이 있다.
④ C층에는 C1, C2, R층이 있다.

해설 **토층의 구분**

O1	유기물층		유기물의 원형을 육안으로 식별할 수 있는 유기물 층
O2			유기물의 원형을 육안으로 식별할 수 없는 유기물 층
A1	용탈층	성토층	부식화된 유기물과 광물질이 섞여 있는 암흑색의 층
A2			규산염 점토와 철, 알루미늄 등의 산화물이 용탈된 담색층(용탈층)
A3			A층에서 B층으로 이행하는 층위이나 A층의 특성을 좀 더 지니고 있는 층
B1	집적층		A층에서 B층으로 이행하는 층위이며 B층에 가까운 층
B2			규산염 점토와 철, 알루미늄 등의 산화물 및 유기물의 일부가 집적되는 층(집적층)
B3			C층으로 이행하는 층위로서 C층보다 B층의 특성에 가까운 층
C	모재층		토양생성 작용을 거의 받지 않은 모재층으로 칼슘, 마그네슘 등의 탄산염이 교착상태로 쌓여 있거나 위에서 녹아 내려온 물질이 엉켜서 쌓인 층
R	모암층		C층 밑에 있는 풍화되지 않는 바위층(단단한 모암)

38 토양단면의 골격을 이루는 기본토층 중 무기물층은?

① O층
② E층
③ C층
④ A층

해설
- O층 : 유기물층
- C층 : 모재층
- A층 용탈층으로 무기물층
- B층 : 집적층
- R층 : 모암층

34.④ 35.① 36.② 37.④ 38.④

39 잘 분화된 토양단면에서 최대 집적층을 나타내는 층은?

① B1층 ② B2층
③ A층 ④ O층

해설 B2층은 B층의 특성을 최대로 지니고 있는 층위로서, 특히 규산질 점토, 철 및 유기물이 최대로 집적하거나 괴상 및 주상구조가 잘 발달된 층위이다.

40 토양단면을 나타내는 기호의 설명이 잘못 연결된 것은?

① O층 – 유기물층
② A층 – 용탈층
③ B층 – 무기물층
④ R층 – 기암

해설 B층 - 집적층

41 논토양의 토층분화에 대한 설명으로 바른 것은?

① 용탈층과 집적층이 생기는 현상
② 논에서 산화층과 환원층이 구분되는 현상
③ 토양의 탈질 현상
④ 암석의 상부가 풍화되어 토양층이 생기는 것

해설 논에서 표층은 적갈색을 띤 산화층이고, 그 밑의 작토층은 청회색을 띤 환원층이 되는데, 이를 토층분화라고 한다.

42 신토양분류법의 분류체계에서 가장 하위 단위는 어느 것인가?

① 목 ② 속
③ 통 ④ 상

해설 신(형태론적) 분류단위 : 목 - 아목 - 대군 - 아군 - 속 - 통

43 토양생성 요인 중 지형, 모재 및 시간 등의 영향이 뚜렷하게 나타나는 토양은?

① 성대성토양
② 간대성토양
③ 무대성토양
④ 열대성토양

해설

목	토양단면의 특징	작용인자	주요 대토양군
성대 토양	기후와 식생의 영향이 뚜렷	한랭, 습윤, 침엽수	포드졸
		한랭, 반습윤, 초본	체르노젬 (윤색토)
		온난, 습윤, 침엽수, 낙엽수	적황색토
		고온, 습윤, 활엽수	라토졸
간대 토양	지형과 모재의 영향이 뚜렷	건조 지대에서 배수 불량	퇴화 염류토
		지대가 낮고 배수 불량	회색토
		석회 함량이 많은 모래	갈색 산림토
무대 토양	토양단면에 특징이 아직 없는 어린 토양	풍화에 대한 저항성이 크고 침식 또는 퇴적이 빠르며 풍화 기간이 짧다.	암쇄토 퇴적토 충적토

44 우리나라에 분포되어 있지 않은 토양목은?

① 인셉티솔(Inceptisol)
② 엔티솔(Entisol)
③ 젤리솔(Gelisol)
④ 몰리솔(Mollisol)

해설
- 인셉티솔(Inceptisol) : 우리나라 토양의 69.2%
- 엔티솔(Entisol) : 우리나라 토양의 13.7%
- 몰리솔(Mollisol) : 우리나라 토양의 0.1%

45 토양의 형태론적 분류에서 석회가 세탈되고, Al과 Fe이 하층에 집적된 토양에 해당되는 토양목은 어느 것인가?

① Uitisol
② Aridisol
③ Andisol
④ Alfisol

해설 알피졸(Alfisol)
- 생성조건 : 온난습윤한 열대 또는 아열대기후에서 생성된다.
- 표층에서 용탈된 점토가 B층에 집적되는 특징을 가지고 있으며 염기포화도가 35% 이상이다.
- 우리나라 토양의 2.9%를 차지한다.

39.② 40.③ 41.② 42.③ 43.② 44.③ 45.④

46 다음 중 우리나라 토양에서 가장 분포가 많은 토양목은?

① 인셉티솔(Inceptisol)
② 알피졸(Alfisol)
③ 엔티솔(Entisol)
④ 히스토졸(Histosol)

해설
- 인셉티솔(Inceptisol) : 우리나라 토양의 69.2%
- 알피졸(Alfisol) : 우리나라 토양의 2.9%
- 엔티솔(Entisol) : 우리나라 토양의 13.7%
- 히스토졸(Histosol) : 우리나라에서는 0.004%가 분포되어 거의 없는 것과 같다.

Chapter 02 토양의 성질

01 토양의 비옥도 유지 및 증진방법으로 옳지 않은 것은?

① 토양 침식을 막아준다.
② 토양의 통기성, 투수성을 좋게 만든다.
③ 유기물을 공급하여 유용미생물의 활동을 활발하게 한다.
④ 단일 작목 작부체계를 유지시킨다.

해설 단일 작목 작부체계인 연작은 특정 양분의 수탈에 의한 양분의 부족현상이 나타나며 또한 잔비량의 증가로 염류집적이 일어날 수 있다.

02 지력을 향상시키는 방법이 아닌 것은?

① 토심을 깊게 한다.
② 단립구조를 만든다.
③ 토양 pH는 중성으로 만든다.
④ 토성은 사양토, 식양토로 만든다.

해설 지력향상을 위해서는 단립구조가 아닌 입단구조가 유리하다.

03 지력이 감퇴하는 원인이 아닌 것은?

① 토양의 산성화
② 토양의 영양 불균형화
③ 특수비료의 과다시용
④ 부식의 시용

해설 부식의 시용은 유기물의 공급으로 지력이 증진된다.

04 작토의 요건으로 부적당한 것은?

① 유기물함량이 많을 것
② 유효 성분이 많을 것
③ 토색은 회색을 띨 것
④ 입단 구조가 발달할 것

해설 부식함량이 많아 검은색을 띤 것이 좋다.

05 토양의 비옥도를 쉽게 알 수 있는 지표는?

① 토양 수분 ② 토양색
③ 토양 구조 ④ 공극량

해설 온난 지역의 토양이 어두운색인 것은 고도로 분해된 유기물 때문이다.

06 지력을 향상시키고자 할 때 부적절한 방법은?

① 작목을 교체 재배한다.
② 화학비료를 가급적 많이 사용한다.
③ 논과 밭 상태를 전환하면서 재배한다.
④ 녹비 작물을 재배한다.

해설 화학비료를 과도하게 주면 지력이 쇠퇴하고 화학비료 속에 녹아 있는 질산이나 인산에 의해 지하수나 수질이 오염될 수 있다.

07 다음 중 토양의 양분 보유력을 가장 증대시킬 수 있는 영농방법은?

① 부식질 유기물의 시용
② 질소비료의 시용
③ 모래의 객토
④ 경운의 실시

해설 부식질 유기물의 시용은 토양의 입단화를 촉진시켜 보수력과 보비력을 크게 한다.

08 토양의 3상이 아닌 것은?

① 기상 ② 고상
③ 주상 ④ 액상

해설 **토양의 3상**
- 고상 : 유기물, 무기물인 흙
- 기상 : 토양공기
- 액상 : 토양 수분

46.① / 1.④ 2.② 3.④ 4.③ 5.② 6.② 7.① 8.③

09 토양의 3상과 거리가 먼 것은?

① 토양입자 ② 물
③ 공기 ④ 미생물

해설 토양의 3상은 토양을 구성하는 고체(흙), 액체(물), 기체(공기)이다.

10 토양의 3상 중 구성비율이 가장 큰 것은?

① 기상 ② 액상
③ 고상 ④ 같음

해설 토양은 어느 곳에서나 고상, 액상 및 기상의 3상으로 구성되어 있다. 구성 비율이 일정하지 않으나 그 비율은 대개 고상 50%, 액상 25%, 기상 25%이다.

11 다음 중 가장 작은 토양입자는?

① 자갈 ② 모래
③ 미사 ④ 점토

해설

토양입자의 구분			입경(mm)	
			미국농무성법	국제토양학회법
자갈			2.00 이상	2.00 이상
세토	모래	매우 거친 모래	2.00~1.00	-
		거친 모래	1.00~0.50	2.00~0.20
		보통 모래	0.50~0.25	-
		고운 모래	0.25~0.10	0.20~0.02
		매우 고운 모래	0.10~0.05	-
	미사		0.05~0.002	0.02~0.002
	점토		0.002 이하	0.002 이하

12 토양을 자갈과 세토로 분류할 때 세토의 크기는 입경 몇 이하인가?

① 0.02mm ② 0.2mm
③ 2mm ④ 3mm

해설 자갈은 입경 2mm 이상, 세토는 입경 2mm 이하이다.

13 다음 중 토양의 단면을 구성하는 입자의 크기로 틀린 것은?

① 점토 : 0.002mm 이하
② 미사 : 0.002~0.02mm
③ 모래 : 0.02~2mm
④ 표토 깊이 : 1~2mm

해설 지표면 깊이 : 1~2m, 표토 깊이 : 7~25cm

14 Hydrometer법에 따라 토성을 조사한 결과 모래 34%, 미사 35%였다. 조사한 이 토양의 토성이 식양토일 때 점토함량은 얼마인가?

① 21% ② 31%
③ 35% ④ 38%

해설 모래 34%, 미사 35%이므로 점토함량은 100−34−35=31이 된다.

15 토성에 관한 설명으로 틀린 것은?

① 토양입자의 성질에 따라 구분한 토양의 종류를 토성이라 한다.
② 식토는 토양 중 가장 미세한 입자로 물과 양분을 흡착하는 힘이 작다.
③ 식토는 투기와 투수가 불량하고 유기질 분해 속도가 늦다.
④ 부식토 세토(세사)가 부족하고, 강한 산성을 나타내기 쉬우므로 점토를 객토해 주는 것이 좋다.

해설 물과 양분을 흡착하는 힘이 커서 보수력과 보비력이 좋다.

16 토성 결정의 고려대상이 아닌 것은?

① 모래
② 미사
③ 유기물
④ 점토

해설 토양 중 모래, 미사, 점토의 비율을 조사해 토성을 판정한다.

17 토양의 물리적 성질로서 토양 무기질 입자의 입경조성에 의한 토양분류를 무엇이라 하는가?

① 토립
② 토성
③ 토색
④ 토경

해설 토성은 토양입자의 입경에 따라 나눈 토양의 종류로 모래와 미사 및 점토의 구성비로 토양을 구분하는 것이다.

9.④ 10.③ 11.④ 12.③ 13.④ 14.② 15.② 16.③ 17.②

18 토양을 구성하고 있는 입자의 굵기에 따른 구성 비율을 무엇이라 하는가?

① 토양 구조 ② 토양 생성
③ 토양 밀도 ④ 토성

해설 토양 구조란 각 토양 입자가 배열되어 있는 상태를 말한다.

19 다음 중 토양의 입경 분포와 관련 있는 것은?

① 토양 구조 ② 토양 밀도
③ 토양 반응 ④ 토성

해설 입경 분포란 자갈, 모래, 미사 점토의 분포를 말하는데, 그 분포 비율에 의한 토양분류를 토성이라고 한다.

20 토양의 입경 조성에 따른 토양의 분류를 뜻하는 것은?

① 토양의 화학성 ② 토성
③ 토양통 ④ 토양 반응

해설 토성은 토양입자의 입경에 따라 나눈 토양의 종류로 모래와 미사 및 점토의 구성비로 토양을 구분하는 것

21 점토함량이 가장 많은 토성은?

① 사양토 ② 양토
③ 식양토 ④ 식토

해설 점토의 함량 : 식토 > 식양토 > 양토 > 사양토 > 사토

22 점토질 토양의 특징이 아닌 것은?

① 함수율이 높다.
② 유기물 분해력이 빠르다.
③ 바람의 저항도가 강하다.
④ 쉽게 응집된다.

해설 점토질은 유기물 분해력이 느리다.

23 토양입자의 크기가 갖는 의미로 틀린 것은?

① 토양의 모래·미사, 점토함량을 알면 토양의 물리적 성질에 대한 많은 정보를 알 수 있다.
② 모래함량이 많은 토양은 배수성과 투수성이 크지만 양분을 보유하는 힘이 약하다.
③ 미사가 많은 토양은 배수성과 양분보유능이 매우 크다.
④ 점토가 많은 토양은 양분과 수분을 보유하는 힘은 강하지만 배수성은 매우 나빠진다.

해설 점토가 많은 토양은 배수성과 양분보유능이 매우 크다.

24 다음 토양 중 과수 재배에 적당한 것은?

① 사토 ② 점토
③ 사양토 ④ 식토

해설 과수의 뿌리가 토층 깊이 뻗어 나갈 수 있는 사양토가 적당하다.

25 다음 중 양이온교환용량이 가장 큰 것은?

① 자갈 ② 모래
③ 미사 ④ 부식

해설 양이온교환용량은 음전기를 띠고 있는 점토나 유기물(부식)의 함량이 높을수록 크다.

26 토양입자의 자연적인 배열 상태를 무엇이라 하는가?

① 토성 ② 토양 구조
③ 토양 밀도 ④ 토양 공극

해설 토양 구조란 각 토양입자가 배열되어 있는 상태를 말한다.

27 토양의 물리적 성질에 대한 설명으로 옳지 않은 것은?

① 모래, 미사 및 점토의 비율로 토성을 구분한다.
② 토양입자의 결합 및 배열 상태를 토양 구조라 한다.
③ 토양입자들 사이의 모든 공극이 물로 채워진 상태의 수분함량을 포장용수량이라 한다.
④ 토양은 공기가 잘 유통되어야 작물 생육에 이롭다.

해설 토양입자들 사이의 모든 공극이 물로 채워진 상태의 수분함량을 최대용수량이라 한다.

18.④ 19.④ 20.② 21.④ 22.② 23.③ 24.③ 25.④ 26.② 27.③

28 토양의 물리적 성질이 아닌 것은?

① 토성　② 토양 온도
③ 토양색　④ 토양 반응

해설 토양 반응은 화학적 성질에 해당된다.

29 토양의 공극량에 관여하는 요인이 될 수 없는 것은?

① 토성　② 토양 구조
③ 토양 pH　④ 입단의 배열

해설 토양 pH는 화학적 성질로 물리적 성질에 해당되는 공극량에는 영향을 미치지 않는다.

30 주로 유기물이 많은 작토에서 생산되는 토양 구조는?

① 주상 구조　② 입상 구조
③ 괴상 구조　④ 판상 구조

해설 입상 구조는 토양 입자가 대체로 작은 구상체를 이루어 형성하며, 유기물이 많은 작토에서 많이 발견된다.

31 토양의 구조 중 입단의 세로축보다 가로축의 길이가 길고, 딱딱하여 토양의 투수성과 통기성을 나쁘게 하는 것은?

① 주상 구조
② 괴상 구조
③ 구상 구조
④ 판상 구조

해설 판상 구조
- 판모양의 구조 단위가 가로 방향으로 배열된 수평배열의 토괴로 구성된 구조이다.
- 투수성이 불량하다.
- 산림토양이나 논토양의 하층토에서 흔히 발견된다.

32 토양입자의 입단화를 촉진시키는 것은?

① Na^+　② Ca^{2+}
③ K^+　④ NH_4^+

해설 유기물이 미생물에 의해 분해되면서 미생물이 분비하는 점질물질이 토양입자를 결합시키며 석회는 유기물의 분해 촉진과 칼슘이온 등이 토양입자를 결합시키는 작용을 한다.

33 토양의 입단형성에 도움이 되지 않는 것은?

① Ca이온
② Na이온
③ 유기물의 작용
④ 토양개량제의 작용

해설 나트륨 이온(Na^+)은 알갱이들이 엉기는 것을 방해하므로, 이것이 많이 들어 있는 물질이 토양에 들어가면 토양의 물리적 성질을 악화시키게 된다.

34 토양의 입단화에 좋지 않은 영향을 미치는 것은?

① 유기물 시용
② 석회 시용
③ 칠레초석 시용
④ Krillium 시용

해설 칠레초석($NaNO_3$)은 나트륨염으로 입단 파괴요인이다.

35 입단구조의 생성 방법으로 잘못된 것은?

① 유기물 시용
② 토양의 노출
③ 점토 사용
④ 콩과 작물 재배

해설 토양을 피복하거나 피복작물을 심으면 유기물을 공급하고, 표토의 건조와 비바람의 타격, 그리고 토양 유실을 막아서 입단을 형성 유지하는 효과가 있다.

36 다음 중 입단구조 형성에 도움이 되지 않은 것은?

① 유기물 사용　② 지렁이 서식
③ 석회 사용　④ 잦은 땅 갈기

해설 입단구조의 형성 : 유기물과 석회의 사용, 콩과 작물의 재배, 토양의 피복, 토양개량제의 사용

37 입단구조의 발달과 유지를 위한 농경지 관리 대책으로 활용할 수 없는 것은?

① 석회물질의 시용
② 유기물의 시용
③ 목초의 재배
④ 토양 경운 강화

해설 잦은 경운은 형성된 입단을 파괴한다.

28.④ 29.③ 30.② 31.④ 32.② 33.② 34.③ 35.② 36.④ 37.④

38 토양 내 유기 및 무기 교질물의 입단 형성 및 안정화 효과가 가장 큰 것은?

① 유기물
② 산화철
③ 점토
④ 미생물의 점성 물질

해설 **유기 및 무기 교질물의 입단 형성 및 안정화 효과**
점토 < 유기물 < 산화철 < 미생물의 점성 물질

39 토양 구조의 입단화와 관련이 가장 깊은 토양 미생물은?

① 조류 ② 사상균류
③ 방사상균 ④ 세균

해설 사상균류는 신선 유기물이 토양 중에 가해지면 이를 분해하고 폴리우로니드를 분비하거나 미숙, 부식 등이 접착제로 작용하여 토양을 입단화한다.

40 토양 떼알구조의 이점이 아닌 것은?

① 양분의 유실이 많다.
② 지온이 상승한다.
③ 수분의 보유가 많다.
④ 익충 및 유효균의 번식이 왕성하다.

해설 입단구조는 대공극과 소공극이 고르게 발달하므로 투수성, 통기성, 보수력, 보비력이 모두 좋아진다.

41 입단구조의 생성에 대한 설명으로 가장 거리가 먼 것은?

① 양이온이 점토입자와 점토입자 사이에 흡착되어 입단을 형성한다.
② 유기물질의 수산기나 카르복실기가 점토광물과 결합하여 입단을 형성한다.
③ 식물뿌리가 완전히 분해되면서 생기는 탄산에 의하여 입단을 형성한다.
④ 폴리비닐, 크릴륨 등은 입자를 점착시켜 입단을 형성한다.

해설 **입단구조를 형성하는 주요 인자**

- 유기물과 석회의 시용 : 유기물이 미생물에 의해 분해되면서 미생물이 분비하는 점질물질이 토양입자를 결합시키며 석회는 유기물의 분해 촉진과 칼슘이온 등이 토양입자를 결합시키는 작용을 한다.
- 콩과 작물의 재배 : 콩과 작물은 잔뿌리가 많고 석회분이 풍부해 입단형성에 유리하다.
- 토양이 지렁이의 체내를 통하여 배설되면 내수성 입단구조가 발달한다.
- 토양의 피복 : 유기물의 공급 및 표토의 건조, 토양유실의 방지로 입단 형성과 유지에 유리하다.
- 토양개량제의 시용 : 인공적으로 합성된 고분자 화합물인 아크리소일(acrisoil), 크릴륨(krilium) 등의 작용도 있다.

42 토양의 밀도로 알 수 있는 토양의 성질은?

① 온도 ② 비열
③ 압력 ④ 공극량

해설 토양의 공극은 공기와 수분이 차 있는 부분이며, 주로 고체 입자의 배열 상태에 의해 결정된다.

43 토양의 평균적인 입자밀도는?

① $0.7mg/m^3$ ② $1.5mg/m^3$
③ $2.65mg/m^3$ ④ $5.4mg/m^3$

해설 **토양의 평균 입자밀도** : $2.65mg/m^3$

44 우리나라 화강암 모재로부터 유래된 토양의 입자밀도(진밀도)는?

① $1.20g \circ cm^{-3}$ ② $1.65g \circ cm^{-3}$
③ $2.30g \circ cm^{-3}$ ④ $2.65g \circ cm^{-3}$

해설 **토양의 평균 입자밀도** : $2.65mg/m^3$

45 화강암 사질 토양의 진비중이 2.6, 가비중이 1.2일 때의 토양 공극률(%)은?

① 35% ② 36%
③ 54% ④ 72%

해설

$$\text{공극률(\%)} = \left(\frac{\text{가비중}}{\text{진비중}}\right) \times 100$$
$$= 1-(1.2/2.6) = 54$$

46 다음 토양 중 일반적으로 용적밀도가 작고, 공극량이 큰 토성은?

① 사토 ② 사양토
③ 양토 ④ 식토

해설 입경이 작을수록 입자의 전체 표면적과 공극량은 증가한다.

38.④ 39.② 40.① 41.③ 42.④ 43.③ 44.④ 45.③ 46.④

47 다음 중 공극량이 가장 적은 토양은?

① 용적밀도가 높은 토양
② 수분이 많은 토양
③ 공기가 많은 토양
④ 경도가 낮은 토양

해설 토성에 따른 용적밀도와 공극량

토성	사토	사양토	양토	식양토	식토
용적밀도	1.6	1.5	1.4	1.2	1.1
공극량(%)	40	43	47	55	52

48 토양의 입자밀도가 2.65인 토양에 퇴비를 주어 용적밀도를 1.325에서 1.06으로 낮추었다. 다음 중 바르게 설명한 것은?

① 토양의 공극이 25%에서 30%로 증가하였다.
② 토양의 공극이 50%에서 60%로 증가하였다.
③ 토양의 고상이 25%에서 30%로 증가하였다.
④ 토양의 고상이 50%에서 60%로 증가하였다.

해설

$$\text{공극률(\%)} = \left\{ 1 \times \frac{\text{가비중}}{\text{진비중}} \right\}$$

공극률이 1−(1.325/2.65)=50%에서 1−(1.06/2.65)=60%가 된다.

49 다음은 경작지의 작토층에 대하여 토양의 무게(질량)를 산출하고자 한다. 아래를 참고하여 10a의 경작토양에서 10cm 깊이의 건조토양의 무게를 산출한 결과로 맞는 것은?

10cm 두께의 10a 부피	용적밀도
$100m^3$	$1.20g \cdot cm^{-3}$

① 100,000kg
② 120,000kg
③ 140,000kg
④ 160,000kg

해설 질량=밀도×부피=$1.20g \cdot cm^{-3}$×100×1,000,000cm^3
=120,000,000g=120,000kg
※ $1m^3$=1,000,000cm^3

50 용적비중(가비중) 1.3인 토양의 10a당 작토(깊이 10cm)의 무게는?

① 약 13톤 ② 약 130톤
③ 약 1,300톤 ④ 약 13,000톤

해설 토양의 무게=용적밀도×(경지면적×객토깊이)
=1.3×(1,000m^2×0.1m)=130톤
※ 1a=100m^2

51 10a의 논에 산적토를 이용하여 객토하려 한다. 객토심 10cm, 토양의 용적밀도(BD) 1.2g/cm^3의 조건으로 객토를 한다면 마른 흙으로 몇 톤의 흙이 필요한가?

① 1.2톤 ② 12톤
③ 120톤 ④ 1,200톤

해설 10a=1,000m^2
1,000m^2×0.1m(객토심)=100m^3,
100m^3×1.2g/cm^3(밀도)=120톤

52 다음 중 토양 수분을 나타내는 단위는?

① pH ② %
③ pF ④ g

해설 pF=pE, 통상 물기둥 높이의 대수로 표시한다.

53 수분함량이 충분한 토양의 경우, 일반적으로 식물의 뿌리가 수분을 흡수하는 토양 깊이는?

① 표토 30cm 이내
② 표토 40~50cm
③ 표토 60~70cm
④ 표토 80~90cm

해설 일반적으로 작물의 뿌리가 생육하는 작토층의 수분을 흡수하며, 작토층은 표토 30cm 이내이다.

54 다음 중 작물이 흡수하여 이용할 수 없는 수분으로 105℃로 가열하여도 분리시킬 수 없는 수분은?

① 모관수 ② 흡습수
③ 중력수 ④ 결합수

해설 결합수(=화합수, 결정수)는 점토광물에 결합되어 있는 분리시킬 수 없는 수분이다.

47.① 48.② 49.② 50.② 51.③ 52.③ 53.① 54.④

55 토양의 수분을 분류할 때 토양 수분함량이 가장 적은 상태는?

① 결합수(combined water)
② 흡습수(hygroscopic water)
③ 모세관수(capillary water)
④ 중력수(gravitational water)

해설 **결합수**
- PF 7.0 이상
- 화합수 또는 결정수라 하며 토양을 105℃로 가열해도 분리시킬 수 없는 점토광물의 구성요소로의 수분이다.
- 작물이 흡수, 이용할 수 없다.

56 큰 공극의 물이 중력에 의하여 제거된 후 모세관 작용에 의해 토양이 지니게 된 수분량을 무엇이라 하는가?

① 최대용수량 ② 최소용수량
③ 모세관용수량 ④ 포장용수량

해설 농경지에 관개 또는 강우로 많은 물이 가해지면 과잉수의 대부분은 큰 공극을 통하여 배제되고, 그 후 물의 표면 장력에 의한 모세관 작용으로 물의 이동이 계속되다가 이 작용에 의한 이동이 거의 정지되었을 때의 표층토의 수분을 말한다.

57 토양이 물로 포화된 상태에서 중력수가 빠져나간 후에 남아있는 물을 무엇이라 하는가?

① 포장용수량 ② 최대용수량
③ 최저용수량 ④ 위조점

해설 **포장용수량**
최대용수량 상태에서 중력수가 완전히 제거된 후 남아 있는 수분함량이다.

58 토양의 포장용수량에 대한 설명으로 옳은 것은?

① 모관수만이 남아 있을 때의 수분함량을 말하며 수분장력은 대략 15기압으로서 밭작물이 자리기에 적합한 상태를 말한다.
② 모관수만이 남아 있을 때의 수분함량을 말하며 수분장력은 대략 31기압으로서 밭작물이 자라기에 적합한 상태를 말한다.
③ 토양이 물로 포화되었을 때의 수분함량이며 수분장력은 대략 1/3기압으로서 벼가 자라기에 적합한 수분 상태를 말한다.
④ 물로 포화된 토양에서 중력수가 제거되었을 때의 수분함량을 말하며, 이때의 수분장력은 대략 1/3기압으로서 밭작물이 자라기에 적합한 상태를 말한다.

해설 **포장용수량(FC)**
- PF=2.5~2.7
- 포화상태 토양에서 중력수가 완제 배제되고 모세관력에 의해서만 지니고 있는 수분함량으로 최소용수량이라고도 한다.
- 포장용수량 이상은 중력수로 토양의 통기 저해로 작물 생육이 불리하다.
- 수분당량(ME) : 젖은 토양에 중력의 1,000배의 원심력을 작용 후 잔류하는 수분상태로 포장용수량과 거의 일치한다.

59 풍건상태일 때 토양의 PF 값은?

① 약 4
② 약 5
③ 약 6
④ 약 7

해설 풍건상태일 때의 토양의 PF(물기둥의 높이cm)의 대수값)는 약 6이며, 건토상태일 때는 약 7이다.

60 다음 중 작물 생육에 이용될 수 있는 유효수분의 범위로 올바른 것은?

① 중력수에서 포장용수량 사이
② 최대용수량에서 위조점 사이
③ 최대용수량에서 포장용수량 사이
④ 포장용수량에서 위조점 사이

해설 **유효수분**
식물이 이용할 수 있는 물로 포장용수량과 위조점 사이에 있는 수분함량이다.

61 식물이 자라기에 가장 알맞은 수분상태는?

① 위조점에 있을 때
② 포장용수량에 이르렀을 때
③ 중력수가 있을 때
④ 최대용수량에 이르렀을 때

해설 포화상태 토양에서 중력수를 완전히 배제하고 모세관력에 의해서만 지니고 있는 수분함량을 최소용수량이라고 하며, 식물 생육에 가장 알맞은 수분상태이다.

55.① 56.④ 57.① 58.④ 59.③ 60.④ 61.②

62 토양단면을 통한 수분이동에 대한 설명으로 틀린 것은?

① 수분이동은 토양을 구성하는 점토의 영향을 받는다.
② 각 층위의 토성과 구조에 따라 수분의 이동양상은 다르다.
③ 토성이 같을 경우 입단화의 정도에 따라 수분의 이동양상은 다르다.
④ 수분이 토양에 침투할 때 토양입자가 미세할수록 침투율은 증가한다.

해설 수분이 토양에 침투할 때 토양입자가 클수록 침투율은 증가한다.

63 식물이 이용할 수 있는 유효수분을 간직하는 힘이 가장 약한 것은?

① 사토 ② 사양토
③ 양토 ④ 식양토

해설 사토는 토양 수분과 비료 성분이 부족하고, 식토는 토양공기가 부족하다.

64 토양공기 조성을 개선하는 방법으로 거리가 먼 것은?

① 심경 ② 입단조성
③ 객토 ④ 빈번한 경운

해설 잦은 경운은 입단의 파괴로 투수성과 통기성을 나쁘게 한다.

65 다음 중 뿌리의 흡수량 또는 흡수력을 감소시키는 요인은?

① 토양 중 산소의 감소
② 건조한 공중 습도
③ 광합성량의 증가
④ 비료의 시용량 감소

해설 토양 산소의 부족은 뿌리호흡이 억제되면서 뿌리의 활력이 떨어져 양수분의 흡수가 감소된다.

66 토양공기 중의 CO_2 함량은 대략 어느 정도인가? (단, 대기 중의 CO_2는 0.03%이다)

① 0.03% ② 0.25%
③ 0.3% ④ 0.5%

해설 대기 중의 CO_2 농도보다 8배 높다.

67 대기의 공기 조성에 비하여 토양공기에 특히 많은 성분은?

① 이산화탄소(CO_2) ② 산소(O_2)
③ 질소(N_2) ④ 아르곤(Ar)

해설 **토양공기의 조성**

- 토양 중 공기의 조성은 대기에 비하여 이산화탄소의 농도가 몇 배나 높고, 산소의 농도는 훨씬 낮다.
- 토양 속으로 깊이 들어갈수록 점점 이산화탄소의 농도는 점차 높아지고 산소의 농도가 감소하여 약 150cm 이하로 깊어지면 이산화탄소의 농도가 산소의 농도보다 오히려 높아진다.
- 토양 내에서 유기물의 분해 및 뿌리나 미생물의 호흡에 의해 산소는 소모되고 이산화탄소는 배출되는데, 대기와의 가스교환이 더뎌 산소가 적어지고 이산화탄소가 많아진다.

68 토양공기 이동에 가장 큰 영향을 주는 인자는?

① 토양온도 ② 습도
③ 확산 작용 ④ 대기압

해설 토양공기의 이동은 대기와 토양온도, 기압의 차, 바람, 대기 습도 등에 의해 이루어지나 가장 중요한 인자는 공기 자체의 확산이다.

69 호기성 토양 미생물의 활동이 활발할수록 토양공기 중에서 농도가 가장 증가되는 성분은?

① 산소
② 질소
③ 이산화탄소
④ 일산화탄소

해설 호기성 미생물은 산소가 있는 곳에서 생육 번식하는 세균으로, 공기 중의 유리산소를 이용하여 영양소를 산화 분해하는 세포호흡을 한다.

70 건조한 광질 토양의 비열은?

① 0.1 ② 0.2
③ 0.3 ④ 0.6

해설 비열은 물과 토양의 단위량(1g)의 온도를 1℃ 높이는 데 필요한 열량이다. 토성과 유기물함량에 따라 다르나 약 0.2이다.

62.④ 63.① 64.④ 65.① 66.② 67.① 68.③ 69.③ 70.②

71 토양온도에 미치는 요인이 아닌 것은?
① 토양의 비열
② 토양의 열전도율
③ 토양피복
④ 토양공기

해설 토양온도가 토양공기의 확산에 영향을 미치나 토양공기가 토양온도에 미치는 영향은 미미하다.

72 토양온도에 대한 설명으로 틀린 것은?
① 토양온도는 토양생성 작용, 토양미생물의 활동, 식물생육에 중요한 요소이다.
② 토양온도는 토양유기물의 분해속도와 양에 미치는 영향이 매우 커서 열대토양의 유기물함량이 높은 이유가 된다.
③ 토양비열은 토양 1g을 1℃ 올리는데 소요되는 열량으로 물이 1이고 무기성분은 더 낮다.
④ 토양의 열원은 주로 태양광선이며 습윤열, 유기물분해열 등이 있다.

해설 유기물을 분해하는 세균의 생육적온을 넘는 토양온도는 미생물 생육이 억제되어 유기물 분해가 더뎌진다.

73 토양의 온도를 높이기 위한 조치로 적절한 방법은?
① 토양의 통기를 개선한다.
② 유기물이 많아야 한다.
③ 토양 속에 수분을 공급해야 한다.
④ 토양을 짚으로 피복해 준다.

해설 토양 중에 유기물이 많으면 토양색이 짙어져 태양열을 많이 흡수한다.

74 토양온도의 변동에 대한 설명으로 틀린 것은?
① 토양온도는 1일 중에도 특징 있는 변동을 보인다.
② 온도 변동은 토양이 깊을수록 크다.
③ 겨울철 눈은 열의 절연체로써 작용한다.
④ 평균 토양온도는 고도에 따라서 낮아지므로 고산 지대의 식생이 저온성이다.

해설 온도 변동은 토양 표면에서 가장 크며, 깊을수록 줄어들고 약 3m 이하에서는 거의 일정하다.

75 다음 과채류 중에서 가장 생육이 좋은 지온은?
① 10~15℃
② 20~25℃
③ 25~30℃
④ 30~35℃

해설 작물에 따라 다르나 지온 20~25℃일 때 생육이 가장 좋다.

76 토양 색깔에 영향을 크게 미치는 요인은?
① 유기물함량
② 토양수분함량
③ 배수성
④ 토양 부식물과 철, 망간

해설 토양의 착색으로 중요한 것은 철과 망간 그리고 부식물이다.

77 토양의 색깔을 결정하는 것끼리 연결한 것 중 잘못된 것은?
① 이산화철 – 적색
② 석영 – 백색
③ 망간 – 흑백색
④ 유기물 – 흑색

해설 이산화철에 의해 글레이층이 청회색을 띤다.

78 일반적으로 표토에 부식이 많으면 토양의 색은?
① 암흑색 ② 회백색
③ 적색 ④ 황적색

해설 일반적으로 고도로 분해된 유기물이 많이 함유된 토양은 어두운 색을 띤다. 산화철 광물이 풍부하면 적색을 띤다.

79 다음 중 열대 지방에서 토양의 색이 붉게 보이는 원인은?
① 유기물 때문에
② 산화철 때문에
③ 통기가 나쁘기 때문에
④ 배수가 나쁘기 때문에

해설 열대 지방에서 토양이 적색을 띠는 것은 산화철 광물이 풍부하기 때문이다.

71.④ 72.② 73.② 74.② 75.② 76.④ 77.① 78.① 79.②

80 논토양이 적갈색을 띠는 것은 무엇 때문인가?

① 산화망간 ② 유기물
③ 이산화철 ④ 산화철

해설 철은 산화상태에서는 산화철(적갈색), 환원상태에서는 이산화철(청회색)로 된다.

81 토양의 색이 검게 보이는 원인으로 가장 타당한 것은?

① 유기물 때문에
② 수분이 적기 때문에
③ 공기가 없기 때문에
④ 조암 광물 때문에

해설 토양의 배수가 나쁘면 많은 유기물이 표층에 집적되어 토양의 색이 어둡게 된다.

82 다음 중 논토양이 회색을 띠게 하는 성분은?

① Si^{4+}, H^+
② Al^{3+}, Mn^{3+}
③ Fe^{2+}, FeS, 부식물
④ SiO_2, Al_2O_3

해설 논토양은 독특한 회색을 띠는데 이것은 작토 중에 Fe^{2+}, FeS 및 부식물이 섞여있기 때문이다.

83 환원상태인 논의 토양색은?

① 적색 ② 암회색
③ 황색 ④ 회갈색

해설 환원된 화학 물질 때문에 토양은 암회색으로 되어 회갈색인 산화층과 구별된다.

84 Munsell표기법에 의한 토양색이 7.5R 7/2일 때 채도를 나타내는 기호로 옳은 것은?

① 7.5 ② R
③ 7 ④ 2

해설 **토양색의 표시(munsell토색첩)**
물체의 색을 나타내는 3가지 속성, 색상(Hue : H), 명도(Value : V), 채도(Chroma : C)의 조합으로 나타낸다.
- 색상 : 주파장 또는 빛의 색에 해당하며 숫자 5는 각 색상의 대표적인 것으로 5Y, 5R 등으로 나타낸다.
- 명도 : 색상의 선명도를 나타내며 검은색을 0, 백색을 10으로 하였으며, 부식의 함량과 관계가 깊다.
- 채도 : 광의 주파장의 상대적 순도 또는 강도로 무채색은 0, 백색광은 20으로 나타낸다.

85 다음은 작물의 필수원소들이다. 다량원소가 아닌 것은?

① 질소 ② 마그네슘
③ 철 ④ 황

해설 **다량원소**
질소, 인 칼륨, 칼슘, 마그네슘, 황의 6원소(때로는 탄소, 산소, 수소를 포함한 9원소)

86 토양의 구성 원소 중 다량원소가 아닌 것은?

① 탄소 ② 산소
③ 철 ④ 질소

해설
- 필수원소(16원소) 다량원소 : C, H, O, N, S, P, K Ca, Mg(9원소)
- 미량원소 : Fe, Mn, Cu, Zn, B, Mo, Cl(7원소)

87 작물의 필수원소는?

① 염소 (Cl)
② 규소 (Si)
③ 코발트 (Co)
④ 나트륨 (Na)

해설 **필수원소의 종류(16종)**
- 다량원소(9종) : 탄소(C), 산소(O), 수소(H), 질소(N), 인(P), 칼륨(K), 칼슘(Ca), 마그네슘(Mg), 황(S)
- 미량원소(7종) : 철(Fe), 망간(Mn), 구리(Cu), 아연(Zn), 붕소(B), 몰리브덴(Mo), 염소(Cl)

88 필수원소의 역할을 설명한 것 중 틀린 것은?

① 질소는 엽록체, 단백질, 효소의 주요 구성성분이다.
② 철이 부족하면 잎이 황백색으로 변하게 된다.
③ 황이 부족하면 엽록소 생성이 저해된다.
④ 칼륨은 호흡 과정에서 에너지 저장 및 생성의 중요한 역할을 한다.

해설 **칼륨**
광합성, 탄수화물 및 단백질 형성, 세포 내의 수분공급, 증산에 의한 수분상실의 제어 등의 역할을 하며, 여러 가지 효소반응의 활성제로서 작용한다.

80.④ 81.① 82.③ 83.② 84.④ 85.③ 86.③ 87.① 88.④

89 엽록소를 형성하고 잎의 색이 녹색을 띠는데 필요하며 단백질 합성을 위한 아미노산의 구성성분은?

① 질소 ② 인산
③ 칼슘 ④ 규산

해설 **질소(N)**
- 질소는 질산태(NO_3^-)와 암모니아태(NH_4^+)로 식물체에 흡수되며 체내에서 유기물로 동화된다.
- 단백질의 중요한 구성성분으로, 원형질은 그 건물의 40~50%가 질소화합물이며 효소, 엽록소도 질소화합물이다.
- 결핍 : 노엽의 단백질이 분해되어 생장이 왕성한 부분으로 질소분이 이동함에 따라 하위엽에서 황백화현상이 일어나고 화곡류의 분얼이 저해된다.
- 과다 : 작물체는 수분함량이 높아지고 세포벽이 얇아지며 연해져서 한발, 저온, 기계적 상해, 해충 및 병해에 대한 각종 저항성이 저하된다.

90 잎 색이 진하고 과실의 착색이 지연되는 현상이 나타났다면 어느 성분의 과다인가?

① 질소(N) ② 인산(P)
③ 칼륨(K) ④ 석회(Ca)

해설 질소가 과다하면 잎 색이 진해지고 과실의 착색이 지연된다.

91 식물 체내에서 이동률이 가장 높은 성분은?

① 석회 ② 규산
③ 칼륨 ④ 질소

해설 **식물 체내에서의 양분이동률**
P > N > S > Mg > K > Ca의 순으로 작아진다.

92 작물에 광합성과 수분상실의 제어 역할을 하고, 결핍되면 생장점이 말라죽고 줄기가 약해지며 조기낙엽 현상을 일으키는 필수원소는?

① K ② P
③ Mg ④ N

해설 **칼륨(K)**
- 칼륨은 이동성이 매우 크며 잎, 생장점, 뿌리의 선단 등 분열조직에 많이 함유되어 있으며, 여러 가지 물질대사의 일종의 촉매적 작용을 한다.
- 광합성, 탄수화물 및 단백질 형성, 세포 내의 수분공급과 증산에 의한 수분상실의 제어 등의 역할을 하며 효소 반응의 활성제로서 중요한 작용을 한다.
- 칼륨은 탄소동화작용을 촉진하므로 일조가 부족한 때에 효과가 크다.
- 단백질 합성에 필요하므로 칼륨 흡수량과 질소 흡수량의 비율은 거의 같은 것이 좋다.
- 결핍 : 생장점이 말라죽고, 줄기가 약해지고, 잎의 끝이나 둘레의 황화, 하위엽의 조기낙엽 현상을 보여 결실이 저해된다.

93 토마토 배꼽썩음병의 발생 원인은?

① 칼슘결핍
② 붕소결핍
③ 수정불량
④ 망간과잉

해설 **칼슘결핍 증상**
- 상추, 부추, 양파, 마늘, 대파, 백합의 잎끝마름증상
- 토마토, 수박, 고추의 배꼽썩음병
- 사과의 고두병
- 벼, 양파, 대파의 도복
- 참외의 물찬참외증상

94 다음 원소 중 엽록소 생성과 가장 관계가 없는 것은?

① 질소(N) ② 마그네슘(Mg)
③ 칼슘(Ca) ④ 철(Fe)

해설 **칼슘(Ca)**
- 세포막의 중간막의 주성분이며 잎에 많이 존재한다.
- 체내에서는 이동률이 매우 낮다.
- 분열조직의 생장, 뿌리 끝의 발육과 작용에 불가결하며 결핍되면 뿌리나 눈의 생장점이 붉게 변하여 죽게 된다.
- 토양 중 석회의 과다는 마그네슘, 철, 아연, 코발트, 붕소 등 흡수가 저해되는 길항 작용이 나타난다.

95 토마토의 생리장해에 관한 설명이다. 생리장해와 처방방법을 옳게 묶은 것은?

칼슘의 결핍으로 과실의 선단이 수침상(水浸狀)으로 썩게 된다.

① 공동과 – 엽면 시비
② 기형과 – 약제 살포
③ 배꼽썩음과 – 엽면 시비
④ 줄썩음과 – 약제 살포

89.① 90.① 91.④ 92.① 93.① 94.③ 95.③

해설 칼슘결핍 증상
- 상추, 부추, 양파, 마늘, 대파, 백합의 잎끝마름증상
- 토마토, 수박, 고추의 배꼽썩음병
- 사과의 고두병
- 벼, 양파, 대파의 도복
- 참외의 물찬참외증상

96 토양에서 작물이 흡수하는 필수성분의 형태가 옳게 짝지어진 것은?

① 질소 : NO_3^-, NH_4^+
② 인산 : HPO_3^-, PO_4^-
③ 칼륨 : K_2O^+
④ 칼슘 : CaO^{2+}

해설 질소는 양이온, 음이온 형태 모두 흡수할 수 있다.

97 콩밭이 누렇게 보여 잘 살펴보니 상위 엽의 잎맥 사이가 황화(Chlorosis)되었고, 토양 조사를 하였더니 pH가 9이었다. 다음 중 어떤 원소의 결핍증으로 추정되는가?

① 질소 ② 인
③ 철 ④ 마그네슘

해설 철(Fe)
- 철은 엽록소 구성성분은 아니나 엽록소 합성과 밀접한 관련이 있다.
- 결핍 : 항상 어린잎에서 황백화현상이 나타나며 마그네슘과 함께 엽록소의 형성을 감소시킨다.
- pH가 높거나 토양 중에 인산 및 칼슘의 농도가 높으면 흡수가 크게 저해된다.
- 니켈, 코발트, 크롬, 아연, 몰리브덴, 망간 등의 과잉은 철의 흡수를 저해한다.

98 유기물을 많이 시용한 토양의 보비력이 높은 이유는?

① 유기물이 공극을 막아 비료의 유실을 막아주기 때문에
② 유기물이 토양의 점토종류를 변화시키기 때문에
③ 유기물이 식물의 비료 흡수를 막아주기 때문에
④ 유기물은 전기적으로 비료를 흡착하는 능력이 크기 때문에

해설 부식콜로이드는 무기양분을 흡착하는 힘이 강하고, 입단의 형성과 부식콜로이드에 의하여 토양의 통기성, 투수성, 보수력, 보비력이 커진다.

99 토양 유기물에 대한 설명 중 옳지 않은 것은?

① 유기물은 분해될 때에 여러 가지 산을 생성하여 암석의 분해를 촉진한다.
② 유기물은 분해되어 질소, 인산, 칼륨, 칼슘, 마그네슘, 규소 등의 다량 원소와 망간, 붕소, 구리, 코발트, 아연 등의 미량 원소를 공급한다.
③ 토양 중 유기물의 함량이 높으면 토색이 담색을 띤다.
④ 유기물이 분해해서 생기는 부식 콜로이드와 거친 유기물은 토양 입단의 형성을 조장하여 토양의 물리성을 개선한다.

해설 토양 중의 유기물, 즉 동물과 식물의 잔재는 미생물 작용이나 화학 작용을 받아서 분해되어 유기물의 원형을 잃은 암갈색~흑색을 띠는데, 이 부분을 부식이라 한다.

100 부식의 효과에 해당하지 않는 것은?

① 미생물의 활동 억제 효과
② 토양의 물리적 성질 개선 효과
③ 양분의 공급 및 유실방지 효과
④ 토양 pH의 완충효과

해설 미생물 번식 조장
- 유기물은 미생물의 영양원으로 미생물의 번식을 조장한다.
- 유기물의 분해속도는 리그닌 함량이 많을수록 느리며 단백질, 녹말, 셀룰로오스, 헤미셀룰로오스 등은 비교적 분해가 빠르다.

101 토양에 유기물을 시용했을 때 분해속도가 가장 느린 것은?

① 당류
② 헤미셀룰로오스
③ 셀룰로오스
④ 리그닌

해설 미생물에 의한 유기물의 분해속도
당류 > 헤미셀룰로오스 > 셀룰로오스 > 리그닌

96.① 97.③ 98.④ 99.③ 100.① 101.④

102 토양 중 유기물의 효과가 아닌 것은?

① 입단의 형성
② 미생물 번식 억제
③ 완충력 증대
④ 보수 및 보비력 증대

해설 미생물 번식 조장으로 토양을 보호한다.

103 두엄에 대한 설명으로 틀린 것은?

① 토양을 입단화시킨다.
② 양이온 치환용량을 높인다.
③ 양열재료이다.
④ 완충능력을 감소시킨다.

해설 두엄은 미생물의 작용으로 입단화 및 완충능력을 활성화시킨다.

104 녹비작물이 갖추어야 할 조건으로 틀린 것은?

① 생육이 왕성하고 재배가 쉬워야 한다.
② 천근성으로 상층의 양분을 이용할 수 있어야 한다.
③ 비료 성분의 함유량이 높으며 유리질소 고정력이 강해야 한다.
④ 줄기, 잎이 유연하여 토양 중에서 분해가 빠른 것이어야 한다.

해설 심근성으로 심토의 양분을 이용할 수 있어야 한다.

105 유기농업에서는 화학비료를 대신하여 유기물을 사용하는데, 유기물의 시용효과가 아닌 것은?

① 토양완충능 증대
② 미생물의 번식 조장
③ 보수 및 보비력 증대
④ 지온 감소 및 염류집적

해설 유기물의 시용은 부식은 토양색을 어둡게 하여 지온을 상승시키고 염류집적을 해소한다.

106 다음 중 토양에 유기물을 주었을 때의 효과가 아닌 것은?

① 지온을 높인다.
② 풍화 작용은 돕는다.
③ 분해되어 석회분을 공급한다.
④ 미생물을 번식시켜 토양을 개량한다.

해설 토양 중에서 유기물이 분해되면 최종적으로 질산이 생긴다.

107 일반적인 퇴비의 기능으로 가장 거리가 먼 것은?

① 작물에 영양분 공급
② 작물 생장 토양의 이화학성 개선
③ 토양 중의 생물상과 그 활성 유지 및 증진
④ 속성 재배시 특수 효과 및 살충효과

해설 퇴비의 기능
흙의 구조 개량, 보습능력 향상 및 완충 작용 증진, 햇빛 흡수로 지온 상승, 미생물의 활발한 활동으로 작물에 영양분 공급

108 일반적으로 표토에 부식이 많으면 토양의 색은?

① 암흑색
② 회백색
③ 적색
④ 황적색

해설 부식은 토양색을 어둡게 하여 지온을 상승시킨다.

109 다음 중 토양의 무기 교질물에 속하는 것은?

① 1차 광물
② 장석류
③ 부식물
④ 점토광물

해설 토양 교질물에는 무기 교질물(점토광물)과 유기 교질물(부식물)이 있다.

110 점토광물의 주요한 구성 성분은?

① 인산과 철
② 규소와 칼슘
③ 규소와 알루미늄
④ 규소와 인산

해설 점토광물은 Silica Sheet와 Alumina Sheet가 1 : 1로 구성된 것과 2 : 1로 구성된 것으로 분류한다.

102.② 103.④ 104.② 105.④ 106.③ 107.④ 108.① 109.④ 110.③

111 점토광물의 특징을 설명한 것이다. 잘못된 것은?

① 비늘 모양의 여러 층으로 되어 있다.
② 점토광물은 규산염광물로 이루어져 있다.
③ 양전기를 띠고 있다.
④ 2차 광물이라고 부른다.

해설 점토광물은 음전기를 띤다.

112 점토 및 부식과 같은 토양 교질물이 식물 생육에 미치는 영향은?

① 작물의 도복을 방지한다.
② 토양 염기의 용탈을 방지한다.
③ 모관 수분의 통로를 형성한다.
④ 공기 유통의 통로를 형성한다.

해설 점토 및 부식과 같은 토양 교질물 입자는 토양의 양이온치환용량(CEC)을 증대시켜 토양 염기의 용탈을 방지한다.

113 토양 교질물에 대한 다음 설명 중 틀린 것은?

① 대체로 입경이 0.1㎛ 이하이다.
② 토양 교질물에는 무기 교질과 유기 교질이 있다.
③ 교질물은 표면적이 작지만, 토양의 이화학적 성질을 지배한다.
④ 교질물이 많은 토양물일수록 수분의 증발 유실이 적으며, 보수력이 크다.

해설 토양의 교질물은 표면적이 크다.

114 다음 점토광물 중 규산(SiO_2)의 함량이 가장 낮은 것은?

① 카올리나이트(kaolinite)
② 몬모릴로나이트(montmorillonite)
③ 일라이트(illite)
④ 버미큘라이트(vermiculite)

해설 규산함량
- 카올리나이트(kaolinite) : 50~56%
- 몬모릴로나이트(montmorillonite) : 45~48%
- 일라이트(illite) : 42~55%
- 버미큘라이트(vermiculite) : 33~37%

115 토양의 양이온치환용량을 높이는 토양 구성물 중 중요한 것은?

① 산화물
② 점토와 부식
③ H^+이온과 OH^-이온
④ 토성

해설 점토와 부식물 함량이 많은 토양은 양이온치환용량을 크게 증대시킨다.

116 양이온치환용량과 가장 관계 깊은 것은?

① 배수 ② 토성
③ 보비력 ④ 보수력

해설 양이온치환용량이 크면 작물 무기성분의 보유량이 증대된다.

117 토양의 양이온치환용량을 나타내는 단위는?

① me/100g ② pH
③ PF ④ %

해설 양이온치환용량은 일정량의 토양 또는 교질물이 가지고 있는 치환성 양이온의 총량을 당량으로 표시한 것으로, 보통 토양이나 교질물 100g이 보유하는 치환성 양이온의 총량을 mg당량(me/100g)으로 표시한다.

118 양이온교환용량에 대한 표기가 $1cmolc \cdot kg^{-1}$과 같은 양으로 옳은 것은?

① CEC, $0.01molc \cdot kg^{-1}$
② EC, $0.01molc \cdot kg^{-1}$
③ Eh, $100molc \cdot kg^{-1}$
④ CEC, $100molc \cdot kg^{-1}$

해설 1cmolc · kg는 1kg에 어떤 물질이 1/100molc가 들어 있음을 의미한다.

119 토양 양이온교환용량의 값이 크다는 의미는?

① 산도가 높음을 의미한다.
② 토양의 공극량이 큼을 의미한다.
③ 토양의 투수력이 큼을 의미한다.
④ 비료성분을 지니는 힘이 큼을 의미한다.

해설 토양이나 교질물이 보유하고 있는 음전하의 수와 같으므로 양전하를 갖는 비료성분의 흡착능력이 커진다.

111.③ 112.② 113.③ 114.④ 115.② 116.③ 117.① 118.① 119.④

120 다음 중 양이온치환용량이 가장 큰 것은?

① 부식 ② 카올리나이트
③ 몬모릴로나이트 ④ 버미큘라이트

해설 카올리나이트(3~27) < 클로라이트(50) < 몬모릴로나이트(60~100) < 버미큘라이트(80~150) < 부식(100~300)

121 다음 중 양이온치환용량(CEC)이 가장 큰 것은?

① 카올리나이트
② 몬모릴로나이트
③ 일라이트
④ 클로라이트

해설 **주요 광물의 양이온치환용량**
- 부식 : 100~300
- 버미큘라이트 : 80~150
- 몬모릴로나이트 : 60~100
- 클로라이트 : 30
- 카올리나이트 : 3~27
- 일라이트 : 21

122 양이온치환용량(CEC)이 10cmol(+)/kg인 어떤 토양의 치환성염기의 합계가 6.5cmol(+)/kg이라고 할 때 이 토양의 염기포화도는?

① 13%
② 26%
③ 65%
④ 85%

해설 염기포화도=치환성양이온(H^+와 Al^{3+}을 제외한 양이온)÷양이온치환용량(CEC)×100

123 양이온치환용량이 60me/100g인 토양에 염기량이 15me/100g, 수소 이온이 45me/100g 함유되어 있을 때 토양의 염기포화도(%)는?

① 15%
② 25%
③ 45%
④ 60%

해설
$$\text{염기포화도} = \frac{\text{치환성염기용량}}{\text{양이온치환용량}} \times 100 = \frac{15}{60} \times 100$$

124 토양을 구성하는 주요 점토광물은 결정격자형에 따라 그 형태가 다르다. 다음 중 1 : 1형(비팽창형)에 속하는 점토광물은?

① 일라이트
② 몬모릴로나이트
③ 카올리나이트
④ 버미큘라이트

해설 **카올리나이트(kaolinite)**
- 대표적인 1 : 1 격자형 광물이다.
- 우리나라 토양 중의 점토광물의 대부분을 차지한다.
- 온난습윤한 기후의 배수가 양호한 지역에서 염기 물질이 신속히 용탈될 때 많이 생성된다.
- 음전하량은 동형치환이 없기 때문에 변두리 전하의 지배를 받는다.
- 규산질 점토광물에 속한다.

125 2 : 1형 격자광물을 가장 잘 설명한 것은?

① 규산판 1개와 알루미나판 1개로 형성
② 규산판 2개와 알루미나판 1개로 형성
③ 규산판 1개와 알루미나판 2개로 형성
④ 규산판 2개와 알루미나판 2개로 형성

해설
- 2 : 1 점토광물 → 몬로나이트, 일라이트
- 몬로나이트, 일라이트 : 알루미나 8면체가 규면 4면체 사이에 낀 광물

126 Kaollinite에 대한 설명으로 틀린 것은?

① 동형치환이 거의 일어나지 않는다.
② 다른 층상의 규산염 광물들에 비하여 상당히 적은 음전하를 가진다.
③ 1 : 1층들 사이의 표면이 노출되지 않기 때문에 작은 비표면적을 가진다.
④ 우리나라 토양에서는 나타나지 않는 점토광물이다.

해설 **카올리나이트(kaolinite)**
- 대표적인 1 : 1 격자형 광물이다.
- 우리나라 토양 중의 점토광물의 대부분을 차지한다.
- 온난습윤한 기후의 배수가 양호한 지역에서 염기 물질이 신속히 용탈될 때 많이 생성된다.
- 음전하량은 동형치환이 없기 때문에 변두리 전하의 지배를 받는다.
- 규산질 점토광물에 속한다.

120.① 121.② 122.③ 123.② 124.③ 125.② 126.④

127 우리나라 토양에 가장 많이 분포한다고 알려진 점토광물은?

① 카올리나이트
② 일라이트
③ 버미큘라이트
④ 몬모릴로나이트

해설 카올리나이트(kaolinite)
- 우리나라 토양 중의 점토광물의 대부분을 차지한다.
- 온난습윤한 기후의 배수가 양호한 지역에서 염기 물질이 신속히 용탈될 때 많이 생성된다.
- 음전하량은 동형치환이 없기 때문에 변두리 전하의 지배를 받는다.
- 규산질 점토광물에 속한다.

128 다음 중 1 : 1 격자형 점토광물은?

① 일라이트(illite)
② 몬모릴로나이트(montmorillonite)
③ 카올리나이트(kaolinite)
④ 버미큘라이트(vermiculite)

해설 1 : 1 격자형 광물(2층형) 규산판 1개와 알루미나판 1개가 결합된 결정 단위

129 풍화에 의한 점토광물의 생성 과정 중 가장 빠른 것은?

① 카올리나이트(kaolinite)
② 몬모릴로나이트(montmorillonite)
③ 클로라이트(chlorite)
④ 버미큘라이트(vermiculite)

해설 클로라이트 → 버미큘라이트 → 몬모릴로나이트 → 카올리나이트의 순이다.

130 포드졸화 토양에서 주로 발견되는 점토는?

① 카올리나이트(kaolinite)
② 몬모릴로나이트(montmorillonite)
③ 버미큘라이트(vermiculite)
④ 클로라이트(chlorite)

해설 카올리나이트(kaolinite)는 온난 다습한 기후에서 풍화를 강하게 받은 토양에서 관찰된다.

131 점토광물의 규소판에 있는 규소가 알루미늄으로 가장 많이 치환되어 있는 광물은?

① 일라이트
② 클로라이트
③ 몬모릴로나이트
④ 카올리나이트

해설 일라이트는 주로 백운모와 흑운모로부터 생성되면 4개의 Si 중에서 한 개의 Al으로 치환된다. 규소판의 Si 원소 가운데 약 15%는 Al으로 치환되어 있다.

132 다음 중 산성토양인 것은?

① pH 5인 토양
② pH 7인 토양
③ pH 9인 토양
④ pH 11인 토양

해설 pH
- $pH = -\log[H^+]$
- pH가 7보다 작으면 산성이라 하고 그 값이 작아질수록 산성이 강해진다.
- pH가 7보다 크면 알칼리성이라 하고 그 값이 커질수록 알칼리성이 강해진다.
- pH가 7이면 중성이라 한다.

133 2년 전 pH가 4.0이었던 토양을 석회 시용으로 산도 교정을 하고 난 후, 다시 측정한 결과 pH가 6.0이 되었다. 토양 중의 H^+이온 농도는 처음 농도의 얼마로 감소되었나?

① 1/10 ② 1/20
③ 1/100 ④ 1/200

해설 수소이온 농도는 pH1마다 10배 차이가 나므로 처음 농도의 1/100로 감소되었다.

134 토양 반응과 가장 밀접한 관계가 있는 것은?

① 토양온도
② 염기 포화율
③ 토양 구조
④ 토양의 색

해설 토양 반응이라 함은 토양의 수용액이 나타내는 산성, 중성 또는 알칼리성이며, 토양의 pH를 측정하여 표시한다.

127.① 128.③ 129.③ 130.① 131.① 132.① 133.③ 134.②

135 토양의 완충 작용이란?

① 토양 수분을 유지하려는 성질
② pH의 변화에 대항하려는 성질
③ 양분의 효과를 오래 나타내려는 성질
④ 풍화 작용에 의해 토양이 생성되려는 성질

해설 산 또는 알칼리의 첨가에 의한 pH의 변화를 억제하는 작용을 완충 작용이라 하고, 토양의 이와 같은 성질을 완충능이라고 한다.

136 토양 pH의 중요성이라고 볼 수 없는 것은?

① 토양 pH는 무기성분의 용해도에 영향을 미친다.
② 토양 pH가 강산성이 되면 Al과 Mn이 용출되어 이들 농도가 높아진다.
③ 토양 pH가 강알칼리성이 되면 작물생육에 불리하지 않다.
④ 토양 pH가 중성 부근에서 식물양분의 흡수가 용이하다.

해설 강산성에서 알루미늄이온(Al^{+3}), 망간이온(Mn^{+2})이 용출되어 작물에 해를 준다.

137 다음 작물 중 산성토양에 매우 강한 것끼리 짝지은 것은?

① 벼, 귀리 ② 호밀, 감자
③ 고추, 시금치 ④ 알팔파, 양파

해설
- 산성토양에 강한 작물 : 벼, 철쭉, 귀리, 소나무
- 산성토양에 가장 약한 작물 : 보리, 시금치, 콩, 양파, 삼나무, 자운영

138 마늘 재배에 적당한 토양의 pH는?

① 3.5~5.0 ② 4.0~4.5
③ 5.5~6.0 ④ 6.0~6.5

해설 마늘 재배에 적합한 토양은 점질 토양이며 토양 반응은 pH 5.5~6.0이다. 산성이 강하면 생육이 억제되어 구의 비대가 나빠진다.

139 산성토양에서 생육이 가장 안정적인 것은?

① 클로버 ② 시금치
③ 감자 ④ 유채

해설 산성토양에서 생육이 가장 강한 것은 벼, 귀리, 토란, 아마, 기장, 땅콩, 감자, 호밀, 수박 등이다.

140 산성토양에 대한 작물의 적응성 정도가 옳지 않은 것은?

① 강한 작물 – 땅콩, 감자, 수박
② 강한 작물 – 귀리, 호밀, 토란
③ 약한 작물 – 자운영, 콩, 사탕무
④ 약한 작물 – 셀러리, 목화, 딸기

해설 **산성토양에 대한 작물의 적응성**
- 극히 강한 것 : 벼, 밭벼, 귀리, 토란, 아마, 기장, 땅콩, 감자, 수박 등
- 강한 것 : 메밀, 옥수수, 목화, 당근, 오이, 완두, 호박, 토마토, 밀, 조, 고구마, 담배 등
- 약간 강한 것 : 유채, 파, 무 등
- 약한 것 : 보리, 클로버, 양배추, 근대, 가지, 삼, 겨자, 고추, 완두, 상추 등
- 가장 약한 것 : 알팔파, 콩, 자운영, 시금치, 사탕무, 셀러리, 부추, 양파 등

141 교질물에 흡착된 H^+와 Al^{3+}에 의하여 나타나는 수소 이온 농도는?

① 치환산성
② 강산성
③ 활산성
④ 약산성

해설 **토양산성의 종류**
- 활산성 : 토양 용액이 들어 있는 수소이온에 의한 것
- 잠산성(또는 치환산성) : 교질물에 흡착된 H^+와 Al^{3+}에 의하여 나타나는 산성

142 우리나라 토양의 화학성이 산성화되기 쉬운 이유가 아닌 것은?

① 모암이 산성이기 때문에
② 여름철 강우가 집중되어 염기의 용탈이 심하기 때문에
③ 작물이 주로 염기를 흡수하기 때문에
④ 유기물 사용이 많기 때문에

해설 우리나라 토양은 모암이 산성인데다 여름철 강우가 집중되어 염기의 용탈이 심하고 작물이 주로 염기를 흡수하기 때문에 산성화되기 쉽다.

135.② 136.③ 137.① 138.③ 139.③ 140.④ 141.① 142.④

143 다음 과수 중 산성토양에 적합하지 않은 과수는?

① 복숭아 ② 밤
③ 무화과 ④ 비파

해설 **토양반응에 대한 과수의 적응성**
- 산성토양 : 밤나무, 비파, 복숭아나무
- 약산성토양 : 배나무, 사과나무, 감나무, 감귤나무
- 중성 및 약알칼리성토양 : 무화과나무, 포도나무

144 토양산성화의 원인으로 작용하지 않는 것은?

① 인산이온의 불용화
② 유기물의 혐기성 분해 산물
③ 과도한 요소비료의 시용
④ 점토광물의 풍화에 따른 Al이온의 가수분해

해설 산성화 결과 인산이온이 불용화된다.

145 산성토양은 농작물에 피해를 주는데, 그 원인은?

① 토양 수분의 감소
② 철, 망간, 알루미늄의 과다한 용출
③ 질소, 비료의 불용화
④ 철, 망간, 알루미늄의 불용화

해설 철, 망간, 알루미늄의 과다한 용출로 뿌리 생육이 억제된다.

146 토양이 산성화됨으로써 나타나는 불리한 현상이 아닌 것은?

① 미생물 활성 감소
② 인산의 불용화
③ 알루미늄 등 유해금속이온 농도 증가
④ 탈질반응에 따른 질소 손실 증가

해설 **산성토양과 작물 생육과의 관계**
- 수소이온이 과다하면 작물 뿌리에 해를 준다.
- 토양이 산성으로 되면 알루미늄이온과 망간이온이 용출되어 해를 준다.
- 인, 칼슘, 마그네슘, 몰리브덴, 붕소 등의 필수원소가 결핍된다.
- 석회가 부족하고 토양 미생물의 활동이 저하되어 토양의 입단 형성이 저하된다.
- 질소고정균, 근류균 등의 활동이 약화된다.

147 토양이 산성화됨으로써 나타나는 간접적 피해에 대한 설명으로 옳은 것은?

① 알루미늄이 용해되어 인산 유효도를 높여준다.
② 칼슘, 칼륨, 마그네슘 등 염기가 용탈되지 않아 이용하기 좋다.
③ 세균 활동이 감퇴되기 때문에 유기물 분해가 늦어져 질산화 작용이 늦어진다.
④ 미생물의 활동이 감퇴되어 떼알구조화가 빨라진다.

해설 산성토양에서는 석회가 부족하고 토양 미생물의 활동이 저하되어 질산화 작용이 저하된다.

148 다음 중 산성토양의 개량 및 재배대책 방법이 아닌 것은?

① 석회 시용 ② 유기물 시용
③ 내산성 작물 재배 ④ 적황색토 객토

해설 **산성토양의 개량과 재배대책**
- 근본적 개량 대책은 석회와 유기물을 넉넉히 시비하여 토양반응과 구조를 개선하는 것이다.
- 석회만 시비하여도 토양반응은 조정되지만 유기물과 함께 시비하는 것이 석회의 지중 침투성을 높여 석회의 중화효과를 더 깊은 토층까지 미치게 한다.
- 유기물의 시용은 토양구조의 개선, 부족한 미량원소의 공급, 완충능 증대로 알루미늄이온 등의 독성이 경감된다.
- 개량에 필요한 석회의 양은 토양 pH, 토양 종류에 따라 다르며 pH가 동일하더라도 점토나 부식의 함량이 많은 토양은 석회의 시용량을 늘려야 한다.
- 용성인비는 산성토양에서도 유효태인 수용성 인산을 함유하며 마그네슘의 함유량도 많아 효과가 크다.

149 산성토양을 개량하는 데에 적당하지 않은 방법은?

① 무기 양분을 충분히 공급한다.
② 근류균을 첨가한다.
③ 부식된 퇴비를 준다.
④ 황산암모늄을 준다.

해설 **산성토양의 개량 방법**
- 토양산도를 측정하여 석회를 소량씩 나누어 시비한다.
- 유기물(퇴비, 녹비, 구비 등)을 석회와 병용하여 시비한다.
- 근류균을 첨가한다.
- 인산, 칼륨, 마그네슘 등의 무기 양분을 충분히 공급한다.

143.③ 144.① 145.② 146.④ 147.③ 148.④ 149.④

150 산성토양을 개량하기 위한 물질과 가장 거리가 먼 것은?

① 탄산
② 탄산마그네슘
③ 산화칼슘
④ 산화마그네슘

해설 토양의 산도를 pH 5.6 이상으로 개선하기 위해서는 질소, 칼륨, 칼슘, 마그네슘, 유황을 공급해야 한다. 보통 석회를 주는 것이 일반적이며, 석회성분이 잘 스며들게 하기 위해 유기질 비료를 함께 주는 효과가 좋다.

151 토양 인산의 유효도가 가장 클 때의 토양의 조건은?

① 산성
② 염기성
③ 약염기성
④ 중성

해설 산성토양에서 인산은 철, 알루미늄과 결합하여 철 알루미늄의 인산염으로 침전되며, 알카리성에서는 Ca과 결합하여 불용성이 되어 유효도가 감소된다. 인산의 유효도는 pH 6~7에서 가장 크다.

152 토양이 알칼리성을 나타낼 때 용해도가 높아져 작물의 과잉 독성을 나타낼 수 있는 성분은?

① 몰리브덴(Mo)
② 철(Fe)
③ 알루미늄(Al)
④ 망간(Mn)

해설 몰리브덴은 식물체의 산화 환원 반응의 전자운반체로 작용하며, 질산염환원효소를 합성하는 데에도 필요하다.

153 알칼리성의 염해지 밭토양 개량에 적합한 석회물질로 옳은 것은?

① 석고
② 생석회
③ 소석회
④ 탄산석회

해설 간척지와 같은 염해지는 석회 함량이 낮으므로 석회물질의 시용으로 Na를 이탈시킨 후 물을 이용하여 제염하는 것이 효과적이다. 이 때 밭작물을 재배하는 경우 석회석 대신 석고를 이용하면 토양 산도를 높이지 않고도 제염이 가능하다.

154 알칼리 토양 중 염류 토양에 대한 설명으로 틀린 것은?

① 가용성 염류가 비교적 많다.
② pH는 대개 8.5 이하이다.
③ 표면에 백색의 염류피층이 형성된다.
④ Na의 비율은 15% 이상이다.

해설 토양의 pH는 대개 8.5 이하이고, 교환성 Na의 비율은 15% 이하이다.

155 다음 중 나트륨성 알칼리 토양에 대한 설명으로 틀린 것은?

① pH는 8.5와 10사이이다.
② 흑색 알칼리토라 부르기도 한다.
③ 교질물이 고도로 응고되어 좋은 구조를 이루게 된다.
④ Ca, Mg이 적고 Na이 많이 들어 있다.

해설 교질이 분산되어 있어 경운이 어렵고 투수가 매우 느리며, 장시간 후에는 분산된 점토가 아래로 이동하여 프리즘상이나 주상 구조의 치밀한 층위가 형성되고 표면에는 비교적 거친 토성층이 남게 된다.

156 논토양과 밭토양의 차이점으로 틀린 것은?

① 논토양은 무기양분의 천연공급량이 많다.
② 논토양은 유기물 분해가 빨라 부식함량이 적다.
③ 밭토양은 통기 상태가 양호하여 산화상태이다.
④ 밭토양은 산성화가 심하여 인산유효도가 낮다.

해설 논토양은 담수상태이므로 토양이 혐기상태가 되어 유기물의 분해가 늦다.

150.① 151.④ 152.① 153.① 154.④ 155.③ 156.②

157 논에 녹비작물을 재배한 후 풋거름으로 넣으면 기포가 발생하는 원인은 무엇인가?
① 메탄가스 용해도가 매우 낮기 때문에 발생된다.
② 메탄가스 용해도가 매우 높기 때문에 발생된다.
③ 이산화탄소 발생량이 매우 작기 때문에 발생된다.
④ 이산화탄소 용해도가 매우 높기 때문에 발생된다.

해설 논토양에서 탄소는 메탄(CH_4), 유기산물 상태로 존재하며 메탄이 용해도가 낮아 가스상태로 방출된다.

158 다음 중 논토양의 특성으로 옳지 않은 것은?
① 호기성 미생물의 활동이 증가된다.
② 담수하면 토양은 환원상태로 전환된다.
③ 담수 후 대부분 논토양은 중성으로 변한다.
④ 토양용액의 비전도도는 처음에는 증가되다가 최고에 도달한 후 안정된 상태로 낮아진다.

해설 논토양은 담수상태로 토양 내 산소가 부족하여 호기성 미생물의 활동이 억제된다.

159 논에 대한 설명으로 맞지 않은 것은?
① 논의 빛깔은 보통 청회색이다.
② 작토층이 산화층 환원층으로 구분된다.
③ 철, 망간 등이 용탈되어 노후화되기 쉽다.
④ 유안 같은 비료는 표층 시비하면 탈질 현상을 막을 수 있다.

해설 암모늄태 질소질 비료를 산화층에 시용하면 산화되어 NO_3로 되므로 탈질 작용이 일어난다.

160 논토양의 일반적인 특성이 아닌 것은?
① 토층의 분화가 발생한다.
② 조류에 의한 질소 공급이 있다.
③ 연작장해가 있다.
④ 양분의 천연 공급이 있다.

해설 연작장해가 일어나기 쉬운 것은 밭토양이다.

161 다음 중 산화환원전위(E_h)에 대한 설명으로 옳은 것은?
① 중성토양일수록 작고, 산성토양일수록 크다.
② 환원이 심할수록 작고, 산화가 심할수록 크다.
③ 산화가 심할수록 작고, 환원이 심할수록 크다.
④ 양이온치환용량이 크면 작고, 양이온치환용량이 작으면 크다.

해설 E_h는 pH와 직선 관계에 있다. 즉, 수소이온 농도가 증가하여 pH가 저하되면 토양의 E_h는 상승하고 pH가 상승하면 토양의 E_h는 저하되는 환원 상태가 된다.

162 밭토양에 비해 논토양은 대조적으로 어두운 색깔을 띤다. 그 주된 이유는 무엇인가?
① 유기물함량의 차이
② 산화환원 특성의 차이
③ 토성의 차이
④ 재배작물의 차이

해설 논토양은 환원상태로 청회색의 어두운 색을 띤다.

163 담수된 논토양의 환원층에서 진행되는 화학반응으로 옳은 것은?
① $S \rightarrow H_2S$
② $CH_4 \rightarrow CO_2$
③ $Fe^{2+} \rightarrow Fe^{3+}$
④ $NH_4 \rightarrow NO_3$

해설 환원반응 : $CO_2 \rightarrow CH_4$, $Fe^{3+} \rightarrow Fe^{2+}$
$NO_3 \rightarrow NH_4$

164 논토양에서 '토층의 분화'란?
① 산화층과 환원층의 생성
② 산성과 알칼리성의 형성
③ 떼알구조와 홑알구조의 배열
④ 유기물과 무기물의 작용

해설 가장 윗부분은 산소가 충분히 공급되어 산화층이 되고, 그 아래층은 산소의 공급이 없이 환원층이 된다.

157.① 158.① 159.④ 160.③ 161.② 162.② 163.① 164.①

165 논토양에서 환원 상태로 될 때 생기는 현상으로 맞지 않는 것은?

① 빛깔이 청회색~회색으로 변화
② 유기물의 분해 촉진
③ 인산의 유해도 증가
④ 철, 망간 등의 용해도 증가

해설 환원되면 유기물의 부분적 산화가 일어나고, 유기물이 지니고 있는 전체 에너지의 극소량만이 방출 이용되므로 유기물의 집적량이 많아진다.

166 논토양의 환원층에 있는 질산은 어떻게 작용하는가?

① 산화되어 탈질되기 쉽다.
② 환원되어 암모니아로 된다.
③ 공기 중으로 휘산된다.
④ C/N비에 따라 산화 또는 환원된다.

해설 질산은 토양에 흡착되지 못하고 하층토로 용탈되거나 유실되는데 하층 환원층으로 용탈된 질산태 질소 탈진균에 의해 환원되어 가스태 질소로 되고 공기 중으로 휘산된다.

167 논토양에서 탈질 작용이 가장 빠르게 일어날 수 있는 질소의 형태는?

① 질산태 질소
② 암모늄태 질소
③ 요소태 질소
④ 유기태 질소

해설 질산태 질소가 토양의 환원층에 들어가면 차차 환원되어 질소가스 등이 되어서 공중으로 발산하게 되는 탈질 작용이 일어난다.

168 다음 중 논토양에서 탈질 작용을 경감시키는 방법은?

① 투수력을 크게 한다.
② 누수답에서 심층시비를 한다.
③ 토양 분화를 빠르게 유도한다.
④ 질소질 비료를 전층 또는 심층시비한다.

해설
- 심층시비 : 암모늄태 질소를 논토양의 심부층에 주어서 비효의 증진을 꾀하는 것이다.
- 전층시비 : 심층시비의 실제적 방법으로 암모늄태 질소를 논을 갈기 전에 논 전면에 미리 뿌린 다음 작토의 전층(대부분이 환원층)에 섞이도록 하는 것이다.

169 다음 중 논토양이 환원상태가 되는 이유로 거리가 먼 것은?

① 물에 잠겨 있어 산소의 공급이 원활하지 않기 때문이다.
② 철, 망간 등의 양분이 용탈되기 때문이다.
③ 미생물의 호흡 등으로 산소가 소모되고 산소 공급이 잘 이루어지지 않기 때문이다.
④ 유기물의 분해과정에서 산소 소모가 많기 때문이다.

해설 철, 망간 등의 양분 공급이 활발해진다.

170 논토양의 토층분화와 탈질현상에 대한 설명 중 옳지 않은 것은?

① 논토양에서 산화층은 산화제2철이, 환원층은 산화제1철이 쌓인다.
② 암모니아태 질소를 산화층에 주면 질화균에 의해 질산이 된다.
③ 암모니아태 질소를 환원층에 주면 절대적 호기균인 질화균의 작용을 받지 않는다.
④ 질산태 질소를 논에 주면 암모니아태 질소보다 비효가 높다.

해설 질산태 질소를 논에 주면 탈질현상으로 휘산되는 양이 많아 암모니아태 질소보다 비효가 낮다.

171 밭상태보다는 논상태에서 독성이 강하여 작물에 해를 유발하는 비소유해화합물의 형태는?

① $As_{(s)}$ ② AS^{1+}
③ As^{3+} ④ As^{5+}

해설 비소의 독성은 화학적 형태에 따라 다르게 나타나며 환원(무기)형태가 산화(유기-$As_{(s)}$)형태보다 강하게 나타나며 무기형태 비소화합물은 5가 비소보다 3가 비소의 독성이 강하다.

172 논에 있어서 유기태 질소의 무기화 작용이 아닌 것은?

① 질소 고정 ② 토양 건조
③ 지온 상승 ④ 알칼리 효과

해설 유기태 질소의 무기화 방법, 즉 잠재 지력의 활용 방법에는 건토 효과, 지온 상승 효과, 알칼리 효과가 있다.

165.② 166.③ 167.① 168.④ 169.② 170.④ 171.③ 172.①

173 우리나라 저위 생산논 중 가장 많은 것은?

① 특이 산성
② 염류토
③ 사력토 및 미사토
④ 특수 성분 결핍토

해설 특수 성분 결핍토 > 사력토 및 마사토 > 중점토 > 염류토 > 습답 > 퇴화염토 > 특이산성

174 저위 생산답의 개량 방법 중 틀린 것은?

① 중점토 – 천경
② 사력질토 – 점토질의 객토
③ 습답 – 배수 시설
④ 특수 성분 결핍토 – 염기류 계속 공급

해설 중점토는 심경(깊이갈이)과 유기질, 모래 등을 넣어 토성을 개량해야 한다.

175 토양의 노후화답의 특징이 아닌 것은?

① 작토 환원층에서 칼슘이 많을 때에는 벼 뿌리가 적갈색인 산화칼슘의 두꺼운 피막을 형성한다.
② Fe, Mn, K, Ca, Si, S 등이 작토에서 용탈되어 결핍된 논토양이다.
③ 담수 하의 작토의 환원층에서 철분, 망간이 환원되어 녹기 쉬운 형태로 된다.
④ 담수 하의 작토의 환원층에서 황산염이 환원되어 황화수소가 생성된다.

해설 **노후화 논**
논의 작토층으로부터 철이 용탈됨과 동시에 여러 가지 염기도 함께 용탈 제거되어 생산력이 몹시 떨어진 논을 노후화 논이라 한다. 물빠짐이 지나친 사질의 토양은 노후화 논으로 되기 쉽다.

176 노후답의 재배대책이 아닌 것은?

① 엽면시비
② 조기재배
③ 저항성 품종의 선택
④ 황산근 비료 시용

해설 황화수소의 발생원이 되는 황산근을 가진 비료의 시용을 피한다.

177 벼 재배 시 발생하는 추락 현상에 대한 설명으로 옳은 것은?

① 개답의 역사가 짧고 유기물함량이 낮은 미숙답에서 주로 발생한다.
② 모래함량이 많고 용탈이 심한 사질답에서 주로 발생한다.
③ 개답의 역사가 짧은 간척지로 염분 농도가 높은 염해답에서 주로 발생한다.
④ 황화철이 부족하여 무기양분흡수가 저해되는 노후화답에서 주로 발생한다.

해설 **추락 현상**
노후화 논의 벼는 초기에는 건전하게 보이지만, 벼가 자람에 따라 깨씨무늬병의 발생이 많아지고 점차로 아랫잎이 죽으며, 가을 성숙기에 이르러서는 윗잎까지도 죽어 버려서 벼의 수확량이 감소하는 경우가 있는데, 이를 추락 현상이라 한다.
추락의 과정
- 물에 잠겨 있는 논에서, 황 화합물은 온도가 높은 여름에 환원되어 식물에 유독한 황화수소(H_2S)가 된다. 만일, 이때 작토층에 충분한 양의 활성철이 있으면, 황화수소는 황화철(FeS)로 침전되므로 황화수소의 유해한 작용은 나타나지 않는다.
- 노후화 논은 작토층으로부터 활성철이 용탈되어 있기 때문에 황화수소를 불용성의 황화철로 침전시킬 수 없어 추락 현상이 발생하는 것이다.

178 미사와 점토가 많은 논토양에 대한 설명으로 옳은 것은?

① 가능한 한 산화상태 유지를 위해 논 상태로 월동시켜 생산량을 증대시킨다.
② 유기물을 많이 사용하면 양분 집적으로 인해 생산량이 떨어진다.
③ 월동기간에 논 상태인 습답을 춘경하면 양분손실이 생기므로 추경해야 양분손실이 적다.
④ 완숙유기물 등을 처리한 후 심경하여 통기 및 투수성을 증대시킨다.

해설 논토양의 지력 증진 방안은 심경, 객토, 유기물 및 석회질 사용, 결핍성분의 보급 등이 있다.

179 사질의 논토양을 객토할 경우 가장 알맞은 객토 재료는?

① 점토함량이 많은 토양
② 부식함량이 많은 토양
③ 규산함량이 많은 토양
④ 산화철함량이 많은 토양

해설 **누수답의 개량**
객토 및 유기물을 시용하고, 바닥 토층을 밑다듬질한다.

180 다음 중 습답의 특징이 아닌 것은?

① 환원상태
② 토양 색깔의 회색화
③ 추락현상
④ 중금속 다량 용출

해설 **식질 토양의 특징**
- 통기성이 불량해진다.
- 유기물이 집적된다.
- 단단한 점토의 반층 때문에 뿌리가 잘 뻗지 못한다.
- 배수불량으로 유해물질 농도가 높아져 뿌리의 활력이 감소한다.

181 건토 효과를 가장 많이 볼 수 있는 토양은?

① 건답 ② 습답
③ 사토 ④ 양토

해설 **습답**
항시 지하수위가 높아 전 토양층이 물에 잠겨 있어 청회색의 글레이층으로 되어 있다.

182 우리나라 밭토양의 일반적인 특성이 아닌 것은?

① 곡간지 및 산록지와 같은 경사지에 많이 분포되어 있다.
② 토성별 분포를 보면 세립질 토양이 조립질 토양보다 많다.
③ 저위생산성인 토양이 많다.
④ 밭토양은 환원상태이므로 유기물의 분해가 논토양보다 빠르다.

해설 밭토양은 산화상태이므로 유기물의 분해가 논토양보다 빠르다.

183 우리나라 밭토양의 특징과 거리가 먼 것은?

① 밭토양은 경사지에 분포하고 있는 논토양보다 침식이 많다.
② 밭토양은 인산의 불용화가 논토양보다 심하지 않아 인산유효도가 높다.
③ 밭토양은 양분유실이 많아 논토양보다 비료 의존도가 높다.
④ 밭토양은 논토양에 비하여 양분의 천연공급량이 낮다.

해설 논은 환원상태가 되면 밭토양보다 인산의 유효도가 증가하여 작물의 이용률이 높아진다.

184 개간지 토양의 숙전화(熟田化) 방법으로 적합하지 않은 것은?

① 유효토심을 증대시키기 위해 심경과 함께 침식을 방지한다.
② 유기물함량이 낮으므로 퇴비 등 유기물을 다량 시용한다.
③ 염기포화도가 낮으므로 노영석회와 같은 석회물질을 시용한다.
④ 인산 흡수계수가 낮으므로 인산 시용을 줄인다.

해설 **개간지 토양 특성**
- 대체로 산성이다.
- 부식과 점토가 적다.
- 토양 구조가 불량하며 인산 등 비료 성분도 적어 토양의 비옥도가 낮다.
- 경사진 곳이 많아 토양 보호에 유의해야 한다.

185 다음 중 간척지 토양의 특성에 대한 설명으로 틀린 것은?

① Na^+에 의하여 토양분산이 잘 일어나서 토양 공극이 막혀 수직배수가 어렵다.
② 토양이 대체로 EC가 높고 알칼리성에 가까운 토양반응을 나타낸다.
③ 석고($CaSO_4$)의 시용은 황산기(SO_4^{2-})가 있어 간척지에 시용하면 안된다.
④ 토양유기물의 시용은 간척지 토양의 구조 발달을 촉진시켜 제염효과를 높여준다.

179.① 180.④ 181.② 182.④ 183.② 184.④ 185.③

해설 간척지 토양 개량방법
- 관배수 시설로 염분, 황산의 제거 및 이상 환원상태의 발달을 방지한다.
- 석회를 시용하여 산성을 중화하고 염분의 용탈을 쉽게 한다.
- 석고, 토양 개량제, 생짚 등을 시용하여 토양의 물리성을 개량한다.
- 제염법으로 담수법, 명거법, 여과법, 객토 등이 있는데 노력, 경비, 지세를 고려하여 합리적 방법을 선택한다.

186 간척지 토양의 일반적인 특성으로 볼 수 없는 것은?

① Na^+함량이 높다.
② 제염 과정에서 각종 무기염류의 용탈이 크다.
③ 토양교질이 분산되어 물 빠짐(배수)이 양호하다.
④ 유기물함량이 낮다.

해설 간척지 토양은 점토가 과다하고 나트륨이온이 많아 토양의 투수성 및 통기성이 매우 불량하다.

187 간척지에서 간척 당시의 토양 특징에 대한 설명으로 옳은 것은?

① 지하수위가 낮아서 쉽게 심한 환원상태가 되어 유해한 황화수소 등이 생성된다.
② 황화물은 간척하면 환원과정을 거쳐 황산이 되는데, 이 황산이 토양을 강산성으로 만든다.
③ 염분농도가 높아도 벼의 생육에는 영향을 주지 않는다.
④ 점토가 과다하고 나트륨이온이 많아서 토양의 투수성과 통기성이 나쁘다.

해설 간척지 토양 특성
- 염분의 해작용 : 토양 중 염분이 과다하면 물리적으로 토양 용액의 삼투압이 높아져 벼 뿌리의 수분 흡수가 저해되고 화학적으로는 특수 이온을 이상 흡수하여 영양과 대사를 저해한다.
- 황화물의 해작용 : 해면 하에 다량 집적되어 있던 황화물이 간척 후 산화되면서 황산이 되어 토양이 강산성이 된다.
- 토양 물리성의 불량 : 점토가 과다하고 나트륨이온이 많아 토양의 투수성, 통기성이 매우 불량하다.

188 간척지 토양에서 벼를 재배할 때 염해를 일으킬 수 있는 염분 농도의 최저 범위는?

① 0.05% 내외　② 0.1% 내외
③ 1% 내외　④ 10% 내외

해설 벼의 생육이 가능한 염분 농도는 0.3% 이하이고 염해가 발생하는 최저 염분 농도는 0~3.6cm의 표토에서 0.1% 내외이다.

189 간척지 토양에 작물을 재배하고자 할 때 내염성이 강한 작물로만 묶인 것은?

① 토마토－벼－고추
② 고추－벼－목화
③ 고구마－가지－감자
④ 유채－양배추－목화

해설 작물의 내염성 정도

	밭작물	과수
강	사탕무, 유채, 양배추, 목화	
중	알팔파, 토마토, 수수, 보리, 벼, 밀, 호밀, 아스파라거스, 시금치, 양파, 호박	무화과, 포도, 올리브
약	완두, 셀러리, 고구마, 감자, 가지, 녹두	배, 살구, 복숭아, 귤, 사과

190 개간지에서 작물 재배 시 고려할 사항이 아닌 것은?

① 내한성　② 내산성
③ 내건성　④ 내염류집적

해설 개간지는 대개 산성이고, 염기류의 상실이 많다.

191 염해(salt stress)에 관한 설명으로 옳지 않은 것은?

① 토양 수분의 증발량이 강수량보다 많을 때 발생할 수 있다.
② 시설재배 시 비료의 과용으로 생기게 된다.
③ 토양의 수분퍼텐셜이 높아진다.
④ 토양 수분 흡수가 어려워지고 작물의 영양소 불균형을 초래한다.

해설 수분퍼텐셜은 낮아진다.

186.③ 187.④ 188.② 189.④ 190.④ 191.③

192 염해지 토양의 개량방법으로 가장 적절하지 않은 것은?

① 암거배수나 명거배수를 한다.
② 석회질 물질을 시용한다.
③ 전층 기계 경운을 수시로 실시하여 토양의 물리성을 개선한다.
④ 건조시기에 물을 대줄 수 없는 곳에서는 생짚이나 청초를 부초로 하여 표층에 깔아주어 수분증발을 막아준다.

해설 **간척지 토양 개량방법**
- 관배수 시설로 염분, 황산의 제거 및 이상 환원상태의 발달을 방지한다.
- 석회를 시용하여 산성을 중화하고 염분의 용탈을 쉽게 한다.
- 석고, 토양 개량제, 생짚 등을 시용하여 토양의 물리성을 개량한다.
- 제염법으로 담수법, 명거법, 여과법, 객토 등이 있는데 노력, 경비, 지세를 고려하여 합리적 방법을 선택한다.

193 다음 중 시설 원예지 토양의 특성이 아닌 것은 무엇인가?

① 특수 성분의 결핍
② 염류집적
③ 토양 구조의 악화
④ 낮은 삼투압

해설 토양의 비전도도(Ec)가 기준 이상인 경우가 많아 토양 용액의 삼투압이 매우 높고, 활성도비가 불균형하여 무기 성분 사이의 길항 작용에 의해 무기 성분의 흡수가 어렵게 된다.

194 다음 중 토양 염류집적이 문제가 되기 가장 쉬운 곳은?

① 벼 재배 논
② 고랭지채소 재배지
③ 시설채소 재배지
④ 일반 밭작물 재배지

해설 시설재배지의 토양이 노지 토양보다 염류집적이 되는 이유는 시설에 의해 강우가 차단되어 염류의 자연용탈이 일어나지 못하기 때문이다.

195 염류집적의 원인으로만 묶인 것은?

① 과잉 시비, 지표 건조
② 과소 시비, 지표 수준 과다
③ 시설 재배, 유기 재배
④ 노지 재배, 무비료 재배

해설 비료를 과다 사용하면 토양에 잔류한 비료 성분이 빗물에 의해 지하로 스며든 후 확산해 가지 못하고 농지에 계속 축적되어 염류집적 현상이 일어난다. 또한 점토함량이 적고 미사와 모래 함량이 많아 지표가 건조해져도 염류집적 현상이 일어난다.

196 시설하우스 염류집적의 대책으로 적합하지 않은 것은?

① 강우의 차단 ② 재염작물의 재배
③ 유기물 시용 ④ 담수에 의한 제염

해설 **염류장해 해소 대책**
- 담수처리 : 담수를 하여 염류를 녹여낸 후 표면에서 흘러나가도록 한다.
- 답전윤환 : 논상태와 밭상태를 2~3년 주기로 돌려가며 사용한다.
- 심경(환토) : 심경을 하여 심토를 위로 올리고 표토를 밑으로 가도록 하면서 토양을 반전시킨다.
- 심근성(흡비성) 작물을 재배한다.
- 녹비작물을 재배한다.
- 객토를 한다.

197 시설재배지 토양관리의 문제점이 아닌 것은?

① 염류집적이 잘 일어난다.
② 연작장해가 발생되기 쉽다.
③ 양분용탈이 잘 일어난다.
④ 양분 불균형이 발생하기 쉽다.

해설 특정성분의 양분이 결핍되기 쉽다.

198 시설재배 토양의 연작장해에 대한 피해 내용이 아닌 것은?

① 토양 이화학성의 악화
② 답전윤환
③ 선충피해
④ 토양 전염성병균

해설 답전윤환은 연작장해 회피방법이다.

192.③ 193.④ 194.③ 195.① 196.① 197.③ 198.②

199 시설의 토양관리에서 객토를 실시하는 이유로 거리가 먼 것은?

① 미량원소의 공급
② 토양 침식의 효과
③ 염류집적의 제거
④ 토양물리성 개선

해설 시설은 밀폐된 공간으로 자연강우가 없어 토양 침식이 발생하지 않는다.

200 시설원예지 토양의 개량 방법으로 거리가 먼 것은?

① 화학비료를 많이 준다.
② 객토하거나 환토한다.
③ 미량원소를 보급한다.
④ 담수하여 염류를 세척한다.

해설 시설원예지 토양은 퇴비 · 구비 · 녹비 등 유기물을 적절히 사용하고, 화학비료 시비를 자제해야 한다.

Chapter 03 토양생물과 토양 침식 및 토양오염

01 토양소동물 중 작물생육에 적합한 토양조건의 지표로 볼 수 있는 것은?

① 선충
② 지렁이
③ 개미
④ 지네

해설 **지렁이의 특징**
- 작물생육에 적합한 토양조건의 지표로 볼 수 있다.
- 토양에서 에너지원을 얻으며 배설물이 토양의 입단화에 영향을 준다.
- 미분해된 유기물의 시용은 개체수를 증가시킨다.
- 유기물의 분해와 통기성을 증가시키며 토양을 부드럽게 하여 식물 뿌리 발육을 좋게 한다.

02 지렁이에 대한 설명으로 옳은 것은?

① Spodosol 토양에 개체수가 많다.
② 상대적으로 겨울에 활동이 왕성하다.
③ 건조한 지역은 지렁이 개체수를 증가시킨다.
④ 거의 분해되지 않은 유기물의 시용은 개체수를 증가시킨다.

해설 **지렁이의 특징**
- 작물생육에 적합한 토양조건의 지표로 볼 수 있다.
- 토양에서 에너지원을 얻으며 배설물이 토양의 입단화에 영향을 준다.
- 미분해된 유기물의 시용은 개체수를 증가시킨다.
- 유기물의 분해와 통기성을 증가시키며 토양을 부드럽게 하여 식물 뿌리 발육을 좋게 한다.

03 토양 속 지렁이의 역할이 아닌 것은?

① 유기물을 분해한다.
② 통기성을 좋게 한다.
③ 뿌리의 발육을 저해한다.
④ 토양을 부드럽게 한다.

해설 **지렁이의 특징**
- 작물생육에 적합한 토양조건의 지표로 볼 수 있다.
- 토양에서 에너지원을 얻으며 배설물이 토양의 입단화에 영향을 준다.
- 미분해된 유기물의 시용은 개체수를 증가시킨다.
- 유기물의 분해와 통기성을 증가시키며 토양을 부드럽게 하여 식물 뿌리 발육을 좋게 한다.

04 다음 토양소동물 중 가장 많은 수로 존재하면서 작물의 뿌리에 크게 피해를 입히는 것은?

① 지렁이 ② 선충
③ 개미 ④ 톡톡이

해설 **선충류**
- 토양소동물 중 가장 많은 수로 존재한다.
- 탐침을 식물 세포에 밀어넣어 세포 내용물을 소화시키는 효소를 분비한 후 탐침을 통해 양분을 섭취하여 식물의 생장과 저항력을 약화시킨다.
- 탐침에 의한 상처는 다른 병원체의 침입경로가 된다.
- 주로 뿌리를 침해하여 숙주 식물은 수분 부족, 양분 결핍으로 정상적 생육이 저해된다.
- 방제는 윤작, 저항성 품종의 육종, 토양 소독 등의 방법을 이용한다.

05 단위면적당 생물체량이 가장 많은 토양미생물로 맞는 것은?

① 사상균 ② 방선균
③ 세균 ④ 조류

해설 **사상균(곰팡이, 진균)**
- 담자균, 자낭균 등
- 산성, 중성, 알칼리성 어디에서나 생육하며 습기에도 강하다.
- 단위면적당 생물체량이 가장 많은 토양미생물이다.

199.② 200.① / 1.② 2.④ 3.③ 4.② 5.①

06 토양 1g 속에 들어 있는 세균의 수는 얼마인가?

① $10^3 \sim 10^5$
② $10^5 \sim 10^7$
③ $10^6 \sim 10^8$
④ $10^9 \sim 10^{11}$

해설 세균은 토양 1g 속에 $10^6 \sim 10^8$(1백만~1억)마리가 살고 있다.

07 미생물의 수를 나타내는 단위는?

① cfu
② ppm
③ mole
④ pH

해설 CFU(Colony Forming Unit ; 집락형성단위)
샘플 안에 있는 독자생존 가능한 박테리아나 곰팡이(균류) 세포들의 개략적으로 추산된 숫자

08 토양 내 바이오매스량(ha당 생체량)이 가장 큰 것은?

① 세균 ② 방선균
③ 사상균 ④ 조류

해설 토양 내 미생물 중 그 수가 가장 많은 사상균은 진핵생물로 그 크기가 커서 바이오매스량이 가장 크다.

09 토양 조류의 작용에 대한 설명으로 틀린 것은?

① 조류는 이산화탄소를 이용해 유기물을 생산함으로써 대기로부터 많은 양의 이산화탄소를 제거한다.
② 조류는 질소, 인 등 영양원이 풍부하면 급속히 증식하여 녹조현상을 일으킨다.
③ 조류는 사상균과 공생하여 지의류를 형성하고 지의류는 규산염의 생물학적 풍화에 관여한다.
④ 조류가 급속히 증식하여 지표수 표면에 조류막을 형성하면 물의 용존산소량이 증가한다.

해설 조류가 급속히 증식하여 지표수 표면에 조류막을 형성하면 물의 용존산소량이 감소한다.

10 에너지 획득을 광화학 반응 방법에 의해 얻는 토양 세균은?

① 황세균
② 원생 동물
③ 질산균
④ 근규균

해설 황세균은 빛 에너지를 이용해서 탄소 동화를 하며, 물 대신에 황화수소로부터 수소를 분리하고 이것으로 CO_2를 동화한다.

11 식물과 공생관계를 가지는 것은?

① 사상균 ② 효모
③ 선충 ④ 균근류

해설 균근
- 사상균의 가장 고등생물인 담자균이 식물의 뿌리에 붙어서 공생관계를 맺어 균근이라는 특수한 형태를 이룬다.
- 식물뿌리와 공생관계를 형성하는 균으로 뿌리로부터 뻗어 나온 균근은 토양 중에서 이동성이 낮은 인산, 아연, 철, 몰리브덴과 같은 성분을 흡수하여 뿌리 역할을 해준다.

12 균근의 역할로 옳은 것은?

① 과도한 양의 염류 흡수 조장
② 인산성분의 불용화 촉진
③ 독성 금속이온의 흡수 촉진
④ 식물의 수분흡수 증대에 의한 한발저항성 향상

해설 균근의 기능
- 한발에 대한 저항성 증가
- 인산의 흡수 증가
- 토양입단화 촉진

13 균근(mycorrhizae)의 특징에 대한 설명으로 옳지 않은 것은?

① 대부분 세균으로 식물뿌리와 공생
② 외생균근은 주로 수목과 공생
③ 내생균근은 주로 밭작물과 공생
④ 내외생균근은 균근 안에 균사망 형성

해설 사상균의 가장 고등생물인 담자균이 식물의 뿌리에 붙어서 공생관계를 맺어 균근이라는 특수한 형태를 이룬다.

6.③ 7.① 8.③ 9.④ 10.① 11.④ 12.④ 13.①

14 토양미생물의 활동조건에 대한 설명으로 옳지 않은 것은?

① 방선균은 건조한 환경에서 포자를 만들어 잠복한다.
② 세균은 산성에 강하고 곰팡이는 산성에서 약해진다.
③ 미생물 활동에 알맞은 pH는 대체로 7 부근이다.
④ 대부분의 방선균은 호기성균이다.

해설 세균과 방선균의 활동은 토양반응이 중성 ~ 약알칼리성일 때 왕성하다.

15 기온이 낮고 습한 지대에서의 토양 환경을 올바르게 설명한 것은?

① 미생물 활동이 왕성하고 부식화 작용이 왕성하다.
② 유기물 축적이 많고 유기물의 부식화 작용도 왕성하다.
③ 유기물 축적이 적고 유기물의 부식화 작용도 왕성하다.
④ 미생물 활동이 왕성하지 못하고 부식화 작용이 저조하다.

해설 기온이 낮고 습한 냉대나 한대 지방에서는 미생물의 활동이 미비하므로 유기물의 축적이 많고 부식화 작용도 매우 늦어진다.

16 질소가 들어 있는 유기물이 토양 안에서 혐기적으로 분해될 때 주로 생기는 것은?

① 질산태 질소 ② 암모니아태 질소
③ 아질산태 질소 ④ 부식산태 질소

해설 토양 질소의 대부분은 부식물 안에 들어 있으며 미생물에 의해 분해될 때 식물이 이용할 수 있는 암모니아가 생성되는데, 그 양과 속도는 C/N율로 결정된다.

17 토양 미생물의 영양과 에너지원이 되는 물질은?

① 무기물 ② 유기물
③ H_2O ④ CO_2

해설 토양 유기물의 탄소는 토양 미생물의 에너지원이 되고 질소는 토양 미생물의 영양원으로 섭취되어 세포 구성에 이용된다.

18 토양 미생물의 고등 식물에 미치는 유익한 영향이 아닌 것은?

① 탄소 순환
② 암모니아화성 작용
③ 질산화성 작용
④ 황산염의 환원

해설 황산염의 환원은 미생물의 유해 작용에 포함된다.

19 작물생육에 대한 토양미생물의 유익 작용이 아닌 것은?

① 근류균에 의하여 유리질소를 고정한다.
② 유기물에 있는 질소를 암모니아로 분해한다.
③ 불용화된 무기성분을 가용화한다.
④ 황산염의 환원으로 토양산도를 조절한다.

해설 황산염을 환원하여 황화수소 등의 유해한 환원성 물질을 생성한다. Desulfovibrio, Desulfotomaculum 등의 혐기성세균은 SO_4를 환원하여 H_2S가 되게 한다.

20 작물에 대한 미생물의 유익 작용이 아닌 것은?

① 미생물 간의 길항 작용
② 탈질 작용
③ 가용성 무기 성분의 동화
④ 공중 질소 고정 작용

해설
- 질산염의 환원과 탈질 작용은 유해 작용에 속한다.
- 탈질 작용 : 질산태 질소가 혐기적 조건에서 탈질균에 의해 질소가스로 되어 공기 속으로 방출되는 작용이다.

21 다른 생물과 공생하여 공중질소를 고정하는 토양 세균은?

① Azotobacter속 ② Clostridium속
③ Rhizobium속 ④ Bacillus속

해설 질소고정균의 구분
- 공생균 : 콩과 식물에 공생하는 근류균(rhizobium), 벼과 식물에 공생하는 스피릴룸 리포페룸(spirillum lipoferum)이 있다.
- 비공생균 : 아나바이나속(anabaena)과 염주말속(nostoc)을 포함하여 아조토박터속(azotobacter), 베이예링키아속(beijerinckia), 클로스트리디움속(clostridium) 등

14.② 15.④ 16.② 17.② 18.④ 19.④ 20.② 21.③

22 공생유리질소고정세균은?

① 근류균　② 질산균
③ 황산화세균　④ 아질산균

해설 고등식물과 공생하여 유리질소를 고정하는 세균으로, 공생유리질소고정세균, 근류균이라고도 한다.

23 호기적 조건으로 단독으로 질소고정 작용을 하는 토양 미생물 속은?

① 아조토박터(azotobacter)
② 클로스트리디움(clostridium)
③ 리조비움(rhizobium)
④ 프랭키아(frankia)

해설
- 아조토박터(azotobacter속) : 비기생성 질소고정세균
- 클로스트리디움(clostridium속) : 혐기성 세균
- 리조비움(rhizobium) : 공생질소고정세균

24 질소를 고정할 뿐만 아니라 광합성도 할 수 있는 것은?

① 효모　② 사상균
③ 남조류　④ 방사상균

해설 남조류는 단세포로서 세균처럼 핵막이 없고, 엽록소와 남조소를 가지고 있어 광합성을 하여 이분법으로 번식한다.

25 근류균이 3분자의 공중 질소(N_2)를 고정하면 몇 분자의 암모늄(NH_4^+)이 생성되는가?

① 2분자
② 4분자
③ 6분자
④ 8분자

해설 N_2×3분자=6N 따라서 6분자의 암모늄이 생성된다.

26 질산균에 관여하는 반응은?

① 수화 작용
② 질산화 작용
③ 환원 작용
④ 암모니아화 작용

해설 질산균은 암모니아(NH_3)를 산화하여 질산으로 변화시키는 작용, 즉 질산화 작용에 관여하는 세균이다.

27 다음 중 탈질 작용이 일어나기 쉬운 조건은?

① 산소가 많고 유기물이 많은 곳
② 산소가 많고 유기물이 적은 곳
③ 산소가 부족하고 유기물이 적은 곳
④ 산소가 부족하고 유기물이 많은 곳

해설 **탈질 작용**
질산화 작용에 의해 생성된 NO_2와 NO_3가 환원층에 들어가면 탈질 세균의 작용으로 N_2O나 N_2로 되어 대기 중으로 날아가버리는 작용이다.

28 탈질 작용의 설명으로 가장 올바른 것은?

① 산화층에서 일어난다.
② NH_4태로 공기 중에 방출된다.
③ NO_3태로 공기 중에 방출된다.
④ 환원층에서 N_2로 방출된다.

해설 **탈질 작용**
암모니아태 질소가 산화층에서 산화되어 질산이 된 후 환원층에 환원되어 질소 가스로 변하여 공기 중으로 달아나는 현상

29 토양 침식에 미치는 영향과 가장 거리가 먼 것은?

① 토양화학성　② 기상조건
③ 지형조건　④ 식물생육

해설 토양의 물리적 성질은 토양 침식에 영향을 미치지만 화학적 성질은 영향을 미치지 않는다.

30 다음 토양 중 침식을 가장 받기 쉬운 토양은?

① 사토　② 양토
③ 식양토　④ 식토

해설 점토함량이 적은 토양은 침식을 받은 정도가 낮고, 팽윤성 점토가 많은 토양일수록 침식을 받기 쉽다.

31 침식에 관한 설명으로 맞는 것은?

① 일반적으로 토양의 투수성은 입자가 작을수록 크다.
② 침식에 의해 표토가 유실되어도 비옥성에는 변화가 없다.
③ 토양의 입단구조보다 단립구조에서 침식이 많이 일어난다.
④ 등고선 경작을 하면 침식의 피해가 크다.

22.① 23.① 24.③ 25.③ 26.② 27.④ 28.④ 29.① 30.④ 31.③

해설 입단화된 토양은 공극량이 많은 수분을 보유하는 힘이 크므로 유거수가 감소되어 토양침식이 적다.

32 물에 의한 침식을 가장 잘 받는 토양은?

① 토양입단이 잘 형성되어 있는 토양
② 유기물함량이 많은 토양
③ 팽창성 점토광물이 많은 토양
④ 투수성이 큰 토양

해설
- 토양의 투수성은 토양에 수분함량이 적을수록, 유기물함량이 많을수록, 입단이 클수록, 점토 및 교질의 함량이 적어 대공극이 많을수록, 가소성이 작을수록, 팽윤도가 작을수록 커져 유거수를 줄일 수 있어 침식량은 작아진다.
- 팽창성 점토광물은 수분을 흡수로 팽창하여 토양 공극을 막아 투수성을 나쁘게하므로 침식량이 많아진다.

33 토양침식에 관여하는 인자로 거리가 먼 것은?

① 토성　② 빗물
③ 바람　④ 파도

해설 토양침식은 토양의 표면이 물이나 바람 등에 의해 깎이는 현상으로 수식과 풍식으로 나눌 수 있다.

34 물에 의한 토양의 침식과정이 아닌 것은?

① 우적 침식　② 면상 침식
③ 선상 침식　④ 협곡 침식

해설 수식의 유형
- 입단파괴 침식 : 빗방울이 지표를 타격함으로써 입단이 파괴되는 침식
- 면상 침식 : 침식 초기 유형으로 지표가 비교적 고른 경우 유거수가 지표면을 고르게 흐르면서 토양 전면이 엷게 유실되는 침식
- 우곡(세류상) 침식 : 침식 중기 유형으로 토양 표면에 잔도랑이 불규칙하게 생기면서 토양이 유실되는 침식
- 구상(계곡) 침식 : 침식이 가장 심할 때 생기는 유형으로 도랑이 커지면서 심토까지 심하게 깎이는 침식

35 물에 의한 토양의 침식이 아닌 것은?

① 우량　② 침수
③ 우식　④ 합성

해설
- 우량 : 건조 지방 점판암 표면에 장기간 빗방울이 떨어지면서 생기는 자국
- 침수 : 다량의 강우 또는 홍수 등으로 식물체가 물속에 잠기는 상태
- 우식 : 경사지 표층 토양이 빗물에 씻기는 빗물에 의한 침식

36 토양침식 중 수식에 관여하는 요인으로 적합하지 않은 것은?

① 경사도
② 강우량
③ 지표 식생 특성
④ 심토 내 점토 함량

해설 수식의 정도는 강우속도와 강우량, 경사도, 경사장, 토양의 성질 및 지표면의 피복상태 등에 영향을 받는다.

37 다음 중 토양침식이 가장 심한 조건은?

① 경사가 전혀 없다.
② 경사도가 작고 경사장이 길다.
③ 경사도가 크고 경사장이 짧다.
④ 경사도가 크고 경사장이 길다.

해설 경사면이 길거나 넓은 곳에서는 유거수의 집중으로 심한 침식을 일으킨다.

38 토양유실예측 공식에 포함되지 않는 것은?

① 토양관리인자　② 강우인자
③ 평지인자　④ 작부인자

해설 토양유실예측 공식 A=R×K×LS×C×P
R : 강우인자
K : 토양의 수식성인자
LS : 경사인자
C : 작부인자
P : 토양관리인자

39 경사지에서 수식성 작물을 재배할 때 등고선으로 일정한 간격을 두고 적당한 폭의 목초대를 두어 토양 침식을 크게 덜 수 있는 방법은?

① 조림재배
② 초생재배
③ 단구식재배
④ 대상재배

해설 대상재배(등고선재배) : 등고선으로 일정한 간격을 두고 적당한 폭의 목초대를 두면 토양 침식을 크게 덜 수 있다.

32.③ 33.① 34.③ 35.④ 36.④ 37.④ 38.③ 39.④

40 토양 침식의 대책이 아닌 것은?

① 초생재배 ② 등고선경작
③ 토양피복 ④ 전면재배

해설 **토양 침식 대책**
경사지에 목초 등을 밀생시키는 초생재배를 하거나 등고선으로 일정한 간격을 두고 적당한 폭의 목초대를 두면 토양 침식을 크게 덜 수 있으므로 대상재배(등고선재배)를 하는 것이 좋다.

41 토양의 침식을 방지할 수 있는 방법으로 적절하지 않은 것은?

① 등고선재배 ② 토양피복
③ 초생대 설치 ④ 심토 파쇄

해설 심토의 파쇄는 입단의 파괴로 유거수에 의한 토양유실이 많아진다.

42 경사지 밭토양의 유거수의 속도 조절을 위한 경작법으로 적합하지 않은 것은?

① 등고선재배법
② 간작재배법
③ 초생대 대상 재배법
④ 승수구 설치 재배법

해설
- 등고선에 따라 이랑을 만들어 유거수의 속도를 완화시키고 저수통 역할을 하게 한다.
- 비에 의한 침식을 막기 위하여 경사지에 목초 등을 밀생시키는 방법을 초생법이라고 한다. 과수원이나 계단밭 등의 경사면에는 연중 초생상태로 두는 경우가 많으나, 밭의 경우에는 밭이랑 등에 일정 기간만 초생법을 이용하거나 풀과 작물의 돌려짓기 등을 한다.
- 물이 흐를 수 있는 도랑을 만들어 토양 유실을 감소시킬 수 있다.

43 다음 중 토양 보전 작물이 갖추어야 할 조건이 아닌 것은?

① 긴 잔뿌리가 많아야 한다.
② 키가 크고 잎이 길어야 한다.
③ 지면 가까이 줄기와 잎이 무성해야 한다.
④ 김매기가 필요 없고 부식을 많이 남기는 것이어야 한다.

해설 토양 전면을 피복하고 중경을 자주 하지 않으며, 수확 후 유기물을 많이 남기는 작물이 적당하다.(목초, 호밀 등)

44 다음 중 토양 보존 작물이 아닌 것은?

① 알팔파
② 화이트클로버
③ 자운영
④ 콩

해설 **토양 침식을 조장하는 작물**
콩, 옥수수, 감자, 담배, 과수, 목화, 사탕무 등

45 토양이 물이나 바람에 유실되면 유기농업에서는 상당한 손실이다. 토양 침식을 막기 위한 수단으로 틀린 것은?

① 경사도가 5도 이상인 비탈에서는 등고선을 따라 띠 모양으로 번갈아 재배한다.
② 유기물 사용이 많아지면 입단구조가 되어 유실이 적어진다.
③ 경사지에서는 이랑 방향과 경사지 방향을 같도록 재배한다.
④ 경사도가 15도 이상인 곳은 초지를 조성하는 것이 바람직하다.

해설 **경사지에 이랑만들기**
- 경사지에 이랑을 만드는 경우 상하방향으로 이랑을 만드는 종이랑은 배수가 빠르고 강수량이 많은 지방에 적합하지만 토양유실이 많다.
- 등고선에 따라 만드는 횡이랑은 물을 저류시키는 효과가 있으므로 건조한 토지에서 사용한다. 따라서 경사지에서의 이랑 방향은 햇빛의 조사각도, 온도, 풍향, 우량, 경지의 형상, 토지 경사의 방향 등에 의하여 결정된다.
- 보통 이랑 방향과 경사지 방향을 직각이 되도록 하면 침식을 예방할 수 있다.

46 계단 경작은 어떤 경우에 실시하는가?

① 경사 3도 이상
② 경사 5도 이상
③ 경사 9도 이상
④ 경사 15도 이상

해설 경사도 5도 이하에서는 등고선 재배법으로도 토양 보전이 가능하나, 15도 이상의 경사지는 단구를 구축하고 계단식 개간 경작법을 적용해야 한다.

40.④ 41.④ 42.② 43.② 44.④ 45.③ 46.④

47 토양 풍식에 대한 설명으로 옳은 것은?

① 바람의 세기가 같으면 온대 습윤 지방에서의 풍식은 건조 또는 반건조 지방보다 심하다.
② 우리나라에서는 풍식작용이 거의 일어나지 않는다.
③ 피해가 가장 심한 풍식은 토양입자가 도약, 운반되는 것이다.
④ 매년 5월 초순에 만주와 몽고에서 우리나라로 날아오는 모래먼지는 풍식의 모형이 아니다.

해설 풍식에 관한 인자로는 풍속, 토양의 성질, 토양 표면의 피복상태, 인위적 작용 등이 있는데, 이 중 작휴 방향, 경운 정도 등 인위적인 작용은 풍식의 정도와 밀접한 관련이 있다. 바람이 불어오는 방향으로 작휴되면 풍식이 매우 크며, 거친 경운을 하면 토양이 건조되어 입단파괴와 토립의 비산이 증대되어 토양 침식이 커진다.

48 우리나라에서 관측되는 중국의 황사는 무엇에 의한 이동인가?

① 파도 ② 물
③ 바람 ④ 빙하

해설 중국에서 발원하는 황사는 바람을 타고 모래먼지가 우리나라로 날아오는 현상이다.

49 토양의 풍식작용에서 토양입자의 이동과 관계가 없는 것은?

① 약동(saltation)
② 포행(soil creep)
③ 부유(suspension)
④ 산사태 이동(sliding movement)

해설 **토립의 이동**

- 약동 : 토양입자들이 지표면을 따라 튀면서 날아오르는 것으로 조건에 따라 차이는 있지만 전체 이동의 50~76%를 차지한다.
- 포행 : 바람에 날리기에 무거운 큰 입자들은 입자들의 충격에 의해 튀어 굴러서 이동하는 것으로 전체 입자이동의 2~25%를 차지한다.
- 부유 : 세사보다 작은 먼지들이 보통 지표면에 평행한 상태로 수 미터 이내 높이로 날아 이동한다. 그 일부는 공중 높이 날아올라 멀리 이동하게 되는데 일반적으로 전체 이동량의 약 15%를 넘지 않으며 특수한 경우에도 40%를 넘지 않는다.

50 풍식을 방지하기 위한 대책으로 적절하지 못한 것은?

① 방풍 울타리 설치
② 관개 담수
③ 피복 작물의 재배
④ 경운

해설 경운을 하면 토양이 건조되어 입단 파괴와 토립의 비산이 증대되어 토양 침식은 커진다.

51 토양오염의 원인으로 관련이 없는 것은?

① 비료과다 사용에 의한 염류집적
② 유류에 의한 토양오염
③ 부식에 의한 유기물 축적
④ 유독 물질에 의한 토양오염

해설 토양오염은 대체로 지하 자원의 이용으로 암석 중의 무기성분이 지표에 쌓이게 되거나, 농약에 의한 합성 유기 염소계 화합물 또는 알칼수은 화합물 등의 천연에 거의 존재하지 않는 유기물의 축적, 공업 단지와 도시 매연 가스에 의한 산성비, 식품포장 폐기물, 시설 축산의 폐기물 등에 의하여 이루어진다.

52 중금속 원소에 의한 오염도가 큰 토양은?

① 미사질 양토
② 사양토
③ 식토
④ 사토

해설 중금속 원소는 토양 중에서 이동성이 적고 침투수에 의해 용탈되기 어렵기 때문에 토양의 보비력 · 보수력이 클수록 오염도가 커진다.

53 토양을 담수하면 환원되어 독성이 높아지는 중금속은?

① As
② Cd
③ Pb
④ Ni

해설 비소(As)는 수증기와 함께 휘발하면 강한 환원성을 지녀 독성이 높아진다. 산화상태의 비소산보다는 환원상태의 아비산의 독성이 더 높다.

47.③ 48.③ 49.④ 50.④ 51.③ 52.③ 53.①

54 미나마타병을 일으키는 중금속은?

① Hg ② Cd
③ Ni ④ Zn

해설 수은(Hg)
- 미나마타병의 원인물질이다.
- 중추신경계통에 장애를 준다.
- 언어장애, 지각장애 등

55 청색증의 직접적인 원인이 되는 물질은?

① 암모니아태 질소
② 질산태 질소
③ 카드뮴
④ 알루미늄

해설 청색증
오염된 물속에 포함된 질산염(NO_3)이 혈액 속의 헤모글로빈과 결합해 산소 공급을 어렵게 해서 나타나는 질병

56 중금속의 유해 작용을 경감시키는 것은?

① 붕소 ② 석회
③ 철 ④ 유황

해설 식물의 중금속 억제 방법
- 담수재배 및 환원물질의 시용
- 석회질 비료의 시용
- 유기물 시용
- 인산물질의 시용으로 인산화물 불용화
- 점토광물의 시용으로 흡착에 의한 불용화 : 지오라이트, 벤토나이트 등
- 경운, 객토 및 쇄토
- 중금속 흡수 식물의 재배

57 광독을 제거하는 방법으로 적당한 것은?

① 산성 비료를 주어 중화시킨다.
② 석회를 주어서 수산화물의 형태로 만든다.
③ 알칼리 비료를 시용하여 미연에 방지한다.
④ 물을 자주 대주어 씻어 낸다.

해설 중금속이 오염된 토양에 석회를 가하면 토양 반응이 교정되거나 불용성이 되어 그 피해를 줄일 수 있다.

54.① 55.② 56.② 57.②

성공한 사람의 달력에는
"오늘(Today)"이라는 단어가
실패한 사람의 달력에는
"내일(Tomorrow)"이라는 단어가 적혀 있고,

성공한 사람의 시계에는
"지금(Now)"이라는 로고가
실패한 사람의 시계에는
"다음(Next)"이라는 로고가 찍혀 있다고 합니다.

☆

내일(Tomorrow)보다는 오늘(Today)을,
다음(Next)보다는 지금(Now)의 시간을 소중히 여기는
당신의 멋진 미래를 기대합니다. ^^

PART 3

핵심이론 & 적중예상문제

유기농업일반

Craftsman Organic Agriculture

유 / 기 / 농 / 업 / 기 / 능 / 사

Chapter 1 유기농업의 의의

저자쌤의 이론학습 Tip

- 유기농업의 개념과 필요성에 대하여 이해해야 한다.
- 친환경 농업의 필요성에 대하여 이해하고, 친환경 인증에 관련된 사항을 숙지해야 한다.
- 친환경 재배 방법에 대하여 이해해야 한다.

Section 01 유기농업의 의의

1 유기농업의 배경과 개념

(1) 유기농업의 배경

1) 생태계와 농업생태계의 특징

① 생태계의 특징

㉠ 생태계는 생물군집과 비생물환경의 총합으로 이루어진다.

㉡ 생태계는 모든 생명체들이 서로 의존하는 상호작용을 한다.

㉢ 생태계는 모든 생물들이 생존에 필요한 물질과 에너지를 생산해 서로 주고받는 물질순환시스템을 이루고 있다.

㉣ 물질순환이 인간의 간섭 없이 자연적으로 이루어지는 것을 자연생태계라고 한다.

② 농업생태계의 특징

㉠ 농업생태계는 인간이 자연생태계를 파괴 및 변형시켜 만들어졌다.

㉡ 천이의 초기상태가 계속 유지된다.

㉢ 농업생태계는 불안정하다.

㉣ 생물상이 단순하다.

㉤ 작물의 우점성을 극단적으로 높이도록 관리되고 있다.

2) 지속가능한 농업의 대두

① 화학비료의 폐해

㉠ 작물이 사용하고 남은 비료성분이 토양에 잔류하여 염류가 집적된다.

ⓐ 시설재배지에서 심각하다.

ⓑ 논토양은 담수재배로 인해 피해가 거의 없다.

ⓒ 노지 밭토양의 경우 주로 채소경작지 토양에 인산 및 치환성양이온 함량이 축적된다.

㉡ 빗물에 의해 자연에 유실되어 수계의 부영양화가 심해진다.

㉢ 토양산성화 촉진으로 지력이 저하된다.

② 농약의 폐해
㉠ 생태계 파괴, 지표수 · 지하수 등의 수질이 오염된다.
㉡ 토양미생물이 감소한다.
㉢ 토양의 물리성이 악화된다.
㉣ 농산물에 잔류농약이 많아진다.
㉤ 농약 취급자와 살포자의 농약중독 등 건강을 위협한다.

③ 집약적 축산의 폐해
㉠ 가축분뇨의 유출로 지표수의 수질오염 및 수계오염이 심해진다.
㉡ 토양생태계가 파괴된다.
㉢ 암모니아가스의 다량 방출로 대기오염이 심해진다.
㉣ 악취가 발생한다.
㉤ 축산물에 항생물질, 호르몬제 잔류로 인체에 흡수되어 각종 질병에 대한 면역기능이 저하된다.

3) 친환경농업의 필요성 대두

① 사회 · 경제적 여건이 변화하였다.
② 무역자유화와 시장개방 압력이 가속화되었다.
③ 소비자계층의 다양화와 식품안전성에 대한 인식이 제고되었다.
④ 국토공간의 효율적 이용과 환경문제를 개선하려는 노력이 촉구되었다.

(2) 환경농업의 개념

1) 환경농업의 정의

① 농업과 환경을 조화시켜 농업의 생산을 지속가능하게 하는 농업형태로 농업생산의 경제성 확보와 환경보전 및 농산물의 안전성 등을 동시에 추구하는 농업을 말한다.
② 환경농업은 합성농약, 화학비료 등 화학투입재의 사용을 최대한 줄이고 자원의 재활용으로 지역자원과 환경을 보전하면서 장기적으로는 일정한 생산성과 수익성을 확보하고 안전한 식품을 생산하는 것을 추구하며, 단기적인 것이 아닌 장기적인 이익추구, 개발과 환경의 조화, 단작중심이 아닌 순환적 종합농업체계, 생태계 메커니즘을 활용한 고도의 농업기술을 의미한다.
③ 환경농업은 유기농업 등의 특수농법만이 아니라 INM(작물양분종합관리), IPM(작물병해충종합관리), IWM(잡초종합관리), ILM(경지종합관리) 등 흙의 생명력을 배양하는 동시에 농업환경을 지속적으로 보전하는 모든 형태의 농업을 포함한다.

2) 친환경농산물의 뜻

환경을 보전하고 소비자에게 보다 안전한 농산물을 공급하기 위해 농약과 화학비료 및 사료첨가제 등 화학자재를 전혀 사용하지 아니하거나, 적정수준 이하로 사용하여 생산한 농산물을 말한다.

3) 친환경농업의 목적

① 농업의 환경보전기능을 증대시킨다.
② 농업으로 인한 환경오염을 줄인다.
③ 친환경농업을 실천하는 농업인을 육성한다.
④ 지속가능한 친환경농업을 추구한다.
⑤ 친환경농산물과 유기식품 등을 관리한다.
⑥ 생산자와 소비자를 함께 보호한다.

4) 우리나라 친환경농업의 역사

① 1991년 3월 : 농림부에 유기농업발전 기획단 설치
② 1994년 12월 : 농림부에 환경농업과 신설
③ 1996년 : 21세기를 향한 중장기 농림환경정책 수립
④ 1997년 : 12월 환경농업육성법 제정
⑤ 1998년 : 11월 환경농업 원년 선포
⑥ 1999년 : 친환경농업 직불제 도입
⑦ 2001년 : 친환경농업육성 5개년 계획 수립
⑧ 2001년 : 농촌진흥청에 친환경유기농업 기획단 설치
⑨ 2005년 : 유기농업기사 등 국가기술자격제도 도입
⑩ 2008년 : 농촌진흥청에 유기농업과 신설
⑪ 2011년 : 제17차 세계유기농대회 남양주시 유치
⑫ 2012년 : 친환경농어업 육성 및 유기식품 등에 관리, 지원에 관한 법률로 법명 개정
⑬ 2015년 : 세계 유기농산업 엑스포 괴산군 개최

5) 친환경농업 정책의 기본방향

① 농업의 환경보전기능 등 공익적 기능의 극대화로 농업을 환경정화산업으로 발전
② 농업의 자원인 흙과 물의 유지 보전으로 지속적인 농업 추진
③ 국민건강을 위한 안전농산물 생산 공급체계 확립
④ 농업부산물 등 부존자원의 재활용으로 환경 및 농업체질 개선
⑤ 친환경농업 실천 농가 육성 지원으로 친환경농업 확산

2 우리나라와 세계의 유기농업 현황

(1) 우리나라

① 1997년 12월 13일 친환경농업육성법 제정
② 2006년 9월 27일 본격적인 친환경농업육성정책 수립
③ 2013년 친환경농어업육성 및 유기식품 등의 관리 · 지원에 관한 법률로 관계법령 통합

(2) 세계

① 1972년 : 국제유기농업운동연맹(IFOAM)의 결성

② 1981년 : IFOAM은 국제적으로 통용될 최초의 유기농업기준을 마련 · 유기농업에서 사용할 수 있는 허용자재를 정리

③ 1990년부터 국제식품규격위원회(CODEX 또는 CAC)는 '유기식품의 생산 · 가공 · 표시 · 유통에 관한 가이드라인'에 대한 논의 시작

㉠ 1999년 : 식물 분야(유기경종) 유기식품 가이드라인 확정

㉡ 2001년 : 축산 분야(유기축산)에 대한 유기식품 가이드라인 확정

(3) 국제유기농업운동연맹(IFOAM ; International of Organic Agriculture Movements)

1) IFOAM

① IFOAM은 전 세계 116개국 850여 단체가 가입한 세계 최대규모의 유기농업운동 민간단체로 1972년 프랑스에서 창립되어 독일 본(Bonn)에 본부를 두고 있다.

② 유기농업 원리에 바탕을 둔 생태적 · 사회적 · 경제적 유기농업 실천을 지향하며 유기농업 기준의 설정, 정보제공과 기술의 보급, 국제 인증기준과 인증기관 지정 등 역할을 하고 있다.

③ 국제유기농업운동 지원을 하며 세계유기농대회를 3년에 한 번씩 개최한다.

2) IFOAM에서 정한 유기농업 기본목적

① 가능한 폐쇄적인 농업시스템 속에서 적당한 것을 취하고 또한 지역 내 자원에 의존하는 것

② 장기적으로 토양비옥도를 유지하는 것

③ 현대 농업기술이 가져온 심각한 오염을 회피하는 것

④ 영양가 높은 음식을 충분히 생산하는 것

⑤ 농업에 화석연료의 사용을 최소화하는 것

⑥ 전체 가축에 대하여 그 심리적 필요성과 윤리적 원칙에 적합한 사양조건을 만들어 주는 것

⑦ 농업생산자에 대하여 정당한 보수를 받을 수 있도록 하는 것과 일에 대한 만족감을 느낄 수 있도록 하는 것

⑧ 전체적으로 자연환경과의 관계에서 공생 · 보호적인 자세를 견지하는 것

⑨ 이상의 목적에 도달 또는 접근하기 위하여 유기농업은 일정한 기술을 도입해야 하는데 그 기술의 내용은 다음과 같다.

㉠ 위와 같은 기본목적에 반하는 자재(농약, 화학비료 등)와 농법을 배제하는 것

㉡ 자연의 생태학적 균형을 존중하는 것

㉢ 농업생산자와 공존하는 미생물, 식물, 동물 전반에 대하여 적이나 노예로 삼지 않도록 공생의 방법을 모색하는 것

Section 02 친환경농업

1 친환경농업 개요

(1) 친환경농업의 정의

친환경농업 육성 및 유기식품 등의 관리 · 지원에 관한 법률에서 다음과 같이 정의하고 있다. "친환경농어업"이란 합성농약, 화학비료 및 항생제 · 항균제 등 화학자재를 사용하지 아니하거나 그 사용을 최소화하고 농업 · 수산업 · 축산업 · 임업 부산물의 재활용 등을 통하여 생태계와 환경을 유지 · 보전하면서 안전한 농산물 · 수산물 · 축산물 · 임산물을 생산하는 산업을 말한다.

(2) 친환경농산물의 인증

1) 친환경농산물 인증제도

소비자에게 보다 안전한 친환경농산물을 전문인증기관이 엄격한 기준으로 선별 검사하여 정부가 그 안전성을 인증하는 제도이다.

2) 친환경농산물의 종류

친환경농산물은 생산방법과 사용자재 등에 따라 유기농산물(유기축산물), 무농약농산물(무항생제축산물)로 분류한다.

① **유기농산물** : 유기합성농약과 화학비료를 사용하지 않고 재배한 농산물

② **무농약농산물** : 유기합성농약은 사용하지 않고 화학비료는 권장시비량의 1/3 이하를 사용하여 재배한 농산물

③ **유기축산물** : 항생제 · 합성항균제 · 호르몬제가 포함되지 않은 유기사료를 급여하여 사육한 축산물

④ **무항생제축산물** : 항생제 · 합성항균제 · 호르몬제가 포함되지 않은 무항생제 사료를 급여하여 사육한 축산물

3) 친환경농산물의 표시방법

① **친환경농산물 의무표시사항** : 인증받은자의 성명, 전화번호, 포장작업장 주소, 인증번호, 인증기관명 및 생산지

② **친환경농산물 표시 위치**

㉠ 친환경농산물의 포장 또는 용기에 표시한다.

㉡ 인증품의 포장을 뜯어 포장단위를 변경하거나 가공하지 않고 단순처리한 후 다시 포장하는 경우에는 취급자의 업체명, 전화번호, 작업장의 주소와 로트번호 또는 바코드 등의 식별체계를 추가하여 표시한다.

③ 유기식품의 유기표시 기준

■ 농림축산식품부 소관 친환경농어업 육성 및 유기식품 등의 관리 · 지원에 관한 법률 시행규칙

유기식품 등의 유기표시 기준(제21조 제1항 관련)

1. 유기표시 도형

가. 유기농산물, 유기축산물, 유기임산물, 유기가공식품 및 비식용유기가공품에 다음의 도형을 표시하되, 제5호 나목2)에 따른 유기 70%로 표시하는 제품에는 다음의 유기표시 도형을 사용할 수 없다.

인증번호 :

Certification Number :

나. 제1호 가목의 표시 도형 내부의 "유기"의 글자는 품목에 따라 "유기식품", "유기농", "유기농산물", "유기축산물", "유기가공식품", "유기사료", "비식용유기가공품"으로 표기할 수 있다.

다. 작도법

(1) 도형 표시방법

(가) 표시 도형의 가로 길이(사각형의 왼쪽 끝과 오른쪽 끝의 폭 : W)를 기준으로 세로 길이는 0.95×W의 비율로 한다.

(나) 표시 도형의 흰색 모양과 바깥 테두리(좌우 및 상단부 부분으로 한정한다)의 간격은 0.1×W로 한다.

(다) 표시 도형의 흰색 모양 하단부 왼쪽 태극의 시작점은 상단부에서 0.55×W 아래가 되는 지점으로 하고, 오른쪽 태극의 끝점은 상단부에서 0.75×W 아래가 되는 지점으로 한다.

(2) 표시 도형의 국문 및 영문 모두 활자체는 고딕체로 하고, 글자 크기는 표시 도형의 크기에 따라 조정한다.

(3) 표시 도형의 색상은 녹색을 기본 색상으로 하되, 포장재의 색깔 등을 고려하여 파란색, 빨간색 또는 검은색으로 할 수 있다.

(4) 표시 도형 내부에 적힌 "유기", "(ORGANIC)", "ORGANIC"의 글자 색상은 표시 도형 색상과 같게 하고, 하단의 "농림축산식품부"와 "MAFRA KOREA"의 글자는 흰색으로 한다.

(5) 배색 비율은 녹색 C80+Y100, 파란색 C100+M70, 빨간색 M100+Y100+K10, 검은색 C20+K100으로 한다.

(6) 표시 도형의 크기는 포장재의 크기에 따라 조정할 수 있다.

(7) 표시 도형의 위치는 포장재 주 표시면의 옆면에 표시하되, 포장재 구조상 옆면 표시가 어려운 경우에는 표시 위치를 변경할 수 있다.

(8) 표시 도형 밑 또는 좌우 옆면에 인증번호를 표시한다.

2. 유기표시 글자

구 분	표시 글자
가. 유기농축산물	1) 유기, 유기농산물, 유기축산물, 유기임산물, 유기식품, 유기재배농산물 또는 유기농 2) 유기재배○○(○○은 농산물의 일반적 명칭으로 한다. 이하 이 표에서 같다), 유기축산○○, 유기○○ 또는 유기농○○
나. 유기가공식품	1) 유기가공식품, 유기농 또는 유기식품 2) 유기농○○ 또는 유기○○
다. 비식용유기가공품	1) 유기사료 또는 유기농 사료 2) 유기농○○ 또는 유기○○(○○은 사료의 일반적 명칭으로 한다). 다만, "식품"이 들어가는 단어는 사용할 수 없다.

3. 유기가공식품 · 비식용유기가공품 중 제5호 나목2)에 따라 비유기 원료를 사용한 제품의 표시기준
   가. 원재료명 표시란에 유기농축산물의 총함량 또는 원료 · 재료별 함량을 백분율(%)로 표시한다.
   나. 비유기 원료를 제품 명칭으로 사용할 수 없다.
   다. 유기 70%로 표시하는 제품은 주 표시면에 "유기 70%" 또는 이와 같은 의미의 문구를 소비자가 알아보기 쉽게 표시해야 하며, 이 경우 제품명 또는 제품명의 일부에 유기 또는 이와 같은 의미의 글자를 표시할 수 없다.

4. 제1호부터 제3호까지의 규정에 따른 유기표시의 표시방법 및 세부 표시사항 등은 국립농산물품질관리원장이 정하여 고시한다.

④ 허용물질

■ 농림축산식품부 소관 친환경농어업 육성 및 유기식품 등의 관리 · 지원에 관한 법률 시행규칙

허용물질(제3조 제1항 관련)

1. 유기식품 등에 사용 가능한 물질
   가. 유기농산물 및 유기임산물
      (1) 토양 개량과 작물 생육을 위해 사용 가능한 물질

번호	사용 가능 물질	사용 가능 조건
1	가) 농장 및 가금류의 퇴구비[堆廏肥 : 볏짚, 낙엽 등 부산물을 부숙(썩혀서 익히는 것을 말한다. 이하 같다)하여 만든 퇴비와 축사에서 나오는 두엄을 말한다] 나) 퇴비화된 가축배설물 다) 건조된 농장 퇴구비 및 탈수한 가금류의 퇴구비 라) 가축분뇨를 발효시킨 액상의 물질	(1) 제11조 제2항에 따라 국립농산물품질관리원장이 정하여 고시하는 유기농산물 및 유기임산물 인증기준의 재배방법 중 가축분뇨를 원료로 하는 퇴비 · 액비의 기준에 적합할 것 (2) 사용 가능 물질 중 라)는 유기축산물 또는 무항생제축산물 인증 농장, 경축순환농법(耕畜循環農法 : 친환경농업을 실천하는 자가 경종과 축산을 겸업하면서 각각의 부산물을 작물재배 및 가축사육에 활용하고, 경

번호	사용 가능 물질	사용 가능 조건
1		종작물의 퇴비소요량에 맞게 가축사육 마릿수를 유지하는 형태의 농법을 말한다) 등 친환경 농법으로 가축을 사육하는 농장 또는 「동물보호법」 제29조에 따른 동물복지축산농장 인증을 받은 농장에서 유래한 것만 사용하고, 「비료관리법」 제4조에 따른 공정규격설정 등의 고시에서 정한 가축분뇨발효액의 기준에 적합할 것
2	식물 또는 식물 잔류물로 만든 퇴비	충분히 부숙된 것일 것
3	버섯재배 및 지렁이 양식에서 생긴 퇴비	버섯재배 및 지렁이 양식에 사용되는 자재는 이 표에서 사용 가능한 것으로 규정된 물질만을 사용할 것
4	지렁이 또는 곤충으로부터 온 부식토	부식토의 생성에 사용되는 지렁이 및 곤충의 먹이는 이 표에서 사용 가능한 것으로 규정된 물질만을 사용할 것
5	식품 및 섬유공장의 유기적 부산물	합성첨가물이 포함되어 있지 않을 것
6	유기농장 부산물로 만든 비료	화학물질의 첨가나 화학적 제조공정을 거치지 않을 것
7	혈분·육분·골분·깃털분 등 도축장과 수산물 가공공장에서 나온 동물부산물	화학물질의 첨가나 화학적 제조공정을 거치지 않아야 하고, 항생물질이 검출되지 않을 것
8	대두박(콩에서 기름을 짜고 남은 찌꺼기를 말한다. 이하 이 표에서 같다), 쌀겨 유박(油粕 : 식물성 원료에서 원하는 물질을 짜고 남은 찌꺼기를 말한다. 이하 이 표에서 같다), 깻묵 등 식물성 유박류	(1) 유전자를 변형한 물질이 포함되지 않을 것 (2) 최종제품에 화학물질이 남지 않을 것 (3) 아주까리 및 아주까리 유박을 사용한 자재는 「비료관리법」 제4조에 따른 공정규격설정 등의 고시에서 정한 리친(Ricin)의 유해성분 최대량을 초과하지 않을 것
9	제당산업의 부산물[당밀, 비나스(Vinasse : 사탕수수나 사탕무에서 알코올을 생산한 후 남은 찌꺼기를 말한다), 식품등급의 설탕, 포도당을 포함한다]	유해 화학물질로 처리되지 않을 것
10	유기농업에서 유래한 재료를 가공하는 산업의 부산물	합성첨가물이 포함되어 있지 않을 것
11	오줌	충분한 발효와 희석을 거쳐 사용할 것
12	사람의 배설물(오줌만인 경우는 제외한다)	(1) 완전히 발효되어 부숙된 것일 것 (2) 고온발효 : 50℃ 이상에서 7일 이상 발효된 것 (3) 저온발효 : 6개월 이상 발효된 것일 것 (4) 엽채류 등 농산물·임산물 중 사람이 직접 먹는 부위에는 사용하지 않을 것

번호	사용 가능 물질	사용 가능 조건
13	벌레 등 자연적으로 생긴 유기체	
14	구아노(Guano : 바닷새, 박쥐 등의 배설물)	화학물질 첨가나 화학적 제조공정을 거치지 않을 것
15	짚, 왕겨, 쌀겨 및 산야초	비료화하여 사용할 경우에는 화학물질 첨가나 화학적 제조공정을 거치지 않을 것
16	가) 톱밥, 나무껍질 및 목재 부스러기 나) 나무 숯 및 나뭇재	원목상태 그대로이거나 원목을 기계적으로 가공·처리한 상태의 것으로서 가공·처리과정에서 페인트·기름·방부제 등이 묻지 않은 폐목재 또는 그 목재의 부산물을 원료로 하여 생산한 것일 것
17	가) 황산칼륨, 랑베나이트(해수의 증발로 생성된 암염) 또는 광물염 나) 석회소다 염화물 다) 석회질 마그네슘 암석 라) 마그네슘 암석 마) 사리염(황산마그네슘) 및 천연석고(황산칼슘) 바) 석회석 등 자연에서 유래한 탄산칼슘 사) 점토광물(벤토나이트·펄라이트·제올라이트·일라이트 등) 아) 질석(Vermiculite : 풍화한 흑운모) 자) 붕소·철·망간·구리·몰리브덴 및 아연 등 미량원소	(1) 천연에서 유래하고, 단순 물리적으로 가공한 것일 것 (2) 사람의 건강 또는 농업환경에 위해(危害)요소로 작용하는 광물질(예 : 석면광, 수은광 등)은 사용하지 않을 것
18	칼륨암석 및 채굴된 칼륨염	천연에서 유래하고 단순 물리적으로 가공한 것으로 염소함량이 60% 미만일 것
19	천연 인광석 및 인산알루미늄칼슘	천연에서 유래하고 단순 물리적 공정으로 가공된 것이어야 하며, 인을 오산화인(P2O5)으로 환산하여 1kg 중 카드뮴이 90mg/kg 이하일 것
20	자연암석분말·분쇄석 또는 그 용액	(1) 화학물질의 첨가나 화학적 제조공정을 거치지 않을 것 (2) 사람의 건강 또는 농업환경에 위해요소로 작용하는 광물질이 포함된 암석은 사용하지 않을 것
21	광물을 제련하고 남은 찌꺼기[광재(鑛滓) : 베이직 슬래그]	광물의 제련과정에서 나온 것으로서 화학물질이 포함되지 않을 것(예 : 제조 시 화학물질이 포함되지 않은 규산질 비료)
22	염화나트륨(소금) 및 해수	(1) 염화나트륨(소금)은 채굴한 암염 및 천일염(잔류농약이 검출되지 않아야 함)일 것 (2) 해수는 다음 조건에 따라 사용할 것 (가) 천연에서 유래할 것 (나) 엽면시비용(葉面施肥用)으로 사용할 것 (다) 토양에 염류가 쌓이지 않도록 필요한 최소량만을 사용할 것

번호	사용 가능 물질	사용 가능 조건
23	목초액	「산업표준화법」에 따른 한국산업표준의 목초액(KSM3939) 기준에 적합할 것
24	키토산	국립농산물품질관리원장이 정하여 고시하는 품질규격에 적합할 것
25	미생물 및 미생물 추출물	미생물의 배양과정이 끝난 후에 화학물질의 첨가나 화학적 제조공정을 거치지 않을 것
26	이탄(泥炭, Peat), 토탄(土炭, Peat moss), 토탄 추출물	
27	해조류, 해조류 추출물, 해조류 퇴적물	
28	황	
29	주정 찌꺼기(Stillage) 및 그 추출물(암모니아 주정 찌꺼기는 제외한다)	
30	클로렐라(담수녹조) 및 그 추출물	클로렐라 배양과정이 끝난 후에 화학물질의 첨가나 화학적 제조공정을 거치지 않을 것

(2) 병해충 관리를 위해 사용 가능한 물질

번호	사용 가능 물질	사용 가능 조건
1	제충국 추출물	제충국(Chrysanthemum cinerariaefolium)에서 추출된 천연물질일 것
2	데리스(Derris) 추출물	데리스(Derris spp., Lonchocarpus spp. 및 Tephrosia spp.)에서 추출된 천연물질일 것
3	쿠아시아(Quassia) 추출물	쿠아시아(Quassia amara)에서 추출된 천연물질일 것
4	라이아니아(Ryania) 추출물	라이아니아(Ryania speciosa)에서 추출된 천연물질일 것
5	님(Neem) 추출물	님(Azadirachta indica)에서 추출된 천연물질일 것
6	해수 및 천일염	잔류농약이 검출되지 않을 것
7	젤라틴(Gelatine)	크롬(Cr)처리 등 화학적 제조공정을 거치지 않을 것
8	난황(卵黃, 계란노른자 포함)	화학물질의 첨가나 화학적 제조공정을 거치지 않을 것
9	식초 등 천연산	화학물질의 첨가나 화학적 제조공정을 거치지 않을 것
10	누룩곰팡이속(Aspergillus spp.)의 발효 생산물	미생물의 배양과정이 끝난 후에 화학물질의 첨가나 화학적 제조공정을 거치지 않을 것
11	목초액	「산업표준화법」에 따른 한국산업표준의 목초액(KSM3939) 기준에 적합할 것

번호	사용 가능 물질	사용 가능 조건
12	담배잎차(순수 니코틴은 제외)	물로 추출한 것일 것
13	키토산	국립농산물품질관리원장이 정하여 고시하는 품질규격에 적합할 것
14	밀랍(Beeswax) 및 프로폴리스(Propolis)	
15	동 · 식물성 오일	천연유화제로 제조할 경우만 수산화칼륨을 동물성 · 식물성 오일 사용량 이하로 최소화하여 사용할 것. 이 경우 인증품 생산계획서에 기록 · 관리하고 사용해야 한다.
16	해조류 · 해조류가루 · 해조류추출액	
17	인지질(Lecithin)	
18	카제인(유단백질)	
19	버섯 추출액	
20	클로렐라(담수녹조) 및 그 추출물	클로렐라 배양과정이 끝난 후에 화학물질의 첨가나 화학적 제조공정을 거치지 않을 것
21	천연식물(약초 등)에서 추출한 제재 (담배는 제외)	
22	식물성 퇴비발효 추출액	(1) 제1호 가목1)에서 정한 허용물질 중 식물성 원료를 충분히 부숙시킨 퇴비로 제조할 것 (2) 물로만 추출할 것
23	가) 구리염 나) 보르도액 다) 수산화동 라) 산염화동 마) 부르고뉴액	토양에 구리가 축적되지 않도록 필요한 최소량만을 사용할 것
24	생석회(산화칼슘) 및 소석회(수산화칼슘)	토양에 직접 살포하지 않을 것
25	석회보르도액 및 석회유황합제	
26	에틸렌	키위, 바나나와 감의 숙성을 위해 사용할 것
27	규산염 및 벤토나이트	천연에서 유래하고 단순 물리적으로 가공한 것만 사용할 것
28	규산나트륨	천연규사와 탄산나트륨을 이용하여 제조한 것일 것
29	규조토	천연에서 유래하고 단순 물리적으로 가공한 것일 것
30	맥반석 등 광물질 가루	(1) 천연에서 유래하고 단순 물리적으로 가공한 것일 것 (2) 사람의 건강 또는 농업환경에 위해요소로 작용하는 광물질(예 : 석면광 및 수은광 등)은 사용하지 않을 것

번호	사용 가능 물질	사용 가능 조건
31	인산철	달팽이 관리용으로만 사용할 것
32	파라핀 오일	
33	중탄산나트륨 및 중탄산칼륨	
34	과망간산칼륨	과수의 병해관리용으로만 사용할 것
35	황	액상화할 경우에만 수산화나트륨을 황 사용량 이하로 최소화하여 사용할 것. 이 경우 인증품 생산계획서에 기록·관리하고 사용해야 한다.
36	미생물 및 미생물 추출물	미생물의 배양과정이 끝난 후에 화학물질의 첨가나 화학적 제조공정을 거치지 않을 것
37	천적	생태계 교란종이 아닐 것
38	성 유인물질(페로몬)	(1) 작물에 직접 처리하지 않을 것 (2) 덫에만 사용할 것
39	메타알데하이드	(1) 별도 용기에 담아서 사용할 것 (2) 토양이나 작물에 직접 처리하지 않을 것 (3) 덫에만 사용할 것
40	이산화탄소 및 질소가스	과실 창고의 대기 농도 조정용으로만 사용할 것
41	비누(Potassium Soaps)	
42	에틸알콜	발효주정일 것
43	허브식물 및 기피식물	생태계 교란종이 아닐 것
44	기계유	(1) 과수농가의 월동 해충 제거용으로만 사용할 것 (2) 수확기 과실에 직접 사용하지 않을 것
45	웅성불임곤충	

나. 유기축산물 및 비식용유기가공품

(1) 사료로 직접 사용되거나 배합사료의 원료로 사용 가능한 물질(「사료관리법」 제11조에 따라 고시된 사료공정을 준수한 원료로 한정한다)

번호	구분	사용 가능 물질	사용 가능 조건
1	식물성	곡류(곡물), 곡물부산물류(강피류), 박류(단백질류), 서류, 식품가공부산물류, 조류(藻類), 섬유질류, 제약부산물류, 유지류, 전분류, 콩류, 견과·종실류, 과실류, 채소류, 버섯류, 그 밖의 식물류	가) 유기농산물(유기수산물을 포함한다. 이하 같다) 인증을 받거나 유기농산물의 부산물로 만들어진 것일 것 나) 천연에서 유래한 것은 잔류농약이 검출되지 않을 것
2	동물성	단백질류, 낙농가공부산물류	가) 수산물(골뱅이분을 포함한다)은 양식하지 않은 것일 것 나) 포유동물에서 유래된 사료(우유 및 유제품은 제외한다)는 반추가축[소·양 등 반추(反芻)류 가축을 말한다. 이하 같다]에 사용하지 않을 것

번호	구분	사용 가능 물질	사용 가능 조건
2	동물성	곤충류, 플랑크톤류	가) 사육이나 양식과정에서 합성농약이나 동물용의약품을 사용하지 않은 것일 것 나) 야생의 것은 잔류농약이 검출되지 않은 것일 것
		무기물류	「사료관리법」 제2조 제2호에 따라 농림축산식품부장관이 정하여 고시하는 기준에 적합할 것
		유지류	가) 「사료관리법」 제2조 제2호에 따라 농림축산식품부장관이 정하여 고시하는 기준에 적합할 것 나) 반추가축에 사용하지 않을 것
3	광물성	식염류, 인산염류 및 칼슘염류, 다량광물질류, 혼합광물질류	가) 천연의 것일 것 나) 가)에 해당하는 물질을 상업적으로 조달할 수 없는 경우에는 화학적으로 충분히 정제된 유사물질 사용 가능

비고 : 이 표의 사용 가능 물질의 구체적인 범위는 「사료관리법」 제2조 제2호에 따라 농림축산식품부장관이 정하여 고시하는 단미사료의 범위에 따른다.

(2) 사료의 품질저하 방지 또는 사료의 효용을 높이기 위해 사료에 첨가하여 사용 가능한 물질

번호	구분	사용 가능 물질	사용 가능 조건
1	천연 결착제		가) 천연의 것이거나 천연에서 유래한 것일 것 나) 합성농약 성분 또는 동물용의약품 성분을 함유하지 않을 것 다) 「유전자변형생물체의 국가간 이동 등에 관한 법률」 제2조 제2호에 따른 유전자변형생물체(이하 "유전자변형생물체"라 한다) 및 유전자변형생물체에서 유래한 물질을 함유하지 않을 것
	천연 유화제		
	천연 보존제	산미제, 항응고제, 항산화제, 항곰팡이제	
	효소제	당분해효소, 지방분해효소, 인분해효소, 단백질분해효소	
	미생물제제	유익균, 유익곰팡이, 유익효모, 박테리오파지	
	천연 향미제		
	천연 착색제		
	천연 추출제	초목 추출물, 종자 추출물, 세포벽 추출물, 동물 추출물, 그 밖의 추출물	
	올리고당		
2	규산염제		가) 천연의 것일 것 나) 가)에 해당하는 물질을 상업적으로 조달할 수 없는 경우에는 화학적으로 충분히 정제된 유사물질 사용 가능 다) 합성농약 성분 또는 동물용의약품 성분을 함유하지 않을 것
	아미노산제	아민초산, DL-알라닌, 염산L-라이신, 황산L-라이신, L-글루타민산나트륨, 2-디아미노-2-하이드록시메치오닌, DL-트립토판, L-트립토판, DL메치오닌 및 L-트레오닌과 그 혼합물	

번호	구분	사용 가능 물질	사용 가능 조건
2	비타민제(프로비타민 포함)	비타민A, 프로비타민A, 비타민B1, 비타민B2, 비타민B6, 비타민B12, 비타민C, 비타민D, 비타민D2, 비타민D3, 비타민E, 비타민K, 판토텐산, 이노시톨, 콜린, 나이아신, 바이오틴, 엽산과 그 유사체 및 혼합물	라) 유전자변형생물체 및 유전자변형생물체에서 유래한 물질을 함유하지 않을 것
	완충제	산화마그네슘, 탄산나트륨(소다회), 중조(탄산수소나트륨 · 중탄산나트륨)	

비고 : 이 표의 사용 가능 물질의 구체적인 범위는 「사료관리법」 제2조제4호에 따라 농림축산식품부장관이 정하여 고시하는 보조사료의 범위에 따른다.

(3) 축사 및 축사 주변, 농기계 및 기구의 소독제로 사용 가능한 물질

「동물용 의약품등 취급규칙」 제5조에 따라 제조품목허가 또는 제조품목신고된 동물용의약외품 중 별표 4의 인증기준에서 사용이 금지된 성분을 포함하지 않은 물질을 사용할 것. 이 경우 가축 또는 사료에 접촉되지 않도록 사용해야 한다.

(4) 비식용유기가공품에 사용 가능한 물질

제1호 다목1)에 따른 식품첨가물 또는 가공보조제로 사용 가능한 물질. 이 경우 허용범위는 국립농산물품질관리원장이 정하여 고시한다.

(5) 가축의 질병 예방 및 치료를 위해 사용 가능한 물질

- 공통조건
  ① 유전자변형생물체 및 유전자변형생물체에서 유래한 원료는 사용하지 않을 것
  ② 「약사법」 제85조 제6항에 따른 동물용의약품을 사용할 경우에는 수의사의 처방전을 갖추어 둘 것
  ③ 동물용의약품을 사용한 경우 휴약기간의 2배의 기간이 지난 후에 가축을 출하할 것
- 개별조건

번호	사용 가능 물질	사용 가능 조건
1	생균제, 효소제, 비타민, 무기물	가) 합성농약, 항생제, 항균제, 호르몬제 성분을 함유하지 않을 것 나) 가축의 면역기능 증진을 목적으로 사용할 것
2	예방백신	「가축전염병 예방법」에 따른 가축전염병을 예방하거나 퍼지는 것을 막기 위한 목적으로만 사용할 것
3	구충제	가축의 기생충 감염 예방을 목적으로만 사용할 것
4	포도당	가) 분만한 가축 등 영양보급이 필요한 가축에 대해서만 사용할 것 나) 합성농약 성분은 함유하지 않을 것
5	외용 소독제	상처의 치료가 필요한 가축에 대해서만 사용할 것
6	국부 마취제	외과적 치료가 필요한 가축에 대해서만 사용할 것
7	약초 등 천연 유래 물질	가) 가축의 면역기능의 증진 또는 치료 목적으로만 사용할 것 나) 합성농약 성분은 함유하지 않을 것 다) 인증품 생산계획서에 기록 · 관리하고 사용할 것

다. 유기가공식품

(1) 식품첨가물 또는 가공보조제로 사용 가능한 물질

명칭(한)	명칭(영)	국제 분류 번호 (INS)	식품첨가물로 사용 시		가공보조제로 사용 시	
			사용 가능 여부	사용 가능 범위	사용 가능 여부	사용 가능 범위
과산화수소	Hydrogen peroxide		×		○	식품 표면의 세척·소독제
구아검	Guar gum	412	○	제한 없음	×	
구연산	Citric acid	330	○	제한 없음	○	제한 없음
구연산삼나트륨	Trisodium citrate	331 (iii)	○	소시지, 난백의 저온살균, 유제품, 과립음료	×	
구연산칼륨	Potassium citrate	332	○	제한 없음	×	
구연산칼슘	Calcium citrate	333	○	제한 없음	×	
규조토	Diatomaceous earth		×		○	여과보조제
글리세린	Glycerin	422	○	사용 가능 용도 제한 없음. 다만, 가수분해로 얻어진 식물 유래의 글리세린만 사용 가능	×	
퀼라야 추출물	Quillaia Extract	999	×		○	설탕 가공
레시틴	Lecithin	322	○	사용 가능 용도 제한 없음. (다만, 표백제 및 유기용매를 사용하지 않고 얻은 레시틴만 사용 가능)	×	
로커스트콩검	Locust bean gum	410	○	식물성제품, 유제품, 육제품	×	
무수아황산	Sulfur dioxide	220	○	과일주	×	
밀납	Beeswax	901	×		○	이형제
백도토	Kaolin	559	×		○	청징(clarification) 또는 여과보조제
벤토나이트	Bentonite	558	×		○	청징(clarification) 또는 여과보조제
비타민 C	Vitamin C	300	○	제한 없음	×	
DL-사과산	DL-Malic acid	296	○	제한 없음	×	
산소	Oxygen	948	○	제한 없음	○	제한 없음
산탄검	Xanthan gum	415	○	지방제품, 과일 및 채소제품, 케이크, 과자, 샐러드류	×	
수산화나트륨	Sodium hydroxide	524	○	곡류제품	○	설탕 가공 중의 산도 조절제, 유지 가공
수산화칼륨	Potassium hydroxide	525	×		○	설탕 및 분리대두단백 가공 중의 산도 조절제
수산화칼슘	Calcium hydroxide	526	○	토르티야	○	산도 조절제
아라비아검	Arabic gum	414	○	식물성 제품, 유제품, 지방제품	×	

명칭(한)	명칭(영)	국제분류번호(INS)	식품첨가물로 사용 시		가공보조제로 사용 시	
			사용 가능 여부	사용 가능 범위	사용 가능 여부	사용 가능 범위
알긴산	Alginic acid	400	○	제한 없음	×	
알긴산나트륨	Sodium alginate	401	○	제한 없음	×	
알긴산칼륨	Potassium alginate	402	○	제한 없음	×	
염화마그네슘	Magnesium chloride	511	○	두류제품	○	응고제
염화칼륨	Potassium chloride	508	○	과일 및 채소제품, 비유화소스류, 겨자제품	×	
염화칼슘	Calcium chloride	509	○	과일 및 채소제품, 두류제품, 지방제품, 유제품, 육제품	○	응고제
오존수	Ozone water		×		○	식품 표면의 세척·소독제
이산화규소	Silicon dioxide	551	○	허브, 향신료, 양념류 및 조미료	○	겔 또는 콜로이드 용액제
이산화염소(수)	Chlorine dioxide	926	×		○	식품 표면의 세척·소독제
차아염소산수	Hypochlorous Acid Water		×		○	식품 표면의 세척·소독제
이산화탄소	Carbon dioxide	290	○	제한 없음	○	제한 없음
인산나트륨	Sodium phosphate (Mono-, Di-, Tribasic)	339 (i)(ii) (iii)	○	가공치즈	×	
젖산	Lactic acid	270	○	발효채소제품, 유제품, 식용케이싱	○	유제품의 응고제 및 치즈 가공 중 염수의 산도 조절제
젖산칼슘	Calcium Lactate	327	○	과립음료	×	
제일인산칼슘	Calcium phosphate, monobasic	341 (i)	○	밀가루	×	
제이인산칼륨	Potassium Phosphate, Dibasic	340 (ii)	○	커피화이트너	×	
조제해수 염화마그네슘	Crude Magnessium Chloride (Sea Water)		○	두류제품	○	응고제
젤라틴	Gelatin		×		○	포도주, 과일 및 채소 가공
젤란검	Gellan Gum	418	○	과립음료	×	
L-주석산	L-Tartaric acid	334	○	포도주	○	포도주 가공
L-주석산 나트륨	Disodium L-tartrate	335	○	케이크, 과자	○	제한 없음
L-주석산 수소칼륨	Potassium L-bitartrate	336	○	곡물제품, 케이크, 과자	○	제한 없음
주정 (발효주정)	Ethanol (fermented)		×		○	제한 없음
질소	Nitrogen	941	○	제한 없음	○	제한 없음
카나우바왁스	Carnauba wax	903	×		○	이형제
카라기난	Carrageenan	407	○	식물성제품, 유제품	×	

명칭(한)	명칭(영)	국제분류번호(INS)	식품첨가물로 사용 시		가공보조제로 사용 시	
			사용 가능 여부	사용 가능 범위	사용 가능 여부	사용 가능 범위
카라야검	Karaya gum	416	○	제한 없음	×	
카제인	Casein		×		○	포도주 가공
탄닌산	Tannic acid	181	×		○	여과보조제
탄산나트륨	Sodium carbonate	500 (i)	○	케이크, 과자	○	설탕 가공 및 유제품의 중화제
탄산수소 나트륨	Sodium bicarbonate	500 (ii)	○	케이크, 과자, 액상 차류	×	
세스퀴탄산 나트륨	Sodium sesquicarbonate	500 (iii)	○	케이크, 과자	×	
탄산 마그네슘	Magnesium carbonate	504 (i)	○	제한 없음	×	
탄산암모늄	Ammonium carbonate	503 (i)	○	곡류제품, 케이크, 과자	×	
탄산 수소암모늄	Ammonium bicarbonate	503 (ii)	○	곡류제품, 케이크, 과자	×	
탄산칼륨	Potassium carbonate	501 (i)	○	곡류제품, 케이크, 과자	○	포도 건조
탄산칼슘	Calcium carbonate	170 (i)	○	식물성제품, 유제품 (착색료로는 사용하지 말 것)	○	제한 없음
d-토코페롤 (혼합형)	d-Tocopherol concentrate, mixed	306	○	유지류 (산화방지제로만 사용할 것)	×	
트라가칸스검	Tragacanth gum	413	○	제한 없음	×	
퍼라이트	Perlite		×		○	여과보조제
펙틴	Pectin	440	○	식물성제품, 유제품	×	
활성탄	Activated carbon		×		○	여과보조제
황산	Sulfuric acid	513	×		○	설탕 가공 중의 산도 조절제
황산칼슘	Calcium sulphate	516	○	케이크, 과자, 두류제품, 효모제품	○	응고제
천연향료	Natural flavoring substances and preparations		○	사용 가능 용도 제한 없음. 다만, 「식품위생법」 제7조제1항에 따라 식품첨가물의 기준 및 규격이 고시된 천연향료로서 물, 발효주정, 이산화탄소 및 물리적 방법으로 추출한 것만 사용할 것	×	
효소제	Preparations of Microorganisms and Enzymes		○	사용 가능 용도 제한 없음. 다만, 「식품위생법」 제7조 제1항에 따라 식품첨가물의 기준 및 규격이 고시된 효소제만 사용할 수 있다.	○	사용 가능 용도 제한 없음. 다만, 「식품위생법」 제7조 제1항에 따라 식품첨가물의 기준 및 규격이 고시된 효소제만 사용할 수 있다.

명칭(한)	명칭(영)	국제 분류 번호 (INS)	식품첨가물로 사용 시		가공보조제로 사용 시	
			사용 가능 여부	사용 가능 범위	사용 가능 여부	사용 가능 범위
영양강화제 및 강화제	Fortifying nutrients		O	「식품위생법」 제7조 제1항 및 「축산물위생관리법」 제4조 제2항에 따라 식품의약품안전처장이 고시하는 식품의 기준에 따라 사용 가능한 제품	×	

(2) 기구 · 설비의 세척 · 살균소독제로 사용 가능한 물질

제1호 다목1)에 따른 식품첨가물 또는 가공보조제로 사용 가능한 물질 중 사용 가능 범위가 식품 표면의 세척 · 소독제인 물질, 「식품위생법」 제7조 제1항에 따라 식품첨가물의 기준 및 규격이 고시된 기구 등의 살균소독제 및 「위생용품 관리법」 제10조에 따라 고시된 위생용품의 기준 및 규격에서 정한 1 · 2 · 3종 세척제를 사용할 수 있다.

라. 그 밖에 제3조 제2항에 따라 국립농산물품질관리원장이 별표 2의 허용물질 선정 기준 및 절차에 따라 추가로 선정하여 고시한 허용물질

2. 무농약농산물 · 무농약원료가공식품에 사용 가능한 물질

가. 무농약농산물 : 병해충 관리에는 제1호 가목2)에 따른 사용 가능한 물질만을 사용할 수 있다.

나. 무농약원료가공식품 : 제1호 다목에 따라 유기가공식품에 사용 가능한 물질만을 사용할 수 있다.

3. 유기농업자재 제조 시 보조제로 사용 가능한 물질

사용 가능 물질	사용 가능 조건
미국 환경보호국(EPA)에서 정한 농약제품에 허가된 불활성 성분 목록(Inert Ingredients List) 3 또는 4에 해당하는 보조제	가. 제1호 가목2)의 병해충 관리를 위해 사용 가능한 물질을 화학적으로 변화시키지 않으면서 단순히 산도(pH) 조정 등을 위해 첨가하는 것으로만 사용할 것 나. 유기농업자재를 생산 또는 수입하여 판매하는 자는 물을 제외한 보조제가 주원료의 투입비율을 초과하지 않았다는 것을 유기농업자재 생산계획서에 기록 · 관리하고 사용할 것 다. 유기식품등을 생산, 제조 · 가공 또는 취급하는 자가 유기농업자재를 제조하는 경우에는 물을 제외한 보조제가 주원료의 투입비율을 초과하지 않았다는 것을 인증품 생산계획서에 기록 · 관리하고 사용할 것 라. 불활성 성분 목록 3의 식품등급에 해당하는 보조제는 식품의약품안전처장이 식품첨가물로 지정한 물질일 것

(3) 친환경농어업육성법 용어의 정의

① **윤작** : 동일한 재배포장에서 동일한 작물을 연이어 재배하지 않고 서로 다른 종류의 작물을 순차적으로 조합 · 배열하는 방식의 작부체계를 말한다.

② **유해잔류물질** : 항생제 · 합성항균제 및 호르몬 등 동물의약품의 인위적인 사용으로 인하여 동물에 잔류되거나 또는 농약 · 유해중금속 등 환경적인 요소에 의한 자연적인 오염으로 인하여 축산물 내에 잔류되는 화학물질과 그 대사산물

③ **동물용 의약품** : 동물질병의 예방 · 치료 및 진단을 위하여 사용하는 의약품

④ **휴약기간** : 유기축산물 생산을 위하여 사육되는 가축에 대하여 그 생산물이 식용으로 사용하기 전에 동물용 의약품의 사용을 제한하는 일정 기간

⑤ **경축순환농법** : 친환경농업을 실천하는 자가 경종과 축산을 겸업하면서 각각의 부산물을 작물재배 및 가축사육에 활용하고, 경종작물의 퇴비소요량에 맞게 가축사육 마리수를 유지하는 형태의 농법

⑥ **무항생제사료** : 사료 안에 항생제, 합성항균제, 호르몬제 등 동물용 의약품이 포함되지 않도록 적합하게 생산된 사료

⑦ **식물공장** : 토양을 이용하지 않고 통제된 시설공간에서 빛, 온도, 수분, 양분 등을 인공적으로 투입하여 작물을 재배하는 시설

2 친환경 재배

(1) 작부체계

1) 연작과 기지

① 연작

㉠ 동일 포장에 동일 작물을 계속해서 재배하는 것을 연작(이어짓기)이라 하고 연작의 결과 작물의 생육이 뚜렷하게 나빠지는 것을 기지라고 한다.

㉡ 수익성과 수요량이 크고 기지현상이 별로 없는 작물은 연작하는 것이 보통이나 기지현상이 있더라도 특별히 수익성이 높은 작물의 경우는 대책을 세우고 연작을 하는 일이 있다.

② 작물의 종류와 기지

㉠ 작물의 기지 정도

ⓐ 연작의 해가 적은 것 : 벼, 맥류, 조, 옥수수, 수수, 삼, 담배, 고구마, 무, 순무, 당근, 양파, 호박, 연, 미나리, 딸기, 양배추 등

ⓑ 1년 휴작 작물 : 파, 쪽파, 생강, 콩, 시금치 등

ⓒ 2년 휴작 작물 : 오이, 감자, 땅콩, 잠두 등

ⓓ 3년 휴작 작물 : 참외, 쑥갓, 강낭콩, 토란 등

ⓔ 5~7년 휴작 작물 : 수박, 토마토, 가지, 고추, 완두, 사탕무, 레드클로버 등

ⓕ 10년 이상 휴작 작물 : 인삼, 아마 등

ⓛ 과수의 기지 정도

ⓐ 기지가 문제되는 과수 : 복숭아, 무화과, 감귤류, 앵두 등

ⓑ 기지가 나타나는 정도의 과수 : 감나무 등

ⓒ 기지가 문제되지 않는 과수 : 사과, 포도, 자두, 살구 등

③ 기지의 원인

㉠ 토양 비료분의 소모

ⓐ 연작은 비료성분의 일방적 수탈이 이루어지기 쉽다.

ⓑ 토란, 알팔파 등은 석회의 흡수가 많아 토양 중 석회 결핍이 나타나기 쉽다.

ⓒ 다비성인 옥수수는 연작으로 유기물과 질소가 결핍된다.

ⓓ 심근성 또는 천근성 작물의 다년 연작은 토층의 양분만 집중적으로 수탈된다.

ⓛ 토양염류집적 : 최근 시설재배 등이 증가함에 따라 시설 내 다비연작으로 작토층에 집적되는 염류의 과잉으로 작물 생육을 저해하는 경우가 많이 발견되고 있다.

㉢ 토양물리성 악화

ⓐ 화곡류와 같은 천근성 작물을 연작하면 작토의 하층이 굳어지면서 다음 재배작물의 생육이 억제된다.

ⓑ 심근성작물의 연작은 작토의 하층까지 물리성이 악화된다.

ⓒ 석회 등의 성분 수탈이 집중되면 토양반응이 악화될 위험도 있다.

㉣ 토양전염병의 만연

ⓐ 연작은 특정미생물의 번성으로 작물별로 특정 병의 발생이 우려되기도 한다.

ⓑ 아마와 목화(잘록병), 가지와 토마토(풋마름병), 사탕무(뿌리썩음병 및 갈반병), 강낭콩(탄저병), 인삼(뿌리썩음병), 수박(덩굴쪼김병) 등이 그 예이다.

㉤ 토양선충의 번성으로 인한 피해

ⓐ 연작은 토양선충의 서식밀도가 증가하면서 직접 피해를 주기도 하며 2차적으로 병균의 침입이 조장되어 병해가 다발할 수 있다.

ⓑ 밭벼, 두류, 감자, 인삼, 사탕무, 무, 제충국, 우엉, 가지, 호박, 감귤류, 봉숭아, 무화과 등의 작물에서는 연작에 의한 선충의 피해가 크게 인정되고 있다.

㉥ 유독물질의 축적

ⓐ 작물의 유체 또는 생체에서 나오는 물질이 동종이나 유연종 작물의 생육에 피해를 주는 타감작용(allelopathy)의 유발로 기지현상이 발생한다.

ⓑ 유독물질에 의한 기지현상은 유독물질의 분해 또는 유실로 없어진다.

㉦ 잡초의 번성 : 잡초 번성이 쉬운 작물의 연작은 잡초의 번성을 초래하며 동일작물의 연작 시 특정 잡초의 번성이 우려된다.

④ 기지의 대책

㉠ 윤작 : 가장 효과적이 대책이다.

ⓛ 담수 : 담수처리는 밭상태에서 번성한 선충, 토양미생물을 감소시키고 유독물질의 용탈로 연작장해를 경감시킬 수 있다.

㉢ 저항성 품종의 재배 및 저장성 대목을 이용한 접목
ⓐ 기지현상에 대한 저항성이 강한 품종을 선택한다.
ⓑ 저항성 대목을 이용한 접목으로 기지현상을 경감, 방지할 수 있으며 멜론, 수박, 가지, 포도 등에서는 실용적으로 이용되고 있다.
㉣ 객토 및 환토
ⓐ 새로운 흙을 이용한 객토는 기지현상을 경감시킨다.
ⓑ 시설재배의 경우 배양토를 바꾸어 기지현상을 경감시킬 수 있다.
㉤ 합리적 시비 : 동일 작물의 연작으로 일방적으로 많이 수탈되는 성분을 비료로 충분히 공급하며 심경을 하고 퇴비를 많이 시비하여 지력을 배양하면 기지현상을 경감시킬 수 있다.
㉥ 유독물질의 제거 : 유독물질의 축적이 기지의 원인인 경우 관개 또는 약제를 이용해 제거하여 기지현상을 경감시킬 수 있다.
㉦ 토양소독 : 병충해가 기지현상의 주요 원인인 경우 살선충제 또는 살균제 등 농약을 이용하여 소독하며, 가열소독, 증기소독을 하기도 한다.

2) 윤작

동일 포장에서 동일 작물을 이어짓기 하지 않고 몇 가지 작물을 특정한 순서대로 규칙적으로 반복하여 재배하는 것을 윤작이라 한다.

① 윤작 시 작물의 선택
㉠ 지역 사정에 따라 주작물은 다양하게 변화한다.
㉡ 지력유지를 목적으로 콩과 작물 또는 녹비작물이 포함된다.
㉢ 식량작물과 사료작물이 병행되고 있다.
㉣ 토지이용도를 목적으로 하작물과 동작물이 결합되어 있다.
㉤ 잡초 경감을 목적으로 중경작물, 피복작물이 포함되어 있다.
㉥ 토양보호를 목적으로 피복작물이 포함되어 있다.
㉦ 이용성과 수익성이 높은 작물을 선택한다.
㉧ 작물의 재배순서를 기지현상을 회피하도록 배치한다.

② 윤작의 효과
㉠ 지력의 유지 증강
ⓐ 질소고정 : 콩과 작물의 재배는 공중질소를 고정한다.
ⓑ 잔비량 증가 : 다비작물의 재배는 잔비량이 많아진다.
ⓒ 토양구조의 개선 : 근채류, 알팔파 등 뿌리가 깊게 발달하는 작물의 재배는 토양의 입단형성을 조장하여 토양구조를 좋게 한다.
ⓓ 토양유기물 증대 : 녹비작물의 재배는 토양유기물을 증대시키고 목초류 또한 잔비량이 많다.
ⓔ 구비 생산량의 증대 : 사료작물 재배의 증가는 구비 생산량 증대로 지력증강에 도움이 된다.

㉡ 토양보호 : 윤작에 피복작물을 포함하면 토양침식의 방지로 토양을 보호한다.

㉢ 기지의 회피 : 윤작은 기지현상을 회피하며 화본과 목초의 재배는 토양선충을 경감시킨다.

㉣ 병충해 경감

ⓐ 연작 시 특히 많이 발생하는 병충해는 윤작으로 경감시킬 수 있다.

ⓑ 토양전염 병원균의 경우 윤작의 효과가 크다.

ⓒ 연작으로 선충피해를 받기 쉬운 콩과 작물 및 채소류 등은 윤작으로 피해를 줄일 수 있다.

㉤ 잡초의 경감 : 중경작물, 피복작물의 재배는 잡초의 번성을 억제한다.

㉥ 수량의 증대 : 윤작은 기지의 회피, 지력 증강, 병충해와 잡초의 경감 등으로 수량이 증대된다.

㉦ 토지이용도 향상 : 하작물과 동작물의 결합 또는 곡실작물과 청예작물의 경합은 토지이용도를 높일 수 있다.

㉧ 노력분배의 합리화 : 여러 작물들을 고르게 재배하면 계절적 노력의 집중화를 경감하고 노력의 분배를 시기적으로 할 수 있어 합리화가 가능하다.

㉨ 농업경영의 안정성 증대 : 여러 작물의 재배는 자연재해나 시장변동에 따른 피해의 분산 또는 경감으로 농업경영의 안정성이 증대된다.

3) 답전윤환

① **뜻** : 포장을 담수한 논 상태와 배수한 밭 상태로 몇 해씩 돌려가며 재배하는 방식을 답전윤환이라 한다.

② **방법** : 답전윤환은 벼를 재배하지 않는 기간만 맥류나 감자를 재배하는 답리작, 답전작과는 다르며 최소 논 기간과 밭 기간을 각각 2~3년으로 하는 것이 알맞다.

③ **답전윤환이 윤작의 효과에 미치는 영향** : 포장을 논 상태와 밭 상태로 사용하는 답전윤환은 윤작의 효과를 커지게 한다.

㉠ 토양의 물리적 성질 : 산화상태의 토양은 입단의 형성, 통기성, 투수성, 가수성이 양호해지며 환원상태 토양에서는 입단의 분산, 통기성과 투수성이 적어지며 가수성이 커진다.

㉡ 토양의 화학적 성질 : 산화상태의 토양에서는 유기물의 소모가 크고 양분 유실이 적고 pH가 저하되며 환원상태가 되면 유기물 소모가 적고 양분의 집적이 많아지며 토양의 철과 알루미늄 등에 부착된 인산을 유효화하는 장점이 있다.

㉢ 토양의 생물적 성질 : 환원상태가 되는 담수조건에서는 토양의 병충해, 선충과 잡초의 발생이 감소한다.

④ **답전윤환의 효과**

㉠ 지력증진 : 밭 상태 동안은 논 상태에 비하여 토양 입단화와 건토효과가 나타나며 미량요소의 용탈이 적어지고 환원성 유해물질의 생성이 억제되고 콩과 목초와 채소는 토양을 비옥하게 하여 지력이 증진된다.

ⓒ 기지의 회피 : 답전윤환은 토성을 달라지게 하며 병원균과 선충을 경감시키고 작물의 종류도 달라져 기지현상이 회피된다.

ⓒ 잡초의 감소 : 담수와 배수상태가 서로 교체되면서 잡초의 발생은 적어진다.

ⓔ 벼 수량의 증가 : 밭 상태로 클로버 등을 2~3년 재배 후 벼를 재배하면 수량이 첫해에 상당히 증가하며 질소의 시용량도 크게 절약할 수 있다.

ⓜ 노력의 절감 : 잡초의 발생량이 줄고 병충해 발생이 억제되면서 노력이 절감된다.

⑤ 답전윤환의 한계

㉠ 수익성에 있어 벼를 능가하는 작물의 성립이 문제된다.

㉡ 2모작 체계에 비하여 답전윤환의 이점이 발견되어야 한다.

(2) 농토 배양

1) 농토 배양의 목적

농토 배양은 토양환경이 작물생육에 가장 유리하게 작용할 수 있도록 토양의 물리적 성질, 화학적 성질, 생물학적 성질을 개선해 주는 것이다.

① **토양의 물리성 개량** : 토양의 통기성, 배수성, 투수성, 작물근권 확대, 경운성 등이 개선되도록 한다.

② **토양의 화학성 개량** : 토양반응, 보비성, 보수성, 완충능력, 양분 공급력 등이 개선되도록 한다.

③ **토양의 생물성 개량** : 토양생물의 다양성과 서식밀도가 작물생육에 유리하도록 생물성을 개량한다.

2) 태생적 저수확 농경지의 종류

① **미숙 토양** : 경작지로 전환된 기간이 짧아 토양의 양분함량이 매우 낮은 토양

② **사질 토양** : 모래함량이 너무 많아 시비관리, 수분관리에 어려움이 있는 토양

③ **중점질 토양** : 점질이 과도하게 많아 경운성이 불량하고 통기성이 나쁜 토양

④ **배수불량 토양** : 물 빠짐이 매우 느린 토양

⑤ **염해지 토양** : 소금 성분이 많은 토양

⑥ **화산회 토양** : 앨러페인 등 점토광물의 특성 때문에 인산불용화가 심하고 산성화된 토양

⑦ **특이산성 토양** : 배수가 불량하고 황산철의 집적이 많아 강한 산성반응을 나타내는 토양

⑧ **고원 토양** : 해발 고도가 높아 토양온도가 문제가 되는 토양

(3) 태생적 저수확 농경지의 농토 배양기술

① **객토** : 논에서 점토함량이 15% 이하인 사질답의 경우 누수에 의하여 양분용탈이 심하고 양이온교환용량이 매우 작아 감수되는데, 이러한 사질답에 점토함량이 25% 이상인 식질토양으로 객토를 할 경우 투수력이 감소되고 양분보유력이 증가되어 증수된다.

② **개량목표 찰흙 함량** : 모래논 및 질흙논 모두 15%

③ **적정 객토원** : 찰흙 함량 25% 토양

④ **객토량** : 10a당 1cm 높이는데 12.5톤 소요

참고 객토량(10a기준) 계산

10a = 1,000m^2, 목표깊이 18cm의 경우
1,000m^2 × 0.18m = 180m^3
톤으로 전환 180m^3 × 비중(1.2) = 216톤
※ 객토량에 점토함량 적용의 경우

$$216 \times \frac{\text{목표함량} - \text{대상지점토함량}}{\text{객토원점토함량} - \text{대상지점토함량}}$$

⑤ 심경과 심토파쇄
㉠ 심경(깊이갈이)을 해 주면 물리성이 좋아지고 근권이 확대되어 작물 생육도 양호해진다. 치밀해진 토양은 심토의 치밀한 층을 깨트릴 수 있도록 깊게 갈아주어야 한다.
㉡ 심경한 밭은 척박한 심토층이 표토 흙에 섞이게 되므로 보통 때 보다 증비를 해 주고 유기물을 병행하여 시용해 주는 것이 좋다.

⑥ 배수개선
㉠ 지하수위가 높으면 뿌리가 아래로 깊이 뻗지 못하고 뿌리의 호흡장해로 생육이 저조하게 된다.
㉡ 지하수위에 대한 영향은 습해에 약한 작물일수록 피해가 증가한다.

⑦ 토양반응(pH)의 개량 : 석회의 시용
㉠ 석회 시용은 토양의 산도를 교정해 주고 토양의 입단형성을 촉진시켜 토양의 통기성, 배수성, 뿌리뻗음성, 가용양분의 증가 등 물리 · 화학성을 크게 개선시켜 주는 효과가 있다.
㉡ 석회 성분은 작물에 흡수되어 중요한 생리 작용을 한다.
㉢ 석회 시용은 작물을 파종하거나 이식하기 1주일 전에 하여 토양과 석회물질이 잘 섞이도록 해 주는 것이 좋다.
㉣ 파종이나 이식 시 시비와 석회 시용이 겹치거나 잘 섞이지 않으면 석회는 암모늄태 질소질비료와 반응하여 질소가 암모니아가스로 휘산되기 쉽고, 인산질비료와 반응하여 인산이 난용성 염화되어 불용화되기 쉽기 때문에 시비효율이 감소된다.

⑧ 규산질비료 시용
㉠ 보통답(정상답)에 비하여 저위생산답인 중점질답, 사력질답, 습답, 특이산성답, 염해답 등에서 규산질비료의 시용 효과가 크다.
㉡ 규산질비료의 시용은 벼의 안전재배에 필수적인 농토 배양기술로 인정되고 있다.

⑨ 유기물 시용
㉠ 유기물의 시용은 토양입단을 조성시켜 통기성 · 보수성 · 배수성을 촉진시키는 등 토양물리성 개량 효과가 크다.
㉡ 유기물의 시용은 분해 중 방출되는 여러 가지 양분물질이 식물에 공급되는 양분공급 효과와 아울러 유기물 자체가 미생물의 영양원이 되므로 토양미생물의 다양성과 개체수 증가에 큰 효과를 나타낸다.

(4) 환경친화적 작물 시비

1) 관행시비의 문제점

① 환경적인 측면에서 농업이 비판을 받고 있는 부분은 합성농약과 화학비료의 오남용이다.

② 환경친화형농업은 합성농약과 화학비료의 오·남용을 최소화하여 환경오염과 생태계 교란을 막고 안전한 농산물을 생산하는 데 그 목적이 있다.

③ 환경친화적 작물 시비는 지속 가능한 농업실현을 위한 근간이 된다.

2) 환경친화적 작물 시비의 목적

① 안전성이 높은 농산물의 지속적인 생산이 가능하다.

② 작물생산에 필요한 양분물질이 과잉이나 부족이 일어나지 않도록 한다.

③ 투입양분이 농업계 이외로 유출되어 환경오염화 되는 것을 최소화한다.

④ 물질의 순환적 개념 아래 이용 가능한 모든 양분물질을 수집·이용한다.

⑤ 생태계의 모든 생명체가 공존할 수 있는 체제로 농업의 이익을 추구한다.

3) 환경친화적 작물 시비의 접근 방법

작물 시비가 환경친화적 목적을 달성하기 위해서는 무엇보다도 이용 가능한 모든 양분물질을 합리적으로 이용해야 한다.

4) 유기경종의 작물 시비

① 친환경농산물에서 퇴비, 액비의 사용 원칙

㉠ 퇴비, 액비의 원료는 유기경종 또는 유기축산의 부산물만 사용 가능하다.

㉡ 공장형 축분이나 이력을 알 수 없는 유기물은 사용할 수 없다.

② 유기경종에서 축분퇴비 사용 시 고려해야 할 사항 : 축분퇴비의 재료에 따라 성분 함량이 다르므로 분석하여 성분 함량에 따라 시용량을 결정한다.

③ 화학비료의 부분적 대체용 액비는 공장형 축분뇨도 사용할 수 있다.

④ 가축분뇨의 액비화 방법에는 혐기적 방법과 호기적 방법이 있다.

⑤ 인산을 기준으로 한 시비량은 질소나 칼리 성분이 시비기준보다 부족하여 생리장해를 받기 쉽다.

⑥ 질소를 기준으로 한 시비량은 인산성분의 과다로 토양축적이 일어나기 쉽다.

⑦ 인산을 기준으로 시비를 하되 부족분은 허용 유기 자재 중에서 질소함량이 높은 것을 선별하여 부족한 질소와 칼리 성분을 채워 주는 것이 가장 좋다.

⑧ 작물은 종류에 따라 인산요구도가 다르기 때문에 작물별로 구분하여 시용량을 달리하는 것이 좋다.

⑨ 축분액비를 이용한 인산 기준의 시비는 축분퇴비의 경우처럼 허용 유기자재를 이용하여 부족 성분을 채워 주어야 한다.

⑩ 녹비작물을 이용한 작물 시비에서 녹비의 시용량은 생산 녹비의 성분 함량을 분석하여 작물별 표준시비량을 적용하여 시용량을 산정하여 사용한다.

⑪ 녹비작물을 이용할 때도 인산을 기준으로 시용량이 결정되는 것이 좋다.

5) 유기경종의 양분 공급원

① **질소** : 퇴비, 생선액비, 어분 등
② **칼슘** : 패화석, 계란껍질, 게껍질 등
③ **인산** : 골분
④ **칼륨** : 재

(5) 유기물 비료

1) 유기물 비료

① 일반적 특징
㉠ 비효가 완효성이며, 지속적으로 나타난다.
㉡ 비료성분의 함량이 높지 않아 농도장해가 발생하지 않는다.
㉢ 토양의 부식함량을 높이는 데 효과가 있다.
㉣ 함유성분이 다양하다.
㉤ 토양미생물의 영양원으로 이용된다.
㉥ 식물생장촉진 또는 저해물질이 함유될 수 있다.
㉦ 부산물 또는 폐기물의 재활용 기능을 갖는다.

② 단점
㉠ 원료의 수급이 불안정하며, 품질이 일정하지 않다.
㉡ 비료 성분의 균일화와 규격화가 어렵다.
㉢ 성분량에 비해 부피가 크므로 운반과 시용에 많은 노력이 필요하다.

③ 유기농 비료의 시용 효과
㉠ 식물의 양분공급원
㉡ 물리화학성 개선
㉢ 미생물 활성 유지 및 증진

2) 화학비료의 특징

① **토양생물의 다양성 감소** : 특정 미생물만 존재하게 되어 토양생물의 다양성이 감소한다.
② **무기물의 공급** : 유기물이 공급하는 천연비료와 달리 무기물을 공급할 수 있다.
③ **작물의 속성수확** : 화학비료는 무기염이 이온 형태로 물에 쉽게 녹아 식물의 뿌리에 흡수되기 때문에 작물의 생육이 빠르다.
④ **미생물 감소** : 화학비료의 과용은 토양의 산성화, 황폐화로 미생물이 생육할 수 없는 환경이 되고 지력이 감퇴된다.

3) 유기물 비료의 과다시용

① 적정한 유기물의 시용은 병충해 저항성 증대, 지력 증진, 품질 향상을 가져오지만 과다한 시용은 오히려 병충해 발생의 원인이 될 수 있고, 토양에 염류가 집적되어 생육장해가 발생할 수 있다.

② 화학비료와 같이 유기물 비료의 과다 시용도 품질저하의 원인이 될 수 있고, 인체 영양 생리상 중요한 성분인 카로틴, 비타민 함량이 저하될 수 있다.
③ 가축분뇨의 과다 시용으로 염류가 과잉 집적될 수 있다.
④ 염류의 집적은 삼투압이 높아져 뿌리로부터 양·수분의 흡수가 저해되고 토양 양분이 불가급태로 되기 때문에 작물 생육장해와 수량 및 품질저하를 가져올 수 있다.

4) 발효퇴비

① **장점**
㉠ 유효균의 배양
㉡ 토양 중화
㉢ 퇴비 중 병해충의 사멸
㉣ 토양 산성화 억제
㉤ 토양 전염병 억제
㉥ 토양 유기물 함량의 유지, 증진

② **발효퇴비의 탄질율(C/N율)** : 탄질율은 미생물들이 영양분으로 사용하는 질소의 함량을 맞춰주기 위한 것으로 발효퇴비를 제조할 때 탄질율 30 이하에서 퇴비화가 잘 일어난다.

③ **질소기아현상**
㉠ 탄질율이 높은 유기물을 토양에 공급하면 토양 중 질소를 미생물이 이용하게 되어 작물에 질소가 부족해지는 현상을 질소기아현상이라 한다.
㉡ 탄질율 30 이상에서 질소기아현상이 나타날 수 있다.

④ **토양유기물의 탄질율에 따른 질소의 변화**
㉠ 탄질율이 높은 유기물을 주면 질소의 공급효과가 낮아진다.
㉡ 시용하는 유기물의 탄질율이 높으면 질소가 일시적으로 결핍된다.
㉢ 두과작물의 재배는 질소의 공급에 유리하다.
㉣ 유기물의 분해는 탄질율에 따라 크게 달라진다.
㉤ 탄질율이 낮은 퇴비는 비료효과가 크다.

5) 퇴비의 제조과정

① **퇴비재료 수집** : 볏짚, 파쇄목, 쌀겨, 축분 등

② **혼합 및 야적**
㉠ 탄질율이 높은 섬유질 재료는 질소 부족으로 부숙이 잘 되지 않을 수 있으므로 깻묵, 축분 등과 같은 질소함량이 높은 재료를 섞어 질소함량이 1% 이상이 되도록 조절해 주는 것이 좋다.
㉡ 수분은 60% 이상 유지한다.

③ **퇴적 및 뒤집기**
㉠ 뒤집기는 퇴비재료의 겉표면과 속이 미생물에 의한 부숙의 정도가 다르므로 주기적으로 섞어 주어 유기물이 고루 잘 부숙되도록 숙성시키기 위한 것이다.

㉡ 2주 간격으로 뒤집기를 한다.

㉢ 퇴적기간은 10~14주이다.

④ **후숙** : 20일 이상 야적을 통해 후숙한다.

6) 퇴비의 부숙도 검사

① 퇴비의 부숙도 검사 방법에는 관능적 방법, 기계적 방법, 화학적 방법, 생물학적 방법 등이 있다.

② **관능적 방법** : 색깔, 탄력성, 냄새, 촉감 등

③ **기계적 방법** : 콤백 및 솔비타를 이용한 측정

④ **화학적 방법** : 탄질률 측정, 가스발생량 측정, 온도 측정, pH 측정, 질산태질소 측정 등

⑤ **생물학적 방법** : 지렁이법, 종자발아법, 유식물 시험법 등

(6) 작물양분종합관리(INM ; integrated nutrition management)

소득증대와 환경보전을 목적으로 비료 자재를 최소로 투입하면서 경제성 있는 산물을 생산하는 체계

1) 배경

① 토양환경 악화

㉠ 화학비료의 과다사용으로 인한 염류집적과 토양산성화 촉진

㉡ 지력 저하

㉢ 채소재배 농경지의 인산 함량 과다 축적

㉣ 염류집적에 따른 수확량 감소, 품질저하

㉤ 질산염 용탈로 지하수 오염유발

② 1980년대 미국에서 저투입지속농업(LISA)이 대두

③ 1992년 'Agenda 21' 지구환경실천강령 선언 : '식량증산을 위한 식물영양분의 공급'의 기본이론을 작물양분종합관리(INM)에 수렴

2) 정의 및 실천

① 정의

㉠ 양분물질의 불필요한 투입을 최대한으로 억제하여 환경부하를 최소화하면서 적정 수량을 얻고자 여러 가지 양분자원을 이용하여 총량적 시비량과 시비시기, 시비방법 등 작물의 영양 상태를 최적 상태로 유지시키기 위하여 토양비옥도와 작물 양분을 종합적으로 정밀관리하는 기술이다.

㉡ 환경오염과 식품안전성 악화와 같은 부작용을 최소화할 수 있도록 양분의 투입과 산출이 균형을 이루는 양분 수지의 개념에 입각한 작물 양분관리를 추구한다.

② **실천방향** : 작물의 양분요구량, 환경에서 공급되는 천연공급량, 시비에 의한 환경부하량 등을 감안한 시비량의 결정으로 환경에 맞게 시비하는 체계를 가지므로 환경보전에 가장 중요한 수단이 된다.

③ 의사결정 요인

㉠ 작물의 생산목표가 필요로 하는 양분총량

㉡ 토양, 관개수, 생물고정 등 천연공급량

㉢ 용탈, 유거, 휘산 등에 의한 손실량

㉣ 화학비료를 대체할 수 있는 가용 양분자원량

㉤ 구입 비료의 종류별 가격과 시비효율

㉥ 재배포장 조건 등에 대한 세부정보를 정확하고 체계적으로 수집 분석

④ INM 이론

㉠ 최적량의 비료를 사용한다.

㉡ 시용한 비료 성분의 용탈·유실 및 탈질량을 최소화한다.

㉢ 작물이 최대로 흡수·이용하여 양분효율을 높인다.

ⓐ 목표 수량에 의해 결정되는 필요 양분량을 고정시킨다.

ⓑ 과다로 소실되는 손실량을 감소시키는 조치가 필요하다.

ⓒ 비료의 흡수이용률을 높여 시비량을 줄여 간다.

⑤ 실천단계

㉠ 영농설계

㉡ 재배포장 토양의 이화학성 분석 검토

㉢ 토양진단에 의한 작물별 최적시비량 산정

㉣ 시용 비료 종류의 선택과 소요량 준비

㉤ 파종 및 환경친화적 기비의 시용

㉥ 생육단계별 작물영양진단기준에 따른 추비의 시용

㉦ 수확 및 탈곡

㉧ 재활용 유기물 준비의 단계로 순환

⑥ **저투입지속농업 이론이 다른 분야로 발전** : 농산물우수관리제도(GAP), 정밀농업, 합리적 농업의 형태로 발전

(7) 병해충종합관리(IPM ; integrated pest management)

1) 의의

① 경제적, 환경적, 사회적 가치를 고려하여 종합적이고 지속가능한 병충해 관리 전략

② **integrated(종합적)** : 병충해 문제 해결을 위해 생물학적, 물리적, 화학적, 작물학적, 유전학적 조절방법을 종합적으로 사용하는 것을 의미한다.

③ **pest(병충해)** : 수익성 및 상품성 있는 산물의 생산에 위협이 되는 모든 종류의 잡초, 질병, 곤충을 의미한다.

④ **management(관리)** : 경제적 손실을 유발하는 병충해를 사전적으로 방지하는 과정을 의미한다.

⑤ IPM은 병충해의 전멸이 목표가 아닌 일정 수준의 병충해 존재와 피해에서도 수익성 있고 상품성 있는 생산이 가능하도록 하는데 그 목적이 있다.

2) IPM 태동

① 농업생태계의 특징

㉠ 농업생태계는 자연생태계에 비하여 병해충 등 외적 환경조건에 대하여 극히 취약하고 불안정한 특성을 가지고 있다.

㉡ 인위적인 요소를 보완하지 않는 한 인간이 목표로 하는 생산물을 얻기란 불가능한 생태계이다.

㉢ 병해충관리가 인위적 환경관리의 중심축에 놓인다.

② 병해충 방제기술의 획기적인 전환 계기 : 1940년대 DDT와 BHC 등 유기합성농약의 개발이다.

③ 유기합성농약의 장점

㉠ 한 번에 여러 가지 해충을 동시에 방제

㉡ 높은 방제 효과

㉢ 강력한 살충력

㉣ 사용이 편리

④ 유기합성농약의 단점

㉠ 농약의 과다사용으로 인한 농업생태계의 교란

㉡ 식품의 안전성에 악영향

⑤ 병해충종합관리가 본격적으로 도입된 배경

㉠ 국가적으로 농약사용량을 절감하려는 정책적 요구

㉡ 안전농산물에 대한 사회적 욕구 증진

㉢ 농약소비자인 농민들의 건강에 대한 관심의 증가

㉣ 농약에 대한 저항성 계통 병해충의 출현

㉤ 노동력과 방제비용의 증가

㉥ 새로 유입된 외래 병해충에 대한 효과적인 방제법에 대한 요구 증가

㉦ 화분 매개 곤충의 사용 증가 등을 들 수 있다.

⑥ 농약 등 화학자재의 폐해를 고발한 서적 : 1962년 레이첼 카슨(R. Carson)이 쓴 『침묵의 봄(Silent Spring)』. 이 책은 살충제, 제초제, 살균제들이 자연생태계와 인체에 미치는 영향을 파헤쳐 농약의 무차별적 사용이 환경과 인간에게 얼마나 무서운 영향을 끼치는가에 대한 메시지를 담고 있으며, 이 책의 출간으로 환경문제에 대한 새로운 대중적 인식을 이끌어 내어 정부의 정책 변화와 현대적인 환경운동을 가속화시켰다.

3) IPM 이론

① 정의 : '병해충을 둘러싸고 있는 환경과 그의 개체군 동태를 바탕으로 모든 유용한 기술과 방법을 가능한 한 모순이 없는 방향으로 활용하여 그 밀도를 경제적 피해 허용 수준 이하로 유지하는 병해충관리체계'라고 FAO는 정의하고 있다.

② 병해충종합관리의 기본 개념을 실현하기 위한 기본 수단

㉠ 한 가지 방법으로 모든 것을 해결하려는 생각은 버린다.

㉡ 병해충 발생이 경제적으로 피해가 되는 한도에서만 방제한다.

㉢ 병해충의 개체군을 박멸하는 것이 아니라 저밀도로 유지 · 관리한다.

㉣ 농업생태계에서 병해충의 자연조절기능을 적극적으로 활용하는 원칙이 적용된다.

③ 기본 목표

㉠ IPM은 병해충의 전멸이 목표가 아닌 일정 수준의 병해충 존재와 병해충 피해에서 수익성이 있고 질 좋은 상품의 생산이 가능하도록 돕는 데 목표가 있다.

㉡ IPM은

ⓐ 자연생태계를 가장 적게 교란시키고

ⓑ 인간에게 가장 해가 적으며

ⓒ 목적하지 않는 생물체에 가장 독성이 낮고

ⓓ 주위환경에 피해가 가장 적으며

ⓔ 병해충의 밀도를 지속적으로 감소시키고

ⓕ 효과적으로 수행할 수 있으며

ⓖ 장 · 단기적으로 비용이 가장 적은 방법이 선택되어야 한다.

4) 관련 기술

① **포장에 대한 병해충종합관리의 의사결정 시 고려사항** : 작물과 관련한 생물 · 생태학적 지식을 토대로 방제방법별 장 · 단점과 경제성, 병해충 발생의 경제적 피해수준 등을 고려한다.

② 방제여부 의사결정에 가장 유용하게 사용되는 기준은 경제적 피해허용 수준으로 해충의 밀도나 발병주율이 그 수준 이상에서 방제를 하지 않으면 피해가 발생하는 수준을 말한다.

③ **병해충에 의한 작물의 경제적 손실 결정 요인**

㉠ 작물의 경제적 가치

㉡ 병해충의 종류와 가해 시기

㉢ 가해 양식과 가해 부위

㉣ 해충이나 이병주(infected plant)의 밀도나 상태 등

④ **요방제 수준** : 피해 수준을 넘는 시점에서 방제를 하면 방제효과가 나타나기 전에 피해가 나타나는 경우가 많다. 따라서 방제 실시 전까지의 시간적 여유나 방제의 생력화와 방제효과를 고려하여 병해충의 가해가 경제적으로 문제가 되는 작물의 생육단계 이전에 방제수단이 강구되어야 하며, 이 시점의 해충밀도나 병징의 심화도를 요방제 수준(CT)이라고 한다.

5) IPM의 실제

① **병해충종합관리의 기본 원칙** : 농업생태계 내에서 화학농약을 사용하더라도 모든 병해충을 완전 박멸이 아닌 농업생태계 내 모든 생명체를 고려 또는 공존할 수 있다는 총체적 접근방법으로 병해충을 관리하면서 작물을 생산하는 체제라고 할 수 있다.

② 병해충종합관리의 실천체계

㉠ 경제적 피해허용 수준과 요방제 수준의 설정

㉡ 여러 가지 방제수단 중에서 최적의 방제방법에 대한 의사결정

㉢ 경제적이고 보완적인 모든 방제수단을 동원한 방제 활동

㉣ 종합관리의 효과 분석

③ 병해충종합관리 실천의 기본 원칙

㉠ 병해충저항성 품종을 이용하여 작물피해 보상능력을 최대한으로 활용한다.

㉡ 병해충의 밀도나 병징을 조사할 수 있는 적절한 조사방법으로 주기적 포장관찰을 시행한다.

㉢ 경제적 피해허용 수준에 도달될 것으로 추정되면 적절한 방제수단을 동원한다.

㉣ 불필요한 농약의 사용을 줄이고, 꼭 필요할 경우 저독성 또는 선택성 농약을 사용하여 천적 보호 등 생물다양성을 유지하도록 한다.

㉤ 장기적으로는 농업인 스스로 방제 의사를 결정할 수 있는 능력을 배양시키는 것이다.

6) 보급현황

① 미생물농약 : 생물 자체 또는 미생물이 생산하는 생리활성물질을 이용하여 각종 식물병원균을 방제하는 것을 말한다.

② 미생물농약의 장점

㉠ 유기합성농약에 비하여 효과가 지속적이다.

㉡ 인축 및 환경 독성이 낮다.

㉢ 토양병해 등의 방제가 어려운 병해에 효과적이다.

㉣ 저항성 발생이 적다.

㉤ 직접적인 병해방제 효과 외에 병저항성 유도, 생육촉진 등의 간접효과도 인정되고 있다.

③ 아인산을 이용한 방제 : 역병

④ 식물 추출물질에 의한 방제

㉠ 데리스(derris) 제제

㉡ 님(neem) 제제

㉢ 목초액

⑤ 페로몬을 이용한 방제

㉠ 해충 자체가 분비하는 페로몬을 이용하여 해충 방제에 이용하는 것이다.

㉡ 페로몬이란 같은 종 내의 한 개체가 외부로 방출하는 물질로 다른 개체에 의하여 감지되어 특이한 행동반응을 보이게 하는 물질이다.

⑥ 페로몬의 이용 분야
- ㉠ 발생예찰
- ㉡ 대량유살
- ㉢ 교미교란
- ㉣ 생물자극제 및 살충
- ㉤ 페로몬 복합제

⑦ 페로몬의 장점
- ㉠ 페로몬 물질이 자연적으로 발생한다.
- ㉡ 무독하다.
- ㉢ 환경오염이 없다.
- ㉣ 유용곤충에 안전하다.
- ㉤ 해충종합관리에 이상적인 구성요소이다.

⑧ 천적을 이용한 방제

〈천적의 종류와 대상 해충〉

대상해충	도입 대상 천적(적합한 환경)	이용작물
점박이응애	칠레이리응애(저온)	딸기, 오이, 화훼 등
	긴이리응애(고온)	수박, 오이, 참외, 화훼 등
	캘리포니아커스이리응애(고온)	수박, 오이, 참외, 화훼 등
	팔리시스이리응애(야외)	사과, 배, 감귤 등
온실가루이	온실가루이좀벌(저온)	토마토, 오이, 화훼 등
	Eromcerus eremicus(고온)	토마토, 오이, 멜론 등
진딧물	콜레마니진딧벌	엽채류, 과채류 등
총채벌레	애꽃노린재류(큰 총채벌레 포식)	과채류, 엽채류, 화훼 등
	오이이리응애(작은 총채벌레 포식)	과채류, 엽채류, 화훼 등
나방류 잎굴파리	명충알벌	고추, 피망 등
	굴파리좀벌(큰 잎굴파리유충)	토마토, 오이, 화훼 등
	Dacunas sibirica(작은 유충)	토마토, 오이, 화훼 등

7) IPM의 효과

① 병해충에 대한 정확한 판별과 진단에 의한 병해충 문제의 조기 해결 가능
② 농약 사용량 감축
③ 익충 등 생물종의 보호
④ 방제비 절감
⑤ 수량손실 예방
⑥ 농산물의 농약잔류 문제 해소
⑦ 토양이나 수서생태계의 건전성 확보

⑧ 저항성 병해충 출현 감소
⑨ 농업에 대한 소비자의 신뢰 구축

8) IPM 기술의 문제점

① 벼 해충 및 과수의 일부 해충을 제외하고는 주요 해충의 요방제 수준 설정이 되어 있지 않았다.
② 저항성 품종, 천적, 미생물농약 등 화학적 방제수단을 제외한 다른 이용 가능한 대체수단이 부족하다.
③ 전문성을 갖춘 병해충종합관리 보급인력이 부족하다.
④ 방제 효과가 완효적이다.

(8) 유기경종

1) 유기농업

① 유기농업이란 농약과 화학비료를 사용하지 않고, 원래의 흙을 중시하여 자연에서 안전한 농산물을 얻는 것을 바탕으로 한 농업을 말한다.
② 유기농업의 어원은 일본인 이치라테루오가 「황금의 흙」이란 책을 유기농업이란 이름으로 바꾸어 출판한 것이 최초의 유래로 추정하고 있다.

2) 유기농업의 목적

① 영양가 높은 식품을 충분히 생산한다.
② 장기적으로 토양비옥도를 유지한다.
③ 미생물을 포함한 농업체계 내의 생물적 순환을 촉진하고 개선한다.
④ 농업기술로 인해 발생되는 모든 오염을 피한다.
⑤ 자연계를 지배하려 하지 않고 협력한다.
⑥ 지역적인 농업체계 내의 갱신 가능한 자원을 최대한으로 이용한다.
⑦ 유기물질이나 영양소와 관련하여 가능한 한 폐쇄된 체계 내에서 일한다.
⑧ 모든 가축에게 그들이 타고난 본능적 욕구를 최대한 충족시킬 수 있는 생활조건을 만들어 준다.
⑨ 식물과 야생동물 서식지 보호 등 농업체계와 그 환경의 유전적 다양성을 유지한다.
⑩ 농업생산자에게 안전한 작업환경 등 일로부터 적당한 보답과 만족을 얻게 한다.

3) 유기농업의 배경과 필요성

① 제2차 세계대전 이후 식량문제를 해결하기 위해 화학비료와 유기합성 농약의 사용으로 식량증산에 괄목할 만한 성과를 거둔다.
② 화학비료의 오용과 남용에 따른 수계의 부영양화, 토양의 염류집적, 식품의 품질저하 등 환경적 부작용을 유발한다.
③ 합성농약과 화학비료로 인한 환경오염과 생태계의 교란이라는 부작용을 초래한다.

4) 유기농업의 이론과 목표

① **유기농업의 이론** : 유기농업은 농장의 모든 구성요소, 즉 토양의 무기영양분, 유기물, 미생물, 곤충, 식물, 가축, 인간 등이 유기적으로 구성 · 결합되어 전 체계가 상호 조화롭고 안정성이 있는 생산기법으로 농축산물을 생산하는 지속 가능한 농업형태이다.

② **유기농업이 지향하는 목표를 달성하기 위한 유기경종 기술의 핵심**

㉠ 지역 또는 농가 단위에서 유래되는 유기성 재생가능 자원의 최대한 이용

㉡ 병해충 및 잡초의 환경친화적 방제관리

㉢ 합리적 관리기술의 확립

㉣ 생태계 구성요소 간의 생태적 · 생물학적 균형과 상호보상 충족

5) 국제식품규격위원회(CODEX)에서 제시하는 유기경종 기술

① **토양비옥도와 생물활동 증진 및 유지를 위한 권장 사항**

㉠ 두과작물, 녹비작물, 심근성작물을 다년간 윤작

㉡ 모든 토양투입 퇴비나 구비는 CODEX 가이드라인에 맞게 유기경종이나 유기축산의 부산물로 나온 것을 사용

② **병해충 및 잡초 방제의 원칙**

㉠ 알맞은 작목과 품종을 선택

㉡ 적절한 윤작

㉢ 기계적인 경운

㉣ 천적을 보호하기 위하여 울타리 · 보금자리 등을 제공

㉤ 침식을 막는 완충지대 · 농경삼림 · 윤작작물 등을 사용하여 생태계 다양화를 도모

㉥ 화염을 사용한 제초

㉦ 포식생물이나 기생동물의 방사

㉧ 돌가루 · 구비 · 식물성분으로 만든 생물활성제를 사용

㉨ 멀칭이나 예취, 동물의 방사, 덫 · 울타리 및 빛 · 소리 같은 기계적인 수단 사용

③ **유기경종의 재배방식**

㉠ 화학비료와 합성농약 및 항생제의 사용 금지

㉡ 작부체계는 생물 간의 타감 작용을 잘 응용하고, 토양의 비옥도를 증가시키며 병해충 발생을 저감하는 방향으로 구성

④ **유기경종에서 지력증진 방안**

㉠ 태생적으로 토양비옥도가 낮은 토양의 이화학성 개량

㉡ 퇴비와 축분 및 녹비작물을 이용하여 토양비옥도 증진

㉢ 유기농업 허용자재를 이용한 식물영양공급체제로 양분관리

⑤ **토양의 비옥도와 토양관리방법**

㉠ 작물의 양분흡수에 결정적인 역할을 하기 때문에 유기경종에서 가장 중요한 영농관리기술

ⓛ 작물양분관리를 유기물에 의존

ⓒ 축분퇴비는 가축분의 인산 함량에 따른 작물별 시비량에 맞춰 계산된 가축분퇴비량을 사용

⑥ **병해충 및 잡초 관리**

㉠ 예방적 방제(경종적 방제)

ⓐ 내충성 · 내병성 · 내잡초성 품종 재배

ⓑ 대목과 같은 저항성이 강한 유전형질을 가진 작물 재배

ⓒ 봉지씌우기, 비가림재배, 토양피복, 이병잔유물이나 이병주의 제거, 이병토양의 제거 등과 같은 물리적 방법 사용

㉡ 치료적 방제

ⓐ 태양열 소독, 증기소독, 화염제초 등 사용

ⓑ 살충 · 흡충기 이용

ⓒ 낫과 제초기 이용 제초

ⓓ 유아등(light trap), 페로몬을 사용하여 유인 교살

ⓔ 천적곤충, 천적미생물과 같은 생물농약 사용

ⓕ 식물성 살충제나 살균제와 같은 유기농허용자재를 이용한 방제

Chapter 2

품종과 육종

저자쌤의 이론학습 Tip

- 작물의 품종의 개념, 우량품종 선택의 방법 및 신품종에 대하여 이해해야 한다.
- 육종방법별 특징과 장단점에 대하여 숙지해야 한다.

Section 01 작물의 품종

1 종, 품종 및 계통

(1) 식물학적 종과 작물

1) 종과 작물

① 의의

㉠ 종 : 식물분류학에서 식물의 종류를 나누는 기본단위

㉡ 속 : 종 바로 위의 분류단위

② 식물학적 종은 개체 간 교배가 자유롭게 이루어지는 자연집단으로 속명과 종속명을 함께 표시하는 2명법의 학명으로 이름을 붙인다.

③ 식물 학명은 세계적으로 공통으로 쓰이지만 재배식물의 작물 이름은 지역, 언어 등에 따라 다르게 불린다.

④ 식물학적 종과 작물의 종류는 아래 예와 같이 서로 일치하는 것이 대부분이나 한 작물에 두 가지 이상의 종이 포함되기도 하고, 한 종에 여러 작물이 있을 수도 있다.

㉠ 일치하는 종류 : 벼(Oryza sativa L.), 밀(Triticum aestivum L.)

㉡ 한 작물에 두 가지 이상의 종 포함 : 유채(油菜, Brassica campestris, B. napus)

㉢ 한 종에 여러 작물이 있는 종류 : Beta vulgaris(근대, 꽃근대, 사탕무, 사료용 사탕무)

2) 생태종과 생태형

① 생태종

㉠ 하나의 종 내에서 형질 특성에 차이가 나는 개체군을 아종, 변종으로 취급하며, 이들은 특정 지역 및 환경에 적응하여 생긴 것으로 작물학에서는 생태종이라 한다.

㉡ 생태종 사이에 형태적 차이가 생기게 되는 원인은 교잡친화성이 낮아 유전자교환이 어렵기 때문이다.

㉢ 아시아벼의 생태종은 인디카(indica), 열대자포니카(tropical japonica), 온대자포니카(temperate japonica)로 나누어진다.

② 생태형

㉠ 인디카벼를 재배하는 인도, 파키스탄, 미얀마 등에서는 1년에 2~3작이 이루어져 재배양식이 복잡하다. 이에 따라 겨울벼(boro), 여름벼(aus), 가을벼(aman) 등의 생태형이 분화되었다.

㉡ 보리와 밀의 경우에는 춘파형, 추파형의 생태형이 있다.

㉢ 생태형 사이에는 교잡친화성이 높기 때문에 유전자교환이 잘 일어난다.

(2) 품종

1) 작물의 기본단위이자 재배적 단위로 다른 것과는 구별되는 특성이 균일하고 세대의 진전에도 균일한 특성이 변하지 않는 것이다.

2) 품종의 구분

① 다른 것들과 구별되는 특성을 가진다.

② 특성이 균일하다.

③ 세대의 진전에도 특성이 변하지 않는다.

④ 품종별로 고유한 이름을 가진다.

3) **우량품종** : 품종 중 재배적 특성이 우수한 품종

4) 우량품종의 구비조건

① 균일성

㉠ 품종에 속한 모든 개체들의 특성이 균일해야만 재배 이용상 편리하다.

㉡ 모든 개체들의 유전형질이 균일해야 한다.

② 우수성

㉠ 다른 품종에 비하여 재배적 특성이 우수해야 한다.

㉡ 종합적으로 다른 품종들보다 우수해야 한다.

㉢ 재배특성 중 한 가지라도 결정적으로 나쁜 것이 있으면 우량품종으로 보기 어렵다.

③ 영속성

㉠ 균일하고 우수한 특성이 후대에 변하지 않고 유지되어야 한다.

㉡ 특성이 영속되려면 종자번식작물에서 유전형질이 균일하게 고정되어 있어야 한다.

㉢ 종자의 유전적, 생리적, 병리적 퇴화가 방지되어야 한다.

④ 광지역성

㉠ 균일하고 우수한 특성의 발현, 적응되는 정도가 가급적 넓은 지역에 걸쳐서 나타나야 한다.

㉡ 재배예정 지역의 환경에 적응성이 있어야 한다.

5) 우량종자의 구비조건

① 우량품종에 속하는 것이어야 한다.

② 유전적으로 순수하고 이형종자가 섞이지 않은 것이어야 한다.

③ 충실하게 발달하여 생리적으로 좋은 종자이어야 한다.

④ 병 · 해충에 감염되지 않은 종자이어야 한다.
⑤ 발아력이 건전하여야 한다.
⑥ 잡초종자나 이물이 섞이지 않은 것이어야 한다.

(3) 계통

1) 계통

① 재배 중 품종 내 유전적 변화가 일어나 새로운 특성을 가진 변이체의 개체군
② 품종 육성을 위해 인위적으로 만든 잡종집단에서 특성이 다른 개체를 증식한 개체군

2) 순계

① 계통 중 유전적으로 고정된 것(동형접합체)
② 자식성(自殖性) 작물은 우량 순계를 선정해 신품종으로 육성한다.

3) 영양계

① 영양번식작물에서 변이체를 골라 증식한 개체군
② 영양계는 유전적으로 잡종상태(이형접합체)라도 영양번식으로 그 특성이 유지되므로 우량 영양계는 그대로 신품종이 된다.

2 품종의 특성과 신품종

(1) 특성과 형질

1) 특성

① 품종의 형질이 다른 품질과 구별되는 특징
② 숙기의 조생과 만생, 키의 장간과 단간 등

2) 형질

① 작물의 형태적, 생태적, 생리적 요소
② 작물의 키, 숙기(출수기) 등

(2) 재배적 특성

품종에 속해있는 개체들의 형태적, 생리적, 생태적 형질을 그 품종의 특성이라 하며, 재배 이용상 가치와 밀접한 관련이 있는 특성을 재배적 특성이라 한다. 일반적인 작물의 주요 재배적 특성은 다음과 같다.

1) 간장

키가 큰 벼, 보리, 수수 등은 장간종, 단간종으로 구별되며, 키가 큰 것은 도복되기 쉽다.

2) 까락

① 벼나 맥류는 까락의 유무에 따라 유망종, 무망종이 있다.
② 까락은 수확 후 작업에 영향을 미친다.
③ 최근에 육성된 품종은 대부분 무망종이다.

3) 초형

① 벼, 맥류, 옥수수 등은 윗잎이 짧고 직립인 것은 포장에서 수광능률을 높이는 데 유리하다.

② 우리나라 통일벼 품종이 일반형 품종보다 다수성인 것은 단간직립초형으로 내도복성이 크고 수광상태가 좋고, 단위면적당 이삭 꽃 수가 많아 저장기관이 크고 광합성 능력과 동화물질의 이전효율이 높기 때문이다.

4) 조만성

① 벼의 경우 산간지 또는 조기재배 시에는 조생종이, 평야지대에서는 만생종이 수량이 많아 유리하다.

② 맥류는 작부체계상 조숙종이 유리하다.

③ 출수기를 기준으로 한다.

5) 저온발아성

① 벼에서는 13℃에서 발아세를 기준으로 저온발아성을 평가한다.

② 조파나 조기육묘 및 직파재배에 저온발아성이 큰 품종은 유리하다.

③ 벼에서는 일반적으로 저온발아성은 메벼보다는 찰벼가, 몽근벼보다는 까락벼가 좋다.

6) 품질

① 품질은 용도에 따라 달라 품질의 내용이 복잡하다.

② 벼는 미질이 좋아서 밥맛이 좋은 품종이 유리하다.

③ 밀에 있어서는 빵용은 경질인 품종이, 제과용으로는 분상질인 품종이 알맞다.

7) 광지역성

① 숙기(조만성)는 품종의 지리적 적응성에 관여한다.

② 품종의 적응지역은 넓어질수록 품종의 관리가 편하다.

8) 내비성

① 수량을 높이는 데 중요한 특성으로 특히 질소비료를 많이 주어도 안전한 생육을 할 수 있는 특성이다.

② 벼나 맥류는 내병성, 내도복성이 강하고, 수광태세가 좋은 초형을 가진 품종이 내비성이 강하다.

③ 옥수수 및 단간직립초형인 통일벼는 내비성이 강한 대표적인 작물이다.

9) 내도복성

① 벼나 맥류는 키가 작고 줄기가 단단하며 간기중(稈基重, 간기의 건물중)이 무거운 것일수록 내도복성이 강하다.

② 시비량이 많아도 내도복성이 강하면 쓰러지지 않아 등숙이 안전하다.

③ 최근 육성 재배품종은 내도복성 및 내비성이 강하며, 통일벼 품종이 대표적이다.

10) 탈립성

① 야생종은 탈립성이 강하며, 탈립성이 강한 품종은 수확작업의 불편을 초래한다.

② 콤바인 수확 시는 탈립성이 좋아야 수확과정에서 손실이 적다.

11) 추락저항성

① 노후답 등에서 잘 나타나는 벼의 추락현상이 덜한 특성을 말한다.

② 황화수소(H_2S)와 같은 유해물질에 의한 뿌리의 상해 정도가 덜하고, 성숙이 빠른 품종이 추락저항성이 강하다.

12) 내병성

① 병해에 저항성을 갖는 특성으로 복합저항성을 갖는 품종은 드물고, 병에 따라 내병성 품종도 달라진다.

② 벼의 통일형 품종은 도열병과 줄무늬잎마름병에 강하지만, 흰빛잎마름병 등에는 약한 편이다.

③ 특히 약제방제가 어려운 벼의 줄무늬잎마름병 발생이 심한 남부지방에서는 이병에 강한 품종이 안전하다.

13) 내충성

① 충해에 강한 특성을 의미하며 충해의 종류에 따라 내충성 품종도 달라진다.

② 벼의 통일형 품종은 이화명나방에 약하며, 도열병이나 줄무늬잎마름병에 극히 강하다.

14) 수량

우량품종의 가장 기본적 특성이며, 수량은 여러 가지 특성들이 종합적으로 작용하여 이루어지는 경우가 많다.

(3) 품종의 선택

① 우량품종의 선택은 성공적 영농의 지름길로 우량품종은 생산성의 증대, 품질 향상과 농업생산의 안정화 및 경영합리화를 도모할 수 있다.

② 품종의 작물 생산성 기여도는 작물의 종류, 재배지에 따라 다르지만 대략 50% 내외인 것으로 알려져 있다.

③ 품종의 선택 전 재배목적, 환경, 재배양식 및 각종 재해에 대한 위험의 분산과 시장성 및 소비자 기호 등을 검토해야 한다.

(4) 품종의 육성

1) 품종육성의 변천

① 초기에는 자연돌연변이 또는 자연교잡에 의한 변이 개체 중에서 기존 품종에 비해 우량한 것을 선발하여 재배하는 분리육종 방법이 활용되었다.

② 1900년 멘델의 유전법칙의 재발견 및 유전학과 세포유전학의 급속한 진전으로 교잡육종 방법으로 품종개량이 이루어졌다.

③ 1903년 요한센은 유전적 요인에 의한 변이만이 선발의 대상이 되는 순계설을 제안하여 선발이론의 기초를 제공하였다.

④ 1937년 콜히친의 발견으로 염색체 수를 배가시키는 배수체육종법을 가능하게 하였다.

⑤ 1970년대 조직배양 · 세포융합 · 유전자 조작 등 생명공학 기술이 육종에 이용되었다.

⑥ 1972년 X-선으로 인위 돌연변이를 유발시킨 것을 계기로 돌연변이 육종이 등장하였다.
⑦ 우리나라에서의 작물의 품종육성은 거의 농촌진흥청과 산하의 지역시험장에서 담당한다.
㉠ 작물시험장 : 작물 전반의 품종육성을 담당하고 있다.
㉡ 목포지장 : 평지(유채), 아마, 목화 등 공예작물의 품종육성을 담당하고 있다.
㉢ 호남 · 영남작물시험장 : 벼, 맥류 작물의 품종육성을 담당하고 있다.
㉣ 고랭지시험장 : 감자의 품종육성을 담당하고 있다.
㉤ 원예시험장 : 주요 과수, 채소, 꽃의 품종육성을 담당하고 있다.
㉥ 종묘회사 : 상업성이 높은 배추, 무, 고추 등의 품종육성과 판매용 종자를 생산하고 있다.

2) 품종개량의 효과

① 경제적 효과
② 재배 안전성 증대
③ 재배한계의 확대
④ 품질의 개선 효과
⑤ 새 품종의 출현

(5) 신품종

1) 신품종의 구비조건

① **구별성** : 기존의 품종과는 뚜렷하게 구별되는 한 가지 이상의 특성이 있어야 한다.
② **균일성** : 재배 및 품종의 이용에 지장이 없도록 균일해야 한다.
③ **안정성** : 세대의 반복으로도 특성이 변하지 않아야 한다.

2) 신품종 보호 요건

① 신규성
② 구별성
③ 균일성
④ 안정성
⑤ 고유한 품종 명칭

Section 02 육종(育種, breeding)

1 육종의 과정

(1) 작물의 육종은 목표형질에 대한 유전변이를 만들고, 우량 유전자형의 선발로 신품종을 육성하며, 이를 증식·보급하는 과학기술이다.

(2) 육종의 기본 과정

육종목표의 설정 → 육종재료 및 방법 결정 → 변이작성 → 우량계통 육성 → 생산성 검정 → 지역적응성 검정 → 신품종 결정 및 등록 → 종자증식 → 보급

1) 목표 설정
기존 품종의 결점보완, 농업인 및 소비자 요구, 미래 수요 등에 부합되는 형질 특성을 구체적으로 정한다.

2) 재료 및 방법 결정
대상 작물의 생식방법, 목표형질의 유전양식을 알고 고려해야 한다.

3) 변이작성
자연변이의 이용 또는 인공교배, 돌연변이 유발, 염색체 조작, 유전자전환 등의 인위적 방법을 사용한다.

4) 우량계통 육성
① 작성된 변이를 이용하여 반복적 선발을 통해 우량계통을 육성한다.
② 우량계통의 육성에는 여러 해가 걸리고 많은 계통을 재배할 포장과 특성검정을 위한 시설, 인력, 경비 등이 필요하다.

5) 신품종 결정
육성한 우량계통은 생산성 검정, 지역적응성 검정을 통해 신품종으로 결정한다.

6) 신품종 등록
신품종은 국가기관에 등록하고 품종 등록은 법절차에 따라 여러 검사를 통해 이루어진다.

2 자식성작물의 육종

(1) 자식성(自殖性)작물 집단의 유전적 특성
자식성작물은 자식에 의해 집단 내에 이형접합체가 감소하고 동형접합체가 증가하는데, 이는 잡종집단에서 우량유전자형을 선발하는 이론적 근거가 된다.

(2) 자식성작물의 육종방법

1) 순계선발
① 분리육종 : 재래종 집단에서 우량 유전자형을 분리하여 품종으로 육성하는 것이다.

㉠ 자식성작물 : 개체선발을 통해 순계를 육성한다.

㉡ 타식성작물 : 집단선발에 의한 집단개량을 한다.

㉢ 영양번식작물 : 영양계를 선발하여 증식한다.

② 자식성작물의 재래종은 재배과정 중 여러 유전자형을 포함하나 오랜 세대에서 자식하므로 대부분 동형접합체이다.

③ 순계선발

㉠ 순계 : 동형접합체로부터 나온 자손이다.

㉡ 재래종 집단에서 우량한 유전자형을 선발해 계통재배로 순계를 얻을 수 있다.

㉢ 생산성 검정, 지역적응성 검정을 거쳐 우량품종으로 육성하는 것을 순계선발이라 한다.

2) 교배육종(교잡육종)

① 의의

㉠ 재래종 집단에서 우량 유전형을 선발할 수 없을 때, 인공교배를 통해 새로운 유전변이를 만들어 신품종을 육성하는 육종방법으로 현재 재배되는 대부분 작물품종의 육성 방법이다.

㉡ 조합육종 : 교배를 통해 어버이의 우량형질을 새 품종에 모음으로써 재배적 특성을 종합적으로 향상시키는 것이다.

㉢ 초월육종 : 같은 형질에 대하여 양친보다 더 우수한 특성이 나타나는 것이다.

㉣ 교배친의 선정은 교배육종에서 중요하다.

② 계통육종

㉠ 인공교배를 통해 F_1을 만들고 F_2부터 매 세대 개체선발과 계통재배와 계통선발의 반복으로 우량한 유전자형의 순계를 육성하는 방법이다.

㉡ 잡종초기부터 계통단위로 선발하므로 육종의 효과가 빠른 장점이 있다.

㉢ 효율적 선발을 위해 목표형질의 특성 검정방법이 필요하며, 육종가의 경험과 안목이 중요하다.

③ 집단육종

㉠ 잡종초기에는 선발하지 않고 혼합채종 및 집단재배의 반복 후 집단의 80% 정도 동형접합체가 된 후대에 개체선발하여 순계를 육성하는 육종방법이다.

㉡ 장점

ⓐ 잡종집단의 취급이 용이하다.

ⓑ 동형접합체가 증가한 후대에 선발하므로 선발이 간편하다.

ⓒ 집단재배로 자연선택을 유리하게 이용할 수 있다.

ⓓ 출현빈도가 낮은 우량유전자형의 선발 가능성이 높다.

3) 여교배육종

① 우량품종의 한두 가지 결점을 보완하는데 효과적 육종방법이다.

② 여교배는 양친 A와 B를 교배한 F_1을 다시 양친 중 어느 하나와 교배하는 것이다.

③ **여교배 잡종의 표시** : BC_1F_1, $BC1F_2$……로 표시한다.

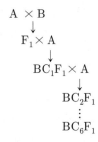

A × B
↓
F_1 × A
↓
BC_1F_1 × A
↓
BC_2F_1
⋮
BC_6F_1

∥ 여교배 과정 ∥

④ **1회친** : 여교배를 여러 번 할 때 처음 한 번만 사용하는 교배친이다.

⑤ **반복친** : 반복해서 사용하는 교배친이다.

⑥ **장점** : 이전하려는 1회친의 특성만 선발하므로 육종효과가 확실하고 재현성이 높다.

⑦ **단점** : 목표형질 이외의 다른 형질의 개량을 기대하기 어렵다.

⑧ **여교배육종의 성공 조건**

㉠ 만족할 만한 반복친이 있어야 한다.

㉡ 여교배 동안 이전형질의 특성이 변하지 않아야 한다.

㉢ 여러 번 여교배 후에도 반복친의 특성을 충분히 회복해야 한다.

3 타식성작물의 육종

(1) 타식성작물 집단의 유전적 특성

1) 타식성작물은 타가수정을 하므로 대부분 이형접합체이다.

2) 근교약세(자식약세)

① 타식성작물의 인위적 자식, 근친교배로 작물체 생육불량, 생산성 저하가 나타나는 현상

② **원인** : 근친교배에 의하여 이형접합체가 동형접합체로 되면서 이형접합체의 열성유전자가 분리되기 때문이다.

3) 잡종강세

① 타식성작물의 근친교배로 인한 약세화된 작물 또는 빈약한 자식계통끼리 교배한 F_1은 양친보다 우수한 생육을 나타내는 현상으로 근교약세의 반대현상이라 할 수 있다. 자식성작물에서도 잡종강세가 나타나지만 타식성작물에서 월등히 크게 나타난다.

② **원인** : 우성설과 초우성설로 설명된다.

㉠ 우성설(Bruce, 1910) : F_1에 집적된 우성유전자들의 상호작용에 의하여 잡종강세가 나타난다는 설이다.

㉡ 초우성설(Shull, 1908) : 잡종강세가 이형접합체(F_1)로 되면 공우성이나 유전자 연관 등에 의해 잡종강세가 발현된다는 설이다.

③ 타식성작물은 자식 또는 근친교배로 동형접합체 비율이 높아지면 집단 적응도가 떨어지므로 타가수정을 통해 적응에 유리한 이형접합체를 확보한다고 할 수 있으므로 타식성작물의 육종은 근교약세를 일으키지 않고 잡종강세를 유지하는 우량집단을 육성하는 것이다.

(2) 타식성작물의 육종

1) 집단선발

① 타식성작물의 분리육종은 근교약세를 방지하고 잡종강세 유지를 위해 순계선발이 아닌 집단선발 또는 계통집단선발을 실시한다.

② 타가수분에 의한 불량개체와 이형개체의 분리를 위해 반복적 선발이 필요하다.

③ 집단선발

㉠ 기본집단에서 우량개체의 선발 및 혼합채종 후 집단재배하고 집단 내 우량개체 간 타가수분을 유도하여 품종을 개량한다.

㉡ 의도하지 않은 다른 품종의 수분 방지를 위해 격리가 필요하다.

④ 계통집단선발

㉠ 기본집단에서 선발한 우량개체를 계통재배 후 거기에서 선발한 우량계통을 혼합채종하여 집단을 개량하는 방법이다.

㉡ 선발한 우량개체의 우수성을 확인할 수 있으므로 단순 집단선발보다 육종효과가 우수하다.

2) 순환선발

① 먼저 우량개체를 선발 후 상호교배 함으로써 집단 내 우량유전자의 빈도를 높여가는 육종방법이다.

② 단순순환선발과 상호순환선발

㉠ 단순순환선발

ⓐ 기본집단에서 선발한 우량개체를 자가수분하고, 동시에 검정친과 교배하여 검정교배 F_1 중에 잡종강세가 높은 조합의 자식계통으로 개량집단을 만든 후 개체 간 상호교배로 집단을 개량한다.

ⓑ 일반조합능력을 개량하는데 효과적이며 3년 주기로 반복실시한다.

㉡ 상호순환선발

ⓐ 두 집단 A, B를 동시에 개량하는 방법으로 3년 주기로 반복실시한다.

ⓑ 집단 A의 개량에는 B를 검정친으로, 집단 B의 개량에는 A를 검정친으로 사용한다.

ⓒ 두 집단에 서로 다른 대립유전자가 많을 때 효과적으로 일반조합능력과 특정조합능력을 함께 개량할 수 있다.

3) 합성품종

① 여러 개의 우량계통을 격리포장에서 자연수분 또는 인공수분하여 다계교배시켜 육성한 품종이다.

② 여러 계통이 관여하므로 세대가 진전되어도 비교적 높은 잡종강세가 나타난다.
③ 유전적 폭이 넓어 환경변동에 안정성이 높다.
④ 자연수분에 의하므로 채종 노력과 경비가 절감된다.
⑤ 영양번식이 가능한 타식성 사료작물에 많이 이용된다.

4 영양번식작물의 육종

(1) 영양번식작물의 유전적 특성

① 영양번식작물은 배수체가 많고, 감수분열 때 다가염색체를 형성하므로 불임성이 높아 종자를 얻기 어렵고, 종자로부터 발생한 식물체는 비정상적인 것이 많다.
② 영양번식과 함께 유성생식도 하며, 영양계는 이형접합성이 높아 자가수정으로 얻은 실생묘는 유전자형이 분리한다.
③ 영양계끼리 교배한 F_1은 다양한 유전자형이 발생하며, 이 F_1에서 선발한 영양계는 1대잡종 유전자형을 유지한 채 영양번식으로 증식되어 잡종강세를 나타낸다.

(2) 영양번식작물의 육종

① 영양번식에 의한 경우 동형접합체는 물론 이형접합체도 유전자형을 그대로 유지할 수 있다.
② 영양번식작물의 육종은 영양계 선발을 통해 신품종을 육성한다.
③ 영양계 선발은 교배 또는 돌연변이에 의한 유전변이나 실생묘 중 우량한 것을 선발하여 증식함으로 신품종을 육성한다.
④ 영양계의 선발은 바이러스에 감염되지 않은 개체의 선발이 중요하다.
⑤ virus free 개체를 얻기 위해서 생장점을 무균배양한다.

5 1대잡종육종

(1) 1대잡종품종의 이점

① 1대잡종품종은 잡종강세가 큰 교배조합의 1대잡종(F_1)을 품종으로 육성하는 방법이다.
② 수량이 많고 균일한 산물을 얻을 수 있다.
③ 우성유전자 이용이 유리하다.
④ 조합능력의 향상을 위해 자식계통을 육성하며 F_1 종자의 경제적 채종을 위해서 자가불화합성과 웅성불임을 이용한다.

(2) 1대잡종품종의 육성

1) 품종 간 교배

① 1대잡종품종의 육성은 자연수분품종(고정종) 간 교배나 자식계통(inbred line) 간 교배 또는 여러 개의 자식계통으로 합성품종을 만든다.

② 자연수분품종 간 교배한 F_1 품종은 자식계통을 이용했을 때보다 생산성은 낮으나 채종이 유리하고 환경스트레스 적응성이 높다.

③ 자가불화합성으로 자식이 곤란한 경우나 과수와 같이 세대가 길어 계통육성이 어려운 경우 주로 이용한다.

2) 자식계통 간 교배

① 1대잡종품종의 강세는 이형접합성이 높을 때 크게 나타나므로 동형접합체인 자식계통을 육성하여 교배친으로 이용한다.

② **자식계통의 육성** : 우량개체를 선발하여 5~7세대 동안 자가수정시킨다.

③ 육성된 자식계통은 자식이나 형매교배로 유지하며 다른 우량한 자식계통과 교배로 능력을 개량한다.

④ 자식계통으로 1대잡종품종의 육성 방법

㉠ 단교배(A/B) : 잡종강세가 가장 큰 장점이나 채종량이 적고 종자가격이 비싸다.

㉡ 3원교배(A/B//C)

㉢ 복교배(A/B//C/D)

단교배: A × B → 1대잡종품종

3원교배: A × B → F_1 × C → 1대잡종품종

복교배: A × B → F_1, C × D → F_1; F_1 × F_1 → 1대잡종품종

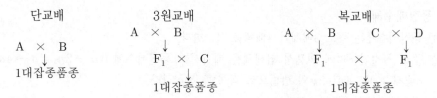

▌단교배, 3원교배, 복교배에 의한 1대잡종품종 육성▐

㉣ 사료작물은 3원교배 또는 복교배 1대잡종품종을 많이 이용한다.

3) 1대잡종종자의 채종

① F_1종자의 채종은 인공교배 또는 웅성불임성 및 자가불화합성을 이용한다.

㉠ 인공교배 이용 : 오이, 수박, 멜론, 참외, 호박, 토마토, 피망, 가지 등

㉡ 웅성불임성 이용 : 상추, 고추, 당근, 쑥갓, 양파, 파, 벼, 밀, 옥수수 등

㉢ 자가불화합성 이용 : 무, 배추, 양배추, 순무, 브로콜리 등

② **웅성불임성(CGMS)을 이용한 F_1종자 생산체계** : 3계통법

㉠ 웅성불임친(A계통) : 완전불임으로 조합능력이 높으며 채종량이 많아야 한다.

㉡ 웅성불임유지친(B계통) : 웅성불임을 유지한다.

㉢ 임성회복친(C계통) : 웅성불임친의 임성을 회복시키며 화분량이 많으면서 F_1의 임성을 온전히 회복시킬 수 있어야 한다.

③ **자가불화합성을 이용한 F_1종자 생산**

㉠ S유전자형이 다른 자식계통을 같이 재배하여 자연수분으로 자방친, 화분친 모두 F_1 종자를 채종한다.

㉡ 자가불화합성 타파를 위해 뇌수분 또는 3~10% 이산화탄소를 처리한다.

㉢ 뇌수분(蕾受粉, bud pollination) : 꽃봉오리 때 수분하는 것이다.

6 배수성육종

(1) 의의

① 배수체의 특성을 이용하여 신품종을 육성하는 방법이다.

② 2배체에 비해 3배체 이상의 배수체는 세포기관이 크고, 병해충에 대한 저항성 증대, 함유성분 증가 등의 형질변화가 일어난다.

(2) 염색체의 배가법

1) 콜히친(colchicine, $C_{22}H_{25}O_6$)처리법

① 가장 효과적인 방법으로 세포분열이 왕성한 생장점에 콜히친을 처리한다.

② 콜히친 작용은 분열 중 세포에서 방추체 형성, 동원체 분할, 방추사 발달 등을 방해한다.

2) 아세나프텐(acenaphtene, $C_{12}H_{10}$)처리법

아세나프텐은 물에 불용성이지만 승화하여 가스상태로 식물의 생장점에 작용한다.

3) 동질배수체

① 동질배수체는 주로 3배체와 4배체를 육성한다.

② 주로 콜히친처리에 의해서 염색체를 배가시켜 동질배수체 〔($n \rightarrow 2n$, $2n \rightarrow 4n$ 등), 3배체($3n$)는 $4n \times 2n$의 방법으로 작성〕를 작성한다.

③ 동질배수체의 특성

㉠ 형태적 특성 : 세포가 커지고, 영양기관의 왕성한 발육으로 거대화, 생육과 개화 및 성숙이 늦어지는 경향이 있다.

㉡ 결실성 : 임성이 저하하며 $3n$ 등은 거의 완전불임이 된다. 또한 화기 및 종자가 대형화된다.

㉢ 저항성 : 내한성, 내건성, 내병성 등이 대체로 증대하지만 감소될 경우도 있다.

㉣ 함유성분 : 함유성분에 차이가 생긴다. 사과, 시금치, 토마토 등은 비타민 C의 함량이 증가한다.

③ 동질배수체의 이용

㉠ 사료작물 : 레드클로버, 이탈리안라이그라스, 페레니얼라이그라스 등

㉡ 화훼류 : 금어초, 피튜니아, 플록스 등에서 많이 이용한다.

4) 이질배수체(복2배체)

① 이질배수체의 육성

㉠ 게놈이 다른 양친을 동질4배체로 만들어 교배한다.

㉡ 이종게놈의 양친을 교배한 F_1의 염색체를 배가시킨다.

㉢ 체세포를 융합시킨다.

② 이질배수체의 특성

㉠ 어버이의 중간특성을 나타낼 때가 많으나 현저한 특성변화를 나타낼 때도 있다.

㉡ 동질배수체보다 임성이 높은 것이 보통이며, 특히 모든 염색체가 완전히 $2n$으로 조성되어 있는 것은 완전히 정상적 임성을 나타낸다.

③ **이질배수체의 이용** : 이질배수체는 임성이 높은 것도 많으므로, 종자를 목적으로 재배할 때에도 유리하게 이용될 경우가 많다.

5) 반수체 이용

① 반수체는 생육이 빈약하고 완전불임으로 실용성이 없다.

② 반수체의 염색체를 배가하면 곧바로 동형접합체를 얻을 수 있어 육종연한을 많이 줄일 수 있고 상동게놈이 1개뿐이므로 열성형질의 선발이 쉽다.

③ 인위적 반수체를 만드는 방법으로 약배양, 화분배양, 종속간 교배, 반수체유도유전자 등을 이용하며 약배양이 화분배양에 비하여 배양이 간단하고 식물체의 재분화율이 높다.

7 돌연변이 육종

(1) 의의

① 기존 품종의 종자나 식물체의 돌연변이 유발원을 처리하여 변이를 일으킨 후 특정 형질만 변화시키거나 새로운 형질이 나타난 변이체를 골라 신품종을 육성한다.

② 돌연변이율이 낮고 열성돌연변이가 많으며 돌연변이 유발 장소를 제어할 수 없는 특징이 있다.

③ 교배육종이 어려운 영양번식작물에 유리하다.

(2) 돌연변이 유발원

① **방선선** : X선, γ선, 중성자, β선 등

② **화학물질** : EMS(ethyl methane sulfonate), NMU(nitroso methyl urea), DES(diethyl sulfate), NaN_3(sodium azide) 등

③ X선과 γ선은 균일하고 안정한 처리가 쉬우며 잔류방사능이 없어 많이 사용된다.

(3) 돌연변이 육종법의 장점

① 새로운 유전자를 만들 수 있다.

② 단일유전자만을 변화시킬 수 있다.

③ 영양번식작물에서도 인위적으로 유전적 변이를 일으킬 수 있다.

④ 방사선을 처리하면 불화합성을 화합성으로 유도할 수 있으므로, 종래 불가능했던 자식계나 교잡계를 만들 수 있다.

⑤ 연관군 내의 유전자들을 분리시킬 수 있다.

(4) 돌연변이 육종법의 단점

① 인위적으로 돌연변이를 일으키면 형태적 기형화 또는 불임률 저하 등 이롭지 않은 변이가 많이 나타날 수 있다.

② 우량형질의 출현율이 낮아 돌연변이 육종법은 아직 교잡 육종법에 비하여 안정적인 효율성이 낮다.

8 생물공학적 작물육종

(1) 조직배양

1) 세포, 조직, 기관 등으로부터 완전한 식물체를 재분화시키는 배양기술로 원연종, 속 간 잡종 육성, 바이러스무병묘 생산, 우량 이형접합체 증식, 인공종자 개발, 유용물질의 생산, 유전자원 보존 등에 이용된다.

2) 배지에 돌연변이유발원이나 스트레스를 가하면 변이세포를 선발할 수 있다.

3) 기내수정

① 의의 : 기내(器內)에서 씨방의 노출된 밑씨에 직접 화분을 수분시켜 수정하도록 하는 것을 말한다.

② 종 · 속 간 잡종의 육성은 기내수정을 하여 얻은 잡종의 배배양, 배주배양, 자방배양을 통해 F_1종자를 얻을 수 있다.

4) 바이러스무병(virus free)묘

식물의 생장점의 조직배양은 세포분열 속도가 빠르고 바이러스에 감염되지 않은 묘를 얻을 수 있다.

5) 인공종자

체세포 조직배양으로 유기된 체세포배를 캡슐에 넣어 만든다.

(2) 세포융합

1) 의의

펙티나아제, 셀룰라아제 등을 처리하여 세포벽을 제거시킨 원형질체인 나출원형질체를 융합시키고 융합세포를 배양하여 식물체를 재분화시키는 기술이다.

2) 체세포잡종

① 서로 다른 두 식물종의 세포융합으로 얻은 재분화 식물체를 말한다.

② 보통 유성생식에 의한 잡종은 핵만 잡종이나 체세포잡종은 핵과 세포질이 모두 잡종이다.

③ 종 · 속 간 잡종의 육성, 유용물질의 생산, 유전자전환, 세포선발 등에 이용되며 생식과정을 거치지 않고 다른 식물종의 유전자를 도입하므로 육종재료의 이용범위를 크게 넓힐 수 있다.

3) 세포질잡종

① 핵과 세포질이 모두 정상인 나출원형질체와 세포질만 정상인 나출원형질체가 융합하여 생긴 잡종을 말한다.

② 세포질만 잡종이므로 웅성불임성 도입, 광합성능력 개량 등의 세포질유전자에 의해 지배받는 형질 개량에 유리하다.

(3) 유전자전환

① 다른 생물의 유전자(DNA)를 유전자운반체 또는 물리적 방법으로 직접 도입하여 형질전환식물을 육성하는 기술을 말하며, 이를 이용하는 육종을 형질전환육종이라 한다.

② 세포융합을 이용한 체세포잡종은 양친 모두의 게놈을 가지므로 원하지 않는 유전자도 갖지만 형질전환식물은 원하는 유전자만 갖는다.

Section 03 신품종의 유지와 증식 및 보급

1 신품종 등록과 특성의 유지

(1) 신품종의 등록과 보호

1) 신품종의 등록

① 신품종의 품종보호권을 설정, 등록(국립종자원)하면 종자산업법에 의하여 육성자의 권리를 20년간(과수와 임목은 25년) 보장받는다.

② 우리나라가 2002년 1월 7일에 가입한 국제식물신품종보호연맹(International Union for the Protection of New Varieties of Plants, UPOV)의 회원국은 국제적으로 육성자의 권리를 보호받는다.

2) 신품종의 보호품종 요건

① 신규성, 구별성, 균일성, 안정성, 고유한 품종 명칭을 구비해야 한다.

② **신품종 3대 구비조건** : 구별성, 균일성, 안정성

㉠ 구별성(Distinctness) : 신품종의 한 가지 이상의 특성이 기존의 알려진 품종과 뚜렷하게 구별되는 것

㉡ 균일성(Uniformity) : 신품종의 특성이 재배, 이용상 지장이 없도록 균일한 것

㉢ 안정성(Stability) : 세대를 반복해서 재배하여도 신품종의 특성이 변하지 않는 것

③ 품종보호요건 중 신규성이란 품종보호출원일 이전에 우리나라와 국제식물신품종보호조약 체결국에서는 1년 이상, 그 외 국가에서는 4년(과수와 입목은 6년) 이상 상업적으로 이용 또는 양도되지 않은 품종을 의미한다.

3) 우량품종 구비조건

① **우수성** : 종합적으로 재배적 특성이 다른 품종보다 우수해야 한다. 한 가지 특성이라도 결정적으로 불리한 것이 있으면 우량품종이 되기 어렵다.

② **영속성** : 우수하고 균일한 특성이 세대가 진전되어도 변하지 않고 유지되어야 한다. 이를 위해서는 종자번식작물은 유전질이 균일하게 고정되어야 하며, 품종의 퇴화가 방지되어야 한다.

③ **균일성** : 품종 내 모든 개체들의 특성이 균일해야 한다. 특성이 균일하기 위해서는 모든 개체의 유전질이 균일해야 한다.

④ **광지역성** : 우수하고 균일한 특성의 발현과 적응되는 정도가 가급적 넓은 지역에 걸쳐서 나타나야 한다.

(2) 신품종의 특성 유지

1) 특성 유지 방법

개체집단선발, 계통집단선발, 주보존, 격리재배 등

2) 품종퇴화

신품종을 반복 채종하여 재배하게 되면 유전적, 생리적, 병리적 원인에 의해 품질 고유 특성이 변화하는 것이다.

3) 종자갱신

① 신품종 특성의 유지와 품종퇴화 방지를 위하여 일정 기간마다 우량종자로 바꾸어 재배하는 것이다.

② 우리나라 벼, 보리, 콩 등의 자식성작물의 종자갱신연한은 4년 1기이다.

③ 옥수수와 채소류의 1대잡종품종은 매년 새로운 종자를 사용한다.

2 신품종의 종자증식과 보급

(1) 신품종 종자증식

1) 종자증식 시 채종조건은 우량한 종자를 생산하는데 영향을 미친다.

2) 우리나라 종자증식체계

① 기본식물 → 원원종 → 원종 → 보급종의 단계를 거친다.

② 기본식물

㉠ 신품종 증식의 기본이 되는 종자

㉡ 옥수수의 기본식물은 매 3년 마다 톱교배에 의한 조합능력 검정을 실시한다.

㉢ 감자는 조직배양에 의해 기본식물을 만든다.

③ **원원종** : 기본식물을 증식하여 생산한 종자

④ **원종** : 원원종을 재배하여 채종한 종자

⑤ **보급종** : 원종을 증식한 것으로 농가에 보급할 종자

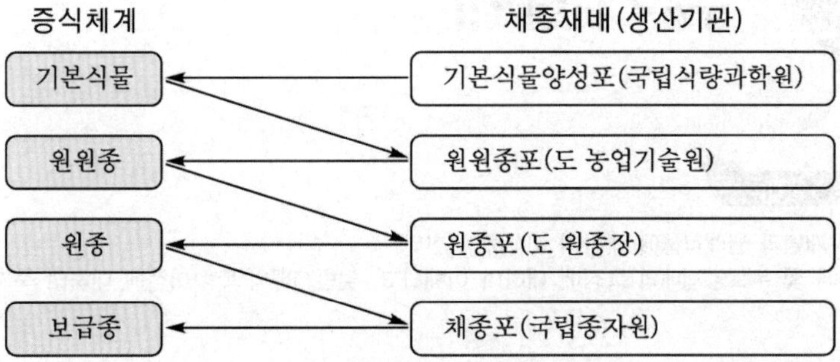

▌우리나라 자식성작물의 종자증식체계▐

(2) 신품종의 보급

① 신품종 농가보급은 종자보급체계를 따라 이루어진다.

② 보급 시 적지적 품종에 대한 면밀한 검토가 있어야 한다.

③ 각종 재해에 대한 위험분산, 시장성, 재배의 안정성 등을 충분히 고려해야 한다.

Chapter 3

유기원예

저자쌤의 이론학습 Tip

• 원예의 개념과 원예작물에 대하여 이해해야 한다.
• 시설재배 및 무토양재배의 특징에 대하여 이해하고, 일반재배와의 차이점에 대하여 숙지해야 한다.

Section 01 원예의 이해

1 원예작물의 의의

(1) 원예(園藝, horticulture, gardening)의 문자적 또는 어원적 의미는 울타리를 에워싼 밭에서 작물을 재배한다는 뜻이다.

(2) 원예작물

① 원예작물이란 이용성과 경제성이 높아서 사람의 재배대상이 되는 식물 중 원예에 속하는 과수, 채소, 화훼 등을 통틀어 말하는데 쌀, 맥류, 감자 등의 농작물과 임목과는 구별된다.

② 우리에게 부식물과 간식물을 제공하는 채소원예, 기호 및 간식용을 제공하는 과수원예, 우리생활을 아름답게 꾸미는 화훼원예 등을 합쳐서 부르는 말이다.

(3) 원예는 대상작물, 재배 및 이용방식에 따라 채소, 과수, 화훼, 시설, 생활, 사회원예로 나뉜다.

① 채소원예(부식, 간식)

② 과수원예(기호, 간식)

③ 화훼원예(미적 추구)

(4) 원예작물의 중요성

① **비타민의 공급원** : 대부분의 비타민은 인체 내에서 합성되지 않으므로 외부로부터 공급을 받아야 하는데 채소와 과실은 여러 비타민 중에서도 A와 C의 중요한 공급원이다.

② **무기질의 공급원** : 필수 무기질은 인체 내의 여러 가지 대사 작용을 원활하게 해서 신체 발육과 건강을 유지시켜 주는데 채소와 과실에는 30여 종의 무기질을 포함하고 있어 중요한 공급원이 되고 있다.

③ **섬유소의 공급원** : 채소는 섬유소를 많이 함유하고 있어 소화를 돕고 변비를 예방해준다.

④ **알칼리성 식품** : 대부분의 원예작물은 체액의 산성화를 방지하는 Na, K, Mg, Ca, Fe 등을 많이 함유하고 있어서 채소와 과일을 알칼리성 식품이라 한다.

⑤ 보건적 가치가 크다.

⑥ 기호적 기능이 있다.

⑦ 약리적 효능이 있다.

(5) 원예작물의 특성

1) 재배적 특성

① 원예작물은 종류가 많고 종류별 품종이 다양하다.

② 수요는 연중 있기 때문에 수요에 맞춘 재배 방식이 노지재배, 시설재배, 수경재배 등으로 다양하다.

③ 병해충의 피해가 많고 방제가 어렵다.

④ 재배가 집약적이다.

2) 상품적 특성

① 신선한 상태로 공급해야 한다.

② 품질이 변질되고 부패되기 쉽기 때문에 저장시설이 필수이다.

2 원예작물의 분류

(1) 식물의 지리적 분류

1) 바빌로프의 유전자중심지설

① 발상 중심지에는 변이가 다수 축적되어 있으며 유전적으로 우성형질을 보유하는 형이 많다.

② 지리적 진화과정은 중심지에서 멀리 떨어질수록 우성형질이 점점 탈락하는 형식을 취한다.

③ 2차 중심지에는 열성형질을 보유하는 형이 많이 존재한다.

2) 주요 재배기원 중심지 8개 지역

지역	주요 작물
중국	조, 피, 메밀, 콩, 팥, 파, 배추, 동양배, 복숭아 등
인도, 동남아시아	벼, 참깨, 사탕수수, 오이, 가지, 생강 등
중앙아시아	규리, 기장, 완두, 삼, 당근, 양파 등
코카서스, 중동	2조보리, 보통밀, 호밀, 유채, 사과, 마늘, 사과, 서양배, 포도 등
지중해연안	완두, 무, 순무, 우엉, 양배추, 상추 등
중앙아프리카	진주조(pearl millet), 수수, 수박, 참외 등
중앙아메리카	옥수수, 강낭콩, 호박, 고구마, 카카오 등
남아메리카	감자, 땅콩, 토마토, 고추, 담배 등

(2) 식물의 분류(식물학적 분류)

꽃, 종자, 과실, 잎 등의 특징을 기초로 식물의 유전적 조성의 유사한 정도를 분석하여 과, 종, 변종으로 분류하는 방법으로 과학적 분류라고도 한다.

참고 식물계의 주요 분류군

<table>
<tr><td>무관속(하등식물)</td><td rowspan="2">포자</td><td rowspan="3">은화</td><td>선태식물</td><td colspan="2">솔이끼, 우산이끼, 뿔이끼</td></tr>
<tr><td rowspan="4">유관속(고등식물)</td><td>양치식물</td><td colspan="2">솔잎난, 석송, 속새, 고사리류</td></tr>
<tr><td rowspan="3">종자</td><td>나자식물</td><td colspan="2">소나무, 주목, 향나무, 은행나무</td></tr>
<tr><td rowspan="2">현화</td><td rowspan="2">피자식물</td><td>단자엽식물</td><td>옥수수, 마늘, 난, 잔디</td></tr>
<tr><td>쌍자엽식물</td><td>토마토, 사과, 무궁화</td></tr>
</table>

(3) 채소의 분류

1) 식용부위에 따른 분류

① 엽경채류(잎, 줄기 채소)
- ㉠ 엽채류 : 배추, 양배추, 시금치 등
- ㉡ 화채류(꽃채소) : 콜리플라워, 브로콜리 등
- ㉢ 경채류 : 아스파라거스, 죽순 등
- ㉣ 인경(비늘줄기)채류 : 양파, 마늘, 파, 부추 등

② 근채류
- ㉠ 직근류
  - ⓐ 곧은 뿌리 채소
  - ⓑ 당근, 무 등
- ㉡ 괴근
  - ⓐ 덩이뿌리 채소
  - ⓑ 고구마, 마 등
- ㉢ 괴경류
  - ⓐ 덩이줄기 채소
  - ⓑ 감자, 토란 등
- ㉣ 근경류
  - ⓐ 뿌리줄기가 덩이로 된 채소
  - ⓑ 생강, 연근, 고추냉이 등

③ 열매채소(과채류)
- ㉠ 두과(콩과) : 완두, 콩, 잠두 등
- ㉡ 박과 : 오이, 수박, 호박, 참외 등
- ㉢ 가지과 : 가지, 고추, 토마토, 감자 등

2) 온도 적응성에 따른 분류

① 호온성 채소

㉠ 25℃ 정도의 비교적 높은 온도에서 생육

㉡ 가지, 고추, 오이, 토마토, 수박, 참외 등

② 호냉성 채소

㉠ 18~20℃ 정도의 비교적 낮은 온도에서 생육

㉡ 양파, 마늘, 딸기, 무, 배추, 파, 시금치, 상추 등

3) 광 적응성에 따른 분류

① 양성채소

㉠ 햇볕이 잘 드는 곳에서 잘 자라는 채소

㉡ 박과, 콩과, 가지과(무, 배추, 상추, 당근) 등

② 음성채소

㉠ 어느 정도의 그늘에서도 잘 자라는 채소

㉡ 토란, 아스파라거스, 마늘, 부추, 잎채소 등

(4) 과수의 분류

1) 꽃의 발육 부분에 따른 분류

① 진과

㉠ 씨방이 발육하여 과육이 된다.

㉡ 포도, 복숭아, 단감, 감귤 등

② 위과

㉠ 씨방과 그 외의 화탁이 발육하여 과육이 된다.

㉡ 사과, 배, 딸기, 오이, 무화과 등

2) 과실의 구조에 따른 분류

① 인과류

㉠ 식용 부분이 꽃받기가 비대하여 과육부위를 이루고 있는 과실이다.

㉡ 씨방은 과실 안쪽에 과심부를 이루고 있지만 먹을 수 없는 것이 많고, 꽃받침은 꽃 필 때 꽃자루의 반대쪽에 달려 있다.

㉢ 사과, 배, 모과, 비파 등

② 핵과류

㉠ 씨방이 비대하여 과실을 이룬 것으로, 먹는 부분은 씨방의 중과피에 해당된다.

㉡ 종자는 핵 속에 들어 있어 먹을 수 없다.

㉢ 복숭아, 살구, 자두 등

③ 장과류

㉠ 씨방이 발육하여 이루어진 과실로서, 먹는 부분은 주로 씨방의 외과피이다.

㉡ 외과피에 과즙이 차 있으며, 씨는 과육사이에서 핵을 이루고 있다.

㉢ 포도, 나무딸기, 구즈베리, 무화과, 석류 등

④ 각과류

㉠ 씨방벽이 변하여 된 단단하고 두꺼운 껍데기 속에 들어 있는 종자의 떡잎이 비대한 과실이다.

㉡ 밤, 호두, 개암 등

⑤ 준인과류

㉠ 먹는 부분이 씨방벽이 발육된 것으로서, 인과류와 과실의 모양은 비슷하나 씨방이 비대한 진과이다.

㉡ 감귤류와 감 등

3) 재배지의 기후에 따른 분류

① 온대 과수

㉠ 연평균 기온이 0~20℃ 사이의 온대 지방에서 일정 시간의 저온처리, 낙엽, 휴면 등의 과정을 거쳐야 열매가 잘 맺히는(결실되는) 과수이다.

㉡ 열대에서는 저온기간이 없어 휴면기를 갖지 못하고, 높은 산악지대에서는 저온처리의 기회는 있지만 저온으로 인한 영양장해를 받게 되어 개화·결실이 불가능하다.

㉢ 사과, 배, 복숭아, 포도, 감, 밤, 대추 등

② 아열대 과수

㉠ 연평균 기온이 17~20℃의 아열대 지방에서 자생하고 있는 상록 과수이다.

㉡ 10℃ 이하의 저온에서 세포분열정지기간이 끝난 후 온도가 상승함에 따라 재분열할 때 꽃눈이 분화되는 것이 많다.

㉢ 감귤류, 비파, 올리브 등

③ 열대 과수

㉠ 적도 주변 저위도 지방의 고온 기후에 적응하여 자생하는 과수이다.

㉡ 바나나, 파인애플, 망고, 파파야 등

Section 02 재배환경

※ 본 장은 PART 1의 '재배환경' 참조

Section 03 재배기술

※ 본 장은 PART 1의 '재배기술' 참조

Section 04 시설재배

1 시설재배의 개념

(1) 의의

작물의 재배환경을 생육에 알맞게 인위적으로 조절하는 모든 재배양식으로 유리 혹은 플라스틱 필름이나 온실, 식물공장 내에서 재배하는 것이다.

(2) 시설재배의 필요성

① 원예작물은 계절에 관계 없이 일 년 내내 요구되므로 주년적 공급체계는 시설재배와 밀접한 관련이 있다.

② 시설원예는 노지원예와 달리 제철이 아닌 때의 생산이므로 비싼 값으로 출하되어 노지원예에 비하여 수익성이 높다.

(3) 우리나라의 시설원예

① 대부분 플라스틱하우스이지만, 최근 유리온실이 증가하고 있다.

② 전체 시설면적은 채소가 84%, 과수 10%, 화훼 5%로 구성되어 있으며 선진국과 비교하면 채소 비중이 높은편이다.

(4) 채소의 시설재배

① 재배면적 : 과채류 > 엽채류 > 근채류

② 재배면적은 수박이 가장 크며 다음으로 참외, 딸기, 봄무, 상추 순이며, 풋고추, 오이, 봄배추, 호박 등도 많이 재배하고 있다.

2 시설의 종류와 특성

시설의 종류는 시설자재에 따라 유리온실, 플라스틱하우스 등이 있고 시설의 모양에 따라 여러 가지로 구분된다.

(1) 유리온실

1) 외지붕형 온실

① 한쪽 지붕만 있는 시설로 동서방향의 수광각도가 거의 수직이다.

② 북쪽벽 반사열로 온도상승에 유리하고 겨울에 채광, 보온이 잘 된다.

③ 가정에서 소규모의 취미원예에 이용하는 경우이다.

2) 3/4 지붕형 온실

① 남쪽 지붕 길이가 지붕 전 길이의 3/4을 차지하여 겨울철에 채광, 보온성이 우수하다.

② 고온성 원예작물인 멜론 재배에 적합하다.

3) 양쪽 지붕형 온실

① 길이가 같은 양쪽 지붕으로 남북방향의 광선입사가 균일하다.

② 통풍이 양호하고 가장 보편적인 형태이다.
③ 재배관리가 편리하기 때문에 토마토, 오이 등의 열매채소와 카네이션, 국화 등의 화훼류 재배에 이용되고 있다.

4) 연동형 온실

① 남북방향이 유리하며 시설비가 저렴하고 높은 토지이용률을 나타낸다.
② 바람의 영향을 많이 받게 되고 열손실도 많아 비경제적이다.

5) 벤로형 온실

① 처마가 높고 폭 좁은 양지붕형 온실을 연결한 것으로 연동형 온실의 결점을 보완한 것이다.
② 토마토, 오이, 피망 등의 키가 큰 호온성 열매채소류를 재배하는 데 적합하다.

6) 둥근지붕형 온실

곡면유리를 사용하여 지붕의 곡면이 크고 밝으므로 식물전시용 또는 대형식물, 열대성 관상식물 재배에 적합하다.

(2) 플라스틱하우스

1) 터널형 하우스

① 보온성이 크고, 내풍성이 강하며, 광 입사량이 고르다.
② 단점으로 환기능률이 떨어지고 많은 눈에 잘 견디지 못한다.

2) 지붕형 하우스

① 바람이 세거나 적설량이 많은 지대에 적합한 형태이다.
② 천장과 측창의 구조, 설치와 창의 개폐가 간단하다.

3) 아치형 하우스

① 지붕이 곡면이며 자재비가 적게 들고 간단하게 지을 수 있다.
② 이동이 용이하고 내풍성이 강하며 광선이 고르게 투과된다.
③ 적설에 약하고 환기능률이 나쁘다.

(3) 시설자재

1) 골격자재

① 목재
㉠ 초기에 많이 이용되었으나 요즘은 철재, 경합금재가 많이 이용된다.
㉡ 골격률이 크고 투광률과 내구성이 낮다.

② 경합금재
㉠ 알루미늄을 주성분으로 하는 여러 종류의 합금재이다.
㉡ 장점 : 가볍고 내부식성이 강하며 광투과율이 좋다.
㉢ 단점 : 강재에 비해 강도가 낮고 가격이 비싸다.

③ **강재** : 강도와 내구성이 높아 하중이 큰 대형 온실에 적합하다.

④ **강재의 종류**

㉠ 경량형강재

ⓐ 유리온실 및 플라스틱온실에 쓰인다.

ⓑ 두께 3.2mm 이하이다.

㉡ 압연강재

ⓐ 대형 유리온실 등에 쓰인다.

ⓑ 강도가 높다.

ⓒ 강한 힘의 작용을 받는 굴곡부분이 두껍다.

㉢ 구조강관

ⓐ 단동 및 연동하우스의 골격재로 많이 사용된다.

ⓑ 두께 1.2mm, 바깥지름 22mm가 많이 사용된다.

ⓒ 아연도금으로 내구연한이 길다.

2) 피복자재

① **피복자재** : 고정시설을 피복하여 계속 사용하는 유리나 플라스틱 필름 등의 기초 피복재와 보온, 차광 등을 목적으로 사용하는 부직포, 거적 등의 추가 피복재가 있다.

② **기초피복**

㉠ 유리온실, 플라스틱 등 고정시설의 피복과 소형터널 등 간이구조 및 멀칭 등 지면을 피복하며 상태의 변화 없이 계속 사용하는 피복이다.

㉡ 플라스틱필름, 유리 등

③ **추가피복**

㉠ 기초피복 위에 보온, 차광 및 반사 등을 목적으로 하는 피복이다.

㉡ 커튼, 외면피복 등

㉢ 부직포, 매트, 거적 등

④ **피복자재의 조건**

㉠ 투광률은 높고 열선투과율은 낮아야 한다.

㉡ 보온성이 커야 한다.

㉢ 열전도율이 낮아야 한다.

㉣ 내구성이 커야 한다.

㉤ 수축과 팽창이 작아야 한다.

㉥ 충격에 강해야 한다.

㉦ 가격이 저렴해야 한다.

⑤ **유리**

㉠ 장점 : 투과성, 내구성, 보온성이 우수하다.

㉡ 단점 : 시설비가 많이 들고 연질필름에 비해 기밀도가 떨어진다.

㉢ 종류

ⓐ 판유리 : 투명유리를 이용하며 일반적으로 두께 3mm를 이용하며 벤로형 온실 또는 안전도가 커야 하는 곳은 4mm 유리를 이용한다.

ⓑ 형판유리 : 표면이 요철모양으로 처리되어 있고 투과광의 일부가 산란되어 시설 내 광분포가 고르다.

ⓒ 열선흡수유리 : 가시광선의 투과성이 높고 열선투과율은 낮다.

⑥ **플라스틱 피복자재**

㉠ 연질필름

ⓐ 두께 0.05~0.2mm

ⓑ 종류 : PE(폴리에틸렌필름), PVC(염화비닐필름), EVA(에틸렌아세트산비닐필름)

㉡ 경질필름

ⓐ 두께 0.1~0.2mm

ⓑ 종류 : 경질염화비닐필름, 경질폴리에스테르필름

㉢ 경질판

ⓐ 두께 0.2mm 필름

ⓑ 종류 : FRA판, FRP판, MMA판, 복층판

㉣ 반사필름 : 시설의 보광 또는 반사광 이용에 이용

⑦ **기타 피복자재**

㉠ 부직포 : 커튼 또는 차광피복재로 사용한다.

㉡ 매트 : 소형터널 보온피복에 많이 사용하며 단열성은 좋으나 광선투과율 및 유연성이 나쁘다.

㉢ 한랭사 : 시설의 차광피복재 및 서리방지 피복재로 사용된다.

3 설비의 종류와 용도

(1) 난방설비

1) 온풍난방기

① **개념** : 연료의 연소에 의해 발생하는 열을 공기에 전달하여 따뜻하게 하는 난방방식으로, 플라스틱 하우스의 난방에 많이 쓰인다.

② **장점** : 열효율이 80~90%로, 다른 난방방식에 비하여 높고 짧은 시간에 필요한 온도로 가온하기가 쉬우며, 시설비가 저렴한 이점이 있다.

③ **단점** : 건조하기 쉽고, 가온하지 않을 때에는 온도가 급격히 떨어지며, 연소에 의한 가스의 장해가 발생하기 쉬운 단점이 있다.

2) 온수난방장치

① **개념** : 보일러로 데운 온수(70~115℃)를 시설 내에 설치한 파이프나 방열기(라디에이터)에 순환시켜 표면에서 발생하는 열을 이용하는 방식이다. 면적이 2,000~3,000㎡ 정도인 온실에 적합하다.

② **특징** : 열이 방열되는 시간은 많이 걸리지만, 한번 더워지면 오랫동안 지속되며, 균일하게 난방할 수 있는 특징이 있다.

③ **구성** : 온수보일러, 방열기(라디에이터), 펌프 및 팽창수조 등으로 구성되어 있다.

④ **난방방식** : 배관방법에 따라 유닛 히터 이용방식, 라디에이터(팬 코일 유닛) 시스템, 공중배관난방, 이랑 사이 노출배관난방, 지중난방 등으로 구분된다.

3) 증기난방방식

① **개념** : 보일러에서 만들어진 증기를 시설 내에 설치한 파이프나 방열기(라디에이터)에 보내어 여기에서 발생한 열을 이용하는 난방방식이다.

② **이용** : 규모가 큰 시설에서는 고압식을, 소규모에는 저압식을 사용한다.

(2) 냉방설비

1) 팬 앤 패드방법

① 한쪽 벽에 목모(부패가 잘 안 되는 나무 섬유)를 채운 8~10cm 두께의 패드를 설치하고, 패드 위에 노즐을 이용하여 물을 흘러내리게 하여 패드가 완전히 젖게 한다.

② 반대쪽 벽에는 환기 팬을 설치하여 실내의 공기를 밖으로 뽑아낸다. 이 때, 외부의 공기가 패드를 통과하여 시설 내로 들어오면서 냉각되어 시설 내의 온도가 낮아진다.

2) 팬 앤 포그방법

① 포그 노즐을 사용하여 30μm 이하의 작은 물 입자를 온실의 내부에 뿌려준다. 그리고 천장에 환기 팬을 설치하여 실내의 공기를 뽑아내도록 한다.

② 작은 물 입자가 고온의 공기와 접촉하여 기화함으로써 온실 내의 공기를 냉각시키는 방법이다.

③ 온실의 온도를 바깥 기온보다 2~4℃ 낮출 수 있다.

3) 팬 앤 미스트법, 지붕 분무 냉각법, 작물체 분무 냉각법 등의 방법이 있다.

4) 냉방보조설비

① **차광** : 발, 한랭사 등의 차광재를 지붕 위에 설치하여 햇볕을 부분적으로 차단함으로써 시설 내의 온도 상승을 억제하는 것이다.

② **옥상 유수** : 지붕 위에 물을 흘러내리게 하여 태양열을 흡수시키고 지붕면을 냉각시키는 것이다.

③ **열선흡수유리** : 열선을 주로 흡수하는 유리를 피복하여 시설의 온도 상승을 억제하는 것이다.

(3) 관수설비

1) 살수장치

① 스프링클러

㉠ 짧은 시간에 많은 양의 물을 넓은 면적에 살수할 수 있으며, 노즐, 송수 호스, 펌프로 구성되어 있다.

㉡ 살수 각도는 180°, 360° 등이 있고, 종류는 저각도용, 범용, 광역용, 정원용 등이 있다.

② 소형 스프링클러

㉠ 육묘상이나 잎채소류의 재배용으로 사용할 수 있도록 개발된 것으로, 대부분이 플라스틱 제품으로, 부속도 용도에 따라 쉽게 교환이 가능하게 설계되어 있다.

㉡ 관수 방향과 범위에 따라 미립자 하향 살수, 하향 회전살수, 상향 180° 회전살수, 상향 광폭 살수, 상향 초광폭 살수 등으로 나뉜다.

③ 유공 튜브

㉠ 경질이나 연질 플라스틱 필름에 지름 0.5~1.0mm의 구멍을 뚫어 살수하는 것으로, 수압이 낮아도 균일하게 관수할 수 있다.

㉡ 오래 사용할 수 없으나, 시공이 간편하고 비용이 저렴하다.

㉢ 작물의 종류나 재배방식에 따라 지면에 직접 설치하는 저설용, 하우스 서까래에 매달아 사용하는 고설용, 멀칭 필름 밑에 설치하는 멀칭용 등이 사용되고 있다.

2) 점적관수장치

① 플라스틱 파이프나 튜브에 분출공을 만들어 물이 방울방울 떨어지게 하거나, 천천히 흘러나오게 하는 방법이다.

② 저압으로 물의 양을 절약할 수 있으며 하우스 내 습도의 영향도 줄일 수 있다.

③ 잎과 줄기 및 꽃에 살수하지 않으므로 열매채소의 관수에 특히 좋으며 점적 단추, 내장형 점적 호스, 점적 튜브, 다지형 스틱 점적 방식 등이 있다.

3) 분무장치

온실 천장마다 길이 방향으로 파이프라인을 가설한 다음 분무용 노즐을 설치하여 고압으로 압송된 물을 파종상 관수, 엽면 관수, 농약 살포, 하우스 내 가습과 냉방 등에 사용한다.

4) 저면관수장치

① 화분에 대한 관수방법으로 벤치에 화분을 배열한 다음 물을 공급하여 화분의 배수공을 통하여 물이 스며 올라가게 하는 방법이다.

② 채소의 육묘와 분화 재배 등에서 사용할 수 있다.

5) 지중관수

① 땅속에 매설한 급수 파이프로부터 토양 중에 물이 스며 나와 작물의 근계에 수분을 공급하는 방법이다.

② 급수 파이프로부터 모세관 현상으로 작물의 뿌리까지 물이 스며 올라오는 데 오랜 시간이 걸리고 물의 손실이 많다.

(4) 환기설비

1) 자연환기장치

① 천창이나 측창 등의 환기창을 통하여 이루어지는 환기를 자연환기라고 한다.

② 연동형 시설에서는 천창과 측면 환기의 중간에서 하는 곡간환기를 사용한다.

③ 천창이나 측창을 여닫는 데는 전동모터를 사용하며, 모터의 작동은 온도조절기로 제어하는 시스템이 개발되어 사용되고 있다.

2) 강제환기장치

① 프로펠러형 환풍기

② 튜브형 환풍기

(5) 이산화탄소 발생기

① 연소식 이산화탄소 발생기

② 액화 이산화탄소 발생기

4 노지와 시설 내 환경의 차이

(1) 온도

① 특이성

㉠ 온도교차

ⓐ 피복재에 의한 방열이 차단되어 외기에 비해 높다.

ⓑ 야간에 가온하지 않으면 외기와 거의 같은 수준으로 낮아진다.

ⓒ 온도교차가 매우 커진다.

㉡ 수광의 불균일 : 구조재의 광차단, 피복재의 반사에 따라 광의 균일도가 달라진다.

㉢ 대류 : 대류현상에 의해 시설 내 기온의 위치에 따른 차이가 있다.

㉣ 바람의 영향 : 시설 기밀도에 따라 환류현상이 일어나 시설 내 온도의 변화가 온다.

② 시설 내 기온

㉠ 피복재에 의한 주간 온도상승이 뚜렷하다.

㉡ 야간에 가온하지 않으면 급속한 기온 저하에 따라 온도교차가 커진다.

㉢ 온도분포가 고르지 못하다.

③ 변온관리 : 시설 내 온도를 낮에는 높게, 밤에는 가급적 낮게 유지하는 것은 유류비 절감, 작물의 생육과 수량 증가, 품질향상 효과가 있다.

④ 수막처리(water curtain) : 야간에 지하수를 올려 살수하여, 저온작물의 무가온 재배가 가능하다.

(2) 시설의 광 환경

① 광량의 감소

㉠ 구조재에 의한 차광

㉡ 피복재에 의한 반사와 흡수 : 피복재에 의한 반사, 먼지 또는 색소 등에 의한 광흡수로 투광량이 감소되며, 입사각에 따라 반사율도 달라진다.

㉢ 피복제의 광선 투과율

㉣ 시설의 방향과 투광량

② 광 분포의 불균일
  ㉠ 설치 방향이 동서동은 남북동에 비해 입사광량이 많으며, 시설의 추녀 높이에 따라 광분포가 달라진다.
  ㉡ 구조재에 의한 광차단으로 그늘이 생겨 광분포가 균일하지 않다.
③ **광질의 변화** : 시설 내 자외선과 적외선의 투과율이 피복재 종류에 따라 달라진다.

(3) 수분환경

① 자연강우에 의한 수분의 공급이 없다.
② 증발량이 많아 토양이 건조하기 쉽다.
③ 인공관수를 한다.
④ 공중습도가 높다.

(4) 토양

① 염류농도가 높다.
② 토양물리성이 나쁘다.
③ 연작장해가 있다.

(5) 공기

① 탄산가스가 부족하다.
② 유해가스의 집적이 크다.
③ 바람이 없다.

5 시설 내 병해충

(1) 많이 발생하는 병해

역병, 균핵병, 잿빛곰팡이병, 흰가루병, 노균병, 검은별무늬병, 풋마름병, 배꼽썩음병이 많이 발생한다.

(2) 저온, 고온장해로 발생하는 병해

① 저온 : 노균병, 균핵병, 잿빛곰팡이병 등
② 고온 : 시들음병, 풋마름병, 탄저병, 덩굴쪼김병 등

6 식물공장

(1) 식물공장의 개념

① 정보통신과 생물공학기술을 농업생산에 이용하여 기후환경과 재배관리의 모든 과정이 로봇에 의해 완벽하게 제어되는 공장이다.
② 환경조건을 작물생장에 알맞게 인위적으로 제어하고, 생산공정을 자동화한 생산방식이다.
③ 수요에 따라 생산계획을 세울 수 있고 파종에서 수확은 물론 유통까지도 종합적으로 대처할 수 있도록 하는 고효율 작물 생산시스템이다.

(2) 식물공장의 특징

1) 입지

① 자연조건의 영향을 받지 않는다.
② 토지이용률이 높으므로 땅값이 비싼 곳에서도 유리하다.
③ 소비지 가까운 곳에 설치할 수 있어 도시형 농업이 가능하다.

2) 작업환경

① 작업환경이 좋다.
② 힘든 작업이 없어서 노약자도 가능하다.

3) 품질

농약을 적게 사용한 고품질의 농산물을 생산할 수 있다.

4) 생산

① 인건비를 최소화할 수 있다.
② 단위 면적당 생산량이 많다.
③ 생산시기 및 생산량을 계획하여 조절한다.

5) 재배

① 생육속도가 빨라 재배기간이 짧다.
② 이어짓기 장해가 없다.
③ 에너지원에 이상이 없는 한 연중가동이 가능하다.
④ 생력화가 가능하다.

(3) 식물공장의 종류

1) 완전제어형 식물공장

① 햇볕을 투과시키지 않는 건물에서 인공조명을 이용하여 작물을 재배한다.
② 인공조명은 일반적으로 햇볕에 가까운 고압나트륨등을 이용하지만, 형광등을 사용하는 경우도 있다.

2) 태양광 병용형 식물공장

햇볕을 이용하여 작물을 재배하는 유리와 플라스틱 필름 온실로, 햇볕이 약하거나 일조 시간이 짧은 계절에는 인공조명을 함께 사용하는 방식이다.

3) 태양광 이용형 식물공장

① 태양광 병용형처럼 햇볕을 투과시키는 유리와 플라스틱 필름을 피복재로 사용하는 온실로, 햇볕만을 이용하여 작물을 생산한다.
② 아직까지는 재배과정의 자동화, 재배환경의 최적화 등의 기술적인 문제로 인하여 태양광 이용형과 태양광 병용형 식물공장이 주류를 이루고 있다.

7 양액재배

(1) 정의

① 토양 대신에 생육에 요구되는 무기양분을 용해시킨 영양액으로 작물을 재배하는 것을 말한다.

② 복잡한 토양환경을 양액으로 대체하여 지하부 근권환경을 단순화시켰다는 것이 가장 큰 특징이다.

③ 작물의 생육환경을 보다 완벽하게 조절할 수 있는 것은 물론이고 작업의 생력화와 자동화가 훨씬 쉬워졌다.

(2) 장단점

1) 장점

① 품질과 수량성이 좋다.

② 농약 사용량이 적다.

③ 청정재배가 가능하다.

④ 자동화가 쉬워 노력을 크게 줄일 수 있다.

⑤ 장소에 관계 없이 오염지, 바위섬, 사막 등에서도 재배가 가능하다.

⑥ 토양을 사용하지 않기 때문에 연작이 가능하다.

2) 단점

① 양액의 완충능이 없다.

② 초기 자본이 많이 필요하다.

③ 전문적인 지식과 기술이 필요하다.

④ 환경의 변화에 작물이 쉽게 대처하지 못하며 병해를 입으면 치명적인 손실을 초래할 수 있다.

⑤ 재배 가능한 작물의 종류가 많지 않다.

⑥ 폐자재의 활용이 어렵다.

(3) 청정재배와 NFT

1) NFT(Nutrient Film Technique)는 순환식 수경방식을 말한다.

2) 장점

① 시설비가 저렴하다.

② 설치가 간단하다.

③ 중량이 가벼워 널리 보급되어 있는 양액재배용 방식이다.

④ 산소부족이 없다.

⑤ 순환식으로 비료나 물의 사용이 적다.

⑥ 지속적으로 양액을 공급하므로 수분에 의한 장애가 없다.

3) 단점

① 적은 양액으로 외부의 온도에 영향을 받는다.
② 적은 양액으로 양액농도 및 비율의 변화가 크다.
③ 정전과 같이 양액공급이 중단되면 피해발생이 크다.

(4) 무토재배의 종류

구분	재배방식
기상배지경	분무경(공기경), 분무수경(수기경)
액상배지경	• 담액수경 : 연속통기식, 액면저하식, 등량교환식, 저면담배수식 • 박막수경 : 환류식
고형배지경	• 천연배지경 : 자갈, 모래, 왕겨, 톱밥, 코코넛 섬유, 수피, 피트모스 • 가공배지경 : 훈탄, 암면, 펄라이트, 버미큘라이트, 발포점토, 폴리우레탄

유기농 수도작

저자쌤의 이론학습 Tip

- 벼의 생육특성과 재배방법에 대하여 숙지해야 한다.
- 관행재배와 유기재배의 차이점을 이해해야 한다.

Section 01 벼와 쌀

1 벼와 쌀의 특징

(1) 벼의 명칭

1) 논에서 기르는 벼를 수도라 하고, 밭에서 기르는 벼를 밭벼 또는 육도라 한다.

2) 재배 벼의 학명

① 아시아 재배 벼 : *Oryza sativa*

② 아프리카 재배 벼 : *Oryza glaberrima*

3) 식물학적 분류

① 피자식물문, 단자엽식물강, 영화목, 화본과, 벼아과, 벼속, 종

② 벼의 염색체수 : $2n=24$개

③ 자가수정 작물이다.

4) 재배벼와 야생벼 비교

① 번식특성

㉠ 번식방법 : 재배벼는 종자번식을 하나 야생형은 종자번식과 영양번식을 병행한다.

㉡ 종자번식의 양식 : 재배벼는 자식성(타식률 약 1%), 야생벼는 주로 타식성(30~100%)이다.

㉢ 개화부터 개약까지 시간 : 재배벼는 개화와 동시에, 야생벼는 29분

㉣ 암술머리의 크기 : 재배벼는 작고 야생벼는 크다.

㉤ 수술 당 꽃가루 수 : 재배벼 700~2,500개, 야생벼 3,800~9,000개

㉥ 꽃가루 수명 : 재배벼 3분, 야생벼 6분 이상

㉦ 꽃가루 확산 거리 : 재배벼 20m, 야생벼 40m

② 종자특성

㉠ 종자 크기 : 재배벼는 크고 야생벼는 작다.

㉡ 종자 수 : 재배벼는 많고 야생벼는 적다.

㉢ 종자 모양 : 재배벼는 집양형이고 크나 야생벼는 산형이고 작다.

㉣ 탈립성 : 재배벼는 어려우나 야생벼는 매우 용이하다.

ⓜ 휴면성 : 재배벼는 없거나 약하고 야생벼는 강하다.
ⓑ 수명 : 재배벼는 짧고 야생벼는 길다.
ⓢ 까락 : 재배벼는 없거나 짧고 야생벼는 강인하고 길다.

③ 내비성 : 재배벼는 강하나 야생벼는 약하다.
④ 생태특성
ㄱ 생존연한 : 재배벼는 1년생이나 야생벼는 1년생 및 다년생이다.
ㄴ 감광성과 감온성 : 재배벼는 민감~둔감, 야생벼는 모두 민감하다.
ㄷ 내저온성 : 재배벼는 약하나 야생벼는 강한 것이 분화되었다.

(2) 벼를 재배하여 수확한 생산물의 명칭

① 벼를 재배하여 수확한 생산물은 일반적으로 도정 여부와 관계없이 넓은 의미로 미곡(米穀)이라 한다.
② 벼 : 도정하기 전의 종실을 이르는 경우가 많으며 거칠다는 의미의 조곡(粗穀) 또는 정조(正租)와 같은 의미로 사용된다.
③ 쌀 : 도정 후 백미를 이르는 경우가 많으며 도정한 쌀을 정곡(精穀)이라 한다.

(3) 우리나라 재래종 벼의 특징

① 조숙성이다.
② 키가 크다.
③ 포기당 이삭수가 적고 꽃수는 많다.
④ 까락이 있다(육성 품종은 까락이 없다).
⑤ 저온 발아성이다.
⑥ 내한성은 강하다.
⑦ 도열병에는 약하다.

2 벼 재배의 다원적 기능

(1) 홍수조절 기능

논은 큰비가 내릴 때 물을 일시적으로 가두는 홍수조절 기능이 있다.

(2) 지하수 저장

① 논에 물이 담겨져 있으면 물은 계속적으로 땅속으로 침투된다.
② 지하로 침투되는 물의 55%는 하천으로 유입되고 나머지 45%는 지하수로 저장된다.

(3) 토양의 유실방지

(4) 대기정화

벼는 광합성 과정에서 이산화탄소를 흡수하고 산소를 배출하며 산소의 공급량은 8.84톤/ha으로 전체 논면적에서 898만 톤에 이른다.

(5) 수질정화

① 논에서 벼의 재배 시 토양과 비에 의한 수질정화율을 화학적 산소요구량(COD)으로 보면 일반관개수는 31.6%, 오염수는 50% 이상이다.

② 벼는 오염수에 포함된 성분 중 질소는 52.1~66.1%를 흡수하고, 인산의 벼의 흡수와 토양고정을 통해 26.7~64.9%가 제거된다.

③ 논토양에 시비된 질소가 암모늄태로 존재하여 토양에 흡착되어 유실방지 효과도 크다.

(6) 대기의 냉각

논에 물이 담겨 있고 벼가 자라고 있으므로 항상 수증기 형태로 물이 증발산되고 있다.

3 벼재배와 환경

(1) 농지에서 작물 재배면적의 감소는 농산물의 생산량 감소와 함께 환경에 좋지 않은 영향을 미치며 벼농사는 밭농사에 비해 공익적 기능이 훨씬 더 크다.

(2) 벼재배가 환경에 미치는 역기능

① 산소의 공급이 제한되는 경우가 많은데 이는 토양이 환원되어 벼뿌리, 볏짚 등 유기물의 분해가 산화적으로 진행되지 못해 메탄가스(CH_4)를 발생시킨다.

② 지구온난화와 오존층 파괴에 부분적으로 기여한다.

Section 02 벼의 생장과 발육

1 벼의 생육 특성과 생육과정

(1) 벼의 생육 특성

1) 벼(논벼, 담수상태)의 재배적 특성

① 많은 양의 물을 필요로 한다(10a당 144L).

② 물에 의해 많은 양분이 공급된다.

③ 온도조절이 용이하다.

④ 담수상태의 재배로 토양이 평연하여 이앙이 쉽고 이앙재배 시 잡초 발생의 억제와 방제가 용이하다.

⑤ 이식재배로 2모작이 가능하여 토지의 이용도를 높일 수 있다.

⑥ 물에 의해 인산 유효도의 증대로 작물이 이용하기 쉽게 된다.

⑦ 홍수 발생 시 저수 역할로 그 피해를 경감시키고 담수상태의 유지로 지하수의 확보와 유지에 유리하다.

⑧ 각종 염류집적의 농도 및 그 외 용액의 농도를 낮추어 조절이 가능하며 토양 유해물질이 제거된다.

⑨ 담수로 병충해 특히 토양전염성 병충해의 발생이 경감된다.
⑩ 연작장해가 없다.
⑪ 수질 및 대기 정화 역할을 한다.

2) 우리나라 벼농사의 특성

① 벼는 우리나라의 기후 풍토에 알맞은 특성이 있어 재배가 쉽고 널리 보급되어 있다.
② 쌀은 우리 국민의 식량으로 기호에 알맞고 단위면적당 수확이 많고 영양가도 높아 인구 부양능력이 높다.
③ 우리나라의 쌀 자급은 1977년 처음 이루어졌으며, 2015년 1인당 연간 쌀 소비량이 62.9kg으로 급격한 감소세를 보이고 있다.

(2) 벼의 생육과정

1) 재배벼는 1년생 작물로 우리나라의 기상조건에서는 발아부터 성숙까지 품종과 재배시기에 따라 120~180일 정도 소요된다.
2) 발아에서 이삭이 분화되기 직전까지를 영양생장기라 하고 그 후를 생식생장기라 한다.

3) 벼의 생육과정

① 묘대기(못자리 기간)
㉠ 파종기 : 볍씨를 뿌리는 시기
㉡ 발아기 : 볍씨에서 싹이 트는 시기
㉢ 침엽기 : 본엽이 전개되기 전까지의 시기
㉣ 유묘기 : 침엽기부터 모가 아직 어린 시기까지로 종자가 발아하여 이유기를 지나 본엽이 2~4엽 정도 출현하는 시기
㉤ 성묘기 : 모가 자라 모를 낼 정도가 된 시기
② **이앙기** : 모를 내는 시기
③ **착근기** : 이앙한 모가 새뿌리를 내려 모가 완전히 적응하는 시기
④ 분얼기
㉠ 분얼성기 : 이앙 후 분얼을 시작하여 최고분얼기까지의 시기
㉡ 유효분얼종지기 : 최후 이삭수와 분얼수가 일치하는 분얼을 하는 시기로 유효분얼 한계기이다.
㉢ 최고분얼기 : 분얼수가 최고인 시기로 분얼최성기이다.
㉣ 유효분얼과 무효분얼
ⓐ 유효분얼 : 이삭이 나와 열매가 여무는 분얼
ⓑ 무효분얼 : 이삭이 나와 열매가 여물지 못하는 분얼
⑤ **유수분화기** : 최고분얼기 후 줄기 속의 어린 이삭이 분화되는 시기(출수 전 20~32일)로 유수의 길이가 약 2mm정도 달할 때까지 기간
⑥ **유수형성기** : 유수분화기 후 영화의 분화가 이루어지고 이삭이 3~5cm 정도 자라서 꽃밥 속에 생식 세포가 나타나는 시기

⑦ **수잉기** : 이삭을 잉태하고 있는 시기로 출수 전 약 15일부터 출수 직전까지의 기간으로 지엽의 엽초가 어린 이삭을 밴 채 보호하고 있는 시기

⑧ **출수기** : 이삭이 패는 시기

㉠ 출수시 : 20% 출수

㉡ 출수기 : 40~50% 출수

㉢ 수전기(출수전) : 80% 이상 출수

⑨ **개화기** : 꽃이 피고 수정이 되는 시기

⑩ **등숙기** : 벼알이 여무는 시기

㉠ 유숙기 : 벼알의 내용물이 우유와 같은 시기

㉡ 호숙기 : 이삭이 된 후 20일경쯤 되는 시기로 수분함량이 가장 높으며 점성을 띠게 되는 시기

㉢ 황숙기 : 벼알이 누렇게 되는 시기로 종자용 수확 적기이다.

㉣ 완숙기 : 이삭목까지 완전히 누렇게 되는 시기로 수확 적기이다.

㉤ 고숙기 : 누런 빛이 퇴색해 가는 시기로 벼알의 수분함량도 18% 이하로 떨어지고 미질이 떨어지는 시기이다.

2 발아와 모의 생장

(1) 볍씨의 구조

1) 형태적 구조

① 벼의 종실

㉠ 벼의 종실은 열매(과실), 즉 조곡을 의미한다.

㉡ 식물학적으로는 소수(작은 이삭)에 해당하며 화본과 식물에서는 영과(껍질열매)라고도 한다.

㉢ 소수는 짧은 소수축(작은 이삭축)으로 소지경(벼알가지)에 붙어있고 소지경은 줄기에 이어진다.

㉣ 볍씨 껍질 밑에는 한 쌍의 호영(받침껍질)이 있고 호영 밑에 부호영이 있다.

㉤ 벼가 다 익으면 호영과 소지경 사이에 이층이 형성되어 볍씨가 떨어지며 온대자포니카벼와 열대자포니카벼는 이층형성이 충분하지 않아 볍씨가 잘 떨어지지 않고 인디카벼는 탈립성이 높아 볍씨가 쉽게 떨어진다.

② 현미

㉠ 현미는 자방이 발달한 것으로 벼의 열매에 해당한다.

㉡ 종피와 배 및 배유로 되어 있고 얇은 과피가 현미를 싸고 있으며 식물학적 종자는 과피를 제외한 현미 부분이다.

㉢ 외영과 내영이 싸고 있으며 볍씨에서 제거한 외영과 내영을 왕겨라 한다.

㉣ 외영 끝이 길게 자라면 까락이 되고 까락 유무에 따라 유망종과 무망종으로 구분한다.

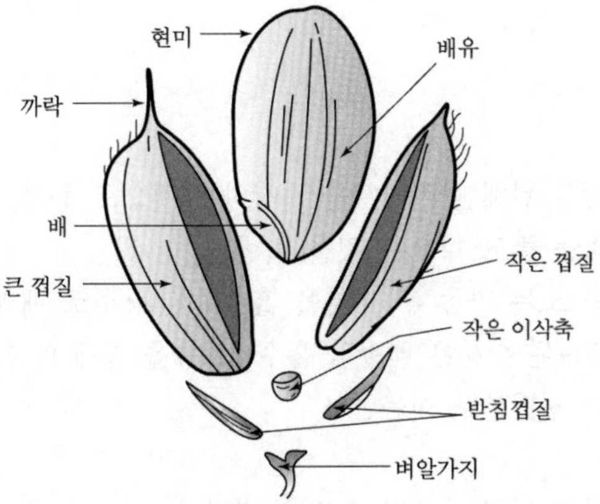

▌볍씨의 구조▐

2) 내부구조

① 벼 종실의 횡단면

㉠ 맨 바깥층에 과피가 있고 그 바로 안쪽에 종피가, 종피 안에 외배유가 있고 그 안에 호분층이 있다.

㉡ 과피는 왕겨에 해당하고 종피는 현미의 껍질에 해당된다.

㉢ 현미는 배와 배유 및 종피 세 부분으로 구성되어 있다.

③ 종실의 내부조직

㉠ 배 : 배는 발아하여 벼로 생장할 어린 식물로 큰 외영 밑에 붙어 있으며 어린 싹, 배축, 어린 뿌리로 구분된다.

㉡ 배유

ⓐ 현미의 대부분을 차지하고 있으며 이 부분을 식용으로 사용한다.

ⓑ 대부분 전분으로 저장조직 맨 바깥층이 씨껍질과 붙어 있고 이를 호분층이라 한다.

ⓒ 호분층에는 단백질과립과 지방과립이 많아 단백질 및 지방함량이 높다.

ⓓ 벼는 중복수정으로 배와 배유가 함께 형성되고 배유는 발아 후 배의 영양분을 공급한다.

ⓔ 배유의 성질에 따른 분류

- 멥쌀 : 반투명하며 요오드 반응에 청자색을 나타내며 아밀로오스 20%와 아밀로펙틴 80% 정도로 되어 있다.
- 찹쌀 : 불투명한 백색으로 요오드 반응에 적갈색을 나타내며 대부분 아밀로펙틴이며 아밀로오스는 거의 없다.

(2) 발아와 생장

1) 발아

① 의의

㉠ 볍씨가 생장을 위해 물질대사를 시작하는 것으로 종자가 수분을 흡수하여 유아와 유근이 종피를 뚫고 나오는 것을 말한다.

㉡ 볍씨는 침종 또는 파종 후 수분을 흡수하는데 주로 배와 배유의 경계부위를 통해 흡수하며 흡수된 수분은 배반의 흡수세포층을 통해 배조직으로 이동하고 호분층을 따라 종자의 선단부로 이동한다.

② 발아조건

㉠ 발아에 영향을 미치는 종자 조건은 볍씨의 숙도, 비중, 휴면성, 활력 등이다.

㉡ 볍씨는 수분 후 7일이면 발아가 가능하나 발아소요일수가 길고 발육이 불완전하며, 수분 후 14일이 되면 발아율도 높아지고 발아일수도 거의 정상에 가깝다.

㉢ 동일 품종일 경우 종실의 비중이 무거운 것이 발아력과 발아 후 생장이 좋다.

③ 발아조건의 3요소 : 온도, 수분, 산소

㉠ 온도

ⓐ 발아를 위한 최저, 최적, 최고온도는 생태형이나 품종에 따라 다르다.

ⓑ 발아 최저온도 : 8~10℃이며 품종 간 차이가 크다. 고위도 지방 및 한랭지 품종은 저위도 열대품종에 비해 저온발아성이 강하다.

ⓒ 발아 최적온도 : 30~34℃로 파종 후 24~48시간에 발아한다.

ⓓ 발아 최고온도 : 40~44℃

ⓔ 휴면타파가 완전하고 종자의 활력이 높은 경우 품종에 따른 발아력 차이가 적으며 휴면의 타파가 충분하지 않거나 활력이 저하된 종자는 발아온도의 폭이 좁아진다.

㉡ 수분

ⓐ 수분의 흡수과정은 '수분흡수기 → 효소활성기 → 발아 후 생장기'로 구분된다.

ⓑ 흡수기 : 수분의 흡수 속도는 온도가 높을수록 빨라 볍씨 수분함량이 15%까지 이르는데 30℃에서 약 20시간, 20℃에서 약 40시간이 소요되며 수분함량 25%까지는 30℃에서는 약 30시간, 20℃에서 약 60시간 이상이 소요된다.

ⓒ 효소활성기

- 볍씨가 수분함량 30~35%를 유지하며 발아를 준비하는 시기로 활성기 끝 무렵 배에서 유아가 나와 발아를 한다.
- 볍씨의 수분흡수는 미미해지고 대신 배의 호흡이 왕성해지며 배반과 호분층의 효소가 활성화되어 배유의 저장양분이 수용성으로 변하는 등 활발한 대사작용이 일어난다.
- 배로 이동한 당은 일부 호흡에 사용되고 일부는 유아와 유근의 생장을 위한 에너지로 축적된다.

ⓓ 생장기
- 유아와 유근이 종피를 뚫고 발아 후 세포 신장에 따라 생장이 이루어지는 시기
- 발아한 볍씨는 다시 수분의 흡수가 빨라진다.

㉢ 산소

ⓐ 볍씨는 수중과 공기 중 모두 발아가 가능하고 낮은 농도의 산소조건에서도 발아가 가능하다.

ⓑ 산소가 전혀 없는 상태에서도 무기호흡으로 80% 발아율을 보인다.

㉣ 광

ⓐ 볍씨의 발아에 광은 필수요건은 아니며 암흑상태에서도 발아하지만, 암흑조건에서 발아하면 중배축이 자라고 초엽이 도장하여 마치 산소가 부족한 조건에서 발아하는 것과 같은 모습을 보인다.

ⓑ 볍씨의 발아가 산소가 부족한 암흑상태인 경우 초엽이 4~6cm까지 자라고 중배축이 신장하여 정상적 형태를 이루지 못한다.

④ **벼 종자의 휴면**

㉠ 벼의 종실은 수확 직후 왕겨에 존재하는 발아억제물질에 의해 발아가 저해되고 휴면한다.

㉡ 볍씨에서 왕겨를 제거하면 휴면이 타파되고 발아가 촉진된다.

㉢ 벼의 휴면성은 품종 및 생태형에 따라 많은 차이가 있다.

㉣ 휴면성이 약한 벼가 수확기 비를 많이 맞게 되면 간혹 수발아현상이 나타나기도 한다.

⑤ **벼 종자의 수명**

㉠ 종자 수명에 영향을 미치는 요인은 고온과 고수분, 산소농도 등이 있으며 가장 중요한 요인은 종자의 수분함량과 온도이다.

㉡ 저온, 저습 조건에서 산소의 분압을 낮추면 종자의 수명은 길어진다.

㉢ 볍씨의 수분함량을 5% 이하로 과도하게 건조하는 경우 오히려 수명을 단축시킨다.

2) 모의 성장과정

① **아생기**

㉠ 발아 후 주로 배유의 양분에 의존하여 생육하는 어린 시기이다.

㉡ 본엽이 3매까지 나올 때까지는 주로 배유의 저장양분에 의존하여 생장한다.

㉢ 제4본엽기 이후에는 새로 신장한 뿌리에서 흡수되는 양분에 의하여 생장한다.

② **이유기**

㉠ 스스로 광합성을 하여 양분을 흡수하는 시기

㉡ 광합성의 최초 시작 : 모의 잎이 2.5엽기부터

㉢ 발아 후 배유의 양분이 완전히 소모되는 시기는 3.7엽기(4엽기)이다.

㉣ 4엽기 이후에는 새로 신장한 뿌리에서 흡수되는 양분에 의하여 생장하는데, 이 시기가 이유기에 해당한다.

③ **유수형성기** : 모의 생장은 분얼을 통해 줄기가 신장하는데, 이 시기가 유수형성기이다.

Section 03 수도작과 환경

1 온도

(1) 온도와 벼의 생육

① 벼의 생육 가능 온도 : 10~40℃
② 32℃까지는 온도가 높을수록 생육이 왕성하고 수량성이 우수하다.
③ 광합성은 28℃에서 최고로 활발하다.
④ 25~35℃ 사이에서는 광합성에 큰 차이가 없다.
⑤ 호흡 작용은 매 10℃ 상승 때마다 2배로 증가한다.
⑥ 일반계품종의 파종과 이앙 가능한 한계기온 : 13℃

(2) 생육시기별 온도

① 묘대기 : 13~22℃
② 이앙 후 출수기까지 : 32℃까지 높을수록 좋다.
③ 성숙말기 : 20℃
④ 분얼기 및 등숙기 : 주 · 야간 온도교차가 커야 분얼과 등숙이 촉진되어 수량이 증가한다.

(3) 벼 등숙기간 중 적정 기상조건

① 일평균 기온 : 20~22℃
② 적산온도 : 800~880℃
③ 기온교차 : 8~10℃
④ 일조시간 : 7시간/1일

2 광

(1) 일조가 많을수록 벼의 생장성과 수량성이 증가한다.

(2) 출수 전 30일~출수 후 30일까지 가장 많은 일사량이 필요하다.

(3) 일사량이 부족할 때

① 건물 생산량 감소
② 출수와 성숙 지연
③ 이삭수 및 입수 감소
④ 등숙률과 천립중 감소

(4) 조도와 광합성

① 최저광도 (광보상점) : 400~1,000lux
② 광포화점 : 50,000~60,000lux

3 강우

(1) 벼농사에 필요한 강우량 : 1,000mm

(2) 강우에 의한 피해 : 도복, 침관수, 수발아

(3) 용수량

1) 용수량

벼농사 기간 중 논관개에 소요되는 수분의 총량

용수량＝엽면증산량 ＋ 수면증발량 ＋ 지하침투량

① 엽면증발량은 증발계 증발량의 약 1.2배 정도이다.
② 수면증발량은 증발계 증발량과 비슷하다.
③ 지하침투량은 토성에 따라 다르게 나타나며 평균 500mm정도이다.
④ 유효강우량은 관개수로 들어오는 강우량을 의미하며 강우량의 약 75%이다.
⑤ **관계수량** : 우리나라 논의 관계수량은 10a당 900~1,400톤 정도이다.

관개수량＝용수량 － 유효강우량

2) 벼의 생육기별 용수량

① **물을 가장 많이 필요로 하는 시기** : 수잉기＞이앙활착기＞출수개화기＞무효분얼기 순으로 수잉기에 물이 가장 많이 요구된다.
② **물을 가장 적게 필요로 하는 시기** : 무효분얼기＞등숙기 초기＞유효분얼기〉분얼감소기 순이다.

(4) 요수량

1) 요수량

건물 1g 생산에 소비되는 수분량으로, 소비되는 수분량이 거의 증산량이므로 증산계수라고도 한다.

2) 벼의 요수량

300~450g 정도이며, 논벼 211~300g, 밭벼 309~433g이다.

3) 작물별 요수량

① **호박** : 830g
② **밀** : 513g
③ **보리** : 423g
④ **옥수수** : 370g
⑤ **콩** : 307~429g

(5) 관개수

1) 관개수가 풍부한 경우 강우가 적은 것이 일사량과 일조시수가 충분하게 확보되므로 벼의 생육을 튼튼하게 할 수 있고 수량이 증가한다.

2) 관개수의 장점

① 못자리 초기에 어린모를 냉온으로부터 보호한다.
② 수잉기 냉해 방지 효과가 있다.
③ 양분을 공급한다.
④ 잡초발생 억제와 전염병 등을 방제한다.
⑤ 양분의 흡수를 돕는다.

3) 관개수의 단점

담수상태의 지속은 토양을 강한 환원상태로 만들어 뿌리의 발육과 활력을 감퇴시킨다.

4 토양환경

(1) 유기물은 농경지 토양비옥도를 결정짓는 가장 중요한 요인이다.

(2) 유기물의 기능

① 작물에 양분의 공급
② 토양의 물리적 · 화학적 성질의 개선
③ 토양 중 생물상의 활성 유지 및 증진

(3) 유기물을 과다하게 시용할 때 발생되는 문제점

① 고농도의 무기태 질소에 의한 작물생육 장해
② 작물체 중 질산태 질소 농도의 상승
③ 질소기아 현상 : C/N비가 큰 퇴비 과다 사용
④ 토양환원에 의한 뿌리생육 장해
⑤ 수질 오염

(4) 가축분퇴비의 사용을 자제하여야 하는 토양의 인산 함량

400mg/kg 이상인 토양

(5) 우리나라 논토양의 특징

① 화강편마암으로 산성토양이 많다.
② 유기물함량이 낮다.
③ 염기치환함량이 낮다.
④ 보통답이 전체 논 면적의 33%이다.
⑤ 전체 논의 67%가 사질답, 미숙답, 습답, 염해답 및 특이산성답이다.

(6) 수도작과 규산

1) 우리나라 논토양의 유효규산 함량 : 평균 72mg/kg

2) 규산질의 적정함량 : 130~180mg/kg

3) 우리나라 논 전체 면적의 약 92%가 유효규산 함량이 부족하다.

4) 규산의 시용

① **시용량** : 10a당 200kg

② **주기** : 4년 1주기

③ **시기** : 이른 봄, 밑거름 주기 2주 전

5) 규산질비료 시용효과

① 광합성량 증가

② 도복 감소

③ 도열병 등 병해충 저항성 증가

④ 수량 증가

6) 규산질비료의 시용효과가 특히 큰 논

① 수량성이 낮은 논

② 산성화된 논

③ 사질답(모래논)

④ 냉해 및 병해충 상습 발생지

(7) 두과식물 재배를 통한 토양비옥도 증진

두과(콩과)식물을 휴한기에 재배하여 공중질소를 토양에 공급한다.

1) 헤어리베치

① **특성** : 내한성이 강하여 중북부 지방 등 전국 재배가 가능하다.

② **파종시기** : 9월 하순 ~ 10월 상순

㉠ 입모중 파종 : 벼 베기 10일전 ~ 벼 베기 직전

㉡ 로터리 파종 : 벼 벤 직후

③ **10a당 파종량** : 6~9kg

④ **생초를 토양에 투입하는 시기** : 이앙 2주 전

⑤ **10a당 생초의 토양 투입량** : 생초 1,500~2,000kg/10a

2) 자운영

① **특성** : 내한성이 약하여, 대전이남 지방에서 재배가 가능하다.

② **파종시기** : 8월 하순 ~ 9월 상순

③ **10a당 파종량** : 3~4kg

㉠ 생초를 토양에 투입하는 시기 : 벼 이앙 전 10일

㉡ 자운영의 개화성기에 경운하면 녹비효과가 크다.

㉢ 결실기에 경운하면 유기물 시용효과가 크고 가을에 재발아되므로 다시 파종을 하지 않아도 된다.

④ 10a당 생초의 토양 투입량 : 1,200kg

⑤ 화학 질소비료의 절감 효과

㉠ 1,500kg/10a일 때 : 50% 절감

㉡ 2,000kg/10a일 때 : 75% 절감

㉢ 2,500kg/10a일 때 : 100% 절감

Section 04 유기수도작 재배기술

1 육묘

(1) 파종 전 처리

1) 품종의 선택

① 의의

㉠ 벼는 품종별 고유의 다양한 특성이 있다.

㉡ 입지조건, 경영 및 재배조건도 다양하므로 여러 조건을 고려하여 선택하여야 한다.

② 유의사항

㉠ 다른 품종의 종자 혼입이 없어야 한다.

㉡ 종자의 유전적 퇴화가 없어야 한다.

㉢ 생리적 퇴화가 없고 병충해의 피해가 없는 건전한 품종이어야 한다.

㉣ 종자의 숙도가 적당하며 볍씨의 손상이 없어야 한다.

㉤ 장려품종, 우량품종 및 저항성품종을 선택한다.

㉥ 재배지역의 최적 출수기에 출수하는 품종을 선택한다.

2) 선종

① 목적

㉠ 모의 생육은 초기 배유에 저장양분에 의존하고 이유기 후 뿌리가 흡수하는 양분에 의한 독립적 생활로 바뀌므로 발아 및 생육 초기는 저장양분의 다소에 영향을 받는다.

㉡ 벼 알이 크고 저장양분이 많은 볍씨는 초장과 잎수, 뿌리 및 생초중이 모두 크고 생장이 왕성하다.

② 비중선

㉠ 비중액 제조에 식염이 많이 쓰이므로 염수선이라고도 한다.

㉡ 염수선은 성묘율 및 건묘율을 높이며 한랭지에서는 발아와 초기생육을 촉진시킨다.

㉢ 염수선을 강하게 하면 모도열병, 입고병, 심고선충병에 방제효과가 있다.

㉣ 비중표준
ⓐ 몽근메벼 : 1.13
ⓑ 까락메벼 : 1.10
ⓒ 찰벼 및 밭벼 : 1.08
ⓓ 통일형 품종 : 1.03
㉤ 비중액의 측정 : 보메비중계와 간이 방법으로 신선한 달걀을 이용한다.

3) 소독

① 볍씨로부터 발생되는 병해의 일차적 방제
② 도열병, 모썩음병, 깨씨무늬병, 키다리병, 잎마름선충병 등은 종자소독으로 방제가 가능
③ 냉수온탕침법
㉠ 물리적 방법에 의한 종자소독법이다.
㉡ 종자를 냉수에 24시간 침지 후 45℃ 온통에 담가 고루 덥히고 52℃ 온탕에 10분간 처리 후 바로 건져서 냉수에 담가 식힌다.
㉢ 온도와 시간을 지키지 않으면 발아율 및 소독효과가 없다.
㉣ 잎마름선충병 등의 방제효과가 있다.

4) 침종

① 볍씨는 보통 물에 담가 발아에 필요한 수분을 흡수시킨 후 파종한다.
② 침종의 효과
㉠ 발아 시일의 단축으로 발아장해를 억제한다.
㉡ 발아 및 초기 생육을 균일하게 한다.
㉢ 생육촉진 및 볍씨의 동요를 억제한다.
③ 침종방법
㉠ 신선한 물로 자주 갈아주어 산소의 공급과 발아억제물질을 제거한다.
㉡ 볍씨를 가끔 저어 섞어서 수온을 균일하게 하여 볍씨의 수분 흡수속도를 같게 한다.
④ 침종기간
㉠ 침종은 고온에 짧게 하는 것보다 저온에 오래 하는 것이 효과적이다.
㉡ 침종 기간이 길어지면 발근이 불량해진다.
㉢ 수온에 따른 침종기간

수온(℃)	10	15	22	25	27 이상
침종기간(일)	10	6~7	3	2	1

5) 최아

① 목적
㉠ 침종 후 볍씨를 바로 파종하는 것보다 약간 싹을 틔워 파종하면 발아와 초기생육의 촉진 및 성묘율이 높다.
㉡ 파종기가 늦은 경우나 한랭지 못자리 등에서는 최아종자가 유리하다.

② 최아방법

㉠ 침종 후 볍씨를 30~32℃ 방안에 거적을 깔고 거적 위에 6~9cm 내외의 두께로 볍씨를 편 후 다시 그 위에 거적을 덮으면 24시간 후 싹이 1~2mm 정도 자란다.

㉡ 볍씨의 수분정도에 따라 물을 뿌려준다.

㉢ 최아정도는 유아의 길이가 관행묘의 경우 2~3mm, 상자육묘의 경우 1~2mm 정도가 좋으며 너무 자라면 작업 도중 유아가 부러지기 쉽고 다루기도 어렵다.

㉣ 대량의 종자를 침종, 최아시키는 경우 침종 전 적산온도를 활용한다. 침종 적산온도로 100℃가 되면 알맞게 발아한다.

(2) 육묘

1) 육묘

① 육묘양식

㉠ 못자리육묘 : 손이앙을 위한 육묘방법

㉡ 상자육묘 : 기계이앙을 위한 육묘방법

② 육묘이앙의 장점

㉠ 토지 이용도를 높일 수 있어 작부체계상 유리하다.

㉡ 관개수를 절약할 수 있다.

㉢ 벼의 유묘기는 온도가 낮으므로 보온 육묘로 한랭지의 재배한계지에서도 수량의 안정성을 도모할 수 있다.

2) 못자리(nursery bed) 종류

① 물관리 방법에 따라 물못자리, 밭못자리, 건답못자리, 절충못자리 등으로 구분한다.

② 물못자리

㉠ 못자리 전면에 물을 대어 볍씨가 물밑에서 싹이 터 자라게 하는 방법이다.

㉡ 장점

ⓐ 생육초기 냉해를 방지한다.

ⓑ 모를 고르게 자라게 한다.

ⓒ 잡초 발생이 적다.

ⓓ 도열병의 발생이 적다.

㉢ 단점

ⓐ 모가 다소 연약하다.

ⓑ 토양산소가 부족한 경우 장해가 발생한다.

ⓒ 수온이 낮거나 높은 경우 장해가 발생한다.

③ 밭못자리, 건답못자리

㉠ 밭못자리는 밭에, 건답못자리는 물이 없는 상태의 논에 못자리를 만드는 방법이다.

㉡ 장점

ⓐ 모가 튼튼하고 모내기 후 활착과 생육이 좋다.

ⓑ 묘대일수가 길어 과숙되지 않아 만식재배에 알맞다.

㉢ 단점

ⓐ 도열병에 대한 저항성이 약하다.

ⓑ 쥐 또는 새의 피해우려가 있다.

ⓒ 토양수분이 부족하기 쉽다.

ⓓ 잡초발생이 많다.

④ **보온절충못자리, 보온밭못자리**

㉠ 손이앙 보온절충못자리 기간은 40일로 처음 20일은 도랑에만 물을 대어 밭못자리와 같이 키우고 그 후 물을 대어 물못자리와 같이 모를 키우는 방식이다.

㉡ 1970년대 초반부터 필름피복을 통한 보온절충못자리를 설치해 왔다.

㉢ 다수확을 위해 모의 소질을 높일 목적으로 설치하여 육묘하기도 하였다.

㉣ 우리나라 벼 재배의 조기, 조식재배를 정착시키고 통일벼의 보급으로 벼생산의 안정성과 쌀 자급에 기여한 못자리 양식이다.

⑤ **부직포못자리** : 중간모 기계이앙 육묘 시 보온을 목적으로 필름피복을 하지 않고 부직포를 씌워 간이 보온으로 육묘하는 방식이다.

⑥ **마른못자리** : 중간모 기계이앙 육묘 시 마른 상태에서 경운하고 육묘상자를 치상하고 파종, 복토한 후 필름을 씌운 다음 물을 대주는 못자리 양식이다.

(3) 상자육묘

1) 상자육묘

① 상자육묘는 소형 상자에 상토를 담고 밀파하여 기계 이앙에 적합하도록 뿌리 매트를 형성시킨 육묘법이다.

② 기계이앙기 종류는 크게 흩어뿌림이앙기와 줄뿌림이앙기가 있어 이를 위한 육묘상자도 흩어뿌림상자와 줄뿌림상자가 있다.

③ 상자육묘는 못자리 모와 비교하여 약 20배 밀파한다.

④ 육묘일수에 따라 어린모, 치묘, 중모, 성묘로 구분한다.

⑤ **성묘**

㉠ 손이앙 때의 모로 못자리에서 육묘하며 육묘기간은 40일 이상이고 초장 20~25cm, 출엽수 6.0~7.0의 모를 의미한다.

㉡ 하위마디가 휴면하여 발생 분얼수가 적으나 중모, 치묘, 어린모로 갈수록 하위마디에서 분얼이 나와 줄기수가 많아진다.

2) 기계이앙용 모

① **상자모의 특징**

㉠ 상자모는 육묘상자에 배게 뿌려진 상태로 자라므로 세심한 육묘관리가 필요하다.

ⓛ 못자리 기간 중 병에 약한 특징이 있으며 상토의 pH가 4.5~5.5보다 높으면 입고병 발생이 많아지므로 종자와 상토 소독이 반드시 필요하다.

ⓒ 개체당 생육 차이가 심하므로 개체 간 생육을 고르게 하기 위해 파종 전 충분한 침종과 최아 작업이 필요하다.

ⓓ 모판흙의 깊이가 2.0~2.5cm로 얕아 뿌리 신장이 제한을 받아 잎이 더디게 나오면서 개체 간 경쟁도 심하다.

ⓔ 시설하우스 내에서 출아와 녹화과정을 거쳐 웃자람, 연약한 생육 등 손모에 비하여 병해나 생리장해가 크다.

ⓕ 육묘기간이 짧고 생력화가 가능하며 육묘비용을 줄일 수 있다.

② 기계이앙모의 조건

㉠ 모가 작아야 한다.

ⓛ 균일한 생장으로 개체 간 차이가 없어야 한다.

ⓒ 결주가 없어야 한다.

ⓓ 활착력이 강해야 한다.

ⓔ 육묘의 생력화와 저비용화가 되어야 한다.

ⓕ 건모이어야 한다.

③ 어린모 재배의 장점

㉠ 종자에 배유가 남아 있어 모내기 후 식상이 적고 착근이 빨라진다.

ⓛ 내냉성이 크고 환경적응성이 강하고 관수저항성이 커서 물속에 잠겨도 잘 소생한다.

ⓒ 분얼이 증가한다.

ⓓ 육묘기간이 짧고 육묘 노력이 절감된다.

ⓔ 농자재가 절감되고 육묘면적이 축소된다.

ⓕ 노동력 집중이 완화된다.

④ 어린모 재배의 단점

㉠ 출수기가 중모와 비교하여 3~5일 정도 지연되므로 모내기를 조기에 해야 한다.

ⓛ 이앙적기의 폭이 좁다.

ⓒ 제초제 안전성이 약하다.

(4) 육묘 중 장해와 대책

1) 뜸모

① 경화 초기 발생하기 쉽다.

② **원인** : 모판흙의 pH, 주야간 온도차, 모판흙의 건조 또는 과습이 심할 때, 뿌리의 기능장해와 수분흡수 저하로 지상부 증산이 심할 때 발생한다.

③ **방제** : 물관리와 온도에 유의하고 상토를 pH 4.5~5.5로 유지, 토양소독제를 상토와 거름을 섞을 때 혼합한다.

2) 백화현상

① 원인에 따라 온도에 의한 경우와 광에 의한 경우가 있다.

② **온도** : 출아기 35℃ 이상 고온과 녹화 초기 10~15℃의 저온과 주야간의 온도차가 심할 때 발생한다.

③ **광** : 출아기간 연장, 녹화초기 60,000lux 이상 강한 광선이 6시간 이상 계속될 때 발생할 수 있다.

3) 묘입고병

① 병원균이 있는 토양을 모판흙으로 사용, 모판흙의 pH가 5.5 이상일 때, 주야간 온도차가 클 때, 지나친 건조와 습도가 반복될 때 나타난다.

② **병원균** : 후사리움속, 피시움속, 라이족토니아, 트라이코더마균 등

③ **방제** : 적정 pH를 유지, 적온의 유지, 과습과 과건 방지

4) 상자육묘 병해

① **키다리병** : 종자전염병으로 병원균이 지베렐린을 생산하여 모가 이상 신장한다.

② **모마름병**

㉠ 토양전염병원균인 후사리움속, 피시움속, 라이족토니아, 트라이코더마균 등에 의해 발생한다.

㉡ 극단적인 고온, 저온 등에 의해 발생하므로 온도관리를 해야 한다.

③ **모썩음병** : 담수직파재배에서 많이 발생하며 수온이 24℃ 이상에서는 발병이 현저히 줄어드나 18℃ 이하에서는 발병이 심하다.

2 이앙

(1) 본답 준비

1) 경운

① **의의** : 벼가 잘 자라도록 토양을 갈아주는 것으로 시기에 따라 가을갈이를 추경, 봄갈이를 춘경이라 한다.

② **경운의 효과**

㉠ 토양 하층의 무기성분을 작토층까지 끌어 올려준다.

㉡ 유기물 분해를 촉진한다.

㉢ 잡초 제거 등의 효과가 있다.

㉣ 퇴비와 비료를 고루 섞어 준다.

㉤ 논의 이화학적 성질을 개선하여 이앙 작업이 좋아진다.

㉥ 심경은 뿌리의 생리적 기능을 높이고 유지시켜 내도복성과 벼수량이 많아져 조식재배에 효과적이다.

2) 정지(整地)

① 의의

㉠ 이앙에 앞서 토양상태를 알맞게 조성하기 위해 토양에 여러 가지 처리를 하는 것

㉡ 관개수가 새는 것을 방지하기 위한 논두렁 바르기, 지면을 편평하게 하기 위한 물을 댄 후 논써리기 등의 작업을 말하며, 이앙 10일 전쯤 논에 물을 담고 경운을 하고 3~5일 전 기비를 주고 논을 고르게 하는 써레질을 한다.

② 논써리기의 효과

㉠ 흙을 부수어 부드럽게 한다.

㉡ 비료를 고르게 섞이게 하여 전층시비의 효과가 있다.

㉢ 잡초방제의 효과가 있다.

㉣ 지면을 편평하게 하므로 모내기 후 활착이 좋아진다.

㉤ 물이 잘 빠지는 논에서는 고운 써리기로 토양공극을 막아 누수를 방지한다.

㉥ 배수가 불량한 논에서는 거친 써리기로 배수촉진의 효과가 있다.

(2) 이앙

1) 이앙기

① 육묘한 모를 본답에 옮겨 심는 것을 이앙(모내기)이라고 한다.

② 너무 이른 이앙은 육묘기 저온으로 좋지 않으며 본답에서의 영양생장기간이 길어져 비료 및 물의 소모량이 많고 잡초의 발생도 많아지고 과번무로 유효분얼이 증가하고 병충해가 많아져 도복의 위험이 크다.

③ 지나친 조기이앙은 등숙기 고온으로 품질이 저하되기 쉽다.

④ 너무 늦은 이앙은 충분한 영양생장을 못하여 수량이 적어지고 심백미가 증가하여 쌀의 품질이 저하된다.

⑤ 이앙적기

㉠ 모가 뿌리를 내리는 한계최저온도를 고려한다.

㉡ 가을 기온이 낮아지기 전 안전 등숙할 수 있는 출수기인 안전출수한계기 내에 출수할 수 있는 이앙기이다.

㉢ 손이앙 : 본잎이 6~7매 나왔을 때

㉣ 치묘이앙 : 본잎이 3매 나왔을 때

⑥ **안전출수한계기** : 벼의 결실기간 등숙 적합 온도는 21~23℃로 출수 후 40일 동안 등숙온도가 평균 22.5℃ 이상 유지될 수 있는 출수기

⑦ **최적이앙기** : 안전출수한계기의 출수기로부터 역산하여 지역별, 지대별로 결정한다.

⑧ 어린모는 중모이앙에 비하여 출수기가 3~5일 지연되므로 조기 이앙한다.

2) 재식밀도

① 재식밀도란 단위면적당 심는 주수로 지역과 논의 특성에 따라 달라진다.

② **손이앙** : 표준재식밀도는 30cm×15cm 간격으로 1포기에 3~4개의 모를 심는 것으로 평당 72포기를 심게 된다.

③ 기계이앙 : 평야지 1모작은 1포기에 3~4개의 모로 평당 75~85포기, 중간지와 답리작 지대는 1포기에 4~5개의 모로 평당 80~90포기가 적당하다.

④ 산간고랭지와 만식재배의 경우 1포기에 6~7개의 모로 평당 110~130포기가 권장된다.

3) 이앙 심도

① 벼의 이앙 깊이는 2~3cm 정도가 적당하다.

② 지나치게 깊게 심게 되면 활착이 늦어지고 분얼이 감소하며 얕게 심게 되면 물 위에 뜨고 쓰러져 결주되기 쉽다.

3 이앙재배와 직파재배

(1) 이앙재배

1) 우리나라 벼 이앙재배 비율은 90%이며 직파재배 비율은 10%이다.

2) 기계이앙재배의 생력재배 비율은 손이앙재배보다 75% 이상이다.

3) 이앙재배의 효과(장점)

① 용수(관개수)의 절약
② 황산 환원균 장해 작용의 방지
③ 비료 이용률의 제고
④ 냉수 피해의 방지
⑤ 염해의 방지
⑥ 추락의 방지

(2) 직파재배

1) 직파재배에 적합한 품종의 요건

① 분얼이 적은 품종일 것
② 저온발아성이 강한 품종
③ 초기 생육이 왕성한 품종
④ 도복에 강한 품종
⑤ 심근성으로 내한성이 강한 수중형 품종

2) 건답직파(마른논직파)

① 파종 후부터 3~4엽까지 마른논 상태를 유지하는 방법이다.
② 그 이후 논물 댄 후 10일 간격으로 2~3회 중간 물떼기를 한다.
③ 우리나라에서 직파방식 중 마른논직파 재배 비율 : 약 33%
④ 이앙재배보다 질소비료를 40~50% 더 준다(비료 유실이 많기 때문).
⑤ 알거름은 주지 않는다.
⑥ 담수 직파와는 달리 씨담그기와 싹 틔우기를 하지 않는다.

3) 무논직파(담수직파)

① 파종 후 논에 물을 뺀 다음 7~10일 후에 다시 물을 대주는 방법이다.
② 배수가 약간 불량한 사양토 · 식양토 토양에 적합하다.
③ **우리나라에서 직파방식 중 무논직파 비율** : 약 67%
④ 만생종을 선택하고 조생종은 피하는 것이 좋다.
⑤ **시비량** : 10a당(300평당) 질소 11kg, 인산 7kg, 칼륨 8kg을 시용한다.
⑥ **단점** : 도복 저항성이 약하다.

4) 건답직파와 담수직파의 비교

구분	건답직파	담수직파
장점	• 육묘와 모내기 작업이 필요 없다. • 대형 기계화 작업이 쉽다. • 생산 비용이 절감된다. • 입묘기간 관개용수가 절약된다.	• 육묘와 모내기 작업이 필요 없다. • 볍씨의 출아가 빠르고 보온효과가 있다. • 파종 작업이 간편하다. • 생산비용이 절감되고 대규모 영농이 가능하다.
단점	• 볍씨의 출아가 늦다. • 입모가 불량하다. • 강우, 과습 시 파종이 곤란하다. • 잡초 발생이 많다. • 사질토양의 경우 용수량이 많다.	• 볍씨의 발아와 출아가 불안정하다. • 잡초가 많이 발생한다. • 전체 생육 기간이 길다. • 용수량이 많이 든다. • 뿌리가 표층에 분포하여 출수 후 도복이 발생하기 쉽다.

5) 직파재배의 장점

① 기계이앙재배보다 약 25%의 생력화가 가능하다.
② 생육의 정체가 없이 생육이 진전된다.
③ 분얼의 확보가 유리하다.
④ 출수기가 다소 빠르다.

6) 직파재배의 단점

① 입모가 고르지 못하고 불량하다.
② 무효분얼이 많다.
③ 유효경 비율이 낮아진다.
④ 잡초의 발생이 많다.
⑤ 밀식(과번무)되어 웃자라기 쉽다.
⑥ 도복하기 쉽다.

4 수확 및 저장

(1) 수확 적기

① **적산온도로 본 수확 적기** : 출수 후 적산온도가 1,100℃에 이르렀을 때

② 출수 후 경과일수로 본 수확 적기
㉠ 조생종 : 40~45일
㉡ 중생종 : 45~50일
㉢ 만생종 : 50~55일
③ 외관상 판정 방법 : 90% 이상 황색으로 변했을 때
④ 수확 당시 벼의 수분함량 : 22~25%
⑤ 수확 적기보다 일찍 수확할 경우 : 청치의 발생이 많다.
⑥ 수확 적기보다 늦게 수확할 경우
㉠ 쌀겨 층이 두꺼워진다.
㉡ 색택이 나빠진다.
㉢ 동할립이 많이 발생한다.

(2) 탈곡

종자용의 경우 적정 탈곡기의 회전수 : 300rpm

(3) 건조

1) 건조방식

천일건조, 개량곳간 이용 건조, 화력건조

2) 적정 수분 : 일반적으로 15%까지 건조한다.

① 밥맛이 가장 좋은 수분 : 17%
② 저장용 벼의 경우 : 13~15%
③ 밥맛이 좋은 수분함량은 17%이지만 저장을 위해서는 15% 이하로 건조해야 하며, 13% 이하로 과건조가 되면 미질이 저하된다.

3) 건조와 쌀의 품질과의 영향

① 고온 급속건조는 동할미, 싸라기 발생이 증가한다.
② 고온급속 건조를 하면 현미의 아래쪽 반이 먼저 마르게 되어 위쪽과 아래쪽의 수분 차이가 발생하여 동할미가 발생하게 된다.
③ 건조를 지연시키면 수분이 많아 변질 우려가 있다.
④ 과도한 가열은 손상된 벼알 발생을 증가시킨다.
⑤ 과도한 건조는 도정을 어렵게 한다.

4) 순환식 화력건조기

① 순환식 건조기의 경우 고온 급속 건조를 피해야 한다.
② 열풍온도
㉠ 45~50℃ 이하
㉡ 이 범위의 온도에서 건조할 때 벼 종자의 발아율이 가장 좋다.
③ 곡온 : 35℃ 이하
④ 1시간당 수분 감소율 : 0.8%

5) 55℃ 이상의 고온에서 건조할 경우 문제점

쌀의 단백질이 응고하고 녹말이 노화되어 발아율과 품질이 떨어진다.

(4) 저장

1) 벼의 저장성을 높이려 할 때 저장환경조건

① **저장용 벼의 수분함량** : 15% 이하로 건조시킨다.

② **저장고 온도, 습도** : 온도 15℃ 이하, 습도 70% 이하

③ **저장고 내 가스** : 산소 농도 5~7%, 이산화탄소 농도 3~5%로 유지

2) 저장 중 양적 손실을 초래하는 요소

① 침해균(미생물), 쥐, 저곡해충(쌀바구미, 장두 등)

② **저장 중 양적손실 발생** : 4~5%

3) 저장 중 질적 손실

① 쌀의 비타민 B1이 감소한다.

② 환원당과 유리지방산이 증가한다.

③ 저장기간이 2년이 넘을 경우 산패에 의해 고미가 되어 식미가 나빠진다.

5 유기농법을 이용한 방제

(1) 오리농업

1) 오리농법 실제

① **새끼오리 구입시기** : 벼에 피해를 주지 않고 효과를 높이기 위해서는 3~4주령에 방사하는 것이 적당하며, 새끼오리 적응을 위해 2주령 정도 된 것을 구입하여 사육한다.

② **적정 방사 오리수**

㉠ 많을 경우 벼에 피해가 발생하며, 먹이 부족으로 사료를 많이 공급해야 하거나 먹이를 찾아 달아날 우려도 있다.

㉡ 적을 경우 방사효과를 충분히 볼 수 없다.

㉢ 먹이가 되는 잡초나 해충의 양에 따라 다르나 25~30마리/10a가 적당하다.

③ **방사 전 준비**

㉠ 벼는 오리에 의한 피해를 줄이기 위하여 30일모 이상의 성모가 좋다.

㉡ 오리의 활동과 벼 피해 감소를 위해 30×15cm로 이앙하는 것이 좋다.

④ **방사시기** : 모의 활착 정도, 모의 크기, 온도, 작형 등을 고려하여 결정하며 너무 늦으면 잡초가 너무 자라 방제가 어려우므로 이앙 후 7~14일 후에 방사하는 것이 무난하다.

⑤ **방사 중 관리** : 벼의 도장 우려가 있으므로 초기에는 다소 얕은 물관리를 한 후 벼 피해 방지와 외적 활동 억제를 위하여 물을 많이 유지하는 것이 좋다.

⑥ **철수 시기** : 등숙이 시작되면 오리는 성체가 되어 먹는 양이 늘어나고 논에는 먹이가 부족하게 되어 이삭을 먹기 시작하므로 그 전에 오리를 철수해야 한다.

2) 오리농법의 효과

① 벼의 생육환경 개선

㉠ 부리, 갈퀴 등 온몸으로 논바닥을 휘저으며 활동하면 표면수가 흐려지고 벼 이랑 사이가 패이면서 단근효과를 기대할 수 있고, 벼 포기는 5cm 정도 매몰되어 내도복성을 키우게 된다.

㉡ 대기 중 산소를 표면수나 토양에 공급하여 뿌리 호흡에 유리한 조건을 만든다.

㉢ 흐려진 표면수로 광발아성 잡초의 발아에 불리한 조건을 만든다.

㉣ 벼가 비료 성분을 흡착하기 쉽게 하여 시비효과를 높일 수 있는 조건이 된다.

㉤ 온도가 높아지는 최고분얼기 경에는 담수된 물에 용존산소의 포화도가 낮아지므로 토양이 환원되어 뿌리의 활력이 떨어지는데 이때부터 새끼오리를 2차 방사하면 환원에 의한 장해를 경감시킬 수 있다.

② 잡초방제의 효과

㉠ 오리는 잡초를 먹거나, 짓밟고 몸통으로 논바닥을 문질러 매몰시키며 부리 또는 갈퀴로 할켜 뜨게 하거나 표면수를 탁하게 하여 잡초의 발생과 생육환경을 불량하게 하여 방제 효과를 볼 수 있다.

㉡ 3년간 연속 오리방사로 잡초 발생 개체수가 현저히 줄어든다.

㉢ 벼 포기에 붙어서 발생하는 피는 잘 방제되지 않으므로 손제초가 필요하다.

㉣ 오리는 늙은 잎이나 벼, 피 등의 긴 잎은 잘 먹지 않으므로 이앙 초기 잡초가 크기 전에 방제되도록 관리해야 한다.

③ 병해충 방제효과

㉠ 오리가 논에 서식하는 소동물이나 해충을 포식하므로써 해충에 의한 직접적인 피해나 해충에 의해 매개되는 병해도 방제할 수 있다.

㉡ 오리농법은 감비에 의한 병해충의 식이 선호도를 줄여 발생 밀도를 낮추는 간접 효과도 나타난다.

㉢ 벼멸구, 벼물바구미의 상습발생지에서는 효과적으로 벼의 최고분얼기까지 해충 분포를 현저히 줄일 수 있으나, 벼의 초장이 커지고 오리를 철수한 출수기 이후 발생하는 혹명나방의 방제는 어렵다.

④ 시비효과

㉠ 오리의 방사는 관행시비량의 50%를 줄여도 수확량이 감소하지 않는다.

㉡ 오리의 배설물이 10a당 200kg 정도 투입되어 질소 5.7kg, 인산 6.6kg, 칼륨 1.6kg의 시비효과를 기대할 수 있다.

(2) 왕우렁이 농법

1) 왕우렁이 농법의 실제

① 논의 준비

㉠ 왕우렁이는 수면 및 수면 아래 식물을 먹기 때문에 논의 정지작업을 균일하게 하여 깊은 곳이 없도록 하고, 가능한 물을 얕게 대고 이앙해야 물 속에 모가 잠기지 않아 모의 피해가 발생하지 않는다.

㉡ 물이 있거나 습한 곳에서는 상당히 멀리 이동하며 특히 수면 위로 떠오른 왕우렁이는 흐르는 물을 타고 멀리 이동할 수 있다. 이동을 차단하기 위하여 논두렁과 배수로에 구멍이 작은 망으로 울타리를 쳐야 한다.

② 왕우렁이를 넣는 시기

㉠ 종자 우렁이를 넣는 시기는 이앙 후 7일에 넣는 것이 가장 효과적이다.

㉡ 이앙 직후 넣으면 제초 효과는 높으나 이앙 직후 모가 착근되지 않은 상태로 물 속에 잠겨 있거나 수면에 잎이 처져 있어 왕우렁이의 피해를 받기 쉽다.

㉢ 이앙 후 7일 정도 경과하여 새 뿌리가 나오고 자리를 잡아 모가 바르게 서고 키가 자라 수면 위로 나오게 되면 왕우렁이의 피해를 방지할 수 있다.

㉣ 넣는 시기가 늦으면 발아한 잡초가 수면 위로 자라게 되어 왕우렁이가 잡초를 먹을 수 없어 제초효과가 떨어지게 된다.

③ 방사량

㉠ 이앙 후 7일에 5kg/10a를 넣는 것이 가장 효과적이다.

㉡ 방사량이 많으면 초기 먹이가 부족하여 굶어 죽는 개체가 많아져 산란에 의한 어린 왕우렁이 증식밀도를 확보할 수 없어 잡초 방제의 효과가 떨어진다.

④ 방사 후 관리

㉠ 논의 물관리 : 왕우렁이는 수면이나 수면 아래의 먹이를 먹으므로 물의 깊이가 낮거나 논이 마르면 왕우렁이 몸체가 노출되고 먹이가 수면 위로 드러나게 되므로 먹이를 먹을 수 없게 된다. 따라서 모포기가 물속에 잠기지 않을 정도로 깊게 한다.

㉡ 농약 사용의 제한 : 우렁이를 넣은 논은 제초제, 살충제, 살균제의 입제 농약을 사용해서는 안 되며, 경엽 살포하는 희석된 농약제도 생육 초기에는 살포하지 않는 것이 좋다.

㉢ 망울타리 관리 : 배수로와 논둑에 설치한 망울타리를 수시로 확인하여 왕우렁이가 논 밖으로 이동하지 못하도록 철저히 관리해야 한다.

㉣ 조류피해 예방 : 조류가 종자 우렁이를 잡아먹을 수 있기 때문에 방조망이나 방제 테이프를 이용하여 조류에 의한 피해가 없도록 해야 한다.

2) 왕우렁이 농법의 효과

① 먹이 습성을 이용한 제초제 대용 왕우렁이 농법은 제초제를 생물 자원으로 대체함으로써 토양 및 수질오염 방지와 생태계 보호 등 친환경농업 육성에 기여할 수 있다.

② 농약에 의한 농산물의 오염 등에 대한 소비자의 불신을 해소할 수 있는 고품질 농산물의 생산과 농가 소득 증대를 기대할 수 있다.

3) 왕우렁이 농법의 문제점

① **월동** : 왕우렁이는 열대성 연체동물로 생존가능한 한계 저온은 2℃일 뿐 아니라 토종 우렁이와는 달리 겨울잠을 자지 않고 계속 먹이활동을 해야만 생존할 수 있으므로 물의 온도가 생존 가능 온도일지라도 먹이가 없으면 굶어 죽게 된다.

② **월동 후 피해 가능성** : 겨울 기온이 상대적으로 높은 남부 일부 지역에서는 생존 가능성을 배제할 수 없으나 월동 후 벼에 피해를 줄만한 밀도가 형성될 것인가에 대한 검토가 필요하다.

③ 국내 환경에 적응한 변이종이 출현할 가능성이 있다.

(3) 쌀겨 농법

1) 쌀겨 농법 실제

① **본답 살포** : 벼를 수확 후 쌀겨를 미생물로 발효시켜 200kg/10a를 살포한 후 미생물 활동을 돕기 위하여 얇게 로터리 작업을 실시한다.

② **쌀겨 살포** : 이앙 약 7일 전 200kg/10a 정도를 살포한다.

③ **이앙 후 살포** : 이앙 후 5일 내에 목초액에 적신 쌀겨 30kg/10a 정도를 살포한다. 이때 살포는 1주일 내에 하고, 물 깊이는 모의 크기에 따라 조절한다.

2) 쌀겨 농법의 효과

① 쌀겨에는 인산, 미네랄, 비타민이 풍부하게 함유되어 있고, 미생물에 의한 발효 촉진제 역할을 한다.

② 쌀겨의 살포는 미생물 활동으로 물 속 산소가 적어져 피와 같은 잡초가 자라지 못하고, 여기에 잘 견디는 물달개비, 올미 등은 쌀겨가 분해되며 발생하는 유기산에 의해 녹는다.

③ 쌀겨의 살포로 끈적끈적한 층이 생기면서 잡초가 나지 못하게 한다.

④ 쌀겨를 살포한 논은 온도가 높아져 저온으로부터 뿌리를 보호해 출수가 빨라지고 등숙비율이 높아진다.

⑤ 쌀겨의 살포는 Mg/K비가 높아지고 약산성 조건이 만들어져 밥맛이 좋아진다.

3) 문제점

① 쌀겨 살포 후 이앙시기가 맞지 않으면 벼의 뿌리가 활착하지 못해 피해가 발생하므로 적절한 시기에 이앙을 하고, 35일 이상 성모를 이앙하며 너무 어린모를 이앙하지 않도록 한다.

② 이앙 후 쌀겨를 살포하여 제초효과를 얻기 위해서는 이앙 전 정지작업 후 이앙일이 맞아야 하며, 시기가 늦어지면 피 등 잡초가 발생한다.

③ 비옥한 논에서는 쌀겨에 의해 질소 과다 등으로 도복에 약해지므로 도복에 강한 품종을 선택하고 적절한 토양관리를 해야 한다.

Chapter 5 유기축산

저자쌤의 이론학습 Tip

- 친환경농어업 육성 및 유기식품 등의 관리, 지원에 관한 법률에서 규정하고 있는 유기축산의 내용을 숙지하여야 한다.

Section 01 유기축산 일반

1 용어의 정의

인증기준의 세부사항("인증부가기준"이라 한다)은 규칙 제11조 · 제54조 관련 규칙에 규정된 인증기준의 세부사항을 규정하는 것으로, 여기에서 사용하는 용어의 정의는 다음과 같다.

가. "재배포장"이란 작물을 재배하는 일정구역을 말한다.

나. "화학비료"란 「비료관리법」 제2조 제1호에 따른 비료 중 화학적인 과정을 거쳐 제조된 것을 말한다.

다. "합성농약"이란 화학물질을 원료 · 재료로 사용하거나 화학적 과정으로 만들어진 살균제, 살충제, 제초제, 생장조절제, 기피제, 유인제, 전착제 등의 농약으로 친환경농업에 사용이 금지된 농약을 말한다. 다만, 규칙 제1호 가목2)의 병해충 관리를 위하여 사용이 가능한 물질로 만들어진 농약은 제외한다.

라. "돌려짓기(윤작)"란 동일한 재배포장에서 동일한 작물을 연이어 재배하지 아니하고, 서로 다른 종류의 작물을 순차적으로 조합 · 배열하는 방식의 작부체계를 말한다.

마. "관행농업"이란 화학비료와 합성농약을 사용하여 작물을 재배하는 일반 관행적인 농업형태를 말한다.

바. "일반농산물"이란 관행농업을 영위하는 과정에서 생산된 것으로 이 법에 따라 인증받지 않은 농산물을 말한다.

사. "병행생산"이란 인증을 받은 자가 인증 받은 품목과 같은 품목의 일반농산물 · 가공품 또는 인증종류가 다른 인증품을 생산하거나 취급하는 것을 말한다.

아. "합성농약으로 처리된 종자"란 종자를 소독하기 위해 합성농약으로 분의(粉依), 도포(塗布), 침지(浸漬) 등의 처리를 한 종자를 말한다.

자. "배지(培地)"란 버섯류, 양액재배농산물 등의 생육에 필요한 양분의 전부 또는 일부를 공급하거나 작물체가 자랄 수 있도록 하기 위해 조성된 토양 이외의 물질을 말한다.

차. "싹을 틔워 직접 먹는 농산물"이란 물을 이용한 온 · 습도 관리로 종실(種實)의 싹을 틔워 종실 · 싹 · 줄기 · 뿌리를 먹는 농산물(본엽이 전개된 것 제외)을 말한다.(예 : 발아농산물, 콩나물, 숙주나물 등)

카. “어린잎채소”란 생육기간(15일 내외)이 짧아 본엽이 4엽 내외로 재배되어 주로 생식용으로 이용되는 어린 채소류를 말한다.

타. “유전자변형농산물”이란 인공적으로 유전자를 분리 또는 재조합하여 의도한 특성을 갖도록 한 농산물을 말한다.

파. “식물공장(Vertical Farm)”이란 토양을 이용하지 않고 통제된 시설공간에서 빛(LED, 형광등), 온도, 수분, 양분 등을 인공적으로 투입하여 작물을 재배하는 시설을 말한다.

하. “가축”이란 「축산법」 제2조 제1호에 따른 가축을 말한다.

거. “유기사료”란 유기농산물 및 비식용유기가공품 인증기준에 맞게 재배 · 생산된 사료를 말한다.

너. “동물용의약품”이란 동물질병의 예방 · 치료 및 진단을 위하여 사용하는 의약품을 말한다.

더. “유기축산물 질병 예방 · 관리 프로그램”이란 가축의 사육 과정에서 인증기준에 따라 사용하는 예방백신, 구충제 및 치료용으로 사용하는 동물용의약품의 명칭, 사용 시기와 조건 및 사용 후 휴약기간 등에 대해 작성된 문서를 말한다.

러. “사육장”이란 가축사육을 목적으로 하는 축사시설이나 방목, 운동장을 말한다.

머. “방사”란 축사 외의 공간에 방목장을 갖추고 방목장에서 가축이 자유롭게 돌아 다닐 수 있는 것을 말한다.

버. “휴약기간”이란 사육되는 가축에 대하여 그 생산물이 식용으로 사용하기 전에 동물용의약품의 사용을 제한하는 일정기간을 말한다.

서. “경축순환농법”(耕畜循環農法)이란 친환경농업을 실천하는 자가 경종과 축산을 겸업하면서 각각의 부산물을 작물재배 및 가축사육에 활용하고, 경종작물의 퇴비소요량에 맞게 가축사육 마리 수를 유지하는 형태의 농법을 말한다.

어. “시유(시판우유)”란 원유를 소비자가 안전하게 음용할 수 있도록 단순살균 처리한 것을 말한다.

저. “유해잔류물질”이란 인증품에 잔류하여서는 아니되는 합성농약, 항생제, 합성항균제, 호르몬, 유해중금속 등의 금지물질로 인위적인 사용 또는 환경적인 요소에 의한 오염으로 인하여 인증품에 잔류되는 물질과 그 대사산물을 말한다.

처. “생산자 단체”란 5명 이상의 생산자로 구성된 작목반, 작목회 등 영농 조직, 협동조합 또는 영농 단체를 말한다.

커. “생산지침서”란 인증품을 생산하는 전체 과정에 대해 구체적인 영농방법을 상세히 기술한 문서를 의미한다.

터. “생산관리자”란 생산자 단체 소속 농가의 생산지침서의 작성 및 관리, 영농 관련 자료의 기록 및 관리, 인증을 받으려는 신청인에 대한 인증기준 준수 교육 및 지도, 인증기준에 적합한 지를 확인하기 위한 예비심사 등을 담당하는 자를 말한다. 다만, 농자재의 제조 · 유통 · 판매를 업으로 하는 자는 제외한다.

퍼. “계획(개선대책)을 세워 이행하여야 한다.”는 것은 해당사항에 대한 문서화된 이행계획서를 세우고 이행계획에 따라 실천함을 의미한다.

허. "완충지대"란 인접지역에서 사용한 금지물질이 인증을 받은 지역으로 유입되지 않도록 인증을 받은 지역을 두르는 일정한 구역을 말한다.

고. "인증품의 표시기준"이란 규칙 제21조 및 제59조에 따른 유기식품 및 무농약농산물 · 무농약원료가공식품의 표시기준을 말한다.

노. "인증을 받으려는~"으로 규정된 요건은 인증을 받은 이후에는 "인증을 받은~"을 의미한다.

2 생산에 필요한 인증기준

(1) 일반

1) 경영관련 자료(「수의사법」 제12조의2 제2항에 따른 수의사처방관리시스템에 등록된 처방전의 제공을 포함한다)와 축산물의 생산과정 등을 기록한 인증품 생산계획서 및 필요한 관련정보는 국립농산물품질관리원장 또는 인증기관이 심사 등을 위하여 요구하는 때에는 이를 제공하여야 한다.
2) 사육하고 있는 가축 중 일부만을 인증 받으려고 하는 경우 인증을 신청하지 않은 가축의 사육과정에서 사용한 동물용의약품 및 동물용의약품외품의 사용량과 해당 축산물의 생산량 및 출하처별 판매량(병행생산에 한함)에 관한 자료를 기록 · 보관하고 국립농산물품질관리원장 또는 인증기관이 요구하는 때에는 이를 제공하여야 한다.
3) 초식가축은 목초지에 접근할 수 있어야 하고, 그 밖의 가축은 기후와 토양이 허용되는 한 노천구역에서 자유롭게 방사할 수 있도록 하여야 한다.
4) 가축 사육두수는 해당 농가에서의 유기사료 확보능력, 가축의 건강, 영양균형 및 환경영향 등을 고려하여 적절히 정하여야 한다.
5) 가축의 생리적 요구에 필요한 적절한 사양관리체계로 스트레스를 최소화하면서 질병예방과 건강유지를 위한 가축관리를 하여야 한다.
6) 가축 질병방지를 위한 적절한 조치를 취하였음에도 불구하고 질병이 발생한 경우에는 가축의 건강과 복지유지를 위하여 수의사의 처방 및 감독 하에 치료용 동물용의약품을 사용할 수 있다.
7) 유기축산물 질병예방 · 관리 프로그램을 갖추고, 질병관리에 참여하는 종사자가 알 수 있도록 농장에 비치하여야 한다.
8) 생산자단체로 인증 받으려는 경우 인증신청서를 제출하기 이전에 다음 각 호의 요건을 모두 이행하고 관련 증명자료를 보관하여야 한다.
   ① 생산관리자는 소속 농가에게 인증기준에 적합하게 작성된 생산지침서를 제공하여야 한다.
   ② 생산관리자는 소속 농가의 인증품 생산과정이 인증기준에 적합한지에 대한 예비심사를 하고 심사한 결과를 별지 제5호의 2서식에 기록하여야 하며, 인증기준에 적합하지 않은 농가는 인증신청에서 제외하여야 한다.
   ③ 위의 업무를 수행하기 위해 국립농산물품질관리원장이 정하는 바에 따라 생산관리자를 1명 이상 지정하여야 한다.

9) 친환경농업에 관한 교육이수 증명자료는 인증을 신청한 날로부터 기산하여 최근 2년 이내에 이수한 것이어야 한다. 다만, 5년 이상 인증을 연속하여 유지하거나 최근 2년 이내에 친환경농업 교육 강사로 활동한 경력이 있는 경우에는 최근 4년 이내에 이수한 교육이수 증명자료를 인정한다.

(2) 사육장 및 사육조건

1) 사육장(방목지를 포함한다), 목초지 및 사료작물 재배지는 주변으로부터의 오염우려가 없거나 오염을 방지할 수 있는 지역이어야 하고, 「토양환경보전법 시행규칙」에 따른 1지역의 토양오염 우려기준을 초과하지 아니하여야 하며, 방사형 사육장의 토양에서는 합성농약 성분이 검출되어서는 아니된다. 다만, 관행농업 과정에서 토양에 축적된 합성농약 성분의 검출량이 0.01mg/kg 이하인 경우에는 예외를 인정한다.

2) 축사 및 방목에 대한 세부요건은 다음과 같다.

① 축사 조건

㉠ 축사는 다음과 같이 가축의 생물적 및 행동적 욕구를 만족시킬 수 있어야 한다.

ⓐ 사료와 음수는 접근이 용이할 것

ⓑ 공기순환, 온도 · 습도, 먼지 및 가스농도가 가축건강에 유해하지 아니한 수준 이내로 유지되어야 하고, 건축물은 적절한 단열 · 환기시설을 갖출 것

ⓒ 충분한 자연환기와 햇빛이 제공될 수 있을 것

㉡ 축사의 밀도조건은 다음 사항을 고려하여 가축의 종류별 면적당 사육두수를 유지하여야 한다.

ⓐ 가축의 품종 · 계통 및 연령을 고려하여 편안함과 복지를 제공할 수 있을 것

ⓑ 축군의 크기와 성에 관한 가축의 행동적 욕구를 고려할 것

ⓒ 자연스럽게 일어서서 앉고 돌고 활개 칠 수 있는 등 충분한 활동공간이 확보될 것

㉢ 유기가축 1마리당 갖추어야 하는 가축사육시설의 소요면적(단위:㎡)은 다음과 같다.

ⓐ 한 · 육우 (m^2/마리)

시설형태	번식우	비육우	송아지
방사식	10	7.1	2.5

- 성우 1마리=육성우 2마리
- 성우(14개월령 이상), 육성우(6개월~14개월 미만), 송아지(6개월령 미만)
- 포유중인 송아지는 마리수에서 제외

ⓑ 젖소 (㎡/마리)

시설형태	경산우		초임우 (13~24월령)	육성우 (7~12월령)	송아지 (3~6월령)
	착유우	건유우			
깔짚	17.3	17.3	10.9	6.4	4.3
프리스톨	9.5	9.5	8.3	6.4	4.3

ⓒ 돼지 (㎡/마리)

구분	웅돈	번식돈				비육돈			
		임신돈	분만돈	종부대기돈	후보돈	자돈		육성돈	비육돈
						초기	후기		
소요면적	10.4	3.1	4.0	3.1	3.1	0.2	0.3	1.0	1.5

- 자돈초기(20kg 미만), 자돈중기(20~30kg 미만), 육성돈(30~60kg 미만), 비육돈(60kg 이상)
- 포유중인 자돈은 마리수에서 제외

ⓓ 닭

구분	소요면적
산란 성계, 종계	$0.22m^2$/마리
산란 육성계	$0.16m^2$/마리
육계	$0.1m^2$/마리

- 성계 1마리 = 육성계 2마리 = 병아리 4마리
- 병아리(3주령 미만), 육성계(3주령~18주령 미만), 성계(18주령 이상)

ⓔ 오리

구분	소요면적
산란용 오리	$0.55m^2$/마리
육용 오리	$0.3m^2$/마리

- 성오리 1마리 = 육성오리 2마리 = 새끼오리 4마리
- 산란용: 성오리(18주령 이상), 육성오리(3주령~18주령 미만), 새끼오리(3주령 미만)
- 육용오리: 성오리(6주령 이상), 육성오리 : 3주령~6주령 미만, 새끼오리 : 3주령 미만

ⓕ 면양 · 염소[(유산양(乳山羊 : 젖을 생산하기 위해 사육하는 염소)을 포함한다]

구분	소요면적
면양, 염소	1.3㎡/마리

ⓖ 사슴

구분	소요면적
꽃사슴	2.3㎡/마리
레드디어	4.6㎡/마리
엘크	9.2㎡/마리

㉣ 축사 · 농기계 및 기구 등은 청결하게 유지하고 소독함으로써 교차감염과 질병감염체의 증식을 억제하여야 한다.

㉤ 축사의 바닥은 부드러우면서도 미끄럽지 아니하고, 청결 및 건조하여야 하며, 충분한 휴식공간을 확보하여야 하고, 휴식공간에서는 건조깔짚을 깔아 줄 것

ⓗ 번식돈은 임신 말기 또는 포유기간을 제외하고는 군사를 하여야 하고, 자돈 및 육성돈은 케이지에서 사육하지 아니할 것. 다만, 자돈 압사 방지를 위하여 포유기간에는 모돈과 조기에 젖을 뗀 자돈의 생체중 25kg까지는 케이지에서 사육할 수 있다.

ⓢ 가금류의 축사는 짚·톱밥·모래 또는 야초와 같은 깔짚으로 채워진 건축공간이 제공되어야 하고, 가금의 크기와 수에 적합한 홰의 크기 및 높은 수면공간을 확보하여야 하며, 산란계는 산란상자를 설치하여야 한다.

ⓞ 산란계의 경우 자연일조시간을 포함하여 총 14시간을 넘지 않는 범위 내에서 인공광으로 일조시간을 연장할 수 있다.

② 방목조건

㉠ 포유동물의 경우에는 가축의 생리적조건·기후조건 및 지면조건이 허용하는 한 언제든지 방목지 또는 운동장에 접근할 수 있어야 한다. 다만, 수소의 방목지 접근, 암소의 겨울철 운동장 접근 및 비육 말기에는 예외로 할 수 있다.

㉡ 반추가축은 가축의 종류별 생리 상태를 고려하여 축사면적 2배 이상의 방목지 또는 운동장을 확보해야 한다. 다만, 충분한 자연환기와 햇빛이 제공되는 축사구조의 경우 축사시설면적의 2배 이상을 축사 내에 추가 확보하여 방목지 또는 운동장을 대신할 수 있다.

㉢ 가금류의 경우에는 다음 조건을 준수하여야 한다.

ⓐ 가금은 개방조건에서 사육되어야 하고, 기후조건이 허용하는 한 야외 방목장에 접근이 가능하여야 하며, 케이지에서 사육하지 아니할 것

ⓑ 물오리류는 기후조건에 따라 가능한 시냇물·연못 또는 호수에 접근이 가능할 것

3) 합성농약 또는 합성농약 성분이 함유된 동물용의약외품 등의 자재는 축사 및 축사의 주변에 사용하지 아니하여야 한다.

4) 같은 축사 내에서 유기가축과 비유기가축을 번갈아 사육하여서는 아니 된다.

5) 유기가축과 비유기가축의 병행사육 시 다음의 사항을 준수하여야 한다.

① 유기가축과 비유기가축은 서로 독립된 축사(건축물)에서 사육하고 구별이 가능하도록 각 축사 입구에 표지판을 설치하고, 유기 가축과 비유기가축은 성장단계 또는 색깔 등 외관상 명확하게 구분될 수 있도록 하여야 한다.

② 일반 가축을 유기 가축 축사로 입식하여서는 아니 된다. 다만, 입식시기가 경과하지 않은 어린 가축은 예외를 인정한다.

③ 유기가축과 비유기가축의 생산부터 출하까지 구분관리 계획을 마련하여 이행하여야 한다.

④ 유기가축, 사료취급, 약품투여 등은 비유기가축과 구분하여 정확히 기록 관리하고 보관하여야 한다.

⑤ 인증가축은 비유기 가축사료, 금지물질 저장, 사료공급·혼합 및 취급 지역에서 안전하게 격리되어야 한다.

6) 사육 관련 업무를 수행하는 모든 작업자는 가축의 종류별 특성에 따라 적절한 위생조치를 취하여야 한다.

① 사육장 입구의 발판 소독조에 대하여 정기적으로 관리하여야 한다.
② 관리인에 대한 주기적인 위생 및 방역교육을 실시하도록 노력하여야 한다.
③ 젖소일 경우 출입 전후 착유자에 대한 위생관리를 하여야 한다.

7) 농장에서 사용하는 도구와 설비를 위생적으로 관리하여야 한다.
① 사료 보관장소는 정기적인 청소 · 소독을 하고, 사료저장용 용기, 자동급이기 및 운반용 도구는 청결하게 관리하여야 한다.
② 음수조 및 급수라인은 항상 청결하게 유지하고, 정기적으로 소독 · 관리하여야 한다.
③ 젖소의 경우 착유실은 해충, 쥐 등의 침입을 방지하는 시설을 갖추고, 환기, 급수시설 및 수세시설 등은 청결하게 관리하여야 하며, 착유실 · 원유냉각기는 주기적으로 세척 · 소독하는 등 위생적으로 관리하여야 한다.
④ 산란계의 경우 집란실은 해충, 쥐 등의 침입을 방지하는 시설을 갖추고, 환기시설 등은 청결하게 관리하여야 하며, 집란기 · 집란 라인은 주기적으로 세척 · 소독하는 등 위생적으로 관리하여야 한다.

8) 쥐 등 설치류로부터 가축이 피해를 입지 않도록 방제하는 경우 물리적 장치 또는 관련 법령에 따라 허가받은 제재를 사용하되 가축이나 사료에 접촉되지 않도록 관리하여야 한다.

Section 02 유기축산 사료

1 자급 사료 기반

1) 초식가축의 경우에는 가축 1마리당 목초지 또는 사료작물 재배지 면적을 확보하여야 한다. 이 경우 사료작물 재배지는 답리작 재배 및 임차 · 계약재배가 가능하다.
① 한 · 육우 : 목초지 2,475㎡ 또는 사료작물재배지 825㎡
② 젖소 : 목초지 3,960㎡ 또는 사료작물재배지 1,320㎡
③ 면 · 산양 : 목초지 198㎡ 또는 사료작물재배지 66㎡
④ 사슴 : 목초지 660㎡ 또는 사료작물재배지 220㎡
다만, 가축의 종류별 가축의 생리적 상태, 지역 기상조건의 특수성 및 토양의 상태 등을 고려하여 외부에서 유기적으로 생산된 조사료(粗飼料, 생초나 건초 등의 거친 먹이를 말한다.)를 도입할 경우, 목초지 또는 사료작물재배지 면적을 일부 감할 수 있다. 이 경우 한 · 육우는 374㎡/마리, 젖소는 916㎡/마리 이상의 목초지 또는 사료작물재배지를 확보하여야 한다.

2) 국립농산물품질관리원장 또는 인증기관은 가축의 종류별 가축의 생리적 상태, 지역 기상조건의 특수성 및 토양의 상태 등을 고려하여 유기적으로 재배 · 생산된 조사료를 구입하여 급여하는 것을 인정할 수 있다.

3) 목초지 및 사료작물 재배지는 유기농산물의 재배 · 생산기준에 맞게 생산하여야 한다. 다만, 멸강충 등 긴급 병충해 방제를 위하여 일시적으로 합성농약을 사용할 수 있으며, 이 경우 국립농산물품질관리원장 또는 인증기관의 사전승인 또는 사후보고 등의 조치를 취하여야 한다.
4) 가축분뇨 퇴 · 액비를 사용하는 경우에는 완전히 부숙시켜서 사용하여야 하며, 이의 과다한 사용, 유실 및 용탈 등으로 인하여 환경오염을 유발하지 아니하도록 하여야 한다.
5) 산림 등 자연상태에서 자생하는 사료작물은 유기농산물 허용물질 외의 물질이 3년 이상 사용되지 아니한 것이 확인되고, 비식용유기가공품(유기사료)의 기준을 충족할 경우 유기사료작물로 인정할 수 있다.

2 가축의 선택, 번식 방법 및 입식

1) 가축은 유기축산 농가의 여건 및 다음 사항을 고려하여 사육하기 적합한 품종 및 혈통을 골라야 한다.
   ① 산간지역 · 평야지역 및 해안지역 등 지역적인 조건에 적합할 것
   ② 가축의 종류별로 주요 가축전염병에 감염되지 아니하여야 하고, 특정 품종 및 계통에서 발견되는 스트레스증후군 및 습관성 유산 등의 건강상 문제점이 없을 것
   ③ 품종별 특성을 유지하여야 하고, 내병성이 있을 것
2) 교배는 종축을 사용한 자연교배를 권장하되, 인공수정을 허용할 수 있다.
3) 수정란 이식기법이나 번식호르몬 처리, 유전공학을 이용한 번식기법은 허용되지 아니한다.
4) 다른 농장에서 가축을 입식하려는 경우 해당 가축의 입식조건(입식시기 등)이 유기축산의 기준에 맞게 사육된 가축이어야 하며, 이를 입증할 자료를 인증기관에 제출하여 승인을 받아야 한다. 다만, 유기가축을 확보할 수 없는 경우에는 다음 각 호의 어느 하나의 방법으로 인증기관의 승인을 받아 일반 가축을 입식할 수 있다.
   ① 부화 직후의 가축 또는 젖을 뗀 직후의 가축인 경우(소를 가축 시장 등에서 입식하는 경우 출생 후 10개월 이내만 인정함)
   ② 원유 생산용 또는 알 생산용으로 육성축 또는 성축이 필요한 경우
   ③ 번식용 수컷이 필요한 경우
   ④ 가축전염병 발생에 따른 폐사로 새로운 가축을 입식하려는 경우
   ⑤ 신규 인증을 신청한 농장(신청서를 제출한 날로부터 1년 이내에 인증을 유지한 농장은 제외함)에서 인증신청 당시 사육하고 있는 전체 가축을 전환하려는 경우

3 전환기간

1) 일반농가가 유기축산으로 전환하거나 라목4) 단서에 따라 유기가축이 아닌 가축을 유기농장으로 입식하여 유기축산물을 생산 · 판매하려는 경우에는 제3호 마목에서 정하고 있

는 가축의 종류별 전환기간(최소 사육기간) 이상을 유기축산물 인증기준에 따라 사육하여야 한다.

2) 전환기간은 인증기관의 감독이 시작된 시점부터 기산하며, 방목지 · 노천구역 및 운동장 등의 사육여건이 잘 갖추어지고 유기 사료의 급여가 100% 가능하여 유기축산물 인증기준에 맞게 사육한 사실이 객관적인 자료를 통해 인정되는 경우 전환기간 2/3 범위 내에서 유기 사육기간으로 인정할 수 있다.
3) 전환기간의 시작일은 사육형태에 따라 가축 개체별 또는 개체군별 또는 축사별로 기록 관리하여야 한다.
4) 전환기간이 충족되지 아니한 가축을 인증품으로 판매하여서는 아니 된다.
5) 전환기간이 설정되어 있지 아니한 가축은 해당 가축과 생육기간 및 사육방법이 비슷한 가축의 전환기간을 적용한다. 다만, 생육기간 및 사육방법이 비슷한 가축을 적용할 수 없을 경우 국립농산물품질관리원장이 별도 전환기간을 설정한다.
6) 동일 농장에서 가축 · 목초지 및 사료작물재배지가 동시에 전환하는 경우에는 현재 사육되고 있는 가축에게 자체농장에서 생산된 사료를 급여하는 조건 하에서 목초지 및 사료작물 재배지의 전환기간은 1년으로 한다.

4 사료 및 영양 관리

1) 유기축산물의 생산을 위한 가축에게는 100% 유기사료를 급여하여야 하며, 유기사료 여부를 확인하여야 한다.
2) 유기축산물 생산과정 중 심각한 천재 · 지변, 극한 기후조건 등으로 인하여 사료급여가 어려운 경우 국립농산물품질관리원장 또는 인증기관은 일정기간 동안 유기사료가 아닌 사료를 일정 비율로 급여하는 것을 허용할 수 있다.
3) 반추가축에게 담근먹이(사일리지)만 급여해서는 아니 되며, 생초나 건초 등 조사료도 급여하여야 한다. 또한 비반추가축에게도 가능한 조사료 급여를 권장한다.
4) 유전자변형농산물 또는 유전자변형농산물로부터 유래한 것이 함유되지 아니하여야 하나, 비의도적인 혼입은 「식품위생법」 제12조의 2에 따라 식품의약품안전처장이 고시한 유전자변형식품등의 표시기준에 따라 유전자변형농산물로 표시하지 아니할 수 있는 함량의 1/10 이하여야 한다. 이 경우 '유전자변형농산물이 아닌 농산물을 구분 관리하였다'는 구분유통증명서류 · 정부증명서 또는 검사성적서를 갖추어야 한다.
5) 유기배합사료 제조용 단미사료 및 보조사료는 제1호 나목의 자재에 한해 사용하되 사용가능한 자재임을 입증할 수 있는 자료를 구비하고 사용하여야 한다.
6) 다음에 해당되는 물질을 사료에 첨가해서는 아니 된다.
   ① 가축의 대사기능 촉진을 위한 합성화합물
   ② 반추가축에게 포유동물에서 유래한 사료(우유 및 유제품을 제외)는 어떠한 경우에도 첨가해서는 아니 된다.
   ③ 합성질소 또는 비단백태질소화합물

④ 항생제 · 합성항균제 · 성장촉진제, 구충제, 항콕시듐제 및 호르몬제
⑤ 그 밖에 인위적인 합성 및 유전자조작에 의해 제조 · 변형된 물질

7) 「지하수의 수질보전 등에 관한 규칙」 제11조에 따른 생활용수 수질기준에 적합한 신선한 음수를 상시 급여할 수 있어야 한다.
8) 합성농약 또는 합성농약 성분이 함유된 동물용의약외품 등의 자재를 사용하지 아니하여야 한다.

Section 03 유기축산 관리 및 시설

1 동물복지 및 질병 관리

1) 가축의 질병은 다음과 같은 조치를 통하여 예방하여야 하며, 질병이 없는데도 동물용의약품을 투여해서는 아니 된다.
   ① 가축의 품종과 계통의 적절한 선택
   ② 질병발생 및 확산방지를 위한 사육장 위생관리
   ③ 생균제(효소제 포함), 비타민 및 무기물 급여를 통한 면역기능 증진
   ④ 지역적으로 발생되는 질병이나 기생충에 저항력이 있는 종 또는 품종의 선택
2) 동물용의약품은 규칙 제3호에서 허용하는 경우에만 사용하고 농장에 비치되어 있는 유기축산물 질병 · 예방관리 프로그램에 따라 사용하여야 한다.
3) 동물용의약품을 사용하는 경우 「수의사법」 제12조에 따른 수의사 처방전을 농장에 비치하여야 한다. 다만, 처방대상이 아닌 동물용의약품을 사용한 경우로 다음 각 호의 어느 하나에 해당하는 경우 예외를 인정한다.
   ① 규칙 제1호 나목5)에 따른 가축의 질병 예방 및 치료를 위해 사용 가능한 물질로 만들어진 동물용의약품임을 입증하는 자료를 비치하는 경우(사용가능 조건을 준수한 경우에 한함)
   ② 「수의사법」 제12조에 따른 진단서를 비치한 경우(대상가축, 동물용의약품의 명칭 · 용법 · 용량이 기재된 경우에 한함)
   ③ 「가축전염병예방법」 제15조 제1항에 따른 농림축산식품부장관, 시 · 도지사 또는 시장 · 군수 · 구청장의 동물용의약품 주사 · 투약 조치와 관련된 증명서를 비치한 경우
4) 동물용의약품을 사용한 가축은 동물용의약품을 사용한 시점부터 마목1)의 전환기간(해당 약품의 휴약기간 2배가 전환기간보다 더 긴 경우 휴약기간의 2배 기간을 적용)이 지나야 유기축산물로 출하할 수 있다. 다만, 3)에 따라 동물용의약품을 사용한 가축은 휴약기간의 2배를 준수하여 유기축산물로 출하할 수 있다.
5) 생산성 촉진을 위해서 성장촉진제 및 호르몬제를 사용해서는 아니 된다. 다만, 수의사의 처방에 따라 치료목적으로만 사용하는 경우 「수의사법」 제12조에 따른 처방전 또는 진단

서(대상가축, 동물용의약품의 명칭 · 용법 · 용량이 기재된 경우에 한함)를 농장 내에 비치하여야 한다.

6) 가축에 있어 꼬리 부분에 접착밴드 붙이기, 꼬리 자르기, 이빨 자르기, 부리 자르기 및 뿔 자르기와 같은 행위는 일반적으로 해서는 아니 된다. 다만, 안전 또는 축산물 생산을 목적으로 하거나 가축의 건강과 복지개선을 위하여 필요한 경우로서 국립농산물품질관리원장 또는 인증기관이 인정하는 경우는 이를 할 수 있다.
7) 생산물의 품질향상과 전통적인 생산방법의 유지를 위하여 물리적 거세를 할 수 있다.
8) 동물용의약품이나 동물용의약외품을 사용하는 경우 용법, 용량, 주의사항 등을 준수하여야 하며, 구입 및 사용내역 등에 대하여 기록 · 관리하여야 한다. 다만, 합성농약 성분이 함유된 물질은 사용할 수 없다.

2 운송 · 도축 · 가공과 품질 관리

1) 살아있는 가축의 수송은 가축의 종류별 특성에 따라 적절한 위생조치를 취하고, 상처나 고통을 최소화하는 방법으로 조용하게 이루어져야 하며, 전기 자극이나 대증요법의 안정제를 사용해서는 아니 된다.
2) 유기축산물의 수송, 도축, 가공과정의 품질관리를 위해 다음 사항이 포함된 품질관리 계획을 세워 이를 이행하여야 한다.
   ① 수송방법, 도축방법, 가공방법, 인증품 표시방법
   ② 인증을 받지 않은 축산물이 혼입되지 않도록 하는 구분 관리 방법
3) 가축의 도축은 스트레스와 고통을 최소화하는 방법으로 이루어져야 하고, 오염방지 등을 위해 「축산물 위생관리법」 제9조에 따른 안전관리인증기준(HACCP)을 적용하는 도축장에서 실시되어야 한다.
4) 농장 외부의 집유장, 축산물가공장, 식용란선별포장장, 식육포장처리장에 축산물의 취급을 의뢰하는 경우 취급자 인증을 받은 작업장에 의뢰하여야 한다.
5) 살아있는 가축의 저장 및 수송 시에는 청결을 유지하여야 하며, 외부로부터의 오염을 방지하여야 한다.
6) 유기축산물로 출하되는 축산물에 동물용의약품 성분이 잔류되어서는 아니 된다. 다만, 동물용의약품을 사용한 경우 이를 허용하되, 「식품위생법」 제7조 제1항에 따라 식품의약품안전처장이 고시한 동물용의약품 잔류 허용기준의 10분의 1을 초과하여 검출되지 아니하여야 한다.
7) 방사선은 해충방제, 식품보존, 병원의 제거 또는 위생의 목적으로 사용할 수 없다. 다만, 이물탐지용 방사선(X선)은 제외한다.
8) 유통 시 발생할 수 있는 유기축산물의 변성이나 부패방지를 위하여 임의로 합성물질을 첨가할 수 없다. 다만, 물리적 처리나 천연제제는 유기축산물의 화학적 변성이나 특성을 변화시키지 아니하는 범위에서 적절하게 이용할 수 있다.
9) 알 생산물을 물로 세척하거나 소독하는 경우 허용물질 중 과산화수소, 오존수, 이산화염

소수, 차아염소산수를 사용할 수 있으나, 알 생산물에 잔류되지 않도록 관리계획을 수립하고 이행하여야 한다.

10) 유기축산물 포장재는 「식품위생법」의 관련 규정에 적합하고 가급적 생물 분해성, 재생품 또는 재생이 가능한 자재를 사용하여 제작된 것을 사용하여야 한다.
11) 인증품 출하 시 인증품의 표시기준에 따라 표시하여야 하며, 포장재의 제작 및 사용량에 관한 자료를 보관하여야 한다.
12) 인증표시를 하지 않은 축산물을 인증품으로 판매할 수 없다. 다만, 품질관리 계획에 따라 계약된 유통자에게 살아있는 가축으로 판매하는 경우 납품서, 거래명세서 또는 보증서 등에 표시사항을 기재하여야 하며 동 자료를 보관하여야 한다.
13) 인증품에 인증품이 아닌 제품을 혼합하거나 인증품이 아닌 제품을 인증품으로 광고하거나 판매하여서는 아니 된다.
14) 가축의 도축 및 축산물의 저장 · 유통 · 포장 등의 취급과정에서 사용하는 도구와 설비가 위생적으로 관리되어야 하며, 축산물의 유기적 순수성이 유지되도록 관리하여야 한다.
15) 합성농약 성분은 검출되지 아니하여야 한다.
16) 다음 각 호에 해당하는 경우 유기축산물로 출하하기 전에 동물용의약품 성분 또는 농약 성분의 잔류량 검사를 하고 그 검사결과를 인증기관에 제출하여야 한다.
   ① 가축의 털, 가축 분뇨, 사료 통 등에서 농약성분 또는 동물용의약품 성분이 검출된 경우
   ② 「축산물 위생관리법」 제19조에 따른 축산물 수거 · 검사 결과 동물용의약품 성분 또는 농약성분이 검출된 사실을 통보 받은 경우

3 가축분뇨의 처리

1) 「가축분뇨의 관리 및 이용에 관한 법률(이하 "가축분뇨법"이라 한다)」에 따른 다음 각 호의 사항을 준수하여야 한다.
   ① 가축분뇨법 제10조에서 제13조의 2까지와 제17조를 준수하여 환경오염을 방지하고, 가축사육 시 발생하는 가축분뇨는 완전히 부숙시킨 퇴비 또는 액비로 자원화하여 초지나 농경지에 환원함으로써 토양 및 식물과의 유기적 순환관계를 유지하여야 한다.
   ② 가축분뇨법 시행규칙 제4조 제1항에 따른 가축분뇨배출시설 설치허가증 또는 시행규칙 제7조 제3항에 따라 가축분뇨배출시설 설치신고증명서를 구비하여야 한다. 다만, 사육시설이 동 법령의 허가 또는 신고 대상이 아닌 경우에는 적용하지 아니한다.
2) 가축의 운동장에서는 가축의 분뇨가 외부로 배출되지 아니하도록 청결히 유지 · 관리하여야 한다.
3) 가축분뇨 퇴 · 액비는 표면수 오염을 일으키지 아니하는 수준으로 사용하되, 장마철에는 사용하지 아니하여야 한다.

Chapter 6

적중예상문제

저자쌤의 문제풀이 Tip

기술자격증 시험은 문제은행식 출제로 반복되는 문제들이므로 되도록 모든 문제를 풀어보고 숙지하여야 한다.

Chapter 01 유기농업의 의의

01 자연생태계와 비교했을 때 농업생태계의 특징이 아닌 것은?

① 종의 다양성이 낮다.
② 안정성이 높다.
③ 지속기간이 짧다.
④ 인간 의존적이다.

해설 **농업생태계의 특징**
- 농업생태계는 인간이 자연생태계를 파괴 및 변형시켜 만들어졌다.
- 천이의 초기상태가 계속 유지된다.
- 농업생태계는 불안정하다.
- 생물상이 단순하다.
- 작물의 우점성을 극단적으로 높이도록 관리되고 있다.

02 유기농업과 밀접한 관계가 없는 것은?

① 물질의 지역 내 순환
② 토양유기물 함량
③ 인증농산물 생산
④ 유기농업 연작체계 마련

해설 **유기농업의 기본 목적**
- 가능한 폐쇄적인 농업시스템 속에서 적당한 것을 취하고 지역 내 자원에 의존
- 장기적으로 토양 비옥도를 유지
- 현대 농업기술이 가져온 심각한 오염을 회피
- 영양가 높은 식품을 충분히 생산
- 농업에 화석연료의 사용을 최소화
- 가축에 대하여 심리적 필요성과 윤리적 원칙에 적합한 사양조건을 만들어 주는 것
- 자연환경과의 관계에서 공생, 보호적인 자세를 견지

03 친환경 농업이 출현하게 된 배경으로 틀린 것은?

① 세계의 농업정책이 증산위주에서 소비자와 교역중심으로 전환되어가고 있는 추세이다.
② 국제적으로 공업부분은 규제를 강화하고 있는 반면, 농업부분은 규제를 다소 완화하고 있는 추세이다.
③ 대부분의 국가가 친환경농법의 정착을 유도하고 있는 추세이다.
④ 농약을 과다하게 사용함에 따라 천적이 감소되어가는 추세이다.

해설 **친환경농업의 필요성 대두**
- 사회 · 경제적 여건의 변화
- 무역자유화와 시장개방 압력의 가속화
- 소비자계층의 다양화와 식품안전성에 대한 인식 제고
- 국토공간의 효율적 이용과 환경문제의 개선

04 친환경농업의 필요성이 대두된 원인으로 거리가 먼 것은?

① 농업부분에 대한 국제적 규제 심화
② 안전농산물을 선호하는 추세의 증가
③ 관행농업 활동으로 인한 환경오염 우려
④ 지속적인 인구증가에 따른 증산 위주의 생산 필요

해설 **친환경농업의 필요성 대두**
- 사회 · 경제적 여건의 변화
- 무역자유화와 시장개방 압력의 가속화
- 소비자계층의 다양화와 식품안전성에 대한 인식 제고
- 국토공간의 효율적 이용과 환경문제의 개선

05 유기농업의 목표가 아닌 것은?

① 토양의 비옥도를 유지한다.
② 자연계를 지배하려 하지 않고 협력한다.
③ 안전하고 영양가가 높은 식품을 생산한다.
④ 인공적 합성화합물을 투여하여 증산한다.

해설 유기농업에서는 인공적 합성화합물의 투여를 하지 않는다.

1.② 2.④ 3.② 4.④ 5.④

06 유기농업의 목표가 아닌 것은?

① 농가 단위에서 유래되는 유기성 재생자원의 최대한 이용
② 인간과 자원에 적절한 보상을 제공하기 위한 인공조절
③ 적정 수준의 작물과 인간영양
④ 적정 수준의 축산 수량과 인간영양

해설 환경농업은 합성농약, 화학비료 등 화학투입재의 사용을 최대한 줄이고 자원의 재활용으로 지역자원과 환경을 보전하면서 장기적으로는 일정한 생산성과 수익성을 확보하고 안전한 식품을 생산하는 것을 추구한다. 또한 단기적인 것이 아닌 장기적인 이익추구, 개발과 환경의 조화, 단작 중심이 아닌 순환적 종합농업체계, 생태계 메커니즘을 활용한 고도의 농업기술을 의미한다.

07 유기농업과 가장 관련이 적은 용어는?

① 생태학적 농업
② 자연농업
③ 관행농업
④ 친환경농업

해설 **관행농업**
화학 비료와 유기 합성 농약을 사용하여 작물을 재배하는 관행적인 농업 형태

08 유기농업은 어떤 관계에 특히 주목하여 주창되었는가?

① 국가와 국민
② 생산자와 소비자
③ 인간과 동물
④ 인간과 자연

해설 유기농업은 인간과 자연의 유기적 관계에 특히 주목하였다. 여기서 유기적이라는 것은 상호 의존이 긴밀하게 된다는 의미이다.

09 농림축산식품부에서 유기농업발전기획단을 설치한 연도는?

① 1991년 ② 1993년
③ 1995년 ④ 1997년

해설 농림축산식품부 농산국에 1991년 유기농업발전기획단이 설치되었다.

10 GMO의 바른 우리말 용어는?

① 유전자농산물
② 유전자이용농산물
③ 유전자형질농산물
④ 유전자변형농산물

해설 GMO(Genetically Modified Organism)는 유전자를 조작하여 생산성을 강화한 유전자변형농산물을 말한다.

11 다음 중 국제유기농업운동연맹을 바르게 표시한 것은?

① IFOAM
② WHO
③ FAO
④ WTO

해설 국제유기농업운동연맹(IFOAM)은 전 세계 110개국의 750개 유기농 단체가 가입한 민간단체이다.

12 IFOAM이란?

① 국제유기농업운동연맹
② 무역의 기술적 장애에 관한 협정
③ 위생식품검역 적용에 관한 협정
④ 국제유기식품규정

해설 **국제유기농업운동연맹(IFOAM)**
지구의 환경을 보전하고 인류의 건강을 지키기 위하여 시작된 유기농업이 전 세계로 확산되면서 1972년 창설

13 다음 중 유기농산물을 포함해 식품에 관한 국제규격을 제시하는 기구는?

① 세계보건기구(WHO)
② 세계무역기구(WTO)
③ 국제연합식량농업기구(FAO)
④ 국제식품규격위원회(Codex)

해설 **Codex**
1962년에 설립된 정부 간의 모임이자 국제적으로 통용될 수 있는 식품규격기준을 제정, 관리하는 전문 조직으로 세계보건기구(WHO)와 국제연합식량농업기구(FAO)가 합동으로 운영한다. 이 위원회에서 설정한 규정을 보통 '코덱스' 또는 '코덱스 규격'이라 한다.

6.② 7.③ 8.④ 9.① 10.④ 11.① 12.① 13.④

14 다음 중 전체 농경지에서 유기농업 경지 비율이 가장 높은 지역은?

① 호주 ② 남미
③ 북미 ④ 유럽

해설 유기농업을 가장 많이 하고 있는 국가는 호주, 아르헨티나, 이탈리아 등이지만 전체 농경지에서 유기농업 경지 비율이 가장 높은 국가는 유럽 지역 국가들이다.

15 저투입 지속농업(LISA)을 통한 환경친화형 지속농업을 추진하는 국가는?

① 미국 ② 영국
③ 독일 ④ 스위스

해설 저투입 지속농업은 인공자재의 투입을 억제하고 동시에 지속성이 있는 작물재배를 실현하고자 하는 농법이다.

16 농업의 환경보전기능을 증대시키고, 농업으로 인한 환경오염을 줄이며, 친환경농업을 실천하는 농업인을 육성하여 지속가능하고 환경친화적인 농업을 추구함을 목적으로 하는 법은?

① 친환경농어업법
② 환경정책기본법
③ 토양환경보전법
④ 농수산물품질관리법

해설 **친환경농업의 정의**
"친환경농어업"이란 합성농약, 화학비료 및 항생제 · 항균제 등 화학자재를 사용하지 아니하거나 그 사용을 최소화하고 농업 · 수산업 · 축산업 · 임업 부산물의 재활용 등을 통하여 생태계와 환경을 유지 · 보전하면서 안전한 농산물 · 수산물 · 축산물 · 임산물을 생산하는 산업을 말한다.

17 다음 설명에서 정의하는 농업은?

합성농약, 화학비료 및 항생제, 항균제 등 화학자재를 사용하지 아니하거나 그 사용을 최소화하고 농업 · 수산업 · 축산업 · 임업 부산물의 재활용 등을 통하여 생태계와 환경을 유지 보전하면서 안전한 농산물 · 수산물 · 임산물을 생산하는 산업

① 지속적 농업 ② 친환경농어업
③ 정밀농업 ④ 태평농업

해설 **친환경농어업**
화학자재를 사용하지 아니하거나 그 사용을 최소화하고, 농업 · 수산업 · 축산업 · 임업 부산물의 재활용 등을 통하여 생태계와 환경을 유지 · 보전하면서 안전한 농산물 · 수산물 · 축산물 · 임산물을 생산하는 산업을 말한다.

18 다음 중 친환경 농산물 인증제도에 대한 설명으로 적절하지 않은 것은?

① 친환경 농산물 인증 제도는 친환경 농업의 육성과 소비자 보호를 위해 전문 인증 기관의 엄격한 기준에 의거 종합 점검하여 그 안전성과 품질을 인증해 주는 제도이다.
② 친환경 인증 기준은 농산물의 경우 경영관리, 재배포장, 용수, 재배방법, 생산물의 품질 관리 등이다.
③ 친환경 인증 기준은 축산물의 경우 사육장 및 사육 조건, 자급 사료 기반, 가축의 출처 및 입식, 사료 및 영양 관리, 동물복지 및 질병 관리, 품질관리 등이다.
④ 친환경 인증 제도를 실시하는 목적은 유기농산물의 원산지를 명확히 하여 수입을 억제하기 위해서이다.

해설 **친환경 인증 제도 실시 목적**
- 품질이 우수하고 안전한 농산물의 생산, 공급
- 우리 농산물의 품질 경쟁력 제고
- 생산조건에 따른 인증으로 안전 농산물에 대한 신뢰 구축
- 소비자의 입맛에 맞는 고품질 안전 농산물의 생산, 공급 체계 구축

19 친환경농산물 인증 종류 중 유기합성농약과 화학비료를 일체 사용하지 않고 재배한 농산물은?

① 유기농산물 ② 저농약농산물
③ 무농약농산물 ④ 전환기유기농산물

해설 **환친경농산물의 종류**
- 유기농산물 : 유기합성농약과 화학비료를 사용하지 않고 재배한 농산물
- 무농약농산물 : 유기합성농약은 사용하지 않고 화학비료는 권장시비량의 1/3 이하를 사용하여 재배한 농산물
- 유기축산물 : 항생제 · 합성항균제 · 호르몬제가 포함되지 않은 유기사료를 급여하여 사육한 축산물
- 무항생제축산물 : 항생제 · 합성항균제 · 호르몬제가 포함되지 않은 무항생제 사료를 급여하여 사육한 축산물

14.④ 15.① 16.① 17.② 18.④ 19.①

20 유기농업의 종류 중 무경운, 무비료, 무제초, 무농약 등 4대 원칙과 가장 밀접한 것은?
① 자연농업
② 경제형 유기 농법
③ 환경 친화적 유기 농법
④ 생명 과학 기술형 유기 농업

해설 자연농법은 무경운, 무비료, 무제초, 무농약 등 4대 원칙에 입각한 유기 농업으로, 자연 환경을 파괴하지 않고 자연 생태계를 보전, 발전시키면서 안전한 먹거리를 생산하는 방법이다.

21 다음 중 토양을 가열소독할 때 적당한 온도와 가열 시간은?
① 60℃, 30분 ② 60℃, 60분
③ 100℃, 30분 ④ 100℃, 60분

해설 권장 소독 온도와 시간은 60도에서 30분이다.

22 태양열 소독의 특징으로 거리가 먼 것은?
① 주로 노지 토양 소독에 많이 이용된다.
② 선충 및 병해 방제에 효과가 있다.
③ 유기물 부숙을 촉진하여 토양이 비옥해진다.
④ 담수처리로 염류를 제거할 수 있다.

해설 주로 시설의 토양 소독에 많이 이용된다.

23 유기농업에서 토양비옥도를 유지, 증대시키는 방법이 아닌 것은?
① 작물 윤작 및 간작
② 녹비 및 피복작물 재배
③ 가축의 순환적 방목
④ 경운작업의 최대화

해설 잦은 경운은 입단파괴로 물리성 악화와 강우에 의한 유실 및 용탈을 가져와 비옥도가 낮아질 수 있다.

24 화학비료가 토양에 미치는 영향으로 거리가 먼 것은?
① 토양생물 다양성 감소
② 무기물의 공급
③ 작물의 속성수확
④ 미생물의 공급

해설 화학비료의 특징
- 토양생물의 다양성 감소 : 특정 미생물만 존재하게 되어 토양생물의 다양성이 감소한다.
- 무기물의 공급 : 유기물이 공급하는 천연비료와 달리 무기물을 공급할 수 있다.
- 작물의 속성수확 : 화학비료는 무기염이 이온 형태로 물에 쉽게 녹아 식물의 뿌리에 흡수되기 때문에 작물의 생육이 빠르다.
- 미생물 감소 : 화학비료의 과용은 토양의 산성화, 황폐화로 미생물이 생육할 수 없는 환경이 되고 지력이 감퇴된다.

25 발효퇴비를 만드는 과정에서 일반적으로 C/N률이 가장 적합한 것은?
① 1 이하 ② 5~10
③ 20~35 ④ 50 이상

해설 C/N률은 미생물들이 먹이로 쓰는 질소의 함량을 맞춰주기 위한 것으로 30 이하로 맞추어야 퇴비화가 잘 된다.

26 퇴비화 과정에서 숙성단계의 특징이 아닌 것은?
① 퇴비더미는 무기물과 부식산, 항생물질로 구성된다.
② 붉은두엄벌레와 그 밖의 토양생물이 퇴비더미 내에서 서식하기 시작한다.
③ 장기간 보관하게 되면 비료로서의 가치는 떨어지지만 토양개량제로서의 능력은 향상된다.
④ 발열과정에서 보다 많은 양의 수분을 요구한다.

해설 발열과정에서 더 많은 양의 수분을 요구하지는 않는다. 60% 이상 유지로 충분하다.

27 다음 중 호기성 발효퇴비의 구별방법으로 거리가 먼 것은?
① 냄새가 거의 나지 않는다.
② 중량 및 부피가 줄어든다.
③ 비옥한 토양과 같은 어두운 색깔이다.
④ 모재료의 원래 형태가 잘 남아 있다.

해설 발효과정 중 유기물의 분해로 원형은 유지되지 못한다.

20.① 21.① 22.① 23.④ 24.④ 25.③ 26.④ 27.④

28 고온발효 퇴비의 장점이 아닌 것은?

① 흙의 산성화를 억제한다.
② 작물의 토양 전염병을 억제한다.
③ 작물의 속성재배를 야기한다.
④ 흙의 유기물 함량을 유지, 증가시킨다.

해설 작물의 속성재배를 야기하는 것은 고온발효 퇴비의 단점이다.

29 농산물 재배에 필요한 호기성 발효를 위한 퇴비화 조건에 적용되지 않는 것은?

① 퇴비화를 위한 수분 조절
② 퇴비화 준비기간의 질소량 조절
③ 퇴비화 기간의 혐기성 미생물의 활성도 증진
④ 퇴비화 과정의 산소량 고려

해설 호기성 발효를 위해서는 호기성 미생물의 활성도가 증진되어야 한다.

Chapter 02 품종과 육종

01 품종의 형질과 특성에 대한 설명으로 옳은 것은?

① 품종의 형질이 다른 품종과 구별되는 특징을 특성이라고 표현한다.
② 작물의 형태적 · 생태적 · 생리적 요소는 특성으로 표현된다.
③ 작물 키의 장간 · 단간, 숙기의 조생 · 만생은 품종의 형질로 표현된다.
④ 작물의 생산성 · 품질 · 저항성 · 적응성 등은 품종의 특성으로 표현된다.

해설 **품종의 특성과 형질**
- 특성
  ㉠ 품종의 형질이 다른 품종과 구별되는 특징
  ㉡ 숙기의 조생과 만생, 키의 장간과 단간 등
- 형질
  ㉠ 작물의 형태적, 생태적, 생리적 요소
  ㉡ 작물의 키, 숙기(출수기) 등

02 우량품종이 갖추어야 할 특성으로 보기 어려운 것은?

① 우수성 ② 균등성
③ 영속성 ④ 다양성

해설 우수한 품종의 조건에는 우수성, 균등성, 영속성, 그 지역의 환경적응성 등이 있다.

03 저항성 품종에 대한 설명으로 틀린 것은?

① 병에 잘 걸리지 않는 품종을 저항성 품종이라고 한다.
② 저항성 품종을 재배하면 농가의 경제적 부담도 감소한다.
③ 복합 저항성을 가진 품종이 일반적이다.
④ 현재 저항성 품종의 이용은 병해에 대한 것이 대부분이다.

해설 복합 저항성 품종이 개발되어 실제로 재배되고 있는 사례도 있으나 복합 저항성을 가진 품종은 예외에 속하는 편이다.

04 하나 또는 몇 개의 병원균과 해충에 대하여 대항할 수 있는 기주의 능력을 무엇이라 하는가?

① 민감성 ② 저항성
③ 병회피 ④ 감수성

해설 재배방법의 개선 등으로 식물이 병원균의 활동기를 회피함으로써 병에 걸리지 않는 것을 병회피라고 한다.

05 품종 보호 요건에 해당되지 않는 것은?

① 구별성 ② 우수성
③ 안전성 ④ 균일성

해설 **품종 보호 요건**
신규성, 구별성, 균일성, 안전성, 품종 고유명칭

06 우량 종자가 갖추어야 할 조건으로 옳지 않은 것은?

① 우량 품종에 속하는 종자
② 유전적으로 순수하고 이형 종자가 섞이지 않은 종자
③ 충실하게 발달하여 생리적으로 좋은 종자
④ 절화의 수명이 짧고 수송, 저장력이 좋은 종자

해설 절화의 수명이 길어야 한다.

28.③ 29.③ / 1.① 2.④ 3.③ 4.② 5.② 6.④

07 세포에서 상동염색체가 존재하는 곳은?

① 핵 ② 리보솜
③ 골지체 ④ 미토콘드리아

해설 염색체는 기질로 싸여 있고 그 속에 2개의 염색사(방추사)가 있으며 그 위에 많은 염색소립이 실려 있고 DNA와 단백질이 약하게 결합되어 구성된 핵단백질이 염색체의 주성분이다.

08 육종의 목표가 아닌 것은?

① 생산성 증대 ② 고품질의 생산
③ 경영의 합리화 ④ 기존 종의 유지

해설 일반적인 재배식물의 육종 목표
- 생산성의 증대
- 고품질의 생산
- 생산의 안정화
- 경영의 합리화
- 새로운 종의 형성

09 다음 중 작물의 육종목표 중 환경친화형과 관련되는 것은?

① 수량성 ② 기계화 적성
③ 품질 적성 ④ 병해충 저항성

해설 내병성 품종의 육종으로 농약의 사용량을 줄일 수 있다.

10 일대잡종(F1) 품종이 갖고 있는 유전적 특성은?

① 잡종강세 ② 근교약세
③ 원원교잡 ④ 자식열세

해설 잡종강세육종법은 잡종강세 현상이 왕성하게 나타나는 1대잡종을 품종으로 이용하는 육종법이다.

11 염색체 수를 늘리거나 줄임으로 생겨나는 변이를 이용하는 육종 방법은?

① 교잡육종법
② 선발육종법
③ 배수체육종법
④ 돌연변이육종법

해설 ① 육종의 소재가 되는 변이를 교잡을 통해 얻는 방법
② 교배를 하지 않고 재래종에서 우수한 특성을 가진 개체를 골라 품종으로 만드는 방법
④ 자연적 돌연변이 또는 인위적 돌연변이를 이용하여 우수한 품종을 얻는 방법

12 배추와 무에서 뇌수분을 하는 이유는?

① 자식열세의 회복
② 잡종강세의 발현
③ 웅성불임의 소거
④ 자가불화합성의 타파

해설 뇌수분은 꽃이 개화되기 전 어린 화뇌상태에서 수분을 실시하는 것을 말하는데 육종에서 자식을 실시하기 위해 일시적으로 자가불화합성을 타파하기 위해 이용된다.

Chapter 03 유기원예

01 원예작물의 특징이 아닌 것은?

① 집약적인 재배를 한다.
② 종류가 많고 품종이 다양하다.
③ 원예작물 중 채소는 유기 염류를 공급해 준다.
④ 생활 공간의 미화로 정신건강에 도움을 준다.

해설 채소는 인체의 건전한 발육에 필수적인 비타민 A, C와 칼슘, 철, 마그네슘 등 무기 염류를 공급해 준다.

02 원예작물과 함유된 기능성 물질의 연결이 잘못된 것은?

① 고추－캡사이신
② 양파－리코펜
③ 마늘－알리인
④ 상추－락투시린

해설 원예작물의 효능

채소	주요 물질	효능
고추	캡사이신	암세포 증식 억제
토마토	리코펜	항산화 작용, 노화방지
수박	시트룰린	이뇨작용 촉진
오이	엘라테린	숙취해소
양배추	비타민U	항궤양성
마늘, 파류	알리인	살균작용, 항암작용
양파	케르세틴	고혈압 예방, 항암작용
상추	락투시린	진통효과
우엉	이눌린	당뇨병 치료
치커리	인티빈	노화, 혈액 순환 촉진
파슬리	아피올	해열, 이뇨작용 촉진
딸기	엘러진산	항암작용
비트	베타인	토사, 구충, 이뇨작용
생강	시니크린	해독작용

7.① 8.④ 9.④ 10.① 11.③ 12.④ / 1.③ 2.②

03 다음 중 채소 분류의 기준이 되지 못하는 것은?

① 식용 부위의 따른 분류
② 광적응성에 따른 분류
③ 수분 요구도에 따른 분류
④ 온도 적응성에 따른 분류

해설 ① 엽경채류, 근채류, 과채류
② 양성 채소, 음성채소
④ 호온성 채소, 호냉성 채소

04 마늘과 양파를 식용부위에 따라 분류한다면 어디에 속하는가?

① 엽채류 ② 근채류
③ 과채류 ④ 조미채류

해설 실용적으로 가장 많이 이용되는 채소의 분류법은 식용 부위에 따른 분류이다. 마늘과 양파는 인경을 이용하는데 인경은 일종의 저장엽이기 때문에 엽채류로 분류한다. 꽃양배추의 경우도 꽃은 식물학적으로 변태된 잎으로 본다.

05 과실의 구조에 따른 분류가 옳지 않은 것은?

① 사과 – 인과류
② 살구 – 핵과류
③ 무화과 – 각과류
④ 단감 – 준인과류

해설 과실의 구조에 따른 분류
- 인과류 : 사과, 배, 모과, 비파 등
- 핵과류 : 복숭아, 살구, 자두 등
- 장과류 : 포도, 나무딸기, 구즈베리, 무화과, 석류 등
- 각과류 : 밤, 호두, 개암 등
- 준인과류 : 감귤류와 감 등

06 다음 중 참열매(진과)가 아닌 것은?

① 오이 ② 호박
③ 콩 ④ 사과

해설 진과
씨방과 종자만으로 이루어진 열매 – 오이, 호박, 가지, 수박, 토마토, 감, 포도, 밤, 완두, 콩, 팥 등

07 다음 중 화훼 원예의 특징으로 옳지 않은 것은?

① 문화적 수준의 향상과 더불어 발달된다.
② 생산기술의 고도화를 필요로 한다.
③ 시설을 이용하여 연중 분산 재배가 이루어지고 있다.
④ 종류와 품종의 수가 많다.

해설 화훼 원예의 특징
- 환경 미화 재료를 생산한다.
- 문화적 수준의 향상과 더불어 발달된다.
- 생산기술의 고도화를 필요로 한다.
- 종류와 품종의 수가 많다.
- 시설을 이용하여 연중 집약 재배가 이루어지고 있다.

08 단일성 식물에 속하는 일년초화류는?

① 국화
② 코스모스
③ 팬지
④ 페튜니아

해설 1년초화류
종자를 파종하면 발아 후 1년 이내에 개화하고 결실하여 일생을 마치는 화훼류이다.

09 다음 중 식물과 화기구조상의 특징을 짝지은 것으로 잘못된 것은?

① 무 : 자웅이주
② 호박 : 자웅이화
③ 아스파라거스 : 자웅이주
④ 수박 : 자웅이화

해설
- 자웅동주 채소 : 무, 배추, 양배추, 양파 등
- 자웅이화동주 채소 : 오이, 호박, 참외, 수박 등
- 자웅이주 채소 : 시금치, 아스파라거스 등

10 다음 뿌리채소의 식용부분에 대한 설명 중 틀린 것은?

① 생육 후반기에 잎이 잘 자라도록 해주어야 한다.
② 일종의 저장기관이다.
③ 비대 발육을 위해서는 생육전반기에 엽면적의 확보가 중요하다.
④ 온도 조건이 유리할 때 광합성이 최대가 되도록 비배관리 해야 한다.

해설 생육 후반기에는 잎이 무성하게 자라지 않도록 주의해야 한다.

3.③ 4.① 5.③ 6.④ 7.③ 8.② 9.① 10.①

11 다음 중 작물의 생존연한에 대한 설명으로 옳지 않은 것은?

① 종자를 봄에 파종하여 그해 안에 성숙하는 작물을 1년생 작물이라 한다.
② 가을에 파종하여 이듬해 늦봄이나 초여름에 성숙하는 작물을 2년생 작물이라 한다.
③ 생존연한과 경제적 이용연한이 여러 해인 작물을 다년생 작물이라 한다.
④ 1년생 작물은 여름작물이 많고, 월년생 작물은 겨울작물이 많다.

해설 **생존연한에 의한 분류**
- 1년생작물(annual crop)
  ㉠ 봄에 파종하여 당해연도에 성숙, 고사하는 작물
  ㉡ 벼, 대두, 옥수수, 수수, 조 등
- 월년생작물(winter annual crop)
  ㉠ 가을에 파종하여 다음 해에 성숙, 고사하는 작물
  ㉡ 가을밀, 가을보리 등
- 2년생작물(biennial crop)
  ㉠ 봄에 파종하여 다음 해 성숙, 고사하는 작물
  ㉡ 무, 사탕무, 당근 등
- 다년생작물(perennial crop)
  ㉠ 대부분 목본류와 같이 생존연한이 긴 작물
  ㉡ 아스파라거스, 목초류, 호프 등

12 과수재배에 적당한 토양의 물리적 조건은?

① 토성이 낮아야 한다.
② 지하수위가 높아야 한다.
③ 점토함량이 높아야 한다.
④ 삼상분포가 알맞아야 한다.

해설 고상, 기상, 액상의 비율이 적당하면 투수, 통기성과 보수, 보비력이 알맞아 작물의 생육에 유리하다.

13 토양을 경운하더라도 이겨지지 않고 입자는 연하여 부드러운 입단으로 되어 있어 경운에 가장 알맞은 것은?

① 강성　② 가소성
③ 이쇄성　④ 소성

해설 이쇄성은 외부충격 등에 의해 분말상태로 쉽게 깨어지는 성질을 말하는 것으로, 경작하기 좋고 경운이 가능한 상태를 말한다.

14 일반적으로 보통 토양 교질에 가장 많이 흡착되어 있는 염기류는?

① Ca, Mg
② K, Na
③ Fe, Na
④ Mg, NH_4

해설 토양에 들어 있는 교환성 양이온은 Ca^{2+}, MG_2^+, K^+, Na^+, H^+ 등이며, 그 가운데 Ca^{2+}이 차지하는 비율이 가장 많다.

15 토양 입자에 가장 쉽게 흡착되는 것은?

① 질산태 질소
② 요소태 질소
③ 유기태 질소
④ 암모니아태 질소

해설 암모니아태 질소는 양이온을 띠므로 음전하를 띠고 있는 다른 형태의 질소보다 잘 흡착된다. 암모니아태 질소는 흡수되어 세포 내에서 아미노태로 변화한 다음 물관을 지난다.

16 과수원의 석회시용 효과와 거리가 먼 것은?

① 토양의 입단구조를 증가시킨다.
② 산성토양을 중화시켜 준다.
③ 수체의 생장 자체를 도와준다.
④ 미생물 활동을 억제해 준다.

해설 미생물의 활동을 활발하게 해 준다.

17 다음 중 작물의 생산량이 낮은 토양의 특징이 아닌 것은?

① 자갈이 많은 토양
② 배수가 불량한 토양
③ 지렁이가 많은 토양
④ 유황 성분이 많은 토양

해설 **지렁이의 특징**
- 작물생육에 적합한 토양조건의 지표로 볼 수 있다.
- 토양에서 에너지원을 얻으며 배설물이 토양의 입단화에 영향을 준다.
- 미분해된 유기물의 시용은 개체수를 증가시킨다.
- 유기물의 분해와 통기성을 증가시키며 토양을 부드럽게 하여 식물 뿌리 발육을 좋게 한다.

11.② 12.④ 13.③ 14.① 15.④ 16.④ 17.③

18 경작지의 토양온도가 가장 높은 것은?

① 황적색 토양으로 동쪽으로 15° 경사진 토양
② 황적색 토양으로 서쪽으로 15° 경사진 토양
③ 흑색 토양으로 남쪽으로 15° 경사진 토양
④ 흑색 토양으로 북쪽으로 15° 경사진 토양

해설 토양온도는 토색이 어둡고 태양광을 잘 받는 조건에서 높아진다.

19 작물 또는 과수 등을 재배하는 경작지의 지형적 요소에 대한 설명으로 옳은 것은?

① 경작지가 경사지일 때 토양유실 정도는 부식질이 많을수록 심하다.
② 과수 수간에서의 일소피해는 과수원의 경사 방향이 동향 또는 동남향일 때 피해를 받기 쉽다.
③ 산기슭을 제외한 경사지의 과수원은 이른봄의 발아 및 개화 시에 상해를 덜 받는 장점이 있다.
④ 경사지는 평지보다 토양유실이 심한 점을 감안하여 가급적 토양을 얕게 갈고 돈분, 계분 등의 유기물을 많이 넣어 주어야 한다.

해설 ① 경작지가 경사지일 때 토양유실 정도는 부식질이 많을수록 감소한다.
② 과수 수간에서의 일소피해는 과수원의 경사방향이 남향 또는 남서향일 때 피해를 받기 쉽다.
④ 경사지는 평지보다 토양유실이 심한 점을 감안하여 가급적 토양을 깊게 갈고 완숙퇴비를 시비하여 입단화하는 것이 유리하다.

20 유기재배 과수의 토양표면 관리법으로 가장 거리가 먼 것은?

① 청경법　② 초생법
③ 부초법　④ 플라스틱 멀칭법

해설 천연재료를 이용하는 것이 알맞다.

21 경사지 과수원의 토양 관리를 초생법으로 하면 어떤 점이 유리한가?

① 노력이 절감된다.
② 유기물 공급이 된다.
③ 건조 방지가 된다.
④ 표토 유실 방지가 된다.

해설 초생 또는 부초는 빗방울의 직접 타격을 막고 유속을 억제하며 토양의 입단구조와 투수성을 좋게 하여 과수원 토양 침식을 방지하는데 효과적인 방법이다.

22 초생재배의 장점이 아닌 것은?

① 토양의 단립화
② 토양침식 방지
③ 제초노력 경감
④ 지력 증진

해설 초생재배는 유기물의 공급과 토양 피복 효과로 입단화가 촉진된다.

23 다음은 대기 환경에 대한 설명이다. 틀린 것은?

① 생육과 관련하여 탄산가스, 수분, 유해가스 등은 상당한 영향을 준다.
② 시설재배보다 노지에서 병해가 많이 발생한다.
③ 유해가스에는 아황산가스, 일산화탄소, 암모니아가스 등이 있다.
④ 토양 수분이 지나치게 많으면 종자 발아 즉 영양, 수분 흡수에 지장을 준다.

해설 시설 내에서는 바람이 불지 않기 때문에 탄산가스가 부족하기 쉽고, 유해가스의 집적으로 그 피해가 자주 나타나며 수분활동이 억제되는 경우가 많다.

24 밤기온의 최저 한계 온도가 가장 높은 작물은?

① 토마토　② 가지
③ 배추　④ 셀러리

해설 ① 토마토 : 8~13℃
② 가지 : 13~18℃
③ 배추 : 10~15℃
④ 셀러리 : 8~13℃

25 온대 작물의 발아에 적합한 온도는?

① 8~15℃　② 12~21℃
③ 16~27℃　④ 25~35℃

해설 발아 적합 온도
- 온대작물 : 12~21℃
- 아열대 작물 : 16~27℃
- 열대작물 : 25~35℃

18.③ 19.③ 20.④ 21.④ 22.① 23.② 24.② 25.②

26 다음 중 고온에서 발아가 불량해지는 저온 발아성 채소는?
① 시금치
② 토마토
③ 무
④ 고추

해설 저온발아성(10~20℃)
금어초, 양귀비, 안개꽃, 과꽃, 스토크, 맨드라미, 백합, 스위트피, 상추, 쑥갓, 시금치, 셀러리, 부추 등

27 다음 중 고온해에 대한 대책이 아닌 것은?
① 플라스틱 필름 지면 피복
② 내서성 품종 선택
③ 파종기 조절
④ 차광 재배

해설 ①은 저온해에 대한 대책이다.

28 원예 작물에서 흔히 일어나는 고온해는?
① 세포내 세포 용질의 누출
② 입의 반점
③ 결구 불량
④ 세포벽 파괴

해설 고온해
종자의 발아불량, 결구 불량, 착화 및 착색 불량, 조기추대, 수량 및 품질저하

29 대부분의 과채류가 저온해를 입기 시작하는 온도는?
① 5℃ ② 3℃
③ 1℃ ④ -1℃

해설 5℃ 이하에서 해를 입기 시작하여 5~8℃에서 생육 지연 및 꽃의 발육이 저해된다.

30 다음 중 저온해에 대한 대책이 아닌 것은?
① 왕겨나 짚을 태운다.
② 소형 터널을 설치한다.
③ 대형 선풍기로 대기를 교반시킨다.
④ 하우스 측창을 연다.

해설 저온해 대책
- 불피우기
- 고깔 씌우기
- 소형터널 설치
- 멀칭
- 강제대류

31 과수의 착색을 지연시키는 요인이 아닌 것은?
① 질소과다 ② 도장
③ 조기낙엽 ④ 햇빛

해설 태양광은 착색을 촉진시키는 조건이다.

32 다음 중 발아를 촉진하는 색광은?
① 녹색 ② 분홍색
③ 보라색 ④ 청색

해설 청색광(500~560nm)과 적색광(600~700nm)은 발아를 촉진하고 500nm 이하와 700nm 이상의 광역은 발아를 억제한다.

33 일장의 자극을 받아들이는 기관은?
① 줄기 ② 잎
③ 뿌리 ④ 꽃

해설 일장의 자극을 받아들이는 기관은 잎이고 충분히 전개한 젊은 잎의 선단부가 가장 예민하게 감응하며 노엽이나 미성숙한 잎은 반응이 둔한 편이다.

34 당근의 추대와 개화를 촉진하는 것은?
① 온도 ② 수분
③ 일장 ④ 습도

해설 노지 재배는 일장 조건이 별로 문제되지 않으나 당근 등의 하우스 재배에서는 광, 일장이 중요하다.

35 유기재배용 종자 선정 시 사용이 절대 금지된 것은?
① 내병성이 강한 품종
② 유전자변형 품종
③ 유기재배된 종자
④ 일반종자

해설 유기재배에서 유전자변형 품종은 절대 사용할 수 없다.

26.① 27.① 28.③ 29.① 30.④ 31.④ 32.④ 33.② 34.③ 35.②

36 유기농업에서 유기종자를 이용하는 것은 가장 중요한 결정사항 중 하나이다. 유기종자로 적절하지 않은 것은?

① 병충해 저항성이 높은 품종
② 잡초 경합력이 높은 품종
③ 유기농법으로 재배되어 채종된 품종
④ 종자의 화학적인 소독처리를 거친 품종

해설 유기종자는 농약을 사용하지 않고 화학적 처리과정을 거치지 않은 유기적으로 재배된 종자이다.

37 십자화과 작물의 채종 적기는?

① 백숙기
② 갈숙기
③ 녹숙기
④ 황숙기

해설 화곡류의 채종적기는 황숙기이고, 십자화과의 채소류는 갈숙기가 적기이다.

38 다음 중 발아 연한이 가장 짧은 채소는?

① 배추 ② 가지
③ 양배추 ④ 파

해설
- 단명종자 : 양파, 파, 시금치, 단옥수수 등
- 상명종자 : 무, 배추, 토마토, 고추, 당근 등
- 장명종자 : 콩, 녹두, 오이, 호박, 가지 등

39 다음 작물의 번식에 대한 설명 중 틀린 것은?

① 영양번식은 식물체의 잎, 줄기, 뿌리 등의 영양체를 분리하여 독립된 개체를 만드는 방법으로 특성이 똑같은 품종을 손쉽게 생산할 수 있다.
② 꺾꽂이는 식물체의 일부를 잘라 모래나 질석, 펄라이트 등에 꽂아 뿌리를 내리게 하여 새로운 식물체를 만드는 방법이다.
③ 접붙이기는 두 식물의 장점을 동시에 얻고자 할 때 번식에 이용되는데 친화성이 있는 대목과 접수의 형성층을 맞추어 양분 및 수분이 이동할 수 있도록 해야 한다.
④ 묻어떼기는 꺾꽂이나 접붙이기가 잘 되는 나무류의 번식에 주로 이용한다.

해설 **묻어떼기**
어미나무의 줄기나 가지를 그대로 뿌리를 내리게 한 다음 분리시켜 번식시키는 방법으로 꺾꽂이나 접붙이기가 잘 안되는 나무류의 번식에 주로 이용한다.

40 영양번식의 장점과 관계가 깊은 사항은?

① 번식이 쉽고 비용이 싸다.
② 일시에 대량 번식시킬 수 있다.
③ 어버이 형질이 전해진다.
④ 발육이 왕성하고 수명이 길다.

해설 영양번식의 장점은 어버이의 유전형질을 그대로 이어받고 개화 및 결과의 연령을 단축시킬 수 있으며, 종자 번식이 어려운 것을 번식시킬 수 있다.

41 다음 중 종자 번식의 장점으로 볼 수 없는 것은?

① 번식 방법이 쉽고 다수의 묘를 생산할 수 있다.
② 품종개량의 목적으로 우량종의 개발이 가능하다.
③ 번식 가능 기간이 길고 방법이 용이하다.
④ 종자의 수송이 용이하며 원거리 이동시 안전하고 용이하다.

해설 **종자 번식의 장점**
- 번식의 방법이 쉽고 다수의 묘를 생산할 수 있다.
- 품종 개량의 목적으로 우량종의 개발이 가능하다.
- 영양번식에 비교하여 일반적으로 발육이 왕성하고 수명이 길다.
- 종자의 수송이 용이하며 원거리 이동이 안전, 용이하다.
- 육묘비가 적게 든다.

42 다음 중 육묘용 상토로서 갖추어야 할 조건은?

① 뿌리의 안정을 위해서 비중이 클 것
② 무기물 함량이 될 수 있는 대로 높을 것
③ 공극률이 작아 양수분을 간직하는 힘이 강할 것
④ 비열이 높고 가격이 저렴할 것

해설 **좋은 상토 조제 시 고려점**
경량 상토로서 비중이 낮고 비열이 높으며 값이 싸고 병충해가 없는 무균 상태이어야 한다. 유기물 함량이 높고 분해가 물리적, 화학적으로 안정되어 있어야 하며 보수성과 통기성이 있어야 한다. 또 작은 용기에 배지를 충분히 충전할 수 있으며 자체 결합력을 갖춘 배지이어야 한다.

36.④ 37.② 38.④ 39.④ 40.③ 41.③ 42.④

43 다음 중 모종굳히기에 알맞은 조건은?
① 저온, 건조, 약광
② 고온, 다습, 강광
③ 고온, 건조, 약광
④ 저온, 건조, 강광

해설 모종굳히기
모종을 정식하기 전에 외부 환경에 적응하고 견딜 수 있도록 하는 것으로 대개 정식 5일 전부터 물주는 양을 줄이고 육묘상의 기온을 낮추며 직사광선을 받도록 해 준다.

44 다음은 노지재배에 대한 서술이다. 바르지 못한 것은?
① 노지 재배하는 분화는 키가 작은 일년초나 왜성품종을 선택하여야 하며 점점 수요가 늘어나고 있다.
② 가정용 화목류는 특별한 장소의 제약 없이 주로 노지에서 생산되고 있다.
③ 노지 재배용 절화는 온실 재배용 절화보다 시장 단가가 높은 것이 보통이다.
④ 노지 재배는 부업으로 손대기가 쉬우며 그 고장의 기후 조건이 성공의 중요한 관건이 된다.

해설 노지 재배용 절화는 온실 재배용 절화보다 시장 단가가 낮은 것이 보통이다. 생산규모를 크게 하고 노력을 절감시킬 수 있는데 사용되는 화훼는 초장이 크고 화기가 길며 성질이 강건해야 한다.

45 다음 중 포도의 개화와 수정을 방해하는 요인이 아닌 것은?
① 도장억제 ② 저온
③ 영양부족 ④ 강우

해설 저온, 강우, 일조부족 등 부적절한 환경과 영양부족으로 인한 생육 저하는 개화, 수정을 방해한다.

46 토마토의 재배환경으로 적당한 곳은?
① 광선이 잘 쬐고 약산성인 곳
② 광선이 잘 쬐고 약알카리성인 곳
③ 광선이 약한 곳이라도 강산성인 곳
④ 광선은 약해도 강알칼리성인 곳

해설 토마토는 호광성 식물로서 일조량이 많아야 생육이 잘 되고 일조량이 부족하면 꽃이 떨어지며 열매 맺음이 좋지 않을 뿐만 아니라 과실의 착색도 좋지 않다. 토양 산도는 약산성(pH 6.5)이 적당하다.

47 우리나라에서 가장 많이 이용되는 토마토의 작형은?
① 조숙재배 ② 촉성재배
③ 고랭지재배 ④ 가공용재배

해설 조숙재배
2월에 온상에서 육묘하여 5월 노지에 정식하고 7~8월에 수확한다.

48 순정 꽃눈을 갖는 과수는?
① 사과 ② 배
③ 복숭아 ④ 포도

해설 순정 꽃눈
꽃눈에서는 잎이나 새 가지가 전혀 나오지 않고 오직 꽃만 피는 눈으로 복숭아, 자두 등의 꽃눈이 대표적이다.

49 복숭아 품종의 특성이 아닌 것은?
① 생식용과 가공용이 다르다.
② 출하 후 신선도 유지 기간이 길다.
③ 유럽종과 동양계의 교잡종이 우리나라에 적합하다.
④ 내수성이 약하다.

해설 복숭아는 시장 출하 후 신선도 유지 기간이 짧기 때문에 숙기를 고려하여 선택해야 한다.

50 낙과의 원인이 아닌 것은?
① 수정이 되지 않았을 경우
② 배의 발육이 중지되었을 경우
③ 생식기관들의 발육이 불완전한 경우
④ 생장조절제를 살포하였을 경우

해설 낙과의 원인
- 생식기관들의 발육이 불완전한 경우
- 수정이 되지 않았을 경우
- 배의 발육이 중지되었을 경우
- 단위결과성이 약한 품종일 경우
- 질소나 탄수화물이 과부족인 경우
- 수분이 과부족인 경우

43.④ 44.③ 45.① 46.① 47.① 48.③ 49.② 50.④

51 낙과 방지법이 아닌 것은?

① 꽃눈을 충실하게 키운다.
② 수정이 잘 되게 한다.
③ 과실 내의 양분과 수분의 공급을 순조롭게 한다.
④ 화학 약제는 과실 살포에 절대 금하게 한다.

해설 **낙과 방지법**
- 꽃눈을 충실하게 키운다.
- 낙과 방지용 생장조절제를 살포한다.
- 과실 내의 양분과 수분의 공급을 순조롭게 한다.
- 수정을 잘 되게 한다.

52 심경하는 방법 중 그 종류가 아닌 것은?

① 사양토나 벼의 만식재배의 경우에는 심경이 재배에 유리
② 연차적으로 구덩이를 파고 유기물을 넣어주는 방법
③ 도랑식이라 하며 나무 사이를 도랑과 같이 길게 파주는 방법
④ 윤구식이라고 하여 나무의 주위를 둥글게 연차적으로 심경해 주는 방법

해설 누수가 심한 사양토나 벼의 만식재배와 같은 경우에는 심경이 해롭다.

53 봉지 씌우기 효과로 옳지 않은 것은?

① 당함량 증진 ② 동록 방지
③ 과실의 착색 증진 ④ 숙기 지연

해설 봉지 씌우기는 과실의 착색 증진, 병해충 방지, 숙기 지연, 동록 방지에 쓰인다.

54 다음 중 과실솎기를 적기에 하였을 때의 이점이 아닌 것은?

① 과실의 착색이 좋아진다.
② 다음해에 결실될 꽃눈이 많이 분화된다.
③ 과실의 평균무게가 무거워진다.
④ 과실이 익는 시기가 늦어진다.

해설 **열매솎기의 효과**
- 과실의 크기를 크고 고르게 해준다.
- 과실의 착색을 돕고 품질을 높여준다.
- 나무의 잎, 가지, 뿌리 등의 수체 생장을 돕는다.
- 꽃눈의 분화 발달을 좋게 하고 해거리를 예방한다.
- 병해충을 입은 과실이나 모양이 나쁜 것을 제거한다.
- 과실의 모양을 고르게 한다.
- 적기에 열매솎기를 하면 과실의 무게를 증가시킬 수 있다.

55 과수의 공간이용도가 높다는 뜻은?

① 비료를 조금 주어도 된다.
② 노동력이 적게 투입된다.
③ 과수는 키가 크고 수관도 넓기 때문에 가지의 공간 배치를 고르게 해야 한다.
④ 뿌리가 깊기 때문에 적은 거름, 지표의 온도 상승과 동해 등에 의한 피해가 크지 않다.

해설 대부분의 작물은 키가 작고 결실, 수확의 부위도 한정되어 있는데 비해 과수는 키가 크고 수관도 넓다. 그리고 수관 전체가 모두 결실 부위가 될 수도 있다.

56 과수를 혼식하는 이유로 옳은 것은?

① 수확기를 달리하기 위하여
② 과실의 품질을 좋게 하기 위하여
③ 병충해를 막기 위하여
④ 결실이 잘 되게 하기 위하여

해설 대부분의 과수는 타화수정 식물이므로 수분수를 섞어 심어야 한다. 수분수 품종의 개화기는 주품종의 개화기보다 약간 빠르거나 같아야 한다.

57 시설토양을 관리하는 데 이용되는 텐시오미터의 중요한 용도는?

① 토양수분장력 측정 ② 토양염류농도 측정
③ 토양입경분포 조사 ④ 토양용액산도 측정

해설 **텐시오미터**
토양과 수분 사이에 작용하는 흡인력인 수분장력을 측정하는 장치

58 1843년 식물의 생육은 다른 양분이 아무리 충분하여도 가장 소량으로 존재하는 양분에 의해서 지배된다는 설을 제창한 사람과 이에 관한 학설은 어느 것인가?

① Liebig, 최소량의 법칙
② Darwin, 순계설
③ Mendel, 부식설
④ Salfeld, 최소량의 법칙

51.④ 52.① 53.① 54.④ 55.③ 56.④ 57.① 58.①

해설 Liebig의 최소량의 법칙
식물의 생육은 다른 양분이 아무리 충분하여도 가장 소량으로 존재하는 양분에 의해서 지배된다.

59 친환경 유기농자재와 거리가 먼 것은?
① 고온발효퇴비 ② 미생물추출물
③ 키토산(액상) ④ 4종 복합비료

해설 4종 복합비료
엽면시비용 또는 양액재배용 화학비료이다.

60 온실효과에 대한 설명으로 옳지 않은 것은?
① 시설농업으로 겨울철 채소를 생산하는 효과이다.
② 대기 중 탄산가스 농도가 높아져 대기의 온도가 높아지는 현상을 말한다.
③ 산업발달로 공장 및 자동차의 매연가스가 온실효과를 유발한다.
④ 온실효과가 지속된다면 생태계의 변화가 생긴다.

해설 온실효과의 원인
자연적 또는 인위적으로 발생하는 이산화탄소(CO_2), 메탄가스(CH_4), 아산화질소(N_2O) 등 온실가스에 의한 열흡수 때문에 발생한다.

61 다음 중 오존에 강한 작물은?
① 피튜니아 ② 시금치
③ 감자 ④ 양배추

해설 오존은 잎의 호흡을 촉진시켜 영양 부족으로 식물을 말라 죽게 한다. 살구나무, 은행나무, 양배추, 후추, 튤립, 팬지 등은 오존에 대한 내성이 강하다.

62 딸기 재배시설에서 뱅커플랜트로 이용되는 작물은?
① 밀 ② 호밀
③ 콩 ④ 보리

해설 뱅커플랜트(Banker Plant)
천적의 개체수를 꾸준히 증가시켜주는 천적유지식물로, 뱅커플랜트 자체가 천적의 먹이가 되는 것이 아니고 뱅커플랜트에 서식하는 벌레가 바로 먹이가 된다. 보리에는 보리두갈래진딧물이나 기장테두리진딧물이 서식하는데, 진딧물의 천적인 진디벌이 이들을 먹고 살다가 목화진딧물(딸기)이나 복숭아혹진딧물(배)이 발생하면 이를 방제한다.

63 유기 농작물 생산자가 취해야 할 구체적인 영농기준으로 적절하지 않은 것은?
① 품종은 병해충 저항성이면서 유기 농업 인증 농가에서 채종된 것을 선택할 것
② 화학비료 대신 경제적인 수확이 가능하도록 녹비작물, 두과작물 및 심근성 작물의 윤작을 실시할 것
③ 잡초 관리에 있어서 윤작, 경운 등 경종적 방법이 근간이 되어야 하고 화학제초제의 사용은 금함
④ 병해충 관리에 있어서 농약과 식물성 조절제의 사용을 금하고 천적 보호와 번식을 추진함

해설 병해충 관리
- 농약의 사용을 금함
- 천적 보호와 번식을 추진
- 생물학적 해충관리
- 일부 식물성 조절제 및 식물 즙액의 사용 허용

64 도열병에 저항성이던 벼 품종이 일정기간 후 같은 장소에서 감수성으로 변한 원인으로 가장 관계 깊은 것은?
① 재배법의 변화
② 토양 조건의 변화
③ 병원 레이스의 변화
④ 기상환경의 변화

해설 레이스(Race)
병원균의 기생성이 다른 것으로 계속해서 분화하여 다양성을 갖게 되므로 저항성을 가졌더라도 환경에 따라 변할 수 있다.

65 다음 중 석회보르도액 제조 시 주의할 사항이 아닌 것은?
① 황산구리는 98.5% 이상, 생석회는 90% 이상의 순도를 지닌 것을 사용한다.
② 반드시 석회유에 황산구리액을 희석한다.
③ 황산구리액과 석회유는 온도가 낮으면서 거의 비슷해야 한다.
④ 금속용기를 사용하여 희석액을 섞거나 보관한다.

해설 비금속용기를 사용해야 한다.

59.④ 60.① 61.④ 62.④ 63.④ 64.③ 65.④

66 다음 중 해충 관리에 대한 설명으로 틀린 것은?

① 밀가루를 물에 풀어 뿌리면 벌레의 껍질 와 스층이 파괴돼 수분 증발로 말라 죽게 된다.
② 섞어짓기(혼작)를 하면 특정한 작물만 먹는 벌레의 급격한 번식을 막을 수 있다.
③ 생육에 지장이 없는 한도 내에서 파종기를 앞당기거나 늦추어 특정 벌레의 피해를 줄일 수 있다.
④ 제충국에서 추출한 식물성 살충제로 해충의 신경전달 작용을 저해한다.

해설 밀가루를 물에 풀어 뿌리면 나방 애벌레의 숨구멍이 막혀 말라죽게 할 수 있다.

67 살균제에 대한 설명으로 틀린 것은?

① 마늘즙은 살충제뿐 아니라 살균제로도 쓰인다.
② 살균 비누는 흰가루병과 검은무늬병, 궤양병, 점무늬병 등에 사용한다.
③ 구리는 매우 강력한 비선택성 살균제이다.
④ 베이킹 파우더가 병원균에 직접 닿으면 균사가 발육을 멈춘다.

해설 베이킹 파우더는 작물에 붙어 있는 균의 포자가 발아하는 것을 막는다.

68 시설원예의 특성이 아닌 것은?

① 상업농 체제의 기업적 경영이 가능하다.
② 소규모 면적에서 주년 및 집약재배가 가능하다.
③ 노동 집약적 재배로 단경기 생산이다.
④ 신선한 작물 생산에 의하여 국민 건강에 공헌한다.

해설 시설원예의 특성
- 농한기 유휴 노동력을 흡수하여 노동력을 연중 활용
- 기업적 경영으로 상업적 영농 가능

69 온실의 입지 선정 시 반드시 고려해야 할 사항은?

① 지형이 산간지대로 토지 비용이 값싼 곳을 선택한다.
② 태풍, 돌풍이 자주 있지만 온도가 높은 곳을 선택한다.
③ 지반이 연약하더라도 일사량이 풍부한 곳을 선택한다.
④ 양질의 용수를 확보할 수 있는 곳을 선택한다.

해설 시설의 입지조건은 지형, 수질, 배수, 기상조건, 도로, 지반조건 등을 충분히 고려하는 것이 바람직하다.

70 시설재배에 있어서 육묘의 목적이 아닌 것은?

① 토지 이용도를 높인다.
② 종자를 절약한다.
③ 생육을 균일하게 할 수 있다.
④ 추대를 촉진한다.

해설 시설재배는 생력적이면서 자본집약적으로 경영되는 것이므로 대면적에서 노동집약적으로 경영되는 노지재배와는 크게 다르다.

71 시설원예용 피복재를 선택할 때 고려해야 할 순서로 바르게 나열된 것은?

① 피복재의 규격 → 온실의 종류와 모양 → 경제성 → 재배작물 → 피복재의 용도
② 온실의 종류와 모양 → 재배작물 → 피복재의 규격 → 피복재의 용도 → 경제성
③ 재배작물 → 온실의 종류와 모양 → 피복재의 용도 → 피복재의 규격 → 경제성
④ 경제성 → 재배작물 → 피복재의 용도 → 온실의 종류와 모양 → 피복재의 규격

해설 시설용 피복재을 선택할 때는 재배할 작물의 생육 특성에 보온성 등을 고려하여야 하며, 온실의 모양이나 종류 등을 고려해야 한다. 또한 우수한 피복재일지라도 가격이 비싸 경제적이지 못하다면 이용하기 어려워진다.

72 다음 연질 필름 중 가장 보온력이 높은 하우스 외피 부자재는?

① 염화비닐(PVC)필름
② 고밀도폴리에틸렌필름
③ 저밀도폴리에틸렌필름
④ 청색 폴리에틸렌필름

해설 PVC
투과율이 높고 보온력이 뛰어나며 항장력, 신장력 및 내구성이 크고 약품에 대한 내성이 크며 연질이기 때문에 사용이 편리하다.

66.① 67.④ 68.③ 69.④ 70.④ 71.③ 72.①

73 온실의 기초피복재로 산광 피복재를 이용하는 가장 큰 이유는?

① 광투과율 증대 ② 광분포의 균일화
③ 광질의 향상 ④ 일장의 조절

해설 산광은 깊은 그늘을 만들지 않으므로 광분포가 균일하다.

74 시설 내에 그늘이 생기지 않는 피복재는?

① 투명유리 ② 폴리에틸렌 필름
③ EVA 필름 ④ FRA

해설 FRP와 FRA 등은 자외선을 거의 투과시키지 않으며 장파장의 투과율도 낮다.

75 다음 중 비닐하우스에 이용되는 무적필름의 주요 특징은?

① 가격이 싸다.
② 먼지가 붙지 않는다.
③ 물방울이 맺히지 않는다.
④ 내구연한이 길다.

해설 **무적(無滴)필름**
시설 외면 피복자재 중 하나로 물방울이 맺히지 않는 필름이다.

76 지붕형 하우스와 비교할 때 아치형 하우스의 장점에 속하는 것은?

① 내풍성이 우수하다.
② 환기창 개폐 자동화 설비가 용이하다.
③ 대규모 시설에 유리하다.
④ 각형 강관 구조재를 도입하므로 안전성이 높다.

해설 아치형은 지붕이 곡면으로 구성되어 있어 내풍성이 높다.

77 다음 중 양쪽 지붕 연동형 온실의 특징에 해당하는 것은?

① 토지 이용률이 높다.
② 지붕 연결부가 방수성이다.
③ 눈의 피해가 적다.
④ 단위 면적당 건축비가 비싸다.

해설 양쪽 지붕 연동형 온실은 건설비가 싸고 난방비를 절약할 수 있으며 토지 이용률이 높고, 재배 관리를 능률적으로 할 수 있으나, 광분포가 불균일하고, 환기가 잘 안되며, 눈의 피해를 입기 쉬운 단점이 있다.

78 토마토, 오이 등의 열매채소와 카네이션, 국화 등의 화훼류 재배에 널리 이용되고 있는 온실은 어느 것인가?

① 외지붕형 온실
② 3/4지붕형 온실
③ 양쪽 지붕형 온실
④ 양쪽 지붕 연동형 온실

해설 **양쪽 지붕형 온실**
- 양쪽 지붕의 길이가 같은 온실로 광선이 사방으로 균일하게 입사하고 통풍이 잘 되는 장점이 있다.
- 남북 방향으로 지으면 햇빛이 고르게 든다.
- 측면과 천장에 환기창을 설치하기 때문에 환기가 잘 된다.

79 수막하우스의 특징을 가장 잘 설명한 것은?

① 보온성이 매우 뛰어나다.
② 토양의 염류농도가 낮다.
③ 관수의 자동화가 쉽다.
④ 일장의 자동조절이 쉽다.

해설 지하수를 이용하여 얇은 수막을 형성하게 만든 재배시설로 야간 보온을 목적으로 하며 이는 열의 유출을 막을 뿐 아니라 열을 발산하여 보온효과가 있다.

80 온실의 복합환경 제어요소에 해당하지 않는 것은?

① 일사량
② 광선의 파장
③ 습도
④ 이산화탄소의 농도

해설 **복합환경 제어**
온도, 습도, 빛, 이산화탄소, 양액의 농도 및 공급 횟수 등이 외부 환경의 변화에 따라 자동으로 조절됨으로써 작물 생육에 최적의 환경 조건을 최적의 상태로 유지시켜 어떠한 기상 조건에 구애받지 않고 고품질의 농산물을 생산할 수 있게 하는 것

73.② 74.④ 75.③ 76.① 77.① 78.③ 79.① 80.②

81 시설의 환기효과라고 볼 수 없는 것은?

① 실내온도를 낮추어 준다.
② 공중습도를 높여준다.
③ 탄산가스를 공급한다.
④ 유해가스를 배출한다.

해설 시설 내 공중습도가 높으므로 공중습도를 낮출 수 있다.

82 다음 중 하우스 환기의 목적으로 적당하지 않은 것은?

① 온도를 낮춘다.
② 습도를 조절한다.
③ 광선을 조절한다.
④ 가스 피해를 제거한다.

해설 환기는 시설의 온, 습도를 낮추는 외에 탄산가스를 공급하고 유해가스를 추방하는 효과가 있다.

83 냉방 보조방법으로 효과가 없는 것은?

① 차광피복재에 의한 차광
② 지붕에 물을 흘러 내리기
③ 열선 흡수 유리의 사용
④ 플라스틱 필름으로 멀칭하기

해설 **냉방 보조설비**
- 차광 : 차광재를 지붕 위에 설치하여 햇빛 차단
- 옥상 유수 : 지붕에 물을 흘러보내 태양열을 흡수시키고 지붕면을 냉각
- 열선흡수 유리 : 열을 주로 흡수하는 유리를 피복하여 시설의 온도 상승을 억제

84 다음 중 시설 내 환경특이성에 관한 설명으로 틀린 것은?

① 토양이 건조해지기 쉽다.
② 공중습도가 높다.
③ 탄산가스 농도가 높다.
④ 광분포가 불균일하다.

해설 높은 온도로 광합성량은 많아지는 반면 외부 공기유입이 없어 이산화탄소의 농도는 낮아지며 충분한 이산화탄소 공급을 위해 탄산시비를 하기도 한다.

Chapter 04 유기농 수도작

01 소금을 녹인 간수를 사용하여 종자 선별을 하는 경우 적정 비중이 가장 높은 것은?

① 메벼의 몽근씨 ② 찰벼의 몽근씨
③ 메벼의 까락씨 ④ 찰벼의 까락씨

해설 메벼 몽근씨 : 1.13 / 메벼 까락씨 : 1.10
찰벼의 몽근씨 : 1.10 / 찰벼의 까락씨 : 1.08

02 다음 해충 중 잎을 갉아 먹는 종이 아닌 것은?

① 벼애나방 유충 ② 벼물바구미 유충
③ 멸강나방 유충 ④ 흑명나방 유충

해설 벼물바구미의 유충은 뿌리 위나 속에서 뿌리를 가해하고 밀도가 높아지면 벼 전체를 위축시킨다.

03 이앙 이후부터 재차 고온이 적합하게 된다. 출수기까지의 적온은?

① 20~24℃ ② 24~28℃
③ 28~32℃ ④ 32~36℃

해설 이앙 이후부터는 재차 고온이 적합하게 되어 출수기까지의 평균 기온은 24~28℃가 적온이며, 성숙기간에 적온이 점차 낮아져서 일평균 기온이 10℃ 내외에서 수확하는 것이 좋다.

04 어린묘의 경우 10a 당 소요되는 상파 상자수는?

① 15~18개 ② 20~25개
③ 30~33개 ④ 33~36개

해설 10a 당 소요 상자수는 산파 상자의 경우 어린묘는 15~18개, 중묘는 30~33개이며, 조파인 경우에는 33~36개이다.

05 포장군락의 단면적당 동화능력(광합성능력)을 포장동화능력이라 한다. 일정한 조사광량에서 포장동화 능력을 구하고자 할 때 관계하는 요인으로 거리가 먼 것은?

① 수광능률 ② 최적엽면적
③ 총엽면적 ④ 평균동화능력

해설 포장동화능력=총엽면적×수광효율×평균동화능력

81.② 82.③ 83.④ 84.③ / 1.① 2.② 3.② 4.① 5.②

06 직파답에서 주로 발생하는 잡초가 아닌 것은?

① 강아지풀 ② 명아주
③ 바랭이 ④ 쑥

해설 쑥은 봄이나 가을에 밭에서 주로 발생한다. 직파답에 주로 발생하는 잡초에는 강아지풀, 명아주, 바랭이, 쇠비름, 돌피, 개비름 등이 있다.

07 종이 멀칭에서 멀칭 종이가 완전히 분해되는 시기는?

① 25~30일 ② 35~40일
③ 45~50일 ④ 55~60일

해설 멀칭 종이는 모내기 후 햇볕과 물 등에 의해서 서서히 분해되기 시작하여 벼가 거의 자라 논 표면을 덮어 잡초 발생이 어려운 45~50일경에는 멀칭 종이도 완전히 분해된다.

08 건답에 대한 설명으로 틀린 것은?

① 관개 수원이 풍부하고 배수도 자유로워서 논에 물을 임의로 대고 뺄 수가 있는 논을 말한다.
② 물을 대면 논이 되고 물을 빼면 밭으로 이용이 가능하기 때문에 답리작, 답전작 등에 의한 답리모작을 유리하게 할 수 있는 논이다.
③ 남부지방에서는 건답에 벼를 주로 재배한다.
④ 건답은 유기물의 분해가 비교적 잘 되며 관수 배수가 자유로워 토양의 물리학적 성질이나 생물학적 환경이 양호하여 생산력이 높다.

해설 건답
관개 수원이 풍부하고 배수도 자유로워서 논에 물을 임의로 대고 뺄 수 있는 논이며, 남부지방에서는 이와 같은 상태의 논에 답리작으로써 보리를 주로 재배하여 보리논(맥답)이라고도 한다.

09 논토양과 밭토양의 설명으로 틀린 것은?

구분	논토양	밭토양
① 토양 pH	약산성	강산성
② 토양침식	적음	많음
③ 잡초피해	많음	적음
④ 연작	가능	불가능

해설 잡초 피해는 논토양에 비해 밭토양이 많은편이다.

10 논토양과 밭토양을 비교하여 설명한 내용으로 옳지 않은 것은?

① 토양의 산성도에서 논토양은 약산성이나 밭토양은 강산성을 보인다.
② 논토양의 경우에는 미량 요소의 결핍이 거의 없으나 밭토양에서는 많다.
③ 논토양의 토성은 식양토-사양토이고 밭토양의 토성은 점토이다.
④ 논토양에는 환원성 유해물질이 많으나 밭토양에는 적다.

해설 논토양의 토성은 점토이고, 밭토양의 토성은 식양토-사양토이다.

11 냉수답에 대한 설명으로 옳지 않은 것은?

① 냉수답이란 자갈이나 모래가 많고 작토가 많아서 지하로의 투수가 심한 논을 말한다.
② 냉수답에서는 냉수가 솟아 벼의 생육이 장해를 받는다.
③ 냉수답은 초장이 짧고 분얼이 저조하여 생육의 부진으로 출수가 지연되는 것이 특징이다.
④ 냉수답의 개량 대책으로는 점토질의 객토, 밑다짐, 관개 수온의 상승을 위한 시설로 온수지 비닐 튜브의 이용 등이 있다.

해설 ①은 누수답에 대한 설명이다. 냉수답이란 기온과는 관계가 없고 냉수를 관개하거나 냉수가 솟아 벼의 생육이 장해를 받는 논을 말한다.

12 유기농업으로 전환할 때 유기농가가 고려할 사항으로 틀린 것은?

① 가축분료나 인분을 사용한다.
② 유전자 변형종자를 사용하지 않는다.
③ 외부투입자재를 최대화하여 생산성을 향상시킨다.
④ 적당한 유기물, 수분, 산도, 양분의 이용으로 균형잡힌 토양관리를 실시한다.

해설 외부투입자재를 최소화한다.

6.④ 7.③ 8.③ 9.③ 10.③ 11.① 12.③

13 유기농림산물의 인증기준에서 규정한 재배방법에 대한 설명으로 틀린 것은?

① 화학비료의 사용은 금지한다.
② 유기합성농약의 사용은 금지한다.
③ 심근성 작물재배는 금지한다.
④ 두과 작물재배는 허용한다.

해설 녹비작물, 두과작물, 심근성 작물을 재배한다.

14 오리농법에서 오리의 적정 투입수는?

① 15~20마리/10a ② 25~30마리/10a
③ 35~40마리/10a ④ 45~50마리/10a

해설 **방사 밀도**
25~30마리/10a

15 오리농법에 따른 잡초 방제 효과에 대한 설명으로 틀린 것은?

① 오리는 잡초를 먹어치우거나 짓밟고 몸통으로 논바닥을 문질러서 매몰시킨다.
② 표면수를 탁하게 하여 잡초의 발생 및 발육 환경을 불량하게 한다.
③ 부리나 갈퀴로 벼포기 사이의 피를 할켜서 제거하게 한다.
④ 오리는 늙은 잎이나 벼와 피 등의 긴 잎은 잘 먹지 않으므로 이앙 초기 잡초가 크기 전에 방제되도록 관리해야 한다.

해설 벼포기 사이의 피는 오리가 제거하지 못하므로 사람이 제거해야 한다.

16 수도작에 오리를 방사하는데 모내기 후 언제 넣어주는 것이 가장 효과적인가?

① 7~14일 후 ② 20~25일 후
③ 25~30일 후 ④ 30~40일 후

해설 3~4주령 오리를 이앙 7~14일 후에 방사하는 것이 가장 효과적이다.

17 우렁이농법에 의한 유기벼 재배에서 우렁이 방사에 의해 주로 기대되는 효과는?

① 잡초방제 ② 유기물 대량공급
③ 해충방제 ④ 양분의 대량공급

해설 **왕우렁이 농법의 효과**
- 먹이 습성을 이용한 제초제 대용 왕우렁이 농법은 제초제를 생물 자원으로 대체함으로써 토양 및 수질오염 방지와 생태계 보호 등 친환경농업 육성에 기여할 수 있다.
- 농약에 의한 농산물의 오염 등에 대한 소비자의 불신을 해소할 수 있는 고품질 농산물의 생산과 농가 소득 증대를 기대할 수 있다.

18 왕우렁이 농법에서 논에 종자 우렁이를 넣는 시기로 적당한 때는?

① 이앙 후 3일
② 이앙 후 5일
③ 이앙 후 7일
④ 이앙 후 10일

해설 이앙 후 7일에 5kg/10a를 넣는 것이 가장 효과적이다.

19 왕우렁이 농법에서 종자 우렁이를 넣는 양으로 적당한 것은?

① 1kg/10a ② 2kg/10a
③ 4kg/10a ④ 5kg/10a

해설 이앙 후 7일째 종자 우렁이를 넣어주는 양은 10a의 논에 5kg을 넣는 것이 가장 효과적이다.

20 종자 우렁이를 넣은 후 논의 관리요령으로 옳지 않은 것은?

① 우렁이의 몸체가 반 정도 물 밖에 나올 수 있도록 물의 깊이를 얕게 한다.
② 우렁이 방사 후 포기에는 논에 바로 살포하는 입제 농약뿐 아니라 희석 농약제의 사용도 자제한다.
③ 배수로와 논둑에 설치한 망울타리의 관리를 철저히 하여 우렁이가 밖으로 이동하지 않도록 관리한다.
④ 백로와 같은 조류에 의해 우렁이가 잡아 먹히지 않도록 관리한다.

해설 왕우렁이는 물 속이나 수면에 있는 먹이를 먹기 때문에 물의 깊이가 낮거나 논이 마르면 왕우렁이의 몸체가 드러나고 먹이도 수면 위로 드러나게 되어 먹이를 먹을 수 없게 된다. 따라서 왕우렁이를 넣은 논의 물 관리는 모포기가 물 속에 잠기지 않을 정도로 하되 되도록 깊게 한다.

13.③ 14.② 15.③ 16.① 17.① 18.③ 19.④ 20.①

21 쌀겨 농법에서 본답 살포시 적정 살포량은?

① 100kg/10a ② 200kg/10a
③ 300kg/10a ④ 400kg/10a

해설 쌀겨 농법
- 본답 살포 : 벼를 수확 후 쌀겨를 미생물로 발효시켜 200kg/10a를 살포한 후 미생물 활동을 돕기 위하여 얇게 로터리 작업을 실시한다.
- 쌀겨 살포 : 이앙 약 7일 전 200kg/10a 정도를 살포한다.
- 이앙 후 살포 : 이앙 후 5일 내에 목초액에 적신 쌀겨 30kg/10a 정도를 살포한다. 이때 살포는 1주일 내에 하고, 물 깊이는 모의 크기에 따라 조절한다.

22 다음 중 쌀겨 농법의 효과로 틀린 것은?

① 쌀겨를 뿌리게 되면 미생물 활동에 의한 물속의 산소가 적어져 피 같은 잡초가 자라지 못한다.
② 쌀겨를 뿌리면 끈적끈적한 층이 생기면서 풀이 자라지 못하게 된다.
③ 쌀겨를 뿌린 논에는 출수 후에 pH가 내려가 밥맛이 좋아진다.
④ 쌀겨를 뿌린 논은 온도가 낮아져 등숙에 방해가 된다.

해설 쌀겨를 뿌린 논은 온도가 높아져 저온으로부터 뿌리를 보호하여 출수가 빠르고 등숙에 도움을 준다.

Chapter 05 유기축산

01 유기축산물에서 축사조건에 해당되지 않는 것은?

① 공기순환, 온·습도, 먼지 및 가스농도가 가축건강에 유해하지 아니한 수준 이내로 유지되어야 할 것
② 충분한 자연환기와 햇빛이 제공될 수 있을 것
③ 건축물은 적절한 단열, 환기시설을 갖출 것
④ 사료와 음료는 거리를 둘 것

해설 축사에서 사료와 음수는 접근이 용이해야 한다.

02 유기가금류의 사육장 및 사육조건으로 적합하지 않은 것은?

① 사료 및 음수의 접근 용이성
② 쾌적한 공장형 케이지의 설치
③ 개방조건에서의 방목
④ 충분한 활동면적의 확보

해설 가금류의 축사는 짚 · 톱밥 · 모래 또는 야초와 같은 깔짚으로 채워진 건축공간이 제공되어야 하고, 가금의 크기와 수에 적합한 홰의 크기 및 높은 수면공간을 확보하여야 하며, 산란계는 산란상자를 설치하여야 한다.

03 일반적으로 돼지의 임신 기간은 약 얼마인가?

① 330일 ② 280일
③ 152일 ④ 114일

해설 돼지의 평균 임신 기간은 114~115일이다.

04 유기 전환기간이 연결이 잘못된 것은?

① 한우 식육 – 입식 후 6개월
② 젖소 시유 – 착유우는 90일
③ 돼지 식육 – 최소 5개월 이상
④ 산란계 알 – 입시 후 3개월

해설 한우 식육의 유기 전환 기간은 입식 후 최소 12개월 이상이다.

05 유기축산물 인증기준에 따른 유기사료 급여에 대한 설명으로 옳지 않은 것은?

① 천재지변의 경우 유기사료가 아닌 사료를 일정기간 동안 일정비율로 급여하는 것을 허용할 수 있다.
② 사료를 급여할 때 유전자변형농산물이 함유되지 않아야 한다.
③ 유기배합사료 제조용 단미사료용 곡물류는 유기농산물인증을 받은 것에 한한다.
④ 반추가축에게는 사일리지만 급여한다.

해설 반추가축에게 담근먹이(사일리지)만 급여해서는 아니 되며, 생초나 건초 등 조사료도 급여하여야 한다. 또한 비반추가축에게도 가능한 조사료 급여를 권장한다.

21.② 22.④ / 1.④ 2.② 3.④ 4.① 5.④

06 농후사료 중심으로 유기가축을 사육할 때 예상되는 문제점으로 가장 거리가 먼 것은?

① 국내 유기 농후사료 생산의 한계
② 고가의 수입 유기 농후사료가 필요
③ 물질의 지역순환원리에 어긋남
④ 낮은 품질의 축산물 생산

해설 우리나라의 경우 농후사료의 급여량이 많게 생산된 가축의 품질이 우수한 것으로 평가된다.

07 전분질 사료에 해당하지 않는 것은?

① 곡류 ② 감자
③ 콩 ④ 고구마

해설 전분질 사료는 전분이 주성분인 사료를 말하는데 곡류, 감자나 고구마가 이에 속한다. 콩은 지방질 사료에 해당한다.

08 곡류 사료에 대한 설명으로 틀린 것은?

① 탄수화물이 주성분이다.
② 단백질함량이 높다.
③ 에너지의 함량이 높고 조섬유의 함량이 낮다.
④ 영양소의 소화율이 높고 기호성이 좋다.

해설 곡류 사료는 단백질의 함량이 낮고, 그 질이 좋지 못하다.

09 사료 가치가 거의 없는 작물은?

① 수수 ② 보리
③ 쌀 ④ 메밀

해설 메밀은 사료 가치가 거의 없다. 단백질의 함량은 귀리보다 낮고, 지방의 함량은 귀리의 절반 정도이다.

10 식물성 유지 중 독성 물질이 함유되어 있어 사용이 극히 제한되는 것은?

① 콩기름
② 면실유
③ 채종유
④ 옥수수기름

해설 면실유는 목화씨에서 기름을 짠 것을 말하며, 고시폴이라는 독성 물질이 함유되어 있어서 사료로는 그 사용량이 극히 제한된다.

11 유기축산물이란 전체 사료 가운데 유기사료가 얼마 이상 함유된 사료를 먹여 기른 가축을 의미하는가? (단, 사료는 건물을 기준으로 한다)

① 100% ② 75%
③ 50% ④ 25%

해설 유기축산물의 생산을 위한 가축에게는 100% 유기사료를 급여해야 하며, 유기사료 여부를 확인해야 한다.

12 조사료에 대한 설명으로 틀린 것은?

① 용적이 크고 거칠다.
② 단위 동물이나 초식 동물만이 주로 이용할 수 있다.
③ 반추 가축에게 만복감을 줄 수 있다.
④ 돼지의 비육 말기에 반드시 급여하여야 한다.

해설 돼지의 비육 말기의 사료에는 사용하지 말아야 하나, 젖소의 사료로는 일정 수준의 유지방을 유지하기 위해서 반드시 급여해야 한다.

13 주 사료로 조사료를 이용하는 가축은?

① 돼지 ② 닭
③ 칠면조 ④ 산양

해설 조사료는 용적이 크고 거칠어서 단위 동물에의 급여는 제한되고, 반추 동물에 주로 이용할 수 있다.

14 사일리지의 장점에 해당되지 않는 것은?

① 건초 제조가 곤란한 악천후에도 사일리지 제조가 가능하다.
② 수분함량이 적어 중량이 작다.
③ 가축 사육의 기계화에 유리하다.
④ 사료의 저장 면적이 건초에 비하여 작다.

해설 수분함량이 많으므로 건초에 비하여 약 3배의 중량을 취급해야 한다.

15 소를 대상으로 한 사료 가공 시 적당한 세절 길이는?

① 1.5 ~ 2.5cm ② 2.5 ~ 3.0cm
③ 3.5 ~ 4.5cm ④ 4.5 ~ 5cm

해설 소 : 2.5~3.0cm, 면양, 말 : 1.5~2.5cm

6.④ 7.③ 8.② 9.④ 10.② 11.① 12.④ 13.④ 14.② 15.②

16 유기축산물 생산을 위한 유기사료의 분류 시 조사료에 속하지 않는 것은?

① 건초 ② 생초
③ 볏짚 ④ 농후사료

해설 조사료는 용적이 많고 거친 사료를 총칭하며, 볏짚, 건초, 사일리지, 청초, 산야초, 생초 등이 있다.

17 곡류 시료 중 가장 많이 배합되는 원료 사료는?

① 쌀 ② 밀
③ 보리 ④ 옥수수

해설 옥수수는 곡류 사료 중 가장 많이 배합되는 원료 사료로 배합 사료의 50~70%를 차지한다.

18 농후사료 중심의 유기축산의 문제점으로 거리가 먼 것은?

① 수입 유기 농후사료 구입에 의한 생산비용 증대
② 국내에서 생산이 어려워 대부분 수입에 의존
③ 물질순환의 문제
④ 열등한 축산물 품질 초래

해설 농후사료는 단백질이나 탄수화물 그리고 지방의 함량이 비교적 많이 함유된 것으로 영양가가 높다.

19 유기축산에서 가축의 질병을 예방하고 건강하게 사육하는 가장 근본적인 사항은?

① 항생물질 투여 ② 호르몬제 투여
③ 저항성 품종의 선택 ④ 화학적 치료

해설 유기축산
저항성 품종, 위생관리, 운동 공간 제공, 비타민 · 무기물 등을 통한 면역기능 증진 등이 중요함.

20 유기축산물 생산에는 원칙적으로 동물용 의약품을 사용할 수 없게 되어 있는데 예방관리에도 불구하고 질병이 발생할 경우 수의사 처방에 따라 질병을 치료할 수도 있다. 이때 최소 어느 정도의 기간이 지나야 도축하여 유기축산물로 판매할 수 있는가?

① 해당 약품 휴약기간의 1배
② 해당 약품 휴약기간의 2배
③ 해당 약품 휴약기간의 3배
④ 해당 약품 휴약기간의 4배

해설 동물용의약품을 사용한 가축은 동물용의약품을 사용한 시점부터 전환기간(해당 약품의 휴약기간 2배가 전환기간보다 더 긴 경우 휴약기간의 2배 기간을 적용)이 지나야 유기축산물로 출하할 수 있다. 다만, 원칙에 따라 동물용의약품을 사용한 가축은 휴약기간의 2배를 준수하여 유기축산물로 출하할 수 있다.

21 가축의 전염병 중 돼지 이외의 동물에서 불현성 감염은 거의 없으며, 감염이 성립되면 연령과 관계없이 발병하고, 특징적인 신경 증상을 나타내는 것은?

① 돼지열병
② 구제역
③ 오제스키병
④ 뉴캣슬병

해설 오제스키병은 돼지 Herpesvirus type1 감염에 의하여 일어나는 급성 전염병이며, 돼지, 소, 면양, 산양 등의 가축 및 개, 고양이 등의 동물 및 많은 야생동물이 걸린다.

22 뉴캣슬병에 가장 감수성이 높은 숙주는?

① 닭 ② 오리
③ 돼지 ④ 소

해설 뉴캣슬병에 가장 감수성이 높은 숙주는 닭이고, 괴멸적인 유행이 발생하는 경우가 있다.

23 다음 중 제1종 가축 전염병으로 분류되고 있는 것이 아닌 것은?

① 구제역 ② 뉴캣슬병
③ 돼지열병 ④ 탄저병

해설 탄저병은 제2종 가축 전염병으로 분류되고 있다.

24 가축의 질병 관리에 관한 사항으로 적절하지 않은 것은?

① 다양한 사료나 조사료를 급여한다.
② 사료 구성을 자주 교체한다.
③ 가능한 한 자주 분뇨를 수거 처리한다.
④ 광물질 불균형이 발생하지 않도록 한다.

해설 갑작스런 사료 교체로 인한 설사, 산성증 등이 발생하지 않도록 대비한다.

16.④ 17.④ 18.④ 19.③ 20.② 21.③ 22.① 23.④ 24.②

PART 4

필기

기출문제

◐ 유기농업기능사 시험은 2016년 이후 CBT로 출제되고 있습니다.

Craftsman Organic Agriculture

유 / 기 / 농 / 업 / 기 / 능 / 사

- 2014년 과년도 기출문제
- 2015년 과년도 기출문제
- 2016년 과년도 기출문제

유기농업기능사

www.cyber.co.kr

2014년 제 1 회

유기농업기능사

▌2014년 1월 26일 시행

01 기지현상의 대책으로 옳지 않은 것은?

① 토양소독을 한다.
② 연작한다.
③ 담수한다.
④ 새 흙으로 객토한다.

해설 기지현상
동일 포장에 동일 작물을 계속해서 재배하는 것을 연작(連作, 이어짓기)이라 하고, 연작의 결과 작물의 생육이 뚜렷하게 나빠지는 것을 기지(忌地, soil sickness)라고 한다.

02 Vavilov는 식물의 지리적 기원을 탐구하는데 큰 업적을 남긴 사람이다. 그에 대한 설명으로 틀린 것은?

① 농경의 최초 발상지는 기후가 온화한 산간부 중 관개수를 쉽게 얻을 수 있는 곳으로 추정하였다.
② 1883년에 '재배식물의 기원'을 저술하였다.
③ 지리적 미분법을 적용하여 유전적 변이가 가장 많은 지역을 그 작물의 기원중심지라고 하였다.
④ Vavilov의 연구 결과는 식물종의 유전자중심설로 정리되었다.

해설 1883년에 '재배식물의 기원'을 저술한 것은 스위스 식물학자인 캉돌(A. DeCandoll)이다.

03 춘화처리에 대한 설명으로 틀린 것은?

① 춘화처리 하는 동안 및 후에도 산소와 수분 공급이 있어야 춘화처리 효과가 유지된다.
② 춘파성이 높은 품종보다 추파성이 높은 품종의 식물이 춘화요구도가 적다.
③ 국화과 식물에서는 저온처리 대신 지베렐린을 처리하면 춘화처리와 같은 효과를 얻을 수 있다.
④ 춘화처리의 효과를 얻기 위한 저온처리 온도는 작물에 따라 다르나 일반적으로 0~10℃가 유효하다.

해설 추파성이 높은 품종보다 춘파성이 높은 품종의 식물이 춘화요구도가 적다.

04 작물에 발생되는 병의 방제방법에 대한 설명으로 옳은 것은?

① 병원체의 종류에 따라 방제방법이 다르다.
② 곰팡이에 의한 병은 화학적 방제가 곤란하다.
③ 바이러스에 의한 병은 화학적 방제가 비교적 쉽다.
④ 식물병은 생물학적 방법으로는 방제가 곤란하다.

해설 ② 곰팡이에 의한 병은 화학적 방제법이 유효하다.
③ 바이러스에 의한 병은 화학적 방제가 곤란하다.
④ 식물병은 생물학적 방법으로 방제를 이용한다.

05 유축(有畜)농업 또는 혼동(混同)농업과 비슷한 뜻으로 식량과 사료를 서로 균형 있게 생산하는 농업을 가리키는 것은?

① 포경(圃耕)
② 곡경(穀耕)
③ 원경(園耕)
④ 소경(疎耕)

해설 포경
- 사료작물과 식량작물을 서로 균형 있게 재배하는 형식이다.
- 사료작물로 콩과 작물의 경작 및 가축의 분뇨 등에 의한 지력 유지가 가능하다.

06 생물학적 방제법에 속하는 것은?

① 윤작
② 병원미생물의 사용
③ 온도 처리
④ 소토 및 유살 처리

해설 ① 윤작 : 경종적 방제법
② 병원미생물의 사용 : 생물학적 방제법
③ 온도 처리 : 물리적 방제법
④ 소토 및 유살 처리 : 물리적 방제법

1.② 2.② 3.② 4.① 5.① 6.②

07 양분의 흡수 및 체내이동과 가장 관련이 깊은 환경요인은?

① 빛 ② 수분
③ 공기 ④ 토양

해설 양분은 물에 용해되어 있는 이온의 형태로 흡수, 이행된다.

08 벼에서 관수해(冠水害)에 가장 민감한 시기는?

① 유수형성기 ② 수잉기
③ 유효분얼기 ④ 이앙기

해설 벼는 분얼 초기에는 침수에 강하고, 수잉기~출수개화기에는 극히 약하다.

09 빛이 있으면 싹이 잘 트지만 빛이 없는 조건에서는 싹이 트지 않는 종자는?

① 토마토 ② 가지
③ 담배 ④ 호박

해설
- 호광성종자(광발아종자)
  - ㉠ 광에 의해 발아가 조장되며 암조건에서 발아하지 않거나 발아가 몹시 불량한 종자
  - ㉡ 담배, 상추, 우엉, 차조기, 금어초, 베고니아, 피튜니아, 뽕나무, 버뮤다그래스 등
- 혐광성종자(암발아종자)
  - ㉠ 광에 의하여 발아가 저해되고 암조건에서 발아가 잘 되는 종자
  - ㉡ 호박, 토마토, 가지, 오이, 파, 나리과 식물 등
- 광무관종자
  - ㉠ 광이 발아에 관계가 없는 종자
  - ㉡ 벼, 보리, 옥수수 등 화곡류와 대부분 콩과 작물 등

10 일반적인 육묘재배의 목적으로 거리가 먼 것은?

① 조기수확 ② 집약관리
③ 추대촉진 ④ 종자절약

해설 **육묘의 필요성**
- 직파가 매우 불리한 경우
- 증수
- 조기수확
- 토지이용도 증대
- 재해의 방지
- 용수의 절약
- 노력의 절감
- 추대방지
- 종자의 절약

11 습해의 방지 대책으로 가장 거리가 먼 것은?

① 배수
② 객토
③ 미숙유기물의 시용
④ 과산화석회의 시용

해설 **습해 대책**
- 배수
- 정지
- 시비
- 토양개량
- 과산화석회(CaO_2)의 시용

12 바람에 의한 피해(풍해)의 종류 중 생리적 장해의 양상이 아닌 것은?

① 기계적 상해 시 호흡이 증대하여 체내 양분의 소모가 증대하고, 상처가 건조하면 광산화반응에 의하여 고사한다.
② 벼의 경우 수분과 수정이 저하되어 불임립이 발생한다.
③ 풍속이 강하고 공기가 건조하면 증산량이 커져서 식물체가 건조하며 벼의 경우 백수현상이 나타난다.
④ 냉풍은 작물의 체온을 저하시키고 심하면 냉해를 유발한다.

해설 ②는 기계적 장해로 분류된다.

13 맥류나 벼를 재배할 때 성숙기의 강우에 의해 발생하는 수발아현상을 막기 위한 대책이 아닌 것은?

① 벼의 경우 유효분얼초기에 3~5cm 깊이로 물을 깊게 대어주고 생장조절제인 세리타드 입제를 살포한다.
② 밀보다는 성숙기가 빠른 보리를 재배한다.
③ 조숙종이 만숙종보다 수발아 위험이 적고 휴면기간이 길이 수발아에 대한 위험이 낮다.
④ 도복이 되지 않도록 재배관리를 잘 한다.

해설 벼의 경우에는 유효분얼초기에 2~3cm 깊이로 물을 얕게 한다.

7.② 8.② 9.③ 10.③ 11.③ 12.② 13.①

14 요수량이 가장 적은 작물은?

① 수수 ② 메밀
③ 밀 ④ 보리

해설 요수량의 요인
- 수수, 옥수수, 기장 등은 작고 호박, 알팔파, 클로버 등은 크다.
- 일반적으로 요수량이 작은 작물일수록 내한성(耐旱性)이 크나, 옥수수, 알팔파 등에서는 상반되는 경우도 있다.

15 농작물에 영향을 끼칠 우려가 있는 유해가스가 아닌 것은?

① 아황산가스
② 불화수소
③ 이산화질소
④ 이산화탄소

해설 이산화탄소는 광합성 원료로 이용되어 작물생육에 유리하게 작용한다.

16 경운에 대한 설명으로 틀린 것은?

① 경토를 부드럽게 하고 토양의 물리적 성질을 개선하며 잡초를 없애주는 역할을 한다.
② 유기물의 분해를 촉진하고 토양통기를 조장한다.
③ 해충을 경감시킨다.
④ 천경(9~12cm)은 식질토양, 벼의 조식재배시 유리하다.

해설 경운의 효과
- 토양물리성 개선 : 토양을 연하게 하여 파종과 이식작업을 쉽게 하고 투수성과 투기성을 좋게 하여 근군 발달을 좋게 한다.
- 토양화학적 성질 개선 : 토양 투기성이 좋아져 토양 중 유기물의 분해가 왕성하여 유효태 비료성분이 증가한다.
- 잡초발생의 억제 : 잡초의 종자나 어린 잡초가 땅속에 묻히게 되어 발아와 생육이 억제된다.
- 해충의 경감 : 토양 속 숨은 해충의 유충이나 번데기를 표층으로 노출시켜 죽게 한다.

17 도복의 양상과 피해에 대한 설명으로 틀린 것은?

① 질소 다비에 의한 증수재배의 경우 발생하기 쉽다.
② 좌절도복이 만곡도복보다 피해가 크다.
③ 양분의 이동을 저해시킨다.
④ 수량은 떨어지지만 품질에는 영향을 미치지 않는다.

해설 도복의 피해
- 수량감소
- 품질저하
- 수확작업의 불편
- 간작물에 대한 피해

18 고립상태의 광합성 특성으로 틀린 것은?

① 생육적온까지 온도가 상승할 때 광합성 속도는 증가되고 광포화점은 낮아진다.
② 이산화탄소 농도가 상승하여 이산화탄소 포화점까지 광포화점이 높아진다.
③ 온도, CO_2 등이 제한요인이 아닐 때 C_4식물은 C_3식물보다 광합성률이 2배에 달한다.
④ 냉랭한 지대보다는 온난한 지대에서 더욱 강한 일사가 요구된다.

해설 냉대보다는 온대가, 온대보다는 열대지역이 더욱 강한 일사가 요구된다.

19 휴한지에 재배하면 지력의 유지·증진에 가장 효과가 있는 작물은?

① 클로버 ② 밀
③ 보리 ④ 고구마

해설 두과작물의 재배는 근류균의 공중질소 고정으로 휴한지 재배로 지력의 유지, 증진에 효과적이다.

20 밭 관개 시 재배상의 유의점으로 틀린 것은?

① 관개를 하면 비료의 이용효과를 높일 수 있어 다비재배가 유리하다.
② 가능한 한 수익성이 높은 작물은 밀식할 수 있다.
③ 식질토양에서는 휴립재배보다 평휴재배를 실시한다.
④ 다비재배에 따라 내도복성 품종을 재배한다.

해설 식질토양에서는 휴립휴파가 토양의 투수성과 통기성을 좋게하여 작물 생육에 유리하다.

14.① 15.④ 16.④ 17.④ 18.④ 19.① 20.③

21 토양미생물 중 황세균의 최적 pH는?

① 2.0~4.0 ② 4.0~6.0
③ 6.8~7.3 ④ 7.0~8.0

해설 • **황세균**
황을 산화하여 식물에 유용한 황산염을 만들며, 땅속 깊은 퇴적물에서는 황산을 발생시켜 광산 금속을 녹이며 콘크리트와 강철도 부식시킨다. 일반적인 세균과는 달리 강산에서 생육한다.
• **세균의 생육과 토양 반응**
㉠ 세균과 방선균의 활동은 토양반응이 중성~약알칼리성일 때 왕성하다.
㉡ 방선균은 pH 5.0에서는 그 활동을 거의 중지한다.
㉢ 황세균과 *clostridium*은 산성에서도 생육한다.
㉣ 사상균은 산성에 강하여 낮은 pH에서도 활동한다.

22 토양의 입자밀도가 2.65인 토양에 퇴비를 주어 용적밀도를 1.325에서 1.06으로 낮추었다. 다음 중 바르게 설명한 것은?

① 토양의 공극이 25%에서 30%로 증가하였다.
② 토양의 공극이 50%에서 60%로 증가하였다.
③ 토양의 고상이 25%에서 30%로 증가하였다.
④ 토양의 고상이 50%에서 60%로 증가하였다.

해설 $공극률(\%)=\left\{1-\frac{용적비중}{입지비중}\right\}$
공극률이 1−(1.325/2.65)=50%에서 1−(1.06/2.65)=60%가 된다.

23 작물의 생육에 가장 적합하다고 생각되는 토양구조는?

① 판상구조 ② 입상구조
③ 주상구조 ④ 괴상구조

해설 **입상구조**
• 토양입자가 대체로 작은 구상체를 이루어 형성하지만 인접한 접합체와 밀접되어 있지 않은 구조이다.
• 공극형성은 비교이 좋지 않다.
• 주로 유기물이 많은 작토에서 많다.

24 점토광물에 대한 설명으로 옳은 것은?

① 석고, 탄산염, 석영 등 점토 크기 분획의 광물들도 점토광물이다.
② 토양에서 점토광물은 입경이 0.002mm 이하인 입자이므로 표면적이 매우 적다.
③ 결정질 점토광물은 규산 4면체판과 알루미나 8면체판의 겹쳐있는 구조를 가지고 있다.
④ 규산판과 알루미나판이 하나씩 겹쳐져 있으면 2 : 1형 점토광물이라고 한다.

해설 **결정질규산염점토광물**
• 결정질규산염점토광물은 규산 4면체와 알루미나 8면체 2개의 구조로 구성되어 있다.
• 이들이 서로 결합하여 마치 생물체의 세포와 같은 하나의 구조 단위가 형성된다.
• 이들이 결합하는 방식과 구조단위 사이에 작용하는 힘의 종류에 따라 카올리나이트군, 가수할로이사이트, 나크라이트, 딕카이트로 분류된다.

25 우리나라 시설재배 시 토양에서 흔히 발생되는 문제점이 아닌 것은?

① 연작으로 인한 특정 병해의 발생이 많다.
② EC가 높고 염류집적 현상이 많이 발생한다.
③ 토양의 환원이 심하여 황화수소의 피해가 많다.
④ 특정 양분의 집적 또는 부족으로 영양생리장해가 많이 발생한다.

해설 **시설재배 토양의 문제점**
• 염류농도가 높다(염류가 집적되어 있다).
• 토양공극률이 낮다(통기성이 불량하다).
• 특정성분의 양분이 결핍되기 쉽다.
• 토양전염성 병해충의 발생이 높다.

26 논토양의 일반적 특성은?

① 유기물의 분해가 밭토양보다 빨라서 부식함량이 적다.
② 담수하면 산화층과 환원층으로 구분된다.
③ 담수하면 토양의 pH가 산성토양은 낮아지고 알칼리성 토양은 높아진다.
④ 유기물의 존재는 담수토양의 산화환원전위를 높이는 결과가 된다.

해설 **논토양의 환원과 토층 분화**
논에서 갈색의 산화층과 회색(청회색)의 환원층으로 분화되는 것을 논토양의 토층분화라고 하며, 산화층은 수mm에서 1~2cm이고, 작토층은 환원된다. 이때 활동하는 미생물은 혐기성 미생물이다. 작토 밑의 심토는 산화상태로 남는다.

21.① 22.② 23.② 24.③ 25.③ 26.②

27 우리나라의 전 국토의 2/3가 화강암 또는 화강편마암으로 구성되어 있다. 이러한 종류의 암석은 토양생성과정 인자 중 어느 것에 해당하는가?

① 기후 ② 지형
③ 풍화기간 ④ 모재

해설 토양의 모재는 암석이며 암석은 생성원인에 따라 화성암, 퇴적암, 변성암으로 분류한다. 또한 화강암은 화성암이며, 편마암이나 편암으로 변성된다.

28 염기포화도에 대한 설명으로 틀린 것은?

① pH와 비례적인 상관관계가 있다.
② 염기포화도가 증가하면 완충력도 증가하는 경향이다.
③ (교환성염기의 총량/양이온교환용량)×100이다.
④ 우리나라 논토양의 염기포화도는 대략 80% 내외이다.

해설 우리나라 논토양의 염기포화도는 대략 50% 내외이다.

29 식물이 자라기에 가장 알맞은 수분상태는?

① 위조점에 있을 때
② 포장용수량에 이르렀을 때
③ 중력수가 있을 때
④ 최대용수량에 이르렀을 때

해설 포화상태 토양에서 중력수가 완제 배제되고 모세관력에 의해서만 지니고 있는 수분함량으로 최소용수량이라고도 하며 식물 생육에 가장 알맞은 수분상태이다.

30 토양에서 탈질 작용이 느려지는 조건은?

① pH 5 이하의 산성토양
② 유기물 함량이 많은 토양
③ 투수가 불량한 토양
④ 산소가 부족한 토양

해설 탈질 작용
탈질세균에 의해 NO_3^- → NO_2^- → N_2O, N_2로 된다. 탈질세균은 산성에서 증식이 억제된다.

31 다음 영농활동 중 토양미생물의 밀도와 활력에 가장 긍정적인 효과를 가져다 줄 수 있는 것은?

① 유기물 시용 ② 상하경 재배
③ 농약살포 ④ 무비료 재배

해설 유기물
- 미생물의 활동에 필요한 영양원이다.
- 토양에 유기물을 가하면 미생물의 수가 급격히 늘고 유기물함량은 감소한다.

32 운적토는 풍화물이 중력, 풍력, 수력, 빙하력 등에 의하여 다른 곳으로 운반되어 퇴적하여 생성된 토양이다. 다음 중 운적토양이 아닌 것은?

① 붕적토 ② 선상퇴토
③ 이탄토 ④ 수적토

해설 이탄토
습지, 얕은 호수에서 식물의 유체가 암석의 풍화산물과 섞여 이루어졌으며 산소가 부족한 환원상태에서 유기물이 분해되지 않고 장기간에 걸쳐 쌓여 많은 이탄이 만들어지는데 이런 곳을 이탄지라 하며, 정적토에 해당된다.

33 용적비중(가비중) 1.3인 토양의 10a당 작토(깊이 10cm)의 무게는?

① 약 13톤 ② 약 130톤
③ 약 1,300톤 ④ 약 13,000톤

해설 무게=부피×용적비중=100×1.3=130
부피=면적×깊이=10a×10cm=1,000×0.1=100m^3
1a=1,000m^2

34 토양의 입단구조 형성 및 유지에 유리하게 작용하는 것은?

① 옥수수를 계속 재배한다.
② 논에 물을 대어 써레질을 한다.
③ 퇴비를 사용하여 유기물 함량을 높인다.
④ 경운을 자주 한다.

해설 입단구조를 형성하는 주요 인자
- 유기물과 석회의 시용 : 유기물이 미생물에 의해 분해되면서 미생물이 분비하는 점질물질이 토양입자를 결합시키며 석회는 유기물의 분해 촉진과 칼슘이온 등이 토양입자를 결합시키는 작용을 한다.
- 콩과 작물의 재배 : 콩과 작물은 잔뿌리가 많고 석회분이 풍부해 입단형성에 유리하다.
- 토양이 지렁이의 체내를 통하여 배설되면 내수성 입단구조가 발달한다.
- 토양의 피복 : 유기물의 공급 및 표토의 건조, 토양유실의 방지로 입단 형성과 유지에 유리하다.
- 토양개량제의 시용 : 인공적으로 합성된 고분자 화합물인 아크리소일(acrisoil), 크릴륨(krilium) 등의 작용도 있다.

27.④ 28.④ 29.② 30.① 31.① 32.③ 33.② 34.③

35 식물과 공생관계를 가지는 것은?

① 사상균 ② 효모
③ 선충 ④ 균근균

해설 **균근**
식물 뿌리와 공생관계를 형성하는 균으로 뿌리로부터 뻗어 나온 균근은 토양 중에서 이동성이 낮은 인산, 아연, 철, 몰리브덴과 같은 성분을 흡수하여 뿌리 역할을 해준다.

36 토양공극에 대한 설명으로 틀린 것은?

① 공극은 공기의 유통과 토양 수분의 저장 및 이동통로가 된다.
② 입단 내에 존재하는 토성공극은 양분의 저장에 이용된다.
③ 퇴비의 시용은 토양의 공극량을 증대시킨다.
④ 큰 공극과 작은 공극이 함께 발달되어야 한다.

해설 **토양의 공극량**
토양의 입자 또는 입단 사이에 생기는 공간을 공극이라 하는데, 공극량이 많을수록 토양은 가벼워진다. 공극의 양과 크기는 토성 또는 토양의 구조에 따라 다르다.

- 고운 토성 : 토양에 있는 공극량은 많다고 해도 그 크기는 작다.
- 거친 토성 : 알갱이 사이 또는 떼알 사이의 공극량은 적을 수도 있으나 그들의 크기는 큰 것이다. 토양에 있을 수 있는 물이나 공기의 양은 공극의 양에 의해서 결정되지만, 물의 이동이나 공기의 유통은 공극의 양보다는 공극의 크기에 의해서 지배된다.

37 토양의 무기성분 중 가장 많은 성분은?

① 산화철(Fe_2O_3) ② 규산(SiO_2)
③ 석회(CaO) ④ 고토(MgO)

해설 **토양의 화학적 조성**

- 지각을 구성하는 원소는 약 90종이다.
- 무게기준으로 지각의 98% 이상이 8개의 원소로 이루어져 있으며 그중 산소와 규소가 약 75%를 차지한다.
- 토양에서 가장 흔한 화학적 성분은 규산(SiO_2)과 알루미나(Al_2O_3)와 산화철로 80%를 차지하며, 토양의 골격을 이루는 중요한 성분이다.

38 물에 의한 토양의 침식과정이 아닌 것은?

① 우격침식 ② 면상침식
③ 선상침식 ④ 협곡침식

해설 **수식의 유형**

- 우격(입단파괴) 침식 : 빗방울이 지표를 타격함으로써 입단이 파괴되는 침식
- 면상 침식 : 침식 초기 유형으로 지표가 비교적 고른 경우 유거수가 지표면을 고르게 흐르면서 토양 전면이 엷게 유실되는 침식
- 우곡(세류상) 침식 : 침식 중기 유형으로 토양 표면에 잔도랑이 불규칙하게 생기면서 토양이 유실되는 침식
- 구상(계곡) 침식 : 침식이 가장 심할 때 생기는 유형으로 도랑이 커지면서 심토까지 심하게 깎이는 침식

39 토성분석 시 사용되는 토양의 입자 크기는 얼마 이하를 말하는가?

① 2.5mm ② 2.0mm
③ 1.0mm ④ 0.5mm

해설 **토성**

- 토양입자의 입경에 따라 나눈 토양의 종류로 모래와 점토의 구성비로 토양을 구분하는 것이다.
- 식물의 생육에 중요한 여러 이화학적 성질을 결정하는 기본 요인이다.
- 입경 2mm 이하의 입자로 된 토양을 세토라고 하며, 세토 중의 점토함량에 따라서 토성을 분류한다.

40 지렁이가 가장 잘 생육할 수 있는 토양환경은?

① 배수가 어려운 과습토양
② pH 3 이하의 산성토양
③ 통기성이 양호한 유기물 토양
④ 토양온도가 18~25℃인 토양

해설 **지렁이의 특징**

- 작물생육에 적합한 토양조건의 지표로 볼 수 있다.
- 토양에서 에너지원을 얻으며 배설물이 토양의 입단화에 영향을 준다.
- 미분해된 유기물의 시용은 개체수를 증가시킨다.
- 유기물의 분해와 통기성을 증가시키며 토양을 부드럽게 하여 식물 뿌리 발육을 좋게 한다.

41 토양입자의 입단화(粒團化)를 촉진시키는 것은?

① Na^+ ② Ca^{2+}
③ K^+ ④ NH^{4+}

해설 **유기물과 석회의 시용**
유기물이 미생물에 의해 분해되면서 미생물이 분비하는 점질물질이 토양입자를 결합시키며 석회는 유기물의 분해 촉진과 칼슘이온 등이 토양입자를 결합시키는 작용을 한다.

35.④ 36.② 37.② 38.③ 39.② 40.③ 41.②

42 정부에서 친환경농업원년을 선포한 연도는?

① 1991년도 ② 1994년도
③ 1997년도 ④ 1998년도

해설 **우리나라 친환경농업의 역사**
- 1991년 3월 : 농림부에 유기농업발전 기획단 설치
- 1994년 12월 : 농림부에 환경농업과 신설
- 1996년 : 21세기를 향한 중장기 농림환경정책 수립
- 1997년 : 12월 환경농업육성법 제정
- 1998년 : 11월 환경농업 원년 선포
- 1999년 : 친환경농업 직불제 도입

43 유기농업에서는 화학비료를 대신하여 유기물을 사용하는데, 유기물의 시용 효과가 아닌 것은?

① 토양완충능 증대
② 미생물의 번식조장
③ 보수 및 보비력 증대
④ 지온 감소 및 염류 집적

해설 **토양유기물의 기능**
- 양분의 공급(N, P, K, Ca, Mg)
- 대기 중의 이산화탄소 공급
- 입단의 형성
- 토양의 완충능 증대
- 미생물 번식 조장
- 토양 보호
- 지온 상승

44 품종의 특성유지방법이 아닌 것은?

① 영양번식에 의한 보존재배
② 격리재배
③ 원원종재배
④ 집단재배

해설 집단재배는 교잡으로 인한 유전자 혼입에 의해 특성이 변화된다.

45 우량종자의 증식체계로 옳은 것은?

① 기본식물 → 원원종 → 원종 → 보급종
② 기본식물 → 원종 → 원원종 → 보급종
③ 원원종 → 원종 → 기본식물 → 보급종
④ 원원종 → 원종 → 보급종 → 기본식물

해설 **우리나라 종자증식체계**
- 기본식물 → 원원종 → 원종 → 보급종의 단계를 거친다.
- 기본식물
  - ㉠ 신품종 증식의 기본이 되는 종자
  - ㉡ 옥수수의 기본식물은 매 3년 마다 톱교배에 의한 조합능력 검정을 실시한다.
  - ㉢ 감자는 조직배양에 의해 기본식물을 만든다.
- 원원종 : 기본식물을 증식하여 생산한 종자
- 원종 : 원원종을 재배하여 채종한 종자
- 보급종 : 원종을 증식한 것으로 농가에 보급할 종자

46 유기축산물 인증기준에 따른 유기사료급여에 대한 설명으로 틀린 것은?

① 천재·지변의 경우 유기사료가 아닌 사료를 일정기간 동안 일정비율로 급여하는 것을 허용할 수 있다.
② 사료를 급여할 때 유전자변형농산물이 함유되지 않아야 한다.
③ 유기배합사료 제조용 단미사료용 곡물류는 유기농산물 인증을 받은 것에 한한다.
④ 반추가축에게는 사일리지만 급여한다.

해설 반추가축에게 담근먹이(사일리지)만 급여해서는 아니 되며, 생초나 건초 등 조사료도 급여하여야 한다. 또한 비반추가축에게도 가능한 조사료 급여를 권장한다.

47 노포크(Norfork)식 윤작법에 해당되는 것은?

① 알팔파 – 클로버 – 밀 – 보리
② 밀 – 순무 – 보리 – 클로버
③ 밀 – 휴한 – 순무
④ 밀 – 보리 – 휴한

해설 노포크식 윤작법은 영국 노포크(Norfolk) 지방의 윤작체계로 순무, 보리, 클로버, 밀의 4년 사이클의 윤작방식이다.

48 과수원에 부는 적당한 바람과 생육과의 관계에 대한 설명으로 틀린 것은?

① 양분흡수 촉진 ② 동해발생 촉진
③ 광합성 촉진 ④ 증산작용 촉진

해설 **연풍의 효과**
- 증산을 조장하고 양분의 흡수 증대
- 잎을 흔들어 그늘진 잎에 광을 조사하여 광합성 증대
- 이산화탄소의 농도 저하를 경감시켜 광합성 조장
- 풍매화의 화분 매개
- 여름철 기온 및 지온을 낮추는 효과
- 봄, 가을 서리 방지
- 수확물의 건조 촉진

42.④ 43.④ 44.④ 45.① 46.④ 47.② 48.②

49 퇴비의 부숙도 검사방법이 아닌 것은?

① 관능적 방법 ② 탄질비 판정법
③ 물리적 방법 ④ 종자발아법

해설 퇴비의 부숙도 검사
- 퇴비의 부숙도 검사방법에는 관능적 방법, 기계적 방법, 화학적 방법, 생물학적 방법 등이 있다.
- 관능적 방법 : 색깔, 탄력성, 냄새, 촉감 등
- 기계적 방법 : 콤백 및 솔비타를 이용한 측정
- 화학적 방법 : 탄질률 측정, 가스발생량 측정, 온도 측정, pH 측정, 질산태 질소 측정 등
- 생물학적 방법 : 지렁이법, 종자발아법, 유식물 시험법 등

50 유기재배시 작물의 병해충 제어법으로 가장 적합하지 않은 것은?

① 화학적 토양 소독법
② 토양 소토법
③ 생물적 방제법
④ 경종적 재배법

해설 유기재배에서는 화학적 방법은 적용할 수 없다.

51 과수의 전정방법(剪定方法)에 대한 설명으로 옳은 것은?

① 단초전정(短梢剪定)은 주로 포도나무에서 이루어지는데 결과모지를 전정할 때 남기는 마디 수는 대개 4~6개이다.
② 갱신전정(更新剪定)은 정부우세현상(頂部優勢現狀)으로 결과모지가 원줄기로부터 멀어져 착과되는 과실의 품질이 불량할 때 이용하는 전정방법이다.
③ 세부전정(細部剪定)은 생장이 느리고 연약한 가지 · 품질이 불량한 과실을 착생시키는 가지를 제거하는 방법이다.
④ 큰가지전정(太枝剪定)은 생장이 느리고 외부에 가지가 과다하게 밀생하며 가지가 오래되어 생산이 감소할 때 제거하는 방법이다.

해설 갱신전정
과수의 세력을 회복시키기 위하여 영양 생장을 하는 튼튼한 새 가지가 나도록 실시하는 가지치기로 나무가 노쇠하여 생산성이 떨어질 때, 결과(結果) 부위가 지나치게 전진되어 가지 기부(基部)에 가깝게 결실을 시키려 할 때 주로 실시한다.

52 답전윤환 체계로 논을 밭으로 이용할 때 유기물이 분해되어 무기태질소가 증가하는 현상은?

① 산화작용
② 환원작용
③ 건토효과
④ 윤작효과

해설 건토효과
- 흙을 충분히 건조시켰을 때 유기물의 분해로 작물에 대한 비료분의 공급이 증대되는 현상을 건토효과라 한다.
- 밭보다는 논에서 효과가 더 크다.
- 겨울과 봄에 강우가 적은 지역은 추경에 의한 건토효과가 크나, 봄철 강우가 많은 지역은 겨울동안 건토효과로 생긴 암모니아가 강우로 유실되므로 춘경이 유리하다.
- 건토효과가 클수록 지력 소모가 심하고 논에서는 도열병의 발생을 촉진할 수 있다.
- 추경으로 건토효과를 보려면 유기물 시용을 늘려야 한다.

53 C/N율이 가장 높은 것은?

① 톱밥
② 옥수수 대와 잎
③ 클로버 잔유물
④ 박테리아, 방사상균 등 미생물

해설 C/N율은 식물체 내에 분해가 어려운 셀룰로오스, 니그닌 등의 함유량이 높을수록 높다.

54 유기식품 등의 인증기준 등에서 유기농산물 재배시 기록 · 보관해야하는 경영 관련 자료로 틀린 것은?

① 농산물 재배포장에 투입된 토양개량용 자재, 작물생육용자재, 병해충관리용 자재 등 농자재 사용 내용을 기록한 자료
② 유기합성 농약 및 화학비료의 구매 · 사용 · 보관에 관한 사항을 기록한 자료
③ 유전자변형종자의 구입 · 보관 · 사용을 기록한 자료
④ 농산물의 생산량 및 출하처별 판매량을 기록한 자료

해설 유기식품 등의 인증기준에서는 유전자변형종자는 사용할 수 없다.

49.③ 50.① 51.② 52.③ 53.① 54.③

55 윤작의 효과로 거리가 먼 것은?

① 자연재해나 시장변동의 위험을 분산시킨다.
② 지력을 유지하고 증진시킨다.
③ 토지 이용률을 높인다.
④ 풍수해를 예방한다.

해설 윤작의 효과
- 지력의 유지 증강
- 토양보호
- 기지의 회피
- 병충해 경감
- 잡초의 경감
- 수량의 증대
- 토지이용도 향상
- 노력분배의 합리화
- 농업경영의 안정성 증대

56 품종육성의 효과로 기대하기 어려운 것은?

① 품질개선 ② 지력증진
③ 재배지역 확대 ④ 수량증가

해설 품종개량의 효과
- 경제적 효과
- 재배 안전성 증대
- 재배한계의 확대
- 품질의 개선 효과
- 새 품종의 출현

57 유기재배 과수의 토양표면 관리법으로 가장 거리가 먼 것은?

① 청경법 ② 초생법
③ 부초법 ④ 플라스틱 멀칭법

해설 유기재배에서는 천연의 물질을 우선적으로 이용하여야 한다.

58 유기축산물 생산을 위한 사육장 조건으로 틀린 것은?

① 축사·농기계 및 기구 등은 청결하게 유지한다.
② 충분한 환기와 채광이 되는 케이지에서 사육한다.
③ 사료와 음수는 접근이 용이해야 한다.
④ 축사 바닥은 부드러우면서도 미끄럽지 않아야 한다.

해설 사육장 조건은 가축이 자연스럽게 일어서서 앉고 돌고 활개 칠 수 있는 등 충분한 활동공간이 확보되어야 하므로 케이지는 특별한 경우가 아니면 사용할 수 없다.

59 예방관리에도 불구하고 가축의 질병이 발생한 경우 수의사의 처방하에 질병을 치료할 수 있다. 이 경우 동물용의약품을 사용한 가축은 해당약품 휴약기간의 최소 몇 배가 지나야만 유기축산물로 인정할 수 있는가?

① 2배 ② 3배
③ 4배 ④ 5배

해설 동물용의약품을 사용한 가축은 휴약기간의 2배를 준수하여 유기축산물로 출하할 수 있다.

60 한 포장에서 연작을 하지 않고 몇 가지 작물을 특정한 순서로 규칙적으로 반복하여 재배하는 것은?

① 돌려짓기 ② 답전윤환
③ 간작 ④ 교호작

해설 윤작(輪作, crop rotation)
동일 포장에서 동일 작물을 이어짓기 하지 않고 몇 가지 작물을 특정한 순서대로 규칙적으로 반복하여 재배하는 것을 윤작이라 한다.

55.④ 56.② 57.④ 58.② 59.① 60.①

2014년 제2회

유기농업기능사

▎2014년 4월 6일 시행

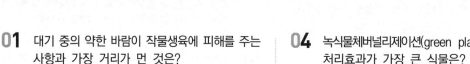

01 대기 중의 약한 바람이 작물생육에 피해를 주는 사항과 가장 거리가 먼 것은?

① 광합성을 억제한다.
② 잡초씨나 병균을 전파시킨다.
③ 건조할 때 더욱 건조를 조장한다.
④ 냉풍은 냉해를 유발할 수 있다.

해설 **연풍의 해작용**
- 잡초의 씨 또는 균의 전파
- 건조 시기에 더욱 건조상태의 조장
- 저온의 바람은 작물의 냉해를 유발

연풍의 효과
- 증산을 조장하고 양분의 흡수 증대
- 잎을 흔들어 그늘진 잎에 광을 조사하여 광합성 증대
- 이산화탄소의 농도 저하를 경감시켜 광합성 조장
- 풍매화의 화분 매개
- 여름철 기온 및 지온을 낮추는 효과
- 봄, 가을 서리 방지
- 수확물의 건조 촉진

02 유효질소 10kg이 필요한 경우에 요소로 질소질 비료를 시용한다면 필요한 요소량은? (단, 요소비료의 흡수율은 83%, 요소의 질소함유량은 46%로 가정한다.)

① 약 13.1kg
② 약 26.2kg
③ 약 34.2kg
④ 약 48.5kg

해설 필요요소량 = 필요한 질소량 × (1 ÷ 보증성분량)
= 10 × {1 ÷ (0.83 × 0.46)}
= 26.19

03 잡초의 방제는 예방과 제거로 구분할 수 있는데, 예방의 방법으로 가장 거리가 먼 것은?

① 답전윤환 실시
② 제초제의 사용
③ 방목 실시
④ 플라스틱 필름으로 포장 피복

해설 제초제의 사용은 예방이 아닌 방제방법에 해당된다.

04 녹식물체버널리제이션(green plant vernalization) 처리효과가 가장 큰 식물은?

① 추파맥류
② 완두
③ 양배추
④ 봄올무

해설 **처리시기에 따른 구분**
- 종자춘화형식물
  ㉠ 최아종자에 처리하는 것
  ㉡ 추파맥류, 완두, 잠두, 봄무 등
- 녹식물춘화형식물
  ㉠ 식물이 일정한 크기에 달한 녹체기에 처리하는 작물
  ㉡ 양배추, 히요스 등

05 다음 중 질소 비료의 흡수형태에 대한 설명으로 옳은 것은?

① 식물이 주로 흡수하는 질소의 형태는 논토양에서는 NH_4^+, 밭토양에서는 NO_3^-이온의 형태이다.
② 식물이 흡수하는 인산의 형태는 PO_4^-와 PO_3^- 형태이다.
③ 암모니아태질소는 양이온이기 때문에 토양에 흡착되지 않아 쉽게 용탈이 된다.
④ 질산태질소는 음이온으로 토양에 잘 흡착이 되어 용탈이 되지 않는다.

해설 **밭토양과 논토양에서의 원소의 존재형태**

원소	밭토양(산화상태)	논토양(환원상태)
탄소(C)	CO_2	메탄(CH_4), 유기산물
질소(N)	질산염(NO_3^-)	질소(N_2), 암모니아(NH_4^+)
망간(Mn)	Mn^{4+}, Mn^{3+}	Mn^{2+}
철(Fe)	Fe^{3+}	Fe^{2+}
황(S)	황산(SO_4^{2-})	황화수소(H_2S), S
인(P)	인산(H_2PO_4), 인산알루미늄($AlPO_4$)	인산이수소철($Fe(H_2PO_4)_2$), 인산이수소칼슘($Ca(H_2PO_4)_2$)

1.① 2.② 3.② 4.③ 5.①

06 대체로 저온에 강한 작물로만 나열된 것은?

① 보리, 밀
② 고구마, 감자
③ 배, 담배
④ 고추, 포도

해설 맥류(보리, 밀, 감자, 시금치, 배추, 무)는 저온에 강하다.

07 수해(水害)의 요인과 작용에 대한 설명으로 틀린 것은?

① 벼에 있어 수잉기-출수 개화기에 특히 피해가 크다.
② 수온이 높을수록 호흡기질의 소모가 많아 피해가 크다.
③ 흙탕물과 고인물은 흐르는 물보다 산소가 적고 온도가 높아 피해가 크다.
④ 벼, 수수, 기장, 옥수수 등 화본과 작물이 침수에 가장 약하다.

해설 **수해 발생과 조건(작물의 종류와 품종)**
- 침수에 강한 밭작물 : 화본과 목초, 피, 수수, 옥수수, 땅콩 등
- 침수에 약한 밭작물 : 콩과 작물, 채소, 감자, 고구마, 메밀 등
- 생육단계 : 벼는 분얼 초기에는 침수에 강하고, 수잉기~출수개화기에는 극히 약하다.

08 가장 집약적인 곡류 이외에 채소, 과수 등의 재배에 이용되는 형식은?

① 원경(圓耕) ② 포경(圃耕)
③ 곡경(穀耕) ④ 소경(疎耕)

해설 **원경**
- 원예적 농업으로 가장 집약적 재배방식이다.
- 보온육묘, 보온재배, 관개, 시비 등이 발달되어 있는 형태이다.
- 근교농업으로 원예작물의 재배형태이다.

09 계란 노른자와 식용유를 섞어 병충해를 방제하였다. 계란노른자의 역할로 옳은 것은?

① 살충제 ② 살균제
③ 유화제 ④ pH조절제

해설 계란 노른자의 주요 성분은 단백질과 지방산으로 유화제 역할을 한다.

10 작물의 분류방법 중 식용작물, 공예작물, 약용작물, 기호작물, 사료작물 등으로 분류하는 것은?

① 식물학적 분류
② 생태적 분류
③ 용도에 따른 분류
④ 작부방식에 따른 분류

해설 식용작물, 공예작물, 약용작물, 기호작물, 사료작물 등의 분류는 작물의 용도를 분류한 것이다.

11 광합성 작용에 가장 효과적인 광은?

① 백색광
② 황색광
③ 적색광
④ 녹색광

해설 **광합성 효율과 빛**
광합성에는 675nm를 중심으로 한 650~700nm의 적색부분과 450nm를 중심으로 한 400~500nm의 청색광 부분이 가장 유효하고 녹색, 황색, 주황색 파장의 광은 대부분 투과, 반사되어 비효과적이다.

12 10a의 밭에 종자를 파종하고자 한다. 일반적으로 파종량(L)이 가장 많은 작물은?

① 오이
② 팥
③ 맥류
④ 당근

해설 파종량은 종자가 작고 단위면적당 개체수가 많은 것이 많다.

13 벼 등 화곡류가 등숙기에 비, 바람에 의해서 쓰러지는 것을 도복이라고 한다. 도복에 대한 설명으로 틀린 것은?

① 키가 작은 품종일수록 도복이 심하다.
② 밀식, 질소다용, 규산부족 등은 도복을 유발한다.
③ 벼 재배시 벼멸구, 문고병이 많이 발생되면 도복이 심하다.
④ 벼는 마지막 논김을 맬 때 배토를 하면 도복이 경감된다.

해설 키가 크고 대가 약한 품종일수록 도복의 위험이 크다.

6.① 7.④ 8.① 9.③ 10.③ 11.③ 12.③ 13.①

14 농경의 발상지와 거리가 먼 것은?

① 큰 강의 유역 ② 산간부
③ 내륙지대 ④ 해안지대

해설 **농경의 발상지**
- 큰 강 유역설 : De Candolle(1884)은 주기적으로 강의 범람으로 토지가 비옥해지는 큰 강의 유역이 농사짓기에 유리하여 원시 농경이 발상지였을 것으로 추정하였다. 실제 중국의 황하나 양자강 유역이 벼의 재배로 중국문명이 발생하였으며, 인더스강 유역의 인도문명, 나일강 유역의 이집트문명 등이 발생하였다.
- 산간부설 : N.T. Vavilov(1926)는 큰 강 유역은 범람으로 인해 농업이 근본적 파멸 우려가 있으므로 최초 농경이 정착하기 어려웠을 것으로 보고 기후가 온화한 산간부 중 관개수를 쉽게 얻을 수 있는 곳을 최초 발상지로 추정하였으며, 마야문명, 잉카문명 등과 같은 산간부를 원시 농경의 발상지로 보았다.
- 해안지대설 : P. Dettweiler(1914)는 온화한 기후와 토지가 비옥하며 토양수분도 넉넉한 해안지대를 원시 농경의 발상지로 추정하였다.

15 작물의 파종과 관련된 설명으로 옳은 것은?

① 선종이란 파종 전 우량한 종자를 가려내는 것을 말한다.
② 추파맥류의 경우 추파성정도가 낮은 품종은 조파(일찍 파종)를 한다.
③ 감온성이 높고 감광성이 둔한 하두형 콩은 늦은 봄에 파종을 한다.
④ 파종량이 많을 경우 잡초발생이 많아지고, 토양수분과 비료 이용도가 낮아져 성숙이 늦어진다.

해설 **선종**
크고 충실하여 발아와 생육이 좋은 종자를 가려내는 것을 선종이라 한다.

16 작물이 주로 이용하는 토양수분의 형태는?

① 흡습수 ② 모관수
③ 중력수 ④ 결합수

해설 **유효수분**
- 식물이 토양의 수분을 흡수하여 이용할 수 있는 수분으로 포장용수량과 영구위조점 사이의 수분
- 식물 생육에 가장 알맞은 최대 함수량은 최대용수량의 60~80%이다.
- 점토함량이 많을수록 유효수분의 범위가 넓어지므로 사토에서는 유효수분 범위가 좁고, 식토에서는 범위가 넓다.
- 일반 노지식물은 모관수를 활용하지만 시설원예 식물은 모관수와 중력수를 활용한다.

17 수광태세가 가장 불량한 벼의 초형은?

① 키가 너무 크거나 작지 않다.
② 상위엽이 늘어져 있다.
③ 분얼이 조금 개산형이다.
④ 각 잎이 공간적으로 되도록 균일하게 분포한다.

해설 **벼의 초형**
- 잎이 너무 두껍지 않고 약간 좁으며 상위엽이 직립한다.
- 키가 너무 크거나 작지 않다.
- 분얼은 개산형으로 포기 내 광의 투입이 좋아야 한다.
- 각 잎이 공간적으로 되도록 균일하게 분포해야 한다.

18 다음 중 작물의 건물 1g을 생산하는 데 소비된 수분량은?

① 요수량
② 증산능률
③ 수분소비량
④ 건물축적량

해설
- 요수량 : 작물이 건물 1g을 생산하는 데 소비된 수분량을 의미한다.
- 증산계수 : 건물 1g을 생산하는 데 소비된 증산량을 증산계수라고도 하는데, 요수량과 증산계수는 동의어로 사용되고 있다.
- 증산능률 : 일정량의 수분을 증산하여 축적된 건물량을 말하며 요수량과 반대되는 개념이다.
- 요수량은 일정 기간 내의 수분소비량과 건물축적량을 측정하여 산출하는데, 작물의 수분경제의 척도를 나타내는 것이고, 수분의 절대소비량을 표시하는 것은 아니다.
- 대체로는 요수량이 작은 작물이 건조한 토양과 한발에 저항성이 강하다.

19 저장 중 종자의 발아력이 감소되는 원인이 아닌 것은?

① 종자소독
② 효소의 활력 저하
③ 저장양분 감소
④ 원형질 단백질 응고

해설 **종자소독**
종자전염성 병균 또는 선충을 없애기 위해 종자에 물리적, 화학적 처리를 하는 것을 종자소독이라 하고 종자 외부 부착균에 대하여는 일반적으로 화학적 소독을 하고 내부 부착균은 물리적 소독을 한다. 그러나 바이러스에 대하여는 현재 종자소독으로 방제할 수 없다.

14.③ 15.① 16.② 17.② 18.① 19.①

20 공기가 과습한 상태일 때 작물에 나타나는 증상이 아닌 것은?

① 증산이 적어진다.
② 병균의 발생빈도가 낮아진다.
③ 식물체의 조직이 약해진다.
④ 도복이 많아진다.

해설 공기의 과습은 병원균의 발생빈도가 높아진다.

21 논토양과 밭토양에 대한 설명으로 틀린 것은?

① 밭토양은 불포화 수분상태로 논에 비해 공기가 잘 소통된다.
② 특이산성 논토양은 물에 잠긴 기간이 길수록 토양 pH가 올라간다.
③ 물에 잠긴 논토양은 산화층과 환원층으로 토층이 분화한다.
④ 밭토양에서 철은 환원되기 쉬우므로 토양은 회색을 띤다.

해설 논토양은 환원상태로 회색을 띠고, 밭토양은 산화상태로 붉은 색을 띤다.

22 유기물이 가장 많이 퇴적되어 생성된 토양은?

① 이탄토
② 붕적토
③ 선상퇴토
④ 하성충적토

해설 **이탄토**
이탄집적 작용으로 습지나 얕은 호수에 식물 유체가 쌓여 생성된 토양

23 토양의 포장용수량에 대한 설명으로 옳은 것은?

① 모관수만이 남아 있을 때의 수분함량을 말하며 수분장력은 대략 15기압으로서 밭작물이 자라기에 적합한 상태를 말한다.
② 모관수만이 남아 있을 때의 수분함량을 말하며 수분장력은 대략 31기압으로서 밭작물이 자라기에 적합한 상태를 말한다.
③ 토양이 물로 포화되었을 때의 수분 함량이며 수분장력은 대략 1/3기압으로서 벼가 자라기에 적합한 수분 상태를 말한다.
④ 물로 포화된 토양에서 중력수가 제거되었을 때의 수분함량을 말하며, 이때의 수분장력은 대략 1/3기압으로서 밭작물이 자라기에 적합한 상태를 말한다.

해설 **포장용수량(FC)**
- PF=2.5~2.7
- 포화상태 토양에서 중력수가 완제 배제되고 모세관력에 의해서만 지니고 있는 수분함량으로 최소용수량이라고도 한다.
- 포장용수량 이상은 중력수로 토양의 통기 저해로 작물 생육이 불리하다.
- 수분당량(ME) : 젖은 토양에 중력의 1,000배의 원심력을 작용 후 잔류하는 수분상태로 포장용수량과 거의 일치한다.

24 다음 중 토양미생물인 사상균에 대한 설명으로 틀린 것은?

① 균사로 번식하며 유기물 분해로 양분을 획득한다.
② 호기성이며 통기가 잘되지 않으면 번식이 억제된다.
③ 다른 미생물에 비해 산성토양에서 잘 적응하지 못한다.
④ 토양 입단 발달에 기여한다.

해설 **사상균(곰팡이, 진균)**
- 담자균, 자낭균 등
- 산성, 중성, 알칼리성 어디에서나 생육하며 습기에도 강하다.
- 단위면적당 생물체량이 가장 많은 토양미생물이다.

25 규산의 함량에 따른 산성암이 아닌 것은?

① 현무암
② 화강암
③ 유문암
④ 석영반암

해설 **규산(SiO_2)의 함량에 따른 화성암의 분류**

생성 위치 \ 규산 함량	산성암 65~75%	중성암 55~65%	염기성암 40~55%
심성암	화강암	섬록암	반려암
반심성암	석영반암	섬록반암	휘록암
화산암	유문암	안산암	현무암

20.② 21.④ 22.① 23.④ 24.③ 25.①

26 다음 중 일시적 전하(잠시적 전하)의 설명으로 옳은 것은?

① 동형치환으로 생긴 전하
② 광물결정 변두리에 존재하는 전하
③ 부식의 전하
④ 수산기(OH^-) 증가로 생긴 전하

해설 **잠시적 전하**
수소이온 농도 지수(pH) 등의 주변 환경 변화에 따라 점토 광물이 일시적으로 유지하는 전하. 점토 광물의 잠시적 전하는 주변 수소이온 농도 지수와 정의 상관관계를 갖는다.

27 다음 중 부식의 음전하 생성 원인이 되는 주요한 작용기는?

① R−COOH ② $Si-(OH)_4$
③ $Al(OH)_3$ ④ $Fe(OH)_2$

해설 유기콜로이드는 많은 양의 카복실기, 페놀기, 아민기를 보유하고 있어 해리되며 양 또는 음의 전하를 생성한다.

28 질소와 인산에 의한 토양의 오염원으로 가장 거리가 먼 것은?

① 광산폐수 ② 공장폐수
③ 축산폐수 ④ 가정하수

해설 폐광산에서 유출되는 광석과 광석 잔재물에 남아있는 각종 유해 중금속들이 토양오염을 유발할 수 있다.

29 밭의 CEC(양이온교환용량)를 높이려고 한다. 다음 중 CEC를 가장 크게 증가시키는 물질은?

① 부식(토양유기물)의 시용
② 카올릴로이트(Kaolinite)의 시용
③ 몬모리오나이트(Montmorillonite)의 시용
④ 식양토의 객토

해설 **주요 광물의 양이온치환용량**
- 부식 : 100~300
- 버미큘라이트 : 80~150
- 몬모릴로나이트 : 60~100
- 클로라이트 : 30
- 카올리나이트 : 3~27
- 일라이트 : 21

30 토양에 집적되어 solonetz화 토양의 염류 집적을 나타내는 것은?

① Ca ② Mg
③ K ④ Na

해설 **알칼리흑토(solonetz)**
알칼리흑토 Na염이 염류토양에 첨가되거나 세탈작용이 일어날 때 토양교질은 Na교질로 변화된다. 이렇게 생성된 Na교질이 탄산이나 탄산염과 반응하면 H교질로 되고, Na는 중탄산소다로 된다. 탄산소다와 중탄산소다는 물과 반응하면 강알칼리성을 나타내는데, 이렇게 생성된 토양을 알칼리흑토라고 한다.

31 토양의 색에 대한 설명으로 틀린 것은?

① 토색을 보면 토양의 풍화과정이나 성질을 파악하는 데 큰 도움이 된다.
② 착색재료로는 주로 산화철은 적색, 부식은 흑색/갈색을 나타낸다.
③ 신선한 유기물은 녹색, 적철광은 적색, 황철광은 황색을 나타낸다.
④ 토색 표시법은 Munsell의 토색첩을 기준으로 하며, 3속성을 나타내고 있다.

해설 신선한 유기물은 무색, 적철광은 적갈색, 황철광은 담황색을 나타낸다.

32 습답(고논)의 일반적인 특성에 대한 설명으로 틀린 것은?

① 배수시설이 필요하다.
② 양분부족으로 추락현상이 발생되기 쉽다.
③ 물이 많아 벼 재배에 유리하다.
④ 환원성 유해물질이 생성되기 쉽다.

해설 **식질 토양의 특징**
- 통기성이 불량해진다.
- 유기물이 집적된다.
- 단단한 점토의 반층 때문에 뿌리가 잘 뻗지 못한다.
- 배수불량으로 유해물질 농도가 높아져 뿌리의 활력이 감소한다.

33 물에 의한 토양침식의 방지책으로 가장 적당하지 않은 것은?

① 초생대 대상재배법
② 토양개량제 사용
③ 지표면의 피복
④ 상하경재배

26.④ 27.① 28.① 29.① 30.④ 31.③ 32.③ 33.④

해설 수식의 대책
- 기본 대책은 삼림 조성과 자연 초지의 개량이며, 경사지, 구릉지 토양은 유거수 속도 조절을 위한 경작법을 실시하여야 한다.
- 조림 : 기본적 수식 대책은 치산치수로 이를 위한 산림의 조성과 자연초지의 개량은 수식을 경감시킬 수 있다.
- 표토의 피복
  ㉠ 연중 나지 기간의 단축은 수식 대책으로 매우 중요하며 우리나라의 경우 7~8월 강우가 집중하므로 이 기간 특히 지표면을 잘 피복하여야 한다.
  ㉡ 경지의 수식 방지방법으로는 부초법, 인공피복법, 포복성 작물의 선택과 작부체계 개선 등을 들 수 있다.
  ㉢ 경사도 5° 이하에서는 등고선 재배법으로 토양 보전이 가능하나 15° 이상의 경사지에서는 단구를 구축하고 계단식 경작법을 적용한다.
  ㉣ 경사지 토양 유실을 줄이기 위한 재배법으로는 등고선 재배, 초생대 재배, 부초 재배, 계단식 재배 등이 있다.
- 입단의 조성
  ㉠ 토양의 투수성과 보수력 증대와 내수성 입단 구조로 안정성 있는 토양으로 발달시킨다.
  ㉡ 유기물의 시용과 석회질 물질의 시용, 입단 생성제의 토양개량제의 시용으로 입단을 촉진한다.

34 토양온도에 대한 설명으로 틀린 것은?

① 토양온도는 토양생성 작용, 토양미생물의 활동, 식물생육에 중요한 요소이다.

② 토양온도는 토양유기물의 분해속도와 양에 미치는 영향이 매우 커서 열대토양의 유기물 함량이 높은 이유가 된다.

③ 토양비열은 토양 1g을 1℃ 올리는데 소요되는 열량으로, 물이 1이고 무기성분은 더 낮다.

④ 토양의 열원은 주로 태양광선이며 습윤열, 유기물 분해열 등이다.

해설 열대지방은 토양온도가 높아 미생물에 의한 유기물의 분해 속도가 빨라 유기물함량이 낮고 부식이 잘 퇴적되지 않는다.

35 토양유기물의 특징에 대한 설명으로 틀린 것은?

① 토양유기물은 미생물의 작용을 통하여 직접 또는 간접적으로 토양입단 형성에 기여한다.

② 토양유기물은 포장용수량 수분 함량이 낮아, 사질토에서 유효수분의 공급력을 적게 한다.

③ 토양유기물은 질소 고정과 질소 순환에 기여하는 미생물의 활동을 위한 탄소원이다.

④ 토양유기물은 완충능력이 크고, 전체 양이온 교환용량의 30~70%를 기여한다.

해설 토양유기물은 포장용수량 수분 함량이 높아, 사질토에서 유효수분의 공급력을 많게 한다.

36 다음 중 용적밀도가 가장 큰 토성은?

① 사양토 ② 양토
③ 식양토 ④ 식토

해설

토성	용적밀도(mg/m^3)	공극량(%)
사토	1.6	40
사양토	1.5	43
양토	1.4	47
식양토	1.2	55
식토	1.1	58

37 밭토양에 비하여 논토양은 철(Fe)과 망간(Mn) 성분이 유실되어 부족하기 쉬운데 그 이유로 가장 적합한 것은?

① 철(Fe)과 망간(Mn) 성분이 논토양에 더 적게 함유되어 있기 때문이다.

② 논토양은 벼 재배기간 중 담수상태로 유지되기 때문이다.

③ 철(Fe)과 망간(Mn) 성분은 벼에 의해 흡수 이용되기 때문이다.

④ 철(Fe)과 망간(Mn) 성분은 미량요소이기 때문이다.

해설 논토양은 담수상태로 철과 망간이 환원되어 침투수에 의해 용탈된 후 심토층에 축적된다.

38 개간지토양의 일반적인 특징으로 옳은 것은?

① pH가 높아서 미량원소가 결핍될 수도 있다.

② 유효인산의 농도가 낮은 척박한 토양이다.

③ 작토는 환원상태이지만 심토가 산화상태이다.

④ 황산염이 집적되어 pH가 매우 낮은 토양이다.

해설 개간지토양은 토양구조가 불량하며 인산성분도 적어 토양의 비옥도가 낮다.

34.② 35.② 36.① 37.② 38.②

39 토양의 질소 순환 작용에 작용과 반대 작용으로 바르게 짝지어져 있는 것은?

① 질산환원 작용 – 질소고정 작용
② 질산화 작용 – 질산환원 작용
③ 암모늄화 작용 – 질산환원 작용
④ 질소고정 작용 – 유기화 작용

해설 **질산화 작용**
암모니아이온(NH_4^+)이 아질산(NO_2^-)과 질산(NO_3^-)으로 산화되는 과정으로 암모니아(MH_4^+)를 질산으로 변하게 하여 작물에 이롭게 한다.
질산환원 작용
탈질세균에 의해 $NO_3^- \rightarrow NO_2^- \rightarrow N_2O$, N_2로 된다.

40 모래, 미사, 점토의 상대적 함량비로 분류하며, 흙의 촉감을 나타내는 용어는?

① 토색
② 토양 온도
③ 토성
④ 토양 공기

해설 **토성**
토양입자의 입경에 따라 나눈 토양의 종류로 모래와 점토의 구성비로 토양을 구분하는 것으로 식물의 생육에 중요한 여러 이화학적 성질을 결정하는 기본 요인이다.

41 벼에 규소(Si)가 부족했을 때 나타나는 주요 현상은?

① 황백화, 괴사, 조기낙엽 등의 증세가 나타난다.
② 줄기, 잎이 연약하여 병원균에 대한 저항력이 감소한다.
③ 수정과 결실이 나빠진다.
④ 뿌리나 분얼의 생장점이 붉게 변하여 죽게 된다.

해설 **규소(Si)**
- 규소는 모든 작물에 필수원소는 아니나, 화본과 식물에서는 필수적이다.
- 화본과 작물의 가용성 규산과 유기물의 시용은 생육과 수량에 효과가 있으며 벼는 특히 규산 요구도가 높으며 시용효과가 높다.
- 해충과 도열병 등에 내성이 증대되며 경엽의 직립화로 수광상태가 좋아져 광합성에 유리하고 뿌리의 활력이 증대된다.
- 결핍시는 잎, 줄기가 연약하게 자라 병원균에 대한 저항성이 감소되며, 도복의 위험이 커진다.

42 유기농후사료 중심의 유기축산의 문제점으로 거리가 먼 것은?

① 국내에서 생산이 어려워 대부분 수입에 의존
② 고비용 유기농후사료 구입에 의한 생산비용 증대
③ 열등한 축산물 품질 초래
④ 물질순환의 문제 야기

해설 농후사료의 급여는 축산물의 상품성을 높이는 효과가 나타난다.

43 과수의 심경시기로 가장 알맞은 것은?

① 휴면기
② 개화기
③ 결실기
④ 생육절정기

해설 과수 경작지 심경은 낙엽기에 하는 것이 가장 알맞다.

44 종자 갱신을 하여야 할 이유로 부적당한 것은?

① 자연교잡
② 돌연변이
③ 재배 중 다른 계통의 혼입
④ 토양의 산성화

해설 **종자 갱신**
- 신품종 특성의 유지와 품종퇴화 방지를 위하여 일정 기간마다 우량종자로 바꾸어 재배하는 것
- 우리나라 벼, 보리, 콩 등의 자식성작물의 종자 갱신연한은 4년 1기이다.
- 옥수수와 채소류의 1대잡종품종은 매년 새로운 종자를 사용한다.

45 자식성 작물의 육종방법과 거리가 먼 것은?

① 순계선발
② 교잡육종
③ 여교잡육종
④ 집단합성

해설 자식성 작물의 육종법으로는 주로 순계선발법, 교배육종법 등이 이용된다.

39.② 40.③ 41.② 42.③ 43.① 44.④ 45.④

46 과실에 봉지씌우기를 하는 목적과 가장 거리가 먼 것은?

① 당도 증가
② 과실의 외관 보호
③ 농약오염 방지
④ 병해충으로 과실보호

해설 복대(봉지씌우기)
- 사과, 배, 복숭아 등의 과수재배에 있어 적과 후 과실에 봉지를 씌우는 것을 복대라 한다.
- 복대의 장점
  ㉠ 검은무늬병, 심식나방, 흡즙성나방, 탄저병 등의 병충해가 방제된다.
  ㉡ 외관이 좋아진다.
  ㉢ 사과 등에서는 열과가 방지된다.
  ㉣ 농약이 직접 과실에 부착되지 않아 상품성이 좋아진다.
- 복대의 단점
  ㉠ 수확기까지 복대를 하는 경우 과실의 착색이 불량해질 수 있어 수확 전 적당한 시기에 제대해야 한다.
  ㉡ 복대에 노력이 많이 들어 근래 복대 대신 농약의 살포를 합리적으로 하여 병충해에 적극적 방제하는 무대재배를 하는 경우가 많다.
  ㉢ 가공용 과실의 경우 비타민C 함량이 낮아지므로 무대재배를 하는 것이 좋다.

47 복숭아의 줄기와 가지를 주로 가해하는 해충은?

① 유리나방
② 굴나방
③ 명나방
④ 심식나방

해설 ② 굴나방은 잎의 엽육 속을 가해한다.
③ 명나방은 과실을 가해한다.
④ 심식나방은 과실을 가해한다.

48 다음 중 TDN은 무엇을 기준으로 한 영양소 표시법인가?

① 영양소 관리
② 영양소 소화율
③ 영양소 희귀성
④ 영양소 독성물질

해설 TDN
total digestible nutrients 가소화(可消化) 양분 총량

49 유기복합비료의 중량이 25kg이고, 성분함량이 N-P-K(22-22-11)일 때, 비료의 질소 함량은?

① 3.5kg ② 5.5kg
③ 8.5kg ④ 11.5kg

해설 비료중량×성분함량=25×0.22=5.5

50 친환경농업이 출현하게 된 배경으로 틀린 것은?

① 세계의 농업정책이 증산위주에서 소비자와 교역중심으로 전환되어가고 있는 추세이다.
② 국제적으로 공업부분은 규제를 강화하고 있는 반면 농업부분은 규제를 다소 완화하고 있는 추세이다.
③ 대부분의 국가가 친환경농법의 정착을 유도하고 있는 추세이다.
④ 농약을 과다하게 사용함에 따라 천적이 감소되어 가는 추세이다.

해설 친환경농업의 필요성 대두
- 사회 · 경제적 여건의 변화
- 무역자유화와 시장개방 압력의 가속화
- 소비자계층의 다양화와 식품안전성에 대한 인식 제고
- 국토공간의 효율적 이용과 환경문제의 개선

51 벼의 유묘로부터 생장단계의 진행순서가 바르게 나열된 것은?

① 유묘기 → 활착기 → 이앙기 → 유효분얼기
② 유묘기 → 이앙기 → 활착기 → 유효분얼기
③ 유묘기 → 활착기 → 유효분얼기 → 이앙기
④ 유묘기 → 유효분얼기 → 이앙기 → 활착기

해설 벼의 유묘로부터 생장단계의 진행순서
유묘기 → 이앙기 → 활착기 → 유효분얼기 → 수잉기 및 출수기 → 등숙기

52 친환경농산물에 해당되지 않는 것은?

① 천연우수농산물
② 무농약농산물
③ 무항생제축산물
④ 유기농산물

해설 친환경농산물에는 유기농산물, 유기축산물, 유기임산물, 무농약농산물, 무항생제축산물 등이 있다.

46.① 47.① 48.② 49.② 50.② 51.② 52.①

53 유기축산물의 경우 사료 중 NPN을 사용할 수 없게 되었다. NPN은 무엇을 말하는가?

① 에너지 사료
② 비단백태질소화합물
③ 골분
④ 탈지분유

해설 NPN : nonprotein nitrogen

54 벼 재배 시 도복현상의 발생으로 일어날 수 있는 현상은?

① 벼가 튼튼하게 자란다.
② 병해충 발생이 없어진다.
③ 병해충이 발생하며, 쓰러질 염려가 있다.
④ 품질이 우수해진다.

해설
- 도복
  화곡류, 두류 등이 등숙기에 들어 비바람에 의해서 쓰러지는 것
- 도복의 피해
  ㉠ 수량감소
  ㉡ 품질저하
  ㉢ 수확작업의 불편
  ㉣ 간작물에 대한 피해

55 토양의 지력을 증진시키는 방법이 아닌 것은?

① 초생재배법로 지력을 증진시킨다.
② 완숙퇴비를 사용한다.
③ 토양미생물을 증진시킨다.
④ 생톱밥을 넣어 지력을 증진시킨다.

해설 생톱밥은 탄질률이 높아 분해가 어렵다.

56 하나 또는 몇 개의 병원균과 해충에 대하여 대항할 수 있는 기주의 능력을 무엇이라 하는가?

① 민감성
② 저항성
③ 병회피
④ 감수성

해설 식물은 이동성이 없으므로 병해충의 공격에 대비한 스스로를 보호하는 다양한 생리적 기능을 갖는데, 하나 또는 몇 개의 병원균 및 해충에 대하여 대항할 수 있는 기주의 능력을 저항성이라 한다.

57 자연생태계와 비교했을 때 농업생태계의 특징이 아닌 것은?

① 종의 다양성이 낮다.
② 안정성이 높다.
③ 지속기간이 짧다.
④ 인간 의존적이다.

해설 **농업생태계의 특징**
- 농업생태계는 인간이 자연생태계를 파괴 및 변형시켜 만들어졌다.
- 천이의 초기상태가 계속 유지된다.
- 농업생태계는 불안정하다.
- 생물상이 단순하다.

58 다음 중 포식성 천적에 해당하는 것은?

① 기생벌
② 세균
③ 무당벌레
④ 선충

해설 포식성 천적 : 무당벌레, 포식성 응애, 풀잠자리, 포식성 노린재류 등

59 시설 내의 약광 조건에서 작물을 재배하는 방법으로 옳은 것은?

① 재식 간격을 좁히는 것이 매우 유리하다.
② 엽채류를 재배하는 것이 아주 불리하다.
③ 덩굴성 작물은 직립재배보다는 포복재배하는 것이 유리하다.
④ 온도를 높게 관리하고 내음성 작물보다는 내양성 작물을 선택하는 것이 유리하다.

해설 ① 재식 간격을 넓히는 것이 매우 유리하다.
② 엽채류를 재배하는 것이 유리하다.
④ 온도를 높게 관리하고 내양성 작물보다는 내음성 작물을 선택하는 것이 유리하다.

60 유기농법의 목표로 보기 어려운 것은?

① 환경보전과 생태계 보호
② 농업생태계의 건강 증진
③ 화학비료 · 농약의 최소사용
④ 생물학적 순환의 원활화

해설 화학비료나 농약의 최소사용은 유기농법의 목표를 이루기 위한 기술적인 부분이지 이 자체가 목표로 보기는 어렵다.

53.② 54.③ 55.④ 56.② 57.② 58.③ 59.③ 60.③

2014년 제3회

유기농업기능사

| 2014년 7월 20일 시행

01 작물생육과 온도에 대한 설명으로 틀린 것은?

① 최적온도는 작물 생육이 가장 왕성한 온도이다.
② 적산온도는 적기적작의 지표가 되어 농업상 매우 유효한 자료이다.
③ 유효온도의 범위는 20~30℃이다.
④ 저온저항성의 형성과정을 하드닝(hardening)이라 한다.

해설 여름작물과 겨울작물의 주요온도 (단위 : ℃)

구분	최저온도	최적온도	최고온도
여름작물	10~15	30~35	40~50
겨울작물	1~5	15~25	30~40

02 기지현상을 경감하거나 방지하는 방법으로 옳은 것은?

① 연작
② 담수
③ 다비
④ 무경운

해설 기지의 대책
- 윤작
- 담수
- 저항성 품종의 재배 및 저장성 대목을 이용한 접목
- 객토 및 환토
- 합리적 시비
- 유독물질의 제거
- 토양소독

03 화성유도의 주요 요인과 가장 거리가 먼 것은?

① 토양양분 ② 식물호르몬
③ 광 ④ 영양상태

해설 화성유도의 주요 요인
- 내적 요인
  ㉠ C/N율로 대표되는 동화생산물의 양적 관계
  ㉡ 옥신과 지베렐린 등 식물호르몬의 체내 수준 관계
- 외적 요인
  ㉠ 일장
  ㉡ 온도

04 작물의 습해 대책으로 틀린 것은?

① 습답에서는 휴립재배한다.
② 객토나 심경을 한다.
③ 생 볏짚을 시용한다.
④ 내습성 작물을 재배한다.

해설 습해 대책
- 배수 : 습해의 기본대책이다.
- 정지 : 밭에서는 휴립휴파, 논에서는 휴립재배, 경사지에서는 등고선재배 등을 한다.
- 시비 : 미숙유기물과 황산근비료의 시용을 피하고, 표층시비로 뿌리를 지표면 가까이 유도하고, 뿌리의 흡수장해 시 엽면시비를 한다.
- 토양개량 : 세토의 객토, 부식 · 석회 · 토양개량제 등을 시용하여 입단조성으로 공극량을 증대시킨다.
- 과산화석회(CaO_2)의 시용

05 배수가 잘 안 되는 습한 토양에 가장 적합한 작물은?

① 당근 ② 양파
③ 토마토 ④ 미나리

해설 벼, 미나리, 연, 골풀 등이 내습성이 강하다.

06 토양공기 조성을 개선하는 방법으로 거리가 먼 것은?

① 심경 ② 입단조성
③ 객토 ④ 빈번한 경운

해설 토양공기의 조성
- 토양처리
  ㉠ 배수 : 토양 내 수분의 배출은 토양 용기량을 늘린다.
  ㉡ 토양입단 조성 : 유기물, 석회, 토양개량제 등의 시용
  ㉢ 심경
  ㉣ 객토 : 식질토성 개량 및 습지의 지반을 높인다.
- 재배적 조건
  ㉠ 답전윤환재배를 한다.
  ㉡ 답리작, 답전작을 한다.
  ㉢ 중습답에서는 휴립재배를 한다.
  ㉣ 습전에서는 휴립휴파를 한다.
  ㉤ 중경을 한다.
  ㉥ 파종 시 미숙퇴비 및 구비를 종자 위에 두껍게 덮지 않는다.

1.③ 2.② 3.① 4.③ 5.④ 6.④

07 야간조파에 가장 효과적인 광의 파장의 범위로 적합한 것은?

① 300~380nm ② 400~480nm
③ 500~580nm ④ 600~680nm

해설 **연속암기와 야간조파**
- 장일식물은 24시간 주기가 아니더라도 명기의 길이가 암기보다 상대적으로 길면 개화가 촉진되나 단일식물은 일정시간 이상의 연속암기가 절대로 필요하다.
- 암기가 극히 중요하므로 장야식물 또는 암장기식물이라 하고, 장일식물을 단야식물 또는 단야기식물이라 하기도 한다.
- 단일식물의 연속암기 중 광의 조사는 연속암기를 분단하여 암기의 합계가 명기보다 길어도 단일효과가 발생하지 않는다. 이것을 야간조파 또는 광중단이라고 한다.
- 야간조파에 가장 효과가 큰 광 600~680nm의 적색광이다.

08 벼에 있어 차광 시 단위면적당 이삭수가 가장 크게 감소되는 시기는?

① 분얼기 ② 유수분화기
③ 출수기 ④ 유숙기

해설 **벼의 생육단계별 일조부족의 영향**
- 최고분얼기(출수 전 30일)를 전후한 1개월 사이 일조부족은 유효경수 및 유효경비율이 저하되어 이삭수의 감수를 초래한다.
- 감수분열 성기(출수 전 12일) 일조부족은 갓 분화, 생성된 영화가 생장이 정지되고 퇴화하여 이삭당 영화수가 크게 감소한다.
- 유숙기 전후 1개월 사이 일조부족은 동화산물 감소와 배유로의 전류, 축적을 감퇴시켜 배유 발육을 저해하여 등숙률을 감소시킨다.
- 감수분열기 차광은 영화 크기를 작게 한다.
- 유숙기 차광은 배유의 충진을 불량하게 하여 정조 천립중을 크게 감소시킨다.
- 일사부족이 수량에 끼치는 영향은 유숙기가 가장 크고 다음이 감수분열기이다.
- 분얼성기 일사부족은 수량에 크게 영향을 주지 않는다.

09 작물 충해를 줄이는 방법으로 가장 거리가 먼 것은?

① 무당벌레와 같은 천적이 많게 해준다.
② 해충 유인등만 설치하고 포획하지 않는다.
③ 황색 끈끈이를 설치한다.
④ 혼식재배를 한다.

해설 유인등으로 해충을 유인 후 포획하여 퇴치하여야 한다.

10 2012년 기준 우리나라 식량자급률(사료용 포함, %)로 가장 적합한 것은?

① 11.6% ② 23.6%
③ 33.5% ④ 44.5%

해설 2012년 기준 우리나라 식량자급률은 23.6%이다.

11 공기 중 이산화탄소의 농도에 관여하는 요인이 아닌 것은?

① 계절 ② 암거(暗渠)
③ 바람 ④ 식생(植生)

해설 암거는 지하에 설비한 배수로로 토양의 함수와 배수, 토양공기에 관여하는 요인이다.

12 식물의 분화과정을 순서대로 옳게 나열한 것은?

① 유전적 변이 – 도태와 적응 – 순화 – 격리
② 도태와 적응 – 유전적 변이 – 순화 – 격리
③ 순화 – 격리 – 유전적 변이 – 도태와 적응
④ 적응 – 순화 – 유전적 변이 – 도태와 격리

해설 **분화과정**
유전적 변이 → 도태 → 적응 → 순화 → 고립

13 이론적인 단위면적당 시비량을 계산하기 위해 필요한 요소가 아닌 것은?

① 비료요소 흡수량 ② 목표수량
③ 천연공급량 ④ 비료요소 흡수율

해설 시비량=(비료흡수량−천연공급량)/비료요소 흡수율

14 일반적으로 작물 생육에 가장 알맞은 토양의 최적함수량은 최대용수량의 약 몇 %인가?

① 40~50% ② 50~60%
③ 60~80% ④ 80~90%

해설 **유효수분**
- 식물이 토양의 수분을 흡수하여 이용할 수 있는 수분으로 포장용수량과 영구위조점 사이의 수분
- 식물 생육에 가장 알맞은 최대 함수량은 최대용수량의 60~80%이다.
- 점토 함량이 많을수록 유효수분의 범위가 넓어지므로 사토에서는 유효수분 범위가 좁고, 식토에서는 범위가 넓다.

7.④ 8.② 9.② 10.② 11.② 12.① 13.② 14.③

15 작물의 병 발생원인으로 가장 거리가 먼 것은?

① 잦은 강우
② 비가림 재배
③ 연작 재배
④ 밀식 재배

해설 비가림 재배는 빗물과 토양에 의해 전반되는 병원균의 차단으로 병 발생을 억제할 수 있다.

16 추락현상이 나타나는 논이 아닌 것은?

① 노후화답
② 누수답
③ 유기물이 많은 저습답
④ 건답

해설 **추락의 과정**
- 물에 잠겨 있는 논에서, 황 화합물은 온도가 높은 여름에 환원되어 식물에 유독한 황화수소(H_2S)가 된다. 만일, 이 때 작토층에 충분한 양의 활성철이 있으면, 황화수소는 황화철(FeS)로 침전되므로 황화수소의 유해한 작용은 나타나지 않는다.
- 노후화 논은 작토층으로부터 활성철이 용탈되어 있기 때문에 황화수소를 불용성의 황화철로 침전시킬 수 없어 추락 현상이 발생하는 것이다.

17 비료의 3요소로 옳게 나열된 것은?

① 질소(N), 인(P), 칼슘(Ca)
② 질소(N), 인(P), 칼륨(K)
③ 질소(N), 칼륨(K), 칼슘(Ca)
④ 인(P), 칼륨(K), 칼슘(Ca)

해설 자연함량의 부족으로 인공적 보급의 필요성이 있는 성분을 비료요소라 한다.
- 비료의 3요소 : N, P, K
- 비료의 4요소 : N, P, K, Ca
- 비료의 5요소 : N, P, K, Ca, 부식

18 친환경적 잡초방제 방법으로 거리가 먼 것은?

① 이랑피복
② 윤작
③ 벼 재배 시 우렁이 이용
④ GMO 종자 이용

해설 친환경 재배에서는 GMO 종자를 이용할 수 없다.

19 분류상 구황작물이 아닌 것은?

① 조
② 고구마
③ 벼
④ 기장

해설 **구황작물**
- 기후의 불순으로 인한 흉년에도 비교적 안전한 수확을 얻을 수 있어 흉년에 크게 도움이 되는 작물
- 조, 수수, 기장, 메밀, 고구마, 감자 등

20 기온의 일변화가 작물의 생육에 미치는 영향으로 틀린 것은?

① 기온의 일변화가 어느 정도 클 때 동화물질의 축적이 많아진다.
② 밤의 기온이 어느 정도 높아서 변온이 작을 때 대체로 생장이 빠르다.
③ 고구마는 항온보다 변온에서 괴근의 발달이 현저히 촉진되고, 감자도 밤의 기온이 저하되는 변온이 괴경의 발달에 이롭다.
④ 화훼 등 일반 작물은 기온의 일변화가 작아 밤의 기온이 비교적 높은 것이 개화를 촉진시키고, 화기도 커진다.

해설 일변화가 크고 밤의 기온이 낮을 때 개화를 촉진시키고, 화기도 커진다.

21 화성암은 규산함량에 따라 산성암, 중성암. 염기성암으로 분류된다. 염기성암에 속하지 않는 암석은?

① 반려암
② 화강암
③ 휘록암
④ 현무암

해설 **규산(SiO_2)의 함량에 따른 화성암의 분류**

규산함량 / 생성위치	산성암 65~75%	중성암 55~65%	염기성암 40~55%
심성암	화강암	섬록암	반려암
반심성암	석영반암	섬록반암	휘록암
화산암	유문암	안산암	현무암

15.② 16.④ 17.② 18.④ 19.③ 20.④ 21.②

22 토양 풍식에 대한 설명으로 옳은 것은?

① 바람의 세기가 같으면 온대습윤 지방에서의 풍식은 건조 또는 반건조 지방보다 심하다.
② 우리나라에서는 풍식작용이 거의 일어나지 않는다.
③ 피해가 가장 심한 풍식은 토양입자가 도약(跳躍), 운반(運搬)되는 것이다.
④ 매년 5월 초순에 만주와 몽고에서 우리나라로 날아오는 모래먼지는 풍식의 모형이 아니다.

해설 ① 건조 또는 반건조 지역의 평원에서 발생하기 쉬우나 온대습윤 기후에서도 발생하는 경우도 있으나 온대습윤 지역에서의 풍식은 심하게 나타나지 않는다.
② 우리나라에서도 토양이 가볍고 건조할 때 강풍에 의해 발생한다.
④ 매년 5월 초순에 만주와 몽고에서 우리나라로 날아오는 모래먼지는 풍식의 모형이다.

23 토양에 사용한 유기물의 역할로 틀린 것은?

① 양이온교환용량(CEC)을 증가시킨다.
② 수분보유량을 증가시킨다.
③ 유기산이 발생하여 토양입단을 파괴한다.
④ 분해되어 작물에 질소를 공급한다.

해설 유기물의 시용은 입단형성을 촉진한다.

24 토양소동물 중 작물생육에 적합한 토양조건의 지표로 볼 수 있는 것은?

① 선충 ② 지렁이
③ 개미 ④ 지네

해설 **지렁이의 특징**
- 작물생육에 적합한 토양조건의 지표로 볼 수 있다.
- 토양에서 에너지원을 얻으며 배설물이 토양의 입단화에 영향을 준다.
- 미분해된 유기물의 시용은 개체수를 증가시킨다.
- 유기물의 분해와 통기성을 증가시키며 토양을 부드럽게 하여 식물 뿌리 발육을 좋게 한다.

25 일반적으로 작물을 재배하기에 적합한 토양의 연결로 틀린 것은?

① 논벼 – 식토 ② 밭벼 – 식양토
③ 복숭아 – 식토 ④ 콩 – 식양토

해설 복숭아는 건조에 강하고 습해에 약하므로 식토에서는 생육에 부적합하다.

26 우리나라에 분포되어 있지 않은 토양목은?

① 인셉티솔(Inceptisol)
② 엔티솔(Entisol)
③ 젤리솔(Gelisol)
④ 몰리솔(Mollisol)

해설 ① 인셉티솔(Inceptisol) : 우리나라 토양의 69.2%
② 엔티솔(Entisol) : 우리나라 토양의 13.7%
④ 몰리솔(Mollisol) : 우리나라 토양의 0.1%

27 토양의 구조 중 입단의 세로축보다 가로축의 길이가 길고, 딱딱하여 토양의 투수성과 통기성을 나쁘게 하는 것은?

① 주상구조 ② 괴상구조
③ 구상구조 ④ 판상구조

해설 **판상구조**
- 판모양의 구조단위가 가로 방향으로 배열된 수평배열의 토괴로 구성된 구조이다.
- 투수성이 불량하다.
- 산림토양이나 논토양의 하층토에서 흔히 발견된다.

28 염해지토양의 경우 바닷물의 영향을 받아 염류함량이 많으며, 이에 벼의 생육도 불량하다. 일반적인 염해지 토양의 전기전도도(dS/m)는?

① 2~4 ② 5~10
③ 10~20 ④ 30~40

해설 일반적으로 염해지 토양의 전기전도도는 30~40dS/m로 매우 높다.

29 다음 중 토양의 형태론적 분류에서 석회가 세탈되고, Al과 Fe가 하층에 집적된 토양에 해당되는 토양목은?

① Uitisol ② Aridisol
③ Andisol ④ Alfisol

해설 **알피졸(Alfisol)**
- 생성조건 : 온난습윤한 열대 또는 아열대기후에서 생성된다.
- 표층에서 용탈된 점토가 B층에 집적되는 특징을 가지고 있으며 염기포화도가 35% 이상이다.
- 우리나라 토양의 2.9%를 차지한다.

22.③ 23.③ 24.② 25.③ 26.③ 27.④ 28.④ 29.④

30 단위무게당 비표면적이 가장 큰 토양입자는?
① 조사
② 중간사
③ 극세사
④ 미사

해설 단위무게당 비표면적은 입자가 작을수록 크다.

31 논토양과 밭토양에 대한 설명으로 틀린 것은?
① 습답에서는 특수성분 결핍토양이 존재할 수 있다.
② 새로 개간한 밭토양은 인산흡수계수의 5%, 논토양은 인산흡수계수의 2% 사용으로 기경지와 유사한 작물수량을 얻을 수 있다.
③ 밭토양에서는 유기물 함량이 지나치게 높으면 작물생육에 해를 끼칠 수 있어 임계유기물함량 이상 유기물을 시용해서는 안 된다.
④ 우리나라 밭토양은 여름철 고온다우의 영향을 받아 염기의 용탈이 많아서 pH가 평균 5.7의 산성토양이다.

해설 ③은 논토양에 대한 설명으로 배수가 불량한 농경지 또는 논토양에서는 유기물의 분해가 더뎌 유기물이 과잉 집적될 수 있으므로 과량 투입되지 않아야 한다.

32 토양미생물에 대한 설명으로 옳은 것은?
① 토양미생물은 세균, 사상균, 방선균, 조류 등이 있다.
② 세균은 토양미생물 중에서 수(서식수/m^2)가 가장 적다.
③ 방선균은 다세포로 되어 있고 균사를 갖고 있다.
④ 사상균은 산성에 약하여 pH 5 이하가 되면 활동이 중지된다.

해설 ② 세균은 토양미생물 중에서 수(서식수/m^2)가 가장 많다.
③ 방선균은 단세포로 되어 있고 균사를 갖고 있다.
④ 사상균은 산성에 강하여 pH 5 이하가 되면 활성이 강하다.

33 토성에 대한 설명으로 틀린 것은?
① 토양의 산성 정도를 나타내는 지표이다.
② 토양의 보수성이나 통기성을 결정하는 특성이다.
③ 토양의 비표면적과 보비력을 결정하는 특성이다.
④ 작물의 병해 발생에 영향을 미친다.

해설 **토성**
토양입자의 입경에 따라 나눈 토양의 종류로 모래와 점토의 구성비로 토양을 구분하는 것으로 식물의 생육에 중요한 여러 이화학적 성질을 결정하는 기본 요인이다.

34 작물의 생육에 대한 산성토양의 해(害) 작용이 아닌 것은?
① H^+에 의하여 수분 흡수력이 저하된다.
② 중금속의 유효도가 증가되어 식물에 광독 작용이 나타난다.
③ Al이온의 유효도가 증가되고 인산이 해리되어 인산유효도가 증가된다.
④ 유용미생물이 감소하고 토양생물의 활성이 감퇴된다.

해설 **산성토양의 해**
- 과다한 수소이온(H^+)이 작물의 뿌리에 해를 준다.
- 알루미늄이온(Al^{+3}), 망간이온(Mn^{+2})이 용출되어 작물에 해를 준다.
- 인(P), 칼슘(Ca), 마그네슘(Mg), 몰리브덴(Mo), 붕소(B) 등의 필수원소가 결핍된다.
- 석회가 부족하고 미생물의 활동이 저해되어 유기물의 분해가 나빠져 토양의 입단형성이 저해된다.
- 질소고정균 등의 유용미생물의 활동이 저해된다.

35 다음 중 토양의 pH가 낮을수록 유효도가 증가되는 성분은?
① 인산
② 망간
③ 몰리브덴
④ 붕소

해설 망간, 철, 아연은 산성토양에서 유효도가 증가하며 황, 칼슘, 몰리브덴은 알칼리성 토양에서 유효도가 높다.

30.④ 31.③ 32.① 33.① 34.③ 35.②

36 토양생성작용에 대한 설명으로 틀린 것은?

① 습윤한 지역에서는 지하수위가 낮으면 유기물 분해가 잘 된다.
② 고온다습한 지역은 철 또는 알루미늄 집적 토양생성이 잘 된다.
③ 습윤하고 배수가 양호한 지역은 규반비가 낮은 토양 생성이 잘 된다.
④ 건조한 지역에서는 지하수위가 높을수록 산성토양 생성이 잘 된다.

해설 건조한 지역에서는 지하수위가 높을수록 알칼리성토양 생성이 잘 된다.

37 토성을 결정할 때 자갈과 모래로 구분되는 분류 기준(지름)은?

① 5mm ② 2mm
③ 1mm ④ 0.5mm

해설 **토성**
- 토양입자의 입경에 따라 나눈 토양의 종류로 모래와 점토의 구성비로 토양을 구분하는 것으로 식물의 생육에 중요한 여러 이화학적 성질을 결정하는 기본 요인이다.
- 입경 2mm 이하의 입자로 된 토양을 세토라고 하며, 세토 중의 점토함량에 따라서 토성을 분류한다.

38 대기의 공기 조성에 비하여 토양공기에 특히 많은 성분은?

① 이산화탄소(CO_2)
② 산소(O_2)
③ 질소(N_2)
④ 아르곤(Ar)

해설 **토양공기의 조성**
- 토양 중 공기의 조성은 대기에 비하여 이산화탄소의 농도가 몇 배나 높고, 산소의 농도는 훨씬 낮다.
- 토양 속으로 깊이 들어갈수록 점점 이산화탄소의 농도는 점차 높아지고 산소의 농도가 감소하여 약 150cm 이하로 깊어지면 이산화탄소의 농도가 산소의 농도보다 오히려 높아진다.
- 토양 내에서 유기물의 분해 및 뿌리나 미생물의 호흡에 의해 산소는 소모되고 이산화탄소는 배출되는데, 대기와의 가스교환이 더뎌 산소가 적어지고 이산화탄소가 많아진다.

39 토양미생물 중 뿌리의 유효면적을 증가시킴으로서 수분과 양분 특히 인산의 흡수이용 증대에 관여하는 것은?

① 근류균 ② 균근균
③ 황세균 ④ 남조류

해설 **균근**
- 사상균의 가장 고등생물인 담자균이 식물의 뿌리에 붙어서 공생관계를 맺어 균근이라는 특수한 형태를 이룬다.
- 식물뿌리와 공생관계를 형성하는 균으로 뿌리로부터 뻗어나온 균근은 토양 중에서 이동성이 낮은 인산, 아연, 철, 몰리브덴과 같은 성분을 흡수하여 뿌리 역할을 해준다.

40 토양미생물의 활동에 영향을 미치는 조건으로 영향이 가장 적은 것은?

① 영양분 ② 토양온도
③ 토양 pH ④ 점토함량

해설 **토양미생물의 생육조건**
- 온도
  - ㉠ 미생물의 생육에 적절한 온도는 27~28℃이다.
  - ㉡ 온도가 내려가면 미생물의 수가 감소하고 0℃ 부근에서는 활동을 정지한다.
- 수분
  - ㉠ 토양이 건조하면 미생물이 활동을 정지하거나 휴면 또는 사멸하며, 가장 활동이 적절한 수분함량은 최대용수량의 60% 정도일 때이다.
  - ㉡ 담수된 논에는 표층에서는 호기성세균이 활동하나 주로 혐기성세균이 활동한다.
- 유기물
  - ㉠ 미생물의 활동에 필요한 영양원이다.
  - ㉡ 토양에 유기물을 가하면 미생물의 수가 급격히 늘고 유기물함량은 감소한다.
- 토양의 깊이 : 토양이 깊어지면 유기물가 공기가 결핍되어 미생물의 수가 줄어든다.

41 유기배합사료 제조용 물질중 보조사료로서 생균제에 해당되지 않는 것은?

① 바실러스코아그란스(B. coagulans)
② 아시도필루스(L. acidophilus)
③ 키시라나아제(β-4-xylanase)
④ 비피도박테리움슈도롱검(B. pseudolongum)

해설 키시라나아제(β-4-xylanase)는 효소제에 해당된다.

36.④ 37.② 38.① 39.② 40.④ 41.③

42 포도재배 시 화진현상(꽃떨이현상) 예방방법으로 거리가 먼 것은?

① 붕소를 시비한다.
② 질소질을 많이 준다.
③ 칼슘을 충분하게 준다.
④ 개화 5~7일전에 생장점을 적심한다.

해설 질소질 비료의 과다는 가지의 웃자람 조장으로 화진현상이 확대, 악화된다.

43 지력에 따라 차이가 있으나 일반적으로 녹비작물 네마장황(클로타라리아)의 10g당 적정 파종량은?

① 10~100g ② 1~2kg
③ 6~8kg ④ 10~20kg

해설 녹비작물 네마장황(클로타라리아)의 10g당 적정 파종량 6~8kg이다.

44 유기농업의 원예작물이 주로 이용하는 토양수분의 형태는?

① 모세관수 ② 결합수
③ 중력수 ④ 흡습수

해설 유효수분
- 식물이 토양의 수분을 흡수하여 이용할 수 있는 수분으로 포장용수량과 영구위조점 사이의 수분
- 식물 생육에 가장 알맞은 최대함수량은 최대용수량의 60~80%이다.
- 점토함량이 많을수록 유효수분의 범위가 넓어지므로 사토에서는 유효수분 범위가 좁고, 식토에서는 범위가 넓다.
- 일반 노지식물은 모관수를 활용하지만 시설원예 식물은 모관수와 중력수를 활용한다.

45 유기배합사료 제조용 자재 중 보조사료가 아닌 것은?

① 활성탄 ② 몰리고당
③ 요소 ④ 비타민A

해설 요소는 유기배합사료 제조용 보조제로 사용할 수 없다.

46 교배 방법의 표현으로 틀린 것은?

① 단교배 : A×B
② 여교배 : (A×B)×A
③ 삼원교배 : (A×B)×C
④ 복교배 : A×B×C×D

해설 복교배 : (A×B)×(C×D)

47 관행축산과 비교하여 유기축산에서 더 중요시하는 축사의 조건은?

① 온·습도 유지
② 적당한 환기
③ 적절한 단열
④ 충분한 공간

해설 축사 조건
- 축사는 다음과 같이 가축의 생물적 및 행동적 욕구를 만족시킬 수 있어야 한다.
  - ㉠ 사료와 음수는 접근이 용이할 것
  - ㉡ 공기순환, 온도 · 습도, 먼지 및 가스농도가 가축건강에 유해하지 아니한 수준 이내로 유지되어야 하고, 건축물은 적절한 단열 · 환기시설을 갖출 것
  - ㉢ 충분한 자연환기와 햇빛이 제공될 수 있을 것
- 축사의 밀도조건은 다음 사항을 고려하여 가축의 종류별 면적당 사육두수를 유지하여야 한다.
  - ㉠ 가축의 품종 · 계통 및 연령을 고려하여 편안함과 복지를 제공할 수 있을 것
  - ㉡ 축군의 크기와 성에 관한 가축의 행동적 욕구를 고려할 것
  - ㉢ 자연스럽게 일어서서 앉고 돌고 활개칠 수 있는 등 충분한 활동공간이 확보될 것

48 유기농업 벼농사에서 이용할 수 있는 종자처리 방법이 아닌 것은?

① 온수에 종자를 침지하는 온탕소독
② 마늘가루 같은 식물체 종자 코팅
③ 길항작용 곰팡이 분의처리
④ 종자소독약에 종자 침지

해설 유기농업에서는 종자소독약에 종자를 침지하는 것과 같은 화학적 처리방법은 배제된다.

49 생물학적 방제와 가장 거리가 먼 것은?

① 자가 액비 제조 이용
② 천적 곤충의 이용
③ 천적 미생물의 이용
④ 식물의 타감작용 이용

해설 생물학적 방제
살아 있는 생물 또는 생물 유래 물질을 이용하는 방법이다.

42.② 43.③ 44.① 45.③ 46.④ 47.④ 48.④ 49.①

50 딸기의 우량 품종 특성을 유지하기 위한 가장 좋은 방법은?

① 자연적으로 교잡된 종자를 사용한다.
② 재배했던 식물의 종자를 사용한다.
③ 영양번식으로 증식한다.
④ 저온으로 저장된 종자는 퇴화되어 사용하지 않는다.

해설 영양번식 방법은 유전자 혼입이 없이 모본의 유전적 조성을 그대로 물려받아 특성 유지에 유리하다.

51 녹비작물의 효과에 해당되지 않는 것은?

① 토양유기물 함량 증가
② 작물 내병성 증가
③ 후기성분의 유효도 증가
④ 토양미생물 활동 증가

해설 녹비작물은 토양유기물함량 증가와 미생물 먹이 공급에 의한 미생물 증가, 무기 영양소 유효도 증가에 기여한다.

52 유기식품에 해당하지 않는 것은?

① 유기가공식품 ② 유기임산물
③ 유기농자재 ④ 유기축산물

해설 유기농자재는 식품에 해당되지 않는다.

53 농업이 환경에 미치는 긍정적 영향으로 거리가 먼 것은?

① 비료 및 농약 남용 ② 국토 보전
③ 보건 휴양 ④ 물 환경 보전

해설 비료 및 농약 남용은 관행농법의 폐해에 해당된다.

54 화학합성 비료의 장 · 단점에 대한 설명으로 틀린 것은?

① 근류균과 균근균을 증가시킨다.
② 질소비료의 과용은 식물조직의 연질화로 병해충에 예민해진다.
③ 질소고정 뿌리혹박테리아의 성장을 위축시킨다.
④ 토양내 미생물상을 고갈시킨다.

해설 근류균과 균근균을 감소시킨다.

55 우량 과수 묘목의 구비조건이 아닌 것은?

① 품종의 정확성
② 대목의 확실성
③ 근군의 양호성
④ 묘목의 도장성

해설 묘목은 도장하지 않아야 한다.

56 다음 중 유기농업의 기여 항목으로 가장 거리가 먼 것은?

① 국민보건의 증진
② 생산 증진
③ 경쟁력 강화
④ 환경 보전

해설 유기농업은 자연계를 지배하려 하지 않고 상생협력하고, 환경보전, 토양비옥도 유지, 농업 경쟁력 강화, 안전하고 영양가 높은 식품의 생산, 국민보건 증진에 기여, 토양 침식 및 황폐화를 막는 것이다.

57 저항성 품종의 장점이 아닌 것은?

① 농약의존도를 낮춘다.
② 저항성이 영원히 지속된다.
③ 작물의 생산성을 향상시킨다.
④ 환경 및 생태계에 도움이 된다.

해설 저항성은 병원균의 레이스 변화 등에 의하여 지속되지 못한다.

58 시설재배 토양의 문제점이 아닌 것은?

① 염류농도가 높다.
② 토양 pH는 밭토양보다 낮다.
③ 미량원소가 결핍되기 쉽다.
④ 연작장해가 많이 발생한다.

해설 **시설재배 토양의 문제점**

- 염류농도가 높다(염류가 집적되어 있다).
  - ㉠ 시설재배 토양은 염류집적이 문제가 된다.
  - ㉡ 시설재배지의 토양이 노지 토양보다 염류집적이 되는 이유는 시설에 의해 강우가 차단되어 염류의 자연용탈이 일어나지 못하기 때문이다.
- 토양공극률이 낮다(통기성이 불량하다).
- 특정성분의 양분이 결핍되기 쉽다.
- 토양전염성 병해충의 발생이 높다.

50.③ 51.② 52.③ 53.① 54.① 55.④ 56.② 57.② 58.②

59 친환경농업 형태와 가장 거리가 먼 것은?

① 지속적 농업　② 고투입농업
③ 대체농업　④ 자연농법

해설 "친환경농어업" 이란 합성농약, 화학비료 및 항생제 · 항균제 등 화학자재를 사용하지 아니하거나 그 사용을 최소화하고 농업 · 수산업 · 축산업 · 임업 부산물의 재활용 등을 통하여 생태계와 환경을 유지 · 보전하면서 안전한 농산물 · 수산물 · 축산물 · 임산물을 생산하는 산업을 말한다.

60 국가별 전체 경지면적 대비 유기농경지 비중이 가장 높은 국가는?

① 쿠바　② 스위스
③ 오스트리아　④ 포클랜드 제도

해설 국가별 경지면적 대비 유기농경지 비중은 포클랜드 제도 35.7%, 리히텐슈타인 26.9%, 오스트리아 18.5%이다.

59.② 60.④

2015년 제1회 유기농업기능사

유기농업기능사

ㅣ2015년 1월 25일 시행

01 풍건상태일 때 토양의 PF 값은?

① 약 4 ② 약 5
③ 약 6 ④ 약 7

해설 풍건 및 건토 상태
- 풍건상태 : PF≒6
- 건토상태 : 105~110℃에서 항량에 도달되도록 건조한 토양으로 PF≒7이다.

02 빛과 작물의 생리 작용에 대한 설명으로 틀린 것은?

① 광이 조사(照射)되면 온도가 상승하여 증산이 조장된다.
② 광합성에 의하여 호흡기질이 생성된다.
③ 식물의 한쪽에 광을 조사하면 반대쪽의 옥신 농도가 낮아진다.
④ 녹색식물은 광을 받으면 엽록소 생성이 촉진된다.

해설 굴광성
- 의의 : 식물의 한 쪽에 광이 조사되면 광이 조사된 쪽으로 식물체가 구부러지는 현상을 굴광현상이라 한다.
- 광이 조사된 쪽은 옥신의 농도가 낮아지고 반대쪽은 옥신의 농도가 높아지면서 옥신의 농도가 높은 쪽의 생장속도가 빨라져 생기는 현상이다.
- 줄기나 초엽 등 지상부에서는 광의 방향으로 구부러지는 향광성을 나타내며, 뿌리는 반대로 배광성을 나타낸다.
- 400~500nm 특히 440~480nm의 청색광이 가장 유효하다.

03 다음의 여러 가지 파종방법 중에서 노동력이 가장 적게 소요되는 것은?

① 적파(摘播) ② 점뿌림(點播)
③ 골뿌림(條播) ④ 흩어뿌림(散播)

해설 산파(흩어뿌림)
- 포장 전면에 종자를 흩어뿌리는 방법이다.
- 장점은 노력이 적게 든다.
- 단점으로는 종자의 소요량이 많고 생육기간 중 통풍과 수광상태가 나쁘며 도복하기 쉽고 중경제초, 병충해방제와 그 외 비배관리 작업이 불편하다.
- 잡곡을 늦게 파종할 때와 맥류에서 파종 노력을 줄이기 위한 경우 등에 적용된다.
- 목초, 자운영 등의 파종에 주로 적용하며 수량도 많다.

04 종자의 수명이 가장 짧은 것은?

① 나팔꽃
② 백일홍
③ 데이지
④ 베고니아

해설 작물별 종자의 수명

구분	단명종자(1~2년)	상명종자(3~5년)	장명종자(5년 이상)
농작물류	콩, 땅콩, 목화, 옥수수, 해바라기, 메밀, 기장	벼, 밀, 보리, 완두, 페스큐, 귀리, 유채, 켄터키블루그래스, 목화	클로버, 알팔파, 사탕무, 베치
채소류	강낭콩, 상추, 파, 양파, 고추, 당근	배추, 양배추, 방울다다기양배추, 꽃양배추, 멜론, 시금치, 무, 호박, 우엉	비트, 토마토, 가지, 수박
화훼류	베고니아, 팬지, 스타티스, 일일초, 콜레옵시스	알리섬, 카네이션, 시클라멘, 색비름, 피튜니아, 공작초	접시꽃, 나팔꽃, 스토크, 백일홍, 데이지

05 참외밭의 둘레에 옥수수를 심는 경우의 작부체계는?

① 간작 ② 혼작
③ 교호작 ④ 주위작

해설 주위작(周圍作, 둘레짓기 ; border cropping)
- 포장의 주위에 포장 내 작물과는 다른 작물을 재배하는 것을 주위작이라하며 혼파의 일종이라 할 수 있다.
- 주목적은 포장 주위의 공간을 생산에 이용하는 것이다.

06 작물의 유전적인 유연관계의 구명 방법으로 가장 거리가 먼 것은?

① 교잡에 의한 방법
② 염색체에 의한 방법
③ 면역학적 방법
④ 생물학적 방법

해설 작물의 유연관계 구명 방법
교잡에 의한 방법, 염색체에 의한 방법, 면역학적 방법 등이 있다.

1.③ 2.③ 3.④ 4.④ 5.④ 6.④

07 다음 중 작물의 생육과 관련된 3대 주요 온도가 아닌 것은?

① 최저온도
② 평균온도
③ 유효온도
④ 최고온도

해설 **주요 온도**
- 유효온도 : 작물 생육이 가능한 범위의 온도
- 최저기온 : 작물 생육이 가능한 가장 낮은 온도
- 최고온도 : 작물 생육이 가능한 가장 높은 온도

08 고립 상태에서 온도와 CO_2 농도가 제한조건이 아닐 때 광포화점이 가장 높은 작물은?

① 옥수수　　② 콩
③ 벼　　④ 감자

해설 고립상태에서 온도와 이산화탄소가 제한조건이 아닌 경우 C_4 식물은 최대조사광량에서도 광포화점이 나타나지 않으며 이때 광합성률은 C_3 식물의 2배에 달한다.

고립상태일 때 작물의 광포화점

(단위 : %, 조사광량에 대한 비율)

작물	광포화점
음생식물	10 정도
구약나물	25 정도
콩	20~23
감자, 담배, 강낭콩, 해바라기, 보리, 귀리	30 정도
벼, 목화	40~50
밀, 알팔파	50 정도
고구마, 사탕무, 무, 사과나무	40~60
옥수수	80~100

09 우리나라의 농업이 국내외 농업환경 변화에 부응하여 지속적으로 발전하기 위해 해결해야 하는 당면과제로 적합하지 않은 것은?

① 생산성 향상과 품질 고급화
② 종류 및 작형의 단순화와 저장성 향상
③ 유통구조 개선과 국제 경쟁력 강화
④ 저투입 · 지속적 농업의 실천과 농산물 수출 강화

해설 종류 및 작형의 다양화와 저장성 향상은 채소의 육종 목표와 관련있다.

10 생력재배의 효과로 볼 수 없는 것은?

① 노동투하시간의 절감
② 단위수량의 증대
③ 작부체계의 개선
④ 농구비(農具費) 절감

해설 생력재배에 의해 농구비는 증가한다.

11 철, 망간, 칼륨, 칼슘 등이 작토층에서 용탈되어 결핍된 논토양은?

① 습답
② 노후답
③ 중점토답
④ 염류집적답

해설 **노후화**
- 노후화 논 : 논의 작토층으로부터 철이 용탈됨과 동시에 여러 가지 염기도 함께 용탈 제거되어 생산력이 몹시 떨어진 논을 노후화 논이라 한다. 물빠짐이 지나친 사질의 토양은 노후화 논으로 되기 쉽다.
- 추락 현상 : 노후화 논의 벼는 초기에는 건전하게 보이지만, 벼가 자람에 따라 깨씨무늬병의 발생이 많아지고 점차로 아랫잎이 죽으며, 가을 성숙기에 이르러서는 윗잎까지도 죽어 버려서 벼의 수확량이 감소하는 경우가 있는데, 이를 추락 현상이라 한다.
- 추락의 과정
  ㉠ 물에 잠겨 있는 논에서, 황 화합물은 온도가 높은 여름에 환원되어 식물에 유독한 황화수소(H_2S)가 된다. 만일, 이때 작토층에 충분한 양의 활성철이 있으면, 황화수소는 황화철(FeS)로 침전되므로 황화수소의 유해한 작용은 나타나지 않는다.
  ㉡ 노후화 논은 작토층으로부터 활성철이 용탈되어 있기 때문에 황화수소를 불용성의 황화철로 침전시킬 수 없어 추락 현상이 발생하는 것이다.

12 작물의 춘화처리 온도와 처리기간이 옳은 것은?

① 추파맥류 : 최아종자를 7±3℃에서 30~60일
② 배추 : 최아종자를 3±1℃에서 20일
③ 콩 : 최아종자를 33±2℃에서 20~30일
④ 시금치 : 최아종자를 1±1℃에서 32일

해설 ① 추파맥류 : 최아종자를 0~3℃에서 30~60일
② 배추 : 최아종자를 -2~1℃에서 33일
③ 콩 : 최아종자를 20~35℃에서 10~15일

7.② 8.① 9.② 10.④ 11.② 12.④

13 다음에서 설명하는 생장조절제는?

> • 화본과 작물 재배시 쌍떡잎 초본 작초에 제초효과가 있다.
> • 저농도에서는 세포의 신장을 촉진하나 고농도에서는 생장이 억제된다.

① Gibberellin ② Auxin
③ Cytokinin ④ ABA

해설 **옥신의 제초제로 이용**
• 옥신류는 세포의 신장생장을 촉진하나 식물에 따라 상편생장을 유도해 선택형 제초제로 이용되고 있다.
• 페녹시아세트산(phenoxyacetic acid) 유사물질인 2,4-D, 2,4,5-T, MCPA가 대표적 예로 2,4-D는 최초의 제초제로 개발되어 현재까지 선택성 제초제로 사용되고 있다.

14 종자의 퇴화원인 중 품종의 균일성과 순도에 가장 크게 영향을 미치는 것은?
① 생리적 퇴화
② 유전적 퇴화
③ 병리적 퇴화
④ 재배적 퇴화

해설 **유전적 퇴화**
작물이 세대의 경과에 따라 자연교잡, 새로운 유전자형의 분리, 돌연변이, 이형종자의 기계적 혼입 등에 의해 종자가 유전적 순수성이 깨져 퇴화된다.

15 작물의 동사점이 가장 낮은 작물은?
① 복숭아
② 겨울철 평지
③ 감귤
④ 겨울철 시금치

해설 겨울철 시금치의 동사점은 -17℃로 가장 낮다.

16 다음 식물의 일장감응에 따른 분류(9형) 중 옳은 것은?
① II식물 : 고추, 메밀, 토마토
② LL식물 : 앵초, 시네라리아, 딸기
③ SS식물 : 시금치, 봄보리
④ SL식물 : 코스모스, 나팔꽃, 콩(만생종)

해설 **식물의 일장감응에 따른 분류 9형**

일장형	종래의 일장형	최적일장		대표작물
		꽃눈분화	개화	
SL	단일식물	단일	장일	앵초, 시네라리아, 딸기
SS	단일식물	단일	단일	코스모스, 나팔꽃, 콩(만생종)
SI	단일식물	단일	중성	벼(만생종)
LL	장일식물	장일	장일	시금치, 봄보리
LS	-	장일	단일	피소스테기아(physostegia; 꽃범의 꼬리)
LI	장일식물	장일	중성	사탕무
IL	장일식물	중성	장일	밀(춘파형)
IS	단일식물	중성	단일	국화
II	중성식물	중성	중성	벼(조생종), 메밀, 토마토, 고추

17 화곡류(禾穀類)를 미곡, 맥류, 잡곡으로 구분할 때 다음 중 맥류에 속하는 것은?
① 조 ② 귀리
③ 기장 ④ 메밀

해설 **화곡류**
• 쌀 : 수도, 육도 등
• 맥류 : 보리, 밀, 귀리, 호밀 등
• 잡곡 : 조, 옥수수, 수수, 기장, 피, 메밀, 율무 등
• 두류 : 콩, 팥, 녹두, 강낭콩, 완두, 땅콩 등

18 벼에서 피해가 가장 심한 냉해의 형태로 옳은 것은?
① 지연형 냉해 ② 장해형 냉해
③ 혼합형 냉해 ④ 병해형 냉해

해설 **혼합형 냉해**
장기간의 저온에 의하여 지연형 냉해, 장해형 냉해 및 병해형 냉해 등이 혼합된 형태로 나타나는 현상으로 수량감소에 가장 치명적이다.

19 작물의 요수량을 나타낸 것은?
① 건물 1g을 생산하는데 소비된 수분량(kg)
② 생체 1g을 생산하는데 소비된 수분량(kg)
③ 건물 1g을 생산하는데 소비된 수분량(g)
④ 생체 1g을 생산하는데 소비된 수분량(g)

13.② 14.② 15.④ 16.① 17.② 18.③ 19.③

해설 **요수량**
- 요수량 : 작물이 건물 1g을 생산하는 데 소비된 수분량을 의미한다.
- 증산계수 : 건물 1g을 생산하는 데 소비된 증산량을 증산계수라고도 하는데, 요수량과 증산계수는 동의어로 사용되고 있다.
- 증산능률 : 일정량의 수분을 증산하여 축적된 건물량을 말하며 요수량과 반대되는 개념이다.

20 비료사용량이 한계 이상으로 많아지면 작물의 수량이 감소되는 현상을 설명한 법칙은?

① 최소 수량의 법칙
② 수량점감의 법칙
③ 다수확의 법칙
④ 최대 수량의 법칙

해설 **수량점감의 법칙(=보수점감의 법칙)**
비료의 시용량에 따라 일정 한계까지는 수량이 크게 증가하지만 어느 한계 이상으로 시비량이 많아지면 수량의 증가량은 점점 작아지고 마침내 시비량이 증가해도 수량은 증가하지 않는 상태에 도달한다는 것을 수량점감의 법칙이라 한다.

21 신토양분류법의 분류체계에서 가장 하위 단위는 어느 것인가?

① 목　② 속
③ 통　④ 상

해설 **신(형태론적) 분류단위**
목 – 아목 – 대군 – 아군 – 속 – 통

22 논토양에서 탈질현상이 나타나는 층은?

① 산화층　② 환원층
③ A층　④ B층

해설 **탈질현상**
논토양의 환원층에서 통성혐기성 세균인 탈질균에 의해 질산이 유리질소로 변화되어 휘산된다.

23 다음 중 토양유실량이 가장 큰 작물은?

① 옥수수　② 참깨
③ 콩　④ 고구마

해설 **토양유실량**
무 > 옥수수 > 소맥 > 밭벼 > 대두간작 > 목초

24 하천이나 호수의 부영양화로 조류가 많이 발생되는 현상과 관련이 깊은 토양 오염 물질은?

① 비소　② 수은
③ 인산　④ 세슘

해설 **부영양화(Eutrophication) 현상**
- 물의 이용에 방해가 될 정도로 부착성 또는 부유성 수중식물이 성장하는 현상이다.
- 부영양화 유발 영양염류 : 암모니아, 아질산염, 질산염, 유기질소화합물, 무기인산염, 유기인산염, 규산염 등이 있으며 특히 인산염이 많을 경우 식물성 플랑크톤이 과잉 증식하여 물속 산소를 감소시킨다.
- 산소의 감소 결과 수질이 나빠지며 결국 산소결핍으로 어패류가 죽기까지 하는 현상을 부영양화 현상이라 한다.

25 우리나라 밭토양에 가장 많이 분포되어 있는 토성은?

① 식질　② 식양질
③ 사양질　④ 사질

해설 보통밭(식양질)이 42%이고, 사질밭이 23%이다.

26 사질의 논토양을 객토할 경우 가장 알맞은 객토 재료는?

① 점토함량이 많은 토양
② 부식함량이 많은 토양
③ 규산함량이 많은 토양
④ 산화철함량이 많은 토양

해설 사질 논토양의 점토함량이 많은 토양으로 객토하여 농사에 가장 알맞은 양토(25.0~37.5%)로 만들어야 한다.

27 토양미생물의 수를 나타내는 단위는?

① ppm　② cfu
③ mole　④ pH

해설 **토양세균수의 표시**
- CFU(Colony-forming unit ; 집락형성단위)
- 세균의 밀도 측정 단위로 cfu/100cm^{2}은 100cm^{2}당 얼마만큼의 세포 또는 균주가 있는지를 나타낸다.

28 빗방울의 타격에 의한 침식형태는?

① 입단파괴침식　② 우곡침식
③ 평면침식　④ 계곡침식

20.② 21.③ 22.② 23.① 24.③ 25.② 26.① 27.② 28.①

해설 수식의 유형

- 우격(입단파괴)침식 : 빗방울이 지표를 타격함으로써 입단이 파괴되는 침식
- 면상침식 : 침식 초기 유형으로 지표가 비교적 고른 경우 유거수가 지표면을 고르게 흐르면서 토양 전면이 엷게 유실되는 침식
- 우곡(세류상)침식 : 침식 중기 유형으로 토양 표면에 잔도랑이 불규칙하게 생기면서 토양이 유실되는 침식
- 구상(계곡)침식 : 침식이 가장 심할 때 생기는 유형으로 도랑이 커지면서 심토까지 심하게 깎이는 침식

29 토양 중의 입자밀도가 동일할 때 공극율이 가장 큰 용적밀도는?

① 1.15g/cm^3
② 1.25g/cm^3
③ 1.35g/cm^3
④ 1.45g/cm^3

해설 입자밀도가 동일한 경우 용적밀도가 적을수록 공극률은 커진다.

30 2 : 1형 격자광물을 가장 잘 설명한 것은?

① 규산판 1개와 알루미나판 1개로 형성
② 규산판 2개와 알루미나판 1개로 형성
③ 규산판 1개와 알루미나판 2개로 형성
④ 규산판 2개와 알루미나판 2개로 형성

해설 2 : 1 점토광물 → 몬로나이트, 일라이트
몬로나이트, 일라이트 : 알루미나 8면체가 규산 4면체 사이에 낀 광물

31 논 작토층이 환원되어 하층부에 적갈색의 집적층이 생기는 현상을 가진 논을 칭하는 용어는?

① 글레이화　② 라테라이트화
③ 특이산성화　④ 포드졸화

해설 포드졸 토양의 특징

- 표층에는 규산이 풍부한 표백층(A2)이다.
- 표백층 하부에는 알루미늄, 철, 부식 집적층(B2)이 형성된다.
- 특수한 환경에서는 열대 · 아열대 지역에서도 포드졸화가 진행되는 경우가 있다.

32 화성암으로 옳은 것은?

① 사암　② 안산암
③ 혈암　④ 석회암

해설 규산(SiO_2)의 함량에 따른 화성암의 분류

규산함량 / 생성위치	산성암 65~75%	중성암 55~65%	염기성암 40~55%
심성암	화강암	섬록암	반려암
반심성암	석영반암	섬록반암	휘록암
화산암	유문암	안산암	현무암

33 Hydrometer법에 따라 토성을 조사한 결과 모래 34%, 미사 35%였다. 조사한 이 토양의 토성이 식양토일 때 점토함량은 얼마인가?

① 21%　② 31%
③ 35%　④ 38%

해설 모래 34%, 미사 35%이므로 점토함량은 100−34−35=31이 된다.

34 다음 중 산성토양의 개량 및 재배대책 방법이 아닌 것은?

① 석회 시용
② 유기물 시용
③ 내산성 작물재배
④ 적황색토 객토

해설 산성토양의 개량과 재배대책

- 근본적 개량 대책은 석회와 유기물을 넉넉히 시비하여 토양반응과 구조를 개선하는 것이다.
- 석회만 시비하여도 토양반응은 조정되지만 유기물과 함께 시비하는 것이 석회의 지중 침투성을 높여 석회의 중화효과를 더 깊은 토층까지 미치게 한다.
- 유기물의 시용은 토양구조의 개선, 부족한 미량원소의 공급, 완충능 증대로 알루미늄이온 등의 독성이 경감된다.
- 개량에 필요한 석회의 양은 토양 pH, 토양 종류에 따라 다르며 pH가 동일하더라도 점토나 부식의 함량이 많은 토양은 석회의 시용량을 늘려야 한다.
- 내산성 작물을 심는 것이 안전하며 산성비료의 시용을 피해야 한다.
- 용성인비는 산성토양에서도 유효태인 수용성 인산을 함유하며 마그네슘의 함유량도 많아 효과가 크다.

35 USDA 법에 의한 점토의 입자크기는?

① 2mm 이상
② 0.2mm 이하
③ 0.02mm 이하
④ 0.002mm 이하

29.① 30.② 31.④ 32.② 33.② 34.④ 35.④

해설 토양 입경에 다른 토양입자의 분류법

토양입자의 구분			입경(mm)	
			미국농무성법	국제토양학회법
자갈			2.00 이상	2.00 이상
세토	모래	매우 거친 모래	2.00~1.00	-
		거친 모래	1.00~0.50	2.00~0.20
		보통 모래	0.50~0.25	-
		고운 모래	0.25~0.10	0.20~0.02
		매우 고운 모래	0.10~0.05	-
	미사		0.05~0.002	0.02~0.002
	점토		0.002 이하	0.002 이하

36 식물이 다량으로 요구하는 필수 영양소가 아닌 것은?

① Fe ② K
③ Mg ④ S

해설 필수원소의 종류(16종)
- 다량원소(9종) : 탄소(C), 산소(O), 수소(H), 질소(N), 인(P), 칼륨(K), 칼슘(Ca), 마그네슘(Mg), 황(S)
- 미량원소(7종) : 철(Fe), 망간(Mn), 구리(Cu), 아연(Zn), 붕소(B), 몰리브덴(Mo), 염소(Cl)

37 우리나라 토양에 가장 많이 분포한다고 알려진 점토광물은?

① 카올리나이트 ② 일라이트
③ 버미큘라이트 ④ 몬모릴로나이트

해설 카올리나이트(kaolinite)
- 대표적인 1 : 1 격자형 광물이다.
- 우리나라 토양 중의 점토광물의 대부분을 차지한다.
- 온난 · 습윤한 기후의 배수가 양호한 지역에서 염기 물질이 신속히 용탈될 때 많이 생성된다.
- 음전하량은 동형치환이 없기 때문에 변두리 전하의 지배를 받는다.
- 규산질 점토광물에 속한다.

38 용탈층에서 이화학적으로 용탈 · 분리되어 내려오는 여러 가지 물질이 침전 · 집적되는 토양 층위는?

① 유기물층 ② 모재층
③ 집적층 ④ 암반

해설 토층의 구분
토층은 O층, A층, B층, C층, R층의 5개 층으로 크게 구분한다.

O1	유기물층		유기물의 원형을 육안으로 식별할 수 있는 유기물 층
O2			유기물의 원형을 육안으로 식별할 수 없는 유기물 층
A1	용탈층	성토층	부식화된 유기물과 광물질이 섞여 있는 암흑색의 층
A2			규산염 점토와 철, 알루미늄 등의 산화물이 용탈된 담색층(용탈층)
A3			A층에서 B층으로 이행하는 층위이나 A층의 특성을 좀 더 지니고 있는 층
B1	집적층		A층에서 B층으로 이행하는 층위이며 B층에 가까운 층
B2			규산염 점토와 철, 알루미늄 등의 산화물 및 유기물의 일부가 집적되는 층(집적층)
B3			C층으로 이행하는 층위로서 C층보다 B층의 특성에 가까운 층
C	모재층		토양생성작용을 거의 받지 않은 모재층으로 칼슘, 마그네슘 등의 탄산염이 교착상태로 쌓여 있거나 위에서 녹아 내려온 물질이 엉켜서 쌓인 층
R	모암층		C층 밑에 있는 풍화되지 않는 바위층(단단한 모암)

39 토양을 담수하면 환원되어 독성이 높아지는 중금속은?

① As ② Cd
③ Pb ④ Ni

해설 비소(As)
- As^{5+}보다 As^{3+}이 독성이 강하다.
- 밭토양보다는 논토양에서 피해가 크다.

40 논토양의 환원층에서 진행되는 화학반응으로 옳은 것은?

① $Mn^{+4} \rightarrow Mn^{2+}$ ② $H_2S \rightarrow SO_4^{-2}$
③ $Fe^{2+} \rightarrow Fe^{3+}$ ④ $NH_4^+ \rightarrow NO_3^-$

해설 양분의 존재 형태

원소	밭토양(산화상태)	논토양(환원상태)
탄소(C)	CO_2	메탄(CH_4), 유기산물
질소(N)	질산염(NO_3^-)	질소(N_2), 암모니아(NH_4^+)
망간(Mn)	Mn^{4+}, Mn^{3+}	Mn^{2+}
철(Fe)	Fe^{3+}	Fe^{2+}
황(S)	황산(SO_4^{2-})	황화수소(H_2S), S
인(P)	인산(H_2PO_4), 인산알루미늄($AlPO_4$)	인산이수소철($Fe(H_2PO_4)_2$), 인산이수소칼슘($Ca(H_2PO_4)_2$)

36.① 37.① 38.③ 39.① 40.①

41 유기농업에서 병해충 방제와 잡초 방제 수단으로 이용되는 방법이 아닌 것은?

① 저항성 품종
② 윤작 체계
③ 제초제 사용
④ 기계적 방제

해설 유기농업에서는 화학적 방법은 이용할 수 없다.

42 배추과의 신품종 종자를 채종하기 위한 수확적기로 옳은 것은?

① 갈숙기　② 황숙기
③ 녹숙기　④ 고숙기

해설 화곡류의 채종 적기는 황숙기, 십자화과 채소는 갈숙기가 채종 적기이다.

43 엽록소를 형성하고 잎의 색이 녹색을 띠는데 필요하며, 단백질 합성을 위한 아미노산의 구성성분은?

① 질소　② 인산
③ 칼륨　④ 규산

해설 질소(N)

- 질소는 질산태(NO_3^-)와 암모니아태(NH_4^+)로 식물체에 흡수되며 체내에서 유기물로 동화된다.
- 단백질의 중요한 구성성분으로, 원형질은 그 건물의 40~50%가 질소화합물이며 효소, 엽록소도 질소화합물이다.
- 결핍 : 노엽의 단백질이 분해되어 생장이 왕성한 부분으로 질소분이 이동함에 따라 하위엽에서 황백화현상이 일어나고 화곡류의 분얼이 저해된다.
- 과다 : 작물체는 수분함량이 높아지고 세포벽이 얇아지며 연해져서 한발, 저온, 기계적 상해, 해충 및 병해에 대한 각종 저항성이 저하된다.

44 쌀겨를 이용한 논잡초 방제에 대한 설명으로 틀린 것은?

① 이슬이 말랐을 때 쌀겨를 사용한다.
② 살포면적이 넓으면 쌀겨를 펠렛으로 만들어 사용한다.
③ 쌀겨를 뿌리면 논주변에 악취가 발생한다.
④ 쌀겨는 잡초종자의 발아를 완전 억제한다.

해설 쌀겨농법의 제초효과는 70~80% 정도이며 나머지는 별도의 제초작업을 시행하여야 한다.

45 내설(비닐하우스 등)의 환기효과라고 볼 수 없는 것은?

① 실내온도를 낮추어 준다.
② 공중습도를 높여준다.
③ 탄산가스를 공급한다.
④ 유해가스를 배출한다.

해설 시설의 환기는 시설 내 높은 공중습도를 적절하게 조절하는 역할을 한다.

46 세계에서 유기농업이 가장 발달한 유럽 유기농업의 특징에 대한 설명으로 틀린 것은?

① 농지면적당 가축사육규모의 자유
② 가급적 유기질 비료의 지급
③ 외국으로부터의 사료의존 지양
④ 환경보전적인 기능 수행

해설 가축 사육두수는 해당 농가의 유기사료 확보능력, 가축의 건강, 영양균형 및 환경영향 등을 고려하여 적절히 정하여야 한다.

47 IFOAM이란?

① 국제유기농업운동연맹
② 무역의 기술적 장애에 관한 협정
③ 위생식품검역 적용에 관한 협정
④ 국제유기식품규정

해설 **국제유기농업운동연맹**(IFOAM ; International of Organic Agriculture Movements)

- IFOAM은 전 세계 116개국 850여 단체가 가입한 세계 최대규모의 유기농업운동 민간단체로 1972년 프랑스에서 창립되어 독일 본에 본부를 두고 있다.
- 유기농업 원리에 바탕을 둔 생태적 · 사회적 · 경제적 유기농업 실천을 지향하며 유기농업 기준의 설정, 정보제공과 기술의 보급, 국제 인증기준과 인증기관 지정 등 역할을 하고 있다.
- 국제유기농업운동 지원을 하며 세계유기농대회를 3년에 한 번씩 개최한다.

48 다음 유기농업이 추구하는 내용에 관한 설명으로 가장 옳은 것은?

① 환경생태계 교란의 최적화
② 합성화학물질 사용의 최소화
③ 토양활성화와 토양단립구조의 최적화
④ 생물학적 생산성의 최적화

41.③ 42.① 43.① 44.④ 45.② 46.① 47.① 48.④

해설 유기농업의 추구 내용
- 환경생태계 보호
- 환경오염 최소화
- 자연환경의 우호적 건강성 촉진
- 토양 쇠퇴와 유실 최소화
- 생물학적 생산성의 최적화

49 과수재배에서 바람의 장점이 아닌 것은?

① 상엽을 흔들어 하엽도 햇볕을 쬐게 한다.
② 이산화탄소의 공급을 원활하게 하여 광합성을 왕성하게 한다.
③ 증산작용을 촉진시켜 양분과 수분의 흡수 상승을 돕는다.
④ 고온다습한 시기에 병충해의 발생이 많아지게 한다.

해설 연풍의 효과
- 증산을 조장하고 양분의 흡수 증대
- 잎을 흔들어 그늘진 잎에 광을 조사하여 광합성 증대
- 이산화탄소의 농도 저하를 경감시켜 광합성 조장
- 풍매화의 화분 매개
- 여름철 기온 및 지온을 낮추는 효과
- 봄, 가을 서리 방지
- 수확물의 건조 촉진

50 다음 중 토양 피복(mulching)의 목적이 아닌 것은 어느 것인가?

① 토양내 수분 유지
② 병해충 발생 방지
③ 미생물 활동 촉진
④ 온도 유지

해설 멀칭의 효과
- 토양의 건조방지 : 멀칭은 토양 중 모관수의 유통을 단절시키고 멀칭 내 공기습도가 높아져 토양 표토의 증발을 억제하여 토양 건조를 방지하여 한해(旱害)를 경감시킨다.
- 지온의 조절
- 토양보호 : 멀칭은 풍식 또는 수식 등에 의한 토양의 침식을 경감 또는 방지할 수 있다.
- 잡초발생의 억제
- 과실의 품질향상 : 과채류 포장에 멀칭으로 과실이 청결하고 신선해진다.

51 일반적인 퇴비의 기능으로 가장 거리가 먼 것은?

① 작물에 영양분 공급
② 작물생장 토양의 이화학성 개선
③ 토양 중 생물의 활성 유지 및 증진
④ 속성재배 효과 및 살충 효과

해설 퇴비는 지효성으로 속성재배 효과를 기대할 수 없다. 속성재배에는 속효성인 화학비료가 알맞다.

52 집약축산에 의한 농업환경오염으로 가장 거리가 먼 것은?

① 메탄가스 발생 오염
② 토양 생태계 오염
③ 수중 생태계 오염
④ 이산화탄소 발생 오염

해설 가축의 호흡으로 방출하는 이산화탄소는 오염물질이 아닌 광합성 재료로 이용된다.

53 소의 제1종가축전염병으로 법정전염병은?

① 전염성 위장염 ② 추백리
③ 광견병 ④ 구제역

해설 제1종가축전염병 : 우역, 우폐역, 구제역, 가성우역, 블루텅병, 리프트계곡열, 럼피스킨병, 양두, 수포성 구내염, 아프리카마역, 아프리카돼지열병, 돼지열병, 돼지수포병, 뉴캐슬병, 고병원성 조류인플루엔자

54 유기축산에 대한 설명으로 틀린 것은?

① 양질의 유기사료 공급
② 가축의 생리적 욕구 존중
③ 유전공학을 이용한 번식기법 사용
④ 환경과 가축 간의 조화로운 관계 발전

해설 유기축산에서는 유전공학을 이용할 수 없다.

55 다음 중 유기농업에서 예방적 잡초제어방법이 아닌 것은?

① 윤작 ② 동물방목
③ 완숙퇴비 사용 ④ 두과작물 재배

해설 동물방목은 예방적 방제가 아닌 잡초발생 후 제초방법에 해당된다.

49.④ 50.② 51.④ 52.④ 53.④ 54.③ 55.②

56 여교배육종에 대한 기호 표시로서 옳은 것은?

① (A×A)×C
② ((A×B)×B)×B
③ (A×B)×C
④ (A×B)×(C×D)

해설 여교배는 양친 A와 B를 교배한 F_1을 다시 양친 중 어느 하나인 A 또는 B와 교배하는 것이다.

57 지력이 감퇴하는 원인이 아닌 것은?

① 토양의 산성화
② 토양의 영양 불균형화
③ 특수비료의 과다사용
④ 부식의 시용

해설 부식의 시용은 지력 증진방안에 해당된다.

58 다음의 조건에 맞는 육종법은?

- 현재 재배되고 있는 품종이 가지고 있는 소수형질을 개량할 때 쓰인다.
- 우수한 특성이 있으나 내병성 등의 한두 가지 결점이 있을 때 육종하는 방법이다.
- 비교적 짧은 세대에 걸쳐 육종개량이 가능하다.

① 계통분리육종법
② 순계분리육종법
③ 여교배(잡)육종법
④ 도입육종법

해설 **여교배육종**
- 우량품종의 한두 가지 결점을 보완하는 데 효과적 육종 방법이다.
- 여교배는 양친 A와 B를 교배한 F_1을 다시 양친 중 어느 하나인 A 또는 B와 교배하는 것이다.
- 여교배 잡종의 표시 : BC_1F_1, BC_1F_2…로 표시한다.

59 밭토양의 시비효과 및 비옥도 증진을 위한 두과 녹비작물로 가장 적당한 것은?

① 헤어리베치 ② 밭벼
③ 옥수수 ④ 수단그라스

해설 밭벼, 옥수수, 수단그라스는 화본과이다.

60 윤작의 효과가 아닌 것은?

① 지력의 유지 · 증강
② 토양구조 개선
③ 병해충 경감
④ 잡초의 번성

해설 **윤작의 효과**
- 지력의 유지 · 증강
- 토양보호
- 기지의 회피
- 병충해 경감
- 잡초의 경감
- 수량의 증대
- 토지이용도 향상
- 노력분배의 합리화
- 농업경영의 안정성 증대

56.② 57.④ 58.③ 59.① 60.④

유기농업기능사

Ⅰ2015년 4월 4일 시행

01 작물의 일반분류에서 섬유작물(fiber crops)에 속하지 않는 것은?

① 목화, 삼
② 고리버들, 제충국
③ 모시풀, 아마
④ 케나프, 닥나무

해설 **공예작물**
- 유료작물 : 참깨, 들깨, 아주까리, 유채, 해바라기, 콩, 땅콩 등
- 섬유작물 : 목화, 삼, 모시풀, 아마, 왕골, 수세미, 닥나무 등
- 전분작물 : 옥수수, 감자, 고구마 등
- 당료작물 : 사탕수수, 사탕무, 단수수, 스테비아 등
- 약용작물 : 제충국, 인삼, 박하, 호프 등
- 기호작물 : 차, 담배 등

02 지온상승효과가 가장 우수한 멀칭필름(피복비닐)의 색은?

① 투명
② 녹색
③ 흑색
④ 적색

해설 **필름의 종류와 멀칭의 효과**
- 투명필름 : 지온상승의 효과가 크고 잡초억제의 효과는 적다.
- 흑색필름 : 지온상승의 효과가 적고 잡초억제의 효과가 크고 지온이 높을 때는 지온을 낮춰 준다.
- 녹색필름 : 녹색광과 적외광의 투과는 잘되나 청색광, 적색광을 강하게 흡수하여 지온상승과 잡초억제 효과가 모두 크다.

03 작물의 특징에 대한 설명으로 틀린 것은?

① 이용성과 경제성이 높다.
② 일종의 기형식물을 이용하는 것이다.
③ 야생식물보다 생존력이 강하고 수량성이 높다.
④ 인간과 작물은 생존에 있어 공생관계를 이룬다.

해설 **작물의 특징**
- 일반식물에 비해 작물은 이용성 및 경제성이 높아야 한다.
- 작물은 인간의 이용목적에 맞게 특수부분이 매우 발달한 일종의 기형식물이다.
- 작물은 야생식물에 비해 생존 경쟁에 약하므로 인위적 관리가 수반되어야 한다.

04 수분이 포화된 상태의 토양에서 증발을 방지하면서 중력수를 완전히 배제하고 남은 수분 상태를 말하며, 작물이 생육하는데 가장 알맞은 수분 조건은?

① 포화용수량
② 흡습용수량
③ 최대용수량
④ 포장용수량

해설 **포장용수량(FC)**
- PF=2.5~2.7
- 포화상태 토양에서 중력수가 완제 배제되고 모세관력에 의해서만 지니고 있는 수분함량으로 최소용수량이라고도 한다.
- 포장용수량 이상은 중력수로 토양의 통기 저해로 작물 생육이 불리하다.
- 수분당량(ME) : 젖은 토양에 중력의 1,000배의 원심력을 작용한 후 잔류하는 수분상태로 포장용수량과 거의 일치한다.

05 접목재배의 특징이 아닌 것은?

① 수세회복
② 병해충 저항성 증대
③ 환경 적응성 약화
④ 종자번식이 어려운 작물 번식수단

해설 **접목의 장점**
- 결과촉진
- 수세조절
- 풍토적응성 증대
- 병충해저항성 증대
- 결과향상
- 수세회복 및 품종갱신

1.② 2.① 3.③ 4.④ 5.③

06 작물의 흡수와 관련된 설명 중 옳은 것은?

① 식물체의 줄기를 자른 곳에서 물이 배출되는 일비현상은 뿌리세포의 근압에 의한 능동적 흡수에 의해 일어난다.
② 능동적 흡수는 뿌리를 통해 흡수되는 물이 주로 세포벽을 통하여 집단류에 의해 뿌리 내부로 이동하는 것을 말한다.
③ 뿌리를 통한 물의 흡수경로에서 심플라스트 경로는 식물의 죽어있는 세포벽과 세포간극을 통하여 수분이 이동되는 경로이다.
④ 잎의 가장자리에 있는 수공에서 물이 나오는 일액현상은 근압에 의하여 일어나는 수동적 흡수이다.

해설
- 수동적 흡수 : 도관 내의 부압에 의한 흡수를 수동적 흡수라 말하며, ATP의 소모 없이 이루어지는 흡수이다.
- 능동적 흡수 : 세포의 삼투압에 기인하는 흡수를 말하며, ATP의 소모가 동반된다.

07 남부지방에서 가을에서 겨울 동안 들깨 재배시설에 야간 조명을 실시하는 이유는?

① 꽃을 피워 종자를 생산하기 위하여
② 관광객에게 볼거리를 제공하기 위하여
③ 개화를 억제하여 잎을 계속 따기 위하여
④ 광합성 시간을 늘려 종자 수량을 높이기 위하여

해설 들깨는 단일식물로 야간 조파를 통해 개화기를 늦춰 영양생장을 계속하게 함으로써 들깻잎의 수확량을 늘릴 수 있다.

08 경운의 필요성에 대한 설명으로 틀린 것은?

① 잡초 발생 억제
② 해충 발생 증가
③ 토양의 물리성 개선
④ 비료, 농약의 시용효과 증대

해설 **경운의 효과**
- 토양물리성 개선 : 토양을 연하게 하여 파종과 이식작업을 쉽게 하고 투수성과 투기성을 좋게 하여 근군 발달을 좋게 한다.
- 토양화학적 성질 개선 : 토양 투기성이 좋아져 토양 중 유기물의 분해가 왕성하여 유효태 비료성분이 증가한다.
- 잡초발생의 억제 : 잡초의 종자나 어린 잡초가 땅속에 묻히게 되어 발아와 생육이 억제된다.
- 해충의 경감 : 토양 속 숨은 해충의 유충이나 번데기를 표층으로 노출시켜 죽게 한다.

09 풍해의 생리적 기구가 아닌 것은?

① 기공폐쇄 ② 호흡 증가
③ 광합성 저하 ④ 독성물질의 생성

해설 **풍해**
- 풍속 4~6km/h 이상의 강풍과 태풍은 피해를 주며 풍속이 크고 공중 습도가 낮을 때 심해진다.
- 직접적인 기계적 장해
  - ㉠ 작물의 절손, 열상, 낙과, 도복, 탈립 등을 초래하며 이러한 기계적 장해는 2차적으로 병해, 부패 등이 발생하기 쉽다.
  - ㉡ 벼에서는 출수 3~4일에 풍해의 피해가 가장 심하다.
  - ㉢ 도복을 초래하는 경우 출수 15일 이내의 것이 가장 피해가 심하다.
  - ㉣ 출수 30일 이후의 것은 피해가 경미하다.
- 직접적인 생리적 장해
  - ㉠ 호흡의 증대
  - ㉡ 광합성 감퇴
  - ㉢ 작물체의 건조
  - ㉣ 작물의 체온 저하
  - ㉤ 염풍의 피해

10 관개방법을 지표관개, 살수관개, 지하관개로 구분할 때 지표관계 방법에 해당하지 않는 것은?

① 일류관개 ② 보더관개
③ 수반법 ④ 스프링클러관개

해설 스프링클러관개는 살수관개에 해당된다.

11 작물의 장해형 냉해에 관한 설명으로 가장 옳은 것은?

① 냉온으로 인하여 생육이 지연되어 후기 등숙이 불량해진다.
② 생육초기부터 출수기에 걸쳐 냉온으로 인하여 생육이 부진하고 지연된다.
③ 냉온하에서 작물의 증산작용이나 광합성이 부진하여 특정병해의 발생이 조장된다.
④ 유수형성기부터 개화기까지, 특히 생식세포의 감수분열기의 냉온으로 인하여 정상적인 생식기관이 형성되지 못한다.

6.① 7.③ 8.② 9.④ 10.④ 11.④

해설 장해형 냉해
- 유수형성기부터 개화기 사이, 특히 생식세포의 감수분열기에 냉온의 영향을 받아서 생식기관이 정상적으로 형성되지 못하거나 또는 꽃가루의 방출 및 수정에 장해를 일으켜 결국 불임현상이 초래되는 유형의 냉해이다.
- 타페트 세포의 이상비대는 장해형 냉해의 좋은 예이며, 품종이나 작물의 냉해 저항성의 기준이 되기도 한다.

12 작물의 재배기술 중 제초에 대한 설명으로 틀린 것은?

① 제초제는 생리작용에 따라 선택성과 비선택성으로 분류한다.
② 2,4-D(이사디)는 대표적인 비선택성 제초제이다.
③ 제초제는 작용성에 따라 접촉성과 이행성으로 분류한다.
④ 제초제는 잡초의 생리기능을 교란시켜 세포원형질을 파괴 또는 분리시켜 고사하게 한다.

해설 2,4-D(이사디)는 대표적인 선택성 제초제이다.

13 광합성에 조사광량이 높아도 광합성속도가 증대하지 않게 된 것을 뜻하는 것은?

① 광포화 ② 보상점
③ 진정광합성 ④ 외견상광합성

해설 광포화점
빛의 세기가 보상점을 지나 증가하면서 광합성속도도 증가하나 어느 한계 이후 빛의 세기가 더 증가하여도 광합성량이 더 이상 증가하지 않는 빛의 세기

14 대기의 조성과 작물의 생육에 대한 설명으로 옳은 것은?

① 대기 중 질소의 함량비는 약 79%이다.
② 대기 중 산소의 함량비는 약 46%이다.
③ 콩과 작물의 근류균은 혐기성세균이다.
④ 대기의 산소농도가 낮아지면 C_3 작물의 광호흡이 커진다.

해설 일반적인 대기조성비는 질소 79%, 산소 21%, 이산화탄소 0.035%이다.

15 발아억제물질에 해당하지 않는 것은?

① 암모니아 ② 질산염
③ 시안화수소 ④ ABA

해설 질산염은 발아촉진물질에 해당된다.

16 작물을 재배할 때 도복의 피해 양상이 아닌 것은?

① 수량감소 ② 품질저하
③ 수발아 방지 ④ 수확작업 곤란

해설 도복에 의해 수발아 발생 위험이 증가한다.

17 대기 중의 이산화탄소와 작물의 생리작용에 대한 설명으로 틀린 것은?

① 이산화탄소의 농도와 온도가 높아질수록 동화량은 증가한다.
② 광합성 속도에는 이산화탄소 농도 뿐만 아니라 광의 강도도 관계한다.
③ 광합성은 온도, 광도, 이산화탄소의 농도가 증가함에 따라 계속 증대한다.
④ 광합성에 의한 유기물의 생성속도와 호흡에 의한 유기물의 소모속도가 같아지는 이산화탄소 농도를 이산화탄소 보상점이라고 한다.

해설 광합성은 온도, 광도, 이산화탄소의 농도가 증가함에 따라 증가하나 일정 수준 이상에서는 더 이상 증가하지 않는다.

18 적응된 유전형들이 안정 상태를 유지하려면 적응형 상호간에 유전적 교섭이 생기지 말아야 하는데, 다음 중 생리적 격리의 설명으로 옳은 것은?

① 지리적으로 멀리 떨어져 있어 유전적 교섭이 방지되는 것
② 개화기의 차이, 교잡불임 등의 원인에 의하여 유전적 교섭이 방지되는 것
③ 돌연변이에 의해서 생리적으로 격리되는 것
④ 생리적 특성이 강하여 유전적 교섭이 방지되는 것

해설 고립
- 분화의 마지막 과정은 성립된 적응형이 유전적으로 안정상태를 유지하는 것으로 이러한 유지는 적응형 상호간 유전적 교섭이 발생하지 않아야 하는데 이를 격절 또는 고립이라 한다.
- 지리적 격절 : 지리적으로 서로 떨어져 있어 유전적 교섭이 일어나지 않는 것
- 생리적 격절 : 생리적 차이, 즉 개화 시기의 차, 교잡 불능 등으로 유전적 교섭이 방지되는 것으로 동일 장소에서 생장하여도 교섭이 방지된다.
- 인위적 격절 : 유전적 순수성 유지를 위하여 인위적으로 다른 유전형과의 교섭을 방지하는 것

12.② 13.① 14.① 15.② 16.③ 17.③ 18.②

19 작물의 생육에 있어 광합성에 영향을 주는 적색광의 파장은?

① 300nm ② 450nm
③ 550nm ④ 670nm

해설 적색광의 파장은 보통 650~670nm이다.

20 대기의 질소를 고정시켜 지력을 증진시키는 작물은?

① 화곡류 ② 두류
③ 근채류 ④ 과채류

해설 **유리질소(遊離窒素)의 고정**
- 대기 중에 가장 풍부한 질소는 유리상태로 고등식물이 직접 이용할 수 없으며 반드시 암모니아 같은 화합 형태가 되어야 양분이 될 수 있는데, 이 과정을 분자질소의 고정 작용이라 하고 자연계의 물질 순환, 식물에 대한 질소 공급, 토양 비옥도 향상을 위해서 매우 중요하다.
- 근류균은 콩과 식물과 공생하면서 유리질소를 고정하며, *Azotobacter*, *Azotomonas* 등은 호기상태에서, *Clostridium* 등은 혐기상태에서 단독으로 유리질소를 고정한다.

21 일반적인 논토양에서 25℃에서의 전기전도도는 얼마인가?

① 1~2dS/m ② 2~4dS/m
③ 5~7dS/m ④ 8~9dS/m

해설 전기전도도는 용액이 전류를 운반할 수 있는 정도를 의미하는 것으로, 논토양에서는 2~4dS/m이며 유기물이 많은 사질계 논토양에서는 논 벼재배에 유해 한계인 4dS/m 이상을 나타내기도 한다.

22 적색 또는 회색 포드졸 토양의 주요 점토광물이며, 우리나라 토양의 점토광물 중 대부분을 차지 하는 것은?

① 카올리나이트 ② 일라이트
③ 몬모릴로나이트 ④ 버미큘라이트

해설 **카올리나이트(kaolinite)**
- 대표적인 1 : 1 격자형 광물이다.
- 우리나라 토양 중의 점토광물의 대부분을 차지한다.
- 온난 · 습윤한 기후의 배수가 양호한 지역에서 염기 물질이 신속히 용탈될 때 많이 생성된다.
- 규산질 점토광물에 속한다.

23 우리나라 토양이 대체로 산성인 이유로 틀린 것은 어느 것인가?

① 화강암 모재
② 여름의 많은 강우
③ 산성비
④ 석회 시용

해설 석회는 알칼리성 물질로 석회의 시용은 산성을 중화시켜 토양반응을 교정한다.

24 토양의 생성과 발달에 관여하는 5가지 요인에 해당하지 않는 것은?

① 모재 ② 식생
③ 압력 ④ 지형

해설 토양의 생성에 주된 인자는 기후, 식생, 모재, 지형, 시간 등이다. 기후와 식생의 영향을 받아 생성된 토양을 성대성 토양이라 하고, 지형, 모재, 시간 등의 영향을 받아 생성된 토양을 간대성 토양이라 한다.

25 유효수분이 보유되어 있는 것으로서 보수역할을 주로 담당하는 공극은?

① 대공극 ② 기상공극
③ 모관공극 ④ 배수공극

해설 모관공극(소공극)은 토양의 유효수분을 보유하여 식물이 이용할 수 있다.

26 다음에서 설명하는 모암은?

- 어두운 색을 띠며 미세한 세립질의 염기성암으로 산화철이 많이 포함되어 있다.
- 풍화되어 토양으로 전환되며 황적색의 중점식토로 되고 장석은 석회질로 전환된다.

① 화강암
② 석회암
③ 현무암
④ 석영조면암

해설 **현무암**
화산암이며 염기성암이다. 암색을 띠는 미세질의 치밀한 염기성암으로 제주도 토양은 현무암을 모암으로 하고 있다. 풍화토는 황적색의 중점식토로 되고, 조암광물인 장석은 석회질로 전환된다.

19.④ 20.② 21.② 22.① 23.④ 24.③ 25.③ 26.③

27 pH 2~4의 낮은 조건에서도 잘 생육하는 세균의 종류는?

① 황세균 ② 질산균
③ 아질산균 ④ 탈질균

해설 **황세균**
황을 산화하여 식물에 유용한 황산염을 만들며, 땅속 깊은 퇴적물에서는 황산을 발생시켜 광산 금속을 녹이며 콘크리트와 강철도 부식시킨다. 일반적인 세균과는 달리 강산에서 생육한다.

28 토양생성 요인 중 지형, 모재 및 시간 등의 영향이 뚜렷하게 나타나는 토양은?

① 성대성토양 ② 간대성토양
③ 무대성토양 ④ 열대성토양

해설

토양	토양단면의 특징	작용인자	주요 대토양군
성대토양	기후와 식생의 영향이 뚜렷하다.	한랭, 습윤, 침엽수	포드졸
		한랭, 반습윤, 초본	체르노젬(윤색토)
		온난, 습윤, 침엽수, 낙엽수	적황색토
		고온, 습윤, 활엽수	라토졸
간대토양	지형과 모재의 영향이 뚜렷하다.	건조 지대에서 배수 불량	퇴화 염류토
		지대가 낮고 배수 불량	회색토
		석회 함량이 많은 모래	갈색 산림토
무대토양	토양단면에 특징이 아직 없는 어린 토양	풍화에 대한 저항성이 크고 침식 또는 퇴적이 빠르며 풍화 기간이 짧다.	암쇄토 퇴적토 충적토

29 토양학에서 토성의 의미로 가장 적합한 것은?

① 토양의 성질
② 토양의 화학적 성질
③ 입경구분에 의한 토양의 분류
④ 토양반응

해설 **토성**
- 토양입자의 입경에 따라 나눈 토양의 종류로 모래와 점토의 구성비로 토양을 구분하는 것이다.
- 식물의 생육에 중요한 여러 이화학적 성질을 결정하는 기본 요인이다.
- 입경 2mm 이하의 입자로 된 토양을 세토라고 하며, 세토 중의 점토함량에 따라서 토성을 분류한다.

30 에너지를 얻는 수단에 따른 분류에서 타급영양(유기영양) 세균이 아닌 것은?

① 암모니아화성균 ② 섬유소분해균
③ 근류균 ④ 질산화성균

해설 **자급영양 세균**
- 토양에서 무기물 산화하여 에너지를 얻으며 질소, 황, 철, 수소 등의 무기화합물을 산화시키기 때문에 농업적으로 중요하다.
- 니트로소모나스 : 암모늄을 아질산으로 산화시킨다.
- 니트로박터 : 아질산을 질산으로 산화시킨다.
- 수소박테리아 : 수소를 산화시킨다.
- 티오바실루스 : 황을 산화시킨다.

타급영양 세균
- 유기물을 분해하여 에너지를 얻는다.
- 질소고정균, 암모늄화균, 셀룰로오스분해균 등이 있다.
- 단독 질소고정균은 기주식물이 필요 없고 토양 중에 단독생활을 한다.
- 클로스트리듐 : 배수가 불량한 산성토양에 많다.
- 아조토박터 : 배수가 양호한 중성토양에 많다.
- 공생질소고정균 : 근류균은 콩과 식물의 뿌리에 혹을 만들어 대기 중 질소가스를 고정하여 식물에 공급하고 대신 필요한 양분을 공급받는다.

31 토양의 수분을 분류할 때 토양 수분 함량이 가장 적은 상태는?

① 결합수(combined water)
② 흡습수(hygroscopic water)
③ 모세관수(capillary water)
④ 중력수(gravitational water)

해설 **결합수**
- PF=7.0 이상
- 화합수 또는 결정수라 하며 토양을 105℃로 가열해도 분리시킬 수 없는 점토광물의 구성요소로의 수분이다.
- 작물이 흡수, 이용할 수 없다.

32 양이온치환용량(CEC)이 10cmol(+)/kg인 어떤 토양의 치환성염기의 합계가 6.5cmol(+)/kg라고 할 때, 이 토양의 염기포화도는?

① 13%
② 26%
③ 65%
④ 85%

해설 염기포화도=(치환성양이온 / 양이온치환용량)×100
=6.5/10×100=65%

27.① 28.② 29.③ 30.④ 31.① 32.③

33 다음 중 이타이이타이(Itai-Itai)병과 연관이 있는 중금속은?

① 피씨비(PCB) ② 카드뮴(Cd)
③ 크롬(Cr) ④ 셀레늄(Se)

해설

수은(Hg)	• 미나마타병의 원인물질이다. • 중추신경계통에 장애를 준다. • 언어장애, 지각장애 등
납(Pb)	• 다발성 신경염, 뇌, 신경장애 등 신경계통에 마비를 일으킨다.
카드뮴(Cd)	• 이타이이타이병의 원인물질이다. • 골연화증, 빈혈증, 고혈압, 식욕부진, 위장장애 등을 일으킨다.
크롬(Cr)	• 피부염, 피부궤양을 일으킨다. • 코, 폐, 위장에 점막을 생성하고 폐암을 유발한다.
비소(As)	• 피부점막, 호흡기로 흡입되어 국소 및 전신마비, 피부염, 색소 침착 등을 일으킨다.
구리(Cu)	• 만성중독 시 간경변을 유발한다. • 특히 식물성 플랑크톤에 독성이 강하다.
알루미늄(Al)	• 투석치매, 파킨슨치매와 관련이 있다. • 알츠하이머병의 유발인자로 의심되고 있다.

34 토양 구조의 발달에 불리하게 작용하는 요인은?

① 석회물질의 시용
② 퇴비의 시용
③ 토양의 피복 관리
④ 빈번한 경운

해설 입단구조를 파괴하는 요인
- 토양이 너무 마르거나 젖어 있을 때 갈기를 하는 것은 입단을 파괴시킬 우려가 있으므로 피해야 한다.
- 나트륨 이온(Na^+)은 알갱이들이 엉기는 것을 방해하므로, 이것이 많이 들어 있는 물질이 토양에 들어가면 토양의 물리적 성질을 약화시키게 된다.
- 입단의 팽창과 수축의 반복
- 비, 바람

35 다음 음이온 중 치환순서가 가장 빠른 이온은?

① PO_4^{3-} ② SO_4^{2-}
③ Cl^- ④ NO_3^-

해설 음이온 흡착세기 순서
$SiO_4^{4-} > PO_4^{3-} > SO_4^{2-} > NO_3^- \sim Cl^-$

36 단위무게당 가장 많은 양의 음전하를 함유한 광물은?

① kaolinite(카올리나이트)
② montmorillonite(몬모릴로나이트)
③ illite(일라이트)
④ chlorite(클로라이트)

해설 주요 광물의 양이온치환용량
- 부식 : 100~300
- 버미큘라이트 : 80~150
- 몬모릴로나이트 : 60~100
- 클로라이트 : 30
- 카올리나이트 : 3~27
- 일라이트 : 21

37 시설재배지 토양관리의 문제점이 아닌 것은?

① 염류집적이 잘 일어난다.
② 연작장해가 발생되기 쉽다.
③ 양분용탈이 잘 일어난다.
④ 양분 불균형이 발생되기 쉽다.

해설 시설재배 토양의 문제점
- 염류농도가 높다(염류가 집적되어 있다).
- 토양공극률이 낮다(통기성이 불량하다).
- 특정성분의 양분이 결핍되기 쉽다.
- 토양전염성 병해충의 발생이 높다.

38 우리나라 밭토양이 가장 많이 분포되어 있는 지형은?

① 곡간지 ② 산악지
③ 구릉지 ④ 평탄지

해설
- 밭토양은 곡간지 및 산록지와 같은 경사지에 많이 분포되어 있다.
- 곡간지(谷間地) : 저구릉지와 구릉지 사이에 낮은 운적토

39 미생물은 활성이 가장 최적인 온도에 따라서 구분할 수 있다. 미생물의 생육적온이 15℃ 부근인 미생물은 어떤 분류에 포함되는가?

① 저온성 미생물
② 중온성 미생물
③ 고온성 미생물
④ 혐기성 미생물

33.② 34.④ 35.① 36.② 37.③ 38.① 39.①

해설
- 저온성 미생물 : 15℃ 이하의 온도에서 생장하는 미생물. 생존이 가능한 최고온도는 20℃ 정도이다.
- 중온성 미생물 : 생장 최적온도가 20~40℃, 최저온도가 15~20℃, 최고온도가 45℃ 이하인 미생물
- 고온성 미생물 : 55℃에서 생장이 가능하며 최적온도는 55~65℃이다.

40 토양 내 유기물의 분해와 관련이 있는 효소는?

① 탈수소효소
② 인산가수분해효소
③ 단백질가수분해효소
④ 요소분해효소

해설 탈수소효소는 토양유기물 분해를 촉매하여 탄소순환에 관여한다.

41 연작의 피해가 가장 큰 작물은?

① 수수 ② 고구마
③ 양파 ④ 사탕무

해설 **작물의 기지 정도**
- 연작의 해가 적은 것 : 벼, 맥류, 조, 옥수수, 수수, 삼, 담배, 고구마, 무, 순무, 당근, 양파, 호박, 연, 미나리, 딸기, 양배추 등
- 1년 휴작 작물 : 파, 쪽파, 생강, 콩, 시금치 등
- 2년 휴작 작물 : 오이, 감자, 땅콩, 잠두 등
- 3년 휴작 작물 : 참외, 쑥갓, 강낭콩, 토란 등
- 5~7년 휴작 작물 : 수박, 토마토, 가지, 고추, 완두, 사탕무, 레드클로버 등
- 10년 이상 휴작 작물 : 인삼, 아마 등

42 산성토양에서 잘 자라는 과수는?

① 무화과나무
② 포도나무
③ 감나무
④ 밤나무

해설 **토양반응에 대한 과수의 적응성**
- 산성토양 : 밤나무, 비파, 복숭아나무
- 약산성토양 : 배나무, 사과나무, 감나무, 감귤나무
- 중성 및 약알칼리성 토양 : 무화과나무, 포도나무

43 유기한우 생산을 위해서는 사료 공급 요인들이 충족되어야 한다. 유기한우 생산 충족 사항은?

① 전체 사료의 100%를 유기사료로 급여한다.
② GMO 곡물사료를 공급한다.
③ 가축 질병예방을 위하여 항생제를 주기적으로 사용한다.
④ 활동이 제한되는 공장식 밀식 사육을 실시한다.

해설 **사료 및 영양 관리**
- 유기축산물의 생산을 위한 가축에게는 100% 유기사료를 급여하여야 하며, 유기사료 여부를 확인하여야 한다.
- 유기축산물 생산과정 중 심각한 천재지변, 극한 기후조건 등으로 인하여 사료급여가 어려운 경우 국립농산물품질관리원장 또는 인증기관의 장은 일정기간 동안 유기사료가 아닌 사료를 일정 비율로 급여하는 것을 허용할 수 있다.

44 우리나라 반추가축의 유기사료 수급에 관한 문제로 부적당한 것은?

① 목초의 생산기반을 확장해야 한다.
② 유기목초 종자 및 생산기술을 수립해야 한다.
③ 초지 접근성 및 유기방목 기술을 수립해야 한다.
④ 조사료보다는 농후사료의 자급기반을 확충해야 한다.

해설 목초와 같은 조사료는 다량소비되고 부피가 커서 수입비용도 많이 드는 등 문제가 있어 이의 자립기반 확충이 농후사료 자급기반 보다 더 시급하고 중요하다.

45 호광성 종자는?

① 토마토
② 가지
③ 상추
④ 호박

해설
- 호광성종자(광발아종자)
  - ㉠ 광에 의해 발아가 조장되며 암조건에서 발아하지 않거나 발아가 몹시 불량한 종자
  - ㉡ 담배, 상추, 우엉, 차조기, 금어초, 베고니아, 피튜니아, 뽕나무, 버뮤다그래스 등
- 혐광성종자(암발아종자)
  - ㉠ 광에 의하여 발아가 저해되고 암조건에서 발아가 잘 되는 종자
  - ㉡ 호박, 토마토, 가지, 오이, 파, 나리과 식물 등
- 광무관종자
  - ㉠ 광이 발아에 관계가 없는 종자
  - ㉡ 벼, 보리, 옥수수 등 화곡류와 대부분 콩과 작물 등

40.① 41.④ 42.④ 43.① 44.④ 45.③

46 벼의 종자증식 체계로 옳은 것은?

① 원원종 – 원종 – 기본식물 – 보급종
② 원종 – 원원종 – 기본식물 – 보급종
③ 원원종 – 원종 – 보급종 – 기본식물
④ 기본식물 – 원원종 – 원종 – 보급종

해설 **우리나라 종자증식 체계**
기본식물 → 원원종 → 원종 → 보급종의 단계를 거친다.

47 유기농업에서 토양비옥도를 유지, 증대시키는 방법이 아닌 것은?

① 작물 윤작 및 간작
② 녹비 및 피복작물 재배
③ 가축의 순환적 방목
④ 경운작업의 최대화

해설 잦은 경운은 입단의 파괴로 토양비옥도를 파괴할 수 있다.

48 유기농업에서 벼의 병해충 방제법 중 경종적 방제법이 아닌 것은?

① 답전윤환 ② 저항성 품종 이용
③ 적절한 윤작 ④ 천적 이용

해설 천적을 이용하는 방법은 생물학적 방제법에 해당된다.

49 볍씨의 종자선별 방법 중 까락이 없는 몽근메벼를 염수선할 때 가장 적당한 비중은?

① 1.03 ② 1.08
③ 1.10 ④ 1.13

해설 **비중표준**
- 몽근메벼 : 1.13
- 까락메벼 : 1.10
- 찰벼 및 밭벼 : 1.08
- 통일형 품종 : 1.03

50 과수육종이 다른 작물에 비해 불리한 점이 아닌 것은?

① 과수는 품종육성기간이 길다.
② 과수는 넓은 재배면적이 필요하다.
③ 과수는 타가수정을 한다.
④ 과수는 영양번식을 한다.

해설 과수는 영양번식을 함으로써 우수한 개체가 육성되면 이를 바로 품종으로 선별, 증식할 수 있다.

51 입으로 전염되며 패혈증, 설사(백리변), 독혈증의 증상을 보이는 돼지의 질병은?

① 대장균증
② 장독혈증
③ 살모넬라증
④ 콜레라

해설 **돼지 대장균증**
대장균의 감염으로 발생하며 패혈증, 설사, 독혈증 등이 주요 증상이며 여러 가지 병형이 모두 입으로 감염된다.

52 토양에 다량 사용했을 때, 질소기아 현상을 가장 심하게 나타낼 수 있는 유기물은?

① 알팔파 ② 녹비
③ 보릿짚 ④ 감자

해설 탄질율이 높은 유기물(톱밥, 볏짚, 수피 등)은 미생물이 유기물을 분해하는 과정에서 질소성분을 영양원으로 이용하므로 작물에 일시적으로 질소가 부족해지는 질소기아현상이 발생할 수 있다.

53 농약살포의 문제점이 아닌 것은?

① 생태계가 파괴된다.
② 익충을 보호한다.
③ 식품이 오염된다.
④ 병해충의 저항성이 증대된다.

해설 농약의 살포는 인축에 해작용과 함께 익충까지 제거하는 결과가 야기될 수 있다.

54 유기과수원의 토양관리 중 유기물 사용의 효과가 아닌 것은?

① 토양을 홑알구조로 한다.
② 토양의 보수력을 증가한다.
③ 토양의 물리성을 개선한다.
④ 토양미생물이나 작물의 생육에 필요한 영양분을 공급한다.

해설 유기물 사용의 효과는 작물의 생육 촉진, 토양의 이화학성 개선 등이다.

46.④ 47.④ 48.④ 49.④ 50.④ 51.① 52.③ 53.② 54.①

55 다음 중 식물의 기원지로 옳게 짝지어지지 않은 것은?

① 사탕수수 – 인도
② 매화 – 일본
③ 가지 – 인도
④ 자운영 – 중국

해설 매화의 원산지는 중국이며 우리나라, 일본 등에 분포한다.

56 농림축산식품부 소관 친환경농어업 육성 및 유기식품 등의 관리 지원에 관한 법률 시행 규칙에서 정한 친환경농산물 종류로 틀린 것은?

① 유기농산물
② 안전농산물
③ 무농약농산물
④ 무항생제축산물

해설 친환경농산물에는 유기농산물, 무농약농산물, 유기임산물, 유기축산물, 무항생제축산물 등이 있다.

57 사과를 유기농법으로 재배하는데 어린잎 가장자리가 위쪽으로 뒤틀리고 새 가지 선단에서 막 전개되는 잎은 황화되며 심한 경우에는 새 가지 정단부위가 말라죽어가고 있다. 무엇이 부족하여 생기는 현상인가?

① 질소 ② 인산
③ 칼리 ④ 칼슘

해설 **칼슘(Ca)**
- 세포막의 중간막의 주성분이며 잎에 많이 존재한다.
- 체내에서는 이동률이 매우 낮다.
- 분열조직의 생장, 뿌리 끝의 발육과 작용에 불가결하며 결핍되면 뿌리나 눈의 생장점이 붉게 변하여 죽게 된다.
- 토양 중 석회의 과다는 마그네슘, 철, 아연, 코발트, 붕소 등 흡수가 저해되는 길항작용이 나타난다.

58 경사지에 비해 평지 과수원이 갖는 장점이라고 볼 수 없는 것은?

① 토양이 깊고 비옥하다.
② 보습력이 높다.
③ 기계화가 용이하다.
④ 배수가 용이하다.

해설 평지 과수원은 경사지와 비교하여 배수가 불량하다.

59 신품종 종자의 우수성이 저하되는 품종퇴화의 원인이 아닌 것은?

① 인공적 ② 유전적
③ 생리적 ④ 병리적

해설 종자퇴화의 원인은 유전적, 생리적, 병리적 요인이 있다.

60 유기농업에서 소각(burning)을 권장하지 않는 이유로 틀린 것은?

① 소각함으로써 익충과 토양생물체에 피해를 준다.
② 많은 양의 탄소, 질소 그리고 황이 가스 형태로 손실된다.
③ 소각후에 잡초나 병충해가 더 많이 나타난다.
④ 재가 함유하고 있는 양분은 빗물에 쉽게 씻겨 유실된다.

해설 **유기농업에서 소각을 권장하지 않는 이유**
- 다량의 탄소와 질소, 황이 가스 형태로 소실된다.
- 익충과 토양미생물에 피해가 나타난다.
- 토양유기물로 활용가능한 재료가 감소된다.
- 재가 함유하고 있는 양분은 빗물에 쉽게 유실된다.

55.② 56.② 57.④ 58.④ 59.① 60.③

2015년 제3회 유기농업기능사

▎2015년 7월 19일 시행

01 생력기계화재배를 통해 단위면적당 수량을 늘릴 수 있는데 그 주된 이유가 아닌 것은?

① 지력의 증진
② 노동력 증가
③ 적기 · 적작업
④ 재배방식의 개선

해설 생력기계화재배로 노동력을 감소시킬 수 있다.

02 고온으로 발생된 해(害)작용이 아닌 것은?

① 위조의 억제 ② 황백화 현상
③ 당분 감소 ④ 암모니아 축적

해설 **열해의 기구**
- 유기물의 과잉소모
- 질소대사의 이상 : 고온은 단백질의 합성을 저해하여 암모니아의 축적이 많아지므로 유해물질로 작용한다.
- 철분의 침전 : 고온에 의한 물질대사의 저해는 철분의 침전으로 황백화 현상이 일어난다.
- 증산이 과다하게 증가한다.

03 엽면시비가 효과적인 경우가 아닌 것은?

① 작물의 필요량이 적은 무기양분을 사용할 경우
② 토양 조건이 나빠 무기양분의 흡수가 어려운 경우
③ 시비를 원하지 않는 작물과 같이 재배할 경우
④ 부족한 무기성분을 서서히 회복시킬 경우

해설 **엽면시비의 실용성**
- 작물에 미량요소의 결핍증이 나타났을 경우 : 결핍증을 나타나게 하는 요소를 토양에 시비하는 것보다 엽면에 시비하는 것이 효과가 빠르고 시용량도 적어 경제적이다.
- 작물의 초세를 급속히 회복시켜야 할 경우 : 작물이 각종 해를 받아 생육이 쇠퇴한 경우 엽면시비는 토양시비보다 빨리 흡수되어 시용의 효과가 매우 크다.
- 토양시비로는 뿌리 흡수가 곤란한 경우 : 뿌리가 해를 받아 뿌리에서의 흡수가 곤란한 경우 엽면시비에 의해 생육이 좋아지고 신근이 발생하여 피해가 어느 정도 회복된다.
- 토양시비가 곤란한 경우 : 참외, 수박 등과 같이 덩굴이 지상에 포복 만연하여 추비가 곤란한 경우, 과수원의 초생재배로 인해 토양시비가 곤란한 경우, 플라스틱필름 등으로 표토를 멀칭하여 토양에 직접적인 시비가 곤란한 경우 등에는 엽면시비는 시용효과가 높다.

04 토양 구조의 입단화와 가장 관련이 깊은 것은?

① 세균(bacteria)
② 방선균(Actinomycetes)
③ 선충류(Nematoda)
④ 균근균(Mycorrhizae)의 균사

해설 **균근의 기능**
- 한발에 대한 저항성 증가
- 인산의 흡수 증가
- 토양입단화 촉진

05 종자춘화형 식물이 아닌 것은?

① 추파맥류 ② 완두
③ 양배추 ④ 봄올무

해설 **처리시기에 따른 구분**
- 종자춘화형식물
  - ㉠ 최아종자에 처리하는 것
  - ㉡ 추파맥류, 완두, 잠두, 봄무 등
- 녹식물춘화형식물
  - ㉠ 식물이 일정한 크기에 달한 녹체기에 처리하는 작물
  - ㉡ 양배추, 히요스 등
- 비춘화처리형 : 춘화처리의 효과가 인정되지 않는 작물

06 작물의 분화 및 발달과 관련된 용어의 설명으로 틀린 것은?

① 작물이 원래의 것과 다른 여러 갈래로 갈라지는 현상을 작물의 분화라고 한다.
② 작물의 환경이나 생존경쟁에서 견디지 못해 죽게 되는 것을 순화라고 한다.
③ 작물이 점차 높은 단계로 발달해 가는 현상을 작물의 진화라고 한다.
④ 작물이 환경에 잘 견디어 내는 것을 적응이라 한다.

1.② 2.① 3.④ 4.④ 5.③ 6.②

해설 순화
- 어떤 생태환경 및 조건에 오래 생육하면서 더 잘 적응하는 것
- 야생의 식물이 오랜 시간 특정 환경에 적응 및 선발을 가져오는 동안 그 환경에 적응하여 특성이 변화되는 것

07 개방된 토수로에 투수하여 이것이 침투해서 모관상승을 통하여 근권에 공급되게 하는 방법은?

① 암거법 ② 압입법
③ 수반법 ④ 개거법

해설
- 암거법 : 30~60cm 깊이에 관을 매설하여 물을 대고 간극으로부터 스며 오르게 관개하는 방법
- 압입법 : 물을 주입하거나 기계적으로 압입하여 관개하는 방법
- 수반법 : 과수원에서 과수 두세 그루마다 주위에 고랑을 파고 물이 고르게 돌아가도록 물을 대는 방법

08 윤작방식은 지방 실적에 따라서 다양하게 발달되지만, 대체로 다음과 같은 원리가 포함되는데 옳지 않은 것은?

① 주작물이 특수하더라도 식량과 사료의 생산이 병행되는 것이 좋다.
② 지력유지를 통하여 콩과 작물이나 다비작물을 포함한다.
③ 토양보호를 위해서 피복작물을 심지 않는다.
④ 토지이용도를 높이기 위하여 여름작물과 겨울작물을 결합한다.

해설 윤작 시 작물의 선택
- 지역 사정에 따라 주작물은 다양하게 변화한다.
- 지력유지를 목적으로 콩과 작물 또는 녹비작물이 포함된다.
- 식량작물과 사료작물이 병행되고 있다.
- 토지이용도를 목적으로 하작물과 동작물이 결합되어 있다.
- 잡초 경감을 목적으로 중경작물, 피복작물이 포함되어 있다.
- 토양보호를 목적으로 피복작물이 포함되어 있다.
- 이용성과 수익성이 높은 작물을 선택한다.
- 작물의 재배순서를 기지현상을 회피하도록 배치한다.

09 작물의 분화과정이 옳은 것은?

① 유전적 변이 → 고립 → 도태와 적용
② 유전적 변이 → 도태와 적응 → 고립
③ 도태와 적응 → 고립 → 유전적 변이
④ 도태와 적응 → 유전적 변이 → 고립

해설 분화과정 : 유전적 변이 → 도태 → 적응 → 순화 → 고립

10 토양의 양이온치환용량 증대효과에 대한 설명 중 틀린 것은?

① NH_4^+, K^+, Ca^{2+} 등의 비료성분의 흡착, 보유하는 힘이 커진다.
② 비료를 많이 주어도 일시적 과잉흡수가 억제된다.
③ 토양의 완충능력이 커진다.
④ 비료성분의 용탈을 조장한다.

해설 토양의 양이온치환용량이 크다는 것은 작물생육에 필요한 양이온을 전기적 힘으로 많이 보유하고 있는 비옥한 토양이라는 의미이며, 비료성분의 용탈을 억제한다.

11 다음 중 인산질 비료에 대하여 설명한 것이다. 틀린 것은?

① 유기질 인산비료에는 동물 뼈, 물고기 뼈 등이 있다.
② 용성인비는 수용성 인산을 함유하며, 작물에 속히 흡수된다.
③ 무기질 인산비료의 중요한 원료는 인광석이다.
④ 과인산석회는 대부분이 수용성이고 속효성이다.

해설 인산
- 인산질비료는 함유된 인산의 용제에 대한 용해성에 따라 수용성, 가용성, 구용성, 불용성으로 구분하며 사용상으로 유기질 인산비료와 무기질 인산비료로 구분한다.
- 과인산석회(과석), 중과인산석회(중과석)
  - ㉠ 대부분 수용성이며 속효성으로 작물에 흡수가 잘 된다.
  - ㉡ 산성 토양에서는 철, 알루미늄과 반응하여 불용화되고 토양에 고정되어 흡수율이 극히 낮아진다.
  - ㉢ 토양 고정을 경감해야 시비 효율이 높아지므로 토양 반응의 조정 및 혼합사용, 입상비료 등이 유효하다.
- 용성인비
  - ㉠ 구용성 인산을 함유하며 작물에 빠르게 흡수되지 못하므로 과인산석회 등과 병용하는 것이 좋다.
  - ㉡ 토양 중 고정이 적고 규산, 석회, 마그네슘 등을 함유하는 염기성 비료로 산성토양 개량의 효과도 있다.

7.④ 8.③ 9.② 10.④ 11.②

12 일정한 한계일장이 없고, 대단히 넓은 범위의 일장조건에서 개화하는 식물은?

① 중성식물 ② 장일식물
③ 단일식물 ④ 정일성식물

해설 **작물의 일장형**
- 장일식물
  ㉠ 보통 16~18시간의 장일상태에서 화성이 유도, 촉진되는 식물로, 단일상태는 개화를 저해한다.
  ㉡ 최적일장 및 유도일장 주체는 장일측, 한계일장은 단일측에 있다.
  ㉢ 추파맥류, 시금치, 양파, 상추, 아마, 아주까리, 감자 등
- 단일식물
  ㉠ 보통 8~10시간의 단일상태에서 화성이 유도, 촉진되며 장일상태는 이를 저해한다.
  ㉡ 최적일장 및 유도일장의 주체는 단일측, 한계일장은 장일측에 있다.
  ㉢ 국화, 콩, 담배, 들깨, 조, 기장, 피, 옥수수, 아마, 호박, 오이, 늦벼, 나팔꽃 등
- 중성식물
  ㉠ 일정한 한계일장이 없이 넓은 범위의 일장에서 개화하는 식물로 화성이 일장에 영향을 받지 않는다고 할 수 있다.
  ㉡ 강낭콩, 가지, 토마토, 당근, 셀러리 등

13 지리적 미분법을 적용하여 작물의 기원을 탐색한 학자는?

① Vavilov ② De Candolle
③ Ookuma ④ Hellriegel

해설 N.I. Vavilov(1926)
- 지리적 미분법으로 식물종과 다양성 및 지리적 분포를 연구하였다.
- 유전자중심설을 제안
  ㉠ 재배식물의 기원지를 1차중심지와 2차중심지로 구분하였다.
  ㉡ 1차중심지는 우성형질이 많이 나타난다.
  ㉢ 2차중심지에서는 열성형질과 그 지역의 특징적 우성형질이 나타난다.
  ㉣ 우성유전자 분포 중심지를 원산지로 추정하는 학설로 우성유전자중심설이라고도 한다.

14 다음 중 벼를 재배할 때 풍해에 의해 발생하는 백수현상을 유발하는 풍속, 공기습도의 범위에 대한 설명으로 가장 옳은 것은?

① 백수현상은 풍속이 크고 공기습도가 높을 때 심하다.
② 백수현상은 풍속이 적고 공기습도가 높을 때 심하다.
③ 백수현상은 공기습도 60%, 풍속 10m/sec의 조건에서 발생한다.
④ 백수현상은 공기습도 80%, 풍속 20m/sec의 조건에서 발생한다.

해설 **백수현상**
고온(온도 25℃ 이상), 저습(습도 65% 이하)한 강풍(풍속 8m/sec 이상)에 의해 짧은 시간 동안 벼가 많은 수분을 빼앗겨 이삭부분이 하얗게 변하는 현상이다.

15 작물에 유익한 토양미생물의 활동이 아닌 것은?

① 유기물의 분해
② 유리질소의 고정
③ 길항 작용
④ 탈질 작용

해설 **토양미생물의 역할**
- 유기물의 분해
- 유리질소(遊離窒素)의 고정
- 질산화 작용
- 무기물의 산화
- 가용성 무기성분의 동화로 유실을 적게 한다.
- 균사 등의 점질물질에 의해서 토양의 입단을 형성한다.
- 미생물 간의 길항 작용에 의해서 유해작용을 경감한다.
- 호르몬성의 생장촉진물질을 분비한다.
- 근권 형성
- 균근 형성

16 다음은 작물의 내동성에 관여하는 요인이다. 내용이 틀린 것은?

① 원형질의 수분투과성 : 원형질의 수분투과성이 크면 세포내 결빙을 적게 하여 내동성을 증대시킨다.
② 지방함량 : 지방과 수분이 공존할 때 빙점강화도가 작아지므로 지유함량이 높은 것이 내동성이 강하다.
③ 전분함량 : 전분함량이 많으면 내동성은 저하된다.
④ 세포의 수분함량 : 자유수가 많아지면 세포의 결빙을 조장하여 내동성이 저하된다.

12.① 13.① 14.③ 15.④ 16.②

해설 작물의 내동성
- 세포 내 자유수 함량이 많으면 세포 내 결빙이 생기기 쉬워 내동성이 저하된다.
- 세포액의 삼투압이 높으면 빙점이 낮아지고, 세포 내 결빙이 적어지며 세포 외 결빙 시 탈수저항성이 커져 원형질이 기계적 변형을 적게 받아 내동성이 증대한다.
- 전분함량이 낮고 가용성 당의 함량이 높으면 세포의 삼투압이 커지고 원형질단백의 변성이 적어 내동성이 증가한다.
- 원형질의 물 투과성이 크면 원형질 변형이 적어 내동성이 커진다.
- 원형질의 점도가 낮고 연도가 크면 결빙에 의한 탈수와 융해 시 세포가 물을 다시 흡수할 때 원형질의 변형이 적으므로 내동성이 크다.
- 지유와 수분의 공존은 빙점강하도가 커져 내동성이 증대된다.
- 칼슘이온(Ca^{2+})은 세포 내 결빙의 억제력이 크고 마그네슘이온(Mg^{2+})도 억제작용이 있다.
- 원형질단백에 디설파이드기(-SS기) 보다 설파하이드릴기(-SH기)가 많으면 기계적 견인력에 분리되기 쉬워 원형질의 파괴가 적고 내동성이 증대한다.

17 다음은 멀칭의 이용성이다. 내용이 틀린 것은?

① 동해 : 맥류 등 월동작물을 퇴비 등으로 덮어주면 동해가 경감된다.
② 한해 : 멀칭을 하면 토양수분의 증발이 억제되어 가뭄의 피해가 경감된다.
③ 생육 : 보온효과가 크기 때문에 보통재배의 경우보다 생육이 늦어져 만식재배에 널리 이용된다.
④ 토양 : 수식 등의 토양 침식이 경감되거나 방지된다.

해설 멀칭의 효과
- 토양 건조방지 : 멀칭은 토양 중 모관수의 유통을 단절시키고 멀칭 내 공기습도가 높아져 토양의 표토의 증발을 억제하여 토양 건조를 방지하여 한해(旱害)를 경감시킨다.
- 지온의 조절
  - ㉠ 여름철 멀칭은 열의 복사가 억제되어 토양의 과도한 온도상승을 억제한다.
  - ㉡ 겨울철 멀칭은 지온을 상승시켜 작물의 월동을 돕고 서리 피해를 막을 수 있다.
  - ㉢ 봄철 저온기 투명필름 멀칭은 지온을 상승시켜 이른 봄 촉성재배 등에 이용된다.
- 토양보호 : 멀칭은 풍식 또는 수식 등에 의한 토양의 침식을 경감 또는 방지할 수 있다.
- 잡초발생의 억제
  - ㉠ 잡초종자는 호광성 종자가 많아 흑색필름 멀칭을 하면 잡초종자의 발아를 억제하고 발아하더라도 생장이 억제된다.
  - ㉡ 흑색필름멀칭은 이미 발생한 잡초라도 광을 제한하여 잡초의 생육을 억제한다.
- 과실의 품질향상 : 과채류 포장에 멀칭으로 과실이 청결하고 신선해진다.

18 작물의 동상해에 대한 응급대책으로 틀린 것은?

① 저녁에 충분히 관개한다.
② 중유, 나뭇가지 등에 석유를 부은 것 등을 연소시킨다.
③ 이랑을 낮추어 뿌림골을 얕게 한다.
④ 거적으로 잘 덮어준다.

해설 응급대책
- 관개법 : 저녁 관개는 물의 열을 토양에 보급하고 낮에 더워진 지중열을 받아올리며 수증기가 지열의 발산을 막아서 동상해를 방지할 수 있다.
- 송풍법 : 동상해가 발생하는 밤의 지면 부근 온도 분포는 온도역전현상으로 지면에 가까울수록 온도가 낮은데 송풍기 등으로 기온역전현상을 파괴하면 작물 부근의 온도를 높여서 상해를 방지할 수가 있다.
- 피복법 : 이엉, 거적, 플라스틱필름 등으로 작물체를 직접 피복하면 작물체로부터의 방열을 방지한다.
- 연소법 : 연료를 태워 그 열을 작물에 보내는 적극적인 방법
- 살수빙결법 : 작물체의 표면에 물을 뿌려주는 방법

19 작물 혼파의 이점으로 가장 적절하지 않은 것은?

① 산초량(産草量)이 억제된다.
② 가축의 영양상 유리하다.
③ 비료성분을 효율적으로 이용할 수 있다.
④ 지상, 지하를 입체적으로 이용할 수 있다.

해설 혼파(混播, mixed seeding) 장점
- 가축 영양상의 이점
- 공간의 효율적 이용
- 비료성분의 효율적 이용
- 질소비료의 절약
- 잡초의 경감
- 생산 안정성 증대
- 목초 생산의 평준화
- 건초 및 사일리지 제조상 이점

17.③ 18.③ 19.①

20 다음 중 대기 습도가 높으면 나타나는 현상으로 틀린 것은?

① 증산의 증가
② 병원균번식 조장
③ 도복의 발생
④ 탈곡 · 건조작업 불편

해설 증산량은 대기 습도가 낮을 때 증가한다.

21 단위면적당 생물체량이 가장 많은 토양미생물로 맞는 것은?

① 사상균
② 방선균
③ 세균
④ 조류

해설 사상균은 토양 중에서 세균이나 방선균보다 수는 적지만, 무게로는 토양미생물 중에 가장 큰 비율을 차지한다.

22 호기적 조건에서 단독으로 질소고정 작용을 하는 토양미생물 속(屬)은?

① 아조토박터(azotovacter)
② 클로스트리디움(clostridium)
③ 리조비움(rhizobium)
④ 프랑키아(frankia)

해설 **유리질소(遊離窒素)의 고정**

- 대기 중에 가장 풍부한 질소는 유리상태로 고등식물이 직접 이용할 수 없으며 반드시 암모니아 같은 화합 형태가 되어야 양분이 될 수 있는데 이 과정을 분자질소의 고정 작용이라 하고 자연계의 물질순환, 식물에 대한 질소 공급, 토양 비옥도 향상을 위해서는 매우 중요하다.
- 근류균은 콩과식물과 공생하면서 유리질소를 고정하며, *Azotobacter*, *Azotomonas* 등은 호기상태에서 *Clostridium* 등은 혐기상태에서 단독으로 유리질소를 고정한다.
- 질소고정균의 구분
  - ㉠ 공생균 : 콩과식물에 공생하는 근류균(*rhizobium*), 벼과식물에 공생하는 스피릴룸 리포페룸(*spirillum lipoferum*)이 있다.
  - ㉡ 비공생균 : 아나바이나속(一屬 *anabaena*)과 염주말속(*nostoc*)을 포함하여 아조토박터속(*azotobacter*), 베이예링키아속(*beijerinckia*), 클로스트리디움속(*clostridium*) 등

23 토양이 자연의 힘으로 다른 곳으로 이동하여 생성된 토양 중 중력의 힘에 의해 이동하여 생긴 토양은?

① 정적토　② 붕적토
③ 빙하토　④ 풍적토

해설 ① 정적토 : 암석이 풍화작용을 받은 자리에 그대로 남아 퇴적되어 생성 발달한 토양으로 암석 조각이 많고 하층일수록 미분해 물질이 많은 특징이 있으며 잔적토와 유기물이 제자리에서 퇴적된 이탄토가 있다.
③ 빙하토 : 빙하의 이동에 따라 다른 곳에 운반 퇴적한 것
④ 풍적토 : 바람에 의해 운반되어 퇴적된 것으로 사구, 황토, 산성토가 있다.

24 식물체에 흡수되는 무기물의 형태로 틀린 것은?

① NO_3^-
② $H_2PO_4^-$
③ B
④ Cl^-

해설 P, B, Si 등은 음이온을 띤 무기화합물의 형태 또는 무기산의 형태로 흡수된다.

25 토양입자의 크기가 갖는 의미로 틀린 것은?

① 토양의 모래 · 미사, 점토함량을 알면 토양의 물리적 성질에 대한 많은 정보를 알 수 있다.
② 모래함량이 많은 토양은 배수성과 투수성이 크지만 양분을 보유하는 힘이 약하다.
③ 미사가 많은 토양은 배수성과 양분보유능이 매우 크다.
④ 점토가 많은 토양은 양분과 수분을 보유하는 힘은 강하지만 배수성은 매우 나빠진다.

해설 점토가 많은 토양은 배수성과 양분보유능이 매우 크다.

26 토양단면도에서 O층에 해당되는 것은?

① 모재층
② 집적층
③ 용탈층
④ 유기물층

20.① 21.① 22.① 23.② 24.③ 25.③ 26.④

해설 **토층의 구분**
토층은 O층, A층, B층, C층, R층의 5개 층으로 크게 구분한다.

O1	유기물층		유기물의 원형을 육안으로 식별할 수 있는 유기물 층
O2	유기물층		유기물의 원형을 육안으로 식별할 수 없는 유기물 층
A1	용탈층	성토층	부식화된 유기물과 광물질이 섞여 있는 암흑색의 층
A2	용탈층	성토층	규산염 점토와 철, 알루미늄 등의 산화물이 용탈된 담색층(용탈층)
A3	용탈층	성토층	A층에서 B층으로 이행하는 층위이나 A층의 특성을 좀 더 지니고 있는 층
B1	집적층	성토층	A층에서 B층으로 이행하는 층위이며 B층에 가까운 층
B2	집적층	성토층	규산염 점토와 철, 알루미늄 등의 산화물 및 유기물의 일부가 집적되는 층(집적층)
B3	집적층	성토층	C층으로 이행하는 층위로서 C층보다 B층의 특성에 가까운 층
C	모재층		토양생성작용을 거의 받지 않은 모재층으로 칼슘, 마그네슘 등의 탄산염이 교착상태로 쌓여 있거나 위에서 녹아 내려온 물질이 엉켜서 쌓인 층
R	모암층		C층 밑에 있는 풍화되지 않는 바위층(단단한 모암)

27 질화 작용이 일어나는 장소와 과정이 옳은 것은?

① 환원층, $NH_4^+ \rightarrow NO_3^- \rightarrow NO_2^-$
② 환원층, $NH_4^+ \rightarrow NO_2^- \rightarrow NO_3^-$
③ 산화층, $NO_3^- \rightarrow NO_2^- \rightarrow NH_4^+$
④ 산화층, $NH_4^+ \rightarrow NO_2^- \rightarrow NO_3^-$

해설 **질화 작용**
산화층에서 암모니아이온(NH_4^+)이 아질산(NO_2^-)과 질산(NO_3^-)으로 산화되는 과정으로 암모니아를 질산으로 변하게 하여 작물에 이롭게 한다.

28 식물영양소를 토양용액으로부터 식물의 뿌리표면으로 공급하는 대표적인 기작으로 옳지 않은 것은?

① 흡습계수 ② 뿌리차단
③ 집단류 ④ 확산

해설 **흡수계수(흡습계수)**
- PF=4.5
- 상대습도 98%(25℃) 공기 중에서 건조토양이 흡수하는 수분상태로 흡습수만 남은 수분상태이다.
- 작물에는 이용될 수 없다.

29 큰 토양입자가 토양표면을 구르거나 미끄러지며 이동하는 것은?

① 부유 ② 약동
③ 포행 ④ 비산

해설 **토립의 이동**
- 약동 : 토양입자들이 지표면을 따라 튀면서 날아오르는 것으로, 조건에 따라 차이는 있지만 전체 이동의 50~76%를 차지한다.
- 포행 : 바람에 날리기에 무거운 큰 입자들은 입자들의 충격에 의해 튀어 굴러서 이동하는 것으로, 전체 입자이동의 2~25%를 차지한다.
- 부유 : 세사보다 작은 먼지들이 포통 지표면에 평행한 상태로 수 미터 이내 높이로 날아 이동하나 그 일부는 공중 높이 날아올라 멀리 이동하게 되는데, 일반적으로 전체 이동량의 약 15%를 넘지 않는다.

30 토양의 용적밀도를 측정하는 가장 큰 이유는?

① 토양의 산성 정도를 알기 위해
② 토양의 구조발달 정도를 알기 위해
③ 토양의 양이온 교환용량 정도를 알기 위해
④ 토양의 산화환원 정도를 알기 위해

해설 **가밀도(전용적 밀도)**
알갱이가 차지하는 부피뿐만 아니라 알갱이 사이의 공극까지 합친 부피로 구하는 밀도를 토양의 부피밀도 또는 가밀도라 한다. 같은 토양이라도 떼알이 발달되어 있는 정도에 따라서 공극량이 달라지므로 부피밀도는 일정한 것이 아니다.

31 밭토양과 비교하여 신개간지 토양의 특성으로 틀린 것은?

① 산성이 강하다.
② 석회 함량이 높다.
③ 유기물 함량이 낮다.
④ 유효인산 함량이 낮다.

해설 **개간지 토양 특성**
- 대체로 산성이다.
- 부식과 점토가 적다.
- 토양구조가 불량하며 인산 등 비료 성분도 적어 토양의 비옥도가 낮다.
- 경사진 곳이 많아 토양 보호에 유의해야 한다.

27.④ 28.① 29.③ 30.② 31.②

32 토양을 분석한 결과 양이온교환용량은 10cmolc/kg 이었고, Ca 4.0cmolc/kg, Mg 1.5cmolc/kg, K 0.5cmolc/kg 및 Al 1.0 cmolc/kg 이었다면 이 토양의 염기포화도(Base saturation)는?

① 40% ② 50%
③ 60% ④ 70%

해설 염기포화도=(치환성양이온/양이온치환용량)×100
={(4.0+1.5+0.5)/10}×100=60%

33 토양공극에 대한 설명으로 옳은 것은?

① 토양무게는 공극량이 적을수록 가볍다.
② 다양한 용기에 채워진 젖은 토양무게를 알면 공극량을 계산할 수가 있다.
③ 물과 공기의 유통은 공극의 양보다 공극의 크기에 따라 주로 지배된다.
④ 모래질 토양은 공극량이 많고 공극의 크기가 작아서 공기의 유통과 물의 이동이 빠르다.

해설 **토양의 밀도와 공극량**
토양의 입자 또는 입단 사이에 생기는 공간을 공극이라 하는데, 공극량이 많을수록 토양은 가벼워진다. 공극의 양과 크기는 토성 또는 토양의 구조에 따라 다르다.
- 고운 토성 : 토양에 있는 공극량은 많다고 해도 그 크기는 작다.
- 거친 토성 : 알갱이 사이 또는 떼알 사이의 공극량은 적을 수도 있으나 그들의 크기는 큰 것이다. 토양에 있을 수 있는 물이나 공기의 양은 공극의 양에 의해서 결정되지만, 물의 이동이나 공기의 유통은 공극의 양보다는 공극의 크기에 의해서 지배된다.

34 논토양에서 물로 담수될 때 철의 변환에 따른 설명으로 옳은 것은?

① Fe^{3+}에서 Fe^{2+}로 되면서 해리도가 증가한다.
② Fe^{2+}에서 Fe^{3+}로 되면서 해리도가 증가한다.
③ Fe^{3+}에서 Fe^{2+}로 되면서 해리도가 감소한다.
④ Fe^{2+}에서 Fe^{3+}로 되면서 해리도가 감소한다.

해설 Fe^{3+} → Fe^{2+}되면서 용해도와 수용성이 증가한다.

35 (   ) 안에 알맞은 내용은?

> 집단류란 물의 ( )으로 ( )과(와) 대비되는 개념이다.

① 포화현상, 비산 ② 대류현상, 확산
③ 기화현상, 수증기 ④ 불포화현상, 비산

해설
- 집단류 : 압력구배에 따라 물 분자의 집단이 함께 이동하는 것(대류)
- 확산 : 분자의 운동에너지에 의하여 무방향으로 분자나 이온이 이동하는 것

36 토양 구조에 대한 설명으로 옳은 것은?

① 판상구조는 배수와 통기성이 양호하며 뿌리의 발달이 원활한 심층토에서 주로 발달한다.
② 주상구조는 모재의 특성을 그대로 간직하고 있는 것이 특징이며, 물이나 빙하의 아래에 위치하기도 한다.
③ 괴상구조는 건조 또는 반건조지역의 심층토에 주로 지표면과 수직한 형태로 발달한다.
④ 구상구조는 주로 유기물이 많은 표층토에서 발달한다.

해설 **토양의 구조**
홑알(단립)구조, 이상구조, 떼알(입단)구조, 판상구조, 괴상구조, 주상구조 등의 형태로 존재한다.
- 단립구조
  ㉠ 비교적 큰 토양입자가 서로 결합되어 있지 않고 독립적으로 단일상태로 집합되어 이루어진 구조이다.
  ㉡ 해안의 사구지에서 볼 수 있다.
  ㉢ 대공극이 많고 소공극이 적어 토양통기와 투수성은 좋으나 보수, 보비력은 낮다.
- 이상구조
  ㉠ 미세한 토양입자가 무구조, 단일상태로 집합된 구조로 건조하면 각 입자가 서로 결합하여 부정형 흙덩이를 이루는 것이 단일구조와는 차이를 보인다.
  ㉡ 부식함량이 적고 과식한 식질토양이 많이 보이며 소공극은 많고 대공극은 적어 토양통기가 불량하다.
- 입단구조
  ㉠ 단일입자가 결합하여 2차 입자가 되고 다시 3차, 4차 등으로 집합해서 입단을 구성하고 있는 구조이다.
  ㉡ 입단을 가볍게 누르면 몇 개의 작은 입단으로 부스러지고, 이것을 다시 누르면 다시 작은 입단으로 부스러진다.

32.③ 33.③ 34.① 35.② 36.④

㉢ 유기물과 석회가 많은 표토층에서 많이 나타난다.
㉣ 대공극과 소공극이 모두 많아 통기와 투수성이 양호하며 보수력과 보비력이 높아 작물 생육에 알맞다.

- 입상구조
  ㉠ 토양입자가 대체로 작은 구상체를 이루어 형성하지만 인접한 접합체와 밀접되어 있지 않은 구조이다.
  ㉡ 공극형성은 비교적 좋지 않다.
  ㉢ 주로 유기물이 많은 작토에서 많다.
- 판상구조
  ㉠ 판모양의 구조 단위가 가로 방향으로 배열된 수평배열의 토괴로 구성된 구조이다.
  ㉡ 투수성이 불량하다.
  ㉢ 산림토양이나 논토양의 하층토에서 흔히 발견된다.
- 괴상구조
  ㉠ 입상구조보다 대체로 큰 편으로 다면체이고 가로와 세로의 크기가 거의 같다.
  ㉡ 점토가 많은 B층에서 흔히 볼 수 있다.
  ㉢ 비교적 둥글며 밭토양과 산림의 하층토에 많이 분포하는 토양구조이다.
- 주상구조
  ㉠ 외관이 각주상, 원주상으로 가로와 세로의 크기가 크게 다르다.
  ㉡ 우리나라 해성토의 심토에서 발견되며 중점질 토양 또는 알칼리 토양의 심토에서 흔히 볼 수 있다.

37 토양유실예측 공식에 포함되지 않는 것은?

① 토양관리인자 ② 강우인자
③ 평지인자 ④ 작부인자

해설 토양유실예측 공식
$A = R \times K \times LS \times C \times P$
여기서, R: 강우인자, K: 토양의 수식성인자
LS: 경사인자, C: 작부인자
P: 토양관리인자

38 이 성분을 많이 흡수한 벼는 도복과 도열병에 강해지고 증수의 효과가 있다. 이 원소는?

① Ca ② Si
③ Mg ④ Mn

해설 규소(Si)
- 규소는 모든 작물에 필수원소는 아니나, 화본과 식물에서는 필수적이다.
- 화본과 작물의 가용성 규산화 유기물의 시용은 생육과 수량에 효과가 있으며 벼는 특히 규산 요구도가 높으며 시용효과가 높다.
- 해충과 도열병 등에 내성이 증대되며 광합성에 유리하고 뿌리의 활력이 증대된다.

39 Kaolinite에 대한 설명으로 틀린 것은?

① 동형치환이 거의 일어나지 않는다.
② 다른 층상의 규산염광물들에 비하여 상당히 적은 음전하를 가진다.
③ 1 : 1층들 사이의 표면이 노출되지 않기 때문에 작은 비표면적을 가진다.
④ 우리나라 토양에서는 나타나지 않는 점토광물이다.

해설 카올리나이트(kaolinite)
- 대표적인 1 : 1 격자형 광물이다.
- 우리나라 토양 중의 점토광물의 대부분을 차지한다.
- 온난 · 습윤한 기후의 배수가 양호한 지역에서 염기 물질이 신속히 용탈될 때 많이 생성된다.
- 음전하량은 동형치환이 없기 때문에 변두리 전하의 지배를 받는다.

40 대표적인 혼층형 광물로서 2 : 1 : 1 의 비팽창형 광물은?

① chlorite ② vermiculite
③ illite ④ montmorillonite

해설 클로라이트(2 : 1 : 1 점토광물)
2 : 1형 결정단위 층 사이에 Mg-8면체층이 끼어 있는 광물이다.

41 친환경농축산물의 분류에 속하는 것은?

① 천연농산물 ② 무공해농산물
③ 바이오농산물 ④ 무농약농산물

해설 친환경농축산물에는 유기농산물, 유기임산물, 유기축산물, 무농약농산물, 무항생제축산물 등이 있다.

42 퇴비제조 과정에서 재료가 거무스름하고 불쾌한 냄새가 나는 이유에 해당되는 것은?

① 퇴비더미 구조와 통기가 거의 희박하기 때문이다.
② C/N율이 높기 때문이다.
③ 퇴비재료가 건조하기 때문이다.
④ 퇴비재료가 잘 섞였기 때문이다.

해설 퇴비에서 불쾌한 냄새가 난다면 정상적인 호기적 발효가 일어나지 않고 혐기발효가 진행되었기 때문이다.

37.③ 38.② 39.④ 40.① 41.④ 42.①

43 초생재배의 장점이 아닌 것은?

① 토양의 단립화
② 토양침식 방지
③ 제초노력 경감
④ 지력증진

해설 초생재배를 하면 토양에 유기물 공급이 많아지면서 입단화가 촉진된다.

44 무경운의 장점으로 옳지 않은 것은?

① 토양구조 개선
② 토양유기물 유지
③ 토양생명체 활동에 도움
④ 토양침식 증가

해설 잦은 경운이 토양침식을 가속화시킨다.

45 시설의 일반적인 피복방법이 아닌 것은?

① 외면피복 ② 커튼피복
③ 원피복 ④ 다중피복

해설 시설의 일반적인 피복방법에는 커튼피복, 외면피복, 이중(다중)피복 등이 있다.

46 다음 중 유기축산물에서 축사조건에 해당되지 않는 것은?

① 공기순화, 온·습도, 먼지 및 가스농도가 가축건강에 유해하지 아니한 수준 이내로 유지되어야 할 것
② 충분한 자연환기와 햇빛이 제공될 수 있을 것
③ 건축물은 적절한 단열·환기 시설을 갖출 것
④ 사료와 음수는 거리를 둘 것

해설 **축사 조건**
축사는 가축의 생물적 및 행동적 욕구를 만족시킬 수 있어야 한다.
- 사료와 음수는 접근이 용이할 것
- 공기순환, 온도 · 습도, 먼지 및 가스농도가 가축건강에 유해하지 아니한 수준 이내로 유지되어야 하고, 건축물은 적절한 단열 · 환기시설을 갖출 것
- 충분한 자연환기와 햇빛이 제공될 수 있을 것

47 토양의 유기물 함량을 증가시키는 방법으로 틀린 것은?

① 퇴비시용 : 대단히 효과적인 유기물 함량 유지 증진방법이다.
② 윤작체계 : 토양유기물을 공급할 수 있는 작물을 재배하여야 한다.
③ 식물 잔재 잔류 : 재배포장에 남겨두어 유기물 자원으로 이용한다.
④ 유기축분의 시용 : 질소함량이 낮아 분해속도를 촉진시킨다.

해설 유기축분은 유기물 함량 증진에 중요하며 질소 함량이 높아 분해속도가 빠르고 토양 미생물의 활력이 커진다.

48 유기농업의 병해충 제어법 중 경종적 방제법의 내용이 틀린 것은?

① 품종의 선택 : 병충해 저항성이 높은 품종을 선택하여 재배하는 것이 중요하다.
② 윤작 : 해충의 밀도를 크게 나누어 토양전염병을 경감시킬 수 있다.
③ 시비법 개선 : 최적시비는 작물체의 건강성을 향상시켜 병충해에 대한 저항성을 높인다.
④ 생육기의 조절 : 밀의 수확기를 늦추면 녹병의 피해가 적어진다.

해설 밀의 수확기를 당기면 녹병의 피해가 적어진다.

49 유기사료를 가장 바르게 설명한 것은?

① 비식용유기가공품 인증기준에 맞게 재배·생산된 사료를 말한다.
② 배합사료를 구성하는 사료로 사료의 맛을 좋게 하는 첨가사료이다.
③ 혼합사료를 만드는 보조사료이다.
④ 혼합사료의 혼합이 잘 되게 하는 첨가제이다.

해설 유기사료란 유기농산물 및 비식용유기가공품 인증기준에 맞게 재배 · 생산된 사료를 말한다.

43.① 44.④ 45.③ 46.④ 47.④ 48.④ 49.①

50 유기배합사료 제조용 물질 중 단미사료의 곡물 부산물(강피류)에 포함되지 않는 것은?

① 쌀겨
② 옥수수피
③ 타피오카
④ 곡쇄류

해설 유기배합사료 제조용 물질 중 단미사료의 근괴류 : 타피오카, 고구마, 감자, 돼지감자, 무, 당근

51 농업환경의 오염 경로로 틀린 것은?

① 화학비료 과다사용
② 합성농약 과다사용
③ 집약적인 축산
④ 퇴비사용

해설 퇴비의 사용은 오염이 아닌 분해를 통해 토양에 각종 영양 성분을 공급하므로 토양을 회복시킨다.

52 다음 중 배 품종명은?

① 후지
② 신고
③ 홍옥
④ 델리셔스

해설 후지, 홍옥, 델리셔스는 사과의 품종명이다.

53 유기농업 벼농사에서 이삭의 등숙립(登熟粒)이 몇 % 이상일 때 벼를 수확해야 하는가?

① 100% ② 90%
③ 80% ④ 70%

해설 벼의 수확 적기는 외관상 한 이삭의 벼알이 90% 이상 황색으로 변색되는 시기이다.

54 유기농업의 목표가 아닌 것은?

① 농가단위에서 유래되는 유기성 재생자원의 최대한 이용
② 인간과 자원에 적절한 보상을 제공하기 위한 인공 조절
③ 적정 수준의 작물과 인간영양
④ 적정 수준의 축산 수량과 인간영양

해설 유기농업의 목적
- 영양가 높은 식품을 충분히 생산한다.
- 장기적으로 토양비옥도를 유지한다.
- 미생물을 포함한 농업체계 내의 생물적 순환을 촉진하고 개선한다.
- 농업기술로 인해 발생되는 모든 오염을 피한다.
- 자연계를 지배하려 하지 않고 협력한다.
- 지역적인 농업체계 내의 갱신 가능한 자원을 최대한으로 이용한다.
- 유기물질이나 영양소와 관련하여 가능한 한 폐쇄된 체계 내에서 일한다.
- 모든 가축에게 그들이 타고난 본능적 욕구를 최대한 충족시킬 수 있는 생활조건을 만들어 준다.
- 식물과 야생동물 서식지 보호 등 농업체계와 그 환경의 유전적 다양성을 유지한다.
- 농업생산자에게 안전한 작업환경 등 일로부터 적당한 보답과 만족을 얻게 한다.

55 붕소의 일반적인 결핍이 아닌 것은?

① 사탕무의 속썩음병
② 셀러리의 줄기쪼김병
③ 사과의 적진병
④ 담배의 끝마름병

해설
- 사과 적진병 : 망간 과다 시 발생한다.
- 붕소(B)
  - ㉠ 촉매 또는 반응조절물질로 작용하며, 석회결핍의 영향을 경감시킨다.
  - ㉡ 생장점 부근에 함유량이 높고 이동성이 낮아 결핍증상은 생장점 또는 저장기관에 나타나기 쉽다.
  - ㉢ 결핍
    - 분열조직의 괴사(necrosis)를 일으키는 일이 많다.
    - 채종재배 시 수정 · 결실이 나빠진다.
    - 콩과 작물의 근류형성 및 질소고정이 저해된다.
  - ㉣ 석회의 과잉과 토양의 산성화는 붕소결핍의 주 원인이며 산야의 신개간지에서 나타나기 쉽다.

56 인과류에 속하는 과수는?

① 비파 ② 살구
③ 호두 ④ 귤

해설 과수의 형태적 분류
- 인과류 : 배, 사과, 비파 등
- 핵과류 : 복숭아, 자두, 살구, 앵두 등
- 장과류 : 포도, 딸기, 무화과 등
- 각과류(견과류) : 밤, 호두 등
- 준인과류 : 감, 귤 등

50.③ 51.④ 52.② 53.② 54.② 55.③ 56.①

57 퇴비화 과정에서 숙성단계의 특징이 아닌 것은?

① 퇴비더미는 무기물과 부식산, 항생물질로 구성된다.
② 붉은두엄벌레와 그 밖의 토양생물이 퇴비더미내에서 서식하기 시작한다.
③ 장기간 보관하게 되면 비료로써의 가치는 떨어지지만, 토양개량제로써의 능력은 향상된다.
④ 발열과정에서보다 많은 양의 수분을 요구한다.

해설 숙성단계에서는 발열단계에서보다 필요한 수분의 양이 훨씬 적다.

58 적산온도가 가장 높은 작물은?

① 벼 ② 담배
③ 메밀 ④ 조

해설 **주요작물의 적산온도**
- 여름작물
  ㉠ 벼 : 3,500~4,500℃
  ㉡ 담배 : 3,200~3,600℃
  ㉢ 메밀 : 1,000~1,200℃
  ㉣ 조 : 1,800~3,000℃
- 겨울작물 추파맥류 : 1,700~2,300℃
- 봄작물
  ㉠ 아마 : 1,600~1,850℃
  ㉡ 봄보리 : 1,600~1,900℃

59 벼 생육의 최적온도는?

① 25~28℃ ② 30~32℃
③ 35~38℃ ④ 40℃ 이상

해설 벼 생육의 최적온도는 30~32℃이다.

60 작물이나 과수의 순지르기 효과가 아닌 것은?

① 생장을 억제시킨다.
② 곁가지의 발생을 많게 한다.
③ 개화나 착과수를 적게 한다.
④ 목화나 두류에서도 효과가 있다.

해설 **적심(순지르기)**
- 주경 또는 주지의 순을 질러 그 생장을 억제시키고 측지 발생을 많게 하여 개화, 착과, 착립을 조장하는 작업이다.
- 과수, 과채류, 두류, 목화 등에서 실시된다.
- 담배의 경우 꽃이 진 뒤 순을 지르면 잎의 성숙이 촉진된다.

57.④ 58.① 59.② 60.③

2016년 제1회 유기농업기능사

▌2016년 1월 24일 시행

01 비료를 만들어진 원료에 따라 분류한 것이다. 다음 중 틀린 것은?

① 식물성 비료 : 퇴비, 구비
② 무기질 비료 : 요소, 염화칼륨
③ 동물성 비료 : 어분, 골분
④ 인산질 비료 : 유안, 초안

해설
- 인산질 비료 : 과인산석회, 용성인비 등
- 질소질 비료 : 유안(황산암모늄), 초안(질산암모늄) 등

02 토양의 노후답의 특징이 아닌 것은?

① 작토 환원층에서 칼슘이 많을 때에는 벼 뿌리가 적갈색인 산화칼슘의 두꺼운 피막을 형성한다.
② Fe, Mn, K, Ca, Mg, Si, P 등이 작토에서 용탈되어 결핍된 논토양이다.
③ 담수하의 작토의 환원층에서 철분, 망간이 환원되어 녹기 쉬운 형태로 된다.
④ 담수하의 작토의 환원층에서 황산염이 환원되어 황화수소가 생성된다.

해설 **노후화 논**
- 노후화 논 : 논의 작토층으로부터 철이 용탈됨과 동시에 여러 가지 염기도 함께 용탈 제거되어 생산력이 몹시 떨어진 논을 노후화 논이라 한다. 물빠짐이 지나친 사질의 토양은 노후화 논으로 되기 쉽다.
- 추락 현상 : 노후화 논의 벼는 초기에는 건전하게 보이지만, 벼가 자람에 따라 깨씨무늬병의 발생이 많아지고 점차로 아랫잎이 죽으며, 가을 성숙기에 이르러서는 윗잎까지도 죽어 버려서 벼의 수확량이 감소하는 경우가 있는데, 이를 추락 현상이라 한다.
- 추락의 과정
  - ㉠ 물에 잠겨 있는 논에서, 황 화합물은 온도가 높은 여름에 환원되어 식물에 유독한 황화수소(H_2S)가 된다. 만일, 이때 작토층에 충분한 양의 활성철이 있으면, 황화수소는 황화철(FeS)로 침전되므로 황화수소의 유해한 작용은 나타나지 않는다.
  - ㉡ 노후화 논은 작토층으로부터 활성철이 용탈되어 있기 때문에 황화수소를 불용성의 황화철로 침전시킬 수 없어 추락 현상이 발생하는 것이다.

03 진딧물 피해를 입고 있는 고추밭에 꽃등에를 이용해서 방제하는 방법은?

① 경종적 방제법
② 물리적 방제법
③ 화학적 방제법
④ 생물학적 방제법

해설 진딧물의 천적인 꽃등에를 이용해 방제하는 것은 생물학적 방제법에 해당된다.

04 재배식물의 기원을 식물종의 유전자중심설로 구명한 학자는?

① De Candolle
② Liebig
③ Mendel
④ Vavilov

해설 N.I. Vavilov(1926)
- 지리적 미분법으로 식물종과 다양성 및 지리적 분포를 연구하였다.
- 유전자중심설을 제안
  - ㉠ 재배식물의 기원지를 1차중심지와 2차중심지로 구분하였다.
  - ㉡ 1차중심지는 우성형질이 많이 나타난다.
  - ㉢ 2차중심지에서는 열성형질과 그 지역의 특징적 우성형질이 나타난다.
  - ㉣ 우성유전자 분포 중심지를 원산지로 추정하는 학설로 우성유전자중심설이라고도 한다.

05 오존(O_3) 발생의 가장 큰 원인이 되는 물질은?

① CO_2
② HF
③ NO_2
④ SO_2

해설 **오존**
- 이산화질소가 자외선에 의해 원소산소로 분해되고 이 원소산소가 산소가스와 결합되어 생성된다.
- 어린잎보다는 성엽에서 피해가 크게 나타나며 잎이 황백화~적색화하며, 암갈색 정상 반점이 나타나거나 대형 괴사가 발생한다.

1.④ 2.① 3.④ 4.④ 5.③

06 작물의 내습성에 관여하는 요인에 대한 설명으로 틀린 것은?

① 근계가 얕게 발달하거나, 습해를 받았을 때 부정근의 발생력이 큰 것은 내습성이 약하다.
② 뿌리조직이 목화한 것은 환원성 유해물질의 침입을 막아서 내습성을 강하게 한다.
③ 벼는 밭작물인 보리에 비해 잎, 줄기, 뿌리에 통기계가 발달하여 담수조건에서도 뿌리로의 산소공급능력이 뛰어나다.
④ 뿌리가 황화수소, 아산화철 등에 대하여 저항성이 큰 것은 내습성이 강하다.

해설 **내습성 관여 요인**
- 경엽으로부터 뿌리로 산소를 공급하는 능력
  ㉠ 벼의 경우 잎, 줄기, 뿌리에 통기계의 발달로 지상부에서 뿌리로 산소를 공급할 수 있어 담수조건에서도 생육을 잘 하며 뿌리의 피층세포가 직렬(直列)로 되어 있어 사열(斜列)로 되어 있는 것보다 세포간극이 커서 뿌리에 산소를 공급하는 능력이 커 내습성이 강하다.
  ㉡ 생육 초기 맥류와 같이 잎이 지하에 착생하고 있는 것은 뿌리로부터 산소공급 능력이 크다.
- 뿌리조직의 목화
  ㉠ 뿌리조직이 목화한 것은 환원상태나 뿌리의 산소결핍에 견디는 능력과 관계가 크다.
  ㉡ 벼와 골풀은 보통의 상태에서도 뿌리의 외피가 심하게 목화한다.
  ㉢ 외피 및 뿌리털에 목화가 생기는 맥류는 내습성이 강하고 목화가 생기기 힘든 파의 경우는 내습성이 약하다.
- 뿌리의 발달습성
  ㉠ 습해 시 부정근의 발생력이 큰 것은 내습성이 강하다.
  ㉡ 근계가 얕게 발달하면 내습성이 강하다.
- 환원성 유해물질에 대한 저항성 : 뿌리가 황화수소, 아산화철 등에 대한 저항성이 큰 작물은 내습성이 강하다.
- 채소작물의 내습성 : 양상추 > 양배추 > 토마토 > 가지 > 오이

07 작물의 기원지가 중국인 것은?

① 쑥갓　② 호박
③ 가지　④ 순무

해설 **주요 작물 재배기원 중심지**

지역	주요작물
중국	6조보리, 조, 메밀, 콩, 팥, 마, 인삼, 배나무, 복숭아, 쑥갓 등
인도, 동남아시아	벼, 참깨, 사탕수수, 왕골, 오이, 박, 가지, 생강 등
중앙아시아	귀리, 기장, 삼, 당근, 양파 등
코카서스, 중동	1립계와 2립계의 밀, 보리, 귀리, 알팔파, 사과, 배, 양앵두 등
지중해 연안	완두, 유채, 사탕무, 양귀비, 순무 등
중앙아프리카	진주조, 수수, 수박, 참외 등
멕시코, 중앙아메리카	옥수수, 고구마, 두류, 후추, 육지면, 카카오, 호박 등
남아메리카	감자, 담배, 땅콩 등

08 식물의 화성유도에 있어서 주요 요인이 아닌 것은?

① 식물호르몬　② 영양상태
③ 수분　④ 광

해설 **화성유도의 주요 요인**
- 내적 요인
  ㉠ C/N율로 대표되는 동화생산물의 양적 관계
  ㉡ 옥신과 지베렐린 등 식물호르몬의 체내 수준 관계
- 외적 요인
  ㉠ 일장
  ㉡ 온도

09 작물생육 필수원소에 해당하는 것은?

① Al　② Zn
③ Na　④ Co

해설 **필수원소의 종류(16종)**
- 다량원소(9종) : 탄소(C), 산소(O), 수소(H), 질소(N), 인(P), 칼륨(K), 칼슘(Ca), 마그네슘(Mg), 황(S)
- 미량원소(7종) : 철(Fe), 망간(Mn), 구리(Cu), 아연(Zn), 붕소(B), 몰리브덴(Mo), 염소(Cl)

10 다음 중 도복방지에 효과적인 원소는?

① 질소　② 마그네슘
③ 인　④ 아연

해설 **인산의 효과**
초기 생장 촉진, 곡물류의 분얼부의 생장 촉진, 줄기를 강하게 하여 곡물과 과실의 품질 향상

11 토양의 3상과 거리가 먼 것은?

① 토양입자　② 물
③ 공기　④ 미생물

해설 **토양의 3상과 작물의 생육**
고상 : 기상 : 액상의 비율이 50% : 25% : 25%로 구성된 토양이 보수, 보비력과 통기성이 좋아 이상적이다.

6.① 7.① 8.③ 9.② 10.③ 11.④

12 작물의 내동성에 대한 생리적인 요인으로 옳은 것은?

① 원형질의 수분투과성이 큰 것이 내동성을 감소시킨다.
② 원형질의 친수성 콜로이드가 많으면 내동성이 감소한다.
③ 전분함량이 많으면 내동성이 증대한다.
④ 원형질단백질에 -SH기가 많은 것은 -SS기가 많은 것보다 내동성이 높다.

해설 작물의 내동성 생리적 요인
- 세포 내 자유수 함량이 많으면 세포 내 결빙이 생기기 쉬워 내동성이 저하된다.
- 세포액의 삼투압이 높으면 빙점이 낮아지고, 세포 내 결빙이 적어지며 세포 외 결빙 시 탈수저항성이 커져 원형질이 기계적 변형을 적게 받아 내동성이 증대한다.
- 전분함량이 낮고 가용성 당의 함량이 높으면 세포의 삼투압이 커지고 원형질단백의 변성이 적어 내동성이 증가한다.
- 원형질의 물 투과성이 크면 원형질 변형이 적어 내동성이 커진다.
- 원형질의 점도가 낮고 연도가 크면 결빙에 의한 탈수와 융해 시 세포가 물을 다시 흡수할 때 원형질의 변형이 적으므로 내동성이 크다.
- 지유와 수분의 공존은 빙점강하도가 커져 내동성이 증대된다.
- 칼슘이온(Ca^{2+})은 세포 내 결빙의 억제력이 크고 마그네슘이온(Mg^{2+})도 억제작용이 있다.
- 원형질단백에 디설파이드기(-SS기) 보다 설파하이드릴기(-SH기)가 많으면 기계적 견인력에 분리되기 쉬워 원형질의 파괴가 적고 내동성이 증대한다.

13 재배환경에 따른 이산화탄소의 농도 분포에 관한 설명으로 틀린 것은?

① 식생이 무성한 곳의 이산화탄소 농도는 여름보다 겨울이 높다.
② 식생이 무성하면 지표면이 상층면보다 낮다.
③ 미숙 유기물시용으로 탄소농도는 증가한다.
④ 식생이 무성한 지표에서 떨어진 공기층은 이산화탄소 농도가 낮아진다.

해설 이산화탄소의 농도에 영향을 주는 요인
- 계절
  ㉠ 여름철에는 왕성한 광합성으로 이산화탄소의 농도가 낮아지고 가을철 다시 높아진다.
  ㉡ 지표면 근처는 여름철 토양유기물의 분해와 뿌리의 호흡에 의해 오히려 농도가 높아진다.
- 지표면과의 거리 : 지표면으로부터 멀어지면 이산화탄소가 무거워 가라앉기 때문에 농도가 낮아진다.
- 식생 : 식생이 무성하면 뿌리의 왕성한 호흡과 바람을 막아 지표면에 가까운 층은 농도가 높고 지표와 떨어진 층은 잎의 왕성한 광합성에 의해 농도가 낮아진다.
- 바람 : 바람은 대기 중 이산화탄소 농도 불균형을 완화시킨다.
- 미숙유기물 시용 : 미숙퇴비, 낙엽, 구비, 녹비의 시용은 이산화탄소를 발생하여 탄산시비의 효과를 기대할 수 있다.

14 토양 중 유기물 시용 시 질소기아현상이 가장 많이 나타날 수 있는 조건은?

① 탄질률 1~5
② 탄질률 5~10
③ 탄질률 10~20
④ 탄질률 30 이상

해설 탄질률이 15 이하이면 분해를 위한 질소가 충분하고 15~30이면 충분에서 부족하지 않은 수준이며, 30 이상이면 질소가 부족하다. 질소의 부족은 질소기아현상을 유발한다.

15 도복의 유발요인으로 거리가 먼 것은?

① 밀식
② 품종
③ 병충해
④ 배수

해설 도복의 유발조건
- 유전(품종)적 조건 : 키가 작고 대가 튼튼한 품종일수록 도복에 강하다.
- 재배조건
  ㉠ 대를 약하게 하는 재배조건은 도복을 조장한다.
  ㉡ 밀식, 질소다용, 칼리부족, 규산부족 등은 도복을 유발한다.
  ㉢ 질소 내비성 품종은 내도복성이 강하다.
- 병충해
- 환경조건
  ㉠ 도복의 위험기 태풍으로 인한 강우 및 강한 바람은 도복을 유발한다.
  ㉡ 맥류 등숙기 한발은 뿌리가 고사하여 그 뒤의 풍우에 의한 도복을 조장한다.

12.④ 13.② 14.④ 15.④

16 밭에서 한해를 줄일 수 있는 재배적 방법으로 틀린 것은?

① 뿌림골을 높게 한다.
② 재식밀도를 성기게 한다.
③ 질소를 적게 준다.
④ 내건성 품종을 재배한다.

해설 **밭에서의 재배 대책**
- 뿌림골을 낮게 한다(휴립구파).
- 뿌림골을 좁히거나 재식밀도를 성기게 한다.
- 질소의 다용을 피하고 퇴비, 인산, 칼리를 증시한다.
- 봄철의 맥류재배 포장이 건조할 때 답압한다.

17 대기의 주요 성분 중 농도가 5~10% 이하 또는 90% 이상이면 호흡에 지장을 초래하는 성분은?

① N_2
② O_2
③ CO
④ CO_2

해설 **산소**
- 식물의 호흡과 광합성이 균형을 이루면 대기 중 산소와 이산화탄소의 균형을 유지된다.
- 대기 중의 산소농도는 약 21% 정도이다.
- 대기 중의 산소농도 감소는 호흡속도를 감소시키며 5~10% 이하에 이르면 호흡은 크게 감소한다.
- 산소농도의 증가는 일시적으로는 작물의 호흡을 증가시키지만 90%에 이르면 호흡은 급속히 감퇴하고 100%에서는 식물이 고사한다.

18 토양의 유효수분 범위로 옳은 것은?

① 포장용수량 ~ 초기위조점
② 포장용수량 ~ 영구위조점
③ 최대용수량 ~ 초기위조점
④ 최대용수량 ~ 영구위조점

해설 **유효수분**
- 식물이 토양의 수분을 흡수하여 이용할 수 있는 수분으로 포장용수량과 영구위조점 사이의 수분
- 식물 생육에 가장 알맞은 최대함수량은 최대용수량의 60~80%이다.
- 점토함량이 많을수록 유효수분의 범위가 넓어지므로 사토에서는 유효수분 범위가 좁고, 식토에서는 범위가 넓다.
- 일반 노지식물은 모관수를 활용하지만 시설원예 식물은 모관수와 중력수를 활용한다.

19 작물의 생존연한에 따른 분류로 틀린 것은?

① 1년생작물 ② 2년생작물
③ 월년생작물 ④ 3년생작물

해설 **생존연한에 의한 분류**
- 1년생 작물
  - ㉠ 봄에 파종하여 당해연도에 성숙, 고사하는 작물
  - ㉡ 벼, 대두, 옥수수, 수수, 조 등
- 월년생 작물
  - ㉠ 가을에 파종하여 다음 해에 성숙, 고사하는 작물
  - ㉡ 가을밀, 가을보리 등
- 2년생 작물
  - ㉠ 봄에 파종하여 다음 해 성숙, 고사하는 작물
  - ㉡ 무, 사탕무, 당근 등
- 다년생 작물(영년생 작물)
  - ㉠ 대부분 목본류와 같이 생존연한이 긴 작물
  - ㉡ 아스파라거스, 목초류, 호프 등

20 배수의 효과로 틀린 것은?

① 습해와 수해를 방지한다.
② 토양의 성질을 개선하여 작물의 생육을 촉진한다.
③ 경지 이용도를 낮게 한다.
④ 농작업을 용이하게 하고, 기계화를 촉진한다.

해설 1모작답을 2 · 3모작답으로 사용할 수 있어 경지이용도를 높인다.

21 토양침식에 가장 큰 영향을 끼치는 인자는?

① 강우 ② 온도
③ 눈 ④ 바람

해설 강한 강우는 표토의 비산이 많고 유거수가 일시에 많아져 표토가 유실된다.

22 개간지 미숙 밭토양의 개량 방법과 가장 거리가 먼 것은?

① 유기물 증시 ② 석회 증시
③ 인산 증시 ④ 철, 아연 증시

해설
- 개간지 토양 안정화를 위해서는 작토층의 증대, 유기물과 석회물질 및 인산질 비료의 시용, 토양보전대책 수립 등이 필요하다.
- 철, 아연의 증시는 논토양에서 포드졸화에 의한 무기물이 용탈된 노후화답에서 필요하다.

16.① 17.② 18.② 19.④ 20.③ 21.① 22.④

23 다면체를 이루고 그 각도는 비교적 둥글며, 밭토양과 산림의 하층토에 많이 분포하는 토양구조는?

① 입상 ② 괴상
③ 과립상 ④ 판상

해설 토양의 구조 : 홑알(단립)구조, 이상구조, 떼알(입단)구조, 판상구조, 괴상구조, 주상구조 등의 형태로 존재한다.
- 괴상구조
  - ㉠ 입상구조보다 대체로 큰 편으로 다면체이고 가로와 세로의 크기가 거의 같다.
  - ㉡ 점토가 많은 B층에서 흔히 볼 수 있다.
  - ㉢ 비교적 둥글며 밭토양과 산림의 하층토에 많이 분포하는 토양구조이다.

24 토양 내 세균에 대한 설명으로 틀린 것은?

① 생명체로서 가장 원시적인 형태이다.
② 단순한 대사작용에 관여하고 있다.
③ 물질순환 작용에서 핵심적인 역할을 한다.
④ 식물에 병을 일으키기도 한다.

해설 **세균의 특징**
- 토양미생물 중 가장 많은 비중을 차지한다.
- 단세포생물이다.
- 세포분열에 의해 번식한다.
- 다양한 능력을 가지고 있어 농업생태계에 중요한 역할을 한다.

25 토양미생물 중 자급영양 세균에 해당되지 않는 세균은?

① 질산화성균 ② 황세균
③ 철세균 ④ 암모니아화성균

해설 **자급영양 세균**
- 토양에서 무기물 산화하여 에너지를 얻으며 질소, 황, 철, 수소 등의 무기화합물을 산화시키기 때문에 농업적으로 중요하다.
- 니트로소모나스 : 암모늄을 아질산으로 산화시킨다.
- 니트로박터 : 아질산을 질산으로 산화시킨다.
- 수소박테리아 : 수소를 산화시킨다.
- 티오바실루스 : 황을 산화시킨다.

타급영양 세균
- 유기물을 분해하여 에너지를 얻는다.
- 질소고정균, 암모늄화균, 셀룰로오스분해균 등이 있다.
- 단독질소고정균은 기주식물이 필요 없고 토양 중에 단독생활을 한다.
- 단독질소고정균(=비공생질소고정균)의 종류
  - 호기성 : *Azotobacter, Mycobacterium, Thiobacillus*
  - 혐기성 : *Clostridium, Klebsiella, Desulfovibrio, Desulfotomaculum*
- 클로스트리듐 : 배수가 불량한 산성토양에 많다.
- 아조토박터 : 배수가 양호한 중성토양에 많다.
- 공생질소고정균 : 근류균은 콩과 식물의 뿌리에 혹을 만들어 대기 중 질소가스를 고정하여 식물에 공급하고 대신 필요한 양분을 공급받는다.

26 우리나라 밭토양의 특성으로 틀린 것은?

① 곡간지나 산록지와 같은 경사지에 많이 분포되어 있다.
② 세립질과 역질토양이 많다.
③ 저위 생산성인 토양이 많다.
④ 토양화학성이 양호하다.

해설 **밭토양의 특징**
- 경사지에 많이 분포되어 있다.
- 양분의 천연 공급량은 낮다.
- 연작 장해가 많다.
- 양분이 용탈되기 쉽다.

27 다른 생물과 공생하여 공중질소를 고정하는 토양세균은?

① 아조토박터(Azotobacter)속
② 클로스트리디움(Clostridium)속
③ 리조비움(Rhizobium)속
④ 바실러스(Bacillus)속

해설 **유리질소(遊離窒素)의 고정**
- 대기 중에 가장 풍부한 질소는 유리상태로 고등식물이 직접 이용할 수 없으며 반드시 암모니아 같은 화합 형태가 되어야 양분이 될 수 있는데 이 과정을 분자질소의 고정작용이라 하고 자연계의 물질순환, 식물에 대한 질소 공급, 토양 비옥도 향상을 위해서는 매우 중요하다.
- 근류균은 콩과 식물과 공생하면서 유리질소를 고정하며, *azotobacter*, *azotomonas* 등은 호기상태에서 *clostridium* 등은 혐기상태에서 단독으로 유리질소를 고정한다.
- 질소고정균의 구분
  - ㉠ 공생균 : 콩과식물에 공생하는 근류균(*rhizobium*), 벼과식물에 공생하는 스피릴룸 리포페룸(*spirillum lipoferum*)이 있다.
  - ㉡ 비공생균 : 아나바이나속(一屬 *anabaena*)과 염주말속(*nostoc*)을 포함하여 아조토박터속(*azotobacter*), 베이예링키아속(*beijerinckia*), 클로스트리디움속(*clostridium*) 등

23.② 24.② 25.④ 26.④ 27.③

28 공극량이 가장 적은 토양은?

① 용적밀도가 높은 토양
② 수분이 많은 토양
③ 공기가 많은 토양
④ 경도가 낮은 토양

해설 용적밀도가 클수록 공극률은 적어진다.

29 15° 이상인 경사지의 토양보전 방법으로 옳은 것은?

① 등고선 재배
② 계단식 개간
③ 초생대 설치
④ 승수구 설치

해설 **수식의 대책**
- 기본 대책은 삼림 조성과 자연 초지의 개량이며, 경사지, 구릉지 토양은 유거수 속도 조절을 위한 경작법을 실시하여야 한다.
- 조림 : 기본적 수식대책은 치산치수로 이를 위한 산림의 조성과 자연초지의 개량은 수식을 경감시킬 수 있다.
- 표토의 피복
  - ㉠ 연중 나지 기간의 단축은 수식 대책으로 매우 중요하며 우리나라의 경우 7~8월 강우가 집중하므로 이 기간 특히 지표면을 잘 피복하여야 한다.
  - ㉡ 경지의 수식 방지방법으로는 부초법, 인공피복법, 포복성 작물의 선택과 작부체계 개선 등을 들 수 있다.
  - ㉢ 경사도 5° 이하에서는 등고선 재배법으로 토양 보전이 가능하나 15° 이상의 경사지에서는 단구를 구축하고 계단식 경작법을 적용한다.
  - ㉣ 경사지 토양 유실을 줄이기 위한 재배법으로는 등고선 재배, 초생대 재배, 부초 재배, 계단식 재배 등이 있다.

30 ( ) 안에 알맞은 내용은?

> 풍화물이 중력으로 말미암아 경사지에서 미끄러 내려져 된 것이 ( )이다.

① 잔적토 ② 수적토
③ 붕적토 ④ 선상퇴토

해설 **붕적토**
- 암석편이 높은 곳에서 중력에 의해 낮은 곳으로 이적된 것이다.
- 동결 작용은 붕적에 큰 역할을 하며, 절벽 밑의 사퇴나 암석쇄편, 그 외 이와 비슷한 모재가 생성된다.
- 붕적물에서 발달한 토양의 모재는 대개 굵고 거친 암석질이며 화학적 보다 물리적 풍화를 더 많이 받은 것이며, 그 분포는 일부 지역에 한정하는 경우가 많다.
- 산사태나 눈사태 등 중력에 의해 운반되어 퇴적한 것으로 돌, 자갈 등이 함유되어 있으며 물리적, 이화학적 특성이 농업에 부적합하다.

31 토양단면의 골격을 이루는 기본토층 중 무기물 층은?

① O층 ② E층
③ C층 ④ A층

해설 토층의 구분 : 토층은 O층, A층, B층, C층, R층의 5개 층으로 크게 구분한다.

O1	유기물층		유기물의 원형을 육안으로 식별할 수 있는 유기물 층
O2			유기물의 원형을 육안으로 식별할 수 없는 유기물 층
A1	용탈층	성토층	부식화된 유기물과 광물질이 섞여 있는 암흑색의 층
A2			규산염 점토와 철, 알루미늄 등의 산화물이 용탈된 담색층(용탈층)
A3			A층에서 B층으로 이행하는 층위이나 A층의 특성을 좀 더 지니고 있는 층
B1	집적층		A층에서 B층으로 이행하는 층위이며 B층에 가까운 층
B2			규산염 점토와 철, 알루미늄 등의 산화물 및 유기물의 일부가 집적되는 층(집적층)
B3			C층으로 이행하는 층위로서 C층보다 B층의 특성에 가까운 층
C	모재층		토양생성작용을 거의 받지 않은 모재층으로 칼슘, 마그네슘 등의 탄산염이 교착상태로 쌓여 있거나 위에서 녹아 내려온 물질이 엉켜서 쌓인 층
R	모암층		C층 밑에 있는 풍화되지 않는 바위층(단단한 모암)

32 화강암의 화학적 조성을 분석하였다. 가장 많은 무기성분은?

① 산화철
② 반토
③ 규산
④ 석회

해설 화강암은 규산함량이 66% 이상의 산성암인 우리나라 기본 모암이다.

28.① 29.② 30.③ 31.④ 32.③

33 밭토양의 유형별 분류에 속하지 않는 것은?

① 고원밭 ② 미숙밭
③ 특이중성밭 ④ 화산회밭

해설 밭토양의 6개 유형에는 보통밭, 사질밭, 중점밭, 미숙밭, 고원밭, 화산회밭 등이 있다.

34 시설재배 토양의 연작장해에 대한 피해 내용이 아닌 것은?

① 토양 이화학성의 악화
② 답전윤환
③ 선충피해
④ 토양 전염성병균

해설 연작장해란 한 가지 작물을 같은 장소에 연속해서 재배함으로써 작물의 생육과 수량 및 품질 등이 낮아지는 현상을 말한다. 연작장해의 원인은 매우 다양한데 토양양분의 소모나 과다에 의한 영양불균형, 토양반응의 이상, 토양 물리성 악화로 인한 배수불량, 토양산도의 부적정과 염류집적, 생리장해, 작물에서 분비한 유해물질의 축적 및 토양 병원균 밀도 증가 등이다. 답전윤환은 연작장해인 기지현상의 회피대책이 된다.

35 토양을 구성하는 주요 점토광물은 결정격자형에 따라 그 형태가 다르다. 다음 중 1 : 1형(비팽창형)에 속하는 점토 광물은?

① illite ② montmorillonite
③ kaolinite ④ vermiculite

해설 카올리나이트(kaolinite)
- 대표적인 1 : 1 격자형 광물이다.
- 우리나라 토양 중의 점토광물의 대부분을 차지한다.
- 온난 · 습윤한 기후의 배수가 양호한 지역에서 염기 물질이 신속히 용탈될 때 많이 생성된다.
- 음전하량은 동형치환이 없기 때문에 변두리 전하의 지배를 받는다.
- 규산질 점토광물에 속한다.

36 인산의 고정에 해당되지 않은 것은?

① Fe–P 인산염으로 침전에 의한 고정
② 중성토양에 의한 고정
③ 점토광물에 의한 고정
④ 교질상 Al에 의한 고정

해설 pH 6.5 정도의 중성 근처에서는 Al^{3+}, Fe^{3+}의 활성이 감소하고, 흡착광물 표면의 양전하도 감소하므로 인산의 흡착이 크게 감소한다.

37 물감의 색소, 직물이나 피혁 공장의 폐기수 등에 함유되어 있는 토양오염 물질로 밭상태에서보다는 논상태에서 해작용이 큰 물질은?

① 비소 ② 시안
③ 페놀 ④ 아연

해설 비소
- As^{5+}보다 As^{3+}이 독성이 강하다.
- 밭토양보다는 논토양에서 피해가 크다.

38 식물영양성분인 철(Fe)의 유효도에 대한 설명으로 옳은 것은?

① 중성에서 가장 높다.
② 염기성일수록 높다.
③ pH와는 무관하다.
④ 산성에서 높다.

해설 Al, Fe, Mn, Cu, Zn은 산성에서 용해도가 높아진다.

39 다음 산화환원전위의 설명 중 옳은 것은?

① 산화반응은 전자를 얻는 반응이다.
② 산화반응과 환원반응은 동시에 일어난다.
③ 산화환원전위의 기준반응은 수소와 산소가 물이 되는 반응이다.
④ 산화환원반응의 단위는 dS m^1 이다.

해설 산화환원반응
- 산화환원반응은 산소와 수소의 결합 또는 분리에 의해 정의되거나, 전자의 이동에 의해 정의된다.
- 산화는 산소와 결합하거나 수소나 전자를 내어주는 경우이며, 환원은 그 반대되는 현상이다.
- 산화환원반응은 상호작용에 의해 형성되어 일정 물질이 산화되면 반응식에서 다른 물질은 환원이 일어나며 대부분 가역반응이다.
- 산화환원반응은 수소 분자가 이온화하여 두 개의 수소 이온으로 변하는 표준 수소 전극반응의 산화환원전위를 기준(E_h =0V)으로 상대적인 크기로 나타내며 E_h 값이 양(+)의 값이면 산화환경을, 음(–)값이면 환원환경을 의미한다.

40 다음 중 점토가 가장 많이 들어 있는 토양은?

① 식양토
② 식토
③ 양토
④ 사양토

33.③ 34.② 35.③ 36.② 37.① 38.④ 39.② 40.②

해설 토성의 분류법

토성의 명칭	세토(입경 2mm 이하) 중 점토함량(%)
사토(sand)	12.5 이하
사양토(sandy loam)	12.5~25.0
양토(loam)	25.0~37.5
식양토(clay loam)	37.5~50.0
식토(clay)	50.0 이상

41 볍씨 소독으로 방제하기 곤란한 병은?

① 잎집무늬마름병 ② 깨씨무늬병
③ 키다리병 ④ 도열병

해설 소독
- 볍씨로부터 발생되는 병해의 일차적 방제
- 도열병, 모썩음병, 깨씨무늬병, 키다리병, 잎마름선충병 등은 종자소독으로 방제 가능하다.
- 냉수온탕침법
  - ㉠ 물리적 방법에 의한 종자소독법이다.
  - ㉡ 종자를 냉수에 24시간 침지 후 45℃ 온통에 담가 고루 덮히고 52℃ 온탕에 10분간 처리 후 바로 건져서 냉수에 담가 식힌다.
  - ㉢ 온도와 시간을 지키지 않으면 발아율 및 소독효과가 없다.
  - ㉣ 잎마름선충병 등의 방제효과가 있다.

42 유기농업이 소비자의 관심을 끄는 주된 이유는?

① 모양이 좋기 때문에
② 안전한 농산물이기 때문에
③ 가격이 저렴하기 때문에
④ 사시사철 이용할 수 있기 때문에

해설 우리나라에서 유기농업이 소비자의 관심을 끄는 주된 이유는 안전한 농산물이기 때문이다.

43 유기농산물의 토양개량과 작물생육을 위하여 사용이 가능한 물질이 아닌 것은?

① 지렁이 또는 곤충으로부터 온 부식토
② 사람의 배설물
③ 화학공장 부산물로 만든 비료
④ 석회석 등 자연에서 유래한 탄산칼슘

해설 식품 및 섬유공장 등의 유기적 부산물은 사용할 수 있으나 합성첨가물, 화학물질 등이 포함되지 않아야 한다.

44 농장동물의 생명유지와 생산활동에 영향을 미치는 생활환경 요인으로 가장 거리가 먼 것은?

① 온도, 습도 등 열환경 인자
② 품종, 혈통 등 유전정보
③ 빛, 소리 등 물리적 환경 인자
④ 공기, 산소 등 화학적 환경 인자

해설 품종, 혈통 등 유전정보는 생산성과 관련된 유전적 요인들이다.

45 유기 벼 종자의 발아에 필수 조건이 아닌 것은?

① 산소 ② 온도
③ 광선 ④ 수분

해설 볍씨의 발아에 광은 필수요건은 아니며 암흑상태에서도 발아하지만 암흑조건에서 발아하면 중배축이 자라고 초엽이 도장하여 마치 산소가 부족한 조건에서 발아하는 것과 같은 모습을 보인다.

46 다음 중 우리나라가 지정한 제1종 가축전염병이 아닌 것은?

① 구제역
② 돼지열병
③ 브루셀라병
④ 고병원성 조류인플루엔자

해설
- 제1종가축전염병 : 우역, 우폐역, 구제역, 가성우역, 블루텅병, 리프트계곡열, 럼피스킨병, 양두, 수포성 구내염, 아프리카마역, 아프리카돼지열병, 돼지열병, 돼지수포병, 뉴캐슬병, 고병원성 조류인플루엔자
- 브루셀라병은 인수공통병으로 우리나라에서는 2군 전염병으로 관리되고 있다.

47 녹비작물이 갖추어야 할 조건으로 틀린 것은?

① 생육이 왕성하고 재배가 쉬워야 한다.
② 천근성으로 상층의 양분을 이용할 수 있어야 한다.
③ 비료성분의 함유량이 높으며, 유리질소 고정력이 강해야 한다.
④ 줄기, 잎이 유연하여 토양 주에서 분해가 빠른 것이어야 한다.

해설 심근성 작물로 하층의 양분을 작토층으로 끌어올려야 하며, 깊은 뿌리에 의해 통기성이 확보되고 토양의 입단화가 조장되어야 한다.

41.① 42.② 43.③ 44.② 45.③ 46.③ 47.②

48 다음은 유기축산과 관련된 기술이다. 이 중 맞는 것은 모두 몇 개항인가?

> (1) 가축복지를 고려해야 한다.
> (2) 가능하면 자연교배를 한다.
> (3) 냉병성 가축을 사육한다.
> (4) 약초를 이용하여 치료를 할 수 있다.

① 한 개 ② 두 개
③ 세 개 ④ 네 개

해설 유기축산이란 친환경 농업 육성법에 따라 항생제나 성장촉진제를 넣지 않은 사료로 기른 가축과 그 생산물을 말한다.

49 전환기간을 거쳐 유기가축으로 생산하고자 하는데 전환기간으로 옳지 않는 것은?

① 육우 송아지식육의 경우 6개월령 미만의 송아지 입식 후 6개월
② 젖소 시유의 경우 착육우는 90일
③ 식육 오리의 경우 입식 후 출하 시까지(최소 6주)
④ 돼지 식육의 경우 입식 후 출사 시까지(최소 3개월)

해설 돼지 식육의 경우 입식 후 출사 시까지(최소 5개월)

50 유기농업에서의 병해충 방제를 위한 방법으로써 가장 거리가 먼 것은?

① 저항성품종 이용
② 화학합성농약 이용
③ 천적 이용
④ 담배잎 추출액 사용

해설 유기농업에서 화학적인 방법은 이용할 수 없다.

51 경사지의 토양 유실을 줄이기 위한 재배방법 중 가장 적당하지 않은 것은?

① 등고선 재배 ② 초생대 재배
③ 부초 재배 ④ 경운 재배

해설 **표토의 피복**
- 경지의 수식 방지방법으로는 부초법, 인공피복법, 포복성 작물의 선택과 작부체계 개선 등을 들 수 있다.
- 경사도 5° 이하에서는 등고선 재배법으로 토양 보전이 가능하나 15° 이상의 경사지에서는 단구를 구축하고 계단식 경작법을 적용한다.
- 경사지 토양 유실을 줄이기 위한 재배법으로는 등고선 재배, 초생대 재배, 부초 재배, 계단식 재배 등이 있다.

52 친환경농수산물로 인증된 종류와 명칭에 포함되지 않는 것은?

① 유기농수산물 ② 무농약농산물
③ 무항생제축산물 ④ 고품질천연농산물

해설 친환경농수산물에는 유기농산물, 유기임산물, 유기축산물, 무농약농산물, 무항생제축산물 등이 있다.

53 유기배합사료 제조용 보조사료 중 완충제에 속하지 않는 것은?

① 벤토나이트
② 산화마그네슘
③ 중조
④ 산화마그네슘혼합물

해설 유기배합사료 제조용 보조사료의 완충제로는 중조, 산화마그네슘, 산화마그네슘혼합물이 있다.

54 병해충 관리를 위하여 사용할 수 있는 물질이 아닌 것은?

① 데리스 ② 중조
③ 제충국 ④ 젤라틴

해설 중조는 유기배합사료 제조용 보조사료의 완충제이다.

55 다음 중 ㉮, ㉯, ㉰, ㉱의 알맞은 내용은?

> - 조생종은 생육기간이 (㉮).
> - 만생종은 생육기간이 (㉯).
> - 조생종은 감광성에 비하여 감온성이 상대적으로 (㉰).
> - 만생종은 감온성보다 감광성이 (㉱).

① ㉮ 길다, ㉯ 짧다, ㉰ 작다, ㉱ 작다
② ㉮ 길다, ㉯ 길다, ㉰ 크다, ㉱ 작다
③ ㉮ 짧다, ㉯ 길다, ㉰ 크다, ㉱ 크다
④ ㉮ 짧다, ㉯ 길다, ㉰ 작다, ㉱ 작다

해설 조생종은 감온성이 크며 생육기간이 짧고, 만생종은 감광성이 크고 생육기간이 길다.

48.④ 49.④ 50.② 51.④ 52.④ 53.① 54.② 55.③

56 여러 개의 품종이나 계통을 교배하는 방법은?

① 다계교배 ② 순계선발
③ 돌연변이 ④ 배수성육종

해설 **합성품종**
- 여러 개의 우량계통을 격리포장에서 자연수분 또는 인공수분하여 다계교배시켜 육성한 품종이다.
- 여러 계통이 관여하므로 세대가 진전되어도 비교적 높은 잡종강세가 나타난다.
- 유전적 폭이 넓어 환경변동에 안정성이 높다.
- 자연수분에 의하므로 채종 노력과 경비가 절감된다.
- 영양번식이 가능한 타식성 사료작물에 많이 이용된다.

57 다음 중 벼가 영년 연작이 가능한 이유로 가장 옳은 것은?

① 생육기간이 짧기 때문에
② 담수조건에서 재배하기 때문에
③ 연작에 견디는 품종적 특성 때문에
④ 다양한 종류의 비료를 사용하기 때문에

해설 **벼(논벼, 담수상태)의 재배적 특성**
- 많은 양의 물을 필요로 한다(10a당 144L).
- 물에 의해 많은 양분이 공급된다.
- 온도조절이 용이하다.
- 담수상태의 재배로 토양이 팽연하여 이앙이 쉽고, 이앙재배 시 잡초 발생의 억제와 방제가 용이하다.
- 이식재배로 2모작이 가능하여 토지의 이용도를 높일 수 있다.
- 물에 의해 인산 유효도의 증대로 작물이 이용하기 쉽게 된다.
- 홍수 발생 시 저수 역할로 그 피해를 경감시키고 담수상태의 유지로 지하수의 확보와 유지에 유리하다.
- 각종 염류집적의 농도 및 그 외 용액의 농도를 낮추어 조절이 가능하며 토양 유해물질이 제거된다.
- 담수로 병충해 특히 토양전염성 병충해의 발생이 경감된다.
- 연작장해가 없다.
- 수질 및 대기 정화 역할을 한다.

58 지붕형 온실과 아치형 온실을 비교 설명한 것 중 틀린 것은?

① 적설시 지붕형이 아치형보다 유리하다.
② 광선의 유입은 지붕형이 아치형보다 많다.
③ 재료비는 지붕형이 아치형보다 많이 소요된다.
④ 천창의 환기능력은 지붕형이 아치형보다 높다.

해설 광선의 유입은 아치형이 지붕형보다 많다.

59 화본과 목초의 첫 번째 예취 적기는?

① 분얼기 이전
② 분얼기~수잉기
③ 수잉기~출수기
④ 출수기 이후

해설 화본과 목초는 생육후기나 개화후기에 수확하면 더 일찍 수확한 것에 비하여 ADF와 NDF가 모두 높아 가소화건물이나 섭취량면에서 떨어지므로 수확량까지 고려하면 분얼기는 너무 빠르고 수잉기~출수기에 수확하여야 한다.

60 우량 품종의 구비조건이 아닌 것은?

① 조산성 ② 균일성
③ 우수성 ④ 영속성

해설 **우량품종의 구비조건**
- 균일성
  - ㉠ 품종에 속한 모든 개체들의 특성이 균일해야만 재배이용상 편리하다.
  - ㉡ 모든 개체들의 유전형질이 균일해야 한다.
- 우수성
  - ㉠ 다른 품종에 비하여 재배적 특성이 우수해야 한다.
  - ㉡ 종합적으로 다른 품종들보다 우수해야 한다.
  - ㉢ 재배특성 중 한 가지라도 결정적으로 나쁜 것이 있으면 우량품종으로 보기 어렵다.
- 영속성
  - ㉠ 균일하고 우수한 특성이 후대에 변하지 않고 유지되어야 한다.
  - ㉡ 특성이 영속되려면 종자번식작물에서는 유전형질이 균일하게 고정되어 있어야 한다.
  - ㉢ 종자의 유전적, 생리적, 병리적 퇴화가 방지되어야 한다.
- 광지역성
  - ㉠ 균일하고 우수한 특성의 발현, 적응되는 정도가 가급적 넓은 지역에 걸쳐서 나타나야 한다.
  - ㉡ 재배예정 지역의 환경에 적응성이 있어야 한다.

56.① 57.② 58.② 59.③ 60.①

유기농업기능사

❙ 2016년 4월 2일 시행

01 다음에서 설명하는 것은?

> • 단백질, 아미노산, 효소 등의 구성성분으로, 엽록소의 형성에 관여한다.
> • 체내 이동성이 낮다.
> • 결핍증세는 새 조직에서 먼저 나타난다.

① Fe ② Mg
③ Mn ④ S

해설 황(S)
- 원형질과 식물체의 구성물질 성분이며 효소 생성과 여러 특수기능에 관여한다.
- 결핍 : 엽록소의 형성이 억제, 콩과 작물에서는 근류균의 질소고정능력이 저하, 세포분열이 억제되기도 한다.
- 체내 이동성이 낮으며, 결핍증세는 새 조직에서부터 나타난다.

02 카드뮴 중금속에 내성이 가장 작은 것은?

① 콩 ② 밭벼
③ 옥수수 ④ 밀

해설 카드뮴에 대한 내성은 밭벼, 호밀, 옥수수, 밀은 크고 오이, 콩, 무, 해바라기는 작다.

03 유료작물이면서 섬유작물인 것은?

① 아마 ② 감자
③ 호프 ④ 녹두

해설 공예작물
- 유료작물 : 참깨, 들깨, 아주까리, 유채, 해바라기, 콩, 땅콩, 아마, 목화 등
- 섬유작물 : 목화, 삼, 모시풀, 아마, 왕골, 수세미, 닥나무 등
- 전분작물 : 옥수수, 감자, 고구마 등
- 당료작물 : 사탕수수, 사탕무, 단수수, 스테비아 등
- 약용작물 : 제충국, 인삼, 박하, 호프 등
- 기호작물 : 차, 담배 등

04 산성토양에 가장 약한 작물은?

① 땅콩 ② 알팔파
③ 봄무 ④ 수박

해설 산성토양에 대한 작물의 적응성
- 극히 강한 것 : 벼, 밭벼, 귀리, 토란, 아마, 기장, 땅콩, 감자, 수박 등
- 강한 것 : 메밀, 옥수수, 목화, 당근, 오이, 완두, 호박, 토마토, 밀, 조, 고구마, 담배 등
- 약간 강한 것 : 유채, 파, 무 등
- 약한 것 : 보리, 클로버, 양배추, 근대, 가지, 삼, 겨자, 고추, 완두, 상추 등
- 가장 약한 것 : 알팔파, 콩, 자운영, 시금치, 사탕무, 셀러리, 부추, 양파 등

05 다음 중 ㉮, ㉯, ㉰에 알맞은 내용은?

> • 옥수수, 수수 등을 재배하면 잡초가 크게 경감되는데 이를 (㉮)이라고 한다.
> • 작부체계에서 휴한하는 대신 클로버와 같은 콩과식물을 재배하면 지력이 좋아지는데, 이를 (㉯)이라고 한다.
> • 조, 피, 기장 등은 기후가 불순한 흉년에도 비교적 안전한 수확을 얻을 수 있는데, 이를 (㉰)이라고 한다.

① ㉮ 중경작물, ㉯ 휴한작물, ㉰ 구황작물
② ㉮ 대파작물, ㉯ 중경작물, ㉰ 휴한작물
③ ㉮ 휴한작물, ㉯ 대파작물, ㉰ 중경작물
④ ㉮ 중경작물, ㉯ 구황작물, ㉰ 휴한작물

해설
- 중경작물 : 작물의 생육 중 반드시 중경을 해 주어야 되는 작물로서 잡초가 많이 경감되는 특징이 있다.
- 휴한작물 : 경지를 휴작하는 대신 재배하는 작물로, 지력의 유지를 목적으로 작부체계를 세워 윤작하는 작물
- 구황작물 : 기후의 불순으로 인한 흉년에도 비교적 안전한 수확을 얻을 수 있어 흉년에 크게 도움이 되는 작물

06 냉해에 대한 설명으로 틀린 것은?

① 물질의 동화와 전류가 저해된다.
② 암모니아의 축적이 적어진다.
③ 질소, 인산, 칼리, 규산, 마그네슘 등의 양분흡수가 저해된다.
④ 원형질유동이 감퇴·정지하여 모든 대사기능이 저해된다.

1.④ 2.① 3.① 4.② 5.① 6.②

해설 **냉온에 의한 작물의 생육 장해**
- 광합성 능력 저하
- 양수분의 흡수 장해
- 양분의 전류 및 축적 장해
- 단백질 합성 및 효소 활력의 저하
- 꽃밥 및 화분의 세포 이상

07 다음 중 인과류인 것은?

① 자두 ② 양앵두
③ 무화과 ④ 비파

해설 **과수**
- 인과류 : 배, 사과, 비파 등
- 핵과류 : 복숭아, 자두, 살구, 앵두 등
- 장과류 : 포도, 딸기, 무화과 등
- 각과류(견과류) : 밤, 호두 등
- 준인과류 : 감, 귤 등

08 하고현상의 대책으로 틀린 것은?

① 관개
② 혼파
③ 약한 정도의 방목
④ 북방형 목초의 봄철 생산량 증대

해설 **하고현상의 대책**
- 스프링 플러시의 억제
  ㉠ 스프링 플러시 : 북방형 목초는 봄철 생육이 왕성하여 이때에 목초의 생산량이 집중되는데, 이것을 스프링 플러시라고 한다.
  ㉡ 스프링 플러시의 경향이 심할수록 하고현상도 조장되므로 봄철 일찍부터 약한 채초를 하거나 방목하여 스프링 플러시를 완화시켜야 한다.
- 관개 : 고온건조기에 관개로 지온 저하와 수분 공급으로 하고현상을 경감시킨다.
- 초종의 선택 : 환경에 따라 하고현상이 경미한 초종을 선택하여 재배한다.
- 혼파 : 하고현상이 적거나 없는 남방형 목초의 혼파로 하고현상에 의한 목초 생산량의 감소를 줄일 수 있다.

09 다음 중 최저온도가 1~2℃인 작물은?

① 벼
② 완두
③ 담배
④ 오이

해설 벼, 담배, 오이는 고온성 작물이다.

10 토성을 구분하는 기준은?

① 모래와 물의 함량비율
② 부식의 함량비율
③ 모래, 부식, 점토, 석회의 함량비율
④ 모래, 미사, 점토의 함량비율

해설 **토성**
- 토양입자의 입경에 따라 나눈 토양의 종류로 모래와 점토의 구성비로 토양을 구분하는 것이다.
- 식물의 생육에 중요한 여러 이화학적 성질을 결정하는 기본 요인이다.
- 입경 2mm 이하의 입자로 된 토양을 세토라고 하며, 세토 중의 점토함량에 따라서 토성을 분류한다.
- 점토함량과 함께 미사, 세사, 조사의 함량까지 고려하여 토성을 더욱 세분하기도 한다.

11 다음 비료 중 화학적 · 생리적 반응이 모두 염기성인 것은?

① 유안
② 황산가리
③ 과인산석회
④ 용성인비

해설 **화학적 반응에 따른 분류**
화학적 반응이란 수용액의 직접적 반응을 의미한다.
- 화학적 산성비료 : 과인산석회, 중과인산석회 등
- 화학적 중성비료 : 황산암모늄(유안), 염화암모늄, 요소, 질산암모늄(초안), 황산칼륨, 염화칼륨, 콩깻묵 등
- 화학적 염기성비료 : 석회질소, 용성인비, 나뭇재 등

생리적 반응에 따른 분류
시비 후 토양 중 뿌리의 흡수작용 또는 미생물의 작용을 받은 뒤 나타나는 반응을 생리적 반응이라 한다.
- 생리적 산성비료 : 황산암모늄(유안), 염화암모늄, 황산칼륨, 염화칼륨 등
- 생리적 중성비료 : 질산암모늄, 요소, 과인산석회, 중과인산석회, 석회질소 등
- 생리적 염기성비료 : 석회질소, 용성인비, 나뭇재, 칠레초석, 퇴비, 구비 등

12 다음 중 요수량이 가장 작은 것은?

① 호박
② 완두
③ 클로버
④ 수수

해설 수수, 옥수수, 기장 등은 작고 호박, 알팔파, 클로버 등은 크다.

7.④ 8.④ 9.② 10.④ 11.④ 12.④

13 광합성의 반응식으로 옳은 것은?

① $3CO_2+12H_2O \rightarrow C_6H_{12}O_6+6H_2O+6CO_2$
② $6CO_2+12H_2O \rightarrow C_6H_{12}O_6+6H_2O+6H_2S$
③ $6CO_2+12H_2O \rightarrow C_6H_{12}O_6+6H_2O+6O_2$
④ $3CO_2+12H_2O \rightarrow C_6H_{12}O_6+6H_2O+6H_2S$

해설 $6CO_2+12H_2O \xrightarrow{\text{광에너지}} C_6H_{12}O_6+6H_2O+6O_2$

14 다음 중 내건성에 강한 작물에 대한 특성으로 틀린 것은?

① 왜소하고 잎이 작다.
② 다육화의 경향이 있다.
③ 원형질막의 글리세린 투과성이 작다.
④ 탈수될 때 원형질의 응집이 덜하다.

해설 **작물의 내건성**
- 작물이 건조에 견디는 성질을 의미하며 여러 요인에 의해서 지배된다.
- 내건성이 강한 작물의 특성
  ㉠ 체내 수분의 손실이 적다.
  ㉡ 수분의 흡수능이 크다.
  ㉢ 체내의 수분보유력이 크다.
  ㉣ 수분함량이 낮은 상태에서 생리기능이 높다.
- 형태적 특성
  ㉠ 표면적과 체적의 비가 작고 왜소하며 잎이 작다.
  ㉡ 뿌리가 깊고 지상부에 비하여 근군의 발달이 좋다.
  ㉢ 잎조직이 치밀하고 잎맥과 울타리 조직의 발달 및 표피에 각피가 잘 발달하고, 기공이 작고 많다.
  ㉣ 저수능력이 크고, 다육화의 경향이 있다.
  ㉤ 기동세포가 발달하여 탈수되면 잎이 말려서 표면적이 축소된다.
- 세포적 특성
  ㉠ 세포가 작아 수분이 적어져도 원형질 변형이 적다.
  ㉡ 세포 중 원형질 또는 저장양분이 차지하는 비율이 높아 수분보유력이 강하다.
  ㉢ 원형질의 점성이 높고 세포액의 삼투압이 높아서 수분보유력이 강하다.
  ㉣ 탈수 시 원형질 응집이 덜하다.
  ㉤ 원형질막의 수분, 요소, 글리세린 등에 대한 투과성이 크다.
- 물질대사적 특성
  ㉠ 건조 시는 증산이 억제되고, 급수 시는 수분 흡수기능이 크다.
  ㉡ 건조 시 호흡이 낮아지는 정도가 크고, 광합성 감퇴 정도가 낮다.
  ㉢ 건조 시 단백질, 당분의 소실이 늦다.

15 점토광물에 결합되어 있어 분리시킬 수 없는 수분은?

① 중력수 ② 모관수
③ 흡습수 ④ 결합수

해설 **결합수**
- PF=7.0 이상
- 화합수 또는 결정수라 하며 토양을 105℃로 가열해도 분리시킬 수 없는 점토광물의 구성요소로의 수분이다.
- 작물이 흡수, 이용할 수 없다.

16 파종된 종자의 약 40%가 발아한 날을 무엇이라 하는가?

① 발아기 ② 발아시
③ 발아전 ④ 발아세

해설 **발아조사**
- 발아율(PG) : 파종된 총 종자 수에 대한 발아종자 수의 비율(%)이다.
- 발아세(GE) : 치상 후 정해진 기간 내의 발아율을 의미하며 맥주보리 발아세는 20℃ 항온에서 96시간 내에 발아종자 수의 비율을 의미한다.
- 발아 시 : 파종된 종자 중에서 최초로 1개체가 발아된 날
- 발아기 : 파종된 종자의 약 40%가 발아된 날
- 발아전 : 파종된 종자의 대부분(80% 이상)이 발아한 날
- 발아일수 : 파종부터 발아기까지의 일수
- 발아기간 : 발아 시부터 발아 전까지의 기간
- 평균발아일수(MGT) : 발아된 모든 종자의 발아일수의 평균

17 이산화탄소의 일반적인 대기 조성의 함량은?

① 약 3.5ppm ② 약 35ppm
③ 약 350ppm ④ 약 3500ppm

해설 대기 중 이산화탄소의 비율은 0.035%이다.
1%=10,000ppm

18 여름에 온도가 높아져 논토양에 산소가 부족하여 SO_4^-가 황화수소로 환원되어 무기양분의 흡수장애가 일어나는데, 가장 크게 억제되는 순서부터 옳게 나열한 것은?

① 인>규소>망간>마그네슘
② 인>망간>규소>마그네슘
③ 마그네슘>망간>규소>인
④ 마그네슘>규소>망간>인

13.③ 14.③ 15.④ 16.① 17.③ 18.①

해설 습답의 유해물질인 유기산 황화수소, Fe^{2+}와 같은 염류의 높은 농도로 흡수에 방해받는 성분의 순서는 H_2O > K > P > S > NH_4 > Ca > Mg 순이다.

19 작물의 기원지가 중국에 해당하는 것은?

① 수박 ② 호박
③ 가지 ④ 미나리

해설 **주요 작물 재배기원 중심지**

지역	주요작물
중국	6조보리, 조, 메밀, 콩, 팥, 마, 인삼, 배나무, 복숭아, 쑥갓 등
인도, 동남아시아	벼, 참깨, 사탕수수, 왕골, 오이, 박, 가지, 생강 등
중앙아시아	귀리, 기장, 삼, 당근, 양파 등
코카서스, 중동	1립계와 2립계의 밀, 보리, 귀리, 알팔파, 사과, 배, 양앵두 등
지중해 연안	완두, 사탕무, 양귀비, 순무 등
중앙아프리카	진주조, 수수, 수박, 참외 등
멕시코, 중앙아메리카	옥수수, 고구마, 두류, 후추, 육지면, 카카오, 호박 등
남아메리카	감자, 담배, 땅콩 등

20 C_3식물과 C_4식물의 차이에 대한 설명으로 틀린 것은?

① CO_2 보상점은 C_3식물이 더 높다.
② 광합성산물 전류속도는 C_4식물이 더 높다.
③ C_3식물은 엽육세포가 발달되어 있다.
④ C_3식물의 내건성이 상대적으로 더 높다.

해설 C_4식물의 내건성이 상대적으로 더 높다.

21 다음 중 논토양이 환원상태로 되는 이유로 거리가 먼 것은?

① 물에 잠겨 있어 산소의 공급이 원활하지 않기 때문이다.
② 철 · 망간 등의 양분이 용탈되기 때문이다.
③ 미생물의 호흡 등으로 산소가 소모되고 산소공급이 잘 이루어지지 않기 때문이다.
④ 유기물의 분해과정에서 산소 소모가 많기 때문이다.

해설 **논토양의 환원과 토층 분화**
논에서 갈색의 산화층과 회색(청회색)의 환원층으로 분화되는 것을 논토양의 토층분화라고 하며, 산화층은 수mm에서 1~2cm이고, 작토층은 환원되며 이때 활동하는 미생물은 혐기성 미생물이다. 작토 밑의 심토는 산화상태로 남는다.

22 토양에 서식하며 토양으로부터 양분과 에너지원을 얻으며 특히 배설물이 토양입단 증가에 영향을 주는 것은?

① 사상균 ② 지렁이
③ 박테리아 ④ 방사상균

해설 **지렁이의 특징**
- 작물생육에 적합한 토양조건의 지표로 볼 수 있다.
- 토양에서 에너지원을 얻으며 배설물이 토양의 입단화에 영향을 준다.
- 미분해된 유기물의 시용은 개체수를 증가시킨다.
- 유기물의 분해와 통기성을 증가시키며 토양을 부드럽게 하여 식물 뿌리 발육을 좋게 한다.

23 치환성 염기(교환성 염기)로 볼 수 없는 것은?

① K^+ ② Ca^{++}
③ Mg^{++} ④ H^+

해설 치환성 염기는 토양에서 주로 탄산염을 구성하는 Ca^{2+}, Mg^{2+}, K^+, Na^+ 등의 양이온으로 토양입자에 흡착되어 있다.

24 산성토양을 개량하기 위한 물질과 가장 거리가 먼 것은?

① H_2CO_3 ② $MgCO_3$
③ CaO ④ MgO

해설 토양산도의 교정 및 칼슘과 마그네슘의 비료원으로 사용되는 물질을 석회물질이라 하며, 탄산석회, 생석회(CaO), 소석회, 석회석 분말, 고토(MgO), 탄산마그네슘($MgCO_3$), 고토석회 및 부산물 석회 등을 말한다. 탄산(H_2CO_3)는 Ca, Mg 등의 염기가 없고 H^+만 방출된다.

25 지렁이에 대한 설명으로 옳은 것은?

① spodosol 토양에 개체수가 많다.
② 상대적으로 여름에 활동이 왕성하다.
③ 과습한 지역은 지렁이 개체수를 증가시킨다.
④ 거의 분해되지 않은 유기물의 시용은 개체수를 증가시킨다.

19.④ 20.④ 21.② 22.② 23.④ 24.① 25.④

해설 지렁이의 특징
- 작물생육에 적합한 토양조건의 지표로 볼 수 있다.
- 토양에서 에너지원을 얻으며 배설물이 토양의 입단화에 영향을 준다.
- 미분해된 유기물의 시용은 개체수를 증가시킨다.
- 유기물의 분해와 통기성을 증가시키며 토양을 부드럽게 하여 식물 뿌리 발육을 좋게 한다.

26 다음에서 설명하는 것은?

> • 배수와 통기성이 양호하며 뿌리의 발달이 원활한 심토층에서 주로 발달한다.
> • 입단의 모양은 불규칙하지만 대개 6면체로 되어 있으며, 입단 간 거리가 5~50mm로 떨어져 있다.

① 원주상구조
② 판상구조
③ 각주상구조
④ 괴상구조

해설 토양의 구조
홑알(단립)구조, 이상구조, 떼알(입단)구조, 판상구조, 괴상구조, 주상구조 등의 형태로 존재한다.
- 괴상구조
  ㉠ 입상구조보다 대체로 큰 편으로 다면체이고 가로와 세로의 크기가 거의 같다.
  ㉡ 점토가 많은 B층에서 흔히 볼 수 있다.
  ㉢ 비교적 둥글며 밭토양과 산림의 하층토에 많이 분포하는 토양구조이다.

27 암모니아산화균에 해당하는 것은?

① Nitrosomonas
② Micromonospora
③ Nocardia
④ Streptomyces

해설 자급영양세균
- 토양에서 무기물 산화하여 에너지를 얻으며 질소, 황, 철, 수소 등의 무기화합물을 산화시키기 때문에 농업적으로 중요하다.
- 니트로소모나스 : 암모늄을 아질산(암모니아산화균)으로 산화시킨다.
- 니트로박터 : 아질산을 질산으로 산화시킨다.
- 수소박테리아 : 수소를 산화시킨다.
- 티오바실루스 : 황을 산화시킨다.

28 토양이 알칼리성을 나타낼 때 용해도가 높아져 작물의 과잉 흡수를 나타낼 수 있는 성분은?

① Mo ② Cu
③ Zn ④ H

해설 인, 칼슘, 마그네슘, 붕소, 몰리브덴 등의 산성에서 가급도가 떨어지고 알칼리성에서 가급도가 상승한다.

29 토양의 산화환원전위 값으로 알 수 있는 것은?

① 토양의 공기유통과 배수상태
② 토양산성 개량에 필요한 석회소요량
③ 토양의 완충능
④ 토양의 양이온 흡착력

해설 산화환원전위
- 산화환원전위(E_h) : 논토양의 산화와 환원 정도를 나타내는 기호이다.
- E_h 값은 밀리볼트(mV) 또는 볼트(volt)로 나타낸다.
- E_h는 pH와 직선적 관계로 수소 이온 농도가 증가하여 pH가 낮아지면 토양의 E_h는 상승하고, pH가 상승하면 토양의 E_h는 낮아져 환원상태가 된다.
- 토양의 E_h는 토양 pH, 유기물, 무기물, 배수조건, 온도와 식물의 종류에 따라 변화한다.
- 다량의 분해성 유기물이 있는 환경에서는 유기물에 의해 E_h가 변하며, 무기물이 유기물로부터 전자를 얻어 환원되면서 E_h도 변할 수 있다.
- 통기성과 배수조건이 불량한 토양은 산화 능력이 떨어져 E_h가 낮아지고 금속황화물과 젖산과 같은 저급 지방산이 형성되기도 한다.
- E_h 값은 환원이 심한 여름에 작아지고 산화가 심한 가을부터 봄까지 커진다.

30 토양 생물에 대한 설명으로 틀린 것은?

① 사상균은 1ha 당 생물체량이 1000~15000kg에 달한다.
② 원핵생물인 세균은 생명체로서 가장 원시적인 형태이다.
③ 조류는 유기물의 분해자로서 가장 중요하다.
④ 선충, 곰팡이 등이 있다.

해설 조류
- 녹조류, 남조류 등
- 조류는 광합성 작용과 질소고정으로 논의 지력을 향상시킨다.

26.④ 27.① 28.① 29.① 30.③

31 토양 미생물의 활동 조건에 대한 설명으로 틀린 것은?

① 방선균은 건조한 환경에서 포자를 만들어 잠복한다.
② 세균은 산성에 강하고, 곰팡이는 산성에서 약해진다.
③ 미생물 활동에 알맞은 pH는 대체로 7부근이다.
④ 대부분의 방선균은 호기성균이다.

해설 토양에는 다수의 세균과 그보다 수는 적지만 많은 균류가 생존하고 있다. 일반적으로 중성 및 알칼리성에는 세균이 많고, 강산성 토양에는 균류가 우세하다.

32 토양의 입경조성에 따른 토양의 분류를 뜻하는 것은?

① 토양의 화학성 ② 토성
③ 토양통 ④ 토양의 반응

해설 **토성**
- 토양입자의 입경에 따라 나눈 토양의 종류로 모래와 점토의 구성비로 토양을 구분하는 것이다.
- 식물의 생육에 중요한 여러 이화학적 성질을 결정하는 기본 요인이다.
- 입경 2mm 이하의 입자로 된 토양을 세토라고 하며, 세토 중의 점토함량에 따라서 토성을 분류한다.

33 흐르는 물에 의하여 이동되어 퇴적된 모재는?

① 잔적모재 ② 붕적모재
③ 풍적모재 ④ 충적모재

해설 **수적토**
- 물에 의해 운반되어 퇴적된 모재로 하성축적토, 해성토, 호성토, 빙하토가 있다.
- 하성충적토 : 강물에 의해 운적된 모재로 홍함지, 삼각주, 하안단구가 있다.

34 토양 pH가 4~7일 때 가장 많은 인산 형태는?

① PO_4^{3-} ② HPO_4^{2-}
③ $H_2PO_4^-$ ④ H_3PO_4

해설 **토양 pH에 따른 인산의 형태**
강산성 : H_3PO_4 → 약산성 : $H_2PO_4^-$ → 알칼리성 : PO_4^{3-} → HPO_4^{2-}

35 점토에 대한 설명으로 틀린 것은?

① 점토는 2차 광물이다.
② 교질의 특성과 함께 표면전하를 가진다.
③ 화학적 특성을 결정하는데 있어서 중요하다.
④ 점토의 광물조성은 단순하다.

해설 **점토**
- 토양 중 가장 미세한 입자이며, 화학적 · 교질적 작용을 하며 물과 양분을 흡착하는 힘이 크고 투기 · 투수를 저해한다.
- 점토나 부식은 입자가 미세하고, 입경이 1μm 이하이며, 특히 0.1μm 이하의 입자는 교질로 되어 있다.
- 교질입자는 보통 음이온(−)을 띠고 있어 양이온을 흡착한다.
- 토양 중에 교질입자가 많아지면 치환성 양이온을 흡착하는 힘이 강해진다.

36 토양수분 위조점에서 기압(bar)은 약 얼마인가?

① −5 ② −15
③ −31 ④ −35

해설 **위조계수**
토양수분장력이 커서 식물이 흡수하지 못하고 영구히 시드는 점으로 이 때의 수분함량을 위조계수 또는 영구위조점이라 하며, −15bar, pF4.2이다.

37 토양에 첨가한 유기물 성분 중에서 미생물에 의해 가장 느리게 분해되는 것은?

① 당류 ② 단백질
③ 헤미셀룰로스 ④ 리그닌

해설 리그닌은 식물의 줄기, 목재조직 등 늙은 조직에 함유되어 있으며 식물체 유기화합물 중 생물적 분해에 대한 저항성이 아주 강하다.

38 토양의 기지 정도에 따라 연작의 해가 적은 작물은?

① 토란 ② 참외
③ 고구마 ④ 강낭콩

해설 **작물의 기지 정도**
- 연작의 해가 적은 것 : 벼, 맥류, 조, 옥수수, 수수, 삼, 담배, 고구마, 무, 순무, 당근, 양파, 호박, 연, 미나리, 딸기, 양배추 등
- 1년 휴작 작물 : 파, 쪽파, 생강, 콩, 시금치 등
- 2년 휴작 작물 : 오이, 감자, 땅콩, 잠두 등
- 3년 휴작 작물 : 참외, 쑥갓, 강낭콩, 토란 등
- 5~7년 휴작 작물 : 수박, 토마토, 가지, 고추, 완두, 사탕무, 레드클로버 등
- 10년 이상 휴작 작물 : 인삼, 아마 등

31.② 32.② 33.④ 34.③ 35.④ 36.② 37.④ 38.③

39 다음 중 토양의 입단화에 좋지 않은 영향을 미치는 것은?

① 유기물 시용
② 석회 시용
③ 칠레초석 시용
④ krillium 시용

해설 칠레초석의 주성분은 질산나트륨($NaNO_3$)으로 Na이온이 토양입자를 분산시켜 입단을 파괴한다.

40 토양이 산성화될 때 발생되는 생물학적 영향으로 틀린 것은?

① 알루미늄 독성으로 인해 식물의 뿌리 신장을 저해한다.
② 철의 과잉흡수로 벼의 잎에 갈색의 반점이 생긴다.
③ 망간독성으로 인해 식물 잎의 만곡현상을 야기한다.
④ 칼륨의 과잉흡수로 인해 줄기가 연약해진다.

해설 산성에서 용해도가 높아지는 원소는 Al, Fe, Mn, Cu, Zn 등이며 칼륨은 줄기를 튼튼하게 한다.

41 굴광현상에 가장 유효한 광은?

① 적색광　② 자외선
③ 청색광　④ 자색광

해설 굴광성
- 의의 : 식물의 한 쪽에 광이 조사되면 광이 조사된 쪽으로 식물체가 구부러지는 현상을 굴광현상이라 한다.
- 광이 조사된 쪽은 옥신의 농도가 낮아지고 반대쪽은 옥신의 농도가 높아지면서 옥신의 농도가 높은 쪽의 생장속도가 빨라져 생기는 현상이다.
- 줄기나 초엽 등 지상부에서는 광의 방향으로 구부러지는 향광성을 나타내며, 뿌리는 반대로 배광성을 나타낸다.
- 400~500nm 특히 440~480nm의 청색광이 가장 유효하다.

42 월년생 작물로만 이루어진 것은?

① 호프, 벼
② 아스파라거스, 대두
③ 가을밀, 가을보리
④ 호프, 옥수수

해설 생존연한에 의한 분류
- 1년생 작물
  ㉠ 봄에 파종하여 당해연도에 성숙, 고사하는 작물
  ㉡ 벼, 대두, 옥수수, 수수, 조 등
- 월년생 작물
  ㉠ 가을에 파종하여 다음 해에 성숙, 고사하는 작물
  ㉡ 가을밀, 가을보리 등
- 2년생 작물
  ㉠ 봄에 파종하여 다음 해 성숙, 고사하는 작물
  ㉡ 무, 사탕무, 당근 등
- 다년생 작물(영년생 작물)
  ㉠ 대부분 목본류와 같이 생존연한이 긴 작물
  ㉡ 아스파라거스, 목초류, 호프 등

43 다음 중 지하에 토관 · 목관 · 콘크리트관 등을 배치하여 통수하고, 간극으로부터 스며 오르게 하는 방법은?

① 개거법
② 암거법
③ 압입법
④ 살수관개법

해설 암거법
30~60cm 깊이에 관을 매설하여 물을 대고 간극으로부터 스며 오르게 관개하는 방법이다.

44 경사지에서 수식성 작물을 재배할 때 등고선으로 일정한 간격을 두고 적당한 폭의 목초대를 두어 토양침식을 크게 덜 수 있는 방법은?

① 조림재배
② 초생재배
③ 단구식재배
④ 대상재배

해설 대상재배
경사면에 등고선을 따라 일정한 간격으로 초생대를 만들어 물과 토양의 유거 및 유실을 감소시키고 초생대 사이에 작물을 재배하는 방법으로 경사 5~15° 에서 토양보전효과가 크다.

45 한 종류의 작물이 생육하고 있는 이랑 사이나 포기 사이에 한정된 기간 동안 다른 작물을 파종하거나 심어서 재배하는 것은?

① 교호작　② 간작
③ 난혼작　④ 주위작

39.③ 40.④ 41.③ 42.③ 43.② 44.④ 45.②

해설 간작(間作, 사이짓기 ; intercropping)

- 한 종류의 작물이 생육하고 있는 사이에 한정된 기간 동안 다른 작물을 재배하는 것을 간작이라 하며, 생육시기가 다른 작물을 일정기간 같은 포장에 생육시키는 것으로 수확시기가 서로 다른 것이 보통이다.
- 이미 생육하고 있는 것을 주작물 또는 상작이라 하고, 나중에 재배하는 작물을 간작물 또는 하작이라 한다.
- 주목적은 주작물에 큰 피해 없이 간작물을 재배, 생산하는 데 있다.
- 주작물은 키가 작아야 통풍, 통광이 좋고 빨리 성숙한 품종을 빨리 수확하여 간작물을 빨리 독립시킬 수 있어 좋다.
- 주작물 파종 시 이랑 사이를 넓게 하는 것이 간작물의 생육에 유리하다.

46 식물체의 유체가 토양 속에 들어가면 미생물 분해가 일어나는데, 가장 먼저 일어나는 순서로 옳은 것은?

① 헤미셀룰로오스>당류>리그닌>셀룰로오스
② 리그닌>당류>헤미셀룰로오스>셀룰로오스
③ 당류>헤미셀룰로오스>셀룰로오스>리그닌
④ 셀룰로오스>당류>헤미셀룰로오스>리그닌

해설 당류가 가장 분해가 빠르고 리그닌은 미생물에 의해 분해가 매우 어렵다.

47 광에너지를 효율적으로 이용할 수 있는 이상적인 옥수수 초형에 해당하지 않는 것은?

① 상위엽은 직립한다.
② 상위엽에서 밑으로 내려오면서 약간씩 경사를 더하여 하위엽에서 수평이 된다.
③ 숫이삭이 작고 잎혀가 없다.
④ 암이삭은 두 개인 것보다 한 개인 것이 밀식에 적응한다.

해설 수광태세가 좋은 옥수수의 초형

- 상위엽은 직립하고 아래로 갈수록 약간씩 기울어 하위엽은 수평이 된다.
- 숫이삭이 작고 잎혀가 없다.
- 암이삭은 1개인 것보다 2개인 것이 밀식에 더 적응한다.

48 연작장해에 대한 설명으로 틀린 것은?

① 특정 작물이 선호하는 양분의 수탈이 이루어진다.
② 작물의 생장이 지연된다.
③ 수도작은 연작장해가 크게 일어난다.
④ 수확량이 감소한다.

해설 수도작은 담수상태에서 벼를 재배하는 방법으로 담수로 인하여 연작장해가 적다.

49 과수의 내습성이 가장 큰 순서부터 옳게 나열된 것은?

① 감>포도>무화과>올리브
② 포도>무화과>감>올리브
③ 올리브>포도>감>무화과
④ 무화과>포도>감>올리브

해설
- 채소작물의 내습성
  양상추>양배추>토마토>가지>오이
- 과수의 내습성
  올리브>포도>밀감>감, 배>무화과, 밤, 복숭아

50 식물체의 조직 내에 결빙이 생기지 않는 범위의 저온에서 작물이 받게 되는 피해는?

① 동해　　② 냉해
③ 습해　　④ 수해

해설 냉해

- 여름작물에 있어 고온이 필요한 여름철에 비교적 낮은 냉온을 장기간 지속적으로 받아 피해를 받는 것을 냉해라고 한다.
- 식물체 조직 내에 결빙이 생기지 않는 범위의 저온에 의해서 받는 피해이다.

51 1년생 또는 다년생의 목초를 인위적으로 재배하거나, 자연적으로 성장한 잡초를 그대로 이용하는 방법은?

① 청경법　　② 멀칭법
③ 초생법　　④ 절충법

해설 초생법
경사지 과수원에서 수식의 예방을 위하여 다년생 목초를 인위적으로 재배하거나 자연적으로 성장한 잡초를 그대로 이용하는 방법이다.

52 다음 중 광의 파장이 400nm인 광은?

① 적색광　　② 청색광
③ 자색광　　④ 근적외광

해설 보라색은 380~420nm의 파장을 가진다.

46.③ 47.④ 48.③ 49.③ 50.② 51.③ 52.③

53 작물이 생육하는데 알맞은 토양은?

① 질소, 인산 등 비료성분이 많은 염류집적 토양
② 단립(單粒)구조가 많은 토양
③ 수분을 많이 함유한 식토
④ 유기물이 적당하고 작토층이 깊은 토양

해설 **경지의 토층과 작물생육**

- 경지의 토층은 작물의 생육과 밀접한 관계가 있으며, 특히 작토의 질적, 양적 문제는 작물 뿌리의 발달과 생리작용에 크게 영향을 미친다.
- 일반적으로 작토층은 가급적 깊은 것이 좋으므로 심경으로 작토층을 깊게 하는 것이 좋다.
- 질적으로는 양토를 중심으로 사양토 내지 식양토로 유기물과 유효성분이 풍부한 것이 좋다.
- 심토가 너무 치밀하면 투수성과 투기성이 불량해져 지온이 낮아지고 뿌리가 깊게 뻗지 못해 생육이 나빠진다.
- 논에서 심토가 과도하게 치밀하면 투수가 몹시 불량해져 토양 공기의 부족으로 유기물 분해의 억제, 유해가스의 발생과 경우에 따라 지온이 낮아져 벼의 생육이 나빠지므로 지하배수를 적당히 꾀하여야 한다.
- 작물 재배의 토성의 범위는 넓으나 많은 수량과 좋은 품질의 생산물을 안정적으로 생산하려면 알맞은 토성의 선택이 중요하며 토성에 따라 배수를 달리해야 한다.

54 요수량이 가장 큰 식물은?

① 기장
② 알팔파
③ 보리
④ 옥수수

해설

- 수수, 옥수수, 기장 등은 작고 호박, 알팔파, 클로버 등은 크다.
- 일반적으로 요수량이 작은 작물일수록 내한성(耐旱性)이 크나, 옥수수, 알팔파 등에서는 상반되는 경우도 있다.

55 작물의 필수원소는 아니나 셀러리, 사탕무 등에 시용효과가 있는 것은?

① 나트륨
② 질소
③ 황
④ 구리

해설 **나트륨(Na)**

필수원소는 아니나 셀러리, 사탕무, 순무, 목화, 크림슨클로버 등에서는 시용효과가 인정되고 있다.

56 1년 휴작을 요하는 작물로만 이루어진 것은?

① 가지, 고추
② 완두, 토마토
③ 수박, 사탕무
④ 시금치, 생강

해설 **작물의 기지 정도**

- 연작의 해가 적은 것 : 벼, 맥류, 조, 옥수수, 수수, 삼, 담배, 고구마, 무, 순무, 당근, 양파, 호박, 연, 미나리, 딸기, 양배추 등
- 1년 휴작 작물 : 파, 쪽파, 생강, 콩, 시금치 등
- 2년 휴작 작물 : 오이, 감자, 땅콩, 잠두 등
- 3년 휴작 작물 : 참외, 쑥갓, 강낭콩, 토란 등
- 5~7년 휴작 작물 : 수박, 토마토, 가지, 고추, 완두, 사탕무, 레드클로버 등
- 10년 이상 휴작 작물 : 인삼, 아마 등

57 연풍의 특성에 해당하지 않는 것은?

① 작물 주위의 습기를 배제하여 증산작용을 조장함으로써 양분흡수를 증대시킨다.
② 잎을 동요시켜 그늘진 잎의 일사를 조장함으로써 광합성을 증대시킨다.
③ 건조할 때에는 건조상태를 억제한다.
④ 잡초의 씨나 병균을 전파한다.

해설 **연풍의 효과**

- 증산을 조장하고 양분의 흡수 증대
- 잎을 흔들어 그늘진 잎에 광을 조사하여 광합성 증대
- 이산화탄소의 농도 저하를 경감시켜 광합성 조장
- 풍매화의 화분 매개
- 여름철 기온 및 지온을 낮추는 효과
- 봄, 가을 서리를 막아줌
- 수확물의 건조 촉진

58 환경보전 및 지속가능한 생태농업을 추구하는 농업형태는?

① 관행농업
② 상업농업
③ 전업농업
④ 유기농업

해설 **유기농업**

유기농업은 농장의 모든 구성요소, 즉 토양의 무기영양분, 유기물, 미생물, 곤충, 식물, 가축, 인간 등이 유기적으로 구성 · 결합되어 전 체계가 상호 조화롭고 안정성이 있는 생산기법으로 농축산물을 생산하는 지속 가능한 농업형태이다.

53.④ 54.② 55.① 56.④ 57.③ 58.④

59 이랑을 세우고 이랑 위에 파종하는 방식은?

① 휴립휴파법 ② 휴립구파법
③ 평휴법 ④ 성휴법

해설 **휴립법**

- 의의 : 이랑을 세우고 고랑은 낮게 하는 방식이다.
- 휴립구파법
  - ㉠ 이랑을 세우고 낮은 골에 파종하는 방법이다.
  - ㉡ 중북부지방에서 맥류재배 시 한해와 동해 방지를 목적으로 한다.
  - ㉢ 감자의 발아촉진과 배토가 용이하도록 한다.
- 휴립휴파법
  - ㉠ 이랑을 세우고 이랑에 파종하는 방식이다.
  - ㉡ 토양의 배수 및 통기가 좋아진다.

60 좁은 범위의 일장에서만 화성이 유도·촉진되며 2개의 한계일장이 있는 것은?

① 장일식물 ② 단일식물
③ 정일식물 ④ 중성식물

해설
- 중성식물 : 일정한 한계일장이 없이 넓은 범위의 일장에서 개화하는 식물로 화성이 일장에 영향을 받지 않는다고 할 수도 있다.
- 정일식물 : 단일이나 장일에 개화하지 않고 어느 좁은 범위의 특정한 일장에서만 개화한다.
- 장일식물 : 장일상태에서 화성이 유도 · 촉진되며 단일상태에서는 이를 저해하는 식물
- 당일식물 : 밤의 길이가 일정시간 길어지면 개화하는 식물

59.① 60.③

2016년 제3회

유기농업기능사

▌2016년 7월 10일 시행

01 잎의 가장자리에 있는 수공에서 물이 나오는 현상은?

① 일액현상 ② 일비현상
③ 증산작용 ④ Apoplast

해설 **일액현상**
근압에 의하여 일어나는 현상으로 잎의 선단이나 가장자리에 있는 수공을 통하여 물이 액체상태로 배출되는 현상

02 작물이 받는 냉해의 종류가 아닌 것은?

① 생태형 냉해 ② 지연형 냉해
③ 병해형 냉해 ④ 장해형 냉해

해설 **냉해의 구분**
- 지연형 냉해
  - ㉠ 생육 초기부터 출수기에 걸쳐 오랜 시간 냉온 또는 일조부족으로 생육의 지연, 출수 지연으로 등숙기에 낮은 온도에 처함으로 등숙의 불량으로 결국 수량에까지 영향을 미치는 유형의 냉해이다.
  - ㉡ 질소, 인산, 칼리, 규산, 마그네슘 등 양분의 흡수가 저해되고, 물질 동화 및 전류가 저해되며, 질소 동화의 저해로 암모니아 축적이 많아지며, 호흡의 감소로 원형질유동이 감퇴 또는 정지되어 모든 대사기능이 저해된다.
- 장해형 냉해
  - ㉠ 유수형성기부터 개화기 사이, 특히 생식세포의 감수분열기에 냉온의 영향을 받아서 생식기관이 정상적으로 형성되지 못하거나 또는 꽃가루의 방출 및 수정에 장해를 일으켜 결국 불임현상이 초래되는 유형의 냉해이다.
  - ㉡ 타페트 세포의 이상비대는 장해형 냉해의 좋은 예이며, 품종이나 작물의 냉해 저항성의 기준이 되기도 한다.
- 병해형 냉해
  - ㉠ 벼의 경우 냉온에서는 규산의 흡수가 줄어들므로 조직의 규질화가 충분히 형성되지 못하여 도열병균의 침입에 대한 저항성이 저하된다.
  - ㉡ 광합성의 저하로 체내 당함량이 저하되고, 질소대사 이상을 초래하여 체내에 유리아미노산이나 암모니아가 축적되어 병의 발생을 더욱 조장하는 유형의 냉해이다.
- 혼합형 냉해 : 장기간의 저온에 의하여 지연형 냉해, 장해형 냉해 및 병해형 냉해 등이 혼합된 형태로 나타나는 현상으로 수량감소에 가장 치명적이다.

03 장일식물로만 바르게 나열된 것은?

① 도꼬마리, 국화 ② 들깨, 콩
③ 시금치, 담배 ④ 양파, 상추

해설 **작물의 일장형**
- 장일식물
  - ㉠ 보통 16~18시간의 장일상태에서 화성이 유도 · 촉진되는 식물로, 단일상태는 개화를 저해한다.
  - ㉡ 최적일장 및 유도일장 주체는 장일측, 한계일장은 단일측에 있다.
  - ㉢ 추파맥류, 시금치, 양파, 상추, 아마, 아주까리, 감자 등
- 단일식물
  - ㉠ 보통 8~10시간의 단일상태에서 화성이 유도 · 촉진되며 장일상태는 이를 저해한다.
  - ㉡ 최적일장 및 유도일장의 주체는 단일측, 한계일장은 장일측에 있다.
  - ㉢ 국화, 콩, 담배, 들깨, 조, 기장, 피, 옥수수, 아마, 호박, 오이, 늦벼, 나팔꽃 등
- 중성식물
  - ㉠ 일정한 한계일장이 없이 넓은 범위의 일장에서 개화하는 식물로 화성이 일장에 영향을 받지 않는다고 할 수 있다.
  - ㉡ 강낭콩, 가지, 토마토, 당근, 셀러리 등

04 수해에 대한 설명으로 틀린 것은?

① 수해를 예방하기 위해 벼과 목초, 피, 수수 등 침수에 강한 작물을 선택한다.
② 수온이 높으면 호흡기질의 소모가 빨라 피해가 크다.
③ 벼의 침수피해는 수잉기보다 분얼 초기에 심하다.
④ 질소질 비료를 많이 주면 관수해가 커진다.

해설 **생육단계**
벼는 분얼 초기에는 침수에 강하고, 수잉기~출수개화기에는 극히 약하다.

05 토양입단 형성에 알맞은 방법이 아닌 것은?

① 유기물 시용 ② 석회 시용
③ 토양의 피복 ④ 질산나트륨 시용

해설 나트륨은 점토의 결합을 분산시키므로 입단의 파괴요인이다.

1.① 2.① 3.④ 4.③ 5.④

06 포장동화능력을 지배하는 요인으로만 옳게 나열한 것은?

① 엽면적, 광포화점, 광보상점
② 총엽면적, 수광능률, 평균동화능력
③ 광량, 광의 강도, 엽면적
④ 착색도, 광량, 엽면적

해설 포장동화능력의 표시
- 포장동화능력=총엽면적×수광능률×평균동화능력
- $P = AfP_0$

여기서, P : 포장동화능력, A : 총엽면적, f : 수광능률, P_0 : 평균동화능력

07 지력을 향상시키는 방법이 아닌 것은?

① 토심을 깊게 한다.
② 단립(團粒)구조를 만든다.
③ 토양 pH는 중성으로 만든다.
④ 토성은 사양토 ~ 식양토로 만든다.

해설 입단구조를 만들어야 한다.

08 광합성에 가장 유효한 반응은?

① 녹색광 ② 황색광
③ 자색광 ④ 적색광

해설 광합성 효율과 빛
광합성에는 675nm를 중심으로 한 650~700nm의 적색 부분과 450nm를 중심으로 한 400~500nm의 청색광 부분이 가장 유효하고 녹색, 황색, 주황색 파장의 광은 대부분 투과, 반사되어 비효과적이다.

09 작물의 적산온도에 대한 설명으로 틀린 것은?

① 작물의 생육시기와 생육기간에 따라 차이가 있다.
② 작물의 생육이 가능한 범위의 온도를 나타낸다.
③ 작물이 일생을 마치는데 소요되는 총온량을 표시한다.
④ 작물의 발아로부터 성숙에 이르기까지의 0℃ 이상의 일평균기온을 합산한 온도이다.

해설 적산온도
- 작물의 발아로부터 등숙까지 일평균 기온 0℃ 이상의 기온을 총 합산한 온도이다.
- 적산온도는 작물이 정상적인 생육을 하려면 일정한 총 온도량이 필요하다는 개념에서 생겼다.

10 식물의 굴광현상에 가장 유효한 광은?

① 자색광 ② 청색광
③ 적색광 ④ 적외선

해설 굴광성
- 의의 : 식물의 한 쪽에 광이 조사되면 광이 조사된 쪽으로 식물체가 구부러지는 현상을 굴광현상이라 한다.
- 광이 조사된 쪽은 옥신의 농도가 낮아지고 반대쪽은 옥신의 농도가 높아지면서 옥신의 농도가 높은 쪽의 생장속도가 빨라져 생기는 현상이다.
- 줄기나 초엽 등 지상부에서는 광의 방향으로 구부러지는 향광성을 나타내며, 뿌리는 반대로 배광성을 나타낸다.
- 400~500nm 특히 440~480nm의 청색광이 가장 유효하다.

11 작물의 요수량에 관한 설명으로 틀린 것은?

① 작물의 건물 1g을 생산하는데 소비된 수분량이다.
② 증산계수 또는 증산능률이라고도 한다.
③ 요수량이 작은 작물이 가뭄에 강하다.
④ 작물별로 수분의 절대소비량을 표기하는 것은 아니다.

해설 요수량
- 요수량 : 작물이 건물 1g을 생산하는 데 소비된 수분량을 의미한다.
- 증산계수 : 건물 1g을 생산하는 데 소비된 증산량을 증산계수라고도 하는데, 요수량과 증산계수는 동의어로 사용되고 있다.
- 증산능률 : 일정량의 수분을 증산하여 축적된 건물량을 말하며 요수량과 반대되는 개념이다.
- 요수량은 일정 기간 내의 수분소비량과 건물축적량을 측정하여 산출하는데, 작물의 수분경제의 척도를 나타내는 것이고, 수분의 절대소비량을 표시하는 것은 아니다.
- 대체로는 요수량이 작은 작물이 건조한 토양과 한발에 저항성이 강하다.

12 작물수량을 증가시키는 3대 조건이 아닌 것은?

① 유전성이 좋은 품종 선택
② 알맞은 재배환경
③ 적합한 재배기술
④ 상품성이 우수한 작물 선택

6.② 7.② 8.④ 9.② 10.② 11.② 12.④

해설 작물의 재배이론
- 작물생산량은 재배작물의 유전성, 재배환경, 재배기술이 좌우한다.
- 환경, 기술, 유전성의 세 변으로 구성된 삼각형 면적으로 표시되며 최대 수량의 생산은 좋은 환경과 유전성이 우수한 품종, 적절한 재배기술이 필요하다.
- 작물수량 삼각형에서 삼각형의 면적은 생산량을 의미하며 면적의 증가는 유전성, 재배환경, 재배기술의 세 변이 고르고 균형 있게 발달하여야 면적이 증가하며, 삼각형의 두 변이 잘 발달하였더라도 한 변이 발달하지 못하면 면적은 작아지게 되며 여기에도 최소율의 법칙이 적용된다.

13 뿌리에서 가장 왕성하게 수분흡수가 일어나는 부위는?

① 근모부　② 뿌리골무
③ 생장점　④ 신장부

해설 근모
가장 왕성한 수분흡수가 일어나는 곳으로 표피세포의 일부가 돌출한 것으로 길이 1.3cm 정도로 육안 관찰이 가능하고 성장속도가 매우 빠르다.

14 탄산시비의 목적으로 가장 적합한 것은?

① 호흡작용의 증대
② 증산작용의 증대
③ 광합성의 증대
④ 비료흡수의 촉진

해설 탄산시비
- 광합성에서 이산화탄소의 포화점은 대기 중 농도보다 훨씬 높으며 이산화탄소의 농도가 높아지면 광포화점도 높아져 작물의 생육을 조장할 수 있다.
- 인위적으로 이산화탄소 농도를 높여 주는 것을 탄산시비라 한다.
- 일반 포장에서 이산화탄소의 공급은 쉬운 일이 아니나 퇴비나 녹비의 시용으로 부패 시 발생하는 것도 시용효과로 볼 수 있다.
- 이산화탄소가 특정 농도 이상으로 증가하면 더 이상 광합성은 증가하지 않고 오히려 감소하며 이산화탄소와 함께 광도를 높여주는 것이 바람직하다.
- 시설 내 이산화탄소의 농도는 대기보다 낮지만 인위적으로 이산화탄소 환경을 조절할 수 있기에 실용적으로 탄산시비를 이용할 수 있다.

15 식물의 필수 양분 중 미량원소가 아닌 것은?

① Fe　② B
③ N　④ Cl

해설 필수원소의 종류(16종)
- 다량원소(9종) : 탄소(C), 산소(O), 수소(H), 질소(N), 인(P), 칼륨(K), 칼슘(Ca), 마그네슘(Mg), 황(S)
- 미량원소(7종) : 철(Fe), 망간(Mn), 구리(Cu), 아연(Zn), 붕소(B), 몰리브덴(Mo), 염소(Cl)

16 토양 속에서 작물뿌리가 수분을 흡수하는 기구를 나타낸 관계식으로 옳은 것은? (단, a : 세포의 삼투압, m : 세포의 팽압(막압), t : 토양의 수분보유력, a' : 토양용액의 삼투압)

① $(a-m)-(t+a')$
② $(a-m)+(t+a')$
③ $(a+m)-(t+a')$
④ $(a+m)+(t+a')$

해설
- 토양의 수분보유력 및 삼투압을 합친 것을 SMS(Soil Moisture Stress) 또는 DPD라고 하는데, 토양으로부터의 작물뿌리의 흡수는 DPD와 SMS의 차이에 의해서 이루어진다.
- 뿌리에서의 수분퍼텐셜=DPD-SMS=$(a-m)-(t+a')$
  여기서, a : 세포의 삼투압, m : 세포의 팽압(막압),
  t : 토양의 수분보유력, a' : 토양용액의 삼투압

17 고추와 토마토의 일장 감응형은?

① 장일성　② 중일성
③ 단일성　④ 정일성

해설 작물의 일장형
- 장일식물
  ㉠ 보통 16~18시간의 장일상태에서 화성이 유도, 촉진되는 식물로, 단일상태는 개화를 저해한다.
  ㉡ 최적일장 및 유도일장 주체는 장일측, 한계일장은 단일측에 있다.
  ㉢ 추파맥류, 시금치, 양파, 상추, 아마, 아주까리, 감자 등
- 단일식물
  ㉠ 보통 8~10시간의 단일상태에서 화성이 유도, 촉진되며 장일상태는 이를 저해한다.
  ㉡ 최적일장 및 유도일장의 주체는 단일측, 한계일장은 장일측에 있다.
  ㉢ 국화, 콩, 담배, 들깨, 조, 기장, 피, 옥수수, 아마, 호박, 오이, 늦벼, 나팔꽃 등
- 중성식물
  ㉠ 일정한 한계일장이 없이 넓은 범위의 일장에서 개화하는 식물로 화성이 일장에 영향을 받지 않는다고 할 수 있다.
  ㉡ 강낭콩, 가지, 토마토, 당근, 셀러리, 고추 등

13.① 14.③ 15.③ 16.① 17.②

18 식물이 주로 이용하는 토양수분의 형태는?

① 결합수 ② 흡습수
③ 지하수 ④ 모관수

해설 **유효수분**
- 식물이 토양의 수분을 흡수하여 이용할 수 있는 수분으로 포장용수량과 영구위조점 사이의 수분
- 식물 생육에 가장 알맞은 최대 함수량은 최대용수량의 60~80%이다.
- 점토 함량이 많을수록 유효수분의 범위가 넓어지므로 사토에서는 유효수분 범위가 좁고, 식토에서는 범위가 넓다.
- 일반 노지식물은 모관수를 활용하지만 시설원예 식물은 모관수와 중력수를 활용한다.

19 식물의 분류 중 ( ) 안에 들어 갈 용어는?

문 → ( ) → 목 → 과 → 속

① 종 ② 강
③ 계통 ④ 아목

해설 **식물의 분류 체계**
- 식물기관의 형태 또는 구조의 유사점에 기초를 둔다.
- 분류군의 계급은 최상위 계급인 계에서 시작하여 최하위 계급인 종으로 분류하며 다음과 같이 '계 → 문 → 강 → 목 → 과 → 속 → 종'으로 구분한다.

20 작물의 분화과정을 옳게 나열한 것은?

① 변이발생 → 순화 → 격리 → 도태
② 변이발생 → 격리 → 적응 → 도태
③ 변이발생 → 도태 → 격리 → 적응
④ 변이발생 → 도태 → 순화 → 격리

해설 분화과정 : 유전적 변이 → 도태 → 적응 → 순화 → 고립

21 토양의 양분 보유력을 가장 증대시킬 수 있는 영농방법은?

① 부식질 유기물의 시용
② 질소비료의 시용
③ 모래의 객토
④ 경운의 실시

해설 부식질 유기물의 시용은 토양의 입단화를 촉진시켜 보수력과 보비력을 크게 한다.

22 화성암을 구성하는 주요 광물이 아닌 것은?

① 방해석
② 각섬석
③ 석영
④ 운모

해설 **화성암에 함유된 광물의 크기와 조성에 따른 분류**
- 6대 조암광물 : 석영, 장석, 운모, 각섬석, 휘석, 감람석
- 풍화순서 : 장석 > 운모 > 휘석 > 각섬석 > 석영의 순으로 풍화된다.
- 장석, 운모는 풍화되어 주로 점토분을 만든다.
- 산성에서 염기성으로 진행됨에 따라 각섬석, 휘석, 흑운모 등의 유색광물의 함량이 증가한다.
- 염기성에 가까울수록 암석의 색은 어두운 회백색으로부터 암흑색으로 변한다.
- 염기성에 가까울수록 철, 마그네슘, 칼슘 등의 함량이 증가한다.
- 염기성에 가까울수록 규소, 나트륨, 칼륨 등의 함량은 감소한다.

23 지하수위가 높은 저습지나 배수 불량지에서 환원 상태가 발달하면서 청회색을 띠는 토층이 발달하는 토양생성 작용은?

① podzolization
② salinization
③ alkalization
④ gleyzation

해설 **회색화 작용(gleyzation)**
- 토양이 심한 환원 작용을 받아 철이나 망간이 환원 상태로 변하고, 유기물의 혐기적 분해로 토층이 청회색·담청색으로 변화하는 작용을 회색화 작용이라고 한다.
- 회색화 작용 토양의 특징
  - ㉠ 지하수위가 높은 저습지 또는 배수가 극히 불량한 토양에서 일어난다.
  - ㉡ 토양 속에 머물고 있는 물로 인해 산소공급이 불충분하여 환원상태로 되어 Fe^{3+}(3가철)이 Fe^{2+}(2가철)로 된다.
  - ㉢ 토층은 담청색~녹청색 또는 청회색을 띠는 토층 분화작용이 일어난다.
  - ㉣ 논과 같이 인위적으로 담수상태를 만들어 준 곳에서의 표층 바로 아래는 환원층이 되고 심층은 산화층으로 분화된다.

18.④ 19.② 20.④ 21.① 22.① 23.④

24 토양 속 $NH_4^+ \rightarrow NO_2^- \rightarrow NO_3^-$는 다음 중 무슨 작용인가?

① 암모니아화 작용
② 질산화 작용
③ 탈질작용
④ 유기화 작용

해설 **질산화 작용**
암모니아이온(NH_4^+)이 아질산(NO_2^-)과 질산(NO_3^-)으로 산화되는 과정으로 암모니아(NH_4^+)를 질산으로 변하게 하여 작물에 이롭게 한다.

25 논토양과 밭토양의 차이점으로 틀린 것은?

① 논토양은 무기양분의 천연공급량이 많다.
② 논토양은 유기물 분해가 빨라 부식함량이 적다.
③ 밭토양은 통기상태가 양호하며 산화상태이다.
④ 밭토양은 산성화가 심하여 인산 유효도가 낮다.

해설 논토양은 환원상태로 유기물의 분해가 더디다.

26 저위생산지 개량방법으로 옳은 것은?

① 습답은 점토가 많은 산적토를 객토한다.
② 누수답은 암거배수 등으로 배수개선을 한다.
③ 노후화답을 개량하기 위해 석고를 시용한다.
④ 미숙답은 심경하고 다량의 볏짚을 시용한다.

해설
- 식질 토양의 개량 : 가을갈이를 하고, 유기물을 시용하여 토양의 구조를 떼알로 하여 불량한 성질을 개량하도록 한다.
- 누수답의 개량 : 객토 및 유기물을 시용하고, 바닥 토층을 밑다듬질 한다.
- 노후화답의 개량
  ㉠ 객토하여 철을 공급해준다.
  ㉡ 미량요소를 공급한다.
  ㉢ 심경을 하여 토층 밑으로 침전된 양분을 반전시켜 준다.
  ㉣ 황산기 비료$(NH_4)_2SO_4$나 $K_2(SO_4)$ 등을 시용하지 않아야 한다.

27 토양유기물의 탄질률에 따른 질소의 행동으로 틀린 것은?

① 탄질률이 높은 유기물을 주면 질소의 공급효과가 높다.
② 시용하는 유기물의 탄질률이 높으면 질소가 일시적으로 결핍된다.
③ 콩과 식물을 재배하면 질소의 공급에 유리하다.
④ 토양 유기물의 분해는 탄질률에 따라 크게 달라진다.

해설 탄질률이 높은 유기물은 질소량이 적기 때문에 질소의 공급효과가 낮다.

28 토양의 환원상태를 촉진하지 않는 것은?

① 미숙퇴비 살포
② 투수성 불량
③ 토양의 수분 건조
④ 미생물 활동 증가

해설 토양의 담수상태 또는 과습으로 토양 내 산소의 부족으로 환원상태가 된다.

29 토양단면에서 용탈흔적이 가장 명료한 토층은?

① O층 ② E층
③ A층 ④ C층

해설 **E층(최대용탈층)**
국제토양학회에서는 A2층을 E층으로 분류한다.

30 토양 중 인산에 대한 설명으로 옳은 것은?

① 토양 pH가 5~6의 범위에서는 $H_2PO_4^-$의 형태로 존재한다.
② 토양의 pH가 중성보다 낮아질수록 용해도가 증가한다.
③ 토양 pH가 8 이상의 범위에서는 H_3PO_4의 형태로 존재한다.
④ CEC가 클수록 흡착되는 양이 많아진다.

해설 **토양 pH에 따른 인산의 형태**
강산성 : H_3PO_4 → 약산성 : $H_3PO_4^-$ → 알칼리성 : PO_4^{3-} → HPO_4^{2-}

24.② 25.② 26.④ 27.① 28.③ 29.② 30.①

31 토양오염에 대한 설명으로 틀린 것은?

① 질소와 인산비료의 과다시용은 토양오염을 유발할 수 있다.
② 농경지 농약의 살포는 토양오염을 유발할 수 있다.
③ 일반적으로 중금속의 흡착은 pH가 높을수록 적어진다.
④ 방사성 물질은 비점오염원이다.

해설 일반적으로 중금속의 흡착은 pH가 낮을수록 적어진다.

32 토양오염원을 분류할 때 비점오염원에 해당하는 것은?

① 산성비
② 대단위 가축사육장
③ 유독물저장시설
④ 폐기물매립지

해설 **오염원의 분류**
- 점오염원 : 지하저장탱크, 유기폐기물처리장, 일반폐기물처리장, 지표저류시설, 정화조, 부적절한 관정 등
- 비점오염원 : 농약과 비료, 산성비 등

33 시설재배 토양에서 염류농도를 감소시키는 방법으로 틀린 것은?

① 담수에 의한 제염
② 제염작물 재배
③ 객토 및 암거배수에 의한 토양개량
④ 돈분퇴비의 시용

해설 돈분퇴비의 시용은 염류농도를 높인다. 염류농도가 높은 경우 거친 유기물을 투입하여야 한다.

34 토양미생물에 대한 설명으로 틀린 것은?

① 균근류는 통기성과 투수성을 증가시킨다.
② 화학종속영양세균의 주 에너지원은 빛이다.
③ 토양 유기물을 분해시켜 부식으로 만든다.
④ 조류는 광합성을 하고 산소를 방출한다.

해설 화학종속영양세균 대사는 탄소의 환원화합물을 포함한 여러 유기화합물이 주 에너지 공급원이며, 화학독립영양세균은 무기물의 산화에 의해 영양을 얻는다.

35 수평배열의 토괴로 구성된 구조이며, 투수성에 가장 불리한 토양구조는?

① 판상 ② 입상
③ 주상 ④ 괴상

해설 **판상구조**
- 판모양의 구조 단위가 가로 방향으로 배열된 수평배열의 토괴로 구성된 구조이다.
- 투수성이 불량하다.
- 산림토양이나 논토양의 하층토에서 흔히 발견된다.

36 토양오염 우려기준 물질에 포함되지 않는 것은?

① Cd ② Al
③ Hg ④ As

해설 **토양오염 우려기준 물질(16종)**
카드뮴, 구리, 비소, 수은, 납, 6가크롬, 아연, 니켈, 플루오린, 유기인화합물, 폴리클로리네이티드비페닐, 시안, 페놀, 벤젠, 톨루엔, 에틸벤젠, 크실렌(BTEX), 석유계 총탄화수소(THP), 트리클로로에틸렌(TCE) 테트라클로로에틸렌(PCE), 벤조(a)피렌

37 다음 중 공생질소고정균은?

① azotobacter
② rhizobium
③ beijerincria
④ derxia

해설 **유리질소(遊離窒素)의 고정**
- 대기 중에 가장 풍부한 질소는 유리상태로 고등식물이 직접 이용할 수 없으며 반드시 암모니아 같은 화합 형태가 되어야 양분이 될 수 있는데 이 과정을 분자질소의 고정 작용이라 하고 자연계의 물질순환, 식물에 대한 질소 공급, 토양 비옥도 향상을 위해서는 매우 중요하다.
- 근류균은 콩과 식물과 공생하면서 유리질소를 고정하며, *azotobacter*, *azotomonas* 등은 호기상태에서 *clostridium* 등은 혐기상태에서 단독으로 유리질소를 고정한다.
- 질소고정균의 구분
  ㉠ 공생균 : 콩과 식물에 공생하는 근류균(*rhizobium*), 벼과 식물에 공생하는 스피릴룸 리포페룸(*spirillum lipoferum*)이 있다.
  ㉡ 비공생균 : 아나바이나속(一屬 *anabaena*)과 염주말속(*nostoc*)을 포함하여 아조토박터속(*azotobacter*), 베이예링키아속(*beijerinckia*), 클로스트리디움속(*clostridium*) 등

31.③ 32.① 33.④ 34.② 35.① 36.② 37.②

38 피복작물에 의한 토양보전 효과로 볼 수 있는 것은?

① 토양의 유실 증가
② 토양 투수력 감소
③ 빗방울의 토양 타격강도 증가
④ 유거수량의 감소

해설 식생과 토양 피복
- 지표면이 식물에 의해 피복되어 있으면 입단의 파괴와 토립의 분산을 막고 급작스런 유거수량의 증가와 유거수의 속도를 완화하여 수식을 경감시킨다.
- 강우차단효과는 작물의 종류, 재식밀도, 비의 강도 등에 따라 다르게 나타나나 항상 지표가 피복되어 있는 목초지 토양의 유실량이 가장 작다.
- 표토를 생짚, 건초, 플라스틱필름 등의 인공피복물로 피복하면 수식을 방지할 수 있다.

39 물에 의한 침식을 가장 받기 쉬운 토성은?

① 식토
② 양토
③ 사토
④ 사양토

해설 토양의 성질
- 토양침식에 영향을 미치는 토양의 성질은 빗물에 대한 토양의 투수성과 강우나 유거수에 분산되는 성질이다.
- 토양의 투수성은 토양에 수분함량이 적을수록, 유기물 함량이 많을수록, 입단이 클수록, 점토 및 교질의 함량이 적어 대공극이 많을수록, 가소성이 작을수록, 팽윤도가 작을수록 커져 유거수를 줄일 수 있어 침식량은 작아진다.
- 토양의 분산에 대한 저항성은 내수성입단을 형성하고 있는 토양이나 식물뿌리가 많은 토양에서 커진다.

40 토양침식에 영향을 주는 요인에 대한 설명으로 틀린 것은?

① 내수성이 입단이 적고 투수성이 나쁜 토양이 침식되기 쉽다.
② 경사도가 크고 경사길이가 길수록 침식이 많이 일어난다.
③ 강우량이 강우 강도보다 토양 침식에 대한 영향이 크다.
④ 작물의 종류, 경운 시기와 방법에 따라 침식량이 다르다.

해설 기상
- 토양침식에 가장 크게 영향을 미치는 요인으로 강우 속도와 강우량이 영향을 미친다.
- 총 강우량이 많고 강우 속도가 빠를수록 침식은 크게 나타난다.
- 강우에 의한 침식은 단시간의 폭우가 장시간 약한 비에 비해 토양침식이 더 크다.

41 유기농업 생산체계의 목표가 아닌 것은?

① 작물 및 축산물 생산성 최대화를 추구한다.
② 토양미생물의 활동을 촉진하는 농업을 추구한다.
③ 생물의 다양성을 증진하는데 목표를 둔다.
④ 자원이나 물질의 재활용을 극대화한다.

해설 유기농업의 목적
- 영양가 높은 식품을 충분히 생산한다.
- 장기적으로 토양비옥도를 유지한다.
- 미생물을 포함한 농업체계 내의 생물적 순환을 촉진하고 개선한다.
- 농업기술로 인해 발생되는 모든 오염을 피한다.
- 자연계를 지배하려 하지 않고 협력한다.
- 지역적인 농업체계 내의 갱신 가능한 자원을 최대한으로 이용한다.
- 유기물질이나 영양소와 관련하여 가능한 한 폐쇄된 체계 내에서 일한다.
- 모든 가축에게 그들이 타고난 본능적 욕구를 최대한 충족시킬 수 있는 생활조건을 만들어 준다.
- 식물과 야생동물 서식지 보호 등 농업체계와 그 환경의 유전적 다양성을 유지한다.
- 농업생산자에게 안전한 작업환경 등 일로부터 적당한 보답과 만족을 얻게 한다.

42 자가불화합성을 이용하는 것으로만 나열된 것은?

① 당근, 상추
② 고추, 쑥갓
③ 양파, 옥수수
④ 무, 양배추

해설 F_1 종자의 채종은 인공교배 또는 웅성불임성 및 자가불화합성을 이용한다.
- 인공교배 이용 : 오이, 수박, 멜론, 참외, 호박, 토마토, 피망, 가지 등
- 웅성불임성 이용 : 상추, 고추, 당근, 쑥갓, 양파, 파, 벼, 밀, 옥수수 등
- 자가불화합성 이용 : 무, 배추, 양배추, 순무, 브로콜리 등

38.④ 39.① 40.③ 41.① 42.④

43 유기농업에서 이용할 수 있는 식물 추출 자재가 아닌 것은?

① 님 ② 제충국
③ 바이오밥 ④ 카보후란

해설 카보후란 : 해충방제용 농약

44 다음 중 포식성 곤충에 해당하는 것은?

① 팔라시스이리응애
② 침파리
③ 고치벌
④ 꼬마벌

해설 팔라시스이리응애는 점박이응애에 대한 포식성 천적이며, 파리, 벌은 주로 기생성 천적이다.

45 유기축산물의 축사 및 방목에 대한 요건으로 틀린 것은?

① 축사·농기계 및 기구 등은 청결하게 유지하고 소독함으로써 교차감염과 질병감염체의 증식을 억제하여야 한다.
② 축사의 바닥은 부드러우면서도 미끄럽지 아니하고, 청결 및 건조하여야 하며, 충분한 휴식공간을 확보하여야 하고, 휴식공간에서는 건조깔짚을 깔아 주어야 한다.
③ 가금류의 축사는 짚·톱밥·모래 또는 야초와 같은 깔짚으로 채워진 건축공간이 제공되어야 하며, 산란계는 산란상자를 설치하여야 한다.
④ 번식돈은 임신 말기 또는 포유기간을 제외하고는 군사를 하여야 하고, 자돈 및 육성돈은 케이지에서 사육하지 아니할 것. 다만, 자돈 압사 방지를 위하여 포유기간에는 모돈과 조기에 젖을 뗀 자돈의 생체중이 50kg까지는 케이지에서 사육할 수 있다.

해설 번식돈은 임신 말기 또는 포유기간을 제외하고는 군사를 하여야 하고, 자돈 및 육성돈은 케이지에서 사육하지 아니할 것. 다만, 자돈 압사 방지를 위하여 포유기간에는 모돈과 조기에 젖을 뗀 자돈의 생체중이 25kg까지는 케이지에서 사육할 수 있다.

46 시설의 토양관리에서 객토를 실시하는 이유로 거리가 먼 것은?

① 미량원소의 공급 ② 토양침식 효과
③ 염류집적의 제거 ④ 토양물리성 개선

해설 객토의 목적
- 미량원소의 공급
- 토양침식 억제
- 염류집적 해소
- 토양물리성 개선
- 보수력 증대
- 작토층 확대

47 고구마 수확물의 상처에 유상조직인 코르크층을 발달시켜 병균의 침입을 방지하는 조치는?

① 예냉 ② 큐어링
③ CA ④ 프라이밍

해설 큐어링
- 수확 시 원예산물이 받은 상처에 상처 치료를 목적으로 유상조직을 발달시키는 처리과정을 말한다.
- 땅속에서 자라는 감자, 고구마는 수확 시 많은 물리적인 상처를 입게 되고 마늘, 양파 등 인경채류는 잘라낸 줄기부위가 제대로 아물고 바깥의 보호엽이 제대로 건조되어야 장기저장 할 수 있다.
- 수확 시 입은 상처는 병균의 침입구가 되므로 빠른 시일 내에 치유가 되어야 수확 후 손실을 줄일 수 있다.

48 (A×B)×C와 같이 F_1과 제3품종을 교배하는 것은?

① 다계교배 ② 복교배
③ 3원교배 ④ 단교배

해설 ① 다계교배 : {(A×B)×(C×D)×(E×F)×⋯}
② 복교배 : (A×B)×(C×D)
④ 단교배 : A×B

49 산도(pH)가 중성인 토양은?

① pH 3~4 ② pH 4~5
③ pH 6~7 ④ pH 9~10

해설 pH
- pH가 7보다 작으면 산성이라 하고 그 값이 작아질수록 산성이 강해진다.
- pH가 7보다 크면 알칼리성이라 하고 그 값이 커질수록 알칼리성이 강해진다.
- pH가 7이면 중성이라 한다.

43.④ 44.① 45.④ 46.② 47.② 48.③ 49.③

50 다음 중 병해충 방제를 위한 경종적 방제법에 해당하지 않는 것은?

① 과실에 봉지를 씌워서 차단
② 토지의 선정
③ 품종의 선택
④ 생육시기의 조절

해설 과실에 봉지를 씌워서 차단 것은 물리적 방제법에 해당된다.

51 인공교배하여 F_1을 만들고 F_2부터 매세대 개체선발과 계통재배 및 계통선발을 반복하면서 우량한 유전자형의 순계를 육성하는 육종방법은?

① 파생계통육종
② 계통육종
③ 여교배육종
④ 집단육종

해설 **계통육종**

- 인공교배를 통해 F_1을 만들고 F_2부터 매 세대 개체선발과 계통재배와 계통선발의 반복으로 우량한 유전자형의 순계를 육성하는 방법이다.
- 잡종초기부터 계통단위로 선발하므로 육종의 효과가 빠른 장점이 있다.
- 효율적 선발을 위해 목표형질의 특성 검정방법이 필요하며, 육종가의 경험과 안목이 중요하다.

52 일반농가가 유기축산으로 전환할 때 전환기간으로 틀린 것은?

① 식육 생산용 한우는 입식후 3개월 이상
② 식육 생산용 젖소는 90일 이상
③ 식육 생산용 돼지는 최소 5개월 이상
④ 알 생산용 산란계는 입식 후 3개월 이상

해설 식육 생산용 한우는 입식 후 12개월 이상

53 다음 중 시설 내의 환경특이성에 관한 설명으로 틀린 것은?

① 토양의 건조해지기 쉽다.
② 공중습도가 높다.
③ 탄산가스가 높다.
④ 광분포가 불균일하다.

해설 높은 온도에 의해 광합성량은 많은 반면 밀폐로 외부 공기 유입이 없어 이산화탄소의 농도는 낮아진다.

54 한 포장 내에서 위치에 따라 종자, 비료, 농약 등을 달리함으로써 환경문제를 최소화하면서 생산성을 최대로 하려는 농업은?

① 자연농업 ② 생태농업
③ 정밀농업 ④ 유기농업

해설 **정밀농법**
작물의 생육 조건이 동일 포장 내에서도 위치에 따라 다르다는 것을 인정하고, 포장의 이력이나 현재의 정보를 기초로 필요한 위치에 종자, 비료, 농약 등을 필요한 양만큼 투입하는 변량형 농법이다.

55 작물의 요수량이 가장 큰 것은?

① 옥수수 ② 클로버
③ 보리 ④ 기장

해설 수수, 옥수수, 기장 등은 작고 호박, 알팔파, 클로버 등은 크다.

56 유기사료에 첨가해도 되는 것은?

① 가축의 대사기능 촉진을 위한 합성화합물
② 비단백태질소화합물
③ 성장촉진제
④ 순도 99% 이상인 골분

해설 무기물류인 골분, 어골회, 패분은 순도 99% 이상인 것은 사용가능하다.

57 경축순환농업으로 사육하지 않은 농장에서 유래한 퇴비를 유기농업에 사용할 수 있는 충족 조건은?

① 퇴비화 과정에서 퇴비더미가 35~50℃를 유지하면서 10일간 이상 경과되어야 한다.
② 퇴비화 과정에서 퇴비더미가 55~75℃를 유지하면서 15일간 이상 경과되어야 한다.
③ 퇴비화 과정에서 퇴비더미가 80~95℃를 유지하면서 10일간 이상 경과되어야 한다.
④ 퇴비화 과정에서 퇴비더미가 80~95℃를 유지하면서 15일간 이상 경과되어야 한다.

해설 퇴비화 과정에 대한 법적 조건은 삭제되었으나 퇴비화 과정 중 병원균과 잡초종자의 사멸을 위해 65℃ 정도의 고온 과정이 반드시 필요하다.

50.① 51.② 52.① 53.③ 54.③ 55.② 56.④ 57.②

58 병해충종합관리의 기본 개념을 실현하기 위한 기본원칙으로 틀린 것은?

① 한 가지 방법으로 모든 것을 해결하려는 생각은 버린다.
② 병해충 발생이 경제적으로 피해가 되는 밀도에서만 방제한다.
③ 병해충의 개체군을 박멸해야 한다.
④ 농업생태계에서 병해충군의 자연조절기능을 적극적으로 활용한다.

해설 **IPM의 정의**
'병해충을 둘러싸고 있는 환경과 그의 개체군 동태를 바탕으로 모든 유용한 기술과 방법을 가능한 한 모순이 없는 방향으로 활용하여 그 밀도를 경제적 피해허용 수준 이하로 유지하는 병해충관리체계' 라고 FAO는 정의하고 있다.

59 유기농에서 예방적 잡초제어의 방법으로 적절하지 못한 것은?

① 초생재배 ② 윤작
③ 파종밀도 조절 ④ 무경운

해설 **예방적 잡초 방제법**
답전윤환, 답리작, 윤작, 초생재배, 경운, 파종밀도 조절 등이 있다.

60 유기축산물의 유기배합사료 중 식물성 단백질류에 해당하는 것으로만 나열된 것은?

① 옥수수, 보리 ② 밀, 수수
③ 호밀, 귀리 ④ 들깻묵, 아마박

해설 ①, ②, ③은 유기배합사료 중 식물성 곡물류(탄수화물)에 해당된다.

58.③ 59.④ 60.④

꿈을 이루지 못하게 만드는 것은 오직 하나
실패할지도 모른다는 두려움일세...

-파울로 코엘료(Paulo Coelho)-

☆

해 보지도 않고 포기하는 것보다는 된다는 믿음을 가지고
열심히 해 보는 건 어떨까요?
말하는 대로 이루어지는 당신의 미래를 응원합니다. ^^

PART 5

필기시험에
자주 출제되는 문제

Craftsman Organic Agriculture

유 / 기 / 농 / 업 / 기 / 능 / 사

유기농업기능사

www.cyber.co.kr

필기시험 빈출문제

제1과목 작물재배

01 농경의 발상지와 거리가 먼 것은?

① 큰 강의 유역
② 산간부
③ 내륙지대
④ 해안지대

해설 **농경의 발상지**
- 큰 강 유역설 : De Candolle(1884)은 주기적으로 강의 범람으로 토지가 비옥해지는 큰 강의 유역이 농사짓기에 유리하여 원시 농경의 발상지였을 것으로 추정하였다. 실제 중국의 황하나 양자강 유역이 벼의 재배로 중국문명이 발생하였으며, 인더스강 유역의 인도문명, 나일강 유역의 이집트문명 등이 발생하였다.
- 산간부설 : N.T. Vavilov(1926)는 큰 강 유역은 범람으로 인해 농업이 근본적 파멸 우려가 있으므로 최초 농경이 정착하기 어려웠을 것으로 보고, 기후가 온화한 산간부 중 관개수를 쉽게 얻을 수 있는 곳을 최초 발상지로 추정하였으며, 마야문명, 잉카문명 등과 같은 산간부를 원시 농경의 발상지로 보았다.
- 해안지대설 : P. Dettweiler(1914)는 온화한 기후와 토지가 비옥하며 토양수분도 넉넉한 해안지대를 원시 농경의 발상지로 추정하였다.

02 작물수량을 증가시키는 3대 조건이 아닌 것은?

① 유전성이 좋은 품종
② 알맞은 재배환경
③ 적합한 재배기술
④ 상품성이 우수한 작물

해설 **작물의 재배이론**
- 작물생산량은 재배작물의 유전성, 재배환경, 재배기술이 좌우한다.
- 환경, 기술, 유전성의 세 변으로 구성된 삼각형 면적으로 표시되며 최대 수량의 생산은 좋은 환경과 유전성이 우수한 품종, 적절한 재배기술이 필요하다.
- 작물수량 삼각형에서 삼각형의 면적은 생산량을 의미하며 면적의 증가는 유전성, 재배환경, 재배기술의 세 변이 고르고 균형 있게 발달하여야 면적이 증가하며, 삼각형의 두 변이 잘 발달하였더라도 한 변이 발달하지 못하면 면적은 작아지게 되며 여기에도 최소율의 법칙이 적용된다.

03 기지현상의 대책으로 옳지 않은 것은?

① 토양소독　② 연작
③ 담수　④ 새 흙으로 객토

해설 기지현상 : 동일 포장에 동일 작물을 계속해서 재배하는 것을 연작(連作, 이어짓기)이라 하고 연작의 결과 작물의 생육이 뚜렷하게 나빠지는 것을 기지(忌地, soil sickness)라고 한다.

04 녹식물체버널리제이션(green plant vernalization) 처리효과가 가장 큰 식물은?

① 추파맥류　② 완두
③ 양배추　④ 봄올무

해설 **처리시기에 따른 구분**
- 종자춘화형식물
  - ㉠ 최아종자에 처리하는 것
  - ㉡ 추파맥류, 완두, 잠두, 봄무 등
- 녹식물춘화형식물
  - ㉠ 식물이 일정한 크기에 달한 녹체기에 처리하는 작물
  - ㉡ 양배추, 히요스 등

05 장일식물로만 바르게 나열된 것은?

① 도꼬마리, 국화　② 들깨, 콩
③ 시금치, 담배　④ 양파, 상추

해설
- 장일식물
  - ㉠ 보통 16~18시간의 장일상태에서 화성이 유도, 촉진되며, 단일상태는 개화를 저해한다.
  - ㉡ 최적일장 및 유도일장 주체는 장일측, 한계일장은 단일측에 있다.
  - ㉢ 추파맥류, 시금치, 양파, 상추, 아마, 아주까리, 감자 등
- 단일식물
  - ㉠ 보통 8~10시간의 단일상태에서 화성이 유도, 촉진되며, 장일상태는 이를 저해한다.
  - ㉡ 최적일장 및 유도일장의 주체는 단일측, 한계일장은 장일측에 있다.
  - ㉢ 국화, 콩, 담배, 들깨, 조, 기장, 피, 옥수수, 아마, 호박, 오이, 늦벼, 나팔꽃 등
- 중성식물
  - ㉠ 일정한 한계일장이 없이 넓은 범위의 일장에서 개화하는 식물로 화성이 일장에 영향을 받지 않는다고 할 수 있다.
  - ㉡ 강낭콩, 가지, 토마토, 당근, 셀러리 등

1.③ 2.④ 3.② 4.③ 5.④

06 수해(水害)의 요인과 작용에 대한 설명으로 틀린 것은?

① 벼에 있어 수잉기-출수 개화기에 특히 피해가 크다.
② 수온이 높을수록 호흡기질의 소모가 많아 피해가 크다.
③ 흙탕물과 흐르는 물보다 산소가 적고 온도가 높아 피해가 크다.
④ 벼, 수수, 기장, 옥수수 등 화본과 작물이 침수에 가장 약하다.

해설 **수해와 작물**
- 침수에 강한 밭작물 : 화본과 목초, 수수, 옥수수, 땅콩 등
- 침수에 약한 밭작물 : 콩과작물, 채소, 감자, 고구마, 메밀 등
- 생육단계 : 벼는 분얼 초기에는 침수에 강하고, 수잉기~출수개화기에는 극히 약하다.

07 벼에서 관수해(冠水害)에 가장 민감한 시기는?

① 유수형성기
② 수잉기
③ 유효분얼기
④ 이앙기

해설 벼는 분얼 초기에는 침수에 강하고, 수잉기~출수개화기에는 극히 약하다.

08 벼 등 화곡류가 등숙기에 비, 바람에 의해서 쓰러지는 것을 도복이라고 한다. 도복에 대한 설명으로 틀린 것은?

① 키가 작은 품종일수록 도복이 심하다.
② 밀식, 질소다용, 규산부족 등은 도복을 유발한다.
③ 벼 재배시 벼멸구 등이 많이 발생되면 도복이 심하다.
④ 벼는 마지막 논김을 맬 때 배토를 하면 도복이 경감된다.

해설 키가 크고 대가 약한 품종일수록 도복의 위험이 크다.

09 작물이 받는 냉해의 종류가 아닌 것은?

① 생태형냉해
② 지연형냉해
③ 병해형냉해
④ 장해형냉해

해설 **냉해의 구분**
- 지연형 냉해
  - ㉠ 생육 초기부터 출수기에 걸쳐 오랜 시간 냉온 또는 일조부족으로 생육의 지연, 출수 지연으로 등숙기에 낮은 온도에 처함으로 등숙의 불량으로 결국 수량에까지 영향을 미치는 유형의 냉해이다.
  - ㉡ 질소, 인산, 칼리, 규산, 마그네슘 등 양분의 흡수가 저해되고, 물질 동화 및 전류가 저해되며, 질소동화의 저해로 암모니아 축적이 많아지며, 호흡의 감소로 원형질유동이 감퇴 또는 정지되어 모든 대사기능이 저해된다.
- 장해형 냉해
  - ㉠ 유수형성기부터 개화기 사이, 특히 생식세포의 감수분열기에 냉온의 영향을 받아서 생식기관이 정상적으로 형성되지 못하거나 또는 꽃가루의 방출 및 수정에 장해를 일으켜 결국 불임현상이 초래되는 유형의 냉해이다.
  - ㉡ 타페트 세포의 이상비대는 장해형 냉해의 좋은 예이며, 품종이나 작물의 냉해 저항성의 기준이 되기도 한다.
- 병해형 냉해
  - ㉠ 벼의 경우 냉온에서는 규산의 흡수가 줄어들므로 조직의 규질화가 충분히 형성되지 못하여 도열병균의 침입에 대한 저항성이 저하된다.
  - ㉡ 광합성의 저하로 체내 당함량이 저하되고, 질소대사 이상을 초래하여 체내에 유리아미노산이나 암모니아가 축적되어 병의 발생을 더욱 조장하는 유형의 냉해이다.
- 혼합형 냉해
  장기간의 저온에 의하여 지연형 냉해, 장해형 냉해 및 병해형 냉해 등이 혼합된 형태로 나타나는 현상으로 수량감소에 가장 치명적이다.

10 식물의 필수 양분 중 미량원소가 아닌 것은?

① Fe ② B
③ N ④ Cl

해설 **필수원소의 종류(16종)**
- 다량원소(9종) : 탄소(C), 산소(O), 수소(H), 질소(N), 인(P), 칼륨(K), 칼슘(Ca), 마그네슘(Mg), 황(S)
- 미량원소(7종) : 철(Fe), 망간(Mn), 구리(Cu), 아연(Zn), 붕소(B), 몰리브덴(Mo), 염소(Cl)

6.④ 7.② 8.① 9.① 10.③

11 수광태세가 가장 불량한 벼의 초형은?

① 키가 너무 크거나 작지 않다.
② 상위엽이 늘어져 있다.
③ 분얼이 조금 개산형이다.
④ 각 잎이 공간적으로 되도록 균일하게 분포한다.

해설 **벼의 초형**
- 잎이 너무 두껍지 않고 약간 좁으며 상위엽이 직립한다.
- 키가 너무 크거나 작지 않다.
- 분얼은 개산형으로 포기 내 광의 투입이 좋아야 한다.
- 각 잎이 공간적으로 되도록 균일하게 분포해야 한다.

12 식물의 굴광현상에 가장 유효한 광은?

① 자색광 ② 청색광
③ 적색광 ④ 적외선

해설 **굴광성**
- 의의 : 식물의 한 쪽에 광이 조사되면 광이 조사된 쪽으로 식물체가 구부러지는 현상을 굴광현상이라 한다.
- 광이 조사된 쪽은 옥신의 농도가 낮아지고 반대쪽은 옥신의 농도가 높아지면서 옥신의 농도가 높은 쪽의 생장속도가 빨라져 생기는 현상이다.
- 줄기나 초엽 등 지상부에서는 광의 방향으로 구부러지는 향광성을 나타낸다. 하지만 뿌리는 반대로 배광성을 나타낸다.
- 400~500nm 특히 440~480nm의 청색광이 가장 유효하다.

13 빛이 있으면 싹이 잘 트지만 빛이 없는 조건에서는 싹이 트지 않는 종자는?

① 토마토 ② 가지
③ 담배 ④ 호박

해설 **호광성종자(광발아종자)**
- 광에 의해 발아가 조장되며 암조건에서 발아하지 않거나 발아가 몹시 불량한 종자
- 담배, 상추, 우엉, 차조기, 금어초, 베고니아, 피튜니아, 뽕나무, 버뮤다그래스 등

혐광성종자(암발아종자)
- 광에 의하여 발아가 저해되고 암조건에서 발아가 잘 되는 종자
- 호박, 토마토, 가지, 오이, 파, 나리과 식물 등

광무관종자
- 광이 발아에 관계가 없는 종자
- 벼, 보리, 옥수수 등 화곡류와 대부분 콩과작물 등

14 저장 중 종자의 발아력이 감소되는 원인이 아닌 것은?

① 종자소독 ② 효소의 활력 저하
③ 저장양분 감소 ④ 원형질 단백질 응고

해설 **종자소독**
종자전염성 병균 또는 선충을 없애기 위해 종자에 물리적, 화학적 처리를 하는 것을 종자소독이라 하고, 종자 외부 부착균에 대하여는 일반적으로 화학적 소독을 하고 내부 부착균은 물리적 소독을 한다. 그러나 바이러스에 대하여는 현재 종자소독으로 방제할 수 없다.

15 습해의 방지 대책으로 가장 거리가 먼 것은?

① 배수
② 객토
③ 미숙유기물의 시용
④ 과산화석회의 시용

해설 **습해 대책**
- 배수
- 정지
- 시비
- 토양개량
- 과산화석회(CaO_2)의 시용

16 다음 작물에서 요수량이 가장 적은 작물은?

① 수수 ② 메밀
③ 밀 ④ 보리

해설 **요수량의 요인**
- 수수, 옥수수, 기장 등은 작고 호박, 알팔파, 클로버 등은 크다.
- 일반적으로 요수량이 작은 작물일수록 내한성(耐旱性)이 크나 옥수수, 알팔파 등에서는 상반되는 경우도 있다.

17 유효질소 10kg이 필요한 경우에 요소로 질소질 비료를 시용한다면 필요한 요소량은? (단, 요소비료의 흡수율은 83%, 요소의 질소함유량은 46%로 가정한다.)

① 약 13.1kg ② 약 26.2kg
③ 약 34.2kg ④ 약 48.5kg

해설 필요요소량=필요한 질소량×(1÷보증성분량)
=10×{1÷(0.83×0.46)}
=26.19

11.② 12.② 13.③ 14.① 15.③ 16.① 17.②

18 다음 중 인과류인 것은?

① 자두 ② 양앵두
③ 무화과 ④ 비파

해설 과수
- 인과류 : 배, 사과, 비파 등
- 핵과류 : 복숭아, 자두, 살구, 앵두 등
- 장과류 : 포도, 딸기, 무화과 등
- 각과류(견과류) : 밤, 호두 등
- 준인과류 : 감, 귤 등

19 다음 중 내건성에 강한 작물에 대한 특성으로 틀린 것은?

① 왜소하고 잎이 작다.
② 다육화의 경향이 있다.
③ 원형질막의 글리세린 투과성이 작다.
④ 탈수될 때 원형질의 응집이 덜하다.

해설 작물의 내건성
- 작물이 건조에 견디는 성질을 의미하며 여러 요인에 의해서 지배된다.
- 내건성이 강한 작물의 특성
  ㉠ 체내 수분의 손실이 적다.
  ㉡ 수분의 흡수능이 크다.
  ㉢ 체내의 수분보유력이 크다.
  ㉣ 수분함량이 낮은 상태에서 생리기능이 높다.
- 형태적 특성
  ㉠ 표면적과 체적의 비가 작고 왜소하며 잎이 작다.
  ㉡ 뿌리가 깊고 지상부에 비하여 근군의 발달이 좋다.
  ㉢ 잎조직이 치밀하고 잎맥과 울타리 조직의 발달 및 표피에 각피가 잘 발달하고, 기공이 작고 많다.
  ㉣ 저수능력이 크고, 다육화의 경향이 있다.
  ㉤ 기동세포가 발달하여 탈수되면 잎이 말려서 표면적이 축소된다.
- 세포적 특성
  ㉠ 세포가 작아 수분이 적어져도 원형질 변형이 적다.
  ㉡ 세포 중 원형질 또는 저장양분이 차지하는 비율이 높아 수분보유력이 강하다.
  ㉢ 원형질의 점성이 높고 세포액의 삼투압이 높아서 수분보유력이 강하다.
  ㉣ 탈수 시 원형질 응집이 덜하다.
  ㉤ 원형질막의 수분, 요소, 글리세린 등에 대한 투과성이 크다.
- 물질대사적 특성
  ㉠ 건조 시는 증산이 억제되고, 급수 시는 수분 흡수기능이 크다.
  ㉡ 건조 시 호흡이 낮아지는 정도가 크고, 광합성 감퇴 정도가 낮다.
  ㉢ 건조 시 단백질, 당분의 소실이 늦다.

20 다음 중 작물의 기원지가 중국에 해당하는 것은?

① 수박 ② 호박
③ 가지 ④ 미나리

해설 주요 작물 재배기원 중심지

지역	주요작물
중국	6조보리, 조, 메밀, 콩, 팥, 마, 인삼, 배나무, 복숭아, 쑥갓, 미나리 등
인도, 동남아시아	벼, 참깨, 사탕수수, 왕골, 오이, 박, 가지, 생강 등
중앙아시아	귀리, 기장, 삼, 당근, 양파 등
코카서스, 중동	1립계와 2립계의 밀, 보리, 귀리, 알팔파, 사과, 배, 양앵두 등
지중해 연안	완두, 유채, 사탕무, 양귀비, 상추 등
중앙아프리카	진주조, 수수, 수박, 참외 등
멕시코, 중앙아메리카	옥수수, 고구마, 두류, 후추, 육지면, 카카오, 호박 등
남아메리카	감자, 담배, 땅콩 등

제2과목 토양관리

21 토양의 입자밀도가 2.65인 토양에 퇴비를 주어 용적밀도를 1.325에서 1.06으로 낮추었다. 다음 중 바르게 설명한 것은?

① 토양의 공극이 25%에서 30%로 증가하였다.
② 토양의 공극이 50%에서 60%로 증가하였다.
③ 토양의 고상이 25%에서 30%로 증가하였다.
④ 토양의 고상이 50%에서 60%로 증가하였다.

해설 $공극률(\%) = \left\{1 - \frac{용적비중}{입자비중}\right\}$

공극률이 1−(1.325/2.65)=50%에서 1−(1.06/2.65)=60%가 된다.

18.④ 19.③ 20.④ 21.②

22 점토광물에 대한 설명으로 옳은 것은?

① 석고, 탄산염, 석영 등 점토 크기 분획의 광물들도 점토광물이다.

② 토양에서 점토광물은 입경이 0.002mm 이하인 입자이므로 표면적이 매우 적다.

③ 결정질 점토광물은 규산 4면체판과 알루미나 8면체판의 겹쳐있는 구조를 가지고 있다.

④ 규산판과 알루미나판이 하나씩 겹쳐져 있으면 2 : 1형 점토광물이라고 한다.

해설 **결정질규산염점토광물**

- 결정질규산염점토광물은 규산 4면체와 알루미나 8면체 2개의 구조로 구성되어 있다.
- 이들이 서로 결합하여 마치 생물체의 세포와 같은 하나의 구조단위가 형성된다.
- 이들이 결합하는 방식과 구조단위 사이에 작용하는 힘의 종류에 따라 카올리나이트군, 가수할로이사이트, 나크라이트, 딕카이트로 분류된다.

23 논토양의 일반적 특성은?

① 유기물의 분해가 밭토양보다 빨라서 부식 함량이 적다.

② 담수하면 산화층과 환원층으로 구분된다.

③ 담수하면 토양의 pH가 산성토양은 낮아지고 알칼리성 토양은 높아진다.

④ 유기물의 존재는 담수토양의 산화환원전위를 높이는 결과가 된다.

해설 **논토양의 환원과 토층 분화**

논에서 갈색의 산화층과 회색(청회색)의 환원층으로 분화되는 것을 논토양의 토층분화라고 하며, 산화층은 수mm에서 1~2㎝이고, 작토층은 환원되며 이때 활동하는 미생물은 혐기성 미생물이다. 작토 밑의 심토는 산화상태로 남는다.

24 논토양과 밭토양의 차이점으로 틀린 것은?

① 논토양은 무기양분의 천연공급량이 많다.

② 논토양은 유기물 분해가 빨라 부식함량이 적다.

③ 밭토양은 통기상태가 양호하며 산화상태이다.

④ 밭토양은 산성화가 심하여 인산 유효도가 낮다.

해설 논토양은 환원상태로 유기물의 분해가 더디다.

25 다음 중 토양 유기물의 특징에 대한 설명으로 틀린 것은?

① 토양유기물은 미생물의 작용을 통하여 직접 또는 간접적으로 토양입단 형성에 기여한다.

② 토양유기물은 포장용수량 수분 함량이 낮아, 사질토에서 유효수분의 공급력을 적게 한다.

③ 토양유기물은 질소 고정과 질소 순환에 기여하는 미생물의 활동을 위한 탄소원이다.

④ 토양유기물은 완충능력이 크고, 전체 양이온 교환용량의 30~70%를 기여한다.

해설 토양유기물은 포장용수량 수분 함량이 높아, 사질토에서 유효수분의 공급력을 많게 한다.

26 다음 중 토양의 양분 보유력을 가장 증대시킬 수 있는 영농방법은?

① 부식질 유기물의 시용

② 질소비료의 시용

③ 모래의 객토

④ 경운의 실시

해설 부식질 유기물의 시용은 토양의 입단화를 촉진시켜 보수력과 보비력을 크게 한다.

27 운적토는 풍화물이 중력, 풍력, 수력, 빙하력 등에 의하여 다른 곳으로 운반되어 퇴적하여 생성된 토양이다. 다음 중 운적토양이 아닌 것은?

① 붕적토

② 선상퇴토

③ 이탄토

④ 수적토

해설 **이탄토**

습지, 얕은 호수에서 식물의 유체가 암석의 풍화산물과 섞여 이루어졌으며 산소가 부족한 환원상태에서 유기물이 분해되지 않고 장기간에 걸쳐 쌓여 많은 이탄이 만들어지는데 이런 곳을 이탄지라 하며, 정적토에 해당된다.

22.③ 23.② 24.② 25.② 26.① 27.③

28 지하수위가 높은 저습지나 배수 불량지에서 환원 상태가 발달하면서 청회색을 띠는 토층이 발달하는 토양 생성 작용은?

① podzolization
② salinization
③ alkalization
④ gleyzation

해설 **회색화 작용(gleyzation)**
- 토양이 심한 환원작용을 받아 철이나 망간이 환원상태로 변하고, 유기물의 혐기적 분해로 토층이 청회색, 담청색으로 변화하는 작용을 회색화 작용이라고 한다.
- 회색화 작용 토양의 특징
  ㉠ 지하수위가 높은 저습지 또는 배수가 극히 불량한 토양에서 일어난다.
  ㉡ 토양 속에 머물고 있는 물로 인해 산소공급이 불충분하여 환원상태로 되어 Fe^{3+}(3가철)이 Fe^{2+}(2가철)로 된다.
  ㉢ 토층은 담청색~녹청색 또는 청회색을 띠는 토층 분화작용이 일어난다.
  ㉣ 논과 같이 인위적으로 담수상태를 만들어 준 곳에서의 표층 바로 아래는 환원층이 되고 심층은 산화층으로 분화된다.

29 토양의 입단구조 형성 및 유지에 유리하게 작용하는 것은?

① 옥수수를 계속 재배한다.
② 논에 물을 대어 써레질을 한다.
③ 퇴비를 사용하여 유기물 함량을 높인다.
④ 경운을 자주 한다.

해설 **입단구조를 형성하는 주요 인자**
- 유기물과 석회의 시용 : 유기물이 미생물에 의해 분해되면서 미생물이 분비하는 점질물질이 토양입자를 결합시키며 석회는 유기물의 분해 촉진과 칼슘이온 등이 토양입자를 결합시키는 작용을 한다.
- 콩과 작물의 재배 : 콩과 작물은 잔뿌리가 많고 석회분이 풍부해 입단형성에 유리하다.
- 토양이 지렁이의 체내를 통하여 배설되면 내수성 입단구조가 발달한다.
- 토양의 피복 : 유기물의 공급 및 표토의 건조, 토양유실의 방지로 입단 형성과 유지에 유리하다.
- 토양개량제의 시용 : 인공적으로 합성된 고분자 화합물인 아크리소일(Acrisoil), 크릴륨(Krilium) 등의 작용도 있다.

30 규산의 함량에 따른 산성암이 아닌 것은?

① 현무암 ② 화강암
③ 유문암 ④ 석영반암

해설 **규산(SiO_2)의 함량에 따른 화성암의 분류**

생성 위치 \ 규산 함량	산성암 65~75%	중성암 55~65%	염기성암 40~55%
심성암	화강암	섬록암	반려암
반심성암	석영반암	섬록반암	휘록암
화산암	유문암	안산암	현무암

31 토양의 무기성분 중 가장 많은 성분은?

① 산화철(Fe_2O_3)
② 규산(SiO_2)
③ 석회(CaO)
④ 고토(MgO)

해설 **토양의 화학적 조성**
- 지각을 구성하는 원소는 약 90종이다.
- 무게기준으로 지각의 98% 이상이 8개의 원소로 이루어져 있으며, 그중 산소와 규소가 약 75%를 차지한다.
- 토양에서 가장 흔한 화학적 성분은 규산(SiO_2)과 알루미나(Al_2O_3)와 산화철로 80%를 차지하며, 토양의 골격을 이루는 중요한 성분이다.

32 밭의 CEC(양이온교환용량)를 높이려고 한다. 다음 중 CEC를 가장 크게 증가시키는 물질은?

① 부식(토양유기물)의 시용
② 카올리나이트(Kaolinite)의 시용
③ 몬모릴로나이트(Montmorillonite)의 시용
④ 식양토의 객토

해설 **주요 광물의 양이온치환용량**
- 부식 : 100~300
- 버미큘라이트 : 80~150
- 몬모릴로나이트 : 60~100
- 클로라이트 : 30
- 카올리나이트 : 3~27
- 일라이트 : 21

28.④ 29.③ 30.① 31.② 32.①

33 토양온도에 대한 설명으로 틀린 것은?

① 토양온도는 토양생성작용, 토양미생물의 활동, 식물생육에 중요한 요소이다.
② 토양온도는 토양유기물의 분해속도와 양에 미치는 영향이 매우 크며 열대토양의 유기물 함량이 높은 이유가 된다.
③ 토양비열은 토양 1g을 1℃ 올리는데 소요되는 열량으로, 물이 1이고 무기성분은 더 낮다.
④ 토양의 열원은 주로 태양광선이며 습윤열, 유기물 분해열 등이다.

해설 열대지방은 토양온도가 높아 미생물에 의한 유기물의 분해 속도가 빨라 유기물 함량이 낮고 부식이 잘 퇴적되지 않는다.

34 물에 의한 토양의 침식과정이 아닌 것은?

① 우격침식 ② 면상침식
③ 선상침식 ④ 협곡침식

해설 수식의 유형
- 우격(입단파괴)침식 : 빗방울이 지표를 타격함으로써 입단이 파괴되는 침식
- 면상침식 : 침식 초기 유형으로 지표가 비교적 고른 경우 유거수가 지표면을 고르게 흐르면서 토양 전면이 엷게 유실되는 침식
- 우곡(세류상)침식 : 침식 중기 유형으로 토양 표면에 잔도랑이 불규칙하게 생기면서 토양이 유실되는 침식
- 구상(계곡)침식 : 침식이 가장 심할 때 생기는 유형으로 도랑이 커지면서 심토까지 심하게 깎이는 침식

35 토양 침식에 영향을 주는 요인에 대한 설명으로 틀린 것은?

① 내수성 입단이 적고 투수성이 나쁜 토양이 침식되기 쉽다.
② 경사도가 크고 경사길이가 길수록 침식이 많이 일어난다.
③ 강우량이 강우 강도보다 토양 침식에 대한 영향이 크다.
④ 작물의 종류, 경운 시기와 방법에 따라 침식량이 다르다.

해설 기상
- 토양침식에 가장 크게 영향을 미치는 요인으로 강우 속도와 강우량이 영향을 미친다.
- 총 강우량이 많고 강우 속도가 빠를수록 침식은 크게 나타난다.
- 강우에 의한 침식은 단시간의 폭우가 장시간 약한 비에 비해 토양침식이 더 크다.

36 토양미생물인 사상균에 대한 설명으로 틀린 것은?

① 균사로 번식하며 유기물 분해로 양분을 획득한다.
② 호기성이며 통기가 잘되지 않으면 번식이 억제된다.
③ 다른 미생물에 비해 산성토양에서 잘 적응하지 못한다.
④ 토양 입단 발달에 기여한다.

해설 사상균(곰팡이, 진균)
- 산성, 중성, 알칼리성 어디에서나 생육하며 습기에도 강하다.
- 단위면적당 생물체량이 가장 많은 토양미생물이다.

37 지렁이가 가장 잘 생육할 수 있는 토양환경은?

① 배수가 어려운 과습토양
② pH3 이하의 산성토양
③ 통기성이 양호한 유기물 토양
④ 토양온도가 18~25℃인 토양

해설 지렁이의 특징
- 작물생육에 적합한 토양조건의 지표로 볼 수 있다.
- 토양에서 에너지원을 얻으며 배설물이 토양의 입단화에 영향을 준다.
- 미분해된 유기물의 시용은 개체수를 증가시킨다.
- 유기물의 분해와 통기성을 증가시키며 토양을 부드럽게 하여 식물 뿌리 발육을 좋게 한다.

38 토양오염원을 분류할 때 비점오염원에 해당하는 것은?

① 농약과 비료
② 대단위 가축사육장
③ 유독물저장시설
④ 폐기물매립지

해설 오염원의 분류
- 점오염원 : 지하저장탱크, 유기폐기물처리장, 일반폐기물처리장, 지표저류시설, 정화조, 부적절한 관정 등
- 비점오염원 : 농약과 비료, 산성비 등

33.② 34.③ 35.③ 36.③ 37.③ 38.①

39 토양오염 우려기준 물질에 포함되지 않는 것은?

① Cd ② Al
③ Hg ④ As

해설 토양오염 우려기준 물질(16종) : 카드뮴, 구리, 비소, 수은, 납, 6가크롬, 아연, 니켈, 플루오린, 유기인화합물, 폴리클로리네이티드비페닐, 시안, 페놀, 벤젠, 톨루엔, 에틸벤젠, 크실렌(BTEX), 석유계 총탄화수소(THP), 트리클로로에틸렌(TCE) 테트라클로로에틸렌(PCE), 벤조피렌

40 토양의 기지 정도에 따라 연작의 해가 적은 작물은?

① 토란
② 참외
③ 고구마
④ 강낭콩

해설 **작물의 기지 정도**
- 연작의 해가 적은 것 : 벼, 맥류, 조, 옥수수, 수수, 삼, 담배, 고구마, 무, 순무, 당근, 양파, 호박, 연, 미나리, 딸기, 양배추 등
- 1년 휴작 작물 : 파, 쪽파, 생강, 콩, 시금치 등
- 2년 휴작 작물 : 오이, 감자, 땅콩, 잠두 등
- 3년 휴작 작물 : 참외, 쑥갓, 강낭콩, 토란 등
- 5~7년 휴작 작물 : 수박, 토마토, 가지, 고추, 완두, 사탕무, 레드클로버 등
- 10년 이상 휴작 작물 : 인삼, 아마 등

제3과목 유기농업일반

41 친환경농업이 출현하게 된 배경으로 틀린 것은?

① 세계의 농업정책이 증산위주에서 소비자와 교역중심으로 전환되어가고 있는 추세이다.
② 국제적으로 공업부분은 규제를 강화하고 있는 반면 농업부분은 규제를 완화하고 있는 추세이다.
③ 대부분의 국가가 친환경농법의 정착을 유도하고 있는 추세이다.
④ 농약을 과다하게 사용함에 따라 천적이 감소되어 가는 추세이다.

해설 **친환경농업의 필요성 대두**
- 사회 · 경제적 여건의 변화
- 무역자유화와 시장개방 압력의 가속화
- 소비자 계층의 다양화와 식품안전성에 대한 인식 제고
- 국토공간의 효율적 이용과 환경문제의 개선

42 유기농법의 목표로 보기 어려운 것은?

① 환경보전과 생태계 보호
② 농업생태계의 건강 증진
③ 화학비료 · 농약의 최소사용
④ 생물학적 순환의 원활화

해설 **IFOAM에서 정한 유기농업 기본목적**
- 가능한 폐쇄적인 농업시스템 속에서 적당한 것을 취하고 또한 지역 내 자원에 의존하는 것
- 장기적으로 토양비옥도를 유지하는 것
- 현대 농업기술이 가져온 심각한 오염을 회피하는 것
- 영양가 높은 음식을 충분히 생산하는 것
- 농업에 화석연료의 사용을 최소화하는 것
- 전체 가축에 대하여 그 심리적 필요성과 윤리적 원칙에 적합한 사양조건을 만들어 주는 것
- 농업생산자에 대하여 정당한 보수를 받을 수 있도록 하는 것과 일에 대한 만족감을 느낄 수 있도록 하는 것
- 전체적으로 자연환경과의 관계에서 공생 · 보호적인 자세를 견지하는 것

43 유기농업에서는 화학비료를 대신하여 유기물을 사용하는데, 유기물의 시용 효과가 아닌 것은?

① 토양완충능 증대
② 미생물의 번식조장
③ 보수 및 보비력 증대
④ 지온 감소 및 염류 집적

해설 **토양유기물의 기능**
- 암석의 분해 촉진
- 양분의 공급(N, P, K, Ca, Mg)
- 대기 중의 이산화탄소 공급
- 생장촉진 물질 생성
- 입단의 형성
- 토양의 완충능력 증대
- 미생물 번식 조장
- 토양 보호
- 지온 상승

39.② 40.③ 41.② 42.③ 43.④

44 자연생태계와 비교했을 때 농업생태계의 특징이 아닌 것은?

① 종의 다양성이 낮다.
② 안정성이 높다.
③ 지속기간이 짧다.
④ 인간 의존적이다.

해설 **농업생태계의 특징**
- 농업생태계는 인간이 자연생태계를 파괴 및 변형시켜 만들어졌다.
- 천이의 초기상태가 계속 유지된다.
- 농업생태계는 불안정하다.
- 생물상이 단순하다.
- 작물의 우점성을 극단적으로 높이도록 관리되고 있다.

45 다음 중 자가불화합성을 이용하는 것으로만 나열된 것은?

① 당근, 상추
② 고추, 쑥갓
③ 양파, 옥수수
④ 무, 배추

해설
- 인공교배 이용 : 오이, 수박, 멜론, 참외, 호박, 토마토, 피망, 가지 등
- 웅성불임성 이용 : 상추, 고추, 당근, 쑥갓, 양파, 파, 벼, 밀, 옥수수 등
- 자가불화합성 이용 : 무, 배추, 양배추, 순무, 브로콜리 등

46 다음 중 포식성 천적에 해당하는 것은?

① 기생벌 ② 세균
③ 무당벌레 ④ 선충

해설 **천적의 분류와 종류**
- 기생성 천적 : 기생벌, 기생파리, 선충 등
- 포식성 천적 : 무당벌레, 포식성 응애, 풀잠자리, 포식성 노린재류 등
- 병원성 천적 : 세균, 바이러스, 원생동물 등

47 유기농업에서 이용할 수 있는 식물 추출 자재가 아닌 것은?

① 님 ② 제충국
③ 바이오밥 ④ 카보후란

해설 카보후란은 해충방제용 농약이다.

48 품종의 특성유지방법이 아닌 것은?

① 집단재배
② 격리재배
③ 원원종재배
④ 영양번식에 의한 보존재배

해설 집단재배는 교잡으로 인한 유전자 혼입에 의해 특성이 변화된다.

49 우량종자의 증식체계로 옳은 것은?

① 기본식물 → 원원종 → 원종 → 보급종
② 기본식물 → 원종 → 원원종 → 보급종
③ 원원종 → 원종 → 기본식물 → 보급종
④ 원원종 → 원종 → 보급종 → 기본식물

해설 **우리나라 종자증식체계**
- 기본식물 → 원원종 → 원종 → 보급종의 단계를 거친다.
- 기본식물 : 신품종 증식의 기본이 되는 종자
- 원원종 : 기본식물을 증식하여 생산한 종자
- 원종 : 원원종을 재배하여 채종한 종자
- 보급종 : 원종을 증식한 것으로 농가에 보급할 종자

50 벼에 규소(Si)가 부족했을 때 나타나는 주요 현상은?

① 황백화, 괴사, 조기낙엽 등의 증세가 나타난다.
② 줄기, 잎이 연약하여 병원균에 대한 저항력이 감소한다.
③ 수정과 결실이 나빠진다.
④ 뿌리나 분얼의 생장점이 붉게 변하여 죽게 된다.

해설 **규소(Si)**
- 규소는 모든 작물에 필수원소는 아니나, 화본과 식물에서는 필수적이다.
- 화본과 작물의 가용성 규산과 유기물의 시용은 생육과 수량에 효과가 있으며, 벼는 특히 규산 요구도가 높으며 시용효과가 높다.
- 해충과 도열병 등에 내성이 증대되며 경엽의 직립화로 수광상태가 좋아져 광합성에 유리하고 뿌리의 활력이 증대된다.
- 결핍 시는 잎, 줄기가 연약하게 자라 병원균에 대한 저항성이 감소되며, 도복의 위험이 커진다.

44.② 45.④ 46.③ 47.④ 48.① 49.① 50.②

51 다음 중 고온해에 대한 대책이 아닌 것은?

① 차광 재배
② 파종기 조절
③ 내서성 품종 선택
④ 플라스틱 필름 지면 피복

해설 플라스틱 필름으로 지면을 피복하는 것은 저온해에 대한 대책이다.

52 과실에 봉지씌우기를 하는 목적과 가장 거리가 먼 것은?

① 당도 증가
② 과실의 외관 보호
③ 농약오염 방지
④ 병해충으로 과실보호

해설 **복대(봉지씌우기)**

- 사과, 배, 복숭아 등의 과수재배에 있어 적과 후 과실에 봉지를 씌우는 것을 복대라 한다.
- 복대의 장점
  ㉠ 검은무늬병, 심식나방, 흡즙성나방, 탄저병 등의 병충해가 방제된다.
  ㉡ 외관이 좋아진다.
  ㉢ 사과 등에서는 열과가 방지된다.
  ㉣ 농약이 직접 과실에 부착되지 않아 상품성이 좋아진다.
- 복대의 단점
  ㉠ 수확기까지 복대를 하는 경우 과실의 착색이 불량해질 수 있어 수확 전 적당한 시기에 제대해야 한다.
  ㉡ 복대에 노력이 많이 들어 근래 복대 대신 농약의 살포를 합리적으로 하여 병충해에 적극적 방제하는 무대재배를 하는 경우가 많다.
  ㉢ 가공용 과실의 경우 비타민C 함량이 낮아지므로 무대재배를 하는 것이 좋다.

53 유기축산물 인증기준에 따른 유기사료급여에 대한 설명으로 틀린 것은?

① 천재 · 지변의 경우 유기사료가 아닌 사료를 일정기간 동안 일정비율로 급여하는 것을 허용할 수 있다.
② 사료를 급여할 때 유전자변형농산물이 함유되지 않아야 한다.
③ 유기배합사료 제조용 단미사료용 곡물류는 유기농산물 인증을 받은 것에 한한다.
④ 반추가축에게는 사일리지만 급여한다.

해설 반추가축에게 담근먹이(사일리지)만 급여해서는 아니 되며, 생초나 건초 등 조사료도 급여하여야 한다. 또한 비반추가축에게도 가능한 조사료 급여를 권장한다.

54 퇴비의 부숙도 검사방법이 아닌 것은?

① 관능적 방법
② 탄질비 판정법
③ 물리적 방법
④ 종자발아법

해설 **퇴비의 부숙도 검사**

- 퇴비의 부숙도 검사방법에는 관능적 방법, 기계적 방법, 화학적 방법, 생물학적 방법 등이 있다.
- 관능적 방법 : 색깔, 탄력성, 냄새, 촉감 등
- 기계적 방법 : 콤백 및 솔비타를 이용한 측정
- 화학적 방법 : 탄질률 측정, 가스발생량 측정, 온도 측정, pH 측정, 질산태 질소 측정 등
- 생물학적 방법 : 지렁이법, 종자발아법, 유식물 시험법 등

55 경축순환농업으로 사육하지 않은 농장에서 유래한 퇴비를 유기농업에 사용할수 있는 충족 조건은?

① 퇴비화 과정에서 퇴비더미가 35~50℃를 유지하면서 10일간이상 경과되어야 한다.
② 퇴비화 과정에서 퇴비더미가 55~75℃를 유지하면서 15일간이상 경과되어야 한다.
③ 퇴비화 과정에서 퇴비더미가 80~95℃를 유지하면서 10일간이상 경과되어야 한다.
④ 퇴비화 과정에서 퇴비더미가 80~95℃를 유지하면서 15일간이상 경과되어야 한다.

해설 퇴비화 과정에 대한 법적 조건은 삭제되었으나 퇴비화 과정 중 병원균과 잡초종자의 사멸을 위해 65℃ 정도의 고온과정이 반드시 필요하다.

56 일반농가가 유기축산으로 전환할 때 전환기간으로 틀린 것은?

① 식육 생산용 한우는 입식후 3개월 이상
② 시유 생산용 젖소는 90일 이상
③ 식육 생산용 돼지는 최소 5개월 이상
④ 알 생산용 산란계는 입식 후 3개월 이상

해설 식육 생산용 한우는 입식후 12개월 이상

51.④ 52.① 53.④ 54.③ 55.② 56.①

57 병해충종합관리의 기본 개념을 실현하기 위한 기본원칙으로 틀린 것은?

① 한 가지 방법으로 모든 것을 해결하려는 생각은 버린다.
② 병해충 발생이 경제적으로 피해가 되는 밀도에서만 방제한다.
③ 병해충의 개체군을 박멸해야 한다.
④ 농업생태계에서 병해충군의 자연조절기능을 적극적으로 활용한다.

해설 IPM의 정의
'병해충을 둘러싸고 있는 환경과 그의 개체군 동태를 바탕으로 모든 유용한 기술과 방법을 가능한 한 모순이 없는 방향으로 활용하여 그 밀도를 경제적 피해허용 수준 이하로 유지하는 병해충관리체계' 라고 FAO는 정의하고 있다.

58 다음 중 C/N율이 가장 높은 것은?

① 톱밥
② 옥수수 대와 잎
③ 클로버 잔유물
④ 박테리아, 방사상균 등 미생물

해설 C/N율은 식물체 내에 분해가 어려운 셀룰로오스, 니그닌 등의 함유량이 높을수록 높다.

59 유기축산물의 축사 및 방목에 대한 요건으로 틀린 것은?

① 축사·농기계 및 기구 등은 청결하게 유지하고 소독함으로써 교차감염과 질병감염체의 증식을 억제하여야 한다.
② 축사의 바닥은 부드러우면서도 미끄럽지 아니하고 청결 및 건조하여야 하며, 충분한 휴식공간을 확보하여야 하고, 휴식공간에서는 건조깔짚을 깔아 주어야 한다.
③ 가금류의 축사는 짚·톱밥·모래 또는 야초와 같은 깔짚으로 채워진 건축공간이 제공되어야 하며, 산란계는 산란상자를 설치하여야 한다.
④ 번식돈은 임신 말기 또는 포유기간을 제외하고는 군사를 하여야 하고, 자돈 및 육성돈은 케이지에서 사육하지 아니해야 한다. 다만, 자돈 압사 방지를 위하여 포유기간에는 모돈과 자돈의 생체중이 50kg까지는 케이지에서 사육할 수 있다.

해설 번식돈은 임신 말기 또는 포유기간을 제외하고는 군사를 하여야 하고, 자돈 및 육성돈은 케이지에서 사육하지 말아야 한다. 다만, 자돈 압사 방지를 위하여 포유기간에는 모돈과 조기에 젖을 뗀 자돈의 생체중이 25kg까지는 케이지에서 사육할 수 있다.

60 예방관리에도 불구하고 가축의 질병이 발생한 경우 수의사의 처방하에 질병을 치료할 수 있다. 이 경우 동물용의약품을 사용한 가축은 해당약품 휴약기간의 최소 몇 배가 지나야만 유기축산물로 인정할 수 있는가?

① 2배 ② 3배
③ 4배 ④ 5배

해설 동물용의약품을 사용한 가축은 동물용의약품을 사용한 시점부터 전환기간이 지나야 유기축산물로 출하할 수 있다. 다만, 동물용의약품을 사용한 가축은 휴약기간의 2배를 준수하여 유기축산물로 출하할 수 있다.

57.③ 58.① 59.④ 60.①

PART 6

실기

필수이론 및 예제

Craftsman Organic Agriculture

유 / 기 / 농 / 업 / 기 / 능 / 사

PART 6 실기 필수이론 및 예제

저자쌤의 이론학습 Tip

실기시험에 꼭 나오는 필수이론 15개를 엄선하여 필수예제와 함께 수록하여 완벽한 시험대비를 할 수 있도록 하였다.

필수이론 01 토성

(1) 토성 구분

① 토양 입자의 입경에 따라 나눈 토양의 종류로, 모래와 점토의 구성비로 토양을 구분하는 것이다.

② 식물의 생육에 중요한 여러 이화학적 성질을 결정하는 기본 요인이다.

③ 입경 2mm 이하의 입자로 된 토양을 세토라고 하며, 세토를 점토함량에 따라서 토성을 분류한 것은 다음과 같다.

〈토성의 분류〉

토성의 명칭	점토함량(%)	토성명	구성
사토(sand)	12.5 이하	사토, 양질사토	모래의 함량이 많은 토양이다.
사양토 (sandy loam)	12.5~25.0	사양토	사토와 양토의 중간 성질로 모래, 미사, 점토가 고루 섞여 있는 토양이다.
양토(loam)	25.0~37.5	양토, 미사질양토, 미사토	어느 입자군의 성질도 뚜렷하지 않은 중간 성질의 토양이다.
식양토 (clay loam)	37.5~50.0	식양토, 사질식양토, 미사질식양토	식토와 양토의 중간 토양이다.
식토(clay)	50.0 이상	사질식토, 미사질식토, 식토	점토의 함량이 많은 토양이다.

④ 점토함량과 함께 미사, 세사, 조사의 함량까지 고려하여 토성을 더욱 세분하기도 한다.

㉠ 사토 : 척박하고, 한해를 입기 쉬우며, 토양 침식이 심하여 점토의 객토, 유기물을 증시하여 토성을 개량할 필요가 있다.

㉡ 식토 : 통기 및 통수의 불량과 유기질의 분해가 더뎌 습해나 유해물질에 의한 피해를 받기 쉬우며 점착력이 강하고, 건조하면 굳어져서 경작이 곤란하므로 미사, 부식을 많이 주어서 토성을 개량할 필요가 있다.

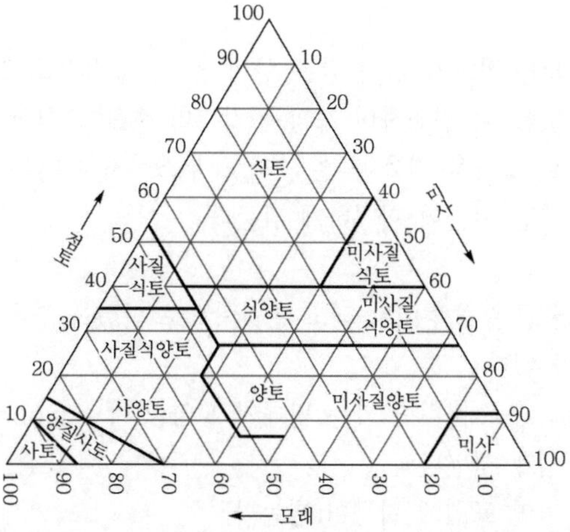

▌토성 삼각도▐

(2) 토성 판별법

① 촉감에 의한 방법

㉠ 식별 요령

ⓐ 흙에 수분을 묻혀 반습상태로 만든 후 엄지와 검지로 문질러 느끼지는 촉감, 점도, 거칠기를 구분한다.

ⓑ 흙에 물을 가하여 봉이 만들어지는 형태를 본다.

- 사토 : 봉이 만들어지지 않는다.
- 사양토, 미사질양토 : 봉이 만들어지나 자주 끊어지며, 봉을 들면 바로 떨어진다.
- 양토, 식토 : 봉이 잘 만들어진다.

㉡ 사토

ⓐ 대부분 거친 입자이며, 입자의 하나하나를 눈으로 식별 가능하다.

ⓑ 손에 쥐었을 경우 뭉치지 않고 손에 흙이 묻지 않는다.

ⓒ 건조한 경우 손가락 사이로 쉽게 토립이 빠진다.

ⓓ 습한 경우 어느 정도 모양을 갖추지만 손을 펴면 곧 부스러진다.

㉢ 사양토

ⓐ 사토보다 미사, 점토가 많고, 어느 정도 응집력이 있으며, 모래는 눈으로 식별 가능하다.

ⓑ 손으로 쥐었을 경우 건조하면 모양을 갖추나 손을 펴면 곧 부스러진다.

ⓒ 습할 때도 모양을 갖추며 조심히 손을 펴면 부스러지지 않는다.

ⓓ 지문을 볼 수 없다.

㉣ 양토
　ⓐ 모래, 미사, 점토가 거의 같은 양이 있고, 응집력도 있다.
　ⓑ 손에 쥐었을 때 건조하면 모양을 갖추며 손을 조심히 펴면 부스러지지 않는다.
　ⓒ 습할 때도 모양을 갖추며 손을 펴도 부스러지지 않는다.
　ⓓ 쥐었다 펴면 지문이 희미하게 남는다.

㉤ 식양토
　ⓐ 건조하면 굳은 흙덩이가 되고 손가락으로 만졌을 경우 고운 느낌이며 습할 때는 차진기가 있다.
　ⓑ 양손으로 흙을 비비면 가는 막대기 모양(가락 ; ribbon)으로 되나 자체 중량에 의하여 쉽게 꺾인다.
　ⓒ 쥐었다 펴면 표면에 지문이 남는다.

㉥ 식토
　ⓐ 건조하면 굳은 흙덩이가 되고 습할 때는 매우 찰지며 손에서 흙이 잘 떨어지지 않는다.
　ⓑ 양손으로 비비면 길고 가는 막대기 모양의 봉이 된다.

② **기계적 분석법** : 토양시료를 모래, 미사, 점토의 함량을 정확하게 분석하여 토성명을 결정하는 것이다.

예제 **다음은 토양의 촉감에 대한 감별법이다. 토성을 쓰시오.**

- 손에 쥐었을 때 건조하면 모양을 갖추며 손을 조심히 펴면 부스러지지 않는다.
- 습할 때도 모양을 갖추며 손을 펴도 부스러지지 않는다.
- 쥐었다 펴면 지문이 희미하게 남는다.

▶▶ 양토

필수이론 02 토양의 3상

(1) 토양 3상의 구성

① 토양은 여러 토양 입자로 구성되어 있고, 이들 입자 사이에는 공극이 존재하며 이 공극에는 공기 또는 액체가 존재한다.

② 토양 3상
　㉠ 고상 : 유기물, 무기물인 흙
　㉡ 기상 : 토양 공기
　㉢ 액상 : 토양 수분

(2) 토양 3상과 작물의 생육

① 고상 : 기상 : 액상의 비율이 50% : 25% : 25%로 구성된 토양이 보수, 보비력과 통기성이 좋아 이상적이다.

② 토양 3상의 비율은 토양 종류에 따라 다르고 같은 토양 내에서도 토층에 따라 차이가 크다.

③ 기상과 액상의 비율은 기상조건 특히 강우에 따라 크게 변동한다.

④ 고상은 유기물과 무기물로 이루어져 있으며, 일반적으로 고상의 비율은 입자가 작고 유기물함량이 많아질수록 낮아진다.

⑤ 작물은 고상에 의해 기계적 지지를 받고, 액상에서 양분과 수분을 흡수하며, 기상에서 산소와 이산화탄소를 흡수한다.

⑥ 액상의 비율이 높으면 통기가 불량하고 뿌리의 발육이 저해된다.

⑦ 기상의 비율이 높으면 수분 부족으로 위조, 고사한다.

(3) 토양의 밀도와 공극량

토양의 입자 또는 입단 사이에 생기는 공간을 공극이라 하는데 공극량이 많을수록 토양은 가벼워진다. 공극의 양과 크기는 토성 또는 토양의 구조에 따라 다르다.

① **고운 토성** : 토양에 있는 공극량은 많다고 해도 그 크기는 작다.

② **거친 토성** : 알갱이 사이 또는 떼알 사이의 공극량은 적을 수도 있으나 그들의 크기는 큰 것이다. 토양에 있을 수 있는 물이나 공기의 양은 공극의 양에 의해서 결정되지만, 물의 이동이나 공기의 유통은 공극의 양보다는 공극의 크기에 의해서 지배된다.

③ **토양의 밀도** : 토양의 질량을 그가 차지하는 부피로 나눈 값으로 일정한 부피 속에 들어 있는 토양의 무게(정확히 말하면 질량)를 나타내는 것이며, 토양의 무겁고 가벼운 정도를 나타내는 말이다.

㉠ 진밀도(입자밀도)

ⓐ 토양 알갱이가 차지하는 부피만으로 구하는 밀도를 토양의 알갱이 밀도 또는 진밀도라 한다.

$$\text{입자(알갱이)밀도} = \frac{\text{건조한 토양의 질량(무게)}}{\text{토양 알갱이가 차지하는 부피(토양입자의 부피)}}$$

ⓑ 토양의 평균 입자밀도 : 2.65mg/m³

㉡ 가밀도(전용적밀도) : 알갱이가 차지하는 부피뿐만 아니라 알갱이 사이의 공극까지 합친 부피로 구하는 밀도를 토양의 부피밀도 또는 가밀도라 한다. 같은 토양이라도 떼알이 발달되어 있는 정도에 따라서 공극량이 달라지므로 부피 밀도는 일정한 것이 아니다.

$$\text{가밀도} = \frac{\text{건조한 토양의 질량(무게)}}{\text{토양 알갱이가 차지하는 부피} + \text{토양 공극}}$$

④ **토양의 공극량** : 토양의 공극률은 다음 식으로 계산된다.

$$공극률(\%)=\left\{1-\frac{용적\ 비중}{입자\ 비중}\right\}$$

예제 **토양의 용적밀도 1.3g/cm³, 입자밀도 2.6g/cm³, 점토함량 15%, 토양 수분 26%, 토양 구조가 사열구조일 때 공극률을 구하시오.**

▶▶ $공극률(\%)=\left\{1-\frac{용적\ 비중}{입자\ 비중}\right\}\times100=1-(1.3\div2.6)\times100=50$

필수이론 03 유기재배 토양 분석

(1) 토양 검정항목

일반적으로 pH, 유기물, 유효인산, 치환성양이온, 전기전도도 등을 검정한다.

(2) 토양 검정순서

① 연간계획서 작성
② 토양 채취
③ 토양 건조
④ 풍건토 반입 및 분쇄
⑤ 토양 분석결과 처리 및 정리
⑥ 시비처방서 발급
⑦ 토양 관리 및 시비대책

(3) 토양 검정방법

① 토양 채취방법
㉠ 논과 밭의 채취지점 수 : 일반적으로 토양 비옥도가 균일할 때 5지점 이상을 채취한다.
㉡ 논토양과 밭토양의 토양 채취방법
ⓐ 토양의 표층을 1cm 정도 걷어내고 이물을 제거한다.
ⓑ 논은 18cm, 밭은 15cm 깊이로 V자 폼을 파서 흙을 제거한다.
ⓒ V자 홈 옆면 5~7cm 두께의 흙을 채취한다.
ⓓ 한 농경지당(10a) 5지점 이상의 흙을 채취한다.
ⓔ 그늘진 곳에서 비닐을 펴고 3~4일 건조시킨다.
ⓕ 풍건 시료는 잘게 부수고 혼합하여 2mm 체로 쳐서 500g 정도를 채취한다.
ⓖ 시료량이 많을 경우 4분법으로 등분하여 채취한다.
ⓗ 시료 봉투에 의뢰인의 인적사항, 의뢰내용, 분석목적 등을 기록한다.

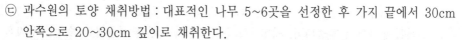

㉢ 과수원의 토양 채취방법 : 대표적인 나무 5~6곳을 선정한 후 가지 끝에서 30cm 안쪽으로 20~30cm 깊이로 채취한다.

② pH 시험지를 이용한 측정

㉠ 토양 시료를 5.00g 정량한다.

㉡ 팔콘튜브에 증류수 25.00mL를 넣고 토양 시료를 넣는다(물과 토양 시료의 비율은 5 : 1).

㉢ 20분간 팔콘튜브를 균일하게 흔들고 5분간 정치한다.

㉣ 현탁액에 2~3 시험지를 침지한 후 바로 컬러 대조표와 비교 판정한다.

③ 유기물함량 측정

유기물함량=(태우기 전 시료 무게-태운 후 시료 무게)÷태우기 전 시료 무게×100

㉠ 풍건 시료 도가니를 550~600℃ 전기로에 넣어 완전히 태운 후 무게를 칭량한다.

㉡ 부식 중 탄소함량을 이용한 유기물함량 계산 : 토양 부식 중 탄소함량이 58%로 이를 이용하여 유기물함량을 구한다.

유기물함량=탄소함량×1.724

예제 **토양 50g에 탄소가 0.72g일 때 유기물함량을 구하시오. (단, 계산은 소수점 2째 자리에서 반올림하시오.)**

▶▶ 0.72×1.724=1.24g

필수이론 04 무기성분

(1) 토양 무기성분

① 토양 무기성분은 광물성분을 의미한다.

② 1차 광물 : 암석에서 분리된 광물

③ 2차 광물 : 1차 광물의 풍화 생성으로 재합성된 광물

(2) 필수원소

① 필수원소의 종류(16종)

㉠ 다량원소(9종) : 탄소(C), 산소(O), 수소(H), 질소(N), 인(P), 칼륨(K), 칼슘(Ca), 마그네슘(Mg), 황(S)

㉡ 미량원소(7종) : 철(Fe), 망간(Mn), 구리(Cu), 아연(Zn), 붕소(B), 몰리브덴(Mo), 염소(Cl)

② 규소(Si), 알루미늄(Al), 나트륨(Na), 요오드(I), 코발트(Co) 등은 필수원소는 아니지만 식물체 내에서 검출되며, 특히 규소는 벼 등의 화본과 식물에서 중요한 생리적 역할을 한다.

③ 자연함량의 부족으로 인공적 보급의 필요성이 있는 성분을 비료요소라 한다.

㉠ 비료의 3요소 : N, P, K

㉡ 비료의 4요소 : N, P, K, Ca

㉢ 비료의 5요소 : N, P, K, Ca, 부식

예제 **다음에서 필수원소가 아닌 것을 모두 고르시오.**

Zn, Mo, Si, Ca, Al, Cu, Cl, Na

▶▶ Si, Al, Na

필수원소의 종류(16종)

① 다량원소(9종) : 탄소(C), 산소(O), 수소(H), 질소(N), 인(P), 칼륨(K), 칼슘(Ca), 마그네슘(Mg), 황(S)

② 미량원소(7종) : 철(Fe), 망간(Mn), 구리(Cu), 아연(Zn), 붕소(B), 몰리브덴(Mo), 염소(Cl)

필수이론 05 유기물

(1) 토양 유기물의 정의

① **광의** : 토양 미생물, 동물 및 식물의 사체와 부식이라 부르는 비결정질의 암갈색 물질

② **협의** : 부식이라고 하며, 무기광물질과 혼합되어 존재하고 토양의 물리·화학적 특성과 현상에 주로 관여하는 유기물질

(2) 토양 유기물의 기능

① 암석의 분해 촉진(흙)

② 양분의 공급(N, P, K, Ca, Mg)

③ 대기 중의 이산화탄소 공급

④ 생장촉진 물질 생성

⑤ 입단의 형성(보수, 보비력 증대)

⑥ 토양의 완충능력 증대

⑦ 미생물 번식 조장

⑧ 토양 보호

⑨ 지온 상승

(3) 유기물의 탄질률(C/N율)

$$\text{탄질률} = \frac{\text{탄소}(C)\text{의 함량}}{\text{질소}(N)\text{의 함량}} \times 100$$

$$\text{탄질률의 교정}(\%) = \frac{\text{재료의 탄소 함량}}{\text{교정하는 탄질률}} - \text{재료의 질소 함량}$$

① 유기물이 함유하고 있는 탄소와 질소의 비율
② 탄질률이 높은 유기물의 시용은 질소를 영양원으로 탄소를 분해하는 토양 미생물의 영양원 부족으로 토양 내 질소에 대한 작물과 경합이 발생할 수 있으며, 이를 질소기아 현상이라 한다.
③ 작물 생육에 적당한 토양 유기물의 탄질률은 8~15의 범위이다.
④ 질소기아 현상
㉠ 탄질률이 높은 유기물을 토양에 공급하면 토양 중 질소를 미생물이 이용하게 되어 작물에 질소가 부족해지는 현상을 질소기아 현상이라 한다.
㉡ 탄질률 30 이상에서 질소기아 현상이 나타날 수 있다.
⑤ 토양유기물의 탄질률에 따른 질소의 변화
㉠ 탄질률이 높은 유기물을 주면 질소의 공급효과가 낮아진다.
㉡ 시용하는 유기물의 탄질률이 높으면 질소가 일시적으로 결핍된다.
㉢ 두과작물의 재배는 질소의 공급에 유리하다.
㉣ 유기물의 분해는 탄질률에 따라 크게 달라진다.
㉤ 탄질률이 낮은 퇴비는 비료효과가 크다.

(4) 토양 유기물 유지방법

① 퇴구비의 증산과 충분한 시용
② 재배작물 유체의 토양 환원
③ 토양 침식 방지
④ 적정 토양의 관리법 선택(객토, 윤작, 심경 등)
⑤ 산흙 객토 시 질소와 인산 비료의 적당량 시비

예제 **탄소함량이 40%이고, 질소함량이 0.5%인 볏짚 100kg을, C/N율이 10이고, 탄소동화율이 30%인 미생물이 분해시킬 때 식물이 질소기아를 나타내지 않게 하려면 몇 kg의 질소를 가해야 하는지 구하시오.**

▶▶ 첨가하는 질소량=(재료의 탄소함량×탄소동화율)÷교정하려는 C/N율-재료의 질소함량
=(40kg×0.3)÷10-0.5kg
=0.7kg

필수이론 06 퇴비

(1) 개요

① 유기물이 미생물에 의해 분해되어 안정화되는 과정으로 완전히 분해되면 이산화탄소, 물, 유기물로 전환된다.

② 토양과 대기 중에는 다양한 종류의 미생물이 존재하며, 토양 중 미생물은 통기성, 수분, 영양원 등 증식에 알맞은 환경이 주어지면 유기물을 분해한다.

③ 미생물의 특성을 이용하여 유기물을 분해하는 것이 퇴비화이며, 이용 미생물은 주로 호기성 미생물이다.

④ 미생물에 저항성을 갖는 유기물과 분해 과정 중 새로 합성된 물질을 부식(humus)이라 하고, 이 과정을 부숙화라 한다.

⑤ 부숙이 완료되는 단계를 완숙이라 한다.

(2) 퇴비의 효과

질 좋은 퇴비의 시용은 토양의 물리성, 화학성, 생물성이 개선되어 작물생육에 알맞은 환경을 조성한다.

① 토양에 적당한 수분과 공기를 함유할 수 있는 입단구조를 만들어 토양의 물리성을 개선한다.

② 부식은 점토와 같이 이온교환능력을 지니고 있으며, pH를 교정하여 토양의 화학성을 개선한다.

③ 토양환경에 적응하는 미생물의 생장을 촉진하여 토양 생물성을 개선한다.

④ 중금속 등 유해물질이 미생물에 의해 분해되어 무해화되어 생육장해를 예방한다.

(3) 발효퇴비의 장점

① 유효균의 배양

② 토양 중화

③ 퇴비 중 병해충의 사멸

④ 토양 산성화 억제

⑤ 토양전염병 억제

⑥ 토양 유기물함량의 유지, 증진

(4) 퇴비의 재료

① **농림부산물** : 짚류, 왕겨, 미강, 녹비, 농작물잔사, 낙엽, 수피, 톱밥, 부엽토, 야생초, 폐사료, 한약찌꺼기, 이탄, 토탄, 깻묵류 등

② **수산부산물** : 어분, 어묵찌꺼기, 게껍질, 폐수처리오니를 제외한 기타 해산물 도매, 소매장 부산물

③ 인·축분뇨 등 동물의 분뇨
  ㉠ 인분뇨처리잔사, 구비, 우분뇨, 돈분뇨, 계분, 기타 동물의 분뇨
  ㉡ 축분의 질소함량은 우분(0.41%), 돈분(0.90%), 계분(1.73%) 순이다.
④ 음식물류 폐기물
⑤ 식료품제조업, 유통업, 판매업에서 발생하는 동·식물성 잔재물
⑥ 음료품, 담배제조업에서 발생하는 동·식물성 잔재물

(5) 퇴비의 공정규격

① 유기물 30% 이상
② 함유 유해성분의 최대량
  ㉠ 건물 중에 대하여 비소 45mg/kg, 카드뮴 5mg/kg, 수은 2mg/kg, 납 130mg/kg, 크롬 200mg/kg, 구리 360mg/kg, 니켈 45mg/kg, 아연 900mg/kg
  ㉡ 대장균 O157 : H7, 살모넬라 등 병원성 미생물 불검출
③ 기타 규격
  ㉠ 유기물과 질소의 비 : 45 이하인 것
  ㉡ 건물 중에 대한 NaCl 2.0% 이하, 수분 55% 이하
  ㉢ 부숙도는 암모니아와 이산화탄소 발색반응을 이용한 기계적 부숙도 측정기준(부숙완료 또는 부숙된 것으로 판정)에 적합하거나 종자발아법의 경우 발아지수 70 이상이어야 한다.
  ㉣ 염산 불용해물 25% 이하

예제 발효퇴비의 장점에 대하여 3가지 이상 서술하시오.

▶▶ ① 유효균 배양
② 토양 중화
③ 퇴비 중 병해충 사멸
④ 토양 산성화 억제
⑤ 토양 전염병 억제
⑥ 토양 유기물함량 유지, 증진

필수이론 07 퇴비 제조

(1) 퇴비 제조조건

미생물 활성을 최적으로 유지하는 것이 퇴비화의 기본으로 탄질률, pH, 통기성, 온도, 수분함량, 입자의 크기 등을 고려하여야 한다.

① 탄질률

㉠ 탄소는 미생물의 에너지원으로, 질소는 영양원으로 이용된다.

㉡ 퇴비화에 적합한 탄질률은 20~30으로 이보다 낮으면 탄소원이 제한되어 퇴비화가 지연되고 질소의 손실이 유발되고, 이보다 높으면 질소기아 현상을 초래하여 퇴비화가 늦어지거나 진행되지 않는다.

② pH

㉠ pH는 미생물 생육과 퇴비화 과정 중 물질변화에 영향을 미친다.

㉡ 적합 pH는 6.5~8.0 정도로 대부분 퇴비원료의 pH도 이 범위에 있다.

㉢ 퇴비화 초기 유기산의 영향으로 pH는 약간 낮아지나 유기태질소의 암모니아화 작용으로 퇴비더미의 pH는 9.0 이상 상승하는 경우도 있다.

㉣ pH가 지나치게 높으면 암모니아 휘산을 초래하여 이롭지 못하다.

③ 통기성

㉠ 공기의 공급은 호기성 미생물 활성을 유지하는 데 도움을 주며, 퇴비더미의 지나친 온도상승을 억제하는 역할을 한다.

㉡ 통기성은 입자의 물리적 성질의 영향을 받으므로 입자가 작고 수분이 많은 재료는 수분조절제를 이용하여 통기성을 개량한다.

㉢ 수분조절제 : 일반적으로 톱밥이 이용되며 최근 왕겨 등 농업부산물을 활용하기도 한다.

④ 수분함량

㉠ 수분함량은 퇴비화 속도를 지배하는 필수요소이다.

㉡ 퇴비화에 적합한 수분함량은 20~65% 범위이며, 40% 미만에서는 분해속도가 저해되고, 65% 이상에서는 퇴비화가 지연되고 악취의 원인이 된다.

⑤ 온도

㉠ 퇴비화 과정 중 온도의 상승은 유기물이 분해되며 나타나는 현상으로 온도는 40℃ 이상의 고온대와 40℃ 이하의 중온도로 구분하며, 유기물 분해에 가장 효율적인 온도범위는 45~65℃이다.

㉡ 신선유기물 퇴비화에서 병원균 사멸과 잡초종자의 불활성화를 위해서는 고온대의 퇴비화 과정이 필수적이나, 65℃ 이상에서는 미생물 활성이 떨어지므로 퇴비화 지연요인으로 작용하기도 한다.

㉢ 과도한 온도상승은 통기량 조절로 관리할 필요가 있다.

(2) 퇴비 제조과정

① 퇴비 재료 수집 : 볏짚, 파쇄목, 쌀겨, 축분 등

② 혼합 및 야적

㉠ 탄질률이 높은 섬유질 재료는 질소 부족으로 부숙이 잘 되지 않을 수 있으므로 깻묵, 축분 등과 같은 질소함량이 높은 재료를 섞어 질소함량이 1% 이상이 되도록 조절해 주는 것이 좋다.

㉡ 수분은 60%~70%로 유지한다. 손으로 쥐어서 물이 스며나올 정도면 알맞다.

③ 퇴적 및 뒤집기

㉠ 뒤집기는 퇴비 재료의 겉표면과 속이 미생물에 의한 부숙의 정도가 다르므로 주기적으로 섞어 주어 유기물이 고루 잘 부숙되도록 숙성시키기 위한 것이다.

㉡ 2주 간격으로 뒤집기를 한다.

㉢ 퇴적 기간은 10~14주이다.

④ 후숙 : 20일 이상 야적을 통해 후숙한다.

예제 퇴비 만들기 순서에서 '퇴적 및 뒤집기'에 대하여 설명하시오.

▶▶ ① 뒤집기는 퇴비 재료의 겉표면과 속이 미생물에 의한 부숙의 정도가 다르므로 주기적으로 섞어 주어 유기물이 고루 잘 부숙되도록 숙성시키기 위한 것이다.

② 2주 간격으로 뒤집기를 한다.

③ 퇴적 기간은 10~14주이다.

필수이론 08 부숙도 검사

(1) 관능적 방법

① 수분함량

㉠ 퇴비 제조 시 적당한 수분함량은 65~70%이나 퇴비는 부숙 과정 중 수분의 증발로 40~50%의 수분함량을 유지해야 하며, 현장에서 측정은 퇴비를 손으로 꽉 쥐어보고 판정한다.

㉡ 70% 이상 : 꽉 쥐었을 때 손가락 사이로 물기가 스밀 정도

㉢ 65~70% : 손바닥에 물기를 느낄 수 있을 정도

㉣ 40~50% : 물기를 거의 느낄 수 없고, 손을 털면 묻었던 부스러기가 떨어질 정도

② 관능 검사

㉠ 형태에 의한 판정 : 유기물의 형태는 부숙되면서 구분이 어려워지며 완전히 부숙되면 잘 부스러지고 원재료를 구분하기 어려워진다.

㉡ 색에 의한 방법

ⓐ 색은 종류에 따라 다양하게 나타나며, 산소 공급에 따라 다르게 나타나나 일반적으로 검은색으로 변한다.

ⓑ 고간류 퇴비는 내부가 혐기상태로 누런색을 띠게 되나 공기와 접촉되면 검은색으로 변한다.

㉢ 냄새에 의한 방법 : 종류에 따라 다르나 볏짚이나 산야초 퇴비는 완숙되면 퇴비 고유의 향긋한 냄새가 나고, 가축분뇨도 악취가 거의 없어진다.

㉣ 촉감법 : 손으로 만졌을 때 느낌으로 입자가 잘 부서지고 부드럽고 긴 섬유질이 잘 끊어지면 부숙이 잘 된 것이다.

(2) 화학적 방법

① 탄질률에 의한 방법

㉠ 퇴비의 적정 탄질률은 20 정도로 작물과 미생물 간 질소의 경합이 일어나지 않는 경계이다.

㉡ 탄질률 20 이하일 때 완숙되었다고 할 수 있다.

② 비닐봉투법

㉠ 축분 등은 수용성 질소와 단백태 질소와 BOD, COD원이 되는 저급 지방산과 당류 함량이 높아 분해 초기 가스 발생량이 많다.

㉡ 부숙이 진전되면서 가스발생량이 적어지는 것을 이용한 방법이다.

㉢ 비닐봉투에 약 300g의 시료를 넣고 봉투 내 공기를 뺀 후 밀봉하여 3~4일 실온에 방치한 다음 봉투가 가스로 부풀어 오르면 미숙퇴비, 부풀어 오르지 않으면 완숙퇴비로 판정한다.

(3) 생물학적 방법

① 지렁이법

㉠ 살아 있는 지렁이를 이용하여 지렁이의 습성과 행동 형태의 변화 등을 통해 부숙도를 판정하는 방법이다.

㉡ 아주 미숙한 퇴비 : 지렁이가 부분적으로 녹기 시작한다.

㉢ 약간 미숙한 퇴비 : 지렁이가 원기를 잃어 움직임이 없고, 몸체가 탈수하여 백색 또는 암갈색으로 변한다.

㉣ 완숙 퇴비 : 활동이 활발하다.

② 종자 발아시험법

㉠ 목질자재를 이용한 퇴비는 자재에 페놀물질이 함유되어 있어 퇴비 추출물에 파종하면 발아장해가 나타나는 것을 이용하는 방법이다.

㉡ 수피퇴비, 목질자재 함유 퇴적물 및 음식물 쓰레기를 이용한 퇴비 등의 부숙도 판정에 이용한다.

㉢ 발아율이 90% 이상이면 퇴비화를 통해 자재 중 발아저해물질이 거의 없어진 것으로 완숙으로 판정한다.

〈퇴비 부숙도에 따른 차이〉

구 분	미숙퇴비	중숙퇴비	완숙퇴비
질소 성분	원료 상태	약간 유실	약간 유실
유효 미생물	혐기성미생물	분해미생물	유용미생물
잡초 종자	활성있음	반사멸	사멸
산도	산성	중산성	중성~알칼리성
지렁이 생존	생존불량	일부생존	다수생존
냄새	악취 많음	악취 약간	흙냄새
유해가스	많이 발생	약간 발생	거의 없음
작물에 대한 안전성	낮음	보통	높음
유해물질 분해 정도	그대로 있음	약간 분해	대부분 분해
파리, 구더기 발생	많음	보통	없음
취급 및 보관성	불량	보통	양호
생리활성물질	별로 없음	보통	많음
양이온 치환용량	낮음	보통	높음
발효 기간	1주일 이내	1개월 이내	3개월 이상

예제 비닐봉투법에 대하여 설명하시오.

▶▶ ① 축분 등은 수용성 질소와 단백태 질소와 BOD, COD원이 되는 저급 지방산과 당류함량이 높아 분해 초기 가스 발생량이 많다.

② 부숙이 진전되면서 가스발생량이 적어지는 것을 이용한 방법이다.

③ 비닐봉투에 약 300g의 시료를 넣고 봉투 내 공기를 뺀 후 밀봉하여 3~4일 실온에 방치한 다음 봉투가 가스로 부풀어 오르면 미숙퇴비, 부풀어 오르지 않으면 완숙퇴비로 판정한다.

필수이론 09 허용물질

농림축산식품부 소관 친환경농어업 육성 및 유기식품 등의 관리·지원에 관한 법률 시행규칙

허용물질(제3조 제1항 관련)

1. 유기식품 등에 사용 가능한 물질
  가. 유기농산물 및 유기임산물
    1) 토양 개량과 작물 생육을 위해 사용 가능한 물질

번호	사용 가능 물질	사용 가능 조건
1	가) 농장 및 가금류의 퇴구비[堆廏肥 : 볏짚, 낙엽 등 부산물을 부숙(썩혀서 익히는 것을 말한다. 이하 같다)하여 만든 퇴비와 축사에서 나오는 두엄을 말한다] 나) 퇴비화된 가축배설물 다) 건조된 농장 퇴구비 및 탈수한 가금류의 퇴구비 라) 가축분뇨를 발효시킨 액상의 물질	(1) 제11조 제2항에 따라 국립농산물품질관리원장이 정하여 고시하는 유기농산물 및 유기임산물 인증기준의 재배방법 중 가축분뇨를 원료로 하는 퇴비·액비의 기준에 적합할 것 (2) 사용 가능 물질 중 라)는 유기축산물 또는 무항생제축산물 인증 농장, 경축순환농법(耕畜循環農法 : 친환경농업을 실천하는 자가 경종과 축산을 겸업하면서 각각의 부산물을 작물재배 및 가축사육에 활용하고, 경종작물의 퇴비소요량에 맞게 가축사육 마릿수를 유지하는 형태의 농법을 말한다) 등 친환경 농법으로 가축을 사육하는 농장 또는 「동물보호법」 제29조에 따른 동물복지축산농장 인증을 받은 농장에서 유래한 것만 사용하고, 「비료관리법」 제4조에 따른 공정규격설정 등의 고시에서 정한 가축분뇨발효액의 기준에 적합할 것
2	식물 또는 식물 잔류물로 만든 퇴비	충분히 부숙된 것일 것
3	버섯재배 및 지렁이 양식에서 생긴 퇴비	버섯재배 및 지렁이 양식에 사용되는 자재는 이 표에서 사용 가능한 것으로 규정된 물질만을 사용할 것
4	지렁이 또는 곤충으로부터 온 부식토	부식토의 생성에 사용되는 지렁이 및 곤충의 먹이는 이 표에서 사용 가능한 것으로 규정된 물질만을 사용할 것
5	식품 및 섬유공장의 유기적 부산물	합성첨가물이 포함되어 있지 않을 것
6	유기농장 부산물로 만든 비료	화학물질의 첨가나 화학적 제조공정을 거치지 않을 것
7	혈분·육분·골분·깃털분 등 도축장과 수산물 가공공장에서 나온 동물부산물	화학물질의 첨가나 화학적 제조공정을 거치지 않아야 하고, 항생물질이 검출되지 않을 것
8	대두박(콩에서 기름을 짜고 남은 찌꺼기를 말한다. 이하 이 표에서 같다), 쌀겨 유박(油粕 : 식물성 원료에서 원하는 물질을 짜고 남은 찌꺼기를 말한다. 이하 이 표에서 같다), 깻묵 등 식물성 유박류	(1) 유전자를 변형한 물질이 포함되지 않을 것 (2) 최종제품에 화학물질이 남지 않을 것 (3) 아주까리 및 아주까리 유박을 사용한 자재는 「비료관리법」 제4조에 따른 공정규격설정등의 고시에서 정한 리친(Ricin)의 유해성분 최대량을 초과하지 않을 것
9	제당산업의 부산물[당밀, 비나스(Vinasse : 사탕수수나 사탕무에서 알코올을 생산한 후 남은	유해 화학물질로 처리되지 않을 것

번호	사용 가능 물질	사용 가능 조건
	찌꺼기를 말한다), 식품등급의 설탕, 포도당을 포함한다]	
10	유기농업에서 유래한 재료를 가공하는 산업의 부산물	합성첨가물이 포함되어 있지 않을 것
11	오줌	충분한 발효와 희석을 거쳐 사용할 것
12	사람의 배설물(오줌만인 경우는 제외한다)	(1) 완전히 발효되어 부숙된 것일 것 (2) 고온발효 : 50℃ 이상에서 7일 이상 발효된 것 (3) 저온발효 : 6개월 이상 발효된 것일 것 (4) 엽채류 등 농산물·임산물 중 사람이 직접 먹는 부위에는 사용하지 않을 것
13	벌레 등 자연적으로 생긴 유기체	
14	구아노(Guano : 바닷새, 박쥐 등의 배설물)	화학물질 첨가나 화학적 제조공정을 거치지 않을 것
15	짚, 왕겨, 쌀겨 및 산야초	비료화하여 사용할 경우에는 화학물질 첨가나 화학적 제조공정을 거치지 않을 것
16	가) 톱밥, 나무껍질 및 목재 부스러기 나) 나무 숯 및 나뭇재	원목상태 그대로이거나 원목을 기계적으로 가공·처리한 상태의 것으로서 가공·처리과정에서 페인트·기름·방부제 등이 묻지 않은 폐목재 또는 그 목재의 부산물을 원료로 하여 생산한 것일 것
17	가) 황산칼륨, 랑베나이트(해수의 증발로 생성된 암염) 또는 광물염 나) 석회소다 염화물 다) 석회질 마그네슘 암석 라) 마그네슘 암석 마) 사리염(황산마그네슘) 및 천연석고(황산칼슘) 바) 석회석 등 자연에서 유래한 탄산칼슘 사) 점토광물(벤토나이트·펄라이트·제올라이트·일라이트 등) 아) 질석(Vermiculite : 풍화한 흑운모) 자) 붕소·철·망간·구리·몰리브덴 및 아연 등 미량원소	(1) 천연에서 유래하고, 단순 물리적으로 가공한 것일 것 (2) 사람의 건강 또는 농업환경에 위해(危害)요소로 작용하는 광물질(예 : 석면광, 수은광 등)은 사용하지 않을 것
18	칼륨암석 및 채굴된 칼륨염	천연에서 유래하고 단순 물리적으로 가공한 것으로 염소함량이 60% 미만일 것
19	천연 인광석 및 인산알루미늄칼슘	천연에서 유래하고 단순 물리적 공정으로 가공된 것이어야 하며, 인을 오산화인(P2O5)으로 환산하여 1kg 중 카드뮴이 90mg/kg 이하일 것
20	자연암석분말·분쇄석 또는 그 용액	(1) 화학물질의 첨가나 화학적 제조공정을 거치지 않을 것 (2) 사람의 건강 또는 농업환경에 위해요소로 작용하는 광물질이 포함된 암석은 사용하지 않을 것
21	광물을 제련하고 남은 찌꺼기[광재(鑛滓) : 베이직 슬래그]	광물의 제련과정에서 나온 것으로서 화학물질이 포함되지 않을 것(예 : 제조 시 화학물질이 포함되지 않은 규산질 비료)

번호	사용 가능 물질	사용 가능 조건
22	염화나트륨(소금) 및 해수	(1) 염화나트륨(소금)은 채굴한 암염 및 천일염(잔류농약이 검출되지 않아야 함)일 것 (2) 해수는 다음 조건에 따라 사용할 것 (가) 천연에서 유래할 것 (나) 엽면시비용(葉面施肥用)으로 사용할 것 (다) 토양에 염류가 쌓이지 않도록 필요한 최소량만을 사용할 것
23	목초액	「산업표준화법」에 따른 한국산업표준의 목초액(KSM3939) 기준에 적합할 것
24	키토산	국립농산물품질관리원장이 정하여 고시하는 품질규격에 적합할 것
25	미생물 및 미생물 추출물	미생물의 배양과정이 끝난 후에 화학물질의 첨가나 화학적 제조공정을 거치지 않을 것
26	이탄(泥炭, Peat), 토탄(土炭, Peat moss), 토탄 추출물	
27	해조류, 해조류 추출물, 해조류 퇴적물	
28	황	
29	주정 찌꺼기(Stillage) 및 그 추출물(암모니아 주정 찌꺼기는 제외한다)	
30	클로렐라(담수녹조) 및 그 추출물	클로렐라 배양과정이 끝난 후에 화학물질의 첨가나 화학적 제조공정을 거치지 않을 것

2) 병해충 관리를 위해 사용 가능한 물질

번호	사용 가능 물질	사용 가능 조건
1	제충국 추출물	제충국(Chrysanthemum cinerariaefolium)에서 추출된 천연물질일 것
2	데리스(Derris) 추출물	데리스(Derris spp., Lonchocarpus spp. 및 Tephrosia spp.)에서 추출된 천연물질일 것
3	쿠아시아(Quassia) 추출물	쿠아시아(Quassia amara)에서 추출된 천연물질일 것
4	라이아니아(Ryania) 추출물	라이아니아(Ryania speciosa)에서 추출된 천연물질일 것
5	님(Neem) 추출물	님(Azadirachta indica)에서 추출된 천연물질일 것
6	해수 및 천일염	잔류농약이 검출되지 않을 것
7	젤라틴(Gelatine)	크롬(Cr)처리 등 화학적 제조공정을 거치지 않을 것
8	난황(卵黃, 계란노른자 포함)	화학물질의 첨가나 화학적 제조공정을 거치지 않을 것
9	식초 등 천연산	화학물질의 첨가나 화학적 제조공정을 거치지 않을 것
10	누룩곰팡이속(Aspergillus spp.)의 발효 생산물	미생물의 배양과정이 끝난 후에 화학물질의 첨가나 화학적 제조공정을 거치지 않을 것
11	목초액	「산업표준화법」에 따른 한국산업표준의 목초액(KSM3939) 기준에 적합할 것
12	담배잎차(순수 니코틴은 제외한다)	물로 추출한 것일 것

번호	사용 가능 물질	사용 가능 조건
13	키토산	국립농산물품질관리원장이 정하여 고시하는 품질규격에 적합할 것
14	밀랍(Beeswax) 및 프로폴리스(Propolis)	
15	동·식물성 오일	천연유화제로 제조할 경우만 수산화칼륨을 동물성·식물성 오일 사용량 이하로 최소화하여 사용할 것. 이 경우 인증품 생산계획서에 기록·관리하고 사용해야 한다.
16	해조류·해조류가루·해조류추출액	
17	인지질(Lecithin)	
18	카제인(유단백질)	
19	버섯 추출액	
20	클로렐라(담수녹조) 및 그 추출물	클로렐라 배양과정이 끝난 후에 화학물질의 첨가나 화학적 제조공정을 거치지 않을 것
21	천연식물(약초 등)에서 추출한 제재(담배는 제외)	
22	식물성 퇴비발효 추출액	(1) 허용물질 중 식물성 원료를 충분히 부숙시킨 퇴비로 제조할 것 (2) 물로만 추출할 것
23	가) 구리염 나) 보르도액 다) 수산화동 라) 산염화동 마) 부르고뉴액	토양에 구리가 축적되지 않도록 필요한 최소량만을 사용할 것
24	생석회(산화칼슘) 및 소석회(수산화칼슘)	토양에 직접 살포하지 않을 것
25	석회보르도액 및 석회유황합제	
26	에틸렌	키위, 바나나와 감의 숙성을 위해 사용할 것
27	규산염 및 벤토나이트	천연에서 유래하고 단순 물리적으로 가공한 것만 사용할 것
28	규산나트륨	천연규사와 탄산나트륨을 이용하여 제조한 것일 것
29	규조토	천연에서 유래하고 단순 물리적으로 가공한 것일 것
30	맥반석 등 광물질 가루	(1) 천연에서 유래하고 단순 물리적으로 가공한 것일 것 (2) 사람의 건강 또는 농업환경에 위해요소로 작용하는 광물질(예 : 석면광 및 수은광 등)은 사용하지 않을 것
31	인산철	달팽이 관리용으로만 사용할 것
32	파라핀 오일	
33	중탄산나트륨 및 중탄산칼륨	
34	과망간산칼륨	과수의 병해관리용으로만 사용할 것
35	황	액상화할 경우에만 수산화나트륨을 황 사용량 이하로 최소화하여 사용할 것. 이 경우 인증품 생산계획서에 기록·관리하고 사용해야 한다.
36	미생물 및 미생물 추출물	미생물의 배양과정이 끝난 후에 화학물질의 첨가나 화학적 제조공정을 거치지 않을 것
37	천적	생태계 교란종이 아닐 것

번호	사용 가능 물질	사용 가능 조건
38	성 유인물질(페로몬)	(1) 작물에 직접 처리하지 않을 것 (2) 덫에만 사용할 것
39	메타알데하이드	(1) 별도 용기에 담아서 사용할 것 (2) 토양이나 작물에 직접 처리하지 않을 것 (3) 덫에만 사용할 것
40	이산화탄소 및 질소가스	과실 창고의 대기 농도 조정용으로만 사용할 것
41	비누(Potassium Soaps)	
42	에틸알콜	발효주정일 것
43	허브식물 및 기피식물	생태계 교란종이 아닐 것
44	기계유	(1) 과수농가의 월동 해충 제거용으로만 사용할 것 (2) 수확기 과실에 직접 사용하지 않을 것
45	웅성불임곤충	

나. 유기축산물 및 비식용 유기가공품

1) 사료로 직접 사용되거나 배합사료의 원료로 사용 가능한 물질(「사료관리법」 제11조에 따라 고시된 사료공정을 준수한 원료로 한정한다)

번호	구분	사용 가능 물질	사용 가능 조건
1	식물성	곡류(곡물), 곡물부산물류(강피류), 박류(단백질류), 서류, 식품가공부산물류, 조류(藻類), 섬유질류, 제약부산물류, 유지류, 전분류, 콩류, 견과·종실류, 과실류, 채소류, 버섯류, 그 밖의 식물류	가) 유기농산물(유기수산물을 포함한다. 이하 같다) 인증을 받거나 유기농산물의 부산물로 만들어진 것일 것 나) 천연에서 유래한 것은 잔류농약이 검출되지 않을 것
2	동물성	단백질류, 낙농가공부산물류	가) 수산물(골뱅이분을 포함한다)은 양식하지 않은 것일 것 나) 포유동물에서 유래된 사료(우유 및 유제품은 제외한다)는 반추가축[소·양 등 반추(反芻)류 가축을 말한다. 이하 같다]에 사용하지 않을 것
		곤충류, 플랑크톤류	가) 사육이나 양식과정에서 합성농약이나 동물용의약품을 사용하지 않은 것일 것 나) 야생의 것은 잔류농약이 검출되지 않은 것일 것
		무기물류	「사료관리법」 제2조 제2호에 따라 농림축산식품부장관이 정하여 고시하는 기준에 적합할 것
		유지류	가) 「사료관리법」 제2조 제2호에 따라 농림축산식품부장관이 정하여 고시하는 기준에 적합할 것 나) 반추가축에 사용하지 않을 것
3	광물성	식염류, 인산염류 및 칼슘염류, 다량광물질류, 혼합광물질류	가) 천연의 것일 것 나) 가)에 해당하는 물질을 상업적으로 조달할 수 없는 경우에는 화학적으로 충분히 정제된 유사물질 사용 가능

비고 : 이 표의 사용 가능 물질의 구체적인 범위는 「사료관리법」 제2조 제2호에 따라 농림축산식품부 장관이 정하여 고시하는 단미사료의 범위에 따른다.

2) 사료의 품질저하 방지 또는 사료의 효용을 높이기 위해 사료에 첨가하여 사용 가능한 물질

번호	구분	사용 가능 물질	사용 가능 조건
1	천연 결착제		가) 천연의 것이거나 천연에서 유래한 것일 것 나) 합성농약 성분 또는 동물용의약품 성분을 함유하지 않을 것 다) 「유전자변형생물체의 국가간 이동 등에 관한 법률」 제2조제2호에 따른 유전자변형생물체(이하 "유전자변형생물체"라 한다) 및 유전자변형생물체에서 유래한 물질을 함유하지 않을 것
	천연 유화제		
	천연 보존제	산미제, 항응고제, 항산화제, 항곰팡이제	
	효소제	당분해효소, 지방분해효소, 인분해효소, 단백질분해효소	
	미생물제제	유익균, 유익곰팡이, 유익효모, 박테리오파지	
	천연 향미제		
	천연 착색제		
	천연 추출제	초목 추출물, 종자 추출물, 세포벽 추출물, 동물 추출물, 그 밖의 추출물	
	올리고당		
2	규산염제		가) 천연의 것일 것 나) 가)에 해당하는 물질을 상업적으로 조달할 수 없는 경우에는 화학적으로 충분히 정제된 유사물질 사용 가능 다) 합성농약 성분 또는 동물용의약품 성분을 함유하지 않을 것 라) 유전자변형생물체 및 유전자변형생물체에서 유래한 물질을 함유하지 않을 것
	아미노산제	아민초산, DL-알라닌, 염산L-라이신, 황산L-라이신, L-글루타민산나트륨, 2-디아미노-2-하이드록시메치오닌, DL-트립토판, L-트립토판, DL메치오닌 및 L-트레오닌과 그 혼합물	
	비타민제(프로비타민 포함)	비타민A, 프로비타민A, 비타민B1, 비타민B2, 비타민B6, 비타민B12, 비타민C, 비타민D, 비타민D2, 비타민D3, 비타민E, 비타민K, 판토텐산, 이노시톨, 콜린, 나이아신, 바이오틴, 엽산과 그 유사체 및 혼합물	
	완충제	산화마그네슘, 탄산나트륨(소다회), 중조(탄산수소나트륨·중탄산나트륨)	

비고 : 이 표의 사용 가능 물질의 구체적인 범위는 「사료관리법」 제2조 제4호에 따라 농림축산식품부장관이 정하여 고시하는 보조사료의 범위에 따른다.

3) 축사 및 축사 주변, 농기계 및 기구의 소독제로 사용 가능한 물질
「동물용 의약품 등 취급규칙」 제5조에 따라 제조품목허가 또는 제조품목 신고된 동물용 의약외품 중 인증기준에서 사용이 금지된 성분을 포함하지 않은 물질을 사용할 것. 이 경우 가축 또는 사료에 접촉되지 않도록 사용해야 한다.

4) 비식용 유기가공품에 사용 가능한 물질
제1호 다목 1)에 따른 식품첨가물 또는 가공보조제로 사용 가능한 물질. 이 경우 허용범위는 국립농산물품질관리원장이 정하여 고시한다.

5) 가축의 질병 예방 및 치료를 위해 사용 가능한 물질

가) 공통조건

(1) 유전자변형생물체 및 유전자변형생물체에서 유래한 원료는 사용하지 않을 것

(2) 「약사법」 제85조 제6항에 따른 동물용의약품을 사용할 경우에는 수의사의 처방전을 갖추어 둘 것

(3) 동물용 의약품을 사용한 경우 휴약기간의 2배의 기간이 지난 후에 가축을 출하할 것

나) 개별 조건

번호	사용 가능 물질	사용 가능 조건
1	생균제, 효소제, 비타민, 무기물	가) 합성농약, 항생제, 항균제, 호르몬제 성분을 함유하지 않을 것 나) 가축의 면역기능 증진을 목적으로 사용할 것
2	예방백신	「가축전염병 예방법」에 따른 가축전염병을 예방하거나 퍼지는 것을 막기 위한 목적으로만 사용할 것
3	구충제	가축의 기생충 감염 예방을 목적으로만 사용할 것
4	포도당	가) 분만한 가축 등 영양보급이 필요한 가축에 대해서만 사용할 것 나) 합성농약 성분은 함유하지 않을 것
5	외용 소독제	상처의 치료가 필요한 가축에 대해서만 사용할 것
6	국부 마취제	외과적 치료가 필요한 가축에 대해서만 사용할 것
7	약초 등 천연 유래 물질	가) 가축의 면역기능의 증진 또는 치료 목적으로만 사용할 것 나) 합성농약 성분은 함유하지 않을 것 다) 인증품 생산계획서에 기록·관리하고 사용할 것

다. 유기가공식품

1) 식품첨가물 또는 가공보조제로 사용 가능한 물질

명칭(한)	명칭(영)	국제 분류 번호 (INS)	식품첨가물로 사용 시		가공보조제로 사용 시	
			사용 가능 여부	사용 가능 범위	사용 가능 여부	사용 가능 범위
과산화수소	Hydrogen peroxide		×		○	식품 표면의 세척·소독제
구아검	Guar gum	412	○	제한 없음	×	
구연산	Citric acid	330	○	제한 없음	○	제한 없음
구연산삼나트륨	Trisodium citrate	331 (iii)	○	소시지, 난백의 저온살균, 유제품, 과립음료	×	
구연산칼륨	Potassium citrate	332	○	제한 없음	×	
구연산칼슘	Calcium citrate	333	○	제한 없음	×	
규조토	Diatomaceous earth		×		○	여과보조제
글리세린	Glycerin	422	○	사용 가능 용도 제한 없음. 다만, 가수분해로 얻어진 식물 유래의 글리세린만 사용 가능	×	
퀼라야 추출물	Quillaia Extract	999	×		○	설탕 가공
레시틴	Lecithin	322	○	사용 가능 용도 제한 없음. 다만, 표백제 및 유기용매를 사용하지 않고 얻은 레시틴만 사용 가능	×	

명칭(한)	명칭(영)	국제 분류 번호 (INS)	식품첨가물로 사용 시		가공보조제로 사용 시	
			사용 가능 여부	사용 가능 범위	사용 가능 여부	사용 가능 범위
로커스트콩검	Locust bean gum	410	○	식물성제품, 유제품, 육제품	×	
무수아황산	Sulfur dioxide	220	○	과일주	×	
밀납	Beeswax	901	×		○	이형제
백도토	Kaolin	559	×		○	청징(clarification) 또는 여과보조제
벤토나이트	Bentonite	558	×		○	청징(clarification) 또는 여과보조제
비타민 C	Vitamin C	300	○	제한 없음	×	
DL-사과산	DL-Malic acid	296	○	제한 없음	×	
산소	Oxygen	948	○	제한 없음	○	제한 없음
산탄검	Xanthan gum	415	○	지방제품, 과일 및 채소제품, 케이크, 과자, 샐러드류	×	
수산화나트륨	Sodium hydroxide	524	○	곡류제품	○	설탕 가공 중의 산도 조절제, 유지 가공
수산화칼륨	Potassium hydroxide	525	×		○	설탕 및 분리대두단백 가공 중의 산도 조절제
수산화칼슘	Calcium hydroxide	526	○	토르티야	○	산도 조절제
아라비아검	Arabic gum	414	○	식물성 제품, 유제품, 지방제품	×	
알긴산	Alginic acid	400	○	제한 없음	×	
알긴산나트륨	Sodium alginate	401	○	제한 없음	×	
알긴산칼륨	Potassium alginate	402	○	제한 없음	×	
염화마그네슘	Magnesium chloride	511	○	두류제품	○	응고제
염화칼륨	Potassium chloride	508	○	과일 및 채소제품, 비유화소스류, 겨자제품	×	
염화칼슘	Calcium chloride	509	○	과일 및 채소제품, 두류제품, 지방제품, 유제품, 육제품	○	응고제
오존수	Ozone water		×		○	식품 표면의 세척·소독제
이산화규소	Silicon dioxide	551	○	허브, 향신료, 양념류 및 조미료	○	겔 또는 콜로이드 용액제
이산화염소(수)	Chlorine dioxide	926	×		○	식품 표면의 세척·소독제
차아염소산수	Hypochlorous Acid Water		×		○	식품 표면의 세척·소독제
이산화탄소	Carbon dioxide	290	○	제한 없음	○	제한 없음

명칭(한)	명칭(영)	국제 분류 번호 (INS)	식품첨가물로 사용 시		가공보조제로 사용 시	
			사용 가능 여부	사용 가능 범위	사용 가능 여부	사용 가능 범위
인산나트륨	Sodium phosphate (Mono-, Di-, Tribasic)	339 (i)(ii)(iii)	○	가공치즈	×	
젖산	Lactic acid	270	○	발효채소제품, 유제품, 식용케이싱	○	유제품의 응고제 및 치즈 가공 중 염수의 산도 조절제
젖산칼슘	Calcium Lactate	327	○	과립음료	×	
제일인산 칼슘	Calcium phosphate, monobasic	341 (i)	○	밀가루	×	
제이인산 칼륨	Potassium Phosphate, Dibasic	340 (ii)	○	커피화이트너	×	
조제해수 염화마그네슘	Crude Magnessium Chloride (Sea Water)		○	두류제품	○	응고제
젤라틴	Gelatin		×		○	포도주, 과일 및 채소 가공
젤란검	Gellan Gum	418	○	과립음료	×	
L-주석산	L-Tartaric acid	334	○	포도주	○	포도주 가공
L-주석산 나트륨	Disodium L-tartrate	335	○	케이크, 과자	○	제한 없음
L-주석산 수소칼륨	Potassium L-bitartrate	336	○	곡물제품, 케이크, 과자	○	제한 없음
주정 (발효주정)	Ethanol (fermented)		×		○	제한 없음
질소	Nitrogen	941	○	제한 없음	○	제한 없음
카나우바 왁스	Carnauba wax	903	×		○	이형제
카라기난	Carrageenan	407	○	식물성제품, 유제품	×	
카라야검	Karaya gum	416	○	제한 없음	×	
카제인	Casein		×		○	포도주 가공
탄닌산	Tannic acid	181	×		○	여과보조제
탄산나트륨	Sodium carbonate	500 (i)	○	케이크, 과자	○	설탕 가공 및 유제품의 중화제
탄산수소 나트륨	Sodium bicarbonate	500 (ii)	○	케이크, 과자, 액상 차류	×	
세스퀴탄산나트륨	Sodium sesquicarbonate	500 (iii)	○	케이크, 과자	×	
탄산 마그네슘	Magnesium carbonate	504 (i)	○	제한 없음	×	

명칭(한)	명칭(영)	국제 분류 번호 (INS)	식품첨가물로 사용 시		가공보조제로 사용 시	
			사용 가능 여부	사용 가능 범위	사용 가능 여부	사용 가능 범위
탄산암모늄	Ammonium carbonate	503 (i)	○	곡류제품, 케이크, 과자	×	
탄산 수소암모늄	Ammonium bicarbonate	503 (ii)	○	곡류제품, 케이크, 과자	×	
탄산칼륨	Potassium carbonate	501 (i)	○	곡류제품, 케이크, 과자	○	포도 건조
탄산칼슘	Calcium carbonate	170 (i)	○	식물성제품, 유제품 (착색료로는 사용하지 말 것)	○	제한 없음
d-토코페롤 (혼합형)	d-Tocopherol concentrate, mixed	306	○	유지류 (산화방지제로만 사용할 것)	×	
트라가칸스검	Tragacanth gum	413	○	제한 없음	×	
퍼라이트	Perlite		×		○	여과보조제
펙틴	Pectin	440	○	식물성제품, 유제품	×	
활성탄	Activated carbon		×		○	여과보조제
황산	Sulfuric acid	513	×		○	설탕 가공 중의 산도 조절제
황산칼슘	Calcium sulphate	516	○	케이크, 과자, 두류제품, 효모제품	○	응고제
천연향료	Natural flavoring substances and preparations		○	사용 가능 용도 제한 없음. 다만, 「식품위생법」 제7조제1항에 따라 식품첨가물의 기준 및 규격이 고시된 천연향료로서 물, 발효주정, 이산화탄소 및 물리적 방법으로 추출한 것만 사용할 것	×	
효소제	Preparations of Microorganisms and Enzymes		○	사용 가능 용도 제한 없음. 다만, 「식품위생법」 제7조제1항에 따라 식품첨가물의 기준 및 규격이 고시된 효소제만 사용할 수 있다.	○	사용 가능 용도 제한 없음. 다만, 「식품위생법」 제7조제1항에 따라 식품첨가물의 기준 및 규격이 고시된 효소제만 사용할 수 있다.
영양강화제 및 강화제	Fortifying nutrients		○	「식품위생법」 제7조제1항 및 「축산물위생관리법」 제4조제2항에 따라 식품의약품안전처장이 고시하는 식품의 기준에 따라 사용 가능한 제품	×	

2) 기구・설비의 세척・살균소독제로 사용 가능한 물질
제1호 다목 1)에 따른 식품첨가물 또는 가공보조제로 사용 가능한 물질 중 사용 가능 범위가 식품 표면의 세척・소독제인 물질, 「식품위생법」 제7조 제1항에 따라 식품첨가물의 기준 및 규격이 고시된 기구 등의 살균소독제 및 「위생용품관리법」 제10조에 따라 고시된 위생용품의 기준 및 규격에서 정한 1・2・3종 세척제를 사용할 수 있다.

라. 그 밖에 제3조 제2항에 따라 국립농산물품질관리원장이 허용물질 선정 기준 및 절차에 따라 추가로 선정하여 고시한 허용물질

2. 무농약농산물・무농약원료가공식품에 사용 가능한 물질

가. 무농약농산물 : 병해충 관리에는 제1호 가목2)에 따른 사용 가능한 물질만을 사용할 수 있다.

나. 무농약원료가공식품 : 제1호 다목에 따라 유기가공식품에 사용 가능한 물질만을 사용할 수 있다.

3. 유기농업자재 제조 시 보조제로 사용 가능한 물질

사용 가능 물질	사용 가능 조건
미국 환경보호국(EPA)에서 정한 농약제품에 허가된 불활성 성분 목록(Inert Ingredients List) 3 또는 4에 해당하는 보조제	가. 제1호가목2)의 병해충 관리를 위해 사용 가능한 물질을 화학적으로 변화시키지 않으면서 단순히 산도(pH) 조정 등을 위해 첨가하는 것으로만 사용할 것 나. 유기농업자재를 생산 또는 수입하여 판매하는 자는 물을 제외한 보조제가 주원료의 투입비율을 초과하지 않았다는 것을 유기농업자재 생산계획서에 기록・관리하고 사용할 것 다. 유기식품등을 생산, 제조・가공 또는 취급하는 자가 유기농업자재를 제조하는 경우에는 물을 제외한 보조제가 주원료의 투입비율을 초과하지 않았다는 것을 인증품 생산계획서에 기록・관리하고 사용할 것 라. 불활성 성분 목록 3의 식품등급에 해당하는 보조제는 식품의약품안전처장이 식품첨가물로 지정한 물질일 것

예제 인분 사용 시 사용조건에 대하여 설명하시오.

▶▶ ① 완전히 발효되어 부숙된 것일 것
② 고온발효 : 50℃ 이상에서 7일 이상 발효된 것일 것
③ 저온발효 : 6개월 이상 발효된 것일 것
④ 엽채류 등 농산물・임산물 중 사람이 직접 먹는 부위에는 사용하지 않을 것

필수이론 10 답전윤환(畓田輪換) 재배

(1) 정의

포장을 담수한 논 상태와 배수한 밭 상태로 몇 해씩 돌려가며 재배하는 방식을 답전윤환이라 한다. 답전윤환은 벼를 재배하지 않는 기간만 맥류나 감자를 재배하는 답리작(畓裏作) 또는 답전작(畓前作)과는 다르며 최소 논 기간과 밭 기간을 각각 2~3년으로 하는 것이 알맞다.

(2) 답전윤환이 윤작의 효과에 미치는 영향

포장을 논 상태와 밭 상태로 사용하는 답전윤환은 윤작의 효과를 크게 한다.

① 토양의 물리적 성질 : 산화상태의 토양은 입단의 형성, 통기성, 투수성, 가수성이 양호해지며 환원상태 토양에서는 입단의 분산, 통기성과 투수성이 적어지며 가수성이 커진다.

② 토양의 화학적 성질 : 산화상태의 토양에서는 유기물의 소모가 크고 양분 유실이 적고 pH가 저하되며, 환원상태가 되면 유기물 소모가 적고 양분의 집적이 많아진다. 토양의 철과 알루미늄 등에 부착된 인산을 유효화하는 장점이 있다.

③ 토양의 생물적 성질 : 환원상태가 되는 담수조건에서는 토양의 병충해, 선충과 잡초의 발생이 감소한다.

(3) 답전윤환의 효과

① 지력 증진 : 밭 상태 동안은 논 상태에 비하여 토양 입단화와 건토효과가 나타나며 미량요소의 용탈이 적어지고 환원성 유해물질의 생성이 억제되고, 콩과 목초와 채소는 토양을 비옥하게 하여 지력이 증진된다.

② 기지의 회피 : 답전윤환은 토성을 달라지게 하며 병원균과 선충을 경감시키고 작물의 종류도 달라져 기지현상이 회피된다.

③ 잡초의 감소 : 담수와 배수상태가 서로 교차되면서 잡초의 발생은 적어진다.

④ 벼 수량의 증가 : 밭 상태로 클로버 등을 2~3년 재배 후 벼를 재배하면 수량이 첫해에 상당히 증가하며 질소의 시용량도 크게 절약할 수 있다.

⑤ 노력의 절감 : 잡초의 발생량이 줄고 병충해 발생이 억제되면서 노력이 절감된다.

(4) 답전윤환의 한계

① 수익성에 있어 벼를 능가하는 작물의 성립이 문제된다.

② 2모작 체계에 비하여 답전윤환의 이점이 발견되어야 한다.

예제 **답전윤환의 효과에 대하여 3가지 이상 쓰시오.**

▶▶ ① 지력 증진 : 밭 상태 동안은 논 상태에 비하여 토양 입단화와 건토효과가 나타나며 미량요소의 용탈이 적어지고 환원성 유해물질의 생성이 억제되고, 콩과 목초와 채소는 토양을 비옥하게 하여 지력이 증진된다.
② 기지의 회피 : 답전윤환은 토성을 달라지게 하며 병원균과 선충을 경감시키고 작물의 종류도 달라져 기지현상이 회피된다.
③ 잡초의 감소 : 담수와 배수상태가 서로 교차되면서 잡초의 발생은 적어진다.
④ 벼 수량의 증가 : 밭 상태로 클로버 등을 2~3년 재배 후 벼를 재배하면 수량이 첫해에 상당히 증가하며 질소의 시용량도 크게 절약할 수 있다.
⑤ 노력의 절감 : 잡초의 발생량이 줄고 병충해 발생이 억제되면서 노력이 절감된다.

필수이론 11 해충의 방제

(1) 개요

① 병해와 달리 해충의 방제는 발생 후에도 약제 살포로 방제가 가능하다.
② 약제의 다량사용은 천적류의 피해, 환경오염, 해충의 내성, 잔류독성 등 부정적인 면도 많다.
③ 해충의 방제는 예방과 방제를 조합한 종합적 방제가 필요하다.
④ 해충의 방제목표와 주요 방제방법
㉠ 예방
ⓐ 방제 목표 : 해충의 발생 억제, 해충의 가해 회피
ⓑ 주요 방제방법 : 윤작과 휴한, 저항성품종의 선택, 천적의 이용, 재배시기의 이동, 차단, 전등조명에 의한 기피
㉡ 방제
ⓐ 방제 목표 : 발생한 해충을 살충
ⓑ 주요 방제방법 : 살충제 살포, 유살 및 포살, 대항식물의 이용, 천적의 이용, 불임웅 이용

(2) 천적

① **천적** : 특정 곤충의 포식 또는 기생이나 침입하여 병을 일으키는 생물을 그 곤충의 천적이라 한다.
② 밀폐공간에서 작물을 재배하는 시설원예에서는 천적의 이용이 유리하고 유기원예에서는 중요한 해충의 구제방법으로 이용된다.
③ 이용 천적은 기생성, 포식성, 병원성 천적으로 구분할 수 있다.

④ 천적의 분류

㉠ 기생성 천적 : 기생벌, 기생파리, 선충 등

㉡ 포식성 천적 : 무당벌레, 포식성 응애, 풀잠자리, 포식성 노린재류 등

㉢ 병원성 천적 : 세균, 바이러스, 원생동물 등

⑤ 천적의 종류와 대상 해충

대상 해충	도입 대상 천적(적합한 환경)	이용작물
점박이응애	칠레이리응애(저온)	딸기, 오이, 화훼 등
	긴이리응애(고온)	수박, 오이, 참외, 화훼 등
	캘리포니아커스이리응애(고온)	수박, 오이, 참외, 화훼 등
	팔리시스이리응애(야외)	사과, 배, 감귤 등
온실가루이	온실가루이좀벌(저온)	토마토, 오이, 화훼 등
	Eromcerus eremicus(고온)	토마토, 오이, 멜론 등
진딧물	콜레마니진딧벌	엽채류, 과채류 등
총채벌레	애꽃노린재류(큰 총채벌레 포식)	과채류, 엽채류, 화훼 등
	오이이리응애(작은 총채벌레 포식)	과채류, 엽채류, 화훼 등
나방류 잎굴파리	명충알벌	고추, 피망 등
	굴파리좀벌(큰 잎굴파리유충)	토마토, 오이, 화훼 등
	Dacunas sibirica(작은 유충)	토마토, 오이, 화훼 등

⑥ 천적의 이용방법

㉠ 작물 생육환경에 따라 천적을 적당히 선택해야 한다.

㉡ 천적 이용효과를 높이기 위해 가능하면 무병 종묘를 이용하고 외부 해충의 침입을 막아준다.

㉢ 천적 활동에 알맞은 환경을 조성하고 가급적 조기 투입한다.

⑦ 유지식물(banker plant)

㉠ 천적 증식과 유지에 이용되는 식물

㉡ 유연관계가 먼 작물들은 해충 종류도 서로 달라 주작물의 해충으로는 작용하지 않으면서 천적의 증식을 위한 먹이로 이용된다.

㉢ 딸기의 뱅커플랜트

ⓐ 단자엽식물인 보리가 이용된다.

ⓑ 보리에는 초식자인 보리두갈래진딧물과 그 천적인 콜레마니진딧벌이 동시에 증식한다.

ⓒ 보리에 증식한 진딧벌은 딸기에 발생하는 진딧물을 공격한다.

㉣ 뱅커플랜트 이용은 해충 발생 전에 준비한다.

㉤ 뱅커플랜트 천적 발생시기와 주작물의 해충 발생시기를 일치시켜야 한다.

㉥ 기주곤충의 추가 접종이 필요하다.

⑧ 천적 이용 시 문제점
㉠ 모든 해충의 구제는 불가능하다.
㉡ 천적의 관리 및 이용에 기술적 어려움과 경제적 측면도 고려하여야 한다.
㉢ 대상 해충이 제한적이다.
㉣ 해충밀도가 지나치게 높으면 방제효과가 떨어진다.
㉤ 천적도 환경 영향을 크게 받으므로 방제효과가 환경에 따라 달라진다.
㉥ 농약과 같이 즉시효과가 나타나지 않는다.

(3) 가해의 회피

① 발생시기와 가해시기를 피해 재배시기의 이동 등으로 회피할 수 있다.
② 차단, 유인, 포살, 조명 등도 이용한다.

(4) 재배적(경종적) 방제

① 윤작 : 토양전염병 감소
② 중간기주 식물의 제거 : 배나무 적성병의 경우 향나무 제거로 방제
③ 적기 파종 : 고온기에 발생하는 배추무름병 방제
④ 적당량의 시비 : 질소과다로 발생하는 오이 만할병 방제
⑤ 생장점 배양 : 무병주 생산에 이용

(5) 물리적(기계적) 방제

① 낙엽의 소각
② 태양에 의한 토양 가열 : 뿌리혹선충 살균
③ 과수의 봉지씌우기
④ 나방, 유충의 유인 포살
⑤ 밭토양의 담수
⑥ 건열 처리

(6) 생물학적 방제법

① 천적을 이용한 해충 방제를 한다.
② 천적을 이용할 때 효과를 높이려면 무병, 무충종묘를 사용한다.
③ 나방류는 천적이 드물어 페르몬 트랩을 이용한다(페르몬은 화학적으로 불안정하여 쉽게 분해하므로 유효기간이 짧다).

(7) 화학적 방제법

보르도용액, 유황훈증, 살충비누, 오일류, 농약 등을 살포해서 방제하는 방법
① 예방효과는 적지만 효과가 단시간에 확실히 나타난다.
② 재배방법에도 제약이 없다.
③ 약제 사용 시 주의점
㉠ 해충 또는 작물에 알맞은 약제의 선택

㉡ 포장환경과 작물의 생육에 맞는 제형의 선택
㉢ 농도 및 살포량을 정확하게 지킬 것
㉣ 살포 적기에 사용할 것
㉤ 동일 약제를 연용하지 말고 성분이 다른 약제를 조합할 것
㉥ 천적에 해를 주지 말아야 하며 선택성이 있는 농약을 사용할 것

(8) 법적 방제

식물검역을 실시하여 병균이나 해충의 국내 침입과 전파를 막는 방법

예제 **다음에서 포식성 천적을 모두 고르시오.**

무당벌레, 풀잠자리, 바이러스, 세균, 응애류, 좀벌, 진딧벌

▶▶ 무당벌레, 풀잠자리, 응애류

필수이론 12 멀칭(바닥덮기)

(1) 개요

작물의 재배 토양의 표면에 피복하는 것으로 피복재는 비닐, 플라스틱, 짚, 건초 등이 있다.

(2) 멀칭의 효과

① **토양 건조 방지** : 멀칭은 토양 중 모관수의 유통을 단절시키고 멀칭 내 공기습도가 높아져 토양의 표토의 증발을 억제하여 토양 건조를 방지하여 한해(旱害)를 경감시킨다.
② **지온의 조절**
㉠ 여름철 멀칭은 열의 복사가 억제되어 토양의 과도한 온도상승을 억제한다.
㉡ 겨울철 멀칭은 지온을 상승시켜 작물의 월동을 돕고 서리 피해를 막을 수 있다.
㉢ 봄철 저온기 투명필름 멀칭은 지온을 상승시켜 이른 봄 촉성재배 등에 이용된다.
③ **토양 보호** : 멀칭은 풍식 또는 수식 등에 의한 토양의 침식을 경감 또는 방지할 수 있다.
④ **잡초발생의 억제**
㉠ 잡초종자는 호광성종자가 많아 흑색필름 멀칭을 하면 잡초종자의 발아를 억제하고 발아하더라도 생장이 억제된다.
㉡ 흑색필름 멀칭은 이미 발생한 잡초라도 광을 제한하여 잡초의 생육을 억제한다.
⑤ **과실의 품질 향상** : 과채류 포장에 멀칭으로 과실이 청결하고 신선해진다.

(3) 필름의 종류와 멀칭의 효과

① **투명필름** : 지온상승의 효과가 크고 잡초억제의 효과는 적다.

② **흑색필름** : 지온상승의 효과가 적고 잡초억제의 효과가 크며, 지온이 높을 때는 지온을 낮추어 준다.

③ **녹색필름** : 녹색광과 적외광의 투과는 잘되나 청색광, 적색광을 강하게 흡수하여 지온상승과 잡초억제 효과가 모두 크다.

예제 **멀칭 재료 중 투명필름과 흑색필름의 효과에 대하여 기술하시오.**

▶▶ ① 투명필름 : 지온상승의 효과가 크고 잡초억제의 효과는 적다.
② 흑색필름 : 지온상승의 효과가 적고 잡초억제의 효과가 크며, 지온이 높을 때는 지온을 낮추어 준다.

필수이론 13 오리농업

(1) 오리농법 실제

① **새끼오리 구입시기** : 벼에 피해를 주지 않고 효과를 높이기 위해서는 3~4주령에 방사하는 것이 적당하며, 새끼오리 적응을 위해 2주령 정도 된 것을 구입하여 사육한다.

② **적정 방사 오리수**

㉠ 많을 경우 벼에 피해가 발생하며, 먹이 부족으로 사료를 많이 공급해야 하거나 먹이를 찾아 달아날 우려도 있다.

㉡ 적을 경우 방사효과를 충분히 볼 수 없다.

㉢ 먹이가 되는 잡초나 해충의 양에 따라 다르나 25~30마리/10a가 적당하다.

③ **방사 전 준비**

㉠ 벼는 오리에 의한 피해를 줄이기 위하여 30일모 이상의 성모가 좋다.

㉡ 오리의 활동과 벼 피해 감소를 위해 30×15cm로 이앙하는 것이 좋다.

④ **방사시기** : 모의 활착 정도, 모의 크기, 온도, 작형 등을 고려하여 결정하며 너무 늦으면 잡초가 너무 자라 방제가 어려우므로 이앙 후 7~14일 후에 방사하는 것이 무난하다.

⑤ **방사 중 관리** : 벼의 도장 우려가 있으므로 초기에는 다소 얕은 물관리를 한 후 벼 피해 방지와 외적 활동 억제를 위하여 물을 많이 유지하는 것이 좋다.

⑥ **철수시기** : 등숙이 시작되면 오리는 성체가 되어 먹는 양이 늘어나고 논에는 먹이가 부족하게 되어 이삭을 먹기 시작하므로 그 전에 오리를 철수해야 한다.

(2) 오리농법의 효과

① 벼의 생육환경 개선

㉠ 부리, 갈퀴 등 온몸으로 논바닥을 휘저으며 활동하면 표면수가 흐려지고 벼 이랑 사이가 패이면서 단근효과를 기대할 수 있고, 벼 포기는 5cm 정도 매몰되어 내도복성을 키우게 된다.

ⓛ 대기 중 산소를 표면수나 토양에 공급하여 뿌리 호흡에 유리한 조건을 만든다.

ⓒ 흐려진 표면수로 광발아성 잡초의 발아에 불리한 조건을 만든다.

ⓔ 벼가 비료 성분을 흡착하기 쉽게 하여 시비효과를 높일 수 있는 조건이 된다.

ⓜ 온도가 높아지는 최고분얼기 경에는 담수된 물에 용존 산소의 포화도가 낮아지므로 토양이 환원되어 뿌리의 활력이 떨어지는데, 이때부터 새끼오리를 2차 방사하면 환원에 의한 장해를 경감시킬 수 있다.

② 잡초 방제 효과

ⓐ 오리는 잡초를 먹거나, 짓밟고 몸통으로 논바닥을 문질러 매몰시키며 부리 또는 갈퀴로 할켜 뜨게 하거나 표면수를 탁하게 하여 잡초의 발생과 생육환경을 불량하게 하여 방제 효과를 볼 수 있다.

ⓛ 3년간 연속 오리방사로 잡초 발생 개체수가 현저히 줄어든다.

ⓒ 벼 포기에 붙어서 발생하는 피는 잘 방제되지 않으므로 손제초가 필요하다.

ⓔ 오리는 늙은 잎이나 벼, 피 등의 긴 잎은 잘 먹지 않으므로 이앙 초기 잡체가 크기 전에 방제되도록 관리하여야 한다.

③ 병해충 방제 효과

ⓐ 오리가 논에 서식하는 소동물이나 해충을 포식하므로써 해충에 의한 직접적인 피해나 해충에 의해 매개되는 병해도 방제할 수 있다.

ⓛ 오리농법은 감비에 의한 병해충의 식이 선호도를 줄여 발생 밀도를 낮추는 간접 효과도 나타난다.

ⓒ 벼멸구, 벼물바구미의 상습발생지에서는 효과적으로 벼의 최고분얼기까지 해충 분포를 현저히 줄일 수 있으나 벼의 초장이 커지고 오리를 철수한 출수기 이후 발생하는 혹명나방의 방제는 어렵다.

④ 시비 효과

ⓐ 오리의 방사는 관행시비량의 50%를 줄여도 수확량의 감소를 보이지 않는다.

ⓛ 오리의 배설물이 10a당 200kg 정도 투입되어 질소 5.7kg, 인산 6.6kg, 칼륨 1.6kg의 시비효과를 기대할 수 있다.

예제 오리농법을 시행할 때 10a당 적정 방사 오리 수를 쓰시오.

▶▶ 먹이가 되는 잡초나 해충의 양에 따라 다르나 25~30마리/10a가 적당하다.

필수이론 14 큐어링(curing)

(1) 개요

① 수확 시 원예산물이 받은 상처에 상처 치료를 목적으로 유상조직을 발달시키는 처리과정을 말한다.

② 땅속에서 자라는 감자, 고구마는 수확 시 많은 물리적인 상처를 입게 되고 마늘, 양파 등 인경채류는 잘라낸 줄기부위가 제대로 아물고 바깥의 보호엽이 제대로 건조되어야 장기저장할 수 있다.

③ 수확 시 입은 상처는 병균의 침입구가 되므로 빠른 시일 내에 치유가 되어야 수확 후 손실을 줄일 수 있다.

(2) 품목별 처리방법

① **감자** : 수확 후 온도 15~20℃, 습도 85~90%에서 2주일 정도 큐어링하여 코르크층이 형성되어 수분 손실과 부패균의 침입을 막을 수 있다. 큐어링 중에는 온도와 습도를 유지하여야 하기 때문에 가급적 환기를 피하고 22℃ 이상인 경우는 호흡량과 세균의 감염이 급속도로 증가하기 때문에 주의가 필요하다.

② **고구마** : 수확 후 1주일 이내에 온도 30~33℃, 습도 85~90%에서 4~5일간 큐어링 후 열을 방출시키고 저장하면 상처가 잘 치유되고 당분함량이 증가한다.

③ **양파와 마늘**

㉠ 양파와 마늘은 보호엽이 형성되고 건조가 되어야 저장 중 손실이 적다.

㉡ 일반적으로 밭에서 1차 건조시키고 저장 전에 선별장에서 완전히 건조시켜 입고하고 온도를 낮추기 시작한다.

예제 **다음 (　　)에 알맞은 것을 선택하시오.**

(1) 감자의 큐어링은 (낮은, 높은) 온도, (낮은, 높은) 습도에서 2주일 정도한다.

(2) 고구마의 큐어링은 (낮은, 높은) 온도, (낮은, 높은) 습도에서 2주일 정도한다.

▶▶ (1) 낮은, 높은

(2) 높은, 높은

〈품목별 처리방법〉

① 감자 : 수확 후 온도 15~20℃, 습도 85~90%에서 2주일 정도 큐어링하여 코르크층이 형성되어 수분 손실과 부패균의 침입을 막을 수 있다. 큐어링 중에는 온도와 습도를 유지하여야 하기 때문에 가급적 환기를 피하고 22℃ 이상인 경우는 호흡량과 세균의 감염이 급속도로 증가하기 때문에 주의가 필요하다.

② 고구마 : 수확 후 1주일 이내에 온도 30~33℃, 습도 85~90%에서 4~5일간 큐어링 후 열을 방출시키고 저장하면 상처가 잘 치유되고 당분함량이 증가한다.

필수이론 15 에틸렌(ethylene)

(1) 개요

① 에틸렌은 기체상태의 식물 호르몬으로 climacteric 과실의 과숙에 관여한다. 에틸렌의 영향 중 경제적으로 중요한 작용 중의 하나는 사과, 자두, 복숭아, 살구, 토마토, 바나나, 오이류 등의 Climacteric 과실류에서 과숙을 조절하는 작용이다.

② 대부분의 원예산물은 수확 후 노화가 진행되거나 과실이 익는 동안 에틸렌이 생성되는데 에틸렌가스는 과실의 숙성 및 잎이나 꽃의 노화를 촉진시키므로 노화호르몬이라고 부르기도 한다.

③ 에틸렌은 과실의 연화현상, 숙성과 관련된 여러 가지 생리적 변화를 유발한다.

④ 원예산물을 취급하는 과정에서 상처나 불리한 조건에 처하면 조직으로부터 에틸렌이 발생하는데, 이는 산물의 품질을 나쁘게 변화시키는 요인으로 작용한다.

⑤ 일반적으로 조생품종은 만생품종에 비해 에틸렌 발생량이 비교적 많고 저장성도 낮다.

⑥ 에틸렌 발생 등을 고려하여 장기간 저장 시에는 단일품종, 단일과종만을 저장하는 것이 유리하다.

⑦ 에세폰은 에틸렌을 발생하는 식물조절제로 이용되고 있는데 미국에서는 여러 가지 용도에 처리되고 있다.

(2) 에틸렌의 특성

① 불포화탄화수소로 상온, 대기압에서 가스로 존재한다.

② 가연성이며 색깔은 없고 약간 단 냄새가 난다.

③ 0.1ppm의 낮은 농도에서도 생물학적 영향을 미친다.

④ 수확 후 관리에 있어 노화, 연화 및 부패를 촉진하여 상품 보존성을 저하시킨다.

⑤ 긍정적 영향으로는 성숙을 촉진시켜 식미를 높이거나 착색 등 외관을 좋게 하기도 한다.

⑥ 화학구조가 비슷한 프로필렌, 아세틸렌가스 등의 유사물질도 에틸렌과 같은 영향을 보이는 경우가 있다.

(3) 에틸렌 발생

① 생물체의 대사반응 또는 화학반응에 의해 만들어진다.

② 동물에서는 정상적인 대사산물은 아니나 인간이 숨을 쉴 때에도 미량 발생한다.

③ 고등식물은 종에 따라 발생량의 편차가 크다. 특히 발육단계에 따라 발생량의 편차를 보이는 경우가 흔하다.

㉠ 엽근채류는 에틸렌 발생이 매우 적지만 에틸렌에 의해서 쉽게 피해를 받아 품질이 나빠지게 된다. 상추나 배추는 조직이 갈변하고 당근은 쓴맛이 나며 오이는 과피의 황화를 촉진한다.

㉡ 에틸렌이 다량 발생하는 품목으로는 토마토, 바나나, 복숭아, 참다래, 조생종 사과, 배 등이 있고, 에틸렌 발생이 미미한 과실에는 포도, 딸기, 귤, 신고배 등이 있다.

④ 유기물질이 산화될 때 또는 태울 때도 발생하며 화석연료를 연소시킬 때, 특히 불완전 연소될 때 더 많은 양이 발생한다.

⑤ 원예산물의 스트레스에 의한 발생

㉠ 생물학적 요인 : 병, 해충에 의한 스트레스로 발생한다.

㉡ 저온에 의한 발생 : 주로 열대, 아열대 작물 등 저온에 약한 작물은 12~13℃ 이하의 온도에서 피해를 일으키는데 이런 피해에 작물은 에틸렌 발생량이 많아지고 쉽게 부패하며, 오이, 가지, 호박, 파파야, 미숙토마토, 고추 등이 이에 속한다.

㉢ 고온에 의한 발생 : 지나치게 높은 고온에 노출되어도 피해를 받으며 직사광선은 작물의 온도를 높여 생리작용을 촉진하여 에틸렌 발생과 함께 노화를 촉진시킨다.

(4) 에틸렌 제거

① 과실에 따른 에틸렌 발생을 잘 숙지하여 에틸렌을 다량 발생하는 품목은 다른 품목과 같은 장소에 저장하거나 운송되지 않도록 주의하여야 한다.

② 에틸렌의 제거방법에는 흡착식, 자외선 파괴식, 촉매분해식 등이 있으며 흡착제로는 과망간산칼륨($KMnO_4$), 목탄, 활성탄, 오존, 자외선 등이 이용되고 있다.

③ 1-MCP(1-Methylcyclopropene) : 새로운 식물생장조절제로서 식물체의 에틸렌 결합부위를 차단하여 에틸렌의 작용을 무력화하는 특성을 지닌 물질이다. 따라서 과실의 연화, 식물의 노화 등을 감소시켜 수확후 저장성을 향상시키는데 유용하게 쓰일 수 있다. 1,000ppb의 농도로 12~24시간 사용하여 호흡, 에틸렌 생성, 휘발성 물질 생성, 엽록소 소실, 색깔, 단백질, 세포막 붕괴, 연화, 산도, 당도 등에 영향을 미쳐 과일, 채소류 등을 수확한 후 저장성 및 품질을 향상시킨다.

(5) 에틸렌의 영향

① 저장이나 수송하는 과일의 후숙과 연화 촉진

② 저장이나 수송 중의 과일을 탈색시키거나 연화 촉진

③ 신선한 채소의 푸른색을 잃게 하거나 노화 촉진

④ 수확한 채소의 연화 촉진

⑤ 상추에서 갈색반점

⑥ 낙엽

⑦ 과일이나 구근에서 생리적인 장해

⑧ 절화의 노화 촉진

⑨ 분재식물의 잎이나 꽃잎의 조기낙엽

⑩ 당근과 고구마의 쓴 맛 형성

⑪ 엽록소 함유 엽채류에서 황화현상과 잎의 탈리현상으로 인한 상품성 저하

⑫ 대부분의 식물 조직은 조기에 경도가 낮아져 품질 저하

⑬ 아스파라거스와 같은 줄기채소의 경우 조직의 경화현상

(6) 에틸렌의 농업적 이용

① 과일의 성숙 및 착색촉진제로 이용된다.

② 녹숙기의 바나나, 토마토, 떫은감, 감귤, 오렌지 등의 수확 후 미숙성시 후숙 처리(엽록소 분해, 착색 촉진, 떫은 감의 연화 등의 상품가치 향상)를 위한 에틸렌 처리

③ 오이, 호박 등의 암꽃 발생을 유도한다.

④ 파인애플의 개화를 유도한다.

⑤ 발아촉진제로 사용된다.

(7) 에틸렌 피해의 방지

① 피해의 방지를 위해서는 지속적으로 발생하는 에틸렌의 발생원을 제거하거나 축적된 에틸렌을 제거해 줘야 한다.

② 에틸렌의 제거는 에틸렌 감응도가 높은 작물의 저장성을 향상시키며 절화류에서는 에틸렌 발생을 억제함으로써 선도를 유지할 수 있다.

③ 에틸렌의 민감도에 따라 혼합관리를 피해야 한다.

〈에틸렌 감응도에 따른 분류〉

구분	과수	채소
매우 민감	키위, 감, 자두	수박, 오이
민감	배, 살구, 무화과, 대추	멜론, 가지, 애호박, 토마토, 당근
보통	사과(후지), 복숭아, 밀감, 오렌지, 포도	늙은 호박, 고추
둔감	앵두	피망

(출처 : 황용수, 「알기쉬운 농산물 수확 후 관리」, 농수산물유통공사)

〈에틸렌 발생이 많은 작물과 에틸렌 가스에 피해받기 쉬운 작물〉

에틸렌 발생이 많은 작물	에틸렌 피해가 쉽게 발생하는 작물
사과, 살구, 바나나(완숙과), 멜론, 참외, 무화과, 복숭아, 감, 자두, 토마토, 모과	당근, 고구마, 마늘, 양파, 강낭콩, 완두, 오이, 고추, 풋호박, 가지, 시금치, 꽃양배추, 상추, 바나나(미숙과), 참다래(미숙과)

(출처 : 황용수, 「알기쉬운 농산물 수확 후 관리」, 농수산물유통공사)

〈에틸렌에 의한 저장작물의 피해 유형〉

작물명	피해 유형	대표적 증상
시금치, 브로콜리, 파슬리, 애호박	엽록소 분해	황화
대부분 과실류	성숙 및 노화 촉진	연화
양치(고사리 등)	잎의 장해	반점 형성
당근	맛 변질	쓴 맛 증가
감자, 양파	휴면 타파	발아촉진, 건조

작물명	피해 유형	대표적 증상
관상식물	낙엽, 낙화	이층형성 촉진
카네이션	비정상 개화	개화정지
아스파라거스	육질 경화	조직이 질겨짐
동양배	과피 장해	박피, 얼룩

(출처 : 황용수, 「알기쉬운 농산물 수확 후 관리」, 농수산물유통공사)

(8) 에틸렌 발생원의 제거

저장고에 과도한 에틸렌의 축적을 방지하기 위해서 발생원을 미리 제거하여야 한다. 저장 작물 중 과숙, 부패 및 상처 받은 작물은 미리 제거하고 부패성 미생물이 서식할 경우 미생물로부터 에틸렌이 발생하므로 저장고를 미리 소독하여야 한다.

① 환기

㉠ 저장기간이 길어지거나 온도가 높을 경우 에틸렌이 축적될 수 있다.

㉡ 에틸렌 축적이 예상될 경우 환기를 시켜 에틸렌 농도를 낮출 필요성이 있다.

㉢ 저장고와 외부 온도의 차이에 따라 저장고 온도의 급격한 변화가 생기지 않는 범위 내에서 환기하여야 한다.

㉣ 저장고 외부의 공기가 건조한 경우 저장고 내 습도가 낮아지므로 환기량, 환기시 외기 온도 및 습도 관리에 주의하여야 한다.

② 혼합저장 회피

㉠ 생리현상이나 에틸렌 감응도에 대한 고려 없이 혼합 저장하는 경우 에틸렌 감응도가 높은 작물은 심각한 피해를 입을 수 있다.

㉡ 저장 적온을 고려하지 않는 경우는 에틸렌뿐만 아니라 저온피해까지 받는 경우가 있다.

㉢ 작물의 특성을 모르는 경우 혼합저장을 피해야 하며 혼합 저장을 하는 경우는 저장 적온과 에틸렌 감응도를 고려하여 단기간 저장하여야 한다.

㉣ 에틸렌 다량 발생 품목과 에틸렌 감응도가 높은 품목을 함께 혼합 저장하는 것은 피해야 한다.

③ **화학적 제거방법** : 저장고 내 에틸렌을 제거하면 숙성 지연에 따른 품질유지, 부패 등 손실 감소 및 엽록소 분해 억제를 통한 신선도 유지 효과를 볼 수 있다.

㉠ 과망간산칼리($KMnO_4$)

㉡ 활성탄

㉢ 브롬화 활성탄

㉣ 백금촉매처리

㉤ 이산화티타늄(TiO_2)

㉥ 오존처리

(9) 혼합 저장 시 고려해야 할 사항

① 저장온도
② 에틸렌 발생량
③ 에틸렌 감응도
④ 방향성 물질에 대한 특성
⑤ 위와 같은 사항을 고려했을지라도 장기 보관은 바람직하지 않으며 임시저장 또는 단거리 수송에서만 사용하는 것이 바람직하다.

예제 다음에 제시된 품목 중 에틸렌 발생량이 많은 품목을 모두 고르시오.

사과, 딸기, 감귤, 멜론, 포도, 참외, 시금치, 상추, 토마토

▶▶ 사과, 멜론, 참외, 토마토
에틸렌이 다량 발생하는 품목으로는 사과, 살구, 바나나(완숙과), 멜론, 참외, 무화과, 복숭아, 감, 자두, 토마토, 모과 등이 있고, 에틸렌 발생이 미미한 과실에는 포도, 딸기, 귤, 신고배 등이 있다.

PART 7

실기

최신 기출문제

Craftsman Organic Agriculture

유 / 기 / 농 / 업 / 기 / 능 / 사

유기농업기능사

www.cyber.co.kr

실기 최신 기출문제

01 우리나라에서 분류하는 토성 5가지를 쓰시오.

정답 ① 사토 ② 사양토 ③ 양토 ④ 식양토 ⑤ 식토

02 점토 함량이 높은 순서대로 토성 5가지를 나열하시오.

정답 식토 > 식양토 > 양토 > 사양토 > 사토

03 토성 5가지를 투수성과 통기성이 높은 순서대로 나열하시오.

정답 사토 > 사양토 > 양토 > 식양토 > 식토

04 다음 내용을 연관성이 있는 것끼리 연결하시오.

① 포드졸화	ⓐ 배수불량한 저습지 : 청회색, 토층분화
② 글레이화	ⓑ 한랭습윤 지대의 침엽수림 : 회백토
③ 이탄집적 토양	ⓒ 저습지대 : 수생부식

정답 ①-ⓑ, ②-ⓐ, ③-ⓒ

해설
1. 포드졸화 작용 : 한랭습윤 침엽수림 지대에서 토양의 무기성분이 산성 부식질의 영향으로 용탈되어 표토로부터 하층토로 이동하여 집적되는 생성 작용을 말한다.
2. 글레이화 작용 : 토양이 심한 환원 작용을 받아 철이나 망간이 환원상태로 변하고 유기물의 혐기적 분해로 토층이 청회색·담청색으로 변화하는 작용을 말한다. 지하수위가 높은 저습지 또는 배수가 극히 불량한 토양에서 일어난다.
3. 이탄집적 작용 : 습지 또는 물속에서 유기물의 분해가 늦어 부식이 집적되는 현상을 말한다.

05 다음은 토양의 촉감에 대한 감별법에 대한 내용이다. 어떤 토성에 대한 설명인지 쓰시오.

- 양손으로 흙을 비비면 가는 막대기모양(가락 ; ribbon)으로 되나 자체중량에 의하여 쉽게 꺾인다.
- 쥐었다 펴면 표면에 지문이 남는다.

정답 식양토

06 토양 3상을 쓰시오.

정답 고상, 기상, 액상

07 일반적으로 작물생육에 알맞은 밭토양의 토양 3상 구성비를 쓰시오.

정답 고상 : 기상 : 액상 = 50% : 25% : 25%

08 논토양과 밭토양의 토양 시료채취 시 채취깊이를 쓰시오.

정답 논 : 18cm, 밭 : 15cm

09 10a당 최소 시료채취 지점수를 쓰시오.

정답 5지점

10 벼, 사과나무, 상추의 토양 채취 시 깊이 파는 순서를 표시하시오.

정답 사과나무 > 벼 > 상추

11 다음 조건을 보고 토양의 유기물함량을 구하시오. (단, 계산은 소수점 3째 자리에서 반올림하시오.)

- 태우기 전 시료가 든 도가니 무게 : 65g
- 태운 후 시료가 든 도가니 무게 : 62g

정답 (65−62)÷65×100=4.62g

12 토양 100g에 탄소가 1.3g일 때 유기물함량을 구하시오. (단, 계산은 소수점 2째 자리에서 반올림하시오.)

정답 1.3×1.724=2.2412=2.2g

13 토양 유기물의 기능을 4가지 이상 쓰시오.

정답 ① 암석의 분해 촉진(흙)
② 양분의 공급(N, P, K, Ca, Mg)
③ 대기 중의 이산화탄소 공급
④ 생장촉진물질 생성
⑤ 입단의 형성(보수, 보비력 증대)
⑥ 토양의 완충능력 증대
⑦ 미생물 번식 조장
⑧ 토양 보호
⑨ 지온 상승 (택 4 이상 기술)

14 토양 유기물 유지방법에 대하여 3가지 이상 쓰시오.

정답 ① 퇴구비의 증산과 충분한 시용
② 재배작물 유체의 토양 환원
③ 토양 침식 방지
④ 적정 토양의 관리법 선택(객토, 윤작, 심경 등)
⑤ 산흙 객토 시 질소와 인산 비료의 적당량 시비 (택 3 이상 기술)

15 탄소가 46%, 질소가 0.05%인 톱밥의 교정하려는 탄질률이 20일 때, 100kg에 첨가해야 할 질소 성분량을 계산하시오.

정답 탄질률의 교정(%) $= \frac{\text{재료의 탄소 함량}}{\text{교정하는 탄질률}} -$ 재료의 질소 함량 $= \frac{36}{20} - 0.05 = 2.25\%$

100kg의 2.25%이므로 2.25kg이 필요하다.

16 토양에 유기물함량을 높이는 방법 3가지를 쓰시오.

정답 ① 녹비작물 재배
② 초생 재배
③ 적절한 윤작(혼작, 간작 등)
④ 퇴구비 투입
⑤ 작물 유체의 토양 환원(퇴비화) (택 3 기술)

17 다음 중 강알칼리 수산화나트륨에 용출되지 않는 재료를 쓰시오.

리그닌, 풀빈산, 휴믹산, Humin

정답 Humin

해설 Humin : 묽은 알칼리에 녹지 않는 토양 부식질의 한 성분으로, 토양 광물질과 견고한 결합을 이루고 있으므로 미생물에 의하여 잘 분해되지 않고 토양 안에 오랫동안 남아 있다.

18 탄질비가 800 이상이고 통기성이 좋아 흡습제로 사용하는 자재가 무엇인지 쓰시오.

정답 톱밥

19 다음 중 유기농에 사용이 가능한 퇴비 원료를 모두 골라 쓰시오.

부숙된 분뇨, 버섯배지, 항생제 함유 축분, 호르몬이 함유된 식품, 볏짚, 식물성 유박류, 톱밥

정답 부숙된 분뇨, 버섯배지, 볏짚, 식물성 유박류, 톱밥

20 퇴비 만들기 순서에서 발열, 감열, 숙성과정에 대해 설명하시오.

정답 ① 발열과정 : 재료의 탄질률(20 전후)을 맞추고, 수분을 60~65% 정도로 조절한 후 퇴적을 하면 발열(65~75)하게 된다.

② 감열과정 : 발열은 호기성균에 의해 이루어지기 때문에 속에 있는 퇴비는 발효가 안 된다. 그래서 퇴적퇴비를 뒤집어 주면서 감열을 시키며 수분 조절을 다시 하고 이런 방법으로 3~5회를 반복한다.

③ 숙성과정 : 발효가 완성되면 발열이 일어나지 않는다. 이때부터는 미생물(토착미생물)이 번식할 수 있게 숙성을 거치게 되며 전체 과정은 총 3~4개월의 호기성 발효가 이루어져야 하고 사용 시에는 수분을 50% 정도로 조절하여 사용한다.

21 퇴비공정을 쓰시오.

정답 재료 수집 → 혼합 퇴적 → 뒤집기 → 후숙

22 다음을 보고 유기물의 분해 순서가 빠른 순서대로 쓰시오.

헤미셀룰로오스, 리그닌, 전분, 셀룰로오스

정답 전분 > 헤미셀룰로오스 > 셀룰로오스 > 리그닌

23 지렁이법에 대하여 설명하시오.

정답 살아 있는 지렁이를 이용하여 지렁이의 습성과 행동형태의 변화 등을 통해 부숙도를 판정하는 방법이다. 지렁이는 토양의 지표로 통기성이 좋고 유기물이 많은 비옥한 토양에 살아가며(서식), 발효가 안 된 퇴비에서는 살아가기 어렵다.

24 다음은 인분 사용 시 조건에 대한 내용이다. 빈칸에 알맞은 말을 쓰시오.

사람의 배설물을 부숙할 때, 고온에서는 (①)℃ 이상에서 (②)일 이상 발효해야 하며 저온에서는 (③)개월 이상 발효해야 한다.

정답 ① 50 ② 7 ③ 6

해설 1. 완전히 발효되어 부숙된 것일 것
2. 고온발효 : 50℃ 이상에서 7일 이상 발효된 것
3. 저온발효 : 6개월 이상 발효된 것
4. 엽채류 등 농산물 · 임산물 중 사람이 직접 먹는 부위에는 사용하지 말 것

25 다음 용어에 대하여 설명하시오.

(1) 휴약기간
(2) 유기사료
(3) 식물공장
(4) 배지

정답 (1) 사육되는 가축에 대하여 그 생산물이 식용으로 사용하기 전에 동물용의약품의 사용을 제한하는 일정기간을 말한다.
(2) 유기농산물 및 비식용 유기가공품 인증기준에 맞게 재배 · 생산된 사료를 말한다.
(3) 토양을 이용하지 않고 통제된 시설공간에서 빛(LED, 형광등), 온도, 수분, 양분 등을 인공적으로 투입하여 작물을 재배하는 시설을 말한다.
(4) 버섯류, 양액재배 농산물 등의 생육에 필요한 양분의 전부 또는 일부를 공급하거나 작물체가 자랄 수 있도록 하기 위해 조성된 토양 이외의 물질을 말한다.

26 다음 물음에 알맞은 것을 골라 쓰시오.

중조, 산화마그네슘, 아민초산, 황산L-라이신, 판토텐산, 엽산

(1) 사료 중 비타민제에 포함되는 재료(2가지)
(2) 사료 중 아미노산제에 포함되는 재료(2가지)
(3) 사료 중 완충제에 포함되는 재료 2가지(2가지)

정답 (1) 판토텐산, 엽산
(2) 아민초산, 황산L-라이신
(3) 중조, 산화마그네슘

27 유기농업의 전환기간을 쓰시오.

정답 다년생 : 3년, 기타 : 2년

해설 재배 포장은 인증받기 전에 다음의 전환기간 이상 재배방법을 준수하여야 한다.
1. 다년생 작물 : 최초 수확 전 3년의 기간
2. 1외의 작물 및 목초 : 파종 또는 재식 전 2년의 기간

28 다음 내용의 빈칸에 알맞은 숫자를 쓰시오.

동물용 의약품 성분은 「식물위생법」 제7조 제1항에 따라 식품의약품안전처장이 정하여 고시하는 동물용 의약품 잔류허용기준의 1/ (　　)을 초과하여 검출되지 않아야 한다.

정답 10

해설 유기식품 등의 생산, 제조, 가공 또는 취급에 필요한 인증기준(제11조 제1항 관련)
3. 유기축산물(제4호의 유기양봉 산물·부산물은 제외한다)의 인증기준

29 다음 내용의 빈칸에 알맞은 것을 쓰시오.

(1) 유기가축에게는 ( )% 유기사료를 공급하는 것을 원칙으로 해야 한다. 다만, 극한 기후 조건 등의 경우에는 국립농산물품질관리원장이 정하여 고시하는 바에 따라 유기사료가 아닌 사료를 공급하는 것을 허용할 수 있다.

(2) ( )에게는 담근먹이(사일리지)만을 공급하지 않으며, 비반추가축도 가능한 조사료(粗飼料 ; 생초가 건초 등의 거친 먹이)를 공급해야 한다.

정답 (1) 100
(2) 반추가축

30 답전윤환의 정의에 대하여 설명하시오.

정답 포장을 담수한 논 상태와 배수한 밭 상태로 몇 해씩 돌려가며 재배하는 방식을 말한다. 벼를 재배하지 않는 기간만 맥류나 감자를 재배하는 답리작(畓裏作) 또는 답전작(畓前作)과는 다르며, 최소 논 기간과 밭 기간을 각각 2~3년으로 하는 것이 알맞다.

31 답전윤환의 장점에 대해 쓰시오

정답 ① 토양의 물리적 성질 : 산화상태의 토양은 입단의 형성, 통기성, 투수성, 가수성이 양호해지며, 환원상태의 토양에서는 입단의 분산, 통기성과 투수성이 적어지고 가수성이 커진다.
② 토양의 화학적 성질 : 산화상태의 토양에서는 유기물의 소모가 크고 양분의 유실이 적으며 pH가 저하되고, 환원상태가 되면 유기물 소모가 적고 양분의 집적이 많아지며 토양의 철과 알루미늄 등에 부착된 인산을 유효화하는 장점이 있다.
③ 토양의 생물적 성질 : 환원상태가 되는 담수 조건에서는 토양의 병충해, 선충과 잡초의 발생이 감소한다.

32 다음에서 주요 해충과 천적을 알맞게 연결하시오.

① 칠레이리응애	ⓐ 진딧물
② 애꽃노린재	ⓑ 잎응애
③ 진디혹파리	ⓒ 총채벌레

정답 ①-ⓑ, ②-ⓒ, ③-ⓐ

33 포식성 천적, 기생성 천적, 병원성 천적에 해당하는 것을 골라 쓰시오.

> 무당벌레, 풀잠자리, 바이러스, 세균, 응애류, 좀벌, 진딧벌

정답 ① 포식성 천적 : 무당벌레, 풀잠자리, 응애류
② 기생성 천적 : 좀벌, 진딧벌
③ 병원성 천적 : 바이러스, 세균

34 페로몬의 특징을 2가지 쓰시오.

정답 ① 기주특이성 ② 불변성 ③ 영속성 ④ 균일성 (택 2 기술)

35 타감작용에 사용되는 것을 골라 쓰시오.

> 호밀, 녹두, 옥수수, 헤어리베치, 자운영

정답 호밀, 헤어리베치, 자운영

36 다음을 질소고정이 높은 순서대로 쓰시오.

알팔파, 스위트크로바, 콩

정답 콩 > 스위트크로바 > 알팔파

37 다음 중 두과작물이 아닌 것 2가지를 골라 쓰시오.

옥수수, 알팔파, 크로바, 콩, 귀리, 자운영

정답 옥수수, 귀리

38 토양 피복의 장점 2가지를 쓰시오.

정답 ① 토양의 건조 방지 ② 지온 조절 ③ 토양 보호
④ 잡초 발생 억제 ⑤ 과실의 품질 향상 (택 2 기술)

39 오리농법의 장점 2가지를 쓰시오.

정답 ① 벼의 생육환경 개선 ② 잡초 방제효과
③ 병해충 방제효과 ④ 시비효과 (택 2 기술)

40 다음에서 설명하는 것은 무엇인지 쓰시오.

과일이나 고구마의 표피는 목질, 코르크질로 된 몇 층의 조직으로 되어 있는데, 캐거나 운반할 때 상처가 나기 쉽다. 따라서 그 상처로 병원균이 침입하므로 저장 중에 부패하는 경우가 많다. 상처가 생긴 고구마를 온도 29~30℃, 습도 85%에서 10~14일 동안 처리하면 상처 바로 밑에 유상조직이라고 하는 코르크의 보호층(保護層)이 생겨 병원균의 침입을 방지할 수 있으므로 저장 중의 부패를 막을 수가 있다.

정답 큐어링

41 키위, 바나나, 감의 숙성을 위해 어떤 물질로 처리하는지 쓰시오.

정답 에틸렌

42 다음은 저장 중 신선도를 유지하기 위한 공기 조성에 대한 내용이다. 빈칸에 알맞은 것을 쓰시오.

(①)의 농도는 높이고, (②)의 농도를 낮춘다.

정답 ① 이산화탄소　② 산소

43 다음 용도에 알맞은 기체를 골라 쓰시오.

산소, 이산화탄소, 질소

(1) 착색, 호흡
(2) 이취 갈변
(3) 포장용

정답 (1) 산소
(2) 이산화탄소
(3) 질소

M · E · M · O

M · E · M · O

유기농업기능사 필기+실기

2022. 2. 22. 초 판 1쇄 발행
2025. 1. 8. 개정3판 1쇄(통산 5쇄) 발행

지은이 | 이영복
펴낸이 | 이종춘
펴낸곳 | BM (주)도서출판 성안당
주소 | 04032 서울시 마포구 양화로 127 첨단빌딩 3층(출판기획 R&D 센터)
| 10881 경기도 파주시 문발로 112 파주 출판 문화도시(제작 및 물류)
전화 | 02) 3142-0036
| 031) 950-6300
팩스 | 031) 955-0510
등록 | 1973. 2. 1. 제406-2005-000046호
출판사 홈페이지 | **www.cyber.co.kr**
ISBN | 978-89-315-8467-7 (13520)
정가 | 35,000원

이 책을 만든 사람들
책임 | 최옥현
진행 | 박현수
교정·교열 | 채정화
전산편집 | 이지연
표지 디자인 | 임흥순
홍보 | 김계향, 임진성, 김주승, 최정민
국제부 | 이선민, 조혜란
마케팅 | 구본철, 차정욱, 오영일, 나진호, 강호묵
마케팅 지원 | 장상범
제작 | 김유석